"十三五"国家重点出版物出版规划项目

海洋生态科学与资源管理译丛

国家自然科学基金（41676096，31101902，41506123）
中印尼海上合作基金"比通生态站建设"项目
中东盟海上合作基金"中国-东盟海洋公园生态服务网络平台建设"项目
中东盟海上合作基金"中国-东盟海洋珍稀濒危动物保护合作研究"项目

热带沿海生态系统生态连通性

Ecological Connectivity among Tropical Coastal Ecosystems

［荷］Ivan Nagelkerken 主编

杜建国 陈彬 陈明茹 译

周秋麟 校

海洋出版社

2018年·北京

图书在版编目（CIP）数据

热带沿海生态系统生态连通性/（荷）伊凡·纳霍克尔根（Ivan Nagelkerken）编；杜建国，陈彬，陈明茹译. —北京：海洋出版社，2017.7
书名原文：Ecological Connectivity among Tropical Coastal Ecosystems
ISBN 978-7-5027-9873-4

Ⅰ.①热…　Ⅱ.①伊…②杜…③陈…④陈…　Ⅲ.①沿海-生态系-研究　Ⅳ.①P748

中国版本图书馆 CIP 数据核字（2018）第 296457 号

图字：01-2015-2432

Translation from English language edition：
Ecological Connectivity among Tropical Coastal Ecosystems by Ivan Nagelkerken
Copyright © 2009 Springer Netherlands
Springer Netherlands is a part of Springer Science+Business Media
All Rights Reserved

丛书策划：王　溪
责任编辑：江　波　王　溪
责任印制：赵麟苏

海洋出版社　出版发行

http：//www.oceanpress.com.cn
北京市海淀区大慧寺路 8 号　邮编：100081
北京朝阳印刷厂有限责任公司印刷　新华书店北京发行所经销
2018 年 12 月第 1 版　2018 年 12 月第 1 次印刷
开本：889mm×1194mm　1/16　印张：37.5
字数：860 千字　定价：260.00 元
发行部：62132549　邮购部：68038093　总编室：62114335
海洋版图书印、装错误可随时退换

中文版序

中国的海岸线绵延 1.8 万余千米，其间分布着一系列独特的热带沿海生态系统。中国的珊瑚礁大多分布于离岸海岛附近。中国大陆沿岸也曾分布着大面积的红树林，但由于人类活动的影响，据估计已经消失了约 2/3。尽管如此，中国南方依然存在具有高红树物种多样性的红树林。在中国，这些红树林的重要性被长期忽视，但现在，越来越多的人意识到它们能够提供几种重要的生态系统服务，如渔业增产和岸线保护。随着对生物多样性保护和海岸带管理重要性认识的提高，中国在过去几十年新建了不少保护区，包括依据《关于特别是作为水禽栖息地的国际重要湿地公约》（1971 年）指定的国际重要湿地。幸运的是，许多这样的保护区中就有沿海生态系统，如红树林和海草床。通过红树林修复和重新种植等倡议，沿海生态系统保护取得了进一步发展。红树林保护也被纳入学校课程，而靠近城市地区的红树林则经常有公众造访。

然而，尽管热带沿海生态系统具有重要的生态功能这一观点已被广泛接受，中国对这一课题的科学研究仍然相对较少。中国的红树林研究自 20 世纪 80 年代起呈指数性增长，目前已经发表了几百篇关于中国红树林系统的生物学论文。中国也拥有多样且健康的海草床生态系统，但相关研究极少。显然，中国沿海生态系统的复杂功能还有许多空白有待研究。

因此，我很高兴看到英文原版由我主编的这本书现在要出中文版了。这为本书开辟了一个全新的读者群，并且有望在中国激起关于红树林、海草床和珊瑚礁的新的研究工作和保护倡议。令人不安的是，红树林和海草床受到的冲击，有一部分是源自集中增加渔业产量的做法，例如在沿海海域修建虾塘和开展水产养殖。然而，天然红树林和海草床，特别是当它们彼此连通，并和其他沿海生态系统也相互连通时，形成了渔业生物的天然育幼场，并可以增加这些生物的种群数量。因此，希望本书中的信息有助于保护中国的沿海生态系统，以实现其物种多样性和生产力的长期可持续性，以及它们作为渔业重要育幼场的功能。

Ivan Nagelkerken
2016 年 12 月 9 日
于澳大利亚阿德莱德

译 者 序

近海海洋具有动态性和高空间异质性的特点。近海海洋的生态类型丰富，包括河口湿地、红树林、海草床和珊瑚礁等，这些系统之间会通过水文、生物、生物地球化学过程等耦合，从而产生连通性。研究表明，这种生态系统之间的连通性对维持种群数量和结构、恢复和重建种群等具有十分重要的作用，维持生境斑块之间的连通性是维护生物多样性的关键。生态连通性是"2011—2020年生物多样性战略计划"和爱知生物多样性目标的重要内容之一，目前，美国、英国、加拿大、日本、澳大利亚等发达国家均提出了要从空间范围着手，增加生境斑块之间的生态连通性，从而达到保护生境、物种多样性以及对抗气候变化压力等目的。然而，我国鲜有海洋生态连通性的研究论文发表，因此亟待系统地开展相关研究。

近年来，译者在研究我国和东南亚的珊瑚礁、红树林、海草床等典型海洋生态系统结构与功能的基础上，开始关注它们之间的生态连通性。半个世纪以来，以珊瑚礁、红树林、海草床等典型海洋生态系统作为单独的自然系统，已经出版了许多关于其生态和管理的专著。《热带沿海生态系统生态连通性》从更高的层次认识这些生态系统之间的相互作用，是海洋生态连通性领域的第一本专著。该书分为四个部分，包括热带沿海生态系统间的生物地球化学联系、生态联系、研究这些联系的工具、基于生态系统的保护与管理。我们希望本书能为我国海洋生态系统研究以及更有效的管理提供可借鉴的工具和信息。

本书由杜建国、陈彬和陈明茹主持翻译，周秋麟和杜建国审校。各章具体分工如下：中文版序、译者序、原著序和第1章由杜建国翻译；第2章由陈宝红翻译；第3章由郑新庆翻译；第4章由李雯与陈明茹翻译；第5章由陈杰与郭治明翻译；第6章由鞠培龙与方聪翻译；第7章由陈明茹与李雯翻译；第8章由叶观琼与杜建国翻译；第9章由李虎与杜建国翻译；第10章由马志远与廖建基翻译；第11章由陈顺洋与杜建国翻译；第12章和第13章由王枫与陈彬翻译；第14章由黄浩翻译；第15章由庄小云与杜建国翻译；第16章由胡文佳与陈彬翻译。在本书的翻译过程中，得到原作者Ivan Nagelkerken博士的支持。本书出版也得到自然资源部第三海洋研究所陈泽豪和党二莎同学的大力协助，在此一并表示感谢。

本书涉及的内容非常广泛，又有较多交叉学科，加上译者水平有限，疏漏和不足之处在所难免，敬请广大专家、学者及读者批评指正。

译 者
2017年夏于厦门

原著序

在过去半个世纪中,人类活动对生态系统服务影响的规模不断上升,其严重程度迫使我们不得不对复杂自然系统之间的相互作用开展研究,对自然资源开展负责任的管理。人类活动已经对全球气候、营养盐含量和分布、海平面以及海洋化学造成影响。半个世纪以来,以珊瑚礁、红树林、海草床为单独的自然系统,已经出版了许多关于其生态和管理的专著。《热带沿海生态系统生态连通性》从更高的层次认识这些系统之间的相互作用,因此其出版是非常及时的。Ivan Nagelkerken博士致力于研究热带沿海不同生境之间鱼类种群的连通程度和复杂性。在主编本书中,他融合了沿海不同生境中的生物地球化学、生态学和种群的联系,研究成果为确定管理政策和社会经济影响提供了指导。

在生态系统的各个层次,自我持续能力随多样性的增加而提高。物种基因型多样性越高,物种适应气候变化和其他人类活动的大规模影响的潜力则越大。初级生产者、框架构建物种(framework constructing species)、草食性动物以及捕食者的物种多样性越高,生境或生态系统应对富营养化和人类活动的其他影响的潜力就越大。为此,我们现在的研究必须包括不同生境间相互作用的多样性。珊瑚礁可以在近岸生境波浪防护中起作用,而红树林可以为珊瑚礁缓冲沉积物及其他污染物的陆源输入。因此,沿海不同生境虽然可以孤立存在,但一旦构成相互作用多样化的海洋景观,则在应对人类活动的大规模变化时可能更具有弹性。本书不仅阐述沿海生境之间的上述相互作用,而且也探讨这些生境与周边陆地、河流和近海海洋生态系统之间的互联互通和相互关系。

珊瑚礁和红树林属于"基础物种(foundation species)",它们不仅实际上构筑并拓展了海岸线,而且为许多热带沿海生态系统提供了物理结构空间。"围填海"一词的流行说明公众对这些系统的基础性重要作用缺乏了解;再者,人类也没有"收回"原本由珊瑚礁和红树林构筑的土地的权利。珊瑚礁和红树林等生境不仅构成"基础",而且也是相互作用的生态系统的组成部分。许多重要的经济鱼类和甲壳类在其生活史的不同阶段栖息在不同的生境,对于一些种类而言,邻近生境必不可少。一些鱼类和甲壳类在不同的生境之间昼夜洄游,日复一日地促进生物量、营养盐和捕食作用影响的互联互通。本书总结和阐明了沿海生境生态系统服务背后的复杂相互作用。通过提供沿海生境的物理过程、营养盐、有机质、生物体、捕食影响、庇护所和基质等生态相互作用的最新信息,以及提供研究这些过程的最新技术,强调满足沿海居民现在和未来需求的极端重要性。

珊瑚礁、红树林和海草床属于陆地或海洋生态系统中具有最高总初级生产力的系统,但是它们同时也处于特别脆弱的状况。不幸的是,这些在生产力、多样性和结构均为最优越的沿海生境,却也是对人类居住和活动最有利和交通运输最便利的场所。全球人口的

60%居住在沿海50英里（约80千米）的区域内。人为和自然的干扰，譬如海平面上升、泥沙淤积和飓风尤其在珊瑚礁、红树林和海草床等三大沿海生态系统范围内集中发生。随着人口的增长，以及人均收获和消费资源的技术能力的提高，沿海生境和资源退化随着不断增长的人口的需求而加剧。既然不断增长的人口对生物资源和生态服务的需求在增加，那么提高对这些重要沿海生境间相互作用的了解，就变得更加重要。我希望本书能广泛而迅速地传播，促进热带沿海资源和开发的决策者与管理者提高意识，即不仅要保护生境和物种，也要维持这些沿海生态系统之间高水平的相互作用，从而实现生态系统服务和资源的可持续发展。

Charles Birkeland 博士

珊瑚礁生态学和管理学教授

《珊瑚礁的生长与死亡》主编

前　言

　　编辑本书的想法始于施普林格科学与商业媒体的编辑 Suzanne Mekking 女士的一份电子邮件，她约我讨论一下目前对水生科学领域新书的需求。会晤期间，她极力说服我写一本有关我的研究领域的书——由珊瑚礁鱼类联系起来的珊瑚礁、红树林和海草床之间的生态相互作用。起初，我对此并不感兴趣，因为这意味着要做大量的工作，而我的工作日程早已超出负荷。后来，经过一个月左右时间的思考，我很快意识到，这个主题在过去的十年已经取得了许多进展，第一次将有关这个主题领域的零散知识编纂成书，眼下正是时机。另外，世界范围内的珊瑚礁、红树林和海草床的快速消亡和退化，也是编辑本书的重要考虑因素，希望本书能提高对热带沿海生境的认识，并提供有助于保护这些生境的见解。为此，我花了一个月的时间，列出了迫切需要综述的主题，并联络世界各地的不同专家，邀请他们担任本书各章的作者。很高兴，大多数作者快速而热烈地接受了邀请。而且，除了少数人没有遵守诺言完成相应章节的编写外，我再没有遇到专著编辑中肯定会出现的各种坎坷。在接下来的两年里，来自澳大利亚、美国和欧洲各国的28位作者努力汇编完成了这本书。我感谢他们为之付出的巨大努力，并感谢他们为回应我的要求及时做出的修订、完善和帮助。没有许多同行评议的帮助，本书的质量不会得到改善。我非常感谢下列人员为各个章节做出快速和重要的审议：Aaron Adams、Charles Birkeland、Steve Blaber、Dave Booth、Steven Bouillon、Paul Chittaro、Patrick Collin、Stephen Davis、Thorsten Dittmar、Ashton Drew、Dave Eggleston、Craig Faunce、Bronwyn Gillanders、William Gladstone、Mick Haywood、Alan Jones、Rob Kenyon、Craig Layman、Jeff Leis、Christian Lévêque、Ivan Mateo、Bob McDowall、Jan-Olaf Meynecke、Rick Nemeth、Heather Patterson、Simon Pittman、Yvonne Sadovy、Joe Serafy、Steve Simpson 和 Marieke Verweij。我还要感谢 Charles Birkeland 博士抽出宝贵的时间为本书作序，感谢 Martijn Dorenbosch 为本书提供封面图片。最后，我要感谢妻子 Shauna Slingsby 和儿子 Diego Nagelkerken 对我工作的支持和理解，无数个日日夜夜、周末和假日，我将本应该和他们在一起的时间花在了这本书上。现在，这本书终于付梓，我希望它将证明对生态系统管理人员、渔业生态学家、研究生和该领域的其他研究人员是有价值的。

Ivan Nagelkerken

撰稿者

Aaron J. Adams 美国夏洛特港站莫特海洋实验室生境生态项目渔业增殖中心，美国佛罗里达州派恩兰。电子邮箱：aadams@ mote. org

Michael Arvedlund 珊瑚礁顾问，丹麦腓特烈堡。电子邮箱：arvedlund@ speedpost. net

Stephen J. M. Blaber 澳大利亚联邦科学与工业研究组织海洋与大气研究所，澳大利亚昆士兰州克利夫兰。电子邮箱：steve. blaber@ csiro. au

Steven Bouillon 比利时天主教鲁汶大学地球与环境科学系，比利时鲁汶阿伦伯格；比利时布鲁塞尔自由大学分析与化学系，比利时布鲁塞尔。电子邮箱：steven. bouillon@ ees. kuleuven. be

Chris Caldow 美国国家海洋和大气局/国家海洋服务局/国家海岸带海洋科学中心/海岸带监测与评估中心生物地球科学部，美国马里兰州银泉。电子邮箱：chris. caldow@ noaa. gov

Rod M. Connolly 澳大利亚河流研究所海岸与河口中心，格里菲斯大学黄金海岸校区环境学院，澳大利亚昆士兰。电子邮箱：r. connolly@ griffith. edu. au

Stephen E. Davis Ⅲ 美国得克萨斯农工大学野生动物与渔业科学系，美国得克萨斯州卡城。电子邮箱：sedavis@ tamu. edu

Thorsten Dittmar 德国卡尔·冯·奥西茨基大学海洋环境生物与化学研究所马克斯-普朗克海洋地球化学研究组，德国奥尔登堡。电子邮箱：tdittmar@ mpi-bremen. de

John P. Ebersole 美国马萨诸塞大学波士顿校区生物系，美国马萨诸塞州波士顿。电子邮箱：john. ebersole@ umb. edu

Craig H. Faunce 美国国家海洋渔业局阿拉斯加渔业科学中心，美国华盛顿州西雅图。电子邮箱：Craig. Faunce@ noaa. gov

Thomas K. Frazer 美国佛罗里达大学森林资源与保护学院食品和农业科学研究所渔业和水生科学项目，美国佛罗里达州盖恩斯维尔。电子邮箱：frazer@ufl.edu

Bronwyn M. Gillanders 澳大利亚阿德莱德大学地球与环境科学学院南澳海洋生态实验室，澳大利亚南澳大利亚州。电子邮箱：bronwyn.gillanders@adelaide.edu.au

William Gladstone 澳大利亚纽卡斯尔大学环境与生命科学学院，澳大利亚新南威尔士州欧瑞巴姆。电子邮箱：William.Gladstone@newcastle.edu.au

Rikki Grober-Dunsmore 斐济群岛南太大学劳加拉校区应用科学研究所，斐济群岛苏瓦。电子邮箱：dunsmore_l@usp.ac.fj 或 rikkidunsmore@gmail.com

Michael D. E. Haywood 澳大利亚联邦科学与工业研究组织海洋与大气研究所，澳大利亚昆士兰州克利夫兰。电子邮箱：mick.haywood@csiro.au

Rudolf Jaffé 美国佛罗里达国际大学东南亚环境研究中心和化学系，美国佛罗里达州迈阿密。电子邮箱：jaffer@fiu.edu

Kathryn Kavanagh 美国纽约州立大学石溪分校海洋与大气科学学院，美国纽约州石溪。电子邮箱：kavanagh@yahoo.com

Matthew S. Kendall 美国国家海洋和大气管理局/国家海洋服务局/国家海岸带海洋科学中心/海岸带监测与评估中心生物地球科学部，美国马里兰州银泉。电子邮箱：Matt.Kendall@noaa.gov

Robert A. Kenyon 澳大利亚联邦科学与工业研究组织海洋与大气研究所，澳大利亚昆士兰州克利夫兰。电子邮箱：Rob.Kenyon@csiro.au

Boris Koch 德国阿尔弗雷德·魏格纳极地与海洋研究所生态化学室，德国不莱梅。电子邮箱：boris.koch@awi.de

Uwe Krumme 德国莱布尼茨热带海洋生态研究中心，德国不莱梅。电子邮箱：uwe.krumme@zmt-bremen.de

Craig A. 美国佛罗里达国际大学生物科学系雷曼海洋科学项目，美国佛罗里达州北迈

阿密。电子邮箱：cal1634@ yahoo. com

Diego Lirman 美国迈阿密大学海洋与大气科学罗森斯蒂尔学院，美国佛罗里达州迈阿密。电子邮箱：dlirman@ rsmas. miami. edu

David A. Milton 澳大利亚联邦科学与工业研究组织海洋与大气研究所，澳大利亚昆士兰州克利夫兰。电子邮箱：david. milton@ csiro. au

Ivan Nagelkerken 荷兰内梅亨大学水与湿地研究所动物生态与生理生态实验室，荷兰内梅亨。电子邮箱：i. nagelkerken@ science. ru. nl

Richard S. Nemeth 美国维尔京大学海洋与环境研究中心，美国维尔京圣托马斯。电子邮箱：rnemeth@ uvi. edu

Simon J. Pittman 美国国家海洋和大气管理局/国家海洋服务局/国家海岸带海洋科学中心/海岸带监测与评估中心生物地球科学部，美国马里兰州银泉；美国维尔京大学圣托马斯海洋科学中心，美国维尔京群岛。电子邮箱：Simon. Pittman@ noaa. gov

Jeffrey R. Wozniak 美国得克萨斯农工大学野生动物与渔业科学系，美国得克萨斯卡城。电子邮箱：wozniak@ tamu. edu

目 录

第1章 绪论……………………………………………………………………………(1)

第1篇 生物地球化学联系

第2章 热带沿海生态系统的氮、磷交换………………………………………(9)
第3章 热带沿海生态系统的碳交换……………………………………………(42)

第2篇 生态联系

第4章 珊瑚礁鱼类与甲壳纲十足类产卵聚集的动力学研究:潜在机制、生境连通性和营养关系……………………………………………………………(67)
第5章 海洋鱼类和甲壳纲十足类幼体寻找热带沿海生态系统的感官和环境线索……………………………………………………………………(132)
第6章 影响热带沿海生态系统鱼类和十足类补充模式的机制………………(179)
第7章 热带沿海生态系统连通性——以十足类的生境转换为例……………(221)
第8章 连通热带沿海生态系统的鱼类和十足类昼夜与乘潮洄游………………(259)
第9章 生活在两个世界:热带河流和海岸之间的海河洄游性鱼类及影响其种群连通性的因素……………………………………………………………(311)
第10章 红树林和海草床作为热带十足类和珊瑚礁鱼类育幼场功能评价:模式及其作用机制……………………………………………………(340)
第11章 影响红树林育幼功能认知差异的根源………………………………(385)

第3篇 研究生态和生物地球化学联系的方法

第12章 热带沿海生态系统间生物地球化学连通性研究方法………………(407)
第13章 研究海洋生态系统生物相互作用的工具——天然标志和人工标志………(437)
第14章 采用景观生态学方法研究热带海洋景观生态连通性………………(470)

第4篇 管理和社会经济影响

第15章 热带沿海生境和(近海)渔业的关系…………………………………(507)
第16章 热带沿海生态系统的保护和管理……………………………………(537)

索 引……………………………………………………………………………(574)

第1章 绪 论

Ivan Nagelkerken

珊瑚礁、红树林和海草床构成热带地区的主要生物海岸。这些热带沿海生态系统所具有的高初级生产力、丰富的生物多样性和各种各样的生态系统服务早已众所周知（Harborne et al.，2006）。例如，珊瑚礁具有重要的经济、生物和美学价值，在渔业、旅游业和沿海风暴防护等方面的年度产值达到300亿美元左右（Stone，2007）。人们常常将红树林与其邻近的沿海渔业联系起来（Manson et al.，2005；Meynecke et al.，2008；Aburto-Oropeza et al.，2008），每公顷红树林对渔业的经济价值可高达1.65万美元（UNEP，2006）。据评估，每公顷海草床营养循环的年产值约为1.9万美元（Constanza et al.，1997）。

在过去的几十年中，由于污染、富营养化、泥沙淤积、过度捕捞、生境破坏、疾病和飓风等人为和自然的影响，这些生态系统已经严重退化（Short and Wyllie-Echeverria，1996；Alongi，2002；Hughes et al.，2003）。据估计，全球珊瑚礁约20%已被毁坏，另有50%面临直接或长期的崩溃风险（Wilkinson，2004）。全球的红树林和海草床的面积已经下降到原来的35%（Shepherd et al.，1989；Valiela et al.，2001；Hogarth，2007）。目前，海岛珊瑚礁渔业的55%是不可持续的（Newton et al.，2007）。过度捕捞是珊瑚礁健康生长和发挥作用面临的主要威胁之一，并导致有害的营养级联（trophic cascades）以及从珊瑚礁向大型海藻礁的稳态转换（phase shifts）。

显然，这些生态系统是需要保护的，但从管理的角度来看，它们之间的连通性几乎没有获得考虑（Pittman and McAlpine，2003）。早期的研究和管理往往集中于单一的生态系统。虽然珊瑚礁、红树林和海草床等沿海生态系统可以单独存在（Birkeland and Amesbury，1988，Parrish，1989），但清楚的是，一旦它们分布在同一区域，就会发生相当强烈的相互作用（Ogden and Zieman，1977；Sheaves，2005；Valentine et al.，2008；Mumby and Hastings，2008）。我们才刚刚开始了解它们之间的生态联系，但对于优化管理来讲，基于生态系统的方法是必要的，其中跨生态系统的联系也需要加以考虑（Friedlander et al.，2003；Adams et al.，2006；Aguilar-Perera and Appeldoorn，2007；Mumby and Hastings，2008）。

生态系统之间的相互作用大致包括生物相互作用、化学相互作用的和物理相互作用（Ogden，1997）。例如，生态系统之间相互交换的鱼类、虾类、营养盐、碎屑、水体、沉积物和浮游生物等。本书阐述的生态系统连通性类型是指生态系统间的生态相互作用。之所以采用"生态连通性"这个术语，是因为本书重点研究由动物运动、营养盐和有机质交换引起的生态系统的相互作用，从而构成生态系统生态过程。在过去的10年左右，对热带海洋景观中跨生态系统的相互作用的认识有所增加，保证了对该主题的全面综述。本书作为本领域的第一本专著证实了这一点。本书重点阐述珊瑚礁、红树林和海草床生态系统以及由营养盐、有机质、鱼类和蟹类相互交换引起的相互作用。希望通过汇总有关这一主题的现有知识，有助于更好地评估这些生态系统，提供深入了解它们生态联系背后的机制，为更有效的管理提供工具和信息。

热带海洋景观跨生态系统的生态联系的早期研究，除了其他方面，主要集中在有关"红树林输出"的概念，认为红树林生态系统的碎屑给邻近的食物网提供了能量补充（Odum，1968）。关于连通性的其他早期研究更侧重于索饵洄游和生态系统间鱼类群落的重叠程度（Randall，1963；Ogden and Buckman，1973；Ogden and Ehrlich，1977；Ogden and Zieman，1977；McFarland et al.，1979；Weinstein and Heck，1979），或者虾类从近岸区洄游到外海区（Iversen and Idyll，1960；Costello and Allen，1966；Lucas，1974；Kanciruk and Herrnkind，1978）。这些研究主要是在加勒比海地区完成的，特别是仿石鲈科（Haemulidae）鱼类和对虾。因此，我们对连通性模式和机制的理解是否可以在更大的印度洋-太平洋地区发挥作用仍有限制，并仍有争议（Nagelkerken，2007）。

本书并不对热带生态系统间存在的所有相互作用进行详述，因为在一本书里综述所有内容，工作量实在太大。由水体和沉积物交换形成的水文连通性，是物理相互作用的重要类型，有关这方面的内容，可进一步参阅Wolanski于2007年出版的综合类图书《河口生态水文学》。本书的另一个重要遗漏是由海洋生物的浮游幼体建立的生态系统联系。专业术语"连通性"主要指这类海洋连通性，即洋流和鱼类幼体游动能力引起的幼体流动所建立的珊瑚礁与不同地理区域之间的连通性。最新综述参见Cowen（2006）、Cowen等（2006）和Leis（2006）。本书另一个未及详述的主题是，气候变化及其导致的海平面上升和/或河流径流如何影响热带生态系统间的相互作用和功能（Roessig et al.，2004；Day et al.，2008；Gilman et al.，2008，并参见本书第3章、第9章和第16章）。

本书分为4篇，各有其主题，即生物地球化学联系、生态联系、研究这些联系的工具、管理和社会经济影响。第1篇从热带生态系统间生物地球化学联系切入主题。第2章综述沿海生态系统中氮和磷的交换，而第3章则侧重有机碳和无机碳的交换。这两章讨论了不同的交换途径，如水介导通量、生物地球化学循环和海洋生物引起的运动等，也评估了人类活动和陆源输入对热带沿海生态系统的影响，包括人类扰动和气候变化引起的影响。同时，这两章还评估了不同生态系统中动物和微生物群落碳交换的重要性。

第2篇综述了热带沿海生态系统的生态联系，共有8章。第4章讨论了鱼类和十足类的生殖洄游建立的珊瑚礁连通性以及生殖洄游对当地食物网的影响；同时，通过参考文献说明了通过生殖洄游将河口浅水区和近海海域联系起来的物种。在进入底栖生活史阶段之前，热带沿海生境中的许多底栖生物要经历浮游幼体期。第5章综述了浮游幼体利用感官和环境线索（cues）确定其在热带海洋景观中的定居生境。定居前后生活史阶段的特点是高死亡率，因此具有重要的统计学意义。第6章综述了在鱼类和十足类的早期生活史阶段影响其分布与丰度的各种不同机制。定居后，动物可能会在同一时间利用多种热带沿海生境，或个体发育过程中在生境之间洄游。第7章评估了十足类的个体发育在各类生境之间的洄游，并讨论了几种可能的机制。在沿海生境定居期间，动物也会通过昼夜洄游和感潮洄游在短时间内将生境连通起来，正如在第8章中讨论的，其机制一般在于休憩区和摄食区的连通。在内陆淡水地区、沿海河口和近海海域生境之间，河流往往为洄游动物提供廊道，第9章讨论了由河海两栖洄游性鱼类将上述生态系统连通起来的方式。由于淡水径流是这类连通性的主要物理驱动力，本章也评估了由气候变暖和水坝建造引起的径流变化。虽然许多鱼类和十足类的成体生活在珊瑚礁或近海海域，但沿海浅水区却被认为是这些物种重要的育幼场所。第10章综述了这一观点存在的现有证据以及有关的可能机制。热带生境的育幼功能受到许多变异来源的影响。第11章评估了这些来源及其对热带生境的育幼功能不同结论的影响。

对热带沿海生态系统生态连通性的认识部分受阻于缺乏（高级）连通性测量技术。最近，由于技术的进步，现代化技术才得以运用到这一领域，第3篇才可能综述热带生态系统间生物地球化学联系（第12章）和生物联系（第13章）的各种高级和现代测量技术。同时，这两章也讨论了传统测量方法。生态系统的联系可以发生在不同的空间尺度，将生境镶嵌连通起来。陆地景观生态学的概念和方法是否可用来解决有关空间模式对热带海洋景观中生态过程的影响，第14章对这一问题进行了评估。

热带生态系统浅水区为人类提供了许多生态系统服务，但受到人类活动的严重影响。第4篇第15章评估了沿海生境对近海渔业资源的重要性，而第16章详细讨论了这些生态系统的保护与管理。

参考文献

Aburto-Oropeza O, Ezcurra E, Danemann G et al (2008) Mangroves in the Gulf of California increase fishery yields. Proc Natl Acad Sci USA 105: 10456-10459

Adams AJ, Dahlgren CP, Kellison GT et al (2006) Nursery function of tropical back-reef systems. Mar Ecol Prog Ser 318: 287-301

Alongi DM (2002) Present state and future of the world's mangrove forests. Environ Conserv 29: 331-349

Aguilar-Perera A, Appeldoorn RS (2007) Variation in juvenile fish density along the mangrove-seagrass-coral reef continuum in SW Puerto Rico. Mar Ecol Prog Ser 348: 139-148

Birkeland C, Amesbury SS (1988) Fish-transect surveys to determine the influence of neighboring habitats on fish community structure in the tropical Pacific. In: Co-operation for environmental protection in the Pacific. UNEP Regional Seas Reports and Studies No. 97, pp. 195-202. United Nations Environment Programme, Nairobi

Costello TJ, Allen DM (1966) Migrations and geographic distribution of pink shrimp, *Penaeus duorarum*, of the Tortugas and Sanibel grounds, Florida. Fish Bull 65: 449-459

Costanza R, d'Arge R, de Groot R et al (1997) The value of the world's ecosystem services and natural capital.

Nature 387: 253-260

Cowen RK (2006) Larval dispersal and retention and consequences for population connectivity. In: Sale PF (ed) Coral reef fishes. Dynamics and diversity in a complex ecosystem, pp. 149-170. Academic Press, U.S.A.

Cowen RK, Paris CB, Srinivasan A (2006) Scaling of connectivity in marine populations. Science 311: 522-527

Day JW, Christian RR, Boesch DM et al (2008) Consequences of climate change on the ecogeomorphology of coastal wetlands. Estuar Coast 31: 477-491

Friedlander A, Nowlis JS, Sanchez JA et al (2003) Designing effective marine protected areas in Seaflower Biosphere Reserve, Colombia, based on biological and sociological information. Conserv Biol 17: 1769-1784

Gilman EL, Ellison J, Duke NC et al (2008) Threats to mangroves from climate change and adaptation options: a review. Aquat Bot 89: 237-250

Harborne AR, Mumby PJ, Micheli F et al (2006) The functional value of Caribbean coral reef, seagrass and mangrove habitats to ecosystem processes. Adv Mar Biol 50: 57-189

Hogarth PJ (2007) The biology of mangroves and seagrasses. The biology of habitats series. Oxford University Press, Oxford

Hughes TP, Baird AH, Bellwood DR et al (2003) Climate change, human impacts, and the resilience of coral reefs. Science 301: 929-933

Hughes TP, Rodrigues MJ, Bellwood DR et al (2007) Phase shifts, herbivory, and the resilience of coral reefs to climate change. Curr Biol 17: 360-365

Iversen ES, Idyll CP (1960) Aspects of the biology of the Tortugas pink shrimp, *Penaeus duorarum*. Trans Am Fish Soc 89: 1-8

Jackson JBC, Kirby MX, Berger WH et al (2001) Historical overfishing and the recent collapse of coastal ecosystems. Science 293: 629-638

Kanciruk P, Herrnkind W (1978) Mass migration of spiny lobster, *Panulirus argus* (Crustacea: Palinuridae): behavior and environmental correlates. Bull Mar Sci 28: 601-623

Leis JM (2006) Are larvae of demersal fishes, plankton, or nekton? Adv Mar Biol 51: 57-141 Lucas C (1974) Preliminary estimates of stocks of king prawn, *Penaeus plebejus*, in south-east Queensland. Aust J Mar Freshwat Res 25: 35-47

Manson FJ, Loneragan NR, Skilleter GA et al (2005) An evaluation of the evidence for linkages between mangroves and fisheries: a synthesis of the literature and identification of research directions. Oceanogr Mar Biol Annu Rev 43: 483-513

McFarland WN, Ogden JC, Lythgoe JN (1979) The influence of light on the twilight migrations of grunts. Env Biol Fish 4: 9-22

Meynecke JO, Lee SY, Duke NC (2008) Linking spatial metrics and fish catch reveals the importance of coastal wetland connectivity to inshore fisheries in Queensland, Australia. Biol Conserv 141: 981-996

Mumby PJ, Hastings A (2008) The impact of ecosystem connectivity on coral reef resilience. J Appl Ecol 45: 854-862

Nagelkerken I (2007) Are non-estuarine mangroves connected to coral reefs through fish migration? Bull Mar Sci 80: 595-607

Newton K, Cote IM, Pilling GM et al (2007) Current and future sustainability of island coral reef fisheries. Curr Biol 17: 655-658

Odum EP (1968) Evaluating the productivity of coastal and estuarine water. Proceedings of the Second Sea Grant Conference, University of Rhode Island, pp. 63-64

Ogden JC (1997) Ecosystem interactions in the tropical coastal seascape. In: Birkeland C (ed) Life and death of coral reefs, pp. 288-297. Chapman & Hall, U. S. A.

Ogden JC, Buckman NS (1973) Movements, foraging groups, and diurnal migrations of the striped parrotfish *Scarus croicensis* Bloch (Scaridae). Ecology 54: 589-596

Ogden JC, Ehrlich PR (1977) The behavior of heterotypic resting schools of juvenile grunts (Pomadasyidae). Mar Biol 42: 273-280

Ogden JC, Zieman JC (1977) Ecological aspects of coral reef-seagrass bed contacts in the Caribbean. Proc 3rd Int Coral Reef Symp 1: 377-382

Parrish JD (1989) Fish communities of interacting shallow-water habitats in tropical oceanic regions. Mar Ecol Prog Ser 58: 143-160

Pittman SJ, McAlpine CA (2003) Movements of marine fish and decapod crustaceans: process, theory and application. Adv Mar Biol 44: 205-294

Randall JE (1963) An analysis of the fish populations of artificial and natural reefs in the Virgin Islands. Caribb J Sci 3: 31-46

Roessig JM, Woodley CM, Cech JJ et al (2004) Effects of global climate change on marine and estuarine fishes and fisheries. Rev Fish Biol Fisheries 14: 251-275

Sheaves M (2005) Nature and consequences of biological connectivity in mangrove systems. Mar Ecol Prog Ser 302: 293-305

Shepherd SA, McComb AJ, Bulthuis DA et al (1989) Decline of seagrasses. In: Larkum AWD, McComb JA, Shepherd SA (eds) Biology of seagrasses, pp. 346-393. Elsevier, Amsterdam Short FT, Wyllie-Echeverria S (1996) Natural and human-induced disturbance of seagrasses. Environ Conserv 23: 17-27

Stone R (2007) A world without corals? Science 316: 678-681

UNEP (2006) Marine and coastal ecosystems and human well-being: a synthesis report based on the findings of the Millennium Ecosystem Assessment. United Nations Environment Programme, Nairobi

Valentine JF, Heck KL, Blackmon D et al (2008) Exploited species impacts on trophic linkages along reef-seagrass interfaces in the Florida keys. Ecol Appl 18: 1501-1515

Valiela I, Bowen JL, York JK (2001) Mangrove forests: one of the world's threatened major tropical environments. BioScience 51: 807-815

Weinstein MP, Heck KL (1979) Ichtyofauna of seagrass meadows along the Caribbean coast of Panamá and in the gulf of Mexico: composition, structure and community ecology. Mar Biol 50: 97-107

Wilkinson C (2004) Status of coral reefs of the World. Australian Institute of Marine Science, Townsville

Wolanski E (2007) Estuarine ecohydrology. Elsevier, Amsterdam

第 1 篇 生物地球化学联系

第2章 热带沿海生态系统的氮、磷交换

Stephen E. Davis Ⅲ，Diego Lirman，Jeffrey R. Wozniak

摘要：受制于自然和人为作用力，红树林、海草床和珊瑚礁等生境中氮（N）和磷（P）的浓度和通量受到了一系列水文条件和化学过程的调节。红树林、海草床和珊瑚礁等沿海生境邻近地区城市中心日益扩张，极易受到过量营养盐以及土地利用的影响，导致富营养化以及无可避免的相关生态系统服务丧失的效应。所以，红树林、海草床和珊瑚礁属于热带地区最易受到威胁的生态系统。近半个世纪以来，滨海湿地和近岸水域之间物质交换的定量分析始终是河口生态系统的研究重点，但是，关于氮和磷在这些生境中的净交换的协力研究在最近20年才开始。而且，氮和磷循环的相互作用，特别是对红树林、海草床和珊瑚礁三大生境之间相互作用的深入研究基本是一片空白。红树林和海草生态系统在陆源影响近岸珊瑚生境过程中起到的缓冲作用依然是一个备受争议的话题。认识这些生态系统之间营养盐动力学的关键，是界定将这些生态系统在物理和生物地球化学上联系在一起的连通性事件的频率和量级。本章尝试阐明水体中氮和磷营养盐浓度和系统水平的交换（水介导通量和营养负荷量）。在不同地形、水文条件、季节演替和人类活动影响下，探讨氮和磷在各生态系统之间的相互作用方式。

关键词：红树林；海草床；珊瑚礁；营养盐；通量

2.1 前言

由于受到过度捕捞和土地转化以及土地利用等人为活动的影响，加上气候变化，红树林、海草床和珊瑚礁属于热带地区最易受到威胁的生态系统（Jackson et al.，2001；Valiela et al.，2001；Hughes et al.，2003；Pandolfi et al.，2003；Short et al.，2006）。这些生态系统，特别是海草床和珊瑚礁，普遍分布在水体清澈的寡营养海域，更易受到过量营养负荷和富营养化的影响（Szmant，2002；Short et al.，2006；Twilley，1995）。文献证据表明，营养负荷对珊瑚礁和海草床具有局部影响，在海水稀释和冲刷作用下，离岸距离越远，影响程度越低（Bell，1992；Szmant，2002；Atkinson and Falter，2003；Rivera-Monroy et al.，2004）。不过，红树林湿地能有效地降低随污水和农业废水流向海草床和珊瑚礁生态系统的营养负荷（Tam and Wong，1999；Lin and Dushoff，2004）。尽管红树林有上述功能，大量文献仍记录了强暴雨给这些滨海生态系统造成严重的径流和营养负荷影响（Tilmant et al.，1994；Short et al.，2006）。再者，邻近充分开发岸线和位于受限制的潟湖系统中（水体滞留时间延长）海草床占优势的区域一般也容易受到长期营养负荷的影响（Hutchings and Haynes，2005；Short et al.，2006）。通过元分析，Valiela 和 Cole（2002）认为，由于这些滨海过渡性/湿地生态系统对敏感的潮下带海草床起到缓冲陆源营养盐（尤其是氮）负荷的作用，在滨海湿地（红树林和盐沼）发育良好的河口，海草床生产力较高，海草床生境的丧失也较小。海草床和红树林生态系统在营养盐输入珊瑚礁生态系统过程中依次起到缓冲作用。

2.1.1 沿海通量的研究背景

近半个世纪以来，滨海湿地和近岸水体之间物质交换的定量分析一直是河口研究的热点之一（Teal，1962；Nixon，1980；Childers et al.，2000）。大量研究工作主要受到"外溢假说（outwelling hypothesis）"的启发，该假说是在美国东南部大西洋沿岸以盐沼为主的河口研究中形成的（Teal，1962；Odum and de la Cruz，1967；并参见本书第 3 章）。虽然研究并未证实其普遍性，但外溢假说有助于湿地-河口和河口-近岸之间氮和磷交换机制和范围的差异性的深刻认识。Nixon（1980）对盐沼与邻近河口之间氮和磷通量进行了集大成式的文献综述，总结了湿地对硝酸盐（NO_3^-）和亚硝酸盐（NO_2^-）吸收的趋势、从湿地向河口运输的溶解有机氮（DON）和磷酸盐（PO_4^{3-}）的通量。而在此之前，在分析热带和亚热带滨海湿地（例如红树林湿地）和近岸水域对海草和珊瑚礁生态系统的缓冲作用的研究中，学界关于氮和磷等营养盐的归宿和运输过程知之甚少。尽管 Nixon（1980）进行了广泛的综述，此后各作者（Boto，1982；Alongi et al.，1992；Lee，1995；Childers et al.，2000）结合热带滨海生态系统也进行了综述，但是对红树林、海草床和珊瑚礁生态系统中氮和磷的净交换追踪研究极少开展。

在滨海区，陆源无机和有机营养盐输入量呈间歇性变化，为降雨和径流季节变化的函数，导致滨海区水量（河水对海水）、营养盐浓度和通量的年际变化（Twilley，1985；Rivera-Monroy et al.，1995；Ohowa et al.，1997；Davis et al.，2003a）。而且，在许多河口生态系统中，营养盐通量大小和运输方向与营养盐浓度相关，突出说明海水水质与营养盐交换量和运输方向之间的密切联系（Wolaver and Spurrier，1988；Whiting and Childers，1989；Childers et al.，1993；Davis et al.，2003a）。热带风暴、锋面通道和飓风等自然干扰不仅会影响热带沿海生态系统的结构，而且导致各生态系统内部和各生态系统之间氮、磷和沉积物交换量的激增（Tilmant et al.，1994；Sutula et al.，2003；Davis et al.，2004）。

根据质量守恒定律，红树林湿地通常被认为是有机物质的净输出者（Lee，1995），说明红树林湿地也可能是海草床，甚至是珊瑚礁有机营养盐的来源之一。红树林和陆源物质的影响随着离岸距离而逐渐减小，最后被控制营养盐交换的海洋主导（主要是上升流）或者原位过程所取代（Monbet et al.，2007）。但是关于海草和珊瑚礁生态系统中营养盐循环和食物网动力学作用所输出的物质贡献程度尚未达成共识（Odum and Heald，1975；Robertson et al.，1988；Alongi，1990；Fleming et al.，1990；Lin et al.，1991；Hemminga et al.，1994，参见本书第3章）。

鉴于红树林对滨海热带生态系统的贡献未达成共识，而且营养物质来源具有空间（红树林⟷海草床⟷珊瑚礁）和时间（昼夜、季节和年际）变化，探索调节热带沿海生态系统中营养盐浓度的因素，可以进一步了解热带沿海生态系统中营养盐等物质之间的运输和交换过程。这些信息也能给我们提供一个更好的方法来管理，尤其是应对由人为活动导致流入沿海地区淡水质量和数量的变化。因此，本章的主要目标为总结目前氮和磷的浓度模式以及氮和磷在热带沿海水域的交换研究成果。

本章力求综述水体中氮和磷浓度及其与红树林、海草床和珊瑚礁等不同生态系统的物质（泥沙、植被、水、碎屑和生物）中氮和磷的通量。为了进一步了解受到威胁的沿海生态系统之间的相互作用，我们下一个目标综述各生态系统之间氮和磷（如负荷或水介质通量）交换的差异性。鉴于交换差异性的文献数量有限，我们主要研究热带生态系统内部的物质交换机制，并探索各热带生态系统中生物地球化学联系的时空范围和通量动力学的影响因子，尤其研究水体冲刷/水体滞留时间、空间关联性、与营养物源的距离（河流和上升流区域）和在氮和磷的浓度和通量驱动形式中人类活动的影响等因素起到的作用。

2.1.2 热带沿海生态系统中氮和磷交换概念模型

图 2.1 为概念模型，描述了热带沿海生态系统中水流调控的氮和磷潜在交换途径，并讨论文献中总结出来的氮和磷的浓度和通量数据。该模型和第3章图3.1模型相似。由于潮汐的作用，水流调控的生态系统物质以等效双向方式进行交换。然而，沿海河流输入的偶发性脉冲和上升流事件可能短暂地改变交换模型平衡的相位（向海方向交换或向陆地方向交换）。这个基本模型也反映了端元来源，如深海洋和陆地生态系统的贡献，同时也理解了各生态系统类型中氮和磷的有效内部再循环过程（同化和再矿化）。

简单起见，加上各生态系统可获得的信息有限，这个概念模型只适用于表层水体中氮和磷的运输和交换（图2.1）。显然，大气沉降、地下水输送作用、固氮和反硝化等生物过程会促进沿海氮和磷的循环，本章也会讨论这一过程（Zimmerman et al.，1985；Mazda et al.，1990；Sutula et al.，2003；Lee and Joye，2006）。甚至有证据表明珊瑚礁可能会接受到其他浅水环境中固定的氮（France et al.，1998）。不过，我们不会关注生态系统交流层次的这类过程，因为这类过程的氮贡献自动包含在这些生态系统内部和之间的氮和磷的经验性测量中。

2.2 沿海热带生态系统中的氮和磷

鉴于营养盐富集和潜在富营养化现象越来越严重，以及联系这些生态系统的潮汐和河流径流作用的普遍影响，认识沿海热带生态系统表层水体中重要生态元素（如氮和磷）的

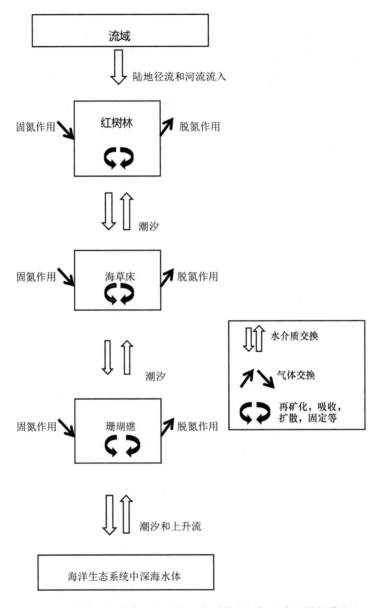

图 2.1　红树林、海草床和珊瑚礁生态系统之间氮和磷通量的横向和
纵向运输途径示意图

交换具有重要意义。由于氮和磷是组成有机体的结构（氮和磷）、电化学（磷）和生物有机体的机械结构（磷）（Sterner and Elser, 2002）的重要元素，氮和磷营养元素在生态系统中起着重要的作用（Sterner and Elser, 2002）。除了生物吸收作用，非生物过程如挥发、大气扩散、颗粒物吸附和矿化作用等也可以从生态系统中移除不同形式的氮和磷元素，导致海洋生物可利用的氮和磷受限制，热带沿海海洋生态系统中初级生产者受到氮或磷的元素限制（Fourqurean et al., 1992; Lapointe and Clark, 1992; Amador and Jones, 1993;

Agawin et al.，1996；Feller et al.，2002）。因此我们应该更进一步地理解氮和磷营养盐动力学。

19世纪40年代Justus von Liebig提出了营养限制说，Sterner和Elser（2002）从化学计量学角度对其进行了验证。根据营养限制说，生物需要的营养如果供应量极低（生物可获得的营养极低），生物的生长则受到限制。不过，Elser等（2007）最近通过元分析发现，每个生态系统不仅会受到单一的营养物质的限制，热带沿海生态系统，如红树林、海草床和珊瑚礁，对氮和磷的变化都会作出响应。红树林和海草床生态系统的实验证据也证实了这一观点（Feller，1995；Ferdie and Fourqurean，2004）。

氮和磷会从不同渠道进入红树林、海草床和珊瑚礁生态系统（Boto，1982；Liebezeit，1985；D'Eliaand Wiebe，1990；Hemminga et al.，1991；Leichter et al.，2003）。它们通过表层水、地下水和大气沉降（干沉降和湿沉降）等途径，以无机和有机形态输入到沿海生态系统。生态系统中的沉积物/土壤和生物是氮和磷的最重要储库。不过，河流淡水的输入和沿岸上升流所带来的氮和磷营养物质分别是红树林湿地和珊瑚礁的主要来源（D'Elia and Wiebe，1990；Nixon et al.，1996；Monbet et al.，2007），入海河流流量和质量的变化往往导致海岸带水域营养盐负荷的增加（Nixon et al.，1996；Valiela and Cole，2002）。一旦在红树林、海草床和珊瑚礁中稳定下来，氮和磷的各种形态就会通过一系列的生物地球化学途径发生转化和变化，具体取决于沉积物类型（陆源对生物源）、氧化还原、pH值、光、温度和不稳定的有机基质等（Nixon，1981；D'Elia and Wiebe，1990；Bianchi，2007）。

最后，避免热带沿海生态系统中营养盐动力学误解的重点在于，营养盐浓度并不一定直接转化成生物可利用的营养盐，因为尽管营养盐依然存在于生态系统中，但却暂时不能为初级生产者所利用。例子之一就是氨和磷酸盐等营养盐可能会被吸附在沉积颗粒物或者通过化学作用进入稳定的有机物。

2.2.1 红树林生态系统中氮和磷浓度

在红树林水道的水动力学和化学过程中，潮汐、风力、降雨和陆地径流的相互作用发挥着重要的作用（Lara and Dittmar，1999；Davis et al.，2001a；Childers et al.，2006；Rivera-Monroy et al.，2007）。然而，人类活动作用对沿海红树林水质的影响可超过上述自然因素，往往导致氮和磷的营养盐浓度急剧增高（Nedwell，1975；Nixon et al.，1984；Rivera-Monroy et al.，1999）。在潮汐作用力大、陆源影响较小的生态系统中，尽管地下水的流入会引起无机氮和磷浓度的增加（Ovalle et al.，1990），但无机氮和磷的浓度可能相当低（Boto and Wellington，1988）。由于季节性陆源输入作用，弱潮生态系统表层水体中盐度表现出雨季相对较低、旱季相对较高的形态，其中反映出端元源水流的贡献率。水体中氮和磷浓度有效反映了水源流量的变化（Davis et al.，2003a）。另一方面，在河流影响强的红树林水道，表层水质一般全面受到陆源输入的影响（Nixon et al.，1984）。

Davis等（2001a，b）研究表明，泰勒河下游（位于美国佛罗里达州，见图2.2中的

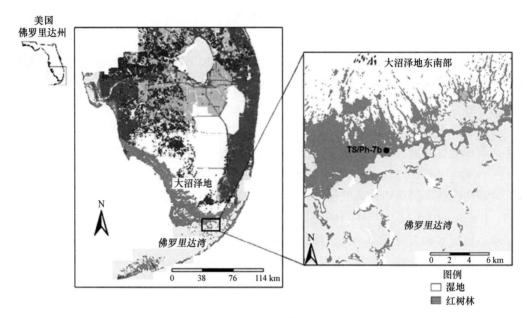

图 2.2 包括佛罗里达湾在内的佛罗里达州南部北接佛罗里达大沼泽地，南连佛罗里达珊瑚礁群岛。右侧的放大图：红树林生态系统位于佛罗里达淡水大沼泽地和以海草占优势的佛罗里达湾之间。地图根据佛罗里达沿海大沼泽地 LTER 地图服务项目（http：//fcelter.fiu.edu/gis/everglades-map）的资料成图

站位 TS/Ph 7b）总氮（TN）最低浓度可达 90 μmol/L，雨季高、旱季低，两者相差有时超过 40 μmol/L（表 2.1）。总氮的季节分布形态反映了溶解有机碳（DOC）的变化趋势，这表明，佛罗里达大沼泽地（Everglades）季节性径流向红树林系统提供的总氮以有机氮形式存在。Rivera-Monroy 等（1995）发现，墨西哥埃斯特罗湾（Estero Pargo）滨海红树林湿地（主要受到潮汐作用，陆源作用较少）也有溶解有机氮具有类似的季节性变化趋势。而且该湾雨季总氮的最高值（Rivera-Monroy 根据夏季溶解有机氮、颗粒态氮（PN）、氨、亚硝酸盐和硝酸盐的浓度评估，总氮约为 65 μmol/L，Rivera-Monroy et al.，1995）小于泰勒河流（77 μmol/L）和马来西亚桑干河（Sangga River）上游（60~80 μmol/L）的雨季均值，因为后者的红树林感潮水道受到较强的陆源影响（Nixon et al.，1984）。Boto 和 Wellington（1988）发现在受陆源影响较小的澳大利亚欣钦布鲁克岛（Hinchinbrook Island）附近珊瑚湾（Coral Creek）流系中溶解态有机氮浓度较低。

虽然总氮浓度相似，但是桑干河流系中总磷（TP）比泰勒河流高一个数量级（表 2.1），TN/TP 比值范围为 20~40（Nixon et al.，1984）。泰勒河流总磷浓度一般小于 0.5 μmol/L，TN/TP 比值超过 100，属于磷限制寡营养水域（Davis et al.，2001a，b）。佛罗里达州南部红树林过渡带表层水体中总磷浓度较低，但不属于磷限制。佛罗里达州南部红树林过渡带水体主要由佛罗里达南部淡水大沼泽地和佛罗里达湾河口东部混合而成，与其他碳酸盐占优势的红树林沼泽相似，如澳大利亚的珊瑚湾（Boto and Wellington，1988）。

表 2.1 不同红树林生态系统水体中氮和磷浓度的范围

单位：μmol/L

文献	地点	NH_4^+	NO_x^-	DON	TN	SRP	TP
Boto and Wellington (1988)	澳大利亚欣钦布鲁克岛珊瑚湾边缘红树林	0.1~1.6	<0.1~0.3	2.0~8.0	—	<0.01~0.22	—
Davis et al. (2001a)	佛罗里达州泰勒河矮小红树林	0.1~5.2	0.1~5.8	—	46~94	<0.01~0.15[a]	0.2~0.7[a]
Davis et al. (2001b)	美国佛罗里达州泰勒河边缘红树林	0.1~6.3	0.2~5.8	—	41~89	<0.01~0.24	0.18~0.67
Lara and Dittmar (1999)	巴西 Furo de Chato 的边缘/河岸红树林	<5~30	~2~4	—	—	~1~5	—
Nixon et al. (1984)[b]	马来西亚秦干河马塘红树林	<5~24	<0.2	20~50	40~85	0.2~1	~1-3
Ohowa et al. (1997)	肯尼亚加齐湾红树林河（Mkurmuji 和 Kidogoweni）	0.3~3	0.2~8	—	—	0.5~3.9	—
Ovalle et al. (1990)	巴西赛拜地巴湾潮沟边缘红树林	0.9~7	0.8~5	—	—	0.5~1.8	—
Rivera-Monroy et al. (1995)	墨西哥特尔米诺斯潟湖边缘红树林	1.1~51.7	0.2~4.9	7.8~42.9	~65[c]	—	—
Rivera-Monroy et al. (2007)	美国佛罗里达州鲨鱼河河岸红树林	<0.1~4.8	<0.1~3.5	—	~12~40	<0.01~0.8	0.2~2.9
Robertson et al. (1993)[d]	巴布新几内亚飞河河岸红树林	0.1~1.4	1.8~11.8	—	—	0.5~5.3	—

a. 1998 年 5 月样品中 SRP 和 TP 高达 0.46 和 1.32 μmol/L；
b. 数据来源 1979 年单个航次，只考虑了沿着河口剖面的红树林站位；
c. 雨季 TN=DON+PN+DIN；
d. 数据来源于 1989 年和 1990 年期间沿着盐度梯度的两个航次。

NH_4^+——铵盐，NO_x^-——硝酸盐和亚硝酸盐，DON——溶解有机氮，TN——总氮，SRP——溶解态活性磷酸盐，TP——总磷。

大多数红树林生态系统中可利用的溶解无机氮（DIN）和溶解态无机磷（DIP）浓度相似，而且可利用的营养盐浓度较低，属于寡营养生态系统（表2.1）。一般来说，红树林水体中溶解态无机磷（DIP）、溶解态活性磷酸盐（SRP）和溶解无机氮（DIN）浓度较低（NH_4^++NO_x^-; Alongi et al., 1992）。在一些条件下，无机营养盐浓度和结构主要受人类活动的影响（Nedwell, 1975; Nixon et al., 1984），而在其他条件下红树林生态系统主要受到陆源和地下水输入的影响（Boto and Wellington, 1988, Ovalle et al., 1990）。

佛罗里达州南部红树林生态系统位于寡营养海域，磷酸盐的含量有限，溶解态活性磷酸盐（SRP）浓度极其低。泰勒河流溶解态活性磷酸盐浓度范围为 0.01~0.05 μmol/L，有时低于分析观察值（<0.01 μmol/L）。与其他红树林生态系统相比，溶解态活性磷酸盐浓度低两个数量级（表2.1; Alongi et al., 1992）。所有红树林生态系统中 NH_4^+ 和 NO_x^- 浓度相似。虽然溶解无机氮浓度范围相似，但是泰勒河流溶解无极氮：溶解态无机磷比值（有时超过300）远高于其他红树林生态系统，反映了这个"上下倒置"的河口可利用无机磷浓度较低（Chiders et al., 2006）。Davis 等（2003b）指出：红树林叶片碎屑中氮：磷比值接近衰老期的黄色红树属植物叶片氮：磷比值，将近75，从而表明生态系统中氮：磷比值相对较高。

2.2.2 海草床生态系统中氮和磷浓度

在寡营养条件下，海草床表层水体中溶解无机营养盐浓度普遍较低（表2.2）。Touchette 和 Burkholder（2000）在海草床生态系统研究综述中指出，海草床中溶解态活性磷酸盐浓度为 0.1~<2 μmol/L，NH_4^+ 浓度变化范围为 0~3.2 μmol/L，NO_x^- 浓度变化范围为 0.05~8 μmol/L。表2.2 中其他研究成果与 Touchette 和 Burkholder 的研究结果一致。与表层水相反，沉积物间隙水体中无机营养盐浓度高出两个数量级，溶解态活性磷酸盐浓度达到 20 μmol/L，NH_4^+ 和 NO_x^- 浓度分别可高达 180 μmol/L 和 10 μmol/L。在富营养化条件下，尤其受人为排放营养盐影响的海区，无机营养盐浓度远高于寡营养海草生态系统。Lee 等（2007）研究表明，受人类影响的富营养海区，水体中 NH_4^+ 浓度超过 50 μmol/L，沉积物间隙水中 NH_4^+ 浓度超过 400 μmol/L。

表 2.2 不同海草生态系统中氮和磷浓度范围

单位：μmol/L

文献	地点	NH_4^+	NO_x^-	TN	SRP	TP
Agawin et al. (1996)	西菲律宾博利瑙角附近两个站位	1.6~1.9	0.4~0.8	—	0.1~0.2	—
Boon (1986)	澳大利亚摩顿湾	0.7	<0.1	—	0.53	—
Boyer et al. (1999)	美国佛罗里达湾	1.05~3.41	0.2~0.9	30.5~80.8[a]	0.03~0.05	0.25~0.65
Carruthers et al. (2005)	巴拿马都灵卡博斯附近3个站位	0.2~0.26	0.20~0.27	—	0.07~0.14	—
Erftemeijer and Herman (1994)	印度尼西亚	2.2~3.2	0.9~1.4	—	0.8~1.4	—
Fourqurean et al. (2003)[b]	美国佛罗里达湾	<0.1~120.04	—	~53[c]	<0.01~1.57	0.02~4.21
Hemminga et al. (1995)	肯尼亚加齐湾3个站位	0.4~0.8	0.3~0.45	—	—	—
Stapel et al. (1996)	印度尼西亚	1~2.6	—	—	0.1~0.6	—
Tomasko and Lapointe (1991)	伯利兹加里博岛	0.28	0.09	—	—	—
Tomasko and Lapointe (1991)	伯利兹双匙	1.05	0.05	—	—	—
Uku and Bjork (2005)	肯尼亚维平哥和尼亚利海滩附近站位	1.5~2	2.4~7.6	—	0.7~0.8	—

a. 总有机氮 (TON) 与总氮的比值；
b. 平行样的最小值/最大值的比值；
c. 据溶解无机氮和总有机氮的中值总测算。
表头缩写见表 2.1。

由于水体滞留时间（影响氮和磷的内循环）、营养盐源、风暴和风力事件及植被再循环和降解作用等非人为因素影响，海草床水体中氮和磷浓度呈现显著的时空变化。佛罗里达湾多个站点的长期数据表明：表层水体 NH_4^+ 浓度可以超过 100 μmol/L，尤其是在这个寡营养海湾的水文隔离的中心海域（Boyer et al.，1999；Fourqurean et al.，2003；表2.2）。Boyer 等（1999）也指出，在 1989 年到 1997 年期间，大量少磷的湿地流域淡水运输作用，佛罗里达湾水体中总磷浓度下降。由于受到大沼泽流域输入作用，佛罗里达湾氮：磷比值（N：P）从东向西逐渐降低，导致佛罗里达湾与墨西哥海湾界面附近水域可利用磷浓度较高，且向东方向逐渐下降（Fourqurean et al.，1993；Childers et al.，2006；图2.2）。

间隙水中的无机氮以 NH_4^+ 为主要存在形态，NO_x^- 的贡献率相对较低。水体中 NO_x^- 为主要存在形态，但 NH_4^+ 也可能在局部水域占优势（Touchette and Burkholder，2000；Lee et al.，2007）。除了无机营养盐，有机化合物，如氨基酸、尿素、溶解有机磷（DOP）和颗粒态有机磷（POP），也是海草生境中重要的氮和磷来源（Bird et al.，1998；Perez and Romero，1993）。事实上，Hansell 和 Carlson（2002）指出，海草生境中溶解有机氮和磷营养盐浓度远超过无机营养盐浓度，但溶解有机氮和磷不能被直接吸收利用。

与红树林相似，海草床中营养盐浓度是营养状态的指标，而且碳：氮：磷比值通常用于评估可获得的营养盐的时空分布差异（Duarte，1990；Fourqurean et al.，1992，1997）。Fourqurean 等（1992）也指出，碳：氮：磷比值空间变化反映了佛罗里达湾海草数量和生产力的模型。一般来说，海草被认为在大多数环境中受氮限制，而磷限制在碳酸盐为主的环境中普遍存在（Short，1987；Short et al.，1990；Fourqurean et al.，1992；Burkholder et al.，2007）。然而，营养盐限制机制主要受到本地物种和营养盐输入的影响。

2.2.3 珊瑚礁生态系统中氮和磷浓度

珊瑚礁的发育、健康和长期生存与营养盐通量和动力学具有密切关系。早期研究表明，珊瑚礁普遍称为海洋"绿洲"，可以在寡营养环境中呈现高生长能力和高效生产力，这样的特征促进人们在氮和磷等营养盐的作用方面开展重大的研究。珊瑚礁共生虫黄藻为珊瑚虫提供光合作用有机产物（如甘油、葡萄糖）等营养物质，并快速渗入到珊瑚礁组织，增强珊瑚礁的钙化效率。在共生关系中，珊瑚虫作为宿主通过代谢废物以及提供生境和增强光环境等维持光合作用，为虫黄藻提供无机营养（Muller-Parker and D'Elia，1997；Anthony et al.，2005）。珊瑚虫吸收水体中溶解态氮和磷的能力以及珊瑚-虫黄藻共生体的营养盐再循环作用，保证了在低浓度可利用性营养盐环境下，珊瑚礁生态系统能够维持高效率的生产力（Johannes et al.，1972；Atkinson，1992）。

人们原先认为，珊瑚礁只能在光照、温度和营养盐等物理参数均符合的狭窄环境中良好发育。关于珊瑚礁属于脆弱的生态系统，只能在狭窄的最适物理条件下生存的观点受到最新观测结果的挑战。最新观察结果表明，珊瑚礁可以在其原先属于生存"临界"区发育和生长（Perry and Larcombe，2003）。在低温高营养盐的上升流海区（Glynn，1977）和在营养盐浓度高、沉降作用强和光照条件差的近岸生境（Fabricius，2005；Lirman and Fong，2007）记录了珊瑚的生长和珊瑚礁发展。结果表明，珊瑚礁生态位可能比原先预期的范围更宽，而且中等营养盐水平条件可能给珊瑚礁带来潜在利益（Anthony，2000；Anthony and Fabricius，2000）。在临界环境中，珊瑚的生存和生长与珊瑚共生虫黄藻提供营养的能力存在直接关系。如 Fabricius（2005）指出，对颗粒有机物质的适量摄取，有助于珊瑚生长，同时冲抵溶解态无机氮高、光照率下降和沉降作用等的不利影响。同样，Edinger 等（2000）指出，珊瑚可以通过摄食颗粒或者溶解有机物质为自身补充能量。最后，近海沿岸生境中，异养能量和营养物质来源可利用性的提高，有利于促进珊瑚生长、增加能量储存，增强抵抗珊瑚白化等干扰的能力（Edinger et al.，2000；Anthony，2006；Grottoli et al.，2006）。

与红树林和海草床生态系统相比，在包含地表水浓度数据，更不用说涉及间隙水或者沉积物氮和磷的文献中，关于不同形式的氮和磷的文献数量较少。Szmant（2002）综述了珊瑚礁生态系统多样性的研究成果，指出水体溶解无机氮和磷的浓度普遍较低（通常溶解无机氮为大约或者低于 1 μmol/L 左右，溶解态活性磷酸盐小于 0.5 μmol/L），而且营养盐浓度从陆地一侧的珊瑚礁向邻近上升流和冲刷力强的珊瑚礁顶逐渐上升。Szmant 和 Forrester（1996）的其他研究以及 Costa 等（2006）的综述说明，除了潜在的重要季节变化外，在每个调查海区中，珊瑚礁生态系统水体中营养盐浓度呈现相似的空间变化。为此，需要更进一步了解珊瑚礁生态系统中营养盐浓度时空变化的影响因素。

2.2.4 红树林生态系统氮和磷的通量

感潮红树林湿地中物质交换的研究在河口文献中所占分量越来越重（参见第 3 章）。除了 Golley 等（1962）和 Odum 和 Heald（1972）等开拓性研究外，热带红树林河口成为生态系统水平的研究领域只是 15~20 年以来的事。采用温带盐沼的许多技术，红树林研究的最新进展说明，感潮红树林湿地有效成为总悬浮固体（Rivera-Monroy et al.，1995）和溶解无机氮（Kristensen et al.，1988；Rivera-Monroy et al.，1995）的汇。这些研究成果有助于加深对热带和亚热带河口生态系统中影响红树林衍生物质交换的环境因素的了解。

在红树林水生生态系统中，树叶凋落和分解是营养盐和生源碳再循环的重要途径（Fisher and Likens，1973；Brinson，1977；Tam et al.，1990）。虽然生物学过程在调控落叶的最终归宿中起到重要作用，但是大量现场和实验室研究证据表明，水流浸出在落叶的最初流失中起最重要的作用（Brinson，1977；Rice and Tenore，1981；Middleton and McKee，2001），落叶的浸出速率易受到温度、盐度、光照和水量等环境因子的影响（Nykvist，1959，1961；Parsons et al.，1990；Chale，1993；Steinke et al.，1993）。有研究表明，生物作用对落叶的早期分解阶段的贡献可以忽略不计，而且往往受到落叶中微生物作用的限制（Nykvist，1959；Cundell et al.，1979；France et al.，1997）。不过，也有一些研究表明，在红树林树叶浸出过程中，微生物 24 小时之内在落叶的固碳和营养盐浸出方面起到重要作用（Benner et al.，1986；Davis and Childers，2007）。

在热带红树林生态系统中，落叶在水体中浸泡若干天后，落叶浸出率显著降低，但这个过程正是氮和磷进入水体和土壤的主要过程（Rice and Tenore，1981；Chale，1993；Steinke et al.，1993；Davis et al.，2003b；图2.3）。营养盐供应量较低时，叶体表面细菌可利用浸出的营养盐，促进难降解落叶组织的腐烂，导致这些组织随着时间的流逝逐渐富集（Davis et al.，2003b；Davis and Childers，2007）。在区域范围内，红树林落叶凋落和浸出的耦合过程，导致滨海湿地具有独特的水质和物质通量的年际变化特征（Twilley，1985；Maie et al.，2005）。这个耦合过程对于水体滞留时间长、草食速率非常低、营养盐缺乏、植株矮小的红树林湿地具有特别重要的意义（Twilley，1995；Feller and Mathis，1997）。各种生态系统特征的共同作用自然导致进一步依赖于营养内循环（及碎屑途径），以其作为控制营养盐获得和生产力的手段。

水温和盐度是决定全球沿海红树林生态系统空间分布的最重要因素（Kuenzler，1974；Odum et al，1982；Duke，1992）。无论是水温还是盐度发生变化，都会深远地影响红树林湿地地上和地下生长力（Alongi，1988；Clough，1992）。在热带和亚热带海区，水温普遍为季节或年度一段时间的函数，反映了大气温度、光照强度和降水/云量的变化。盐度通常是水量的季节性（雨季和旱季）特征、水源（高地径流和海水/潮水）和河口地理位置的指标。盐度和温度的变化会影响红树林湿地中某种组分的可获得性、释放和吸收。在温带盐沼生态系统中已经记录到这样的关系（Wolaver and Spurrier，1988）。

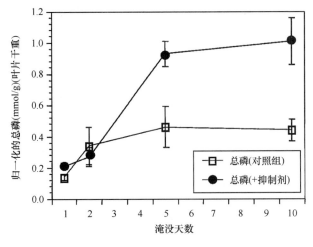

图2.3 美洲红树（*Rhizophora mangle* L.）叶片在10天培养中浸泡出来的总磷量。含有抑制剂的培养液中没有生物活性，水体中的磷浓度等于浸泡出来的磷浓度。试验组和对照组比较说明了叶面附生细菌在将水体中的磷移除和把被浸出的磷再转移到叶片表面的贡献程度。所有的数值归一为每片叶片的最初干重

与有机碳动力学相似，红树林湿地中总氮动力学随着潮汐、季节和陆源影响的相对作用而变化。然而，Alongi等（1992）指出，红树林湿地的氮通量不仅低，而且不稳定，表

明河口基本不受本地环境和季节性变化的影响。Rivera-Monroy 等（1995）测量了从墨西哥海湾沿岸潮沟红树林，即邻近埃斯特罗湾滨海的红树林大量输出的总氮量（溶解有机态和颗粒态氮）。结果表明，在大部分采样点，溶解有机氮输出量相对较为稳定，而颗粒态氮（PN）输出量具有季节性变化，降雨过后测得的输出量最高（Rivera-Monroy et al.，1995）。另一方面，澳大利亚珊瑚湾的感潮红树林湿地属于山地陆源影响较小的湿地，颗粒态氮的输出和溶解态有机氮输入速率相当高（Boto and Bunt，1981；Boto and Wellington，1988）。泰勒河流季节性通量数据分析结果表明，总氮的输入速率相对稳定，而且与墨西哥观察到的溶解态有机氮和颗粒态氮通量为同一个数量级（Rivera-Monroy et al.，1995；Davis et al.，2001a）。佛罗里达大沼泽地和佛罗里达湾长期水质数据分析结果说明，红树林区生态系统中总氮浓度高于佛罗里达海湾下游海区，证实矮小红树林中也有吸收总氮的现象（Childers et al.，2006）。

不同区域热带红树林氮通量研究表明，NH_4^+ 和 NO_x^- 相对交换量具有差异性。例如，Boto 和 Wellington（1988）根据 NH_4^+ 输入量和 NO_x^- 输出量分析（表 2.3），指出珊瑚湾中溶解态无机氮通量相对较低。虽然本研究测量的大部分潮汐数据说明各种组分的氮通量均显著，但作者认为按照溶解态无机营养盐的交换情况，生态系统处于近似平衡的状态（Boto and Wellington，1988）。Dittmar 和 Lara（2001）也发现，在巴西卡埃特（Caeté）河口红树林中 NO_x^- 通量较低。同时，也有研究表明，两类溶解态无机氮均输入到红树林滩涂湿地生态系统。Kristensen 等（1988）通过底栖生物现场测试系统（benthic chambers）测量了泰国敖南博尔（Ao Nam Bor）红树林沼泽的沉积物-水界面通量，发现有光系统和无光系统中两类溶解态无机氮的吸收率相似且稳定（表 2.3）。而且红树林沼泽生态系统中硝化和反硝化速率大致达到平衡状态（Kristensen et al.，1995）。与此相似的是，Rivera-Monroy 等（1995）指出，埃斯特罗湾具有稳定的溶解态无机氮的吸收作用（表 2.3）。然而，由于泥沙对氨的滞留作用、植物的吸收和高反硝化率，NH_4^+ 吸收速率比 NO_x^- 大约高出一个量级（Rivera-Monroy et al.，1995）。在埃斯特罗湾开展的硝化-反硝化耦合作用分析说明，NO_x^- 的吸收与脱氮并不一定相关，反而与沉积物吸收和滞留相关（Rivera-Monroy and Twilley，1996）。Alongi（1996）等通过钟罩培养实验计算说明，珊瑚湾中潮间带沉积物的无机氮和磷的吸收保持一致（表 2.3）。泰勒河溶解态无机氮通量数据表明，矮小红树林湿地中 NH_4^+ 始终向沉积物输入，而 NO_x^- 始终释放到水体（Davis et al.，2001a）。间隙水体中 NH_4^+ 的浓度不能代表输入到土壤中的 NH_4^+ 通量（硝化作用的指标），因为大沼泽地中这个地区的 NH_4^+ 浓度一般超过 50 μmol/L（Koch，1997）。这个趋势与许多河口盐沼，甚至是部分红树林沉积物中的趋势相反，后者的 NH_4^+ 通常是输出而 NO_x^- 为输入（Nixon，1980；Childers et al.，1999；K Liu and SE Davis，未发表的数据）。Lara 和 Dittmar（1999）也指出，生产力和呼吸作用的昼夜变化也会影响红树林湿地的氨动力学，如巴西红树林晚间 NH_4^+ 浓度比白昼高出大约 44%。

表 2.3 不同红树林生态系统中氮和磷通量的评估，包括年际和逐时评估

文献	地点	方法	NH_4^+ 通量	NO_X^- 通量	SRP 通量	TN 通量	TP 通量
Alongi (1996)[a]	澳大利亚珊瑚湾	岩芯培养	0.07	0.04	0.03	-	-
Boto and Wellington (1988)	澳大利亚珊瑚湾	水流通量	0.15	-0.03	-	-	0.5
Davis et al. (2001a)	美国泰勒河	红树林内闭区	2.55	-4.32	-	26.1	0.41
Kristensen et al. (1988)	泰国敦南博尔	底栖通量	6.83	4.51	-	-	-
Liu and Davis 未发表数据	美国泰勒河	岩芯培养	-1.74	0.07	0.08	-	-
Rivera-Monroy et al. (1995)	墨西哥埃斯波特罗湾	羽流	0.53	0.08	-	-	-
Rivera-Monroy 未发表数据	墨西哥鲨鱼河	岩芯培养	-2.51	0.95	-	-	-
Rivera-Monroy 未发表数据	美国鲨鱼河	岩芯培养	0.65	0.29	-0.08	0.06	-
DT Rudnick et al., 南佛罗里达州水管理区, 未发表数据	美国泰勒河	底栖通量	3.28	1.2	-	-	-

a. 多个季节采样的平均值；
b. 培养得出逐时立方米季节平均通量；
c. 基于多个采样点估算出来的年通量，通量单位: $g/(m^2 \cdot a)$；
d. 数据来源：先见 Rivera-Monroy 未发表的数据, 后见 Childers 等 (1999)。缩写见表 2.1。
正值表示红树林吸收；负值表示向水体中输出或者释放。

对泰勒河流矮小红树林湿地的研究结果表明,硝化作用形成的 NH_4^+ 是水体中氧化无机氮的重要来源。Ovalle 等(1990)通过研究巴西塞佩蒂巴湾(Sepetiba Bay)感潮红树林湿地中化学过程的控制因素,也得出了类似的结论。他们认为净硝化作用大于净反硝化作用,因此在落潮期间观测到水体中硝酸盐增加(Ovalle et al.,1990)。根据水文条件和基底可利用性,这种氧化无机氮源可能会促进原位或者邻近生态系统的脱氮作用,从而导致河口中氮的大量丧失(Jenkins and Kemp,1984;Henriksen and Kemp,1988;Seitzinger,1988)。但是,研究表明,在未受污染的红树林生态系统中,脱氮作用不会成为重要的氮汇,因为硝酸盐主要输入到沉积物中,而不是排放到大气中(Alongi et al.,1992;Kristensen et al.,1995;Rivera-Monroy and Twilley,1996)。

只有少量的研究测量到红树林生态系统中湿地-水体之间磷的显著交换,其中大多数研究结果表明,由于红树林生态系统促进了沉积物相关形态的磷的沉积,或者沉积物有效地清除水体中的磷,红树林湿地的磷为净输出(Nixon et al.,1984;Boto and Wellington,1988;表 2.3)。Dittmar 和 Lara(2001)观察到巴西红树林湿地中溶解态活性磷酸盐在旱季输出显著,而在雨季红树林吸收的溶解态活性磷酸盐则少。由于泰勒河流磷浓度非常低,Davis 等(2001a,b)在湿地土壤、植被和水体之间难以检测到显著的溶解态活性磷酸盐通量。但是,在旱季和雨季的采样调查中,他们观察到矮小红树林湿地中显著的总磷交换(Davis et al.,2001a;表 2.3)。

2.2.5 海草生态系统氮和磷的通量

沿着尚未开发的热带海岸线,陆源径流一般在流入近岸海草床生态系统之前会先经过红树林。上述红树林通量形态对进入海草床生态系统中的氮和磷的浓度和形态普遍具有重要的影响。不过,在总量物质交换方面,尤其是在潮汐作用较小、流量呈雨季-旱季强烈变化的红树林生态系统中,氮和磷的浓度和形态主要受表层水流形态的驱动。例如,在佛罗里达大沼泽地生态系统南部,雨季输入量约占佛罗里达湾表层水体氮和磷净输入量的 99%(Sutula et al.,2003)。而且,飓风和热带风暴等是红树林湿地和海草床之间氮和磷年交换的主要影响因素(Davis et al.,2004)。通过分析来自佛罗里达州沿海大沼泽地生态研究项目(FCE-LTER,D Childers 未发表数据)和美国地质调查局(USGS)泰勒河口站的总氮和总磷浓度长期监测数据表明,在佛罗里达湾东部红树林和海草生态系统之间表层水体中物质交换具有显著季节变化(图 2.2 和图 2.4)。这样的结果直接反映了红树林流域输入的季节性变化:在雨季输入量大,在旱季输入量少(图 2.4)。再者,红树林区和海草床之间距离小(图 2.5),陆源或者红树林输入的营养盐对海草床产生直接的影响,反之亦然,尤其在飓风等风暴期间可能会引起潮下带沉积物(海草)再悬浮,随后沉积在邻近的红树林中(Davis et al.,2004;图 2.5)。

海草床主要通过叶片和根-根茎系统吸收营养,而且,叶片和根茎也是营养储库,尤其是氮可以以氨基酸、其他溶解态和非溶解态化合物形式储藏(Udy et al.,1999)。而且与海洋和陆地的其他植物一样,海草具有吸收并储藏超过其代谢需求的营养,以备在营养

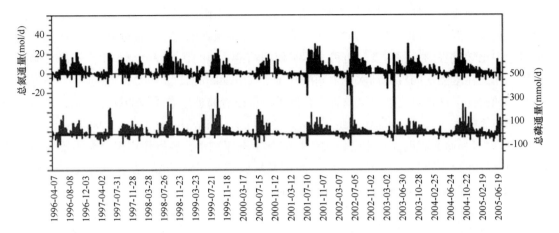

图2.4 流向佛罗里达湾东北部的泰勒河红树林中总氮和总磷的通量。1996—2005年长期数据表明,在佛罗里达湾中以海草为主的水域和红树林生态系统之间,氮和磷通过水体的交换量和排放量具有显著的季节变化

供应不足时加以利用(Gobert et al., 2006; Romero et al., 2006)。最后,我们对营养盐在海草地上和地下组织内部之间和两者之间输送过程还缺乏研究,相关研究表明海草可以在芽内部(Lepoint et al., 2002)和克隆无性系分株之间(Marbà et al., 2002)交换营养盐,维持新组织的生长。

叶片和根茎的氮和磷吸收率具有显著的物种和生境差异。间隙水营养盐浓度相对较高,说明营养盐主要通过地下组织吸收,但通过叶片吸收水中营养盐也具有相当的贡献(见 Romero et al., 2006 的综述)。事实上,相关实验研究证明,叶片组织具有较高的营养盐吸收能力,在低浓度营养盐环境中表现更为明显。例如,Lee 和 Dunton(1999)指出通过泰莱草(*Thalassia testudinum*)叶片吸收的氮营养盐占50%。而且,大叶藻属(*Zostera*)(Short and McRoy, 1984)、虾海藻(*Phyllospadix*)(Terrados and Williams, 1997)和波喜荡草(*Posidonia*)(Gobert et al., 2006)具有很高的氮吸收率。海草叶片对 NO_3^- 具有更高的亲和力。而通过根和茎的溶解态无机氮以 NH_4^+ 形态为主(Touchette and Burkholder, 2000)。

海草床可以通过以下3个过程补充营养盐:营养盐从上覆水沉降到土壤中、固氮作用和叶片吸收作用(Hemminga et al., 1991)。海草床营养盐主要包括水体中可利用的营养物质和有机物质再矿化作用释放的营养物质。包括无机和有机化合物的悬浮颗粒物通过沉积作用为海草床带来主要的营养物质(Romero et al., 2006)。海草床在储存颗粒物和沉积物以及有机物质的积累过程中起到重要作用,同时也是海草生境的发展和生存中心。海草覆盖层的缓冲作用促进了沉积物和颗粒物的积累,提高了营养盐浓度(Hemminga et al., 1991; Koch et al., 2006)。

海草床沉积物中的有机物总量取决于海草和其他有机体(大型藻类、附生植物和微藻类)的代谢产物和外源有机物以及上述输入有机物的利用和降解。根据估算,沉积物输入

图 2.5 从左上顺时针移动，图（a）显示海草床上的红树叶片碎屑；(b) 2005年，由于威马飓风的作用，碳酸盐沉积物储存在佛罗里达州南部的红树林中；(c) 沉积在图（b）中的碳酸盐沉积物的厚度；(d) 邻近红树林的海草快速生长；(e) 海草生长在珊瑚顶部

的氮［超过 60 g/(m^2·a)（以 N 计）］（Romero et al.，2006）和磷［2.01 g/(m^2·a)（以 P 计）］（Cacia et al.，2002）可以满足海草床的大部分需求。对马德雷潟湖（美国得克萨斯州）海草床营养盐通量的研究发现，水体再生了大量的氨，同时沉积物也向水体释放出大量的氨氮（Ziegler and Benner，1999）。Ziegler 和 Benner（1999）认为白天沉积物释放作用与底栖生物的氨再生具有相关性。同样，Holmer 和 Olsen（2002）与 Mwashote 和 Jumba（2002）等对底栖生物通量的研究结果表明，在泰国普吉岛（Phuket Island）和肯尼亚加齐湾（Gazi Bay）溶解态无机氮主要在海草床沉积物释放作用中形成。最后，海草根茎系统中的微生物活动为海草生境固定了大量的氮（Welsh，2000），可以满足泰莱草（*T. testudinum*）38%的氮需求（Capone and Taylor，1977）。

海草床生态系统和红树林中营养盐平衡和再循环的一个重要机制是，植物对衰老组织的营养盐的再吸收机制（Feller et al.，2003；Romero et al.，2006）。事实上，每年超过20%的氮和磷需求量是通过营养盐再吸收作用而满足的（Hemminga et al.，1999）。然而，即使海草能够回收存储相当一部分成熟叶片的营养盐，但落叶转化成碎屑之前，落叶中含有的75%以上的营养盐则会漂移出海草床，造成大量营养盐的流失。

海草床中氮和磷主要流失方式包括活体或死亡植物的消融和渗出、从沉积物中扩散、脱氮、动物摄食导致的营养盐转移以及落叶和碎片的营养输出等过程（Hemminga et al.，1991）。海草床氮和磷主要通过波浪、潮汐和海流作用，将叶片移除（Romero et al.，2006）。落叶和大型藻类的输出不仅影响了海草床和邻近生境（如红树林、硬底生境和珊瑚礁）之间的关系，同时也是营养盐流失的重要途径。Mateo 等（2006）研究表明，水动力作用引起的海草床生产力输出可高达100%，其中流失的氮和磷可分别超过40%和20%。在风暴期间，海草床输出量特别大（Davis et al.，2004），风暴过后普遍在红树林区周围观察到海洋沉积物和海草凋落物（参见第3章图3.5）。同时，在佛罗里达礁块珊瑚礁生境附近以泰莱草（*Thalassia testudinum*）为主的沙底海草床，大量的大型藻类和海草凋落物聚集在邻近的佛罗里达珊瑚礁区（D. Lirman 个人观点）。

另外一种移除海草生境的营养盐的方式是草食动物的摄食和摄食过程导致叶片的凋落。虽然，栖息在海草床中的草食动物排泄的粪便使得再矿化的氮和磷返回海草生态系统，但是以海草床为食，而每天部分或大部分时间远离海草床的草食动物导致海草床净氮和磷的流失，白天在红树林生境栖息，而晚上则洄游到海草床摄食的稚鱼就是实例（Nagelkerken et al.，2000；Verweij et al.，2006）。

最后，氮和磷也可以保留在生态系统内部，但却不能为海草利用，尤其是吸附在无机和有机颗粒物上的磷，不能被植物吸收。在碳酸盐沉积物中，磷普遍和钙化合，从而降低了海草的可利用率，限制了海草的生长。同样，结合到难溶解有机化合物中的氮和磷会埋藏在沉积物中，再也不能为海草吸收利用（Koch et al.，2001）。

2.2.6 珊瑚礁生态系统氮和磷通量

通过测量珊瑚礁上部各段时间水流过时营养盐浓度的变化，可以测算水体和珊瑚礁群落之间氮和磷的通量（Johannes et al.，1983；Atkinson，1987）。珊瑚礁吸收溶解无机氮和磷的时空变化不仅快速而且幅度大，具体变化直接取决于研究区域珊瑚礁群落的生物学和结构特性（生产力、丰度、种类结构、地形；Baird and Atkinson，1997；Koop et al.，2001）、水动力学（水滞留时间、混合、流速；Hearn et al.，2001；Falter et al.，2004）、温度和光照（Johannes et al.，1983）以及营养盐浓度（Pilson and Betzer，1973；Smith et al.，1981）等。例如，在大堡礁进行营养盐添加实验中，氨氮和溶解态活性磷酸盐浓度分别增加到大于 11 μmol/L（氨氮）和大于 2 μmol/L（溶解态活性磷酸盐）（Koop et al.，2001），在营养盐添加后 2~3 个小时，氨氮和溶解态活性磷酸盐浓度恢复到环境背景值，表明珊瑚礁对营养盐吸收速率变化范围远大于大多数珊瑚礁自身的营养盐范围。

陆源颗粒态和溶解态的无机和有机氮和磷为珊瑚礁提供了大量的营养盐（Furnas et al.，1997）。营养盐主要以颗粒态形式输入到沿海环境（Furnas，2003）。在沉积速率高的海域，细菌、浮游生物和悬浮物中的碎屑通过再矿化作用生成的营养盐量相当高，便于珊瑚礁生物直接利用（Fabricius，2005）。珊瑚、海绵、被囊类、双壳类、苔藓虫和多毛类等底栖生物会摄食浮游植物，这种摄食关系实际上在珊瑚礁区形成了底栖-浮游生物之间耦合机制，也构成重要的营养物质来源（Yahel et al.，1998）。除了来自海洋（细菌、浮游植物、浮游动物）和陆地的外源营养盐（地表水流、河流排放、地下水、污水排放），大气沉降、上升流、降雨和固氮作用等也是珊瑚礁生态系统的营养物质来源（D'Elia and Wiebe，1990）。

珊瑚礁周围普遍分布着海草床和大型藻类群落，邻近也分布着为其提供碎屑物质营养盐的红树林生境。波浪和海流把植物碎屑运输到珊瑚礁生态系统，通过再矿化作用，为珊瑚礁生物提供可利用的营养盐。最后，草食动物会将珊瑚礁作为庇护所，但每天都会洄游到海草床等邻近生境摄食，同时，草食动物的粪便等代谢产物的沉积作用，可增加珊瑚礁中的营养盐浓度。比如，在加勒比海和其他海区的珊瑚礁块状分布区，许多草食动物夜晚以珊瑚礁为生境，白天到周围生境中摄食，因此在珊瑚礁周围形成"晕圈"。这些没有基质的晕圈普遍是由从珊瑚礁向外摄食的海胆和鱼类形成的（Randall，1963；Ogden et al.，1973）。Meyer等（1983）的报告为草食动物的摄食活动对珊瑚礁带来新的营养盐提供了实例，该报告说明成群结队的石鲈稚鱼夜晚在附近的海草床牧食，白昼集聚在珊瑚礁区，它们的排泄物为珊瑚礁提供了必需的氮和磷等营养物质，这些物质易于纳入珊瑚组织，促进珊瑚的生长[①]。

在地理区域之间和地理区域之内，上述不同来源营养物质的相对贡献率在不同珊瑚礁之间具有显著差异。根据 Furnas（1997）的测定，大堡礁中部地区具有4种主要的外源营养物质来源：（1）河流可能是最大的营养物质来源，贡献量高达 21.3 kmol/m（以 N 计，以米为单位的大陆架直线距离）和 2.0 kmol/m（以 P 计）；（2）上升流的贡献量为 5.0 kmol/m（以 N 计）和 0.4 kmol/m（以 P 计）；（3）降雨贡献量为 0.84 kmol/m（以 N 计）和 0.02 kmol/m（以 P 计）；（4）生活污水贡献量为 0.14 kmol/m（以 N 计）和 0.02 kmol/m（以 P 计）。在风暴和季节性强降雨引发的突发性洪水期间，河流中的大量氮和磷输入到珊瑚礁生态系统，再次突出了突发事件发生的影响。一般来说，输入的磷均匀地分为溶解态无机或者溶解态活性磷（DIP 或者 SRP），溶解态有机磷和颗粒态磷；而输入的氮中75%以上为溶解态有机氮，18%为颗粒态氮，不到5%为溶解态无机氮，主要为 NH_4^+ 和 NO_3^-（Furnas et al.，1997）。最后，海底和深海蓝藻[主要是束毛藻（*trichodesmium*）]固氮作用是大堡礁中部海区另一个潜在的重要氮源，贡献量为 72 kmol/m（以 N 计）

---

① 原文："Another example of grazing activities that can introduce new nutrients into reef habitats was described by Meyer et al.，(1983) who reported that the feces of schools of juvenile grunts, that grazed on nearly seagrass beds during the day but aggregated during the day around coral colonies, can be significant sources of N and P that can be readily incorporated into coral tissue, enhancing coral growth."显然有误，认为其中一个"during the day"应该是"during the night"。——译者注

(Furnas et al., 1997)。

珊瑚礁能有效地从上覆水团中移除溶解态的营养盐（Koop et al., 2001），而且具有把再循环营养物质保存在珊瑚礁内部的能力。同样为低营养海域，但和开阔大洋水域相比，珊瑚礁生境的总生产力和生物量累积率均高，因此科学家认为供应给珊瑚礁群落的营养盐主要通过严密的营养盐滞留和再生保留在珊瑚礁内（Pomeroy, 1970; Johannes et al., 1972）。最新的研究表明，从水体中直接吸收营养盐也是重要的营养新来源（Falter et al., 2004）。尽管外源营养盐和内部再生营养盐对珊瑚礁生产力的相对贡献率仍存在着争议，但是可以肯定的是，珊瑚礁具有保存外源和再生营养盐的机制，为生产力做出了贡献。

珊瑚宿主与其共生的虫黄藻之间的光合作用产物和废物的交换，促进珊瑚礁生态系统营养盐的再循环，促进了珊瑚虫和岩礁的生长。沉积物细菌群落和礁石缝隙中大量的隐生生物对有机碎屑的再矿化作用，是珊瑚礁群落再循环营养物质的重要来源（Szmant-Froelich, 1983; Szmant, 2002）。在大堡礁中，底栖生物的再矿化作用，为珊瑚礁群落提供14 kmol/m（以N计）和1.8 kmol/m（以P计）的营养盐（Furnas et al., 1997）。

研究表明，珊瑚礁具有输出营养盐的能力，这说明珊瑚礁是邻近海草床或者红树林生态系统的潜在营养物质来源（Webb et al., 1975; Delesalle et al., 1998; Hata et al., 1998）。营养盐主要以溶解态和颗粒态形式随水流输送，气态营养盐主要通过脱氮作用输送。例如，在风暴期间，珊瑚礁上的大型藻类被冲刷走，同时也消除了入侵珊瑚礁的竞争生物，从而有利于珊瑚礁；但这说明大量富含营养盐的植物生物量的输出，从而不能通过消化或再矿化作用等为珊瑚礁提供再生营养盐（Lapointe et al., 2006）。就像海草生境一样，营养盐也可以依然储存于珊瑚礁中，却不能被珊瑚礁中的生物所利用。结合进难降解有机物中的氮和磷可能埋藏于沉积物，或者深入到岩礁缝隙中，再也不能为生物吸收利用。

2.3 人类对氮和磷浓度及通量的影响

20多年前，人们认为水文和地貌条件是影响滨海湿地和近岸水域之间有机物质通量的主导因素（Odum et al., 1979）。后来，红树林湿地在潮汐作用中输出有机物的外溢效应的数据证实了这个结论（Twilley, 1985; Lee, 1995的综述）。红树林、海草床和珊瑚礁等沿海生态系统直接连接着陆地和河流，使得这些生态系统特别脆弱，因为它们不仅受到土地转化的影响，而且也受到富营养化的影响（Valiela et al., 2001）。除了水文直接联系外，这些生态系统在地理位置上相互邻近（图2.5），也使其容易受到影响。近15年以来，红树林湿地营养盐通量研究显著增加。这是由于森林砍伐、沿海开发、石油泄漏和淡水输入作用，导致热带和亚热带沿海水质恶化所引起的（Twilley, 1998）。

总体来说，这些最新通量研究的重点在于红树林和近岸环境之间有机物的交换（Boto and Bunt, 1981; Twilley, 1985; Woodroffe, 1985; Flores-Verdugo et al., 1987; Robertson, 1986; Lee, 1995）。然而，关于红树林湿地或红树林和近岸生态系统之间无机氮和磷的定量交换却基本没有开展研究（Boto and Wellington, 1988; Kristensen et al., 1988;

Nedwell et al.，1994；Rivera-Monroy et al.，1995；Davis，1999）。虽然人们普遍认为红树林输出的有机物与潮汐有关（Odum et al.，1979；Twilley，1985；Lee，1995），但是对河口红树林生态系统的无机营养盐机制的了解仍相对较少。这是由于人为营养盐负荷和可利用的营养盐多样性，导致了红树林生态系统结构和形态具有多样性。而且，红树林湿地是邻近海草床的营养盐负荷缓冲带（Valiela and Cole，2002）。

由于沿海生态系统受到一系列因素的影响，全球范围内的海草群落在数量和空间分布范围上均大幅度缩减，这些因素也是其他生态系统备受压力的来源。这些因素包括自然干扰，如温度升高、海平面变化、水化学变化、病虫害、竞争（牧食、附生和入侵物种）和风暴事件；也包括人为干扰，如人口增长和沿海开发引起的沉积物和营养盐、污染、疏浚和船舶影响和过度捕捞等的增加（Orth et al.，2006 的综述）。人类活动作用引起的热带沿岸淡水输入的质量和数量的变化，也被证明与近岸水体质量和海草群落的变化有关（Robblee et al.，1991；McIvor et al.，1994）。

富营养化的消极影响成为了海草生境的主要干扰源之一，这一现象在邻近城市中心、冲刷作用较弱和水深较浅的沿海生态系统尤为明显（Touchette and Burkholder，2000，Ralph et al.，2006）。调节富营养化对海草生境的消极影响机制包括：（1）在高营养盐条件下，大量具有毒性的无机氮形态以及碳需求量的提高造成的直接生理影响；（2）富营养化现象促进附生植物、大型藻类和浮游植物生长，提高其与海草竞争营养盐、降低光照和导致缺氧条件的形成，阻碍海草的生长和生存的间接影响（Ralph et al.，2006；Burkholder et al.，2007）。

若干种海草的实验证实氮量增加给海草的生长和生存带来直接的不利影响（见Touchette 和 Burkholder，2000 的综述）。研究证明，为代谢氮而付出高代价的能量成本以及达到毒性水平的硝酸盐、亚硝酸盐和铵盐的累积作用，导致大叶藻属（*Zostera*）（Burkholder et al.，1992；van Katwijk et al.，1997；Peralta et al.，2003）、二药藻属（*Halodule*）（Burkholder et al.，1994）和川蔓藻属（*Ruppia*）（Santamaria et al.，1994）等海草生长率和死亡率的下降。富营养化给海草生境中附生植物、大型藻类和浮游植物等初级生产者的快速生长，给海草生长所需的附着基、光照和营养盐等产生了严重的影响。Burkholder 等（2007）在综述中指出初级生产者过度生长、透明度下降和可利用的营养盐受限给海草造成从生长缓慢到大规模死亡的影响（Burkholder et al.，2007）。而且，海草竞争者的生物量快速增加，可能会引起缺氧条件的形成和沉积物中硫化物浓度的增加，进而严重影响到海草的新陈代谢、生长和存活（Calleja et al.，2007；Koch et al.，2007）。最后，海草可能会被生命周期短的藻类或者具有较低固碳能力的以浮游植物为主的生态系统所代替，提高原先植物体中包含的营养盐的大量运输，降低反硝化作用重要性，碳酸盐主导海域的磷将更快地从沉积物中释放出来（McGlathery et al.，2007）。

最近，珊瑚礁生态系统出现了健康状况，多样性和分布范围的大幅下降（Gardner et al.，2003；Pandolfi et al.，2003）。导致这一全球范围内下降的原因有很多，但珊瑚与大型藻类的竞争是经常被引用的影响珊瑚持久发展的最主要因素之一（Hughes et al.，2007；

Kleypas and Eakin，2007）。人类活动作用引起的营养盐增加，导致大型藻类和珊瑚之间存在着显著的空间竞争，以珊瑚为主的生态系统逐渐向以藻类为主的岩礁生态系统转变（Lapointe，1997；Littler and Littler，2007）。大型藻类和蓝藻的周转率迅速，导致其生物量快速累积，在缺乏草食动物啃食的珊瑚礁生态系统中，由于遮蔽、沉积物陷落、磨损和植物化感作用，导致珊瑚逐渐死亡（McCook et al.，2001）。珊瑚礁生态系统中由于营养盐增加引起大型藻类过度生长的典型例子发生在夏威夷卡内奥黑湾（Kaneohe Bay），大量的生活污水排放输入，导致绿色大型绿藻网球藻（*Dictyosphaeria*）的快速生长，水体中浮游植物和网球藻数量增加，导致珊瑚大量死亡，直到污水排污口迁离珊瑚礁以后，珊瑚受到的影响才逐渐减缓（Smith et al.，1981）。

研究表明，珊瑚礁生物侵蚀率加速（Chazottes et al.，2002）和营养盐的增加会影响珊瑚群落，而且在磷浓度高的条件下，整个珊瑚礁的钙化速率均下降（Kinsey and Davies，1979）。在综述营养盐影响中，Bell（1992）指出珊瑚礁的富营养化阈值在溶解性无机氮为 1 μmol/L 和在溶解性活性磷为 0.1~0.2 μmol/L。Lapointe（1997）也指出当溶解性无机氮和溶解性活性磷分别超过 1 μmol/L 和 0.1 μmol/L 时，珊瑚礁的大型藻类会大量增加。营养盐的增加，导致珊瑚礁群落和生境受到严重的影响。无机氮和磷浓度的增加，破坏珊瑚共生关系，降低珊瑚礁钙化速率、生长和繁殖能力（Szmant，2002 的综述；Fabricius，2005）。

2.4 结论

红树林湿地、海草床和珊瑚礁是全球受威胁程度最为严重的三大生态系统，同时也最容易受到营养盐负荷和生态系统服务降低的影响。大量研究经验数据（以及常识）表明，水体冲刷决定着红树林湿地、海草床和珊瑚礁等相邻水生生态系统之间氮和磷的输入/输出等内循环的相对重要性。此外，研究还表明，由于直接吸收是珊瑚礁和海草床生态系统的重要营养物质来源，表层水体中营养盐浓度（自然和人类活动影响）的重要性随离岸距离的增加而逐渐增加。然而，如果营养盐浓度超过生态系统的需求，生态系统类型逐渐向以浮游生物占优势的生态系统类型转变，从而降低潮下带生产者的透光率。

目前，关于滨海湿地向海一侧陆地或红树林来源的营养盐的归宿了解甚少，而关于珊瑚礁向陆一侧的上升流作用带来的营养盐的归宿的了解更等而下之。鉴于方法和资源的限制，目前我们主要采用简单的概念模型（图 2.1）来阐明各生态系统之间的直接关系。我们通过运用质量守恒定律和模拟实验的研究方法，进一步研究生态系统之间的物质净交换量，更迫切需要对热带陆海界面的氮和磷交换进行定量分析。第 12 章节描述了目前可以运用于定性分析水体、沉积物和生态系统中所有生物中有机物质来源的方法。该章也通过结合源表征方法和通量计算分析，对红树林、海草床和珊瑚礁生态系统有了更进一步的理解。

从物质交换角度看，由于水体和物质可以在各生态系统边界之间自由交换，因此红树林、海草床和珊瑚礁被称为"开放式"生态系统。直觉和科学研究表明，各生态系统之间存在着生物地球化学的联系；然而我们对各生态系统的时空联系范围及其驱动因素了解很少。营养盐输入、吸收、再循环和输出的速率影响了沿海生境中的营养盐动力学。营养盐外源输入（大气沉降、表层水体和地下水）和固氮作用，导致各生态系统中氮和磷的通量增加。营养盐主要以溶解态和颗粒态形态，通过相同的路径和反硝化作用，从生态系统中输出。

在记录生态系统边界之间的大规模物质交换研究中，Hemminga 等（1994）指出肯尼亚红树林流域输出的碳和海草床输入红树林的碳通量达到平衡，表明生态系统之间存在着潜在的紧密耦合关系。Kitheka 等（1996）进一步说明，红树林-珊瑚礁生态系统之间的河流流量、水质和水体生产力具有明显的季节变化，表明红树林生态系统为自然寡营养水域（低浓度无机营养盐释放），加齐湾水体滞留时间短促进了雨季河流中营养盐的冲刷作用。Dittmar 和 Lara（2001）通过观察 36 个潮汐周期，指出巴西红树林的氮和磷通量具有季节性和强烈的昼夜变化，因此估算营养盐的通量需要考虑时间变化。我们需要扩大研究范围，更进一步地了解相邻沿海生态系统中水文和生物地球化学过程的联系，并为研究影响各生态系统之间联系的时空因素提供更有力的依据。

致谢

美国海洋和大气局主持的海岸带海洋研究中心、佛罗里达州南部水管理区、美国地质调查研究局和由美国国家科学基金会资助的佛罗里达沿海大沼泽地长期生态研究项目（授权号：DBI-0620409 和 DEB-9910514）为本章提供了数据和支持。

参考文献

Agawin NS, Duarte CM, Fortes MD (1996) Nutrient limitation of Philippine seagrasses (Cape Bolinao, NW Philippines): in situ experimental evidence. Mar Ecol Prog Ser 138: 233-243

Alongi DM (1988) Bacterial productivity and microbial biomass in tropical mangrove sediments. Microb Ecol 15: 59-79

Alongi DM (1990) Effect of mangrove detrital outwelling on nutrient fluxes in coastal sediments of the central Great Barrier Reef Lagoon. Estuar Coast Shelf Sci 31: 581-598

Alongi DM, Boto KG, Robertson AI (1992) Nitrogen and phosphorus cycles. In: Robert-son AI, Alongi DM (eds) Tropical mangrove ecosystems. American Geophysical Union, Washington DC

Alongi DM (1996) The dynamics of benthic nutrient pools and fluxes in tropical mangrove forests. J Sea Res 54: 123-148

Amador JA, Jones RD (1993) Nutrient limitations on microbial respiration in peat soils with dif-ferent total phosphorus content. Soil Biol Biochem 25: 793-801

Anthony KRN (2000) Enhanced particle-feeding capacity of corals on turbid reefs (Great Barrier Reef, Australia). Coral Reefs 19: 59-67

Anthony KRN (2006) Enhanced energy status of corals on coastal, high-turbidity reefs. Mar Ecol Prog Ser 319:

111-116

Anthony KRN, Fabricius KE (2000) Shifting roles of heterotrophy and autotrophy in coral ener-getics under varying turbidity. J Exp Mar Biol Ecol 252: 221-253

Atkinson MJ (1987) Rates of phosphate uptake by coral reef flat communities. J Exp Mar Biol Ecol 32: 426-435

Atkinson MJ (1992) Productivity of Enewetak Atoll reef flats predicted from mass transfer rela-tionships. Cont Shelf Res 12: 799-807

Atkinson MJ, Falter JL (2003) Coral reefs. In: Black K, Shimmield G (eds) Biogeochemistry of marine systems. Blackwell Publishing, Oxford

Baird ME, Atkinson MJ (1997) Measurement and prediction of mass transfer to experimental coral reef communities. J Exp Mar Biol Ecol 42: 1685-1693

Bell PRF (1992) Eutrophication and coral reefs-some examples from the Great Barrier Reef. Lagoon Water Res 26: 553-568

Benner R, Peele ER, Hodson RE (1986) Microbial utilization of dissolved organic matter from leaves of the red mangrove, *Rhizophora mangle*, in the Fresh Creek Estuary, Bahamas. Estuar Coast Shelf Sci 23: 607-619

Bianchi TS (2007) Biogeochemistry of estuaries. Oxford University Press, Oxford

Bird KT, Johnson JR, Jewett-Smith J (1998) In vitro culture of the seagrass *Halophila decipiens*. Aquat Bot 60: 377-387

Boto KG, Bunt JS (1981) Tidal export of particulate organic matter from a northern Australian mangrove forest. Estuar Coast Shelf Sci 13: 247-255

Boto KG (1982) Nutrient and organic fluxes in mangroves. In: Clough BF (ed) Mangrove ecosys-tems in Australia: structure, function and management. Australian National University Press Canberra, Australia

Boto KG, Wellington JT (1988) Seasonal variations in concentrations and fluxes of dissolved organic materials in a tropical, tidally-dominated, mangrove waterway. Mar Ecol Prog Ser 50: 151-160

Boyer JN, Fourqurean JW, Jones R (1999) Seasonal and long-term trends in the water quality of Florida Bay (1989-1997). Estuaries 22: 412-430

Brinson MM (1977) Decomposition and nutrient exchange of litter in an alluvial swamp forest. Ecology 58: 601-609

Burkholder JM, Mason KM, Glasgow HB (1992) Water-column nitrate enrichment promotes decline of eelgrass (*Zostera marina* L): evidence from seasonal mesocosm experiments. Mar Ecol Prog Ser 81: 163-178

Burkholder JM, Glasgow HB, Cooke JE (1994) Comparative effects of water-column nitrate enrichment on eelgrass *Zostera marina*, shoalgrass *Halodule wrightii*, and widgeongrass *Rup-pia maritime*. Mar Ecol Prog Ser 105: 121-138

Burkholder JM, Tomasko DA, Touchette BW (2007) Seagrasses and eutrophication. J Exp Mar Biol Ecol 350: 46-72

Capone DG, Taylor BF (1977) Nitrogen fixation (acetylene reduction) in the phyllosphere of *Tha-lassia testudinum*. Mar Biol 40: 19-28

Calleja ML, Marba'N, Duarte CM (2007) The relationship between seagrass (*Posidonia oceanica*) decline and sulfide porewater concentration in carbonate sediments. Estuar Coast Shelf Sci 733: 583-588

Chale FMM (1993) Degradation of mangrove leaf litter under aerobic conditions. Hydrobiologia 257: 177-183

Chazottes V, Le Campion-Alsumard T, Peyrot-Clausade M et al (2002) The effects of eutrophication-related alterations to coral reef communities on agents and rates of bioerosion (Reunion Island, Indian Ocean). Coral Reefs 21: 375-390

Childers DL, Cofer-Shabica S, Nakashima L (1993) Spatial and temporal variability in marsh-water column interactions in a southeastern USA salt marsh estuary. Mar Ecol Prog Ser 95: 25-38

Childers DL, Davis SE, Twilley R et al (1999) Wetland-water column interactions and the biogeo-chemistry of estuary-watershed coupling around the Gulf of Mexico. In: Bianchi T, Pennock J, Twilley R (eds) Biogeochemistry of Gulf of Mexico estuaries. John Wiley & Sons, New York Childers DL, Day JW, McKellar HN (2000) Twenty more years of marsh and estuarine flux studies: revisiting Nixon (1980). In: Weinstein MP, Kreeger DQ (eds) Concepts and controversies in tidal marsh ecology. Springer, The Netherlands

Childers DL, Boyer JN, Davis SE et al (2006) Nutrient concentration patterns in the oligotrophic 'upside-down' estuaries of the Florida Everglades. J Exp Mar Biol Ecol 51: 602-616

Clough BF (1992) Primary productivity and growth of mangrove forests. In: Robertson AI, Alongi DM (eds) Tropical mangrove ecosystems. American Geophysical Union, Washington DC

Costa OS, Attrill M, Nimmo M (2006) Seasonal and spatial controls on the delivery of excess nutrients to nearshore and offshore coral reefs of Brazil. J Mar Syst 60: 63-74

Cundell AM, Brown MS, Stanford R (1979) Microbial degradation of *Rhizophora mangle* leaves immersed in the sea. Estuar Coast Mar Sci 9: 281-286

Davis SE (1999) The exchange of carbon, nitrogen, and phosphorus in dwarf and fringe mangroves of the oligotrophic southern Everglades. PhD Dissertation, Florida International University, Florida

Davis SE, Childers DL, Day JW et al (2001a) Wetland-water column exchanges of carbon, nitro-gen, and phosphorus in a southern Everglades dwarf mangrove. Estuaries 24: 610-622

Davis SE, Childers DL, Day JW et al (2001b) Nutrient dynamics in vegetated and non-vegetated areas of a southern Everglades mangrove creek. Estuar Coast Shelf Sci 52: 753-765

Davis SE, Childers DL, Day JW et al (2003a) Factors affecting the concentration and flux of materials in two southern Everglades mangrove wetlands. Mar Ecol Prog Ser 253: 85-96

Davis SE, Coronado-Molina C, Childers DL et al (2003b) Temporal variability in C, N, and P dynamics associated with red mangrove (*Rhizophora mangle* L) leaf decomposition. Aquat Bot 75: 199-215

Davis SE, Cable J, Childers DL et al (2004) Importance of episodic storm events in controlling ecosystem structure and function in a Gulf Coast estuary. J Coast Res 20: 1198-1208

Davis SE, Childers DL (2007) Importance of water source in controlling leaf leaching losses in a dwarf red mangrove (Rhizophora mangle L) wetland. Estuar Coast Shelf Sci 71: 194-201 Delesalle B, Buscail R, Carbonne J et al (1998) Direct measurements of carbon and carbonate export from a coral reef ecosystem (Moorea Island, French Polynesia). Coral Reefs 17: 121-132

Dittmar T, Lara, R (2001) Do mangroves rather than rivers provide nutrients to coastal environments south of the Amazon River? Evidence from long-term flux measurements. Mar Ecol Prog Ser 213: 67-77

Duarte CM (1990) Seagrass nutrient content. Mar Ecol Prog Ser 67: 201-207

Duke NC (1992) Mangrove floristics and biogeography. In: Robertson AI, Alongi DM (eds) Tropical mangrove ecosystems. American Geophysical Union, Washington DC

D'Elia CF, Wiebe WJ (1990) Biogeochemical nutrient cycles in coral reef ecosystems. In: Dubinsky Z (ed) Coral reefs: ecosystems of the World series. Elsevier Science Publishers, Amsterdam Edinger EN, Limmon GV, Jompa J et al (2000) Normal coral growth rates on dying reefs: are coral growth rates good indicators of reef health? Mar Pollut Bull 40: 404-425

Elser JJ, Bracken M, Cleland E et al (2007) Global analysis of nitrogen and phosphorus limitation of primary producers in freshwater, marine and terrestrial ecosystems. Ecol Lett 10: 1135-1142

Fabricius KE (2005) Effects of terrestrial runoff on the ecology of corals and coral reefs: review and synthesis. Mar Pollut Bull 50: 125-146

Falter JL, Atkinson MJ, Merrifield MA (2004) Mass-transfer limitation of nutrient uptake by a wave-dominated reef flat community. J Exp Mar Biol Ecol 49: 1820-1831

Feller, IC (1995) Effects of nutrient enrichment on growth and herbivory of dwarf red mangrove (*Rhizophora mangle*). Ecol Monogr 65: 477-505

Feller IC, McKee K, Whigham D et al (2003) Nitrogen vs phosphorus limitation across an ecotonal gradient in a mangrove forest. Biogeochemistry 62: 145-175

Feller IC, Mathis WN (1997) Primary herbivory by wood-boring insects along an architectural gradient of *Rhizophora mangle*. Biotropica 29: 440-451

Ferdie M, Fourqurean JW, (2004) Responses of seagrass communities to fertilization along a gradient of relative availability of nitrogen and phosphorus in a carbonate environment. J Exp Mar Biol Ecol 49: 2082-2094

Fisher SG, Likens GE (1973) Energy flow in Bear Brook, New Hampshire: an integrative approach to stream ecosystem metabolism. Ecol Monogr 43: 421-439

Fleming M, Lin G, Sternberg LSL (1990) Influence of mangrove detritus in an estuarine ecosystem. Bull Mar Sci 47: 663-669

Flores-Verdugo FJ, Day JW Jr, Briseno-Duenas R (1987) Structure, litter fall, decomposition, and detritus dynamics of mangroves in a Mexican coastal lagoon with an ephemeral inlet. Mar Ecol Prog Ser 35: 83-90

Fourqurean JW, Zieman JC, Powell GVN (1992) Phosphorus limitation of primary production in Florida Bay: evidence from C: N: P ratios of the dominant seagrass *Thalassia testudinum*. J Exp Mar Biol Ecol 37: 162-171

Fourqurean JW, Jones RD, Zieman JC (1993) Processes influencing water column nutrient charac-teristics and phosphorus limitation of phytoplankton biomass in Florida Bay, FL, USA: inferences from spatial distributions. Estuar Coast Shelf Sci 36: 295-314

Fourqurean JW, Moore TO, Fry B et al (1997) Spatial and temporal variation in C: N: P ratios, $\delta^{15}N$, and $\delta^{13}C$ of eelgrass (*Zostera marina* L) as indicators of ecosystem processes, Tomales Bay, CA, USA. Mar Ecol Prog Ser 157: 147-157

Fourqurean JW, Boyer JN, Durako MJ et al (2003) Forecasting responses of seagrass distributions to changing water quality using monitoring data. Ecol Appl 13: 474-489

France R, Holmquist J, Chandler M et al (1998) $\delta^{15}N$ evidence for nitrogen fixation associated with macroalgae from a seagrass-mangrove-coral reef ecosystem. Mar Ecol Prog Ser 167: 297-299

France R, Culbert H, Freeborough C et al (1997) Leaching and early mass loss of boreal leaves and wood in oligotrophic water. Hydrobiologia 345: 209-214

Furnas MJ, Mitchell A, Skuza M (1997) Shelf-scale nitrogen and phosphorous budgets for the central Great Barrier Reef (16-19° S). Proc 8th Int Coral Reef Symp, Panama 1: 809-814

Furnas MJ (2003) Catchments and corals: terrestrial runoff to the Great Barrier Reef. Australian Institute of Marine Science and CRC Reef, Townsville, Australia

Gacia E, Duarte CM, Middelburg JJ (2002) Carbon and nutrient deposition in a Mediterranean seagrass (*Posidonia oceanica*) meadow. J Exp Mar Biol Ecol 47: 23-32

Gardner TA, Cote'IM, Gill JA et al (2003) Long-term region-wide declines in Caribbean corals. Science 301: 958-960

Glynn PW (1977) Coral upgrowth in upwelling and non-upwelling areas off the Pacific coast of Panama. J Mar Res 35: 567-585

Gobert S, Cambridge ML, Velimirov B et al (2006) Biology of Posidonia. In: Larkum AWD, Orth RJ, Duarte CM (eds) Seagrasses: biology, ecology and conservation. Springer, The Netherlands Golley F, Odum HT, Wilson RF (1962) The structure and metabolism of a Puerto Rican red mangrove forest in May. Ecology 43: 9-19

Grottoli AG, Rodrigues LJ, Palardy JE (2006) Heterotrophic plasticity and resilience in bleached corals. Nature 440: 1186-1189

Hansell DA, Carlson CA (2002) Biogeochemistry of marine dissolved organic matter. Academic Press, New York

Hata H, Suzuki A, Maruyama T et al (1998) Carbon flux by suspended and sinking particles around the barrier reef of Palau, western Pacific. J Exp Mar Biol Ecol 43: 1883-1893

Hearn CJ, Atkinson MJ, Falter JL (2001) A physical derivation of nutrient-uptake rates in coral reefs: effects of roughness and waves. Coral Reefs 20: 347-356

Hemminga MA, Harrison PG, van Lent F (1991) The balance of nutrient losses and gains in sea-grass meadows. Mar Ecol Prog Ser 71: 85-96

Hemminga MA, Slim FJ, Kazungu J et al (1994) Carbon outwelling from a mangrove forest with adjacent seagrass beds and coral reefs (Gazi Bay, Kenya). Mar Ecol Prog Ser 106: 291-301

Hemminga MA, Marba'N, Stapel J (1999) Leaf nutrient resorption, leaf lifespan and the retention of nutrients in seagrass systems. Aquat Bot 65: 141-158

Henriksen K, Kemp WM (1988) Nitrification in estuarine and coastal marine sediments. In: Black-burn TH, Sorensen J (eds) Nitrogen cycling in coastal marine environments. John Wiley and Sons, New York

Holmer M, Olsen AB (2002) Role of decomposition of mangrove and seagrass detritus in sediment carbon and nitrogen cycling in a tropical mangrove forest. Mar Ecol Prog Ser 230: 87-101

Hughes TP, Baird AH, Bellwood DR et al (2003) Climate change, human impacts, and the resilience of coral reefs. Science 301: 929-933

Hughes TP, Rodrigues MJ, Bellwood DR et al (2007) Phase shifts, herbivory, and the resilience of coral reefs to climate change. Curr Biol 17: 360-365

Hutchings P, Haynes D (2005) Marine pollution bulletin special edition editorial. Mar Pollut Bull 51: 1-2

Jackson JBC, Kirby MX, Berger WH et al (2001) Historical overfishing and the recent collapse of coastal ecosystems. Science 293: 629-638

Jenkins MC, Kemp WM (1984) The coupling of nitrification and denitrification in tow estuarine sediments. J Exp Mar Biol Ecol 29: 609-619

Johannes RE, Alberts J, D'Elia CF et al (1972) The metabolism of some coral reef communities: a team study of nutrient and energy flux at Eniwetok. BioScience 22: 541-543

Johannes RE, Wiebe WJ, Crossland CJ (1983) Three patterns of nutrient flux in a coral reef com-munity. Mar Ecol Prog Ser 12: 131-136

Kinsey DW, Davies PJ (1979) Effects of elevated nitrogen and phosphorus on coral reef growth. J Exp Mar Biol Ecol 24: 935-940

Kleypas JA, Eakin CM (2007) Scientists perceptions of threats to coral reefs: results of a survey of coral reef researchers. Bull Mar Sci 80: 419-436

Koch MS (1997) *Rhizophora mangle*: seedling development into the sapling stage across resource and stress gradients in subtropical Florida. Biotropica 29: 427-439

Koch EW, Benz RE, Rudnick DT (2001) Solid-phase phosphorus pool sin highly organic carbonate sediments in North-eastern Florida Bay. Estuar Coast Shelf Sci 52: 279-291

Koch MS, Schopmeyer SA, Nielsen OI et al (2007) Conceptual model of seagrass die-off in Florida Bay: links to biogeochemical processes. J Exp Mar Biol Ecol 350: 73-88

Koch EW, Ackerman JD, Verduin J et al (2006) Fluid dynamics in seagrass ecology – from molecules to ecosystems. In: Larkum AWD, Orth RJ, Duarte CM (eds) Seagrasses: biology, ecology and conservation. Springer, The Netherlands

Koop K, Booth D, Broadbent A et al (2001) ENCORE: The effect of nutrient enrichment on coral reefs synthesis of results and conclusions Mar Pollut Bull 42: 91-120

Kitheka JU, Ohowa B, Mwashote B et al (1996) Water circulation dynamics, water column nutri-ents and plankton productivity in a well-flushed tropical bay in Kenya. J Sea Res 35 (4): 257-268

Kristensen E, Andersen FO, Kofoed LH (1988) Preliminary assessment of benthic community metabolism in a south-east Asian mangrove swamp. Mar Ecol Prog Ser 48: 137-145

Kristensen E, Holmer M, Banta G et al (1995) Carbon, nitrogen, and sulfur cycling in sediments of the Ao Nam Bor mangrove forest, Phuket, Thailand: a review. Phuket Mar Biol Cent Res Bull 60: 37-64

Kuenzler EJ (1974) Mangrove swamp systems. In: Odum HT, Copeland BJ, McMahon EA (eds) Coastal ecological systems of the United States I. The Conservation Foundation, Washington DC

Lapointe BE, Clark MW (1992) Nutrient inputs from the watershed and coastal eutrophication in the Florida Keys. Estuaries 15: 465-476

Lapointe BE (1997) Nutrient thresholds for bottom-up control of macroalgal blooms on coral reefs in Jamaica and southeast Florida. J Exp Mar Biol Ecol 42: 1119-1131

Lapointe BE, Bedford BJ, Baumberger R (2006) Hurricanes Frances and Jeanne remove blooms of the invasive green alga *Caulerpa brachypus* forma *parvifolia* (Harvey) Cribb from coral reefs off northern Palm Beach County, Florida. Estuar Coast 29: 966-971

Lara RJ, Dittmar T (1999) Nutrient dynamics in a mangrove creek (North Brazil) during the dry season. Mang Salt Marsh 3: 185-195

Lee SY (1995) Mangrove outwelling: a review. Hydrobiologia 295: 203-212

Lee KS, Park SR, Kim YK (2007) Effects of irradiance, temperature, and nutrients on growth dynamics of seagrasses: a review. J Exp Mar Biol Ecol 350: 144-175

Lee KS, Dunton KH (1999) Inorganic nitrogen acquisition in the seagrass *Thalassia testudinum*: development of a whole-plant nitrogen budget. J Exp Mar Biol Ecol 44: 1204-1215

Lee R, Joye S (2006) Seasonal patterns of nitrogen fixation and denitrification in oceanic mangrove habitats. Mar Ecol Prog Ser 307: 127-1441

Leichter JJ, Stewart H, Miller S (2003) Episodic nutrient transport to Florida coral reefs. J Exp Mar Biol Ecol 48: 1394-1407

Lepoint G, Defawe G, Gobert S et al (2002) Experimental evidence for N recycling in the leaves of seagrass *Posidonia oceanica*. J Sea Res 48: 173-179

Liebezeit G (1985) Sources and sinks of organic and inorganic nutrients in mangrove ecosystems. In: Cragg S, Polunin N (eds) Workshop on mangrove ecosystems dynamics. UNDP/UNESCO, Port Moresby, Papua New Guinea

Lin B, Dushoff J (2004) Mangrove filtration of anthropogenic nutrients in the Rio Coco Solo, Panama. Manage Environ Qual 15: 131-142

Lin G, Banks T, Sternberg L (1991) Variation in ^{13}C values for the seagrass *Thalassia testudinum* and its relations to mangrove carbon. Aquat Bot 40: 333-341

Lirman D, Fong P (2007) Is proximity to land-based sources of coral stressors an appropriate measure of risk to coral reefs? An example from the Florida Reef Tract. Mar Pollut Bull 54: 779-791

Littler MM, Littler DS (2007) Assessment of coral reefs using herbivory/nutrient assays and indi-cator groups of benthic primary producers: a critical synthesis, proposed protocols, and critique of management strategies. Aquat Conserv: Mar Freshwat Ecosyst 17: 195-215

Maie N, Yang C, Miyoshi T et al (2005) Chemical characteristics of dissolved organic matter in an oligotrophic subtropical wetland/estuarine ecosystem. J Exp Mar Biol Ecol 50: 23-35

Marba'N, Hemminga MA, Mateo MA et al (2002) Carbon and nitrogen translocation between seagrass ramets. Mar Ecol Prog Ser 226: 287-300

Mateo MA, Cebrian'J, Dunton K et al (2006) Carbon flux in seagrass ecosystems. In: Larkum AWD, Orth RJ, Duarte CM (eds) Seagrasses: biology, ecology and conservation. Springer, The Netherlands

Mazda YH, Yokochi, Sato Y (1990) Groundwater flow in the Bashita-Minato mangrove area, and its influence on water and bottom mud properties. Estuar Coast Shelf Sci 31: 621-638

McCook LJ, Jompa J, Diaz-Pulido G (2001) Competition between corals and algae on coral reefs: a review of evidence and mechanisms. Coral Reefs 19: 400-417

McIvor CC, Ley JA, Bjork RD (1994) Changes in freshwater inflow from the Everglades to Florida Bay including effects on biota and biotic processes: a review. In: Davis SM, Ogden JC (eds) Everglades: the ecosystem and its restoration. St Lucie Press, Delray Beach, Florida

McGlathery KJ, Sundback K, Anderson IC (2007) Eutrophication in shallow coastal bays and lagoons: the role of plants in the coastal filter. Mar Ecol Prog Ser 348: 1-18

Meyer JL, Schultz ET, Helfman GS (1983) Fish schools: an asset to corals. Science 220: 1047-1049

Middleton BA, McKee KL (2001) Degradation of mangrove tissues and implications for peat for-mation in Belizean island forests. Ecology 89: 818-828

Monbet P, Brunskill G, Zagorskis I et al (2007) Phosphorus speciation in the sediment and mass balance for the central region of the Great Barrier Reef continental shelf (Australia). Geochim Cosmochim Acta 71: 2762–2779

Mwashote BM, Jumba IO (2002) Quantitative aspects of inorganic nutrient fluxes in the (Kenya): implications for coastal ecosystems. Mar Pollut Bull 44: 1194–1205

Nedwell DB (1975) Inorganic nitrogen metabolism in a eutrophicated tropical mangrove estuary. Water Res 9: 221–231

Nedwell DB, Blackburn TH, Wiebe W (1994) Dynamic nature of the turnover of organic car-bon, nitrogen and sulphur in the sediments of a Jamaican mangrove forest. Mar Ecol Prog Ser 110: 223–231

Nixon SW (1980) Between coastal marshes and coastal waters: a review of 20 years of specula-tion and research on the role of saltmarshes in estuarine productivity and water chemistry. In: Hamilton P, McDowell KB (eds) Estuarine and wetland processes. Plenum Press, New York

Nixon SW (1981) Remineralization and nutrient cycling in coastal marine ecosystems. In: Neilson BJ, Cronin LE (eds) Estuaries and nutrients. The Humana Press, Clifton, New Jersey

Nixon SW, Furnas BN, Lee V et al (1984) The role of mangroves in the carbon and nutrient dynamics of Malay-sia estuaries. In: Soepadmo E, Rao AN, Macintosh DJ (eds) Proceedings of the Asian symposium on man-grove environment: research and management. University of Malaya, Kuala Lumpur

Nixon SW, Ammerman J, Atkinson L et al (1996) The fate of nitrogen and phosphorus at the land-sea margin of the north Atlantic Ocean. Biogeochemistry 35: 141–180

Noe GB, Childers DL, Jones RD (2001) Phosphorus biogeochemistry and the impact of phospho-rus enrich-ment: why is the Everglades so unique? Ecosystems 4: 603–624

Nykvist N (1959) Leaching and decomposition of litter. I. Experiments on leaf litter of *Fraxinus excelsior*. Oikos 10: 190–211

Nykvist N 1961 Leaching and decomposition of litter. III. Experiments on the leaf litter of *Betula verrucosa*. Oikos 12: 249–263

Odum E, de la Cruz A (1967) Particulate organic detritus in a Georgia salt marsh-ecosystem. Am Assoc Adv Sci Pub 83: 383–388

Odum WE, Heald EJ (1972) Trophic analyses of an estuarine mangrove community. Bull Mar Sci 22: 671–738

Odum WE, Heald EJ (1975) The detritus-based food web of an estuarine mangrove community. In: Cronin LE (ed) Estuarine research, Vol. 1. Academic Press, New York

Odum WE, Fisher JS, Pickral JC (1979) Factors controlling the flux of particulate organic carbon from estuarine wetlands. In: Livingstone RJ (ed) Ecological processes in coastal and marine systems. Plenum Press, New York

Odum WE, McIvor CC, Smith TJ III (1982) The ecology of mangroves of south Florida: a com-munity profile. US Fish and Wildlife Service FWS/OBS-87/17, Washington DC

Ogden JC, Brown RA, Salesky N (1973) Grazing by the echinoid *Diadema antillarum* Philippi: formation of ha-los around West Indian patch reefs. Science 182: 715–717

Ohowa BO, Mwashote BM, Shimbira WS (1997) Dissolved inorganic nutrient fluxes from two seasonal rivers into Gazi Bay, Kenya. Estuar Coast Shelf Sci 45: 189–195

Orth RJ, Carruthers TJB, Dennison WC et al (2006) A global crisis for seagrass ecosystems. Bio-Science 56:

987-996

Ovalle ARC, Rezende CE, Lacerda LD et al (1990) Factors affecting the hydrochemistry of a mangrove tidal creek, Sepetiba Bay, Brazil. Estuar Coast Shelf Sci 31: 639-650

Pandolfi JM, Bradbury RH, Sala E et al (2003) Global trajectories of the long-term decline of coral reef ecosystems. Science 301: 955-958

Perez M, Romero J (1993) Preliminary data on alkaline phosphatase activity associated with Mediterranean seagrasses. Bot Mar 36: 499-502

Peralta G, Bouma TJ, van Soelen J et al (2003) On the use of sediment fertilization for seagrass restoration: a mesocosm study on *Zostera marina* L. Aquat Bot 75: 95-110

Pilson ME, Betzer FB (1973) Phosphorus flux across a coral reef. Ecology 54: 581-588 Pomeroy LR (1970) The strategy of mineral cycling. Annu Rev Ecol Systemat 1: 171-190

Ralph PJ, Tomasko D, Moore K et al (2006) Human impacts on seagrasses: eutrophication, sedi-mentation and contamination. In: Larkum AWD, Orth RJ, Duarte CM (eds) Seagrasses: biol-ogy, ecology and conservation. Springer, The Netherlands

Randall JE (1963) An analysis of the fish populations of artificial and natural reefs in the Virgin Islands. Caribb J Sci 3: 31-47

Rice DL, Tenore KR (1981) Dynamics of carbon and nitrogen during the decomposition of detritus derived from estuarine macrophytes. Estuar Coast Shelf Sci 13: 681-690

Rivera-Monroy VH, Day JW, Twilley RR et al (1995) Flux of nitrogen and sediments in Terminos Lagoon Mexico. Estuar Coast Shelf Sci 40: 139-160

Rivera-Monroy VH, Twilley RR (1996) The relative role of denitrification and immobilization in the fate of inorganic nitrogen in mangrove sediments (Terminos Lagoon, Mexico). J Exp Mar Biol Ecol 41: 284-296

Rivera-Monroy VH, Torres LA, Bohamon N et al (1999) The potential use of mangrove forests as nitrogen sinks of shrimp aquaculture pond effluents: the role of denitrification. J World Aqua-culture Soc 30: 12-25

Rivera-Monroy VH, Twilley R, Bone D et al (2004) A conceptual framework to develop long-term ecological research and management objectives in the wider Caribbean region. BioScience 54: 843-856

Rivera-Monroy V, de Mustert K, Twilley R et al (2007) Patterns of nutrient exchange in a riverine mangrove forest in the Shark River Estuary, Florida, USA. Hidrobiològica 17: 169-178

Robertson AI (1986) Leaf-burying crabs: their influence on energy flow and export from mixed mangrove forests (*Rhizophora* spp) in northeastern Australia. J Exp Mar Biol Ecol 102: 237-248

Robertson AI, Alongi DM, Daniel PA et al (1988) How much mangrove detritus enters the Great Barrier Reef Lagoon? Proc 6th Intern Coral Reef Symp 2: 601-606

Romero J, Kun-Seop L, Perez'M et al (2006) Nutrient dynamics in seagrass ecosystems. In: Larkum AWD, Orth RJ, Duarte CM (eds) Seagrasses: biology, ecology and conservation. Springer, The Netherlands

Santamar'ıa G, Dias C, Hootsmans MJM (1994) The influence of ammonia on the growth and photosynthesis of *Ruppia drepanensis* Tineo from Donana~ National Park (SW Spain). Hydro-biologia 275/276: 219-231

Seitzinger SP (1988) Denitrification in freshwater and coastal marine ecosystems: ecological and geochemical significance. J Exp Mar Biol Ecol 33: 702-724

Short FT (1987) Effects of sediment nutrients on segrasses: literature review and mesocosm exper-iment. Aquat

Bot 27: 41-57

Short FT, McRoy CP (1984) Nitrogen uptake by leaves and roots of the seagrass *Zostera marina* L. Bot Mar 17: 547-555

Short FT, Dennison WC, Capone DG (1990) Phosphorus-limited growth of the tropical seagrass *Syringodium filiforme* in carbonate sediments. Mar Ecol Prog Ser 62: 169-174

Short FT, Koch EW, Creed JC (2006) Seagrass net monitoring across the Americas: case studies of seagrass decline. Mar Ecol 27: 277-289

Smith SV, Kimmere WJ, Laws EA et al (1981) Kaneohe Bay sewage diversion experiment: per-spectives on ecosystem responses to nutritional perturbation. Pac Sci 35: 279-397

Steinke TD, Holland AJ, Singh Y (1993) Leaching losses during decomposition of mangrove leaf litter. S Afr J Bot 59 (1): 21-25

Sterner RW, Elser JJ (2002) Ecological stoichiometry: the biology of elements from molecules to the biosphere. Princeton University Press, Princeton, New Jersey

Sutula MA, Perez BP, Reyes E et al (2003) Factors affecting spatial and temporal variability in material exchange between the Southeastern Everglades wetlands and Florida Bay (USA). Estuar Coast Shelf Sci 57: 757-781

Szmant-Froelich A (1983) Functional aspects of nutrient cycling on coral reefs. In: Reaka ML (ed) The ecology of deep and shallow coral reefs. Symposium series for undersea research, NOAA Undersea Research Program 1: 133-139

Szmant AM (2002) Nutrient enrichment in coral reefs: is it a major cause of coral reef decline? Estuaries 25: 743-766

Szmant AM, Forrester A (1996) Water column and sediment nitrogen and phosphorus distribution patterns in the Florida Keys. Coral Reefs 15: 21-41

Tam NFY, Vrijmoed LLP, Wong YS (1990) Nutrient dynamics associated with leaf decomposition in a small subtropical mangrove community in Hong Kong. Bull Mar Sci 47: 68-78

Tam NFY, Wong YS (1999) Mangrove soils in removing pollutants from municipal wastewater of different salinities. J Env Qual 28: 556-564

Teal JM (1962) Energy flow in the salt marsh ecosystem of Georgia. Ecology 43: 614-624 Terrados J, Williams SL (1997) Leaf versus root nitrogen uptake by the surfgrass *Phyllospadix torreyi*. Mar Ecol Prog Ser 149: 267-277

Tilmant J, Curry R, Jones R et al (1994) Hurricane Andrew's effects on marine resources. Bio-Science 44: 230-237

Touchette BW, Burkholder JM (2000) Review of nitrogen and phosphorus metabolism in sea-grasses. J Exp Mar Biol Ecol 250: 133-167

Twilley RR (1985) The exchange of organic carbon in basin mangrove forests in a southwest Florida estuary. Estuar Coast Shelf Sci 20: 543-557

Twilley RR (1988) Coupling of mangroves to the productivity of estuarine and coastal waters. In: Jansson BO (ed) Coastal-offshore ecosystem interactions. Springer-Verlag, Berlin

Twilley RR (1995) Properties of mangrove ecosystems in relation to the energy signa-ture of coastal environments.

In: Hall CAS (ed) Maximum power, University Press of Colorado, Niwot, Colorado pp. 43-62.

Udy JW, Dennison WC, Lee Long WJ et al (1999) Responses of seagrasses to nutrients in the Great Barrier Reef, Australia. Mar Ecol Prog Ser 185: 257-271

Valiela I, Bowen JL, York JK (2001) Mangrove forests: one of the world's threatened major tropical environments. BioScience 51: 807-815

Valiela I, Cole L (2002) Comparative evidence that salt marshes and mangroves may protect sea-grass meadowes from land-derived nitrogen loads. Ecosystems 5: 92-102

van Katwijk MM, Vergeer LHT, Schmitz GHW et al (1997) Ammonium toxicity in eelgrass *Zostera marina*. Mar Ecol Prog Ser 157: 159-173

Webb KL, Dupaul WD, Wiebe W et al (1975) Enewetak (Eniwetok) Atoll: aspects of the nitrogen cycle on a coral reef. J Exp Mar Biol Ecol 20: 198-210

Welsh DT (2000) Nitrogen fixation in seagrass meadows: regulation, plant-bacterialinteraction and significance to primary productivity. Ecol Lett 3: 58-71

Whiting GJ, Childers DL (1989) Subtidal advective water flux as a potentially important nutrient import to southeastern USA saltmarsh estuaries. Estuar Coast Shelf Sci 28: 417-431

Wolaver TG, Spurrier JD (1988) The exchange of phosphorus between a euhaline vegetated marsh and the adjacent tidal creek. Estuar Coast Shelf Sci 26: 203-214

Woodroffe CD (1985) Studies of a mangrove basin, Tuff Crater, New Zealand. III. The flux of organic and inorganic particulate matter. Estuar Coast Shelf Sci 20: 447-461

Yahel G, Post AF, Fabricius K et al (1998) Phytoplankton distribution and grazing near coral reefs. J Exp Mar Biol Ecol 43: 551-563

Ziegler S, Benner R (1999) Nutrient cycling in the water column of a subtropical seagrass meadow. Mar Ecol Prog Ser 188: 51-62

Zimmerman CF, Montgomery JR, Carlson P (1985) Variability of dissolved reactive phosphate flux rates in nearshore estuarine sediments: effects of groundwater flow. Estuaries 8: 228-236

第 3 章　热带沿海生态系统的碳交换

Steven Bouillon，Rod M. Connolly

摘要：热带河流把全球大陆 60%左右的有机碳和无机碳运输到沿海区域。这些输入，加上来自高生产力的红树林、海草床和珊瑚礁的有机物使得热带沿海生态系统成为全球碳循环的重要组成部分。碳交换已经在多个空间尺度上获得测量，包括从陆地有机碳向沿海区域的运输和归宿，有机质向大洋海域的输出，红树林和邻近的海草床之间落叶的交换，一直到碳在相邻盐沼和红树林生境之间（在米的尺度上）的迁移。碳是以颗粒态或溶解态物质直接交换的，或者通过动物洄游及称为营养传递的一系列捕食者与被捕食者相互作用迁移的。本章首先探讨从河流输入到热带沿海区域的碳及其在河口的各种过程，进而讨论热带沿海生态系统之间碳交换的机制与程度，从而说明其在生态系统碳平衡中的重要性，以及对动物和微生物群落的影响。

关键词：有机碳；红树林；海草床；珊瑚礁；热带河流

3.1　前言

　　热带沿海生态系统普遍具有高生产力，可以从多种来源获得有机质，例如河流的输入、本海域浮游植物的生产、或者植被系统（红树林和海草床）等来源。热带河流在全球向沿海区域输送有机碳和无机碳中起到非常重要的作用，超过其按比例应有的作用（Ludwig et al.，1996a），因此，深入了解热带沿海区域碳通量与转换，对于进一步控制全球碳平衡非常重要。再者，考虑到全球性的河流流量的迅速变化以及相关的沉积过程和有机物运输，沿海水域富营养化和诸如红树林、海草藻床和珊瑚礁等沿海生态系统的破坏，了解这些系统的功能及其相互作用对于正确评估河口和沿海系统的健康，预测气候变化或者人为干扰的影响非常重要。

　　由河流输入或本海域初级生产者（浮游植物、海草、大型藻类和红树林植物）生产的有机物在生化组成和消费者可利用性上有很大的不同。因此，生态系统之间的有机物交换对于有机物可利用性具有重要影响，也对于有机物的埋藏、矿化和动物消费具有相对重要性。人们普遍认为，从红树林和盐沼等滩涂湿地输出的有机物提高了沿海水域的次级生产力，从而促进渔业生产。其中涉及的机制现在看起来更为复杂，然而关于陆源有机物运输和热带沿海渔业之间直接的营养联系目前还缺少证据（如 Lee，1995）。碳交换已在包括从陆地有机碳向沿海水域的运输及归宿、有机物向大洋的运输、红树林和海草床之间凋落物的交换、碳在相邻盐沼和红树林生境之间的迁移（在米的尺度上）等多个空间尺度上获得研究（图 3.1）。

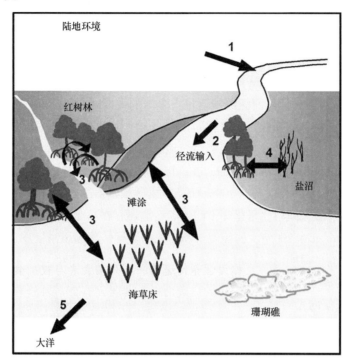

图 3.1 本章碳交换路径概况图：1—陆地向河流输入；2—河流向海岸带输入；3—潮间带和潮下带水生生态系统之间的交换；4—潮间带生态系统之间的交换；5—向大洋水域输出

本章试图总结碳运输和交换模式的现有信息，并讨论其机制和后果。我们首先关注热带沿海地区有机碳和无机碳的河流输入，综合碳在河口各过程的现有数据，解释其与温带河口各过程的相异性。其次讨论热带沿海各种生态系统中的碳交换，及其对于理解生态系统碳平衡的重要性，以及对动物和微生物群落碳交换的影响。

3.2 河流向热带沿海区域的碳输送

3.2.1 通量、组成和河流有机物的归宿

进入全球海洋的有机碳为 0.3~0.5 Pg/a（以 C 计）（1 Pg = 10^{12} g）（Ludwig et al., 1996a, 1996b；Schluünz and Schneider, 2000），其中溶解态和颗粒态有机碳（DOC 和 POC）的比重大致各占 50%。全球河流运输的无机碳估计约为 0.3~0.4 Pg/a（以 C 计）（Ludwig et al., 1996a），其中 60% 发生在热带地区（Ludwig et al., 1996a；表 3.1），远超

其面积比例，说明热带地区在全球陆地-海洋碳运输中极其重要。因此，我们可以估计每年约有 0.2~0.25 Pg 的无机碳和有机碳运输到热带沿海岸地区。应当强调的是，关于热带河流碳运输实证数据还相对较少，这些估算值基本是按照有限数量的流域碳数据经验模型得出的流域数据外推获得的。因此，无论是依赖流域特征的数据还是碳运输关系中的误差都会导致估算值偏差。

鉴于某些地理区域在碳通量中起到主要作用，因此这些区域对于确定河流碳运输总量估计特别重要。例如，根据 Milliman 等（1999）的估算，印度洋-太平洋区域的 6 个岛屿仅占全球陆地流域的 2%左右，但其河流泥沙通量占全球的泥沙通量的 20%左右，说明这类地区对于碳运输中具有同样的重要性。与此相同，Baum 等（2007）近期估算从印度尼西亚输出的溶解有机碳（DOC）相当于全球河流向沿海地区运输有机碳通量的 10%。来自于非洲东部河口的一些数据（Bouillon et al.，2007a，b；Ralison et al.，2008）表明，无机碳的相对输出（与有机碳相比）比 Ludwig 等（1996a）经验模型预测值高出 10 倍。在区域层次，碳运输量和比例的数据有较大缺口。量化热带河流碳运输还存在一个问题，即除了刚果盆地等的例外情况（Coynel et al.，2005），河流流量和相关的碳运输普遍呈高度季节性，大多数的流量常发生在非常短暂的时间内（Eyre，1998；Hung and Huang，2005）。

河流有机碳从成分上说通常与流域的植被及土地利用存在强烈的联系，特别是在初级生产力受到浑浊河流的光照限制，周围植被、洪泛平原和陆地土壤（通过径流）带来的有机质在河流有机质中占主导地位。不过，在同一流域内，不同的植被类型对于河流有机碳输入的贡献则不同。例如在刚果盆地，Coynel 等（2005）发现森林流域单位面积有机碳通量比稀疏草原流域高 3 倍左右。同样，若干研究发现，河流有机物中的 C4 来源物质（如来自热带草原）的贡献率低于其相对面积的预估贡献率（Martinelli et al.，1999；Ralison et al.，2008）。来自草原（C4）的有机碳输入在洪水或高流量期间更为重要，那时有足够强大的径流来移动土壤和有机质（Martinelli et al.，1999）。

表 3.1 全球河流碳运输量的估算

地区	通量 [10^{12} g/a（以 C 计）]			通量比例	
	POC	DOC	DIC	POC/DOC	DIC/(DOC+POC)
热带，大西洋	45.3	59.1	74.6	0.77	0.71
热带，印度洋	34.8	21.4	45.1	1.63	0.80
热带，太平洋	33.9	26.8	60.3	1.26	0.99
热带地区（24°S—24°N）	114.0	107.3	180.0	1.06	0.81
全世界	178.6	179.8	291.8	0.99	0.81
热带占全球输送（%）	63.8	59.7	61.7	—	—

注：包括溶解态有机碳（DOC）、颗粒态有机碳（POC）和溶解态无机碳（DIC），热带区域在全球碳输送中的重要性。这些估算来源于 Ludwig et al.，（1996a）的数据。注意溶解态无机碳的输出假定与碱度输出相等。

表3.1的碳运输估算仅指从河流运输到热带沿海地区的碳，没有考虑碳在河口、海湾和潟湖可能发生的变化，因此并不一定反映了运输到大洋的实际情况。碳在这些沿海水域中会发生一系列的变化，从而极大地改变有机物汇的数量和组成。有机物可以通过埋藏、消费或矿化来去除，同时也会出现新的输入，特别是来自红树林或海草床等生产力普遍非常高的植被系统的输入，从而导致沿河口盐度混合梯度的保守行为产生偏差。保守混合意味着没有损失或者沿河口盐度梯度输入，因此，在淡水和海洋端元中存在一个线性浓度梯度（参见第12章）。混合情景可通过 $\delta^{13}C$ 比值来评估，其中保守混合遵循通用方程（方程描述的是无机碳）：

$$\delta^{13}C = \frac{Sal(DOC_F\delta^{13}C_F - DOC_M\delta^{13}C_M) + Sal_FDOC_M\delta^{13}C_M - Sal_MDOC_F\delta^{13}C_F}{Sal(DOC_F - DOC_F) + Sal_FDOC_M - Sal_MDOC_F}$$

其中：Sal 为样品盐度；$DOC_F\delta^{13}C_F$ 为淡水或者盐度最低的端元溶解态有机碳浓度和稳定同位素组成；$DOC_M\delta^{13}C_M$ 为海洋端元的溶解态有机碳浓度和稳定同位素组成。

非保守行为的例子见图3.2，其中显示了两个河口截然不同的溶解态有机碳和 $\delta^{13}C_{DOC}$ 曲线。坦桑尼亚姆托尼（Mtoni）河口的溶解态有机碳曲线显示了明确的沿河口梯度的净输入，即溶解态有机碳数据点在保守混合线之上［图3.2（a）］。相应的溶解态有机碳 $\delta^{13}C$ 曲线［图3.2（b）］表示这个河口输入的溶解态有机碳 $\delta^{13}C$ 贫化，与来自红树林的溶解态有机碳输入预期一致，表现在测量的盐度曲线长度上（也参见 Machiwa, 1999）。在没有红树林的越南湄公河三角洲的仙江河口，其溶解态有机碳曲线表现为相反的模式，随着盐度梯度溶解态有机碳净损失，即大多数溶解态有机碳数据点在保守混合线之下［图3.2（c）］，这个点的 $\delta^{13}C_{DOC}$ 曲线［图3.2（d）］在形状上与姆托尼河口相似，说明溶解态有机碳的损失与剩余的溶解态有机碳汇 ^{13}C 消耗有关，最可能说明是选择性降解溶解态有机碳中 ^{13}C 富集的部分。

溶解态有机碳在河口的行为也可能随季节变化：例如，根据 Dittmar 和 Lara（2001a）报道，每年的不同季节，巴西卡埃特（Caeté）河口的溶解态有机碳 C 曲线同时显示了保守和非保守的特征。同样，Young 等（2005）报告了一个热带海草床水域和红树林环绕的潟湖的溶解态有机碳曲线，反映了不同季节混合过程中的溶解态有机碳的净损失和净输入。

热带地区的河流流量季节性变化大（如 Vance et al., 1998），因此，除了像刚果河这种沿赤道分布的大流域区域（参见 Coynel et al., 2005），有机物的组成和降解状态也具有明显的季节性（Ford et al., 2005; Dai and Sun, 2007）。在低流量期，水流在河口具有更长的滞留时间，因而改变有机物和营养物质的含量与组成的生物地球化学过程潜力也更强（Eyre, 1998）。相反，在高流量期，大河口可能形成羽流，使得河源物质被运输到离岸更远的海域，河口内有机碳的过程相应较少（Ford et al., 2005）。与此相反，在沿海海湾，陆源物质对全部有机碳汇的相对贡献率在旱季可能更高。Xu 和 Jaffé（2007）报道了佛罗里达湾的这种模式，这归因于旱季海湾内初级生产力的下降。因此，河流有机物的归宿可能在高低流量期大不相同，尽管实际上很少有研究加以记录。

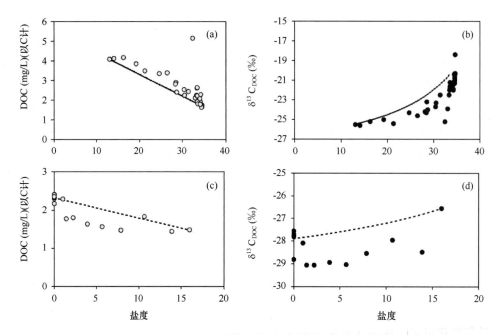

图3.2 热带河口溶解态有机碳的非保守行为案例，坦桑尼亚姆托尼（Mtoni）河口和越南湄公河三角洲仙江河口（Tien Estuary）的溶解态有机碳（a，c）和 $\delta^{13}C_{DOC}$（b，d）曲线。来源：S Bouillon and AV Borges，未发表资料。虚线显示最小盐度和最大盐度端元间保守混合的预期模式

陆源有机物向外海的运输至少在一些情况下是非常重要的。广泛的离岸运输已在很多大型河流中获得证明，如刚果河（Schefuß et al.，2004）、巴布亚新几内亚的飞河（Goni et al.，2006）、恒河-布拉马普特拉河（Galy et al.，2007）以及类似分布着大量红树林的巴西滨海滩涂。从较小的河流向开放性沿海区域的碳运输可能不是太重要。例如在澳大利亚，小的河口支流散布在绵长的海岸线上，保守示踪剂研究表明，河口颗粒物仅分布在河口很小的区域内，陆源碳贡献对沿海本底碳量基本没有影响（Gaston et al.，2006）。

到目前为止，关于陆源碳对河口新陈代谢和当地食物网贡献率的关注较少，部分原因在于其检测有一定难度。陆生C3植物的碳稳定同位素特征与普遍的本地侧向输入（如红树林）重叠，也可能与原位的水域生产者重叠。在流域C4植物有机物对河源碳负荷有显著贡献的系统中，更可能计算出陆源碳的贡献。令人惊奇的是，这些系统的数据说明，即使在潮间带红树林沉积物中，陆源有机物都可能是主要的碳源，而且为沉积物细菌群落做出等量贡献（高达40%~50%，Bouillon et al.，2007b；Ralison et al.，2008）。最近，无脊椎动物和鱼类等高营养级生物对陆源有机物的依赖，已成为温带水域的主要研究课题（Darnaude et al.，2004），尽管这可能在未来具有相当的研究前景，但就我们所知，在热带海域这个问题尚未开展详细研究。

3.2.2 人类干扰的影响

3.2.2.1 河流流量和流域土地利用的变化

河流淡水流入河口，并最终进入沿海水域，这对于碳转移具有根本性的重要作用，直接把溶解碳和颗粒碳运输到沿海水域中。淡水流量也会通过改变河口盐度影响沿海植物的分布和水生动物的洄游运动，从而间接影响碳的转移。淡水地表水和地下水的流动是一个重要因素，例如影响红树林（Hutchings and Saenger，1987）和盐沼植物（Pennings and Bertness，2001）的分布。人类活动改变了河流的淡水流量，从而通过若干种机制改变了系统内与系统间的碳转移。现在，淡水严重供不应求，全球性缺水问题时隐时现（Postel，2000），而提高农作物产量又是必然的。因此，在强大的现实政治压力下，在关于开闸放水维持生态系统健康（环境流量）方面，需要强有力的科学决策（Arthington et al.，2006）。

河水进入海洋普遍会提高生产力（Gillanders and Kingsford，2002）。已经发现热带河流流量和渔获量之间存在非常明确的相关性。例如，在澳大利亚东海岸两个不同河流系统，尽管响应时间有早晚，但均与每年渔获量相耦合。菲茨罗伊河流量与尖吻鲈（*Lates calcarifer*）世代的存活和生长增加有关，该种类的捕捞量在几年后较高（Staunton-Smith et al.，2004）。洛根河夏季流量与鱼、蟹、虾的捕捞量正相关（Loneragan and Bunn，1999）。这种影响在同一年被发现，可能仅仅是渔区中补充群体渔获量提高的结果，澳大利亚卡本塔利亚湾墨吉明对虾可能也属于这个现象（Vance et al.，1998）。另一个被提出的机制是陆源有机物向沿海水域负荷的增加，提高了作为经济鱼类主要饵料的小型和大型动物的丰度（Loneragan and Bunn，1999）。

改变沿海流域的土地利用，也会影响进入河口和沿海水域的有机物的数量和性质。在中国，来自城市和农业地区的碳负荷现在极其普遍，因此当地红树林在食物网中的作用已无关紧要（Lee，2000）。例如，在过去200年中，大堡礁周边流域的森林转化为农田，随之带来了有机物负荷，使得进入珊瑚礁的沉积物提高了4倍左右（见Furnas，2003；引用Ford et al.，2005）。

3.2.2.2 气候变化对碳交换的影响

热带碳交换模式在全球碳循环中占据首要位置（Cloern，2001）。碳是气候变化的热门话题。尽管气候变化对海洋的影响已有相关研究（Poloczanska et al.，2007），但却难以找到关于气候变化可能在陆海界面影响碳交换的任何研究。最新预测的气候加速变化对碳交换的最确定影响，就是会改变降水模式，进而改变河流流量（表3.1）。在降水量减少的地区，运输到河口和沿海地区的有机物总量会减少。反之，在降水量增多的地区，则可以预测陆地有机物对沿海地区的贡献会增高。叠加在这些效应上的将是降水量可变性增加（Poloczanska et al.，2007），更严重的天气事件导致无论幅度还是频率均高于目前的降水峰值。极端流量时间将有可能导致陆源物质输入大脉冲，并且如上面所讨论的，可能提高农业 C4 物质的重要性。

气候变化衍生的问题远比上述多得多。通过农业活动和城市化的变化，沿海流域土地的利用程度和类型将随之改变（Cloern，2001），最终改变河口和沿海水域的碳输入。

3.3 热带植被系统与邻近系统间的碳交换

3.3.1 从潮间带向潮下带的碳传输的外溢假说

在近海各系统之间碳转移的概念中，从浅海河口生境向邻近深海水域碳转移的理论占主导地位。"外溢假说"依据的是北美大西洋沿岸盐沼系统的观测结果，只有沼泽向外输出能量，邻近水域的次级生产才能维持（Odum，1968）。在热带海域，邻近生态系统次级生产力对能量的依赖就是对来自红树林的有机物依赖。红树林输出的颗粒态和溶解态有机碳受到了相当的重视，尽管可用于全球尺度有机碳输出的精确定量研究数量仍相当有限（Bouillon et al.，2008b），评估输出率也受到方法学困难的制约（Ayukai et al.，1998；同时参见第 12 章 12.4 节）。若干项稳定同位素研究表明，栖息在红树林百米范围内的无脊椎动物和鱼类从红树林中获取碳（Harrigan et al.，1989，Lugendo et al.，2007），但其他的研究并未发现这一现象（如 Connolly et al.，2005，也参见本章 3.3.1.5 节），而且也已明确证实，红树林碳输出对较远的位点缺少影响（Lee，1995）。红树林可以同时输出有机碳和无机碳，但是在潮水淹没期间也会输入有机物，因此难以直接评估这些过程的净结余。

在植被覆盖的潮间带生境，如热带水域红树林等，有机物质通过 3 条途径输出（图 3.3）：(1) 溶解态或颗粒态；(2) 动物从潮间带向潮下带迁移；(3) 捕食者-被捕食者相互作用的营养传递（Kneib，1997）。每种路径详见下文讨论。溶解态有机碳、颗粒态有机碳和大型凋落物输出路径可能大相径庭。对于溶解态有机碳，一系列的研究说明沉积物-水体交换和间隙水作为溶解态有机碳与河口或者潮沟水交换媒介的重要性（参见 Ovalle et al.，1990；Dittmar and Lara 2001b；Schwendenmann et al.，2006；Bouil-lon et al.，2007c）。与溶解态有机碳相比，颗粒态有机碳，受到水流流速和径流的影响更大（参见 Twilley，1985）。Twilley（1985）比较了不同类型红树林的有机碳输出，发现累计的潮汐振幅是总有机碳输出量的主要驱动力，从而强调了潮汐动力的重要性。

3.3.1.1 溶解态有机碳和颗粒态有机碳交换

我们对红树林碳交换的了解来自于较少的研究：一份近期的综述发现仅有 6 篇和 7 篇文献估算了溶解态有机碳和颗粒态有机碳输出，11 篇文献估算了总有机碳输出（Bouillon et al.，2008b）。同时不要忘记，上述估算采用了各种不同的方法，其中包括结合水流测量的潮汐有机碳测定，以及使用过流水槽的通量估算（见第 12 章）。据估算，红树林区的

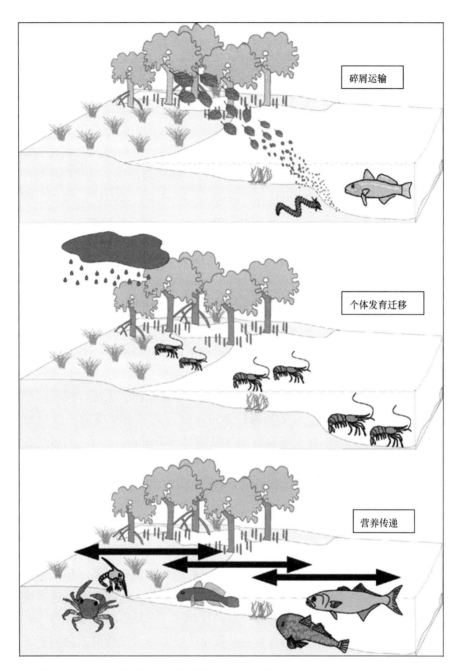

图 3.3 有机物从红树林向较深水域食物网运输的 3 种机制（仿自 Connolly 和 Lee，2007）。碎屑运输包括颗粒态和溶解态有机物。个体发育洄游指墨吉明对虾（*Fenneropenaeus merguiensis*）等洄游动物的运动。营养传递（Kneib，1997）涉及一系列捕食者-被捕食者相互作用；例如在澳大利亚，在较高岸边的螃蟹及其仔蟹被双边鱼［双边鱼科（Ambassidae）］、虾虎［虾虎科（Gobiidae）］和鲻鱼稚鱼［鲻科（Mugilidae）］摄食，这些鱼又被其他鱼类摄食，如鲬［鲬科（Platycephalidae）］和扁鲹［鲑科（Pomatomidae）］

全球碳输出量（溶解态有机碳+颗粒态有机碳）约为 250 g/（$m^2·a$）（以 C 计），其中溶解态有机碳和颗粒态有机碳各约占 50%的通量，合在一起占红树林净初级生产力的 20%左右。但必须强调的是，我们现在对红树林叶片碳循环的了解对于评估海洋系统总碳平衡留下了很大的不确定性（Bouillon et al.，2008b）。目前大多数通量估算的一个主要缺点（除了推断全球通量存在数据数量有限问题外）在于其很少包括源的特性，因此无法区分红树林与其他潜在碳源的有机碳通量。在这方面，目前通量数据可能存在固有偏差，从而高估了红树林的实际有机碳通量。源的特征对于集成颗粒态有机碳通量的测量尤为重要，因为已知红树林（和其他潮间带海域）在潮汐淹没时可以捕获到相当大量的颗粒物质，包括来自红树林的有机碳（Middelburg et al.，1996；Bouillon et al.，2003）。此外，颗粒态有机碳的输入量和输出量（不同来源）可以紧密地相互平衡（Ayukai et al.，1998），余留净通量非常少。至于溶解态有机碳，确有研究报告说明在某些红树林区，有机碳属于净流入，而不是流出。Davis 等（2001）在泰勒河滨海红树林区的水槽实验显示，尽管存在季节变化，溶解态有机碳通常来源于水体，而总有机碳通量在输入和输出间只有较小的净通量。Boto 和 Wellington（1988）也指出，位于澳大利亚北部珊瑚湾的红树林沉积物对溶解态有机碳的净吸收。Davis 等（2001）研究的一个问题在于，水槽是在无潮红树林区沿潮沟的水流方向设置于连续淹没的红树林中，因此任何潮泵现象的影响都不能确定。因为潮泵很可能是溶解质输出的一个重要机制（Dittmar and Lara，2001a；Schwendenmann et al.，2006；Bouillon et al.，2007c），与其他大部分红树林环境相比，无潮红树林区的溶解态有机碳输出显著要低。总之，潮汐水文和累计潮汐振幅可能是有机碳输出量的重要决定因素。因此，河滨红树林碳输出高于滨海和海盆红树林（Twilley，1985），而且在河口淡水径流量大的时候碳输出量也高（Sutula et al.，2003）。同时，Romigh 等（2006）报道了溶解态有机碳通量的季节性模式（即溶解态有机碳净输出和净输入的时期）与淡水排放和潮汐振幅对溶解态有机碳通量的强烈影响一致。

3.3.1.2 溶解无机碳交换

到目前为止，热带沿海生态系统碳交换的重点已指向有机碳形态，但据我们所知，没有研究试图直接量化溶解态无机碳（DIC）交换。尽管如此，热带沿海生态系统是无机碳循环剧烈的地方，特别是传统的由陆向海分布的红树林-海草床-珊瑚礁系统。红树林以其强烈的矿化和高二氧化碳交换而闻名（Borges et al.，2003）。热带海草床的初级生产力非常高（Hemminga et al.，1994），导致水体中二氧化碳分压水平显著降低（Bouillon et al.，2007a）。珊瑚礁在另一方面是海洋碳酸钙的主要贡献者（Gattuso et al.，1998）。近期对一系列滩涂红树林潮沟与河口溶解态无机碳和溶解态有机碳曲线的比较表明，来自红树林的溶解态无机碳侧向输入平均比溶解态有机碳高出约 8 倍（Bouillon et al.，2008b）。如果这在其他生态系统中和/或通过溶解态无机碳交换直接定量估算被证实，那么就意味着红树林碳的矿化以及溶解态无机碳输出，必定比红树林的有机碳输出高很多。

3.3.1.3 洄游和营养传递

动物从近岸向外海洄游导致的能量转移往往受到忽视，但却是重要的潜在机制（Kneib，2000）。很多重要的渔业种类，包括甲壳类的蟹和虾，在仔期或者后仔期时到达河口，在长大（携带着有机碳）洄游至海洋之前在河口上游生长。在热带水域，关键种如墨吉明对虾（*Fenneropenaeus merguiensis*）往往有强烈的季节性。在澳大利亚北部卡本塔利亚湾，这是由于大量的淡水经河口进入海湾的结果（Vance et al.，1998）。在马来西亚半岛，墨吉明对虾的季节性洄游由于降雨分布比较均匀而不太明显，但碳在动物体内的转移依然重要，因为在河口外有同样明显的净迁移（Ahmad Adnan et al.，2002）。在美国南部，碳转移稳定同位素研究表明，相当数量的桃红美对虾（*Farfantepenaeus duorarum*）从海草床向没有植被的捕捞作业区运动（Fry et al.，1999）。以这种方式转移的总碳量尚未获得估算，并且它可能会最终被证明低于颗粒态和溶解态的转移量。然而，这种能量源却可能在沿海食物网中起很重要的作用，因为动物洄游极有可能是在之前发生的，因此与食物网的链接要比从河口输出的溶解态有机碳和颗粒态有机碳更直接。

营养传递现象最早描述的是温带盐沼，其中定居性小型甲壳类被随涨潮进入沼泽的大型鱼类捕食。这些捕食者是更大的肉食性鱼类的潜在猎物，因此阐释了一个将能量从浅水转移到深水的传递系统的效应（Kneib，1997）。初步证据表明，这一概念也适用于热带海洋。例如，事实证明，杰克逊双边鱼（*Ambassis jacksoniensis*）在昆士兰亚热带沼泽中大量摄食滨蟹仔蟹（Hollingsworth and Connolly，2006）。这种沼泽仅在大潮时被淹没，而且淹没对于鱼类的摄食模式有超乎寻常的影响。在一个潮汐周期，第一个夜晚到达的杰克逊双边鱼仅少量摄食某些类型的猎物。这一淹没是滨蟹生育仔蟹的信号，在随后的夜晚每条杰克逊双边鱼平均吃掉 100~200 个仔蟹（图 3.4）。杰克逊双边鱼体型较小，但数量极多，是与这些亚热带沼泽相邻的沟渠中较大型鱼类的猎物（Baker and Sheaves，2005）。最近，在了解热带系统中鱼类群落的营养结构方面开展了大量研究（Nagelkerken and van der Velde，2004）。尽管食鱼性鱼类的范围还有待论证（Sheaves and Molony，2000），第一次将食物网和洄游分析结合在一起的研究表明营养传递可能是非常重要的（Kruitwagen et al.，2007；Lugendo et al.，2007）。

3.3.1.4 有机物转移对食物网和生态结构的影响

邻近海域大型凋落物的运输和累积对沉积环境和动物群落有若干影响，但是很少有研究证明了这种影响。Daniel 和 Robertson（1990）认为红树林碎屑运输的存在和丰度对一些大型底栖动物（如对虾）有着积极影响，例如，作为庇护所以逃避捕食。相比之下，对于微型底栖动物，Alongi（1990）并未发现确切证据表明，红树林输出的碎屑增加了鞭毛虫、纤毛虫或者原生动物的密度。通过在砂质微型受控生态系统中添加红树林凋落物的长期实验，Lee（1999）发现凋落物添加对大型底栖动物生物量无显著影响，但物种丰富度和多样性随着凋落物投入的增多而减少。后者可能是由于单宁从凋落物浸出带来的负面影响

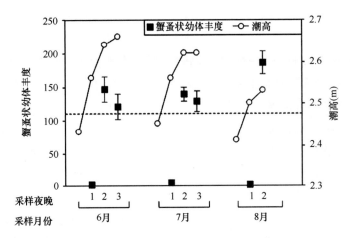

图 3.4　在亚热带盐沼摄食后，杰克逊双边鱼（*Ambassis jacksoniensis*）胃内容物中蟹类蚤状幼体的丰度（平均±SE）（资料来自 Hollingsworth and Connolly，2006）。在每个月，在沼泽被淹没的第一个夜晚，鱼类不摄食蚤状幼体，但在其后的夜晚摄食。每次采样夜晚和采样前一夜晚的潮高均有显示。沼泽淹没的潮高（2.48 m）以虚线表示

（Alongi，1987；Lee，1999）。沉积物中的有机碳显然可以作为生物的重要食物来源，但是随着大量有机质导致的氧消耗和有毒物质累积等副产物输送到沉积物中，可能导致底栖动物丰度和多样性下降（Hyland，2005）。最初的报告指出，红树林有机物对邻近水域食物网具有重要的直接营养作用（Odum，1968），但大部分后来的研究发现证据很少或者不明确，并认为红树林来源的碳对于近岸食物网的贡献最小（Bouillon et al.，2008a；本章3.3.1.5）。考虑到溶解有机物交换的重要性，关于溶解态有机碳和溶解态有机氮归宿数据少得令人吃惊，应是未来重要的研究领域。Dittmar 等（2006）的实验说明，来自红树林间隙水的溶解态有机碳部分在光降解中改变其化学特性，但是大部分在淹没几周后的自然细菌群落中仍残留。这表明，这部分红树林来源的溶解态有机碳汇在水动力条件充分后足以扩散到广大海域。

有机物质量在碳运输到动物的后果中属于决定型因素，因此也很重要。例如，过多活性有机质（如虾类养殖场）可能会导致大面积的缺氧区（Chua，1992），而更多难降解的有机物（颗粒态有机碳）在海洋沉积物中堆积或者被以溶解形式（溶解态有机碳）运输到外海海域（Alongi and Christoffersen，1992）。

3.3.1.5　检测溢出研究中的"假阳性"——回避稳定同位素分析的误区

大量的研究已经采用稳定同位素比值来推断潮间带植被，尤其是红树林和其他潜在源对沉积物或悬浮有机物汇的相对贡献率（Machiwa，2000；Kuramoto and Minagawa，2001；Thimdee et al.，2003）。常见的策略是将 POC $\delta^{13}C$ 比值的变化与红树林来源碳和"海洋"浮游植物相混合，后者典型的 $\delta^{13}C$ 特征值为-20‰～-18‰（Rezende et al.，1990；Chong et al.，2001）。但这种方法过于简化，其主要缺点在于依据的是假设河口或红树林潮沟和

海洋浮游植物的δ¹³C值相同，不过这是不可能的，因为红树林潮沟和河口溶解态无机碳的δ¹³C值通常会明显低6‰~8‰（Bouillon et al.，2008a）。因此，水体中的初级生产者预计和大洋中的生产者同样贫瘠，这个结论同样适用于底栖微藻（Guest et al.，2004）。

红树林邻近水域溶解态无机碳δ¹³C值贫化同样影响了海草等大型底栖植物的值。海草δ¹³C值通常在−16‰和−12‰之间（Hemminga and Mateo，1996），但是邻近红树林区的海草δ¹³C值一般越靠近红树林越贫化，越靠近海洋越富集［如，Hemminga等（1994）和Marguillier等（1997）发现在小于4千米变幅约10‰］。忽视了溶解态无机碳同位素从红树林区到外海区随距离增加发生的同位素梯度变化，就会同样忽视随着离岸距离发生的初级生产者同位素梯度变化。因此，在这些研究中描述的颗粒碳或动物组织同位素比值的任何梯度都有可能在测试红树林碳的重要性中提供"假阳性"。

红树林附近溶解态无机碳汇同位素的贫化及其对其他本地自养生物的影响，意味着在同位素梯度研究中任何对自养生物的依赖都会看成是红树林对邻近食物网的贡献。因此，采取特别对策来克服这些研究中的潜在输出的挑战非常重要。首先，潜在替代源的同位素比值应在更精细的空间尺度密度测定。如果无法恰当地收集浮游生物，空间上密集采集溶解态无机碳是一个可行的选择。其次，由于单独测定碳同位素无法解决多种源对颗粒态有机碳汇的贡献，应当考虑综合其他同位素示踪剂（如POC/PN比，Gonneea et al.，2004；POC/Chl. a比，Cifuentes et al.，1996；其他生化示踪剂如木质素衍生的酚等，Dittmar et al.，2001，参见第12章）。

3.3.2 碳向潮间带生境转移—内溢

3.3.2.1 从海草床向红树林

在热带沿海系统中，大型凋落物在物质交换中的作用很少获得研究，这是重要的知识缺口，因为现有的少数研究表明，漂浮或悬浮的大型凋落物数量可能比常见的颗粒态有机碳或溶解态有机碳浓度高。

Slim等（1996）记载了肯尼亚海湾海草、红树林和大型海藻凋落物的潮汐运输，发现了大型凋落物双向传输的明确证据，其中海草凋落物在涨落潮时均占主导地位，但是红树林凋落物在落潮时比涨潮时重要。红树林来源的物质在这一系统中的积累也获得有机碳和稳定同位素的证据证明（Hemminga et al.，1994；Bouillon et al.，2004）。潮间带红树林凋落物的沉积在邻近海藻床或大型藻类大量分布的水域非常明显（图3.5），并且在块状沉积物稳定同位素数据上也与本地植物（Middelburg et al.，1996；Bouillon et al.，2004；图3.6）和邻近海草床的红树林沉积物正构烷烃（P. V. Khoi and S. Bouillon，未发表数据）显著不同。Wooller等（2003）发现，位于双礁（伯利兹）的拉关木（*Laguncularia*）红树林，其沉积物有机质通常由非红树林源占主导，包括海草物质，与邻近海草系统中的泰来藻种（*Thalassia* sp.）一致，并获得δ¹³C值和C/N比均高的站位所证明。据报道，热带砂质海滩（Hemminga and Nieuwenhuize，1991）和潮间带（de Boer，2000）也有大量海草物质沉积,但是关于这些物质的归宿及其在这些无植被系统中潜在的营养重要性却知之甚少。

图3.5 海草凋落物沉积在肯尼亚加齐湾潮间带海榄雌（*Avicennia marina*）红树林（a）；坦桑尼亚达累斯萨拉姆托尼河口（Mtoni）大型藻类石莼（*Ulva* spp.）在杯萼海桑（*Sonneratia alba*）红树林沉积（b）

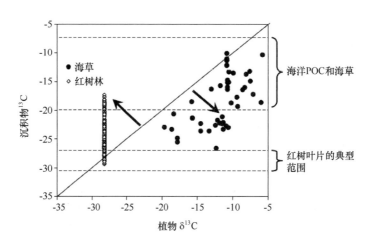

图3.6 海草（数据仅来自热带和亚热带系统）或红树林优势物种与沉积物有机碳的 $\delta^{13}C$ 特征的比较,其中,红树林采用全球植物材料 $\delta^{13}C$ 平均值 -28.2‰（Bouillon et al.,2008a）,海草系统的数据来源见 Bouillon 等（2004）；红树林系统的数据也见 Kristensen 等（2008）。红树林沉积物 $\delta^{13}C$ 值通常比红树林凋落物输入的 ^{13}C 更富集,相反,相对主要海草植被,海草床沉积物 ^{13}C 更贫化。POC=颗粒态有机碳①

3.3.2.2 海草到滩涂

对于浅海沙滩和泥滩,近期在温带水域开展的实验已经导致关于食物网的新想法。欧洲北部潮滩周密计划开展的 ^{13}C 示踪实验清楚地表明,沉积物中底栖微藻是食物网的一个主要贡献者（Middelburg et al., 2000）,这个新认识支持了更普遍的认识,即底栖微藻具

---

① 原文为"POC=particulate organic matter",疑为"POC=particulate organic carbon"——译者注

有很大的生产力，在食物网中易于同化（MacIntyre et al.，1996）。

澳大利亚热带海域的一项脂肪酸研究的证据表明，底栖微藻只是对无脊椎动物的营养有些贡献（Meziane et al.，2006）。另一方面，在同一泥滩碳同位素的证据表明了对来自邻近海草场的外来碳的强烈依赖（Melville and Connolly，2005）。这种有机物从海草场向泥滩转移，最近受到具有重要商业价值的锯缘青蟹（*Scylla serrata*）的研究结果的支持。通常，锯缘青蟹（*Scylla serrata*）同位素比值更为丰富，说明对来自海草场或者盐沼植被有机质的依赖，但锯缘青蟹（*Scylla serrata*）同位素比值出现高度的空间变异。在距离锯缘青蟹（*Scylla serrata*）关键生境不同距离的一项研究中发现，距离海草床的距离而不是距离盐沼（或红树林）的距离，这解释了大部分的变异（图3.7）。这一同位素证据表明，在存在海草的热带浅水域，来自海草床的碳对于动物营养有着不成比例的高贡献，而远离海草床或者没有海草存在，动物依赖于来自于多种源的一般性碳库。

3.3.3 系统间碳转移的尺度

消费者的能量来源及其在生境之间的输送已成为生态学的关注重点。由于水是一种高效的传输介质，碳在水域的输送多于陆地（Polis et al.，1997）。然而，在实践中，碳在食物网中的输送和利用程度在不同系统中是不同的。

首先，河流支流向沿海生态系统扩散的程度取决于流量。主要河流，如亚马孙河，影响着超过几十千米的水层和底栖过程（Smith and Demaster，1996）。但是，较小河流的流量滞留在邻近岸线、面积不到 1 km^2 的小羽流中（Gaston et al.，2006）。

在河口内部，碳可能随潮流运动，但参与运动的碳量始终难以量化，因为从河流进入河口的外源输入碳量和广袤的滨海植被生产的碳量均大，因此次级生产力消耗的碳量也大。根据季节和地理位置，使用稳定同位素（Rodelli et al.，1984）和脂肪酸（Meziane et al.,2006）技术，对距离红树林 2~4 km 的沉积物碎屑的碳进行了检测。不过，在若干河口区，检测结果没有证实根据外溢假说预测的大规模碳迁移（Loneragan et al.，1997）。最新的证据表明，碳在河口生境的迁移在比以前认为更精细的尺度上发生。例如，在一项站位相隔数百米的热带滨蟹碳同位素研究中，Hsieh 等（2002）发现滨蟹衍生的碳来自其生境，而不是更远的地方。随后，在一项亚热带河口滨蟹活动和碳同化的研究发现，滨蟹在周围几米范围内获取其营养来源（图3.8）。详细测量滨蟹和颗粒态有机物的运动表明，短距离碳输送是通过颗粒态有机物，而不是觅食区域非常小的滨蟹迁移的（Guest et al.，2004，2006）。

3.3.4 珊瑚礁碳交换

与其他热带沿海生态系统相比，很少有研究涉及珊瑚礁及其邻近海域的碳交换（Gattuso et al.，1998）。

根据 Delesalle 等（1998）的估算，在法属波利尼西亚的一个珊瑚礁系统，47%的有机

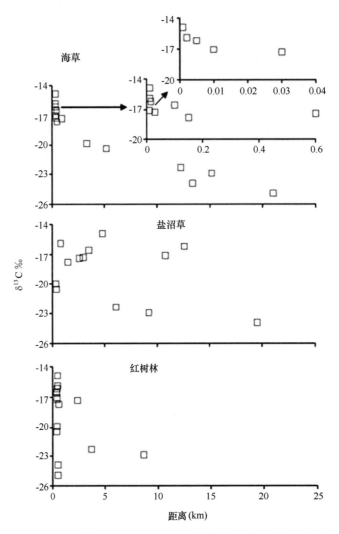

图 3.7 锯缘青蟹（Scylla serrata）碳同位素比值（$\delta^{13}C$）与青蟹捕捉地点和最近的 3 种生境斑块（海草床、盐沼、红树林）之间距离的关系。最强的关系是与海草的距离，对于这一生境的分解图说明距离越小关系越紧密。与盐沼或者红树林间没有关系存在。数据来自 Waltham and Connolly（未发表）

物产量和 21% 的碳酸盐产量都输出了，后者与 Smith 等（1978，25%）之前的估算一致。人们认为，这些数字属于最低估计，因为其中没有考虑溶解态有机碳交换，即大型碎屑交换，原因在于测量是在相对风平浪静的条件下进行的，仅考虑了这些岸礁外侧向海洋的运输。Delesalle 等（1998）广泛设置站位的研究也说明颗粒物的水平和下坡平流，而非垂直运输，才是向外海运输的主要途径。后者也获得 Hata 等（1998，2002）数据的支持，他们估计在从礁坪输出的颗粒态有机碳，只有 20%~35% 在珊瑚礁外一定距离 40~50 m 深的沉积物测得。

根据 Hata 等（1998）的估算，帕劳一座珊瑚礁的有机碳净输出量只占初级生产力总量的4%左右，但该研究仅考虑了颗粒有机碳的输出，并没有考虑溶解态有机碳的输出。再者，由于这些系统中大多数总初级生产力［高达94%，据（Hata et al.，2002）的估算］普遍参与呼吸作用，4%的值可能仍代表了（相对较小）净有机碳生产力的显著部分。例如，根据 Hata 等（2002）的估算，珊瑚礁群落中的大多数净群落生产力（80%~100%）以溶解态有机碳或颗粒态有机碳的形式输出，其中溶解态有机碳的通量比颗粒态有机碳通量高5~6倍。考虑到珊瑚礁的开放特性，这种高度输出不足为奇，特别是系统中产生的溶解态有机碳。珊瑚礁可以捕获和储存碳。例如，Pile（2005）指出，在大堡礁，当一次水流流过礁石，周围水体几乎所有的超微型浮游动物都被珊瑚礁上的滤食生物摄食。一旦将所有固着生物的活动考虑在内，至少在短期内，这个强大的过滤作用反映了珊瑚礁对碳的净吸收。同样，Goeij 和 van Duyl（2008）发现，珊瑚礁中的空穴（包括相关的生物群）的表面可以充当溶解态有机碳的净汇。

过量有机碳以活体生物量的形式输出（如稚鱼洄游到其他环境以完成其生命周期），以及在藻类是珊瑚礁重要组成部分的系统中漂浮藻类的输出（Kilar and Norris，1988，Hata et al.，1998），已经被提出作为珊瑚礁有机物输出的一个主要成分（50%~75%，Gattuso et al.，1998）。

3.4 结论和未来研究方向

热带和亚热带沿海生态系统具有初级生产力高和在不同空间尺度上碳交换率强的特点，这些特点既可以是非生物驱动（颗粒和溶解物质通量），也可以是生物驱动（动物运动和营养传递）。过去几十年，热带海岸带在全球碳平衡中的作用越来越获得认识。要定量其作用，仍然有漫长的路要走，因为：（1）评估物质通量和与其物质来源结合的复杂性；（2）热带沿海生态系统的多样性（河口、潟湖、红树林、泥滩、海草床、珊瑚礁）。这些因素需要由一系列方法和分析技术才能正确说明其生物地球化学功能作用。再者，碳交换生物调控的重要性评估方法复杂，只有很少人开展定量研究。即使是各种生态系统的碳平衡研究也都受到诸如初级生产力（Bouillon et al.，2008b）、水-气 CO_2 通量（Borges et al.，2005）或碳埋藏率（Duarte et al.，2005）等基础过程数据惊人稀缺的阻碍。因此，作为对现有追踪和量化碳交换的分析技术的补充，收集一系列热带沿海生态系统基线数据，仍然非常重要（见第12章第12.4节）。

有一个领域仍要采用到碳路径，而且肯定可以证明是有效途径，这就是把碳路径作为生态系统健康的指标之一。自然保护的目标不应当仅仅是物种保护，也应当保护生态过程。什么过程是真正重要的（或可衡量的），在水生生物保护文献中少有指导。碳转移和利用可能是中心。例如，动物的食物来源是生态学的结构性核心议题（Polis et al.，1997），一系列的示踪工具可用来阐明碳路径（参见第12章）。随着碳路径的加深认识，将有可能检测到由于诸如流域富营养化、土地利用变化（C4农业）、红树林等沿海生境的清除以及疏浚和围垦引起的海草床意外破坏等干扰导致的碳路径变化。

碳同位素已用于研究热带内陆水域生态系统健康。在原始的河流源头，食物网主要由河岸植物的外来输入支持（河流连续性概念来自 Vannote et al.，1980）。在热带河流，一旦沿岸植物被清除，最根本的路径就被改变，从原本对外来大型植物输入依赖变成对本地河流内部生产依赖，而且由于透明度的提高，微藻会快速增长（Douglas et al.，2005）。

在热带地区，退化的河口生境已开始恢复，例如佛罗里达大沼泽地的修复工程。种种努力通常包含对植物和动物群体的监测，但是这些可能是生态过程较差的指标。模拟自然生态过程的生境恢复程度最好应该直接测量。同样，碳路径是一个明显的候选指标，因为可以采用相对易于测量的化学示踪剂，并且可以根据其他不太受扰系统的数据建模预测（Twilley et al.，1999）。

参考文献

Ahmad Adnan N, Loneragan NR, Connolly RM (2002) Variability of, and the influence of envi-ronmental factors on, the recruitment of postlarval and juvenile *Penaeus merguiensis* in the Matang mangroves of Malaysia. Mar Biol 141: 241-251

Alongi DM (1987) The influence of mangrove-derived tannins on intertidal meiobenthos in tropical estuaries. Oecologia 71: 537-540

Alongi DM (1990) Effect of mangrove detrital outwelling on nutrient regeneration and oxygen fluxes in coastal sediments of the central Great Barrier Reef lagoon. Estuar Coast Shelf Sci 31: 581-598

Alongi DM, Christoffersen P (1992) Benthic infauna and organism-sediment relations in a shallow, tropical coastal area - influence of outwelled mangrove detritus and physical disturbance. Mar Ecol Prog Ser 81: 229-245

Arthington AH, Bunn SE, Poff NL et al (2006) The challenge of providing environmental flow rules to sustain river ecosystems. Ecol Appl 16: 1311-1318

Ayukai T, Miller D, Wolanski E et al (1998) Fluxes of nutrients and dissolved and particulate organic carbon in two mangrove creeks in northeastern Australia. Mangroves and Salt Marshes 2: 223-230

Baker R, Sheaves M (2005) Redefining the piscivore assemblage of shallow estuarine nursery habitats. Mar Ecol Prog Ser 291: 197-213

Baum A, Rixen T, Samiaji J (2007) Relevance of peat draining rivers in central Sumatra for the riverine input of dissolved organic carbon into the ocean. Estuar Coast Shelf Sci 73: 563-570

Borges AV, Delille B, Frankignoulle M (2005) Budgeting sinks and sources of CO2 in the coastal ocean: diversity of ecosystems counts. Geophys Res Lett 32, L14601, doi: 10.1029/2005GL023053

Borges AV, Djenidi S, Lacroix G et al (2003) Atmospheric CO_2 flux from mangrove surrounding waters. Geophys Res Lett 30, 1558, doi: 10.1029/2003GL017143

Boto KG, Wellington JT (1988) Seasonal variations in concentrations and fluxes of dissolved organic and inorganic materials in a tropical, tidally dominated waterway. Mar Ecol Prog Ser 50: 151-160

Bouillon S, Dahdouh-Guebas F, Rao AVVS et al (2003) Sources of organic carbon in man-grove sediments: variability and possible implications for ecosystem functioning. Hydrobiolo-gia 495: 33-39

Bouillon S, Moens T, Dehairs F (2004) Carbon sources sustaining benthic mineralization in man-grove and adjacent seagrass sediments (Gazi bay, Kenya). Biogeosciences 1: 71-78

Bouillon S, Dehairs F, Velimirov B et al (2007a) Dynamics of organic and inorganic carbon across contiguous mangrove and seagrass systems (Gazi bay, Kenya). J Geophys Res 112, G02018, doi: 10.1029/2006JG000325

Bouillon S, Dehairs F, Schiettecatte LS et al (2007b) Biogeochemistry of the Tana estuary and delta (northern Kenya). Limnol Oceanogr 52: 46-59

Bouillon S, Middelburg JJ, Dehairs F et al (2007c) Importance of intertidal sediment processes and porewater exchange on the water column biogeochemistry in a pristine mangrove creek (Ras Dege, Tanzania). Biogeosciences 4: 311-322

Bouillon S, Connolly R, Lee SY (2008a). Organic matter exchange and cycling in mangrove ecosystems: recent insights from stable isotope studies. J Sea Res 59: 44-58

Bouillon S, Borges AV, Castañeda-Moya E et al (2008) Mangrove production and carbon sinks: a revision of global budget estimates. Glob Biogeochem Cycles 22, GB2013, doi: 10.1029/2007GB003052

Chong VC, Low CB, Ichikawa T (2001) Contribution of mangrove detritus to juvenile prawn nutrition: a dual stable isotope study in a Malaysian mangrove forest. Mar Biol 138: 77-86

Chua TE (1992) Coastal aquaculture development and the environment: the role of coastal area management. Mar Pollut Bull 25: 98-103

Cifuentes LA, Coffin RB, Solorzano L et al (1996) Isotopic and elemental variations of carbon and nitrogen in a mangrove estuary. Estuar Coast Shelf Sci 43: 781-800

Cloern JE (2001) Our evolving conceptual model of the coastal eutrophication problem. Mar Ecol Prog Ser 210: 223-253

Connolly RM, Gorman D, Guest MA (2005) Movement of carbon among estuarine habitats and its assimilation by invertebrates. Oecologia 144: 684-691

Connolly RM, Lee SY (2007) Mangroves and saltmarsh. In: Connell SD, Gillanders BM (eds) Marine Ecology, pp. 485-512. Oxford University Press, Oxford

Coynel A, Seyler P, Etcheber H et al (2005) Spatial and seasonal dynamics of total suspended sed-iment and organic carbon species in the Congo River. Glob Biogeochem Cycles 19, GB4019, doi: 10.1029/2004GB002335

Dai J, Sun M-Y (2007) Organic matter sources and their use by bacteria in the sediments of the Altamaha estuary during high and low discharge periods. Org Geochem 38: 1-15

Daniel PA, Robertson AI (1990) Epibenthos of mangrove waterways and open embayments: com-munity structure and the relationship between exported mangrove detritus and epifaunal stand-ing stocks. Estuar Coast Shelf Sci 31: 599-619

Darnaude AM, Salen-Picard C, Harmelin-Vivien ML (2004) Depth variation in terrestrial partic-ulate organic matter exploitation by marine coastal benthic communities off the Rhone River delta (NW Mediterranean). Mar Ecol Prog Ser 275: 47-57

Davis III SE, Childers DL, Day JW et al (2001) Wetland-water column exchanges of carbon, nitrogen, and phosphorus in a southern Everglades dwarf mangrove. Estuaries 24: 610-622 de Boer WF (2000) Biomass dynamics of seagrasses and the role of mangrove and seagrass vege-tation as different nutrient sources for an intertidal ecosystem. Aquat Bot 66: 225-239

de Goeij JM, van Duyl FC (2008) Coral cavities are sinks of dissolved organic carbon (DOC). Limnol Oceanogr 52: 2608-2617

Delesalle B, Buscail R, Carbonne J et al (1998) Direct measurements of carbon and carbon-ate export from a coral reef ecosystem (Moorea Island, French Polynesia). Coral Reefs 17: 121-132

Dittmar T, Lara RJ (2001a) Driving forces behind nutrient and organic matter dynamics in a man-grove tidal creek in North Brazil. Estuar Coast Shelf Sci 52: 249-259

Dittmar T, Lara RJ (2001b) Do mangroves rather than rivers provide nutrients to coastal envi-ronments south of the Amazon River? Evidence from long-term flux measurements. Mar Ecol Prog Ser 213: 67-77

Dittmar T, Lara RJ, Kattner G (2001) River or mangrove? Tracing major organic matter sources in tropical Bra-zilian coastal waters. Mar Chem 73: 253-271

Dittmar T, Hertkorn N, Kattner G et al (2006) Mangroves, a major source of dissolved organic carbon to the oceans. Glob Biogeochem Cycles 20, GB1012, doi: 10.1029/2005GB002570

Douglas MM, Bunn SE, Davies MP (2005) River and wetland food webs in Australia's wet-dry tropics: general principles and implications for management. Mar Freshw Res 56: 329-342 Duarte CM, Middelburg JJ, Cara-co N (2005) Major role of marine vegetation on the oceanic carbon cycle. Biogeosciences 2: 1-8

Eyre B (1998) Transport, retention and transformation of material in Australian estuaries. Estuaries 21: 540-551

Ford P, Tillman P, Robson B et al (2005) Organic carbon deliveries and their flow-related dynamics in the Fitz-roy estuary. Mar Pollut Bull 51: 119-127

Fry B, Mumford PL, Robblee MB (1999) Stable isotope studies of pink shrimp (Farfantepenaeus duorarum) Burkenroad migrations on the southwestern Florida shelf. Bull Mar Sci 65: 419-430

Galy V, France-Lanord C, Beysacc O et al (2007) Efficient organic carbon burial in the Bengal fan sustained by the Himalayan erosional system. Nature 450: 407-410

Gaston TF, Schlacher TA, Connolly RM (2006) Flood discharges of a small river into open coastal waters: plume traits and material fate. Estuar Coast Shelf Sci 69: 4-9

Gattuso JP, Frankignoulle M, Wollast R (1998) Carbon and carbonate metabolism in coastal aquatic ecosystems. Annu Rev Ecol Syst 29: 405-434

Gillanders BM, Kingsford MJ (2002) Impact of changes in flow of freshwater on estuarine and open coastal habitats and the associated organisms. Oceanogr Mar Biol Annu Rev 40: 233-309

Goni~ MA, Monacci N, Gisewhite R et al (2006) Distribution and sources of particulate organic matter in the wa-ter column and sediments of the Fly River Delta, Gulf of Papua (Papua New Guinea). Estuar Coast Shelf Sci 69: 225-245

Gonneea ME, Paytan A, Herrera-Silveira JA (2004) Tracing organic matter sources and carbon burial in man-grove sediments over the past 160 years. Estuar Coast Shelf Sci 61: 211-227

Guest MA, Connolly RM (2004) Fine-scale movement and assimilation of carbon in saltmarsh and mangrove hab-itat. Aquat Ecol 38: 599-609

Guest MA, Connolly RM, Lee SY et al (2006) Mechanism for the small-scale movement of carbon among estuar-ine habitats: organic matter transfer not crab movement. Oecologia 148: 88-96

Guest MA, Connolly RM, Loneragan NR (2004) Carbon movement and assimilation by inverte-brates in estuarine habitats occurring at a scale of metres. Mar Ecol Prog Ser 278: 27-34

Harrigan P, Zieman JC, Macko SA (1989) The base of nutritional support for the grey snapper (*Lutjanus griseus*) - an evaluation based on a combined stomach content and stable isotope analysis. Bull Mar Sci 44: 65-77

Hata H, Kudo S, Yamano H et al (2002) Organic carbon flux in Shiraho coral reef (Ishigaki Island, Japan). Mar Ecol Prog Ser 232: 129-140

Hata H, Suzuki A, Maruyama T et al (1998) Carbon flux by suspended and sinking particles around the barrier reef of Palau, Western Pacific. Limnol Oceanogr 43: 1883-1893

Hemminga MA, Mateo MA (1996) Stable carbon isotopes in seagrasses: variability in ratios and use in ecological studies. Mar Ecol Prog Ser 140: 285-298

Hemminga MA, Nieuwenhuize J (1991) Transport, deposition and in situ decay of seagrasses in a tropical mud-flat area (Banc d'Arguin, Mauretania). Neth J Sea Res 27: 183-190

Hemminga MA, Slim FJ, Kazungu J et al (1994) Carbon outwelling from a mangrove forest with adjacent seagrass beds and coral reefs (Gazi Bay, Kenya). Mar Ecol Prog Ser 106: 291-301

Hollingsworth A, Connolly RM (2006) Feeding by fish visiting inundated subtropical saltmarsh. J Exp Mar Biol Ecol 336: 88-98

Hsieh HL, Chen CP, Chen YG et al (2002) Diversity of benthic organic matter flows through polychaetes and crabs in a mangrove estuary: delta C-13 and delta S-34 signals. Mar Ecol Prog Ser 227: 145-155

Hung JJ, Huang MH (2005) Seasonal variations of organic-carbon and nutrient transport through a tropical estuary (Tsengwen) in southwestern Taiwan. Environ Geochem Health 27: 75-95

Hutchings PA, Saenger P (1987). Ecology of mangroves. University of Queensland Press, Bris-bane.

Hyland J, Balthis L, Karakassis I et al (2005) Organic carbon content of sediments as an indicator of stress in the marine benthos. Mar Ecol Prog Ser 295: 91-103

Kilar JA, Norris JN (1988) Composition, export, and import of drift vegetation on a tropical, plant-dominated, fringing-reef platform (Caribbean Panama). Coral Reefs 7: 93-103

Kneib RT (1997) The role of tidal marshes in the ecology of estuarine nekton. Oceanogr Mar Biol Annu Rev 35: 163-220

Kneib RT (2000) Saltmarsh ecoscapes and production transfers by estuarine nekton in the south-eastern U. S. In: Weinstein MP, Kreeger DA (eds) Concepts and controversies in tidal marsh ecology, pp. 267-292. Kluwer Academic, Netherlands

Kristensen E, Bouillon S, Dittmar T, et al (2008) Organic carbon dynamics in mangrove ecosys-tems: a review. Aquat Bot 89: 201-209

Kruitwagen G, Nagelkerken I, Lugendo BR et al (2007) Influence of morphology and amphibious life-style on the feeding ecology of the mudskipper *Periophthalmus argentilineatus*. J Fish Biol 71: 39-52

Kuramoto T, Minagawa M (2001) Stable carbon and nitrogen isotopic characterization of organic matter in a mangrove ecosystem on the south-western coast of Thailand. J Oceanogr 57: 421-431

Lee SY (1995) Mangrove outwelling - a review. Hydrobiologia 295: 203-212

Lee SY (1999) The effect of mangrove leaf litter enrichment on macrobenthic colonization of defaunated sandy substrates. Estuar Coast Shelf Sci 49: 703-712

Lee SY (2000) Carbon dynamics of Deep Bay, eastern Pearl River estuary, China. II: Trophic relationship based on carbon- and nitrogen-stable isotopes. Mar Ecol Prog Ser 205: 1-10

Loneragan NR, Bunn SE (1999) River flows and estuarine ecosystems: implications for coastal fisheries from a review and a case study of the Logan River, southeast Queensland. Aust J Ecol 24: 431-440

Loneragan NR, Bunn SE, Kellaway DM (1997) Are mangroves and seagrasses sources of organic carbon for penaeid prawns in a tropical Australian estuary? A multiple stable isotope study. Mar Biol 130: 289-300

Ludwig W, Probst JL, Kempe S (1996a) Predicting the oceanic input of organic carbon by conti-nental erosion. Glob Biogeochem Cycles 10: 23-41

Ludwig W, Amiotte-Suchet P, Probst JL (1996b) River discharges of carbon to the world's oceans: determining local inputs of alkalinity and of dissolved and particulate organic carbon. C R Acad Sci Paris II 323: 1007-1014

Lugendo BR, Nagelkerken I, Kruitwagen G et al (2007) Relative importance of mangroves as feeding habitats for fishes: a comparison between mangrove habitats with different settings. Bull Mar Sci 80: 497-512

Machiwa JF (1999) Lateral fluxes of organic carbon in a mangrove forest partly contaminated with sewage wastes. Mangroves and Salt Marshes 3: 95-104

Machiwa JF (2000) 13C signatures of flora, macrofauna and sediment of a mangrove forest partly affected by sewage wastes. Tanz J Sci 26: 15-28

MacIntyre HL, Geider RJ, Miller DC (1996) Microphytobenthos: The ecological role of the "secret garden" of unvegetated, shallow-water marine habitats. 1. Distribution, abundance and primary production. Estuaries 19: 186-201

Marguillier S, van der Velde G, Dehairs F et al (1997) Trophic relationships in an interlinked mangrove-seagrass ecosystem as traced by $\delta 13C$ and $\delta 15N$. Mar Ecol Prog Ser 151: 115-121

Martinelli LA, Ballester MV, Krusche AV et al (1999) Landcover changes and $\delta 13C$ composition of riverine particulate organic matter in the Piracicaba river basin (southeast region of Brazil). Limnol Oceanogr 44: 1826-1833

Melville AJ, Connolly RM (2003) Spatial analysis of stable isotope data to determine primary sources of nutrition for fish. Oecologia 136: 499-507

Melville AJ, Connolly RM (2005) Food webs supporting fish over subtropical mudflats are based on transported organic matter not in situ microalgae. Mar Biol 148: 363-371

Meziane T, d Agata F, Lee SY (2006) Fate of mangrove organic matter along a subtropical estuary: small-scale exportation and contribution to the food of crab communities. Mar Ecol Prog Ser 312: 15-27

Middelburg JJ, Nieuwenhuize J, Slim FJ et al (1996) Sediment biogeochemistry in an East African mangrove forest (Gazi Bay, Kenya). Biogeochemistry 34: 133-155

Middelburg JJ, Barranguet C, Boschker HTS et al (2000) The fate of intertidal microphytobenthos carbon: an in situ ^{13}C-labeling study. Limnol Oceanogr 45: 1224-1234

Milliman JD, Farnsworth KL, Albertin CS (1999) Flux and fate of fluvial sediments leaving large islands in the East Indies. J Sea Res 41: 97-107

Nagelkerken I, van der Velde G (2004) Are Caribbean mangroves important feeding grounds for juvenile reef fish from adjacent seagrass beds? Mar Ecol Prog Ser 274: 143-151

Odum EP (1968) Evaluating the productivity of coastal and estuarine water. Proceedings of the Second Sea Grant Conference, pp. 63-64. University of Rhode Island

Ovalle ARC, Rezende CE, Lacerda LD et al (1990) Factors affecting the hydrochemistry of a mangrove tidal creek, Sepetiba Bay, Brazil. Estuar Coast Shelf Sci 31: 639-650

Pennings S, Bertness M (2001) Salt marsh communities. In: Bertness M, Gaines S, Hay M (eds) Marine community ecology, pp. 289-316. Sinauer, Mass

Pile AJ (2005) Overlap in diet between co-occurring active suspension feeders on tropical and temperate reefs. Bull Mar Sci 76: 743-749

Polis GA, Anderson WB, Holt RD (1997) Toward and integration of landscape and food web ecology: the dynamics of spatially subsidized food webs. Annu Rev Ecol Syst 28: 289-316

Poloczanska ES, Babcock RC, Butler A et al (2007) Climate change and Australian marine life. Oceanogr Mar Biol Annu Rev 45: 407-478

Postel SL (2000) Entering an era of water scarcity: the challenges ahead. Ecol Appl 10: 941-948

Ralison O, Dehairs F, Middelburg JJ, et al (2008) Carbon biogeochemistry in the Betsiboka estuary (northwestern Madagascar). Org Geochem 39: 1649-1658

Rezende CE, Lacerda LD, Ovalle ARC et al (1990) Nature of POC transport in a mangrove ecosys-tem: a carbon stable isotopic study. Estuar Coast Shelf Sci 30: 641-645

Rodelli MR, Gearing JN, Gearing PJ et al (1984) Stable isotope ratio as a tracer of mangrove carbon in Malaysian ecosystems. Oecologia 61: 326-333

Romigh MA, Davis SE, Rivera-Monroy VH et al (2006) Flux of organic carbon in a riverine mangrove wetland in the Florida coastal Everglades. Hydrobiologia 569: 505-516

Schefuß E, Versteegh GJM, Jansen JHF et al (2004) Lipid biomarkers as major source and preser-vation indicators in SE Atlantic surface sediments. Deep Sea Res I 51: 1199-1228

Schlunz̈ B, Schneider RR (2000) Transport of terrestrial organic carbon to the oceans by rivers: re-estimating flux- and burial rates. Int J Earth Sci 88: 599-606

Schwendenmann L, Riecke R, Lara RL (2006) Solute dynamics in a North Brazilian mangrove: the influence of sediment permeability and freshwater input. Wetl Ecol Manage 14: 463-475 Sheaves M, Molony B (2000) Short-circuit in the mangrove food chain. Mar Ecol Prog Ser 199: 97-109

Slim FJ, Hemminga MA, Cocheret de la Moriniere` E et al (1996) Tidal exchange of macrolitter between a mangrove forest and adjacent seagrass beds (Gazi Bay, Kenya). Neth J Aquat Ecol 30: 119-128

Smith SV, Jokiel PL, Key GS (1978) Biogeochemical budgets in coral reef systems. Atoll Res Bull 220: 1-11

Smith WO, Demaster DJ (1996) Phytoplankton biomass and productivity in the Amazon River plume – correlation with seasonal river discharge. Cont Shelf Res 16: 291-319

Staunton-Smith J, Robins JB, Mayer DG et al (2004) Does the quantity and timing of fresh water flowing into a dry tropical estuary affect year-class strength of barramundi (Lates calcarifer)? Mar Freshw Res 55: 787-797

Sutula MA, Perez BC, Reyes E et al (2003) Factors affecting spatial and temporal variability in material exchange between the Southern Everglades wetlands and Florida Bay. Estuar Coast Shelf Sci 57: 757-781

Thimdee W, Deein G, Sangrungruang C et al (2003) Sources and fate of organic matter in Khung Krabaen Bay

(Thailand) as traced by 13C and C/N atomic ratios. Wetlands 23: 729-738

Twilley RR (1985) The exchange of organic carbon in basin mangrove forests in a southwest Florida estuary. Estuar Coast Shelf Sci 20: 543-557

Twilley RR, Rivera-Monroy VH, Chen R et al (1999) Adapting an ecological mangrove model to simulate trajectories in restoration ecology. Mar Pollut Bull 37: 404-419

Vance DJ, Haywood MDE, Heales DS et al (1998) Seasonal and annual variation in abundance of postlarval and juvenile banana prawns, Penaeus merguiensis, and environmental variation in two estuaries in tropical northeastern Australia: a six-year study. Mar Ecol Prog Ser 163: 21-36

Vannote RL, Minhall GW, Cummins JW et al (1980) The river continuum concept. Can J Fish Aquat Sci 37: 130-137

Wooller M, Smallwood B, Jacobson M, et al (2003) Carbon and nitrogen stable isotopic variation in Laguncularia racemosa (L.) (White mangrove) from Florida and Belize: implications for trophic level studies. Hydrobiologia 499: 13-23

Xu Y, Jaffé R (2007) Lipid biomarkers in suspended particles from a subtropical estuary: assess-ment of seasonal changes in sources and transport of organic matter. Mar Environ Res 64: 666-678

Young M, Gonneea ME, Herrera-Silveira J et al (2005) Export of dissolved and particulate car-bon and nitrogen from a mangrove-dominated lagoon, Yucatan Peninsula, Mexico. Int J Ecol Environ Sci 31: 189-202

第 2 篇　生态联系

第4章 珊瑚礁鱼类与甲壳纲十足类产卵聚集的动力学研究：潜在机制、生境连通性和营养关系

Richard S. Nemeth

摘要：对于许多具有经济价值的热带珊瑚礁鱼类和十足目甲壳动物来说，生殖洄游是其生活史的重要环节。产卵季节可以极其准确地预测，此时，成千上万的个体从四面八方穿越各种不同的生境，洄游聚集在特定地点，完成其繁殖过程。这些物种的生殖洄游行为，可能建立起洄游路线和产卵场之间食物网的联系，同时也可能影响着局部食物网。全球范围内具有聚集习性的物种大幅度衰减，提醒我们应尽快加紧研究在珊瑚礁和其他热带生态系统中，产卵聚集效应的功能作用方式。本章全面综述珊瑚礁鱼类与甲壳纳十足类的产卵聚集效应，包括产卵聚集的时间点与周期的潜在机制、产卵聚集地的特性和洄游的时空格局，为探讨在洄游和产卵时，物种与栖息地关联性及其潜在营养关系奠定基础，同时突出说明关于产卵聚集功能及其对于生态过程和渔业资源可持续发展的重要性等方面现有知识差距。

关键词：鱼类行为；生殖洄游 珊瑚礁；捕食作用；时空格局

4.1 前言

早在若干个世纪之前，当地渔民就已注意到热带珊瑚礁鱼类在栖息地和产卵场之间的定期洄游（Johannes, 1978, 1981）。而直到近几十年，科学家们才发现珊瑚礁鱼类和甲壳纳十足类普遍具有这种行为。大部分关于产卵聚集的研究重在记录聚集时机、地点和物种组成（Johannes, 1981; Domeier and Colin, 1997）；重在了解聚集物种的聚集时间与周期、地点选择和生殖行为中的潜在机制（Johannes, 1978; Robertson, 1991）；并针对这些物种的资源管理和保护开展种群评估（Sadovy, 1994; Levin and Grimes, 2002; Nemeth, 2005; Sadovy and Domeier, 2005）。近年来，随着标志放流技术与超声遥测技术的应用，珊瑚礁鱼类与甲壳纳十足类复杂的生殖洄游行为逐渐揭开了神秘的面纱（Herrnkind, 1980; Zeller, 1998; Carr et al., 2004; Nemeth et al., 2007）。与产卵聚集过程相关的生物运动与洄游，为包括近岸近海珊瑚礁、红树林、河口和淡水生态系统在内的各类热带生物生境之间提供了一个重要的连接通道。

产卵聚集过程的标志是成千上万草食或肉食性珊瑚礁鱼类从大范围、不同类型的生境向特定产卵场运动（图4.1）。实行生殖洄游的种类为洄游路线上各食物网间的连接，以及可能对局部食物网的影响提供了潜在机制。关于鱼类和十足类的洄游行为和短暂的生物聚集导致的生物量时空波动，洄游途径及产卵场中的生态营养关系的瞬间变化，以及通过配子的排放和捕食关系导致从索饵场到产卵场的能量流动，人们只能通过想象获得答案。产卵场中的千百万受精卵孵化为幼体，散播并定居下来，进一步加强了各个复杂珊瑚礁生态系统之间的联系。

图4.1 荷属兰安的列斯岛萨巴浅滩（Saba Bank）的产卵聚集图：（a）美属维尔京圣托马斯岛格拉玛尼克浅滩（Grammanik Bank）的红点石斑鱼（*Epinephelus guttatus*）；（b）白纹笛鲷（*Lutjanus jocu*）；（c）头部白色的雄性虎喙鲈（*Mycteroperca tigris*）在求偶；（d）黄鳍喙鲈（*Mycteroperca venenosa*）和一些拿骚石斑鱼（*Epinephelus striatus*）沿大陆架边缘的产卵聚集——注意不同的颜色；（e）巴西笛鲷（*Lutjanus cyanopterus*）向产卵场洄游途中。由 R Nemeth（a）和 E Kadison（b~e）拍摄

复杂的生物学过程和行为模式保证了产卵聚集物种的繁殖成功率，并为地方性和区域性种群可持续发展作出贡献。这些种群恰因其具有产卵聚集性，一直是当地渔民经济收入的重要来源。渔船、渔具和捕捞技术的进步，相关法律法规的缺失和活体珊瑚礁饵料鱼渔业的扩张，加速了世界范围内许多珊瑚礁鱼类产卵聚集行为的减弱和消亡（见文献中Claydon，2004；Sadovy and Domeier，2005 等的数据）。捕捞压力也同样威胁着十足类的生殖洄游，若洄游路线要跨越国境线，影响则更加严重（Ye et al.，2006；Hogan et al.，2007）。世界范围内许多产卵聚集物种的迅速衰退（Sadovy de Mitcheson et al.，2008），突显了一个问题，急需了解产卵聚集在复杂的珊瑚礁及其他热带生态系统中的功能作用。本章旨在综述产卵聚集物种的分类、产卵聚集时间和周期的潜在机制，以及产卵场的一般性特征等信息的现有知识。以下各节分别分析产卵聚集相关运动和洄游的时空结构，讨论成体洄游过程中生境间的连通性和聚集物种对当地食物网的潜在影响。最后一节将指出在产卵聚集功能行为方面的认识差距，明确未来的研究方向，并提供一些可采纳的具体措施来保证资源的可持续发展。

4.2 驻留型和瞬时型产卵聚集

就鱼类和甲壳类的产卵聚集对珊瑚礁连通性产生的潜在生态影响而言，产卵聚集发生的时机、时长和地点都是重要因素。热带珊瑚礁鱼类的产卵聚集以日、月、季节为周期，产卵高峰季节长度从 2 个月至 8 个月不等（Sadovy，1996）。一些种类实行短而频繁的产卵聚集，而另一些种类则是截然相反——不频繁发生但相对持续时间较长（如数日至数周）。不同繁殖类型的物种采取的产卵聚集模式也不尽相同（Domeier and Colin，1997）。配对聚集产卵通常以一个雄性个体与其众多雌性"配偶"中的某一个完成求偶及产卵为标志［图 4.1（c）］。群体聚集产卵则是指产卵聚集群中一个雌性个体与 2~15 或更多个雄性一同完成的产卵行为［图 4.1（b），（d）］。大规模聚集产卵是指在某一产卵聚集种群或亚群中的大多数个体同时产卵。

依照珊瑚礁鱼类产卵聚集的若干具体标准，Domeier 和 Colin（1997）将产卵聚集效应分为驻留型与瞬时型两种模式（表 4.1）。其中最显著的差异包括：（1）产卵聚集的频率和持续时间；（2）单次产卵聚集中生殖时间的比例；（3）洄游到产卵场的距离、时间和经过的区域；（4）物种个体大小和营养层级；（5）交配系统特性。实行瞬时聚集方式的物种，普遍个体较大，具有相对较高的繁殖力、较低的瞬时死亡率（Thresher，1984；Sadovy，1996）。由于大型物种的寿命一般长于较小型物种，且性成熟时间更晚，所以每年都能够在最佳时机进行繁殖，弥补了因为性成熟较为滞后而造成的潜在断代危险（Petersen and 和 Warner，2002）。较大型物种的洄游能力较强，因此能到达不易受到捕食者威胁的产卵聚集地。例如，加勒比海点状石斑鱼类群中，体型最小的两个种类［最大体长<30 cm：金黄九棘鲈（*Cepholopholis fulvus*）和加勒比九棘鲈（*Cepholopholis cruentatus*）］没有聚集现象，而大型种类［最大体长在 55~200 cm 之间：红点石斑鱼（*Epinephelus guttatus*），岩石斑鱼（*E. adscensionis*），拿骚石斑鱼（*E. striatus*）和伊氏石斑鱼（*Epinephelus itajara*）] 则有聚集行为（Savody et al.，1994）。在印度洋-太平洋的刺尾鱼类群中，体型相对较小的刺尾鱼（*Acanthurus* spp.）形成长期聚集，而较大的鼻鱼（*Naso* spp.）则实行瞬时聚集（Rhodes，2003，见 SCRFA，2004 的引文）。但是，洄游过程需要消耗大量能量，这或许是大型草食性鱼类难以进行远距离洄游的原因（Thresher，1984）。

不论是驻留型聚集或瞬时型聚集，成年个体能够在一个短暂生殖窗口期协同一致释放配子的能力，主要与月地关系的日变化与月变化有关，这种变化在特定地区显著影响着夜间光线、潮汐和潮流强度。因此，尽管存在着非常明显的差异，驻留型聚集和瞬时型聚集仍然有不少相似之处：（1）它们普遍对传统产卵场高度忠诚；（2）产卵活动通常位于陡坡周围、珊瑚礁突起结构之上和水道口的位置；（3）二者都有特定、可预测的时间规律（日际、月际、年际）；（4）产卵聚集的规模由数十个至数千个个体不等（Domeier and Colin，1997）。根据表 4.1 中的标准，甲壳纳十足类属于瞬时型聚集的类群。它们与珊瑚礁鱼类有诸多特点是相同的，只有两方面的例外。甲壳纳十足类的一些种类的产卵聚集群体只由怀卵雌性组成，这些雌性个体按季节洄游到特定产卵场产卵（Herrnkind，1980；Tankersley et al.，1998；Carr et al.，2004），而其他的甲壳类的个体发育迁移会在其洄游到产卵场时结束（Ruello，1975；Bell et al.，1987）。

表 4.1 驻留型和瞬时型产卵聚集的特征（仿自 Domeier and Colin，1997）。洄游功能区是指洄游物种洄游经过并且与当地食物网发生联系的区域

产卵聚集的特征	驻留型	瞬时型
发生频率	经常性，规律性，通常每日聚集，偶尔每月聚集	不频繁，某特定时段内有年度峰值
产卵持续时间	数小时（1~5 小时）	数日（2~10 日）
一个聚集群体的生殖努力量比例	为全年生殖努力量的 0.25%（日）到 8%（月）	为全年生殖努力量的 33%（连续 3 个月相周期产卵）到 100%（整个月相周期都产卵）
洄游距离	生境 2 km 之内的范围	距离生境范围遥远（2~100 km）
洄游功能区	小（10 km^2）	大（<10~>500 km^2）
达到聚集区的时间	几分钟到几小时	数日至数周
聚集物种的体型	小型至中型（-5~50 cm）	中型到大型（30~100 cm）
物种的营养层级	草食性，杂食性	肉食性，鱼食性
对于产卵场的潜在营养生态影响	低	高
聚群内的交配机制	群体和大规模产卵	配对，一雄多雌，群体和大规模产卵皆有
产卵地点	会在产卵聚集区外产卵	不在产卵聚集区外产卵

续表

产卵聚集的特征	驻留型	瞬时型
已知会形成产卵聚集的代表科目	刺尾鱼科（Acanthuridae）、梅鲷科（Caesionidae）、鲹科（Carangidae）、隆头鱼科（Labridae）、鹦嘴鱼科（Scaridae）	鳞鲀科（Balistidae）、裸颊鲷科（Lethrinidae）、笛鲷科（Lutjanidae）、鲻科（Mugilidae）、羊鱼科（Mullidae）、鮨科（Serranidae）、刺尾鱼科（Acanthuridae）、鲷科（Sparidae）

至少21科（超过120种）的热带珊瑚礁鱼类有长期或瞬时的生殖聚集行为，包括：刺尾鱼科（Acanthuridae）（11）、鳞鲀科（Balistidae）（1）、梅鲷科（Caesionidae）（1）、鲹科（Carangidae）（7）、真鲨科（Carcharhinidae）（1）、锯盖鱼科（Centropomidae）（1）、银鲈科（Gerreidae）（2）、舵鱼科（Kyphosidae）（3）、隆头鱼科（Labridae）（6）、裸颊鲷科（Lethrinidae）（7）、笛鲷科（Lutjanidae）（14）、鲻科（Mugilidae）（6）、羊鱼科（Mullidae）（3）、巨鲶科（Pangasiidae）（1）、鲸鲨科（Rhincodontidae）（1）、鹦嘴鱼科（Scaridae）（8）、鲭科（Scombridae）（4）、鮨科（Serranidae）（36）、篮子鱼科（Siganidae）（8）、鲷科（Sparidae）（2）和金梭鱼科（Sphyraenidae）（2）（附录4.1，4.2；亦参看SCRFA，2004）。另有8个科，包括北梭鱼科（Albulidae）、颌针鱼科（Belonidae）、遮目鱼科（Chanidae）、鲱科（Clupeidae）、海鲢科（Elopidae）、石鲈科（Pomadasyidae）、鳂科（Holocentridae）、大眼鲷科（Priacanthidae）的鱼类被报道有聚集行为，但是否有产卵行为尚无定论。一些已知不具有产卵聚集行为或现阶段尚不了解其是否有产卵聚集行为的种类包括但不限于：天竺鲷科（Apogonidae）、躄鱼科（Antennariidae）、管口鱼科（Aulostomidae）、鳚亚目（Blennioidei）、须鳚科（Brotulidae）、（鱼衔）科（Callionymidae）、隐鱼科（Carapidae）、蝴蝶鱼科（Chaetodontidae）、唇指䲗科（Cheilodactylidae）、䱵科（Cirrhitidae）、刺鲀科（Diodontidae）、烟管鱼科（Fistulatidae）、虾虎亚目（Gobioidei）、浅纹鱼科（Grammistidae）、软棘鱼科（Malacanthidae）、虎鳝科（Mugiloididae）、后颌鱼科（Opistognathidae）、箱鲀科（Ostraciidae）、单鳍鱼科（Pempheridae）、鳗鲇科（Plotosidae）、雀鲷科（Pomacentridae）、拟雀鲷科（Psuedochromidae）①、石首鱼科（Sciaenidae）、鲉科（Scorpaenidae）、合齿鱼科（Synodontidae）、四齿鲀科（Tetraodontidae）和角蝶鱼科（Zanclidae）（Thresher，1984）。

4.3 产卵聚集的潜在机制

大多数珊瑚礁鱼类的位置属性都相对较强，它们通常以亚群的形式分布在某个生境斑块中（Mapstone and Fowler，1998；Sale，1991）。因此，若想成功繁殖，这些个体需要去

---

① 原文Psuedochromidae，应为Pseuedochromidae。——译者注

吸引其群体内部的交配对象，或在更大的生境斑块中寻找交配对象，或者进行一定距离的洄游以到达其他生境交配产卵。对于采取后两种生殖策略的种类，最直接并根本决定繁殖成功与否的因素是产卵的时间和地点可以协同一致。从进化角度说，最佳的时间与地点是必须基于当下和未来繁殖成功率的考量而进行的代价效益分配（Helfman et al.，1997）。复杂的日、地、月关系给环境因子（如光照、温度、潮汐循环、月光）带来规律性变化，鱼类利用这些变化作为协同产卵时间的环境线索（cue）（Takemura et al.，2004）。这些线索分为四种类型：预测性线索（predictive cue）、同步性线索（synchronizing cue）、终止性线索（terminating cue）和环境修饰性因素（environmental modifying factors）（Munro，1990）。这些线索有利于鱼类和其他生物协同性腺发育、洄游时间和产卵时机，以保证达到最优生殖，具体将在下文详细讨论。

预测性线索是指一些周期变化的环境因素，如昼夜长度、水温、潮汐强度等，这些因素被用来预测临近的产卵周期并触发洄游行为。对于每年大部分时间内逐日产卵的种类（比如驻留型产卵聚集种类），主要通过日出、日落、潮汐涨落，或者这些因素的结合来作为触发生殖洄游的预测性线索（Robertson，1991；Mazeroll and Montgomery，1998）。双带锦鱼（*Thalassoma bifasciatum*）等小型中上层种类则利用潮汐涨落，高潮一过就开始产卵，这样卵体就可以随回落的潮水冲下礁体并散播开去（Warner，1988）。昼夜产卵者的产卵时间都和潮汐同步，每天向后推迟 1 小时，产卵活动通常发生在下午（Warner and Robertson，1978）。Hamner 等（1988）研究了白天保证配子远离珊瑚礁的重要性。它们详细计算了浮游生物食性鱼类的昼夜摄食量，发现珊瑚礁表面（Motro et al.，2005）水体中的大部分浮游动物会成为其腹中物。其他种类，像红鳍鹦鲷（*Sparisoma rubripinne*），是在每日傍晚之时开始聚集，在薄暮之时产卵（Randall and Randall，1963）。黄昏也是很多不进行产卵聚集的种类的产卵时间，因为这样可以减少浮游生物猎食者吞食卵体或食鱼动物捕食成体（Thresher，1984；Sancho et al.，2000a）。

预测性线索最易在较大时空范围内起作用，通过昼长、水温和潮流流速等因素的季节性变化，来触发瞬时性产卵聚集（Nemeth et al.，2006）。Moore and Macfarlane（1984）认为在 6 年时间内，锦绣龙虾（*Panulirus ornatus*）的产卵聚集极有规律地开始于水温达到最低点时。各种不同鱼类，从太平洋鲷科（Sparidae）到加勒比鮨科（Serranidae），几乎都在每年水温最低的月份开始聚集产卵（Carter et al.，1994；Sheaves，2006；Nemeth et al.，2007）。在美属维尔京，红点石斑鱼（*Epinephelus guttatus*）的产卵发生在 12 月至翌年 2 月中，水温和潮流流速都开始急剧下降的某个时间段内。对群体或大量产卵的种类来说，产卵季节的最小潮流可以增大受精成功率（Kiflawi et al.，1998；Petersenet al.，2001），或最大限度地降低受精卵散播到远海的可能性，以保证幼体能够在适宜的生境完成其浮游生活阶段（Johannes，1978）。预测性线索对珊瑚礁鱼类以外的热带生物产卵聚集也起到作用，其触发因素包括潮幅和气候模式的季节变化。例如，尖吻鲈（*Lates calcarifer*）从淡水河流向沿岸水域的生殖洄游通常发生在春季高潮时节（Moore and Reynolds，1982）。热带溯河洄游性鲶鱼——克氏巨鲶（*Pangasius kermpfi*），于每年 5、6 月份雨季来临、湄公河流速增强时开始洄游（Hogan et al.，2007）。眼斑龙虾（*Panulirus argus*）成体在每年秋季第一个风暴来临时，随着增强的潮流开始向近海珊瑚礁迁移（Kanciruk and Herrnkind，1976，1978）。

  同步性线索的作用在于保证成体处于相同的繁殖就绪状态，使受精作用最优化，它在长期和短期的时间尺度上都可以发挥作用。同步性线索在大时间尺度（如以月为单位）上的协调作用不仅对瞬时性产卵聚集来说十分重要，对有季节周期的长期产卵聚集亦然。两个例子可以说明不同物种间的线索作用的差别。伯利兹拿骚石斑鱼（*Epinephelus striatus*）的性腺发育与产卵和光周期与水温的季节性变化相关（Carter et al.，1994）。还有，Fishelson 等（1987）发现，每年 5 月至 9 月间在红海海域形成驻留型聚集的黑尾刺尾鱼（*Acanthurus nigrofuscus*），其产卵行为与季节性食物的可获性有关。尽管温度和昼长等因素未纳入考量范畴，Fishelson 等（1987）报道了黑尾刺尾鱼（*Acanthurus nigrofuscus*）的肥满度和后续性腺发育与摄食转换的正相关关系——从夏季摄食红藻、褐藻，转变为 11 月至翌年 4 月主要摄食更丰富的绿色肉质藻类。同步性线索在短时间尺度（例如，时、日、周）上的作用，主要通过一些特定因素，如月相周期、日落时间（如光照等级）、有否呈现繁殖体色或求偶行为的潜在配偶、特定声音或信息素的产生、或有否适宜的产卵场或产卵基底。对于甲壳纳十足类来说，雌性个体只能在蜕壳后，外骨骼柔软的一小段时间内受精（Quackenbush and Herrnkind，1981）。眼斑龙虾（*Panulirus argus*）的理想产卵温度是 24℃（Lyons et al.，1981），因此生活在不同纬度的眼斑龙虾（*Panulirus argus*）的产卵季节和持续时间也不尽相同。对于驻留型和瞬时型聚集的物种来说，与同步性线索关联最大的几个要素是潮流或潮汐机制、环境光照强度、雄性求偶行为和聚集群内雌性个体的存在。其中，环境光照强度与潮汐的相对重要性在不同水域也有变化，比如在潮幅较小（小于 1 米）的加勒比海地区和潮幅较大的赤道太平洋地区，二者的重要性是不同的（P Colin，帕劳珊瑚礁研究基金，私人通信）。在产卵周期内，大多数驻留型聚集群体会在下午时分开始产卵，而瞬时型聚集种类，尤其是石斑鱼类，多是在日落时开始产卵。最常见的产卵时间是满月或新月之时。虽然确实有少数的例外存在，太平洋赤道地区及加勒比海地区的鮨科（Serranidae）和笛鲷科（Lutjanidae）中的多数属的鱼类都是在满月前后产卵（参见 Johannes，1978，1981；Domeier and Colin，1997 的综述）。日落时间、鱼类行为变化、种群密度变化、聚集群体鱼类的体色变化等，也是简单而重要的同步性线索（Johannes，1978；Sale，1980；Garcia-Cagide et al.，2001）。比如，很多种类的石斑鱼有明显的性别特异性繁殖体色（Thresher，1984；Sadovy et al.，1994a，Domeier and Colin，1997）；又比如拿骚石斑鱼（*E. striatus*）只有在生殖聚群密度达到特定程度时才能触发交配行为，进而触发大规模产卵（Colin，1992）。

  由于最适产卵时机只能持续很短的时间，终止性线索的出现意味着产卵周期的结束，并且很有可能意味着环境条件发生变化，配子活性降低或消耗殆尽，和（或）同种类个体的变化或离开。对于傍晚时刻产卵的驻留型聚集种类来说，环境光照水平是重要的终止性线索（Randall and Randall，1963），而对于日间产卵的种类来说，潮流的速度和方向可能是它们的重要线索（Sancho et al.，2000b）。Sancho 等（2000）发现短期潮流逆转可以暂时影响日间产卵的白斑鹦嘴鱼（*Chlorurus sordidus*）的交配和产卵行为，但对于在傍晚或黄昏产卵的黄高鳍刺尾鱼（*Zebrasoma flavescens*）和扁体栉齿刺尾鱼（*Ctenochaetus strigusus*）①则无影响。尽管瞬时型产卵聚集可以占据一个产卵场长达数周的时间，但是产卵终止和鱼类离去都发生在瞬间（图4.2）；可能有很多因素控制着这个时机，比如怀卵亲鱼的减少，流速、水温、环境光照随着月相的周期性变化等（Thresher，1984，Domeier 和 Colin，1997，Heyman et al.，2005，Nemeth et al.，2007，Starr et al.，2007）。

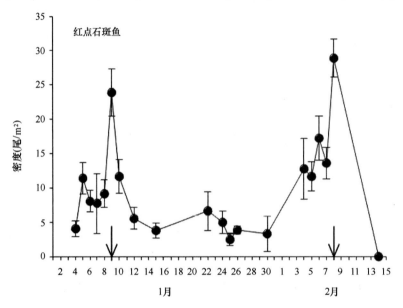

图 4.2　美属维尔京圣托马斯岛红点石斑鱼（*Epinephelus guttatus*）在 2001 年产卵季节中的密度（±标准误差）。箭头示 1 月和 2 月的满月时间

最后要提到的是，环境或生物修饰因子会导致产卵行为种内变异，或不同纬度不同生境的产卵时机差异。比如，红点石斑鱼（*Epinephelus guttatus*）和拿骚石斑鱼的产卵温度范围在 25~26.5℃之间。在低纬度加勒比海地区（如巴哈马、伯利兹、波多黎各、维尔京），二者在冬季水温下降到 26.5℃时发生产卵聚集（Carter，1987；Colin et al.，1987；Colin，1992；Carter et al.，1994；Nemeth et al.，2007），而在高纬度地区（如百慕大），产卵聚集通常发生在每年 5—7 月水温升高至 25℃时（Burnett-Herkes，1975，Luckhurst，1998）。这说明，水温是一个潜在的修饰性因子，它影响着泛加勒比海地区不同纬度不同种类石斑鱼的繁殖时间。同样，对于甲壳纲十足类，季节性温度和温度变化也调控着眼斑龙虾（*Panulirus argus*）的产卵时间，从赤道地区的全年产卵到巴哈马地区每年从春至秋季产卵，再到佛罗里达地区每年 4—6 月产卵（Kanciruk and Herrnkind，1976；Quacken-

---

① 原文 *Ctenochaetus strigusus*，拼写有误，应为 *Ctenochaetus strigosus*。——译者注

bush and Herrnkind，1981；Marx and Herrnkind，1986）。在南半球地区，豹纹鳃棘鲈（*Plectropomus leopardus*）在水温达到24℃以上的8—12月产卵。红海黑尾刺尾鱼（*Acanthurus nigrofuscus*）也是在海水温度范围达到24~26℃之间的月份中产卵（Fishelson et al.，1987）。这个狭窄的产卵温度区间或许是一个很重要的线索，许多生殖聚集种类依靠它完成生殖步调的协同，但是高水温对卵黄生成的抑制作用，也可能限制某些物种的排卵，阻碍卵壳生成（Lam，1983）。再有，对于一些降河产卵种类 [如金目鲈（*Latus calcarifer*）①]，大量降水可以激发并调控它们由河流至沿海水域的生殖洄游（Milton and Chenery，2005）。

影响仔体和（或）成体存活率与生殖成功率的诸多选择性压力，可能是催生一个生殖群体在某特定阶段内向某特定场所洄游的原因。关于珊瑚礁鱼类为何形成生殖聚集有很多假说，人们也都尝试去预测产卵时间和聚集场所（Claydon，2004）。珊瑚礁鱼类和甲壳纳十足类也许是通过聚集产卵使捕食者达到一种"捕食饱和"状态，从而保护其他的卵和产卵个体，或者是选择在捕食压力最小的时间和场所聚集产卵。产卵聚集有助于一雄一雌和一雄多雌产卵模式的配偶选择，并且可以对雌雄同体繁殖的种群性比作出评估（Shapiro et al.，1993）。最后一点，产卵聚集的时机和场所有助于提高仔体成活率，从而保证在稚体适宜生境的补充量。Claydon（2004）全面综述了这一系列假说，本章下文将提供一些具体的例子。

Thresher（1984）指出，大量遵循月相规律的深海产卵鱼类也洄游到特定场所产卵。他认为某些影响月相周期的选择性压力也同样影响着洄游行为。这些选择性压力通过几种方式发挥作用——将卵和仔鱼安置在环境条件最理想的海域，这些环境通常有助于受精卵向外海扩散，降低被捕食几率和提高存活率，为仔鱼孵化提供饵料来源，和（或）把受精卵置于能够保证其返回到或停留在出生地珊瑚礁群落周围最理想的潮流中（Cushing，1971；Johannes，1978；Robertson，1991）。此外，影响聚集产卵物种选择产卵场的因素，也是理解受精卵及仔鱼分布扩散，后续补充模式和珊瑚礁系统间关联度的重要环节（Peterson and Warner，2002）。比如，锦绣龙虾（*Panulirus ornatus*）会从澳大利亚托雷斯海峡（Torres Strait）洄游到400~500 km外的巴布亚新几内亚湾（Gulf of Papua）内产卵，是因为在湾内雌性个体可以借助洋流将卵再次带回到托雷斯海峡和澳大利亚东北部的昆士兰沿海水域（Moore and MacFarlane，1984）。但是，锦绣龙虾（*Panulirus ornatus*）可能在产卵洄游中消耗了太多的能量，所以成体普遍都不太健康，很有可能在产卵后丧命（Moore and MacFarlane，1984）。

潜在的选择性机制对成年生殖群体而非仔体发挥作用，可能也会有利于产卵聚集的择时择地。这些选择性机制可能会调节繁殖节奏使其一致，优化产卵条件，促成配偶选择、减少成体被捕食的风险（Robertson，1991；Claydon，2004）。例如，月相周期变化有助于协调产卵聚集群的形成，提高低密度种群的繁殖成功率，或创造特定的环境条件来提升受

---

① 原文 *Latus calcarifer*，拼写错误，应为 *Lates calcarifer*。——译者注

精成功率（Robertson，1991；Petersen et al.，2001）。大规模聚集瞬间形成绝对数量优势，降低捕食者的捕食，降低成体的死亡率，而某些特定的聚集场所则是因为珊瑚礁的自然特征能更好地保护其不受捕食者侵害（Shapiro et al.，1988）。关于捕食率经验数据的文章不多，但其中都发现在产卵聚集区，雌雄性的死亡率截然不同。Sancho 等（2000a）计算出在聚集产卵场，雌性群体的年死亡率甚至低至 1%，而每天多次产卵的群体产卵雄性群体死亡率则高达 18%。这个现象在巴拿马鹦嘴鱼身上也有发生（Clifton and Robertson，1993）。蓝蟹（*Callinectes sapidus*）和澳大利亚锯缘青蟹（*Scylla serrata*）的仔蟹无法在成体的生境生存，因此，成体必须把卵产在河口外盐度更高的近岸水体中（Tankersley et al.，1998）。Herrnkind（1980）的研究揭示，雄性眼斑龙虾（*Panulirus argus*）似乎会一直留守在索饵场，而产卵亲虾则需要进行繁殖洄游以释放仔虾，因此增加其被捕食的风险。

必须承认的是，从索饵场不远千里或万里地洄游到聚集产卵场的好处，在于它大大增加了繁殖成功率，这一点显然可以抵消洄游过程中的损耗（比如索饵时间缩短、能量消耗加大、面临捕食者概率提高等）。对于产卵聚集，我们了解得越来越多，但是只有很少的定量研究去系统地验证这些假说（Claydon，2004）。而且，产卵聚集行为中的很多要素都是相互耦合的，因此相对重要性就较难以判定（Claydon，2004）。有一种理论认为，产卵聚集场所很可能是在上一个冰河时期海平面远低于现在时就选定了（Colin and Clavijo，1988），这个说法使我们更加难以建立一个预测模型来说明产卵聚集发生的原因、时间和场所。虽然没有哪种单一的理论可以完全解释所有洄游习性物种的产卵模式，但可以确定的是，在特定时间和场所产卵以增加卵、仔体和成体的存活率这种做法，的确比随机产卵更有利于生存。

4.4　产卵聚集区的特点

在热带珊瑚礁鱼类的驻留型和瞬时型产卵聚集中，比较典型的洄游方向是从近岸区域到远海区域、陆架坡折的陡峭边缘区［图 4.1（d）］、潮汐通道口处、珊瑚礁突出结构上，或者具有以上多种特征的综合体生境中（Johannes，1978；Colin and Clavijo，1988；Claydon，2004）。也有很多物种在繁殖时，会从河流或河口的淡水区洄游到近岸海水生境［比如锯盖鱼科（Centropomidae）、鲻科（Mugilidae）、鲷科（Sparidae）］，还有从近海珊瑚礁洄游到浅水潟湖或海草床［如真鲨科（Carcharhinidae）、鲸鲨科（Rhincodontidae）、篮子鱼科（Siganidae）］，从沿岸水域到内陆河流［如巨鲶科（Pangasiidae）］。甲壳纲十足类的产卵场，可能是在河口周围 5 km 范围内，或者在洋流边界的深层水体中（Kanciruk and Herrnkind，1978；Carr et al.，2004）。

在近岸珊瑚礁内的驻留型产卵聚集，一般是在礁体或小礁块的顺流侧，珊瑚群的上方；或者像红鳍鹦鲷（*Sparisoma rubripinne*）这类物种，则是在裙礁中最向海的突出部分（Randall and Randall，1963；Warner，1990b；Colin，1996）。双带锦鱼（*Thalassoma bifasciatum*）的例子能够很好地说明哪些因素会影响小型产浮游卵鱼类选择产卵场所。Warner

(1988，1990a，1990b) 的研究表明，雌性根据若干具体特征选择产卵场，包括产卵场地点、结构和海洋环境条件。这些场所通常都在珊瑚礁的顺流一侧最突出的岬角处，这可以为其提供更好的保护，并且有助于卵体的分散传播 (Robertson and Hoffman，1977；Warner，1988；Appeldoorn et al.，1994)。这种对产卵场的选择是代代相传的。假如，一个场所被台风破坏了，它们便会选择最邻近的合适的场所产卵 (Warner，1990b)。产卵聚集场的利用时间的长短是无法预计的。但是也有一些种类，比如鹦嘴鱼科 (Scaridae) 和鮨科 (Serranidae)，会几十年坚守在同一个场所，而其他种类在这个场所只被发现了一两次，从此就再不见踪影 (Colin，1996；Sadovy，1997；Eklund et al.，2000)。尽管如此，有时候一个"聚集"的群体出现在某个场所，很可能不过是前往产卵场的路途中的"匆匆过客"而已。

陆架坡折区域的驻留型和瞬时型聚集通常都发生在一些特殊的海岬 (Carter et al.，1994，Garcia-Cagide et al.，2001)。瞬时型聚集的产卵点通常在珊瑚礁或岛礁的逆流侧 (Colin et al.，1987；Luckhurst，1998；Nemeth et al.，2007)。这似乎有违常理，但事实上有助于幼体的保留。这些产卵场通常都是由一些发育完全的深水珊瑚礁组成，或者是有很多的暗礁、底槽、洞穴结构可以为群聚物种提供庇护 (Carter et al.，1994，Sancho et al.，2000a，Nemeth，2005，Nemeth et al.，2006，Kadison et al.，2009)。Robertson and Hoffman (1977) 及 Sancho (2000a) 认为，中上层鱼类产卵亲鱼偏好地貌较复杂的产卵场，因为复杂地形可以提供更好的庇护，并有助于较快地找到隐蔽场所。在荷属安的列斯群岛的萨巴浅滩，红点石斑鱼 (*Epinephelus guttatus*) 广泛聚集分布在延伸数千米的脊槽生境中 [图 4.1 (a)]，这里分布着很多下切槽地貌，不仅珊瑚覆盖率较高，而且鱼类密度极高 (Kadison et al.，2009)。通常来说，产卵聚集点通常都比其生境的水更深些，但也有例外 (Sadovy，1996)。礁栖性鲻鱼就是在近岸砂质浅水区域产卵的 (Helfrich and Allen，1975)。铰口鲨 (*Ginglymostoma cirratum*) 和短吻柠檬鲨 (*Negaprion brevirostris*) 在浅水海草床潟湖内繁殖 (Pratt and Carrier，2001；Feldheim et al.，2002)。这些浅水潟湖有利于它们交配和哺育后代 (Feldheim et al.，2002)。克氏巨鲶 (*Pangasius krempfi*)[①] 是为数不多的溯河产卵鱼类，会从近岸和河口水域溯流而上，回到老挝境内的湄公河上游河段产卵 (Hogan et al.，2007)。

在一个区域内，不同物种的产卵场重叠现象相当严重 (Johannes，1978；Moyer，1989；Colin and Bell，1991；Domeier and Colin，1997；Sancho et al.，2000a)，尽管它们的时机和模式多有差异。Colin and Clavijo (1988) 记录过波多黎各南部沿岸的多物种产卵聚集水域，其中很多驻留型聚集产卵鱼类在这里产卵，包括伊氏鹦嘴鱼 (*Scarus iserti*)、尖胸隆头鱼 (*Clepticus parrai*)、长棘毛唇隆头鱼 (*Lachnolaimus maximus*)、蓝刺尾鱼 (*Acanthurus coeruleus*) 和月尾刺尾鱼 (*A. bahianus*)。鹦嘴鱼科 (Scaridae) 和隆头鱼科 (Labridae) 的鱼类沿着礁石在不同区段产卵，而刺尾鱼科 (Acanthuridae) 的两个种类则

---

① *Pangasius krempfi* 应为 *Pangasius kermpfi*。——译者注

在同一季节、同一位置产卵。唯一不同的是，这两者中，蓝刺尾鱼（*A. coeruleus*）的产卵具有一定月相周期性，而月尾刺尾鱼（*A. bahianus*）则不具备这一特性（Colin and Clavijo, 1978）。

瞬时型聚集产卵的鱼类也经常利用相同的产卵场。最常见的石斑鱼产卵组合是加勒比海的拿骚石斑鱼（*Epinephelus striatus*）、虎喙鲈（*Mycteroperca tigris*）、黄鳍喙鲈（*M. venenosa*）（Sadovy et al., 1994a；Nemet et al., 2006b）以及太平洋的清水石斑鱼（*Epinephelus polyphekedion*）、褐点石斑鱼（*E. fuscoguttatus*）、蓝点鳃棘鲈（*Plectropomus areolatus*）（Johannes et al., 1999；Rhodes and Sadovy, 2002）。三种鲷科鱼类——巴西笛鲷（*Lutjanus cyanopterus*）、八带笛鲷（*L. apodus*）、白纹笛鲷（*L. jocu*）（Heyman et al., 2001；Heyman et al., 2005；Kadison et al., 2005）经常利用同一个产卵场，有时还跟石斑鱼及其他物种在同一场所产卵。比如，美属维尔京圣托马斯岛南部大陆架边缘的格拉玛尼克浅滩（Grammanik Bank）就是一个多物种产卵场，这里聚集了三种石斑鱼［拿骚石斑鱼（*E. striatus*）、黄鳍喙鲈（*Mycteroperca venenosa*）、虎喙鲈（*Mycteroperca tigris*）］和3个鲷科种类［八带笛鲷（*L. apodus*）、巴西笛鲷、白纹笛鲷］，其产卵期长达8个月（Kadison et al., 2005；Nemeth et al., 2006b）。其中虎喙鲈（*Mycteroperca tigris*）是一雄多雌产卵（Sadovy et al., 1994a），而黄鳍喙鲈（*Mycteroperca venenosa*）和其他三种鲷科鱼类都是群体性产卵（图4.1）。据观察，其中群体数量大约200条的拿骚石斑鱼（*E. striatus*）具有成对和小群体间的求偶行为，但是并没有呈现大型聚集（Nemeth et al., 2006b）。拿骚石斑鱼（*E. striatus*）的产卵策略可能是针对其种群密度的一种兼性反应（Colin, 1992；Sadovy and Colin, 1995；Sadovy, 1996）。Sadovy 和 Colin（1995）根据拿骚石斑鱼（*E. striatus*）的性腺解剖学研究指出，它们在生殖聚群之外可能采用配对产卵作为替代生殖策略。在格拉玛尼克浅滩（Grammanik Bank）以西5 km的红欣德浅滩（Red Hind Bank），分布着另一个多物种产卵聚集地，在大陆架边缘向陆一侧300 m范围内，为数众多的红点石斑鱼（*Epinephelus guttatus*）、虎喙鲈（*Mycteroperca tigris*）、双色笛鲷（*Lutjanus analis*）、八带笛鲷（*L. apodus*）都观察到冬春季节在这里聚集产卵（RSNemeth 个人观点）。在圣克罗伊岛和萨巴岛，姬鳞鲀（*Balistes vetula*）会在红点石斑鱼（*Epinephelus guttatus*）产卵场附近形成产卵聚集（RS Nemeth 个人观点）。红点石斑鱼（*Epinephelus guttatus*）和姬鳞鲀（*Balistes vetula*）的产卵聚集时间都在相同的时间（12月至翌年2月），但红点石斑鱼（*Epinephelus guttatus*）在满月的前一周产卵，而姬鳞鲀（*Balistes vetula*）在满月的后一周。而且，在珊瑚礁覆盖率高和地形较复杂的地带，雄性红点石斑鱼（*Epinephelus guttatus*）会一直将珊瑚礁上方区域作为自己的领地。姬鳞鲀（*Balistes vetula*）是底栖产卵种类，它们会在珊瑚礁旁边的砂质区域聚集，成对的雌雄成鱼共同挖出洼地来安放它们的黏性卵，并共同保护之（Gladstone, 1994）。黄边副鳞鲀（*Pseudobalistes flavimarginatus*）也是具有求偶行为的物种，并且雌雄成体都有护巢行为。在一个产卵聚群内，所有成对繁殖的护巢行为可以看作是保护整个集群的复合力量（Thresher, 1984）。

4.5 连通性的时空格局

4.5.1 生境连通性

产卵聚集过程中的各种活动和洄游行为，是热带海洋生境连通性的重要组成部分。不论驻留型聚集或瞬时型聚集的物种，会从各种各样的生境中洄游到特定的产卵场产卵。总的来说，大多数生殖洄游的方向是由近岸到远海（图 4.3，附录 4.1、附录 4.2）。大部分（超过 70%）的驻留型和瞬时型聚集产卵种类会在珊瑚礁的水道区或大陆架边缘珊瑚礁区产卵，另有 10% 的种类会在裙礁或大陆架珊瑚礁区边缘的海草床延伸带产卵（Nemeth，2009）。这些行为模式不仅是近岸与远海珊瑚礁群的重要联络，也是浅海与深海生境之间连接的重要保障。例如，伯利兹地区的拿骚石斑鱼（*E. striatus*）通常生活在 10~25 m 深的浅水珊瑚礁区，但在产卵季节的 4 个月中，一半多的时间会在 60~250 m 深活动（Starr et al., 2007）。河口研究发现，若干种鲷科鱼类会从红树林区洄游到河口区域产卵（Sheaves et al., 1999）。在巴布亚新几内亚，金目鲈（*Latus calcarifer*）成体生活在河流、河口和海洋中，但是会洄游到沿海水域产卵（Moore and Reynold，1982；Milton and Chenery，2005）。溯河产卵的热带克氏巨鲶（*Pangasius krempfi*）会从中国南海近岸水域洄游到湄公河产卵（Hogan et al., 2007）。虽然并无资料记载，但帕劳和其他太平洋岛屿的渔民都声称在潟湖或珊瑚礁腹地生活的鱼类，在繁殖季节都沿固定路线洄游到远海（转引自 Johannes，1981 的参考文献）。对于热带甲壳纲十足类向产卵聚集区洄游的记载更加罕见。不过，生殖洄游大致分为三大类型：受精的雌性个体从内陆淡水流域或红树林湿地洄游到盐度较高的河口地区，如蓝蟹（*Callinectes sapidus*）；从浅水珊瑚礁或斑礁生境向深水礁区洄游产卵，如眼斑龙虾（*Panulirus argus*）；以及雌雄个体都在洄游过程中完成个体发育，洄游至产卵场时已经成熟到可以进行繁殖活动，如锦绣龙虾（*P. ornatus*）和东方巨对虾（*Penaeus plebejus*）（Ruello，1975；Herrnkind，1980；Bell et al., 1987；Carr et al., 2004）。

研究各种具有产卵聚集特性的物种的洄游距离和频率，对于记录并了解热带珊瑚礁生境之间连通程度非常重要。驻留型产卵聚集种类通常每天沿着裙礁或陆架坡折边缘洄游 2 千米到达产卵场（Colin and Clavijo，1988；Colin，1996；Mazeroll and Montgomery，1998）。只有为数不多种类的生殖洄游获得详细记录。Fishelson 等（1987）和 Mazeroll and Montgomery（1998）发现，红海黑尾刺尾鱼（*Acanthurus nigrofuscus*）在其为期 5 个月的产卵期中，从浅水摄食区（2~3 m 水深）沿海岸线洄游到裙礁外缘的深水产卵场（10 m 水深），洄游距离达到 500~1 500 m。Colin and Clavijo（1988）观察到月尾刺尾鱼（*A. bahianus*）和蓝刺尾鱼（*A. coeruleus*）的洄游距离分别是 0.5~0.6 km 和 0.9~1.0 km。Colin（1996）还报道了另外一种巴哈马群岛水域的蓝刺尾鱼（*A. coeruleus*）产卵聚集，鱼类在 5—10 月之间每天从近岸岩礁洄游到 20 m 水深的外海礁石区，不过这个区域离陆架边缘有 1 km 之远。生活在热带河口的灰鳍鲷（*Acanthopagrus berda*）和澳洲黑鲷（*A. australis*）的洄游距离分别是 3 km 和 80 km（Pollock，1984；Sheaves et al.，1999）。即便最小的洄游物种，双带锦鱼（*Thalassoma bifasciatum*），都会从位于礁石上流端的摄食区洄游 1.5 km 到达下游侧的产卵场产卵（Fitch and Shapiro，1990；Warner，1995）。

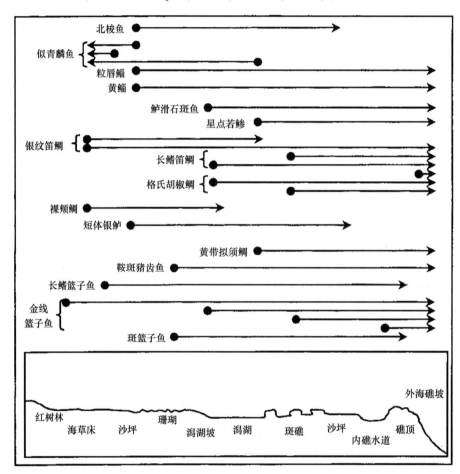

图 4.3　根据水下观测和渔民访问绘制的密克罗尼西亚帕劳群岛的鱼类生殖洄游图（Johannes，1978）。箭头表示从生境（●）到产卵场（→）的洄游。Johannes（1978）未给定实际洄游距离。几乎所有种类都进行向海洄游，超过一半的种类会洄游至外海珊瑚礁区域产卵（经 Elsevier 授权，采用 Pittman and McAlpine2003 年的数据）

瞬时型产卵聚集通常是一场跨度达到成百上千米的年度大洄游（Colin，1992；Carr et al.，1994）。Milton 和 Chenery（2005）发现尖吻鲈能够洄游 15~300 km 的距离，不过其中淡水种因为要进行最长距离的洄游，所以一生中可能只产 1~2 次卵，而近岸种类则每年都产卵。珊瑚礁鱼类中洄游距离最长的是拿骚石斑鱼（*Epinephelus striatus*）（总身长60~100 cm），它们在标志放流点 100~240 km 之外的水域回捕（Colin，1992；Carr et al.，1994；Bolden，2000）。这类长距离的洄游发生在伯利兹和巴哈马群岛沿岸海域，两处区域共同的特点是都具有宽广的大陆架。比拿骚石斑鱼（*E. striatus*）体型小一些的墨缘石斑鱼（*Epinephelus morio*），洄游范围也达到了 29~72 km（转引自 Sadovy1994 所引用的 Moe，1969）。岛屿陆架区和鱼类大小可能是限制洄游距离的因素。深水障壁的分布深度可能阻隔了岛屿之间的洄游路线，因而隔断了洄游物种向岛屿陆架区的洄游。比如，拿骚石斑鱼（*E. striatus*）就没有跨越分割着开曼群岛三座岛屿的深达 1 800 m 多的海峡，所以它们最远的洄游距离就是到达 50 km 的大开曼岛（Grand Cayman），15 km 的小开曼岛（Little Cayman）和开曼布拉克岛（Cayman Brac）（Colin et al.，1987）。不过，在波多黎各南部，一尾长度仅 27 cm 的红点石斑鱼（*Epinephelus guttatus*）在标志后放流后，却发现洄游了 18 km 余，其中跨越了一条深度 194 m、分割主陆架和海山的海峡（Sadovy et al.，1994b）。Nemeth 等（2007）发现，圣克罗伊岛的红点石斑鱼（*Epinephelus guttatus*）洄游距离（平均值：9.4 km，范围：2~16 km），显著短于圣托马斯岛（平均值 16.6 km，范围：6~33 km）的同类。究其原因，一是由于圣克罗伊岛所在的大陆架（约 650 km^2）远小于圣托马斯岛所在的波多黎各大陆架（约 18 000 km^2），二是圣克罗伊岛的红点石斑鱼（*Epinephelus guttatus*）体长与圣托马斯岛（平均值：32.5 cm 与 38.5 cm）的相比也略逊一筹。然而，具体到每一座岛屿，这种体长与迁移距离的相关性又出乎人们的预料。在圣克罗伊岛，最大的雄性个体会保持在近海珊瑚礁 5 km 之内的范围里，而体型最小的雌雄个体则会洄游到离生境 10~15 km 之外的近岸珊瑚礁水域（Nemeth et al.，2007）。关于其他经济物种的生殖洄游范围基本不知。但 2007 年 4 月，在圣托马斯岛的格拉玛尼克浅滩（Grammanik Bank），通过声波标志放流的白纹笛鲷（*L. jocu*）被发现向西洄游了 18 km，这一距离还只代表最后一个声波回收器的接收范围。明确自然界限和鱼类生殖洄游的范围，可以加深对复合种群动力学的理解，并提升对产卵聚集的管理。

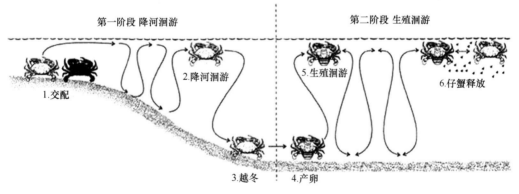

图 4.4 产卵期雌性蓝蟹（*Callinectes sapidus*）的洄游模型。晚春至初秋雌蟹（浅体色）与雄蟹（深体色）在淡水河口区交配，之后随夜间落潮洄游至高盐度水域越冬（第一阶段）。抱末期卵的雌蟹继续在夜间落潮时洄游，直至进入近岸水域后释放幼蟹。幼蟹释放之后，雌蟹又借夜间涨潮返回河口区（第二幅图经马萨诸塞州伍兹霍尔海洋生物实验室许可，引用自 Tanksley et al.，1998；Biol. Bull. 195：168-173.）

一些甲壳纳十足类也可以洄游到相当长距离的产卵场。最长的洄游记录是东澳大利亚海域的东方巨对虾（*Penaeus plebejus*），这种对虾成体在 260 天内完成了 930 km 的洄游（Ruello，1975）。稚虾离开河口的哺育场向北洄游到温暖水域产卵（Ruello，1975；Glaister et al.，1987）。孵化的仔虾随东澳大利亚暖流返回澳大利亚东南部的河口区。在澳大利亚其他地方，雌性锯缘青蟹（*Scylla serrata*）在季风季节来临之前会洄游 95 km，从红树林区洄游到近海产卵场产卵。蓝蟹（*Callinectes sapidus*）会从低盐度的河口区洄游到高盐度的近岸水域（离岸 5 km 距离）产卵（Carr et al.，2005）。雌性锯缘青蟹（*Scylla serrata*）利用退潮水每天最多可以洄游 10 km（图 4.4），可以达到 10~300 km 的洄游距离（Millikin and Williams，1984；Tankersley et al.，1998；Carr et al.，2004）。虽然对于锯缘青蟹（*Scylla serrata*）的研究多集中在美国的大西洋和墨西哥湾沿岸水域，但加勒比海地区的锯缘青蟹（*Scylla serrata*）应该可能有同样的洄游行为。怀卵的眼斑龙虾（*Panulirus argus*）会从近岸浅水区洄游到沿洋流分布的深水珊瑚礁区产卵（图 4.5），稚虾最终定居在红树林根系或底栖海藻中，最后再洄游到深水区域，完成整个生活史（Herrnkind，1980）。在巴哈马群岛，眼斑龙虾（*P. argus*）的雌雄个体都会在秋季进行年度洄游（Kanciruk and Herrnkind，1976）。在洄游过程中，它们会排成一条条直线，每星期行进 10 km（Herrnkind，1980），但是这种洄游仿佛又跟产卵没什么关系，而是到达越冬场，在那里的深水珊瑚礁区越冬。每年 9 月，在巴布亚新几内亚主岛南部（图 4.6），成年锦绣龙虾（*P. ornatus*）从深度小于 20 m 的广袤的较平坦珊瑚礁区域开始洄游，其间穿越很多不同类型的生境（图 4.6）。成百上千的成体用 2~3 个月的时间从巴布亚新几内亚水域 80 米深的软泥相或硬相钙化藻海底洄游到产卵场，最终到达尤莱岛的浅海珊瑚礁（<15 m）水域（Ruello，1975；Moore and MacFarlane，1984；MacFarlane and Moore，1986；Bell et al.，1987）。交配在洄游期间开始（10 月末），在洄游结束时（11—12 月），雌性群体已经在巴布亚湾东部边界区完成了 3 次产卵。Moore 和 MacFarlane（1984）认为锦绣龙虾（*Panulirus ornatus*）产卵后死亡率很高，所以没有成体龙虾能够返回托雷斯海峡。借助于海洋环流，在这个海域释放仔虾，仔虾再补充到稚虾和成虾是托雷斯海峡和北昆士兰锦绣龙虾（*Panulirus ornatus*）维持种群数量的重要因素（MacFarlane and Moore，1986）。

4.5.2 生殖相关的洄游行为

大多数有聚集特性的物种对于产卵聚集的场所都有极高的忠诚度，在产卵季节里它们会多次来到聚集场所。在瞬时聚集的物种中，尤其像鲹科鱼类，雄鱼通常会比雌鱼早到达产卵区并更晚离开（Johannes，1988；Zeller，1998；Rhodes and Sadovy，2002；Nemeth et al.，2007）。声波标志放流显示豹纹鳃棘鲈（*Plectropomus leopardus*）有极高的产卵场忠诚度，它们并不一定是洄游到最近的产卵场所，同样的情况也发生在红点石斑鱼（*Epinephelus guttatus*）的身上（Sadovy et al.，1992；Sadovy et al.，1994b）。豹纹鳃棘鲈（*Plectropomus leopardus*）雄鱼在产卵季节会数次往返于产卵场与生境之间（Zeller，1998）。在产卵场停留时间方面，雄性鳃棘鲈平均停留 13 天，而雌性鳃棘鲈在长达 2 个月的产卵

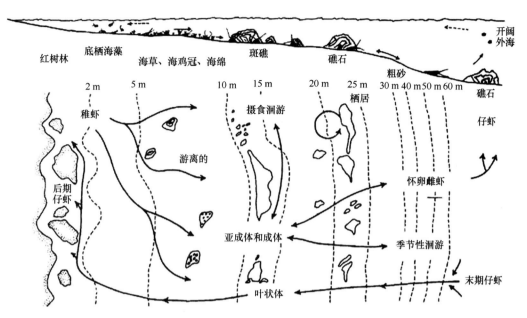

图4.5 眼斑龙虾（*Panulirus argus*）生命周期的空间变化。怀卵期雌性个体洄游到珊瑚礁外缘靠近洋流的区域释放仔虾。仔虾后期的龙虾在红树林根部或底栖藻类上栖居下来，在变为稚体的过程中逐渐向海草床和浅水潟湖洄游。亚成体也存在生境季节性循环、小尺度活动和近远海间洄游。此图片发表于The biology and management of lobsters, Vol 1, Hernkind WF, Spiny lobsters: patterns of movement, pp. 349-407, Copyright Elsevier（1980）

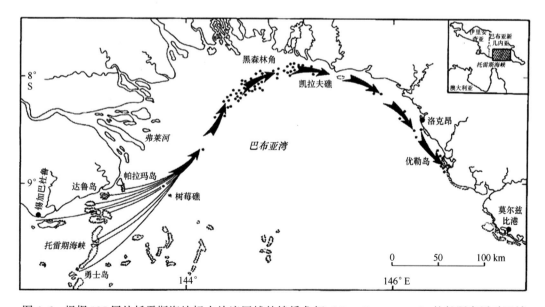

图4.6 根据125尾从托雷斯海峡标志放流回捕的锦绣龙虾（*Panulirus ornatus*）的长距离活动区域及回捕地点（·）（经CSIRO Publishing允许，采用Moore and MacFarlane, 1984年的数据，参见http://www.publish.csiro.au/nid/127/issue/2833.htm）

周期中只会"光顾"产卵场1次,平均停留1.5天的时间。Zeller(1998)曾经观察到一尾雄性豹纹鳃棘鲈(*P. leopardus*)在19天内10次在生境和产卵场之间往返,累计距离达到17 km。这种模式与加勒比地区的石斑鱼相同。在伯利兹地区,在连续2~3个月的产卵期中,80%的红点石斑鱼(*E. guttatus*)雄鱼返回到产卵场,而80%的雌鱼只会在产卵场待1~2个月(Starr et al.,2007)。在产卵期的第一个月(12月)中,大部分标志的都是拿骚石斑鱼(*E. striatus*)的雄鱼,且具有很高的回捕率(均值21.4%),这一数值在1月和2月标志的鱼群中只有4.2%和1.5%;这个现象说明,12月份到达的鱼群会在生殖期里一直待在产卵场(Nemeth et al.,2007)。50%的回捕雄鱼会在生殖期第二个月再次来到产卵场,但只有22%的回捕雌鱼会再次返回,这种周转率也证实了前述观点(Nemeth et al.,2007)。近来,针对密克罗尼西亚的波纳佩地区的蓝点鳃棘鲈(*Plectropomus areolatus*)、塞舌尔群岛清水石斑鱼(*Epinephelus polyphekadion*)和褐点石斑鱼(*E. fuscoguttatus*)的研究,也表明了这些性别相关的行为模式是全球范围内鮨科鱼类的一种普遍现象(Rhodes and Tupper,2008;Robinson et al.,2008)。

鱼类能够数次返回产卵聚集区的能力,不单涉及上文提及的洄游距离,也涉及游泳速度。有不少研究报道了产卵聚集鱼类和甲壳纲十足类的洄游速度,指出洄游速度跟物种、性别和时间都有关。驻留型聚集的黑尾刺尾鱼(*Acanthurus nigrofuscus*)的平均游泳速度为1.5 km/h(Mazeroll and Montgomery 1998)。瞬时型聚集产卵种类的游泳速度从大型石斑鱼〔如拿骚石斑鱼(*E. striatus*)、黄鳍喙鲈(*Mycteroperca venenosa*)〕0.9~1.9 km/h到小型石斑鱼〔如红点石斑鱼(*Epinephelus guttatus*)、豹纹鳃棘鲈(*Plectropomus leopardus*)〕0.13~0.6 km/h(Colin 1992,Luckhurst 1998,Zeller,1998,Starr et al.,2007)。Starr等(2007)发现雄性红点石斑鱼(*Epinephelus guttatus*)的游泳速度显著高于雌性(雄鱼:2.0 km/h;雌鱼:1.8 km/h)。同时发现拿骚石斑鱼(*E. striatus*)通常在白天洄游,并且白天的洄游(1.96 km/h)速度比夜间(1.4 km/h)快。数据显示,标志放流的东方巨对虾(*Penaeus plebejus*)的平均游泳速度为0.07 km/h,最高可达到0.23 km/h(Ruello,1975)。龙虾,如眼斑龙虾(*Panulirus argus*)、锦绣龙虾(*P. ornatus*)的洄游速度从0.06 km/h到0.25 km/h(Herrnkind,1980;Moore and MacFarlane,1984)。借助潮流的运输作用进行生殖洄游的蓝蟹(*Callinectes sapidus*),其洄游平均速度为0.42 km/h(Tankersley et al.,1998)。

尽管直观的证据和观察结果十分有限,但可见成体珊瑚礁鱼类通常以或大或小的单一性别群体〔如鮨科(Serranidae)〕进行洄游〔图4.1(e)〕,到达产卵场之后才完成两性结合(Johannes,1978;Colin,1992;Johannes et al.,1999)。Ruello(1975)对东方巨对虾(*Penaeus plebejus*)的标志放流研究表明,它们一直组成紧密的群体在西澳大利亚沿岸洄游。这种群居模式有助于抵御捕食者的侵害,并且通过种间交流有助于强化个体对虾对于洄游路线的识别和记忆(Colin,1992;Mazeroll and Montgomery,1998)。

黑尾刺尾鱼(*Acanthurus nigrofuscus*)的日常捕食和生殖洄游都会利用洄游路线上的某些特定珊瑚礁来定位(Mazeroll and Montgomery,1998)。在一项把这些标志沿各方向短距离（小于 6 m）移动的实验中，黑尾刺尾鱼（*Acanthurus nigrofuscus*）还是继续利用这些珊瑚礁体来定位。有趣的是，如果这些标志性珊瑚礁的移动距离超过 7 米，黑尾刺尾鱼（*Acanthurus nigrofuscus*）就会按照其常规的洄游路线行进，但却不再经过这些"标志点"（Mazeroll and Montgomery，1998）。利用众多的标志物定位并非成功的定位方法。Luckhurst（1998）在百慕大地区进行过一项实验，他们先在聚集产卵场捕获一群红点石斑鱼（*Epinephelus guttatus*），然后将其标志，最后在与产卵场不同距离的地点（平均 8.9 km）放流。这些石斑鱼在几天的时间内先后回到了产卵场。在没有习得性行为、标志物的指引下，先天对于洋流的方向感、日照方位或地磁场都可能帮助物种判定正确的方位而最终到达产卵场。人们认为，巴布亚新几内亚湾的锦绣龙虾（*Panulirus ornatus*）就是通过季节性底流确定方向的（Moore and MacFarlane，1984）。

Mazeroll 和 Montgomery（1995，1998）进行的行为学研究，对于种群中的社交关系对洄游行为的影响提供了一些强有力的证据。红海的驻留型聚集物种黑尾刺尾鱼（*Acanthurus nigrofuscus*），会结成将近 200 尾规模的队伍从栖息地向产卵场洄游。在产卵期初期，它们会通过 15 条不同的路线来到产卵场，而在产卵期末期，就剩下 3 条主要线路。3 个因素决定了产卵模式效率的提升和同步性。首先，索饵场远离产卵场的鱼群会在下午早些时候开始洄游，从而保证同时到达产卵场。其次，较早开始洄游的群体经过其他的领地时，一些个体会脱离原来的群体，加入当地群体并带领它们加入洄游大军。这种"招募"行为可以使洄游在到达产卵场之前群体数量不断增加。这与巴布亚新几内亚地区的锦绣龙虾（*Panulirus ornatus*）的洄游模式很相似。各小股锦绣龙虾（*Panulirus ornatus*）各自同时从生境出发，汇聚成为一个大的群体，并以"洄游波"的形式穿越巴布亚新几内亚湾（图 4.6）。最后，Mazeroll and Montgomery（1995）开展的一项能够分辨鱼类个体的标志放流实验表明，某些鱼类在种群中起到"头鱼"的作用，决定着洄游路线。

相同的种群洄游模式在若干种瞬时型产卵聚集的鮨科鱼类中也存在。拿骚石斑鱼（*E. striatus*）结成 2~500 尾规模的聚群，以 25 cm/s 的速度沿珊瑚礁外缘或陆架坡折路线上 15~40 m 深度的水域洄游（Colin et al.，1987；Whaylen et al.，2004；Aguilar-Perera，2006）。Colin（1992）观察到巴哈马群岛的两个大型洄游群体（约 500 尾）路过一个已知的其他鱼类的产卵场，并继续向东前进，很可能是前往数千米之外的另一个大陆架外缘产卵场。在最近开展的一项声波放流研究中，Starr 等（2007）研究了伯利兹格洛夫礁水域的拿骚石斑鱼（*E. striatus*）产卵聚集后指出，石斑鱼在洄游进程中的运动模式是迅速、一致、可预测的。更不寻常的是，所有标志石斑鱼都会在 1 月满月之后的一个星期，在 1 小时内从平均水深 25 m 下降至 72 m（最大深度可达 255 m）（Starr et al.，2007）。在 3 个月的时间内，大多数标志的个体都会完成栖息地与产卵场之间的往返洄游，但始终逗留在超过 50 m 深的水层中，之后当 4 月满月之后 10 天上升到浅水层，并在余下的时间内一直生活在该深度水域。Starr 等（2007）猜测，拿骚石斑鱼（*E. striatus*）分布深水区域的原因，可能是利用这个水层的洋流来提高幼鱼成活率、捕食和产后恢复，也可能是回避浅水层中的捕食者。美属维尔京的拿骚石斑鱼（*E. striatus*）和黄鳍喙鲈（*Mycteroperca veneno-*

sa）的洄游活动也有很高的一致性，它们从格拉玛尼克浅滩（Grammanik Bank）的产卵聚集区洄游到附近的陆架边缘的珊瑚礁区域，当它们要东向洄游离开产卵场时，会以这些直线分布的珊瑚礁群作为东西洄游的坐标（RS Nemeth 未发表的数据）。然而，与伯利兹地区的不同，维尔京的拿骚石斑鱼（*E. striatus*）群体并没有步调一致地进行深度变换，可能是因为它们本已生活在相对深水的珊瑚礁区，并且它们聚集产卵的深度为 35~50 m，已经是在季节性温跃层之下（RS Nemeth 未发表的数据）。另外，在伯利兹地区，大型鲨鱼[短吻柠檬鲨（*Negaprion brevirostris*）、鼬鲨（*Galeocerdo curvier*）、低鳍真鲨（*Carcharhinus leucas*）、佩氏真鲨（*C. perezii*）、黑边鳍真鲨（*Carcharhinus limbatus*）] 通常分布在近海深水珊瑚礁沿线水域（RS Nemeth 个人观点），所以躲避捕食者这个因素恐怕并不是伯利兹当地的拿骚石斑鱼（*E. striatus*）进行垂直洄游的原因。

最后一个，也是最特殊的例子是两尾雄性红点石斑鱼（*Epinephelus guttatus*）的生殖洄游模式。它们是在同一个鱼笼里捕获的，之后经标志同样的时间、地点放流。2 个月后，在产卵场西部 3 km 外的复钩手钓中，这两条鱼又被捕获了（Kadison et al., 2009）。显然，它们始终一起洄游，而且有可能在很长一段时间内，彼此始终保持着几米远的距离。这个例子，连同 Mazeroll 和 Montgomery（1995，1998）进行的研究，都表明分布在同一个摄食区的鱼群在向产卵场洄游时也会保持群体性。在像红点石斑鱼（*Epinephelus guttatus*）等一雄多雌产卵的种类中，洄游时在一起的个体达到产卵场之后可能依然待在同一区域。这当然就支持了生殖洄游是一种代际相传的习得性行为的观点。这也凸显出当产卵聚集结束后，地方性物种快速衰退的潜在可能性，并切断了摄食场与产卵场之间的固有联系。这些研究都强调了产卵聚集物种复杂的动力学行为。鉴于同步产卵对于产卵聚集物种的重要性，群居性和对传统洄游路线上标志性物体的利用，很可能有助于提升成年个体到达产卵场的效率。若希望进一步了解各生境和物种间的异同，还需开展更多针对洄游行为的研究。

4.5.3 流域与洄游功能区

流域距离和洄游功能区是用来描述鱼类成体聚集到产卵场所穿越的区域（Zeller，1998；Nemeth et al., 2007）。在这里我把洄游功能区的概念扩展到涵盖流域内洄游和产卵活动中的复杂生物学过程。洄游功能区包含了以下几个方面的内容：鱼类洄游途经的各个生境的镶嵌形式；潜在的洄游走廊所在地；产卵聚集物种的产卵期的日常活动和行为模式；洄游和产卵过程中发生的复杂营养关系。在洄游功能区内的较小时空尺度上，一个物种只在某一个特定区域产卵。不同物种和不同生殖策略可能导致这些特定的产卵区域之间有若干量级上的差异 [附录 4.1 和 4.2 中的渔业资源评估区（FSA）]。对于群体产卵的物种，真正产卵区远小于求偶区（Nemeth，2009）。围绕求偶区，集聚的鱼类可能会在产卵期的数月内占据一个更大范围的"待命区"，在那里进行非繁殖性活动（Nemeth，2009）。记录并测绘每一个物种洄游功能区内的所有元素可能大大增加了产卵聚集研究的复杂性，但这对于了解它们之间的关联性，开展多物种热带渔业资源生态系统层面上的管理十分重要。Colin 等（2003）和 Heyman 等（2005）概述了若干种实用且经济的洄游路线、产卵聚集地的测绘技术和方法。在文本和附录 4.1 和 4.2 中，只要流域面积已给定，或者只要可以获得足够的洄游距离、洄游方向，和（或）珊瑚礁石或陆架宽度等基本信息，就可以计算出流域面积时，就可以报告各个洄游功能区。例如，当迁移距离已知，而且知道南北、东西方向的距离，便可以形成多边形，从而估算出流域面积。又如，已知迁移路线和途径的生境情况，就可以构建洄游功能区。

鮨科（Serranidae）和鲷科（Sparidae）鱼类，每年连续若干月进行瞬时型聚集，其中小型种类［如红点石斑鱼（*Epinephelus guttatus*）］的洄游功能区面积 500 km^2，而大型种类的洄游功能区面积 2500 km^2 或更大（Colin，1992；Carter et al.，1994；Nemeth，2005）。洄游功能区的详尽信息有限，仅限于做过传统标志放流或声波放流的少数几种珊瑚礁鱼类（附录 4.1，附录 4.2）。Nemeth 等（2007）通过传统标志放流研究了美属维尔京的圣托马斯岛和圣克罗伊岛的 4000 尾红点石斑鱼（*Epinephelus guttatus*），发现二者的洄游功能区面积分别为 90 km^2 和 500 km^2（图 4.7，附录 4.2）。两个岛屿的红点石斑鱼（*Epinephelus guttatus*）都是逆盛行流方向洄游，从中陆架珊瑚礁的珊瑚高覆盖区，向距离大陆架边缘 300~500 m 处的珊瑚礁充分发育区上部的产卵场洄游。两地的红点石斑鱼（*Epinephelus guttatus*）种群结构虽然不同，但是它们的洄游、运动、时机都十分相似（Nemeth et al.，2006a）。还有一些物种也是采取逆流洄游的策略，例如百慕大地区的红点石斑鱼（*Epinephelus guttatus*）（Luckhurst，1998），开曼群岛的拿骚石斑鱼（*E. striatus*）（Colin et al.，1987），古巴的巴哈马笛鲷（*Lutjanus synagris*）（Garcia-Cagide et al.，2001），巴布亚新几内亚的锦绣龙虾（*Panulirus ornatus*）（MacFarlane and Moore，1986）和澳大利亚的东方巨对虾（*Penaeus plebejus*）（Ruello，1975）。这种行为被认为是适应性策略，以对抗海流对于卵、前弯曲期仔鱼和十足目早期蚤状幼体的扩散分布作用，从而有助于其完善生命周期循环（Sinclair，1988；Claydon，2004）。

Gercia-Cagide 等（2001）报道了古巴地区两种鲷科鱼类潜在的洄游功能区和洄游路线。双色笛鲷（*Lutjanus analis*）沿着古巴陆架北部沿岸的内礁区洄游到某些特定珊瑚礁的突出部水域。人们认为，它们从加那利群岛（Los Canarreos）以西沿着大陆架洄游，聚集到科连特斯海角（Cabo Corrientes），总距离大约 120 km。在另外一处产卵聚集场，圣卡罗科罗娜（Corona de San Carlo）地区的成年双色笛鲷（*Lutjanus analis*）是从东西两个方向的珊瑚礁区洄游来的，其洄游功能区面积至少 90 km^2（图 4.8）。巴哈马笛鲷（*L. synagris*）从东巴塔巴诺湾（Golfo de Batabano）宽阔的浅水区域逆流洄游至卡索内斯湾（Golfo de Cazones）西部边界处聚集产卵（图 4.9）。依据海洋环流模式和鱼类浮游生物调查（Garcia-Cagide et al.，2001），这些产卵场有利于仔鱼滞留在大陆架边缘的大洋水域，这样它们的后期仔鱼就可以返回到成体生境的近岸水域（图 4.8、图 4.9）。大西洋大海鲢（*Megalops atlanticus*）普遍生活在饵料丰富的内陆潟湖或沿海水域，但是它们会洄游至离岸 25 km 的水域聚集产卵（Crabtree，1995；Garcia and Solano，1995）。加勒比海地区大西洋大海鲢（*M. atlanticus*），或许还有印度-西太平洋的大海鲢（*M. cyprinoides*）的柳叶幼

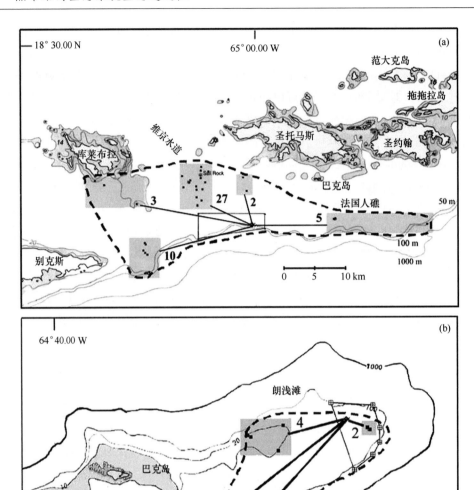

图 4.7 美属维尔京圣托马斯岛（a）和圣克罗伊岛（b）产卵聚集区（直线所指）捕获并标志放流的红点石斑鱼（*Epinephelus guttatus*）回捕地点（矩形内黑点表示），均分布在多边形区域内。辐射线旁数字表示在红点石斑鱼（*Epinephelus guttatus*）产卵前、中、后期内发生的营养关系数量（承蒙 Springer 出版社允许，引自 Nemeth 等，2007）

体（Coates，1987），都会洄游到红树林河口区域发育为稚鱼（Zerbi et al.，1999）。

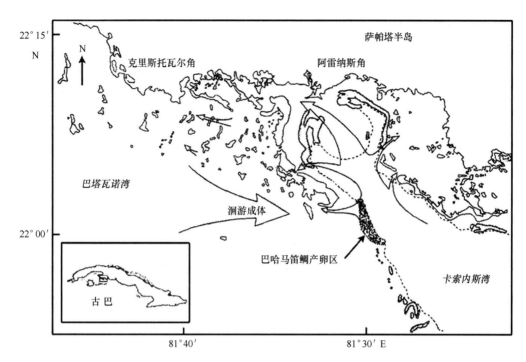

图 4.8 古巴巴塔瓦诺湾东部巴哈马笛鲷（*L. synagris*）成体（大箭头）前往首选产卵场（点状区）的洄游路线和幼鱼（小箭头）向近岸浅水区洄游的潜在路线。虚线示卡索内斯湾通道的边缘，圆齿状边缘的白色区域为珊瑚礁（经允许复制并修改自 Garcia-Cagide 等，2001）

驻留型聚集鱼种的洄游路线相对短些，所以其洄游功能区面积也相应较小。在一项详尽的声波标志放流实验中，Zeller（1998）发现豹纹鳃棘鲈（*Plectropomus leopardus*）大多迁移 0.2~11 km 到大堡礁蜥蜴岛四个已知产卵场之一完成产卵。不过，还有 3 尾标志鱼晚些时候在 3~11 km 外的离岛回捕，据推测它们只向产卵场进行了一次洄游。根据该项研究结果，归属为驻留型产卵的豹纹鳃棘鲈（*Plectropomus leopardus*）可能同时采取两种聚集策略（Domeier and Colin，1997）。根据报道的洄游距离和极高的产卵场忠诚度，可以计算出豹纹鳃棘鲈（*Plectropomus leopardus*）的洄游功能区面积。停留在蜥蜴岛大陆架上的（驻留型聚集）鱼类洄游功能区面积至少有 5 km^2，由外周离岛洄游过来的种类（瞬时型聚集？）则至少有 80 km^2。若干种刺尾鱼科（Acanthuridae）的鱼类，每天傍晚都会形成 6 000~20 000 尾规模、覆盖数平方千米的洄游功能区（Colin and Clavijo，1988；Robertson et al.，1990；Kiflawi et al.，1998）。

附录 4.1 和附录 4.2 给出了已知的大部分驻留型和瞬时型产卵聚集种类的产卵场、产卵聚集规模、洄游距离和洄游功能区等方面的信息，其他许多种类也实行产卵聚集，但是它们的空间数据或者有限或者缺乏。这也敦促我们，针对洄游距离、产卵聚集区信息有限的其他科的鱼类和十足目开展更多的研究（附录 4.1、附录 4.2）。大多数种类的现存信息可通过珊瑚礁鱼类聚集保护组织（SCRFA）的网站（http://www.scrfa.org）获得。但其

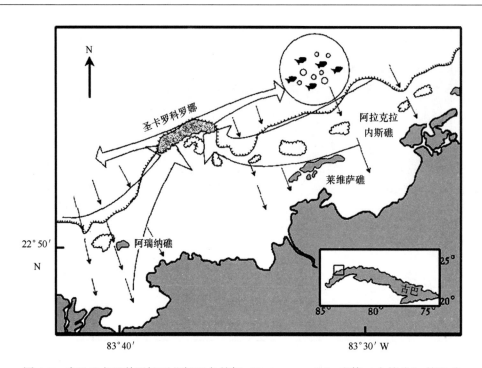

图 4.9 古巴圣卡罗科罗娜西北部双色笛鲷（*Lutjanus analis*）成体（大箭头）前往首选产卵场（点状区）的洄游路线，卵、仔鱼沿大陆架的潜在散播路线（中箭头），以及稚鱼（小箭头）对种群的补充量。刺线表示大陆架边缘，圆齿状边缘的白色区域为珊瑚礁（经允许复制并修改自 Garcia-Cagide 等，2001）

他所有在生境配对产卵和不进行生殖洄游的种类，如绿鹦鲷（*Sparisoma viride*）（van Rooij et al.，1996）的信息并没有包含在内。

4.6 鱼类产卵聚集的营养关系

鱼类向产卵聚集区的洄游成为生境连通性研究的重要领域。除了因驻留聚集和瞬时聚集洄游引起的生物量时空波动之外，这些鱼群对洄游沿途水域和产卵场食物网的影响研究得还很少。鱼群向产卵聚集区的大规模洄游，尤其是掠食性鱼群的瞬时聚集，确实会对洄游功能区的局部食物网结构产生影响（McCann et al.，2005）。例如，一个体长 30~50 cm 的红点石斑鱼（*Epinephelus guttatus*）产卵群的洄游功能区面积大约为 100~500 km^2，与海狮或鲨鱼这类顶级捕食者的最大食物网范围相当（Brose et al.，2005）。

驻留型和瞬时型产卵聚集在产卵集聚区的生态效应可能存在若干差异。驻留型聚集的特点是，洄游速度相对较快的草食性鱼类和杂食性鱼类［如刺尾鱼科（Acanthuridae），鹦嘴鱼科（Scanridae），隆头鱼科（Labridae）］，在返回原生境之前，在产卵区每天停留几小时进行求偶、产卵。像鹦嘴鱼和隆头鱼等许多驻留型聚集的种类，一年任何季节都能产卵，而另外一些鱼（像刺尾鱼）产卵则有季节性特点（Fishelson et al.，1987；Colin and

Clavijo，1988）。已知驻留型聚集鱼类在洄游或产卵期间不摄食，但偶尔也观察到个别红鳍鹦鲷（*Sparisoma rubripinne*）在排卵间歇期啃食底栖藻类的现象（Randall and Randall，1963）。因为聚集鱼群在短暂的产卵期内不摄食，而其他鱼类又可以吞食产完卵的成鱼和刚产下的鱼卵，在洄游途中大致也如此（图4.10），所以鱼类的产卵聚集对维持和充实产卵区的食物网大有裨益。

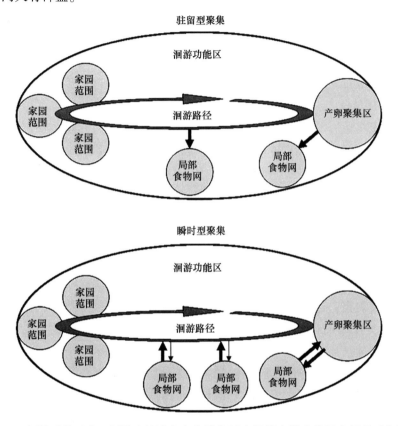

图4.10 洄游功能区内，洄游途经地和产卵聚集区内局部水域食物网之间相互作用关系示意图。草食性和杂食性鱼聚集鱼群的典型特点是洄游和产卵期间不摄食，所以净能量是从产卵成鱼和新生鱼卵通过摄食作用进入局部食物网。肉食性和鱼食性的聚集鱼群在洄游和产卵期间可能摄食。由于聚集鱼群的规模极为庞大，洄游途中被捕食的数量极少。但是如果顶级捕食者（如鲨鱼）和以浮游生物为食的鱼类（planktivors）在产卵区大量集中，可能会平衡聚集鱼群和产卵区食物网间的能量关系

捕食产卵聚集鱼群的行为似乎与鱼的种类和生境有关，其间差别也很大。生活在加勒比海海域的鱼类中，这种情况比较少见（Colin and Clavijo，1988；Roberson et al.，1999），而生活在印度洋-太平洋海域的鱼类则比较多见（Robertson，1983；Moyer，1987；Sancho et al.，2000a）。根据Robertson（1983）的观察，西太平洋帕劳群岛海域的鲨鱼［黑鳍鲨（*Carcharhinus melanopterus*）］，石斑鱼［斑点九棘鲈（*Cephalopholis argus*）］、鲷鱼［白斑笛鲷（*Lutjanus bohar*）］和鲹鱼［蓝鳍鲹（*Caranx melampygus*）］具有攻击产卵聚集

的黑尾刺尾鱼（*Acanthurus nigrofuscus*）鱼群的现象。鲨鱼攻击帕劳群岛的颊吻鼻鱼（*Naso literatus*）和埃尼威托克岛的粒唇鲻（*Crenimugil crenilabus*）鱼群（Johannes et al., 1999）也曾有报道。产卵聚集中的红鳍鹦鲷（*Sparisoma rubripinne*）偶尔也遭受梭鱼［大魣（*Sphyraena barracuda*）］和斑点马鲛（*Scoberomorous cavalla*）的攻击和捕食（Randall and Randall, 1963）。因为潜水员的存在对产卵鱼聚集鱼群和潜在捕食者的行为都会有影响，所以聚集鱼群遭受攻击和被捕食的情况可能比文献中记载和报道的还要多（RS Nemeth 个人观点）。Sancho 等（2002a）曾在约翰斯顿环礁（Johnston Atoll）海域进行过仔细观察，记录下了蓝鳍鲹（*Caranx melampygus*）和榄色细齿笛鲷（*Aphareus furca*）对包括白斑鹦嘴鱼（*Chlorurus sordidus*）、棕吻鹦嘴鱼（*Scarus psittacus*）、黑尾刺尾鱼（*Acanthurus nigroris*）、黄高鳍刺尾鱼（*Zebrasoma flavescens*）和扁体栉齿刺尾鱼（*Ctenochaetus strigosus*）在内的 5 种产卵聚集鱼群发动了 254 次攻击。大多数攻击（93%）是直接针对数量最庞大的两种鱼群［白斑鹦嘴鱼（*Chlorurus sordidus*）和黑尾刺尾鱼（*Acanthurus nigroris*）］发起的，而且这种攻击大多发生在产卵（83%）和求偶（17%）期间，没有观察到正在摄食和洄游中的鱼群受到攻击的现象（Sancho et al., 2000a）。前述两种捕食者的捕食成功率平均为 4%，且偏好攻击 4 尾以上的产卵鱼群。

驻留型产卵聚集鱼群新生卵被捕食的比例与聚集鱼群的种类和产卵场地点有关，其间的相差也很悬殊（Robertson, 1983; Craig, 1998）。Sancho 等（2000a）发现，两种鳞鲀——角鳞鲀（*Melichthys niger*）和黑边角鳞鲀（*Melichthys viduas*）是约翰斯顿环礁海域最常见的鱼卵吞食鱼类。这两种鱼会快速接近产卵的鱼群，并从刚刚排出的配子云中央开始吞食。这种掠食鱼卵的行为大多（71%）发生在夜间，配对产卵的鱼遭受攻击的机会（7.5%）高于群体产卵的鱼群（0.3%）。这与 Robertson（1983）的报道正好相反，在后者的报道中卵掠食鱼最爱攻击的是群体产卵（27~42%），而不是配对产卵（4~5%）的刺尾鱼科（Acanthuridae）排出的配子云。鳞鲀普遍偏好攻击配对产卵的鱼排出的卵，这可能是因为这些鱼［中国管口鱼（*Aulostomus chinensis*），米点箱鲀（*Ostracion meleagris*）和凹吻鲆（*Bothus mancus*）］的卵体积大（>14 mm^3），而有些鱼，像双带副绯鲤（*Parupeneus bifasciatum*），白斑鹦嘴鱼（*Chlorurus sordidus*）和黑尾刺尾鱼（*Acanthurus nigroris*）的卵体积则很小（<3 mm^3）（Sancho et al., 2000a）。此外，Robertson（1983）还观察到，鱼卵吞食者是由一些浮游生物食性鱼类——包括雀鲷科（Pomacentridae）［五线雀鲷（*Abudefduf saxatilis*）、蓝光鳃雀鲷（*Chromis caerulea*）、黑腋光鳃雀鲷（*C. atripectoralis*）、库拉索凹牙豆娘鱼（*Amblyglyphidodon curacao*）］，隆头鱼科（Labridae）［哈氏锦鱼（*Thalassoma hardwicki*）、钝头锦鱼（*Thalassoma amlbycephalum*）］，笛鲷科（Lutjanidae）［褐梅鲷（*Caesio coerulaureus*）、黄梅鲷（*Caesio erythrogaster*）、新月梅鲷（*Caesio lunaris*）、金带鳞鳍梅鲷（*Pterocaesio chrysozona*）］，鲭科（Scombridae）［羽鳃鲐（*Rastrelliger kanagurta*）］，鳞鲀科（Balistidae）［角鳞鲀（*Melichthys vidus*）］和飞鱼科（Exocoetidae）及圆腹鲱亚科（Dussumieridae）中两个未定名种所组成。

另一方面，瞬时型聚集的特点是主要发生在食肉性鱼类和食鱼性鱼类中。它们可以长途洄游, 并在产卵区停留数日甚至数周。这期间, 沿途区域内和产卵区附近栖息的鱼都可能成为捕食目标, 从而对途经各地和产卵区的食物网造成相当大的影响（图4.10）。1999年, Johannes等曾在帕劳群岛海域观察到聚集在一起的蓝点鳃棘鲈（*Plectropomus areolatus*）鱼群偶尔向小型梅鲷科（Caesionidae）鱼类发起攻击的情况。在每次产卵高峰之间的间歇期, 大约有10%~15%的红点石斑鱼（*Epinephelus guttatus*）成鱼（雌雄皆有）仍滞留在产卵区内（图4.2）, 而其余的鱼则从鱼群高密度聚集的珊瑚礁, 洄游到离产卵区不远的（<1000米）斑块状分布的突出形礁石附近捕食（Nemeth et al., 2007）。在美属维尔京产卵区捕捉的红点石斑鱼（*Epinephelus guttatus*）的胃含物主要是短尾下目（纯蟹类）、异尾下目（寄居蟹）与龙虾下目（龙虾）等甲壳类和一些栖息在礁石附近的小鱼, 如塔氏弱棘鱼（*Malacanthus tuckeri*）, 甚至还包括红点石斑鱼（*Epinephelus guttatus*）稚鱼（RS Nemeth 未发表的资料）。Samoilys（1997）同样认为产卵期聚集在一起的豹纹鳃棘鲈（*Plectropomus leopardus*）白天分散开来, 也是为了去周围岩礁区摄食。这种昼散夜聚现象在黄鳍喙鲈（*Mycteroperca venenosa*）和拿骚石斑鱼（*E. striatus*）鱼群中也曾观察到, 而且更为明显（Nemeth et al., 2006b）。这两种鱼白天能洄游1~5 km远的距离, 并于傍晚返回产卵场, 在长达月余的产卵高峰期间, 每天游弋超过10 km（图4.11）（RS Nemeth 未发表的数据）。在黄鳍喙鲈（*Mycteroperca venenosa*）的胃含物中发现了很多种礁栖鱼类, 如黄尾笛鲷（*Ocyurus chrysurus*）、黑鳍笛鲷（*Lutjanus buccanella*）、红点石斑鱼（*E. guttatus*）和尖胸隆头鱼（*Clepticus parrae*）。而拿骚石斑鱼（*E. striatus*）的胃含物中发现的主要是甲壳类, 如长臂正龙虾（*Justitia longimanus*）, 但尚不清楚这些食物是在何时、何处被吞食下去的（RS Nemeth 个人观点）。然而, 当卵巢充水时, 黄鳍喙鲈（*M. venenosa*）和其他种类的聚集鱼群就极少上钩或落入诱捕圈（Beets and Friendlander, 1999；RS Nemeth 个人观点）。其他鱼类, 例如豹纹鳃棘鲈（*P. leopardus*）在整个产卵期间, 雄鱼因为要保卫产卵区防止雌鱼入侵, 所以不进行摄食, 因此当产卵聚集结束后, 雄鱼会变得极度消瘦（Y sadovy, 中国香港大学, 私人通信）。

若干项研究记录了瞬时聚集鱼群的捕食现象。1999年, Johannes等曾在帕劳群岛海域观察到同时聚集在同一水域的大型（85~90 cm）褐点石斑鱼（*Epinephelus fuscoguttatus*）猎食一种体长50~55 cm的清水石斑鱼（*E. polyphekadion*）的情况。还有一些关于鲨鱼攻击瞬时聚集产卵的红点石斑鱼（*E. guttatus*）, 拿骚石斑鱼（*E. striatus*）, 黄鳍喙鲈（*Mycteroperca venenosa*）和虎喙鲈（*M. tigris*）的记录（Olson and La Place, 1978；Nemeth, 2005）。在拿骚石斑鱼（*E. striatus*）产卵聚集期间, 出现在美属维尔京海域的大型捕猎者[如鲨类, 铰口鲨（*Ginglymostoma cirratum*）、短吻柠檬鲨（*Negaprion brevirostrus*）、佩氏真鲨（*Carcharhinus perezii*）和黑边鳍真鲨（*C. limbatus*）；巴西笛鲷（*Lutjanus cyanopterus*）；海鳗, 绿裸胸鳝（*Gymnothorax funebris*）] 无论是数量还是种类上都比其他时间多（Nemeth, 2005）。Colin（1992）曾观察到两尾低鳍真鲨（*Carcharhinus leucas*）跟踪500尾可能正向产卵聚集地洄游的拿骚石斑鱼（*E. striatus*）群的情景。最近在美属维尔京海域进行的声波标志放流研究中发现, 在红点石斑鱼（*Epinephelus guttatus*）和黄鳍喙鲈

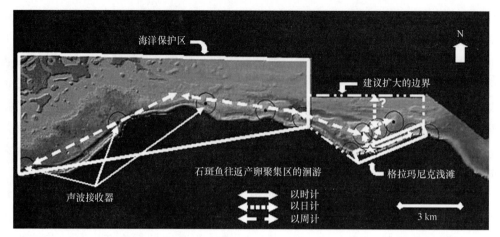

图4.11 在美属维尔京建立的两个海洋保护区：海洋保护区（MCD）和格拉玛尼克浅滩（Grammnik Bank）保护区（GB）。2007年进行了一次声波标志放流实验，以确定格拉玛尼克浅滩保护区的范围是否足以涵盖多种鱼类产卵聚集区（★）。第一年，跟踪研究拿骚石斑鱼（*Epinephelus striatus*）和黄鳍喉鲈（*Mycteroperca venenosa*）的洄游路线，发现这两种鱼在产卵聚集期间，经常每天或每周都会游离保护区，存在被捕捞的风险。根据这项研究，建议格拉玛尼克浅滩保护区向北扩展，使其覆盖产卵鱼一天能够游出的距离，向西扩展到与MCD衔接，以便在两个保护区之间为鱼类洄游提供一条安全廊道

（*M. venenosa*）的产卵期间，短吻柠檬鲨（*Negaprion brevirostris*）和鼬鲨（*Galeocerdo curvier*）光顾这两种鱼产卵海区的次数要比其他时间频繁得多（B Wetherbee，M Shivji 及 RS Nemeth 未发表的数据），这或许是因为这两种鲨索饵洄游恰好与红点石斑鱼（*Epinephelus guttatus*）和黄鳍喉鲈（*Mycteroperca venenosa*）的季节性瞬时产卵聚集时间重叠。在伯利兹沿岸海域情况也是一样，巴西笛鲷（*L. cyanopterus*）和白纹笛鲷（*L. jocu*）的卵也遭受着鲸鲨（*Rhincodon typus*）、黄尾笛鲷（*Ocyurus chrysurus*）、纺锤鲹（*Elagatis bipinnulata*）和大西洋棘白鲳（*Chaetodipterus faber*）的掠食（Heymam et al.，2001；Heyman et al.，2005）。鲸鲨（*Rhincodon typus*）常组成规模较大的群体进行长距离洄游，从而保证其最大限度地吞食并非随时随处可见的鱼卵（Heyman et al.，2001；Hoffmayer et al.，2007）。Samoilys（1997）曾观察到草食性的梅鲷属（*Caesio* spp.）频频吞食豹纹鳃棘鲈（*P. leopardus*）鱼卵的情况，且吞食时间在整个产卵期中达到了27%。Aguilar-Perera and Aguilar-Davila（1996）曾报道，墨西哥附近海域小型礁栖鱼[如双带锦鱼（*Thalassoma bifasciatum*）、尖胸隆头鱼（*Clepticus parrae*）、绿鹦鲷（*Sparisoma viride*）和角鳞鲀（*Melichthys niger*）]的数量会在当地拿骚石斑鱼（*E. striatus*）在产卵聚集前陡然增加。在2007年4月12日18：13-18：30这段时间内，作者也观察到白纹笛鲷（*L. jocu*）、双色笛鲷（*L. analis*）和纺锤鲹（*Elagatis bipinnulata*）捕食黄鳍喉鲈（*M. venenosa*）刚排出的卵的情景（RS Nemeth 个人观察记录）。

根据前述，瞬时型聚集的鱼群不仅是在"攫取"资源，但可能也对当地食物网作出显

著贡献（图4.10）。虽然由于鱼群规模庞大，在洄游过程中的总体死亡率极低，但由于在产卵聚集区停留时间较长，会招来许多专门捕食高密集的产卵成鱼和新生卵的食肉性和食鱼性掠食者。关于产卵聚集鱼类与洄移途中和产卵场局部食物网之间的相互作用，目前了解得还很不够，需要进一步研究。通过这类研究可以绘制出那些具有重要商业意义的鱼种的洄游功能区域图，并加深我们对于产卵聚集效应与热带生态系统相互作用的理解。

4.7 小结及今后的研究方向

大多数具有产卵聚集特性的热带礁栖鱼类，常常由内陆近海索饵场洄游到离岸较远的产卵场。一些礁栖鱼类［如鲷科（Sparidae）和篮子科鱼（Siganidae）］和一些栖息在河口或红树林水域中的甲壳纳十足类也要洄游到近岸水域产卵。还有少数一些鱼类［如真鲨科（Carcharhinidae）、巨鲶科（Pangasiidae）、鲸鲨科（Rhincodontidae）、篮子科鱼（Siganidae）］，甚至要洄游到浅水潟湖或淡水繁殖。所有产卵聚集鱼类中的礁栖鱼类的最大群体呈现出以下几点普遍规律：（1）大多数洄游到固定聚集地点的鱼类都产浮性卵［也有例外，像鳞鲀科（Balistidae）和篮子科鱼（Siganidae）］；（2）产卵场通常，但并不一定位于珊瑚礁、岛屿和大陆架的外缘的水下突出部或邻近深海的水道口；（3）驻留型产卵聚集的鱼群，其洄游和产卵时间与潮汐周期同步，且产卵一般发生在傍晚时分或退潮强度最大前的高平潮期；（4）瞬时型产卵聚集的鱼群，其聚集和产卵与新月或满月同步，且产卵一般发生在夜间；（5）季节性产卵高峰常发生在年均水温最低、洋流最弱的时间。

由于这些特点与特定环境因素有关，因此在时间和空间上有较高的预见性，对于产卵后幼体散播或滞留的程度，以及驻留型、瞬时型产卵聚集的洄游和产卵活动中各营养级的相互关系还知之甚少。Domeier（2004）利用漂浮瓶估算出，美国干龟群岛（Dry Tortugas）的双色笛鲷（*Lutjanus analis*）仔鱼可能从佛罗里达礁群沿岸线向东南散布500 km以上。有关仔鱼在产卵场滞留的证据在不断增多（Jones et al., 1999；Swearer et al., 1999；Paris and Cowen, 2004），但仍有很多疑惑尚未解决。例如产卵区、时机和产卵聚集的持续期对每年的新生鱼产量和仔鱼成活率有多大影响（Sadovy, 1996）？此外，还需要有关产卵与产卵聚集区诸多物理海洋学参数之间关系（Nemeth et al., 2008），以及后期仔鱼在各种不同水文条件下行为特征方面的信息（Cowen, 2002）。

产卵聚集发生的时机、持续时间以及各生境间的关联度都会决定不同种类产卵聚集鱼群对产卵聚集区和洄游途中各地区营养级间相互影响的强弱程度。从索饵场向产卵聚集区洄游的礁栖鱼类，能促进时空上完全相异的食物网的有机联系。聚集鱼群与局部水域食物网相互作用的强弱程度是由该种鱼类的营养级水平、洄游和产卵期间的生态需求以及鱼群在产卵区停留时间长短决定的。对于其他非聚集性驻留鱼类（无论是捕食者还是被捕食者）如何应对聚集效应引起的营养级关联性的时空变化，目前信息还非常罕见。这些知识上的空白留给学者们很多假设的空间，因此有一系列的猜想等待验证。例如，一种假说认为，行动迅猛的猎食性鱼类，会利用产卵聚集区被捕食者丰度急速增加的条件进行捕食（Sancho et al., 2000a；Heyman et al., 2002）。那么像鲨鱼这样的大型捕食性鱼类，它们的捕食行为会随着聚集性鱼群的季节性产卵规律变化吗？当产卵聚集形成时，产卵场的食卵鱼类的数量会增多吗？又或者，在石斑鱼和鲷鱼的产卵聚集期内，其产卵聚集地水域的被捕食者鱼类死亡率是否比其他时间显著增高？如果是这样，那些易遭捕食的小型鱼类是否会暂时逃离食鱼性鱼类的产卵场？多种类别的鱼类在产卵聚集区汇聚，增大了相互作用关系的复杂程度，需要采用新的研究手段，进行更详细的研究。在多类别鱼类产卵聚集区是否存在等级关系？攻击性强的鱼类是否比弱势鱼群占据更优质的产卵水域？根据对美属维尔京格拉玛尼克浅滩水域鱼群相互攻击情况的观察，该地区的等级关系大致是这样的：巴西笛鲷（*Lutjanus cyanopterus*）＞黄鳍喙鲈（*Mycteroperca venenosa*）＝拿骚石斑鱼（*Epinephelus striatus*）＞虎喙鲈（*M. tiger*）（RS Nemeth 个人观点）。尽管各种鱼相互攻击的情况因地而异（Robinson et al.，2008），但在密克罗尼西亚波纳佩岛海域，这种等级关系则可能是：蓝点鳃棘鲈（*Plectropomus areolatus*）＞褐点石斑鱼（*Epinephelus fuscoguttatus*）＞清水石斑鱼（*E. polyphekadion*）（Rhodes and Sadovy，2002）。更深入的调查以及对产卵前、中、后聚集鱼群的行为观察，或许能够揭开捕食者与被捕食者之间的动力学关系，以及发生在聚集鱼种与本土鱼种和临时到来的鱼种之间相互作用的复杂关系。

各区域食物网的生态作用对鱼类产卵洄游和聚集的影响还是一个完全没有开展研究的领域，而这对从生态系统水平上认识和管理珊瑚礁又具有重大意义。例如，在食物网丰富或未遭破坏的水域，鱼类瞬时聚集是否比在食物网被破坏或被捕食者鱼类数量因捕捞而大大减少的水域更容易发生，或有更高的效率？详细比较在鱼群聚集地和非聚集地、永久性和季节性保护水域鱼类与其他无脊椎动物的构成和食物网间的关联性，对认识营养结构完整性对聚集鱼种的群体特性和繁殖成功率的影响十分有益（Molloy et al.，2008）。

产卵聚集的短期性和地点专一性使得聚集产卵的鱼群甚至不堪轻微的捕捞压力（Sadovy and Domeier，2005）。目前在世界范围内，25% 以上已知的鱼群产卵聚集现象已经消失或者萎缩，还有25% 左右的种类情况尚不清楚（Sadovy de Mitcheson et al.，2008）。如果一个聚集鱼群发生衰退，最先出现的迹象会是单位捕捞力量渔获量和鱼体大小的下降（Beets and Friedlander，1992；Graham et al.，2008；Olsen and LaPlace，1978；Sadovy，1977；Sadovy and Eklund，1999；Sala et al.，2001；Aguilar-Perera，2006）。虽然人们明知保护产卵聚集区对渔业资源的恢复和重建大有裨益，但过度捕捞仍在在世界各地继续（Burtom et al.，2005；Nemeth，2005）。当地政府在美属维尔京海域曾建立一个面积40 km² 的保护区，以保护一度过度捕捞的红点石斑鱼（*Epinephelus guttatus*）的产卵聚集区（Beets and Friedlander，1992）。经过10年的季节性禁渔和5年的永久性禁渔保护，红点石斑鱼（*E. guttatus*）的产卵鱼群无论在体长、数量还是密度方面都有显著回升，性别比例也更趋于合理（Nemeth，2005），当地渔业比设立保护区前得到了更大发展（Pickert et al.，2006）。美国东南部海域还为雌性蓝蟹建立了数个面积18~2400 km² 不等的保护区和洄游廊道（Lipcius et al.，2003）。不过这些保护区对甲壳纲十足类有何益处尚待评估。由于产卵聚集代表着物种的基础生产力水平，一旦这种聚集遭到打击或破坏，也就意味着种群的衰退，进而影响资源恢复能力，破坏珊瑚礁鱼类生境间的连通性。

正如附录4.1和4.2说明的，产卵聚集研究尚处于起步阶段。为弥补这方面知识的欠缺，首先要做的工作就是制订一套合理周密的标志放流研究计划。给产卵聚集区的鱼标志后释放，等待渔民捕获这些鱼，并把标志牌返还。在这种前提下，只要再满足以下两个条件，便可得知该种类的洄游距离、洄游方向、生境，计算流域面积和洄游功能区面积。这两个前提条件是：(1) 渔民提供的标志鱼的准确捕获地点；(2) 捕获到被标志鱼的时间离标志时间之间间隔足够长，以确保标志鱼确实已经返回到了原生境。同时，也有两个因素会降低这种方法的准确度，即：(1) 渔民没有参与到研究计划中来；(2) 返还标志牌的地点通常是在捕捞作业最频繁的地方，使得某些空间数据出现空白。声波标志放流研究可以提供有关洄游频度、洄游时间、小尺度活动模式、生境利用以及每一尾鱼个体在某些特定地点停留时间长短的详细信息，并有助于更好地了解某一类鱼的洄游功能区面积大小。然而，除非能够合理布局声波接收器阵列 (Domeier, 2005)，否则要确定鱼的洄游方向还是有困难的；此外，标志牌和声波接收器的成本都很高，这就不可能在很多鱼身上标志，研究范围也不可能涵盖太多的岩礁区。尽管这两种方法都有各自的不足之处，但仍然能够获得许多对鱼类产卵聚集管理有价值的鱼群洄游时空要素方面的信息 (Rhodes and Tupper, 2008)。

虽然很多产卵聚集区的大致位置可以获知，但有关不同种鱼类的洄游活动的特点，以及求偶、排卵及排卵间隔期间鱼群占据水域方面的资料掌握得还很少 (Nementh, 2009)。也正是由于资料不足，使得很多封闭海区边界的划定具有很大随意性。这种管理办法常常遭到当地渔民的反对，他们的理由就是保护区的划定很不恰当。设计合理的声波标志放流研究的另一好处是，依托所获得的有关鱼群洄游聚集位置方面的资料，来划定洄游廊道和产卵聚集区 (图4.11)，从而使聚集鱼群得到最好保护，并把对传统渔业和经济鱼类资源的影响降低到最低。还有一些物美价廉的研究方法，可用来在深海和海底生境图上标注出鱼类洄游路线和产卵聚集区的位置 (Colin et al., 2003; Heyman et al., 2005)。若要研究深海岩礁区和大面积海域，需要使用更先进、更昂贵的旁侧扫描声呐技术和多波束探测技术 (Rivera et al., 2005)。用这些方法获得的信息对于：(1) 识别鱼类洄游廊道和划定渔业保护区边界，(2) 估算洄游功能区面积，(3) 描绘产卵聚集鱼群的潜在亚群，(4) 开发生态系统层面新的管理手段等都至关重要。最后，弄清配子在产卵聚集区的滞留和散播程度及其对种质资源的补充量，对确定热带海岸生态系统间的关联程度同样十分重要。发掘新的技术手段来确定产卵聚集鱼类的全部生活史过程，可以帮助作出一些决定来增强渔业资源管理的合理性和有效性，并且能够减少商业性捕捞对于渔业资源的压力。

4.8 致谢

在本章编写中，撰稿人 RS Nemet 获得以下各机构的帮助：星期五港实验室的海伦·拉博夫·怀特利中心、维尔京大学和美国国家科学基金资助 (第0346483号项目) 的促进竞争研究的实验计划 (VI-EPSCoR)。本章的任何观点、发现、结论或建议都来自作者本人，不代表美国国家科学基金官方立场。特别感谢 P Colin、Y Sadovy 和 M Domeier 对本章节提出了很多有益的见解。本文为维尔京大学海洋与环境研究中心的第53号成果。

参考文献

Aguilar-Perera A (1994) Preliminary observations of the spawning aggregation of Nassau grouper, *Epinephelus striatus*, at Mahahual, Quintana Roo, Mexico. Proc Gulf Caribb Fish Inst 43: 112-122

Aguilar-Perera A (2006) Disappearance of a Nassau grouper spawning aggregation off southern Mexican Caribbean coast. Mar Ecol Prog Ser 327: 289-296

Aguilar-Perera A, Aguilar-Davila W (1996) A spawning aggregation of Nassau grouper *Epinephelus striatus* (Pisces: Seranidae) in the Mexican Caribbean. Environ Biol Fishes 45: 351-361

Appeldoorn RS, Hensley DA, Shapiro DY et al (1994) Egg dispersal in a Caribbean coral reef fish, *Thalassoma bifasciatum*. II. Dispersal off the reef platform. Bull Mar Sci 54: 271-280

Beets J, Friedlander A (1992) Stock analysis and management strategies for red hind, *Epinephelus guttatus*, in the U.S. Virgin Islands Proc 42nd Gulf Caribb Fish Inst 42: 66-79

Beets J, Friedlander A (1999) Evaluation of a conservation strategy: a spawning aggregation clo-sure for red hind, *Epinephelus guttatus*, in the U.S. Virgin Islands. Environ Biol Fishes 55: 91-98

Bell LJ, Colin PL (1986) Mass spawning of *Caesio teres* (Pisces: Caesionidae) at Enewetak Atoll, Marshall Islands. Environ Biol Fishes 15: 69-74

Bell RS, Channels PW, MacFarlane JW et al (1987) Movements and breeding of the ornate rock lobster, *Panulirus ornatus*, in Torres Strait and on the north-east coast of Queensland. Aust J Mar Freshw Res 38: 197-210

Bolden SK (2000) Long-distance movement of a Nassau grouper (*Epinephelus striatus*) to a spawning aggregation in the central Bahamas. Fish Bull 98: 642-645

Brose U, Pavao-Zuckerman M, Eklof A et al (2005) Spatial aspects of food webs. In: de Ruiter PC, Wolters V, Moore JC (eds) Dynamic food webs, pp. 463-470. Elsevier, Amsterdam

Brule T, Deniel C, Colas-Marrufo T et al (1999) Red grouper reproduction in the southern Gulf of Mexico. Trans Am Fish Soc 128: 385-402

Burnett-Herkes J (1975) Contribution to the biology of the red hind, *Epinephelus guttatus*, a com-mercially important serranid fish from the tropical western Atlantic. Ph.D. thesis, University of Miami, Miami Burton ML, Brennan KJ, Muñoz RC et al (2005) Preliminary evidence of increased spawning aggregations of mutton snapper (*Lutjanus analis*) at Riley's Hump two years after establishment of the Tortugas South Ecological Reserve. Fish Bull 103: 404-410

Carr SD, Hench JL, Luettich RA, Forward RB et al., (2005) Spatial patterns in the ovigerous *Call-inectes sapidus* spawning migration: results from a coupled behavioral-physical model. Mar Ecol Prog Ser 294: 213-226

Carr SD, Tankersley RA, Hench JL et al (2004) Movement patterns and trajectories of oviger-ous blue crabs *Callinectes sapidus* during the spawning migration. Estuar Coast Shelf Sci 60: 567-579

Carter J (1987) Grouper sex in Belize. Nat Hist October: pp. 60-69

Carter J, Perrine D (1994) A spawning aggregation of dog snapper, *Lutjanus jocu* (Pisces: Lut-janidae) in Belize, Central America. Bull Mar Sci 55: 228-234

Carter JG, Marrow J, Pryor V (1994) Aspects of the ecology and reproduction of Nassau grouper, *Epinephelus striatus*, off the coast of Belize, Central America. Proc 43rd Gulf Caribb Fish Inst 43: 65-111

Claro R, Lindeman KC (2003) Spawning aggregation sites of snapper and grouper species (Lut-janidae and Serranidae) on the insular shelf of Cuba. Gulf Caribb Res 14: 91-106

Claydon J (2004) Spawning aggregations of coral reef fishes: characteristics, hypotheses, threats and management. Ocean Mar Biol Ann Rev 42: 265-302

Claydon J (2006) Spawning aggregation of yellowfin mojarra. SCRFA newsletter 9: 4-6 Clifton KE, Robertson DR (1993) Risks of alternative mating strategies. Nature 366: 520

Coates D (1987) Observations on the biology of tarpon, *Megalops cyprinoides* (Broussonet) (Pisces: Megalopidae), in the Sepik River, northern Papua New Guinea. Aust J Mar Freshw Res 38: 529-535

Coleman FC, Koenig CC, Collins LA (1996) Reproductive styles of shallow-water groupers (Pisces: Serranidae) in the eastern Gulf of Mexico and the consequences of fishing spawning aggregations. Environ Biol Fishes 47: 129-141

Colin PL (1976) Filter-feeding and predation of the eggs of Thalassoma sp. by the scombrid fish Rastrelliger kanagurta Copeia 1976: 596-597

Colin PL (1992) Reproduction of the Nassau grouper, *Epinephelus striatus* (Pisces: Serranidae) and its relationship to environmental conditions. Environ Biol Fishes 34: 357-377

Colin PL (1994) Preliminary investigations of reproductive activity of the jewfish, *Epinephelus itajara* (Pisces: Serranidae). Proc Gulf Caribb Fish Inst 43: 138-147

Colin PL (1996) Longevity of some coral reef fish spawning aggregations. Copeia 1996: 189-192 Colin PL, Bell LJ (1991) Aspects of the spawning of labrid and scarid fishes (Pisces: Labroidei) at Eniwetak Atoll, Marshall Islands with notes on other families. Environ Biol Fishes 31: 229-260

Colin PL, Clavijo IE (1978) Mass spawning by the spotted goatfish, *Pseudopeneus maculatus* (Bloch) (Pisces: Mullidae). Bull Mar Sci 28: 780-782

Colin PL, Clavijo IE (1988) Spawning activity of fishes producing pelagic eggs on a shelf edge coral reef, southwestern Puerto Rico. Bull Mar Sci 43: 249-279

Colin PL, Sadovy YJ, Domeier ML (2003) Manual for the study and conservation of reef fish spawning aggregations. Special Publication No. 1 (Version 1.0), pp. 1-98. Society for the Con-servation of Reef Fish Aggregations

Colin PL, Shapiro DY, Weiler D (1987) Aspects of the reproduction of two groupers, *Epinephelus guttatus* and *E. striatus*, in the West Indies. Bull Mar Sci 40: 220-230

Cowen RK (2002) Larval dispersal and retention and consequences for population connectiv-ity. In: Sale PF (ed) Coral reef fishes: dynamics and diversity in a complex ecosystem, pp. 149-170. Academic Press, London

Crabtree RE (1995) Relationship between lunar phase and spawning activity of tarpon, *Megalops atlanticus*, with notes on the distribution of larvae. Bull Mar Sci 56: 895-898

Craig PC (1998) Temporal spawning patterns of several species of surgeonfishes and wrasses in American Samoa. Pac Sci 52: 35-39

Cushing DH (1971) Upwelling and the production of fish. Adv Mar Biol 9: 255-335

Daw T (2004) Reef fish aggregations in Sabah, East Malaysia. In: Western Pacific fisher survey series, Vol 5. Society for the Conservation of Reef Fish Aggregations

Domeier M (2005) Methods for the deployment and maintenance of an acoustic tag tracking array: an example from California's Channel Islands. Mar Tech Soc J 39: 74-80

Domeier ML (2004) A potential larval recruitment pathway originating from a Florida marine protected area. Fish Oceanogr 13: 287-294

Domeier ML, Colin PL (1997) Tropical reef fish spawning aggregations: defined and reviewed. Bull Mar Sci 60: 698-726

Ebisawa A (1990) Reproductive biology of *Lethrinus nebulosus* (Pisces: Lethrinidae) around the Okinawa waters. Nippon Suisan Gakkai 56: 1941-1954

Ebisawa A (1999) Reproductive and sexual characteristics in the Pacific yellowtail emperor, *Lethri-nus atkinsoni*, in waters off the Ryukyu Islands. Ichthyol Res 46: 341-358

Eklund AM, McClennal DB, Harper DE (2000) Black grouper aggregations in relation to protected areas within the Florida Keys National Marine Sanctuary. Bull Mar Sci 66: 721-728

Feldheim KA, Gruber SH, Ashley MV (2002) The breeding biology of lemon sharks at a tropical nursery lagoon. Proc Royal Soc B 269: 1655-1661

Fine JC (1990) Groupers in love. Sea Frontiers Jan-Feb, pp: 42-45

Fishelson L, Montgomery WL, Myberg AAJ (1987) Biology of surgeonfish *Acanthurus nigro-fuscus* with emphasis on changeover in diet and annual gonadal cycles. Mar Ecol Prog Ser 39: 37-47

Fitch WTS, Shapiro DY (1990) Spatial dispersion and nonmigratory spawning in the bluehead wrasse (*Thalassoma bifasciatum*). Ethology 85: 199-211

Garcia-Cagide A, Claro R, Koshelev BV (2001) Reproductive patterns of fishes of the Cuban shelf. In: Claro R, Lindeman KC, Parenti LR (eds) Ecology of the marine fishes of Cuba, pp. 73-114. Smithsonian Institution Press, Washington, DC

Garcia CB, Solano OD (1995) *Tarpon atlanticus* in Columbia: big fish in trouble. Naga, ICLARM Quarterly: 18: 47-49

Garratt PA (1993) Spawning of the riverbream, *Acanthopagrus berda*, in Kosi Estuary. S Afr J Zool 28: 26-31

Gladstone W (1986) Spawning behavior of the bumphead parrotfish *Bolbometapon muricatum* at Yonge Reef, Great Barrier Reef. Jpn J Ichthyol 33: 326-328

Gladstone W (1994) Lek-like spawning, parental care and mating periodicity of the triggerfish *Pseudobalistes flavimarginatus* (Balistidae). Environ Biol Fishes 39: 249-257

Gladstone W (1996) Unique annual aggregation of longnose parrotfish (*Hipposcarus harid*) at Farasan Island (Saudi Arabia, Red Sea). Copeia 1996: 483-485

Glaister JP, Lau T, McDonall VC (1987) Growth and migration of tagged Eastern Australian king prawns, *Penaeus plebejus* Hess. Aust J Mar Freshw Res 38: 225-241

Graham RT, Carcamo R, Rhodes KL et al (2008) Historical and contemporary evidence of a mutton snapper (*Lutjanus analis* Cuvier, 1828) spawning aggregation fishery in decline. Coral Reefs 27: 311-319

Graham RT, Castellanos DW (2005) Courtship and spawning of Carangid species in Belize. Fish Bull 103: 426-432

Hamilton R (2003) A report on the current status of exploited reef fish aggregations in the Solomon Islands and Papua New Guinea – Choiseul, Ysabel, Bouganville and Manus Provinces. In: Western Pacific Fisher Survey Series, Vol 1. Society for the Conservation of Reef Fish Aggre-gations.

Hamilton R (2005) Indigenous ecological knowledge (IEK) of the aggregating and nocturnal spawning behavior of the longfin emperor, *Lethrinus erythropterus*. SPC Tradit Mar Resour Manage Knowl Inf Bull 18: 9-17

Hamilton R, Matawai M, Potuku T et al (2005) Applying local knowledge and science to the management of grouper aggregation sites in Melanesia. SPC Tradit Mar Resour Manag Knowl Inf Bull 14: 7-19

Hamner WM, Jones MS, Carlton JH et al (1988) Zooplankton, planktivorous fish, and water cur-rents on a windward reef face: Great Barrier Reef, Australia. Bull Mar Sci 42: 459-479

Hasse JJ, Madraisau BB, McVey JP (1977) Some aspects of the life history of *Siganus canalicula-tus* (Park) (Pisces: Siganidae) in Palau. Micronesica 13: 297-312

Helfman GS, Collette BB, Facey DE (1997) Fishes as social animals: reproduction. In: Helfman GS, Collette BB, Facey DE (eds) The diversity of fishes, pp. 348-364. Blackwell Science Press, Malden, Massachusetts

Helfrich P, Allen PM (1975) Observations on the spawning of mullet, *Crenimugil crenilabis* (Forskol), at Enewetak, Marshall Island. Micronesica 11: 219-225

Hensley DA, Appeldoorn RS, Shapiro DY et al (1994) Egg dispersal in a Caribbean coral reef fish, *Thalassoma bifasciatum*. I. Dispersal over the reef platform. Bull Mar Sci 54: 256-270

Herrnkind WF (1980) Spiny lobsters: patterns of movement. In: Cobb JS, Phillips BF (eds) The biology and management of lobsters, Vol. 1, pp. 349-407. Academic Press, New York

Heyman W, Requena N (2002) Status of multi-species spawning aggregations in Belize. The Nature Conservancy, Punta Gorda, Belize

Heyman WD, Graham RT, Kjerfve B et al (2001) Whale sharks *Rhincodon typus* aggregate to feed on fish spawn in Belize. Mar Ecol Prog Ser 215: 275-282

Heyman WD, Kjerfve B, Graham RT et al (2005) Spawning aggregations of *Lutjanus cyanopterus* (Cuvier) on the Belize Barrier Reef over a 6 year period. J Fish Biol 67: 83-101

Hill BJ (1994) Offshore spawning by the portunid crab *Scylla serrata* (Crustacea: Decapoda). Mar Biol 120: 379-384

Hoffmayer ER, Franks JS, Driggers WB et al (2007) Observations of a feeding aggregation of whale sharks, *Rhincodon typus*, in the north central Gulf of Mexico. Gulf Caribb Res 19: 69-73

Hogan Z, Baird IG, Radtke R et al (2007) Long distance migration and marine habitation in the tropical Asian catfish, *Pangasius krempfi*. J Fish Biol 71: 818-832

Johannes RE (1978) Reproductive strategies of coastal marine fishes in the tropics. Environ Biol Fish 3: 65-84

Johannes RE (1981) Words of the lagoon. Fishing marine lore in the Palau District of Micronesia. University of California Press, Los Angeles

Johannes RE (1988) Spawning aggregation of the grouper, *Plectropomus areolatus* (Ruppel) in the Solomon Islands. Proc 6th Int Coral Reef Symp 2: 751-755

Johannes RE, Squire L, Graham T et al (1999) Spawning aggregations of groupers (Serranidae) in Palau Marine conservation research series publ #1. The Nature Conservancy, 144 pp.

Johannes RE, Yeeting B (2001) I-Kiribati knowledge and management of Tarawa's lagoon resources. Atoll Res Bull 489: 1-25

Jones GP, Milicich MI, Emslie MJ et al (1999) Self-recruitment in a coral reef fish population. Nature 402: 802-804

Kadison E, Nemeth RS, Blondeau JE (2009) Assessment of an unprotected red hind (*Epinephelus guttatus*) spawning aggregation on Saba Bank in the Netherlands Antilles. Bull Mar Sci: in press

Kadison E, Nemeth RS, Herzlieb S et al (2006) Temporal and spatial dynamics of *Lutjanus cyanopterus* and *L. jocu* (Pisces: Lutjanidae) spawning aggregations on a multi-species spawn-ing site in the USVI. Rev Biol Trop 54: 69-78

Kanciruk P, Herrnkind WF (1976) Autumnal reproduction of spiny lobster, *Panulirus argus*, at Bimini Bahamas. Bull Mar Sci 26: 417-432

Kanciruk P, Herrnkind WF (1978) Mass migration of spiny lobster, *Panulirus argus* (Crustacea: Palinuridae): behavior and environmental correlates. Bull Mar Sci 28: 601-623

Kiflawi M, Mazeroll AI, Goulet D (1998) Does mass spawning enhance fertilization suc-cess in coral reef fish? A case study of the brown surgeonfish. Mar Ecol Prog Ser 172: 107-114

Koenig CC, Coleman FC, Collins LA et al (1996) Reproduction in Gag (*Mycteroperca microlepis*) (Pisces: Serranidae) in the Eastern Gulf of Mexico and the consequences of fishing spawning aggregations. ICLARM Conf Proc 48: 307-323

Krajewski JP, Bonaldo RM (2005) Spawning out of aggregations: record of a single spawning dog snapper pair at Fernando de Noronha Archipelago, Equatorial Western Atlantic. Bull Mar Sci 77: 165-167

Lam TJ (1983) Environmental influences on gonadal activity in fish. In: Hoar WS, Randall DJ, Donaldson EM (eds) Fish physiology, Vol 9 (A), pp. 65-116. Academic Press, New York

Levin PS, Grimes CB (2002) Reef fish ecology and grouper conservation and management. In: Sale PF (ed) Coral reef fishes. Dynamics and diversity in a complex ecosystem, pp. 377-389. Academic Press, London

Lindeman KC, Pugliese R, Waugh GT et al (2000) Developmental patterns within a multi-species reef fishery: management applications for essential fish habitats and protected areas. Bull Mar Sci 33: 929-956

Lipcius RN, Stockhausen WT, Seitz RD et al (2003) Spatial dynamics and value of a marine protected area and corridor for the blue crab spawning stock in Chesapeake Bay. Bull Mar Sci 72: 453-469

Luckhurst BE (1998) Site fidelity and return migration of tagged red hinds (*Epinephelus guttatus*) to a spawning aggregation site in Bermuda. Proc 50th Gulf Caribb Fish Inst 50: 750-763

Lyons WG, Barber DG, Foster SM et al (1981) The spiny lobster, *Panulirus argus*, in the middle and upper Florida Keys: population structure, seasonal dynamics, and reproduction. FLA Mar Res 38: 1-38

MacFarlane JW, Moore R (1986) Reproduction of the ornate rock lobster, *Panulirus ornatus* (Fabri-cius), in Papua New Guinea. Aust J Mar Freshw Res 37: 55-65

Mackie M (2000) Reproductive biology of the half moon grouper, *Epinephelus rivulatus*, at Ninga-loo reef, Western Australia. Environ Biol Fish 57: 363-376

Mapstone BD, Fowler AJ (1988) Recruitment and the structure of assemblages of fish on coral reefs. Trends Ecol Evol 3: 72-77

Marx JM, Herrnkind WF (1986) Species profiles: life histories and environmental requirements of coastal fishes and invertebrates (south Florida) - spiny lobster. U.S. Fish and Wildlife Service Biological Report # TR-EL-82-4. U.S. Army Corps of Engineers, 82 (11-61), 21 pp.

Mazeroll AI, Montgomery WL (1995) Structure and organization of local migrations in brown surgeonfish (*Acanthurus nigrofuscus*). Ethology 99: 89-106

Mazeroll AI, Montgomery WL (1998) Daily migrations of a coral reef fish in the Red Sea (Gulf of Aqaba, Israel): initiation and orientation. Copeia 1998: 893-905

McCann K, Rasmussen J, Umbanhower J et al (2005) The role of space, time and variability in food web dynamics. In: de Ruiter PC, Wolters V, Moore JC (eds) Dynamic food webs, pp. 56-70. Elsevier, Amsterdam

Millikin MR, Williams AB (1984) Synopsis of biological data on the blue crab, *Callinectes sapidus* Rathbun. FAO Fisheries Synopsis, NOAA Technical Report, NMFS 1, 43 pp.

Milton DA, Chenery SR (2005) Movement patterns of barramundi *Lates calcarifer*, inferred from 87Sr/86Sr and Sr/Ca ratios in otoliths, indicate non-participation in spawning. Mar Ecol Prog Ser 270: 279-291

Moe MA (1969) Biology of red grouper. Prof Pap Ser − Fla Dept Nat Resour, Mar Res Lab 10: 1-95

Molloy PP, Reynolds JD, Gage MJG et al (2008) Links between sex change and fish densities in marine protected areas. Biol Conserv 141: 187-197

Moore R, MacFarlane JW (1984) Migration of the ornate rock lobster, *Panulirus ornatus* (Fabri-cius) in Papua New Guinea. Aust J Mar Freshw Res 35: 197-212

Moore R, Reynolds LF (1982) Migration patterns of barramundi *Lates calcarifer* in Papua New Guinea. Aust J Mar Freshw Res 33: 671-682

Motro R, Ayalon I, Genin A (2005) Near-bottom depletion of zooplankton over coral reefs. III: vertical gradient of predation pressure. Coral Reefs. 24: 95-98

Moyer JT (1987) Quantitative observations of predation during spawning rushes of the labrid fish, *Thalassoma cupido* at Miyake-Jima, Japan. Jpn J Ichthyol 34: 76-81

Moyer JT (1989) Reef channels as spawning sites for fishes on the Shiraho coral reef, Ishigaki Island, Japan. Jpn J Ichthyol 36: 371-375

Munro AD (1990) General introduction. In: Munro AD, Scott AP, Lam TJ (eds) Reproductive seasonality in teleosts: environmental influences. CRC press, pp. 1-12

Myers RF (1991) Micronesian reef fishes. Coral Graphics, Guam Myrberg AA, Montgomery WL, Fishelson L (1988) The reproductive behavior of *Acanthurus nigrofuscus* (Forskal) and other surgeonfishes (Fam. Acanthuridae) off Eilat, Israel (Gulf of Aqaba, Red Sea). Ethology 79: 31-61

Nemeth RS (2005) Population characteristics of a recovering US Virgin Islands red hind spawning aggregation following protection. Mar Ecol Prog Ser 286: 81-97

Nemeth, RS (2009) Ecosystem aspects of species that aggregate to spawn. In: Sadovy Y, Colin P, (eds.) Reef fish spawning aggregations: biology, research and management. Springer, the Netherlands (in press)

Nemeth RS, Blondeau J, Herzlieb S et al (2007) Spatial and temporal patterns of movement and migration at spawning aggregations of red hind, *Epinephelus guttatus*, in the U.S. Virgin Islands. Environ Biol Fish 78: 365-381

Nemeth RS, Herzlieb S, Blondeau J (2006a) Comparison of two seasonal closures for protecting red hind spawning aggregations in the US Virgin Islands. Proc 10th Int Coral Reef Symp, pp. 1306-1313

Nemeth RS, Kadison E, Blondeau, JE et al (2008) Regional coupling of red hind spawning aggregations to oceanographic processes in the Eastern Caribbean. In: Grober-Dunsmore R, Keller BD (eds) Caribbean connectivity: implications for marine protected area man-agement, pp. 170–183. Proceedings of a Special Symposium, 9–11 November 2006, 59th Annual Meeting of the Gulf and Caribbean Fisheries Institute, Belize City, Belize. Marine Sanctuaries Conservation Series ONMS-08-07. U.S. Department of Commerce, National Oceanic and Atmospheric Administration, National Marine Sanctuary Program, Silver Spring, Maryland

Nemeth RS, Kadison E, Herzlieb S et al (2006b) Status of a yellowfin grouper (*Mycteroperca venenosa*) spawning aggregation in the US Virgin Islands with notes on other species. Proc 57th Gulf Caribb Fish Inst 57: 543–558

Olsen DA, LaPlace JA (1978) A study of Virgin Islands grouper fishery based on a breeding aggre-gation. Proc 31st Gulf Caribb Fish Inst 31: 130–144

Paris CB, Cowen RK (2004) Direct evidence of a biophysical retention mechanism for coral reef fish larvae. Limnol Oceanogr 49: 1964–1979

Pelaprat C (2002) Observations on the spawning behaviour of the dusky grouper *Epinephelus marginatus* (Lowe, 1834) in the North of Corsica (France). Mar Life 91: 59–65

Pet JS, Mous PJ, Muljadi AH et al (2005) Aggregations of *Plectropomis areolatus* and *Epinephelus fuscoguttatus* (groupers, Serranidae) in the Komodo National Park, Indonesia: monitoring and implications for management. Environ Biol Fish 74: 209–218

Petersen CW, Warner RR (2002) The ecological context of reproductive behavior. In: Sale PF (ed) Coral reef fishes: dynamics and diversity in a complex ecosystem, pp. 103–118. Academic Press, London

Petersen CW, Warner RR, Shapiro DY et al (2001) Components of fertilization success in the bluehead wrasse, *Thalassoma bifasciatum*. Behav Ecol 12: 237–245

Pickert P, Kelly T, Nemeth RS et al (2006) Seas of change: spawning aggregations of the Virgin Islands. In: Pickert P, Kelly T (eds) DVD documentary, Friday's Films, San Francisco

Pittman SJ, McAlpine CA (2003) Movement of marine fish and decapod crustaceans: process, theory and application. Adv Mar Biol 44: 205–294

Pollock BR (1982) Movements and migrations of yellowfin bream *Acanthopagrus australis* (Gunther), in Moreton Bay, Queensland as determined by tag recoveries. J Fish Biol 20: 245–252

Pollock BR (1984) Relations between migration, reproduction and nutrition in yellowfin bream, *Acanthopagrus australis*. Mar Ecol Prog Ser 19: 17–23

Pratt HL, Carrier JC (2001) A review of elasmobranch reproductive behavior with a case study on the nurse shark, *Ginglymostoma cirratum*. Environ Biol Fish 60: 157–188

Quackenbush LS, Herrnkind WF (1981) Regulation of molt and gonadal development in the spiny lobster, Panulirus argus (Crustacea: Palinuridae): effect of eyestalk ablation. Comp Biochem Physiol 69A: 523–527

Randall JE (1961a) A contribution to the biology of the convict surgeonfish of the Hawaiian Islands, *Acanthurus triostegus sandvicensis*. Pac Sci 15: 215–272

Randall JE (1961b) Observations on the spawning of surgeonfishes (Acanthuridae) in the Society Islands. Copeia 1961: 237–238

Randall JE, Randall HA (1963) The spawning and early development of the Atlantic par-rot fish, *Sparisoma rubripinne*, with notes on other scarid and labrid fishes. Zoologica 48: 49–60

Rhodes KL (2003) Spawning aggregation survey: federated States of Micronesia. In: Western Pacific fisher survey series, Vol 2. Society for the conservation of reef fish aggregations, 32 pp.

Rhodes KL, Sadovy Y (2002) Temporal and spatial trends in spawning aggregations of cam-ouflage grouper, *Epinephelus polyphekadion*, in Pohnpei, Micronesia. Environ Biol Fish 63: 27–39

Rhodes K, Tupper MH (2008) The vulnerability of reproductively active squaretail coral grouper (*Plectropomus areolatus*) to fishing. Fish Bull 106: 194–203

Rivera JA, Prada MC, Arsenault JL et al (2005) Detecting fish aggregations from reef habitats mapped with high resolution side scan sonar imagery. Natl Mar Fish Serv Prof Pap 5: 88–104 Robertson DR (1983) On the spawning behavior and spawning cycles of eight surgeonfishes (Acan- thuridae) from the Indo-Pacific. Environ Biol Fish 9: 192–223

Robertson DR (1991) The role of adult biology in the timing of spawning of tropical reef fishes. In: Sale PF (ed) The ecology of fishes on coral reefs, pp. 356–370. Academic Press, Inc., San Diego

Robertson DR, Christopher WP, Brawn JD (1990) Lunar reproductive cycles of benthic-brooding reef fishes: reflections of larval biology or adult biology? Ecol Monogr 60: 311–329

Robertson DR, Hoffman SG (1977) The roles of female mate choice and predation in the mating systems of some tropical Labroid fishes. Z Tierpsychol 45: 298–320

Robertson DR, Swearer SE, Kaufmann K et al (1999) Settlement vs. environmental dynamics in a pelagic-spawning reef fish at Caribbean Panama. Ecol Monogr 69: 195–218

Robinson J, Aumeeruddy R, Jorgensen¨ TL et al (2008) Dynamics of camouflage (*Epinepuelus polyphekadion*) and brown marbled grouper (*Epinephelus fuscoguttatus*) spawning aggrega-tions at a remote reef site, Seychelles. Bull Mar Sci 83: 415–431.

Ruello NV (1975) Geographical distribution, growth and breeding migration of the Eastern Aus-tralian king prawn *Penaeus plebejus* Hess. Aust J Mar Freshw Res 26: 343–354

Sadovy Y (1994) Grouper stocks of the western Atlantic: the need for management and manage-ment needs. Proc 43rd Gulf Caribb Fish Inst 43: 43–65

Sadovy Y (1996) Reproduction of reef fishes. In: Polunin NVC, Roberts CM (eds) Reef fisheries, pp. 15–59. Chapman and Hall, London

Sadovy Y (1997) The case of the disappearing grouper: *Epinephelus striatus* (Pisces: Serranidae). J Fish Biol 46: 961–976

Sadovy Y (2004) A report on the current status and history of exploited reef fish aggregations in Fiji. In: Western Pacific fisher survey series, Vol 4. Society for the conservation of reef fish aggregations.

Sadovy Y, Colin PL (1995) Sexual development and sexuality in the Nassau grouper. J Fish Biol 46: 961–976

Sadovy Y, Colin PL, Domeier ML (1994a) Aggregation and spawning in the tiger grouper, *Myc-teroperca tigris* (Pisces: Serranidae). Copeia 1994: 511–516

Sadovy Y, Domeier M (2005) Are aggregation-fisheries sustainable? Reef fish fisheries as a case study. Coral Reefs 24: 254–262

Sadovy Y, Eklund A-M (1999) Synopsis of biological data on the Nassau grouper, *Epinephelus striatus* (Bloch, 1792), and the Jewfish, *E. itajara* (Lichtenstein, 1822) NOAA Tech Rep NMFS 146

Sadovy Y, Figuerola M, Roman A (1992) Age and growth of red hind Epinephelus guttatus in Puerto Rico and

St. Thomas. Fish Bull 90: 516-528

Sadovy Y, Liu M (2004) Report on current status and exploitation history of reef fish spawning aggregations in Eastern Indonesia. In: Western Pacific fisher survey series, Vol 6. Society for the conservation of reef fish aggregations.

Sadovy Y, Colin PL, Domeier ML (1994a) Aggregation and spawning in the tiger grouper, *Myc-teroperca tigris* (Pisces: Serranidae). Copeia 1994: 511-516

Sadovy Y, Rosario A, Roman A (1994b) Reproduction in an aggregating grouper, the red hind, *Epinephelus guttatus*. Environ Biol Fish 41: 269-286

Sadovy de Mitcheson Y, Cornish A, Domeier M et al (2008) A global baseline for spawning aggre-gations of reef fishes. Conserv Biol 22: 1233-1244

Sala E, Aburto-Oropeza O, Paredes G et al (2003) Spawning aggregations and reproductive behav-ior of reef fishes in the Gulf of California. Bull Mar Sci 72: 103-121

Sala E, Ballesteros E, Starr RM (2001) Rapid decline of Nassau Grouper spawning aggregations in Belize: fishery management and conservation needs. Fisheries 26: 23-30

Sale PF (1980) The ecology of fishes on coral reefs. Oceanogr Mar Biol Annu Rev 18: 367-421 Sale PF (1991) Reef fish communities: open nonequilibrial systems. In: Sale PF (ed) The ecology

of fishes on coral reefs, pp. 564-596. Academic Press, Inc., San Diego

Samoilys MA (1997) Periodicity of spawning aggregations of coral trout (*Plectropomous leopar-dus*) on the Great Barrier Reef. Mar Ecol Prog Ser 160: 149-159

Samoilys MA, Squire LC (1994) Preliminary observations on the spawning behavior of coral trout, *Plectropomus leopardus* (Pisces: Serrandae), on the Great Barrier Reef. Bull Mar Sci 54: 332-342

Sancho G, Petersen CW, Lobel PS (2000a) Predator-prey relations at a spawning aggregation site of coral reef fishes. Mar Ecol Prog Ser 203: 275-288

Sancho G, Solow AR, Lobel PS (2000b) Environmental influences on the diel timing of spawning in coral reef fishes. Mar Ecol Prog Ser 206: 193-212

SCRFA (2004) Spawning aggregation flobal database. Society for the conservation of reef fish aggregations

Shapiro DY, Hensley DA, Appeldoorn RS (1988) Pelagic spawning and egg transport in coral reef fishes: a skeptical overview. Environ Biol Fish 22: 3-14

Shapiro DY, Sadovy Y, McGehee MA (1993) Size, composition, and spatial structure of the annual spawning aggregation of the red hind, *Epinephelus guttatus* (Pisces: Serranidae). Copeia 1993: 399-406

Sheaves M (2006) Is the timing of spawning in sparid fishes a response to sea temperature regimes? Coral Reefs 25: 655-669

Sheaves MJ, Molony BW, Tobin AJ (1999) Spawning migrations and local movements of a tropical sparid fish. Mar Biol 133: 123-128

Sinclair M (1988) Marine populations: essay on population regulation and speciation. Washington Sea Grant Publication, Seattle

Sluka RD (2001) Grouper and Napoleon wrasse ecology in Laamu Atoll, Republic of Mal-dives: Part 2. Timing, location, and characteristics of spawning aggregations. Atoll Res Bull 492: 1-17

Smith CL (1972) A spawning aggregation of Nassau grouper, *Epinephelus striatus* (Bloch). Trans Am Fish Soc

101: 257-261

Squire L (2001) Live reef fish trade at M'burke Island, Manus Province: a survey of spawn-ing aggregation sites, monitoring and management guidelines, The Nature Conservancy, 32 pp.

Starr RM, Sala E, Ballesteros E et al (2007) Spatial dynamics of the Nassau grouper *Epinephelus striatus* in a Caribbean atoll. Mar Ecol Prog Ser 343: 239-249

Stone GS (2004) Phoenix islands. Natl Geogr February 2004: 48-65

Swearer SE, Caselle JE, Lea DW et al (1999) Larval retention and recruitment in an island popu-lation of a coral-reef fish. Nature 402: 799-802

Takemura A, Rahman MS, Nakamura S et al (2004) Lunar cycles and reproductive activity in reef fishes with particular attention to rabbitfishes. Fish Fish 5: 317-328

Tankersley RA, Wieber MC, Sigala MA et al (1998) Migratory behavior of ovigerous blue crabs *Callinectes sapidus*: evidence for selective tidal-stream transport. Biol Bull 195: 168-173

Thresher RE (1984) Reproduction in reef fishes. TFH Publication, Neptune City

Tucker JWJ, Bush PG, Slaybaugh ST (1993) Reproductive patterns of Cayman Islands Nassau grouper (*Epinephelus striatus*) populations. Bull Mar Sci 52: 961-969

van Rooij J, Kroon F, Videler J (1996) The social and mating system of the herbivorous reef fish *Sparisoma viride*: one-male versus multi-male groups. Environ Biol Fish 47: 353-378

Warner RR (1988) Traditionality of mating-site preferences in a coral reef fish. Nature 335: 719-721

Warner RR (1990a) Male versus female influences on mating-site determination in a coral reef fish. Anim Behav 39: 540-548

Warner RR (1990b) Resource assessment versus tradition in mating-site determination. Am Nat 135: 205-217

Warner RR (1995) Large mating aggregations and daily long-distance spawning migrations in the bluehead wrasse, *Thalassoma bifasciatum*. Environ Biol Fish 44: 337-345

Warner RR, Robertson DR (1978) Sexual patterns in the labroid fishes of the western Caribbean. I. The wrasses (Labridae). Smithson Contrib Zool 254: 1-27

Whaylen L, Pattengill-Semmens CV, Semmens BX et al (2004) Observations of a Nassau grouper (*Epinephelus striatus*) spawning aggregation site in Little Cayman Island. Environ Biol Fish 70: 305-313

White DB, Wyanski DM, Eleby BM (2002) Tiger grouper (*Mycteroperca tigris*): profile of a spawning aggrega-tion. Bull Mar Sci 70: 233-240

Wicklund R (1969) Observations on spawning of lane snapper. Underwater Nat 6: 40

Ye Y, Prescott J, Dennis DM (2006) Sharing the catch of migratory rock lobster (*Panulirus ornatus*) between sequential fisheries of Australia and Papua New Guinea. http://www.cmar.csiro.au/e-print/open/yey 2006a.pdf. Sharing the fish - allocation issues in fisheries management, pp. 1-11. Department of Fisheries Western Australia, Perth, WA: 1-11

Yogo Y, Nakazono A, Tsukahara H (1980) Ecological studies on the spawning of the parrotfish, *Scarus sordidus* Forsskal. Sci Bull Fac Agri Kyushu Univ 34: 105-114

Zeller DC (1997) Home range and activity patterns of the coral trout *Plectropomus leopardus* (Serranidae). Mar Ecol Prog Ser 154: 65-77

Zeller DC (1998) Spawning aggregations: patterns of movement of the coral trout Plectropomus leopardus (Serranidae) as determined by ultrasonic telemetry. Mar Ecol Prog Ser 162: 253-263

Zerbi A, Aliaume C, Miller JM (1999) A comparison of two tagging techniques with notes on juvenile tarpon ecology in Puerto Rico. Bull Mar Sci 64: 9-19

第4章 珊瑚礁鱼类与甲壳纲十足类产卵聚集的动力学研究：潜在机制、生境连通性和营养关系

附录 4.1

驻留型产卵聚集鱼类的时空要素，包括群体最大预估数量（即下表中"产卵聚集规模"），聚集所覆盖的区域（即表中"产卵聚集区域"），洄游距离和流域洄游功能区。"="表示来自参考文献中的数据，"*"表示该物种也被认为有形成瞬时型聚集或聚集类型未明确聚集类型，"§"表示数据基本或全部来自于渔民访问或其他未发表的文档，且并未证实所有区域均为产卵区，索饵场和产卵聚集场数据均引用自 Myers，1991（见附录 4.2 脚注）

物种	索饵场（成年）	产卵聚集场	地理区域（参考）	产卵聚集规模（数量）	产卵聚集区域（最大）（m²）	洄游距离（km）（范围）	洄游功能区（km²）（最大）
刺尾鱼科（ACANTHURIDAE）							
月尾刺尾鱼（*Acanthurus bahianus*）	5, 6, 12	12, 14	波多黎各 (1)	20 000	4 800	0.9~1	~2
蓝刺尾鱼（*A. coeruleus*）	5, 6, 12	12, 14	波多黎各 (1)	<7 000	1 500	0.6	~1.2
			伯利兹 (64)	800	-	-	-
			巴哈马莱索克金岛 (29)	300	-	-	-
斑点刺尾鱼（*A. guttatus*）	11	9, 10	美属萨摩亚 (72)	-	-	-	-
纵带刺尾鱼 § （*A. lineatus* §）	-	9, 10, 14	美属萨摩亚 (72)	-	-	-	-
			巴布亚新几内亚 (78)	-	-	-	-
暗色刺尾鱼（*A. mata*）	14	4, 11	帕劳 (40)	-	-	-	-
黑尾刺尾鱼（*A. nigrofuscus*）	4, 5, 6	9, 10, 11	以色列埃拉特 (42, 47, 60)	-	-	-	-
			阿尔达布拉 (43)	-	-	-	-
			帕劳 (43)	-	-	-	-
			澳大利亚蜥蜴岛 (43)	-	-	-	-
暗刺尾鱼（*A. nigroris*）	4, 5, 11	9	约翰斯顿岛 (54, 55)	-	-	-	-

续表

物种	索饵场（成年）	产卵聚集场	地理区位（参考）	产卵聚集规模（数量）	产卵聚集区域（m²）（最大）	洄游距离（km）（范围）	洄游功能区（km²）（最大）
横带刺尾鱼（*A. triostegus*）	4, 5, 11	9, 10 by 14	夏威夷（44）	-	-	-	-
			西塞特岛（45）	-	-	-	-
			阿尔达布拉（43）	20 000	-	-	-
			美属萨摩亚（72）	-	-	-	-
栉齿刺尾鱼 § (*Cenochaetus striatus* §)	4, 5, 11	9, 10 by 14	帕劳（23, 43, 78）	>2000	-	-	-
			澳大利亚蜥蜴岛（43）	-	-	-	-
			阿尔达布拉（43）	-	-	-	-
			法属波利尼西亚（40）	-	-	-	-
			所罗门群岛（78）	-	-	-	-
扁体栉齿刺尾鱼（*C. strigosus*）	4, 5, 11	9	约翰斯顿岛（54, 55）	30	175	-	-
颊吻鼻鱼* § (*Naso literatus* §)	4, 5, 6, 12	9, 10 by 14	帕劳（23, 79中之78）	>1000	-	-	-
			密克罗尼西亚（23, 78, 79）	-	-	-	-
洛氏鼻鱼* § (*N. lopezi* §)	-	9, 10	密克罗尼西亚（79中之78）	-	-	-	-
单角鼻鱼* § (*N. unicornis* §)	4, 5, 6, 12	9, 10 by 14	帕劳（23）	>1000	-	-	-
拟刺尾鱼（*Paracanthurus hepatus*）	14	10, 14	澳大利亚大堡礁逃离礁（43）	30	200	0.2	-
黄高鳍刺尾鱼（*Zebrasoma flavescens*）	4, 5, 11	9	约翰斯顿岛（54, 55）	100	175	-	-
小高鳍刺尾鱼（*Z. scopas*）	4, 5, 11	9, 10	法属波利尼西亚（40）	-	-	-	-

第 4 章 珊瑚礁鱼类与甲壳纲十足类产卵聚集的动力学研究：潜在机制、生境连通性和营养关系

续表

物种	索饵场（成年）	产卵聚集场	地理区位（参考）	产卵聚集规模（数量）	产卵聚集区域（m²）（最大）	洄游距离（km）（范围）	洄游功能区（km²）（最大）
高鳍刺尾鱼（Z. velijerum）	4, 5, 11	14 旁的 9,10	帕劳（43）	-	-	-	-
乌尾鮗科（CAESIONIDAE）			阿尔达布拉（43）				
黄蓝背乌尾鮗（Caesio teres）	12	101	马绍尔群岛埃内韦塔克环礁（69）	1000	-	-	-
鲹科（CARANGIDAE）							
黄鲹（Caranx bartholomaei）	12, 13, 14	14	伯利兹（110）	-	-	-	-
黑眼鲹（C. latus）	7, 12, 13, 14	14	开曼群岛（80）	-	-	-	-
阔步鲹（C. lugubris）	12, 13, 14	14	开曼群岛（80）	-	-	-	-
红鲹（C. ruber）	5, 6, 7, 12, 13, 14	14	开曼群岛（80）	-	-	-	-
六带鲹 §（C. sexfasciatus §）	6,9,10,14	14	墨西哥加利福尼亚湾（73）	1500	10 000	-	-
泰利鲹（C. tille §）	-	9, 10	巴布亚新几内亚（78）	-	-	-	-
细鳞圆鲹（Decapterus macarellus）	12, 13, 14	14	开曼群岛（81 中之 78）	-	-	-	-
鲹科待定种 §（Selaroides sp. §）	-	7	巴布亚新几内亚（78）	-	-	-	-
黄尾鰤（Seriola lalandi）	14	-	墨西哥加利福尼亚湾（73）	80	10 000	-	-

续表

物种	索饵场（成年）	产卵聚集场	地理区位（参考）	产卵聚集规模（数量）	产卵聚集区域（m²）（最大）	洄游距离（km）（范围）	洄游功能区（km²）（最大）
镰鳍鲳鲹（Trachinotus falcatus）	2, 3, 4, 5,	14	伯利兹（110）	500	—	—	—
银鲈科（GERREIDAE）							
灰银鲈（Gerres cinereus）	1, 2, 3, 5	9	特克斯和凯科斯群岛（111）	100 000	—	—	—
银鲈科待定种（Gerres sp.）	3, 6	6	基里巴斯拉瓦环礁（82）				
隆头鱼科（LABRIDAE）							
波纹唇鱼 §（Cheilinus undulatus §）	6, 9, 10, 14	9, 10, 14	马来西亚（78, 83）	—	—	—	—
			帕劳（78, P Col 中之, 珊瑚研究基金, 私人通讯）	150	7500	—	—
鞍斑猪齿鱼 §（Choerodon anchorago §）	4	14	帕劳（2）	—	—	—	—
头胸锦鱼 §（Clepticus parrai）	13, 14	14	波多黎各（1）	~300	~600	—	—
钝头锦鱼 §（Thalassoma amblycephalum §）	6, 14	14	斐济（78, 84）	—	—	—	—
			马绍尔群岛埃内韦塔克环礁（85）				
			巴布亚新几内亚（78）				
双带锦鱼（T. bifasciatum）	珊瑚礁上升流区域	5, 7, 13	巴拿马圣布拉斯（24）	200~400	<25	<1.5	~2.25
			美属维京群岛（3）	80~100	—	—	—
			巴哈马（40）	—	—	—	—

第4章 珊瑚礁鱼类与甲壳纲十足类产卵聚集的动力学研究：
潜在机制、生境连通性和营养关系　113

续表

物种	索饵场（成年）	产卵聚集场	地理区位（参考）	产卵聚集规模（数量）	产卵聚集区域（m²）（最大）	洄游距离（km）（范围）	洄游功能区（km²）（最大）
哈氏锦鱼 §（*T. hardwicki* §）	5	-	美属萨摩亚（72）	-	-	-	-
			帕劳（78）				
			巴布亚新几内亚（78）				
五带锦鱼（*T. quinquevitta tum*）	5, 7, 11	-	美属萨摩亚（72）	-	-	-	-
鹦嘴鱼科（SCARIDAE）							
驼峰大鹦嘴鱼 §（*Bolbometopon muricatum* §）	4, 5, 14	9, 10, 14	澳大利亚大堡礁荣格礁（Yonge Reef）（90）	-	-	-	-
高额绿鹦嘴鱼 §（*Chlorurus frontalis* §）	5	5	密克罗尼西亚（79 中之 78）	-	-	-	-
小鼻绿鹦嘴鱼 §（*C. microrhinos* * §）	5	4, 5, 9	马绍尔群岛（85）	-	-	-	-
			密克罗尼西亚（79 中之 78）				
蓝头绿鹦嘴鱼 §（*C. sordidus* §）	5, 7	9, 10, 11, 14	约翰斯通环礁（54, 55）	300	175	-	-
			日本（93 中之 78）				
			马绍尔群岛（85）				
			帕劳（78）				
长吻马鹦嘴鱼（*Hipposcarus harid*）	4, 5, 11	5	沙特阿拉伯费拉桑群岛（117）	>200	~1500	-	-
长头马鹦嘴鱼 * §（*Hipposcarus longiceps* * §）	3, 6, 7, 8, 14	4, 5, 9, 10, 12	基里巴斯（94）	-	-	-	-

续表

物种	索饵场（成年）	产卵聚集场	地理区位（参考）	产卵聚集规模（数量）	产卵聚集区域（m²）（最大）	洄游距离（km）（范围）	洄游功能区（km²）（最大）
伊氏鹦嘴鱼（*Scarus iserti*）	5, 7, 9, 11, 12	12, 14	密克罗尼西亚（79中之78）	-	-	-	-
			帕劳（78）	-	-	-	-
			巴布亚新几内亚（78）	-	-	-	-
			波多黎各（1）	100	~225	-	-
缘颌鹦嘴鱼（*Scarus prasignathos*）	13	3	牙买加（29）	-	-	-	-
			巴布亚新几内亚（78）	-	-	-	-
红鳍鹦鲷§（*Sparisoma rubripinne* §）	4, 5, 11, 12	3, 12	美属维京群岛圣约翰（3, 29）	200	<1000	-	-
			美属维京群岛圣托马斯（52）	100	500	-	-
			百慕大（78）	-	-	-	-
金梭鱼科（SPHYRAENIDAE）							
大䱟§（*Sphyraena barracuda* *§）	1, 6, 12, 14	-	巴布亚新几内亚（81中之78）	-	-	-	-
暗鳍金梭鱼§（*S. genie* *§）	10, 14	-	巴布亚新几内亚（81中之78）	-	-	-	-

栖息地类型：1. 河口；2. 红树林溪流或河流；3. 海草床；4. 珊瑚礁坪；5. 浅水潟湖礁坪或潟湾区；6. 深水潟湖礁坪或潟湾区；7. 斑礁或残骸；8. 珊瑚礁坡或裙礁附近的砂坪、碎石区；9. 河道或裙礁中河道；10. 堡礁中河道；11. 礁顶；12. 近岸或陆架中部裙礁；13. 大陆架外缘或裙礁顶或裸露临海礁；14. 礁坡外缘或大陆架边缘。

附录 4.2

瞬时型产卵聚集鱼类的时空要素，包括群体最大预估数量（即下表中"产卵聚集规模"），聚集所覆盖的区域（即下表中"产卵聚集区域"），洄游距离和洄游迁移功能区。"~"表示来自参考文献中的数据，"*"表示该物种也被认为有形成驻留型聚集类型或未明确聚集类型，"§"表示数据基本或全部来自于渔民访问或其他未发表的文档，且并未证实所有区域均适用。索饵场和产卵聚集场数据引用自 Myers,1991（生境编码见附录 4.1）

物种	索饵场（成年）	产卵聚集场	地理区位（参考文献）	产卵聚集规模（数量）	产卵聚集区域（最大）(m²)	洄游距离（范围）(km)	洄游功能区（最大）(km²)
鳞鲀科（BALISTIDAE）							
姬鳞鲀（*Balistes vetula*）	12, 13	8	美属维京群岛圣克鲁伊（52）	>100	1000	-	-
大洋疣鳞鲀（*Canthidermis sufflamen*）	14	14	安地列斯群岛萨巴岛沿岸（52）	>500	5000	-	-
黄边副鳞鲀（*Pseudobalistes flavimarginatus*）	6	10	开曼群岛（80）	-	-	-	-
真鲨科（CARCHARHINIDAE）			澳大利亚大堡礁荣格礁（92）	10	600	-	-
短吻柠檬鲨（*Negaprion brevirostris*）	12, 14	2	巴哈马比米尼（76）	-	-	-	-
鲈科（CENTROPOMIDAE）							
尖吻鲈（*Lates calcarifer*）	1, 12	12	巴布亚新几内亚（77）	-	-	15~300	-
海鲢科（ELOPIDAE）							
大西洋大海鲢（*Megalops atlanticus*）	1, 5, 6, 9	14	美国佛罗里达（61, 62）	250	-	25	-
舵鱼科（KYPHOSIDAE）							

续表

物种	索饵场（成年）	产卵聚集场	地理区位（参考文献）	产卵聚集规模（数量）	产卵聚集区域（m²）（最大）	洄游距离（km）（范围）	洄游功能区（km²）（最大）
南方舵鱼 § (*Kyphosus bigibbus* §)	14	14	密克罗尼西亚联邦（79 中之 78）	—	—	—	—
长鳍舵鱼 § (*K. cinerascens* §)	4, 11, 13	14	密克罗尼西亚联邦（79 中之 78）	—	—	—	—
低鳍舵鱼 § (*K. vaigensis* §)	4, 11, 13	14	密克罗尼西亚联邦（79 中之 78）	—	—	—	—
龙占鱼科（LETHRINIDAE）							
阿氏龙占鱼 § (*Lethrinus atkinsoni* §)	2, 3, 5, 8	14	日本琉球群岛（86 中之 78）	—	—	—	—
红旗龙占鱼 § (*L. erythropterus* §)	14	9, 10	巴布亚新几内亚（81 中之 78）	—	—	—	—
			所罗门群岛（78, 112）	10 000	20 000		
单斑龙占鱼 § (*L. harak* §)	2, 3, 5, 7, 10	14	密克罗尼西亚联邦（79 中之 78）	—	—	—	—
青嘴龙占鱼 § (*L. nebulosus* §)	2, 5, 7	14	埃及（78）	—	—	—	—
尖吻龙占鱼 § (*L. olivaceus* §)	5, 14	9	日本（87 中之 78）	—	—	—	—
黄唇龙占鱼 § (*L. xanthochilus* §)	2, 3, 5, 7	9	密克罗尼西亚联邦（79 中之 78）	—	—	—	—
单列齿鲷 § (*Monotaxis grandoculis* §)	8, 9, 10	4	密克罗尼西亚联邦（79 中之 78）	—	—	—	—

第4章 珊瑚礁鱼类与甲壳纲十足类产卵聚集的动力学研究：
潜在机制、生境连通性和营养关系　117

续表

物种	索饵场（成年）	产卵聚集场	地理区位（参考文献）	产卵聚集规模（数量）	产卵聚集区域（最大）（m²）	洄游距离（km）（范围）	洄游功能区（km²）（最大）
笛鲷科（LUTJANIDAE）							
双色笛鲷（*Lutjanus analis*）	8	8, 13, 14	伯利兹（63, 64）	-	-	-	-
			美属维京群岛圣托马斯（52）	100	2500	-	-
			美属维京群岛圣克罗伊（52）	-	-	-	-
			古巴（28）	-	-	-	-
			巴哈马（78）	-	-	-	-
			特克斯和凯科斯群岛（40）	-	-	-	-
			美国干龟岛（88, 91）	300	<4000	-	-
			美国佛罗里达基韦斯特（88）	-	-	-	-
八带笛鲷（*L. apodus*）	12, 13	13	美属维京群岛圣托马斯（52）	5000	10 000	-	-
			美国干龟岛（88）	-	-	-	-
银纹笛鲷§（*L. argentimaculatus* §）	1	6, 14	帕劳（2）	-	-	-	-
			巴布亚新几内亚（81中之78）	>30	-	-	-
纹眼笛鲷（*L. argentiventris*）	1, 5, 6, 12	12	墨西哥加利福尼亚湾（73）	-	500	-	-
白斑笛鲷§（*L. bohar* §）	5, 9, 10, 13	14	巴布亚新几内亚（81中之78）	-	-	-	-
			所罗门群岛（81中之78）	-	-	-	-

续表

物种	索饵场（成年）	产卵聚集场	地理区位（参考文献）	产卵聚集规模（数量）	产卵聚集区域（m²）（最大）	洄游距离（km）（范围）	洄游功能区（km²）（最大）
西大西洋笛鲷（*L. campechanus*）	14	14	美国佛罗里达基韦斯特（88）			—	—
巴西笛鲷（*L. cyanopterus*）	13, 14	13, 14	伯利兹（31, 64）	10 000	45 000	—	—
			美属维京群岛圣托马斯（13）	1000	6000	—	—
			古巴（28）	600	10 000	—	—
			美国干龟岛（88）	—	—	—	—
			美国佛罗里达基韦斯特（88）	—	—	—	—
隆背笛鲷§（*L. gibbus* §）	6, 14	11, 14	帕劳（2）	—	—	—	—
			巴布亚新几内亚（81 中之 78）	—	—	—	—
			所罗门群岛（81 中之 78）	—	—	—	—
灰笛鲷（*L. griseus*）	1, 2, 3, 4, 5, 6, 7	12, 13, 14	美属维京群岛圣托马斯（52）	250	2500	—	—
			古巴（28）	—	—	—	—
			美国干龟岛（88）	—	—	—	—
			美国佛罗里达基韦斯特（88）	—	—	—	—
白纹笛鲷（*L. jocu*）	8	8, 13, 14	伯利兹（33, 34, 40, 64）	1000	—	—	—
			美属维京群岛圣托马斯（13, 52）	1000	2000	>18	—
			古巴（28）	400	10 000	—	—

第4章 珊瑚礁鱼类与甲壳纲十足类产卵聚集的动力学研究：
潜在机制、生境连通性和营养关系

续表

物种	索饵场（成年）	产卵聚集场	地理区位（参考文献）	产卵聚集规模（数量）	产卵聚集区域（m²）（最大）	洄游距离（km）（范围）	洄游功能区（km²）（最大）
九带笛鲷（*L. novemfasciatus*）			开曼群岛（80）	-	-	-	-
	1, 5, 6, 12	12, 14	美国干龟岛（88）	-	-	-	-
篮点笛鲷 §（*L. rivulatus* §）	4, 12	9, 10, 14	墨西哥加利福尼亚湾（73）	12	500	-	-
巴哈马笛鲷（*L. synagris*）	4, 5, 6, 7	12, 13, 14	所罗门群岛（81 中之 78）	300	2500	-	-
			美属维京群岛圣托马斯（52）				
			古巴（28）	-	-	-	-
			美国佛罗里达（74）	-	-	-	-
			美国干龟岛（88）	-	-	-	-
纵带笛鲷 §（*L. vitta* §）	7, 8	14	所罗门群岛（81 中之 78）	-	-	-	-
黑背羽鳃笛鲷（*Macolor niger*）	5, 6, 9, 10	14	帕劳（41）	300	-	-	-
驼峰笛鲷 §（*Symphorichthys spirulus* §）	5, 7	14	帕劳（2）	-	-	-	-
			巴布亚新几内亚（81 中之 78）	-	-	-	-
鲻科（MUGILIDAE）							
大鳞龟鲻（*Chelon macrolepis*）	3	14	基里巴斯（82）	-	-	-	-
粒唇鲻 §（*Crenimugil crenilabis* §）	3	3, 6, 9, 10, 14	马绍尔群岛（108 中之 40）	1500	-	-	-

续表

物种	索饵场（成年）	产卵聚集场	地理区位（参考文献）	产卵聚集规模（数量）	产卵聚集区域（m²）（最大）	洄游距离（km）（范围）	洄游功能区（km²）（最大）
黄鲻 §（Ellochelon vaigiensis §）	3, 6	14	巴布亚新几内亚（81 中之 78）	—	—	—	—
			帕劳（2）	—	—	—	—
鲻 §（Mugil cephalus §）	3, 6	1, 12	密克罗尼西亚联邦（79 中之 78）	—	—	—	—
			斐济（89 中之 78）	—	—	—	—
斜唇鲻 §（Neomyxus leuciscus §）	6	4	密克罗尼西亚联邦（79 中之 78）	—	—	—	—
薛氏凡鲻（Valamugil seheli）	3, 6	14	基里巴斯（82）	—	—	—	—
羊鱼科（MULLIDAE）							
黄带拟羊鱼 §（Mulloides flavolineatus §）	3, 6	3, 14	帕劳（2）	—	—	—	—
			密克罗尼西亚联邦（79 中之 78）	—	—	—	—
无斑拟羊鱼 §（M. vanicolensis §）	4, 6, 12	3	密克罗尼西亚联邦（79 中之 78）	—	—	—	—
斑点拟绯鲤（Pseudopeneus maculatus）	3, 6, 8, 12	8	美属维京群岛圣约翰（1, 70）	<400	—	—	—
巨鲶科（PANGASIIDAE）							
克氏巨鲶（Pangasius krempfi）	1	1	南中国海/湄公河（109）	—	—	>720	—
鲸鲨科（RHINCODONTIDAE）							

续表

物种	索饵场（成年）	产卵聚集场	地理区位（参考文献）	产卵聚集规模（数量）	产卵聚集区域（m²）（最大）	洄游距离（km）（范围）	洄游功能区（km²）（最大）
铰口鲨（*Ginglymostoma cirratum*）	12, 14	2	美国干龟岛（74）	-	-	-	-
鲭科（SCOMBRIDAE）							
沙氏刺鲅 §（*Acanthocybium solandri* §）	13, 14	13, 14	帕劳（2）				
澳洲双线鲭 §（*Grammatorcynus bicarinatus* §）	13, 14	13, 14	帕劳（2）				
羽鳃鲐 §（*Rastrelliger kanagurta* §）	13, 14	13, 14	巴布亚新几内亚（78）				
康氏马鲛 §（*Scomberomorus commersoni* §）	12, 13, 14	13, 14	帕劳（2）				
鮨科（SERRANIDAE）							
斑点九棘鲈 §（*Cephalopholis argus* §）	5, 12, 13	4, 12	密克罗尼西亚联邦（79 中之 78）	-	-	-	-
横纹九刺鮨 §（*C. boenak* §）	5	7, 8	巴布亚新几内亚（78 中之 81）	-	-	-	-
青星九刺鮨 §（*C. miniata* §）	9, 10, 14	7, 8, 9, 10	巴布亚新几内亚（78 中之 81）	-	-	-	-
六斑九刺鮨 §（*C. sexmaculata* §）	14	7, 8, 9, 10	巴布亚新几内亚（78 中之 81）	-	-	-	-
索氏九刺鮨 §（*C. sonnerati* §）	6, 14	7, 8	巴布亚新几内亚（78 中之 81）	-	-	-	-
尾纹九刺鮨 §（*C. urodeta* §）	5, 12	7, 8, 9, 10	巴布亚新几内亚（78 中之 81）	-	-	-	-
岩石斑鱼（*Epinephelus adscensionis*）	5, 12	14	波多黎各（15）	-	-	-	-
			英属维京群岛彼得岛（52）	100	500	-	-

续表

物种	索饵场（成年）	产卵聚集场	地理区位（参考文献）	产卵聚集规模（数量）	产卵聚集区域（m²）（最大）	洄游距离（km）（范围）	洄游功能区（km²）（最大）
斜带石斑鱼 §（*E. coioides* §）	1, 5	3, 8	巴布亚新几内亚（78 中之 81）	–	–	–	–
珊瑚石斑鱼 §（*E. corallicola* §）	1, 5, 12	14	印度尼西亚（78 中之 96）	–	–	–	–
细点石斑鱼 §（*E. cyanopodus* §）	5, 7	9, 10	新喀里多尼亚（78）	–	–	–	–
棕点石斑鱼 §（*E. fuscoguttatus* §）	12	14 旁的 9, 10	帕劳（23）				
			Ngerumekaol	350	~54 000	–	–
			Ebiil	350	~40 000	–	–
			西入口	185	12 000	–	–
			波纳佩岛（67）	–	–	–	–
			塞舌尔（68）	1050	6900	–	–
			印度尼西亚（78 中之 71, 96）	82	–	–	–
			斐济（78 中之 89）	–	–	–	–
			马来西亚（78 中之 83）	–	–	–	–
			密克罗尼西亚联邦（78 中之 79）	–	–	–	–
			新喀里多尼亚（78）	–	–	–	–
			巴布亚新几内亚（78 中之 81）	–	–	–	–

第4章 珊瑚礁鱼类与甲壳纲十足类产卵聚集的动力学研究：潜在机制、生境连通性和营养关系

续表

物种	索饵场（成年）	产卵聚集场	地理区位（参考文献）	产卵聚集规模（数量）	产卵聚集区域（m²）（最大）	洄游距离（km）（范围）	洄游功能区（km²）（最大）
细斑石斑鱼（*E. guttatus*）	6, 7, 12, 13	9, 10, 12, 13	所罗门群岛（78中之81）	—	—	—	—
			波多黎各（8, 15, 18, 27）	3000	40 000	18	~25
			百慕大（9, 37）	—	—	5~20	<1000
			美属维京群岛圣托马斯（10, 11）	80 000	360 000	6~32	500
			美属维京群岛圣克罗伊（11, 12）	3000	15 000	2~16	90
			安地列斯群岛萨巴岛沿岸（30）	10 000	52 000	—	—
伊氏石斑鱼（*E. itajara*）	1, 5, 6	7, 8	佛罗里达（66, 98）	12	—	—	—
鞍带石斑鱼§（*E. lanceolatus* §）	5, 7, 12	14	印度尼西亚（78中之96）	—	—	—	—
花点石斑鱼§（*E. maculatus* §）	4, 5, 7	—	密克罗尼西亚联邦（78中之79）	—	—	—	—
玛拉巴石斑鱼§（*E. malabaricus* §）	8, 9, 10	9, 10	新喀里多尼亚（78）	—	—	—	—
乌鳍石斑鱼（*E. marginatus*）	5, 12	12	法属科西嘉（97）	—	—	—	—
网纹石斑鱼§（*E. merra* §）	5	4, 9, 10	马来西亚（78中之83）	—	—	—	—
			密克罗尼西亚联邦（78中之79）	—	—	—	—
			所罗门群岛（78中之81）	—	—	—	—

续表

物种	索饵场（成年）	产卵聚集场	地理区位（参考文献）	产卵聚集规模（数量）	产卵聚集区域（最大）（m²）	洄游距离（km）（范围）	洄游功能区（km²）（最大）
白斑石斑鱼 §（*E. multinotatus* §）	12	9, 10	巴布亚新几内亚（78 中之 81）	–	–	–	–
黑缘石斑鱼 §（*E. morio* §）	12	14	墨西哥坎佩切岸 (25)	–	–	–	–
			美国佛罗里达 (26, 38)	–	–	29~72	–
			古巴 (28)	–	–	–	–
纹波石斑鱼 §（*E. ongus* §）	1, 5, 12	9, 10, 14	马来西亚（78 中之 83）	–	–	–	–
			巴布亚新几内亚（78 中之 81）	–	–	–	–
清水石斑鱼 §（*E. polyphekadion* §）	4, 5, 7	14 旁的 9, 10	波纳佩岛 (7)	<20 000	5000	–	–
			帕劳 (23)	–	–	–	–
			Ngerumekaol	2300	~54 000	>10	–
			Ebiil	1000	~40 000	–	–
			西人口	500	12 000	–	–
			塞舌尔 (68)	2000	6900	–	–
			斐济 (89)	–	–	–	–
			印度尼西亚（78 中之 96）	–	–	–	–
			马来西亚（78 中之 83）	–	–	–	–
			密克罗尼西亚联邦（78 中之 79）	–	–	–	–

续表

物种	索饵场（成年）	产卵聚集场	地理区位（参考文献）	产卵聚集规模（数量）	产卵聚集区域（m²）（最大）	洄游距离（km）（范围）	洄游功能区（km²）（最大）
拿骚石斑鱼（*E. striatus*）	5, 7, 12, 13	14	新喀里多尼亚（78）	-	-	-	-
			巴布亚新几内亚（113中之81, 114）	-	-	-	-
			美属维京群岛圣托马斯（14, 99）	2000	10 000	-	-
			美属维京群岛格拉玛圣托马斯尼岸（14, 99）	200	10 000	20	~800
			巴哈马（21, 35, 78, 98）	3000	25 000	110	-
			开曼群岛（15, 16, 80）	5200	-	-	-
			墨西哥（34, 39, 115）	1000	70 000	-	-
			伯利兹（20, 32, 53, 64, 78）	3000	15 000	100~250	~7500
			古巴（28, 98）	-	-	-	-
			百慕大（19, 98）	150 000	-	-	-
			洪都拉斯（36, 78）	-	-	-	-
			多米尼加共和国（99）	-	-	-	-
			波多黎各（98）	-	-	-	-
			特克斯和凯科斯群岛（78）	-	-	-	-
巨石斑鱼（*Epinephelus tauvina*）	5, 14	14旁的9, 10	帕劳（2）	-	-	-	-

续表

物种	索饵场（成年）	产卵聚集场	地理区位（参考文献）	产卵聚集规模（数量）	产卵聚集区域（m²）（最大）	洄游距离（km）（范围）	洄游功能区（km²）（最大）
三斑石斑鱼 § （*E. trimaculatus* §）	12	4	所罗门群岛（78 中之 81）	—	—	—	—
博氏喙鲈 § （*Mycteroperca bonaci* §）	12	9, 10, 14	伯利兹（20, 32, 53, 64）	140	15 000	—	—
			巴哈马（19）;	—	—	—	—
			开曼群岛（80）	—	—	—	—
			佛罗里达基韦斯特，美国（100）	—	—	—	—
乔氏喙鲈（*M. jordani*）	12	12	洪都拉斯（36, 78）	—	—	—	—
小鳞喙鲈（*M. microlepis*）	1, 2, 12	—	墨西哥加利福尼亚湾（78 中之 101）	—	—	—	—
巫喙鲈（*M. phenax*）	1, 12, 14	—	美国墨西哥湾（78 中之 101）	—	—	—	—
锯尾喙鲈（*M. prionura*）	12	8, 12, 14	墨西哥加利福尼亚湾（73）	100	600	—	—
豹纹喙鲈（*M. rosacea*）	12	12, 13, 14	墨西哥加利福尼亚湾（73）	400	10 000	—	—
虎喙鲈（*M. tigris*）	13	9, 10, 13, 14	波多黎各别克斯岛（17, 102）	>5000	250 000	—	—
			美属维京群岛圣托马斯（11）	<100	5000	—	—
			美属维京群岛圣托马斯（52）	200	5000	—	—
			伯利兹（32, 64）	500	15 000	—	—
			开曼群岛（80）	250	—	—	—

续表

物种	索饵场（成年）	产卵聚集场	地理区位（参考文献）	产卵聚集规模（数量）	产卵聚集区域（m²）（最大）	洄游距离（km）（范围）	洄游功能区（km²）（最大）
黄鳍喉鲈（*M. venenosa*）	13	14	洪都拉斯（36）	-	-	-	-
			特克斯利凯科斯群岛（78）	-	-	-	-
			美属维京群岛圣托马斯（11）	900	10 000	>12	~500
			巴哈马（21）	100	10 000	-	-
			伯利兹（20, 32, 64）	900	17 000	-	-
			开曼群岛（80）	200	15 000	-	-
			古巴（28）	-	-	-	-
			洪都拉斯（36）	-	-	-	-
太平洋副花鮨（*Paranthias colonus*）	12, 13, 14	12, 13, 14	墨西哥加利福尼亚湾（73）	>1000	-	-	-
蓝点鳃棘鲈§（*Plectropomus areolatus* §）	5, 12	14旁的9, 10	帕劳（23）		10000	-	-
			Ngerumekaol	400	~54 000	-	-
			Ebiil	500	~40 000	-	-
			西人口	1200	12 000	-	-
			波纳佩（67）	-	-	-	-
			印度尼西亚（78中之71, 96）	77	-	-	-

续表

物种	索饵场（成年）	产卵聚集场	地理区位（参考文献）	产卵聚集规模（数量）	产卵聚集区域（m²）（最大）	洄游距离（km）（范围）	洄游功能区（km²）（最大）
			密克罗尼西亚联邦（78中之79）	—	—	—	—
			斐济（78中之89和96）	—	—	—	—
			马来西亚（78中之83）	—	—	—	—
			马尔代夫（103）	—	—	—	—
			巴布亚新几内亚（78中之81）	—	—	—	—
			菲律宾（78）	—	—	—	—
			所罗门群岛（78中之81, 116）	—	—	—	—
黑鞍鳃棘鲈§（P. laevis §）	5, 12	12	巴布亚新几内亚（78中之81）	—	—	—	—
花斑鳃棘鲈*§（P. leopardus*§）	5, 7, 12	9, 10旁的12, 14	帕劳（2）	—	—	—	—
			澳大利亚大堡礁蜥蜴岛，（5, 6）	60	1000	<1~5.2	80
			澳大利亚大堡礁斯科特礁，（4, 22）	128	1700	—	—
			澳大利亚大堡礁伊尔福礁，（4, 22）	59	3200	—	—
			印度尼西亚（78中之96）	—	—	—	—
			马来西亚（78中之83）	—	—	—	—

第4章 珊瑚礁鱼类与甲壳纲十足类产卵聚集的动力学研究：
潜在机制、生境连通性和营养关系　129

续表

物种	索饵场（成年）	产卵聚集场	地理区位（参考文献）	产卵聚集规模（数量）	产卵聚集区域（最大）（m²）	洄游距离（范围）（km）	洄游功能区（最大）（km²）
斑鳃棘鲈§（*P. maculatus* §）	5, 7, 12	9, 10	巴布亚新几内亚（78 中之 81） 所罗门群岛（78 中之 81） 马来西亚（78 中之 83）	-	-	-	-
点线鳃棘鲈§（*P. oligocanthus* §）	9, 10, 14	9, 10, 12	巴布亚新几内亚（78 中之 81） 马来西亚（78 中之 83） 巴布亚新几内亚（78 中之 81）	-	-	-	-
篮子鱼科（SIGANIDAE）							
银篮子鱼（*Siganus argenteus*）	5, 8	-	马绍尔群岛（40）	-	-	-	-
沟篮子鱼§（*S. canaliculatus* §）	1, 2	9, 11	密克罗尼西亚联邦（40） 帕劳（2, 46）	-	-	-	-
点蓝子鱼*§（*S. guttatus* * §）	1	3	巴布亚新几内亚（78 中之 81） 马来西亚（78 中之 83）	-	-	-	-
金线蓝子鱼§（*Siganus lineatus* §）	1, 5, 7, 9, 10	14 的砂质区域	帕劳（2）	-	-	-	-
眼带蓝子鱼§（*S. puellus* §）	5, 12	4	密克罗尼西亚联邦（78 中之 79）	-	-	-	-
斑蓝子鱼§（*Siganus punctatus* §）	4	11	帕劳（2）	-	-	-	-

续表

物种	索饵场（成年）	产卵聚集场	地理区位（参考文献）	产卵聚集规模（数量）	产卵聚集区域（m²）（最大）	洄游距离（km）（范围）	洄游功能区（km²）（最大）
兰氏蓝子鱼§（*S. randalli* §）	1, 5, 8	4	密克罗尼西亚联邦（78 中之 79）	-	-	-	-
刺蓝子鱼§（*S. spinus* §）	2, 4, 8	1, 4	密克罗尼西亚联邦（78 中之 79）	-	-	-	-
蝙纹蓝子鱼§（*S. vermiculatus* §）	1, 5, 12	1, 4	密克罗尼西亚联邦（78 中之 79）	-	-	-	-
			斐济（78 中之 89）	-	-	-	-
			斐济（78 中之 89）	-	-	-	-
鲷科（SPARIDAE）							
澳洲黑鲷（*Acanthopagrus australis*）	1	9	澳大利亚（50, 51）	-	-	80	-
灰鳍棘鲷（*A. berda*）	1	9	澳大利亚（48）	-	<1000	0.5~3.1	<3
			南非（49）	-	-	-	-
金赤鲷*（*Pagrus auratus**）	12	3	澳大利亚（78）	-	-	-	-
十足目（DECAPODA）							
蓝蟹（*Callinectes sapidus*）	1	9	西大西洋（58, 59）	-	-	10~300	>900
眼斑龙虾（*Panulirus argus*）	7, 12	13, 14	巴哈马（56）	-	-	-	-
锦绣龙虾（*P. ornatus*）	4	5, 12	巴布亚新几内亚（95, 104, 105）	>60 000	-	500	25 000
东方巨对虾（*Penaeus plebejus*）	-	-	澳大利亚（106, 107）	-	-	930	10 000

第 4 章　珊瑚礁鱼类与甲壳纲十足类产卵聚集的动力学研究：
潜在机制、生境连通性和营养关系　　131

续表

物种	索饵场（成年）	产卵聚集场	地理区位（参考文献）	产卵聚集规模（数量）	产卵聚集区域（m²）（最大）	洄游距离（km）（范围）	洄游功能区（km²）（最大）
锯缘青蟹（*Scylla serrata*）	1	9, 12	澳大利亚（57）	—	—	—	—

参考文献：1. Colin and Clavijo 1988; 2. Johannes 1978 and 1981; 3. Randall and Randall 1963; 4. Samoilys 1997; 5. Zeller 1997; 6. Zeller 1998; 7. Rhodes and Sadovy 2002; 8. Sadovy et al., 1994b; 9. Luckhurst 1998; 10. Nemeth 2005; 11. Nemeth et al., 2006b; 12. Nemeth et al., 2007; 13. Kadison et al., 2006; 14. Olsen and LaPlace 1978; 15. Colin et al., 1987; 16. Tucker et al., 1993; 17. Sadovy et al., 1994a; 18. Shapiro et al., 1993; 19. Smith 1972; 20. Carter et al., 1994; 21. Colin 1992; 22. Samoilys and Squire 1994; 23. Johannes et al., 1999; 24. Warner 1995; 25. Brule et al., 1999; 26. Coleman et al., 1996; 27. Sadovy et al., 1992; 28. Claro and Lindeman 2003; 29. Colin 1996; 30. Kadison et al., 2009; 31. Heyman et al., 2005; 32. Sala et al., 2001; 33. Carter and Perrine 1994; 34. Anguilar-Perera and Aguilar-Davila 1996; 35. Bolden 2000; 36. Fine 1990; 37. Burnett-Herkes 1975; 38. Moe 1969; 39. Anguilar-Perera 1994; 40. Domeier and Colin 1997; 41. Myers 1991; 42. Myrberg et al., 1988; 43. Robertson 1983; 44. Randall 1961a; 45. Randall 1961b; 46. Hasse et al., 1977; 47. Fishelson et al., 1987; 48. Sheaves et al., 1999; 49. Garratt 1993; 50. Pollock 1984; 51. Pollock 1982; 52. RS Nemeth unpubl. data; 53. Starr et al., 2007; 54. Sancho et al., 2000a; 55. Hermkind 1980; 56. Hill 1994; 57. Millikin and Williams 1984; 58. Carr et al., 2005; 60. Mazeroll and Montgomery 1998; 61. Garcia and Solano 1995; 62. Crabtree 1995; 63. Heyman et al., 2001; 64. Heyman and Requena 2002; 65. Mackie 2000; 66. Colin 1994; 67. Rhodes and Tupper 2008 68. Robinson et al., 2008; 69. Bell and Colin 1986; 70. Colin and Clavijo 1978; 71. Pet et al., 2005; 72. Craig 1998; 73. Sala et al., 2003; 74. Wicklund 1969; 75. Pratt and Carrier 2001; 76. Feldheim et al., 2002; 77. Moore and Raynolds 1982; 78. SCRFA 2004; 79. Rhodes 2003; 80. Whaylen et al., 2004; 81. Hamilton 2003; 82. Johannes and Yeeting 2001; 83. Daw 2004; 84. Colin 1976; 85. Colin and Bell 1991; 86. Ebisawa 1999; 87. Ebisawa 1990; 88. Lindeman et al., 2000; 89. Sadovy 2004; 90. Gladstone 1986; 91. Burton et al., 2005; 92. Gladstone 1994; 93. Yogo et al., 1980; 94. Stone 2004; 95. Bell et al., 1987; 96. Sadovy and Liu 2004; 97. Pelaprat 2002; 98. Sadovy and Eklund 1999; 99. Sadovy 1997; 100. Eklund et al., 2000; 101. Koenig et al., 1996; 102. White et al., 2002; 103. Sluka 2001; 104. Moore and MacFarlane 1984; 105. MacFarlane and Moore 1986; 106. Ruello 1975; 107. Glaister et al., 1987; 108. Helfrich and Allen 1975; 109. Hogan et al., 2007; 110. Graham and Castellanos 2005; 111. Claydon 2006; 112. Hamilton 2005; 113. Hamilton et al., 2005; 114. Squire 2001; 115. Anguilar-Perera 2004; 116. Johannes 1988; 117. Gladstone 1996.

第5章 海洋鱼类和甲壳纲十足类幼体寻找热带沿海生态系统的感官和环境线索

Michael Arvedlund, Kathryn Kavanagh

摘要：几乎所有的热带底层硬骨鱼类和大部分热带海洋十足目动物都具有能够扩散的浮游幼体。幼体的行为和感知能力在某种程度上影响或者控制着这种扩散行为，因此连通性的空间尺度在很大程度上是未知的，但新的证据表明，这种影响非常巨大。最近，人们已经确定热带鱼类和十足目幼体的感知能力及其首次沉降的海底生境并无太多关联。然而，越来越多的研究表明，沉降前的珊瑚礁鱼类不仅能够游泳而且能够定向地游到与附近生境相关的位置。许多热带十足目种类的仔体和后期仔体似乎也能识别生境的环境线索并且能够运用这种能力游向合适的生境。本章综述了海洋鱼类和甲壳纳十足类幼体借以找到热带沿海态系统所利用的感官和环境线索的研究。

关键词：行为生态学；沉降机制；导航；定向；感官生态学

5.1 前言

热带海洋底栖硬骨鱼类和甲壳纳十足类通常具有复杂的生活史，开始于底栖或浮游胚胎阶段，中间经过浮游幼体阶段，最终返回海底渡过稚体进入成体阶段（Montgomery et al.，2001；Kingsford et al.，2002；Leis and McCormick，2002；Jeffs et al.，2005；Anger，2006）。珊瑚礁、河口、红树林和海草床等热带底栖生境之间的种群连通性，在很大程度上取决于浮游幼体在这些生境之间的洄游，因此在过去10年间，研究者日益关注幼体能力和调节幼体在浮游阶段与底栖阶段的环境线索（environmental cues）。许多幼体在后期阶段具有较强的游泳能力（Jeffs et al.，2005；Leis，2006，2007）。然而，只有当幼体具有导航能力时，幼体的游泳能力才能得到有效发挥，找到合适的生境。相关证据表明，鱼类和十足目幼体能够主动地确定方向。本文综述了有关定向、早期的感官发展以及在热带海洋生态系统中的鱼类和十足类洄游过程中特定的环境线索所起的作用等研究的新进展。

个体数量的连通性是海洋种群动态模型的重要参数之一，因此，同样也是渔业和海洋公园管理中的一个重要参数（Cowen et al.，2000；Kingsford et al.，2002；Leis and McCormick，2002；Jeffs et al.，2005；Leis，2006，2007 以及其中的参考文献）。由于沉降鱼类和十足类的不同个体在体长、年龄和能力水平等方面相差甚远，因此在这些模型中将幼体的能力等同看待显然是个错误。例如，十足目幼体的浮游阶段可能持续若干天（Bradbury and Snelgrove, 2001），也可能持续长达 18 个月（Phillips and Sastry, 1980）。鱼类也有类似的情况，浮游阶段持续的时间从双锯鱼［雀鲷科（Pomacentridae）］的一周至某些隆头鱼科（Labridae）的超过 120 天（Brothers et al., 1983; Wellington and Victor, 1989; Leis and McCormick, 2002）。更为极致的例子是，某些刺鲀［二齿鲀科（Diodontidae）］的中上层水域的稚鱼阶段超过了 64 周（Ogden and Quinn, 1984）。这些差别不仅影响个体的能力，还影响了不同地点间的连通空间尺度。因此在连通性建模中，浮游幼体的能力需要根据物种分类阶元的特异性确定，而不能将不同物种总而统之地确定。

本章旨在总结该主题 2001—2002 年间研究进展的综述（Montgomery et al., 2001; Leis and McCormick, 2002; Kingsford et al., 2002; Myrberg and Fuiman, 2002）。近来，Montgomery 等（2006）已经全面综述了有关声音作为珊瑚礁鱼类和甲壳纳十足类浮游幼体的定向线索的研究，因此关于这一主题，本文仅予以简述。同样，由于 Jeffs 等（2005）已经综述了大螯虾［龙虾科（Palinuridae）］仔体（叶状幼虫）和后期仔体（叶状体）如何找到海岸这一主题的研究，因此笔者主要讨论 2004 年以后发表的有关甲壳纳十足类幼体利用环境线索找到热带生态系统的研究。

2001—2002 年间一系列最新综述的主要结论是不同类群的物种具有分辨水化学、声音和振动、白光梯度、偏振光、海流方向、磁力和水压变化的感官。据报道，一些水生生物可以识别多种线索，并普遍具有感观反应。然而，只有少数经过调查过的珊瑚礁鱼类幼体和甲壳纳十足类幼体（主要在印度洋-太平洋地区）证实具有视觉、嗅觉和听觉感官功能。对热带珊瑚礁鱼类和甲壳纳十足类感官的发展大体上知之甚少。许多能够沉降的生物都擅长游泳，并且有证据表明热带珊瑚礁鱼类和甲壳纳十足类生物具有在短距离（几厘米到几米）或者是长距离（几十米至几千米）空间范围内刺激定位和导航能力（Montgomery et al., 2001; Leis and McCormick, 2002; Kingsford et al., 2002; Myrberg and Fuiman, 2002）。

关于本章相关领域，前人做过许多综述，其中包括 Atema 等（1988）关于水生动物感官生物学的综述和 Lenz 等（1997）关于浮游动物感官生态学和生理学的综述。Hadfield 和 Paul（2001）全面综述了自然化学线索导致海洋无脊椎动物幼体的附着与变态。Collin 和 Marshall（2003）重点阐述了水生环境中的感知过程。《海洋生态学进展》杂志在 2005 年组织的一期主题综述中，重点论述了海洋感官生物学和海洋生物内在与外在生态学的关联问题（该主题综述由 M Weissburg 和 H Browman 发起和协调）。在此，笔者还要推荐 Levin（2006）关于幼体扩散问题的综述，其中根据物理建模、化学示踪和基因手段等对幼体扩散问题进行了深入的说明。

5.2 感官

在不同空间尺度上，生物对感官线索利用取决于以下各种能力：是否发育了相应的感觉器官；感官器官的敏感程度；确定方向的固有能力；应对环境线索的行为反应以及幼体的移动能力（Kingsford et al.，2002 以及其中的参考文献）。笔者在本节综述了热带海洋鱼类幼体和甲壳纲十足类蚤状幼体与大眼幼体（即甲壳纲十足类的幼体）；有关甲壳纲十足类蚤状幼体和大眼幼体定义的详细说明见 Hadfield 和 Paul（2001，p. 435）和 Anger（2006）的形态学和神经解剖学方面的研究进展。

5.2.1 嗅觉

通常参与到远程化学感应过程中（如对适宜生境的导航和定向）的是嗅觉，而不是味觉（Basil et al.，2000）。想要了解有关成鱼和甲壳类嗅觉系统比较详细的信息，请参考 Caprio 和 Derby（2008）的论文。想要了解近期有关鱼类化学感觉器的综述，请看 Hara（1992，1994a，b）、Reutter 和 Kapoor（2005）的论文。若希望了解有关甲壳纲十足类方面的信息请参阅 Derby（2001）等的论文。此外，笔者推荐 Farbman（1992）有关嗅觉的细胞生物学方面的全面综述。

功能健全的鱼类嗅觉系统需要具备以下四个部分：（1）排列于嗅觉上皮的嗅觉感觉神经元；（2）由嗅觉感觉细胞的轴突形成的嗅觉神经；（3）在嗅神经束和嗅球中的僧帽细胞之间的突触连接；（4）最后是僧帽细胞和端脑之间的连接（Hara and Zielinski，1989；Farbman，1992）。然而，同时具备这四个部分并不能确定生物体能识别哪种气味以及可识别气味的浓度范围。为了解决这些问题，需要通过电生理学（例如 Wright et al.，2005，2008）或者行为学的生物测定（例如 Murata et al.，1986；Kasumyan，2002）。

许多成年硬骨鱼的嗅觉上皮形成多室莲蓬状嗅丛（olfactory rosette）。在棘鳍总目鱼类中，部分种类的嗅觉上皮是扁平的，由单层、双层或三层折叠而成。大部分硬骨鱼类的嗅腔与单一的附属囊相通，而只有棘鳍总目的鱼类具有两个鼻囊（Hansen and Zielinski，2005）。在嗅上皮中存在三种不同的嗅觉感觉神经元，即纤毛型、微绒毛型和隐窝型神经元，它们各自具有专门的受体。G 蛋白以明显的重叠结构存在于嗅上皮中（Hamdani and Døving，2007）。每种类型的嗅觉感觉神经元只表达一组特定的气味受体。纤毛型嗅觉感觉神经元对胆汁盐（理论上认定在鱼类洄游过程中发挥重要作用）作出反应，促使鱼类皮肤分泌物质；隐窝型嗅觉感觉神经元对性信息素作出反应；微绒毛型嗅觉受体神经元对食物的气味作出反应（Hamdani and Døving，2007）。能够引起嗅觉受体反应的生化化合物的清单是根据鲑科（Salmonidae）鱼类的各种鲑鱼、鲭科（Scombridae）鱼类的鲭（$Scomber\ scombrus$）和鲤科（Cyprinidae）鱼类的斑马鱼（$Brachydanio\ rerio$）及金鱼（$Carassius\ auratus$）的研究结果制作的（Hamdani and Døving，2007 以及其中的参考文献）。

嗅觉感觉神经元的轴突集成 3 束经由嗅球到达端脑（Hamdani and Døving，2007）。对鲑鱼和鲤鱼的研究表明，纤毛型和微绒毛型的嗅觉感觉神经元都对氨基酸气味作出反应（Hansen and Zielinski，2005）。胆汁酸刺激纤毛型嗅觉感觉神经元，而核苷酸刺激微绒毛型嗅觉感觉神经元。已经在几种硬骨鱼中发现 G 蛋白偶联气味受体分子（OR 型，V1R 型和 V2R 型）（Hansen and Zielinski，2005）。纤毛型嗅觉感觉神经元表达 G 蛋白的亚基

$G_{\alpha olf/s}$,这种亚基能够激活转导过程中的环磷酸腺苷(cyclic AMP)。在隐窝型和微绒毛型嗅觉感觉神经元中,G 蛋白亚基 $G_{\alpha 0}$ 和 $G_{\alpha q/11}$ 的位置随着种类的不同而不同(Hansen and Zielinski,2005)。所有硬骨鱼类可能都具有微绒毛和纤毛嗅觉感觉神经元[这些受体的实例见图 5.1(e),图 5.2(b),和图 5.6(b)]。近期发现的隐窝型嗅觉感觉神经元[见图 5.6(c)]同样也广泛存在(Hansen and Zielinski,2005),其中包括至少一种珊瑚礁鱼类[虾虎科(Gobiidae)黄副叶虾虎(*Paragobiodon xanthosomus*)](Arvedlund et al.,2007)。在个体发育过程中(即受精后及后续阶段),嗅细胞的类型呈现惊人的多样性。在一些种类中,嗅觉感觉神经元和支持细胞由基板细胞发育而来。而别的种类,支持细胞由上皮细胞(皮肤)发育而来。在有些种类中,覆盖在发育中的嗅上皮的细胞退化,而其他种类的这些细胞则缩回。同样,鼻孔的形成也存在不同的机制(Hansen and Zielinski,2005)。鱼类和甲壳类的嗅觉感觉神经元的自我增殖活性普遍较低,而受到化学刺激后通常增加,但有时也减少(Caprio and Derby,2008)。嗅觉器官上的绝大多数嗅觉感觉神经元群体对许多化学物质作出反应,能对一些小型含氮化合物(如氨基酸、胺)做出反应,但对核苷酸的反应最为高效。然而,个别嗅觉感觉神经元有不同的反应特异性,而这种反应可能相当有限(Caprio and Derby,2008)。嗅觉感觉神经元的反应随着浓度的变化而增加。甲壳类嗅觉感觉神经元至少每秒可以接收 4~5 个化学物质脉冲(Caprio and Derby,2008)。

虽然人类研究某些鱼类的嗅觉器官已有上百年的历史(Døving et al.,1977;Yamamoto,1982;Hara and Zielinski,1989;Zeiske et al.,1992;Hara,1994a,b,Hansen and Reutter,2004;Hansen and Zielinski,2005 等的综述),但是只研究了几个种类的胚胎形成和仔稚鱼的发育情况。据笔者所知,截止到 2000 年为止,除了简要描述了热带海洋遮目鱼(*Chanos chanos*)幼体嗅觉器官的大致形态外(Kawamura,1984),尚无关于浅水热带珊瑚礁鱼类在任何一个阶段嗅觉感官的形态学研究的论文发表(Leis and McCormick,2002;Myrberg and Fuiman,2002)。

至少某些珊瑚礁鱼类的嗅觉器官(Arvedlund et al.,2000b;Kavanagh and Alford,2003;Lara,2008)在受精后就迅速发育,其速度和人工饲养的斑马鱼(*Brachydanio rerio*)不相上下(Whitlock and Westerfield,2000;Hansen and Zeiske,1993)。虽然在扫描电镜下看不到嗅觉感觉神经元,然而人工饲养的白条双锯鱼(*Amphiprion melanopus*)的胚胎在受精 6 天后即发育出原始的嗅基板[Arvedlund et al.,2000b,图 5.1(a),(b)]。刚孵化的白条双锯鱼(*Amphiprion melanopus*)幼体的鼻腔两侧各存在着一个嗅基板[图5.1(c),(d)],其纤毛嗅觉感觉器神经元排列于非感觉纤毛的上皮[图 5.1(e)]。刚孵化的白条双锯鱼(*Amphiprion melanopus*)幼体[图 5.1(f)]神经轴突从嗅基板伸出并进入嗅球,并且在基膜附近嗅基板的较深部分能找到神经束(Arvedlund et al.,2000b)。从另一项目关于鲑科(Salmonidae)鱼类虹鳟(*Oncorhynchus mykiss*)的研究中,发现在这个发育阶段,有一个嗅觉器官可能发挥功能作用(Zielinski and Hara,1988)。能够行使功能的嗅觉器官使得刚孵化的白条双锯鱼(*Amphiprion melanopus*)能够通过化学线

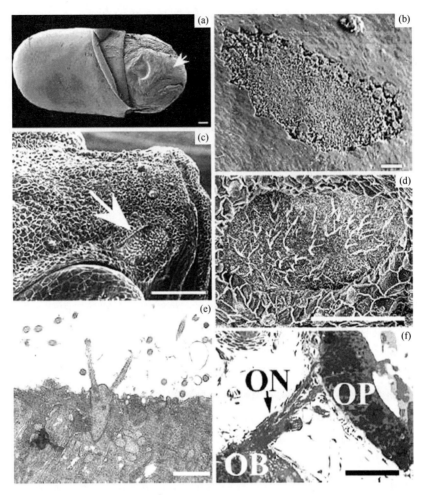

图 5.1　(a) 白条双锯鱼 (*Amphiprion melanopus*) 胚胎发育扫描电镜图，图中示出受精 7 天后整个胚胎的绒毛膜部分。箭头指向的是嗅基板。比例尺 = 100 μm。(b) 黑红小丑鱼 (*Amphiprion melanopus*) 在受精 6 天后的胚胎。占据图像大部分的下陷处是嗅基板的初步形态。比例尺 = 10 μm。(c) 黑红双锯鱼分别在受精后 9 天、孵化后 5 分钟的鼻腔扫描电镜图。箭头指向的是嗅基板。比例尺 = 100 μm。(d) (c) 中嗅基板的扫描电镜特写，比例尺 = 50 μm。(e) 和图 5.2 (b) 中同一类型的嗅觉感觉神经元透射电镜图。比例尺 = 4 μm。(f) 从嗅基板到靠近前脑嗅泡的神经元束透射电镜概览图。比例尺 = 250 μm。OB = 嗅泡，ON = 嗅神经束，OP = 嗅基板。以上图像蒙英国海洋生物联合会杂志同意，复制自 Arvedlund 等 (2000a)

索来定向。即使远离珊瑚礁，也能洄游（速度为 12.4 倍体长/秒，Bellwood and Fisher, 2001），并且游向分布着亲代共生海葵所释放的化学线索的海域 (Murata et al., 1986; Arvedlund and Nielsen, 1996; Arvedlund et al., 1999)。在人工饲养孵化 6 天后的克氏双锯鱼 (*A. clarkii*) 中，有一个通向嗅基板的入口、同时有一个位于远后方附近的出口 [Arvedlund 未发表数据；图 5.2 (a)]。克氏双锯鱼 (*A. clarkii*) 在孵化后就具有嗅觉感觉神

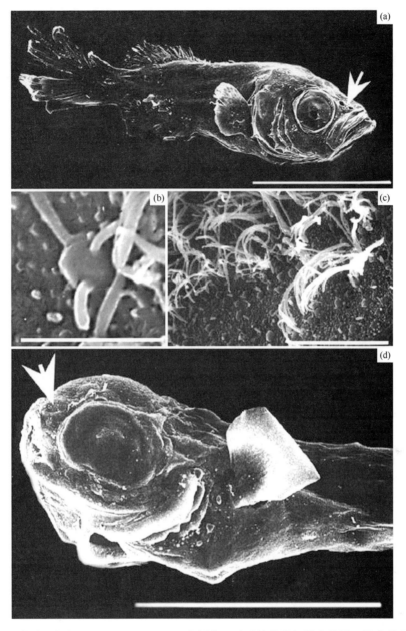

图 5.2 （a）克氏双锯鱼（*Amphiprion clarkii*）在孵化 6 天后幼体的扫描电镜图。箭头指向的是嗅觉器官的入口（在鼻腔的前部）和出口（靠背部较远的位置）。比例尺 = 2 mm。（b）孵化 8 天后的克氏双锯鱼（*A. clarkii*）带有硬纤毛的嗅觉感觉神经元扫描电镜特写图。比例尺 = 2 μm。（c）受精 10 天后，即正在沉降与变态的白条双锯鱼（*A. melanopus*）部分嗅基板的扫描电镜图。注意：位于图像下半部分的是几个未成熟的带有硬纤毛的嗅觉感觉神经元。图片的上半部分，在未成熟的嗅觉感觉神经元的阴影部分有几根细长的非感觉纤毛。比例尺 = 10 μm。（d）图显示的是孵化 5 分钟后的蓝刻齿雀鲷（*Chrysiptera cyanea*）的扫描电镜图，箭头指向的是明显的嗅基板。以上图像经 Reef Consultants 同意复制自 Michael Arvedlund

经元［图5.2（b），（c）］。一些雀鲷科（Pomacentridae）鱼类（除了双锯鱼）在孵化后同样也具有发育良好的嗅基板。

与发育较快的种类［如雀鲷科（Pomacentridae）鱼类］相比，幼体发育速度缓慢的物种的嗅觉器官是否也发育迟缓，对此我们知之甚少。然而最近有科学家对一种育幼速度缓慢的种类，即星斑裸颊鲷（*Lethrinus nebulosus*）做了初步研究（Arvedlund 未发表数据）。与雀鲷科（Pomacentridae）鱼类相反，星斑裸颊鲷（*Lethrinus nebulosus*）幼体直到孵化7天后才开口，而且其幼体阶段（6周）较雀鲷科（Pomacentridae）鱼类（从几天到1~2周）更长。然而，孵化中的星斑裸颊鲷（*Lethrinus nebulosus*），其幼体的嗅基板带有排列于嗅觉上皮的嗅觉感觉神经元（Arvedlund 未发表数据），表明尽管其他系统发育迟缓，但已具有早期能够行使功能的嗅觉系统。由于嗅觉系统能够行使功能甚至先于仔鱼对饵料的需求（即仔鱼还未开口），因此可以推测，早期的嗅觉可能用于其他目的，比如对适宜的生境的定向。

Kavanagh and Alford（2003）对人工饲养的四种珊瑚礁雀鲷科（Pomacentridae）鱼类，即黑腋光鳃雀鲷（*Chromis atripectoralis*）、安邦雀鲷（*Pomacentrus amboinensis*）、棘颊雀鲷（*Premnas biaculeatus*）和多刺棘光鳃鲷（*Acanthochromis polyacanthus*）的生长和发育速度开展了比较研究（图5.3）。他们发现虽然这些种类沉降时的年龄和体长各不相同，但嗅觉器官的发育速度（图5.4）却呈现出惊人的一致性，这表明嗅觉能力与沉降行为以及特定生境无显著相关关系。不过，棘颊雀鲷（*Premnas biaculeatus*）却是例外，它的嗅觉发育启动较早，而且发育速度快于其余三种雀鲷科（Pomacentridae）鱼类（图5.4，图5.8）。笔者认为这种异常的早期嗅觉发育可能是对促进刚孵化的海葵鱼类宿主标记现象的适应（Arvedlund and Nielsen，1996；Arvedlund et al.，1999；Arvedlund et al.，2000a，b）。

最近，Lara（2008）用扫描电镜检测了野外捕获的隆头鱼科（Labridae）、鹦嘴鱼科（Scaridae）和雀鲷科（Pomacentridae）等14种加勒比海鱼类的后期仔鱼、早期稚鱼和一些成鱼的周围嗅觉系统。在沉降前，隆头鱼的前鼻孔和后鼻孔分离。但在某些鹦嘴鱼中，这种分离直到沉降时才完成。人们普遍认为嗅觉感觉细胞位于鱼类嗅觉纤毛的细胞膜上（Hara，1994b）。因此，受体密度或者受体覆盖总面积的增加将扩大嗅上皮的总接收面积。Lara（2008）的研究结果表明，几种隆头鱼科（Labridae）珊瑚礁鱼类仔鱼纤毛型感觉细胞的密度范围从双带锦鱼（*Thalassoma bifasciatum*）稚鱼的 0.389 $\mu mol/L^2$ 到红普提鱼（*Bodianus rufus*）稚鱼的 0.0057 $\mu mol/L^2$，微绒毛感觉细胞的密度范围从尖胸隆头鱼（*Clepticus parrae*）稚鱼的 0.038 $\mu mol/L^2$ 到犬鳞矛背隆头鱼（*Doratonotus megalepis*）稚鱼的 0.266 $\mu mol/L^2$。相比之下，鱼类对嗅觉线索高度敏感，例如鳗鲡科（Anguillidae）的欧洲鳗鲡（*Anguilla anguilla*）嗅觉感觉细胞的密度为 0.075 $\mu mol/L^2$。已知鲑科（Salmonidae）的樱花钩吻鲑（*Oncorhynchus masou*）长距离洄游的导航能力与嗅觉有关，它们的嗅觉感觉细胞密度为 0.110 $\mu mol/L^2$（Yamamoto，1982）。相比于这些对化学线索敏感度较高的种类，隆头鱼的幼体甚至具有更高密度的嗅觉感觉细胞。Lara（2008）在结论中认为，隆头鱼的嗅觉器官的发育在沉降前就已经非常发达，且与成鱼不相上下。

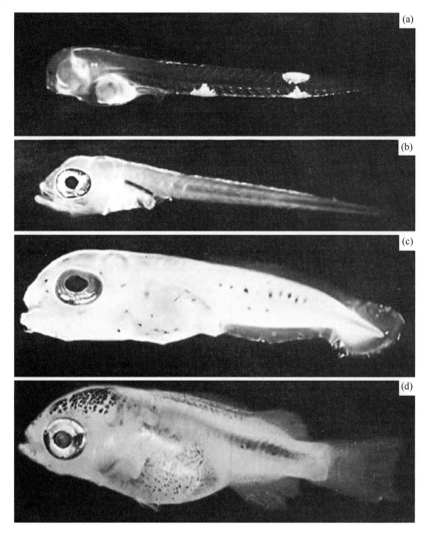

图 5.3 四种雀鲷科（Pomacentridae）鱼类即（a）黑腋光鳃雀鲷（*Chromis atripectoralis*），（b）安邦雀鲷（*Pomacentrus amboinensis*），（c）棘颊雀鲷（*Premnas biaculeatus*）和（d）多刺棘光鳃鲷（*Acanthochromis polyacanthus*）刚孵化的幼体显示了同科鱼类孵化时发育水平的差异。在 28℃的条件下，这些种类的卵期持续时间依次为 2 天，4 天，7 天和 16 天。以上图像经 Wiley-Blackwell 出版社同意，仿自 Kavanagh and Alford（2003）

后期阶段的浮游幼体和刚沉降的珊瑚礁鱼类具有发达的嗅觉器官（Atema et al.，2002；Arvedlund and Takemura，2006；Arvedlund et al.，2007；图 5.2，图 5.5，图 5.6）。Atema 等（2002）开展的综合研究结果表明，野外捕获的云纹天竺鲷（*Apogon guamensis*）（标准体长为 10 mm 和 11 mm）和杜氏天竺鲷（*Apogon doederleini*）[标准体长为 10.5 mm 和 12 mm，属于天竺鲷科（Apogonidae）] 的后期阶段浮游幼体具有发达的、流出型鼻孔和高效率透气的附属囊的鼻腔。莲蓬状嗅丛含有 2~3 片由感觉上皮覆盖的小瓣，并由嗅

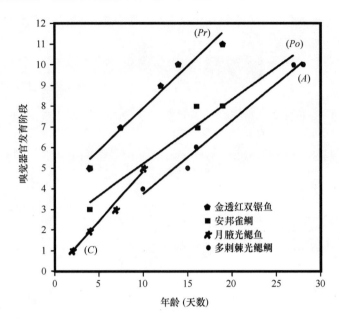

图 5.4 4 种雀鲷科（Pomacentridae）鱼类从受精到沉降过程中嗅觉系统的发育速度。图中显示了每个种类的线性回归线。年龄为受精后的天数。胚胎和幼体在实验室 28℃ 的条件下饲养。每个发育阶段的判断根据以下几个外部形态学特征：① 薄的纤毛；② 宽条纹的纤毛；③ 圆片纤毛；④ 凹陷开始形成；⑤ 浅的单个凹陷；⑥ 深的单个凹陷；⑦ 伸长的凹陷；⑧ 凹陷区开始收缩；⑨ 鼻孔分开，缝合处可见；⑩ 鼻孔明显分开；⑪ 两个鼻孔不对称，其中一个开口扩大。上图经 Wiley-Blackwell 出版社同意，改自 Kavanagh 和 Alford（2003）

觉神经支配，使其与端脑的腹侧嗅泡相连。Atema 等（2002）通过微量移液管吸取少量染色气体，让未被麻醉的天竺鲷（标准体长为 12~15 mm）吸入鼻腔，说明天竺鲷幼体连续不断地吸气，流出鼻腔呼出被染色的气体同时鳃部以 3~4 赫兹的频率运动。

Arvedlund 和 Takemura（2006）研究孵化 53 天后，即在变态 1 周后人工饲养的裸颊鲷科（Lethrinidae）的星斑裸颊鲷（*Lethrinus nebulosus*）嗅觉器官的形态学和神经解剖学。星斑裸颊鲷（*Lethrinus nebulosus*）具有一对位于头部背侧鼻孔内的发达嗅觉器官。这些器官呈椭圆放射莲蓬状，各在一个嗅室中。每个器官由 12 个小瓣构成，每 6 个分别位于中线缝的一侧并且除了边缘外完全被感官以及非感官纤毛覆盖。具有这种纤毛分布类型的种类一般拥有敏锐的嗅觉（Yamamoto，1982）。

Arvedlund 等（2007）用扫描电镜、透射电镜和光学显微镜观察了定居珊瑚礁的虾虎科（Gobiidae）黄副叶虾虎（*Paragobiodon xanthosomus*）（标准体长 ± 标准偏差 = 5.8 mm ± 0.8 mm，$N = 15$）的外部嗅觉器官（图 5.5、图 5.6）。每尾鱼均有两个双侧嗅基板，呈椭圆形、各位于内腹侧的一个嗅室内。每个基板由一片连续的纤毛覆盖。基板上皮包含 3 个不同类型的嗅觉感觉神经元，即纤毛型、微绒毛型和隐窝型，但隐窝型较为罕见。在浮游幼体阶段后，黄副叶虾虎（*Paragobiodon xanthosomus*）沉降在珊瑚礁上并且与一种珊瑚

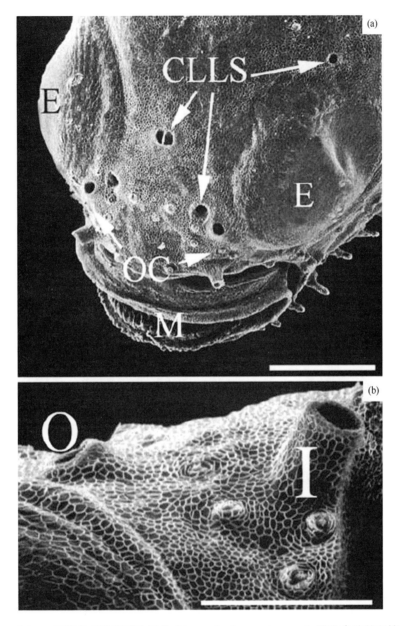

图 5.5　（a）一只刚变态的黄副叶虾虎（*Paragobiodon xanthosomus*）稚鱼鼻腔的电镜扫描全图。OC—嗅室；E—眼睛；M—嘴；CLLS—头部侧线系统。比例尺 = 500 μmol/L。（b）扫描电镜下鼻腔的入口（I）和出口（O）。比例尺 = 200 μmol/L。入口和出口的鉴别根据其他鱼类的形态学（Zeiske et al., 1992）。图像经 Elsevier 出版社同意，仿自 Arvedlund 等（2007）

[尖枝列孔珊瑚（*Seriatopora hystrix*）] 形成共生关系。Sweatman（1985）和 Elliott 等（1995）的野外研究表明，某些雀鲷类幼鱼能够在同种的或者是小生境的嗅觉线索的帮助下确定短距离范围内的小生境（距离<10 m，Elliott et al., 1995）的方向。此外，最近

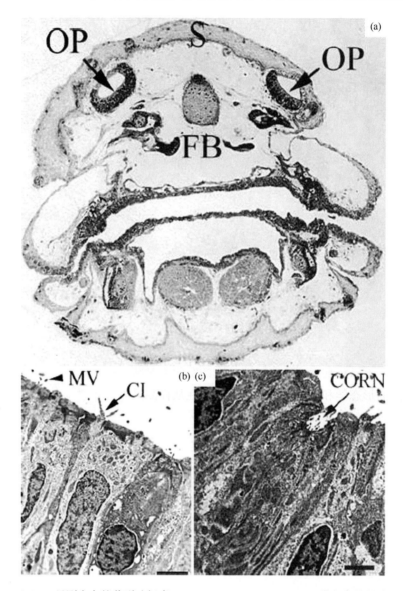

图5.6 （a）一只刚变态的黄副叶虾虎（*Paragobiodon xanthosomus*）稚鱼鼻腔的光学显微镜图。OP—嗅基板；S—鼻；FB—前脑。放大倍数为40倍。（b）嗅基板的部分透射电镜图。MV—附在树突状的嗅结节并带有微绒毛的嗅觉感觉神经元，CI—带有附在树突状瘤纤毛的嗅觉感觉神经元。比例尺＝2 μmol/L。（c）一个隐窝型的嗅觉化学感觉细胞（CORN）的光学显微镜图。比例尺＝2 μmol/L。图像经Elsevier出版社许可，仿自Arvedlund等（2007）

Arvedlund研究了双锯鱼嗅觉器官形态学（未发表数据），表明具有发达的嗅觉器官的黄副叶虾虎（*P. xanthosomus*）幼体能够识别短距离内（<10 m）的化学线索，而且在沉降阶段，嗅觉器官可能有助于幼鱼导航定向和选择适宜的珊瑚礁生境。

综上所述，近期研究表明，珊瑚礁鱼类幼体的嗅觉器官（包括嗅觉感觉神经元）发育迅速。这种发育模式既包括幼体阶段较短（即 1~2 周）的种类，如雀鲷科（Pomacentridae）的双锯鱼和虾虎科（Gobiidae）的珊瑚虾虎，也包括幼体阶段较长（>2 周）的种类，如裸颊鲷科（Lethrinidae）鱼类和隆头鱼科（Labridae）鱼类。然而，这个结论的得出是基于有限的研究，也包括一些研究对象是人工饲养而非野外捕获的鱼类。有观点认为人工饲养幼鱼的嗅觉器官可能畸形发育，Mana 和 Kawamura（2002）发现人工饲养的鲷科（Sparidae）鱼类的真鲷（*Pagrus major*）和黑棘鲷（*Acanthopagrus schlegelii*）不仅鼻腔开口发育异常，而且嗅觉感觉神经元分布不规则。

此外，我们不得不考虑在研究这种微妙的器官发育过程时所用方法造成的误差。例如，扫描电镜并不总能显示每个嗅觉感觉神经元，有个别的神经元隐藏在许多长的非感觉纤毛的下方 [Arvedlund 数据未发表，见图 5.2（c）]。为了准确地回答具有哪种类型的感觉细胞，其密度多大，以及鱼类能识别哪种类型化合物等问题，还应该结合使用透射电镜和免疫细胞化学的方法研究嗅觉受体耦合 G 蛋白。为了确定特定的受体密度是否能使得一种鱼类对嗅觉线索的敏感程度高于其他受体密度较低的鱼类，Belanger 等（2003）以及 Hansen 和 Zeiske（1998）曾使用超微结构法并结合电生理学（Wright，2005）或者行为测定的方法（Kasumyan，2002）。

最后，非常重要的一点是，与人工饲养的样品相比，野外捕获的幼鱼形态学研究面临样品从采集地点运输到配备有合适仪器分析的实验室时间长短的挑战。为了避免人为因素的影响，样品的形态学和超微结构的研究必须在从样品采集开始的几个星期内（最好几天内）完成（Arvedlund 未发表的数据；Hayat，2000）。因为样品可能仅仅在保存一个月后就受到人为因素的影响（Arvedlund 未发表的数据）。一个可行的办法是在配备有组织学和电镜设施的野外站点进行形态学研究。

甲壳纳十足类大部分躯体都具有化学感觉细胞，在它们沉降到底栖生境过程中起到非常重要的作用（参见 Derby et al.，2001；Jeffs et al.，2005；Caprio and Derby，2008 等最近的综述）。甲壳纳十足类具有外骨骼（见图 5.9），因此化学感应神经元聚集在角质层的扩展结构中，且被称为刚毛或者感觉器（Caprio and Derby，2007）。甲壳纳十足类的第一触角或者小触角是主要的化学感应器官，而且是作为"化合物鼻子"的功能单位（Derby et al.，2001）。感觉纤毛是目前为止人们研究最彻底的第一触角的化学感觉器（Derby et al.，2001）。感觉纤毛位于第一对触角上，且只存在于第一触角横向鞭毛的末端。化学刺激经过感觉纤毛的多孔角质层与在嗅觉感觉神经元树突上的受体部位连结。感觉纤毛的嗅觉感觉神经元投射到同侧配对的嗅叶上。嗅叶能够接收几乎全部来自感觉纤毛嗅觉神经元的刺激。嗅叶具有大体上类似于其他动物一级嗅觉神经纤维网的小球组织（Caprio and Derby，2007）。想要了解更多有关细节，请参考 Derby 等（2001）以及 Caprio 和 Derby（2007）的论文。感觉结构很普遍，并且大量分布于十足目幼体的体表（Anger，2001）。许多十足目幼体具有特殊的化学感觉器，但大多数感觉器是双模式的，既是化学受体也是化学传感器（Anger，2001）。龙虾的叶状幼体和早期稚虾都具有一列沿着角鞭毛连续排列的羽状刚毛，这种刚毛在龙虾发育到晚期仔虾阶段时即消失。类似排列的化学感应刚毛也见于其他生活史中不向岸洄游的十足类（Jeffs et al.，2005）。甲壳纳十足类大眼幼体的背侧面具有一种独特的器官（成体不存在），为带有4个凹面和乳突的中心孔状，被称为"背器官"（Laverack，1988以及其中的参考文献）。这种器官的功能尚不清楚，但被认为与化学感觉有关（Laverack，1988）。Keller等（2003）发现成年梭子蟹科（Portunidae）的蓝蟹（*Callinectes sapidus*）（推测是成体，文章未提到大小等级）同时使用头部和胸部的附属结构根据嗅觉诱导定向。由于蓝蟹幼体首次沉降于底栖生境时根据嗅觉线索定向（例如Forward et al.，2003），因此推测它们可能同时利用头部和胸部的附属结构完成沉降过程。

综上所述，我们对热带甲壳纳十足类早期生命周期阶段嗅觉感官的形态学和神经解剖学知之甚少（佐治亚州立大学的C Derby，私人通信），但是间接的行为证据表明，嗅觉感官显然存在于多种生物中（Forward et al.，2001，2003）。在对幼体阶段的研究取得进一步进展之前，笔者建议读者参考Grünert和Ache（1988）对龙虾科（Palinuridae）的成年眼斑龙虾（*Panulirus argus*）微感毛（嗅觉器官）感觉器超微结构的研究，Hallberg等（1992）对微感毛概念，即甲壳类假定的嗅觉受体细胞复合物的结构变化的研究以及Hallberg等（1997）对甲壳类的嗅觉感觉器形态学、雌雄异型现象和分布类型的研究。其他有益的参考文献包括Derby等（2001）对龙虾复合鼻功能和形态发育的研究，Derby等（2003）关于加勒比海龙虾早期稚虾和成体阶段嗅觉器官的比较研究，Laverack（1988）对化学受体（包括甲壳类受体）多样性的研究，Anger（2001）对甲壳类幼体生物学的研究，Caprio和Derby（2007）对成鱼和甲壳类嗅觉系统的比较研究，Kennedy和Cronin（2007）对蓝蟹生物学的研究，Phillips（2006）对龙虾生物学的研究以及Lavalli和Spanier（2007）对蝉虾生物学和资源量的研究。最后三篇参考文献除了涉及其他主题外还包括对早期生活史阶段一般形态学的综述。Santos等（2004）描述了人工饲养的亚热带长臂虾科（Palaemonidae）的岩虾（*Periclimenes sagittifer*）幼体发育的全过程。

5.2.2 听觉感官

Popper和Fay（1999）以及Popper等（2003）已经详细总结了目前对硬骨鱼类听觉感官的知识。Popper等（2001）和Montgomery等（2006）综述了甲壳类的听觉感官的研究进展，其中，后者综述比较了鱼类和甲壳纳十足类幼体利用声音来探测热带生态系统的能力，认为声音可以作为定向的线索，鱼类和甲壳类能够听到声音并且能够根据听到的声音定向，其方式与根据声音引导其沉降于珊瑚礁上一致。

硬骨鱼类有一对内耳，大约位于头部后脑水平位置的两侧颅骨内（Popper et al.，2003；Popper and Fay，1999）。鱼类的内耳由3个半规管和与其相关的感觉上皮或嵴以及三个耳石组成（例如在珊瑚礁鱼类中的耳石，见图5.7）。所有这些器官中的感觉上皮由机械感觉的毛细胞和支持细胞组成（Popper et al.，2003；Popper and Fay，1999）。鱼鳔或者其他充满气体的隔室有助于鱼类感知水中的声压（Popper et al.，2003；Popper and Fay，1999）。

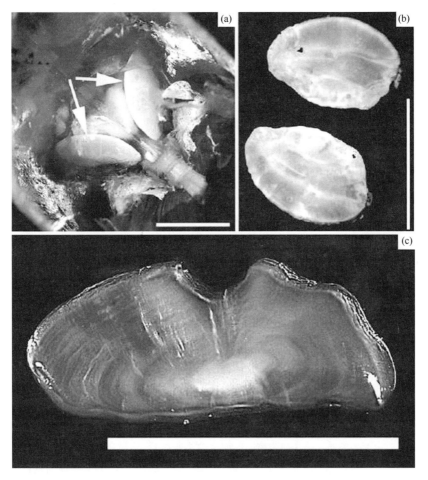

图 5.7 珊瑚礁鱼类的听觉感官。(a) 耳石的解剖位置（箭头指向），来自一尾体长为 25 mm 的天竺鲷科（Apogonidae）的蓝身天竺鲷（*Apogon cyanosoma*）。比例尺 = 5 mm（b）耳石，从 a 图中的蓝身天竺鲷（*Apogon cyanosoma*）分离而来（a）. 比例尺 = 5 mm。图像经 Reef Consultants 的许可，仿自 Michael Arvedlund。(c) 横切成薄片并经过打磨后的耳石，耳石来自雀鲷科（Pomacentridae）的黄雀鲷（*Pomacentrus moluccensis*）。年轮清晰可见。比例尺 = 3 mm。图像由 Thea Marie Brolund 提供

胚胎期的雀鲷科（Pomacentridae）的大眼双锯鱼（*Amphiprion ephippium*）和红双锯鱼（*A. rubrocinctus*）能够感知声音（Simpson et al.，2005b），而且感知的声音频率范围及反应灵敏度在胚胎期间逐渐增大。这意味着至少某些珊瑚礁鱼类在发育早期就具备听觉能力，也就是说，听觉能力应该在胚胎形成期间就已经具备（Simpson et al.，2005b）。雀鲷类和双锯鱼在求偶、竞争和区域性行为中普遍利用声音，一些种类甚至发展出地域性"方言"（Parmentier et al.，2005），因此这些珊瑚礁鱼类除了可能利用声音来寻找到合适的沉降生境外，还为这些功能进化出听觉接收能力。

最近，Gagliano 等（2008）指出，内耳不对称的热带珊瑚礁鱼类幼体不仅在寻找适宜

生境中困难较大,而且死亡率显著较高。他们进一步证明了在胚胎期出现不对称内耳的个体,在随后的幼体阶段无法通过任何补偿性生长机制来纠正这种错误。

由于对鱼类感官的形态学和生理学研究显著多于对甲壳类的研究,因此目前我们对甲壳类的听觉仍然知之甚少(Montgomery et al.,2006)。已经证明,受体可以对水中声音,比如水流、质点运动以及压力变化作出反应,然而它们的感知方式、感知阈值以及敏感范围仍不明确(Popper et al.,2001)。由于珊瑚礁鱼类中的若干种类在其浮游阶段更容易被礁体生物声波增强的光诱捕器吸引(Montgomery et al.,2006),因此推测至少某些热带珊瑚礁鱼类的幼体具有听觉感官结构。此外,Wright 等(2005,2008)表明沉降前后的雀鲷科(Pomacentridae)的长崎雀鲷(*Pomacentrus nagasakiensis*)和沉降阶段的鮨科(Serranidae)的豹纹鳃棘鲈(*Plectropomus leopardus*)能够识别若干段频率的声音。

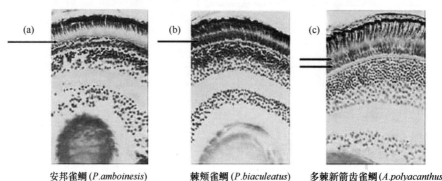

图5.8 3种雀鲷孵化7天的幼体或者胚胎眼部截面垂直组织切片电镜图,显示了视网膜发育速度的差异。感光细胞核层增加(箭头所指),外部和内部的细胞核层(位于箭头下方)也增加。安邦雀鲷(*Pomacenthus amboinensis*)(a)具有薄的视锥细胞核层,而棘颊雀鲷(*Premnas biaculeatus*)(b)具有较厚的视锥细胞核层,虽然为低龄鱼,多棘新箭齿雀鲷(*Amphiprion polyacanthus*)(c)有两层正在发育的视锥细胞核层。图像经 Wiley-Blackwell 出版社同意,仿自 Kavanagh 和 Alford(2003)

5.2.3 视觉

虽然视觉对于鱼类幼体捕食和躲避捕食者都是非常重要的感觉,但对于幼体远距离定向洄游到珊瑚礁来说就显得不那么重要了。也就是说,通过视觉来直接对几千米外或者即使是100 m外的珊瑚礁定向似乎也是不合理的。可能的例外是(如观测到的海龟)利用天体或者太阳进行定向,但在热带鱼类的幼鱼中尚未发现这种现象。不过,光诱捕器[在光诱捕器中放一个内置灯光的透明盒子,并于夜间悬挂在海上(Doherty,1987),专门吸引沉降前的珊瑚礁鱼类幼体]的成功利用表明,正在沉降的幼体至少在这个阶段具有趋光性。

随着幼体接近珊瑚礁生境,视觉对于幼体探测适宜的拟沉降生境和诱发物种特异行为

(比如集群）变得越来越重要。在成体中，由于珊瑚礁周围的水质清澈，这种环境下的视觉线索相比于其他环境显得更加重要（Myrberg and Fuiman, 2002）。此外，虽然不同种类的珊瑚礁鱼类在沉降时的年龄和体长差异较大，但为了适应沉降生活，视网膜无一例外地在形态和功能上发生显著变化，表明从浮游环境到底栖环境视觉发生的适应性进化。本节综述了珊瑚礁鱼类和甲壳类幼体视觉发育的最新研究进展。

根据迄今为止的研究，所有珊瑚礁鱼类视网膜发育轨迹相当一致。珊瑚礁鱼类幼体的眼睛发育较早，仅仅在孵化几天后就能行使功能，并初步具备单一视锥细胞组成的视网膜。随着接近沉降或者变态阶段，它们开始发育出视杆细胞，视锥细胞的密度和多样性也随之增加，视锥细胞的排列变得更加有序。并且通过移动色素层，幼体获得了光适应能力（Kavanagh and Alford, 2003）。已知不同种类珊瑚礁鱼类的视网膜发育速度也不一样（与其生活史差异有关）（Kavanagh and Alford, 2003）。以下笔者总结了最近的一些测定珊瑚礁鱼类晚期阶段幼体以下几个参数的研究：（1）视敏度或者分辨力；（2）光谱灵敏度，包括彩色和紫外线的波长；（3）看到偏振光的能力。

最近开展的多项研究，采用解剖学和行为学方法，测试了珊瑚礁鱼类幼体视网膜的视敏度和分辨力及其在发育过程中的变化。Lara（2001）在视网膜解剖研究中，根据视锥细胞的密度和焦距，计算了最小可分角度（MSA），按照最小可分角度测量了 12 种珊瑚礁隆头鱼和鹦嘴鱼沉降前后的视敏度。结果表明，在沉降阶段，咽颌鱼类（尤其是鹦嘴鱼）的视敏度低于其他鱼类。但是，她推测正在沉降的隆头鱼幼鱼在白天能够在 12~30 m 以外的距离分辨出 30 cm 大小的珊瑚头。棘颊雀鲷（*Premnas biaculeatus*）最小可分角度的计算结果说明，相比于其他种类，这种鱼具有极高的视敏度（Job and Bellwood, 1996; Lara, 2001）。除了这些解剖学测量外，也有相关研究报道了若干种不同类型的视敏度行为测定方法。Job 和 Bellwood（1996）利用影像记录法测量了鱼类捕食的反应距离，发现棘颊雀鲷属（*Premnas*）鱼类仅对体长 1~2 倍距离内的食物有反应。他们根据自己的实验研究结果反驳了运用解剖学方法估算的视敏度，认为可能严重高估了幼体实际的视敏度（比如上文 Lara 的估算）。然而，这个领域的行为学研究却呈现相反的研究结果（Lecchini et al., 2005c），行为学结果表明雀鲷类的蓝绿光鳃雀鲷（*Chromis viridis*）即使在嗅觉能力受损的情况下，也能找到 375 cm 以外的适宜生境。同种个体的存在可能使得视觉探测和嗅觉探测同等重要。这些关于珊瑚礁鱼类实际视敏度研究所得出的结论截然不同，说明需要更多精心设计的研究来确定解剖学和行为学敏锐度的关系，以及鱼类的视敏度要达到何种水平才能探测到重要生境特征。

几位学者最近研究了发育过程中个体光谱敏感性的变化，或者说感知不同颜色或不同波长光波的能力。低龄幼体发育出的第一个光感觉器为单个视锥细胞，而 Shand 等（2002）在对一种河口定居鱼类的研究中发现，一个视锥细胞中的不同视蛋白让布氏棘鲷（*Acanthopagrus butcheri*）的视觉敏感度在两个波长值（分别为 425 nm 和 534 nm）时达到高峰。在幼体发育出两个视锥细胞时，视敏度随着年龄的增加而增强，同时视力范围也相应扩大。在短波光能够透射至水体中的热带水域（清澈而非混浊的水体），紫外线可能显

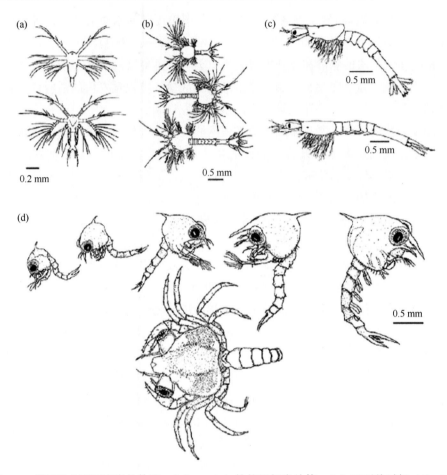

图 5.9 若干种典型甲壳类幼体图。(a) ~ (c) 枝状鳃虾类幼体：(a) 巴西美对虾 (*Farfantepenaeus brasiliensis*) 无节幼体的阶段 I 和阶段 V, (b) 褐虎对虾 (*Penaeus esculentus*) 的前蚤状幼体的 I ~ III 阶段以及 (c) 巴西美对虾 (*F. brasiliensis*) 的糠虾幼体的第 I 和第 III 阶段。(d) 塞耶招潮蟹 (*Uca thayeri*) 幼体蚤状幼体的 I ~ V 阶段以及大眼幼体阶段。以上图像经 Balaban Science 出版社同意，仿自 Anger (2006)

得更为重要。虽然北方温带海洋低龄幼鱼中普遍发现了对紫外线敏感的色素 (Britt et al., 2001; Loew et al., 1997), 但是只在热带珊瑚礁鱼类的稚鱼和成鱼 (而没有在仔鱼中) 中观察到紫外线敏感光感觉器 (Hawryshyn et al., 2003; McFarland and Loew, 1994)。与形态学研究结果一致，珊瑚礁鱼类行为学的研究结果也表明，低龄的幼体无法利用紫外光，而沉降前的仔鱼则可以。Job 和 Shand (2001) 通过实验室行为学测试和对 3 种珊瑚礁鱼类 [裂带天竺鲷 (*Apogon compressus*)、安邦雀鲷 (*Pomacentrus amboinensis*) 和棘颊雀鲷 (*Premnas biaculeatus*)] 的比较研究表明，光谱灵敏度总体上随着年龄和体长的增加而增强，并得出了晚期仔鱼 (而非早期仔鱼) 能够吸收紫外光 (365 nm) 的结论。此外，他们还得出以下结论，尽管这 3 种鱼类幼体中的某些种类生活在更深的水层，但是它们的平均光谱灵敏度范围相似 (493 ~ 507 nm)。在另一项同样对这 3 种鱼的研究中，Job 和 Bellwood (2007) 再次发现，年龄较大的幼体能够成功地单独吸收长波紫外线 (365 nm)，而年龄较小的幼体却只能够吸收波长大于或等于 400 nm 的紫外线。他们分别使用内置紫外光和白光的光诱捕器在野外进行实验，测试在野外条件下，移向光诱捕器的沉降前珊瑚礁鱼类的分类学范围宽度。结果显示，内含紫外光的光诱捕器收集到了 16 科的珊瑚礁鱼类（也有一些未鉴定的甲壳类），而内含白光的光诱捕器收集到了 21 科的珊瑚礁鱼类。虽然珊瑚礁生境中的紫外线对鱼类而言显然有用 (Losey et al., 1999)，但也有折中的说法，即一方面视网膜对紫外光的敏感性能够提高鱼类对饵料的分辨能力；另一方面，让紫外光穿透眼睛会引起鱼类组织损伤 (Siebeck and Marshall, 2007)。Siebeck 和 Marshall (2007) 通过测试眼介质的传输特性，确定紫外光能否通过介质进入大多数珊瑚礁鱼类幼体和成体的视网膜，以及紫外光在传输过程中是否受到阻挡。他们发现，在大约一半受到测试的鱼类中，紫外光能够通过眼介质（中断传输波长各有不同），并且在不同科的鱼类中随个体发育，紫外光通过眼介质的变化模式不同。例如，在一些鱼类中，紫外线仅在幼体中透射，在成体中无法透射，而在另一些鱼类中，紫外线仅在成体中透射，在幼体中无法透射。不同类群的鱼类的紫外光敏感性的深入比较研究有助于加深了解紫外线的功能意义。综上所述，迄今的形态学和行为学证据表明，低龄的浮游幼体无法利用紫外光。而随着仔体接近沉降阶段，许多种类逐渐发育出吸收紫外光的能力。评估多刺棘光鳃鲷 (*Acanthochromis polyacanthus*) 刚孵化幼体对紫外光探测能力的研究在"生物进化"方面可能会非常有趣，因为这种鱼缺乏浮游阶段，直接在珊瑚礁上孵化，且已知它们的眼睛发育迅速 (Kavanagh and Alford, 2003; Pankhurst and Pankhurst, 2002, 见图 5.8 中有关珊瑚礁鱼类的视网膜部分)。如果生境导致了幼体和成体间的差异，预计它们为了配合孵化而会加速增强紫外光敏感度。

对鱼类而言，在水质清澈的热带水域中能利用偏振光也可能大有益处，因为有助于消除在浅水中由散射光引起的视觉模糊。人们已经发现雀鲷科 (Pomacentridae) 的稚鱼具有 3 个和 4 个通道偏振，是已知所有脊椎动物中偏振灵敏性最复杂的种类 (Hawryshyn et al., 2003)。十足类具有 2 个通道偏振能力。我们仍然需要更多的研究来进一步确定这种能力是否能用于定位和导航，以及鱼类幼体是否也和成体一样具有该能力。

甲壳纳十足类和鱼类相似，生命周期也由两部分组成，只是在仔稚体阶段后进行更加全面的变态发育 (图 5.9)。十足类的幼体和成体均具有复眼，但在变态发育过程中，它们会改变眼睛位于头部的相对位置。一些研究者已经分析了十足类在个体发育过程中，从幼体的同位眼睛改变为成体重叠眼睛的现象。他们认为伴随着相对位置的变化，眼睛的功能也发生了相应的变化 (Douglas and Forward, 1989; Mishra et al., 2006)。

有学者推测，十足类幼体的视觉对于其在水体中垂直定向移动和回避捕食者具有重要意义 (Cronin and Jinks, 2001; Huang et al., 2005)。若干种甲壳纳十足类的比较研究给处于眼睛发育阶段的早期幼体的保护提供了证据 (Harzsch et al., 1999)，可能是因为它们都生活在开放的中上层水域，而且环境条件相同。然而，随着幼体接近变态发育阶段，不同种类之间眼睛发育的差异变得更加明显，反映了各自栖息环境的差异 (Cronin and

Jinks，2001）。甲壳类的复眼具有小而紧密的视网膜，而且在所有获得研究种类的幼体中，均只发现了一类光感觉器（最大吸收波长范围在 450~500 nm）；不过，行为学的研究显示紫外线受体和处于蓝、绿光谱中的受体一样活跃（Cronin and Jinks，2001）。

大部分的十足类成体和幼体都具有利用偏振光的能力。虽然这种本领在十足类定向中的作用尚未经过专门验证，但研究者发现偏振光能够影响小龙虾背部的光反射，而且这种影响方式与草虾利用"太阳罗盘"来确定较深水体方向有几分类似（Glantz and Schroeter，2007）。Mishra 等（2006）认为刺岩龙虾（*Jasus edwardsii*）叶状幼体的眼睛能够区别电子矢量，因此在定向过程中发挥作用。这些研究都表明了甲壳纳十足类幼体的导航能力需要视觉。

最后，底栖十足类成体的局部洄游可能导致邻近的热带生境之间的某种联系，并且在这个过程中可能涉及视觉导航。最近有关底栖十足类成体行为学的实验证据表明，视觉线索可能对于共生的虾类和蟹类寻找成年寄主和庇护所至关重要。

综上所述，视觉的最大用处可能在于小范围内生境的选择或者导航，而不在于长距离的导航。视敏度的测量结果高度取决于采用的测量方法。越来越多的形态学和行为学分析表明，热带鱼类和甲壳类沉降阶段的幼体都至少利用了蓝、绿光谱中的颜色，并且也常常利用短波长紫外线。目前人们已经观察到一些十足类和雀鲷类成体具有探测偏振光的能力，但仍需要实验，进一步验证其低龄幼体是否也具有这种能力。

5.2.4 侧线和电感觉器

侧线器官是两栖动物和鱼类皮肤表层的一种感觉系统，与甲壳纳十足类的机械感觉器系统相似，能够感知附近水体相对于体表的流动（Maruska，2001）。由于侧线仅能够感知附近水体的运动，因此不太可能在超过 10 m 的距离外起作用。然而，这种机械感觉器系统可能在促进附着阶段的珊瑚礁鱼类和十足类幼体寻找首个底栖生境方面起到重要作用（Baker and Montgomery，1999；Coombs et al.，2001）。

在鱼类中，该系统由单一的感觉单位，即神经丘构成。神经丘在鱼体大部分区域均有分布。有些神经丘是独立存在的，而另一些神经丘镶嵌在侧线管中。一个神经丘由一群感觉毛细胞组成，感觉毛细胞能对纤毛的偏向相应作出反应。因此，神经丘能够提供附近水体流动的信息（Ghysen and Dambly-Chaudiere，2007）。侧线毛细胞的纤毛束伸入胶状的吸盘中，吸盘有扁平的、带状的或者是杆状的（Mogdans and Bleckmann，2001）。人们推测，不同形态的外部侧线可以适应具体物种生境的水动力条件。然而，总体上来说，不同种类鱼类的生理特征都非常相似［Coombs et al.，1988，1989；Mogdans and Bleckmann，2001；Myrberg and Fuiman，2002（完全关注珊瑚礁鱼类感官的研究）以及 Ghysen and Dambly-Chaudiere，2007 等的综述］。希望了解海洋硬骨鱼类幼体游离神经丘的功能，请参考 Blaxter 和 Fuiman（1989）的综述。这些器官传统上分为两种主要类型，即普通型和特化型，分别起到机械性刺激感觉作用和电刺激感觉作用（希望要详细了解这两类受体的结构多样性，请参考 Cernuda-Cernuda and Garcí-Fernández，1996 的综述）。

侧线受体由六对基板发育而来（Fuiman，2004 以及其中的参考文献）。虽然人们已经研究了不同类群的多种鱼类的侧线系统，但是截至本文写作之时，仍未见有关热带珊瑚礁硬骨鱼类侧线系统形态学的研究专著（罗德岛大学的 JFWebb，私人通信）。近期内有关鱼类侧线系统发育的综述参见 Webb（1999），Northcutt 等（2000）和 Fuiman（2004）。

Diaz 等研究了温带/亚热带狼鲈科（Moronidae）的欧洲鲈鱼（*Dicentrarchus labrax*）从胚胎期到成鱼阶段的侧线系统发育。在缺乏有关热带鱼类详细研究结果的情况下，该研究对今后的工作是有益的指导。Diaz 等（2003b）利用光学显微镜和电子显微镜，发现欧洲鲈鱼孵化之前不久，第一游离神经丘就出现在头部，并在幼体阶段不断成倍增长。游离神经丘以与即将出现的侧线沟位置相同的模式排列在头部和躯干部。向稚鱼阶段的转变标志着重要的解剖学变化的开始，在此阶段其头部和躯干部的侧线沟相继形成。

低龄鱼类幼体没有侧线沟，例如，在扫描电镜下从未在白条双锯鱼（*Amphiprion melanopus*）和克氏双锯鱼（*A. clarkii*）的幼体上观察到侧线沟［Arvedlund，未发表的数据，图 5.10（b）］。然而刚变态的珊瑚礁虾虎科［Gobiidae，图 5.5（a）］的黄副叶虾虎（*Paragobiodon xanthosomus*）和变态前 6 天（即已孵化 38 天）的裸颊鲷科（Lethrinidae）的星斑裸颊鲷（*Lethrinus nebulosus*）［图 5.10（a）］明显存在头部侧线系统（Arvedlund et al.，2007）。Lara（1999）利用扫描电镜观察了若干种海猪鱼属（*Halichoeres*）、尖胸隆头鱼属（*Clepticus*）、矛背隆头鱼属（*Doratonotus*）、虹彩鲷属（*Xyrichtys*）和锦鱼属（*Thalassoma*）鱼类和若干种鹦嘴鱼科（Scaridae）鹦嘴鱼沉降阶段的仔鱼和早期稚鱼头部侧线系统和侧线沟，发现侧线沟在一行位于将来侧线沟位置的游离神经丘的周围发育。侧线沟孔开始出现于一行神经丘的一端或者两端。在侧线沟包围这些游离的神经丘后，至少在整个幼鱼阶段，侧线沟孔的数量都沿着侧线沟不断增加。刚形成的侧线沟孔通常比高龄稚鱼和成鱼的侧线沟孔更宽。较早期阶段的稚鱼具有较少较宽的侧线沟，而且较多或者部分的侧线沟仍由裸露的神经丘组成。在晚期阶段的稚鱼中，完全包围的侧线沟比例较高，且与早期阶段相比呈现较多较小的侧线沟孔。沉降阶段的斑鳍海猪鱼（*Halichoeres maculipinna*）似乎是已知相同发育阶段隆头鱼中发育最为完善的种类：沉降阶段的斑鳍海猪鱼（*Halichoeres maculipinna*）具有最为封闭的侧线沟和数量最多的侧线沟孔。其余的海猪鱼属（*Halichoeres*）、尖胸隆头鱼属（*Clepticus*）和矛背隆头鱼属（*Doratonotus*）的鱼类在沉降阶段都达到相似的，但略低于斑鳍海猪鱼（*H. maculipinna*）的发育水平。沉降阶段的虹彩鲷属（*Xyrichtys*）和锦鱼属（*Thalassoma*）与其他早期阶段的隆头鱼相似，都出现轻微的幼形遗留现象。锦鱼属（*Thalassoma*）鱼类在前鳃盖骨完全形成以前就完成沉降。沉降阶段的锦鱼属（*Xyrichtys*）鱼类的眼眶难以辨认。虹彩鲷属（*Xyrichtys*）沉降阶段幼体的上皮组织缺乏游离神经丘，而沉降后的幼鱼具有游离神经丘。鹦嘴鱼（*Scarus* sp.）幼体发育水平似乎远低于隆头鱼科（Labridae）的鱼类。沉降阶段的鹦嘴鱼（*Scarus* sp.）个体比同一时期已采集的任何一种隆头鱼都小。沉降阶段的鹦嘴鱼（*Scarus* sp.）眼眶难以辨认，几乎无侧线孔，但具有一个未完全形成的嗅觉器官。这些研究表明，许多热带海洋硬骨鱼类的幼体在孵化时以及整个早期幼体阶段均无侧线系统，但具有触觉感测的游离神经丘。

一些种类在浮游阶段发育出侧线系统。然而，目前我们仍然需要深入开展比较研究，才能对热带硬骨鱼类侧线系统的发育做出全面的结论。

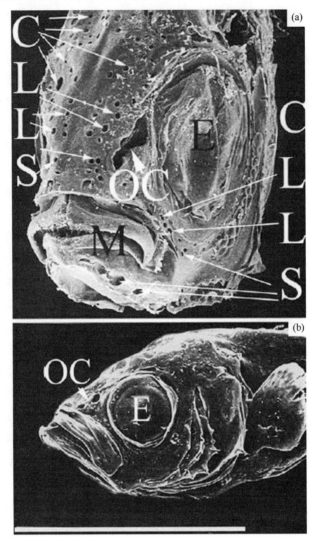

图 5.10　不同珊瑚礁鱼类幼体头部侧线系统发育的差异。(a) 以珊瑚礁为育幼场的星斑裸颊鲷 (*Lethrinus nebulosus*) 孵化 38 天后（约变态前 6 天，43~44 天）的吻。该阶段的星斑裸颊鲷 (*Lethrinus nebulosus*) 具有发育完善的头部侧线系统。CLLS—头部侧线系统；OC—嗅室；E—眼睛；M—嘴。(b) 克氏双锯鱼 (*Amphiprion clarkii*) 孵化 6 天后（约变态前 4 天）幼体的鼻。该阶段的克氏双锯鱼 (*Amphiprion clarkii*) 无头部侧线系统。图像经 Reef Consultants 同意，仿自 Michael Arvedlund

甲壳纲十足类的机械感觉器至少可以分为两种类型：振动感觉器和触觉感觉器。一般认为，机械性感觉器细胞非常相似，并且具有区别于化学感应细胞的 5 个超微结构特征 (Garm and Høegh, 2006 以及其中的参考文献)。

大部分有关十足目机械性感觉研究的实验对象来自温带水域的种类（奥克兰大学的 AG Jeffs，私人通信）。我们不了解自 2001 年以来已经发表的所有有关机械感觉器的研究成果。Nishida 和 Kittaka（1992）研究了刺岩龙虾（*Jasus edwardsii*）叶状幼体最后阶段的外部形态和外部器官分布。这些器官和其他十足类已知功能的感觉器官的形态比较结果表明，躯干的背部表面是岩龙虾（*Jasus phyllosoma*）叶状幼体感知附近水体流动的主要位点之一。已知十足类的躯干部、小触角和触角的表皮有七种器官，即（1）羽状刚毛，（2）单一刚毛，（3）多孔刚毛，（4）微感刚毛，（5）单一毛孔，（6）背部表皮器官以及（7）圆顶状结构。头部、腹部和尾节的背部表皮都富含羽状刚毛和单一毛孔。背部表皮器官仅存在于虾头背部表皮。微感刚毛仅分布于小触角。

大多数非硬骨鱼类具有电感觉行为，特别是无颌类（Agnatha）、板鳃类（Elasmobranchii）、全头类（Holocephali）、软骨硬鳞类（Chondrostei）、多鳍鱼类（Polypteri）、肺鱼类（Dipnoi）和硬骨鱼类中的鲶形目（siluriforms）的鲶鱼、刀鱼目（gymnotiform）的宝刀鱼、长颌鱼目（mormyriforms）的象鼻鱼以及骨舌鱼目（osteoglossiforms）中的光背鱼亚科（Xenomystinae）（Zupanc and Bullock，2005 以及其中的参考文献）。希望全面了解电感觉行为，请参阅 Bullock 等（2005）的综述。此外，也可参考 Myrberg 和 Fuiman（2002，140~143 页）发表的论文，该论文总结了到 2001 年为止所有有关珊瑚礁鱼类电感觉行为的研究成果。此外，无证据表明海洋无脊椎动物也具有电感觉行为。

电信号由两类相当不同的电感觉器神经元调节，即壶腹型神经元和块茎型神经元。壶腹型电感觉器神经元见于大多数非硬骨鱼类（除了盲鳗目和全骨类）以及真骨鱼类的四个目。块茎型感觉器神经元仅在硬骨鱼类中的两个目，即电鳗目（Myxiniformes）和长颌鱼目（Holostei）中发现（Zupanc and Bullock，2005 以及其中的参考文献）。在本文写作时，据笔者所知，截止到 2001 年未见已经发表的有关热带鱼类幼体电感觉器的研究成果。希望想要了解近期内有关电感觉器早期发育的研究，参见 Northcutt（2005）的综述。

5.2.5 磁力、热力以及其他感官

一些体外调节和定位的实验结果表明，某些硬骨鱼类和龙虾都具有磁感应力。目前已知海洋动物有三种探测磁场的方式：（1）根据磁石微粒探测磁场，（2）基于感光色素探测磁场，以及（3）基于电感应探测磁场（见 Walker and Dennis，2005；Cain et al.，2005 的综述以及其中的参考文献）。希望要了解磁力定位的物理原理，请参考 Kalmijn（2003）的著作。据笔者所知，截止本文写作时，尚无任何有关热带鱼类和甲壳纳十足类幼体磁力感官的研究成果发表。

虽然人们早已确定鱼类和甲壳类能够感知局部温度差异并作出反应（如 Doudoroff, 1938），然而目前尚未就其如何利用温觉感觉，定向和导航至适宜的热带生境开展研究。与沿岸地区相比，远洋存在大尺度范围内的温度梯度（图 5.11），表明温度是一个可能的且值得深入研究的导航线索。

盐度梯度可能是海洋硬骨鱼类和十足目幼体在大尺度范围内导航的另一个可能线索。

图 5.11 加勒比海南部海洋表面温度图,大范围的温度变化是可能的线索。图片由美国国家航空航天局/戈达德太空飞行中心的 SeaWiFS 项目和 GeoEye 公司提供

最近的研究表明,多价阳离子受体蛋白(CaRs)能够作为鱼类的盐度感应器(Nearing et al.,2002)。根据淡水、半咸水和海水中的 Ca^{2+},Mg^{2+},以及 Na^+ 浓度的变化,CaRs 有助于鱼类感知水体盐度的变化并对此作出反应。同样,当鱼类从淡水洄游到海水时,等离子体 Ca^{2+},Mg^{2+} 和 Na^+ 的变化很可能成为鱼类内脏中的盐度感官线索。

Dufort 等(2001)发现,海螯虾科(Nephropidae)美洲海螯虾(*Homarus americanus*)的成虾中负责感知盐度降低的主要受体位于鳃室内或者在鳃室附近,并且主要对氯离子敏感。

5.3 线索

上述热带鱼类和十足类浮游幼体用于导航的多种感觉系统需要相应的环境线索的存在才能发挥其作用,帮助浮游幼体准确找到适宜的底栖生境。在本节中,笔者将重点阐述有关硬骨鱼类和十足类浮游幼体可利用的环境线索类型的研究进展。

5.3.1 嗅觉线索

在向第一个底栖生境沉降中,珊瑚礁鱼类和十足类的浮游幼体可能通过感觉嗅觉环境线索的渐变导航。有关热带仔稚鱼的研究,可参见 Leis 和 McCormick(2002)和 Montgomery 等(2001)的综述。而有关十足类浮游幼体的研究,可参见 Forward 等(2001)和 Gebauer 等(2003a)发表的文章。另外,Kingsford 等(2002)的综述对热带鱼类和无脊椎动物均进行了研究和讨论。

Atema 等（2002）率先发现，野生岩礁鱼类的仔稚鱼［主要是天竺鲷属（Apogonidae）的鱼类］在即将沉降到第一个底栖生境时，偏好在潟湖水中活动而不是大洋水域。科研人员在研究中提出，潟湖退潮水可以从岩礁流动到几千米外的区域，从而为热带鱼类和十足类浮游幼体的扩散和沉降提供可利用的嗅觉线索。Atema 等（2002）指出，这一研究结果为"岩礁鱼类化学生境印记假说"（Arvedlund and Nielsen，1996；Arvedlund et al.，1999，2000a，b）提供了有力支持，该假说认为某些岩礁鱼类在胚胎期或早期仔鱼阶段能够记住孵化区岩礁的气味（如刺胞生物分泌的气味），这种对气味的印记可以促使这些鱼类在出生地附近逗留或从遥远的海域返回出生地。另有假说认为，某些岩礁鱼类可能具备记住同种个体气味的能力（Atema et al.，2002；Gerlach et al.，2007），如某些天竺鲷具有用口孵化的习性（Job and Bellwood，2000），即雄性亲鱼携带受精卵在口中完成孵化，这种在胚胎发育时期近距离的接触可能使得这类鱼能够记住同种个体的气味。

Lecchini 等（2005a）对雀鲷科（Pomacentridae）的蓝绿光鳃雀鲷（Chromis viridis）稚鱼所利用的同种个体分泌的化学物质进行了分离和识别。他们运用高效液相色谱法（HPLC），在蓝黑绿鳃雀鲷（C. viridis）稚鱼活动的海水中分离浓缩出了几种可能作为线索的有机化合物，并在实验室开展研究，结果发现蓝绿光鳃雀鲷（C. viridis）稚鱼仅对其中一种化合物产生反应。该化合物具有弱极性的特点，液相色谱滞留 31 分钟，在 230nm 处被检测到。同年，Wright 等（2005）利用嗅电图（EOG），成功地描述了长崎雀鲷（Pomacentrus nagasakiensis）仔稚鱼在沉降前后两个阶段的嗅觉能力。结果表明，长崎雀鲷（P. nagasakiensis）仔稚鱼在沉降前后的嗅觉能力并无明显差异，都能够对同种个体分泌的化学物质以及 L-丙氨酸作出反应。因此，长崎雀鲷（P. nagasakiensis）嗅觉器官的发达程度在这两个发育阶段中并无明显差异。这一研究结果说明，长崎雀鲷（P. nagasakiensis）仔稚鱼在沉降到第一个底栖生境之前便具备识别和利用珊瑚礁中生物化学线索的能力，至于长崎雀鲷（P. nagasakiensis）在沉降期间对这类线索利用程度，目前则尚不清楚。Lecchini 等（2005c）以蓝绿光鳃雀鲷（C. viridis）的仔稚鱼为实验对象，进行了一系列野外和实验室实验，目的是确定仔稚鱼沉降选择的生态学决定因素（是同种个体还是异种个体，抑或是岩礁底质），在沉降选择基础上的感觉机制（视觉、听觉/振动或嗅觉），以及野外条件下的感觉能力（对生境探测的有效距离）。结果发现蓝绿光鳃雀鲷（C. viridis）仔稚鱼对同种个体所表达的视觉、听觉/振动、嗅觉线索都有明显的反应。总体上，75%的实验个体［蓝绿光鳃雀鲷（C. viridis）仔稚鱼］选择进入同种个体所在的实验区，而实验个体对异种个体和珊瑚底质所在的实验区并没有表现明显的定向反应。在野外实验中，蓝绿光鳃雀鲷（C. viridis）仔稚鱼能够利用视觉、听觉/振动和嗅觉线索感知 75 cm 范围内同种个体所在的岩礁；而当仔稚鱼嗅觉能力存在时，上述的感知范围则可扩大到 375 cm（尤其是被感知的岩礁位于上升流区时）。

Arvedlund and Takemura（2006）首次发现并提出，热带海草床沉降种裸颊鲷科（Lethrinidae）的星斑裸颊鲷（Lethrinus nebulosus）能够利用环境化学线索选择第一个底栖生境。Huijbers 等（2008）在研究中发现，仿石鲈科（Haemulidae）的黄仿石鲈（*Haemulon flavolineatum*）的稚鱼也具有和星斑裸颊鲷（*Lethrinus nebulosus*）类似的嗅觉能力。黄仿石鲈（*Haemulon flavolineatum*）在稚鱼阶段与红树林和海草床也有着密切联系。

目前尚不清楚星斑裸颊鲷（*Lethrinus nebulosus*）和黄仿石鲈（*Haemulon flavolineatum*）在沉降时能够识别海草床散发出的哪一类化学线索。Arvedlund 和 Takemura（2006）的实验在若干完整的海草生境斑块中进行，其中具有海草、泥沙、可能还具有海藻、细菌及无声的有机体（即没有生物声），除了植物单宁酸和相关的酚类物质是水下维管植物、盐沼植物、红树植物及褐藻分泌的之外（Arnold and Targett，2002），其他化学线索可能来源于上述实验方法所用材料成分中的任意一种。这些化学分子很多还具有次级功能，如作为抗菌剂、草食动物阻碍剂/吸引剂、消化还原剂或是与防卫有关的信息分子（Arnold and Targett，2002）。然而，目前学者认为，这些化学分子很可能还具有引导某些鱼类沉降到海草床上的功能。Murata 等（1986）研究发现，某些吸引沉降期双锯鱼仔稚鱼的化学线索是由其海葵宿主分泌的（如吡啶化合物 amphikuemin 及其衍生物），而其他浓度较低但也足够显著的化学线索，则是由栖息在其海葵宿主表皮上的腰鞭毛藻分泌的。由此推断，海草床中的腰鞭毛藻可能也为沉降期鱼类和十足类的浮游幼体提供可利用的化学线索（Arvedlund and Takemura，2006）。

除了植物和微生物，化学线索也可能来源于分泌氨基酸的被捕食动物。众所周知，通常情况下，溶解态氨基酸能够为鱼类提供找到食物的化学线索（Ishida and Kobayashi，1992）。因此，这一化学线索可能也会被用于找到适宜的生境。Wright 等（2005）研究发现，沉降前后的长崎雀鲷（*Pomacentrus nagasakiensis*）个体均可以识别氨基酸的气味。其他一些可能作为海洋浮游动物的化学信号的生物微量气体，如二甲基硫（DMS）、有机卤素、非甲烷烃，也可能是鱼类和十足类浮游幼体用于寻找适宜生境的化学线索。目前学者们已经发现了 DMS 的若干种功能，包括其作为化学感应的引发剂或阻碍剂的功能（Steinke et al.，2002 以及其中的参考文献）。豹纹鳃棘鲈（*Plectropomus leopardus*）的沉降期仔稚鱼对氨基酸的嗅觉反应已经在电生理水平上检出（Wright et al.，2008）。结果发现，在同种个体存在时，豹纹鳃棘鲈（*Plectropomus leopardus*）的仔稚鱼对两种被检测氨基酸的嗅觉反应相似，因此得出结论，豹纹鳃棘鲈（*Plectropomus leopardus*）的沉降期仔稚鱼拥有发达的嗅觉能力，足以识别来自岩礁的嗅觉线索。

近年来，若干研究发现，某些珊瑚礁鱼类的仔稚鱼在沉降到第一个底栖生境时会"返回"其出生地所在的岩礁（Jones et al.，1999；Swearer et al.，1999；Robertson，2001；Jones et al.，2005；Almany et al.，2007；Gerlach et al.，2007），类似于鲑鱼的返乡（homing）行为（参见 Stabell，1984，1992；Dittman and Quinn，1996）。虽然还只是推测，但对出生地化学线索的印记（即生态学印记，参见 Immelmann，1975a，1975b）对生态学和其他类型印记的定义或对同种个体的化学线索的印记可能对那些存在返乡行为的鱼类沉降到第一个底栖生境具有重大的意义。

目前学术界已发现了有关十足类浮游幼体利用化学线索辅助沉降和变态的若干实例

（参见以下各节），有学者推测，珊瑚礁鱼类可能也存在着类似的机制（McCormick，1999）。McCormick（1999）研究发现，沉降前的横带刺尾鱼（*Acanthurus triostegus*）仔稚鱼会推迟变态，直到其足够接近底栖环境。由于岩礁鱼类具有分辨潟湖水和大洋水的能力（参见 Atema et al.，2002），沉降前的横带刺尾鱼（*Acanthurus triostegus*）的仔稚鱼的变态是特定地受到环境化学或同种个体的线索影响，还是仅受到视觉线索影响，目前尚需作进一步探究。

Burgess 等（2007）发现，位于澳大利亚东部、大堡礁南部的孤树岛（One Tree Island）海域有涡流存在。他们依据坎普里科恩-邦克岛区域标准水动力模型对涡流形成水域的推算，在涡流存在和不存在的水域分别对该海域海水表面沉降前仔稚鱼进行了采样。调查发现，大多数的沉降前仔稚鱼（以羊鱼占优势）聚集在附近有涡流形成的岩礁周围，而附近无涡流形成的岩礁周围仔稚鱼数量很少，而且时间、潮期和风力条件等的变化对这一分布规律均没有影响。有证据表明，通常情况下，岩礁的向风面更吸引仔稚鱼的聚集，但附近有涡流形成的岩礁，即使在背风面，其周围的仔稚鱼数量依然很多。但是，涡流本身并不一定是吸引仔稚鱼大量聚集的因素，而在涨潮或退潮时会形成涡流的水域才是吸引仔稚鱼的关键。涡流的存在能够增加沉降前的仔稚鱼滞留在涡流所在岩礁附近的概率，而在某些情况下，这些岩礁即其出生水域。Burgess 等（2007）总结认为，涡流可能还会加强海洋动物之间行为上的相互作用，并帮助这些动物识别适宜的岩礁进行沉降。

总之，现代研究证明，若干种珊瑚礁鱼类，包括某些沉降到红树林或海草床等特殊育幼场的种类，其仔稚鱼在沉降到第一个底栖生境时能够利用化学线索。另外，某些岩礁鱼类可能利用化学（或视觉）线索刺激其进行从浮游幼体到底栖稚鱼的变态。然而，这一系列的结论仅仅建立在极少数研究的基础之上。

对某些珊瑚礁鱼类可能存在"返乡"行为的有趣发现，目前还需要进一步研究，才能确认这些仔稚鱼到底是真正意义上的"返乡"——即这些仔稚鱼个体先扩散到远处而后再回到出生水域，还是仅在出生水域岩礁附近逗留而已。事实上，目前并没有证据证明那些返乡的仔稚鱼有离开出生水域所在岩礁附近区域的行为。而这一问题可以通过新的科技手段得到有效解决，如配备照相机和涡流传感器探针的水下远程操控微型潜艇（简称"MIDAS"潜艇，Sjo et al.，1988）或者利用 Bokser 等（2004）设计的潜艇。这类潜艇能够连续若干小时甚至多天，对鱼类或十足类浮游幼体开展现场跟踪。

通常情况下，当沉降到第一个底栖生境时，许多十足类浮游幼体，尤其是蟹类浮游幼体，能够利用与同类成体所在生境或同类成体存在有关的化学线索（Forward et al.，2001；Gebauer et al.，2003b；Keller et al.，2003；Jeffs et al.，2005 以及其中的参考文献）。Gebauer 等（2002）研究了与沉降行为有关的种间和种内成体的化学线索对人工培养条件下的一种半陆生热带盐沼/红树林蟹类，即相手蟹（*Sesarma curacaoense*）浮游幼体的影响。结果发现，沉降底质的存在与否对该相手蟹（*Sesarma curacaoense*）幼体的变态时间并无显著影响，但底质的存在确实会显著降低幼体的死亡率。当水体中含有同种成蟹的气味时，幼体的发育速率最快，而幼体对含有同属成蟹的水体的反应也十分明显。这一实验结果说明亲缘关系相近的蟹类能分泌类似的化学相似因子（可能是信息素）（Gebauer et al., 2002）。Forward 等（2003）研究发现，来自海草床的化学线索能够帮助蓝蟹（*Callinectes sapidus*）蜕壳前的大眼幼体找到适宜的育幼生境。Van Montfrans 等（2003）研究发现，切萨皮克湾中的蓝蟹（*Callinectes sapidus*）最初的非随机分布可能是由其在大眼幼体期对生境的主动选择所决定的。Moksnes 和 Heck（2006）的研究也得到了类似的结论，即蓝蟹（*Callinectes sapidus*）稚蟹特定的生境分布是由其在大眼幼体期或稚蟹早期对生境的主动选择所决定的。

当环境线索不存在时，处于"预备态"的无脊椎动物的浮游幼体（即生理和形态均达到变态和沉降条件的幼体）可能会推迟变态或沉降，在一定时间内保持其浮游状态不变。对于热带半陆生的相手蟹（*Sesarma curacaoense*）而言，这一推迟机制的产生仅限于其蜕壳期的 4~6 天之内，这段时间很可能是幼体感觉和利用环境线索的重要"窗口期"，因为这个时间段正值其蜕壳前和蜕壳后的过渡期（Gebauer et al., 2005）。Hadfield 和 Paul（2001）还讨论了到底是同一种化合物还是各自独立的化合物引发了沉降和变态。通常认为，沉降和变态是两种相互独立的行为（Hadfield and Paul, 2001）。沉降是指浮游幼体结束浮游期，临近底栖生活时，移动到某种底质上并附着（或不附着）在底质上的行为（Hadfield and Paul, 2001）。而变态则包含了幼体失去幼体期的器官并出现稚体或成体期身体结构的过程。Hadfield 和 Paul（2001）总结指出，在海洋无脊椎动物的研究中已发现了 1~2 种能独立引发沉降或变态的线索，但这类研究基本没有开展。

远程化学物质可以通过刺激沉降和变态的发生，成为底栖无脊椎动物浮游幼体的生境线索。为了验证化学线索的效力是否会随着浮游幼体与线索来源的距离增加而降低，O'Connor 和 Judge（2004）以曼氏招潮蟹（*Uca minax*）的大眼幼体为实验对象，探究了是否只有盐沼上覆海水能够有效刺激大眼幼体变态（蜕壳）的问题。结果发现，能刺激曼氏招潮蟹（*Uca minax*）大眼幼体蜕壳的化学线索来源于盐沼上覆海水，而线索的效力在与盐沼水距离较短的范围内（小于 15 m）明显减弱。

O'Connor 和 Van（2006）研究发现，与同种成体有关的化学线索能够刺激无脊椎动物的浮游幼体洄游到其同种稚体或成体存活率较高的生境中进行沉降和变态。例如，和没有招潮蟹成体分布的生境相比，有招潮蟹成体分布的生境的沉积物能够刺激招潮蟹大眼幼体更快地完成变态（蜕壳）。而当大眼幼体接触到来自成蟹所在生境的水化学线索和成蟹的分泌液及提取液时也能发生类似的加快蜕壳的现象。他们又将大西洋泥招潮蟹（*Uca pugnax*）的成蟹放入原先因没有成蟹分布而对其大眼幼体的蜕壳没有刺激作用的生境，结果发现，无论生境的沉积物性质如何，成蟹在生境中所释放的化学线索均会保留在沉积物中并刺激大眼幼体的蜕壳。O'Connor 和 Van（2006）总结认为，化学线索的缺乏可能会推迟蟹类在新的或扰动剧烈的生境定居，即使这些生境在其他条件属于适宜的沉降区和成蟹的生境。Diele 和 Simith（2007）进行的研究也证实了 O'Connor 和 Van's 的结论，他们发现，半陆生的红树林沙蟹（*Ucides cordatus*）的大眼幼体主要选择有大量同种成蟹分布或泥质的生境进行沉降。另外，同种成蟹个体产生的化学线索对蟹类大眼幼体沉降区选择的影响甚至超过了盐度压力所带来的影响。有学者将同种成蟹的气味与不同盐度条件结合起来，在实验室对加勒比地区的淡水蟹类罗氏相手蟹（*Armases roberti*）的大眼幼体进行研究，结果发现，在实验设定的任何盐度条件下，只要有同种成蟹个体气味的存在，大眼幼体发育到变态期的时间均会明显缩短（大约缩短25%）。这一实验结果表明，罗氏相手蟹（*Armases roberti*）成蟹个体产生的化学线索对大眼幼体变态的促进效应要明显强于高盐度所带来的低渗透压对其变态的阻滞效应（Anger et al.，2006）。

总结上述研究成果，笔者认为，来自同种个体的化学线索可能在十足类浮游幼体沉降到第一个底栖生境时起到举足轻重的作用。而对于岩礁鱼类，虽然类似研究较少，但依然有足够的证据证明岩礁鱼类也存在类似的效应。

5.3.2 听觉线索

在海洋中，声音是生物导航的线索之一。声音在水中的物理性质与在空气中不同，声波在水中可以传播得更快更远，从而在水中形成干扰生物识别定向信号的本底噪声。尽管存在这一潜在问题，但仍有不少证据显示鱼类和甲壳类浮游幼体能够听到声音并根据声音导航找到适宜其沉降的岩礁。近年来的现场实验，包括重复播放岩礁区声音提高灯光诱捕渔获量、对鱼类或甲壳类行为的现场观察以及用声音提高浮游幼体在块礁上的沉降率等的实验，都证明了至少在浮游幼体后期阶段，鱼类或十足类能够利用声音进行导航并找到适宜的沉降生境（参见Montgomery et al.，2006的文献；以及Popper et al.，2001发表的有关声音作为鱼类和十足类浮游幼体沉降线索的综述）。

近年来的若干项研究通过听觉脑干反应的电生理学方法，解答了何种频率的声波可被鱼类用于导航的问题，这一方法最初用于研究哺乳类的听觉，后来也应用于鱼类听觉研究（Corwin et al.，1982；Kenyon et al.，1998）。Wright等（2005）分别测试了雀鲷科（*Pomacentridae*）的长崎雀鲷（*Pomacentrus nagasakiensis*）沉降前后仔稚鱼识别岩礁声音线索的能力。结果发现，沉降前后的仔稚鱼均对频率为100 Hz的声音最为敏感，其次是200 Hz和600 Hz；当声音频率处于100 Hz到400和500 Hz范围时，仔稚鱼的听阈不断增大，而当频率达到600 Hz时其听阈则开始降低；此后，当声音频率上升到700 Hz到2 000 Hz范围时，仔稚鱼的听阈又开始增大。沉降后的仔稚鱼听力仅在频率为100 Hz和600 Hz时明显比沉降前的仔稚鱼敏锐，而在这两个频率的声音中，沉降后的仔稚鱼的听阈比沉降前的仔稚鱼听阈低了8 dB。

Wright等（2008）运用电生理学方法研究了豹纹鳃棘鲈（*Plectropomus leopardus*）沉降期仔稚鱼的听觉能力，以测试其听觉器官的发育是否已经有助于选找适宜的珊瑚礁沉降生境的程度。结果发现，豹纹鳃棘鲈（*Plectropomus leopardus*）仔稚鱼能识别100到2 000 Hz频率范围的声音，并对100、200和600 Hz频率的声音最为敏感。Wright等（2008）总结认为，豹纹鳃棘鲈（*Plectropomus leopardus*）的沉降期仔稚鱼的听觉能力已经足够发达，显然能够识别来自岩礁的听觉线索。

Simpson等（2005a）在大堡礁的蜥蜴岛上运用块礁生物声增强法（patch reef enhanced

with biosound）进行的现场实验表明，某些岩礁鱼类，尤其是雀鲷科（Pomacentridae）和天竺鲷科（Apogonidae）的鱼类很可能会利用声音导航寻找到第一个底栖生境。这一研究结果有着重要意义，因为 Simpson 等（2005a）并没有像过去的同类研究（Tolimieri et al., 2000）一样仅利用增强生物声的灯光诱捕器作为实验工具。灯光诱捕器可能会在有关鱼类种类的实验结果方面产生一定误差，因为灯光诱捕器捕到的鱼类在种类上存在高度的选择性（Leis and McCormick，2002 以及其中的参考文献）。此后，Simpson 等（2008）将来自岩礁的声音进行过滤，分成"高频"（570～2 000 Hz）和"低频"（<570 Hz）两个实验组，并设置了"无声"对照组，分别配备到灯光诱捕器中，通过比较 3 组灯光诱捕器渔获量的高低，测试不同种类的沉降期仔稚鱼对不同频率声音的反应。结果发现，被捕获的沉降期仔稚鱼总量超过 10 尾的种类隶属于 7 个科，其中有 4 个科 [雀鲷科（Pomacentridae）、天竺鲷科（Apogonidae）、裸颊鲷科（Lethrinidae）和虾虎科（Gobiidae）] 鱼类的仔稚鱼在配备"高频"声音的灯光诱捕器中捕获到的个体数明显要高于配备"低频"或"无声"的灯光诱捕器；而海龙科（Syngnathidae）鱼类的仔稚鱼则更容易受到配备"低频"声音的灯光诱捕器吸引；另外，鳚科（Blenniidae）鱼类的仔稚鱼更容易受到配备"高频"声音的灯光诱捕器吸引；至于篮子鱼科（Siganidae）鱼类的仔稚鱼，在这 3 种不同的灯光诱捕器的被捕获个体数并无明显差异。这一实验结果说明，处于沉降期的仔稚鱼偏好利用来自岩礁，主要由海洋无脊椎动物发出的高频声导航寻找适宜生境。另外，Wright 等（2005，2008）通过对听觉脑干反应的研究得出结论，仔稚鱼听觉"最敏锐频率"为 570 Hz 到 1 000 Hz，而超过 1 000 Hz 时听觉敏感性则大大减弱。

Egner 和 Mann（2005）研究发现，相对于雀鲷等听阈较宽的其他种类，五线雀鲷（*Abudefduf saxatilis*）的听力敏感度较差。他们运用听觉脑干反应技术，选取了一系列体长范围为 11～121 mm 的五线雀鲷（*Abudefduf saxatilis*）个体进行了听力测试。结果发现，不同体长五线雀鲷（*Abudefduf saxatilis*）个体在 100 和 200 Hz 声音下的听阈存在明显差异。在声音频率较低时，五线雀鲷（*Abudefduf saxatilis*）的听阈随着个体体长的增加而增大，而所有的实验个体对 100～400 Hz 的低频声音最为敏感；五线雀鲷（*Abudefduf saxatilis*）个体所能听到的声音频率范围取决于其体长，体长较大的个体（>50 mm）对高频率（1 000～1 600 Hz）声音更为敏感。Egner and Mann（2005）总结认为，因为相较于周围岩礁的噪声，研究所发现的听阈更高，所以声音对五线雀鲷（*Abudefduf saxatilis*）的浮游幼体从远处（>1 km）返回到岩礁时的导航作用并不明显，但对短距离（<1 km）范围的导航则可能有一定作用。Mann 等（2007）的研究结果也支持这一结论，他们发现仔稚鱼在听觉不受限制的生境中可能难以识别距离超过 1 km 的颗粒运动的声音。

目前已有许多研究指出，水下声音能够为甲壳纲十足类浮游幼体沉降到第一个底栖生境时提供重要的环境线索（Jeffs et al., 2005；Montgomery et al., 2006）。然而，由于难以进行现场研究，而实验室条件下的研究又难以控制声音，有关十足类浮游幼体利用水下声音进行导航的实验证据并不完全可靠。Radford 等（2007）发明了一种配备人造水下声源的二元选择室，成功地对新西兰奥马哈湾近岸海域仔蟹在夜间的行为进行了实地研究。实验选取了五种新西兰常见的沿岸蟹类的仔蟹,分别是蜘蛛蟹科(Majidae)的熊背宝石蟹(*Notomithrax ursus*)、方蟹科(Grapsidae)的斜纹蟹(*Plagusia chabrus*)、拉氏圆方蟹(*Cyclograpsus lavauxi*)及艾氏近方蟹(*Hemigrapsus edwardsii*)和寄居蟹科(Paguridae)的寄居蟹(*Pagurus* sp.)。结果这五种蟹类的仔蟹均对人造声源产生了定向反应,说明二元选择室能够作为一种确定仔蟹是否会对声音产生反应并利用声音进行定向游动的可靠实验工具。Radford 等(2007)总结认为,利用声音进行定向在蟹类中十分普遍,这一行为可能对近岸蟹类幼体能否成功沉降具有极其重要的生态学作用。

5.3.3 视觉线索

目前学术界尚不清楚海洋中的浮游幼体是否能利用视觉线索,从开阔海域导航到适宜底栖生境。岩礁鱼类沉降前的仔稚鱼会被光照吸引到灯光诱捕器中(Doherty, 1987),但仔稚鱼这一趋光反应产生的原因目前尚无定论。对于十足类而言,趋光性也和垂直洄游有关,这可能是十足类浮游幼体利用分层潮流漂流到河口生境的一种适应(Forward et al., 2007,参见 Webley and Connolly, 2007)。沉降期的浮游幼体在靠近基质时,更可能利用视觉线索进行小生境选择。关于这种情况,目前已有研究证明,浮游幼体利用视觉线索识别特定生境类型或同种个体的过程有助于找到适宜的生境(Lecchini et al., 2005a, b, 2007b)。视网膜的发育变化和沉降基质肯定存在紧密的相关性,底栖基质中的光谱与开阔海域中的光谱是很不一样的,这说明视觉是适应底栖生活的关键。然而,敏锐的视觉在捕食、避敌和其他许多行为中也很关键,因此,视觉特点和生境选择之间的特定适应性关系很难进行独立研究。某些色彩鲜艳的岩礁鱼类身上的颜色信号可能被其他岩礁鱼类的视网膜所接收,Marshall 等(2006)专门分析了这类信号,结果发现大多数岩礁鱼类视网膜色素的二色性有助于辨别和区分鱼体和环境本底之间的色彩差异。这种鱼类个体之间的信息交流可能会对沉降期仔稚鱼寻找适宜生境提供一定帮助,但这种假设有待检验。Lecchini 对返乡的仔稚鱼在选择合适的岩礁小生境时所利用的特定感觉进行了一系列研究。Lecchini 等(2007b)在实验中发现视觉线索(以及其他线索;参见本章的其他小节)对隆头鱼识别并游向同类个体是十分有用的,但这仅限于沉降后的仔稚鱼个体,沉降前的个体没有这一效应。现场实验证明,沉降期的仔稚鱼即使在失去嗅觉的情况下,仍能依靠 75~375 cm 距离范围内的同种个体选择适宜的生境(Lecchini et al., 2005c)。因此,同种个体的色谱或行为可能作为一种视觉线索,为仔稚鱼选择同类个体沉降过的生境提供帮助。目前已有一系列有关珊瑚礁的视觉环境和成年岩礁鱼类的视觉系统的详细分析(Losey et al., 2003;Marshall et al., 2003a, b, 2006)。但这类分析并未扩展到对其他热带生境和对沉降期十足类浮游幼体的研究。

5.3.4 微生物和电线索

最新研究结果表明,微生物线索会与其他线索一起被鱼类或十足类所利用。因此,有关这部分的讨论参见本章5.3.6节（两个及以上线索的利用）。而在完稿之前，笔者尚未找到有关热带鱼类和十足类幼体利用电线索的研究论文。

5.3.5　阳光、磁场、波浪、热量、盐度及其他线索

　　Leis 和 Carson-Ewart（2003）进行了有关仔稚鱼在不同天气状况下的行为研究，表明热带海洋仔稚鱼能够利用阳光进行导航，而这也是目前为止唯一一个得出此结论的研究。他们对沉降期的岩礁鱼类仔稚鱼及更早期的浮游仔鱼在白天的定向游动进行了现场研究。他们选取了澳大利亚大堡礁的蜥蜴岛海域，水深10~40 m、离岸约100~1 000 m 的珊瑚礁中的仔稚鱼，将这些仔稚鱼放生并由潜水员进行观察。结果发现，80%~100%的仔稚鱼均沿着各自特定的方向游动，具体方向取决于观察的地点、时间和仔稚鱼种类的不同。例如，上午和傍晚出现在背风面的三种鱼类的仔稚鱼［黑腋光鳃雀鲷（*Chromis atripectoralis*）、蓝黑新雀鲷（*Neopomacentrus cyanomos*）和颊鳞雀鲷（*Pomacentrus lepidogenys*）］在傍晚会向西边游动。另外，在天气晴好的下午，黑腋光鳃雀鲷（*Chromis atripetoralis*）仔稚鱼游动的方向性十分明显，而在多云的天气条件下，其游动则显得无方向性且多变向。这种定向游动与天气的相关性说明，雀鲷类仔稚鱼可能会利用阳光来定向，但目前仍需要更多现场和室内受控实验来进一步确认这一结论。

　　Leis 和 Carson-Ewart（2003）还提出，许多岩礁鱼类的仔稚鱼能够利用一种未知的线索找到前往岛礁的方向，而且不受海流的影响。例如，四棘蝴蝶鱼（*Chaetodon plebeius*）和金带蝴蝶鱼（*Chaetodon aureofasciatus*）的仔稚鱼经常会离开岛屿所在海域再返回，说明它们能够识别岛礁的位置。而黄尾梅鲷（*Caesio cuning*）和颊鳞雀鲷（*Pomacentrus lepidogenys*）的仔稚鱼总体上看并没有明确的游动方向，但实际上却随着与岩礁距离的不同而改变，说明这两种鱼类的仔稚鱼也能够识别岩礁的位置。在观察的7种鱼类仔稚鱼中，有6种鱼类仔鱼的净游动方向和速度与海流的方向和速度不同，说明至少在浮游阶段的末期，鱼类仔鱼的游动并非只是被动地漂流。另一个运用类似实验方法对库拉索凹牙豆娘鱼（*Amblyglyphidodon curacao*）早期仔鱼（11~15 天，体长8~10 mm）进行的研究发现，即使是早期仔鱼，也能向着岩礁作定向游动（Leis et al.，2007）。

　　目前，对于热带海洋鱼类或十足类浮游幼体是否能利用磁场作为导航线索的问题还一无所知，但对于热带十足类成体，则已有这方面的研究。近期的实验（Boles and Lohmann，2003）证实了Creaser and Travis（1950）的研究，即在去除了沿途的所有已知可用于定向的线索后，被移动到陌生水域的成年眼斑龙虾（*Panulirus argus*）仍能返回被移动前的水域（Boles 和 Lohmann，2003）。为了验证眼斑龙虾（*Panulirus argus*）能通过地磁场进行定位的假说，他们将眼斑龙虾（*Panulirus argus*）放在了与其分布区域相同的环境中。结果发现，龙虾移动到向南的捕获水域的北面，反之，移动到向北的捕获水域的南面（Boles and Lohmann，2003）。这一结果与对海龟的类似研究结果基本一致，说明成年的眼斑龙虾（*Panulirus argus*）拥有利用地磁场进行定位并找到特定生境的能力。但眼斑龙虾（*Panulirus argus*）的浮游幼体是否也有同样的能力则仍需进一步的验证。

目前还没有对其他可能的线索进行专门的研究。涌浪的方向是一个潜在的定向线索（Lewis，1979；引用于 Montgomery et al.，2006）。脊椎动物的内耳能够通过探测波浪运动轨迹感觉到波浪的方向（Montgomery et al.，2006）。盐度或温度梯度也可能是浮游幼体寻找适宜生境的定向线索之一（图 5.11）。事实上，这类大范围的梯度变化是否能作为一种长距离的线索帮助浮游幼体到达沿岸地区是值得探索的。例如，探究浮游幼体感知靠近径流的沿岸海水或由于蒸发而可能导致盐度太高的潟湖水中盐度梯度变化的能力，或者探究其感知由于退潮时产生的涡流或潟湖水导致的温度变化，或者与水深和主要海流有关的温度变化的能力等。然而，就笔者所掌握的情况，目前对上述线索的研究还是空白。

5.3.6 对两个及两个以上线索的利用

对于前文提到的一系列可能的线索，处于沉降期的浮游幼体往往会同时利用多种线索。近年来已有研究证实，某些岩礁鱼类的仔稚鱼能够利用一系列感觉机制有效地在不同空间尺度（通常为较小的空间尺度，即几米内）范围内识别并选择沉降区（Lecchini et al.，2005b）。这个发现有力地支持了 Montgomery 等（2001）、Leis and McCormick（2002）、Kingsford 等（2002）以及 Lara（2001）之前提出的有关岩礁鱼类的沉降期仔稚鱼利用多种感觉的假说。Lecchini 等（2005b）专门在实验室条件下进行了一个实验，用顶网捕捉岩礁仔稚鱼，然后将捕到的仔稚鱼放入能够分别测试各种线索（视觉、化学和机械线索）的实验水池中。在被测试的 18 种沉降期岩礁仔稚鱼中，有 13 种鱼类的仔稚鱼根据同种个体的存在与否选择沉降区，而不根据珊瑚生境的存在与否；另外 5 种鱼类的仔稚鱼并不向沉降区游动，如鲉科（Scorpaenidae）的短鳍小鲉（*Scorpaenodes parvipinnis*）和天竺鲷科（Apogonidae）的九带天竺鲷（*Apogon novemfasciatus*）。对于所测试的各种线索，有两种鱼类的仔稚鱼利用了全部 3 种线索，即羊鱼科（Mullidae）的条斑副绯鲤（*Parupeneus barberinus*）和刺尾鱼科（Acanthuridae）的栉齿刺尾鱼（*Ctenochaetus striatus*）。它们在沉降时利用了视觉、化学和机械三种线索；有 6 种鱼类的仔稚鱼利用了其中的两种线索，例如，鳂科（Holocentridae）的红锯鳞鱼（*Myripristis pralinia*）利用了视觉和化学线索；刺尾鱼科（Acanthuridae）的单角鼻鱼（*Naso unicornis*）利用了视觉和机械线索；另外，有 5 种鱼类的仔稚鱼仅利用 1 种线索，例如，雀鲷科（Pomacentridae）的勃氏金翅雀鲷（*Chrysiptera leucopoma*）只利用视觉线索；雀鲷科（Pomacentridae）的孔雀雀鲷（*Pomacentrus pavo*）只利用化学线索。从以上结果可以看出，即使在一个可控的、短期实验条件下，仔稚鱼在沉降时对多种线索的利用也是十分复杂的；即使是在亲缘关系相近的种类之间，要预测其仔稚鱼的游动规律也是极其困难的。

Gardiner 和 Atema（2007）在研究温带水域的玲珑星鲨（*Mustelus canis*）利用多种线索进行导航时指出，玲珑星鲨（*Mustelus canis*）的趋向性有以下几种类型：(1) 向大范围的流场游动（利用嗅觉、视觉和体表侧线）；(2) 涡流趋化性，追踪小范围的踪迹；(3) 气味的扰动（利用嗅觉和侧线管）；(4) 定位羽流的源头（利用侧线管和嗅觉）。结合了嗅觉和机械性感觉的"带气味门限的趋流性"（Odor-gated rheotaxis）理论对于研究其他岩礁无脊椎动物很有用（Pasternak et al.，2004）。上述实验设计已应用在对其他动物门类的类似研究，或许也能为今后研究热带海洋鱼类和十足类浮游幼体提供借鉴。

5.4 研究展望

回顾过去一系列相关研究的综述（Montgomery et al.，2001；Myrberg and Fuiman，2002；Kingsford et al.，2002；Leis and McCormick，2002；Collin and Marshall，2003；Jeffs et al.，2005；Montgomery et al.，2006）中提到的尚待解决的问题和对未来研究方向的展望，显而易见的是目前仍有许多未知的问题需要解决。而且，随着对热带鱼类和十足类浮游幼体沉降机制研究的深入，新的问题也随之出现。事实上，目前更多的研究倾向于推测热带岩礁鱼类和十足类感官功能的发育，以及利用何种线索寻找适宜的生境，而真正实验性的研究较少。下面，笔者整理出了一系列尚未解决的问题，以帮助确定未来的研究方向。

（1）毫无疑问，对热带鱼类和十足类所有感觉器官的形态学、神经解剖学以及从受精卵到成体各阶段的功能性发育的一系列实验性和描述性研究对于在本研究领域取得突破性进展至关重要。

（2）截至目前，对于某些环境线索（如嗅觉线索和听觉线索）的研究已经有所涉及，但仍然需要扩展到对其他潜在的重要感觉和线索的研究。笔者认为，一些潜在的远程线索，如磁场、温度和盐度梯度变化等是很有研究价值的。

（3）近年来研究发现，多种岩礁鱼类有返到出生水域生境的"返乡"习性，这类发现多少有些出人意料。如果这一发现得到证实，那么其影响力将十分巨大。因此，笔者认为，岩礁鱼类或十足类对出生水域或同种线索的印记现象是很值得探索的，鲑鱼返乡现象的成功研究或许可以为此类研究提供借鉴。弄清楚那些所谓具有"返乡"习性的岩礁鱼类是真正地离开出生水域的岩礁又返回，还是仅逗留在出生岩礁附近是十分重要的。

（4）对非天然状态下热带十足类利用环境化学线索的研究已经在明显的夜间（红光）和白天两种不同条件下进行（例如Díaz et al.，2003）。而对热带岩礁鱼类在夜间条件下的类似研究却很少，但这类研究很有必要，因为事实上，许多鱼类仔稚鱼的沉降行为发生在夜间。Leis 和 McCormick（2002）也强调了探索研究幼体夜间行为的"创新方法"的重要性。

（5）目前学术界对于具体的线索在多大的空间尺度（几米乃至几千米）能被感知（见图5.13）这个问题的答案仍知之甚少。弄清楚线索的可探测范围对探究浮游幼体洄游运动的可能机制是很有帮助的。

（6）对于那些有独特育幼场的鱼类，即在浮游期过后成鱼期之前洄游到海草床或红树林等生境渡过幼鱼期的珊瑚礁鱼类，其仔稚鱼的沉降机制，尤其是其沉降到第一个底栖生境时对环境线索的利用情况，目前学术界还鲜有研究。

（7）同样，学术界对那些生活在珊瑚、海绵或其他动物体内或体表的鱼类和十足类对感官和线索的利用情况也尚不了解。作为特例，这些种类可能具有与众不同的感官和线索利用机制。

（8）对于许多海洋无脊椎动物而言，与同种成熟个体所在生境有关的环境线索往往可以诱导其变态或沉降，然而珊瑚礁鱼类中是否也存在这种诱导机制到目前为止仍不得而知。早先已有研究证明，沉降前的横带刺尾鱼（*Acanthurus triostegus*）仔稚鱼在尚未接近底栖环境时会推迟变态（McCormick，1999）。然而，在这个研究中，并非所有的实验个体都推迟变态，因此，可能存在着触发变态的线索的最小阈值，而 McCormick 的这一实验条件应该是十分接近这一阈值水平的。横带刺尾鱼（*Acanthurus triostegus*）这种发育反应，连同某些岩礁鱼类具备借助化学线索辨别潟湖水和大洋水的能力（Atema et al.，2002）说明，进行某些实验来验证有关的假设，如验证这类鱼沉降前仔稚鱼的变态行为是因为某种特殊的化学线索的存在而不是视觉或其他线索的实验是很有必要的。

（9）Mana 和 Kawamura（2002）研究发现，人工饲养的亚热带黑棘鲷（*Acanthopagrus schlegeli*）存在鼻腔发育异常的现象，而且其嗅觉感觉神经元的分布也是不规则的。因此，人工饲养的热带珊瑚礁鱼类和十足类个体相较于同种野生个体，其嗅觉器官在形态学和亚显微层面上可能存在差异。然而，这一假说并未得到充分验证。另一个急需验证的假说是人工饲养条件是否会对鱼类和十足类感官的功能产生影响。相较于野生同种个体，人工饲养的热带鱼类和十足类个体的感觉器官是否都发育异常也尚不清楚。由于有若干种人工饲养鱼类大量逃逸，如星斑裸颊鲷（*Lethrinus nebulosus*）（Arvedlund and Takemura，2006，p. 120），它们的存活率可能会受其不完善的感官功能影响而降低。

（10）与特定生境类型联系紧密的鱼类（特定生境种）往往具有十分发达的辨别宜居生境化学线索的能力。例如，眼斑双锯鱼（*Amphiprion ocellaris*）和白条双锯鱼（*Amphiprion melanopus*）的仔稚鱼能够记住宿主，即海葵在其胚胎期所分泌的气味，这些仔稚鱼个体可能会利用这一化学线索进行定位寻找第一个适宜的底栖小生境（Arvedlund and Nielsen，1996；Arvedlund et al.，1999，2000a，b）。上述的宿主印记假说有必要在其他鱼类中加以验证，包括某些用口孵化的种类，如天竺鲷科（Apogonidae）的鱼类（Job and Bellwood，2000）。对于此类研究，Hasler，Scholtz，Wisby 及其他学者（Scholtz et al.，1976，又见于综述 Dittman and Quinn，1996）在证明鲑鱼印记化学线索的类似研究中所采用的实验方法可能会提供一定帮助。Scholtz 等（1976）成功地通过人为干预，使鲑鱼对吗啡和对羟基苯甲醇产生印记作用，双锯鱼或其他相关的鱼类是否也会对这些化合物产生印记作用呢？这就需要进行电生理学（类似于 Wright 等在 2005 年的研究）和行为学上的生物鉴定（类似于 Kasumyan 在 2002 年的研究）等研究加以验证。最后一个很重要的关键点是，如果能证明用示踪法标记过的宿主生物分泌的化学物质吸附在双锯鱼胚胎的嗅觉感觉器上，那么这将会给上述的印记假说提供强有力的支持。

（11）由 Murata 等（1986）鉴定并描述，并由 Konno 等（1990）成功合成了一种名为 amphikuemin 的吡啶化合物及其衍生物的分子结构，该化合物能够引发双锯鱼中的颈环双锯鱼（*Amphiprion perideraion*）和紫点海葵（*Heteractis crispa*）之间的共生关系。热带海洋刺胞动物可能还分泌更多类似的化合物来吸引与之共生的热带鱼类。对蓝绿光鳃雀鲷

(*Chromis viridis*)（Lecchini et al., 2005c）的稚鱼所利用的某种同种化学线索的分离和（部分）识别也说明环境中可能存在着更多类似的同类分泌的化合物，目前仍需要大力开展识别这些特殊化合物的工作。

（12）每种嗅觉感觉神经元的形态类型都对应于特定的一类气味感觉器（Hamdani and Døving, 2007）：纤毛嗅觉感觉神经元可以对皮肤上的胆汁盐和有害物质作出反应，腺细胞嗅觉感觉神经元则可以对性外激素作出反应，而微绒毛嗅觉感觉神经元则对食物气味作出反应（Hamdani and Døving, 2007）。而哪一类嗅觉感觉神经元能够对之前提到的引起双锯鱼和海葵共生关系的吡啶化合物 amphikuemin，以及刺胞生物分泌的吸引热带鱼类的其他化合物作出反应呢？

（13）环境化学污染影响着各生态系统。Ward 等（2008）研究发现急性暴露在低剂量的环境中普遍存在的污染物——4-壬基苯酚（在世界各地的河流或河口中都有发现）中会严重影响某些鱼类识别同种个体的能力，并最终对鱼类的种群结构造成严重影响。实验证明，每小时 0.5 $\mu g/L$ 4-壬基苯酚的剂量便足以改变某些集群性鱼类［如秀体底鳉（*Fundulus diaphanus*）的仔稚鱼］对同类个体释放的化学线索的反应；当剂量达到 $1\sim 2$ $\mu g/L$ 时，同一水流通道上的秀体底鳉（*Fundulus diaphanus*）稚鱼会主动离开受 4-壬基苯酚感染的个体。上述的 4-壬基苯酚和其他类似化合物会对热带岩礁鱼类和十足类利用环境化学线索寻找热带生态系统的能力产生什么样的影响呢？这也是一个值得探讨的问题。

（14）为了更好地了解仔稚鱼能感觉到的来自岩礁的声音的极限距离，对仔稚鱼听觉系统和岩礁声音信号的研究是必不可少的。对仔稚鱼听觉能力的测定需要独立区分其对粒子运动和声压的敏感性。同样，对岩礁周围粒子运动的独立测定也是很重要的（Mann et al., 2007）。

（15）Simpson 等（2005b）研究发现若干种双锯鱼，如大眼双锯鱼（*Amphiprion ephippium*）和红双锯鱼（*Amphiprion rubrocinctus*）胚胎期心率受到声音的影响。然而，胚胎期识别声波的方式不一定是通过耳朵实现的，因此，其响应声音信号的感觉系统也不一定是传统意义上的听觉感官；因为在胚胎期阶段鱼类耳朵的发育情况是未知的。目前还需要实验来证实有关鱼类胚胎期声音印记的假说，并进一步确定鱼类早期发育阶段听觉系统的发育情况和功能。

（16）在测定鱼类或十足类视觉灵敏度方面，基于解剖学和行为学的结论存在着巨大差异，这说明目前急需一种既准确又普遍适用的测定视觉灵敏度的方法。此外，今后这方面的研究还需要考虑要测量那一段视觉，因为鱼类或十足类摄食行为的视觉可能相当不同于趋避或寻找沉降区的视觉。

（17）对鱼类和十足类浮游幼体在栖息环境中紫外线辨别的重要性的研究也是很有必要的。

（18）热带鱼类或十足类成体对偏振光的识别和利用很可能是其对较清澈的热带水域环境的良好适应。目前急需对仔鱼或十足类浮游幼体开展类似的研究，以确定其是否也能识别偏振光。

5.5 最后的思考

鉴于目前已经确认浮游幼体拥有定向游动并选择特定底栖沉降生境的能力，因此，这对于了解浮游幼体导航时所利用的感觉能力和环境线索有着重要的推动作用。尽管如此，目前对这方面的研究仍处于初期探索阶段，现阶段学术界尚不能对任何一种海洋浮游幼体在特定时间和水域，对某一特定线索的利用进行实质性的预测。为了达到这一目标，对感觉系统的研究还需要扩展到更多类群的动物、更早的发育阶段、更多野外条件下的样本以及其他的感觉，尤其是那些能感觉到潜在的大范围线索的感觉机制。在进行功能性考量时，应注意线索阈值的建立、不同类群动物对线索的敏感度差异（如利用专一线索的种类与利用多种线索种类的比较）以及对多种线索的综合利用。在以后的分析中，当日的时间（尤其是夜间）、各种线索能被利用的空间范围、目前研究较少的生境（如海草床、红树林）以及本文献未提供研究实例的其他线索（如温度和盐度梯度变化）等环境因素应当纳入研究。新技术要能够克服研究这类微小海洋生物导航现象的重大障碍。例如，能够对微小的浮游幼体进行现场观察的遥控运载器便可以提供其他方法所不能提供的幼体行为信息；而对野外捕获的浮游幼体进行 DNA 识别则可以帮助确定物种水平上的差异。

海洋环境中充满了浮游幼体能够识别并接受指引的各种潜在线索和渐变因素，而这些线索与能够被许多陆生动物（包括人类）利用的基本类型线索大不相同。Gerlach 等（2007）提出了这样的一个观点："只有嗅觉能够辨别水团交汇中的信息。就像在没有外部标示情况下运行的纽约地铁系统一样：只有能感知自己要乘坐哪一班地铁时这个系统才是有效的。正如地铁上都贴有可视信号，海流中也贴上了各种嗅觉信号。"某些类型的线索（如视觉和听觉）由于人类的偏好而投入大量精力进行研究，但事实上，这些线索对海洋浮游幼体并非那么重要，它们可能还有其他更重要的线索。例如，人类不太可能利用温度作为导航线索，而小型冷血动物则对温度变化十分敏感。因此，扩展浮游幼体可能利用的线索研究范畴对深入这类研究十分重要。还有一点值得重申，即浮游幼体能够在一定时间内利用多种线索和/或在不同海洋环境之间及从远岸向近岸洄游时利用各种不同的线索（图 5.12），对于其中每一种线索的有效利用限度一直是学术界讨论的热点。

最后，目前学术界已经认识到，即使是在较大的海洋种群中，生物的适应性进化也可能很快发生（Conover and Present，1990）。因此，我们应该认识到在不同地区感官发育率和/或线索利用率的当地适应性的可能性，即使是种群之内。实际上，人们甚至会理所当然地认为这种生物基于有利于自身的本能而导致对环境适应的不稳定性是必然的。进一步考虑到上述的局部区域适应和系统的不稳定性，可能有助于学者预测感觉系统的发育模式与在特定阶段/时间中出现的特定线索的重要性之间具有某种程度的协调关系。另一方面，某些系统中（即在特定的浮游幼体可能随时面临死亡的某些水域）所具有的随机性是很大的，这意味着发育能够识别所有潜在线索的感觉能力才是更好的生存策略（图 5.12、图 5.13）。在特定环境线索的存在下，发育模式中表现型的可塑性和感觉发育的速率可能也是一种对随机变化的适应，但在热带海洋鱼类和十足类的浮游幼体中，有关这一现象的研究还是空白。或许上文提到的"人工饲养"研究方法能够为感觉系统发育的变异提供一些线索。

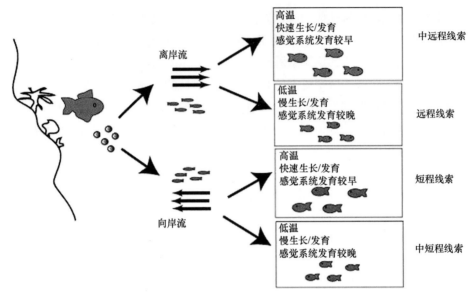

图 5.12　早期阶段的浮游幼体需要具备多种感觉能力说明图。海流方向和温度的简单变化就能够导致浮游幼体发育环境出现不同的情景，因此，这就要求浮游幼体能够利用多种类型的线索来适应环境的多变。例如，当扩散到远离出生地的早期浮游幼体在遭遇低温的离岸流时会导致其感觉系统发育变慢。在这种情况下，浮游幼体便需要识别远程线索，从而帮助自身返回或找到合适的生境。另一方面，在遇到温暖的向岸流时，浮游幼体的感觉系统则会以较快的速度发育并使自身停留在海岸附近。在这种情况下，浮游幼体可能仅需要利用短程线索就可以找到合适的生境

总之，和任何表观性状一样，浮游幼体感觉系统的发育也承受着环境造就的生态适应和进化压力。在研究中，难以获得高质量、分类地位明确、并且了解其年龄和发育环境（野生条件下或饲养条件下）的浮游幼体，也是这类研究一直存在的局限性。然而，到目前为止，在这一领域还是有许多振奋人心的发现，每当有关热带海洋动物及其生态学的研究有所进展时，笔者的心头都会为之一振，并期待着更多令人欣喜的研究。

致谢

非常感谢 K Anger、C Derby、L Fishelson、LA Fuiman、M Gagliano、A Garm、A Jeffs、MR Lara、JM Leis、J Mogdans、JC Montgomery、CA Radford、P Steinberg、SD Simpson、JF Webb 和 K Wright 在资料文献提供方面的帮助；感谢 K Larsen 和 JM Leis 的分类学建议，感谢 MR Lara 对本章早期版本的建设性意见；感谢两位审稿专家为提高文稿质量精心提出的审稿意见；感谢英国海洋生物联合会杂志、Wiley-Blackwell 科学出版社、Balaban 出版社、美国宇航局/哥达德空间飞行中心的 SeaWiFS 项目、GeoEye、Reef Consultants 和 TM Brol-

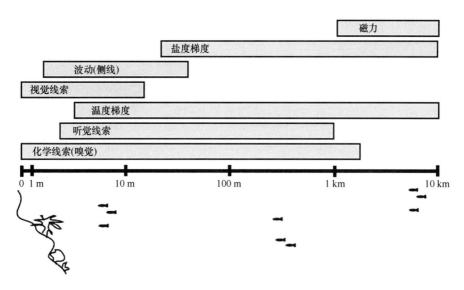

图 5.13 感觉刺激类型与其可被感知到的空间尺度之间的联系

und 许可我们使用受版权保护的图表。

参考文献

Almany GR, Berumen ML, Thorrold SR et al (2007) Local replenishment of coral reef fish popu-lations in a marine reserve. Science 316:742-744

Anger K (2001) The biology of decapod crustacean larvae. Crustacean issues, 14 Balkema Pub-lishers, the Netherlands

Anger K (2006) Contributions of larval biology to crustacean research: a review. Invertebr Reprod Dev 49:175-205

Anger K, Torres G, Gimenes´ L (2006) Metamorphosis of a sesarmid river crab, *Armases roberti*: stimulation by adult odours versus inhibition by salinity stress. Mar Freshw Behav Physiol 39:269-278

Arnold TM, Targett NM (2002) Marine tannins: the importance of a mechanistic framework for predicting ecological roles. J Chem Ecol 28:1919-1934

Arvedlund M, Bundgaard I, Nielsen LE (2000a) Host imprinting in anemonefishes-does it dictate spawning site preferences? Environ Biol Fish 58:201-211

Arvedlund M, Larsen K, Windsor H (2000b) The embryonic development of the olfactory system in *Amphiprion melanopus* in relation to the anemonefish host imprinting hypothesis. J Mar Biol Assoc UK 80:1103-1109

Arvedlund M, McCormick MI, Fautin DG et al (1999) Host recognition and possible imprint-ing in the anemonefish *Amphiprion melanopus* (Pisces:Pomacentridae). Mar Ecol Prog Ser 188:207-218

Arvedlund M, Munday P, Takemura A (2007) The morphology and ultrastructure of the peripheral olfactory organ in newly metamorphosed coral-dwelling gobies, *Paragobiodon xanthosomus* Bleeker (Gobiidae, Teleostei). Tissue Cell 39:335-342

Arvedlund M, Nielsen LE (1996) Do the anemonefish *Amphiprion ocellaris* (Pisces: Pomacentri-dae) imprint themselves to their host sea anemone *Heteractis magnifica* (Anthozoa: Actinidae)? Ethology 102: 197-211

Arvedlund M, Takemura A (2006) The importance of chemical environmental cues for juvenile *Lethrinus nebulosus* Forsskål (Lethrinidae, Teleostei) when settling into their first benthic habi-tat. J Exp Mar Biol Ecol 338: 112-122

Atema J, Kingsford MJ, Gerlach G (2002) Larval reef fish could use odour for detection, retention and orienta-tion to reefs. Mar Ecol Prog Ser 241: 151-160

Atema J, Richard RF, Popper AN et al (1988) Sensory biology of aquatic animals. Springer-Verlag, New York

Baeza JA, Stotz W (2003) Host-use and selection of differently colored sea anemones by the sym-biotic crab *Allopetrolisthes spinifrons*. J Exp Mar Biol Ecol 284: 25-39

Baker CF, Montgomery JC (1999) Lateral line mediated rheotaxis in the antarctic fish, *Pagothenia borchgrevinki*. Polar Biol 21: 305-309

Basil JA, Hanlon RT, Sheikh SI et al (2000) Three-dimensional odor tracking by *Nautilus pompil-ius*. J Exp Biol 203: 1409-1414

Belanger RM, Smith CM, Corkum LD et al (2003) Morphology and histochemistry of the periph-eral olfactory or-gan in the round goby, *Neogobius melanostomus* (Teleostei: Gobiidae). J Morph 257: 62-71

Bellwood D, Fisher R (2001) Relative swimming speeds in reef fish larvae. Mar Ecol Prog Ser 211: 299-303

Blaxter JHS, Fuiman LE (1989) Function of the free neuromasts of marine teleost larvae. In: Coombs P, Goern-er HM (eds) The mechanosensory lateral line: neurobiology and evolution, pp. 481-499. Springer-Verlag, New York

Boles LC, Lohmann KJ (2003) True navigation and magnetic maps in spiny lobsters. Nature 421: 60-63

Bokser V, Oberg C, Sukhatme G et al (2004) A small submarine robot for experiments in underwater sensor net-works. Center for Embedded Network Sensing. Paper 519. http://repositories.cdlib.org/cens/wps/519

Bradbury IR, Snelgrove PVR (2001) Contrasting larval transport in demersal fish and benthic inver-tebrates: the roles of behaviour and advective processes in determining spatial pattern. Can J Fish Aquat Sci 58: 811-823

Britt LL, Loew ER, McFarland WN (2001) Visual pigments in the early life history stages of Pacific northwest marine fishes. J Exp Biol 204: 2581-2587

Brothers EB, Williams DM, Sale PF (1983) Length of larval life in twelve families of fishes at "One Tree La-goon", Great Barrier Reef, Australia. Mar Biol 76: 319-324

Bullock TH, Hopkins CD, Popper AN et al (2005) Electroreception. Springer Science+ Business Media, New York

Burgess SC, Kingsford MJ, Black KP (2007) Influence of tidal eddies and wind on the distribu-tion of presettle-ment fishes around One Tree Island, Great Barrier Reef. Mar Ecol Prog Ser 341: 233-242

Cain SD, Boles LC, Wang JH et al (2005) Magnetic orientation and navigation in marine turtles, lobsters, and mollusks: concepts and conundrums. Integr Comp Biol 45: 539-546

Caprio J, Derby CD (2008) Aquatic animal models in the study of chemoreception. In: Shepherd GM, Smith DV, Firestein S (eds) The senses: a comprehensive reference. Vol 4. Olfaction and taste. Elsevier, New York

Cernuda-Cernuda R, Garcí-Fernández JM (1996) Structural diversity of the ordinary and special-ized lateral line organs. Mic Res Tech 34: 302-312

Collin SP, Marshall NJ (2003) Sensory processing in aquatic environments. Springer-Verlag, New York

Conover DO, Present TMC (1990) Countergradient variation in growth rate: compensation for length of the growing season among Atlantic silversides from different latitudes. Oecologia 83: 316-324

Coombs S, Braun CB, Donovan B (2001) The orienting response of Lake Michigan mottled sculpin is mediated by canal neuromasts. J Exp Biol 204: 337-348

Coombs S, Gorner P, Munz H (1989) The mechanosensory lateral line. Neurobiology and evolution. Springer-Verlag, New York

Coombs S, Janssen J, Webb JF (1988) Diversity of the lateral line system In: Atema J, Fay RR, Popper AN, Tavolga WN (eds) Sensory biology of aquatic animals, pp. 553-593. Springer-Verlag, New York

Corwin JT, Bullock TH, Schweitzer J (1982) The auditory brainstem response in five vertebrate classes. Electroencephalogr Clin Neurophysiol 54: 629-641

Cowen RK, Lwiza KMM, Sponaugle S et al (2000) Connectivity of marine populations: open or closed? Science 287: 857-859

Creaser EP, Travis D (1950) Evidence of a homing instinct in the Bermuda spiny lobster. Science 112: 169-170

Cronin, TW, Jinks R (2001) Ontogeny of vision in marine crustaceans. Am Zool 41: 1098-1107

Derby CD, Cate HS, Steullet P et al (2003) Comparison of turnover in the olfactory organ of early juvenile stage and adult Caribbean spiny lobsters. Arthropod Struct Dev 31: 297-311

Derby CD, Steullet P, Cate HS et al (2001) A compound nose: functional organization and develop-ment of aesthetasc sensilla. In: Wiese K (ed) The crustacean nervous system. Springer-Verlag, Berlin

Díaz H, Orihuela B, Forward Jr RB et al (2003a) Orientation of juvenile blue crabs, *Callinectes sapidus* Rathbun, to currents, chemicals, and visual cues. J Crust Biol 23: 15-22

Diaz JP, Prie-Granie M, Kentouri M et al (2003b) Development of the lateral line system in the sea bass. J Fish Biol 62: 24-40

Diele K, Simith DJB (2007) Effects of substrata and conspecific odour on the metamorphosis of mangrove crab megalopae, *Ucides cordatus* (Ocypodidae) J Exp Mar Biol Ecol 348: 174-182

Dittman AH, Quinn TP (1996) Homing in Pacific salmon: mechanisms and ecological basis. J Exp Biol 199: 83-91

Dufort CG, Jury SH, Newcomb JM et al (2001) Detection of salinity by the lobster, *Homarus americanus*. Biol Bull 201: 424-434

Doherty PJ (1987) Light traps: selective but useful devices for quantifying the distributions and abundances of larval fishes. Bull Mar Sci 41: 423-431

Doudoroff P (1938) Reactions of marine fishes to temperature gradients. Biol Bull 75: 494-509 Douglass JK, Forward RB Jr (1989) The ontogeny of facultative superposition optics in a shrimp eye: hatching through metamorphosis. Cell Tissue Res 258: 289-300

Døving KB, Dubois-Dauphin M, Holley A et al (1977) Functional anatomy of the olfactory organ of fish and the ciliary mechanism of water transport. Acta Zool 58: 245-255

Egner SA, Mann DA (2005) Auditory sensitivity of sergeant major damselfish *Abudefduf saxatilis* from post-settlement juvenile to adult. Mar Ecol Prog Ser 285: 213-222

Elliott JK, Elliott JM, Mariscal RN (1995) Host selection, location, and association behaviours of anemonefishes in field settlement experiments. Mar Biol 122: 377-389

Farbman AI (1992) Cell biology of olfaction. Cambridge University Press, New York

Forward RB Jr, Diaz H, Ogburn MB (2007) The ontogeny of the endogenous rhythm in verti-cal migration of the blue crab Callinectes sapidus at metamorphosis. J Exp Mar Biol Ecol 348: 154-161

Forward RB, Tankersley RA, Rittschof D (2001) Cues for metamorphosis of brachyuran crabs: an overview. Am Zool 41: 1108-1122

Forward RB, Tankersley RA, Smith KA et al (2003) Effects of chemical cues on orientation of blue crab, Callinectes sapidus, megalopae in flow: implications for location of nursery areas. Mar Biol 142: 747-756

Fuiman LA (2004) Changing structure and function of the ear and lateral line system of fishes during development. Am Fish Soc Symp 40: 117-144

Gagliano M, Depczynski M, Simpson SD et al (2008) Dispersal without errors: symmetrical ears tune into the right frequency for survival. Proc R Soc B 275: 527-534

Gardiner JM, Atema J (2007) Sharks need the lateral line to locate odor sources: rheotaxis and eddy chemotaxis. J Exp Biol 210: 1925-1934

Garm A, Høegh JT (2006) Ultrastructure and functional organization of mouthpart sensory setae of the spiny lob-ster Panulirus argus: new features of putative mechanoreceptors. J Morph 267: 464-476

Gebauer P, Paschke K, Anger K (2002) Metamorphosis in a semiterrestrial crab, Sesarma cura-caoense: intra- and interspecific settlement cues from adult odors. J Exp Mar Biol Ecol 268: 1-12

Gebauer P, Paschke K, Anger K (2003a) Delayed metamorphosis in decapod crustaceans: evidence and conse-quences. Rev Chil Hist Nat 76: 169-175

Gebauer P, Paschke K, Anger K (2003b) Metamorphosis in a semiterrestrial crab, Sesarma cura-caoense: intra and interspecific settlement cues from adult odors. J Exp Mar Biol Ecol 268: 1-12

Gebauer P, Paschke KA, Anger KA (2005) Temporal window of receptivity and intraspecific vari-ability in the responsiveness to metamorphosis-stimulating cues in the megalopa of a semi-terrestrial crab, Sesarma curaca-oense. Invertebr Reprod Dev 47: 39-50

Gerlach G, Atema J, Kingsford MJ et al (2007) Smelling home can prevent dispersal of reef fish larvae. Proc Natl Acad Sci USA 104: 858-863

Ghysen A, Dambly-Chaudiere C (2007) The lateral line microcosmos. Gene Dev 21: 2118-2130 Glantz RM, Schroeter JP (2007) Orientation by polarized light in the crayfish dorsal light reflex: behavioral and neurophysio-logical studies. J Comp Physiol A 193: 371-384

Grunert U, Ache BW (1988) Ultrastructure of the aesthetasc (olfactory) sensilla of the spiny lob-ster, Panuli-rus argus. Cell Tissue Res 251: 95-103

Hadfield MG, Paul VJ (2001) Natural chemical cues for settlement and metamorphosis of marine-invertebrate lar-vae. In: McClintock JB (ed) Marine chemical ecology. CRC Press, Boca Raton Hallberg E, Johansson KUI, Elofsson R (1992) The aesthetasc concept: structural variations of putative olfactory receptor cell complexes in Crustacea. Microsc Res Tech 22: 325-335

Hallberg E, Johansson KUI, Wallen´ R (1997) Olfactory sensilla in crustaceans: morphology, sexual dimor-phism, and distribution patterns. Int J Insect Morphol Embryol 26: 173-180

Hamdani EH, Døving KB (2007) The functional organization of the fish olfactory system. Prog Neurobiol 82:

80-86

Hansen A, Reutter K (2004) Chemosensory systems in fish: structural, functional and ecological aspects. In: von der Emde G, Mogdans J, Kapoor BG (eds) The senses of fish. Kluwer Aca-demic Publishers, Dordrecht Holland and Narosa Publishing House, New Delhi

Hansen A, Zeiske E (1998) The peripheral olfactory organ of the zebrafish, *Danio rerio*: an ultra-structural study. Chem Senses 23: 39-48

Hansen A, Zeiske E (1993) Development of the olfactory organ in the zebrafish, *Brachydanio rerio*. J Comp Neurol 333: 289-300

Hansen A, Zielinski B (2005) Diversity in the olfactory epithelium of bony fishes: development, lamellar arrangement, sensory neuron. Cell types and transduction components. J Neurocytol 34: 183-208

Hara TJ (ed) (1992) Fish chemoreception. Springer-Verlag, New York

Hara TJ (1994a) Olfaction and gustation in fish - an overview. Acta Physiol Scand 152: 207-217

Hara TJ (1994b) The diversity of chemical stimulation in fish olfaction and gustation in fish. Rev Fish Biol Fish 4: 1-35

Hara TJ, Zielinski BS (1989) Structural and functional developments of the olfactory organ in teleost. Trans Am Fish Soc 118: 183-194

Harzsch S, Benton J, Dawirs RR et al (1999) A new look at embryonic development of the visual system in decapod crustaceans: neuropil formation, neurogenesis, and apoptotic cell death. J Neurobiol 39: 294-306

Hawryshyn CW, Moyer HD, Allison WT et al (2003) Multidimensional polarization sensitivity in damselfishes. J Comp Physiol A 189: 213-220

Hayat MA (2000) Principles and techniques of electron microscopy. Biological applications. 4th edn. Cambridge University Press, Cambridge

Huang HD, Rittschof D, Jeng MS (2005) Visual orientation of the symbiotic snapping shrimp *Synalpheus demani*. J Exp Mar Biol Ecol 326: 56-66

Huijbers CM, Mollee EM, Nagelkerken I (2008) Post-larval French grunts (*Haemulon flavolinea-tum*) distinguish between seagrass, mangrove and coral reef water: implications for recognition of potential nursery habitats. J Exp Mar Biol Ecol 357: 134-139

Immelman K (1975a) Ecological significance of imprinting and early learning. Annu Rev Ecol Syst 6: 15-37

Immelman K (1975b) The evolutionary significance of early experience. In: Baerends G, Beer C, Manning A (eds) Function and evolution in behaviour. Clarendon Press, Oxford

Ishida Y, Kobayashi H (1992) Stimulatory effectiveness of amino acids on the olfactory response in an algivorous marine teleost, the rabbitfish *Siganus fuscescens* Houttuyn. J Fish Biol 41: 737-748

Jeffs AG, Montgomery JC, Tindle CT (2005) How do spiny lobster post-larvae find the coast? N Z J Mar Freshw Res 39: 605-617

Job SD, Bellwood DR (1996) Visual acuity and feeding in larval *Premnas biaculeatus*. J Fish Biol 48: 952-963

Job SD, Bellwood DR (2000) Light sensitivity in larval fishes: implications for vertical zonation in the pelagic zone. Limnol Oceanogr 45: 362-371

Job SD, Bellwood DR (2007) Ultraviolet photosensitivity and feeding in larval and juvenile coral reef fishes. Mar Biol 151: 495-503

Job SD, Shand J (2001) Spectral sensitivity of larval and juvenile coral reef fishes: implications for feeding in a variable light environment. Mar Ecol Prog Ser 214: 267–277

Jones GP, Milicich MJ, Emslie MJ et al (1999) Self-recruitment in a coral-reef fish population. Nature 402: 802–804

Jones GP, Planes S, Thorrold SR (2005) Coral reef fish larvae settle close to home. Curr Biol 15: 1314–1318

Kalmijn AJ (2003) Physical principles of electric, magnetic, and near-field acoustic orientation. In: Collin SP, Marshall NJ (eds) Sensory processing in aquatic environments. Springer-Verlag, New York

Kasumyan, AO (2002) Sturgeon food searching behaviour evoked by chemical stimuli: a reliable sensory mechanism. J Appl Ichthyol 18: 685–690

Kavanagh DK, Alford R (2003) Sensory and skeletal development and growth in relation to the duration of the embryonic and larval stages in damselfishes (Pomacentridae). Biol J Linn Soc 80: 187–206

Kawamura G (1984) The sense organs and behavior of milkfish fry in relation to collection tech-niques. In: Juario JV, Ferraris RP, Benitez LV (eds) Advances in milkfish biology and culture. Island Publ, Manila

Keller TA, Powell I, Weissburg MJ (2003) Role of olfactory appendages in chemically mediated orientation of blue crabs. Mar Ecol Prog Ser 261: 217–231

Kennedy VS, Cronin LE (eds) (2007) The blue crab: *Callinectes sapidus*. Maryland Sea Grant, Maryland Sea Grant College, University System of Maryland, Maryland

Kenyon TN, Ladich F, Yan HY (1998) A comparative study of hearing ability in fishes: the auditory brainstem response approach. J Comp Physiol A 182: 307–318

Kingsford MJ, Leis JM, Shanks A et al (2002) Sensory environments, larval abilities and local self-recruitment. Bull Mar Sci 70: 309–340

Konno K, Qin G, Nakanishi K (1990) Synthesis of amphikuemin and analogs: a synomone that mediates partner recognition between anemonefish and sea anemone. Heterocycles 30: 247–251

Lara MR (1999) Sensory development in settlement-stage larvae of Caribbean labrids and scarids – a comparative study with implications for ecomorphology and life history strategies. PhD Dissertation, College of William and Mary, Virginia

Lara MR (2001) Morphology of the eye and visual acuities in the settlement intervals of some coral reef fishes (Labridae, Scaridae). Environ Biol Fish 62: 365–378

Lara MR (2008) Development of the nasal olfactory organs in the larvae, settlement-stages and some adults of 14 species of Caribbean reef fishes (Labridae, Scaridae, Pomacentridae). Mar Biol 154: 54–64

Lavalli K, Spanier E (eds) (2007) The biology and fisheries of the slipper lobster. CRC Press, Taylor and Francis Group, Boca Raton

Laverack MS (1988) The diversity of chemoreceptors. In: Atema J, Fay RR, Popper AN, Tavolga W (eds) Sensory biology of aquatic animals. Springer-Verlag, New York

Lecchini D (2005a) Spatial and behavioural patterns of reef habitat settlement by fish larvae. Mar Ecol Prog Ser 301: 247–252

Lecchini D, Osenberg CW, Shima JS et al (2007b) Ontogenetic changes in habitat selection during settlement in a coral reef fish: ecological determinants and sensory mechanisms. Coral Reefs 26: 423–432

Lecchini D, Planes S, Galzin R (2005b) Experimental assessment of sensory modalities of coral-reef fish larvae in the recognition of their settlement habitat. Behav Ecol Sociobiol 58: 18-26 Lecchini D, Shima J, Banaigs B et al (2005c) Larval sensory abilities and mechanisms of habitat selection of a coral reef fish during settlement. Oecologia 143: 326-334

Leis JM (2006) Are larvae of demersal fishes plankton or nekton? Adv Mar Biol 51: 57-141

Leis JM (2007) Behaviour of fish larvae as an essential input for modelling larval dispersal: behaviour, biogeography, hydrodynamics, ontogeny, physiology and phylogeny meet hydrog-raphy. Mar Ecol Prog Ser 347: 185-193

Leis JF, McCormick MI (2002) The biology, behavior and ecology of the pelagic, larval stage of coral reef fishes. In: Sale PF (ed) Coral reef fishes. Dynamics and diversity in a complex ecosystem, pp. 171-199. Academic Press, Elsevier Science, San Diego

Leis JM, Carson-Ewart BM (2003) Orientation of pelagic larvae of coral-reef fishes in the ocean. Mar Biol Prog Ser 252: 239-253

Leis JM, Wright KJ, Johnston RN (2007) Behaviour that influences dispersal and connectivity in the small, young larvae of a reef fish. Mar Biol 153: 103-117

Lenz P, Hartline DK, Purcell J et al (eds) (1997) Zooplankton: sensory ecology and physiology. CRC Press, Taylor and Francis Group, London

Levin LA (2006) Recent progress in understanding larval dispersal: new directions and digressions. Integr Comp Biol 46: 282-297

Lewis D (1979) We, the navigators. University Press of Hawaii, Honolulu

Loew ER, McAlary FA, McFarland WN (1997) Ultraviolet visual sensitivity in the larvae of two species of marine atherinid fishes. In: Lenz PH, Hartwell DK, Purcell JE, Macmillan DL (eds) Zooplankton: sensory ecology and physiology. CRC Press, London

Losey GS, Cronin TW, Goldsmith TH et al (1999) The UV visual world of fishes: a review. J Fish Biol 54: 921-943

Losey GS, McFarland WN, Loew ER et al (2003) Visual biology of Hawaiian coral reef fishes. I. Ocular transmission and visual pigments. Copeia 3: 433-454

Mana RR, Kawamura G (2002) A comparative study on morphological differences in the olfactory system of red sea bream (*Pagrus major*) and black sea bream (*Acanthopagrus schlegeli*) from wild and cultured stocks. Aquaculture 209: 285-306

Mann DA, Casper BM, Boyle KS et al (2007) On the attraction of larval fishes to reef sounds. Mar Ecol Prog Ser 338: 307-310

Marshall NJ, Jennings K, McFarland WN et al (2003a) Visual biology of Hawaiian coral reef fishes. II. Colors of Hawaiian coral reef fish. Copeia 3: 455-466

Marshall NJ, Jennings K, McFarland WN et al (2003b) Visual biology of Hawaiian coral reef fishes. III. Environmental light and an integrated approach to the ecology of reef fish vision. Copeia 3: 467-480

Marshall J, Vorobyev M, Siebeck UE (2006) What does a reef fish see when it sees a reef fish? Eating "Nemo" © In: Ladlich F (ed) Communication in fishes. Science Publishers, Enfield, NH

Maruska KP (2001) Morphology of the mechanosensory lateral line system in elasmobranch fishes: ecological and behavioral considerations. Environ Biol Fish 60: 47-75

McCormick MI (1999) Delayed metamorphosis of a tropical reef fish (*Acanthurus triostegus*): a field experiment. Mar Ecol Prog Ser 176: 25-38

McFarland WN, Loew ER (1994) Ultraviolet visual pigments in marine fishes of the family Poma-centridae. Vision Res 34: 1393-1396

Mishra M, Jeffs A, Meyer-Rochow VB (2006) Eye structure of the phyllosoma larva of the rock lobster *Jasus edwardsii* (Hutton, 1875): how does it differ from that of the adult? Invertebr Reprod Dev 49: 213-222

Mogdans J, Bleckmann H (2001) The mechanosensory lateral line of jawed fishes. In: Kapoor BG, Hara TJ (eds) Sensory biology of jawed fishes. New Insights Science Publishers Inc, Enfield (NH)

Mogdans J, Krother S, Engelman J (2004) Neurobiology of the fish lateral line: adaptations for the detection hydrodynamic stimuli in running water. In: von der Emde G, Mogdans J, Kapoor BG (eds) The senses of fish. Adaptations for the reception of natural stimuli. Kluwer Academic Publishers, Dordrecht

Moksnes and Heck (2006) Relative importance of habitat selection and predation for the distribu-tion of blue crab megalopae and young juveniles. Mar Ecol Prog Ser 308: 166-181

Montgomery JC, Jeffs A, Simpson SD et al (2006) Sound as an orientation cue for the pelagic larvae of reef fishes and decapod crustaceans. Adv Mar Biol 51: 143-196

Montgomery JC, Tolimieri N, Haine OS (2001) Active habitat selection by pre-settlement reef fishes. Fish Fish 2: 261-277

Murata M, Miyagawa-Koshima K, Nakanishi K et al (1986) Characterisation of compounds that induce symbiosis between sea anemone and anemonefish. Science 234: 585-587

Myrberg AA Jr, Fuiman LA (2002) The sensory world of coral reef fishes. In: Sale PF (ed) Coral reef fishes. Dynamics and diversity in a complex ecosystem. Academic Press, Elsevier Science, San Diego

Nearing J, Betka M, Quinn S et al (2002) Polyvalent cation receptor proteins (CaRs) are salinity sensors in fish. Proc Natl Acad Sci USA 99: 9231-9236

Nishida S, Kittaka J (1992) Integumental organs of the phyllosoma larva of the rock lobster *Jasus edwardsii* (Hutton). J Plankton Res 14: 563-573

Northcutt RG (2005) Ontogeny of electroreceptors and their neural circuitry In: Bullock TH, Hopkins CD, Popper AN, Fay RR (eds) Electroreception. Springer Science+Business Media, New York

Northcutt RG, Holmes PH, Albert JS (2000) Distribution and innervation of lateral line organs in the channel catfish. J Comp Neurol 421: 570-592

O'Connor NJ, Judge ML (2004) Molting of fiddler crab *Uca minax* megalopae: stimulatory cues are specific to salt marshes. Mar Ecol Prog Ser 282: 229-236

O'Connor NJ, Van BT (2006) Adult fiddler crabs *Uca pugnax* (Smith) enhance sediment-associated cues for molting of conspecific megalopae. J Exp Mar Biol Ecol 335: 123-130

Ogden JC, Quinn TP (1984) Migration in coral reef fishes: ecological significance and orienta-tion mechanisms. In: McCleave JD, Arnold GP, Dodson JJ, Neill WH (eds) Mechanisms of migration in fishes. Plenum Press, New York

Pankhurst PM, Pankhurst NW (2002) Direct development of the visual system of the coral reef teleost, the spiny damsel, *Acanthochromis polyacanthus*. Environ Biol Fish 65: 431-440

Parmentier E, Lagardere JP, Vandewalle P et al (2005) Geographical variation in sound production in the anemonefish *Amphiprion akallopisos*. Proc Royal Soc B 272: 1697-1703

Pasternak Z, Blasius B, Achituv Y et al (2004) Host location in flow by larvae of the symbiotic barnacle *Trevathana dentata* using odor-gated rheotaxis. Proc R Soc Lond B 271: 1745-1750 Phillips BF (2006) Lobsters: Biology, management, aquaculture and fisheries. Wiley-Blackwell Publishing, Oxford

Phillips BF, Sastry AN (1980) Larval ecology. In: Cobb JS, Phillips BF (eds) The biology and management of lobsters. Vol II. Academic Press, New York

Popper AN, Fay RR (1999) The auditory periphery in fishes. In: Fay RR, Popper AN (eds) Com-parative hearing: fish and amphibians. Springer-Verlag, New York

Popper AN, Fay RR, Platt C et al (2003) Sound detection mechanisms and capabilities of teleost fishes. In: Collin SP, Marshall NJ (eds) Sensory processing in aquatic environments. Springer-Verlag, New York

Popper AN, Salmon M, Horch KW (2001) Acoustic detection and communication by decapod crustaceans. J Comp Physiol 187: 83-89

Radford CA, Jeffs AG, Montgomery JC (2007) Directional swimming behavior by five species of crab postlarvae in response to reef sound. Bull Mar Sci 80: 369-378

Reutter K, Kapoor BG (2005) Fish chemosenses. Science Publishers Inc, Enfield, NH

Robertson DR (2001) Population maintenance among tropical reef fishes: inferences from small-island endemics. Proc Nat Acad Sci USA 98: 5667-5670

Scholtz AT, Horall RM, Cooper JC et al (1976) Imprinting to olfactory cues: the basis for home stream selection in salmon. Science 192: 1247-1249

Santos A, Ricardo C, Bartilotti C et al (2004) The larval development of the partner shrimp. Helgol Mar Res 58: 129-139

Siebeck UE, Marshall NJ (2007) Potential ultraviolet vision in pre-settlement larvae and settled reef fish – a comparison across 23 families. Vision Res 47: 2337-2352

Simpson SD, Meekan MG, Jeffs A et al (2008) Settlement-stage coral reef fishes prefer the higher frequency invertebrate-generated audible component of reef noise. Anim Behav, in press

Simpson SD, Meekan MG, Montgomery J et al (2005a) Homeward sound. Science 308: 221 Simpson SD, Yan HY, Wittenrich ML et al (2005b) Response of embryonic coral reef fishes (Poma-centridae: *Amphiprion* spp.) to noise. Mar Ecol Prog Ser 287: 201-208

Simpson SD, Meekan MG, Jeffs A et al (2008) Settlement-stage coral reef fishes prefer the higher frequency invertebrate-generated audible component of reef noise. Anim Behav 75: 1861-1868 Sjo T, Andersson E, Kornfeldt H (1988). MIDAS: a miniature submarine for underwater inspec-tions. 9th Int Conf Nondestr Eva Nuc Ind, Tokyo

Stabell OB (1984) Homing and olfaction in salmonids: a critical review with special reference to the Atlantic salmon. Biol Rev 59: 33-388

Stabell OB (1992). Olfactory control of homing behaviour in salmonids. In: Papi F (ed) Animal homing, pp. 249-271. Chapman & Hall, London

Steinke M, Malin G, Liss PS (2002) Trophic interactions in the sea: an ecological role for climate relevant volatiles? J Phycol 38: 630-638

Swearer SE, Caselle JE, Lea DW et al (1999) Larval retention and recruitment in an island popu-lation of a coral-reef fish. Nature 402: 799-802

Sweatman HPA (1985) The influence of adults of some coral-reef fishes on larval recruitment. Ecol Mon 55: 469-485

Tolimieri N, Jeffs A, Montgomery J (2000) Ambient sound as a cue for navigation by the pelagic larvae of reef fishes. Mar Ecol Prog Ser 207: 219-224

van Montfrans J, Ryer CH, Orth RJ (2003) Substrate selection by blue crab *Callinectes sapidus* megalopae and first juvenile instars. Mar Ecol Prog Ser 260: 209-217

Ward AJW, Duff AJ, Horsfall JS et al (2008) Scents and scents-ability: pollution disrupts chemical social recognition and shoaling in fish. Proc R Soc Lond B 275: 101-105

Walker MM, Dennis TE (2005) Role of the magnetic sense in the distribution and abundance of marine animals. Mar Ecol Prog Ser 287: 295-300

Webley JAC, Connolly RM (2007) Vertical movement of mud crab megalopae (*Scylla serrata*) in response to light: doing it differently down under. J Exp Mar Biol Ecol 341: 196-203

Webb JF (1999) Diversity of fish larvae in development and evolution. In: Hall BK, Wake MH (eds) Origin and evolution of larval forms, pp. 109-158. San Diego, Academic Press

Wellington GM, Victor B (1989) Planktonic larval duration of one hundred species of Pacific and Atlantic damselfishes (Pomacentridae). Mar Biol 101: 557-567

Weissburg MJ, Browman HI (2005) Sensory biology: linking the internal and external ecologies of marine organisms. Mar Ecol Prog Ser 287: 263-307

Whitlock KE, Westerfield M (2000) The olfactory placodes of the zebrafish form by convergence of cellular fields at the edge of the neural plate. Development 127: 3645-3653

Wright KJ, Higgs DM, Belanger AJ et al (2005) Auditory and olfactory abilities of pre-settlement larvae and post-settlement juveniles of a coral reef damselfish (Pisces: Pomacentridae). Mar Biol 147: 1425-1434

Wright KJ, Higgs DM, Belanger AJ et al (2008) Auditory and olfactory abilities of larvae of the Indo-Pacific coral trout Plectropomus leopardus at settlement. J Fish Biol, 72: 2543-2556 Yamamoto M (1982) Comparative morphology of the peripheral olfactory organ in teleosts. In: Hara TJ (ed) Chemoreception in fishes. Elsevier, Amsterdam

Zeiske E, Theisen B, Breucker H (1992) Structure, development, and evolutionary aspects of the peripheral olfactory system. In: Hara TJ (ed) Fish chemoreception. Chapman & Hall, London Zielinski B, Hara TJ (1988) Morphological and physiological development of olfactory receptor cells in rainbow trout (Salmo gairdneri) embryos. J Comp Neurol 271: 300-311

Zupanc GKH, Bullock TH (2005) From electrogenesis to electroreception: an overview. In: Bullock TH, Hopkins CD, Popper AN, Fay RR (eds) Electroreception. Springer Science + Business Media, New York

第6章　影响热带沿海生态系统鱼类和十足类补充模式的机制

Aaron J. Adams，John P. Ebersole

摘要：在沿海生态系统中，鱼类和十足类的早期底栖生活史主要分为3个阶段：沉降期、沉降转换期和沉降后期，最终形成补充量。尽管大多数物种都会经历这样的早期生活史，但是并非所有生物都遵循相同的策略。按照生活史策略，生物一般分为三种：专一生境种、泛生境种和随个体发育阶段改变生境种。尽管生活史策略存有差异，但共同过程影响到热带海洋鱼类和十足类的早期生活史阶段。鱼类和十足类从浮游幼体转变为底栖后期仔体的生活史策略将海洋和沿岸生境联系起来。然而，因为底栖特征和底栖过程影响早期生活史，以至于沉降期和沉降后的分布并没有全面反映幼体供给模式。幼体的供给、行为以及早期沉降的幼体与底栖环境之间复杂的相互作用影响其早期生活史阶段的丰度与分布。鉴于大多数发生在沉降期和沉降后早期阶段的高死亡率主要归因于捕食作用，捕食者的直接作用可能是影响整个早期生活史最重要的因子。同样，发生在沉降过程中或沉降后阶段的生境选择、优先效应、逃避捕食者、种内和种间竞争和侵略对沉降期和沉降后期阶段鱼类和十足类的丰度和分布产生重要影响。育幼场的有效性和成体种群丰度之间的联系已获得证实。所以早期生活史阶段与底栖环境之间的其他相互作用可能对种群丰度和数量产生影响，只是目前我们不了解而已。

关键字：生境选择；死亡率；沉降后期；优先效应；定居

6.1　前言

30多年前，人们对种群补充机制严重忽视，阻碍了对热带生态系统种群动态和群落生态的理解，这个事实令热带海洋生态学家惊愕不已。尽管目前关于从仔体到稚体生活过程的认知仍旧远远落后于对成体的认知，但其间的进步已相当可观。通过综述研究进展，我们能开始了解某些补充模式、推测某些潜在过程、并探讨未来研究应该关注的关键补充量问题。

从幼体到底栖生活的过渡阶段将海洋和沿海生境联系起来。定居生物（settler）在底栖生境的分布取决于幼体在海洋生境的分布，但是底栖动物的分布并非其海洋分布的简单反映。定居生物的分布反映出幼体补充、行为以及早期定居者与其底栖生活特征相适应之间复杂的相互作用。另外，从浮游阶段进入定居阶段的幼体的健康状况影响定居后期的生长率和成活率，进一步影响海洋浮游阶段和底栖阶段的连接过程。在海洋浮游期和早期底栖生活过程中，失败的个体不会进入成体种群，因此对种群数量产生影响。最后，不同的底栖生境通常与随个体发育阶段迁移生境生物的早期生活史阶段相关联。因此，与补充作用相关的个体发育过程与近岸热带系统中的生境镶嵌有一定联系，同样，热带沿海生态系统与生境有关的特征对补充作用产生重大影响。

6.2 补充作用的定义

在同行审议论文中，对鱼类和十足类生物早期生活史的定义始终含糊不清，而且论文中某些相互矛盾的结论可能仅是语意带来的。因此，本研究对鱼类和十足类最终形成补充量的早期生活史阶段提出明确的定义。补充作用发生在沉降后期阶段，其中结合了幼体期、沉降期和沉降后期诸过程。补充作用的特点是发育到死亡率较低的阶段，也同时标志着个体首次进入稚鱼。因此，补充量的许多调查都是在稚期早期阶段进行的（补充之前各阶段的定义和参考文献见表6.1）。

表6.1 期生活史阶段定义的总结，改编自 Adams 等（2006）列出定义源自的参考文献

时期	定义	参考文献
沉降期	幼体刚开始附着在底栖基质。该阶段只包括幼体的过程。幼体体长和健康状况为重要的因素	Calinski and Lyons（1983），Kaufman 等（1992），Guttierez（1998）
沉降后过渡阶段	紧接沉降期之后的生活史阶段，其中，后期幼体探索和评估底栖生境（可能会多次重新进入浮游阶段），经历变态并加入底栖生物种群。优先效应*在该阶段尤为重要	Kaufman 等（1992），McCormick and Makey（1997），Sancho 等（1997）
沉降后期阶段	发生在完成变态发育后的生活史阶段，其中，底栖死亡率较高。不同生物的沉降后期阶段持续时间不同，部分原因在于对捕食作用的敏感性不同。重要的因素包括生境复杂性变化带来的密度依赖性死亡和竞争	Doherty and Sale（1985），Sogard（1997），Almany（2004），Almany and Webster（2004）
补充阶段	发生在沉降后期阶段结束时的生活史阶段，其中包含了稚体和沉降后期阶段的影响。该阶段的特点是生物死亡率较低。个体首次进入稚期。许多针对补充群体的调查发生在该阶段	Doherty and Sale（1985），Kaufman 等（1992），Booth and Brosnan（1995），Guttierez（1998），McCormick and Hoey（2004）

*优先效应：某一物种栖息在某一生境从而减少了另一种生物入侵的概率。通过竞争（定居的成体和亚成体或固着的稚体可以干扰幼体的沉降；即干扰竞争），或者抢占资源，或捕食（定居的捕食性成体和亚成体可以通过捕食沉降者直接减少沉降，或者通过诱导沉降者选择其他位点、或捕食性稚体阻止饵料生物的沉降间接减少沉降；Shulman et al.，1983），一种物种可以降低另一种物种的补充量。

大多数热带海洋鱼类和无脊椎动物可以通过两阶段的生命周期把繁殖群体从地方种群的补充群体中分离出来。这些生物的浮游幼体营浮游生活，稚体和成体营底栖生活。这些生物普遍行体外受精和产浮性卵的策略。浮游生活阶段的长短不仅与物种有关，而且还取决于环境条件。浮游阶段结束时，幼体寻找适宜沉降的生境并进入生活史的底栖阶段，从水体中沉降时经历变态发育。这一过程影响仔体向稚体的转变，而且，早期的稚体阶段对种群数量调控至关重要。

掌握物种早期生活史的相关知识，对于理解影响补充量的机制至关重要。在一定程度上，由于文献资料没有清晰地区分鱼类和无脊椎动物的早期生活史阶段，因此这些机制的相对重要性仍然不清楚。尽管最近的研究表明，随着个体生长，影响早期生活史的不同机制的相对重要性也发生改变（Jones 1991），但在多数情况下，例如，稚期通常指从仔体沉降期到性成熟前期的所有生活阶段（St. John，1999）。在沉降后的 48 小时内捕食最为重要（Almany，2004b；Almany and Webster，2004），然而在之后的阶段中竞争可能更重要（Risk，1998）。

在鱼类和十足类早期生活史研究中，含义明确的术语将对研究有所裨益。采用相同的术语有助于阐明探讨的问题，促进研究结果的论证和形成预测，并为成果的大规模应用提供框架。而且，统一划分早期生活史阶段，有助于构建未来讨论和研究的通用结构。本文提出的是整体结构，而不是早期生活史阶段划分本身，在这一点上，整体结构属于新提法。迄今为止，早期生活史各阶段的定义大多自我成立，即独立于其他早期阶段范畴。关于本文对补充作用的讨论，我们遵循 Adams 等（2006）4 个时期定义建议的结构，因为该结构提供了一个清晰和方便早期生活史阶段划分，有助于热带海洋生态系统鱼类和十足类种群补充作用研究（表 6.1）。

6.3 早期生活史策略的定义

根据底栖生活的稚体和成体生活史阶段利用生境的机制，营浮游生活的仔体和底栖生活的稚体和成体的生活史大体上分为 3 种策略类型（表 6.2）。第一种策略为专一生境种（Habitat Specialists），其中，浮游幼体的沉降位置就是整个底栖生活阶段的所在位置。第二种策略为泛生境种（Habitat Generalists），其中幼体具有多个生境，可以栖息其一，也可以在各生境间洄游，即栖息位置不固定。第三种策略为随个体发育阶段改变生境种（Ontogenetic Shifters），其中，幼体生境和位置与成体和经历个体发育向成体生活史阶段过渡的群体的生境不同。

早期生活史策略类型的划分凸显了在群落水平上应用物种特异性研究成果的局限性。例如，以往关于早期生活史过程的许多研究集中在彩票假说（Lottery Hypothesis）（Sale，1977，1978），其中强调幼体沉降的偶然性，假设自然选择一定产生泛生境种，使寻找适宜沉降区的概率达到最大。彩票假说原先在很大程度上依据的是盛行的沉降区固定的物种，如领域性的雀鲷科（Pomacentridae）鱼类（例如 Doherty，1983）的广泛研究成果。自那时起，研究表明不同物种在早期生活史阶段对生境利用极其不同（参见 Adams et al.，

2006 的综述），且种内的早期生活史阶段对生境的利用具有可塑性（Adams et al.，2006），同时，研究也揭示进入补充作用阶段的鱼类在生境利用方面存在原先没有发现的变化（Kaufman et al.，1992）。另外，生境的变化可以改变物种之间的关系，例如竞争作用和捕食作用（Anderson，2001；Almany，2004a）。

表 6.2 生活史策略的总结。策略的定义源自 Adams 等（2006）。研究的参考文献集中在适应这种策略的生物，并列出该物种隶属于的科

术语	定义	参考文献
专一生境种	仔体的沉降、稚体和成体底栖阶段发生在相同的位置。这些生物趋向于固定生境［如雀鲷科（Pomacentridae）］。伴随个体发育改变生境种可能相对较小，像小生境的变化（如稚体利用成体的生境内小生境）。小生境的变化可能是占领复杂性不同的领域以降低被捕食的概率，但这些小环境变化发生在相同的场所	鼓虾科（Alpheidae）：Knowlton and Keller (1986) 长臂虾科（Palaemonidae）：Preston and Doherty (1990) 雀鲷科（Pomacentridae）：Doherty (1983)，Bergman et al.，(2000)，Lirman (1994)，Nemeth (1998)，Schmitt and Holbrook (1999b)
泛生境种	仔体的沉降、稚体和成体的底栖生活阶段可能发生在相同的位置，但是该物种可以附着或定居在同一生境或迁移于众多生境［如双带海猪鱼（*Halichoeres bivittatus*）］。物种生境一般不固定（但是 McGehee 1995 研究发现：生境固定的生物能够在多类型生境中迁移）。在某种程度上，随个体发育的迁移并不遵循一个明确的模式和/或相比随个体发育的迁移来说模式是次要的［如隆头鱼科（Labridae）］	扇蟹科（Xanthidae）：Beck (1995, 1997) 隆头鱼科（Labridae）：Green (1996)
随个体发育改变生境种	从沉降期过渡到稚幼后期再到成体阶段，该类物种具有生境复杂、行为和摄食地转变等特点。幼体趋向于定居于不同于成体的栖息地，并经历显著的个体发育迁移。幼体沉降生境可能不同于稚体的生境	龙虾科（Panuliridae）：Herrnkind et al.，(1994)，Childress and Herrnkind (2001) 隆头鱼科（Labridae）：Green (1996) 鮨科（Serranidae）：Eggleston (1995)，Dahlgren and Eggleston (2000)，St. John (1999)；Acanthuridae：Robertson (1988)，Risk (1997, 1998)，Adams and Ebersole (2002, 2004)，Parrish (1989)

鉴于生活史策略的归类以及在各类中寻找适用的通用模式的需求，先行确定具体物种的归类是非常有用的。遗憾的是，采用的策略可能并不受系统发育的约束，在科内甚至在属内，物种生活史归类也有所不同，因此物种特异性的数据必不可少。Green（1996）对 8 种隆头鱼开展了研究，其中，2 种表现为随个体发育改变生境种，其他 6 种为泛生境种。同样，McGehee（1995）研究发现，雀鲷科（Pomacentridae）中的 3 种鱼类，即漫游眶锯雀鲷（*Stegastes planifrons*）、杂色眶锯雀鲷（*Stegastes variabilis*）和深裂眶锯雀鲷（*S. parti-*

tus）表现为专一生境种，而第四种白点眶锯雀鲷（*S. leucostictus*）生境忠诚度低，属于泛生境种。利用幼体变态作为预测模式可能是预测生活史策略的有效方式之一（McCormick and Makey，1997），可以通过幼体采集和实验室观察来完成。

在研究的加勒比海非河口潟湖及其邻近的珊瑚礁海区的物种中，Gratwicke 等（2006）研究生物生境的利用模式发现，在群落层次，47%的生物表现为随个体发育改变生境的现象。同样，Nagelkerken 和 van der Velde（2002）发现有证据说明，所研究的 50 种随个体发育改变生境生物中，有 21 种（42%）是最常见的珊瑚礁物种。在调查莫利亚岛 17 种夜间珊瑚礁鱼类的稚鱼和成鱼的密度时，Lecchini（2006）发现 47%的鱼类在个体发育过程中存在改变生境的现象。与此相反，Adams and Ebersole（2002）发现，加勒比海潟湖和后礁区的 96 种鱼类中只有 22 种（23%）的个体发育分布于潟湖（稚鱼）——礁区（成鱼）。这些估计的差异主要是由调查物种的不同引起的，也是由个体发育阶段不同个体体长的划分标准引起的。

准确划分物种的各生活史阶段是非常困难的。许多生物的早期生活史阶段并没有明确的定义［但是 Shulman 和 Ogden（1987）根据黄仿石鲈（*Haemulon flavolineatum*）的大小等级对其个体发育做了清楚的描述］。仅仅根据个体大小定义生活史阶段，或者把所有性成熟前的鱼类归类为稚鱼，不足以代表整个个体发育生活史，因此推断某特定生境作为某些物种的育幼场是不确切的。需要更多阐明早期生活史的研究，才能更好地评估影响种群补充的因素。

以下各节综述鱼类和十足类的种群补充作用不断增长的知识，并按照前文提出的定义建立一个框架。希望本文有助于综合已完成的相关研究并有助于构思未来研究的重点。

6.4 幼体的沉降（从中上层水域进入底栖生境）

海洋过程通过运输和影响幼体的成活率，进而影响珊瑚礁鱼类和十足类的沉降（Choat et al.，1988；Acosta and Butler，1999）。幼体的沉降模式可在多种空间尺度上暂时保持一致（Fowler et al.，1992；Caselle and Warner，1996；Acosta and Butler，1997；Tolimieri et al.，1998；Vigliola et al.，1998；Schmitt and Holbrook，1999b），证明海洋过程对幼体补充作用具有重要影响。在巴巴多斯，光诱捕后期仔体的出现时间与这些物种稚体在珊瑚礁的首次出现相对应，这表明仔体补充作用是幼体沉降的良好指示（Sponaugle and Cowen，1996）。此外，一些鱼类［如深裂眶锯雀鲷（*Stegastes partitus*）和月尾刺尾鱼（*Acanthurus bahianus*）］的仔鱼在时间和空间上始终相关，表明这些物种受到相似的海洋过程影响，如洋流、潮汐流、风生流和大规模的外部胁迫事件。同样，美国佛罗里达群岛多刺龙虾仔虾的出现与海流密切相关，而与顺风没有明显的相关性（Acosta and Butler，1997；Eggleston et al.，1998）。潮汐同样对巴巴多斯短尾螃蟹的后期仔蟹具有一定的影响，通常后期仔蟹的供给在第三季度达到最大，此时的潮汐幅度最小（Reyns and Sponaugle，1999）。

6.4.1 幼体补充作用的调整

由海洋过程建立的幼体补充作用不可能持续到整个沉降阶段的结束。例如，Butler and Herrnkind（1992）研究发现，眼斑龙虾（*Panulirus argus*）在美国佛罗里达湾和佛罗里达群岛局部水域内底栖沉降的空间模式不同于浮游幼体的丰度模式（尽管二者有时在区域尺度上相统一）。沉降过程中的幼体在其真正沉降到海底之前已经与底质发生充分的相互作用（Choat et al., 1988）。底栖捕食者的攻击提供了底栖相关过程可能直接影响幼体沉降数量的唯一例子（Choat et al; 1988; Fowler et al., 1992; Booth and Beretta, 1994; Gibson, 1994; Booth and Brosnan, 1995; Tolimieri, 1998a; Tolimieri et al., 1998）。附着阶段的鱼类和十足类对这些特征的行为反应也有助于幼体补充模式的调整（鱼类：Sweatman, 1988; Booth and Beretta, 1994; Fernandez et al., 1994; Elliot et al., 1995; Shanks, 1995; Leis and Carson-Ewart, 1999; Almany, 2003; Garpe and Ohman, 2007。十足类：Forward 1974, 1976; Knowlton, 1974; Forward and Hettler, 1992; Welch et al., 1997; Gimenez et al., 2004; Gimenez, 2006）。总的来说，幼体的补充量、行为和底栖特征之间复杂的相互作用最终决定其沉降模式。此外，鱼类和十足类幼体沉降空间模式并非始终保持一致（Fowler et al., 1992; Green, 1998; Tolimieri et al., 1998; Vigliola et al., 1998; Montgomery and Craig, 2005），因为海洋和底栖过程的相对重要性随着物种、位置和时间的推移而有所差异。

生境的分散与幼体的行为之间的相互作用影响着定居者的分布。幼体并非随波逐流的颗粒物。仔鱼（参见 Stobutzki and Bellwood, 1997; Stobutzki, 1998; Leis and Carson-Ewart, 1999）和十足类幼体（参见 Fernandez et al., 1994; Shanks, 1995）能够主动洄游相当远的距离。但是不同物种的游泳能力不同（参见 Stobutzki and Bellwood, 1997; Stobutzki, 1998），而且游泳行为影响沉降的时机和位置。此外，竞争力强的幼体能够根据各种标准寻找适宜的沉降生境（关于鱼类参见 Sweatman, 1988; Booth and Beretta, 1994; Elliot et al., 1995; Leis et al., 2002; Almany, 2003; Leis and Lockett, 2005; Garpe and Ohman, 2007; 关于十足类参见 Knowlton, 1974; Welch et al., 1997; Gimenez et al., 2004; Gimenez, 2006）。幼体的补充作用、幼体的行为和沉降生境的利用等对沉降模式起综合决定作用。

最近的研究表明，许多生物幼体在沉降阶段利用各种环境线索寻找珊瑚礁及其他适宜的沉降生境。声音对于寻找珊瑚礁非常重要（参见 Tolimieri et al., 2000; 参见 Montgomery et al., 2001; Leis and Lockett, 2005 的综述），而嗅觉感官对沉降位置的选择同样重要（参见 Sweatman, 1988; Butler and Herrnkind, 1991; Elliot et al., 1995; Harvey, 1996; 参见 Montgomery et al., 2001; Atema et al., 2002; Horner et al., 2006 的综述）。关于沉降环境线索的详细讨论参见第 5 章。

6.4.2 沉降阶段幼体的行为

不管幼体采用哪种机制寻找适宜沉降生境，沉降过程中的幼体行为都会调整沉降模式，因此沉降模式与近海幼体的分布模式有所不同（参见 Sponaugle and Cowen，1996；Cruz et al.，2007）。幼体沉降模式可据以准确地推断其沉降行为。例如，在法属波利尼西亚工作期间，Schmitt and Holbrook（1999b）发现圆雀鲷属（*Dascyllus*）所有种都是专一生境种，3 个种的沉降模式保持一致：在海岛尺度上，一个物种主要沉降在岛的北端，而另两种倾向于沉降在岛的南端；在潟湖尺度上，他们发现三斑圆雀鲷（*Dascyllus trimaculatus*）沉降在整个潟湖区，而三带圆雀鲷（*Dascyllus aruanus*）和黄尾圆雀鲷（*D. flavicaudus*）仅沉降于部分潟湖区，分别沉降在近岸生境和近海生境。鉴于他们对每个种类采用标准化的、起初没有这种物种沉降的、特定的生境，因此生境的可获得性不是影响因子。显而易见，三斑圆雀鲷（*D. trimaculatus*）的沉降模式范围较广，因此找到适宜的沉降生境可能性较大。然而对于另外两种来说，仔鱼的行为和生境的可获得性可能限制其沉降范围——如果在近岸[三带圆雀鲷（*D. aruanus*）]和近海[黄尾圆雀鲷（*D. flavicaudus*）]不存在适宜的沉降生境，幼体的补充作用将丧失。Kobayashi（1989）在夏威夷水域也发现幼体行为存在种特异性差异。通过视觉，两种虾虎的仔鱼将沉降生境维持在珊瑚礁附近，然而天竺鲷科（Apogonidae）的短线小天竺鲷（*Foabrachy gramma*）和鳀科（Engraulidae）的夏威夷半棱鳀（*Encrasicholina purpurea*）的幼鱼在远离礁区的站位最为丰富。群落水平上同样具有幼体行为的相似效应，总的来说栖息于近海的物种多于近岸海域（Planes et al.，1993；Hamilton et al.，2006）。

尽管随个体发育改变生境种和泛生境种采用的沉降环境线索并不像专一生境种雀鲷那样获得集中研究，但是相似的沉降模式表明，这些物种能够主动选择沉降位点。在加勒比海，许多珊瑚礁鱼类[刺尾鱼（*Acanthurus* spp.），Adams and Ebersole，2002，2004；拿骚石斑鱼（*Epinephelus striatus*），Eggleston，1995；Dahlgren and Eggleston，2000；黄仿石鲈（*Haemulon flavolineatum*），McFarland，1980；Shulman，1985a]和十足类甲壳类（如 Panuliridae——多刺龙虾，Acosta and Butler，1999）的幼体越过珊瑚礁到达潟湖，表明这些幼体利用一些线索寻找该类生境，而且也说明某些鱼类在潟湖区和大洋海域的嗅觉功能分化（Atema et al.，2002；Huijbers et al.，2008）。

主动选择生境也说明，非珊瑚礁生境对于成功补充具有优势，补偿了额外能量消耗导致的健康代价，也补偿了进入生境的幼体和本来以后要再次进入珊瑚礁成体生境的稚体面临的被捕食风险。此外，许多物种可能利用非珊瑚礁底栖生境中的大位点作为沉降生境，然后转移到更适宜沉降后期阶段的潟湖区小生境中（参见 Herrnkind，1980；McFarland，1980；Marx and Herrnkind，1985a，1985b；Herrnkind and Butler，1986；Robertson，1988，参见 Parrish，1989；Adams and Ebersole，2004 的综述）。Gratwicke 等（2006）研究发现，在栖息于英属维尔京珊瑚礁和非河口潟湖的鱼类中，67%的物种表现出随个体发育阶段在潟湖和珊瑚礁生境之间分配生境的模式，因此这种策略可能是普遍的。

6.4.3 死亡率和幼体状况

幼体在沉降阶段死亡率极高（沉降后过渡阶段，见第 6.5 节）。例如，Doherty 等

（2004）研究发现，在莫利亚岛（法属波利尼西亚）的研究区域，大约61%夜间沉降的幼体消失于早上。同样，Acosta 和 Butler（1999）发现在美国佛罗里达群岛，正在沉降和刚沉降的多刺龙虾的捕食死亡率很高。虽然高死亡率仅持续几天（或者更长，因种类而异），但是沉降期的死亡率对补充时期的总死亡贡献显著。

由于幼体在沉降和沉降后期的过程死亡率极高（Almany，2004a；Almany and Webster，2004；Doherty et al.，2004），因此，任何良好环境状况都会对生存群体产生有利影响。例如，McCormick 和 Molony（1992）在室内试验中发现，栖息于澳大利亚大堡礁蜥蜴岛研究站附近的珊瑚礁仔鱼，因为获得较多的饵料而个体较大且状态较好，因此与状态较差的鱼类相比能够更快沉降。他们推测，这些优势使仔鱼的沉降在时间上更具灵活性，从而增加了沉降过程中生境选择的机会。当摄食率提高到与健康状态好的个体类似时，健康状态较差的幼体能够迅速恢复，也能够很快沉降，但尚不清楚这些个体的补偿能力是否能够抵消健康状态好的个体在水体中被捕食概率低和在沉降过程中具有较大个体的优势。

高脂肪含量会直接保证幼体健康状况较好吗（Sponaugle and Grorud-Colvert，2006）？沉降阶段脂肪储量较高的幼体游动的距离较远（Stobutzki，1998），能够确保它们更广泛地寻找适宜的沉降生境。十足类甲壳类的营养状况、幼体的生长率和稚体的成活率之间存在正相关关系（Knowlton，1974；Gimenez et al.，2004；Gimenez，2006）。幼体健康状态较差，进入补充过程则更容易被捕食（Hoey and McCormick，2004；McCormick and Hoey，2004），但其中也有例外。在某些情况下，个体较大，面临袭击（Jones，1987）或最大个体易遭选择性捕食（Sogard，1997）的风险更大。实际上幼体生长率和健康状态的小尺度变化是重要的（McCormick，1994）。

幼体大小和健康状态受环境控制大，还是受遗传控制大，目前尚不明确。在西大西洋加勒比海水域，Sponaugle and Grorud-Colvert（2006）和 Sponaugle 等（2006）用生长率作为健康状态的指标（健康状态传统上通过测量脂肪储量等生理指标获得），他们发现环境的变化影响双带锦鱼（*Thalassoma bifasciatum*）仔鱼的生长率（健康状态替代指标），并且这些仔鱼的生长特征影响成活率。在美国佛罗里达群岛，Sponaugle 等（2006）利用沉降后阶段双带锦鱼（*Thalassoma bifasciatum*）的耳石检验水温对仔鱼的生长、仔鱼浮游期持续的时间和其他因素的影响，以及这些因素对沉降阶段鱼类个体大小的影响。仔鱼沉降阶段的大小是仔鱼生长率和浮游期持续时间的函数，在中等温度条件下达到最大值。他们认为，仔鱼在最适代谢温度条件下生长最快。或许最重要的是，仔鱼的生长与早期稚鱼的生长正相关（图6.1同样见 Vigliola and Meekan，2002；Nemeth，2005），并且仔鱼的良好健康状态和早期稚鱼的生长率与鱼类的低死亡率相关（Sponaugle and Grorud-Colvert，2006），这些可能提高其成活率。

Vigliola 等（2007）在澳大利亚西部以幼体沉降后期阶段为研究对象，结果发现也同样适用于此，认为幼体沉降阶段表现出的某些性状特征变化可能会遗传。他们发现，在其研究的所有群体中，沉降后期阶段个体较小且生长较慢的个体，其死亡率，即大小选择死亡率较高。大小选择死亡率作用重大，事实上，通过测定单倍体线粒体 DNA 发现它影响稚体种群的遗传结构。在一定程度上这些性状特征与沉降幼体的健康状态和大小相关，Vigliola 等人的研究结果具有数量统计效应和种群水平遗传效应，因为幼体沉降时的状态与随后的稚体的存活率之间存在明显的相关性。在幼体的生长率是可遗传性状的程度内，这些因子对于检验沉降阶段仔鱼的健康状态对稚鱼存活率的影响尤为重要，因为在竞争激烈和结构复杂的珊瑚礁生境中，珊瑚礁鱼类为了获得选择性优势，把快速生长作为一种避险策略（Fonseca and Cabral，2007）。

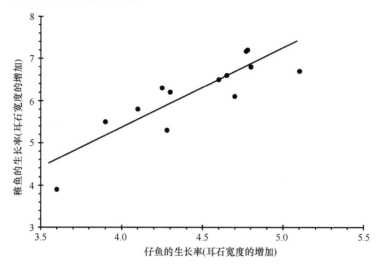

图 6.1　双带锦鱼（*Thalassoma bifasciatum*）在珊瑚礁区前 4 天稚鱼的平均生长（平均耳石宽度的增加）与补充到美国佛罗里达群岛的整个仔鱼期 13 个同龄群体生长（平均耳石宽度的增加）之间的关系。经国际科学研究中心允许，仿自 Sponaugle 等（2006）

幼体在沉降阶段的大小并不总是健康状态的良好指示。McCormick 和 Molony（1993）发现，澳大利亚海域黑斑绯鲤（*Upeneus tragula*）的体长和健康状态之间存在负相关关系，并且其沉降阶段的年龄和状态（糖类、脂类的含量、游泳速度的爆发）的标准测量值之间没有相关性。他们的研究表明，为了预测幼体沉降后的存活率和补充量，必须开展多方面分析。而且，关于较大个体更容易遭受攻击（Jones，1987）或按照个体大小选择性捕食（Sogard，1997）的预测可以主要关注最大的个体。因此，并非个体越大越好，这里存在着调查物种个体的必要性。

6.5　沉降后过渡阶段（明显属于行为阶段，期间个体营底栖生活但尚不具有稚体功能）

6.5.1　延迟变态

在沉降后过渡期，许多物种的幼体能够重新返回浮游生活以便寻找更适宜的生境

（Kaufman et al.，1992）。通过综述其他学者关于幼体沉降行为的观察，Kaufman 等（1992）发现美属维尔京的 68 种珊瑚礁鱼类在其沉降后过渡阶段返回浮游阶段以寻找更适宜生境的行为，说明这种现象普遍存在。过渡时期的个体通常具有该时期特有的行为和形态特征。物种的沉降后过渡阶段可能持续若干小时至若干周（McCormick and Makey，1997），具体长短取决于物种，而变态发育可能发生在该阶段之前、期间或之后（Kaufman et al.，1992）。一般而言，过渡时期的个体与同物种的幼体和稚体的形态不同。

在鱼类和十足类中，推迟或加快与沉降相关的变态的能力十分常见，这可能会影响沉降后期阶段的过程。例如，Butlerand Herrnkind（1991）已经证明加勒比海和西大西洋的眼斑龙虾（*Panulirus argus*）的叶状幼体一遇到红藻就会稍微加快变态发育，这种龙虾偏爱分布着红藻的生境。在实验室条件下研究 3 种佛罗里达寄居蟹［寄居蟹（*Pagurus maclaughlinae*，*Pagurus testortugae*）和白斑细螯寄居蟹（*Clibanarius guttatus*）］时，Harvey（1996）发现两种寄居蟹在具有同种成体曾经栖息过的贝壳的水域会加速变态发育，而在没有空贝壳的情况下 3 种寄居蟹都推迟变态发育。Kaufman 等（1992）观察发现，加勒比海处于沉降后阶段的刺尾鱼属（*Acanthurus*）的仔鱼在大小方面存有 4 倍的差异，其原因在于物种推迟变态发育的能力。最大的个体首先沉降，然后又返回水层，可能继续寻找合适的沉降区。在法属波利尼西亚研究区，McCormick（1999）把处于沉降阶段的横带刺尾鱼（*Acanthurus triostegus*）的仔鱼关在笼子中，把笼子放在海底或悬浮于上层水体中，研究结果表明关在悬浮笼子中的许多仔鱼会推迟变态，而所有关在海底笼子中的仔鱼在 5 天内全部完成变态。然而，推迟变态的个体，在其耳石中仍然沉积有沉降标志，表明仍有能力沉降。这种沉降标志是否在其他推迟沉降的物种中也存在，以及在估算对沉降后生长率的影响程度，目前还不清楚。LeisandCarson-Ewart（1999）在晚上捕获沉降阶段的豹纹鳃棘鲈（*Plectropomus leopardus*）的仔鱼，并在白天观察其游泳行为。许多被释放的仔鱼（26%~32%）表现出推迟变态的能力且游向远离珊瑚礁的开放水域，推测这些仔鱼可能在夜间进行沉降。其余的仔鱼在珊瑚礁区寻找沉降区。

6.5.2 生境的选择

沉降后过渡阶段意味着选择性沉降正在发生，但是许多生物都如此吗？尽管龙虾叶状幼体与凹顶藻属（*Laurencia*）的藻丛保持紧密联系，如果这些藻丛是孤立的，叶状幼体会首先在该藻丛中沉降，但是如果其他藻丛形成连续的藻场时叶状幼体会离开该藻丛，尤其是第一个藻丛的食物稀少时，叶状幼体特别容易迁移（MarxandHerrnkind，1985b；参见第 7 章）。Sancho 等（1997）观察到过渡期扁体栉齿刺尾鱼（*Ctenochaetus strigosus*）的仔鱼会逆海流游动，以便寻找合适的沉降生境。如果寻找的生境不适合沉降或已被占用，过渡期的仔鱼会重新开始逆流寻找。LeisandCarson-Ewart（1999）注意到，大堡礁蜥蜴岛豹纹鳃棘鲈（*Plectropomus leopardus*）仔鱼会主动游动寻找合适的沉降区、回避有捕食者的水域，但并不选择特定的沉降生境。

鉴于寻找适宜的沉降生境具有挑战性，对沉降生境的限制性条件较少的物种具有初始优势。例如，Robertson（1988）和 Parrish（1989）认为，潟湖海草、海藻平原和其他常见的非珊瑚礁生境为幼体的沉降提供了目标区域，其后生物会移居到附近适合补充群体和稚鱼的生境（碎石、礁坪、红树林或后礁区）。这种先沉降再移居的策略有利于沉降后阶段的鱼类应对各种底栖生活过程，如优先效应、竞争作用、捕食作用。优先效应（Priority effects）是指一种生物存在于某一生境会降低另一种生物对该生境的利用。一种生物可以通过干扰性竞争（成体和亚成体的定居者或正在定居的稚体可以干扰幼体的沉降）、抢占资源或捕食作用［成体和亚成体肉食性动物可以直接通过捕食降低移居者在同一位置的沉降或者间接导致移居者选择其他位点（Shulman et al.，1983）］来降低另一种生物的补充群体。Adams 和 Ebersole（2004）推测，在美属维尔京的圣克罗伊岛水域观测到的小带刺尾鱼（*Acanthurus chirurgus*）和石鲈［仿石鲈（*Haemulon* spp.）］的稚鱼的数量模式可能是由上述沉降策略造成的。眼斑龙虾（*Panulirus argus*）（见 Lipcius and Eggleston，2000 的综述）和拿骚石斑鱼（*Epinephelus striatus*）（Eggleston，1995）早期稚体生境的利用模式也采用这种"先沉降再移居"的策略。

成体栖息岩礁的物种，但在稚体阶段栖息于非珊瑚礁生境，改变生境的目的可能就是为了减少物种间的相互作用，尤其是缓解被捕食压力。Acosta 和 Butler（1999）在限制分布实验（Tethering Experiment）中发现，栖息在加勒比海域珊瑚礁的龙虾仔虾（近期附着的透明仔虾和附着后的有色仔虾）的被捕食几率高于栖息在近岸植被生境的仔虾（图 6.2）。栖息在植物茎部的褐对虾（*Penaeus aztecus*）的后期仔虾可以有效地降低被捕食几率（Minello and Zimmerman，1983a，1983b；Zimmerman and Minello，1984；Zimmerman et al.，1984；Minello and Zimmerman，1985）。

栖息在美属维尔京海草床的黄仿石鲈（*Haemulon flavolineatum*）的稚鱼被捕食的风险随离后礁区距离的增加而下降（Shulman，1985a）。同样，栖息在加勒比海海草床生境的小带刺尾鱼（*Acanthurus chirurgus*）的稚鱼遇到捕食者的概率随离块礁距离的增加而下降，对植食性动物领域的侵略同样也是如此（Sweatman and Robertson，1994）。而且，捕食者效应及各种捕食者对补充作用的影响也随斑块分布的珊瑚礁的隔离程度而变化（Overholtzer-McCleod，2006）。Marx 和 Herrnkind（1985b）指出，在佛罗里达海域，近期定居的多刺龙虾选择富含凹顶藻属（*Laurencia*）的藻丛区作为生境，因为这样的生境不仅为其提供饵料，而且还保护其不被捕食者捕食；对于新定居加勒比海龙虾来说，选择红树林支柱根为生境者，其遭受捕食的概率小于选择珊瑚礁为庇护所为生境者（Acosta and Butler，1997）；小生境（庇护所的大小）和生境的位置对多刺龙虾稚虾的成活率同样重要（Eggleston and Lipcius，1992；Mintz et al.，1994）。

处于沉降后过渡阶段的个体寻找适宜的生境可能受生境饱和度的影响（Shulman et al.，1983；Forrester，1995，1999；Schmitt and Holbrook，1999b）。Adams 和 Ebersole（2002）比较美属维尔京潟湖和后礁区两个生境稚鱼的丰度时发现，适宜稚鱼定居的后礁区生境在夏季（高沉降季节）发生过早饱和，以至于较后到达的鱼类只能定居在尚未饱和的潟湖生境。在这种情况下，潟湖生境在夏季吸引了更多的定居者，因为其资源（食物、

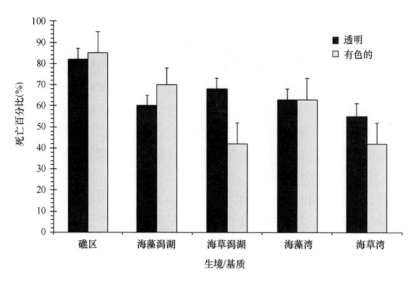

图 6.2 昼间栖息在近岸到近海海域底栖生境的透明和有色后期仔虾的被捕食率。后期仔虾限制分布在珊瑚礁缝隙和沿海潟湖与海湾的海草和大型海藻中。柱状图为死亡平均百分率的标准差。经美国海洋与湖沼学会允许（版权 2008），图引自 Acosta 和 Butler（1999）

庇护和空间）比挤满各个年龄段的鱼类争夺资源的后礁区更丰富。在冬季，鱼类的密度最低，进入潟湖的仔鱼可能定居在途中遇到的第一个适宜的生境——后礁区生境。这些研究结果与 Munro 等（1973）以及 Shulman（1985a）的研究结果类似。所以，在这种情况下，沉降后过渡阶段的个体会寻找那些鱼类密度较低的生境，从而保证各生境之间的尾均资源利用。

　　沉降阶段幼体对生境的选择大多数发生在沉降后过渡阶段。在这阶段，幼体与底栖生物建立联系，但尚未完全占据底栖生境或完全具有稚体的行为，因此个体可以对潜在的沉降位区进一步做出评估。沉降后过渡期也是大部分优先效应（如 Shulman et al.，1983；Almany，2003，2004b）的发生期。沉降后期往往涉及竞争作用和侵略性相互作用（Booth and Brosnan，1995），但是不同的物种利用这些相互作用调整幼体在沉降过程中建立的模式是各不相同的（Almany，2003，2004a）。例如，处于"海藻"阶段［如此命名是因为在该阶段凹顶藻属（*Laurencia*）藻丛是仔虾的优先生境］的加勒比海龙虾后期仔虾的同种个体具有独居性，且个体间竞争激烈（Andree，1981；Marx，1983；Marx and Herrnkind，1986）。Sancho 等（1997）发现，太平洋中部约翰斯顿环礁的太平洋扁体栉齿刺尾鱼（*Ctenochaetus strigosus*）在探索潜在的沉降区时，同种个体间竞争激烈。而且，这种竞争/侵略优先效应可能对成活率具有间接效应，因为过渡期扁体栉齿刺尾鱼（*Ctenochaetus strigosus*）群体在寻找沉降位区存在被捕食的现象。具有领域性的雀鲷科（Pomacentridae）鱼类倾向于利用侵略抑制同种和异种生物的沉降（如 Shulman et al.，1983；Sweatman，1985；Risk，1998）。例如，Almany（2003）在加勒比海试验礁区通过控制白点眶锯雀鲷

(*Stegastes leucostictus*)成鱼的存在发现其成鱼能够减少同种鱼的补充量。白点眶锯雀鲷（*Stegastes leucostictus*）的存在也能够减少刺尾鱼（*Acanthurus* spp.）鱼类沉降和沉降后期阶段持续的时间（Shulman et al.，1983；Risk，1998）。这类的优先效应具有严格的层级，如白点眶锯雀鲷（*Stegastes leucostictus*）总是排斥沉降后期阶段的刺尾鱼属（*Acanthurus*）鱼类，而Schmitt和Holbrook（1999b）发现在圆雀鲷属（*Dascyllus*）鱼类种间竞争也存在同样的效应。与此相反，Munday（2004a）发现太平洋珊瑚礁生境的两种虾虎之间不存在竞争层级。

6.5.3 捕食

捕食通常对补充量产生强烈影响，尤其是在沉降阶段的前48小时（Webster，2002；Almany，2004b；Almany and Webster，2004，有关十足类的详细信息参照第7章），该阶段是许多物种沉降后过渡阶段的窗口期〔如横带刺尾鱼（*Acanthurus triostegus*）沉降后期变态需5天时间；McCormick，1999〕。Almany（2003）通过控制定居食鱼动物的存在，发现食鱼动物降低了白点眶锯雀鲷（*Stegastes leucostictus*）的沉降。然而，其他雀鲷成鱼也栖息在该珊瑚礁生境，食鱼动物对它们的补充量没有影响，这表明种间侵略对沉降有间接影响。定居的食鱼动物对另一种雀鲷鱼类深裂眶锯雀鲷（*S. partitus*）沉降的影响与白点眶锯雀鲷（*Stegastes leucostictus*）类似，但是由于仔鱼的总供给量较少而导致作用不明显。同样的，Almany（2003）发现定居的食鱼动物也能减少蓝刺尾鱼（*A. coeruleus*）的补充群体

Almany（2003）的研究尤为到位，因为他逐日对实验珊瑚礁进行调查，所以能观察到沉降后过渡阶段的个体。Almany认为，沉降后期的死亡率应能解释其研究结果，在沉降发生的若干小时内死亡率较高（常常在逐日统计观察之前发生），但是他的观察统计包括新定居和沉降后期的个体，以及混合沉降（仔鱼的位点选择）和沉降后期的效应。Shulman等（1983）、Tupper和Juanes（1999）发现，加勒比仿石鲈（*Haemulon* spp.）在笛鲷等肉食性稚鱼定居的水域较少沉降，表明某些物种沉降区的选择可以避免潜在的被捕食风险。Webster（2002）和Almany（2004b）在大堡礁发现相似的结果，在食鱼生物定居区的大多数鱼类的补充量较低，且补充量在沉降的前48小时内损失最为严重。然而，正如Almany（2003）在加勒比海的研究结果一样，定居的食鱼生物对不同鱼类补充量的相对影响不同。一些物种，如安邦雀鲷（*Pomacentrus amboinensis*），受密度制约而死亡；然而另一些物种，如蓝黑新雀鲷（*Neopomacentrus cyanomos*），则并非因密度制约而死亡。非密度制约死亡率通过作用仔鱼的供给影响补充量，而密度制约死亡率调整了仔鱼的供给模式。

上文提供的沉降区差异的例子，表明在鱼类和十足类的种间和科间探讨发现的事实时要加以小心。Almany和Webster（2004）的研究强调了捕食者对沉降后期鱼类群落水平的影响。Almany和Webster调查统计了在具有和不具有捕食者存在的珊瑚礁生境的沉降后期鱼类，如大堡礁的20种鱼类和巴哈马群岛的15种鱼类。澳大利亚大堡礁水域的捕食者为鮨鱼（海鲈）和准雀鲷鱼类，巴哈马群岛水域的捕食者为鮨鱼和海鳝。他们补充量调查的物种属于刺尾鱼科（Acanthuridae）、蝴蝶鱼科（Chaetodontidae）、隆头鱼科（Labridae）、

雀鲷科（Pomacentridae）、盖刺鱼科（Pomacanthidae）和篮子鱼科（Siganidae）的鱼类。应用稀疏分析检验捕食者的补充量效应是否定向改变鱼类的群落组成时，他们发现在珊瑚礁没有食鱼动物存在时，鱼类补充群体的物种丰度较高，捕食者对相对稀有物种的影响较大，一些种类仅生存于没有捕食者的珊瑚礁区。尽管他们承认研究中没有对沉降者规避珊瑚礁区食鱼动物和沉降后的被捕食间加以区分，但他们引用先前的研究（Almany，2003）——把食鱼动物关进笼子来证明捕食者的存在对沉降没有影响（如由于沉降后期的捕食效应）。虽然他们测量影响的时间持续 44~50 天，但是大多数捕食行为对沉降的调整发生在沉降期（通常包括沉降后过渡时期）的前 48 小时内。

6.6 沉降后期阶段（紧接变态之后的阶段，为底栖栖息阶段之一，属于底栖死亡率高的阶段）

不同物种从沉降后过渡阶段进入沉降后期阶段的速度不同。鱼类和十足类沉降后期阶段完全营底栖生活，但是从附着期到该阶段的死亡率仍旧很高。正如前文所述，与底栖生境发生联系的前若干天死亡率极高（参见 Acosta and Butler，1999；Minello et al.，1989；Webster，2002；Almany，2004a；Almany and Webster，2004；McCormick and Hoey，2004；Doherty et al.，2004；有关十足类的详细介绍见第 7 章）。

6.6.1 死亡率

捕食作用是造成沉降后期阶段的鱼类和十足类死亡的主要原因，但其效应随物种的不同而不同。Minello 等（1989）研究发现，德克萨斯州沿海褐对虾（*Penaeus aztecus*）仔虾后期和稚虾群体的高死亡率几乎全部是由捕食作用引起的，其死亡率随个体大小和年龄的增长而下降。

在莫雷阿岛珊瑚礁区，Doherty 等（2004）通过追踪沉降中的单角鼻鱼（*Naso unicornis*）群体来测定不同时间的死亡率。在沉降的第一个夜晚，最初死亡率接近 61%，属于非密度制约死亡；在沉降后第一天，沉降后期的密度制约死亡率仅为 9%~20%，死亡率的高低取决于沉降后群体的丰度。由于统计的对象是整个潟湖区所有可利用生境的鱼类，因此所有的死亡率可以归因于捕食作用，不可以归因于从研究区洄游走或到其他水域重新定居。

Webster（2002）通过控制捕食者的存在来检验捕食对大堡礁蜥蜴岛 3 科 7 个物种生物沉降后期的影响。在没有捕食者的情况下，死亡率与密度无关。捕食者的存在对所有物种存活率的负面影响主要在沉降期的头两天内，与没有捕食者存在相比，大多数物种的死亡率源于密度制约（图 6.3）。尽管捕食者对不同物种的影响程度不同，但是有捕食者存在的实验组的死亡率比没有捕食者存在的实验组高 1.1~3.7 倍，同时捕食者会导致某些稀有种［如蝴蝶科（Chaetodontidae）鱼类］的补充失败。

沉降后期密度制约死亡率（可能由捕食作用引起）的影响甚至在单个珊瑚礁系统的单

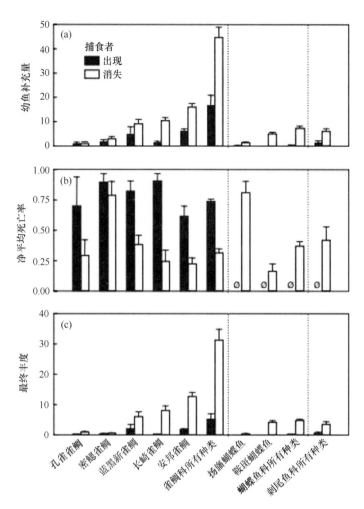

图6.3 在50天中,捕食者对所有种和科的生物的总补充量(a)、死亡率(b)以及最终丰度(平均值+标准差)(c)的影响。垂直的虚线表示不同的科,∅表示因数据不足而未得出的净平均死亡率。经施普林格科学+商业媒体同意,仿自 Webster (2002)

物种的同类群体间也有所不同。Schmitt 和 Holbrook (1999c) 发现,在法属波利尼西亚海域,大部分死亡率发生在沉降后不久,但是密度制约死亡率在所有同类群体中不明显。相反,较早到达的同类群体出现非密度制约死亡,但是它们的存在引发后来到达的同类群体的密度制约死亡。这些研究结果证明,有必要把时间和空间纳入沉降后的各种过程,从而反映物种内部(Schmitt and Holbrook, 1999c)和物种间的(Webster, 2002)固有的变化。

密度制约死亡虽然在沉降后期阶段不明显,但却可能影响最大(Hixon and Webster, 2002),(Osenberg et al., 2002)。尽管 Hixon 和 Jones (2005) 的研究是建立在以前实验的基础上,而且研究时间远比鱼类补充作用持续时间长,但其研究表明,竞争和捕食的相互作用导致了大堡礁蜥蜴岛鱼类密度制约死亡。通常情况下竞争作用并未直接引起死亡,但是捕食作用是竞争性利用和侵害的最终结果(图6.4)。

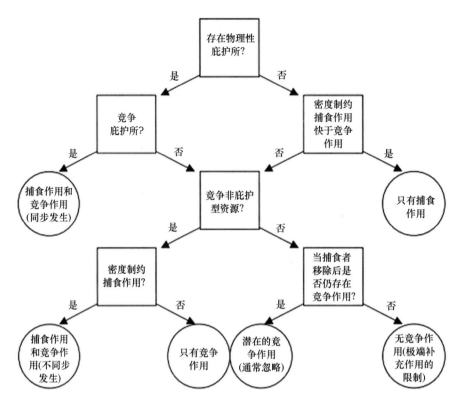

图 6.4 竞争作用、捕食作用以及庇护所之间的相互作用共同决定海洋底栖鱼类密度制约死亡流程图。蒙美国生态学会允诺，复制自 Hixon 和 Jones（2005）

6.6.2 竞争作用

竞争作用导致生长率下降是迟到沉降者的特有问题，因为迟到沉降者个体小，其竞争层级低于早到沉降者。沉降后期个体密度高同样也会造成资源竞争，从而导致生长率下降（Jones，1991）。因为低生长率往往导致高死亡率，因而这种竞争作用可能会引发捕食作用（Jones，1991），但事实也并非总是如此。例如，Forrester（1990）发现，有些生物在高密度时获得的饵料少，因此生长率低，但这并不影响其生存率。此外，某些捕食作用对被捕食者的大小具有选择（Sogard，1997），高生长率促使更大个体的出现也许并非普遍积极的性状。

竞争作用的重要性可能会在沉降后期阶段明显增强。在沉降阶段，选择结构性适宜的微小环境通常比躲避竞争作用更重要（Jones，1991）。在沉降后过渡阶段并紧接着进入沉降后阶段，空间竞争——无论是在沉降者之间还是沉降者与现居住者之间——变得尤为重要。竞争作用相对重要性的改变在热带大西洋的月尾刺尾鱼（*Acanthurus bahianus*）生活史中得到了体现。月尾刺尾鱼（*Acanthurus bahianus*）最初的沉降率在同种存在时相对较高，但是个体会在沉降后因为有限的夜间庇护所而发生竞争（Risk，1998）。

鱼类和十足类只有找到与身体大小合适的庇护所才能存活得更好。例如，Beets

(1997) 与 Hixon 和 Beets (1993) 发现, 加勒比海地区的人造鱼礁的孔洞的大小方便于捕食者进出, 因此鱼类在沉降后的存活率较低, 而高存活率一般发生在为沉降后期的鱼类提供合适庇护所的珊瑚礁区。同样, Nemeth (1998) 发现, 当双色的深烈眶锯雀鲷 (*Stegastes partitus*) 稚鱼的庇护所存在多而小的裂缝时, 其存活率更高。由此可见, 天敌攻击是鱼类和十足类死亡的主要原因, 所以合适的庇护所也许会成为一种限制性资源。

对适宜庇护所的竞争可能会提高死亡率, 其原因主要在于捕食作用 (Hixon and Menge, 1991; Eggleston and Lipcius, 1992; Friedlander and Parrish, 1998)。竞争适宜庇护所对于提高沉降后阶段的丰度极为重要。例如, 在法属波利尼西亚地区, 由于适宜微小生境供应不足, 两种圆雀鲷属 (*Dascyllus*) 鱼类的沉降率下降了 80%~90% (Schmitt and Holbrook, 2000); 沉降后阶段, 种间和种内对于庇护所的竞争都会严重影响其稚鱼期丰度 (Schmitt and Holbrook, 1999b)。雀鲷稚鱼与成鱼间的相互侵犯使得稚鱼更易被捕食 (Holbrook and Schmitt, 2002; Almany, 2003)。许多物种在生活史的不同阶段选择在不同的生境沉降, 从而减少了竞争并促进了沉降。比如, 漫游眶锯雀鲷 (*Stegastes planifrons*) 的稚鱼选择定居在死亡的珊瑚头 [主要是珊瑚 (*Agaricia tenuifolia*)], 从而回避与成体发生空间竞争, 因为成体大多栖息在活体珊瑚 (*Agaricia tenuifolia*) 里 (Lirman, 1994)。同样, 奇雀鲷 (*Pomacentrus sulfureus*) 也经历了随个体发育而变更其微生境的过程 (Bergman et al., 2000)。奇雀鲷稚鱼常常在珊瑚叉间活动, 且与底栖生物关系十分密切。相反, 成体丰度与基质多样性成反比, 说明它们更需要的是普通生境。此外, 成体水体中活动的时间更长。

随着个体的成长, 适宜庇护所面积也相应改变。在巴哈马群岛, 生境复杂性并不会导致沉降中和刚沉降的白点眶锯雀鲷 (*Stegastes leucostictus*) 的死亡, 无论生境复杂性高或低, 定居型捕食者 [例如鮨科 (Serranidae) 的海鲈和海鳝科 (Muraenidae) 的海鳝] 和竞争者 [例如, 白点眶锯雀鲷 (*Stegastes leucostictus*) 和深裂锯眶雀鲷 (*Stegastes partitus*) 的成体] 都会给白点眶锯雀鲷 (*Stegastes leucostictus*) 生存率造成不良影响 (Almany, 2004a), 主要原因在于竞争者和小型捕食者可以进入后期沉降者的有效庇护所。随着沉降后期个体的成长, 它们在复杂度高的珊瑚礁生境中的存活率也就提高。

6.6.3 生境间运动

捕食者类型和生境的分散度共同影响着捕食作用。在巴哈马群岛, Overholtzer-McLeod (2006) 通过实验测试了生境分散对捕食者与白点眶锯雀鲷 (*Stegastes leucostictus*) 和黄首海猪鱼 (*Halichoeres garnoti*) 稚鱼的影响。她分别在空间分散型点礁 (50 m 距离) 和空间聚合型点礁 (5 m 距离) 中检测了这两种鱼的密度制约死亡率。实验结果表明, 聚合型点礁区的高死亡率 (接近 100%) 主要归因于短暂性捕食者, 与被捕食者密度无关。相反, 大多数发生在空间分散型点礁上的捕食作用来自于定居型捕食者, 主要是小群体的金黄九棘鲈 (*Cephalopholis fulva*)。虽然定居型捕食者也出现在聚合型点礁上, 但是它们对死亡率的影响被捕食稚鱼的短暂性捕食者所掩盖。

遗憾的是，Overholtzer-McCleod（2006）发现，白点眶锯雀鲷（*Stegastes leucostictus*）在珊瑚礁中的行为会影响其死亡率的评估，因为这种小型热带鱼的栖息位点忠实度相对较低（McGehee，1995），并在整个底栖阶段明显具有在孤立生境形成种群的能力（Adams and Ebersole，2002）。不过，她的结果反映了一个新观点，即物种扩散力和生境连续性之间的相互作用在群落水平造成的影响（Ault and Johnson，1998），Ault 和 Johnson 强调了连续性生境在群落水平过程中的重要性。他们发现，在应对资源可获得性时，漫游性鱼类是有能力在孤立的生境中生存的，然而定居种则需要连续生境来获得更大活动范围。与捕食者行为相结合的生境连续性也可能通过捕食者促成被捕食者的聚集效应（Anderson，2001），随之而来的是沉降后阶段个体死亡率上升。

6.7 补充作用（发生在沉降后阶段末期，其中结合了幼体及沉降后过程的效应）

通常，大多数鱼类和十足类的调查研究开始于其早期生活史的补充作用阶段，即个体称为稚鱼或稚虾的阶段，我们获得大量关于补充作用的数据指的都是这个阶段。根据研究的物种和研究站位，有人认为，补充作用之后的调查研究也许可以为幼体供应提供精确的评估（见 Jones，1991 的综述）。然而，就像前几节内容所示，较多最新证据表明，由幼体最初补充作用获得的丰度修正主要归因于沉降至沉降后这一阶段，而这恰恰否定了补充后期调查对幼体补充作用的评估。虽然补充作用阶段的死亡率低于沉降至沉降后阶段，但是仍有一些相同因素，即捕食作用、对庇护所和食物资源的竞争、侵略行为等影响着这些早期生命阶段，而且同样影响着补充阶段的稚体。

生境质量和个体状况也许可以共同影响补充状况以及补充群体的生长率，随之影响密度制约死亡。换句话说，在补充群体中所观察到的过程与幼体沉降阶段反向关联。在法属波利尼西亚，关于鞍斑锦鱼（*Thalassoma hardwicke*）补充作用的一系列研究发现，个体性状（比如生长率和脂肪含量指标）和生境质量对其成活率具有协同作用。在高质量的生境中，个体的生长状况（脂肪含量指标）会较好，而且生长率会较高，但这类生境密度制约死亡也较多（Shima et al.，2006）。高沉降率与高质量区的共同作用以及生境质量的密度制约效应会产生极高的补充量，这些补充量也可以通过降低在良好环境下的捕食作用而进一步提高（Booth and Hixon，1999）。补充模式是复杂的，然而，生境质量和个体内在性状对密度制约死亡和成活率产生的不同作用却仍然未知。

6.7.1 生长率与庇护所大小

成活率也取决于生长率，特别是在补充作用阶段。在西澳大利亚，关于摄食浮游生物的长丝新雀鲷（*Neopomacentrus filamentosus*）的研究发现，从沉降至沉降后 3 个月，补充鱼群的快速生长使其具有更高的成活率，同时出现由大小选择性死亡（可能归因于捕食作用）引起的个体最小和生长最慢的补充鱼群的死亡（Vigliola et al.，2007）。而且，这种大小选择性死亡的强度在大量的两个连续同龄群中会更高,因此体现了密度制约死亡。首先,这种对大个体的自然选择强度是通过定居种和补充鱼群的基因差异来表示的,而这种基因差异恰恰又是由大小选择性死亡的强度引起的。其次,遗传差异的数据较少且同龄群(第一种同龄群的20%大小)极少,这意味着自然选择作用在低密度时减弱。或者说,在第二点中的大小选择性死亡中,极少同龄群也许会因低死亡率而难以发现(Sogard, 1997)。无论如何,关于演化轨迹中的大小选择性死亡的最终作用仍不清楚。

补充群体在生长过程中对于生境要求的改变强调了大小适宜的庇护所的重要性。狭窄的缝隙很适合才沉降的个体,但随着个体的成长,缝隙因为太狭窄而不能再作为适宜庇护所。生物需要符合其个体大小的庇护所意味着在生命周期的不同阶段,生物可能受迫于种群瓶颈效应。Shervette 等(2004)通过提供更多的庇护所证明了密西西比沿海的海湾石蟹(*Menippe adina*)稚蟹存在这种瓶颈效应。Beck(1995)发现,在美国佛罗里达州沿海海湾,一旦难以获得大小适宜的庇护所大小,个体较大的佛罗里达石蟹(*Menippe mercenaria*)生长越慢,蜕壳频率和产卵率均下降。

沉降后的眼斑龙虾(*Panulirus argus*)会利用结构复杂的小生境,如大型藻类,稚虾期则迁移至更大型的藻类中,而当大型藻类不再是适宜庇护所时,它们则迁移至复杂度较低的缝隙生境中,如海绵、软珊瑚、钙化藻、海草和碎石(参见 Lipcius et al., 1998 的综述以及第 7 章)。鉴于龙虾通过集群摆动触须可以更有效地侦查和排斥捕食者(Eggleston and Lipcius, 1992),因此寄居在缝隙中的稚虾会把集群作为防御捕食者的策略之一,而且寄居缝隙也有利于稚虾通过嗅觉来发现其中的同伴(Nevitt et al., 2000)。个体大小与缝隙大小的相关性在眼斑龙虾(*Panulirus argus*)的生命周期后期也得到了延续,如后期稚虾和成虾要利用更大的缝隙作为其庇护所。在龙虾个体发育的这个早期生命周期阶段内,Lipcius 等(1998)设计了一个实验,即在藻类生物量不同(类似龙虾的生境结构)的海草床实验区中,控制性地放养两组个体大小的龙虾稚虾,从中推算出的描述生境结构和个体大小对稚虾成活率的影响的生境—成活率函数(HSF)。当藻类生物量适度增加时,稚虾的成活率有很大的提高,并延续到藻类生物量的增加达到渐近值时才停止。小个体稚虾的成活率显然比大个体稚虾高得多。作者认为这种与个体大小相反的逆效应源于生境-个体大小扩展之间的关系(Habitat-body Size Scaling),即藻类生境不能为大个体稚虾提供适宜庇护所,而且随着个体的生长,功能性生境递减。

在加勒比海地区,对拿骚石斑鱼(*Epinephelus striatus*)稚鱼生长和捕食作用之间的权衡关系的测试发现,个体大小对生境要求的不同也是显而易见的。Eggleston 及其同事(Eggleston, 1995; Eggleston et al., 1998; Grover et al., 1998; Dahlgren and Eggleston, 2001)证实,拿骚石斑鱼(*Epinephelus striatus*)在个体发育中改变生境和食性发生在沉降后至稚鱼后期阶段。在另外一项研究中,Eggleston(1995)对接纳拿骚石斑鱼(*Epinephelus striatus*)稚鱼的浅水保护区生境开展了比较研究,确认了先前未证实的稚鱼生存环境,发现石斑鱼仅沉降在大型藻团中,而不是海草床或沙土中,沉降后(全长 25~35 mm)则栖息在海藻团中,早期稚鱼(全长 60~150 mm)栖息在藻类附近,稚鱼(全长>150 mm)

则会拓殖自然点礁和人工点礁，这些生境明显是与沉降后以及早期稚鱼生境相隔甚远。至于成鱼，它们则生活在崎岖不平的深水珊瑚礁区（Sluka et al.，1998）。

以个体发育过程改变生境和食性为基础，Dahlgren 和 Eggleston（2000）在笼养和圈养条件下，检测了生长率与捕食作用之间的动态关系，探索所观察到的生境利用模式的基础。他们发现，在捕食风险和生长率之间存在动态调控，即相对成本和收益会随时间变化；总的来说，在整个随个体发育的生境转换中，最小的捕食风险都是伴随着最大生长率的。虽然他们的研究关注稚鱼后期随个体发育的转换，但是他们的发现应普遍可应用于检测更早生命阶段以及其他种类的生境-生长率关系（图6.5）。

6.7.2 竞争作用

当个体进入到补充作用阶段时，种内竞争也许会变得更为重要。2004年，Shervette 等在密西西比湾（Mississippi Sound）发现，隆背哲蟹面临着扇蟹科（Xanthidae）的两种蟹类［平背真海神蟹（*Eurypanopeus depressus*）和斯氏海神蟹（*Panopeus simpsoni*）］对庇护所的竞争。竞争关系的强度会随着竞争者个体大小而变化。比如，白眼眶锯雀鲷（*Stegastes leucostictus*）对领地入侵者引起的进攻行为与潜在海藻资源直接相关，所以入侵者个体越大，引起的进攻反应越强烈（Ebersole，1977）。Risk（1998）在一项更有针对性的研究中发现，大个体的白眼眶锯雀鲷（*Stegastes leucostictus*）对入侵的月尾刺尾鱼（*Acanthurus bahianus*）稚鱼的攻击力最强烈，足以降低月尾刺尾鱼（*A. bahianus*）稚鱼在白眼眶锯雀鲷（*S. leucostictus*）领地范围内的持久生存力。对于领地性雀鲷而言，它们对一些草食性鱼类的幼鱼也有相似的抵制作用（Almany，2003）。

Overholtzer 和 Motta（1999）发现，在加勒比海地区的鹦嘴鱼科（Scaridae）稚鱼在复杂的物种集群过程中存在种内和种间攻击行为，主要表现在伊氏鹦嘴鱼（*Scarus iserti*）、金鹦鲷（*Sparisoma aurofrenatum*）和绿鹦鲷（*Sparisoma viride*）。种间攻击发生在焦点物种（focal species）之间，以及焦点物种和雀鲷科（Pomacentridae）、石鲈科（Pomadasyidae）和隆头鱼科（Labridae）鱼类之间。他们推断，这种相互侵犯可能会影响到后期生活史，因为到了成体阶段，这些相互作用可以让前期沉降者更有效地争夺领土。这是发生在补充作用阶段潜在的种群影响机制的个例（即补充群体和成体种群间的连通性）

种间相互作用对稚鱼的丰度和分布的影响并不互惠。Schmitt 和 Holbrook（1999b）通过人工控制同属草食性小型热带鱼的出现或消失来检测幼鱼丰度的竞争效应，发现在清除黑尾圆雀鲷（*Dascyllus flavicaudus*）3个月后，三带圆雀鲷（*D. aruanus*）种群的数量增长50%，而当黄尾圆雀鲷（*D. flavicaudus*）再出现时，三带圆雀鲷（*D. aruanus*）种群数量下降55%。然而，黄尾圆雀鲷（*D. flavicaudus*）对三带圆雀鲷（*D. aruanus*）幼鱼的强烈反作用是完全单方面的；三带圆雀鲷（*D. aruanus*）的出现对于黄尾圆雀鲷（*D. flavicaudus*）种群生长率并无明显影响（图6.6）。因此，从稚鱼沉降模式转换到补充作用模式期间的丰度和分布，三带圆雀鲷（*D. aruanus*）比黄尾圆雀鲷（*D. flavicaudus*）更需要加以修正。

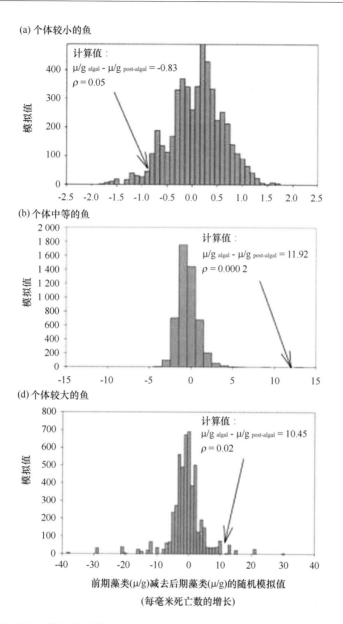

图 6.5 各种大小等级的拿骚石斑鱼（*Epinephelus striatus*）的死亡率风险/生长率的生境特定值。经美国生态学会同意，仿自 Dahlgren 和 Eggleston（2000）

6.8 珊瑚区和非珊瑚区作为补充生境的作用

本章的前面各节的总结说明，鱼类和十足类的幼体，后沉降阶段幼体和补充群体具有选择和转换生境的能力，尤其是在不同发育阶段转换生境的种类，它们会定向选择生境和洄游，利用多种多样的生境，保证达到成体时的成活率最大化。尽管在多种生境中发现鱼

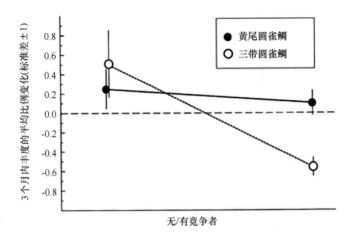

图 6.6 种间竞争对黑尾圆雀鲷（*Dascyllus flavicaudus*）和三带圆雀鲷（*D. aruanus*）种群自然增长率的影响。图中显示了现场实验的结果，通过人为操作使同种鱼在不同珊瑚头中出现或消失。数据显示了黑尾圆雀鲷（*Dascyllus flavicaudus*）（●）和三带圆雀鲷（*D. aruanus*）（○）种群大小在72天内的平均变化（±标准差）。平行虚线表示种群大小没有净变化。经施普林格科学+商业媒体同意，仿自 Schmitt 和 brook（1999b）

类和十足类稚体的出现，但直到近期才有学者研究多种潟湖和珊瑚礁生境的作用。这样的研究必不可少，对于确定珊瑚礁或非珊瑚礁生境作为必要的育幼场（Beck et al., 2001）和稚鱼有效生境十分重要（Dahlgren et al., 2006）。

6.8.1 生境镶嵌

在热带沿海生态系统中，生境类型的分散性是重要的生境组成部分，影响着生物的生境选择以及早期生活史阶段的成活率和生长率。在限定区域内，生境分散是生境类型的空间分布，其中就包括可能导致补充群体暴露的整个生境镶嵌（第14章）。这个定义的一个重要特点就是生境类型与生境的区别：'生境类型'一般描述一个独有的特征（例如，红树林、海草床、藻类平原、珊瑚礁），然而'生境'通过在所有生境镶嵌中的位点来详细描述生境类型，因此，需要考虑到各种生境类型间的连续性和隔离性（例如，连续性珊瑚礁和以海草为基质的小型点礁对比）。

虽然本质上属于育幼生境的一般定义（例如 Beck et al., 2001）是指物种的早期生命阶段要依赖的单种生境类型，但是最近的研究发现，很多物种的补充作用依赖于连续性生境类型的相互镶嵌。比如，虽然常规的取样调查发现加勒比海或西大西洋的笛鲷[笛鲷科（Lutjanidae）]和石鲈[（石鲈科（Pomadasyidae）]的补充群体在白天以红树林为庇护所，但是稳定同位素和肠道内容物分析显示，这些鱼在夜间洄游到邻近的海草床觅食（Harrigan et al., 1989; Serafy et al., 2003; Kieckbush et al., 2004; Nagelkerken and van der Velde, 2004）。Risk（1998）发现，遭受领地生物白点眶锯雀鲷（*Stegastes leucostictus*）

的攻击，月尾刺尾鱼（*Acanthurus bahianus*）在其沉降后，成活率低，但它们最终消失的原因在于生境转换，而不是（立刻）死亡。沉降后的鱼在其生命周期早期阶段冒险迁移，是否为了逃离特定水域（逃离存在侵犯或是资源竞争的水域）仍是一个悬而未决的问题。

生境镶嵌对于非珊瑚礁栖生物的早期生活史阶段也非常重要。Laegdsgaard 和 Johnson（2001）在澳大利亚开展实验，探索影响稚鱼利用红树林生境的各种因素，发现复杂的红树林支柱根生境和不那么复杂的相邻生境的作用随着鱼类的生长而发生改变。和结构单一的生境相比，人工红树林支柱根结构及其附着藻类形成的生境能吸引较多的物种和个体总数。在实验室条件下，只要存在捕食者，小型稚鱼把人工红树林支柱根作为庇护所的概率则提高，但是这种作用对于较大型个体而言并不明显。小型稚鱼在红树林生境中的摄食效率最高，然而大型个体在邻近滩涂的摄食率较高。因此，生境作用会随着稚鱼的生长和发育而发生改变，即使与生境相关的因素未变化也会发生改变。在澳大利亚的热带红树林和海草床生境群落水平上的采样发现，红树林区采集到的稚鱼和甲壳类的数量远高于海草床区（Robertson and Duke，1987），说明了红树林作为幼鱼庇护所的重要性，从而证实了上述的实验观点。

随发育阶段迁移的物种会采取"先沉降再迁移"策略（Robertson，1988，参见 Parrish，1989；Sweatman and Robertson，1994；Adams and Ebersole，2004），采取这种策略的幼体先沉降在大生境（比如红树林支柱根、海草床和海藻床）到后期再迁移到沉降大生境中的小生境（如点礁、碎石），说明了相邻生境类型混合（即生境镶嵌）的重要性。这些生物先短期沉降在与后沉降期不同的生境中，然后在快速迁移到资源条件更好的生境中。比如，加勒比海的仿石鲈（*Haemulon* spp.）鱼类会沉降在海藻平原和稀疏海草丛中，但后期则迁移到海草床附近的砾石斑块区、珊瑚礁斑块区、或后礁区中。而这些地方恰恰是研究人员第一次观察到这些鱼类分布的水域（McFarland，1980；Shulman and Ogden1987；Adams and Ebersole，2004）。加勒比海的常见鱼类——黄仿石鲈（*Haemulon flavolineatum*）提供了一个关于生境镶嵌对早期生活史极其重要的详细例子，其中充分说明了发育过程转换生境利用的模式。仔鱼先沉降在海草床、海藻平原或是软底质的生境中，然后迁移（在发育过程中经过多次转换）至位于珊瑚礁的成体生境（Shulman and Ogden，1987；Adams and Ebersole，2002）。黄仿石鲈（*H. flavolineatum*）在大多数的底栖阶段（除了早期沉降后阶段）以软泥底质中的底栖无脊椎动物为食。它们主要在夜晚觅食，而白天则活动在硬底质结构的生境（如砾石、点礁、大型珊瑚礁，红树林）附近。黄仿石鲈（*H. flavolineatum*）的稚鱼在迁移至大型珊瑚中的成体生境之前就开始利用沉降生境中的特有结构（比如小型点礁或是在海草床中的大螺壳）。Kendall 等（2003）利用 GIS 和高分辨率航拍技术绘制底栖生物地图和白天现场鱼类统计，检测了生境分布对黄仿石鲈（*Haemulon flavolineatum*）稚鱼丰度的影响。他们发现稚鱼（补充后）在硬底质中的丰度与软底质中的摄食区域距离呈负相关关系，而且当庇护所和摄食场很近时，稚鱼则会聚集在靠近大型摄食场的庇护所（图 6.7）。生境镶嵌对沉降后生物和补充群体的影响程度却是未知的。同样，海草或海藻（沉降生境）与点礁（稚鱼生境）的混合生境加快了眼斑龙虾（*Panu-*

lirus argus）的迁移速率，同时也提高了其成活率（Acosta and Butler，1999）。

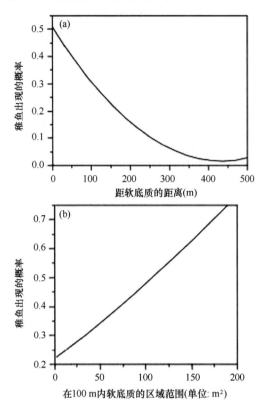

图 6.7　（a）通过计算从硬底质普查点到软底质的距离得出黄仿石鲈（*Haemulon flavolineatum*）稚鱼出现率的逻辑斯蒂方程，$X^2 = 5.11$，$p = 0.024$。（b）在 100 m 以内的软底质中黄仿石鲈（*Haemulon flavolineatum*）稚鱼的出现率/消失率的逻辑斯蒂方程，$X^2 = 4.75$，$p = 0.029$。经施普林格科学+商业媒体同意，仿自 Kendall 等（2003）

Pollux 等（2007）、Adams 和 Ebersole（2002）都利用对比法在加勒比海证明了非珊瑚礁生境对幼体分布的重要性随物种而不同。Pollux 等（2007）对在珊瑚礁、海草床和红树林生境中沉降后的月尾刺尾鱼（*Acanthurus bahianus*）、黄尾笛鲷（*Ocyurus chrysurus*）、八带笛鲷（*Lutjanus apodus*）进行了统计调查。他们发现，不同物种偏爱不同的生境，他们称之为沉降生境偏好。例如月尾刺尾鱼（*Acanthurus bahianus*）偏爱珊瑚礁生境（和小面积海草区），黄尾笛鲷（*Ocyurus chrysurus*）偏爱海草床和珊瑚礁生境，而八带笛鲷（*Lutjanus apodus*）仅偏爱红树林生境。他们发现，上述生境偏爱模式与这些物种的稚鱼后期生境选择模式是相似的，因此他们总结认为，稚鱼的生境利用模式主要源于沉降模式。Adams 和 Ebersole（2002）调查了礁后生境和五种潟湖生境（海草床、砾石、点礁、沙滩、海藻平原）中的沉降鱼类和补充群体，发现成体生活在珊瑚礁中的鱼类，其稚鱼的生境利用模式有两种：刺尾鱼（*Acanthurus* spp.）和石鲈（*Haemulon* spp.）利用潟湖点礁和碎石作为生境；伊氏鹦嘴鱼（*Scarus iserti*）和金鹦鲷（*Sparisoma aurofrenatum*）利用后礁区作为生境。

6.8.2 补充生境的质量

对于发育过程转换生境的生物来说，成体种群丰度可能取决于潟湖育幼场的补充输入，因此与沉降后期和补充作用阶段的生境之间存在强烈的连通性。这种关系也许难以发现，因为各种生境之间迁移导致的死亡率变化也许会掩盖这层关系。Robertson（1988）断定沉降后阶段的迁移对加勒比海地区3种刺尾鱼中建立幼鱼和成体间丰度关系起到了重要作用。然而，Adams 和 Ebersole（2004）建立了潟湖质量指数（*LQI*）用于量化加勒比海地区补充生境的有效性，同时检测在个体发育转换期，两个属的鱼类在加勒比海海草潟湖（近海浅滩珊瑚礁）的补充生境的可获得性和附近珊瑚礁中的成体丰度间的关系。*LQI* 使得补充生境的可获得性和用途得以结合，它是通过对6个站位中的石鲈（*Haemulon* spp.）小型（<3 cm）和中型（3~5 cm）稚鱼个体以及刺尾鱼（*Acanthurus* spp.）的稚鱼个体（中小型个体分类的合并是因为沉降期个体大小一般为2.5~3 cm）计算而来的：

$$LQI_{ij} = \sum a_{ix} \cdot P_{ix}$$

X——生境类型（比如点礁、砾石、藻坪、海草床、沙滩）；
a_{ix}——物种 i 在生境 xj 中的平均密度（根据六个站点有效值计算）；
P_{jx}——生境 x 在潟湖 j 中的相对覆盖率。

最小二乘法回归线显示 *LQI* 对珊瑚礁附近的刺尾鱼（*Acanthurus* spp.）和石鲈（*Haemulon* spp.）等小型鱼类成体丰度有很好的预测作用（图6.8，图6.9）。

LQI 是通过整合两年来每个潟湖的调查资料计算获得的。*LQI* 降低了累积效应的影响（Warner and Chesson，1985），但是这种累积效应却掩盖了鱼类随发育迁移期间幼鱼丰度和成鱼丰度间的关系（Tolimieri，1998b）。*LQI* 对于中型石鲈（*Haemulon* spp.）鱼类而言并不能起到很好的预测作用，因为它们在个体很小的时候就开始了发育迁移，在达到中等大小时就已经转向了珊瑚礁生境（McFarland et al.，1985；Shulman and Ogden，1987；Adams and Ebersole，2004）。这种在补充生境可获得性和成体种群密度间的关系也在其他地方的石鲈（*Haemulon* spp.）种类和其他鱼类（Nagelkerken et al.，2001，2002；Mumby，2006），以及刺龙虾（Butler and Herrnkind，1997）和佛罗里达石蟹（*Menippe mercenaria*，Beck，1995，1997）中发现。

6.8.3 邻近生境的补充作用

非珊瑚礁育幼场对珊瑚礁种群的影响也许存在一个近阈值。如 Adam 和 Tobias（1999）在美属维尔京邻近岸礁的潟湖红树林海岸的相关研究发现，依附珊瑚礁成长起来的个体［如小带刺尾鱼（*Acanthurus chirurgus*）］在其稚鱼阶段的丰度，会从邻近珊瑚礁的红树林海岸到红树林海岸内依次降低，然而，与红树林生境关系高度密切的种类［如八

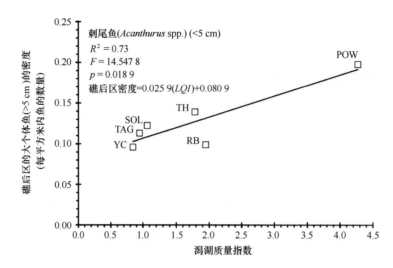

图 6.8 后礁区刺尾鱼（*Acanthurus* spp.）中的大个体（>5 cm）密度和中（3~5 cm）、小（<3 cm）个体的潟湖质量指数（*LQI*）间的关系。站位缩写：YC = 黄崖湾（Yellowcliff Bay），TAG = 提格湾（Teague Bay），SOL = 孤独湾（Solitude Bay），TH = 特纳洞（Turner Hole），RB = 罗德湾（Rod Bay），POW = 鲍岬（Pow Point）［经美国海洋科学通报期刊同意，仿自 Adams 和 Ebersole（2004）］

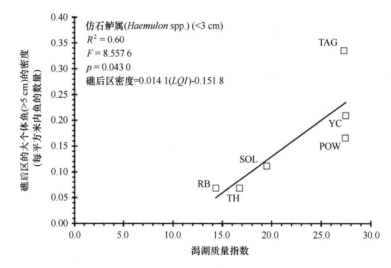

图 6.9 后礁区仿石鲈（*Haemulon* spp.）中的大个体（>5 cm）密度和小个体（<3 cm）的潟湖质量指数（*LQI*）间的关系。站位缩写：YC = 黄崖湾（Yellowcliff Bay），TAG = 提格湾（Teague Bay），SOL = 孤独湾（Solitude Bay），TH = 特纳洞（Turner Hole），RB = 罗德湾（Rod Bay），POW = 鲍岬（Pow Point）［经美国海洋科学通报期刊同意，仿自 Adams 和 Ebersole（2004）］

带笛鲷（*Lutjanus apodus*）］，其稚鱼在整个红树林潟湖区都极其丰富。同样，Nagelkerken 等（2000b）在潟湖研究中发现，成体与珊瑚礁密切相关的珊瑚礁鱼类，其稚鱼密度在远离珊瑚礁时会迅速降低。比如，一些以潟湖生境为特定育幼场的物种，其密度在邻近珊瑚礁区会更高（图 6.10），然而仅与潟湖生境有紧密联系的物种，其丰度在远离珊瑚礁生境时却更高。Ley 等（1999）也发现，沿河口盐度梯度，鱼类群落组成有所不同。为确定鱼类群落组成，他们在美国佛罗里达亚热带河口红树林区对鱼类群落进行了调查，发现与珊瑚礁关系密切的鱼类，其稚鱼和亚成体只在下游高盐度区域出现。与此相反，广盐性定居种［比如胎鳉科（Poeciliidae）和青鳉科（Cyprinodontidae）的物种］在整个研究区域中的各盐度浓度下都是群落组成的优势种。

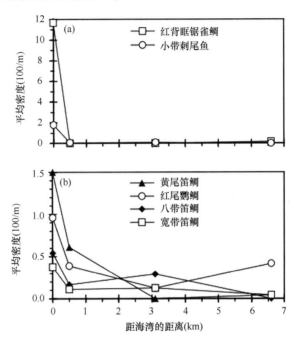

图 6.10　若干种珊瑚礁鱼类（a，b）和红背眶锯雀鲷（*Stegastes dorsopunicans*）（a）的平均密度与生境离湾口距离之间的函数关系，所有珊瑚站位都位于海湾下游，且在这个区域内无潟湖存在。经国际科学研究中心同意，仿自 Nagelkerken 等（2000b）

6.8.4　补充群体与成体间的联系

在区域范围内，珊瑚礁区的育幼场可获得性和成体种群之间的相关性反应在育幼场和珊瑚礁鱼类群落结构的联系上。Mumby 等（2004）在加勒比海地区观测了红树林和珊瑚礁的分布状况，发现红树林与珊瑚礁区的鱼类组成存在相关性。稚鱼时期生活在红树林的种类，其成体丰度在邻近红树林的珊瑚礁生境中较高。而且，对于很多这样的物种而言，红树林作为中间的育幼场也许已经提高了稚鱼的成活率。红树林作为稚鱼的生境，对于一些经济性鱼类而言其作用是相当明显的，并且发现，鱼类生物量在邻近红树林的珊瑚礁生境中会比远离红树林区的珊瑚礁生境更高。完全依赖于红树林生境的鱼类受到红树林的影响巨大：虹彩鹦嘴鱼（*Scarus guacamaia*）功能性地依赖于红树林，现在随着红树林大片的消失已在当地绝迹。珊瑚礁区的成体种群和非珊瑚礁稚鱼生境之间的关联性在加勒比海地区的海草床中早有体现（参见 Dorenbosch et al., 2004, 2006）。

鱼类丰度和个体大小的调查发现，澳大利亚近海（浅海）和外海（深海）生境的物种组成结构相似。比如，在澳大利亚北部海域，至少有 11 种鱼类的稚鱼会利用河口生境，而成体时则进入外海生境（Blaber et al., 1989），这意味着沉降生境的选择随其发育而转换。同样，在澳大利亚东部海域，至少有 14 种鱼类的稚鱼生活在河口及邻近地区，即较浅、浑浊的红树林区以及海草床中，然而成体却生活在深水区或是大洋区（Blaber and Blaber, 1980）。Sheaves（1995）也发现至少 14 种鱼类在成体阶段分布在珊瑚礁或是更深的近海，而稚鱼阶段则利用河口红树林作为生境。

6.9 扰动对补充群体的影响

6.9.1 热带气旋/飓风

在热带海洋生态系统中，热带气旋/飓风是最主要的自然扰动。但是关于飓风对珊瑚礁鱼类的影响研究相当少，一般只是一些临时报道而无量化的影响作用（Kaufman, 1983; Lassig, 1983; Letourneur et al., 1993; Aronson et al., 1994; Bouchon et al., 1994; Adams, 2001; Adams and Ebersole, 2004），但飓风对稚鱼的影响尤为明显。然而，Lassig（1983）在太平洋海域发现，在稚鱼沉降季节，高死亡率和亚成体的重新分布会在热带气旋过后迅速发生。同时，在研究了热带气旋在沉降季节的出现频率以及补充群体对成体丰度的影响后，他认为，热带气旋也许是影响种群结构的重要因素。相比之下，Adams 和 Ebersole（2004）在加勒比海地区比较了在鱼类沉降季节的末期，热带气旋发生前后的丰度变化，发现热带气旋对于鱼类的丰度和个体大小分布并无短期影响。于是他们推测在沉降季节的末期，稚鱼已经成长到足够大，因此有能力抵抗飓风的干扰。不管怎样，这与 Lassig（1983）对亚成鱼的研究结果相近。在加勒比海地区，这些研究结果间的差异也许源于该地区高风暴频率和整体珊瑚的退化，因而提高了群落对各种扰动的抵抗力（即引起稳态变换；Done, 1992; Jones and Syms, 1998）。另外，加勒比海地区的鱼群抵抗飓风干扰的能力更强，因为只观察到极少，甚至是测量不到的影响作用（参见 Kaufman, 1983; Aronson et al., 1994）。

对某些鱼类而言，热带气旋也许可以增加热带河口和珊瑚礁生境中仔鱼的补充量。Shenker 等（2002）在一项关于美国佛罗里达地区大西洋大海鲢（*Megalops atlanticus*）的多年研究中，有一次热带气旋直接穿越其研究区。最终发现，大西洋大海鲢（*Megalops atlanticus*）的仔鱼丰度在热带气旋过后明显比其他采样期高。在留尼汪岛的珊瑚礁生境中，蜂巢石斑鱼（*Epinephelus merra*）稚鱼异常大量的沉降就是紧随在热带气旋之后发生的（Letourneur et al., 1998）。然而，气旋过后继续观察发现，密度制约死亡使密度降低至一般水平（Letourneur et al., 1998）。

6.9.2 生境扰动以及生境退化

其他类型的扰动同样也影响着补充作用。例如，Butler 等（1995）在美国佛罗里达湾发现，当眼斑龙虾（*Panulirus argus*）稚虾的首选生境——海绵大规模死亡时，稚虾的分布会发生巨大变化。眼斑龙虾（*Panulirus argus*）的密度会在具有少量可替代庇护所区域内降低，而在人工庇护所中却有所提高。在另外一个阶段中的密度制约性因素能否像在蜂窝石斑鱼那样，最终均衡这些密度差异仍然是一个悬而未决的问题。

更大范围内的扰动对补充作用的影响研究越来越重要。这些扰动常常导致整个生境的变化，且无论是生境丧失还是退化，生境完整性的丧失总会影响补充作用，而这些生境的丧失和退化常常是人为因素造成的。例如，在 1980—2000 年，全世界超过 34%的红树林消失（Valiela et al.，2001）。由于很多热带鱼类和十足类利用河口和海洋红树林作为补充作用生境，所以这些生境的丧失很有可能造成种群水平的影响，这个问题需要研究。

珊瑚礁的普遍退化日渐阻碍了补充作用的发生。珊瑚礁梯度性退化（健康—压力—珊瑚死亡—藻类占优势—生境结构改变）的测试结果显示，生境完整性的丧失对鱼类和十足类存在显著的影响。珊瑚礁应力（珊瑚礁的局部退化）对幼鱼沉降阶段及其后的补充作用没有明显的影响（Feary et al.，2007）。随着珊瑚退化程度的加剧直至死亡，稚鱼的补充作用也随之降低（Jones et al.，2004；Munday，2004b；Feary et al.，2007），特有种会比一般种类表现得更为明显（Munday，2004b）。珊瑚礁范围内的白化、死亡以及底质的变化（如活珊瑚被藻类替代）会减弱鱼类的补充作用（Garpe and Ohman，2003，2007；Garpe et al.，2006），这种补充作用在短期内削减不大，但是长期下去削减严重（Garpe and Ohman，2003，2007；Garpe et al.，2006）。最初，珊瑚礁生境的丧失引起生境特有种（如以珊瑚为食的物种和以珊瑚礁为领地的相关物种）数量的减少（Garpe and Ohman，2003）。在长时间作用下，更大范围内的物种将会受到影响，其中包括以底栖生物和浮游植物为食的物种，尤其是雀鲷科（Pomacentridae）、蝴蝶鱼科（Chaetodontidae）、盖刺鱼科（Pomacanthidae）的种类（Garpeand and Ohman，2003）。

6.10 最大的知识缺口

6.10.1 幼体和稚体的性状关联

最近有关研究显示，沉降阶段仔鱼的健康状况对沉降后稚鱼的成长率、成活率和死亡率的重要性（参见 Searcy and Sponaugle，2001；Vigliola and Meekan，2002；McCormick and Hoey，2004；Nemeth，2005），但是生境质量和个体状况间的关系却研究甚少。如前所述，Shima 等（2006）发现具有高脂肪含量和高生长率的鞍斑锦鱼（*Thalassoma hardwicke*）稚鱼常常居住在高质量生境中。这些具有众多鹿角珊瑚（*Pocillepora* ssp.）的生境为稚鱼提供庇护所，从而逃避捕食者的捕食。除此之外，捕食者类型（定居种还是短期出现种）和生境分散度（Overholtzer-McCleod，2006）也影响着稚鱼的生存，无论沉降阶段幼鱼的状况如何。此外，沉降后的竞争、食物和生境的限制，群体的大小、沉降时间以及优先作用的结合都对补充作用的成败造成影响。这些结果共同强调了结合鱼类和十足类早期生活史阶段的个体特征、生境质量、众多沉降后机制的共同作用对未来研究的必要性。

6.10.2 区分死亡和迁移

沉降后死亡率的研究发现，沉降后个体丰度的降低是由死亡引起的（大多数源于捕食作用）。无论鱼类和十足类是随个体发育迁移的，还是采取广泛适应性的生活史策略，未来的研究都应以区分死亡和迁移为重点。稚鱼在特殊生境中定居的能力（Blackmon and Eggleston，2001）和某些物种的"先定居再迁移"策略（Robertson，1988；Parrish，1989；Sweatman and Robertson，1994 的综述，Adams and Ebersole，2004）显示，一些物种的洄游也许会影响密度制约死亡的作用。生活史早期的生境转换也许是由区位特异性密度（比如，对资源的竞争）决定的，所以，补充群体和稚鱼在遭遇风险后就会搜寻其他更好的生存位点。例如，Overholtzer-McCleod（2004）发现黄首海猪鱼（*Halichoeres garnoti*）在点礁中的减少是因为死亡并迁移至相邻珊瑚礁生境。在接下来的研究中（Overholtzer-McCleod，2005），她发现点礁的孤立程度是决定黄首海猪鱼迁移率的重要因素；越孤立的点礁，黄首海猪鱼的迁移率越低。这些结果显示，当在解释存在固有迁移习性的鱼类的幼鱼和稚鱼丰度降低的原因时都需要相当谨慎。同样，虽然不是针对补充群体，但是 Lewis（1997a，b）也发现，在各生境间的补充后迁移对许多生活在偏僻点礁上的鱼类丰度影响极大。

6.10.3 结论

很明显，最近几十年的很多研究都关注影响鱼类和十足类补充作用的过程。例如，海洋鱼类的浮游生活阶段一度被看作黑箱，而补充作用只是仔鱼补充量的反映。Choat 等（1988）修正了上述观点，提出了与生境有关的变量影响了仔鱼供应，略微改变了由海洋学过程决定的沉降模式。然而，最近很多研究都清楚地发现，在补充作用阶段，在与底栖生物相关的活动过程中产生的过滤效应会变得极具选择性并且影响强烈，而这就需要开展更多的研究深入探讨。

参考文献

Acosta CA, Butler MJ IV (1997) The role of mangrove habitat as nursery for juvenile spiny lobster, Panulirus argus, in Belize. Mar Freshw Res 48: 721-728

Acosta CA, Butler MJ IV (1999) Adaptive strategies that reduce predation on Caribbean spiny lobster postlarvae during onshore transport. Limnol Oceanog 44: 494-501

Adams AJ (2001) Effects of a hurricane on two assemblages of coral reef fishes: multiple-year analysis reverses a false "snapshot" interpretation. Bull Mar Sci 69: 341-356

Adams AJ, Dahlgren CP, Kellison GT et al (2006) Nursery function of tropical back-reef systems. Mar Ecol Prog Ser 318: 287-301

Adams AJ, Ebersole JP (2002) Use of back-reef and lagoon habitats by coral reef fishes. Mar Ecol Prog Ser 228: 213-226

Adams AJ, Ebersole JP (2004) Processes influencing recruitment inferred from distributions of coral reef fishes. Bull Mar Sci 75: 153-174

Adams AJ, Tobias WJ (1999) Red mangrove prop-root habitat as a finfish nursery area: a case study of Salt River Bay, St. Croix, USVI. Proc Gulf Carib Fish Inst 46: 22-46

Almany GR (2003) Priority effects in coral reef fish communities. Ecology 84: 1920-1935 Almany GR (2004a) Does increased habitat complexity reduce predation and competition in coral reef fish assemblages? Oikos 106: 275-284

Almany GR (2004b) Priority effects in coral reef fish communities of the Great Barrier Reef Great Barrier Reef. Ecology 85: 2872-2880

Almany GR, Webster MS (2004) Odd species out as predators reduce diversity of coral-reef fishes. Ecology 85: 2933-2937

Anderson TW (2001) Predator responses, prey refuges, and density-dependent mortality of a marine fish. Ecology 82: 245-257 220 A. J. Adams and J. P. Ebersole

Andree SW (1981) Locomotory activity patterns and food items of benthic post-larval spiny lob-sters, Panulirus argus. M. Sc. thesis, Florida Florida State University, Tallahassee

Aronson RB, Sebens KP, Ebersole JP (1994) Hurricane Hugo's impact on Salt River Submarine Canyon, St. Croix, U. S. Virgin Islands. In: Ginsburg RN (compiler) Proceedings of the collo-quium on global aspects of coral reefs: health, hazards, and history, 1993

Atema J, Kingsford MJ, Gerlach G (2002) Larval reef fish could use odour for detection, retention and orientation to reefs. Mar Ecol Prog Ser 241: 151-160

Ault TR, Johnson CR (1998) Spatial variation in fish species richness on coral reefs: habitat frag-mentation and stochastic structuring processes. Oikos 82: 354-364

Beck MW (1995) Size-specific shelter limitation in stone crabs: a test of the demographic bottle-neck hypothesis. Ecology 76: 968-980

Beck MW (1997) A test of the generality of the effects of shelter bottlenecks in four stone crab populations. Ecology 78: 2487-2503

Beck MW, Heck KL Jr, Able KW et al (2001) The identification, conservation, and management of estuarine and marine nurseries for fish and invertebrates. BioScience 51: 633-641

Beets J (1997) Effects of a predatory fish on the recruitment and abundance of Caribbean coral reef fishes. Mar Ecol Prog Ser 148: 11-21

Bergman KC, Ohman MC, Svensson S (2000) Influence of habitat structure on Pomacentrus sul-fureus, a western Indian Ocean reef fish. Environ Biol Fish 59: 243-252

Blaber SJM, Blaber TG (1980) Factors affecting the distribution of juvenile estuarine and inshore fish. J Fish Biol 17: 143-162

Blaber SJM, Brewer DT, Salini JP (1989) Species composition and biomasses of fishes in different habitats of a tropical northern Australian estuary: their occurrence in the adjoining sea and estuarine dependence. Estuar Coast Shelf Sci 29: 509-531

Blackmon DC, Eggleston DB (2001) Factors influencing planktonic, post-settlement dispersal of early juvenile blue crabs (Callinectes sapidus Rathbun). J Exp Mar Biol Ecol 257: 183-203 Booth D, Beretta GA (1994) Seasonal recruitment, habitat associations and survival of pomacentrid reef fish in the U.S. Virgin Islands. Coral Reefs 13: 81-89

Booth DJ, Brosnan DM (1995) The role of recruitment dynamics in rocky shore and coral reef fish communities. Adv Ecol Res 26: 309-385

Booth DJ, Hixon MA (1999) Food ration and condition condition affect early survival of the coral reef damselfish, Stegastes partitus. Oecologia 121: 364-368

Booth DJ, Wellington G (1998) Settlement preferences in coral-reef fishes: effects on patterns of adult and juvenile distributions, individual fitness, and population structure. Aust J Ecol 23: 274-279

Bouchon C, Bouchon-Navarro Y, Louis M (1994) Changes in the coastal fish communities follow-ing Hurricane Hugo in Guadeloupe Island (French West Indies). Atoll Res Bull 422: 1-13

Butler MJ IV, Hunt JH, Herrnkind WF et al (1995) Cascading disturbances in Florida Bay, USA: cyanobacteria blooms, sponge mortality mortality, and implications for juvenile spiny lobster Panulirus argus. Mar Ecol Prog Ser 129: 119-125

Butler MJ IV, Herrnkind WF (1991) Effect of benthic microhabitat cues on the metamorphosis of pueruli of the spiny lobster Panulirus argus. J Crust Biol 11: 23-28

Butler MJ IV, Herrnkind WF (1992) Spiny lobster recruitment in south Florida: field experiments and management implications. Proc Gulf Caribb Fish Inst 41: 508-515

Butler MJ IV, Herrnkind WF (1997) A test of recruitment limitation and the potential for artificial enhancement of spiny lobster (Panulirus argus) populations in Florida. Can J Fish Aquat Sci 54: 452-463

Calinski MD, Lyons WG (1983) Swimming behavior of the puerulus of the spiny lobster Panulirus argus (Latreille, 1804) (Crustacea, Palinuridae). J Crust Biol 3: 329-335

Caselle JE, Warner RR (1996) Variability in recruitment of coral reef fishes: the importance of habitat at two spatial scales. Ecology 77: 2488-2504

Childress MJ, Herrnkind WF (2001) Influence of conspecifics on the ontogenetic habitat shift of juvenile Caribbean spiny lobsters. Mar Freshw Res 52: 1077-10846 Mechanisms Affecting Recruitment Patterns of Fish and Decapods 221

Choat, JH, Ayling AM, Schiel DR (1988) Temporal and spatial variation in an island fish fauna. J Exp Mar Biol Ecol 121: 91-111

Connell JH (1980) Diversity and coevolution of competitors, or the ghost of competition competi-tion past. Oikos 35: 131-138

Cruz R, Lalana R, Báez-Hidalgo M et al (2007) Gregarious behaviour of juveniles of the spiny lobster, Panulirus argus (Latreille, 1804) in artificial shelters. Crustaceana 80: 577-595

Dahlgren C, Eggleston DB (2000) Ecological processes underlying ontogenetic habitat shifts in a coral reef fish. Ecology 81: 2227-2240

Dahlgren CP, Eggleston DB (2001) Spatiotemporal variability in abundance, distribution and habi-tat associations of early juvenile Nassau grouper. Mar Ecol Prog Ser 217: 145-156

Dahlgren CP, Kellison GT, Adams AJ et al (2006) Marine nurseries and effective juvenile habitats: concepts and applications. Mar Ecol Prog Ser 312: 291-295

Dahlgren CP, Marr J (2004) Back reef systems: important but overlooked components of tropical marine ecosystems. Bull Mar Sci 75: 145-152

Doherty PJ (1983) Tropical territorial damselfishes: is density limited by aggression or recruit-ment? Ecology 64: 176-190

Doherty PJ, Dufour V, Galzin R et al (2004) High mortality mortality during settlement is a popu-lation bottleneck for a tropical surgeonfish. Ecology 85: 2422-2428

Doherty PJ, Sale PF (1985) Predation on juvenile coral reef fishes: an exclusion experiment. Coral Reefs 4: 225-234

Done T (1992) Constancy and change in some Great Barrier Reef coral communities. Am Zool 32: 655-662

Dorenbosch M, van Riel MC, Nagelkerken I et al (2004) The relationship of reef fish densities to the proximity of mangrove and seagrass nurseries. Estuar Coast Shelf Sci 60: 37-48

Dorenbosch M, Grol MGG, Nagelkerken I et al (2006) Seagrass beds and mangroves as potential nurseries for the threatened Indo-Pacific humphead wrasse, Cheilinus undulatus and Caribbean rainbow parrotfish, Scarus guacamaia. Biol Conserv 129: 277-282

Ebersole JP (1977) The adaptive significance of interspecific territoriality in the reef fish Eupoma-centrus leucostictus. Ecology 58: 914-920

Eggleston DB (1995) Recruitment in Nassau grouper Epinephelus striatus: post-settlement post-settlement abundance, microhabitat features, and ontogenetic habitat shifts. Mar Ecol Prog Ser 124: 9-22

Eggleston DB, Lipcius RN (1992) Shelter selection by spiny lobster under variable predation risk, social conditions and shelter size. Ecology 73: 992-1011

Eggleston DB, Lipcius RN, Marshall LS et al (1998) Spatiotemporal variation in postlarval recruit-ment of the Caribbean spiny lobster in the central Bahamas: lunar and seasonal periodicity, spatial coherence, and wind forcing. Mar Ecol Prog Ser 74: 33-49

Elliot JK, Elliot JM, Mariscal RN (1995) Host selection, location and association behaviors of anemonefishes in field settlement experiments. Mar Biol 122: 377-389

Feary DA, Almany GR, Jones GP et al (2007) Habitat choice, recruitment and the response of coral reef fishes to coral degradation. Oecologia 153: 727-737

Fernandez M, Iribarne OO, Armstrong DA (1994) Swimming behavior of Dungeness crab, Cancer magister Dana, megalopae in still and moving water. Estuaries 17: 271-275

Fonseca VF, Cabral HN (2007) Are fish early growth and condition patterns related to life-history strategies? Rev Fish Biol Fish 17: 545-564

Forrester GE (1990) Factors influencing the juvenile demography of a coral reef fish. Ecology 71: 1666-1681

Forrester GE (1995) Strong density-dependent survival and recruitment regulate the abundance of a coral reef fish. Oecologia 103: 275-282

Forrester GE (1999) The influence of adult density on larval settlement in a coral reef fish, Coryphopterus glaucofraenum. Coral Reefs 18: 85-89

Forward RB Jr (1974) Negative phototaxis in crustacean larvae larvae: possible functional signifi-cance. J Exp Mar Biol Ecol 16: 11-17222 A. J. Adams and J. P. Ebersole

Forward RB Jr (1976) A shadow response in a larval crustacean. Biol Bull 151: 126-140

Forward RB Jr, Hettler WF Jr (1992) Effects of feeding and predator exposure on photoresponses during diel vertical migration of brine shrimp larvae larvae. Limnol Oceanogr 37: 1261-1270 Fouqurean JW, Rutten LM (2004) The impact of Hurricane Georges on soft-bottom, back reef communities: site- and species-specific effects in South Florida Florida seagrass beds. Bull Mar Sci 75: 239-257

Fowler AJ, Doherty PJ, Williams DMcB (1992) Multi-scale analysis of recruitment of a coral reef fish on the Great Barrier Reef Great Barrier Reef. Mar Ecol Prog Ser 82: 131-141

Friedlander AM, Parrish JD (1998) Temporal dynamics of fish communities on an exposed shore-line in Hawaii. Environ Biol Fish 53: 1-18

Garpe KC, Ohman MC (2003) Coral and fish distribution patterns in Mafia Island Marine Park, Tanzania: fish-habitat interactions. Hydrobiologia 498: 191-211

Garpe KC, Ohman MC (2007) Non-random habitat use by coral reef fish recruits in Mafia Island Marine Park, Tanzania. Afr J Mar Sci 29: 187-199

Garpe KC, Yahya SAS, Lindahl U et al (2006) Long-term effects of the 1998 coral bleaching event on reef fish assemblages. Mar Ecol Prog Ser 315: 237-247

Gibson RN (1994) Impact of habitat quality and quantity on the recruitment of juvenile flatfishes. Neth J Sea Res 32: 191-206

Gillanders BM, Able KW, Brown JA et al (2003) Evidence of connectivity between juvenile and adult habitats for mobile marine fauna: an important component of nurseries. Mar Ecol Prog Ser 247: 281-295

Gimenez L, Anger K, Torres G (2004) Linking life history traits in successive phases of a com-plex life cycle: effects of larval biomass on early juvenile development in an estuarine crab Chasmagnathus granulata. Oikos 104: 570-80

Gimenez L (2006) Phenotypic links in complex life cycles: conclusions from studies with decapod crustaceans. Integr Comp Biol 46: 615-622

Gratwicke B, Petrovic C, Speight MR (2006) Fish distribution and ontogenetic habitat preferences in non-estuarine lagoons and adjacent reefs. Environ Biol Fish 76: 191-210

Green AL (1996) Spatial, temporal and ontogenetic patterns of habitat use by coral reef fishes (Family Labridae). Mar Ecol Prog Ser 133: 1-11

Green AL (1998) Spatio-temporal patterns of recruitment of labroid fishes (Pisces: Labridae and Scaridae) to damselfish territories. Environ Biol Fish 51: 235-244

Grover JJ, Eggleston DB, Shenker JM (1998) Transition from pelagic to demersal phase in early-juvenile Nassau grouper, Epinephelus striatus: pigmentation, squamatation, and ontogeny of diet. Bull Mar Sci 62: 97-113

Guttierez L (1998) Habitat selection by recruits establishes local patterns of adult distribu-tion in two species of damselfishes: Stegastes dorsopunicans and S. planifrons. Oecologia 115: 268-277

Hamilton SL, White JW, Caselle JE et al (2006) Consistent long-term spatial gradients in replen-ishment for an island population of a coral reef fish. Mar Ecol Prog Ser 306: 247-256

Harrigan P, Zeiman JC, Macko SA (1989) The base of nutritional support for the gray snapper (Lutjanus griseus): an evaluation based on a combined stomach content and stable isotope analysis. Bull Mar Sci 44: 65-77

Harvey AW (1996) Delayed metamorphosis in Florida hermit crabs: multiple cues and constraints (Crustacea: Decapoda: Paguridae and Diogenidae). Mar Ecol Prog Ser 141: 27-36

Heck KL Jr, Hays G, Orth RJ (2003) Critical evaluation of the nursery role hypothesis for seagrass meadows. Mar Ecol Prog Ser 253: 123-136

Helfman GS, Meyer JL, McFarland WN (1982) The ontogeny of twilight migration patterns in grunts (Pisces: Haemulidae). Anim Behav 30: 317-326

Herrnkind WF (1980) Movement patterns of palinurid lobsters. In: Cobb JS, Phillips BF (eds) The biology and management of lobsters. Vol. I. Physiology and behavior. Academic Press, New York

Herrnkind WF, Butler MJ IV (1986) Factors regulating postlarval settlement and juvenile micro-habitat use by spiny lobsters, Panulirus argus. Mar Ecol Prog Ser 34: 23-306 Mechanisms Affecting Recruitment Patterns of Fish and Decapods 223

Herrnkind WF, Jernakoff P, Butler MJ IV (1994) Puerulus and post-puerulus ecology. In: Phillips BF, Cobb JS, Kittaka J (eds) Spiny lobster management. Blackwell Scientific, Oxford

Hixon MA, Beets JP (1993) Predation, prey refuges, and the structure of coral-reef fish assem-blages. Ecol Monogr 63: 77-101

Hixon MA, Jones GP (2005) Competition, predation, and density-dependent mortality mortality in demersal marine fishes. Ecology 86: 2847-2859

Hixon MA, Menge BA (1991) Species diversity: prey refuges modify the interactive effects of predation and competition. Theor Popul Biol 39: 178-200

Hixon MA, Webster MS (2002) Density dependence in reef fishes: coral-reef populations as model systems. In: Sale PF (ed) Coral reef fishes: dynamics and diversity in a complex ecosystem. Academic Press, San Diego

Hoey AS, McCormick MI (2004) Selective predation for low body condition at the larval-juvenile transition of a coral reef fish. Oecologia 139: 23-29

Holbrook SJ, Schmitt RJ (2002) Competition for shelter space causes density-dependent predation mortality in damselfishes. Ecology 831: 2855-2868

Horner AJ, Nickles SP, Weisburg MJ et al (2006) Source and specificity of chemical cues mediating shelter preference of Caribbean spiny lobsters (Panulirus argus). Biol Bull 211: 128-139

Huijbers CM, Mollee EM, Nagelkerken I (2008). Post-larval French grunts (Haemulon flavolinea-tum) distinguish between seagrass, mangrove and coral reef water: implications for recognition of potential nursery habitats. J Exp Mar Biol Ecol 357: 134-139

Jones GP (1987) Some interactions between residents and recruits in two coral reef fishes. J Exp Mar Biol Ecol 114: 169-182

Jones GP (1991) Post recruitment processes in the ecology of coral reef fish populations: a mul-tifactorial perspective. In: Sale PF (ed) The ecology of fishes on coral reefs. Academic Press, New York

Jones GP, McCormick MI, Srinivasan M et al (2004) Coral decline threatens fish biodiversity in marine reserves. Publ Nebraska Acad Sci 101: 8251-8253

Jones GP, Syms C (1998) Disturbance, habitat structure and the ecology of fishes on coral reefs. Austral J Ecol

23: 287-297

Kaufman LS (1983) Effects of hurricane hurricane Allen on reef fish assemblages near Discovery Bay, Jamaica. Coral Reefs 2: 42-47

Kaufman LS, Ebersole JP, Beets J et al (1992) A key phase in the recruitment dynamics of coral reef fishes: post-settlement transition. Environ Biol Fish 34: 109-118

Kendall MS, Christensen J, Hillis-Starr Z (2003) Multi-scale data used to analyze the spatial distri-bution of French grunts, Haemulon flavolineatum, relative to hard and soft bottom in a benthic landscape. Environ Biol Fish 66: 19-26

Kieckbush DK, Koch MS, Serafy JE et al (2004) Trophic linkages of primary producers and consumers in fring-ing mangroves of subtropical lagoons. Bull Mar Sci 74: 271-285

Knowlton N, Keller BD (1986) Larvae which fall far short of their potential: highly localized recruitment in an al-pheid shrimp with extended larval development. Bull Mar Sci 39: 213-223 Knowlton R (1974) Larval developmental processes and controlling factors in decapod Crustacea, with emphasis on Caridea. Thalassia Jugosl 10: 139-58

Kobayashi DR (1989) . Fine-scale distribution of larval fishes: patterns and processes adjacent to coral reefs in Kaneohe Bay, Hawaii. J Mar Biol 100: 285-293

Laegdsgaard P, Johnson CR (2001) Why do juvenile fish preferentially utilise mangrove habitats? J Exp Mar Biol Ecol 257: 229-253

Lassig BR (1983) The effects of a cyclonic storm on coral reef fish assemblages. Environ Biol Fish 9: 55-63

Layman CA, Arrington DA, Blackwell M (2005) Community-based collaboration restores tidal flow to an island estuary (Bahamas) . Ecol Restor 23: 58-59

Lecchini D (2006) Highlighting ontogenetic shifts in habitat use by nocturnal coral reef fish. CR Biol 329: 265-270 A. J. Adams and J. P. Ebersole

Leis JM, Carson-Ewart BM (1999) In situ swimming and settlement behaviour of larvae of an Indo-Pacific coral reef fish, the coral trout Plectropomus leopardus (Pisces: Serranidae) Mar Biol 134: 51-64

Leis JM, Carson-Ewart BM, Webley J (2002) Settlement behaviour of coral-reef fish larvae at subsurface artifi-cial-reef moorings. Mar Freshw Res 53: 319-327

Leis JM, Lockett MM (2005) Localization of reef sounds by settlement-stage larvae of coral-reef fishes (Poma-centridae) . Bull Mar Sci 76: 715-724

Letourneur Y, Chabanet P, Vigliola L et al (1998) Mass settlement and post-settlement mortality of Epinephelus merra (Pisces: Serranidae) on Reunion coral reefs. J Mar Biol Assoc UK 78: 307-319

LetourneurY, Harmelin-Vivien M, Galzin R et al (1993) Impact of Hurricane Firinga on fish com-munity struc-ture on fringing reefs of Reunion Island, SW Indian Ocean. Environ Biol Fish 37: 109-120

Lewis AR (1997a) Recruitment and post-recruitment immigration affect the local population size of coral reef fi-shes. Coral Reefs 16: 139-149

Lewis AR (1997b) Effects of experimental coral disturbance on the structure of fish communities on large patch reefs. Mar Ecol Prog Ser 161: 37-50

Ley JA, McIvor CC, Montague CL (1999) Fishes in mangrove prop-root habitats of northeast-ern Florida Bay: disinct assemblages across an estuarine gradient. Estuar Coast Shelf Sci 48: 701-723

Lipcius RN, Eggleston DB (2000) Ecology and fishery biology of spiny lobster. Spiny lobsters: fisheries and culture, pp. 1-41. In: Phillips BF, Kittaka J (eds)., Fishing News Books, Blackwell Science.

Lipcius RN, Eggleston DB, Miler DL et al (1998) The habitat-survival function for Caribbean spiny lobster: an inverted size effect and non-linearity in mixed algal and seagrass habitats. Mar Freshw Res 49: 807-816

Lirman D (1994) Ontogenetic shifts in habitat preferences in the three-spot damselfish, Stegastes planifrons (Cuvier), in Roatan Island, Honduras. J Exp Mar Biol Ecol 180: 71-81

Marx JM (1983) Macroalgal communities as habitat for early benthic spiny lobsters, Panulirus argus. M. Sc. thesis, Florida State University, Tallahassee

Marx JM, Herrnkind WF (1985a) Macroalgae (Rhodophyta: Laurencia spp.) as habitat for young juvenile spiny lobsters, Panulirus argus. Bull Mar Sci 86: 423-431

Marx JM, Herrnkind WF (1985b). Factors regulating microhabitat use by young juvenile spiny lobsters. J Crust Biol 5: 650-657

Marx JM, Herrnkind WF (1986) Species profiles: life histories and environmental requirements of coastal fishes and invertebrates (South Florida) - spiny lobster. U.S. Fish and Wildlife Service Biol Rep 82 (11.61), 21pp.

McCormick MI (1994) Variability in age and size at settlement of the tropical goatfish Upeneus tragula (Mullidae) in the northern Great Barrier Reef lagoon. Mar Ecol Prog Ser 103: 1-15 McCormick MI (1999) Delayed metamorphosis of a tropical reef fish (Acanthurus triostegus): a field experiment. Mar Ecol Prog Ser 176: 25-38

McCormick MI, Hoey AS (2004) Larval growth history determines juvenile growth and survival in a tropical marine fish. Oikos 106: 225-242

McCormick MI, Makey LJ (1997) Post-settlement transition in coral reef fishes: overlooked com-plexity in niche shifts. Mar Ecol Prog Ser 153: 247-257

McCormick MI, Molony BW (1992) Effects of feeding history on the growth characteristics of a reef fish at settlement. Mar Biol 114: 165-173

McCormick MI, Molony BW (1993) Quality of the reef fish Upeneus tragula (Mullidae) at settle-ment: is size a good indicator of condition condition? Mar Ecol Prog Ser 98: 45-54

McFarland WN (1980) Observations on recruitment in haemulid fishes. Proc Gulf Caribb Fish Inst 3: 132-138

McFarland WN, Brothers EB (1985) Recruitment patterns in young French grunts, Haemulon flavolineatum (family Haemulidae), at St. Croix, Virgin Islands. Fish Bull 83: 151-161 Mechanisms Affecting Recruitment Patterns of Fish and Decapods

McGehee MA (1995) Juvenile settlement, survivorship and in situ growth rates of four species of Caribbean damselfishes in the genus Stegastes. Environ Biol Fish 44: 393-401

Minello TJ, Zimmerman R J (1983b) Selection for brown shrimp, Penaeus aztecus, as prey by the spotted sea trout Cynoscion nebulosus. Contrib Mar Sci 27: 159-167

Minello TJ, Zimmerman RJ (1983) Differential selection for vegetative structure between juvenile brown shrimp (Penaeus aztecus) and white shrimp (P. setiferus) and implications in predator-prey relationships. Estuar Coast Shelf Sci 20: 707-716

Minello TJ, Zimmerman RJ (1983a) Fish predation predation on juvenile brown shrimp, Penaeus aztecus Ives: the effect of simulated Spartina structure on predation rates. J Exp Mar Biol Ecol 72: 211-231

Minello TJ, Zimmerman RJ (1985) Differential selection for vegetative structure between juvenile brown shrimp (Penaeus aztecus) and white shrimp (P. setiferus), and implications in predator-prey relationships. Estuar Coast Shelf Sci 20: 707-716

Minello TJ, Zimmerman RJ, Martinez EX (1989) Mortality of young brown shrimp Penaeus aztecus in estuarine nurseries. Trans Am Fish Soc 118: 693-708

Mintz JD, Lipcius RN, Eggleston DB et al (1994) Survival of juvenile Caribbean spiny lobster: effects of shelter size, geographic location and conspecific abundance. Mar Ecol Prog Ser 12: 255-266

Montgomery JC, Tolimieri N, Haine OS (2001) Active habitat selection by pre-settlement reef fishes. Fish Fish. 2: 261-277

Montgomery SS, Craig JR (2005) Distribution and abundance of recruits of the eastern rock lob-ster (Jasus verreauxi) along the coast of New South Wales, Australia. N Z J Mar Freshw Res 39: 619-628

Mumby PJ, Edwards AJ, Arias-Gonzalez JE et al (2004) Mangroves enhance the biomass of coral reef fish communities in the Caribbean Caribbean. Nature 427: 533-536

Mumby PJ (2006) Connectivity of reef fish between mangroves and coral reefs: algorithms for the design of marine reserves at seascape scales. Biol Conserv 128: 215-222

Munday PL (2004a) Competitive coexistence of coral-dwelling fishes: the lottery hypothesis revis-ited. Ecology 85: 623-628

Munday PL (2004b). Habitat loss, resource specalization, and extinction on coral reefs. Glob Chang Biol 10: 1642-1647

Munro JL, Gaut VC, Thompson R et al (1973) The spawning seasons of Caribbean reef fishes. J Fish Biol 5: 69-84

Nagelkerken I, van der Velde G (2002) Do non-estuarine mangroves harbour higher densities of juvenile fish than adjacent shallow-water and coral reef habitats in Curac,ao (Netherlands Antilles)? Mar Ecol Prog Ser 245: 191-204

Nagelkerken I, van der Velde G (2004) Relative importance of interlinked mangroves and sea-grass beds as feeding habitats for juvenile reef fish on a Caribbean island. Mar Ecol Prog Ser 274: 153-159

Nagelkerken I, Dorenbosch M, Verberk WCEP et al (2000a) Day-night shifts of fishes between shallow-water biotopes of a Caribbean bay, with emphasis on the nocturnal feeding of Haemul-idae and Lutjanidae. Mar Ecol Prog Ser 194: 55-64

Nagelkerken I, Dorenbosch M, Verberk WCEP et al (2000b) Importance of shallow-water biotopes of a Caribbe-an bay for juvenile coral reef fishes: patterns in biotope association, community structure and spatial distribu-tion. Mar Ecol Prog Ser 202: 175-192

Nagelkerken I, Kleijnen S, Klop T et al (2001) Dependence of Caribbean reef fishes on mangroves and seagrass beds as nursery habitats: a comparison of fish faunas between bays with and without mangroves/seagrass beds. Mar Ecol Prog Ser 214: 225-235

Nagelkerken I, Roberts CM, van der Velde G et al (2002) How important are mangroves and seagrass beds for coral reef fish? The nursery hypothesis tested on an island scale. Mar Ecol Prog Ser 244: 299-305

Nemeth RS (1998) The effect of natural variation in substrate architecture on the survival of juve-nile bicolor dam-selfish. Environ Biol Fish 53: 129-141 A. J. Adams and J. P. Ebersole

Nemeth RS (2005) Linking larval history to juvenile demography in the bicolor damselfish Ste-gastes partitus (Perciformes: Pomacentridae). Rev Biol Trop 53: 155-163

Nevitt G, Pentcheff ND, Lohmann KJ et al (2000) Den selection by the spiny lobster Panulirus argus: testing attraction to conspecific odors in the field. Mar Ecol Prog Ser 203: 225-231

Ogden JC, Ehrlich PR (1977) The behavior of heterotypic resting schools of juvenile grunts (Pomadasyidae). Mar Biol 42: 273-280

Osenberg CW, St. Mary CM, Schmitt RJ (2002) Rethinking ecological inference: density depen-dence in reef fishes. Ecol Lett 5: 715-721

Overholtzer KL, Motta P (1999) Comparative resource use by juvenile parrotfishes in the Florida Keys. Mar Ecol Prog Ser 69: 177-187

Overholtzer-McCleod KL (2004) Variance in reef spatial structure masks density dependence in coral reef fish populations on natural vs artificial reefs. Mar Ecol Prog Ser 276: 269-280

Overholtzer-McCleod KL (2005) Post-settlement emigration affects mortality estimates for two Bahamian wrasses. Coral Reefs 24: 283-291

Overholtzer-McCleod KL (2006) Consequences of patch reef spacing for density-dependent mor-tality of coral-reef fishes. Ecology 87: 1017-1026

Parrish JD (1989) Fish communities of interacting shallow habitats in tropical ocean regions. Mar Ecol Prog Ser 58: 143-160

Planes S, Lecaillon G (2001) Caging experiment to examine mortality during metamorphosis of coral reef fish larvae. Coral Reefs 20: 211-218

Planes S, Levefre A, Legendre P et al (1993) Spatio-temporal variability in fish recruitment to a coral reef (Moorea, French Polynesia). Coral Reefs 12: 105-113

Pollux BJA, Verberk WCEP, Dorenbosch M et al (2007) Habitat selection during settlement of three Caribbean coral reef fishes: indications for direct settlement to seagrass beds and man-groves. Limnol Oceanogr 52: 903-907

Preston NP, Doherty PJ (1990) Cross-shelf patterns in the community structure of coral-dwelling Crustacea in the central region of the Great Barrier Reef Great Barrier Ref. I. Agile shrimps. Mar Ecol Prog Ser 66: 47-61

Reyns N, Sponaugle S (1999) Patterns and processes of brachyuran crab settlement to Caribbean coral reefs. Mar Ecol Prog Ser 185: 155-170

Risk A (1997) Effects of habitat on the settlement and post-settlement success of the ocean sur-geonfish Acanthurus bahianus. Mar Ecol Prog Ser 161: 51-59

Risk A (1998) The effects of interactions with reef residents on the settlement and subsequent persistence of ocean surgeonfish, Acanthurus bahianus. Environ Biol Fish 51: 377-389

Robertson AI, Duke NC (1987) Mangroves as nursery sites: comparisons of the abundance and species composition of fish and crustaceans in mangroves and other nearshore habitats in trop-ical Australia. Mar Biol 96: 193-205

Robertson DR (1988) Abundances of surgeonfishes on patch-reefs in Caribbean Panama: due to settlement, or post-settlement events? Mar Biol 97: 495-501

Robertson DR (1991) Increases in surgeonfish populations after mass mortality of the sea urchin Diadema antillarum in Panama indicate food limitation. Mar Biol 111: 437-444

Rodriguez RW, Webb RMT, Bush DM (1994) Another look at the impact of Hurricane Hugo on the shelf and coastal resources of Puerto Rico, USA. J Coast Res 10: 278-296

Rooker JR, Dennis GD (1991) Diel, lunar and seasonal changes in a mangrove fish assemblage off southwestern Puerto Rico. Bull Mar Sci 49: 684-698

Sale PF (1977) Maintenance of high diversity in coral reef fish communities. Am Nat 111: 337-359

Sale PF (1978) Coexistence of coral reef fishes: the lottery for living space. Environ Biol Fish 3: 85-102

Sancho G, Ma D, Lobel PS (1997) Behavioral observations of an upcurrent reef colonization event by larval surgeonfish Ctenochaetus strigosus (Acanthuridae). Mar Ecol Prog Ser 153: 311-315 Schmitt RJ, Holbrook SJ (1999a) Temporal patterns of settlement of three species of damselfish of the genus Dascyllus (Pomacentridae) in the coral reefs of French Polynesia. Proc 5th Indo-PacFish Confific, pp. 537-551 Mechanisms Affecting Recruitment Patterns of Fish and Decapods 227

Schmitt RJ, Holbrook SJ (1999b) Settlement and recruitment of three damselfish species: larval delivery and competition for shelter space. Oecologia 118: 76-86

Schmitt RJ, Holbrook SJ (1999c). Mortality of juvenile damselfish: implications for assessing processes that determine abundance. Ecology 80: 35-50

Schmitt RJ, Holbrook SJ (2000) Habitat-limited recruitment of coral reef damselfish. Ecology 81: 3479-3494

Searcy S, Sponaugle S (2001) Selective mortality during the larval-juvenile transition in two coral reef fishes. Ecology 82: 2452-2470

Serafy JE, Faunce CH, Lorenz JJ (2003) Mangrove shoreline fishes of Biscayne Bay, Florida. Bull Mar Sci 72: 161-180

Shanks AL (1995) Mechanisms of cross-shelf dispersal of larval invertebrates and fish. In: McEd-ward L (ed) Ecology of marine invertebrate Larvae. CRC-Press, Boca Raton, Florida. Mar Sci Ser 6

Sheaves M (1995) Large lutjanid and serranid fishes in tropical estuaries: are they adults or juve-niles? Mar Ecol Prog Ser 129: 31-40

Shenker JM, Cowie-Mojica E, Crabtree RE et al (2002) Recruitment of tarpon (Megalops atlanti-cus) leptocephali into the Indian River Lagoon, Florida. Contrib Mar Sci 35: 55-69

Shervette VR, Perry HM, Rakocinski CF et al (2004) Factors influencing refuge occupation by stone crab Menippe adina juveniles in Mississippi Sound. J Crust Biol 24: 652-665

Shima JS, Osenberg CW, St. Mary CM et al (2006) Implication of changing coral communities: do larval traits or habitat features drive variation in density-dependent mortality and recruitment of juvenile reef fish? Proc 10th Int Coral Reef Symp, pp. 226-231

Shulman MJ (1985a) Recruitment of coral reef fishes: distribution of predators and shelter. Ecology 66: 1056-1066

Shulman MJ (1985b) Variability in recruitment of coral reef fishes. J Exp Mar Biol Ecol 89: 205-219

Shulman MJ, Ogden JC (1987) What controls tropical reef fish populations: recruitment or mortal-ity mortality? An example in the Caribbean reef fish Haemulon flavolineatum. Mar Ecol Prog Ser 39: 233-242

Shulman MJ, Ogden JC, Ebersole JP et al (1983) Priority effects in the recruitment of coral reef fishes. Ecology 64: 1508-1513

Simberloff D (1983) Competition theory, hypothesis-testing and other community ecological buzz-words. Am Nat 122: 626-635

Sluka R, Chiappone M (1998) Density, species and size distribution of groupers (Serranidae) in three habitats at Elbow Reef, Florida Keys. Bull Mar Sci 62: 219-228

Sogard SM (1997) Size-selective mortality in the juvenile stage of teleost fishes: a review. Bull Mar Sci 60: 1129-157

Sponaugle S, Cowen RK (1996) Nearshore patterns of coral reef fish larval supply to Barbados, West Indies. Mar Ecol Prog Ser 133: 13-28

Sponaugle S, Grorud-Colvert K (2006) Environmental variability, early life-history traits, and sur-vival of new coral reef fish recruits. Integr Comp Biol 46: 623-633

Sponaugle S, Grorud-Colvert K, Pinkard D (2006) Temperature-mediated variation in early life his-tory traits and recruitment success of the coral reef fish Thalassoma bifasciatum in the Florida Keys. Mar Ecol Prog Ser 308: 1-15

St. John J (1999) Ontogenetic changes in the diet of the coral reef grouper Plectropomus leopardus (Serranidae): patterns in taxa, size and habitat of prey. Mar Ecol Prog Ser 180: 233-246

Stobutzki IC (1998) Interspecific variation in sustained swimming ability of late pelagic stage reef fish from two families (Pomacentridae and Chaetodontidae). Coral Reefs 17: 111-119

Stobutzki IC Bellwood DR (1997) Sustained swimming abilities of the late pelagic stages of coral reef fishes. Mar Ecol Prog Ser 149: 35-41

Stoner AW (2003) What constitutes essential nursery habitat for a marine species? A case study of habitat form and function for queen conch. Mar Ecol Prog Ser 257: 275-289 A. J. Adams and J. P. Ebersole

Sweatman HP (1985) The influence of adults of some coral reef fishes on larval recruitment. Ecol Monogr 55: 469-485

Sweatman HP (1988) Field evidence that settling coral reef fish larvae larvae detect resident fishes using dissolved chemical cues. J Exp Mar Biol Ecol 124: 163-174

Sweatman HP, Robertson DR (1994) Grazing halos and predation on juvenile Caribbean surgeon-fishes. Mar Ecol Prog Ser 111: 1-6

Tolimieri N (1998a) The relationship among microhabitat characteristics, recruitment and adult abundance in the stoplight parrotfish, Sparisoma viride, at three spatial scales. Bull Mar Sci 62: 253-268

Tolimieri N (1998b) Contrasting effects of microhabitat use on large-scale adult abundance in two families of Caribben reef fishes. Mar Ecol Prog Ser 167: 227-239

Tolimieri N, Jeffs A, Montgomery JC (2000) Ambient sound as a cue for navigation by the pelagic larvae of reef fishes. Mar Ecol Prog Ser 207: 219-224

Tolimieri N, Sale PF, Nemeth RS et al (1998) Replenishment of populations of Caribbean reef fishes: are spatial patterns of recruitment consistent through time? J Exp Mar Biol Ecol 230: 55-71

Tupper M, Juanes F (1999) Effects of a marine reserve on recruitment of grunts (Pisces: Haemuli-dae) at Barbados, West Indies. Environ Biol Fish 55: 53-63

Valiela I, Bowen JL, York JK (2001) Mangrove forests: one of the world s most threatened major tropical environments. BioScience 51: 807-815

Vigliola L, Doherty PJ, Meekan MG et al (2007) Genetic identity determines risk of post-settlement mortality of a marine fish. Ecology 88: 1263-1277

Vigliola L, Harmelin-Vivien ML, Biagi F et al (1998) Spatial and temporal patterns of settlement among sparid fishes of the genus Diplodus in the northwestern Mediterranean. Mar Ecol Prog Ser 168: 45-56

Vigliola L, Meekan MG (2002) Size at hatching and planktonic growth determine post-settlement survivorship of a coral reef fish. Oecologia 131: 89-93

Warner RR, Chesson PL (1985) Coexistence mediated by recruitment fluctuations: a field guide to the storage effect. Am Nat 125: 769-787

Webster MS (2002) Role of predators in the early postsettlement demography of coral-reef fishes. Oecologia 131: 52-60

Welch JM, Rittschof D, Bullock TM et al (1997) Effects of chemical cues on settlement behavior of blue crab Callinectes sapidus postlarvae. Mar Ecol Prog Ser 154: 143-153

Zimmerman RJ, Minello TJ, Zamora G Jr (1984) Selection of vegetated habitat by brown shrimp, Penaeus aztecus, in a Galveston Bay salt marsh. Fish Bull 82: 325-336

第7章 热带沿海生态系统连通性
——以十足类的生境转换为例

Michael D. E. Haywood, Robert A. Kenyon

摘要：十足类的生命周期复杂，整个发育过程要利用各种不同的生境。很多种类偏好停留在近岸浅水生境（经常是植被覆盖区），并且通常随着成长洄游到较深的离岸水域。具有近岸/离岸生活史的十足类经常是大型个体，可以支撑经济渔业。本章描述了一系列热带十足类的生境并讨论生境洄游的潜在机制。人们普遍认为对大多数动物而言，这些机制是与动物适应性的最大化对应的。可能的机制包括尽可能降低死亡风险率（μ）、最大化绝对生长率（g），或者是动物选择平衡最小化死亡风险与生长率比值（最小化 μ/g）的生境。但是，看来针对热带十足类的上述问题并没有开展过什么研究，因此属于今后研究的重要议题。同样，也罕见明确地阐述热带十足类生境转换的研究；大多数的生境变更研究在于比较不同生境的时间长短频率，建议将来的研究考虑自然和人工标记的应用，从而更精确地描述沿海生境间连通性的特征。

关键词：十足类；个体发育转换；生境；生活史

7.1 前言

生物利用资源和降低被捕食风险的能力与其个体大小和生境有关，因此，许多生物（包括热带十足类）在发育过程的分布变化是捕食风险和潜在生长率变化的函数（Werner and Gilliam, 1984; Pardieck et al., 1999; Dahlgren and Eggleston, 2000）。生物在不同生境间的迁移使得大量有机质、营养盐和能量在从河口到海洋水域的各种生态系统间转移（Deegan, 1993; Fairweather and Quinn, 1993）。本章描述了热带十足类发育过程中的生境变化，讨论了导致这种变化的原因并强调了今后的若干研究领域。已发表的有关热带十足类生活史特征的信息大都关注具有重要商业价值的龙虾、对虾和蟹类，因此本章所列举的大多数例子也来自这些种类。本章也讨论了一些寄生蟹和陆栖蟹，因为它们代表了个体发育中生境转换的特例——从海洋到陆地环境的转换。

十足类的生活史相当复杂，通常包括若干浮游幼体阶段，然后进入定居性的后期仔体，在然后发育为稚体，最终成为成体（图7.1，图7.2；见第6章）。许多种类在发育过程中经历不同生境间的迁移，一些种类在成体至产卵的过程中经历更广泛的迁移。卵普遍利用母体的生境，因为要通过黏合物质黏附在母体的腹肢上完成孵化。对虾则是例外，对虾直接在水中排卵，卵沉入海底，但也一些种类的卵漂浮在水中（Dall et al.，1990）。

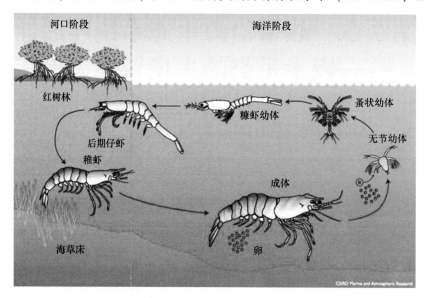

图7.1 对虾的典型生命周期，经澳大利亚联邦科学与工业研究组织（CSIRO）的海洋与大气研究所许可引用

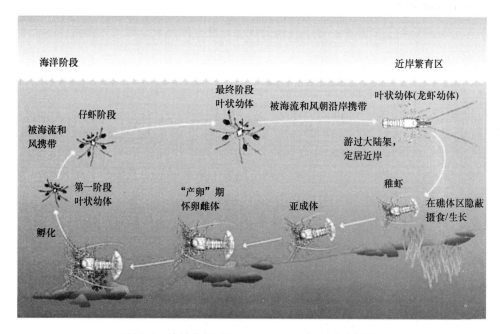

图7.2 锦绣龙虾（*Panulirus ornatus*）的生命周期

十足类的孵化阶段差别很大。有些对虾和樱虾的卵孵化成无节幼体、樱虾类仔稚虾或

者前蚤状幼体，而其他海洋十足类孵化的第一阶段是前蚤状幼体或蚤状幼体，而不是无节幼体（Barnes，1974；表7.1）。

表7.1 十足类各种类型的幼体期（仿自 Waterman and Chase，1960）

类群（Group）	幼体形式（Larval forms）
游泳亚目（Suborder Natantia）	
对虾科（Family Penaeidae）	Nauplius 无节幼体→protozoea 前蚤状幼体→mysis（zoea）糠虾幼体（蚤状幼体）→mastigopus（post-larva）樱虾类仔虾（仔虾）
樱虾科（Family Sergestidae）	Nauplius 无节幼体→elaphacaris（protozoea）（前蚤状幼体）→acanthosoma（zoea）糠虾幼体（蚤状幼体）→post-larva 仔虾
真虾类（Section Caridea）	Protozoea 前蚤状幼体→zoea 蚤状幼体→parva（post-larva）小虾（仔虾）
猥虾类（Section Stenopodidea）	Protozoea 前蚤状幼体→zoea 蚤状幼体→post-larva 后期仔虾
爬行亚目（Suborder Reptantia）	
长尾类（Section Macrura）	
蝉虾总科（Superfamily Scyllaridae）	Phyllosoma（zoea）叶状幼虫（蚤状幼体）→puerulus（post-larva）叶状体（仔虾）
海螯虾总科（Superfamily Nephropsidae）	Mysis（zoea）糠虾幼体（蚤状幼体）→post-larvae 后期仔虾
歪尾类（Section Anomura）	Zoea 蚤状幼体→glaucothöe in pagurids 寄居蟹中的 glaucothöe，grimnothea in others 其他生物中的 grimnothea
短尾类（Section Brachyura）	Zoea 蚤状幼体→megalopa（post-larva）大眼幼体（仔虾）

尽管十足类种类不同，其幼体阶段千差万别，但它们几乎都要在海洋中度过若干天 [例如，对虾科（Penaeidae）；Dall et al.，1990] 或数月 [例如，Scyllaroidea 和龙虾科（Palinuridae）的种类；Chittleborough and Thomas，1969] 的浮游阶段。这些阶段的幼体在特定潮流的平流运输中加速到达育幼场（Forward and Tankersley，2001；Jeffs et al.，2005）。关于后期阶段的幼体是否可以主动地根据环境线索选择合适的底栖生境的问题，人们已经开展了调查研究，但大部分情形仍是不清楚的。事实说明，能够证明幼体对某种环境线索产生明确反应的实验技术是难以建立的，因此沉降线索依然是未来研究的主题（见第5章）。海底沉降发生在变态成为仔虾后，对一些种类来说，沉降区就是它们今后生活的区域。更普遍的是，热带十足类在发育过程中要在多个生境中迁移。Pittman 和 McAlpine（2003）认为沿岸鱼类和十足类有3个阶段的生命周期，即

（1）浮游卵和幼体移动至育幼场；

（2）在家园范围内开展一系列的躲避和觅食移动；

（3）离开家园进行产卵洄游，结束其生命周期。

许多热带十足类的第二个阶段可以分为两部分：后期仔体沉降在特殊的生境并就地渡过其稚体早期阶段；之后，在成长为稚体后期阶段之前迁移到其他的生境（Staples and Vance，1986；Butler and Herrnkind，2000）。

幼体阶段被认为是生物促进其分布而采取的一种策略，其实生活史中的每一个阶段都是为了开拓合适的生境（见第6章）。Pittman和McAlpine（2003）探讨了"多阶段个体发育，其中每段生活史均以形态学、生理学和行为学的改变为特征"。例如，Dall等（1990）提出，依据对虾不同生活史阶段所占据的生态系统，其生活史策略可归纳为4种类型：类型1，全河口型；类型2，河口/近岸型，穿越近岸生境；类型3，近岸/离岸型；类型4，全离岸型。

在个体发育过程中，生境的改变是十足类多阶段生活史的组成部分。有些动物在不同发育阶段既生活于河口又生活于大陆架浅水域，它们生境的改变意味着从一个生态系统过程转化到另一个生态系统过程，这生境使得对虾拥有类型2和类型3生活史的策略（河口/近岸/离岸；Dall et al.，1990）。

例如，许多种虾类的浮游幼体/后期仔体阶段经历了明显的随个体发育的生境转换，从离岸浮游生境到近岸浅水浮游生境，再到近岸浅水底层生境。从上层转移到浅水底层生境与稚体阶段的变态有关。稚体阶段则经历了一个与利用近岸生境微妙变化有关的随个体发育的生境转换，并随着个体生长逐步沉降更深。很多种类经历了与从稚体至成体转型有关的生境转换。这经常包括从近岸植被区到较深的非植被区的移动。成体随着个体生长经历更进一步的生境转换，通常与从近岸至离岸深水区的迁移相对应。

从进化观点看，生活史中进行生态系统转换和不进行转换的种类间的策略差别是很大的。对那些幼体阶段从离岸迁至近岸的种类（例如，类型2和类型3的对虾；Dall et al.，1990），处于近岸水域时被捕食的风险高。随后，由河口/近岸迁移至离岸环境的稚体也暴露给捕食者。那些整个生命周期都完全在离岸或近岸的种类（例如，类型1和类型4的对虾；Dall et al.，1990），其幼体和稚体阶段不做长距离移动，可能大部分时间居于水底，从而较少暴露给捕食者。

然而，类型2和类型3种类的生活史策略演变成在近岸、离岸间迁移。这些种类包括大型商业捕捞对虾。它们的个体相对较大、生长速度快。它们在后期仔虾/稚虾期进入近岸植被区生境，这是较不能躲避捕食者的发育阶段（Kenyon et al.，1995）。个体较大时，它们离岸进入能为大型动物提供更多摄食和生长机会的生态系统。从进化观点看，这种策略为物种提供了好处，例如，相对于单独的河口生活史种类，物种所得到的益处必须大于其在河口及离岸生态系统之间迁移的风险。

很少有随个体发育的生境转换情况比陆地栖蟹类更特殊的，陆栖蟹类的迁移最充分地证明了个体发育生境转换是生物进化的组成部分。寄居蟹和陆栖蟹类进化了符合其利益的陆上生存策略。它们避免了海洋中的捕食者，在陆地摄食和避害。很多热带陆栖蟹类分布在小海岛上，这些小海岛作为地理隔离的实体已存在了跨越地质年代的时间（数百万年）。岛屿保持与大陆分离，周围为海水环绕，海洋成为各种陆地动物区系发展的屏障。相邻陆块物种的定居及其辐射分布（其中包括海洋蟹类），都通过演化过程在未被占领的陆地生境占据生态位，进而形成了构成当前海岛动物区系的种类（Hedges，1989；Schubart et al.，1998）。

7.2 早期稚体生境

当浮游幼体变态而适应底栖生活时，十足类经历了戏剧化的生境转换，其中有些种类生境转换涉及严重的物理环境变化。例如，在经历了 9~12 个月浮游生活后，天鹅龙虾（*Panulirus cygnus*）从透明的叶状幼虫变态为基本具有成体形状的叶状体仔虾（Chittleborough and Thomas，1969）。叶状体仔虾具有色素，并在近岸礁体区定居，蜕壳进入底栖稚虾阶段。相比之下，对虾的糠虾幼体表面上与后期仔虾和稚虾类似。对虾后期仔虾定居在近岸和河口区域，经常分布在大型植物或红树林区（Staples et al.，1985）。很多十足类在幼体阶段也会经历生境转换。第一个生境通常与沉降生境类似，然而第二个生境可能涉及相对微妙的进入更深水域的移动，例如，短沟对虾（*Penaeus*① *semisulcatus*）和褐虎对虾（*P. esculentus*）（Loneragan et al.，1998），或者像龙虾呈现的那样明显地从大型植物环境（Marx and Herrnkind，1985b）迁移至礁石缝隙中（Herrnkind et al.，1975）。

热带十足类稚体新定居的生境往往以植物为优势——红树林、海草或者藻类（详见后文）。

7.2.1 从中上层水体至藻类、海草或盐沼

在美国南佛罗利达州，眼斑龙虾（*Panulirus argus*）沉降在藻类区［通常是红藻中的凹顶藻（*Laurencia*）区］或者海草占优势的礁石区。叶状幼体数天蜕壳到第一底栖中间形态期，其头胸甲长（CL）为 6~7 mm（Herrnkind and Butler，1986）②。小个体和隐蔽色使其成群隐蔽在藻类或海草中，这一点和它们的较大个体不同，后者往往形单影只地分布（Marx and Herrnkind，1985b）。在一些区域，像伯利兹，眼斑龙虾（*P. argus*）稚虾不定居在海藻床，而是定居在海草、珊瑚礁或者红树林根茎交错的水域（Acosta and Butler，1997）。定居在藻类阶段的锦绣龙虾（*Panulirus ornatus*）稚虾也偏好选择大型藻类占优势的礁石区，躲藏在被大型藻类，主要是马尾藻（*Sargassum* sp.）或扇藻（*Padina* sp.）或海草中的丝粉藻（*Cymodocea rotundata*）、针叶藻（*Syringodium isoetifolium*）、喜盐草（*Halophila ovalis*）和棘盐藻（*Halophila spinulosa*）包围的石灰岩礁洞中（Dennis et al.，1997；图 7.3）。同样，也发现新沉降的天鹅龙虾（*Panulirus cygnus*）稚虾分布在大型藻类或海草

---

① Pérez-Farfante 和 Kensley（1997）将对虾亚属（*Penaeus*）由提升为属。然而，由于对这一修订有一些争议，在本书中我们选择使用旧名称（Lavery et al.，2004，W. Dall，CSIRO 海洋和大气研究，私人通信）。

② 世界各地不同的研究人员对龙虾幼体阶段采用了不同的术语。在本文中，我们选择采用北美术语：藻类阶段（一般<15 mm CL）；叶状幼体，藻类后期阶段（15~45 mm CL）；早期幼体，亚成体（45~80 mm CL）；成体（>80 mm CL）。

围绕的小洞穴或石灰岩礁石的缝隙中（Fitzpatrick et al., 1989；Jernakoff, 1990）。

图 7.3 藻类阶段的锦绣龙虾（*Panulirus ornatus*）躲藏在洞穴中。注意洞孔直径与龙虾体长相仿

龙虾的隐蔽色及其沉降后通常单独生活、分布范围广使得非常难以针对藻类阶段的眼斑龙虾（*Panulirus argus*）开展野外研究，因此对它们特定生境的要求、行为及种群动态的了解非常有限（Marx and Herrnkind, 1985b；Butler and Herrnkind, 2000）

很多对虾类的早期稚虾阶段也利用藻类或海草生境。在墨西哥湾，褐对虾（*Penaeus aztecus*）稚虾在海草区［泰莱草（*Thalassia testudinum*）、浅滩藻（*Halodule wrightii*）、海牛草（*Syringodium filiforme*）、天使盐藻（*Halophila engelmanni*）或川蔓藻（*Ruppia maritime*）］及盐沼互花米草（*Spartina alterniflora*）边缘数量很多（Minello, 1999）。白对虾（*P. setiferus*）则在盐沼（边缘及内部）、混合沼泽边缘植被区及裸露基底高密度分布，桃红美对虾（*P. duorarum*）①在盐沼边缘及海草区有所发现（Minello, 1999）。在澳大利亚北部热带的恩布里河海草上发现了短沟对虾（*P. semisulcatus*）和褐虎对虾（*P. esculentus*），恩氏新对虾（*Metapenaeus endeavouri*）在海草上却很常见，在海藻床和沿岸有红树林的泥滩也有分布（Stapleset al., 1985；图 7.4）。红斑对虾（*Penaeus longistylus*）也沉降在海草床，虽然通常仅在珊瑚礁平台的海草床上沉降（Coles et al., 1987）。

虽然草虾后期仔虾确实偏好近岸浅水域，但它们有时不一定选择在海草沉降。格鲁特岛（澳大利亚北部）周边海域的草虾后期仔虾一般集中于潮间带和浅水域（<2.0 m）（Loneragan et al., 1994）。所有的草虾后期仔虾都是在高潮线 200 m 以内水域发现的，很多是在海草上，但是也有一些个体分布在裸露的基底上，尽管高生物量的海草床就在附近仅稍微深些的水域（2.5 m；Loneragan et al., 1994）。裸露基底上的后期仔虾是刚沉降的小个体（≤1.9 mm 头胸甲长）仔虾；鲜见较大个体（2~2.9 mm 头胸甲长）的仔虾，基本

---

① 原文桃红美对虾（*P. duorarum*），现已改为（*Farfantepenaeus duorarum*）。——译者注

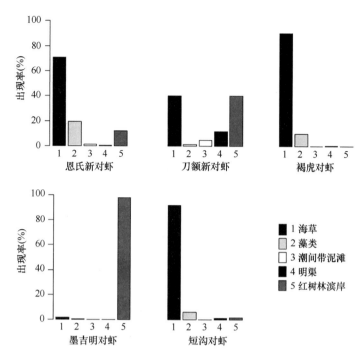

图 7.4　1981—1982 年澳大利亚北部恩布里河 5 种主要商业虾类在 5 类生境的捕获量比例。经澳大利亚联邦科学与工业研究组织海洋与大气研究部同意，仿自 Staples 等（1985）

没有幼虾。这些结果说明，最近沉降的仔虾从裸露基底上洄游走或消亡（Loneragan et al.，1998）。现场研究支持实验室研究结果，表明小型后期仔虾，在头胸甲长大于 1.7 mm 之前确实不与海草发生密切关系（Liu and Loneragan，1997）。虽然非常小型的草虾后期仔虾可能沉降到裸露基底，但是在海草或藻类生境以及在裸露基底多年多站位的拖网结果显示，相对于裸露基底，植被生境中草虾后期仔虾和稚虾丰度更高（Staples et al.，1985；Poiner et al.，1993；Haywood et al.，1995）。

　　最近沉降的扇蟹和梭子蟹普遍栖息在海草或海藻床上。在墨西哥湾海草床上就发现过佛罗里达石蟹（*Menippe mercenaria*）的早期稚蟹，虽然它们偏好栖居在海绵和柳珊瑚上，而不是直接栖息在海草中（Bert et al.，1986）。在潮间带水塘的大型藻类和海草中发现了远海梭子蟹（*Portunus pelagicus*）的稚蟹［头胸甲宽（CW）<70 mm］（Williams，1982），而在印度的藻类和海草中也发现了刚沉降的锯缘青蟹（*Scylla serrata*）（Chandrasekaran and Natarajan，1994），但并不常见。

7.2.2　从中上层水域到红树林区

　　不同于印度，澳大利亚北部刚沉降的锯缘青蟹（*Scylla serrata*）出现在潮间带红树林区（Hill et al.，1982）。这些低龄的稚蟹好像仅限于在红树林区而不会冒险进入潮间带岸边

(Hill et al., 1982)。它的近缘种拟穴青蟹（*Scylla paramamosian*）的第一个底栖阶段（5 mm 头胸甲宽）在越南湄公河三角洲滨海红树林 [海桑属（*Sonneratia*）] 的气根区觅食（Walton et al., 2006）。同这个阶段的锯缘青蟹（*Scylla serrata*）一样，它们也不会远离红树林（Hill et al., 1982; Le Vay et al., 2007）。

在澳大利亚北部的热带恩布里河，最近沉降的墨吉对虾（*Penaeus merguiensis*）① 后期仔虾（1~2 mm 头胸甲长）在沿岸有红树林的溪流上游沉降，其丰度是沿岸有红树林的主河道附近的近 5 倍（Vance et al., 1990; 图 7.5）。它的近缘种印度对虾（*P. indicus*）也喜爱约瑟夫·波拿巴湾（Joseph Bonaparte Gulf）的类似环境（Loneragan et al., 2002; Kenyon et al., 2004）。

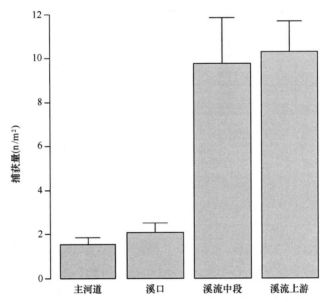

图 7.5　澳大利亚北部恩布里河道及溪流中墨吉对虾（*Penaeus merguiensis*）的 3 年年均捕获量。经 Elsevier 同意，仿自 Vance 等（1990）

退潮时，依靠潮间带庇护所的十足类稚体表现出选择性：留在潮间带并应对可能的干燥或者迁移到潮下带面临更大的被捕食风险。在澳大利亚，低潮时锯缘青蟹（*Scylla serrata*）稚蟹（20~99 mm 头胸甲宽）停留在红树林根区和洞穴中（Hill et al., 1982），褐虎对虾（*P. esculentus*）和短沟对虾（*P. semisulcatus*）的稚虾则钻入澳大利亚昆士兰热带的海草床浅潮水坑底部软泥中（D Heales，澳大利亚联邦科学与工业研究组织海洋与大气研究部，个人通信）。但是，大多数十足类好像随着退潮进入了潮下带（Vance et al., 1996; Rönnbäck et al., 1999; Johnston and Sheaves, 2007）。

---

① 原文墨吉对虾（*Penaeus merguiensis*），现已改为（*Fenneropenaeus merguiensis*）——译者注

7.2.3 从中上层水域（或淡水）到陆地

在十足类中，寄居蟹科（Cenobitidae）及其他陆栖蟹类演化出了一种最极端的随个体发育的生境转换策略：从水栖至陆栖。大部分种类由产在靠近海岸的浅水区的卵孵化，幼体期在海中度过，小型稚体则从海洋环境迁移到陆上。

在印度洋–太平洋岛屿分布着椰子蟹（*Birgus latro*）成体。椰子蟹（*Birgus latro*）是世界上最大型的节肢动物。雌蟹在高潮时将卵产在海中，卵与水接触立即孵化。仔蟹经过1个月的浮游自养体和4个蚤状幼体阶段，就变态成底栖寄居蟹后期仔蟹，这时，它们利用软体动物空壳来保护自己柔软的腹部（Schiller et al.，1992）。水陆两栖的后期仔蟹变态成稚蟹，继续寄居在螺壳中9个月左右。椰子蟹在早期稚蟹阶段就登上陆地，最终在外骨骼足够坚硬时才抛弃寄居的螺壳（Brown and Fielder，1992；Schiller et al.，1992）。许多寄居蟹在个体发育中有同样的生境转换，从海栖幼蟹和后期仔蟹时转变为陆栖稚蟹（Brodie，2002；Barnes，2003）。

地蟹科（Gecarcinidae）圣诞岛红蟹（*Gecarcoidea natalis*）也是洄游到滨海区，也把卵产在海中。仔蟹在海中生活3~4周，然后变态成大眼幼体，聚集在近岸水洼中（2~3天）。接着它们变态为头胸甲宽5 mm的稚蟹再返回陆地。小蟹在大约9天中进入内陆到达草木丛生的岛屿高地，从此开始首期3年的隐蔽生活。稚蟹可能栖息在森林地表的洞穴和裂缝中以避免干燥（Adamczewska and Morris，2001a）。

牙买加有些土著陆栖蟹类如方蟹科（Grapsidae）已经适应于在陆地生态系统的淡水生境中度过其水栖仔蟹阶段，例如，凤梨蟹就是在充满水的凤梨叶腋中孵化幼体的（Schubart et al.，1998）。这些牙买加土著蟹是演化为完全无需依赖海洋生态系统的例子（Schubart et al.，1998）。凤梨蟹是唯一已知孵化中具有保护幼体行为的蟹类。

7.3 后期稚蟹/亚成体生境

很多热带十足类都存在由稚蟹早期至晚期随个体发育转换生境的现象，而且许多种类普遍从早期稚蟹的浅水生境迁移到深水水域（一般为离岸海域）。

7.3.1 从藻丛到岩礁缝隙

在美国佛罗里达州、巴哈马群岛和加勒比海，眼斑龙虾（*Panulirus argus*）的稚虾保持独居，在它们最初的沉降生境（植被或小溶洞）待上长短不等的时间（通常是若干月）。在头胸甲长度达到15~20 mm后，它们下海洄游到较深水域，栖息在缝隙构成的庇护所中，或者暗礁下、出露的岩石区、溶洞、柳珊瑚或者大型海绵（Kanciruk，1980，Herrnkind and Butler，1986，Forcucci et al.，1994），并从离群动物转变成群居动物（Berrill，1975，Lozano-Alvarez et al.，2003）。群聚度在一定程度上取决于个体大小，也取决于龙虾释放化学引诱剂的时间转换以及引诱剂绝对量的相互作用（Ratchford and Eggleston，

1998；Ratchford and Eggleston，2000）。然而在加勒比海，缺乏大型藻类生境并且不清楚眼斑龙虾（*Panulirus argus*）稚虾是否经历随个体发育的生境转换（Acosta and Butler，1997）。加勒比群岛周边通常分布红树林区，向海一侧则分布着海草床和藻床。这些生境，连同缝隙形成的庇护所，被大大小小的眼斑龙虾的稚虾所利用。在珊瑚块礁上也有发现大型稚虾，小型个体在该生境的死亡率很高（Acosta and Butler，1997）。

在澳大利亚托雷斯海峡，锦绣龙虾（*Panulirus ornatus*）进行生境转换时的个体大小与南佛罗里达的眼斑龙虾（*P. argus*）相仿。晚期稚虾（40~70 mm 头胸甲长度）从暗礁表面小型藻类覆盖的洞穴迁移到较深水域礁体间裸露的洞穴、石灰岩表面裂缝及碎石堆积区（Dennis et al.，1997），通常是珊瑚礁区间的底上庇护所中（Trendall and Bell，1989；Pitcher et al.，1992a）。它们白天躲避在洞穴中，夜晚觅食。Pitcher 等（1992b）发现托雷斯海峡这种大小的锦绣龙虾（*Panulirus ornatus*）的丰度与海床性质密切相关。岩石和碎石的数量约占影响龙虾丰度变化因素的 58%。龙虾丰度与岩石和碎石量正相关、与沙地量负相关。龙虾丰度也与水底大型生物区系正相关（Skewes et al.，1997）。

同样，天鹅龙虾（*P. cygnus*）在西澳大利亚沿岸生境沉降约 1 年后，才从独居的小洞和裂缝中迁移入群居的洞穴和暗礁下庇护所中（Jernakoff et al.，1993）。这种大规模迁移通常发生在每年的夏季（12 月至翌年 1 月），其中包括一些刚刚蜕壳的稚虾，它们因为身体苍白而被称作"白龙虾"（Chittleborough，1970）。天黑后，稚虾离开洞穴洄游到远方的礁石区、稀疏的海草床［异叶藻属（*Heterozostera*）和盐藻属（*Halophila*）］觅食（Edgar，1990a）。这与刚沉降的小稚虾偏好在礁石上根枝藻属（*Amphibolis*）和大型藻床中摄食形成巨大的反差（Jernakoff et al.，1993）。

7.3.2 从潮间带到潮下带

很多定居在潮间带生境（比如，红树林和海草床）的种类也常常随着个体发育迁移入较深水域。在越南，拟穴青蟹（*Scylla paramamosain*）随着生长进入更深的红树林区而远离其在中间形态期沉降的红树林外围边缘。它们在头胸甲宽度达到 45 mm 时，就开始挖掘洞穴或进入潮下带，再随潮水进入红树林觅食（Walton et al.，2006）。而坦桑尼亚锯缘青蟹（*S. Serrata*）在头胸甲宽度达到 70 mm 时才开始挖掘洞穴（Barnes et al.，2002）。锯缘青蟹（*Scylla serrata*）较大的稚蟹（80~130 mm 头胸甲宽度）离开被较小稚蟹占据的红树林进入潮下带，但是，它们在高潮时进入潮间带滩涂觅食（Hill et al.，1982）。当拟穴青蟹（*S. Paramamosain*）的头胸甲长到 125 mm 时也离开红树林进入较深的潮下带（Walton et al.，2006）。

许多种热带对虾，例如白对虾（*Penaeus setiferus*）、褐对虾（*P. aztecus*）、桃红美对虾（*P. duorarum*）（Williams，1955）；墨吉明对虾（*P. merguiensis*）（Vance et al.，1990）；短沟对虾（*P. semisulcatus*）、褐虎对虾（*P. esculentus*）（Loneragan et al.，1994）也随着生长向海迁移。墨吉明对虾（*P. merguiensis*）的后期仔虾沉降在浅海潮间红树林潮沟中（Vance et al.，1990）或者河流的上游河段，以及河口上溯长距离的河段（距河口上溯72

km，Staples，1980b）。随着对虾的生长，它们逐步从小溪顺流而下进入主河道（Vance et al.，1990）。通常它们在雨季离开河口移居沿岸水域，尽管多年的降雨量非常低，它们仍可以在河口越冬（Staples，1980a；Staples and Vance，1986）。

在发育过程中，短沟对虾（*Penaeus semisulcatus*）和澳洲对虾（*P. esculentus*）等草虾类在育幼场内（海草床和藻床）的分布也发生改变。小型的后期幼虾广泛分布在一些海草上（有时在裸露的基质上），而相对于低生物量、短小、薄叶的海草床，较大的个体则在高生物量、高大、长叶的海草床［海菖蒲（*Enhalus acoroides*）］高密度分布（Loneragan et al.，1998）。研究者不能确定这是从其他生境转换来或者是不同的死亡率等原因所导致的。有趣的是，实验室研究表明，小型短沟对虾的行为随着生长发生改变：小型后期仔虾（<1.7 mm 头胸甲长度）在海草和裸露的基质间没有表现出偏好，而较大型后期仔虾相对于裸露的基质，栖息于海草叶子上的时间更长（图 7.6）（Liu and Loneragan，1997）。

草虾随着生长也趋于向海迁移。在有关北澳大利亚格鲁特岛周边的研究中，Loneragan 等（1994）采集了多种海草，包括锯齿叶水丝草（*Cymodocea serrulata*）、针叶藻（*Syringodium isoetifoleum*）、泰来藻（*Thalassia hemprichii*）、卵叶盐藻（*Halophila ovalis*）、棘盐藻（*H. spinulosa*）、单脉二药藻（*Halodule uninervis*）以及不同水深［1 m（离岸 100 m）至 7 m（离岸约 1 km）］的草虾稚虾。他们发现两种草虾的平均头胸甲长度均随水深的增加而延长（图 7.7）。

图 7.6 褐虎对虾（*P. esculentus*）。小型的稚虾栖息于一叶海草上［大叶藻（*Zostera marina*）］

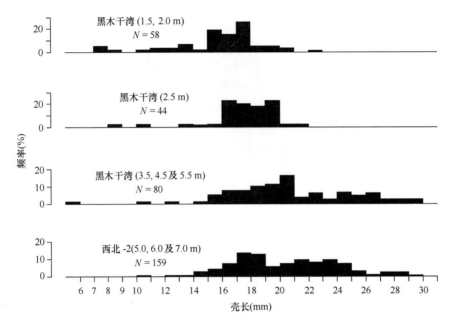

图 7.7 褐虎对虾（*P. esculentus*）。1983 年 8 月至 1984 年 8 月澳大利亚卡本塔利亚湾和格鲁特岛西北大型桁拖网采集的对虾壳长频率分布。括号中为站位平均深度。经施普林格科学+商业媒体同意，仿自 Loneragan 等（1994）

7.4 成体生境

7.4.1 从河口到离岸水域

墨吉对虾（*Penaeus merguiensis*）的晚期稚虾迁移至成体生境是相当突然的。澳大利亚北部有明显的雨季，期间大于 90%的年降雨量发生在 11 月至翌年 3 月，从而导致盐度骤降（Australian Bureau of Meteorology，2008）。降雨刺激着墨吉明对虾从河口迁移入海（Staples，1980a；Staples and Vance，1986），而降雨量影响了迁移对虾的个体大小和数量（图 7.8）。在雨季初期，低降雨量导致少量的大虾离开河口。降雨量高时，不同大小的个体大量出现在退潮期间（Staples，1980a；Haywood and Staples，1993）。根据观察，在从澳大利亚昆士兰北部诺曼河迁移的墨吉明对虾（*P. merguiensis*）中，70% 的数量变化是由降雨引起的（Staples and Vance，1986）。在溪流定居期间，墨吉明对虾稚虾属于底栖动物，但在迁移时，它们上浮到近表层，横向扩散到整个河道（Staples，1980a）。虽然并不清楚墨吉明对虾在近表层游动多长时间或者多远的距离，但据推测，它们一旦到达沿岸水域就重新恢复底栖生活。成体墨吉明对虾一般停留在水深小于 20 米的近岸水域，普遍分布在泥质沉积物中（Somers，1987；Somers，1994）。

与墨吉明对虾不同，草虾在面临环境刺激时，并没有采取剧烈地从育幼场向沿岸水域

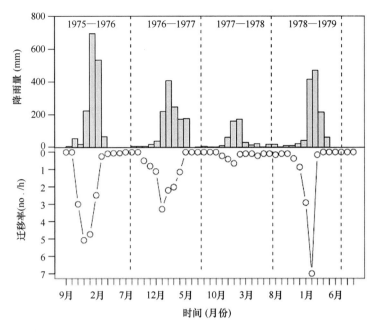

图 7.8 1975 年 9 月至 1979 年 9 月诺曼河月降雨量变化（柱状图）及墨吉明对虾稚虾平均月迁移率。经国际科学研究中心同意，根据 Staples 和 Vance（1986）重绘

迁移的应对策略，而是根据个体大小向亚成体/成体生境转换（Loneragan et al., 1994）。在澳大利亚北部格鲁特岛（Groote Eylandt）和威帕岛（Weipa）周边海草床中采集的短沟对虾（*Penaeus semisulcatus*）和褐虎对虾（*P. esculentus*）样品中，稚虾的头胸甲长度极少大于 10.5 mm（Loneragan et al., 1994; Vance et al., 1994），说明它们是在这样的个体大小时从海草床洄游进入沿岸水域的。在再往南的摩顿湾亚热带水域，洄游期的褐虎对虾（*P. esculentus*）个体还要再大些（头胸甲长度 16 mm，O'Brien, 1994b），而且在离开海草床之后，广泛扩散；例如，褐虎对虾（*P. esculentus*）稚虾在格鲁特岛周边海草床的最高捕获率是 18.2 个/100 m²，而在离开海草床水深超过 2.5 m 的水域中稚虾为 6 个/100 m²（Loneragan et al., 1994），在近海渔场则为小于 0.1 个成体/100 m²（Somers et al., 1987a）。尽管这两种草虾共享育幼生境（除了藻床；Haywood et al., 1995），但一旦离开育幼生境，则更喜欢利用深度和沉积物类型不同的生境。短沟对虾（*Penaeus semisulcatus*）偏好深水（>35 m）泥质区或沙泥质区，而褐虎对虾（*P. esculentus*）则迁移入相对较浅的由沙质或沙泥质沉积物组成的近岸水域（Somers, 1987; Somers, 1994）。还不清楚为什么不同种类偏好不同的沉积物类型。对于像对虾这样埋藏于基质中的动物，有可能与对虾通过鳃保持水循环能力有关（Gray, 1974；图 7.9）。不过，实验室监测偏好泥质区的短沟对虾（*Penaeus semisulcatus*）(Hill, 1985）和墨吉明对虾（*P. merguiensis*）（BJ Hill，澳大利亚联邦科学与工业研究组织海洋与大气研究部，私人通信）的埋藏行为说明，它们有效地

利用了沙质基底，因此其中的原因应该更为复杂。

图 7.9 埋藏在基质中的短沟对虾（*Penaeus semisulcatus*）稚虾

有关红斑对虾（*Penaeus longistylus*）稚虾迁移的情况知之甚少，只知它们在头胸甲长度达到 15~20 mm 时从稚虾生境（礁石海草床）消失，亚成体出现在较深的礁体间水域（Dredge，1990），在那里它们通常分布在珊瑚砂沉积物中（Somers et al.，1987b；Gribble et al.，2007）。

7.4.2 从浅水到深水

虽然总趋势是高龄个体洄游到更深水域，但锯缘青蟹（*Scylla serrata*）和多种龙虾的亚成体和成体在分布上有一定程度的重叠。大多数种类的龙虾在性成熟并进行产卵洄游之前，普遍居留在礁石缝隙生境中。龙虾白天躲避在洞穴中，夜晚离开洞穴进行短距离觅食。它们普遍在礁区周围游动，而且每天早晨可能并不回到原来的洞穴，但在礁区间变换居所的现象并不常见（Herrnkind et al.，1975；Smale，1978；Moore and MacFarlane，1984；Trendall and Bell，1989）。

成体锯缘青蟹（*Scylla serrata*）的分布和生境与亚成体重叠；它们高潮时在潮间带滩涂觅食，退潮时撤退到潮下带水域（Hill et al.，1982）。在莫桑比克伊尼亚卡岛分布大个锯缘青蟹（*S. serrata*）隐蔽在大潮期间显露出水的椭圆形洞穴中（MacNae，1968）。青蟹属（*Scylla*）的洞穴在澳大利亚红树林滩涂也常见（Hyland et al.，1984），虽然在南非科维河河口，大个锯缘青蟹（*Scylla serrata*）一般将自己埋藏在泥下而不是构建洞穴（Hill，1978）。Hill（1978）推测穴居也许能防止被捕食和水分丧失，然而，洞穴限制了蟹觅食的范围，因此它们可能只在食物供给充足的区域选择穴居。

与上述趋势相比,锦绣龙虾(*Panulirus ornatus*)则是例外,它们是较高龄的龙虾洄游到较浅水域。沉降(2+和3+龄)后,龙虾在第三、第四年从较深的礁石区水域迁移到浅水区礁石区洞穴中(Skewes et al.,1997;图7.10)。雌性前一年离开礁区进行产卵洄游后,3+龄龙虾全部为雄性个体。锦绣龙虾(*Panulirus ornatus*)青睐礁石的背风面,所以当冬季刮东南季风时,它们在礁石的西北侧的丰度较高,而在西北季风季节,它们迁移至东南侧(Skewes et al.,1997)。

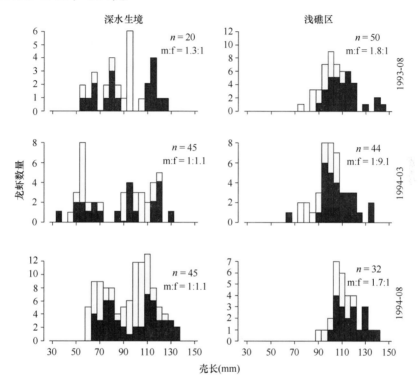

图7.10 澳大利亚托雷斯海峡瓦拉博岛周边深水和浅水生境的锦绣龙虾(*Panulirus ornatus*)的数量分布。黑色柱—雄体;灰色柱—雌体。显示样品数量和性比例(雄:雌/*m*:*f*)。经澳大利亚联邦科学与工业研究组织出版社同意(http://www.publish.csiro.au/nid/127/issue/128.htm),据 Skewes 等(1997)重绘

7.4.3 龙虾洞穴

龙虾自己不建造洞穴,而是占据现有的缝隙和洞穴(Kanciruk,1980)。与比它们低龄的同类大相径庭,穴居龙虾的群居性相当高。在美属维尔京进行的熔融石Ⅱ计划(Tektite Ⅱ program)期间,潜水员发现在一些区域多达80%的眼斑龙虾(*Panulirus argus*)与其他龙虾营穴居生活(Herrnkind et al.,1975)。在一项穴居锦绣龙虾(*Panulirus ornatus*)研究中,Trendall 和 Bell(1989)注意到,由松散的碎石组成的窝穴只被独居的龙虾占据,而岩石洞穴(珊瑚礁或岩石块中的洞或裂缝)通常聚集着许多龙虾。此外,碎石洞穴只是

临时性的，几乎没有持续性居住的证据。虽然所观察龙虾中超过 70% 是两个或更多的龙虾群居的，但一个洞穴中超过 10 只龙虾的情况非常罕见（Trendall and Bell, 1989）。

原先穴居拥有多只龙虾的洞穴，比其他洞穴更受龙虾青睐；穴居者平均数量越高的洞穴，居住的频率越高（Herrnkind et al., 1975）。熔融石Ⅱ研究计划发现，眼斑龙虾（*Panulirus argus*）青睐的洞穴防护捕食者的作用强，同区域内类似的结构，则并不经常被龙虾利用。Herrnkind 等（1975）认为，洞穴与索饵场以及也可能与繁殖场的邻近距离决定着洞穴的吸引力。不仅食物、庇护所扩展，捕食风险的相互作用及潜在合群性的影响也决定着眼斑龙虾（*Panulirus argus*）在后礁区的生境选择（Eggleston et al., 1990; Eggleston and Lipcius, 1992; Eggleston et al., 1992）。在托雷斯海峡，锦绣龙虾（*Panulirus ornatus*）也偏爱特定的洞穴，某些洞穴始终比其他洞穴拥有更多的穴居龙虾，只是每天的住客各不相同（Trendall and Bell, 1989）。Childress 和 Herrnkind（2001）结合实验室和野外实验，研究了龙虾是如何从洞穴共享中受益的。结果表明，共享洞穴的龙虾的成活率并不比独居龙虾的高，认为合作组群防御并不重要。同种聚集度高的龙虾的个体成活率并不比在聚集度低的高，表明稀释效应可能并不重要。相反地，Mintz 等（1994）发现眼斑龙虾（*Panulirus argus*）的成活率随着同种聚集度升高，说明群居行为有利于生存。洞穴中存在的一个龙虾似乎充当了同种引诱剂。在实验室实验中，当庇护所中已经有一只龙虾时，其他的龙虾能够找到它的机会是空庇护所的近两倍之多。此外，平均而言，查找已占用的庇护所所需时间是查找未被占用庇护所所需时间的 1/3（Childress and Herrnkind, 2001）。Childress 和 Herrnkind（2001）称之为"指向效应"，认为缩短了寻找庇护所的时间，即减少了暴露在被捕食环境的时间，从而使个体受益。

7.4.4 陆栖蟹

陆栖蟹［地蟹科（Gecarcinidae）和方蟹科（Grapsidae）］和一些寄生蟹占据陆地森林和高地生境。在陆栖稚蟹期，它们营隐居住生活，非常难以找到。在早期稚蟹期（<10 mm 胸长）阶段，它们对试图确定其所在位置的诱饵陷阱不予理睬，也许是因为和受诱饵吸引的寄居蟹之间存在竞争关系（Fletcher et al., 1992b）。然而，随着它们的生长，它们变得更健壮而且易于定位它们所占领的生境。它们经常居住的岛屿上几乎没有它们需要逃避的大型陆地捕食者。

陆栖椰子蟹（*Birgus latro*）不受干扰的种群，白天则活跃活动，但在某些区域，椰子蟹（*Birgus laipo*）属于夜行者，傍晚时分在它们白天庇护所的周围容易发现其成体（Brown and Fielder, 1992）。椰子蟹是杂食性动物，在森林中以及沿岸区觅食各种食物。它们为了蜕壳挖掘洞穴，并可能居留在洞穴长达 16 周（Fletcher et al., 1992）。作为寄居蟹的椰子蟹的成体属于已经适应陆栖生活动物，经常生活在热带潮湿环境中，在每个生命史阶段发展高度特异的行为和形态学特征来避免被捕食和降低水分丧失，（Brodie, 1999; Brodie, 2002; Barnes, 2003）。有些寄居椰子蟹在澳大利亚北部 12°S 的干湿热带占据裸露岩层的顶端，旱季时那里的环境极度炎热和干燥（R Kenyon 个人观点）。

圣诞岛红蟹（*Gecarcoidea natalis*）出生后 3 年以内隐居在圣诞岛中部高原。在热带雨林的最深处内陆发现了个体最大的雄蟹（Adamczewskaand Morris，2001a）。圣诞岛红蟹营穴居生活，在洞穴中躲避干燥天气，可以在洞穴中"趴窝"若干个月，只有在湿度大于 85% 时才会爬出洞穴（Adamczewska and Morris，2001b）。季风季节的湿度线索使其往向沿岸的产卵场迁移，这时，降雨及高湿度使它们不会丧失过多的水分，并可每日迁移 1 km（Adamczewska and Morris，2001a）。

7.5 为什么要更换生境

据推测，十足类在个体发育过程中通过生境转换来满足它们不断变化的需求（Werner and Mittlebach，1981；Werner and Gilliam，1984），包括捕食作用风险（Eggleston et al.，1990；Lipcius et al.，1998）、觅食需要（Marx and Herrnkind，1985a；Heales，2000）和繁殖状况等水平的改变。以下各节讨论热带十足类个体发育中生境转换的机制。

7.5.1 捕食作用防护

人们认为，海洋植被（Crowder and Cooper，1982）或基质（Lipciusand Hines，1986，Eggleston et al.，1990）提供的生境结构复杂，可以借用视觉或物理屏障，限制捕食者定位被捕食者的能力，给被捕食者提供防护（Rooker et al.，1998）。众多研究证明，躲避在大型植物、红树林根区或气根中的热带十足类的被捕食率低于裸露基质上的被捕食率（Heck and Thoman，1981；Heck and Wilson，1987；Haywood and Pendrey，1996；Primavera，1997）。对于许多热带对虾稚虾来说，红树林和海草床提供了结构复杂的浅水域，而且浅水区的高浊度和细颗粒泥沙有利于对虾掘穴。这些环境属性，再加上对虾本身的行为，应该能通过降低可见度和与潜在捕食者的遇见率，起到一些防护作用（Minello and Zimmerman，1983；Laprise and Blaber，1992；Kenyon et al.，1995）。

在所有下文提供的案例中，关键在于相对于幼体期营浮游生活或成体定居于底栖环境，稚体由于居住在植被和岩礁构成的复杂生境，因而获得更多免受捕食的防护。

藻类阶段的眼斑龙虾（*Panulirus argus*），因为个体小以及在 3~5 个月（6~17 mm 头胸甲长度）中几乎只在红藻（*Laurencia*）丛中逗留，特别容易被捕食（Marxand Herrnkind，1985b；Herrnkind and Butler，1986；Smith and Herrnkind，1992）。如果藻丛是孤立的，它们便停留在第一次沉降的藻丛上；但如果周围还有藻丛，它们便很快从第一次沉降的藻丛迁移走，尤其是饵料匮乏期间（Marx and Herrnkind，1985a）。这些早期生活史阶段的龙虾暴露在开放环境，在藻丛之间迁移时最为脆弱。Childress 和 Herrnkind（1994）推测，在较冷的月份，因为龙虾的代谢率降低，因此藻丛上的饵料可以维持更长的时间，因此也就抵消了藻丛丰度降低、龙虾需要迁移到新藻丛而导致的被捕食风险的增高。和本性属于藻丛定居种的眼斑龙虾（*Panulirus argus*）相反，澳大利亚西部的天鹅龙虾（*Panulirus cygnus*）的迁移率遥遥领先。Jernakoff（1990）发现在藻类阶段，高达 50% 的天鹅龙虾不到 24 小时就会迁移出石灰岩礁石洞穴。然而，迁移运动看来也有代价，这个大小的龙虾（8~15 mm 头胸甲长度）被鱼类捕食的风险高得不成比例（Howard，1988）。不过，也许具有讽刺意味的是，这种龙虾和其他一些种类的龙虾提高运动性的目的可能在于降低被捕食风险和寻找大小适宜的庇护所。有关天鹅龙虾（*P. cygnus*）（Fitzpatrick et al.，1989；Jernakoff，1990）、日本龙虾（*Panulirus japonicus*）（Yoshimura and Yamakawa，1988）、杂色龙虾（*Panulirus versicolor*）（George，1968）、眼斑龙虾（*P. argus*）（Eggleston et al.，1990，Eggleston et al.，1992）以及锦绣龙虾（*P. ornatus*）（Dennis et al.，1997）的研究发现，龙虾稚虾选择的洞穴大小与龙虾大小非常吻合，想必这也使得捕食者难以捕获它们。

生境结构复杂性赋予的保护程度因种而异，并在一定程度上决定于捕食者的捕食能力。澳大利亚北部的墨吉对虾（*Penaeus merguiensis*）的稚虾在高潮期间迁移到红树林深处获得庇护，因为大型掠食性鱼类只能进入红树林边缘区（Vance et al.，1996），但 Sheaves（2001）的研究结果证明也存在例外。通过实验室模拟研究互花米草（*Spartina alterniflora*）对4种河口鱼类的稚虾期褐对虾（*Penaeus aztecus*）捕食率的影响中，Minelloand Zimmerman（1983）发现互花米草降低了两种鱼类［菱体兔牙鲷（*Lagodon rhomboides*）和绒须石首鱼（*Micropogonias undulatus*）］的捕食率，但是对其余两种鱼类［眼斑拟石首鱼（*Sciaenops ocellatus*）和云纹犬牙石首鱼（*Cynoscion nebulosus*）］没有影响。同样，Primavera（1997）发现，在红树林区，银纹笛鲷（*Lutjanus argentimaculatus*）在气根和叶苞片间对稚虾的捕食效率降低了，但掠食性强的尖吻鲈（*Lates calcarifer*）则不受红树林的影响。

一种普遍的假说认为，植被的密度或生物量越高，捕食作用的防护水平越高，但只是过于简单化的假说。虽然一些研究支持了这种假说，例如，长、宽的海草叶比短、窄的海草叶给褐虎对虾（*P. esculentus*）稚虾提供了更多的保护（Kenyon et al.，1995），且刚沉降的稚虾，相比短叶海草，会更主动选择长叶海草（Kenyon et al.，1997）等。其他的证据并不支持这种假说，例如，Heckand Wilson（1987）发现捕食者捕获的蓝蟹（*Callinectes sapidus*）的数量不受海草生物量的影响。其他研究发现，大型藻类密度对捕食的防护作用存在阈值。比如，在实验室实验中，裸露基质上稚虾的被捕食率比中等密度，而不是高密度的红树林气根区高（Primavera，1997）。

潮下带的结构复杂性可能低于潮间带海草床或红树林区，尤其是热带河口水道区。除此之外，潮间带退潮使得捕食者和被捕食者汇聚东潮沟（Krumme et al.，2004，Johnston and Sheaves，2007），可能提高了捕食者和被捕食者的遭遇率。最近一项在澳大利亚热带的研究证明，低潮时已经从红树林区迁移出来的甲壳类往往集中在红树林潮沟中，而不是滞留在稍复杂的生境区（Johnston and Sheaves，2007）。聚集在潮沟也许能提供一些免受捕食的保护，而这种行为属于一旦涨潮则能返回红树林区或获得更多食物的机制（Johnston and Sheaves，2007）。

越来越多的研究表明，植被（或其他生境结构）保护作用的高低是动物和生境结构之间相对比例的函数（Ryer，1988；Eggleston et al.，1990；Palmer，1990；Beck，1995）。躲避在海藻床区中的眼斑龙虾（*Panulirus argus*）小稚虾的生存率明显高于大稚虾，显然是因为大稚虾缺乏大小适宜的庇护所（Lipcius et al.，1998）。后藻类阶段（Smith and Herrnkind，1992）和亚成体稚虾（Eggleston et al.，1992；Mintz et al.，1994）的暂养研究表明，当较大的龙虾能利用缝隙庇护所时，其相对被捕食率显著降低（图 7.11）。这些结果表明，随着龙虾的成长，大型海藻的保护作用已不能满足需要，而且暴露于更高的被捕食风险中，因此，随着个体发育，需要从海藻床迁移到相邻珊瑚礁（Lipcius et al.，1998，ChildressandHerrnkind，2001）。

对高潮期间在红树林躲避和觅食的墨吉对虾（*Penaeus merguiensis*）较大的稚虾而言，不能说被捕食风险升高是其生境转换的刺激因素（Vance et al.，1996）。除了海榄雌属（*Avicennia*）红树林的气根小而窄外，其他大多数红树林的板状根和柱状根都足够大，应该能够为亚成体和成体对虾提供庇护所。事实上，如果雨季降雨不足，墨吉明对虾稚虾就不会从河口红树林生境离岸迁移；相反，它们会在河口越冬，到春季再离岸迁移（Staples and Vance，1986）。而且，从防护性相对高的沿岸红树林迁移一般不会减轻被捕食压力，因为对虾亚成体和成体在离岸区的被捕食压力是非常高的（Euzen，1987；Brewer et al.，1991；Salini et al.，1994）。

与墨吉明对虾形成对照，草虾类的短沟对虾（*Penaeus semisulcatus*）和褐虎对虾（*P. esculentus*）稚虾的个体大，海草可能难以提供保护作用。草虾依附在海草叶，伪装自己，回避捕食者。保护程度与海草叶子和虾体大小有关，例如，较长、大的叶子给予较大虾体更多的保护（Kenyon et al.，1995）。但是，在某些时候，当草虾长到一定程度，即使是最大的叶子也不能再提供保护，它们则从海草区进入近海更深的水域（Loneragan et al.，1994；O'Brien，1994b）。

在澳大利亚北部，锯缘青蟹（*Scylla serrata*）稚蟹（20~99 mm 头胸甲宽度）居留在红树林间，即使在低潮期也不离开。亚成体在高潮期到潮间带摄食，低潮时撤至潮下带；成体往往在潮下带逗留较长时间，只是偶尔冒险进入潮间带生境（Hill et al.，1982）。当涨潮淹没时，鲬科（Platycephalidae）鱼类（Bakerand Sheaves，2006）和鹭鸟（Mukherjee，1971）前来觅食，都可能捕食锯缘青蟹（*Scylla serrata*）稚蟹。较大的锯缘青蟹（*Scylla serrata*）亚成体不易被捕食，并能以较小的风险利用潮间带索饵场。

陆栖蟹也是捕食作用可能在其生活史中在个体发育阶段驱动转换生境指示生物之一。热带陆栖蟹占据孤立海岛上基本处于"空白"状态的生态系统。因为孤立，几乎没有陆地捕食者在这些岛屿上定居，给陆栖蟹提供了一个没有被捕食压力的环境，这与它们幼时栖息的海洋环境形成对比。

同类相食是捕食作用的特例，可能在某些情况下，随个体发育的生境转换是减少自相残杀的一种机制。高密度的稚蟹种群同种相遇频繁，同类相食则严重（Perkins-Visser et al.，1996，Ut et al.，2007）。同类相食在虾类中普遍存在（Rosales Juarez，1976；Otazu-Abrill and Ceccaldi，1981；M Haywood 个人观察），在眼斑龙虾（*Panulirus argus*）（Lipciusand Herrnkind，1982）和石蟹属（*Menippe*；Bert，1986）中也有报道。

从离岸约 50 km、水深约 30 m 的中上层生境洄游到水深 1 m、离岸线 200 m 的沿岸海

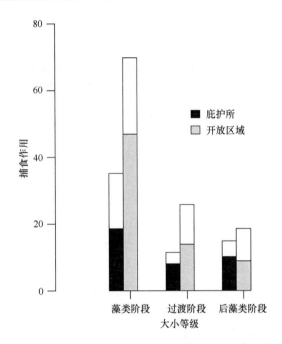

图 7.11 24 小时不同栖息生境、不同大小龙虾稚虾总捕食率。色柱横线下表示发生在夜间超 10 小时的捕食相对量。横线上方空白柱显示的是白天捕食的相对量。$N=134$ 开放生境，$N=113$ 屏蔽生境。藻类阶段：5~15 mm 头胸甲长度，过渡阶段：16~25 mm 头胸甲长度，后藻类阶段：26~35 mm 头胸甲长度。经 Elsevier 同意，仿自 Smithand Herrnkind（1992）

草床中的底层生境存在重大风险。一旦在稚虾阶段到达近岸生境中的庇护所，所有稚虾均获得利益。从进化观点看，迁移近岸好处的关键指标之一是近岸和离岸环境中的死亡率极其不同。根据对虾在育幼场和离岸生境的自然死亡率（包括捕捞死亡率）的测量，小型稚虾死亡率可高达 0.89/周，大型稚虾则明显下降（0.02/周）（O'Brien，1994b；Wang and Haywood，1999）。上述死亡率普遍高于离岸成体对虾的死亡率（0.05~0.07/周）（Lucas et al.，1979）。然而，对不进入结构性生境的个体而言，新近沉降的后期仔虾和稚虾的死亡率可能高得多。鉴于对虾的高繁殖力（每个个体 30 万~50 万粒卵），很明显其仔虾和后期仔虾阶段的死亡率一定很高。在进化过程中，离岸的后期仔虾死亡率可能比进入近岸结构性生境的高得多。高死亡率可能有利于近岸/离岸策略的演变。然而，由于其体积小、分散在沿海，以现有知识估算生命早期阶段的死亡率还有很大困难。

7.5.2 食物

十足类的食物和营养需求可能随生长期而改变，发育中的动物可能需转换生境来满足这些需求，但对于大多数热带十足类来说，基本没有证据支持这一假说。十足类在个体发育中为获得不同的食物资源而转换生境，其中作为食物的被捕食者的 3 个特征很重要，即被捕食的类群、大小和密度。许多研究表明，十足类稚体和成体的捕食类群高度重叠（例如，Briones-Fourzán et al.，2003；Sara et al.，2007），其原因不仅在于在各种重要生境可获得的被捕食者的类型，也在于十足类个体在两种生境中定位和捕食的能力。这种能力是各生境被捕食者密度和十足类密度的函数。

Sara 等（2007）定量分析了锯缘青蟹（*Scylla serrata*）稚体、亚成体和成体的消化道内含物。虽然各阶段个体的饵料生物随季节而变化，反映出各种食物的可用性，但是，所有阶段的个体均摄食甲壳类、软体动物、鱼类（可能被消化排出）和藻类，并且各饵料的比例近似。Hill（1976）检测了南非和澳大利亚锯缘青蟹（*Scylla serrata*）从小稚蟹至成蟹的消化道内含物，遗憾的是没有把检测结果按蟹类的大小阶段区分，但两个区域消化道胃含物均为软体动物和甲壳类为主。不同大小的远海梭子蟹（*Portunus pelagicus*）也有相似的食谱（Williams，1982）。有趣的是，有记载其他蟹类的食谱随个体发育而不同，但仅限于温带种类，例如，首长黄道蟹（*Cancer magister*）（Gotshall，1977）和蓝蟹（*Callinectes sapidus*）（Tagatz，1968）。

藻类阶段的眼斑龙虾（*Panulirus argus*）在凹顶藻（*Laurencia* sp.）间觅食，摄食多种底表动物，包括腹足类、双壳类、端足目、介形动物、等足类和棘皮动物（Herrnkind and Butler，1986；Herrnkind et al.，1988）。Briones-Fourz'an 等（2003）研究了幼体 3 个阶段（藻类阶段、后藻类阶段和亚成体）的食谱；所有的饵料生物往往是移动缓慢或固着的无脊椎动物或植物。优势类群是甲壳类、含少量海绵的腹足类、棘皮动物、多毛类、苔藓虫、被囊类、海草、大型海藻以及钙化藻。食谱在藻类阶段、后藻类阶段和亚成体等 3 个阶段间高度重叠，成体的食谱也类似，只是成体饵料生物中软体动物比例较高（Herrnkind et al.，1975；Cox et al.，1997）。

天鹅龙虾（*Panulirus cygnus*）的幼体在石灰岩礁石上的根枝草（*Amphibolis*）和大型藻类间觅食，但它们并不进入邻近礁石的海草床（Jernakoff et al.，1993）。它们的食物主要由钙化藻、软体动物和甲壳类组成，与在稀疏的异叶藻属（*Heterozostera*）和盐藻属（*Halophila*）藻床摄食的稚虾（>45 mm 头胸甲长度）相似（Joll and Phillips，1984；Jernakoff，1987；Edgar，1990a），草甸的小型底栖生物比珊瑚礁更丰富（Edgar，1990a；Edgar，1990b）。叶状体幼虾和较大稚虾食物组成没有多大差别，只是食物组成相对比例具有差异。例如，小稚虾（25~30 mm 头胸甲长度）摄食较少钙化藻而较多多毛类，较大稚虾（40~60 mm 头胸甲长度）摄食较少软体动物和钙化藻，较多"其他植物"和多毛类（Edgar，1990a；Jernakoff et al.，1993）。鉴于龙虾觅食习惯的伺机本性及其食物组成往往反映了可获得饵料生物的丰度（Edgar，1990a），这些摄食需求的差异不太可能重要到引发随个体发育的生境转换。也许不同大小的同种个体间食物组成的高度重叠导致的种内食物竞争引起了生境转换。但这似乎也不太可能，因为被捕食者个体大小一般与捕食者大小相关（Edgar，1990a；Brewer et al.，1991；de Lestang et al.，2000；Mantelatto and Christofoletti，2001）。

有些证据说明，墨吉对虾（*Penaeus merguiensis*）的食谱随个体发育阶段而改变。在潮水淹没红树林期间，墨吉对虾（*Penaeus merguiensis*）稚虾在红树林中觅食。对退潮时离开红树林的墨吉对虾（*Penaeus merguiensis*）样品的解剖说明，对虾消化道是饱满的；但退潮 2~3 小时后的样品的消化道几乎是空的，表明它们在离开红树林后没有摄食（Wassenberg and Hill, 1993）。墨吉对虾（*Penaeus merguiensis*）幼体摄食各种各样的食物，包括甲壳类、双壳类、腹足类、多毛类、红树林碎屑、鱼类、昆虫、有孔虫以及硅藻（Chong and Sasekumar, 1981; Robertson, 1988; Wassenberg and Hill, 1993）。墨吉对虾（*Penaeus merguiensis*）稚虾的食谱中有孔虫、桡足类、藻类和线虫类较少，但双壳类、腹足类和多毛类较多（Wassenberg and Hill, 1993）。Wassenberg 和 Hill（1993）推测，成体饵料生物中缺乏小型饵料（比如有孔虫、桡足类、线虫）也许是因为成体缺乏捕获这么小的动物的能力。

尽管主要生境从浅海近岸海草床改变为相对深水的离岸泥相基质变化，短沟对虾（*Penaeus semisulcatus*）的食谱并没有明显改变。短沟对虾（*P. semisulcatlls*）较小的稚虾（2~5 mm 头胸甲长度）在海草和藻类间觅食，主要摄食桡足类、硅藻和丝状藻（filamentous algae）（Heales et al., 1996; Heales, 2000）。较大的稚虾（也在海草上觅食）的食谱中则双壳类、腹足类和甲壳类的比例较高，同时也包括少量的蛇尾类和桡足类。成体在远离海草床的近海处摄食，其食物组成和相对比例也类似，但它们不摄食桡足类（Wassenberg and Hill, 1987）。

和短沟对虾（*P. semisulcatus*）不同，一些证据说明，褐虎对虾（*P. esculentus*）的食谱随个体发育而转变。采自海草床的澳洲对虾小稚虾（2~5 mm 头胸甲长度）跟短沟对虾（*P. semisulcatus*）摄食同样的饵料，即腹足类、介形虫、十足类、端足目，以及少量其他饵料，例如苔藓虫和有孔虫（O'Brien, 1994a）。较大的稚虾主要摄食腹足类和桡足类，而亚成体和成体澳洲对虾的食谱中增加了双壳类和蛇尾类（Wassenberg and Hill, 1987）。

考虑到捕食者与被捕食者个体大小之间的正相关性，食物有可能在随个体发育的生境转换中起到比文献认定更重要的作用。最优觅食理论认为，捕食者对被捕食者的个体大小的选择以能获得最大净能量为原则，而个体较大的饵料生物也就意味着保证净能量摄入的最大化（Werner and Mittlebach, 1981）。这也可能是因为随着捕食者生长，它们不太能够控制小型饵料生物（Sousa, 1993），可能需要转换生境去寻找更大的猎物。有关消化道内含物的研究很少给出饵料生物大小方面的数据，而且通常只是能够提供相对粗糙的饵料生物分类，因此在个体发育各阶段间只有粗糙的摄食差异是可区别的。

由于饵料生物的消耗率和可获得率难以衡量，也许在不同生境把生长率作为饵料生物可获得率指标是可行的。例如，稚虾在近岸植被生境的生长速度约为 0.63~2.10 mm 头胸甲长度/周（Haywood and Staples, 1993; O'Brien, 1994b）。成体虾在离岸生境的生长速度是 0.82~1.53 mm 头胸甲长度/周（Somers and Kirkwood, 1991; Loneragan et al., 2002）。成体草虾或者墨吉明对虾从 35 mm 头胸甲长度生长至 40 mm 头胸甲长度，体重增长 15 克左右，保守估计需 5 周时间。而在 5 周时间内，虎虾稚虾在近岸海草床也能生长 5 mm 头胸甲长度，比如从 4~9 mm 头胸甲长度，但体重只增加了不到 1 g。就这个例子而言，可能是食物的局限性导致了随个体发育的生境变化。在河口环境，可以设想一尾大型成虾不迁移到离岸生境就可以获得食物资源来支持其体重增加 15 g 吗？虽然我们不知道在这个问题上有什么数据，但实录观察（anecdotal observations）支持食物局限性的假说。在降雨量不足以引起离开河口的年份，大型墨吉明对虾（*P. merguiensis*）稚虾在育幼场越冬，由此似乎比降雨量充足年份移往离岸水域的同龄对虾生长得慢很多（M Haywood 个人观察）。这可能揭示了墨吉明对虾（*P. merguiensis*）采取河口/离岸生命史阶段的原因。离岸区域对虾的密度比幼体生境低很多，即使那里饵料也是低密度的，但对虾仍有机会获得更多的食物。

不同生境十足类食物大小、丰度及可获得性信息的缺乏是我们明显的知识空白。值得一提的是，整个生命周期都局限在河口的对虾比离岸的商品虾规格小（Grey et al.，1983）。它们的性成熟规格较小，想必是因在河口生境的生长率导致总体重量增加率降低。也许完全在河口的生命周期限制了对虾的大小。如果是这样，那么饵料供应就在较大种类随个体发育的生境转换中成为了强有力的驱动因子。

陆栖蟹就是在生物进化时间中食物在随个体发育的生境转换中起促进作用的强有力指标。热带陆栖蟹占据着在历史地质过程中形成的小岛上的孤立生境，那里最初的生态系统是"空的"（Schubart et al.，1998）。岛屿是由地壳抬升、火山爆发、或者在构成珊瑚礁生态系统的水文或沉积过程形成的。岛屿本来没有陆地生物群，孤悬在大洋之中，因此，岛屿上一旦有动物定居，则为它们提供了独特的机会来开发新的饵料资源。分子证据表明，在某些情况下，十足类可以通过来自共同海洋祖先的辐射来拓殖新的陆地生境（Schubart et al.，1998）。陆地上的饵料资源无论是种类还是数量均不同于海洋饵料资源。此外，岛屿生态系统中的陆栖动物，和同一区域内更古老陆块上的动物相比，普遍发育不良；几乎没有爬行动物和哺乳动物栖息于与利用各种生境的十足类竞争食物的生态系统中。

7.5.3 繁殖作用

一些热带龙虾在生殖过程开始之前，或过程之中，转换生境。在澳大利亚托雷斯海峡的春季（9—11 月），许多雄性和几乎所有雌性的锦绣龙虾（*Panulirus ornatus*）在孵化（2+）后第 3 年全体一致离开礁石区，穿过一个开放的沙泥海床，历时 3 个月向东迁移（Moore and MacFarlane，1984）。一些个体迁移 500 km 到达巴布亚湾东部，从 11 月至翌年 3 月它们在那里觅食（Moore and MacFarlane，1984；MacFarlane and Moore，1986；图 7.12）。满月时，雌的锦绣龙虾（*Panulirus ornatus*）暂时进入深水区产卵，孵化后返回礁石区（Dennis et al.，1992）。产卵季节后，没有迁移返回托雷斯海峡；龙虾反而遭受了严重损失并伴随较高死亡率（Moore and MacFarlane，1984）。因此，生境间的移动也许最好描述为产卵迁移，而不是随个体发育的生境转换（Pittman and McAlpine，2003）。

眼斑龙虾（*Panulirus argus*）的生殖开始于春季，持续到整个夏季（Davis，1977）。群体迁移存在性别差异；雌虾迁移入雄性成体占据的礁石区域（Cooper et al.，1975；Herrnkind，1980；Davis and Dodrill，1989；Puga et al.，1996）。交配后，雌虾离岸移至礁石边缘或是大陆架，它们在那里孵卵、释放幼体（Buesa Mas，1965 in Herrnkind，1980）。同锦

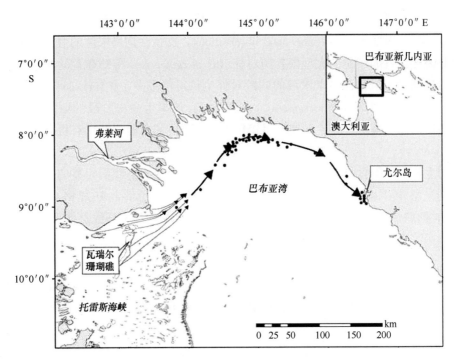

图 7.12　锦绣龙虾（*Panulirus ornatus*）的远程迁移，依据托雷斯海峡 125 尾标志放流的重捕记录，"●"为托雷斯海峡中放流龙虾的重捕地点。经澳大利亚联邦科学与工业研究组织出版社（http：//www.publish.csiro.au/nid/127/issue/2844.htm）同意，仿自 MacFarlane 和 Moore（1986）

绣龙虾（*P. ornatus*）一样，释放幼体后，雌虾游回近岸（Olsen et al.，1975）。但是，与眼斑龙虾（*Panulirus argus*）生殖有关的迁移似乎存在区域差异。在有关伯利兹格洛弗礁眼斑龙虾（*Panulirus argus*）分布的研究中，Acosta 和 Robertson（2003）在礁石前部发现抱卵雌龙虾，但是他们也在潟湖浅处礁石上见到它们。早前的标志研究也表明，全年中眼斑龙虾（*Panulirus argus*）成体在浅潟湖和深礁石生境间随机移动（Acosta，1999；Acosta，2002）。Evans 和 Lockwood（1994）推测雌性斑龙虾（*Panulirus guttatus*）也从浅向深礁石区移动进行生殖，但是，在美国佛罗里达卢港岛海上禁捕区超过 2 年的标志研究中，Sharp 等（1997）没有发现证据支持这一推测。

据推测，龙虾繁殖洄游的主要原因是能让雌虾将仔虾释放到洋流经过的水域，增大幼体的扩散范围（Moore and MacFarlane，1984）。这个假说可以解释与龙虾繁殖有关的洄游程度的区域差异。通过穿越托雷斯海峡浅海床、到达巴布亚湾东部边缘，锦绣龙虾（*Panulirus ornatus*）到达了珊瑚海的顺流区域。重要的是，这些海流提供了一种能使幼体返回到成体生境的运移机制。相比之下，伯利兹格洛弗礁的眼斑龙虾（*P. argus*）种群可以利用加勒比海离礁顶不到 2 km 的深水区（400~2 000 m）（Acosta and Robertson，2003）。

陆栖蟹幼体阶段对海洋的依赖提供了一个从山地森林生境至海岸带并在海洋中释放仔

蟹的产卵洄游的经典案例。它们将受精卵留在腹部，与水接触时将仔蟹排到水中。雄性圣诞岛红蟹（*Gecarcoidea natalis*）在靠近陆海界面处挖掘洞穴，这样它们可以避免干燥，并引诱雌蟹来交配。之后，雄蟹回到内陆，而雌蟹留在洞穴中直至卵成熟，并在环境条件有利时成功将卵释放入海洋中（Adamczewska and Morris，2001a）。

若干种梭子蟹大部分时间生活在河口水域，但所有的个体都需要到海边产卵（Norse，1977；Le Vay，2001），因为仔蟹在低盐度下无法生存（Hill，1974），也无法促进其扩散（Hill，1994）。Hill（1975）研究了锯缘青蟹（*Scylla serrata*）在两个南非河口区的生殖，其中一个一般通过沙坝与海区阻隔。雌蟹交配后约1个月时从开放的河口区迁出。大量的雌蟹聚集在其他河口沙坝后的浅滩，涨潮时，海浪偶尔冲垮沙坝，一些蟹经过沙洲进入海洋（Hill，1975）。在澳大利亚北部，抱卵雌蟹9—10月开始迁移，并可以移动相当长的距离（离岸可达95 km），到达10~60 m的深海（Hill，1994）。在海洋产卵后，雌蟹返河口和近岸水域（Heasman et al.，1985；Hill，1994）。

对虾至产卵场的迁移并不像其他十足类那样引人注目。许多种类随着年龄的增长一般会进入更深水域，一些研究人员把这说成是产卵洄游，但是它更可能代表了从稚虾到成体的随个体发育的生境转换（Dall et al.，1990）。在大部分情况下，产卵场被确定为成体分布的一个子场所。墨吉对虾（*Penaeus merguiensis*）成体分布在相对近岸（5~20 m深）区域，而产卵雌虾普遍聚集在较深区域（15~20 m深；Crocos and Kerr，1983），尽管在澳大利亚东岸，一些雌体移入近岸产卵（Dredge，1985）。同样，褐虎对虾（*P. esculentus*）和短沟对虾（*P. semisulcatus*）在澳大利亚卡本塔利亚湾西北部的产卵场分别是近岸和离岸迁移的，但仍在每个种类成体的一般分布范围之内（Crocos，1987b）。卡本塔利亚湾短沟对虾（*P. semisulcatus*）的生殖高峰期在冬末至早春（8—9月；Crocos，1987a），但是在这之前，雄虾和雌虾已进行了广泛的离岸迁移进入深水区（>40 m），然后返回产卵（澳大利亚联邦科学与工业研究组织未发表的个人观察，Crocos and van der Velde，1995）。这种迁移的原因尚不明确。

总之，大部分被认为促进繁殖的迁移被描述为产卵洄游，而不是随个体发育的生境转换。龙虾跨越数百千米到海洋深处产卵的迁移就是经典案例。对虾的离岸迁移发生在稚虾后期至成体早期阶段，是一个伴随个体发育的生境转换。它们可能成体时移入离岸环境，一些种类可能迁移至近岸产卵（van der Velde et al.，澳大利亚联邦科学与工业研究组织海洋和大气研究部，未发表的数据）。

7.6 未来的研究

本文中讨论的随个体发育的生境转换的许多案例已经通过幼体和成体时间与空间分布（有时是单独的）的研究得以证实。越来越多的研究人员认识到需要跨越生活史阶段间的相关研究，并使用标记来直接测量不同生境之间的转换和联系（Fairweather and Quinn，1993；Gillanders et al.，2003，Pittman and McAlpine，2003）。在十足类进行传统的人工标志非常困难，因为十足类会蜕壳，而且一直无法获得足够小、可以有效地用于十足类幼体的标志。然而，在某些情况下，标志法已经成功地直接证明了幼体和成体生境间的联系（见第 10 章和第 13 章）。例如，Frusher（1985）标志了巴布亚湾浅水域墨吉明对虾幼体，随后商业渔业在离岸水域捕获了成体。还有一个更新颖的方法，Owens（1983）利用墨吉明对虾成体上存在的寄生虫鳃虱（*Epipenaeon ingens*）作为生物标记。鳃虱（*Epipenaeon ingens*）只能感染在河口育幼场的墨吉明对虾幼体，而且鳃虱（*Epipenaeon ingens*）只出现在某些河口。寄生虫终身停留在寄主上，所以 Owens 能够确定受感染的成体一定源自包含鳃虱（*Epipenaeon ingens*）的特定河口。

最近，新的标记技术已经小型到足以用在非常小的十足类幼体上，而且因为它们被用在体内，所以在连续的蜕壳过程中标记能够保留。Davis 等（2004）比较了编码线和弹性纤维荧光标记在非常小（<25 mm CL）的蓝蟹（*Callinectes sapidus*）上的生长、存活及标志保留情况。这两种技术有不同的优点：弹性纤维荧光标记的初始死亡率明显低于编码线，但编码线标记的标志保留率更高。事实上，这些技术能够被应用到非常小的动物上并在经常蜕壳的十足类上有极好的保留率，使得它们非常适合于证明随个体发育的生境转换的研究。

更普遍应用的相对较新技术是使用稳定同位素或遗传标记来证明生境间随个体发育的联系（方法的详细综述见第 13 章）。Fry（1981）成功地应用 $^{13}C:^{12}C$ 方法确定了褐对虾（*Penaeus aztecus*）从近岸海草床移入离岸水域的情况。不过，其他研究结果并不清晰（例如，Loneragan et al.，1997），这方面还需要进一步的研究。特别是，缺乏同一生境内同位素特征空间变化的资料作为本底依据（见第 3 章）。

作为优化澳大利亚西部埃克斯茅斯湾褐虎对虾（*P. esculentus*）自然种群可行性调查的一部分，Preston 等（1996）研发了稳定同位素标记，提供短期化学标记监控对虾幼体进入海草育幼场后最初几个星期的命运。遗憾的是，同位素标记只是暂时性的：有机体停留在一个新的同位素特征的生境时间越长，其原始同位素特征被稀释得越多，有机体将带上新生境的烙印。DNA 标记也被用来监控与野生个体分享生境的放流虾的命运（Rothlisberg et al.，1999；Loneragan et al.，2003）。与稳定同位素方法相比，DNA 标记的优点是永久性，而且非常适合跟踪十足类由幼体至成体生境的迁移。DNA 标记也将难以研究的十足类早期生命阶段死亡率的确定成为可能；仔虾、后期仔虾及早期稚虾死亡率情况是我们重大的知识空白。例如，从亲体带来特殊识别遗传标记的后期仔虾或早期稚虾可以被一起排放，种群采样以后，可测定其在野生种群中的丰富度和死亡率（Loneragan et al.，2003）。后期仔虾死亡率的估算能增强我们对随个体发育的生境转换驱动因素的理解。

直接跟踪生境间的生物体，而不仅仅是推断之间的联系将给渔业和保护管理者提供帮助。考虑渔业管理和海洋保护区规划时，个体发育的连通性是非常重要的；成体种群的规模可能取决于别处的亚成体或幼体种群，因此当地的管理措施可能并不起作用（Roberts，1997；Cowen et al.，2005）。在某些情况下，可能并不只需要保护各个生活史阶段，保护生物在生境之间迁移的通道也很重要。除幼体期，大部分十足类通过跨越海床的移动来完成随个体发育的转换，而不仅是跨越特定的海床类型。例如，Acosta（1999）发现碎石场成为眼斑龙虾（*Panulirus argus*）所有生活史阶段（成体除外）扩散的障碍。

7.7 总结

所有十足类都有涉及多个不同阶段的复杂生命周期，而且大部分在个体发育过程中至少经历一次生境转换。几个浮游幼体阶段以后期仔体进行第一个生境转换而告终，期间从浮游环境沉降至底栖生活。对于许多热带十足类，后期仔体和稚体的初始生境由水生植物构成，例如，眼斑龙虾（*Panulirus argus*）沉降在凹顶藻（*Laurencia* spp., Marxand Herrnkind, 1985b）上，短沟对虾（*Penaeus semisulcatus*）沉降在海草上（Staples et al., 1985）。在初始沉降生境停留不同时间后，大部分稚体后期阶段的十足类开始经历生境转换。对于大多数种类，这意味着移入更深水域或者从潮间带进入潮下带。这种移入深水域的趋势在稚体至成体的发育过程中一直持续。例如，墨吉对虾（*Penaeus merguiensis*）从红树林间的河口稚虾生境，移至它们完成整个生命周期的近岸水域（Staples, 1980a）。这种趋势的例外情况出现在陆栖蟹，它们生命周期的大部分时间在陆地上，只入海产卵；小稚蟹又返回到陆地（Schiller et al., 1992; Brodie, 2002; Barnes, 2003）。

据推测，对大多数动物而言，生境转换的基本机制都与动物利益最大化有关。这可能包括最低死亡风险（μ）、最大绝对生长率（g），或者各种利益的权衡，动物选择能使二者比率最小化（μ/g 最小）的生境（Wernerand Gilliam, 1984）。证明这些热带十足类随个体发育生境转换的机制需要细致的实验。我们无法找到有关热带十足类的多样化实验案例，但是，有几个案例提供了证据来支持这些推测。十足类最大限度减少死亡风险的随个体发育的生境转换实例包括：

（1）眼斑龙虾（*Panulirus argus*）幼虾后期阶段从藻类转换到缝隙生境（Eggleston et al., 1992; Smith and Herrnkind, 1992; Mintz et al., 1994）；

（2）短沟对虾（*Penaeus semisulcatus*）和褐虎对虾（*P. esculentus*）幼虾后期阶段从近岸海草床向外海水域迁移（Loneragan et al., 1994; O'Brien, 1994b; Kenyon et al., 1995）。

将生境转换作为促进生长最大化手段的十足类包括：

（1）墨吉对虾（*Penaeus merguiensis*）稚虾后期阶段从沿岸红树林河流和小溪向外海水域迁移（M Haywood 个人观察）；

（2）陆栖蟹幼体早期阶段从海洋移至陆地（Adamczewska and Morris, 2001a; Brodie, 2002）。

缺乏适当的实验是难以推测十足类是可能为了减少死亡风险与生长率的比率而迁移的。一个可能有助于确定十足类生境转换机制的方法是 Dahlgren 和 Eggleston（2000）的模型。他们进行了现场实验，旨在量化不同大小规格的拿骚石斑鱼（*Epinephelus striatus*）在特定生境的生长率和死亡率。实验用鱼的大小范围超过随个体发育生境转换时的个体大小。然后，他们将特定生境的死亡和生长率加以成本效益分析，以测试3种机制（最大生长率、最小死亡风险，或者最小死亡风险与生长率的比值）。如上述，只有通过精心设计的实验，我们才能够确定热带十足类随个体发育的生境转换机制。

致谢

感谢 Darren Dennis 和两位匿名审稿人给本书提出有益的建议及建设性意见，并感谢 Lea Crosswell 制作生命周期图。

参考文献

Acosta CA (1999) Benthic dispersal of Caribbean spiny lobsters among insular habitats: implica-tions for the conservation of exploited marine species. Conserv Biol 13: 603-612

Acosta CA (2002) Spatially explicit dispersal dynamics and equilibrium population sizes in marine harvest refuges. ICES J Mar Sci 59: 458-468

Acosta CA, Butler MJ, IV (1997) Role of mangrove habitat as a nursery for juvenile spiny lobster, *Panulirus argus*, in Belize. Mar Freshw Res 48: 721-728

Acosta CA, Robertson DN (2003) Comparative spatial ecology of fished spiny lobsters *Panulirus argus* and an unfished congener *P. guttatus* in an isolated marine reserve at Glover s Reef atoll, Belize. Coral Reefs 22: 1-9

Adamczewska AM, Morris S (2001a) Ecology and Behavior of *Gecarcoidea natalis*, the Christmas Island red crab, during the annual breeding migration. Biol Bull 200: 305-320

Adamczewska AM, Morris S (2001b) Metabolic status and respiratory physiology of *Gecar-coidea natalis*, the Christmas Island red crab, during the annual breeding migration. Biol Bull 200: 321-335

Australian Bureau of Meteorology (2008) Climate statistics for Australian sites – Queensland. http://www.bom.gov.au/climate/averages/tables/ca qld names.shtml. Accessed 30 July 2008.

Baker R, Sheaves M (2006) Visual surveys reveal high densities of large piscivores in shallow estuarine nurseries. Mar Ecol Prog Ser 323: 75-82

Barnes DKA (2003) Ecology of subtropical hermit crabs in SW Madagascar: short-range migra-tions. Mar Biol 142: 549-557

Barnes DKA, Dulvy NK, Priestley SH et al., (2002) Fishery characteristics and abundance estimates of the mangrove crab *Scylla serrata* in southern Tanzania and northern Mocambique. Afr J Mar Sci 24: 19-25

Barnes RD (1974) Invertebrate Zoology. W. B. Saunders Co.

Beck MW (1995) Size-specific shelter limitation in stone crabs: a test of the demographic bottle-neck hypothesis. Ecology 76: 968-980

Berrill M (1975) Gregarious behavior of juveniles of the spiny lobster, *Panulirus argus* (Crustacea: Decapoda). Bull Mar Sci 25: 515-522

Bert TM (1986) Speciation in western Atlantic stone crabs (genus: *Menippe*): the role of geological processes and climatic events in the formation of species. Mar Biol 93: 157-170

Bert TM, Tilmant J, Dodrill J et al (1986) Aspects of the population dynamics and biology of the stone crab (*Menippe mercenaria*) in Everglades and Biscayne National Parks as determined by trapping. National Park Service, South Florida Research Center, Everglades National Park Homestead, Florida, 77 pp.

Brewer DT, Blaber SJM, Salini JP (1991) Predation on penaeid prawns by fishes in Albatross Bay, Gulf of Carpentaria. Mar Biol 109: 231-240

Briones-Fourzan´ P, Castaneda˜-Fernandez´ de Lara V, Lozano-Alvarez E et al (2003) Feeding ecol-ogy of the three juvenile phases of the spiny lobster *Panulirus argus* in a tropical reef lagoon. Mar Biol 142: 855-865

Brodie RJ (1999) Ontogeny of shell-related behaviors and transition to land in the terrestrial hermit crab, *Coenobita compressus* (Crustacea: Coenobitidae). J Exp Mar Biol Ecol 241: 67-80

Brodie RJ (2002) Timing of the water-to-land transition and metamorphosis in the land hermit crab *Coenobita compressus* H. Milne Edwards: evidence that settlement and metamorphosis are de-coupled. J Exp Mar Biol Ecol 272: 1-11

Brown IR, Fielder DR (1992) Project overview and literature survey. In: Brown IR, Fielder DR (eds) The Coconut Crab: aspects of the biology and ecology of *Birgus latro* in the Republic of Vanuatu. ACIAR Monograph, pp. 1-11

Butler MJ, IV, Herrnkind WF (2000) Puerulus and juvenile ecology. In: Phillips BF, Kittaka J (eds) Spiny lobsters: fisheries and culture, pp. 276-301. Fishing News Books, Oxford

Chandrasekaran VS, Natarajan R (1994) Seasonal abundance and distribution of seeds of mud crab *Scylla serrata* in Pichavaram Mangrove, Southeast India. J Aquacult Trop 9: 343-350

Childress MJ, Herrnkind WF (1994) The behavior of juvenile Caribbean spiny lobster in Florida Bay: seasonality, ontogeny and sociality. Bull Mar Sci 54: 819-827

Childress MJ, Herrnkind WF (2001) The guide effect influence on the gregariousness of juvenile Caribbean spiny lobsters. Anim Behav 62: 465-472

Chittleborough RG (1970) Studies on recruitment in the Western Australian rock lobster *Panulirus longipes cygnus* Geroge: density and natural mortality of juveniles. Aust J Mar Freshw Res 21: 131-148

Chittleborough RG, Thomas LR (1969) Larval ecology of the Western Australian marine crayfish, with notes upon other panulirid larvae from the eastern Indian Ocean. Aust J Mar Freshw Res 20: 199-224

Chong VC, Sasekumar A (1981) Food and feeding habits of the white prawn *Penaeus merguiensis*. Mar Ecol Prog Ser 5: 185-191

Coles RG, Lee Long WJ, Squire BA et al (1987) Distribution of seagrasses and associated juve-nile commercial penaeid prawns in north-eastern Queensland waters. Aust J Mar Freshw Res 38: 103-119

Cooper RA, Ellis R, Serfling S (1975) Population dynamics, ecology and behavior of spiny lob-sters, *Panulirus argus*, of St. John, U.S.V.I. (III) Population estimation and turnover. Bull Nat Hist Mus Los Angeles Cty 20: 23-30

Cowen RK, Paris CB, Srinivasan A (2005) Scaling of connectivity in marine populations. Science 310: 522-527

Cox C, Hunt JH, Lyons WG et al (1997) Nocturnal foraging of the Caribbean spiny lobster (*Pan-ulirus argus*) on offshore reefs of Florida, USA. Mar Freshw Res 48: 671-680

Crocos PJ (1987a) Reproductive dynamics of the grooved tiger prawn, *Penaeus semisulcatus*, in the north-western Gulf of Carpentaria, Australia. Mar Freshw Res 38: 79-90

Crocos PJ (1987b) Reproductive dynamics of the tiger prawn, *Penaeus esculentus*, and a com-parison with *P. semisulcatus*, in the north-western Gulf of Carpentaria, Australia. Aust J Mar Freshw Res 38: 91-102

Crocos PJ, Kerr JD (1983) Maturation and spawning of the banana prawn *Penaeus merguiensis* de man (Crustacea: Penaeidae) in the Gulf of Carpentaria, Australia. J Exp Mar Biol Ecol 69: 37-59

Crocos PJ, van der Velde TD (1995) Seasonal, spatial and interannual variability in the repro-ductive dynamics of the grooved tiger prawn *Penaeus semisulcatus* in Albatross Bay, Gulf of Carpentaria, Australia: the concept of effective spawning. Mar Biol 122: 557-570

Crowder LB, Cooper WE (1982) Habitat structural complexity and the interaction between bluegills and their prey. Ecology 63: 1802-1813

Dahlgren CP, Eggleston DB (2000) Ecological processes underlying ontogenetic habitat shifts in a coral reef fish. Ecology 81: 2227-2240

Dall W, Hill BJ, Rothlisberg PC et al (1990) The biology of the Penaeidae. Adv Mar Biol 27: 1-461

Davis GE (1977) Effects of recreational harvest on a spiny lobster, *Panulirus argus*, population. Bull Mar Sci 27: 223-276

Davis GE, Dodrill JW (1989) Recreational fishery and population dynamics of spiny lobsters, *Panulirus argus*, in Florida Bay, Everglades National Park, 1977-1980. Bull Mar Sci 44: 78-88

Davis JLD, Young-Williams AC, Hines AH et al (2004) Comparing two types of internal tags in juvenile blue crabs. Fish Res 67: 265-274

de Lestang S, Platell ME, Potter IC (2000) Dietary composition of the blue swimmer crab *Portunus pelagicus* L. Does it vary with body size and shell state and between estuaries? J Exp Mar Biol Ecol 246: 241-257

Deegan LA (1993) Nutrient and energy transport between estuaries and coastal marine ecosystems by fish migration. Can J Fish Aquat Sci 50: 74-79

Dennis DM, Pitcher CR, Prescott JH et al (1992) Severe mortality in a breeding population of ornate rock lobster *Panulirus ornatus* (Fabricius) at Yule Island, Papua New Guinea. J Exp Mar Biol Ecol 162: 143-158

Dennis DM, Skewes TD, Pitcher CR (1997) Habitat use and growth of juvenile ornate rock lob-sters, *Panulirus ornatus* (Fabricius, 1798), in Torres Strait, Australia. Mar Freshw Res 48: 663-670

Dredge MCL (1985) Importance of estuarine overwintering in the life cycle of the banana prawn, *Penaeus merguiensis*. In: Rothlisberg PC, Hill BJ, Staples DJ (eds) Second Australian national prawn seminar pp. 115-123. NPS2, Kooralbyn, Queensland

Dredge MCL (1990) Movement, growth and natural mortality rate of the red spot king prawn, *Penaeus longistylus* Kubo, from the Great Barrier Reef Lagoon. Aust J Mar Freshw Res 41: 399-410

Edgar GJ (1990a) Predator-prey interactions in seagrass beds. I. The influence of macrofaunal abundance and size-structure on the diet and growth of the western rock lobster *Panulirus cygnus* George. J Exp Mar Biol Ecol 139: 1-22

Edgar GJ (1990b) Predator-prey interactions in seagrass beds. II. Distribution and diet of the blue manna crab *Portunus pelagicus* Linneaus at Cliff Head, Western Australia. J Exp Mar Biol Ecol 139: 23-32

Eggleston DB, Lipcius RN (1992) Shelter selection by spiny lobster under variable predation risk, social conditions, and shelter size. Ecology 73: 992-1011

Eggleston DB, Lipcius RN, Miller DL (1992) Artificial shelters and survival of juvenile Caribbean spiny lobster *Panulirus argus*: spatial, habitat, and lobster size effects. Fish Bull 90: 691-702

Eggleston DB, Lipcius RN, Miller DL et al (1990) Shelter scaling regulates survival of juvenile Caribbean spiny lobster Panulirus argus. Mar Ecol Prog Ser 62: 79-88

Euzen O (1987) Food habits and diet composition of some fish of Kuwait. Kuwait Bull Mar Sci 9: 65-85

Evans CR, Lockwood APM (1994) Population field studies of the guinea chick lobster (*Pan-ulirus guttatus* Latreille) at Bermuda: abundance, catchability and behavior. J Shellfish Res 13: 393-415

Fairweather PG, Quinn GP (1993) Seascape ecology: the importance of linkages. In: Battershill CN, Schiel DR, Jones GP, Creese RG, McDiarmid AB (eds) Proceedings of the 2nd interna-tional temperate reef symposium. NIWA Marine, Auckland, New Zealand

Fitzpatrick JJ, Jernakoff P, Phillips BF (1989) An investigation of the habitat requirements of the post-puerulus stocks of the western rock lobster. Final report to the Fishing Industry Research and Development Council, 80, Canberra

Fletcher WJ, Brown IR, Fielder DR et al (1992) Moulting and growth characteristics. In: Brown IR, Fletcher WJ (eds) The Coconut Crab: aspects of the biology and ecology of *Birgus latro* in the Republic of Vanuatu. ACIAR Monograph 8: 136 pp.

Forcucci D, Butler MJ, IV, Hunt J H (1994) Population dynamics of juvenile Caribbean spiny lob-ster, *Panulirus argus*, in Florida bay, Florida. Bull Mar Sci 54: 805-818

Forward RBJ, Tankersley RA (2001) Selective tidal-stream transport of marine animals. Oceanogr Mar Biol: Annu Rev 39: 305-353

Frusher SD (1985) Tagging of *Penaeus merguiensis* in the Gulf of Papua, Papua New Guinea. In: Rothlisberg PC, Hill BJ, Staples DJ (eds) Second Australian national prawn seminar, pp. 65-70. NPS2, Kooralbyn, Queensland

Fry B (1981) Natural stable carbon isotope tag traces texas shrimp migrations. Fish Bull 79: 337-345

George RW (1968) Tropical spiny lobsters, *Panulirus* spp., of Western Australia (and the Indo-west Pacific). J R Soc West Aust 51: 33-38

Gillanders BM, Able KW, Brown JA et al (2003) Evidence of connectivity between juvenile and adult habitats for mobile marine fauna: an important component of nurseries. Mar Ecol Prog Ser 247: 281-295

Gotshall DW (1977) Stomach contents of northern California dungeness crabs, *Cancer magister*. Calif. Fish. Game 63: 43-51

Gray JS (1974) Animal-sediment relationships. Oceanogr Mar Biol: Annu Rev 12: 223-261

Grey DL, Dall W, Baker A (1983) A guide to the Australian penaeid prawns. Department of Pri-mary Production of the Northern Territory, Darwin.

Gribble NA, Wassenberg TJ, Burridge C (2007) Factors affecting the distribution of commercially exploited penaeid prawns (shrimp) (Decapod: Penaeidae) across the northern Great Barrier Reef, Australia. Fish Res 85: 174-185

Haywood MDE, Pendrey RC (1996) A new design for a submersible chronographic tethering device to record predation in different habitats. Mar Ecol Prog Ser 143: 307-312

Haywood MDE, Staples DJ (1993) Field estimates of growth and mortality of juvenile banana prawns (*Penaeus merguiensis*). Mar Biol 116: 407-416

Haywood MDE, Vance DJ, Loneragan NR (1995) Seagrass and algal beds as nursery habitats for tiger prawns (*Penaeus semisulcatus* and *P. esculentus*) in a tropical Australian estuary. Mar Biol 122: 213-223

Heales DS (2000) The feeding of juvenile grooved tiger prawns *Penaeus semisulcatus* in a tropical Australian estuary: a comparison of diets in intertidal seagrass and subtidal algal beds. Asian Fish Soc 13: 97-104

Heales DS, Vance DJ, Loneragan NR (1996) Field observations of moult cycle, feeding behaviour, and diet of small juvenile tiger prawns *Penaeus semisulcatus* in the Embley River, Australia. Mar Ecol Prog Ser 145: 45-51

Heasman MP, Fielder DR, Shepherd RK (1985) Mating and spawning in the mudcrab, *Scylla ser-rata* (Forskal) (Decapoda: Portunidae), in Moreton Bay, Queensland. Aust J Mar Freshw Res 36: 773-783

Heck KL, Jr., Thoman TA (1981) Experiments on predator-prey interactions in vegetated aquatic habitats. J Exp Mar Biol Ecol 53: 125-134

Heck KL, Jr., Wilson KA (1987) Predation rates on decapod crustaceans in latitudinally separated seagrass communities: a study of spatial and temporal variation using tethering techniques. J Exp Mar Biol Ecol 107: 87-100

Hedges SB (1989) An island radiation: Allozyme evolution in jamaican frogs of the genus *Eleutherodactylus* (Leptodactylidae). Caribb J Sci 25: 123-147

Herrnkind WF (1980) Spiny lobsters: patterns of movement. In: Cobb JS, Phillips BJ (eds) Biology and management of lobsters, pp. 349-407. Academic Press, New York

Herrnkind WF, Butler MJ, IV (1986) Factors regulating postlarval settlement and juvenile micro-habitat use by spiny lobsters *Panulirus argus*. Mar Ecol Prog Ser 34: 23-30

Herrnkind WF, Butler MJ, IV, Tankersley RA (1988) The effects of siltation on recruitment of spiny lobsters, *Panulirus argus*. Fish Bull 86: 331-338

Herrnkind WF, Vanderwalker J, Barr L (1975) Population dynamics, ecology and behavior of the spiny lobster, *Panulirus argus*, of St. John, US Virgin Islands: habitation and pattern of move-ments and general behavior. Sci Bull, Nat Hist Mus, Los Angeles Cty 20: 31-45

Hill BJ (1974) Salinity and temperature tolerance of zoeae of the portunid crab *Scylla serrata*. Mar Biol 25: 21-24

Hill BJ (1975) Abundance, breeding and growth of the crab *Scylla serrata* in two South African estuaries. Mar Biol 32: 119-126

Hill BJ (1976) Natural food, foregut clearance-rate and activity of the crab *Scylla serrata*. Mar Biol 34: 109-116

Hill BJ (1978) Activity, track and speed of movement of the crab *Scylla serrata* in an estuary. Mar Biol 47: 135-141

Hill BJ (1985) Effect of temperature on duration of emergence, speed of movement, and catcha-bility of the prawn *Penaeus esculentus*. In: Rothlisberg PC, Hill BJ, Staples DJ (eds) Second Australian national prawn seminar, pp. 77-84. NPS2, Kooralbyn, Queensland

Hill BJ (1994) Offshore spawning by the portunid crab *Scylla serrata* (Crustacea: Decapoda). Mar Biol 120: 379-384

Hill BJ, Williams MJ, Dutton P (1982) Distribution of juvenile, subadult and adult *Scylla serrata* (Crustacea: Portunidae) on tidal flats in Australia. Mar Biol 69: 117-120

Howard RK (1988) Fish predators of the western rock lobster (*Panulirus cygnus* George) in a nearshore nursery habitat. Mar Freshw Res 39: 307-316

Hyland SJ, Hill BJ, Lee CP (1984) Movement within and between different habitats by the portunid crab *Scylla serrata*. Mar Biol 80: 57-61

Jeffs AG, Montgomery JC, Tindle CT (2005) How do spiny lobster post-larvae find the coast? N Z J Mar Freshw Res 39: 605-617

Jernakoff P (1987) Foraging patterns of juvenile western rock lobsters, *Panulirus cygnus*. J Exp Mar Biol Ecol 113: 125-144

Jernakoff P (1990) Distribution of newly settled western rock lobsters *Panulirus cygnus* Mar Ecol Prog Ser 66: 63-74

Jernakoff P, Phillips BF, Fitzpatrick JJ (1993) The diet of post-puerulus western rock lobster, *Panulirus cygnus* George, at Seven Mile Beach, Western Australia. Mar Freshw Res 44: 649-655

Johnston R, Sheaves M (2007) Small fish and crustaceans demonstrate a preference for particu-lar small-scale habitats when mangrove forests are not accessible. J Exp Mar Biol Ecol 353: 164-179

Joll LM, Phillips BF (1984) Natural diet and growth of juvenile western Rock Lobsters *Panulirus cygnus* George. J Exp Mar Biol Ecol 75: 145-169

Kanciruk P (1980) Ecology of juvenile and adult Palinuridae (Spiny Lobsters). In: Cobb JS, Phillips BF (eds) The biology and management of lobsters, pp. 59-95. Academic Press, New York

Kenyon RA, Loneragan NR, Hughes JM (1995) Habitat type and light affect sheltering behaviour of juvenile tiger prawns (*Penaeus esculentus* Haswell) and success rates of fish predators. J Exp Mar Biol Ecol 192: 87-105

Kenyon RA, Loneragan NR, Hughes JM et al (1997) Habitat type influences the microhabitat preference of juvenile tiger prawns (*Penaeus esculentus* Haswell and *Penaeus semisulcatus* De Haan). Estuar Coast Shelf Sci 45: 393-403

Kenyon RA, Loneragan NR, Manson FJ et al (2004) Allopatric distribution of juvenile red-legged banana prawns (*Penaeus indicus* H. Milne Edwards, 1837) and juvenile white banana prawns (*Penaeus merguiensis* De Man, 1888), and inferred extensive migration, in the Joseph Bona-parte Gulf, northwest Australia. J Exp Mar Biol Ecol 309: 79-108

Krumme U, Saint-Paul U, Rosenthal H (2004) Tidal and diel changes in the structure of a nek-ton assemblage in small intertidal mangrove creeks in northern Brazil. Aquat Living Resour 17: 215-229

Laprise R, Blaber SJM (1992) Predation by moses perch, *Lutjanus russelli*, and blue spotted trevally, *Caranx bucculentus*, on juvenile brown tiger prawn, *Penaeus esculentus*: effects of habitat structure and time of day. J Fish Biol 40: 627-635

Le Vay L (2001) Ecology and management of mud crab *Scylla* spp. Asian Fish Sci 14: 101-111

Le Vay L, Ut VN, Walton M (2007) Population ecology of the mud crab Scylla paramamosain (Estampador) in an estuarine mangrove system: a mark-recapture study. Mar Biol 151: 1127-1135

Lipcius RN, Eggleston DB, Miller DL et al (1998) The habitat-survival function for Caribbean spiny lobster: an inverted size effect and non-linearity in mixed algal and seagrass habitats. Mar Freshw Res 49: 807-816

Lipcius RN, Herrnkind WF (1982) Molt cycle alterations in behavior, feeding and diel rhythms of a decapod crustacean, the spiny lobster *Panulirus argus*. Mar Biol 68: 241-252

Lipcius RN, Hines H (1986) Variable functional responses of a marine predator in dissimilar homo-geneous microhabitats. Ecology 67: 1361-1371

Liu H, Loneragan NR (1997) Size and time of day affect the response of postlarvae and early juvenile grooved tiger prawns *Penaeus semisulcatus* De Haan (Decapoda: Penaeidae) to natural and artificial seagrass in the laboratory. J Exp Mar Biol Ecol 211: 263-277

Loneragan N, Die D, Kenyon R et al (2002) The growth, mortality, movements and nursery habitats of red-legged banana prawns (*Penaeus indicus*) in the Joseph Bonaparte Gulf. CSIRO Marine Research, FRDC 97/105 Cleveland, Australia

Loneragan NR, Bunn SE, Kellaway DM (1997) Are mangroves and seagrasses sources of organic carbon for penaeid prawns in a tropical Australian estuary? A multiple stable isotope study. Mar Biol 130: 289-300

Loneragan NR, Kenyon RA, Crocos PJ et al (2003) Developing techniques for enhancing prawn fisheries, with a focus on brown tiger prawns (*Penaeus esculentus*) in Exmouth Gulf. CSIRO, Cleveland, 287 pp.

Loneragan NR, Kenyon RA, Haywood MDE et al (1994) Population dynamics of juvenile tiger prawns (*Penaeus esculentus* and *P. semisulcatus*) in seagrass habitats of the western Gulf of Carpentaria, Australia. Mar Biol 119: 133-143

Loneragan NR, Kenyon RA, Staples DJ et al (1998) The influence of seagrass type on the distribution and abundance of postlarval and juvenile tiger prawns (*Penaeus esculentus* and *P. semisulcatus*) in the western Gulf of Carpentaria, Australia. J Exp Mar Biol Ecol 228: 175-195

Lozano-Alvarez E, Briones-Fourzan P, Ramos-Aguilar ME (2003) Distribution, shelter fidelity, and movements of subadult spiny lobsters (*Panulirus argus*) in areas with artificial shelters (casitas). J Shellfish Res 22: 533-540

Lucas C, Kirkwood G, Somers I (1979) An assessment of the stocks of the banana prawn *Penaeus merguiensis* in the Gulf of Carpentaria. Aust J Mar Freshw Res 30: 639-652

MacFarlane JW, Moore R (1986) Reproduction of the ornate rock lobster, *Panulirus ornatus* (Fabri-cius), in Papua New Guinea. Aust J Mar Freshwat Res 37: 55-65

MacNae W (1968) A general account of the fauna and flora of mangrove swamps and forests in the Indo-West-Pacific region. Adv Mar Biol 6: 73-270

Mantelatto FLM, Christofoletti RA (2001) Natural feeding activity of the crab *Callinectes ornatus* (Portunidae) in Ubatuba Bay (São Paulo, Brazil): influence of season, sex, size and molt stage. Mar Biol 138: 585-594

Marx J, Herrnkind W (1985a) Factors regulating microhabitat use by young juvenile spiny lobsters, *Panulirus argus*: food and shelter. J Crustacean Biol 5: 650-657

Marx JM, Herrnkind WF (1985b) Macroalgae (Rhodophyta: *Laurencia* spp.) as habitat for young juvenile spiny lobsters, *Panulirus argus*. Bull Mar Sci 36: 423-431

Minello TJ (1999) Nekton densities in shallow estuarine habitats of Texas and Louisiana and the identification of essential fish habitat. Am Fish Soc Symp 22: 43-75

Minello TJ, Zimmerman RJ (1983) Fish predation on juvenile brown shrimp, *Penaeus aztecus* Ives: the effect of simulated *Spartina* structure on predation rates. J Exp Mar Biol Ecol 72: 211-231

Mintz JD, Lipcius RN, Eggleston DB et al (1994) Survival of juvenile Caribbean spiny lobster: effects of shelter size, geographic location and conspecific abundance. Mar Ecol Prog Ser 112: 255-266

Moore R, MacFarlane JW (1984) Migration of the ornate rock lobster, *Panulirus ornatus* (Eabri-cius), in Papua New Guinea. Aust J Mar Freshwat Res 35: 197-212

Mukherjee AK (1971) Food habits of water birds of the Sundarban, West Bengal. II Herons and bitterns. J Bombay Nat Hist Soc 68: 37-64

Norse EA (1977) Aspects of the zoogeographic distribution of *Callinectes* (Brachyura: Portu-nidae). Bull Mar Sci 27: 440-447

O'Brien CJ (1994a) Ontogenetic changes in the diet of juvenile brown tiger prawns *Penaeus escu-lentus*. Mar Ecol Prog Ser 112: 195-200

O'Brien CJ (1994b) Population dynamics of juvenile tiger prawns *Penaeus esculentus* in south Queensland, Australia. Mar Ecol Prog Ser 104: 247-256

Olsen D, Herrnkind WF, Cooper R (1975) Population dynamics, ecology and behavior of the spiny lobster, *Panulirus argus*, of St. John, US Virgin Islands: introduction. Results of the Tektite Program. Nat Hist Mus, Los Angeles Cty Sci Bull 20: 11-16

Otazu-Abrill M, Ceccaldi HJ (1981) Contribution to the study of the behavior of the reared *Penaeus japonicus* (Crustacea: Decapoda) opposite to light and sediment. Tethys 10: 149-156

Owens L (1983) Bopyrid parasite *Epipenaeon ingens nobili* as a biological marker for the banana prawn *Penaeus merguiensis* de Mann. Aust J Mar Freshw Res 34: 477-481

Palmer AR (1990) Predator size, prey size, and the scaling of vulnerability: hatchling gastropods vs. barnacles. Ecology 71: 759-775

Pardieck RA, Orth RJ, Diaz RJ et al (1999) Ontogenetic changes in habitat use by postlarvae and young juveniles of the blue crab. Mar Ecol Prog Ser 186: 227-238

Perkins-Visser E, Wolcott TG, Wolcott DL (1996) Nursery role of seagrass beds: enhanced growth of juvenile blue crabs (*Callinectes sapidus* Rathbun). J Exp Mar Biol Ecol 198: 155-173

Pitcher CR, Skewes TD, Dennis DM et al (1992a) Distribution of seagrasses, substratum types and epibenthic macrobiota in Torres Strait, with notes on pearl oyster abundance. Aust J Mar Freshw Res 43: 409-419

Pitcher CR, Skewes TD, Dennis DM et al (1992b) Estimation of the abundance of the tropi-cal lobster *Panulirus ornatus* in Torres Strait, using visual transect-survey methods. Mar Biol 113: 57-64

Pittman SJ, McAlpine CA (2003) Movements of marine fish and decapod crustaceans: process, theory and application. Adv Mar Biol 44: 205-294

Poiner I, Conacher C, Loneragan N et al (1993) Effects of cyclones on seagrass communities and penaeid prawn stocks of the Gulf of Carpentaria. CSIRO, FRDC Projects 87/16 and 91/45 Cleveland

Preston NP, Smith DM, Kellaway DM et al (1996) The use of enriched 15 N as an indicator of the assimilation of individual protein sources from compound diets for juvenile *Penaeus monodon*. Aquaculture 147: 249-259

Primavera JH (1997) Fish predation on mangrove-associated penaeids. The role of structures and substrates. J Exp Mar Biol Ecol 215: 205-216

Puga R, de Leon ME, Cruz R (1996) Fishery of the spiny lobster *Panulirus argus* (Lattrille, 1804), and implications for management (Decapoda, Palinuridea). Crustaceana 69: 703-718

Ratchford SG, Eggleston DB (1998) Size- and scale-dependent chemical attraction contribute to an ontogenetic shift in sociality. Anim Behav 56: 1027-1034

Ratchford SG, Eggleston DB (2000) Temporal shift in the presence of a chemical cue contributes to a diel shift in sociality. Anim Behav 59: 793-799

Roberts CM (1997) Connectivity and management of Caribbean coral reefs. Science 278: 1454-1457

Robertson AI (1988) Abundance, diet and predators of juvenile banana prawns, *Penaeus merguien-sis*, in a tropical mangrove estuary. Aust J Mar Freshw Res 39: 467-478

Rönnbäck P, Troll M, Kautsky N et al (1999) Distribution pattern of shrimps and fish among *Avicennia* and *Rhizophora* microhabitats in the Pagbilao mangroves, Philippines. Estuar Coast Shelf Sci 48: 223-234

Rooker JR, Holt GJ, Holt SA (1998) Vulnerability of newly settled red drum (*Sciaenops ocel-latus*) to predatory fish: is early-life survival enhanced by seagrass meadows? Mar Biol 131: 145-151

Rosales Juarez FJ (1976) Feeds and feeding of some species of the *Penaeus* genus. Proceedings symposium on the biology and dynamics of prawn populations Memorias. symposio sobre biologia y dinamica poblacional de camarones Instituto Nacional de Pesca, Guaymas, Son. , Mexico

Rothlisberg PC, Preston NP, Loneragan NR et al (1999) Approaches to reseeding penaeid prawns. In: Howell BR, Moksness E, Svasand T (eds) Stock enhancement and sea ranching. Fishing News Books, Blackwell Science, Oxford, UK

Ryer CH (1988) Pipefish foraging: effects of fish size, prey size and altered habitat complexity. Mar Ecol Prog Ser 48: 37-45

Salini JP, Blaber SJM, Brewer DT (1994) Diets of trawled predatory fish of the Gulf of Carpen-taria, Australia, with particular reference to predation on prawns. Aust J Mar Freshw Res 45: 397-411

Sara L, Aguilar RO, Laureta LV et al (2007) The natural diet of the mud crab (*Scylla serrata*) in Lawele Bay, southeast Sulawesi, Indonesia. Philippine Agric Sci 90: 6-14

Schiller C, Fielder DR, Brown IR et al (1992) Reproduction, early life history and recruitment. In: Brown IW, Fielder DR (eds) The Coconut Crab: aspects of the biology and ecology of *Birgus latro* in the Republic of Vanuatu. ACIAR Monograph 8: 13-33

Schubart CD, Diesel R, Blair Hedges S (1998) Rapid evolution to terrestrial life in Jamaican crabs. Nature 393: 363-365

Sharp WC, Hunt JH, Lyons WG (1997) Life history of the spotted spiny lobster, *Panulirus guttatus*, an obligate reef-dweller. Mar Freshw Res 48: 687-698

Sheaves M (2001) Are there really few piscivorous fishes in shallow estuarine habitats? Mar Ecol Prog Ser 222: 279-290

Skewes TD, Dennis DM, Pitcher CR et al (1997) Age structure of *Panulirus ornatus* in two habitats in Torres Strait, Australia. Mar Freshw Res 48: 745-750

Smale M (1978) Migration, growth and feeding in the natal rock lobster *Panulirus homarus* (Lin-naeus) . South African Association for Marine Biological Research, 56 pp.

Smith KN, Herrnkind WF (1992) Predation on early spiny lobsters *Panulirus argus* (Latrille): influence of size and shelter. J Exp Mar Biol Ecol 157: 3-18

Somers IF (1987) Sediment type as a factor in the distribution of commercial prawn species in the Western Gulf of Carpentaria, Australia. Aust J Mar Freshw Res 38: 133-149

Somers IF (1994) Species composition and distribution of commercial peneaid prawn catches in the Gulf of Carpentaria, Australia, in relation to depth and sediment type. Aust J Mar Freshw Res 45: 317-335

Somers IF, Crocos PJ, Hill BJ (1987a) Distribution and abundance of the tiger prawns *Penaeus esculentus* and P. *semisulcatus* in the north-western Gulf of Carpentaria, Australia. Aust J Mar Freshw Res 38: 63-78

Somers IF, Kirkwood GP (1991) Population ecology of the Grooved Tiger Prawn, *Penaeus semisul-catus*, in the North-western Gulf of Carpentaria, australia: Growth, movement, age structure and infestation by the bopyrid parasite *Epipenaeon ingens*. Aust J Mar Freshw Res 42: 349-367

Somers IF, Poiner IR, Harris AN (1987b) A study of the species composition and distribution of commercial penaeid prawns of Torres Strait. Aust J Mar Freshw Res 38: 47-61

Sousa WP (1993) Size-dependent predation on the salt-marsh snail *Cerithidea californica* Halde-man. J Exp Mar Biol Ecol 166: 19-37

Staples DJ (1980a) Ecology of juvenile and adolescent banana prawns, *Penaeus merguiensis*, in mangrove estuary and adjacent off-shore area Gulf Carpentaria. II. Emigration, population structure and growth of juveniles. Aust J Mar Freshw Res 31: 653-665

Staples DJ (1980b) Ecology of juvenile and adolescent banana prawns, *Penaeus merguiensis*, in mangrove estuary and adjacent off-shore area Gulf of Carpentaria. I. Immigration and settle-ment of postlarvae. Aust J Mar Freshw Res 31: 635-652

Staples DJ, Vance DJ (1986) Emigration of juvenile banana prawns *Penaeus merguiensis* from a mangrove estuary and recruitment to offshore areas in the wet-dry tropics of the Gulf of Carpentaria, Australia. Mar Ecol Prog Ser 27: 239-252

Staples DJ, Vance DJ, Heales DS (1985) Habitat requirements of juvenile penaeid prawns and their relationship to offshore fisheries. In: Rothlisberg PC, Hill BJ, Staples DJ (eds) Second Australian national prawn semi-nar, pp. 47-54. NPS2, Kooralbyn, Queensland

Tagatz ME (1968) Biology of the blue crab, *Callinectes sapidus* Rathbun, in St. Johns River, Florida. Fish Bull 67: 17-26

Trendall J, Bell S (1989) Variable patterns of den habitation by the ornate rock lobster, *Panulirus orantus*, in the Torres Strait. Bull Mar Sci 45: 564-573

Ut VN, Le Vay L, Nghia TT et al (2007) Development of nursery culture techniques for the mud crab *Scylla paramamosain* (Estampador). Aquac Res 38: 1563-1568

Vance DJ, Haywood MDE, Heales DS et al (1996) How far do prawns and fish move into man-groves? Distribu-tion of juvenile banana prawns *Penaeus merguiensis* and fish in a tropical man-grove forest in nothern Australia. Mar Ecol Prog Ser 131: 115-124

Vance DJ, Haywood MDE, Staples DJ (1990) Use of a mangrove estuary as a nursery area for postlarval and ju-venile banana prawns, *Penaeus merguiensis* de Man, in northern Australia. Estuar Coast Shelf Sci 31: 689-701

Vance DJ, Heales DS, Loneragan NR (1994) Seasonal, diel and tidal variation in beam-trawl catches of juven-ile grooved tiger prawns, Penaeus semisulcatus (Decapoda: Penaeidae), in the Embley River, north-eastern Gulf of Carpentaria, Australia. Aust J Mar Freshw Res 45: 35-42

Walton ME, Le Vay L, Truong LM et al (2006) Significance of mangrove mudflat boundaries as nursery grounds for the mud crab, Scylla paramamosain. Mar Biol 149: 1199-1207

Wang YG, Haywood MDE (1999) Size-dependent natural mortality of juvenile banana prawns *Penaeus merguien-*

sis in the Gulf of Carpentaria, Australia. Mar Freshw Res 50: 313-317

Wassenberg TJ, Hill BJ (1987) Natural diet of the tiger prawns, *Penaeus esculentus* and *P. semisul-catus*. Aust J Mar Freshw Res 38: 169-182

Wassenberg TJ, Hill BJ (1993) Diet and feeding behaviour of juvenile and adult banana prawns Penaeus merguiensis in the Gulf of Carpentaria, Australia. Mar Ecol Prog Ser 94: 287-295

Waterman TH, Chase FA Jr. (1960) General crustacean biology. In: Waterman TH (ed.) The physiology of the Crustacea. Vol. 1. Metabolism and growth. Academic Press, New York and London, 670 pp.

Werner EE, Gilliam JF (1984) The ontogenetic niche and species interactions in size-structured populations. Annu Rev Ecol Syst 15: 393-425

Werner EE, Mittlebach GG (1981) Optimal foraging: field tests of diet choice and habitat switch-ing. Am Zool 21: 813-829

Williams AB (1955) A contribution to the life histories of commercial shrimps (Penaeidae) in North Carolina. Bull of Mar Sci Gulf Caribb 5: 116-146

Williams MJ (1982) Natural food and feeding in the commercial sand crab *Portunus pelagicus* Linnaeus, 1766 (Crustacea : Decapoda : Portunidae) in Moreton Bay, Queensland. J Exp Mar Biol Ecol 59: 165-176

Yoshimura T, Yamakawa H (1988) Microhabitat and behaviour of settled pueruli and juveniles of the Japanese spiny lobster *Panulirus japonicus* at Kominato, Japan. J Crustacean Biol 8: 524-531

第 8 章　连通热带沿海生态系统的鱼类和十足类昼夜与乘潮洄游

Uwe Krumme

摘要：鱼类和十足类的短期运动会导致相邻生态系统在生物量、多样性、死亡率、摄食和能量流动上的规律变化。在低纬度地区，昼夜周期相对稳定，而且在所有经度上均匀地影响海洋生物的活动节律。相反，潮差和潮汐类型在海岸带和区域之间差异显著。在弱潮汐的海岸带，晨昏洄游连接着相邻的生境。在沿海感潮海域，洄游与可导致生态系统内部和之间复杂但可预测的模式变化的昼夜和潮汐周期的互动效应紧密耦合。昼夜和潮汐的洄游具有一定的相似性（连接生境和摄食区，种类和大小类群的排序，地点忠诚度，家园，不变的途径）。在潮汐海岸带，大小潮周期及其与昼夜周期的相互作用是影响规律性短期变化的一个关键因素。物种在沿海大潮水域的家园范围可能比其在沿海小潮水域高一个数量级，说明在沿海大潮水域需要较大的海洋公园。区域比较，例如在加勒比海和印度洋-西太平洋之间的比较，往往忽略生态系统内在的显著潮汐差异。本文建议，大范围的比较必须重新定义；区域比较应着眼于具有相似潮汐特性的地理区域，或者着眼于具有不同的潮汐特性但具有相似群落组成的系统。

关键词：浅水鱼类；晨昏洄游；龙虾；虾类；梭子蟹类

8.1　前言

热带沿海浅水区域是珊瑚礁和红树林等独特的生态系统分布区。在珊瑚礁、红树林和海草床同时分布的区域，生态系统通常通过生物、营养成分和其他物质的运动而彼此相连。在很多热带地区，珊瑚礁和海草床在砂质沉积物的基质中形成斑块镶嵌。广阔的红树林在潮下带潮沟通道和潮间带潮沟、滩涂和沙滩组成的复杂网络中绵延生长。对于某些物种，一个复杂海洋景观环境内的生境就足以完成其生命周期。但是，对于大多数其他物种来说，一个生境难以满足其不断变化的需求，因此，迁移就成为解决局部不足的办法，生物就要在不同的时空尺度在不同的生境间迁移。这种移动能发生在较长的时间尺度上，比如在以季节为基础的或在个体发育过程中仅出现一次（见第 6，7，10 章）；或者根据月球的、昼夜的和潮汐的周期，发生在较短的时间尺度上。当邻近生境的利用时间短时，这种移动会极大地影响动物的日常生活，而且可能影响其生长率和存活率。本章重点讨论在热带浅水环境中，与昼夜和潮汐周期相关的鱼类和十足类的短期移动。应当指出，所有游泳生物（指生活在水体中能够进行足够强有力的游泳从而抗衡适度的水流而运动的生物）都会表现出运动，但并非所有动物能够洄游。本综述采用Dingle（1996）关于洄游的一般性定义："洄游行为属于持续的顺理成章的行为，受动物自身的运动性及其主动'乘载'传播介质的影响。洄游取决于'沿途站位'的临时性抑制，但洄游促进其最终解除抑制并周而复始"。鉴于本综述的特殊情况，洄游运动连接邻近的生境类型或生态系统，并且涉及一个规律性的定向和时间成分。

当受益超过消耗的时候，洄游始终是动物进化的稳定策略。移动能力使物种在不止一个生态系统中对资源进行优化利用。物种在受益高时会利用某种生态系统，而当受益低于其他可利用的生态系统时，则避开该生态系统。一次洄游的回报取决于当前所处的生态系统提供的益处，移动到另一个生态系统的消耗，以及在一个替代的生态系统的预期条件。例如，当一个生态系统太远或者在一天中的特定时间被捕食风险阻碍其利用时，移动到潜在有利可图的邻近生态系统将无法得到回报。

在邻近的生态系统间的短期洄游通常有至少以下5个功能（Gibson，1992，1996，1999；Gibson et al.，1998；Rountree and Able，1993）：（1）摄食；（2）庇护或减少被捕食的风险；（3）避免种间或种内竞争；（4）繁殖；（5）寻找一个生理上的最佳环境。

在生态系统间穿梭运动的生物会影响其利用的每个生态系统。短期洄游：（1）会改变一个特定生态系统的物种多样性和丰度（Thompson and Mapstone，2002）；（2）是从索饵场到生境有机物和营养成分输出的载体（Meyer et al.，1983；Meyer and Schultz，1985）；（3）有规律地改变生态系统中的生物量（e.g.，Nagelkerken et al.，2000）；（4）形成植食性的模式和觅食地的死亡率（e.g.，Ogden and Zieman，1977）；（5）在特定生态系统中，形成其生物的生态价值。如果由于不利的海洋景观结构，短期迁移者无法达到特定的生态系统，那么该生态系统则无法发挥其潜在价值（Baelde，1990；Dorenbosch et al.，2007）。由鱼类和十足类的短期洄游导致的浅水生态系统间的连通性越来越受到重视（e.g.，Sheaves，2005），但主要的缺点是这些研究主要在几乎没有潮汐波动的加勒比海进行。令人惊讶的是在这个领域很少有研究来自于澳大利亚和印度洋-太平洋地区，来自非洲海岸的就更少了。

了解由在一天的不同时间和不同的潮汐阶段利用不同生境类型的移动生物所导致的时空动态，对于采样设计，生态学研究的解释和生态系统的管理是非常关键的（Pittman and McAlpine，2003；Beck et al.，2001；Adams et al.，2006）。洄游能导致错误的或不完整的种群普查，或者混淆来自单一生态系统的捕获率的影响（Wolff et al.，1999）。优化测量长期变化的采样策略必须考虑洄游的短期影响，比如考虑大小潮周期所引起的变化。短期洄游的时空模式决定着可移动物种在生境范围内每天常规的移动情况，以及邻近生态系统间的连通性。这些信息对于种群动态、种群空间模型以及资源管理是必需的（Cowen et al.，2006）。

鱼类和大多数十足类是游泳生物。许多种类在商业上非常重要，而且由于它们常一起被捕捞以及在生态上相互影响（比如捕食与被捕食的关系），这些种类在本章中被共同讨论。关于它们幼体的移动情况的更多信息，对于珊瑚礁鱼类参见 Sale（2006），对于十足类参见 Dall 等（1990）。

本章对热带地区昼夜和潮汐周期影响鱼类和十足类的活动和利用方式的效应给出应用性概述。对热带沿海的潮汐范围和类型的分布情况的描述凸显了沿海地区和区域之间潮汐特性的多样性和区域差异。对于鱼类的昼夜移动的综述集中在来自加勒比海的案例，这里是研究最透彻的、几乎没有潮汐的最大热带地区。对于十足类的昼夜移动的综述涉及龙虾、虾类和游泳蟹类的活动和觅食范围的昼夜变化。鱼类的潮汐性移动提供了与每天潮汐时间相互作用响应的，由个体、群体大小、性别、物种、种群和组合等水平上所表现出的各种响应的概述。本节提供了昼夜洄游和乘潮洄游之间的相似性和差异的比较。虾类和游泳蟹类的潮汐性移动凸显了昼夜和潮汐周期对活动模式的相互影响。区域比较有助于关于加勒比海和印-西太平洋间连通性差异的讨论。最后几节讨论了以往研究中严重忽视的两个方面：在有较大潮差的区域，物种可能具有较大的生境范围；而且当研究和比较生态系统功能和生物多样性模式时，需要考虑潮汐的影响。

8.2 昼夜周期

昼夜的长度是 24 小时，即地球自转一整圈所需要的时间。由于地球的轴倾斜 23.5°，所以一天的长度和太阳的辐射随纬度和季节而变化。热带地区与高纬度地区的昼夜周期存在两大差异：（1）低纬度地区有相对固定的常年大约 12 小时光明和 12 小时黑暗的周期，然而在温带地区白昼的长度冬夏相差巨大，夏季为 16 小时，冬季仅为 8 小时；（2）在热带地区，日出和日落的过渡期或余晖期相对短暂（大约 1 小时），而在高纬度地区能持续数个小时。因此，在热带地区光照水平的变化全年高度一致，所以大多数热带生物的活动的变化与昼夜周期非常同步。根据光照率，大多数生物的活动模式可分为 4 个不同的昼夜时期：日出，白天，黄昏和夜间。Helfman（1993）将鱼类各科的昼夜活动分为白天的，夜间的和晨昏的（在黄昏和黎明时活跃），有两个类群没有明确的活动时期。晨昏期对鱼的行为和分布影响的一个著名例子是在珊瑚礁清澈的水环境下，在"静默期"前后规律性的物种转换（Hobson，1972）。然而，即使在红树林河口非常浑浊的水域，鱼类活动的高峰也会在晨昏期出现（Krumme and Saint-Paul，2003）。

月亮也反射光线。月光对水生生物活动的影响取决于月相、云量、水体透明度和生物所处的水深。渔船灯光和沿岸建筑物灯光，每个夜晚能明亮地照亮滨海地区数小时，在研究中也必须加以考虑。除了海龟以外，关于光污染对海洋动物活动模式变化影响，我们的认识还处于起步阶段。

8.3 潮汐和潮流

本节不会详细介绍潮汐的方方面面。重点是影响游泳生物移动或在某种意义上与其相关的潮汐特性。关于潮汐的一般信息，参见海洋学教科书（例如 Dietrich，1980）。

潮汐是一种复杂的自然现象（Kvale，2006），可以描述为海平面的定期升降。潮流指的是水平方向的流动。潮汐主要是由月球的引力所产生，另外在一定程度上也与太阳有关。一些因素，如海床形状、局部地形、沿岸形态、科氏力以及淡水径流的改变、风和气压的共同作用，形成了局部区域的潮汐特性（Dietrich，1980）。潮流为游泳动物提供了一种免费运输方式。潮流定期往复运动，因此生物可以利用流向进行选择性潮汐流运输，或者随高低潮往返。

8.3.1 短期模式

涨潮定义为水位的上升；退潮则指水位的下降。流速和流向为零，以及潮汐由涨潮转为退潮的节点称为高潮憩流。从一个潮相到相同潮相再次出现的时间称为潮周期。潮差是指高低潮之间的水位差。潮汐分为半日潮，全日潮和混合潮。(1) 半日潮是最常见的潮汐 [图 8.1（a）]，以最大潮差和最快流速为特征。每天在沿海地区可以观察到两个潮汐周期，每个周期持续 12 小时 25 分钟，在连续的高低水位间存在细微差异。(2) 全日潮每天只有一个潮汐周期（24 小时 50 分钟）[图 8.1（b）]。混合潮或以全日潮为主 [图 8.1（c）]，或以半日潮为优势 [图 8.1（d）]。混合普遍表现为高水位或低水位的巨大落差，或者两者都有。

一个太阴日的时间为 24 小时 50 分钟，这个事实意味着每个潮汐周期都要比昼夜周期有所滞后（图 8.1）。所以，在某种意义上说，每个潮汐周期都是不可重复的独特事件。例如，今天的高潮憩流在中午，那么在 6 天、12 天和 14 天之后，高潮憩流将分别出现在 17：00，22：00 和 23：40。潮潮滞后导致潮汐周期和昼夜周期间显著的相互作用，对沿海生物的活动模式产生深远的影响。对这些复杂的相互作用的研究需要复杂的采样设计（Kleypas and Dean，1983；Krumme et al.，2004）。然而，在一些沿海地区，潮汐周期与昼夜周期同相，而且每天高低水位大致同时出现（例如，印度尼西亚、南太平洋和澳大利亚的阿德莱德；American Practical Navigator，2002）。

8.3.2 大小潮周期

潮差随着月相变化，月相和潮汐的效应之间普遍存在 1~2 天的延迟。在大潮时（当太阳/月亮和地球处于同一直线时，即大约满月和新月时），潮差和流速达到最大值。高潮憩流非常高而低潮憩流非常低。在小潮时（当地球和月亮彼此垂直，月亮变圆和变白时），潮差显著降低而流速明显变弱（Kvale，2006）。

但是，除了这些标准，也存在例外。比如，在澳大利亚卡本塔利亚湾的东南部，月相与大小潮的周期无关（Munro，1975）。对于具有更不寻常潮汐特点的海岸带的比较研究将有助于我们对游泳生物的潮汐移动模式的全面认识。

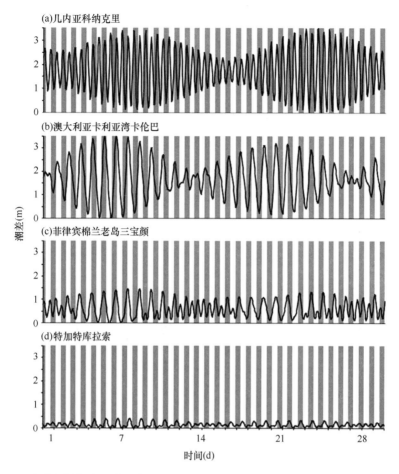

图 8.1 一个月相周期中昼夜周期和潮汐周期的相互影响 (a) 半日潮（几内亚科纳克里；9°30′N，13°43′W）；(b) 全日潮（澳大利亚卡利亚湾卡伦巴；17°30′S，140°50′E）；(c) 混合潮（菲律宾棉兰老岛三宝颜 6°54′N，122°4′E）；(d) 混合半日潮（特加特库拉索 12°7′N，68°56′W）。阴影部分表夜晚，潮汐数据来自 www.wxtide32.com

8.3.3 极端潮汐

极端大潮造成沿海地区的大规模变化。运动性沿海生物可使其大规模洄游与其极端大潮同步，比如生境范围的再定位，或者个体发育转换到其他生态系统。极端大潮会定期出现：(1) 在春分左右（每年的 3 月 21 日和 9 月 21 日），大潮极其强且小潮极其弱；(2) 每 7.5 次轨道运行（或者每 221 天），月球最接近地球（近地点），要么在满月，要么在新月时，这时，极强的引潮力导致强劲的近地潮汐；(3) 由月球倾斜变化所造成的交点潮大约每 18.6 年引起极端大潮。因此，非常强的潮汐每两周（普通大潮）、每季节、每年或每 10 年出现一次，为短期和长期生存的沿海物种的整个发育阶段提供运输的方式。

在潮汐弱的沿海地区，气象的影响有时可以超过潮差。例如，在浅水区，年度大潮汐通常是风力驱动的,导致要么特别高要么特别低的潮汐。在红海,灾难性的季节低潮能使礁滩在夏天暴露在空气中数个小时(Loya,1972;Sheppard et al.,1992;图8.2)。在墨西哥湾,气象和气候事件引起的极端高潮期间,游泳生物可以进入盐沼(Rozas,1995)。

图8.2 埃拉特红海的珊瑚礁由于极低低潮而暴露在空气中。
蒙施普林格科学+商业传媒和Y Loya允许,照片仿自Loya(1972)

8.3.4 预测的和观测的潮汐

潮汐表提供的是预测的潮汐,观测值和预测值之间可能存在很大偏离。不同地点之间的差异可能非常显著,特别是在潮流沿潮沟流动的红树林区或珊瑚礁区(Wolanski et al.,1992;Wolanski,1994)。以下3个例子突出说明必须认识研究区的潮汐。

(1)涨潮和落潮的持续时间可能由于局部地形或潮间带的植被等原因,是不相等的。不仅是时间,而且涨落潮间的流速也存在差异,因为固定体积的水流在较短时间内流得快,而在较长时间内流得慢,从而导致形成以涨潮或落潮为主的系统。潮汐的不对称很可能会反映在潮汐运动的时机和游泳生物的利用模式上。滩涂围垦和红树林的损失会改变涨落潮的不对称性,因而改变游泳生物的利用模式。

(2)在理论上,涨落潮的流速和升降速度在高潮憩流和低潮憩流间的中途达到最高值。游泳生物可能利用这个最大水流的时间窗口,从而获得最大运输潜力。这个时期也可能与最大浊度,即最低的能见度的时期相重合,从而降低随着潮汐移动时被捕食的风险。然而,流速和水位变化可能会在涨落潮期间有所不同。此外,明显的水流峰值通常难以确定,尤其是弱潮期。一个明显的最高值可能是无法察觉的,或者峰值可能比高低潮间的中途更早或更迟。在相互连接的潮沟系统,短暂的停止或水流的逆转可能在弱涨潮时出现,导致两个甚至可能是三个不同的流速最大值。

(3)在河口和潮沟系统,潮汐可能非常复杂。潮沟内的潮流以显著的垂直和水平梯度为特征，这些梯度可以随着河口的位置以及潮汐的阶段而变化。落潮水通常在潮沟中心接近表面的位置最大，而涨潮水可能在表面下的深处更强。此外，水流一般在靠近岸边而不是在潮沟中间更早地改变方向。在分层的河口区，涨潮可以早几分钟到超过一个小时在底部开始。

8.3.5 热带海岸潮汐类型和潮差的分布

与具有明显的纬度梯度并在任何给定的经度上呈现相同的昼夜周期不同，无论在类型上还是范围上，潮汐均随着沿海地区而激烈变化。Davies（1972）和 Hayes（1975）根据大潮潮差小于 2 m、2~4 m 和大于 4 m，将沿海水文地理体系分为小潮、中潮和大潮。其他人使用略微不同的细分法，而且这一分类方案与游泳生物移动的相关性尚不清楚。

图 8.3 和图 8.4 说明在热带沿海现代复杂的潮汐类型和潮差。半日潮是大西洋沿海的特征，而且许多海岸线拥有中潮或大潮。封闭的加勒比海具有潮差小于 1 m 的混合潮和全日潮 [例如库拉索地区，图 8.1（d）]，这在全球是个例外。

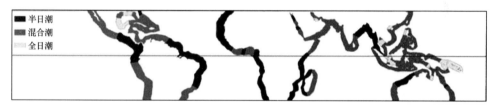

图 8.3 全球热带沿海地区潮汐类型分布。混合潮未细分至混合全日潮和混合半日潮。改编自 "全球海岸带潮汐类型分布图" 的图 1.2 [Davies（1972）] 和海岸带开发的地理变迁（Oliver Boyd）。其余信息来自：Eisma（1998），Admiralty Co - Tidal Atlas（2001）和 www.wxtide32.com

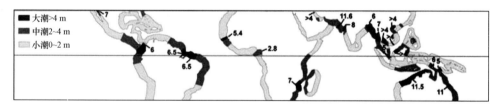

图 8.4 全球热带沿海潮差（m）分布图。改编自 Kelletat（1995）。其余信息来自 Dietrich（1980），Eisma（1998），Admiralty Co-Tidal Atlas（2001）和 www.wxtide32.com

印度洋的潮汐是半日潮（例如东非、孟加拉湾、阿达曼海、马六甲海峡和西北澳大利亚）或混合半日潮（例如阿拉伯海、科罗曼德尔海岸、西苏门答腊和南爪哇）。红海几乎是完全封闭的，潮汐可以忽略不计，虽然在亚咔巴湾和苏伊士海湾的大潮差可以达到 1~1.5 m（Sheppard et al., 1992）。

太平洋以混合半日潮为主，例如大堡礁的潮差可高达 3 米以上（Wolanski, 1994）。

东太平洋海岸以半日潮和混合半日潮为特征。潮差小是大洋小岛屿的特征。在印度-马来群岛地区，潮形复杂，可以分为两个区域。(1) 中国南海及邻近的盆地以潮差从小于 1 m 到大于 2 m 的混合全日潮为主［例如，菲律宾南部的三宝颜，图 8.1（c）］。但是，在这个区域内有些地方有独特的全日潮（比如西泰国湾、北部湾和爪哇的北部沿海），有些地方有混合半日潮（比如新加坡、湄公河三角洲和沙捞越）。(2) 这个区域的东部以混合半日潮占主导（比如菲律宾的东海岸、西里伯斯海和北新几内亚）。潮差可以小于 1 m（苏拉威西），或超过 2 m（东印度尼西亚群岛和东加里曼丹）。同样，在这个区域内，在西巴布亚的东南沿海，有一个全日潮海域。

总之，潮汐是许多热带沿海区域常见的、有规律的自然干扰，除了加勒比海、红海和西太平洋的少数水域（例如爪哇海）以及许多海洋岛屿。印度尼西亚、菲律宾和巴布亚新几内亚之间三角区的海洋生物多样性，与该海域潮汐类型和潮差的最大多样性相一致。印度洋-西太平洋的整体潮差不是特别高，但无疑高于加勒比海沿海的小潮。

如果我们想象一下红树林、珊瑚礁和海草床（这里没有涉及，但可参考 Spalding et al., 1997; Spalding et al., 2001; Larkum et al., 2006）的全球分布，并在脑海中将其与潮差的全球分布相叠加（图 8.4），就会明显发现红树林，海草床和珊瑚礁三者的共存局限在具有弱的或中等潮差以及较多淡水输入的海岸带区。与此相反，世界上最大的连片红树林（比如孙德尔本斯，亚马孙河口北部和南部的海岸带，南巴布亚和西苏门答腊）出现在大江大河入海口以及潮差大的沿海平原。这些地区由于海岸带河口和高泥沙量，使得珊瑚礁和海草床无法存在。每种生态系统能在其他生态系统不存在的情况下繁盛，但在环境条件有利于它们在空间上叠加的地方，生物多样性和生产力可显著增强（Nagelkerken et al., 2002; Mumby et al., 2004; Dorenbosch et al., 2005）。

8.4　鱼类的昼夜洄游

大多数鱼类会随着昼夜周期改变其活动和移动模式。在潮汐的影响可忽略不计的水域，热带沿海鱼类的昼夜洄游研究得最为充分。在没有潮流时，区域间的连通则必须由动物自我游动来解决。因此，洄游的益处（比如找到丰富的饵料生物群）必须不仅要大于感潮滨海区要承受的潜在代价（比如增加被捕食的风险），而且也要大于增大的能量消耗代价。

每日晨昏洄游是各种热带海区鱼类的常见现象（表 8.1）。通常，这些洄游把提供庇护和提供饵料的微生境或生境类型连接起来。全日栖息在珊瑚礁附近的鱼类，例如刺尾鱼科（Acanthuridae）、蝴蝶鱼科（Chaetodontidae）、隆头鱼科（Labridae）、雀鲷科（Pomacentridae）和鹦嘴鱼科（Scaridae）鱼类，从白天的摄食区洄游到岩石和珊瑚的裂缝和洞穴，或海草和沉积物构成的夜间庇护所。昼伏夜出的鱼类，例如天竺鲷科（Apogonidae）、仿石鲈科（Haemulidae）、笛鲷科（Lutjanidae）、鳂科（Holocentridae）、单鳍鱼科（Pempheridae）和石首鱼科（Sciaenidae）鱼类，整个白天隐蔽在结构复杂的生境或附近，夜晚则洄游到邻近的索饵场（Hobson, 1965, 1968, 1972, 1974; Starck and Davis, 1966; Randall, 1967; Collette and Talbot, 1972）。

表 8.1　不同属和种的鱼类在热带沿海浅海区的常规昼夜洄游

（下划线的生境表示该时间段会发生摄食活动。摄食范围：休憩区和摄食区的距离；上标数字表示相应的参考文献）

科	种	栖息时间 白天	栖息时间 夜晚	觅食范围	地区
真鲨科（Carcharhinidae）	低鳍真鲨（Carcharhinus leucas）[1]	近海	珊瑚礁	—	加勒比（佛罗里达）
刺尾鱼科（Acanthuridae）	点纹多板盾尾鱼（Prionurus punctatus）[2]	近海岩石	珊瑚礁	—	加利福尼亚湾
刺尾鱼科（Acanthuridae）	六棘鼻鱼（Naso hexacanthus）[2]	近海	珊瑚礁	—	夏威夷
灯眼鱼科（Anomalopidae）	菲律宾颊灯鲷（Photoblepharon palpebratum）[3]	珊瑚礁	远离珊瑚礁	—	红海
天竺鲷科（Apogonidae）[9,10,11,12,13,14]	蓝身天竺鲷（Apogon cyanosoma）[4]	珊瑚礁	沙滩	—	大堡礁
	稻氏天竺鲷（Apogon doerderleini）[4]				
	单线天竺鲷（Apogon exostigma）[4]				
天竺鲷科（Apogonidae）	魔鬼天竺鲷 Apogon fuscus①[5]	珊瑚礁	海草床	—	泰国湾
天竺鲷科（Apogonidae）	黄天竺鲷 Apogon aureus[6]	珊瑚礁	海草床		东方内格罗斯，菲律宾
	蓝身天竺鲷（Apogon cyanosoma）[6]				
天竺鲷科（Apogonidae）	哈茨氏天竺鲷（Apogon hartzfeldii）[7]	珊瑚礁	海草床		苏拉威西岛，印度尼西亚
	霍氏天竺鲷（Apogon hoevenii）[7]				
	环纹圆天竺鲷（Sphaeramia orbicularis）[7]				
天竺鲷科（Apogonidae）	大牙天竺鲷（Apogon affinis）[8]	珊瑚礁	沙滩	—	加勒比（圣克罗伊岛）
	锯颊天竺鲷（Apogon quadrisquamatus）[8]				
天竺鲷科（Apogonidae）	金线天竺鲷（Apogon aurolineatus）[1,15]	珊瑚礁	海草床，中层水域		加勒比（佛罗里达，圣克罗伊岛）
	双斑天竺鲷（Apogon binotatus）[1,15]				
	裙天竺鲷（Phaeoptyx conklini）[1,15]				

续表

科	种	栖息时间 白天	栖息时间 夜晚	觅食范围	地区
银汉鱼科（Atherinidae）[14]	哈林下银汉鱼（Hypoatherina harringtonensis）[1,15]	珊瑚礁	海草床、珊瑚礁上	<800 m[1]	加勒比（佛罗里达、圣克罗伊岛）
银汉鱼科（Atherinidae）	岛屿美银汉鱼（Pranesus insularum）[2,16]	珊瑚礁，在浅水区或岸边集群	离岸珊瑚礁区、表层水	-	夏威夷
银汉鱼科（Atherinidae）	壮体美银汉鱼（Pranesus pinguis）[3,17]	珊瑚礁	近海	1.2 km[18]	马绍尔群岛
管口鱼科（Aulostomidae）	斑点管口鱼（Aulostomus maculatus）[13]	珊瑚礁	海草床	-	加勒比（巴拿马）
鲹科（Carangidae）[19]	马鲹（Caranx hippos）[12] 马鲛（Caranx spp.）[12] 马鲛（Scomberomorus spp.）[12]	海草床、珊瑚礁、红树林	海草床、珊瑚礁	-	加勒比（圣克罗伊岛）
鲹科（Carangidae）	脂眼凹肩鲹（Selar crumenophthalmus）[20]	岸边	沙滩	-	加利福尼亚湾
鲱科（Clupeidae）[14]	太平洋青鳞鱼（Harengula thrissina）[20]	岩石	离岸沙洲	>500 m[18]	加利福尼亚湾
鲱科（Clupeidae）	红耳青鳞鱼（Harengula humeralis）[1,15] 小眼任氏鲱（Jenkinsia majua）[1,15] 宽带任氏鲱（Jenkinsia lamprotaenia）[1,15] 金色小沙丁鱼（Sardinella aurita）[4,1]	珊瑚礁，后礁区	海草床、近海	小眼任氏鲱（J. majua）800 m[1] 金色小沙丁鱼（S. anchovia）2 km[1]	加勒比（佛罗里达、圣克罗伊岛）
鲱科（Clupeidae）	宽带任氏鲱（Jenkinsia lamprotaenia）[19,21]	红树林	海湾的迎风面	-	加勒比（波多黎各）
鲱科（Clupeidae）	一些种类[1,22]	珊瑚礁	离岸珊瑚礁区	-	加勒比，加利福尼亚湾
鲱科（Clupeidae）	灰康吉鳗（Conger cinereus）[6]	珊瑚礁	海草床	-	东方内格罗斯，菲律宾
刺鲀科（Diodontidae）	许氏短刺鲀（Chilomycterus schoepfi）[5,1]	珊瑚礁	海草床	-	加勒比（佛罗里达）

续表

科	种	栖息时间 白天	栖息时间 夜晚	觅食范围	地区
刺鲀科（Diodontidae）	六斑刺鲀（Diodon holocanthus）[6]	珊瑚礁	海草床	—	东方内格罗斯，菲律宾
鳀科（Engraulidae）[14]	大头小鳀（Anchoa cayorum）[15]	珊瑚礁	海草床	—	加勒比（圣克罗伊岛）
	大眼小鳀（Anchoa lamprotaenia）[15]				
烟管鱼科（Fistulariidae）	蓝斑烟管鱼（Fistularia tabacaria）[1,13]	珊瑚礁	海草床，沙滩	—	加勒比（巴拿马，佛罗里达）
银鲈科（Gerreidae）	缩口银鲈（Eucinostomus spp.）[19]	红树林	沙坪，海草床	—	加勒比（波多黎各）
	灰银鲈（Gerres cinereus）[19]				
仿石鲈科（Haemulidae）[1,10,13,14,20,22,25]	金带仿石鲈（Haemulon aurolineatum）[1,15,19]	礁块区，红树林，柳珊瑚[27]	海草床，沙滩	金带仿石鲈（H. aurolineatum）800 m[1]；H. flavolineatum 1.6 km[1]；蓝仿石鲈（H. sciurus）400 m[1]，200~300 m[28]，>1 km[12]	加勒比（圣克罗伊岛）
	银带仿石鲈（Haemulon chrysargyreum）[1]				
	黄斑仿石鲈（Haemulon flavolineatum）[19]				
	派氏仿石鲈（Haemulon parra）[19]				
	普氏仿石鲈（Haemulon plumierii）[8,12,19,26]				
	蓝仿石鲈（Haemulon sciurus）[8,15,19]				
仿石鲈科（Haemulidae）	黄斑仿石鲈（Haemulon flavolineatum）[23]	红树林/海草床	海草床	—	加勒比（库腊索岛）
仿石鲈科（Haemulidae）	未给出物种名称[24]	珊瑚礁	柳珊瑚区	—	加勒比（圣克罗伊岛）
仿石鲈科（Haemulidae）	断线异孔石鲈（Anisotremus interruptus）[20]	珊瑚礁	浅水区	—	加勒福尼亚湾

续表

科	种	栖息时间 白天	栖息时间 夜晚	觅食范围	地区
仿石鲈科（Haemulidae）	六带仿石鲈（*Haemulon sexfasciatum*）[20] 加州湾小鳞仿石鲈（*Microlepidotus inornatus*）[20] 黄斑仿石鲈（*Haemulon flavolineatum*）[20] 斑尾仿石鲈（*Haemulon maculicauda*）[20]	珊瑚礁，岩石，近岸沙滩底部	离岸沙洲	—	加勒福尼亚湾
鳂科（Holocentridae）[9,10,11,12,13]	岩栖真鳂（*Holocentrus adscensionis*）[15] 闪光棘鳞鱼（*Sargocentron coruscum*）[1,8,15] 黑条锯鳞鱼（*Myripristis jacobus*）[15] 海新东洋鳂（*Holocentrus marianus*）[⑥,8] 长刺真鳂（*Holocentrus rufus*）[15] 旗鳍刺鳞鱼（*Holocentrus vexillarius*）[⑦,1,15]	珊瑚礁	海草床，沙滩，砾石，岩石	—	加勒比（佛罗里达，巴拿马，圣克罗伊岛）
鳂科（Holocentridae）	点带刺鳞鱼（*Sargocentron rubrum*）[5]	珊瑚礁	海草床	—	泰国湾
鳂科（Holocentridae）	大眼锯鳞鱼（*Myripristis argyromus*）[⑧,2]	珊瑚礁	离开珊瑚礁区	—	夏威夷
鳂科（Holocentridae）	凸颌锯鳞鱼（*Myripristis berndti*）[2]	海草床	海草床	—	—
鳂科（Holocentridae）	未说明[6]	珊瑚礁	在黎明前散开	—	东方内格罗斯，菲律宾
鳂科（Holocentridae）	真鳂（*Holocentrus* sp.）[29]	珊瑚礁	珊瑚礁	—	大堡礁
隆头鱼科（Labridae）	绿鳍海猪鱼（*Halichoeres chloropterus*）[5]	海草床	珊瑚礁	—	泰国湾
笛鲷科（Lutjanidae）[1,2,10,12,13,22,30]	八带笛鲷（*Lutjanus apodus*）[1,8,19] 灰笛鲷（*Lutjanus griseus*）[1,8] 巴哈马笛鲷（*L. synagris*）[1,8]	珊瑚礁，红树林	海草床，沙滩，砾石，海藻床	灰笛鲷（*L. griseus*）1.6 km[1]	加勒比
笛鲷科（Lutjanidae）	纹眼笛鲷（*Lutjanus argentiventris*）[20]	珊瑚礁	近岸岩石区	—	加利福尼亚湾
羊鱼科（Mullidae）[10,12,13,18,31]	黄带拟羊鱼（*Mulloides flavolineatus*）[32,33]	珊瑚礁	沙坪	600 m[33]	夏威夷

续表

科	种	栖息时间 白天	栖息时间 夜晚	觅食范围	地区
羊鱼科（Mullidae）	白带副绯鲤（Parupeneus porphyreus）34	珊瑚礁	沙滩，珊瑚碎石区	-	夏威夷
海鳝科（Muraenidae）14	未说明	珊瑚礁	海草床	-	东方内格罗斯，菲律宾
海鳝科（Muraenidae）13,35	未说明	珊瑚礁	海草床/沙滩	-	太平洋，加勒比（巴拿马）
蛇鳗科（Ophichthidae）14	半环盖蛇鳗（Leiuranus semicinctus）6 大鳍鳞蛇鳗（Muraenichthys macropterus）⑨6	珊瑚礁	海草床	-	东方内格罗斯，菲律宾
单鳍鱼科（Pempheridae）14	黑稍单鳍鱼（Pempheris oualensis）36	珊瑚礁	向外海洄游	-	红海
单鳍鱼科（Pempheridae）	斯氏单鳍鱼（Pempheris schomburgkii）1,37	后礁区	礁前区	1 km^{37}	加勒比（佛罗里达，圣克罗伊岛）
鳗鲇科（Plotosidae）	线纹鳗鲇（Plotosus lineatus）6	珊瑚礁	海草床	-	东方内格罗斯，菲律宾
雀鲷科（Pomacentridae）2,38,39	三斑雀鲷（Pomacentrus tripunctatus）5	海草床	珊瑚礁	-	泰国湾
大眼鲷科（Priacanthidae）	灰鳍异大眼鲷（Priacanthus cruentatus）⑩2	海草床	离岸珊瑚礁区	-	夏威夷
鹦嘴鱼科（Scaridae）40	发光鹦鲷（Sparisoma radians）（<15 cm）12 虹彩鹦嘴鱼（Scarus guacamaia）（>40 cm）12	海草床	珊瑚礁	-	加勒比（圣克罗伊岛）
石首鱼科（Sciaenidae）20	董色副矛鳍石首鱼（Pareques viol）⑪	珊瑚礁	沙滩	-	加利福尼亚湾
石首鱼科（Sciaenidae）35	石首鱼（Sciaena spp.）18	珊瑚礁	海草床/沙滩/砾石	-	太平洋
石首鱼科（Sciaenidae）	尖头副矛鳍石首鱼（Equetus acuminatus）⑫27	珊瑚礁	沙滩	-	加勒比（佛罗里达）
鲉科（Scorpaenidae）41	狮鲉（Scorpaena grandicornis）1	珊瑚礁	海草床	-	加勒比（佛罗里达）
鳍科（Serranidae）9,13,41	蜂巢石斑鱼（Epinephelus merra）41	珊瑚礁	海草床	-	加勒比，马达加斯加
篮子鱼科（Siganidae）42	未说明	珊瑚头里或上方	离岸珊瑚头	-	未说明

续表

科	种	栖息时间 白天	栖息时间 夜晚	觅食范围	地区
鲷科（Sparidae）	菱羊鲷（Archosargus rhomboidalis）[19]	红树林	沙坪	—	加勒比（波多黎各）
金梭鱼科（Sphyraenidae）	大鲟（Sphyraena barracuda）[12]	海草床，珊瑚礁	海草床，珊瑚礁	—	加勒比
鲀科（Tetraodontidae）	星斑叉鼻鲀（Arothron stellatus）[6]	珊瑚礁	海草床	—	东方内格罗斯，菲律宾

参考文献：1. Starck and Davis, 1966; 2. Hobson, 1972; 3. Morin et al., 1975; 4. Marnare and Bellwood 2002; 5. Sudara et al., 1992; 6. Kochzius, 1999; 7. Unsworth et al., 2007a; 8. Collette and Talbot, 1972; 9. Randall, 1963; 10. Randall, 1967; 11. Vivien and Peyrot-Clausade, 1974; 12. Ogden and Zieman, 1977; 13. Weinstein and Heck, 1979; 14. Helfman, 1993; 15. Robblee and Zieman, 1984; 16. Major, 1977; 17. Hobson and Chess, 1973; 18. Hobson, 1973; 19. Rooker and Dennis, 1991; 20. Hobson, 1965; 21. Radakov and Silva, 1974; 22. Hobson, 1968; 23. Verweij et al., 2006; 24. Wolff et al., 1999; 25. Starck, 1971; 26. Ogden and Ehrlich, 1977; 27. Longley and Hildebrand, 1941; 28. Quinn and Ogden, 1984; 29. Domm and Domm, 1973; 30. Hiatt and Strasburg, 1960; 31. Jones and Chase, 1975; 32. Hobson, 1974; 33. Holland et al., 1993; 34. Meyer et al., 2000; 35. Hobson, 1975; 36. Fishelson et al., 1971; 37. Gladfelter, 1979; 38. Doherty, 1983; 39. Foster, 1987; 40. Ogden and Buckman, 1973; 41. Harmelin-Vivien and Bouchon, 1976; 42. Meyer et al., 1983

译者注：① 原文魔鬼天竺鲷（Apogon fuscus），现已改为（Nectamia fusca）；
② 原文岛屿美银汉鱼（Pranesus insularum），现已改为（Atherinomorus insularum）；
③ 原文壮体美银汉鱼（Pranesus pinguis），现已改为（Atherinomorus pinguis）；
④ 原文金色小沙丁鱼（Sardinella anchovia），现已改为（Sardinella aurita）；
⑤ 原文许氏短刺鲀（Chilomycterus schoepfi），现已改为（Chilomycterus schoepfii）；
⑥ 原文海新东洋鳂（Holocentrus marianus），现已改为（Neoniphon marianus）；
⑦ 原文海旗鳍刺鳞鱼（Holocentrus vexillarius），现已改为（Sargocentron vexillarium）；
⑧ 原文大眼锯鳞鱼（Myripristis argyromus），现已改为（Myripristis amaena）；
⑨ 原文大鳍鳞蛇鳗（Muraenichthys macropterus），现已改为（Scolecenchelys macroptera）；
⑩ 原文灰鳍异大眼鲷（Priacanthus cruentatus），现已改为（Heteropriacanthus cruentatus）；
⑪ Pareques viol 疑为拼写错误，应为 Pareques viola；
⑫ 原文尖头副矛首鱼（Equetus acuminatus），现已改为（Pareques acuminatus）；

8.4.1 石鲈科鱼类

当然，关于鱼类的昼夜洄游的最详尽记述是关于石鲈类［石鲈科（Pomadasyidae）］在白天礁群的生境和夜晚邻近海草床的摄食区之间的晨昏洄游（图8.5、图8.6）。石鲈类是数量丰富的加勒比海珊瑚礁鱼类，它们的昼夜洄游是浅水生态系统间的主要链接。最详尽的调查研究源自于美属维尔京的圣克罗伊岛（Ogden and Ehrlich，1977；Ogden and Zieman，1977；McFarland et al.，1979；Quinn and Ogden，1984；Robblee and Zieman，1984；Beets et al.，2003），而且大量的研究表明在圣克罗伊岛，石鲈类稚鱼的晨昏洄游出现在整个加勒比海的各个海区（Ogden and Ehrlich，1977；巴拿马：Weinstein and Heck，1979；波多黎各：Rooker and Dennis，1991；Tulevech and Recksiek，1994；瓜德罗普岛：Kopp et al.，2007；库拉索：Nagelkerken et al.，2000；伯利兹：Burke，1995；佛罗里达：Tulevech and Recksiek，1994）。

这些研究发现，白天石鲈类稚鱼的混合群是不活动的，在周围分布着海草场的礁群间栖息。优势种是法国石鲈类的黄仿石鲈（*Haemulon flavolineatum*）和白石鲈类的普氏仿石鲈（*H. plumierii*）。Starck 和 Davis（1966）提到一些其他石鲈种类参与到向相邻礁体的规律性昼夜洄游（表8.1）。黄昏时离开珊瑚礁开始的摄食洄游行为具有高度的仪式化，包括四种行为（图8.5）：（1）分开的鱼群沿着礁石的表面开始快速前进（躁动不安）；（2）与其他鱼群融合（集群）；（3）最后集中在礁石边缘（摇摆不定）；（4）在这里它们沿着固定不变的通道洄游到邻近的海草床（Ogden and Ehrlich，1977；Helfman et al.，1982）。在离开礁石长达50 m的直线移动后，一些小群体开始脱离主群，并分散在海草床的树突状结构中。通常情况下，主动洄游能将石鲈类带到离礁石100~200 m远的水域（Quinn and Ogden，1984），但有时可以超过1 km（Ogden and Zieman，1977）。石鲈类整晚独自摄食底栖无脊椎动物。法国石鲈和蓝仿石鲈（*H. sciurus*）似乎更喜欢在砂质底摄食，而白石鲈在砂质和草地水域都可以摄食（Starck and Davis，1966；McFarland et al.，1979；Burke，1995），说明不同种类在空间和饵料上的有所不同。在摄食区的利用上，石鲈类显示了极大的灵活性。根据观察，它们在海草、红树林、沙滩、碎石、柳珊瑚生境和海藻床摄食（Starck and Davis，1966；Ogden and Ehrlich，1977；Wolff et al.，1999；Nagelkerken et al.，2000）。但是，一旦建立了，夜间摄食领地就会被保持一段时间（McFarland and Hillis，1982）。利用声学遥感技术，Beets 等（2003）发现蓝仿石鲈（*H. sciurus*）从白天生境到远达767 m的夜间海草床摄食区，呈现高度的地点专一性。

我们还不知道石鲈类在早晨返回礁石区的过程中是否表现出固定的行为。通常情况下，鱼群沿夜晚洄游的相同路径，在海草床上方若干厘米处快速游动，迅速返回白天休憩区（McFarland et al.，1979）。石鲈类种群中进行晨昏洄游的比例通常约为100%。Meyer 等（1983）与 Meyer 和 Schultz（1985）量化了石鲈类对其在白天聚集的珊瑚杯的营养加富效应。白天休憩区并不局限于珊瑚礁。事实上，石鲈类似乎可以在任何可加以利用的结构复杂的生境或其附近寻求庇护（比如砾石区、潮沟区、缝隙区、红树林区或者长叶海草

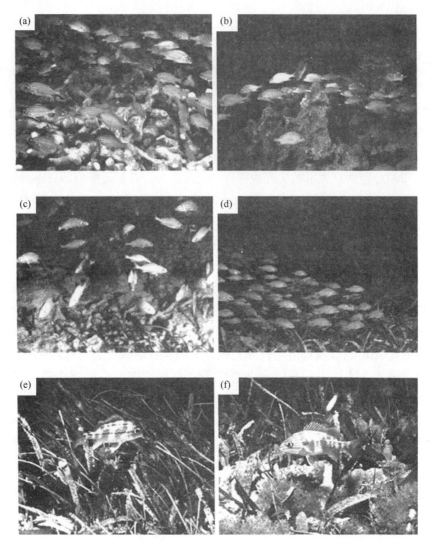

图 8.5 石鲈稚鱼阶段在圣克罗伊岛（美属维尔京）一天中不同阶段的行为：(a) 白天群聚于珊瑚礁块中；(b) "集合"于集结区；(c) 在集结区发生"冲突"；(d) 两个种类，即黄仿石鲈（*H. flavolineatum*）和普氏仿石鲈（*H. plumierii*）傍晚洄游；(e) 黄仿石鲈（*Haemulon flavolineatum*）晚上单独在海草床活动；(f) 普氏仿石鲈晚上单独在海草床活动。蒙施普林格科学+商业媒体和 JC Ogden 的许可，图像来自 McFarland 等（1979）

区；Rooker and Dennis, 1991; Nagelkerken et al., 2000; Verweij and Nagelkerken 2007）。然而，与夜间摄食领地类似，白天的休憩区一旦建立，就会长时间使用。Verweij 和 Nagelkerken（2007）发现石鲈类稚鱼显示出对小于 200 m 的白天休憩核心区域的地点专一性达到一年以上。

昼夜洄游的时机不仅精确，而且与光强度的变化密切相关。在海草床之间来回洄游都

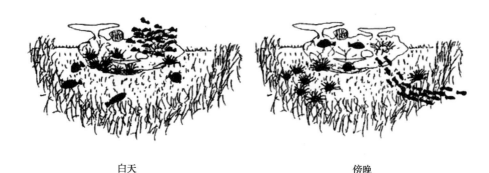

白天　　　　　　　　　　　　　傍晚

图 8.6　加勒比海珊瑚礁斑块区在白天和黄昏时间的示意图。蒙施普林格科学+商业媒体和 JC Ogden 的许可，图片来自 Ogden（1997）

出现在特定的光强度期（McFarland et al.，1979），但时机根据环境条件有所调整，而且与云层导致的光强度变化相呼应。"静默期"是石鲈类晨昏洄游过程中的重要时间窗口。"静默期"是指在昼行性鱼类寻找庇护所和夜行性鱼类夜晚出现之间的晨昏期。在早晨，顺序则颠倒过来，这时，大多数鱼类会靠近于基质，而食鱼动物由于在视觉上优于被捕食者，因此食鱼动物的活动达到高峰（Hobson，1972；McFarland and Munz，1976）。石鲈类稚鱼在夜晚"静默期"开始前离开礁石区，在早晨相同的光强度下，在"静默期"刚结束时返回。

　　许多鱼类具有昼夜体色变化[图 8.5（e），（f）]。法国石鲈的颜色变化与晨昏洄游有关。与白色石鲈不同，法国石鲈在白天离开或返回礁石区时带有颜色，但在夜晚摄食时无色，可能因为海草提供了保护色（Starck and Davis，1966；McFarland et al.，1979）。这样，石鲈夜晚在海草床内独自摄食的时候时将摄食和降低被捕食的风险结合起来。对于石鲈稚鱼，从昼行性到夜行性活动有一个个体发育的转换（Helfman et al.，1982），而且对于石鲈，在昼夜洄游的准确度上还有个体大小和年龄的差异。较幼龄的样本（总长度 15～30 mm）相比个体较大的样本（40～120 mm），在夜晚出发地更晚，且在早晨返回礁石区更早（即在庇护区待的更久）。换句话说，较大的稚鱼相比较小的稚鱼，在更强的光下离开和返回礁石群（McFarland et al.，1979）。至于晨昏洄游的时机，其他的海洋和淡水鱼类上也存在相似的与个体大小相关的差异（Hobson，1972；Helfman，1979，1981）。一些因素，比如视觉器官的发育和摄食压力，可能导致昼夜洄游活动的变化随着个体大小的增长而减弱（Helfman et al.，1982）。不过，Tulevech 和 Recksiek（1994）发现，成年普氏仿石鲈的晨昏性洄游的规律性比稚鱼更低，说明在成熟后，洄游行为的时机不会还那么精确。

　　石鲈类夜晚摄食洄游的开始可能在地点之间和种类之间存在差异（Rooker and Dennis，1991）。在食鱼动物数量较少的浅水海湾，石鲈类稚鱼在早晨或在下午就开始在邻近的红树林或海草床摄食（Rooker and Dennis，1991；Verweij et al.，2006；Verweij and Nagelkerken，2007）。McFarland 等（1979）和 Helfman 等（1982）认为，狗母鱼科（Synodontidae）鱼类等食鱼动物在石鲈类稚鱼的晨昏洄游形成过程中起着重要的作用。这个假说还有待于验证，例如，通过比较石鲈类在较高被捕食风险和较低被捕食风险条件下的洄游模式加以验证。也可以在海洋公园（即由于摄食者更多导致的高风险）和在渔区（即由于更少摄食者导致的低风险）的洄游模式的比较（Tupper and Juanes，1999），或根据石鲈类以往的比较研究加以验证。然而，Randall（1963）已经提到在美属维尔京的过度捕捞。除了捕食作用，食物可获得性的变化等生物因子、寄生虫的活力，和/或种内和种间竞争都可能影响昼夜洄游行为（Helfman，1993）。

主动的昼夜洄游遵循在礁石群区生境和海草摄食区之间的明确路径。体型较小的样本的洄游路线会持续几个月以上；体型较大的样本可能在甚至几年后重新回到那些洄游路线（Ogden and Ehrlich，1977；McFarland et al.，1979）。洄游路线上表现出的个体大小相关的稳定性可能与较小以及较大样本的年龄组成差异有关。较小个体鱼类来自于单一群体，难以根据其他个体的经验确定采取哪条洄游路线。较大的石鲈由多个群体组成，且生境和洄游路线的了解可以在群体间传播和学习（Helfman et al.，1982；Helfman and Schultz，1984）。Quinn 和 Ogden（1984）的证据证明，石鲈稚鱼采用罗盘定位法，为其规律性昼夜洄游进行定位。他们得出结论说，地标对于定位并不重要，虽然他们并没有明确地进行测试。鱼类随时可以形成所处环境的空间地图，并据以指导自己的运动（Braithwaite and Burt de Perera，2006）。

石鲈类基本属于强制性昼夜洄游者，且依赖于礁石周围的异质性海洋景观。它们的多样性和丰度在缺乏白天庇护所或礁石后部摄食区的海域则下降（Starck and Davis，1966 p. 352；Gladfelter et al.，1980；Baelde，1990）。虽然石鲈类是运动种类，但它们显示出对摄食和庇护核心区域的高度地点专一性。这使得它们对选择性的小规模生境变化极其脆弱，例如，特定的礁石群或者单一的红树林的消失。

8.4.2　其他的科和种

科学家对一些其他种类的昼夜洄游已经在某些细节上进行了研究（表 8.1）。在圣克罗伊岛（美属维尔京），单鳍鱼科（Pempheridae）的斯氏单鳍鱼（*Pempheris schomburgkii*）在大约日落时，从白天的礁后庇护所洄游到礁石前部的摄食区（Gladfelter，1979）。在日落时，一系列复杂的行为就开始了（例如，在缝隙口出现，"闪烁"，犹豫不定，出现，聚集，沿着路径游泳），这些行为使鱼群沿着复杂的路径来到礁石前部，在这里鱼群分开，整晚它们单独或以小的群体形式来捕食浮游甲壳类。在早晨，斯氏单鳍鱼（*P. schomburykil*）沿着相同的路径但是在较低的光照水平下返回。鹿角珊瑚（*Acropora*）地标是重要的，而且时机是具有年龄特异性的，并由光强度所引发，这与石鲈类是相似的。晨昏洄游覆盖近 1 km 的距离，但这么远的距离仅限于珊瑚礁区。

同样，天竺鲷科（Apogonidae）白天待在靠近礁石结构的生境，从那里它们洄游到不同的近礁夜间摄食区，例如开放水域、沙滩、海草生境，以及珊瑚礁在空间上分区的生态位（Collette and Talbot，1972；Vivien，1975；Marnane and Bellwood，2002）。若干月或若干年内，它们可能每个早晨返回到相同的生境（e. g. Kuwamura, 1985; Okuda and Yanagisawa, 1996; Marnane, 2000; M'enard et al., 2008），从而有规律地将养分和能量运到或运出珊瑚礁生境。不过，天竺鲷鱼类的摄食范围相对较短，只有 30 m（Marnane and Bellwood, 2002）。

Hobson（1968）能绘制出鲱科（Clupeidae）太平洋青鳞鱼（*Harengula thrissina*）在加利福尼亚湾的夜间洄游路径，沿着该路径，这些青鳞鱼可以洄游到离岸 500 m 以远的水域。在马绍尔群岛状体美银汉鱼（*Atherinomorus Pinguis*①）（银汉鱼科）白天成群地在近岸区栖息，每晚沿着相同的路径分散在离岸海区，在离白天集群生境可达 1.2 km 远的地方捕食浮游生物（Hobson and Chess, 1973）。在夏威夷，黄带拟羊鱼（*Mulloides flavolineatus*）形成白天的栖息集群，并移动 75~600 m 到沙坪附近去摄食（Holland et al., 1993）。它们的地点专一性非常高，因为曾经回捕到放流 531 天的个体。它们的摄食范围限制在 13~14 公顷范围内（根据 Holland et al., 1993 中的一张地图估算）。带有声学标记的白带副绯鲤（*Parupeneus porphyreus*）显示了一致的行为昼夜模式。将白天礁石内的孔洞作为庇护所，在夜晚洄游到沙滩和珊瑚礁碎石生境的广阔区域（Meyer et al., 2000）。

在加勒比海，笛鲷稚鱼，例如八带笛鲷（*Lutjanus apodus*）也进行晨昏洄游，从它们白天在红树林或保护性岩相海岸线的生境（Verweij et al., 2007）洄游到夜晚柔软底质的摄食区，例如海草床（Starck and Davis, 1966; Rooker and Dennis, 1991; Nagelkerken et al., 2000）。夜行性的笛鲷科（Sparidae）可能是夜晚捕食的石鲈科（Pomadasyidae）的重要摄食者（Starck and Davis, 1966）。在圣约翰（美属维尔京），对巴哈马笛鲷（*L. synagris*）的声波追踪显示了与太阳同步的夜间洄游，经常在日落之后从朗梅苏尔（Lameshur）湾东侧离开，并在日出前返回，在 268 天内表现出强烈的白天地点专一性（图 8.7）。

相似的晨昏洄游也能够在哥伦比亚的太平洋沿岸观察到（G Castellanos-Galindo, Universidad del Valle, Colombia, 私人通信）。短期洄游的证据通常是由给定地点种类组成的昼夜改变或偶然性的观察推断得出的，但对移动和行为的实时追踪仍然不足。在冲绳的一个珊瑚礁，在白昼下通过便携式卫星定位系统对斜带笛鲷（*L. decussatus*）若干小时的追踪揭示其高度的白天地点专一性（Nanami and Yamada, 2008）。白天的生境范围大小在 93~3638 m^2 之间。

8.4.3 摄食功能群

昼夜活动可能具有强有力的系统发生背景，并且具有科的特征（Helfman, 1993）。由于许多鱼类在科的水平上摄食相似的饵料生物，就摄食功能群而言，昼夜洄游的普遍化是可能的。但是，需要注意的是，鱼类是机会主义者，其活动方式能随着许多生物和非生物因素而变化。

夜行性的摄食者通常在黄昏时从白天的庇护所出来，在夜晚摄食，并在黎明时返回寻

---

① 原文为 "*Pranesus pinguis*"，已为无效名，有效名已改为 "*Atherinomorus pinguis*"。——译者注

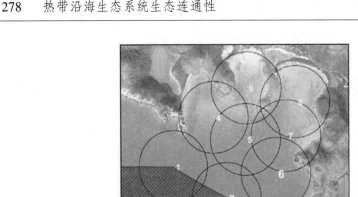

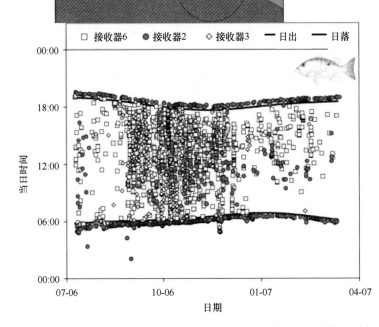

图 8.7 2006 年 7 月 12 日至 2007 年 4 月 5 日期间在圣约翰（美属维尔京群岛）拉木什尔湾（Lameshur Bay）对单个巴马哈笛鲷（*L. synagris*，总长 29 cm）的接收器探测图（下图）。上图显示：半径为 300 m 的探测缓冲区（圆圈）的 9 个接收器在海湾中的位置，并且站点探测范围有重叠。接收器 6：海湾内部站点，位于水深 17 m 的斑驳海草；接收器 2 和 3：海湾外部站点，水深约 22 m 处。改编自 Friedlander 和 Monaco（2007）并得到 S. Pittman（NOAA）的许可。鱼艺术品由佛罗里达州鱼类和野生动物保护委员会委托 D. Peebles 制作

找庇护［例如，石鲈科（Pomadasyidae）和羊鱼科（Mullidae）的鱼类］。海草床常被选为夜间生境，因为在黑暗中无脊椎动物数量高（Robertson and Howard，1978），且比邻近的生境高（Nagelkerken et al.，2000）。然而，比如法国石鲈类，是兼性夜间觅食者，被观察到也于白天到红树林和海草床摄食（Verweij et al.，2006）。

植食性鱼类［雀鲷科（Pomacentridae）、鹦嘴鱼科（Scaridae）］显然是昼行性的（Helfman，1993）。后者在白天摄食海草，以及珊瑚和生长在死亡珊瑚上的丝状藻类，夜晚隐藏在礁石里（Ogden and Zieman，1977）。如果月光足够强，植食性鱼类也可能在夜晚比较活跃（Hobson，1965）。

食鱼动物可能在两种策略中选用一种。它们可能在白天隐藏在礁石里，"静默期"后出现，从珊瑚礁漫游到海草场并在夜间摄食［比如，海鳗科（Muraenesocidae）、蛇鳗科（Ophichtidae）和笛鲷科（Lutjanidae）鱼类］。它们也会显示出机会主义的行为，在食物可获得性对应的白天或夜间活动［比如，加勒比海的金梭鱼科（Sphyraenidae）或鲹科（Carangidae），Ogden and Zieman，1977；太平洋哥伦比亚岩相海岸的笛鲷科（Lutjanidae），颌针鱼科（Belonidae）和鲹科（Carangidae），G Castellanos-Galindo，Universidad del Valle，Colombia，私人通信］。

摄食浮游动物和浮游植物的鱼类，通常聚集成密集的、相对不活跃的珊瑚礁区群体，从珊瑚礁生境沿水平和垂直方向分散到附近区域摄食。在黄昏时分，夜行性摄食浮游生物的鱼类群体，比如天竺鲷科（Apogonidae）或单鳍鱼科（Pempheridae），通常在夜晚洄游到离岸相当远的距离后才分散开觅食（Hobson，1965；Fishelson et al.，1971）。黎明时，昼行性的摄食浮游生物的鱼类，比如雀鲷科（Pomacentridae），分散并在礁石附近摄食浮游生物。珊瑚礁性洄游和在表 8.1 中提到的那些其他科和种类是否真的连接不同的生态系统，或者洄游是否是礁沙界面的移动并被限制在珊瑚礁的影响范围内，是存在争议的。然而，这些运动导致非礁区生产量规律性地转移到礁石生境，并且事实上可能因此被认为是邻近生态系统间的昼夜洄游。

8.5 十足类昼夜洄游

在海洋里，十足目动物主要分为 3 个群体：虾类、龙虾类和螃蟹类（Ruppert and Barnes，1994）。由于它们生物学上的差异，这些类群的分类是根据它们的游泳能力来分的，因此这些生物学特征可能影响它们昼夜活动的能力。

8.5.1 龙虾类

在找到生境后，龙虾就会成为底栖动物，不再游泳。关于龙虾短期洄游的认知主要是来自于海螯虾［海螯虾科（Nephropidae）］和大螯龙虾［龙虾科（Palinuridae）］这两类在形态、生态和行为学上都十分相似的类群。它们白天大部分时间都躲在潮间带珊瑚礁的缝隙和洞穴以及海草床斑块的侵蚀边缘中，然后在晚上的时候离开洞穴去周围捕食（例如：Herrnkind，1980；Cobb，1981；Joll and Phillips，1984；Phillips et al.，1984；Jernakoff and Phillips，1988；Jernakoff et al.，1993；Acosta，1999）。在不同的生态系统构成不同海洋景观的水域，夜间洄游活动把这些邻近的生态系统都清晰的连接在一起。

更详细的研究主要来自于亚热带或温带沿海地区。比如，西澳大利亚地区的天鹅龙虾

(*Palinurus cygnus*) 在晚上离开洞穴去礁区附近的海草床摄食（Cobb, 1981）。它们的活动范围（家园范围）通常小于 500 m，且龙虾会表现出对"家园"的高度忠诚度。天鹅龙虾（*P. cygnus*）稚虾阶段则在面积范围较小的区域摄食，一般活动半径小于 20 m，但有时也会离开洞穴到 50 m 远处摄食（Chittleborough, 1974）。天鹅龙虾（*P. cygnus*）稚虾阶段夜间移动速度一般约为每分钟 1 m。在穿过光滩的时候，速度会增加到每分钟 18 m（Jernakoff, 1987）。同样，在热带地区，眼斑龙虾（*P. argus*）亚成体一个晚上可以运动 25~416 m，一个星期后移动过的距离与之相近（Lozano-Alvarez et al., 2003），但是它们出现的模式会因个体发育过程而改变。在眼斑龙虾（*Panulirus argus*）的早期底栖生活阶段（头胸甲长度不足 15 mm），它们很少离开洞穴，稚虾阶段（头胸甲长度 30~62 mm）会在晚上离开洞穴 2~30 次，每次进行不到 10 分钟的探险活动；成体（头胸甲长度大于 80 mm）则会在晚上出去活动相当长的时间（Weiss et al., 2008）。斑龙虾（*P. guttatus*）的活动半径大概在 100 m 左右（Lozano-Alvarez et al., 2002）。所有的杂色龙虾（*P. versicolor*）会在其洞穴 500 m 范围内被重捕（Frisch, 2007）。

摄食活动因性别和个体大小的差异而有所变化（Weiss et al., 2008）。夜间活动总是一致的（Jernakoff, 1987; Frisch, 2007），通常在太阳下山后 1 小时内出现高峰（Fiedler, 1965），而在太阳出来前几个小时停止，全部返回各自洞穴（Herrnkind, 1980）。在活动范围内，龙虾会利用地球磁场、水体流动（Creaser and Travis, 1950; Herrnkind and McLean, 1971; Lohmann, 1985）和结构线索进行方向识别（Cox et al., 1997）。

光度和浑浊度在黎明或黑暗来临前都起到了控制龙虾洄游的因素（Herrnkind, 1980）。南非岩龙虾（*Jasus lalandii*）在太阳落山后的几小时内的进食效率是最高的，跟洄游运动模式很接近（Fiedler, 1965）。在天鹅龙虾（*P. cygnus*）稚虾阶段，摄食活动的发生大多都与因傍晚时节的光度变化相关，而不是与海水温度或海流的日变化相关。相似地，龙虾稚虾阶段结束摄食活动返回洞穴则与黎明光度发生变化相关（Jernakoff, 1987）。

龙虾稚虾阶段是十分重要的捕食者；它们的捕食生态可能会影响其活动范围内底栖生物群落的结构（Joll and Phillips, 1984），但由于它们的食谱混合且多样（Briones-Fourzan et al., 2003），难以量化其对整个食物链营养流动的贡献。

龙虾晚上的短途活动一般都只发生在一块单一的礁石上（Chittleborough, 1974），或者还有可能发生在离洞穴若干千米以外的礁石（Herrnkind, 1980）。但是这些洄游活动可能并不常发生且通常小于 20 km（Trendall and Bell, 1989）。具有植被覆盖的底质有可能成为独立的斑块之间的洄游廊道，从而扩大龙虾的洄游范围，还有可能成为它们重要的沉降区。因此，保护这些高异质性的斑块和植被覆盖的海洋景观为满足龙虾类等海洋生物复杂的生活史阶段需求变化具有重要意义（Acosta, 1999）。

8.5.2 对虾类

对虾类普遍属于底栖动物，只会间歇性利用游泳足进行游泳运动。影响对虾活动的主要因素有（1）昼夜周期，（2）月光，（3）浊度，（4）潮汐运动（Dall et al., 1990）。对虾典型的生活史将近岸海域（成体虾群、繁殖作用）与内湾和河口的最深处（育幼场）连接起来（详见第 7 章）。在育幼场的后期仔虾和稚虾阶段，通过短期的洄游把不同的浅海生态系统连接起来。

如果常规的昼夜洄游把邻近的生态系统连接起来，根据虾类掘穴行为，它们的洄游方式主要可以分为三类与光度相关的类型：（1）在清澈的水中，会在白天或晚上有月光的时候出来掘穴；（2）在浊度较低透明度较高的水域，它们会在夜间进行活动或者偶尔在白天的时候出现；（3）在较浑浊的水域，它们比较少进行掘穴活动。单只对虾一旦在育幼场定居下来后，其活动范围则很难识别，主要是由于标记-回捕实验的问题（Schaffmeister et al., 2006）。对虾类在邻近生态系统进行短期运动的证据主要来自沿海感潮水域（详见章节 8.8.2）。

8.5.3 蟹类

大部分蟹类不能游泳，它们的底栖洄游与常规的游泳生物连接生态系统的洄游方式并不一样（Ruppert and Barnes, 1994）。但梭子蟹擅长游泳，它的游泳足类似船桨，呈八字形，起到螺旋桨的作用。第四对步足在水中相互击动，起到稳定支撑作用。不过，它们大部分营底栖生活，只是间歇地进行游泳活动（Ruppert and Barnes, 1994）。关于螃蟹的大部分信息主要是来自重要的经济种类。在南非的一个河口，最大潮差是 1.4 m，分布在潮下带的锯缘青蟹（*Scylla serrata*）在夜间摄食移动距离为 219~910 m（Hill, 1978）。在这里，洄游受潮汐周期的影响并没有分析。尽管它们有很强的洄游能力可以在晚上沿着海岸带洄游至少 800 m，但它们普遍待在同一个地方（Hill, 1978）。通过持续更换生境，青蟹可以在几周内迁移数千米（Hyland et al., 1984）。因此，青蟹可以轻易地连接邻近的生态系统。但并没有相关研究表明这是否基于常规的昼夜周期和潮汐周期。

远海梭子蟹（*Portunus pelagicus*）采取机会主义生长策略，属于肉食性和腐食性底栖动物（Kangas, 2000）。它们在太阳下山时摄食率最高（Grove-Jones, 1987; Smith and Sumpton, 1987; Wassenberg and Hill, 1987）。尽管远海梭子蟹（*P. pelagicas*）大部分时间都在白天的生境附近摄食，它们还是很容易洄游到更远的生境进行摄食活动，摄食范围可以很广（Edgar, 1990）。由于它们有很强的游泳技能，远海梭子蟹（*P. pelagicus*）可以洄游很长的路线，曾经有记录它们一天可以在澳洲昆士兰的莫顿湾移动 20 km（Sumpton and Smith, 1991）。但是，莫顿湾标记实验表明，种群小范围的洄游活动更为频繁。在回捕个体中，79%是在放流点 2 km 范围内回捕的，仅仅只有 4%的个体是在离放流点 10 km 外回捕的（Potter et al., 1991）。同样，在放流点 4 km 以内回捕的有锯缘青蟹（*Scylla serrata*）（Hyland et al., 1984）和蓝蟹（*Callinectes sapidus*）（Mayo and Dudley, 1970）。墨西哥太平洋沿岸的拱形梭子蟹（*C. arcuatus*）的摄食行为一般发生在黄昏时候（Paul, 1981）。肯尼亚的钝齿短桨蟹（*Thalamita crenata*）在白天和夜间都会进行摄食活动，跟潮汐周期显著相关（Vezzosi et al., 1995; Cannicci et al., 1996）。但是，梭子蟹科（Portunidae）其他许多属如蟳属（*Charybdis*）、梭子蟹属（*Portunus*）、青蟹属（*Scylla*）和短桨蟹属

(*Thalamita*) 等的生物学信息都十分缺乏，尤其是在东南亚地区。

综上所述，在任何一个热带沿海地区，弱潮期的十足类的短期大规模洄游活动，都无法跟大规模的珊瑚礁鱼类昼夜洄游活动相比。但是，龙虾的昼夜洄游毫无疑问是可以连接相邻生境的。虾类和梭子蟹类的昼夜洄游是否可以连接相邻的生境还需要更多的证据来证实。十足类在浅海水域的昼夜移动时间也与黎明和黄昏时间变换相关，但相比鱼类这种相关性并没有那么高。总的来说，龙虾类和梭子蟹类的摄食范围跟鱼类相近。

8.6 鱼类的潮汐运动

在近岸海域，昼夜活动与潮汐作用紧密相关。在潮差小的沿海水域，如红海或者加勒比海，鱼类的活动类型基本与昼夜周期同步（见第8.4节）。在大部分沿海水域，沿海生物有节律的行为更多是与潮汐周期相关，但也与昼夜周期有很紧密的关系（Gibson，1993）。仅有少量研究揭示了鱼类生活在感潮和无潮沿海水域的节律性行为与潮汐周期的重要相关性［虾虎鱼科（Gobiidae）的小长臂虾虎（*Pomatoschistus minutus*）和鲽科（Pleuronectidae）的川鲽（*Platichthys flesus*）（Gibson，1982）；海鲶科（Ariidae）的海鲶（*Arius felis*）①（Steele，1985，Sogard et al.，1989）］。

以往关于鱼类潮汐运动的综述重点在于岩相滨岸、沙滩、盐沼或大洋区的洄游（Gibson，1969，1982，1988，1992，1993，1999，2003；Kneib，1997；Harden Jones，1968；Metcalfe et al.，2006）。这些综述大部分指的是北半球较高纬度区，但也为热带浅海地区鱼类潮汐运动提供了很好的参考资料。当没有热带地区的资料时，热带地区以外相关研究的资料就显得比较重要。

8.6.1 暂时和长期居住地

无论是短期还是长期，潮间带鱼类洄游（如季节性或因生物个体发育发生的洄游，详见第6章），都会把能量从潮间带带向潮下带。因此，本节把潮下带认定为与潮间带不同的生态系统。理论上，所有的潮间带洄游都起到连接不同生态系统的作用。

Gibson（1969，1988）将潮间带鱼类分为定居性（常年生活在潮间带）和过渡性（短期经过潮间带后回到潮下带生活）。他进一步将过渡性鱼类分为与潮汐相关、与月相周期相关、与季节相关和偶然的潮间带访客。本节并不讨论定居性鱼类，因为它们的移动没有连接相邻的生态系统。与潮间带洄游鱼类不同的是潮下带洄游鱼类，它们利用潮汐潮流在潮下带不同生境之间洄游，从而避免进入潮间带地区。然而这些分类方法有平滑的过渡。洄游类型会因个体、种群大小、性别、种类和种群不同而有所不同（Gibson，1999，2003），从而组成了复杂的海洋景观连通性。

---

① 原文海鲶（*Arius felis*），现已改为（*Ariopsis felis*）。——译者注

8.6.2 热带生境的乘潮洄游

在高潮期，过渡性鱼类会暂时性利用范围较广的不同热带生境。当退潮时，大部分鱼类会在红树林和红树林内的潮沟集群（Robertson and Duke, 1987; Little et al., 1988; Chong et al., 1990; Robertson and Duke, 1990; Sasekumar et al., 1992; Laroche et al., 1997; Kuo et al., 1999; Rönnbäck et al., 1999; Tongnunui et al., 2002; Krumme et al., 2004; Vidy et al., 2004），或滩涂上集群（Abou‑Seedo et al., 1990; Chong et al., 1990）。过渡性鱼类一般会到附近的沙滩（Brown and McLachlan, 1990; Abou‑Seedo et al., 1990; Yamahira et al., 1996）和岩石滩（Castellanos-Galindo et al., 2005; Gibson, 1999）摄食。在澳大利亚海草床生境，中层水域的捕食者会在高潮期从邻近的生境游向海草床上方水体中摄食（Robertson, 1980）。光鲬（*Platycephalus laevigatus*）在夜间或傍晚高潮期与其主要的捕食种类（*Nectocarcinus integrifons*）共同利用海草床生境。Sogard等（1989）根据佛罗里达湾流刺网连续捕获量，认为鱼类基本是在高潮期间进入沿海海草床生境的。在太平洋中部的马绍尔群岛，Bakus（1967）观测到了食藻类的横带刺尾鱼（*Acanthurus triostegus*）和斑点刺尾鱼（*A. guttatus*）在珊瑚礁生境随着潮汐周期大规模洄游。萨摩亚植食性的彩带刺尾鱼（*A. lineatus*）每天早上都需要在潮间带区重建生境（Craig, 1996）。在阿卡巴湾的一些地区，黑尾刺尾鱼（*A. nigrofuscus*）成群结队地从夜间栖息的珊瑚礁区域洄游500~600 m左右到达白天摄食的潮间带区域（Fishelson et al., 1987）。在苏拉威西南部，Unsworth等（2007b）认为蓝鳍鲹（*Caranx melampygus*）、斑鱵（*Hemiramphus far*）以及笛鲷（*Lutjanus* spp.）会在高潮期从珊瑚礁生境迁移到海草床生境。Bray（1981）在加利福尼亚南部观测到了斑鳍光鳃鱼（*Chromis punctipinnis*）随着潮流在一个珊瑚礁斑块摄食而后因为潮流方向的改变而移动到斑块的另一端。

8.6.3 潮间带洄游的功能作用

摄食（功能作用1）和庇护（功能作用2，如回避捕食作用）是两个最重要的潮间带洄游作用（Gibson, 1999）。潮间带洄游通常可以将浅水位休憩区和高水位的捕食区连接起来。大部分的过渡者鱼类是由于潮汐作用进入潮间带，而后在高潮区觅食，然后在退潮期间返回潮下带，因此避免了搁浅（Robertson and Duke, 1990; Krumme et al., 2004）。在低潮期间，鱼类进行休息和消化。由于不同地区环境的不同，如潮间带生境的可达性，有可能影响潮间带摄食区。Lugendo等（2007）的研究结果表明，比起和潮下带完全分离的红树林区域，与潮下带紧密相邻的红树林（红树林和潮沟共存）是更重要的鱼类摄食区。

图8.8描述了巴西四眼鱼（*Anableps anableps*）在潮间带的洄游过程。鱼类随早涨潮进入红树林潮沟，整个高潮期间在此摄食，再随晚退潮进入潮下带水域，整个退潮浅水期间都在浅滩水道中栖息（Brenner and Krumme, 2007）。两栖弹涂鱼［虾虎科（Gobiidae）］

呈现完全相反的乘潮洄游类型。它们在高潮期间休息，在退潮期间随潮水洄游到潮下带，在低潮期间摄食（Colombini et al.，1996）。

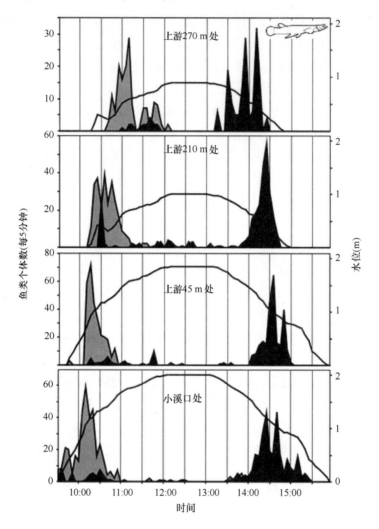

图 8.8　巴西北部红树林潮沟沿表层水体游泳的巴西四眼鱼（*Anableps anableps*）进行潮间带洄游过程（小潮，2005 年 6 月 29 日）。从离潮沟溪口由近到远的 4 个断面的同步视觉观测（底部到顶部）。水位下降的程度（实线）和淹没面积的减少反映出断面地形高度。灰色：鱼类向上游移动；黑色：鱼类向下游移动。注意 Y 轴的变化（U Krumme，未发表数据）

温带沿海区域的实例揭示了在大潮和退潮期间，过渡性鱼类消化节奏表现在胃的定量变化上，即胃饱和度在退潮时比涨潮时高（Weisberg et al.，1981；Kleypas and Dean，1983；Hampel and Cattrijsse，2004），以及胃含物随着潮汐周期而产生的定性变化（Ansell and Gibson，1990）。在高潮期间，潮间带的易达性和可见度达到峰值的时候，较低的海流速度促进了底栖无脊椎动物和植食动物的摄食活动（Brenner and Krumme，2007）。除了高潮期间的摄食活动，摄食浮游植物和浮游动物的动物也可以利用浮游生物在低潮期自然聚集的特点，比如聚集在一端封闭的潮沟内，大快朵颐（Krumme and Liang，2004）。同样，食鱼性的动物也可能在退潮的时候聚集在潮沟或小河道的入口，摄食返回的鱼类。Hoeinghaus 等（2003）通过委内瑞拉河漫滩的研究，提出了鱼类的这一摄食策略。

鱼类在浅水区游泳可以降低被捕食的危险，因为捕食者鱼类通常会在高潮期进入更深的水区（Ruiz et al.，1993）。过渡性鱼类可能会洄游到高潮区来避免被捕食（Dorenbosch et al.，2004）。减少被捕食风险的例子包括俯海鲶（*Cathorops* sp.），这种鱼仅在晚上大潮时期进入潮间带（Krumme et al.，2004）和在温带近海，尽管潮下带饵料丰富，但还是要进入潮间带活动（Ansell and Gibson，1990）。

由于种内或种间竞争导致的乘潮洄游仍然缺乏令人信服的证据（功能作用3）[参见 Hill et al.，1982 中提到的关于锯缘青蟹（*Scylla serrata*）的实例]。在现场试验中，在种间或种内不同年龄群体中，较难排除鱼类捕食者的潜在影响因素。

一些物种除了利用潮间带进行摄食活动和获得庇护外，还通过乘潮洄游（功能作用4）进行产卵活动（Gibson，1992，1999；De Martini，1999），或定期小规模或季节性大规模洄游到产卵区，这一般发生在太阴潮周期或大潮周期期间（Shapiro，1987；Zeller，1998；第4章）。乘潮洄游的第5个功能作用是搜寻适宜生长的环境（Gibson，1999），但这个功能作用尚未研究清楚，因为水温、盐度、溶解氧含量与水位潮汐变化高度相关。在热带地区，水温的变化较小，河口鱼类普遍属于最广盐动物。极端高盐或低氧通常会逐渐形成，然后鱼类会受影响的区域洄游至更适宜的生活环境，但这并不一定与潮汐相关（如：Shimps et al.，2005）。

8.6.4 物种和个体大小组群的序列

现有少量证据表明，有自主游泳能力的鱼类（在物种水平和种内个体大小水平）在涨潮和退潮期的潮间带的洄游是有组织的。种内和种间在一些因素上的区别，例如最低水位需求、浅水区生境的相对位置、捕食者的存在、或者潮间带摄食效率的高低都可能导致种群或种内组群有规律地按照序列进入或离开潮间带水域。最强有力的证据来自美国东部盐沼潮沟。Kneib 和 Wagner（1994）发现，与低潮与退潮时期相比，物种和个体的数量通常在高潮期的堰流水槽达到最高。这些研究结果表明，个体较小的鱼类或虾类比个体较大的同种生物洄游更短的距离进入沼泽区。Bretsch 和 Allen（2006a）通过扫描水道来定量研究游泳生物进出潮间带盐沼的洄游。结果发现，这种洄游并不是随机的，而是有组织的，定居性种类在高潮期早期进入而过渡性种类在更高水位发生的后期进入。在洄游发生最高峰时期，一个物种的水位会因夏天物种的生长而有所增加。在巴西北部红树林潮沟，Krumme 等（2004）发现不同物种的过渡性生物的洄游路径在退潮时会有所不同，它们具有完全不同的生活史，也会选择不同的生境点。Giarrizzo 和 Krumme（未发表）的研究结果表明，个体较小的鲀科（Tetraodontidae）鱼类点条方头鲀（*Colomesus psittacus*）比个体较大的同类物种在涨潮较早期进入潮间带，而在退潮时较迟离开。同样，最小的巴西四眼鱼（*Anableps anableps*）比个体较大的四眼鱼会在涨潮时早几分钟进入潮间带，退潮时晚几分钟离开（U Krumme，未发表数据）。因此，更脆弱和更小的鱼类在潮间带逗留的时间更长。但是否这些个体较小的鱼类在潮间带逗留时间更长是为了避免被捕食还有待进一步验证。

8.6.5 乘潮洄游的环境线索

乘潮洄游精准定时，要在适宜的条件下完成其洄游活动，从而避免在退潮时搁浅。许多报道的研究条件完全不同，如研究样本的时间、地点和使用的采样工具（Gibson，1999）。了解研究鱼类如何运用乘潮洄游的环境线索是决定进行重复实验采样时间间隔的重要依据。实验表明鱼类对水下压力的改变（Gibson，1971，1982；Gibson et al.，1978）、水位的变化（Ishibashi，1973）、饥饿（Nishikawa and Ishibashi，1975）等有一定反应。温带比目鱼只要在涨潮期间维持一定的水位就可以洄游（Gibson，1973）。Bretsch and Allen（2006a）发现鱼类可以在进入或离开潮沟时利用的水深相同。以上两个研究结果都支持了Gibson的推论。同样的，巴西四眼鱼（*Anableps anableps*）的乘潮洄游也受到水位的控制，而并不是受高潮和低潮的时间控制（Brenner and Krumme，2007）（图8.8）。Bretsch 和 Allen（2006b）通过实验进一步研究发现加拿大底鳉（*Fundulus heteroclitus*）和小长臂虾（*Palaemonetes* spp.）在其他捕食者和非捕食者共存的情况下，会选择更浅的水域进行洄游。也就是说，乘潮洄游的时间是与非生物因子和多种群作用效应决定的，如为了降低被捕食风险（Gibson and Robb，1996）。大部分潮汐过渡性种类同时利用不同的环境线索进行洄游，包括生物和非生物因子。其他与潮汐相关的环境线索如海流速度、水温、水流声音或其他生物间的关系等潜在线索，有待进一步通过试验测试。

为了确保样本之间的可比性，在流速较小的浅水或高水位海区进行采样是十分必要的，因为那时的鱼类聚集情况最为稳定。涨潮和退潮都属于动态期，这时游泳生物的群落组成会重组。在涨潮或退潮期进行采样有可能增加数据的变化，导致不必要的偏差。

比较评估生境类型应该在高潮和低潮时所有生境类型中进行采样，从而避免由于乘潮洄游带来的偏差。例如，在邻近红树林和海草床采集的高潮期的样本可能会得到"红树林比海草床支持更多的生物量"这一结论，但事实上，有可能在低潮期鱼类主要分布在海草床生境。因此，可能会是这样的结论"在低潮期海草床支持更多的鱼类，然后这些鱼类在高潮期进入红树林生境"。

8.6.6 洄游和摄食的范围

潮间带洄游类型和摄食范围是确定海洋公园边界的重要参考标准。热带海区潮汐运动的相关知识仍十分缺乏。在夏威夷环礁区，顶级捕食者笛鲷类蓝短鳍笛鲷（*Aprion virescens*）季节性的核心活动区活动范围为12 km长、19 km宽的区域。在核心活动区，标记的蓝短鳍笛鲷（*A. virescens*）显示出随昼夜和潮汐变换生境的洄游现象。潮汐导致的生境洄游能力达到了24小时内洄游24 km，尽管潮差小于1 m（Meyer et al.，2007a）。鱼类沿着堡礁在高潮期进行洄游，在退潮期返回。珍鲹（*Caranx ignobilis*）也具有相似的活动范围，每天大约洄游 29 km（Meyer et al.，2007b）。夏威夷环礁的生态系统缺乏植被，因此鱼类无法在红树林和海草床生境进行洄游，但仍可以洄游相当大的范围，例如潮下带顶级捕食者可以在短期的洄游过程中，甚至洄游到小潮区。

在温带河口物种的研究案例中，超声标记的比目鱼洄游的范围为 0.1~1.5 km（Wirjoatmodjo and Pitcher，1984；Szedlmayer and Able，1993），而鲻科（Mugilidae）鱼类的薄唇鲅（*Liza ramada*）在整个潮汐周期中洄游了 6 245 m（Almeida，1996）。在潮汐洄游过程中，鱼类可能会选择性地利用潮汐流在涨潮和落潮时进行洄游（Forward and Tankersley，2001）。Kleypas 和 Dean（1983）和 Krumme（2004）的研究发现，潮间带鱼类可以利用潮流进入摄食区。

强潮流也可以限制鱼类的活动范围。隆头鱼科（Labridae）的裂唇鱼（*Labroides dimidiatus*）会随着潮流待在一定的位置（Potts，1973）。比目鱼，如鲽（*Pleuronectes platessa*）在潮流太强的时候会躲进沉积物里。

8.6.7 "家园"的忠诚度和返巢活动

由于潮汐的动态变化，有科学家认为在感潮沿海水域的鱼类归类为"没有固定位置的资源量始终变动"的动物（Sogard et al.，1989）。支持该论断的证据逐年增加，但是，浅水区鱼类有其短期的核心活动范围，对"家园"和熟悉的水域具有一定的忠诚度。一方面，这使得它们在海域的捕捞活动中特别脆弱，但另一方面也可以通过建立禁渔区加以适当的保护。鱼类对附近的海洋景观结构和地形的知识，可以为鱼类在复杂环境中找到休憩和摄食的场所。鱼类可能会利用物理结构，如地标物在复杂的三维环境中导航（Gibson，1999；Braithwaite and Burt De Perera，2006；Brown et al.，2006）。Dorenbosch 等（2004）认为桑吉巴的金焰笛鲷（*Lutjanus fulviflamma*）和埃氏笛鲷（*L. ehrenbergii*）的稚鱼有返巢行为和家园忠诚度。在白天，鱼类显然随着潮汐从低潮生境迁移到高潮休憩区（从水道到槽口），避免被捕食。Fishelson 等（1987）和 Craig（1996）研究证实了鱼类在珊瑚礁高潮摄食区对家园的这种忠诚度（McFarland and Hillis，1982；Kuwanuura，1985；Okuda and Yanagisawa，1996；Marnane，2000；Beets et al.，2003）。

8.7 昼夜洄游和乘潮洄游的对比

8.7.1 昼夜洄游和乘潮洄游的异同

上文描述的昼夜和乘潮洄游类型中，我们可以发现短期洄游活动具有很大的相似性，但也有所区别（表 8.2）。相似点（表 8.2 前半部分 1~5）并不适用于所有的物种、大小群组和地点，但是比较可能找出在不同环境周期变化中决定短期洄游的因素。

（1）昼夜和乘潮的洄游通常连接了休憩区和摄食区。昼夜洄游一般只发生在小潮沿岸区，其中，鱼类白天休憩，晚上摄食或者相反。而乘潮洄游的鱼类一般在低潮期休憩、高潮期摄食。

（2）昼夜洄游动物具有的结构复杂的休憩区（如洞穴、缝隙或红树林），这可能与潮下带浅水休憩区（躲藏在软泥底质中躲藏，潮汐带庇护所）相关。潮下带生境提供的植物凋落物（Daniel and Robertson，1990）或海草等植物可以为乘潮洄游的物种带来显著利益（Irlandi and Crawford，1997）。

（3）在黎明和黄昏进行昼夜洄游活动可能与涨潮期的洄游活动相关，从而把鱼类带到摄食区，在退潮期再把它们带回休憩区。

表 8.2 鱼类潮汐周期和昼夜周期移动的异同[a]

	特点	昼夜洄游[b]	乘潮洄游[c]
		相似点	
1	休憩	结构复杂的生境	潮下带，浅水
2	摄食	珊瑚礁邻近区（海草床，沙滩等）	
3	洄游	黄昏和黎明	
4	物种顺序	根据亮度排序	根据水层深度排序
5	种群大小顺序	是	是
6	短期停留，长期待在庇护所	即休憩地	即潮间带
7	对原生境的忠诚度	休憩和摄食区	休憩和摄食区
8	回家行为	是	是
9	洄游路径	不随时间变化	不随时间变化
		差异	
1	时间	亮度	潮汐周期和亮度
2	洄游	主动	部分自由的，随着潮汐移动，选择性地随潮汐移动，主动
3	洄游过程	较短（几分钟）；暮色降临期	较长（几小时）；涨潮和退潮期
4	可预测性	短期变动较低	短期变动较大
5	每天洄游的最多次数	1次	2次（半日潮）
6	摄食范围	几百米，基本小于 1 km	从几百米到几千米

a. 过渡期 sensu Gibson（1969，1988）；

b. 沿海地区只考虑纯昼夜洄游，可以忽略潮汐范围（加勒比海、红海、海岛和南亚东南亚部分地区；见第 8.3 节）；

c. 所有其他沿海地区受潮汐和昼夜周期共同作用。

（4）昼夜洄游和乘潮洄游可以描述为种群和个体大小群组顺序在生境间往来。不同的物种和个体大小群组具有不同的环境条件，对光度和水深有不同的要求和反应，因此形成部分有组织的；临时短期洄游活动。在白天洄游的种类中，较小个体和种类比较大个体和种类会在傍晚时更早返回休憩点，在黎明的时候较晚出现（Hobson，1972；Helfman，1981）。在晚上活动的种类中，较小个体会在较低光度时活动（McFarland et al.，1979）。在感潮洄游中，较小的个体或物种通常在较浅的水域活动。总的来说，较小的个体比较大的个体在庇护所逗留的时间更长。个体发育过程中捕食风险的变化会在昼夜和感潮洄游中都有所体现。

（5）对家园的忠诚度、返巢行为和固定的洄游路线，也就是说，核心活动区的利用，在昼夜和乘潮洄游中都有所体现。鱼类对周围海洋景观结构的了解可以让它们更好地利用庇护所和摄食区。

昼夜洄游和乘潮洄游的差异（表后半部分 1~6）与不同的时间和物理特性相关（表8.2）。

（1）光度的变化引发了昼夜洄游，而潮汐的变化控制了乘潮洄游。在感潮沿海地区，白天活动物种集中在白天的高潮期摄食，晚上活动的物种集中在晚上的高潮期摄食。

（2）黄昏时期的洄游相对短暂，通常在半小时内完成，而涨潮退潮时潮间带摄食区的洄游通常需要 1 小时。

（3）休憩区和摄食区之间昼夜移动的距离是通过主动游泳完成的。乘潮洄游同样也包括了主动洄游，但受到潮汐"传送带"的影响。鱼类可能随潮流到达最终要去的水域。移动的能量会有所减少，节省的能量可以用于生长率和存活率。

（4）由于热带海区相对稳定的昼夜周期，昼夜洄游具有高度的可预测性，但受限于相对短暂的黄昏时期。因此，该洄游活动时间精确，变动幅度较小。相反，潮汐周期由于天文、气象、区位的影响，有相当大的变动性。因此，乘潮洄游类型比昼夜洄游类型更难以研究。

（5）昼夜洄游受限于太阳升落，因此一般是每天来回一次。乘潮洄游在半日潮沿海区一天可以发生两次。

（6）根据现有知识，昼夜洄游的摄食范围可能是离休憩区几百米，有时也超过 1 km，但很少超过 2 km。关于乘潮洄游的摄食范围的知识更少，但有证据显示，洄游距离比昼夜洄游更远，可能要高一个数量级。鱼类可能会在一个潮汐周期洄游数百米到数千米的距离。值得注意的是，夏威夷环礁的顶级捕食者在潮差只有 1 m 的情况下，每天可洄游 20 km。

8.7.2 大小潮交替

只有乘潮洄游具有，而昼夜洄游缺乏的特点，就是大小潮洄游。大致每周均发生的大小潮差和潮流流速的变化对潮间带生物具有深远的影响。感潮沿海区域的底栖生物具有垂直带状分布的特点。潮差越大，垂直带状区越多，潮间带过渡动物从中获得的利益越多，反之亦然。所以，通常大潮期会比小潮期有更多的鱼类出现（Davis，1988；Laegdsgaard and Johnson，1995；Wilson and Sheaves，2001；Krumme et al.，2004）。有关大潮期乘潮洄游的范围更大，参见第8.3节内容。大小潮周期也反映在食物摄取（Colombini et al.，1996；Brenner and Krumme，2007；Krumme et al.，2008）、潮间带鱼类的生长率（Rahman and Cowx，2006）和被捕食者死亡率的周期。因此，许多感潮沿海水域受到不同的潮汐扰动影响，呈现两种状态（Brenner and Krumme，2007）。在小潮期，系统组分之间的相互影响（低水位，低流速）比高潮期（高水位，高流速）低很多。

沿海红树林区为近岸生物提供了一种额外的洄游机制。悬浮的红树林凋落物油气随大潮退潮水迁移（Schories et al.，2003），因此为仔鱼和稚鱼和十足类提供组织结构、阴影和运输工具（Daniel and Robertson，1990；Wehrtmann and Dittel，1990；Schwamborn and Bonecker，1996）。

大小潮交替还与月相和月光亮度相关。月光亮度可以改变鱼类洄游形式，尤其是在透明度较高的水区（Hobson，1965），但在扰动较大的河口，该作用可以忽略（Quinn and Koijs，1981；Krumme et al.，2004；Krumme et al.，2008）。不过，鉴于统计学的原因，量化解释月光和大潮的效应是一项难以完成的任务。同一月相一个月出现一次。只要对月相观察若干个月，就需要考虑月份和/季节变化的影响。同时，潮汐也会发生无法预期的协同变化，如在某一月相期间同步发生较高潮差或较低潮差，因此难以建立其中纠缠不清的相关性。

8.7.3 潮汐和昼夜变化的相互关系

除了弱潮沿海地区外，潮汐和昼夜之间的关系还存在另一种特殊效应，即潮汐和昼夜具有协同效应，但要研究潮汐效应，不能不考虑昼夜的效应，反之亦然。以最常见的半日潮地区为例，其小潮高潮发生在12：00和00：00。但一个星期后，由于潮时时滞效应，大潮高潮发生在18：00和06：00。在这期间，中潮高潮发生在15：00和03：00。这样每个月就由6组组合，其中每个组合均由不同的光亮度、潮高和流速组合而成。这些不同的组合在一周或每两周重复发生。潮间带鱼类的集群和对虾（见第8.8.2节）会受到这些相互作用因素的强烈影响。

Laroche等（1997）和Krumme等（2004）发现，鱼类集群按照大小潮和昼夜之间的特殊组合而反复发生。在任何地点，可以预测，游泳生物群落一定会发生重组。只要有一定的环境条件，主要是昼夜（光度）和潮汐周期（水深，潮流速度）的相互作用，特定的集群组合一定会临时在潮间带聚集。组合的变化具有特征，其中不仅包括物种的出现或消失，还包括优势物种的改变。因此，这些短期群落组合的变化并不能代表所有的组合类型，在没有了解所有的组合类型前，不能提前下结论。昼夜和潮汐周期相互影响导致的变动相当于热带河口鱼类集群的变动（Krumme et al.，2004）。因此，中型或大型感潮沿海地区的长期监测项目应当考虑昼夜和潮汐周期相互影响导致的短期变动。

显然，并不是每只鱼类个体都会在每个潮汐周期进行洄游活动，不同的个体（Szedlmayer and Able，1993)、个体大小群组 (Bretsch and Allen，2006a)、性别 (Krumme et al.，2004)、物种和区域 (Gibson，1973；van der Veer and Bergman，1987) 等都会发生较大变化。温带海岸带的研究结果表明，鱼类，如鲽 (*Pleuronectes platessa*) 可以在系统发育过程中改变其洄游行为 (Gibson，1997)。在海鲽稚鱼期，有3个高潮分布类型：(1) 所有的种群都洄游到潮间带 (Kuipers，1973)，(2) 仅有部分洄游 (Edwards and Steele，1968；Ansell and Gibson，1990)，(3) 潮间带和潮下带种群分开洄游 (Berghahn，1987)。这些变化的研究可以为洄游控制机制的研究提供一定的参考。

8.8 十足类的感潮洄游

十足类对潮流变化的响应表现为避免被取代、间歇性的游泳和选择性地随潮流洄游等 (Forward and Tankersley，2001)。短期移动导致邻近热带生态系统之间的连通，这在对虾和梭子蟹在潮间带的洄游中最为明显。

8.8.1 龙虾

固定生活的龙虾并不适宜在潮流中游泳。潮汐对它们来说更多的是限制而不是促进其活动。龙虾的自然行为使得它们生活在潮间带高潮流速下。龙虾并不是利用潮流进行运动，而是需要在更强的潮流期，通过降低移动能力回避被取代的风险 (Howard and Nunny，1983)。事实上，英国沿海水域的龙虾仅在水流速度比较低的时候接近食物 (诱饵) (Howard，1980)。

8.8.2 对虾

受潮汐影响的、较浑浊的浅水域通常会为重要的经济对虾提供育幼场所。对虾稚虾在高潮期间经常洄游至潮间带红树林 (Staples and Vance，1979；Robertson and Duke，1987；Chong et al.，1990；Vance et al.，1990；Mohan et al.，1995；Primavera，1998；Rönnbäck et al.，1999；Krumme et al.，2004)，或到泥滩区 (Bishop and Khan，1999) 和海草床生境 (Schaffmeister et al.，2006)。在育幼场附近的短期的洄游过程中，对虾将能量从潮间带转移到了潮下带。通过近岸繁殖洄游，生物个体发育洄游使它们生活史中累积的能量转移到近岸海洋 (见第4章和第7章)。Kneib (1997) 描述了这个逐步连续的营养输出过程，同时命名这个过程为"营养中继传送"(trophic relay)。

对虾稚虾拖网捕捞量在空间和时间上都有巨大的差异。虾类的可捕性取决于它们的种类和行为 (即底埋、非底埋；主动游泳或非主动游泳)，不同的捕捞工具也有不同的影响 (Vance and Staples，1992)。墨吉对虾 (*Penaeus merguiensis*) 是在晚上高潮期最具主动游泳能力的对虾 (Dall et al.，1990)，但它们在低潮期最易被拖网捕捉 (Vance and Staples，1992)。其他的种类如短沟对虾 (*P. semisulcatus*) 和褐虎对虾 (*P. esculentus*) 在晚上高潮期更易被捕捞。

实验室研究（Staples and Vance，1979；Vance and Staples，1992）和现场试验（Hindley，1975；Natajaran，1989a，b；Vance，1992）都表明，短期范围内的洄游行为受昼夜和潮汐周期的影响。潮汐和阳光的周期影响程度因种类而异（Vance and Staples，1992）。这些因素之间的相互作用给制定标准采样方法带来困难（Staples and Vance，1979；Bishop and Khan，1999）。实验室研究进一步认为对虾类活动会随着浊度、月光、盐度和温度而变化。图 8.9 说明了潮汐和昼夜周期的交互影响，特别是不同潮汐类型对澳大利亚卡本塔利亚湾东部威帕附近的墨吉对虾（*Penaeus merguiensis*）可捕量的影响。潮汐的影响比昼夜影响更大，因为全日潮出现单峰分布，半日潮出现双峰分布。

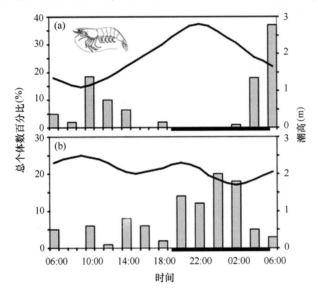

图 8.9　潮汐（实线）和昼夜周期的作用，（a）全日大潮期（$N=529$），（b）半日小潮期（$N=638$），墨吉对虾（*Penaeus merguiensis*）稚虾在爱博来河（Embly River）、卡本塔利亚湾、澳大利亚热带区域的可捕量（柱状图）。X 轴上黑色的平行柱子表示黑暗的时间。蒙 DJ Vance 许可，改绘自 Staples 和 Vance（1979）。复制版权来自 Australian J Mar Freshw Res 30（4）：511-519，版权 CSIRO（1979）。出版社：澳大利亚联邦科学院出版社，澳大利亚墨尔本。

与大多数潮汐洄游的鱼类相同，有关虾类最终洄游的终点，即休憩区和摄食区的资料很多，而有关移动过程的信息却很少。一些虾类，如墨吉对虾（*Penaeus merguiensis*）可以在低潮浅水区聚集，非常接近岸边（Hindley，1975；Hill，1985；Vance et al.，1990）。其他种类，如斑节对虾（*Penaeus monodon*）埋藏在沉积物中，并不会到岸边聚集。稚虾最小个体经常在更浅的水域栖息，较大的个体栖息在更深的水层（Staples and Vance，1979）。在大潮期，虾类移动到上游区，然后进入潮间带的红树林潮沟。

潮间带红树林为虾类提供了很多的微生境，但是高潮期间虾类在红树林内分布呈现高度的差异性（Rönnbäck et al.，1999；Vance et al.，2002；Meager et al.，2003）。当地的潮流、地形、生境类型和因地点而异的水体透明度和浊度等因素对潮间带微生境中对虾的分布都有很大的影响。Quinn 和 Koijs（1987）和 Vance 等（2002）认为，虾类的移动主要受当地潮流的影响。Krumme 等（2004）发现高潮水位和褐对虾（*Penaeus subtilis*）在潮间带红树林潮沟的丰度和捕捞重量有正相关性。基于当地的地形，潮汐洄游可以将虾类转移到 200 米外的红树林区（Vance et al., 1996; Rönnbäck et al., 1999; Vance et al., 2002）。摄食主要发生在高潮期（Robertson, 1988）。Vance 等（1990）认为，在退潮期，虾类同时以被动和主动游泳的方式朝下游移动。但是它们可能通过近底层的活动在退潮期控制下游的移动，然后在特别低潮期返回潮下带，不一定随下一个潮期活动。

在一个种群内，随潮汐移动的对虾所占比例的变化或差异基本不清楚。Bishop 和 Khan（1999）将潮下带和潮间带泥滩的虾类进行了区分。研究发现潮下带虾类更不容易连接相邻的生态系统。Schaffmeister 等（2006）从毛里塔尼亚的海草床池塘捕捉了美丽长臂虾（*Palaemon elegans*）的稚虾和亚成虾，并用明亮的指甲油加以标记。虽然样本量和回捕率较小，但结果表明，稚虾会在高潮期离开水坑进入周边的海草床摄食；在低潮时，有些会返回到原来的水坑，但也有一些会进入附近的水坑。亚成体则在高潮和低潮期都各自待在水坑里。进一步认识十足类在潮间带一定范围内的洄游活动，需要通过跟踪单个个体在潮汐期间的洄游来研究。

8.8.3 梭子蟹类

热带梭子蟹的感潮洄游可能是普遍现象，但是令人惊奇的是很少有相关研究成果出版。决定洄游活动的因子包括年龄、性别和蜕壳阶段。Hill 等（1982）发现锯缘青蟹（*Scylla serrata*）稚蟹定居在潮间带红树林区，与远海梭子蟹（*Portunus pelagicus*）的稚蟹一样在低潮期逗留在潮间带（Williams, 1982）。大部分亚成体和部分成体只在大潮期进入潮间带，在低潮期返回潮下带（Hill et al., 1982）。潮下河口区的锯缘青蟹（*Scylla serrata*）属于"生活在无边界区、无领土意识"的动物（Hill, 1978）。它们可能很长时间内都在同一地方逗留（<1 km），也可能在几周内洄游到下游很远的距离（>10 km）。Hill 等（1982）认为，减少种内竞争和摄食是锯缘青蟹（*Scylla serrata*）进行洄游活动和稚蟹定居潮间带的主要原因。因此，潮汐洄游可能是其避免种内竞争的一种方式（参见第 8.6.3 节）。

钝齿短桨蟹（*Thalamita crenata*）（Cannicci et al., 1996）、蓝蟹（*Callinectes sapidus*）（Nishimoto and Herrnkind, 1978）、首长黄道蟹（*Cancer magister*）（Williams, 1979）和倭小黄道蟹（*Carcinus maenas*）（Dare and Edwards, 1981）都发现在潮涨落期间进行常规的洄游。钝齿短桨蟹（*T. crenata*）在潮间带水位差 10~40 cm 间的时候活动能力最大（Vezzosi et al., 1995），然后根据地标定位其庇护所和巢穴（Vannini and Cannicci, 1995, Cannicci et al., 2000）。

在温带潮汐沿岸，蓝蟹（*Callinectes sapidus*）稚蟹随潮水进入潮间带区域，但并不会洄游到很远的盐沼（洄游距离小于 100 m, Fitz and Wiegert, 1991; Kneib, 1995）。在低潮期，它们可能躲在浅水区（van Montfrans et al.，1991）。蓝蟹（*C. sapidus*）的消化道在高潮期达到最大，表明在高潮期是其主动摄食阶段（Ryer，1987）。因此，潮汐周期可能引起蓝蟹（*C. sapidus*）摄食周期的变化（Weissburg and Zimmer-Faust，1993，1994；Zimmer-Faust et al.，1995，1996；Weissburg et al.，2003）。Cannicci 等（1996）报道了钝齿短桨蟹（*Thalamita crenata*）在高潮期的摄食率高于低潮期。

8.9 不同地理区域之间生境连通度的比较

现有的资料表明不同的海洋景观经常由于动物的短期移动而紧密连通起来，这指的是游泳动物的昼夜洄游和乘潮洄游（与生物发生学相关的连通性见第 6、7、10 章）。但生境之间的连通度可能因区域而有所差异。

导致区域差异的一个主要因素是水动力。印度洋-西太平洋的潮差一般比加勒比海的大，这可能提高邻近生态系统之间的连通度。短期洄游并不受限于昼夜周期，也就是说，24 小时内仅有一次来回洄游。在半日潮沿海地区，24 小时有两次来回洄游，因此，潮下带的生境可以同时容纳追随潮汐周期和昼夜周期的洄游者。在印度-西太平洋区域的昼夜和潮汐生境连通性的证据要么来自一个生境（海草床），仅仅连接到相邻生境（Kochzius，1999；Unsworth et al.，2007a），或者是来自多个相邻生境的研究结果（Nakamura and Sano，2004；Dorenbosch et al.，2005；Unsworth et al.，2007b；Unsworth et al.，2008）。

由于潮汐作用可以忽略不计，晨昏洄游成为加勒比海短期生境连通性的主要驱动因素。加勒比海红树林和海草床以及珊瑚礁鱼类之间的联系相对较强，主要是由于后两类生境可与红树林紧密相连，鱼类可以在其间进行昼夜洄游。但是，从全球范围来看，加勒比海的红树林并不具有代表性，应该属于例外。与大部分热带红树林海岸带不同，加勒比海红树林斑块分布在清洁水域中，仅有少量的陆地径流，持续地处于淹没状态，因此总是可以让游泳动物接近。但在其他区域，红树林和红树林潮沟一般属于潮间带，仅有一段时间处于淹没状态。

另一个影响因素是物种丰度和功能群的组成。在印度洋-西太平洋区，大部分物种参与了短期的生境间洄游。所有的功能性鱼群比加勒比海拥有更多的物种（Bellwood et al.，2004）。特别是，无脊椎动物摄食者与日间及晚间浮游生物摄食者，在西太平洋的物种多样性更高。石鲈科（Pomadasyidae）是加勒比珊瑚礁海区昼夜洄游的优势群体，比印度洋-西太平洋区域的多样性更高。但是，有些已被证实有生境间连通性的科（表 8.1）在大堡礁的物种丰度更高（Bellwood and Wainwright，2006），如雀鲷科（Pomacentridae）、天竺鲷科（Apogonidae）、笛鲷科（Lutjanidae）、羊鱼科（Mullidae）和篮子鱼科（Siganidae）等的鱼类。无论从物种丰度还是多样性来说，天竺鲷科（Apogonidae）都是印度洋-太平洋夜间浮游动物摄食者的优势种类。Parrish（1989）认为，加勒比海石鲈科（Pomadasyidae）的连通性功能可能会被裸颊鲷科（Lethrinidae）所替代，尽管该科在印度—太平洋的种群比石鲈科（Pomadasyidae）在加勒比海的优势度小。更多关于短期生境间的连接的定性和定量研究见表 8.1。在印度洋-西太平洋区该类数据较缺乏。

8.10 潮汐范围和家园活动面积

Pittman 和 MacAlpine（2003）认为鱼类个体大小和家园活动面积之间并没有很强的线性关系，其原因主要在于地理学上和鱼类行为学上种内和种间差异。大型的礁区顶级捕食者都具有较强的活动能力（Meyer et al., 2007a, b）或者极端定栖性（Zeller, 1997; Kaunda-Arara and Rose, 2004; Popple and Hunte, 2005）。微小鱼类所需的生存空间极小，但是需要洄游很长的距离去寻找有浮游动物，例如小银鱼的斑块分布水域。因此，生境连通性并不简单地只跟鱼类个体大小相关。

生境连通性在多种生境同时存在且紧密相连的情况下会达到最大值。但是，当适宜的生境相距比较遥远、潮差大和流速强时，可能会促使生物向更远的生境洄游。这里假设同一种物种的活动范围在潮差或者潮流更大的情况下会增大，因此，短期移动产生的生境连通性比在可忽略潮汐的沿岸地区更大。

两个例子可以说明，家园活动面积由于潮差增大而增大。在特立尼达岛，潮差是 0 ~ 0.5 m（Wothke and Greven, 1998），巴西四眼鱼（Anableps anableps）所占据的活动范围小于 100 m（德国杜塞尔多夫大学的 H Greven，私人通信）。在巴西北部红树林潮沟，大潮潮差 3 ~ 4 m，同一个物种可以在浅水休憩区和高水位摄食区之间洄游远于 1.5 km 的距离，也就是说每天洄游距离大于 3 km（U Krumme，未发表）。同样，赫氏沼海鲶（Sciades herzbergii）的活动范围在南加勒比海（潮差 0 ~ 1 m）小于 1 km（哥伦比亚海洋和海岸带调查研究所的 A Acero Pizarro，私人通信），而在巴西北部每次潮汐周期可以洄游大于 1.5 km（U Krumme，私人观点）。需要注意的是，这两个例子中家园活动范围的增加是由于大潮区和小潮区相差一个数量级，这是由于不同的地形导致的。潮差越大，潮间带越平缓，生物可洄游的距离越长，从而活动范围也就越大。在潮下带洄游的例子中，摄食范围的增加主要是由于潮流流速的增加引起的。

当不同的生态系统同时存在，而且潮流流速提高，那么，游泳生物更易到达更大部分的异质性生态系统。潮差扩大了摄食范围，利用更远距离的生境变得更有利，从而增加了生境连通性。或者，大潮水域的游泳生物会洄游更远的距离到达具有同样斑块分布，但更有利可图的小潮区生境。接近更有利可图的生境会提高生长率、降低死亡率，增加成体资源量。如果"潮差越大，活动范围越大"这一结论成立，那么大潮区设立海洋公园和保护区的范围就要比小潮区的范围更大。

8.11 潮汐——被忽视的不同海岸带之间的差异因素

潮汐波动的多样性（参见第 8.3 节的简单介绍）是不同海岸带之间差异因素之一，但在不同海岸带地区生物多样性和生产力的大尺度比较中往往被忽视。潮汐是从短期到中期尺度连接邻近海岸带生态系统交换过程的主要动力，它们是海岸带过程的主要"工程师"。从长期尺度来看，它们决定了生态系统的生产力和功能。潮汐使得潮间带区域定期暴露在大气中,这个区域通常具有丰富的动物和植物区系,为多种海洋生物提供育幼场所。潮汐制造了海流,使得沉积物和再悬浮的营养物质混合,从而提高了浮游生物的生产力,进而提高了较高营养级的生产力。潮汐运输浮游生物给固着的滤食性动物,从而为其他有机生物体提供了食物和庇护所。

潮汐还为海岸带增加了一个重要的自然干扰因素。不同潮汐作用下的系统具有不同的生境连通度、脆弱度、抗干扰弹性和恢复力等。中度干扰理论(Connell,1978)认为,最高的多样性维持在中度干扰以下,中潮区或强潮区可能会有更高生境连通性和弹性,同时脆弱性较低。(1)在加勒比海的弱潮区,短期交换受限于海流和与光度相关的生物主动洄游能力。有些物种在这些条件下会形成某种程度的生境连通性。当地的干扰很少能够被邻近的生境所缓冲。(2)在中潮区系统,生命动态性更高。潮汐会促进交换过程(如对于滤食性生物和更高营养级的生物)。生境的连通性会因潮汐运动而增加。干扰可以被邻近的区域缓冲。物种从延长的洄游活动中获得好处。(3)在强潮区,生命动态性最高,生境的连通性可能也很高。但是,某些种类除外(如底栖生物重新组合,并不包括长寿命的固着底栖生物)。强潮区的自然干扰度很高。

我们认为潮差范围和潮汐类型影响生物多样性和生态系统功能这一推论是很合理的。印度洋-太平洋沿海区域(Bellwood et al.,2004)和加勒比海区除了生物地理学上的物种丰度和功能群组成差异外,印度洋-太平洋海区属于中潮区,比加勒比海区可能会有更大的生境连通性和恢复力以及更低的脆弱性。Unsworth 等(2007b)发现了印度尼西亚和印度洋-西太平洋区海草床鱼类的较大差异性,可能就是由于不同的潮汐性质导致的。

由于加勒比海区潮差很小,加勒比海和印度—西太平洋区的生物学研究比较,仅仅在同一个潮差强度和相近的海洋景观组成时才比较合理。大堡礁由于潮差大于 3 m,把大堡礁和加勒比海域进行比较根本上是错误的,因为这两个系统所受到的干扰程度完全不同。因此,为了减少自然干扰的差异,提高对在不同潮汐性质下差异性的理解,未来的研究可以集中在以下两方面:(1)比较有相同潮汐性质,但在不同地理区位的系统(如加勒比海和印度洋-西太平洋的弱潮区海岸);(2)在同一个地区的系统,即有相似的群落组成但是潮汐性质不同(如加勒比海和巴西海岸比较研究,印度洋-西太平洋区域的比较研究)。在巴西东部的累西腓(Recife),渔民们反映不同种群不同年龄组成的群体会在特定的区域(红树林/海草床/珊瑚礁)之间进行洄游,与一天中的时间和潮汐情况相关联(巴西巴伊亚研究大学的 Schwamborn,私人通信)。例如在加勒比海地区,这些洄游活动在中潮或强潮区比在弱潮区产生更为复杂的高度异质性海洋景观连通性。

许多假说都尚未证实。例如:同一个物种的生活史类型(洄游、生长效率、自然死亡率)在不同的小潮区、中潮区和大潮区是否有很大差异?不同的潮汐性质是否会导致生态系统功能上的差异?

如果潮差和生态系统功能之间有重要的相互作用,那么大范围的比较必须重新定义因潮汐特性引起的差异。这就有增加国际合作的必要性,这样才能运用标准的方法和样本设计来比较不同国家的项目研究结果,从而探索全球化的模型以及得以改进的热带海洋资源保育模式。

致谢

我十分感谢本书主编 Ivan Nagelkerken 邀请我参与撰写这本书的内容，同时也要感谢两位评审者，编辑和 G Castellanos-Galindo 提供的评论。

参考文献

Abou-Seedo F, Clayton DA, Wright JM (1990) Tidal and turbidity effects on the shallow-water fish assemblage of Kuwait Bay. Mar Ecol Prog Ser 65: 213-223

Acosta CA (1999) Benthic dispersal of Caribbean spiny lobsters among insular habitats: implica-tions for the conservation of exploited marine species. Conserv Biol, 13: 603-612

Adams AA, Dahlgren CP, Todd Kellison G et al (2006) Nursery function of tropical back-reef systems. Mar Ecol Prog Ser 318: 287-301

Admiralty Co-Tidal Atlas (2001) South-East Asia. NP 215, ed. 1-1979. Admiralty Charts and Publications, UK Hydrographic Office

Almeida PR (1996) Estuarine movement patterns of adult thin-lipped grey mullet, Liza ramada (Risso) (Pisces, Mugilidae), observed by ultrasonic tracking. J Exp Mar Biol Ecol 202: 137-150

American Practical Navigator (2002) Digital navigation publication No. 9. National Geospatial Intelligence Agency. www.nga.mil

Ansell AD, Gibson RN (1990) Patterns of feeding and movement of juvenile flatfish on an open sandy beach. In: Barnes M, Gibson RN (eds) Trophic relationships in the marine environment, pp. 191-207. Aberdeen University Press

Arnold GP (1969) The reaction of the plaice (*Pleuronectes platessa* L.) to water currents. J Exp Biol 51: 681-697

Baelde P (1990) Differences in the structures of fish assemblages in Thalassia testudinum beds in Guadeloupe, French West Indies, and their ecological significance. Mar Biol 105: 163-173

Bakus GJ (1967) The feeding habits of fishes and primary production at Eniwetok, Marshall Islands. Micronesia 3: 135-149

Beck MW, Heck KL, Able KW et al (2001) The identification, conservation, and management of estuarine and marine nurseries for fish and invertebrates. BioScience 51: 633-641

Beets J, Muehlstein L, Haught K et al (2003) Habitat connectivity in coastal environments: patterns and movement of Caribbean coral reef fishes with emphasis on bluestriped grunt, *Haemulon sciurus*. Gulf Caribb Res 14: 29-42

Bellwood DR, Hughes TP, Folke C et al (2004) Confronting the coral reef crisis. Nature 429: 827-833

Bellwood DR, Wainwright PC (2006) The history and biogeography of fishes on coral reefs. In: Sale PF (ed) Coral reef fishes: dynamics and diversity in a complex ecosystem, pp. 5-32. Aca-demic Press, San Diego

Berghahn R (1987) Effects of tidal migration on growth of 0-group plaice (*Pleuronectes platessa* L.) in the North

Friesian Wadden Sea. Meeresforschung 31: 209-226

Bishop JM, Khan MH (1999) Use of intertidal and adjacent mudflats by juvenile penaeid shrimps during 24-h tidal cycles. J Exp Mar Biol Ecol 232: 39-60

Braithwaite VA, Burt de Perera T (2006) Short-range orientation in fish: how fish map space. Mar Freshw Behav Physiol 39: 37-47

Bray RN (1981) Influence of water currents and zooplankton densities on daily foraging move-ments of black-smith, Chromis punctipinnis, a planktivorous reef fish. Fish Bull 78: 829-841

Brenner M, Krumme U (2007) Tidal migration and patterns in feeding of the four-eyed fish Anableps anableps L. in a north Brazilian mangrove. J Fish Biol 70: 406-427

Bretsch K, Allen DM (2006a) Tidal migrations of nekton in salt marsh creeks. Estuar Coasts 29: 479-491

Bretsch K, Allen DM (2006b) Effects of biotic factors on depth selection by salt marsh nekton. J Exp Mar Biol Ecol 334: 130-138

Briones-Fourzan P, Castaneda-Fernandez de Lara V, Lozano-Alvarez E et al (2003) Feeding ecol-ogy of the three juvenile phases of the spiny lobster *Panulirus argus* in a tropical reef lagoon. Mar Biol 142: 855-865

Brown AC, McLachlan A (1990) Ecology of sandy shores. Elsevier, Amsterdam

Brown C, Laland KN, Krause J (2006) Fish cognition and behavior. Fish and Aquatic Resources 11, Wiley-Blackwell, Oxford

Burke NC (1995) Nocturnal foraging habitats of French and bluestriped grunts, *Haemulon flavo-lineatum* and *H. sciurus*, at Tobacco Caye, Belize. Environ Biol Fish 42: 365-374

Cannicci S, Barellia C, Vannini M (2000) Homing in the swimming crab *Thalamita crenata*: a mechanism based on underwater landmark memory. Anim Behav 60: 203-210

Cannicci S, Dahdouh-Guebas F, Anyona D et al (1996) Natural diet and feeding habits of *Thala-mita crenata* (Decapoda: Portunidae). J Crust Biol 16: 678-683

Castellanos-Galindo GA, Giraldo A, Rubio EA (2005) Community structure of an assemblage of tidepool fishes in a Tropical eastern Pacific rocky shore, Colombia. J Fish Biol 67: 392-408

Chittleborough RG (1974) Home range, homing and dominance in juvenile western rock lobsters. Aust J Mar Freshw Res 25: 227-234

Chong VC, Sasekumar MUC, Cruz RD (1990) The fish and prawn communities of Malaysian coastal mangrove systems, with comparisons to adjacent mudflats and inshore waters. Estuar Coast Shelf Sci 31: 703-722

Cobb JS (1981) Behaviour of the Western Australian spiny lobster, *Panulirus cygnus* George in the field and in the laboratory. Aust J Mar Freshw Res 32: 399-409

Collette BB, Talbot FH (1972) Activity patterns of coral reef fishes with emphasis on nocturnal – diurnal changeover. In: Results of the Tektite program: ecology of coral reef fishes. Nat Hist Mus Los Angeles Count Sci Bull 14: 98-124

Colombini I, Berti R, Nocita A et al (1996) Foraging strategy of the mudskipper *Periophthalmus sobrinus* Eggert in a Kenyan mangrove. J Exp Mar Biol Ecol 197: 219-235

Connell JH (1978) Diversity in tropical rain forests and coral reefs. Science 199: 1302-1310

Cowen RK, Paris CB, Srinivasan A (2006) Scaling of connectivity in marine populations. Science 311: 522-527

Cox C, Hunt JH, Lyons WG et al (1997) Nocturnal foraging of the Caribbean spiny lobster (*Pan-ulirus argus*) on offshore reefs of Florida, USA. Mar Freshw Res 48: 671-680

Craig P (1996) Intertidal territoriality and time-budget of the surgeonfish, *Acanthurus lineatus*, in American Samoa. Environ Biol Fish 46: 27-36

Creaser EP, Travis D (1950) Evidence of a homing instinct in the Bermuda spiny lobster. Science 112: 169-170

Dall W, Hill BJ, Rothlisberg PC et al (1990) The biology of the Penaeidae. Adv Mar Biol 27: 1-489

Daniel PA, Robertson AI (1990) Epibenthos of mangrove waterways and open embayments: com-munity structure and the relationship between exported mangrove detritus and epifaunal standing stocks. Estuar Coast Shelf Sci 31: 599-619

Dare PJ, Edwards DB (1981) Underwater television observations on the intertidal movements of shore crabs, *Carcinus maenas*, across a mudflat. J Mar Biol Ass UK 61: 107-116

Davies JL (1972) Geographical variation in coastal development. Oliver Boyd, Edinburgh

Davis TLO (1988) Temporal changes in the fish fauna entering a tidal swamp system in tropical Australia. Environ Biol Fish 21: 161-172

De Martini EE (1999) Intertidal spawning. In: Horn MH, Martin KLM, Chotkowski MA (eds) Intertidal fishes: life in two worlds, pp. 143-164. Academic Press, San Diego

Dietrich G (1980) General oceanography: an introduction. 2nd ed., translated by Roll S, Roll HU. Wiley-Interscience, New York

Dingle H (1996) Migration: the biology of life on the move. Oxford University Press, New York

Doherty PJ (1983) Tropical territorial damselfishes: is density limited by aggression or recruitment? Ecology 64: 176-190

Domm SB, Domm AJ (1973) The sequence of appearance at dawn and disappearance at dusk of some coral reef fishes. Pacific Sci 27: 128-135

Dorenbosch M, Grol MGG, Christianen MJA et al (2005) Indo-Pacific seagrass beds and man-groves contribute to fish density and diversity on adjacent coral reefs. Mar Ecol Prog Ser 302: 63-76

Dorenbosch M, Verberk WCEP, Nagelkerken I et al (2007) Influence of habitat configuration on connectivity between fish assemblages of Caribbean seagrass beds, mangroves and coral reefs. Mar Ecol Prog Ser 334: 103-116

Dorenbosch M, Verweij MC, Nagelkerken I et al (2004) Homing and daytime tidal movements of juvenile snappers (Lutjanidae) between shallow-water nursery habitats in Zanzibar, western Indian Ocean. Environ Biol Fish 70: 203-209

Edgar GJ (1990) Predator-prey interactions in seagrass beds. II. Distribution and diet of the blue manna crab *P. pelagicus* Linnaeus at Cliff Head, Western Australia. J Exp Mar Biol Ecol 139: 23-32

Edwards RRC, Steele JH (1968) The ecology of 0-group plaice and common dabs at Lochewe. I. Population and food. J Exp Mar Biol Ecol 2: 215-238

Eisma D (1998) Intertidal deposits: river mouths, tidal flats, and coastal lagoons. CRC Press, Boca Raton

Fiedler DR (1965) The spiny lobster *Jasus lalandii* in South Australia. III. Food, feeding and locomotor activity. Aust J Mar Freshw Res 16: 351-367

Fishelson L, Montgomery WL, Myrberg AH Jr (1987) Biology of surgeonfish *Acanthurus nigro-fuscus* with emphasis on changeover in diet and annual gonadal cycles. Mar Ecol Prog Ser 39: 37-47

Fishelson L, Popper D, Gunderman N (1971) Diurnal cyclic behaviour of *Pempheris oualensis* Cuv. and Val. (Pempheridae, Teleostei). J Nat Hist 5: 503-506

Fitz HC, Wiegert RG (1991) Utilization of the intertidal zone of a salt marsh by the blue crab, Call-inectes sapidus: density, return frequency, and feeding habits. Mar Ecol Prog Ser 76: 249-260

Forward RB Jr, Tankersley RA (2001) Selective tidal stream transport of marine animals. Oceanogr Mar Biol An Rev 39: 305-353

Foster SA (1987) Diel and lunar patterns of reproduction in the Caribbean and Pacific sergeant major damselfishes *Abudefduf saxatilis* and *A. troschelii*. Mar Biol 95: 333-343

Friedlander AM, Monaco ME (2007) Acoustic tracking of reef fishes to elucidate habitat utilization patterns and residence times inside and outside marine protected areas around the island of St. John, USVI. NOAA Technical Memorandum NOS NCCOS 63

Frisch AJ (2007) Short- and long term movements of painted lobster (*Panulirus versicolor*) on a coral reef at Northwest Island, Australia. Coral Reefs 26: 311-317

Gibson RN (1969) The biology and behavior of littoral fish. Oceanogr Mar Biol Ann Rev 7: 367-410

Gibson RN (1971) Factors affecting the rhythmic activity of *Blennis pholis* L. (Teleostei). Anim Behav 19: 336-343

Gibson RN (1973) The intertidal movements and distribution of young fish on a sandy beach with special reference to the plaice (Pleuronectes platessa L.). J Exp Mar Biol Ecol 12: 79-102

Gibson RN (1982) Recent studies of the biology of intertidal fishes. Oceanogr Mar Biol Ann Rev 20: 363-414

Gibson RN (1988) Patterns of movement in intertidal fishes. In: Chelazzi G, Vanini M (eds) Behavioural adaptions to intertidal life, pp. 55-63. NATO ASI Series Life Sciences Vol. 151. Plenum Press, London

Gibson RN (1992) Tidally-synchronised behaviour in marine fishes. In: Ali MA (ed) Rhythms in fishes, pp. 63-81. NATO ASI Series Life Sciences Vol. 236. Plenum Press, New York

Gibson RN (1993) Intertidal teleosts: life in a fluctuating environment. In: Pitcher TJ (ed) Behaviour of teleost fishes, pp. 513-536, 2nd ed. Fish and Fisheries Series 7. Chapman and Hall, London

Gibson RN (1996) Tidal, diel and longer term changes in the distribution of fishes on a Scottish sandy beach. Mar Ecol Prog Ser 130: 1-17

Gibson RN (1997) Behaviour and the distribution of flatfishes. J Sea Res 37: 241-256

Gibson RN (1999) Methods for studying intertidal fishes. In: Horn MH, Martin KLM, Chotkowski MA (eds) Intertidal fishes: life in two worlds, pp. 7-25. Academic Press, San Diego

Gibson RN (2003) Go with the flow: tidal migration in marine animals. Hydrobiologia 503: 153-161

Gibson RN, Blaxter JHS, De Groot SJ (1978) Developmental changes in the activity rhythms of the plaice (*Pleuronectes platessa* L.). In: Thorpe JE (ed) Rhythmic activity of fishes. pp. 169-186. Academic Press, London

Gibson RN, Pihl L, Burrows MT et al (1998) Diel movements of juvenile plaice *Pleuronectes platessa* in relation to predators, competitors, food availability and abiotic factors on a microti-dal nursery ground. Mar Ecol Prog Ser 165: 145-159

Gibson RN, Robb L (1996) Piscine predation on juvenile fishes on a Scottish sandy beach. J Fish Biol 49:

120-138

Gladfelter WB (1979) Twilight migrations and foraging activities of the copper sweeper, *Pempheris schomburgki* (Teleostei, Pempheridae). Mar Biol 50: 109-119

Gladfelter WB, Ogden JC, Gladfelter EH (1980) Similarity and diversity among coral reef fish communities: a comparison between tropical western Atlantic (Virgin Islands) and tropical central Pacific (Marshall Islands) patch reefs. Ecology 61: 1156-1168

Grove-Jones R (1987) Catch and effort in the South Australian blue crab (*Portunus pelagicus*) fishery. South Australian Department of Fisheries, discussion paper, September 1987, 45 pp.

Hampel H, Cattrijsse A (2004) Temporal variation in feeding rhythms in a tidal marsh population of the common goby *Pomatoschistus microps* (Kroyer, 1838). Aquat Sci 66: 315-326

Harden Jones FR (1968) Fish migration. Arnold, London

Harmelin-Vivien ML, Bouchon C (1976) Feeding behavior of some carnivorous fishes (Serranidae and Scorpaenidae) from Tulear (Madagascar). Mar Biol 37: 329-340

Hayes MO (1975) Morphology of sand accumulation in estuaries: an introduction to the sym-posium. In: Cronin LE (ed) Estuarine research, Vol. 2, Geology and Engineering, pp. 3-22. Academic Press, New York

Helfman GS (1979) Twilight activities of yellow perch, *Perca flavescens*. J Fish Res Board Can 36: 173-179

Helfman GS (1981) Twilight activities and temporal structure in a freshwater fish community. Can J Fish Aquat Sci 38: 1405-1420

Helfman GS (1993) Fish behaviour by day, night and twilight. In: Pitcher TJ (ed) Behaviour of teleost fishes, pp. 479-512, 2nd ed. Fish and Fisheries Series 7. Chapman and Hall, London Helfman GS, Meyer JL, McFarland WN (1982) The ontogeny of twilight migration patterns in grunts (Pisces: Haemulidae). Anim Behav 30: 317-326

Helfman GS, Schultz ET (1984) Social transmission of behavioural traditions in coral reef fish. Anim Behav 32: 379-384

Herrnkind WF (1980) Spiny lobsters: patterns of movement. In: Cobb JS, Phillips BF (eds) The biology and management of lobsters, pp. 349-407. Academic Press, New York

Herrnkind WF, McLean RB (1971) Field studies of homing, mass emigration, and orientation in the spiny lobster, *Panulirus argus*. Ann N Y Acad Sci 188: 359-377

Hiatt RW, Strasburg DW (1960) Ecological relationships of the fish fauna on coral reefs on the Marshall Islands. Ecol Monogr 30: 65-127

Hill BJ (1978) Activity, track and speed of movement of the crab *Scylla serrata* in an estuary. Mar Biol 47: 135-141

Hill BJ (1985) Effects of temperature on duration of emergence, speed and movement and catch-ability of the prawn, *Penaeus esculentus*. In: Rothlisberg PC, Hill BJ, Staples DJ (eds) Second Australian national prawn seminar, pp. 77-83. Cleveland, Australia

Hill BJ, Williams MJ, Dutton P (1982) Distribution of juvenile, subadult and adult *Scylla serrata* (Crustacea: Portunidae) on tidal flats in Australia. Mar Biol 69: 117-120

Hindley JPR (1975) Effects of endogenous and some exogenous factors on the activity of the juvenile banana prawn *Penaeus merguiensis*. Mar Biol 29: 1-8

Hobson ES (1965) Diurnal-nocturnal activity of some inshore fishes in the Gulf of California. Copeia 3: 291-302

Hobson ES (1968) Predatory behavior of some shore fishes in the Gulf of California. US Fish Wildl Serv Res Rep 73: 1-92

Hobson ES (1972) Activity of Hawaiian reef fishes during evening and morning transitions between daylight and darkness. Fish Bull US 70: 715-740

Hobson ES (1973) Diel feeding migrations in tropical reef fishes. Helgoland" Wiss Meerunters 24: 361-370

Hobson ES (1974) Feeding relationships of teleostean fishes on coral reefs in Kona, Hawaii. Fish Bull 72: 915-1031

Hobson ES (1975) Feeding patterns among tropical reef fishes. Am Sci 63 (4): 382-392

Hobson ES, Chess JR (1973) Feeding oriented movements of the atherinid fish *Pranesus pinquis* at Majuro Atoll, Marshall Islands. Fish Bull US 71: 777-786

Hoeinghaus DJ, Layman CA, Arrington DA et al (2003) Spatiotemporal variation in fish assem-blage structure in tropical floodplain creeks. Environ Biol Fish 67: 379-387

Holland KN, Peterson JD, Lowe CG et al (1993) Movements, distribution and growth rates of the white goatfish *Mulloides flavolineatus* in a fisheries conservation zone. Bull Mar Sci 52: 982-992

Howard AE (1980) Substrate and tidal limitations on the distribution and behaviour of the lobster and edible crab. Prog Underwar Sci 52: 165-169

Howard AE, Nunny RS (1983) Effects of near-bed current speed on the distribution and behaviour of the lobster *Homarus gammarus* (L.). J Exp Mar Biol Ecol 71: 27-42

Hyland SJ, Hill BJ, Lee CP (1984) Movement within and between different habitats by the portunid crab *Scylla serrata*. Mar Biol 80: 57-61

Irlandi EA, Crawford MK (1997) Habitat linkages: the effect of intertidal salt marshes and adja-cent subtidal habitats on abundance, movement, and growth of an estuarine fish. Oecologia 110: 222-230

Ishibashi T (1973) The behavioural rhythms of the gobioid fish *Boleophthalmus chinensis* (Osbeck). Fukuoka Univ Sci Rep 2: 69-74

Jernakoff P (1987) Foraging patterns of juvenile western rock lobsters *Panulirus cynus* George. J Exp Mar Biol Ecol 113: 125-144

Jernakoff P, Phillips BF (1988) Effect of a baited trap on the foraging movements of juvenile western rock lob-sters, *Panulirus cygnus* George. Aust J Mar Freshw Res 39: 185-192

Jernakoff P, Phillips BF, Fitzpatrick JJ (1993) The diet of post-puerulus western rock lobster, *Pan-ulirus cyg-nus* George, at Seven Mile Beach, Western Australia. Mar Freshw Res 44: 649-655

Joll LM, Phillips BF (1984) Natural diet and growth of juvenile western rock lobsters *Panulirus cygnus* George. J Exp Mar Biol Ecol 75: 145-169

Jones RS, Chase JA (1975) Community structure and distribution of fishes in an enclosed high island lagoon in Guam. Micronesia 11: 127-148

Kangas MI (2000) Synopsis of the biology and exploitation of the blue swimmer crab, *Portunus pelagicus* Linnae-us, in Western Australia. Fish Res Rep Fish West Aust 121: 1-22

Kaunda-Arara B, Rose GA (2004) Homing and site fidelity in the greasy grouper *Epinephelus tauvina* (Serrani-dae) within a marine protected area in coastal Kenya. Mar Ecol Prog Ser 277: 245-251

Kelletat DH (1995) Atlas of coastal geomorphology and zonality. J Coast Res, special issue No. 13, 286 pp.

Kleypas J, Dean JM (1983) Migration and feeding of the predatory fish, *Bairdiella chrysura* Lacépède, in an intertidal creek. J Exp Mar Biol Ecol 72: 199-209

Klumpp DW, Nichols PD (1983) A study of food chains in seagrass communities. II. Food of the rock flathead, *Platycephalus laevigatus* Cuvier, a major predator in a *Posidonia autralis* seagrass bed. Aust J Mar Freshw Res 34: 745-754

Kneib RT (1995) Behaviour separates potential and realized effects of decapod crustaceans in salt marsh communities. J Exp Mar Biol Ecol 193: 239-256

Kneib RT (1997) The role of tidal marshes in the ecology of estuarine nekton. Oceanogr Mar Biol Ann Rev 35: 163-220

Kneib RT, Wagner SL (1994) Nekton use of vegetated marsh habitats at different stages of tidal inundation. Mar Ecol Prog Ser 106: 227-238

Kochzius M (1999) Interrelation of ichthyofauna from a seagrass meadow and coral reef in the Philippines. Proc 5th Internat Indo-Pacific Fish Conf pp. 517-535

Kopp D, Bouchon-Navaro Y, Louis M et al (2007) Diel differences in the seagrass fish assemblages of a Caribbean island in relation to adjacent habitat types. Aquat Bot 87: 31-37

Krumme U (2004) Pattern in the tidal migration of fish in a north Brazilian mangrove channel as revealed by a vertical split-beam echosounder. Fish Res 70: 1-15

Krumme U, Brenner M, Saint-Paul U (2008) Spring-neap cycle as a major driver of tem-poral variations in feeding of intertidal fishes: evidence from the sea catfish *Sciades herzbergii* (Ariidae) of equatorial west Atlantic mangrove creeks. J Exp Mar Biol Ecol 367: 91-99

Krumme U, Liang TH (2004) Tidal-induced changes in a copepod-dominated zooplankton com-munity in a macrotidal mangrove channel in northern Brazil. Zool Stud 43: 404-414

Krumme U, Saint-Paul U (2003) Observation of fish migration in a macrotidal mangrove channel in Northern Brazil using 200 kHz split-beam sonar. Aquat Living Resour 16: 175-184

Krumme U, Saint-Paul U, Rosenthal H (2004) Tidal and diel changes in the structure of a nek-ton assemblage in small intertidal mangrove creeks in northern Brazil. Aquat Living Resour 17: 215-229

Kuipers B (1973) On the tidal migration of young plaice (*Pleuronectes platessa*) in the Wadden Sea. Neth J Sea Res 6: 376-388

Kuo SR, Lin HJ, Shao KT (1999) Fish assemblages in the mangrove creek of Northern and South-ern Taiwan. Estuaries 22: 1004-1015

Kuwamura T (1985) Social and reproductive behaviour of three mouthbrooding cardinalfishes, Apogon doederleini, A. niger and A. notatus. Environ Biol Fish 13: 17-24 Kvale EP (2006) The origin of neap-spring tidal cycles. Mar Geol 235: 5-18

Laegdsgaard P, Johnson CR (1995) Mangrove habitats as nurseries: unique assemblages of juvenile fish in subtropical mangroves in eastern Australia. Mar Ecol Prog Ser 126: 67-81

Larkum AWD, Orth RJ, Duarte CM (2006) Seagrasses: biology, ecology, and conservation. Springer, Dordrecht

Laroche J, Baran E, Rasoanandrasana NB (1997) Temporal patterns in a fish assemblage of a semiarid mangrove zone in Madagascar. J Fish Biol 51: 3-20

Little MC, Reay PJ, Grove SJ (1988) The fish community of an East African mangrove creek. J Fish Biol 32: 729-747

Lohmann KS (1985) Geomagnetic field detection by the western Atlantic spiny lobster, *Panulirus argus*. Mar Behav Physiol 12: 1-17

Longley WH, Hildebrand SF (1941) Systematic catalogue of the fishes of Tortugas, Florida. Carnegie Institute of Washington Publication 535

Loya Y (1972) Community structure and species diversity of hermatypic corals at Eilat, Red Sea. Mar Biol 13: 100-123

Lozano-Alvarez E, Briones-Fourzan P, Ramos-Aguilar ME (2003) Distribution, shelter fidelity, and movements of subadult spiny lobsters (*Panulirus argus*) in areas with artificial shelters (casitas). J Shellfish Res 22: 533-540

Lozano-Alvarez E, Carrasco-Zanini G, Briones-Fourzan P (2002) Homing and orientation in the spotted spiny lobster, *Panulirus guttatus* (Decapoda, Palinuridae), towards a subtidal coral reef habitat. Crustaceana 75: 859-873

Lugendo BR, Nagelkerken I, Kruitwagen G et al (2007) Relative importance of mangroves as feeding habitats for fishes: a comparison between mangrove habitats with different settings. Bull Mar Sci 80: 497-512

Major PF (1977) Predatory-prey interactions in schooling fishes during periods of twilight: a study of the silverside *Pranesus insularum* in Hawaii. Fish Bull US 75: 415-426

Marnane MJ (2000) Site fidelity and homing behaviour in coral reef cardinalfishes (family Apogo-nidae). J Fish Biol 57: 1590-1600

Marnane MJ, Bellwood DR (2002) Diet and nocturnal foraging in cardinalfishes (Apogonidae) at One Tree Reef, Great Barrier Reef, Australia. Mar Ecol Prog Ser 231: 261-268

Mayo HJ, Dudley DL (1970) Movements of tagged blue crabs in North Carolina waters. Comm Fish Rev 32: 29-35

McFarland WN, Hillis Z (1982) Observations on agonistic behavior between members of juvenile French and white grunts - Family Haemulidae. Bull Mar Sci 32: 255-268

McFarland WN, Munz FW (1976) The visible spectrum during twilight and its implications to vision. In: Evans GC, Bainbridge R, Rackham O (eds) Light as an ecological factor: II, pp. 249-270. Blackwell, Oxford

McFarland WN, Ogden JC, Lythgoe JN (1979) The influence of light on the twilight migrations of grunts. Environ Biol Fish 4: 9-22

Meager JJ, Vance DJ, Williamson I et al (2003) Microhabitat distribution of juvenile *Penaeus merguiensis* de Man and other epibenthic crustaceans within a mangrove forest in subtropical Australia. J Exp Mar Biol Ecol 294: 127-144

Ménard A, Turgeon K, Kramer D (2008) Selection of diurnal refuges by the nocturnal squirrelfish, *Holocentrus rufus*. Environ Biol Fish 81: 59-70

Metcalfe JD, Hunter E, Buckley AA (2006) The migratory behaviour of North Sea plaice: currents, clocks and clues. Mar Freshw Behav Physiol 39: 25-36

Meyer CG, Holland KN, Papastamatiou YP (2007b) Seasonal and diel movements of giant trevally *Caranx igno-*

bilis at remote Hawaiian atolls: implications for the design of Marine Protected Areas. Mar Ecol Prog Ser 333: 13-25

Meyer CG, Holland KN, Wetherbee BM et al (2000) Movement patterns, habitat utilization, home range size and site fidelity of whitesaddle goatfish, *Parupeneus porphyreus*, in a marine reserve. Environ Biol Fish 59: 235-242

Meyer CG, Papastamatiou YP, Holland KN (2007a) Seasonal, diel, and tidal movements of green jobfish (*Aprion virescens*, Lutjanidae) at remote Hawaiian atolls: implications for marine pro-tected area design. Mar Biol 151: 2133-2143

Meyer JL, Schultz ET (1985) Migrating haemulid fishes as a source of nutrients and organic matter on coral reefs. Limnol Oceanogr 30: 146-156

Meyer JL, Schultz ET, Helfman GS (1983) Fish schools: an asset to corals. Science 220: 1047-1149

Mohan R, Selvam V, Azariah J (1995) Temporal distribution and abundance of shrimp postlarvae and juveniles in the mangroves of Muthupet, Tamilnadu, India. Hydrobiologia 295: 183-191

Morin JG, Harrington A, Nealson K et al (1975) Light for all reasons: versatility in the behavioural repertoire of the flashlight fish. Science 190: 74-76

Mumby PJ, Edwards AJ, Arias-Gonzales JE et al (2004) Mangroves enhance the biomass of coral reef fish communities in the Caribbean. Nature 427: 533-536

Munro ISR (1975) Biology of the banana prawn (*Penaeus merguiensis*) in the south-east corner of the Gulf of Carpentaria. In: Young PC (ed) National prawn seminar, pp. 60-78. Aust Govt Publ Serv, Canberra

Nagelkerken I, Dorenbosch M, Verberk WCEP et al (2000) Day-night shifts of fishes between shallow-water biotopes of a Caribbean bay, with emphasis on the nocturnal feeding of Haemul-idae and Lutjanidae. Mar Ecol Prog Ser 194: 55-64

Nagelkerken I, Roberts CM, van der Velde G et al (2002) How important are mangroves and seagrass beds for coral-reef fish? The nursery hypothesis tested on an island scale. Mar Ecol Prog Ser 244: 299-305

Nakamura Y, Sano M (2004) Overlaps in habitat use of fishes between a seagrass bed and adjacent coral and sand areas at Amitori Bay, Iriomote Island, Japan: importance of the seagrass bed as juvenile habitat. Fish Sci 70: 788-803

Nanami A, Yamada H (2008) Size and spatial arrangement of home range of checkered snapper *Lutjanus decussatus* (Lutjanidae) in an Okinawan coral reef determined using a portable GPS receiver. Mar Biol 153: 1103-1111

Natajaran P (1989a) Persistent locomotor rhythmicity in the prawns *Penaeus indicus* and *P. mon-odon*. Mar Biol 101: 339-346

Natajaran P (1989b) External synchronizers of tidal activity rhythms in the prawns *Penaeus indicus* and *P. monodon*. Mar Biol 101: 347-354

Nishikawa M, Ishibashi T (1975) Entrainment of the activity rhythm by the cycle of feeding in the mudskipper, *Periophthalmus cantonensis* (Osbeck). Zool Mag Tokyo 84: 184-189

Nishimoto RT, Herrnkind WF (1978) Directional orientation in blue crabs, Callinectes sapidus Rathbun: escape responses and influence of wave direction. J Exp Mar Ecol Biol 33: 93-112

Ogden JC, Buckman NS (1973) Movements, foraging groups, and diurnal migratons of the striped parrotfish

Scarus croicensis Bloch (Scaridae). Ecology 54: 589-596

Ogden JC, Ehrlich PR (1977) The behavior of heterotypic resting schools of juvenile grunts (Pomadasyidae). Mar Biol 42: 273-280

Ogden JC, Zieman JC (1977) Ecological aspects of coral reef-seagrass bed contacts in the Caribbean. Proc 3rd Int Coral Reef Symp 1: 377-382

Ogden JC (1997) Ecosystem interactions in the tropical seascape. In: Birkeland C (ed) Life and death of coral reefs, pp. 288-297. Chapman and Hall, New York

Okuda N, Yanagisawa Y (1996) Filial cannibalism by mouthbrooding males of the cardinalfish, *Apogon doederleini*, in relation to their physical condition. Environ Biol Fish 45: 397-404

Parrish JD (1989) Fish communities of interacting shallow-water habitats in tropical oceanic regions. Mar Ecol Prog Ser 58: 143-160

Paul RKG (1981) Natural diet, feeding and predatory activity of the crabs *Callinectes arcuatus* and *C. toxotes* (Decapoda, Brachyura, Portunidae). Mar Ecol Prog Ser 6: 91-99

Penn JW (1984) The behaviour and catchability of some commercially exploited penaeids and their relationships to stock and recruitment. In: Gulland JA, Rothschild BJ (eds) Penaeid shrimps: their biology and management, pp. 173-186. Fishing News Books. Surrey, England

Phillips BF, Joll LK, Ramm DC (1984) An electromagnetic tracking system for studying the move-ments of rock (spiny) lobsters. J Exp Mar Biol Ecol 79: 9-18

Pittman SJ, McAlpine CA (2003) Movements of marine fish and decapod crustaceans: process, theory and application. Adv Mar Biol 44: 205-294

Popple ID, Hunte W (2005) Movement patterns of *Cephalopholis cruentata* in a marine reserve in St Lucia, W. I., obtained from ultrasonic telemetry. J Fish Biol 67: 981-992

Potter MA, Sumpton WD, Smith GS (1991) Movement, fishing sector impact and factors affecting the recapture rate of tagged sand crabs, *Portunus pelagicus* (L.) in Moreton Bay, Queensland. Aust J Mar Freshw Res 42: 751-760

Potts GW (1973) The ethology of *Labroides dimidiatus* (Cuv. and Val.) (Labridae: Pisces) on Aldabra. Anim Behav 21: 250-291

Primavera JH (1998) Mangroves as nurseries: shrimp populations in mangrove and non-mangrove habitats. Estuar Coast Shelf Sci 46: 457-464

Quinn NJ, Koijs BL (1981) The lack of changes in nocturnal estuarine fish assemblages between new and full moon phases in Serpentine Creek, Queensland. Environ Biol Fish 6: 213-218

Quinn NJ, Koijs BL (1987) The influence of the diel cycle, tidal direction and trawl alignment on beam trawl catches in an equatorial estuary. Environ Fish Biol 19: 297-308

Quinn TP, Ogden JC (1984) Field evidence of compass orientation in migrating juvenile grunts (Haemulidae). J Exp Mar Biol Ecol 81: 181-192

Radakov DV, Silva A (1974) Some characteristics of the schooling behavior of *Jenkinsia lampro-taenia*. J Ichthyol 14: 283-286

Rahman MJ, Cowx IG (2006) Lunar periodicity in growth increment formation in otoliths of hilsa shad (*Tenualosa ilisha*, Clupeidae) in Bangladesh waters. Fish Res 81: 342-344

Randall JE (1963) An analysis of the fish populations of artificial and natural reefs in the Virgin Islands. Caribb J Sci 3: 31-47

Randall JE (1967) Food habits of reef fishes of the West Indies. Stud Trop Oceanogr 5: 665-847 Robblee MB, Zieman JC (1984) Diel variation in the fish fauna of a tropical seagrass feeding ground. Bull Mar Sci 34: 335-345

Robertson AI (1980) The structure and organization of an eelgrass fish fauna. Oecologia 47: 76-82

Robertson AI (1988) Abundance, diet and predators of juvenile banana prawns, *Penaeus merguien-sis*, in a tropical mangrove estuary. Aust J Mar Freshw Res 39: 467-478

Robertson AI, Duke NC (1987) Mangroves as nursery sites: comparisons of the abundance and species composition of fish and crustaceans in mangroves and other nearshore habitats in trop-ical Australia. Mar Biol 96: 193-205

Robertson AI, Duke NC (1990) Mangrove fish communities in tropical Australia: spatial and tem-poral patterns in densities, biomass and community structure. Mar Biol 104: 369-379

Robertson AI, Howard RK (1978) Diel trophic interactions between vertically-migrating zooplank-ton and their fish predators in an eelgrass community. Mar Biol 48: 207-213

Ronnbäck P, Troell M, Kautsky N et al (1999) Distribution pattern of shrimps and fish among *Avicennia* and *Rhizophora* microhabitats in the Pagbilao mangroves, Philippines. Estuar Coast Shelf Sci 48: 223-234

Rooker JR, Dennis GD (1991) Diel, lunar and seasonal changes in a mangrove fish assemblage off southwestern Puerto Rico. Bull Mar Sci 49: 684-698

Rountree RA, Able KW (1993) Diel variarion in decapod and fish assemblages in New Jersey polyhaline marsh creeks. Estuar Coast Shelf Sci 37: 181-201

Rozas LP (1995) Hydroperiod and its influence on nekton use of the salt marsh: a pulsing ecosys-tem. Estuaries 18: 579-590

Ruiz GM, Hines AH, Posey MH (1993) Shallow water as a refuge habitat for fish and crus-taceans in non-vegetated estuaries: an example from Chesapeake Bay. Mar Ecol Prog Ser 99: 1-16

Ruppert EE, Barnes RD (1994) Invertebrate zoology, 6th ed. Saunders College Publ, Fort Worth Ryer CH (1987) Temporal patterns of feeding by blue crabs (Callinectes sapidus) in a tidal-marsh creek and adjacent seagrass meadow in the lower Chesapeake Bay. Estuaries 10: 136-140

Sale P (2006) Coral reef fishes: dynamics and diversity in a complex ecosystem. Academic Press, San Diego

Sasekumar A, Chong VC, Leh MU et al (1992) Mangroves as a habitat for fish and prawns. Hydro-biologia 247: 195-207

Schaffmeister BE, Hiddink JG, Wolff WJ (2006) Habitat use of shrimps in the intertidal and shal-low subtidal seagrass beds of the tropical Banc d'Arguin, Mauritania. J Sea Res 55: 230-243

Schories D, Barletta-Bergan A, Krumme U et al (2003) The keystone role of leaf-removing crabs in mangrove forests of north Brazil. Wetlands Ecol Manag 11: 243-255

Schwamborn R, Bonecker ACT (1996) Seasonal changes in the transport and distribution of mero-plankton into a Brazilian estuary with emphasis on the importance of floating mangrove leaves. Arch Biol Tec 39: 451-462

Shapiro DY (1987) Reproduction in groupers. In: Polovina JJ, Ralston S (eds) Tropical snappers and groupers. Biology and fisheries management. Westview Press, Boulder

Sheaves M (2005) Nature and consequences of biological connectivity in mangrove systems. Mar Ecol Prog Ser 302: 293-305

Sheppard CRC, Price ARG, Roberts CM (1992) Marine ecology of the Arabian region: patterns and processes in extreme tropical environments. Academic Press, London

Shimps EL, Rice, JA, Osborne JA (2005) Hypoxia tolerance in two juvenile estuary-dependent fishes. J Exp Mar Biol Ecol 325: 146-162

Smith GS, Sumpton WD (1987) Sand crabs a valuable fishery in southeast Queensland. Qld Fish-erman 5: 13-15

Sogard SM, Powell GVN, Holmquist JG (1989) Utilization by fishes of shallow, seagrass-covered banks in Florida Bay: 2. Diel and tidal patterns. Environ Biol Fish 24: 8-92

Spalding M, Blasco F, Field C (1997) World mangrove atlas. The International Society for Man-grove Ecosystems (ISME), Okinawa

Spalding MD, Ravilious C, Green EP (2001) World atlas of coral reefs. University of California Press, Berkeley

Staples DJ, Vance DJ (1979) Effects of changes in catchability on sampling of juvenile and ado-lescent banana prawns, *Penaeus merguiensis* de Man. Aust J Mar Freshw Res 30: 511-519

Starck WA II (1971) Biology of the gray snapper, *Lutjanus griseus* (Linnaeus), in the Florida Keys. Stud Trop Oceanogr (Miami) 10: 1-150

Starck WA II, Davis WP (1966) Night habits of fishes of Alligator Reef, Florida. Ichthyologica/The Aquarium Journal 38: 313-356

Steele CW (1985) Absence of a tidal component in the diel pattern of locomotory activity of sea catfish, *Arius felis*. Environ Biol Fish 12: 69-73

Sudara S, Satumanatpan S, Nateekarnjanalarp S (1992) A study of the interrelationship of fish communities between coral reefs and seagrass beds. In: Chou LM, Wilkinson CR (eds) Proc 3rd ASEAN Science and Technology Week Conference, Vol. 6. Marine science: living coastal resources, pp. 321-326. Dept of Zoology, National University of Singapore and National Sci-ence and Technology Board, Singapore

Sumpton WD, Smith GS (1991) The facts about sand crabs. Qld Fisherman, June, pp. 29-31

Szedlmayer ST, Able KW (1993) Ultrasonic telemetry of age-0 summer flounder, Paralichthys dentatus, movements in a southern New Jersey estuary. Copeia 1993: 728-736

Thompson AA, Mapstone BD (2002) Intra- versus inter-annual variation in counts of reef fishes and interpretations of long-term monitoring studies. Mar Ecol Prog Ser 232: 247-257

Tongnunui P, Ikejima K, Yamane T et al (2002) Fish fauna of the Sikao Creek mangrove estuary, Trang, Thailand. Fish Sci 68: 10-17

Trendall J, Bell S (1989) Variable patterns of den habitation by the ornate rock lobster, *Panulirus ornatus*, in the Torres Strait. Bull Mar Sci 45: 564-573

Tulevech SM, Recksiek CW (1994) Acoustic tracking of adult white grunt, *Haemulon plumierii*, in Puerto Rico and Florida. Fish Res 19: 301-319

Tupper M, Juanes F (1999) Effects of a marine reserve on recruitment of grunts (Pisces: Haemuli-dae) at Barbados, West Indies. Environ Biol Fish 55: 53-63

Unsworth RKF, Bell JJ, Smith DJ (2007b) Tidal fish connectivity of reef and seagrass habitats in the Indo-Pacific. J Mar Biol Ass UK 87: 1287-1296

Unsworth RKF, Wylie E, Bell JJ et al (2007a) Diel trophic structuring of seagrass bed fish assemblages in the Wakatobi Marine National Park, Indonesia. Estuar Coast Shelf Sci 72: 81-88

Unsworth RKF, Salinas de Leon P, Garrard SL et al (2008) High connectivity of Indo-Pacific sea-grass fish assemblages with mangrove and coral reef habitats. Mar Ecol Prog Ser 353: 213-224

van der Veer HW, Bergman MJN (1987) Development of tidally related behaviour of a newly settled 0-group plaice (Pleuronectes platessa) population in the western Wadden Sea. Mar Ecol Prog Ser 31: 121-129

van Montfrans J, Ryer CH, Orth RJ (1991) Population dynamics of blue crabs *Callinectes sapidus* Rathbun in a lower Chesapeake Bay tidal marsh creek. J Exp Mar Biol Ecol 153: 1-14

Vance DJ (1992) Activity patterns of juvenile penaeid prawns in response to artificial tidal and day-night cycles: a comparison of three species. Mar Ecol Prog Ser 87: 215-26

Vance DJ, Haywood MDE, Heales DS et al (1996) How far do prawns and fish move into man-groves? Distribution of juvenile banana prawns *Penaeus merguiensis* and fish in a tropical man-grove forest in northern Australia. Mar Ecol Prog Ser 131: 115-124

Vance DJ, Haywood MDE, Heales DS et al (2002) Distribution of juvenile penaeid prawns in man-grove forests in a tropical Australian estuary, with particular reference to *Penaeus merguiensis*. Mar Ecol Prog Ser 228: 165-177

Vance DJ, Haywood MDE, Kerr JD (1990) Use of a mangrove estuary as a nursery area by post-larval and juvenile banana prawns, *Penaeus merguiensis* de Man, in northern Australia. Estuar Coast Shelf Sci 31: 689-701

Vance DJ, Staples DJ (1992) Catchability and sampling of three species of juvenile penaeid prawns in the Embley River, Gulf of Carpentaria, Australia. Mar Ecol Prog Ser 87: 201-213

Vannini M, Cannicci S (1995) Homing behaviour and possible cognitive maps in crustacean decapods. J Exp Mar Biol Ecol 193: 67-91

Verweij MC, Nagelkerken I (2007) Short and long-term movement and site fidelity of juvenile Haemulidae in back-reef habitats of a Caribbean embayment. Hydrobiologia 592: 257-270

Verweij MC, Nagelkerken I, Hol KEM et al (2007) Space use of *Lutjanus apodus* including move-ment between a putative nursery and a coral reef. Bull Mar Sci 81: 127-138

Verweij MC, Nagelkerken I, Wartenbergh SLJ et al (2006) Caribbean mangroves and seagrass beds as diurnal feeding habitats for juvenile French grunts, *Haemulon flavolineatum*. Mar Biol 149: 1291-1299

Vezzosi R, Barbaresi, Anyona D et al (1995) Activity patterns in *Thalamita crenata* (Portunidae, Decapoda): a shaping by the tidal cycles. Mar Freshw Behav Physiol 24: 207-214

Vidy G, Darboe FS, Mbye EM (2004) Juvenile fish assemblages in the creeks of the Gambia Estuary. Aquat Living Resour 17: 56-64

Vivien ML (1975) Place of apogonid fish in the food webs of a Malagasy coral reef. Micronesica 11: 185-196

Vivien ML, Peyrot-Clausade M (1974) A comparative study of the feeding behaviour of three coral reef fishes (Holocentridae), with special reference to the polychaetes of the reef cryptofauna as prey. Proc 2nd Int. Coral Reef Symp 1: 179-192

Wassenberg TJ, Hill BJ (1987) Feeding by the sand crab *Portunus pelagicus* on material discarded from prawn trawlers in Moreton Bay, Australia. Mar Biol 95: 387-393

Wehrtmann SI, Dittel AI (1990) Utilization of floating mangrove leaves as a transport mechanism of estuarine organisms, with emphasis on decapod Crustacea. Mar Ecol Prog Ser 60: 67-73

Weinstein MP, Heck KL (1979) Ichthyofauna of seagrass meadows along the Caribbean coast of Panama and in the Gulf of Mexico: composition, structure and community ecology. Mar Biol 50: 97-107

Weisberg SB, Whalen R, Lotrich VA (1981) Tidal and diurnal influence on food consumption of a salt marsh killifish *Fundulus heteroclitus*. Mar Biol 61: 243-246

Weiss HM, Lozano-Alvarez E, Briones-Fourzan P (2008) Circadian shelter occupancy patterns and predator-prey interactions of juvenile Caribbean spiny lobsters in a reef lagoon. Mar Biol 153: 953-963

Weissburg MJ, James CP, Smee DL et al (2003) Fluid mechanics produces conflicting constraints during olfactory navigation of blue crabs, *Callinectes sapidus*. J Exp Biol 206: 171-180

Weissburg MJ, Zimmer-Faust RK (1993) Life and death in moving fluids: hydrodynamic effects on chemosensory-mediated predation. Ecology 74: 1428-1443

Weissburg MJ, Zimmer-Faust RK (1994) Odor plumes and how blue crabs use them to find prey. J Exp Biol 197: 349-375

Williams JG (1979) Estimation of intertidal harvest of Dungeness crab, *Cancer magister*, on Puget Sound, Washington, beaches. US Natl Mar Fish Serv Fish Bull 77: 287-292

Williams MJ (1982) Natural food and feeding in the commercial sand crab *P. pelagicus* Linnaeus, 1766 (Crustacea: Decapoda: Portunidae) in Moreton Bay, Queensland. J Exp Mar Biol Ecol 59: 165-176

Wilson JP, Sheaves M (2001) Short-term temporal variations in taxonomic composition and trophic structure of a tropical estuarine fish assemblage. Mar Biol 139: 878-796

Wirjoatmodjo S, Pitcher TJ (1984) Flounders follow the tides to feed: evidence from ultrasonic tracking in an estuary. Estuar Coast Shelf Sci 19: 231-241

Wolanski E (1994) Physical oceanographic processes of the Great Barrier Reef. CRC Press, Boca Raton

Wolanski E, Mazda Y, Ridd P (1992) Mangrove hydrodynamics. In: Robertson AI, Alongi DM (eds) Tropical mangrove ecosystems, pp. 43-62. Coastal and Estuarine Studies 41 American Geophysical Union, Washington DC

Wolff N, Grober-Dunsmore R, Rogers CS et al (1999) Management implications of fish trap effec-tiveness in adjacent coral reef and gorgonian habitats. Environ Biol Fish 55: 81-90

Wothke A, Greven H (1998) Field observations on four-eyed fishes, *Anableps anableps* (Anablep-idae, Cyprinodontiformes), in Trinidad. Z Fischk 5: 59-75

Yamahira K, Nojima S, Kikuchi T (1996) Age specific food utilization and spatial distribution of the puffer, *Takifugu niphobles*, over an intertidal sand flat. Environ Biol Fish 45: 311-318

Zeller DC (1997) Home range and activity patterns of the coral trout *Plectropomus leopardus* (Serranidae). Mar Ecol Prog Ser 154: 65-77

Zeller DC (1998) Spawning aggregations: patterns of movement of the coral trout Plectropomus leopardus (Serranidae) as determined by ultrasonic telemetry. Mar Ecol Prog Ser 162: 253-263

Zimmer-Faust RK, Finelli CM, Pentcheff ND et al (1995) Odor plumes and animal navigation in turbulent water flow: a field study. Biol Bull 188: 11-116

Zimmer-Faust RK, O'Neill PB, Schar DW (1996) The relationship between predator activity state and sensitivity to prey odor. Biol Bull 190: 82-87

第 9 章 生活在两个世界：热带河流和海岸之间的河海洄游性鱼类及影响其种群连通性的因素

David A. Milton

摘要：热带鱼类生命史形式多种多样，约有 20 科的 200 种鱼类为河海洄游种。在大多数河海洄游鱼类中，只有一部分的种群有洄游行为，而且其所占比例在不同的科和种之间相差甚远。鱼类洄游可分为 3 种：溯河洄游、降海洄游和两栖洄游。热带溯河洄游鱼类大多为鲱科（Clupeidae）鱼类，包括若干种美洲西鲱和鲱鱼。这些鱼类在淡水中产卵，长至稚鱼时洄游到海里，其中大部分鱼类在返回淡水繁殖前已经性成熟。降海洄游鱼类的洄游则完全相反，它们在淡水中长至性成熟，返回海洋产卵后，又洄游回淡水。来自热带地区的鳗鱼、鲻鱼和锯盖鱼都是降海洄游鱼类。在热带地区最常见的河海洄游形式，是两栖洄游。两栖洄游鱼类最大的群体是虾虎和塘鳢。两栖洄游型鱼类在淡水中产卵，幼鱼洄游到海中，性成熟后再返回淡水，这在诸多主要海域的群岛水域随处可见。河海洄游性鱼类群体的咸淡水洄游行为，正是依赖着淡水流，来保持其种群连通性。大多数热带河海洄游性鱼类，会趁着季风季节带来的洪水，在生境之间洄游。水坝建设、气候变化导致的降水量强度变化和数量减少，是威胁海洋和淡水鱼类保持种群连通性的两大主要原因。本章提供的例子，表明了热带河海洄游性鱼类，在维持其种群连通性上，将面临更大的挑战，除非外力介入以减轻其洄游中的困难。

关键字：河海洄游；洄游；干旱；水坝；气候变化

9.1 前言

在淡水和沿海海域之间定期洄游的热带鱼类，必须适应广泛的环境条件。在淡水中，它们往往现身于距离海岸数千米的强流中。为了抵达这个它们偏好的生境，一般需要越过人为的障碍，如水坝和侧流堰，以及瀑布一类的天然屏障。在河口和海域，它们则必须适应由于盐分提高带来的生理压力。定期在海洋和淡水之间洄游的鱼类种类相对较少（约在 250~300 种之间，McDowall，1997；Riede，2004）。这些物种的超过 2/3，都发现于热带地区（约 201 种，见表 9.1）。定期在海水和淡水之间洄游的大多数鱼类，同属中也存在着非洄游物种。同时利用淡水和邻近的沿海生境的鱼类群体，它们的生命周期形成了鱼类采用的适应性策略之一。本章讨论了热带河海洄游鱼类洄游的类型范围。之后，进而确定一些影响、或可能影响这些种群在咸淡水中保持种群连通性的能力的因素。

在本章，河流生境定义为，所有的河流流域及小溪流，并且不受潮汐效应影响。本章旨在研究淡水及邻近沿海生境的鱼类种群之间的种群连通性，侧重于曾经生活在河口上游，并在河口下游及邻近沿海海洋生境度过不同时期的物种。

定期在海水和淡水之间进行可预测洄游的种类，被称为河海洄游性种类（Myers, 1949; McDowall, 1988, 2001）。在河海洄游鱼类中，已知有三种不同的洄游行为，即溯河洄游、降海洄游和两栖洄游（Myers, 1949）。溯河洄游型鱼类性成熟时，从海里洄游到淡水中繁殖。这类洄游已知的最好的例子，便是温带鲑鱼。鳗鲡属（*Anguilla*）和部分锯盖鱼等降海洄游型鱼类性成熟时则从淡水洄游到海里产卵。洄游鱼类的第三类是两栖洄游性鱼类。出于营养需求，这些物种在海水和淡水中进行双向洄游（McDowall, 2007）。McDowall（1988）列出了227种洄游性鱼类，但McDowall（1997）表示，最终这一数目可能超过250种，因为有许多物种的生态情况尚不明晰。近来，Riede（2004）再次探讨了洄游性鱼类的状态，其近期文献综述更将已知的洄游性鱼类数量，至少增加至300种（Froese and Pauly, 2003）。河海洄游在热带鱼类中并不普遍，但河海洄游的一些类型，如两栖洄游，则主要存在于热带物种中（McDowall, 2007）。

表9.1 定期在淡水和沿海海域洋生境之间洄游的热带鱼类。洄游状态的记录参见Froese和Pauly（2003）。括号中为每种拥有不同洄游行为的科以下物种数。Froese和Pauly（2003）认为的许多河海洄游性鱼类依据的是Riede（2004）未被引用的报告，需要进一步的验证

科	洄游类型	分布	物种	成鱼优选生境	洄游季节
双边鱼科（Ambassidae）	两栖洄游	南亚及西太平洋海域（4种）	裸头双边鱼（*Ambassis gymnocephalus*）；古氏双边鱼（*A. kopsii*）；小眼双边鱼（*A. miops*）；贝纹双边鱼（*A. nalua*）；其他15个物种多在河口及近海海域	河口及河流的淡水流下游	雨季
	降海洄游	西太平洋海域（1种）	断线双边鱼（*Ambassis interrupta*）	海岸带及河口	雨季
鳗鲡科（Anguillidae）	降海洄游	印度西太平洋（11种）	孟加拉鳗鲡（*Anguilla bengalensis*）；双色鳗鲡（*A. bicolor*）；西里伯斯鳗鲡（*A. celebesensis*）；内唇鳗鲡（*A. interioris*）；印尼鳗鲡（*A. malgumora*）；花鳗鲡（*A. marmorata*）；大口鳗鲡（*A. megastoma*）；莫桑比克鳗鲡（*A. mossambica*）；云纹鳗鲡（*A. nebulosa*）；灰鳗鲡（*A. obscura*）；宽鳍鳗鲡（*A. rheinhardtii*）；其他6个物种在温带	淡水	雨季

续表

科	洄游类型	分布	物种	成鱼优选生境	洄游季节
海鲶科 (Ariidae)	两栖洄游	南亚 (10种)	黑鮰 (*Ameiurus melas*)；黑鳍海鲶 (*Arius jella*)；蓝色头胄海鲶 (*Cephalocassia jatia*)①；缅甸猫海鲶 (*Cochlefelis burmanica*)；索纳半海鲶 (*Hemiarius sona*)；细尾六丝鲶 (*Hexanematichthys sagor*)；丝背线翼鲶 (*Nemapteryx caelata*)；大头多齿海鲶 (*Netuma thalassina*)；平口褶囊海鲶 (*Plicofollis platystomus*)；窄刺褶囊海鲶 (*P. tenuispinis*)；鮰属 (*Ameiurus*) 的其他6个种，海猪鱼属 (*tenuispinis*) 的3个种，鮰属 (*Ameiurus*) 的其他6个种，头胄海鲶属 (*Cephalocassia*)②属的3个种；猫海鲶属 (*Cochlefelis*) 的3个种，半海鲶属 (*Hemiarius*) 的4个种，六丝鲶属 (*Hexanematichthys*) 的1个种，线翼鲶属 (*Nemapteryx*) 的5个种，褶囊海鲶属 (*Plicofollis*) 的6个种，多齿海鲶属 (*Netuma*) 的2个种，多在河口及海洋	大多为河口及潮流河段	可能为雨季
	溯河洄游	印度洋-西太平洋 (2种)	马达加斯加海鲶 (*Arius madagascariensis*)；格氏新海鲶 (*Neoarius graeffei*)；海鲇属 (*Arius*) 的其他30个种及新海鲶属 (*Neoarius*) 的8个种常见于海水或淡水中	淡水及河口	可能为雨季
拟银汉鱼科 (Atherinopsinae)	溯河洄游	太平洋东部及大西洋西部 (2种)	查氏小银汉鱼 (*Atherinella chagresi*)；瓜地马拉小银汉鱼 (*A. guatemalensis*)；小银汉鱼属 (*Atherinella*) 的其他33个种在河口及海洋	淡水及河口	雨季
锯盖鱼科 (Centropomidae)	两栖洄游	太平洋东部及大西洋西部 (6种)	剑棘锯盖鱼 (*Centropomus ensiferus*)；中间锯盖鱼 (*C. medius*)；黑锯盖鱼 (*C. nigrescens*)；小锯盖鱼 (*C. parallelus*)；罗巴锯盖鱼 (*C. robalito*)；锯盖鱼 (*C. undecimalis*)；锯盖鱼属 (*Centropomus*) 的其他4个种在河口及海洋	大多在近岸海域及河口	雨季
	溯河洄游	大西洋西部 (1种)	波氏锯盖鱼 (*Centropomus poeyi*)	近岸海域及河口	可能为雨季
	降海洄游	南亚、东南亚至澳大利亚 (1种)	尖吻鲈 (*Lates calcarifer*)；尖嘴鲈 (*Lates*) 属的其他8个种均生活在淡水区	大多在河口及近岸海域	雨季之前
		大西洋西部 (1种)	栉锯盖鱼 (*Centropomus pectinatus*)	河口及内河	可能为雨季

---

① 原文无齿鲩 (*Cephalocassia jatia*)，现已改为 (*Cephalocassis jatia*)。——译者注
② 原文头胄海鲶属 (*Cephalocassia*)，现已改为 (*Cephalocassis*)。——译者注

续表

科	洄游类型	分布	物种	成鱼优选生境	洄游季节
鲱科 (Clupeidae)	两栖洄游	印度洋-西太平洋（2种）	叶鲱（*Escualosa thoracata*）；黑尾小沙丁鱼（*Sardinella melanura*）；沙丁鱼属（*Sardinella* ssp.）的其他20个种，长体叶鲱（*E. elongata*）多在近岸海域	近岸海域及河口	可能为雨季
	溯河洄游	西太平洋及大西洋东部（10种）	无齿鲦（*Anodontostoma chacunda*）；泰国无齿鲦（*A. thailandiae*）、戈氏似青鳞鱼（*Herklotsichthys gotoi*）；花点鲥（*Hilsa kelee*）；南亚海鲦（*Nematalosa galatheae*）；圆吻海鲦（*N. nasus*）；小齿宽颌鲱（*Pellonula leonensis*）；大齿宽颌鲱（*P. vorax*）；云鲥（*Tenualosa ilisha*）（非全部）；鲥（*T. reevesi*）；无齿鲦属（*Anodontostoma*）的另一物种与似青鳞鱼属（*Herklotsichthys*）的其他11个种生活在海水区；鲥属（*Tenualosa*）的2个种生活在河口，另一种生活在淡水中	近岸海域及河口	雨季
	降海洄游	大西洋东部（1种）	筛鲱（*Ethmalosa fimbriata*）	多在河口及邻近海域	雨季
塘鳢科 (Eleotridae)	两栖洄游	太平洋东部、西部及大西洋西部（21种）	非洲乌塘鳢（*Bostrychus africanus*）、中华乌塘鳢（*B. sinensis*）、蝌蚪丘塘鳢（*Bunaka gyrinoides*）、丘塘鳢（*B. pinguis*）、安汶嵴塘鳢（*Butis amboinensis*）、嵴塘鳢（*B. butis*）、印尼嵴塘鳢（*B. humeralis*）、锯嵴塘鳢（*B. koilomatodon*）、黑点嵴塘鳢（*B. melanostigma*）、侧叶脂塘鳢（*Dormitator latifrons*）、网纹脂塘鳢（*D. lebretonis*）、斑脂塘鳢（*D. maculatus*）、刺盖塘鳢（*Eleotris acanthopoma*）、钝塘鳢（*E. amblyopsis*）、褐塘鳢（*E. fusca*）、毛里塔尼亚塘鳢（*E. mauritianus mauritiana*）①、黑体塘鳢（*E. melanosoma*）、桑威奇岛塘鳢（*E. sandwicensis*）、瓜维那塘鳢（*Guavina guavina*）、无孔蛇塘鳢（*Ophieleotris aporos*）、头孔塘鳢（*Ophiocara porocephala*），瓜维那塘鳢属（*Guavina*）的其他种出现在河口及沿海水域；4种乌塘鳢属（*Bostrychus*）鱼类、1种嵴塘鳢属（*Butis*）鱼类、3种脂塘鳢属（*Dormitator*）鱼类、1种蛇塘鳢属（*Ophieleotris*）鱼类以及1种头孔塘鳢属（*Ophiocara*）鱼类都生活在淡水域里	主要是淡水河流及河口	种群间可能不同，雨季和旱季都有
	降海洄游	太平洋和大西洋（6种）	赤道几内亚塘鳢（*Eleotris annobonensis*）、巴厘岛塘鳢（*E. balia*）、颊棘塘鳢（*E. pisonis*）、塞内加尔塘鳢（*E. senegalensis*）、纹带塘鳢（*E. vittata*）、大口呆塘鳢（*Gobiomorus dormitory*）②；20种塘鳢属（*Eleotris*）鱼类、2种呆塘鳢属（*Gobiomorus*）鱼类，主要生活在海洋，或是只在淡水中	主要是河口及淡水河流	可能为雨季

---

① 原文毛里塔尼亚塘鳢（*E. mauritianus*），现已改为（*Eleotris mauritiana*）。——译者注
② 原文大口呆塘鳢（*Gobiomorus dormitory*），现已改为（*Gobiomorus dormitor*）。——译者注

第9章 生活在两个世界：热带河流和海岸之间的河海洄游性鱼类及影响其种群连通性的因素

续表

科	洄游类型	分布	物种	成鱼优选生境	洄游季节
海鲢科 (Elopidae)	两栖洄游	大西洋西部（1种）	蜥海鲢（*Elops saurus*）	河口及沿海	雨季
	溯河洄游	太平洋西部（1种）	夏威夷海鲢（*Elops hawaiensis*）；其余5种海鲢属（*Elops*）鱼类主要生活在海洋	沿海	雨季
鳀科 (Engraulidae)	两栖洄游	印度洋-西太平洋（9种）	发光鲚（*Coilia dussumieri*）、凤鲚（*C. mystus*）、高体鲚（*C. neglecta*）、拉氏鲚（*C. ramcarati*）、雷氏鲚（*C. reynaldi*）、杜氏棱鳀（*Thryssa dussumieri*）、高泰棱鳀（*T. gautamiensis*）、汉氏棱鳀（*T. hamaltonii*）①、拟赤鼻棱鳀（*T. kammalensoides*）；8种鲚属（*Coilia*）鱼类，及19种棱鳀属（*Thryssa*）鱼类，生活局限在海洋和淡水中	沿海及河口	可能为雨季
	溯河洄游	大西洋西部（2种）	宽带小公鱼（*Anchoviella lepidentostole*）、后牙狼鳀（*Lycengraulis grossidens*）；其他15种小公鱼属（*Anchoviella*）鱼类，及3种狼鳀属（*Lycengraulis*）鱼类生活在淡水中	沿海及河口	不确定，可能为雨季
	降海洄游	巴布亚新几内亚（1种）	斯氏棱鳀（*Thryssa scratchleyi*）	淡水河流	推测为雨季
银鲈科 (Gerreidae)	两栖洄游	印度洋-太平洋及大西洋东部、西部（6种）	黑鳍缩口银鲈（*Eucinostomus melanopterus*）、灰银鲈（*Gerres cinereus*）、长棘银鲈（*G. filamentosus*）、缘边银鲈（*G. limbatus*）、长吻银鲈（*G. longirostris*）、大口银鲈（*G. setifer*）；其他18种银鲈属（*Gerres*）鱼类及10种缩口银鲈属（*Eucinostomus*）鱼类生活在河口和沿海	沿海及河口	未知，可能为雨季

① 原文汉氏棱鳀（*T. hamaltonii*），已改为（*Thryssa hamiltonii*）。——译者注

续表

科	洄游类型	分布	物种	成鱼优选生境	洄游季节
虾虎科 (Gobiidae)	两栖洄游	印度洋-太平洋及大西洋西部 (55种)	纹鳃阿胡虾虎（*Awaous grammepomus*）、关岛阿胡虾虎（*A. guamensis*）、眼斑阿胡虾虎鱼（*A. ocellaris*）、尖鳍杯虾虎鱼（*Cotylopus acutipinnis*）、金黄舌虾虎鱼（*Glossogobius aureus*）、盘鳍舌虾虎鱼（*G. celebius*）、舌虾虎（*G. giuris*）、勃氏似虾虎（*Gobioides broussonnetii*）、箭状似虾虎鱼（*G. sagitta*）、西方小虾虎鱼（*Gobionellus occidentalis*）、大洋小虾虎鱼（*G. oceanicus*）、苏里南栉虾虎（*G. thoropsis*）①、韧虾虎（*Lentipes armatus*）、同色韧虾虎（*L. concolor*）、惠氏韧虾虎鱼（*L. whittenorum*）、许氏齿弹涂鱼（*Periophthalmodon schlosseri*）、鳞峡齿弹涂鱼（*Periophthalmodon septemradiatus*）、银线弹涂鱼（*Periophthalmus argentilineatus*）、奇弹涂鱼（*Periophthalmus barbarus*）、马六甲弹涂鱼（*Periophthalmus malaccensis*）、弹涂鱼（*Periophthalmus modestus*）、九刺弹涂鱼（*Periophthalmus novemradiatus*）、韦氏弹涂鱼（*P. weberi*）、施氏犀孔虾虎（*Porogobius schlegelii*）、长身拟平牙虾虎（*Pseudapocryptes elongates*）②、爪哇拟虾虎（*Pseudogobius javanicus*）、黑斑拟虾虎（*Pseudogobius melanosticus*）、杂色拟虾虎（*Pseudogobius poicilosoma*）、罗氏裂身虾虎（*Schismatogobius roxasi*）、普氏瓢虾虎（*Sicydium plumieri*）、砂栖瓢眼虾虎（*Sicyopus auxilimentus*）、乔氏瓢眼虾虎（*Sicyopus jonklaasi*）、糙体瓢眼虾虎（*Sicyopus leprurus*）、环带瓢眼虾虎（*Sicyopus zosterophorum*）、纺锤瓢鳍虾虎（*Sicyopterus fuliag*）、灰瓢鳍虾虎（*Sicyopterus griseus*）、秀丽瓢鳍虾虎（*Sicyopterus lacrymosus*）、兔头瓢鳍虾虎（*Sicyopterus lagocephalus*）、宽颊瓢鳍虾虎（*Sicyopterus macrostetholepis*）、短尾瓢鳍虾虎（*Sicyopterus micrurus*）、丑瓢鳍虾虎（*S. rapa*）、布氏狭虾虎（*Stenogobius blokzeyli*）、条纹狭虾虎（*Stenogobius genivittatus*）、夏威夷狭虾虎（*Stenogobius hawaiiensis*）、金吻枝牙虾虎（*Stiphodon aureorostrum*）、美丽枝牙虾虎（*Stiphodon elegans*）、美丽枝牙虾虎（*S. stevenson*）③、桔红枝牙虾虎（*S. surrufus*）、环带雷虾虎（*Redigobius balteatus*）、拜库雷虾虎（*Redigobius bikolanus*）、异雷虾虎（*Redigobius dispar*）、大口雷虾虎（*R. macrostoma*）、罗氏雷虾虎（*R. roemeri*）、萨潘雷虾虎（*R. sapangus*）、柴帕钝牙虾虎（*Zappa confluentus*）；其他9种阿胡虾虎属（*Awaous*）鱼类、1种杯虾虎属（*Cotylopus*）鱼类、9种韧虾虎属（*Lentipes*）鱼类、19种叉舌虾虎属（*Glossogobius*）鱼类、3种似虾虎属（*Gobioides*）鱼类、9种小虾虎属（*Gobionellus*）鱼类、1种拟平牙虾虎属（*Pseudapocryptes*）鱼类、10种瓢眼虾虎属（*Sicyopus*）鱼类及23种枝牙虾虎属（*Stiphodon*）鱼类主要出现在淡水区。其他19种叉舌虾虎属（*Glossogobius*）鱼类、9种小虾虎属（*Gobionellus*）鱼类、4种拟虾虎属（*Pseudogobius*）鱼类、7种雷虾虎属（*Redigobius*）鱼类、10种裂身虾虎属（*Schismatogobius*）鱼类、23种瓢鳍虾虎属（*Sicyopterus*）鱼类及22种狭虾虎属（*Stenogobius*）鱼类出现在淡水或沿海	主要是淡水或河口	雨季

---

① 原文苏里南栉虾虎（*G. thoropsis*），现已改为（*Ctenogobius thoropsis*）。——译者注
② 原文长身拟平牙虾虎（*Pseudapocryptes elongates*），现已改为（*Pseudapocryptes elongatus*）。——译者注
③ 原文美丽枝牙虾虎（*S. stevenson*），现已改为（*Stiphodon elegans*）。——译者注

续表

科	洄游类型	分布	物种	成鱼优选生境	洄游季节
银鲈科（Gerreidae）	溯河洄游	大西洋西部及东部（1种）	细斑瓢虾虎（*Sicydium punctatum*）；其他13种瓢虾虎属（*Sicydium*）鱼类生活在淡水或海洋中	淡水	雨季
	降海洄游	大西洋东部（1种）	砂栖阿胡虾虎（*Awaous tajasica*）	淡水	雨季
汤鲤科（Kuhliidae）	两栖洄游	夏威夷（1种）	夏威夷汤鲤（*Kuhlia sandvicensis*）	多变，淡水或沿海	雨季
	降海洄游	印度洋-太平洋（4种）	小笠原汤鲤（*Kuhlia boninensis*）、尾纹汤鲤（*K. caudivittata*）、黑边汤鲤（*K. marginata*）、大口汤鲤（*K. rupestris*）；其他8种汤鲤属（*Kuhlia*）鱼类主要分布在海洋（6种）或淡水（2种）中	淡水至潮汐淡水、河口间多变，取决于物种种类	雨季
笛鲷科（Lutjanidae）	降海洄游	巴布亚新几内亚及亚洲东南部（2种）	戈氏笛鲷（*Lutjanus goldiei*）、宽带笛鲷（*Lutjanus maxweberi*）；其他64种笛鲷属（*Lutjanus*）鱼类主要出现在海洋或沿海，以及所有大洋中	淡水河流至河口	雨季
鲻科（Mugilidae）	两栖洄游	印度洋-西太平洋及大西洋东部（9种）	大鳞鮻（*Liza macrolepis*）①、灰鳍鮻（*L. melinoptera*）、盾鮻（*L. parmata*）②、绿背鮻（*L. subviridus*）③、黄鲻（*L. vaigiensis*）④、布氏莫鲻（*Valamugil buchanani*）⑤、长鳍莫鲻（*V. cunesius*）⑥、薛氏莫鲻（*V. seheli*）⑦、斯氏莫鲻（*V. speigleri*）⑧；其他16种鮻属（*Liza*）鱼类，及5种凡鲻属（*Valamugil*）鱼类主要分布在近岸海域	沿海及河口	不清楚，可能在雨季
	降海洄游	大西洋及印度洋-太平洋（10种）	长体圆口鲻（*Agonostomus monticola*）、特氏圆口鲻（*A. telfairii*）、异粒唇鲻（*Crenimugil heterocheilus*）、墨西哥锯齿鲻（*Joturus pichardi*）、犁鳍鮻（*Liza falcipinnis*）、少鳞鮻（*L. grandisquamis*）、盾鮻（*L. parmata*）、金点龟鮻（*L. parsia*）⑨、鲻（*Mugil cephalus*）、库里鲻（*M. curema*）；其他15种鲻属（*Mugil*）鱼类生活在海洋中	多变，主要是淡水及河口	前雨季期和雨季，取决于物种种类

---

① 原文大鳞鮻（*Liza macrolepis*），现已改为（*Chelon macrolepis*）。——译者注
② 原文盾鮻（*L. parmata*），现已改为（*Paramugil parmatus*）。——译者注
③ 原文绿背鮻（*L. subviridus*），现已改为（*Chelon subviridis*）。——译者注
④ 原文黄鲻（*L. vaigiensis*），现已改为（*Ellochelon vaigiensis*）。——译者注
⑤ 原文布氏莫鲻（*Valamugil buchanani*），现已改为（*Moolgarda buchanani*）。——译者注
⑥ 原文长鳍莫鲻（*V. cunesius*），现已改为（*Moolgarda cunnesius*）。——译者注
⑦ 原文薛氏莫鲻（*V. seheli*），现已改为（*Moolgarda seheli*）。——译者注
⑧ 原文斯氏凡鲻（*V. speigleri*），现已改为（*Moolgarda speigleri*）。——译者注
⑨ 原文金点龟鮻（*L. parsia*），现已改为（*Chelon parsia*）。——译者注

续表

科	洄游类型	分布	物种	成鱼优选生境	洄游季节
大海鲢科（Megalopidae）	两栖洄游型	大西洋东西部（1种）印度洋-西太平洋区（1种）	大西洋大海鲢（*Megalops atlanticus*）大海鲢（*M. cyprinoides*）	主要在近岸海域；主要在近岸海域	春/夏；雨季
巨鲶科（Pangasiidae）	溯河洄游型	东南亚（1种）	克氏巨鲶（*Pangasius krempfi*）；主要依赖淡水的巨鲶属（*Pangasius*）中的其他24个种类	近岸海域或河口	旱季
锯腹鳓科（Pristigasteridae）	溯河洄游型	印度洋-西太平洋区，大西洋东西部（4种）	丝鳓（*Ilisha filigera*），大鳍鳓（*I. megaloptera*），薛氏鳓（*I. sirishai*），庇隆多齿鳓（*Pellona ditchella*）；鳓属（*Ilisha*）中的其他10个种和多齿鳓属（*Pellonaare*）中的5个种主要生活在淡水或海水区	近岸海域和河口	雨季
	两栖洄游型	亚洲南部和东南部（3种）	凯氏鳓（*Ilisha kampeni*），黑口鳓（*I. melasotoma*），缅甸鳓（*I. novacula*）	河口和淡水河	雨季
溪鳢科（Rhyacichthyidae）	两栖洄游型	西太平洋（2种）	溪鳢（*Rhyacichthys aspro*），吉氏溪鳢（*Rhyacichthys guilberti*）	淡水溪涧	大约雨季
海龙科（Syngnathidae）	两栖洄游型	印度洋-太平洋地区（3种）	蓝点多环海龙（*Hippichthys cyanospilos*）、带纹多环海龙（*H. spicifer*），无棘腹囊海龙（*Microphis leiaspis*）；多环海龙属（*Hippichthys*）的其他3个物种，生活在淡水或河口区域的腹囊海龙属（*Microphis*）的16个种	淡水溪涧和河口区域	不确定，可能为旱季
	溯河洄游型	印度洋-太平洋地区和西大西洋（1种）	线纹腹囊海龙（*Microphis brachyurus*）	淡水溪涧	不确定，可能为旱季
射水鱼科（Toxotidae）	两栖洄游型	印度洋-太平洋地区（3种）	布氏射水鱼（*Toxotes blythii*），斯里兰卡射水鱼（*T. chatareus*），横带射水鱼（*T. jaculatrix*）；会出现在淡水区的射水鱼属（*Toxotes*）中的其他4个种	河口和淡水溪涧	雨季

9.2 连通性类型

将鱼类的洄游分为3种行为类型的做法，可能有些武断，但这是可识别的鱼类运动方式连续体的一部分（Myers，1949；McDowall，1988；Elliot et al.，2007）。McDowall（1988，2007）总结了每一种洄游行为相关的鱼类的洄游类型。在每一种洄游行为类型的物种中,都有一些个体甚至种群,可以不洄游。例如鳗鲡科（Anguillidae）的鳗鱼,热带鳗鱼中的大多数个体至今被证明是专性洄游者,然而,最近的研究表明,温带鳗鱼中的一些种群是兼性洄游者,仅有一些会从近岸产卵场洄游到河流（Daverat et al.,2006;Edeline,2007;Thibault et al.,2007）。因此,对于兼性河海洄游性鱼类,一个种群中的某些个体可能一年或很久才洄游一次,其他个体自始至终、一直生活在同一个生境（Tsukamoto et al.,1998;Milton and Chenery,2005;Thibault et al.,2007）。

在热带地区,河海洄游性鱼类至少有20科（表9.1）,而且每科中的物种数比例差异较大。洄游的种类生活在各大洋,并且,该洄游行为似乎已经独立地经过多次进化（McDowall,1997）。在表9.1的20科中,有4个科即锯盖鱼科（Centropomidae）、鲱科（Clupeidae）、鳀科（Engraulidae）和虾虎科（Gobiidae）的种类在三种洄游类型至少采取其一。至于其他科,如鳗鲡科（Anguillidae）,所有的洄游种都属于降海洄游种类。热带鱼类中只有较少的溯河洄游种类,很少有热带鱼科完全属于溯河洄游种。该洄游类型通常仅发生在某一科的下属成员中（表9.1）。

许多两栖洄游和降海洄游的种类,遍及印度洋-太平洋地区的孤立热带岛屿上的淡水中,这表明,种群之间的基因流动和连通性,应该是有限的。事实上,McDowall（2004）曾质疑偏远孤立的岛屿（如夏威夷或关岛）上怎么会有淡水鱼类。他发现,许多河海洄游种的分布格局表明,洄游种增加了地区间的扩散。在某些科,如虾虎鱼和塘鳢,既有河海洄游种,也有非河海洄游种,但河海洄游种分布更广（McDowall,2001）。Chubb等（1998）也发现,在夏威夷两栖洄游性鱼类的4个种中,得到的岛屿间鱼类遗传结构的依据是有限的。同样,Keith等（2005）研究了两栖洄游性的瓢虾虎鱼中9个种的遗传结构,其中包括广泛分布的瓢鳍虾虎（*Sicyopterus lagcephalus*）。他们指出,在350万年以前,瓢鳍虾虎占据了印度洋-太平洋地区的所有岛屿。瓢虾虎亚科的其他种,是单一岛屿的特有种,在较早的时期已经进化。McDowall（2003b）和Keith等（2005）推测,仔稚鱼阶段的种间差异以及历史海洋环流模式,导致了目前的分布格局。所有这些研究表明,在这些鱼类的海洋阶段,通过允许它们移居到新生境的方式,河海洄游提高了种群的扩散。

9.2.1 两栖洄游

这是热带鱼类中最常见的河海洄游类型,其中至少有137种（201种热带海河洄游种的68%）属于两栖洄游（表9.1）。拥有最多两栖洄游种的科是虾虎鱼科（Gobiidae）（55种）。在两栖洄游性虾虎中,瓢虾虎具有代表性（图9.1）。这些虾虎主要出现于太平洋、印度洋和加勒比地区的岛屿上,在那里,它们是淡水鱼类的重要组成部分（McDowall,2004）。其他几个拥有两栖洄游性种的科,包括塘鳢[塘鳢科（Eleotridae）]、银鲈[银鲈科（Gerreidae）]和鲶鱼[海鲶科（Ariidae）]（表9.1）。各种鲶鱼是在印度洋-太平洋周围的大型河流中发现的,但是两栖洄游性塘鳢则广泛存在于沿太平洋东西部的边缘、大西洋两岸的河流中。

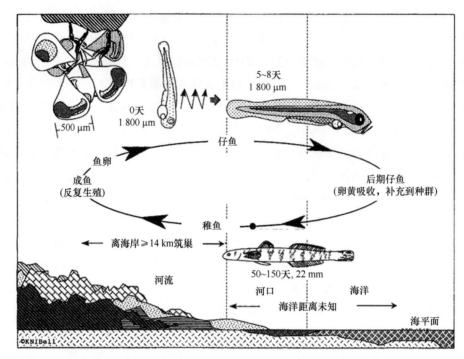

图 9.1 加勒比海多米尼加瓢虾虎的生活史（仿自 Bell et al.，1995）。梨形卵在石头下孵化，然后往下游漂流进行垂直游动并到达海洋，期间吸收卵黄囊超过 5~8 天。50~150 天后，稚鱼又返回淡水（Bell et al.，1995）

9.2.2　溯河洄游

在热带海河洄游性鱼类的科中，少数几种鱼广泛采取该类型洄游。共有 25 种热带鱼类为兼性或专性溯河洄游种（表 9.1），尤其见于鲱形目，包括鲱科（Clupeidae）、鳀科（Engraulidae）和锯腹鳓科（Pristigasteridae）（McDowall，2003a）鱼类。Gross（1987）曾推测，溯河洄游应该是从淡水种进化而来，但 McDowall（1997）认为，可以支撑该观点的数据有限。溯河回游性鱼类中，大部分科属中的其他种主要为海洋种。Gross 等（1988）提出，溯河洄游在温带海域较为常见，这是因为，较之邻近淡水生境，温带地区的海洋生境具有较高的生产力。最近，McDowall（2003）指出，溯河洄游最常见于北纬地区，而在热带地区或南半球温带地区，只有少数种类进行溯河洄游。因此，溯河洄游或许也是由温带地区进化而来的，该地区的大型河流为该洄游行为提供了条件。

9.2.3　降海洄游

热带洄游鱼类中至少有 39 种已被列为降海洄游种（表 9.1），它们大多数分布在印度洋-太平洋区域。在这一地区，鳗鱼和鲻鱼［鲻科（Mugilidae）］是两大热带科鱼类，其中的一些种主要是生活在淡水中，但在产卵时洄游到海洋（表 9.1）。而其他科的种类，甚至是鱼类个体，则表现出了降海洄游程度的广泛变化。印度洋-太平洋地区的尖吻鲈（*Lates calcarifer*）是有着重要商业价值的降海洄游种（Blaber，2000）。其他尖吻鲈属鱼类只在淡水区生活，活动范围局限于非洲各湖泊。

Gross 等（1988 年）发现，尽管溯河洄游在温带地区相对普遍，但降海洄游在热带水域的鱼类中则更为常见。他们推测，其原因可能是，较之邻近的海洋产卵场，热带淡水生境具有更高的生产力。比较热带降海洄游性鱼类尖吻鲈（*Lates calcarifer*）的淡水与海洋种群的生长和摄食的资料似乎支持了这一推测（Anas，2008；见第 9.3.3 节）。

9.3 热带河海洄游性鱼类的生活史的例子

9.3.1 两栖洄游性鱼类：虾虎与塘鳢

溯河洄游性鱼类与两栖洄游性鱼类都在淡水中产卵，但不同种类所采取的生活史策略却并不相同。两栖洄游比较常见于虾虎科（Gobiidae）（共 55 个种，详见表 9.1）。两栖洄游性虾虎分布在全世界所有热带海洋中，也是许多热带岛屿淡水鱼类的重要组成部分。热带两栖洄游虾虎类的有些种所产的卵和仔鱼，是虾虎科（Gobiidae）中最小的（Miller，1984）。它们在基质上产卵（图 9.1），雄鱼会守护着卵孵化（Keith，2003）。产卵常常发生于雨季河流流量增加时（Erdman，1961；Fitzsimmons et al.，2002；Lim et al.，2002）。孵化后，1～4 mm 大小的仔鱼随着水流向下游移动，进入河口以及沿海水域（Han et al.，1998；Keith et al.，1999）。仔鱼会随着水流积极游动（Bell and Brown，1995），在这一洄游过程中很少或几乎没有进食（Iguchi and Mizuno，1999）。此时，河流很可能是浑浊的，水体透明度的降低将捕食行为降至最低（Blaber，2000）。热带沿岸海域的浮游生物生产力在雨季也较高（Longhurst and Pauly，1987），这或许加强了仔鱼的摄食进而提高其生长率和生存率。

热带两栖洄游虾虎的仔鱼继续停在沿岸海域逗留，但时间跨度有所差异，从 30 天到 266 天不等（Bell et al.，1995；Shen et al.，1998；Radtke et al.，1988，2001；Hoareau et al.，2007；Yamasaki et al.，2007）。它们的海洋仔鱼是所有热带鱼类中仔鱼阶段最长的鱼类之一（Radtke et al.，2001）。漫长的仔鱼阶段结束后，不同种类在其体长为 13～25 mm 时补充到淡水成鱼中（Keith，2003）。一些种类快速寻找水流的方向，大规模向逆流洄游（Bell and Brown，1995，Keith，2003），试图寻找并进入水流的行为可能有助于它们找到更适宜的淡水生境（Erdmann，1986；Fieve and Le Guennec，1998）。Tate（1977）发现，夏威夷两栖洄游虾虎行为上的差异，会对其在河流中的扩散和聚居格局造成影响。昼夜的补充时间，以及种间、种内的竞争行为都会影响鱼类逆流洄游的最终距离。在太平洋岛屿的诸多淡水溪流下游，捕食者鱼类中的成年大口汤鲤（*Kuhlia rupestris*）以及花鳗鲡（*Anguilla marmorata*）的存在，可能会影响其在溪流内部的分布格局（Nelson et al.，1997）。

一旦进入淡水，仔鱼的生长速度则远高于在海岸带水域时，而且浮游仔鱼形态开始转向底栖成体形态（Erdman，1961；Tate，1997；Nishimoto and Kuamo'o，1997；Shen et al.，1998；Radtke et al.，2001）。两栖洄游虾虎科（Gobiidae）中的许多种，例如细斑瓢虾虎（*Sicydium punctatum*），都属于游泳能手。在洄游过程中，强劲的游动能力、利用腹鳍攀爬的能力使得它们能够发现并顺利绕过瀑布甚至人为障碍（Smith and Smith，1998）。在大规模向淡水区集群洄游之前，有些种会在河口成群游动。而那些以仔鱼形态进行洄游的种类，一旦它们成功通过第一道障碍（例如瀑布或者险滩），那么，其体色便会产生变化，进而成为大型捕食者（Tate，1997；Keith，2003）。一旦鱼类成功通过这些障碍，它们便会转向成鱼形态，停止迁徙，寻找适宜的微生境。

有些热带两栖洄游塘鳢有着与虾虎相似的生命周期。来自热带大西洋西部的鲍塘鳢属（*Gobiomorphus*）、脂塘鳢属（*Dormitator*）以及塘鳢属（*Eleotris*）的种类产的也是黏性卵，它们把卵产在位于河口下游或者淡水感潮区的基质上（Nordlie，1981；Teixeira，1994）。它们在雨季产卵，正如虾虎一样，仔鱼成群游动，随着生长它们很可能往上游方向扩散（Nordlie，1981；Winemiller and Ponwith，1998）。不同于虾虎类，这些仔鱼的成鱼形态往往较大（其体长大于 200 mm），但缺乏合并状腹鳍，这是虾虎在强大水流中用以黏附基质的工具。相反，它们喜好离河水体，或者流速较缓的河段（Nordlie，1981，2000）。

在太平洋塘鳢属（*Eleotris*）鱼类中，夏威夷的桑威奇塘鳢（*E. sandwicensis*）和北太平洋热带刺盖塘鳢（*E. acanthopoma*）栖居于淡水流域的下游，且很少能越过（1~2 m 高的）小障碍物（Fitzsimmons et al.，2002；Maeda and Tchihara，2004）。相反，类似于许多两栖洄游虾虎类，褐塘鳢（*Eleotris fusca*）则能够越过高达 10 m 的瀑布（Fitzsimmons et al.，2002；Maeda and Tchihara，2004；Maeda et al.，2007）。塘鳢属（*Eleotris*）的仔鱼期也可能相当漫长（2~4 个月），且其身体会保持无色状态，直到在低盐水域进入补充期才变色（Maeda and Tachihara，2005）。当体长发育至与虾虎接近时，所有种类都会补充到淡水区（体长为 10~19 mm；Shen et al.，1998；Maeda et al.，2007），和两栖洄游虾虎类一样，褐塘鳢（*E. fusca*）会逆流洄游到河流上游区（Maeda Tachihara，2005）。

9.3.2 溯河性鲱科鱼类

在热带鱼类中，溯河是一种相对较少见的洄游行为，关于热带地区专性溯河鱼类的研究很少。大多数热带溯河性种类为鲱形目鱼类（表 9.1）。这些鱼类的科中［鲱科（Clupeidae）、鳀科（Engraulidae）、锯腹鲱科（Pristigasteridae）］，大多数是非洄游性的，它们会在河口或者海洋水域中度过一生（Blaber，2000）。在锯腹鲱科鱼类中，Blaber（1998）等记录了婆罗洲北部沿海鲱属（*Ilisha*）6 个种的生物学信息，其中包括溯河性大鳍鲱（*Ilisha megaloptera*）与丝鲱（*I. filigera*）。在体长方面，柯罗鲱可达 1 m，这使其成为世界上最大的鲱科（Clupeidae）鱼之一（Whitehead，1985）。这两种鱼类均于湿季（柯罗鲱）或者干季早期［大眼鲱（*I. megaloptera*）］在具有高浑浊度（34~1000 浊度）、强大径流以及巨大潮差的河流中产卵（Blaber et al.，1997）。在湿季末期（3 月份），仔鱼和小稚鱼（体长小于 30 mm）出现在低盐度（0~5）的较大河流的河口上游，这表明，鱼类

第9章　生活在两个世界：热带河流和海岸之间的河海洄游性鱼类及影响其种群连通性的因素

在径流变强时在附近产卵。而后，仔鱼以及稚鱼游向河口下游或者邻近海域。此时产卵似乎是为了躲避视觉性捕食者（Blaber，2000）。在湿季，沿海浮游生物生产力也较高（Longhurst and Pauly，1987），这可以提高仔鱼和稚鱼的生长率与生存率。

两种鳓属（*Ilisha*）鱼类广泛分布在从印度西海岸到东南亚的热带河口区及其邻近海域（Whitehead，1985）。在这些区域，强劲的季风降雨模式普遍存在。两种鳓属（*Ilisha*）鱼类生长迅速，大眼鳓（*I. megaloptera*）和柯罗鳓（*I. filigera*）分别在9个月和18个月后便可达到性成熟，寿命可达2~4年。两者有着相似的相对繁殖力，均为一胎多卵（Blaber et al.，1998）。这样的生活史策略普遍为其他热带沿海鲱形目鱼类所采取（Milton et al.，1994，1995），这似乎是对热带环境时空动态变化的适应。

作为另一种分布广泛的溯河性鲱形目鱼类，无齿鲦（*Anadontostoma chacunda*）①广布于印度洋—西太平洋的河口下游及其邻近海域（Munro et al.，1998）。类似于鳓属（*Ilisha*），无齿鲦属（*Anodontostoma*）也是在湿季产卵（11月至翌年2月）（Munro et al.，1998），但它似乎与水流湍急、浑浊的大河并无紧密的联系。相反，无齿鲦属（*Anodontostoma*）在湿季似乎是在回避河口上游浑浊的水流（Cyrus and Blaber，1992），而且其数量在沙地生境比红树林生境更高（Jaafar et al.，2004）。在澳大利亚北部，除了径流最小时的干季末期，人们只能在河口下游捕到无齿鲦（*Anodontostoma* spp.）（Cyrus and Blaber，1992）。这种对于低水流量区内低浑浊度、非结构化生境的偏好，表明无齿鲦（*Anodontostoma* spp.）影响淡水和沿岸水域连通性的因素，与鳓属（*Ilisha*）大不相同。

鲥鱼［云鲥（*Tenualosa ilisha*）］是获得深入研究的热带溯河鲱形目鱼类之一。在南亚，从阿拉伯湾至印度尼西亚东北部的苏门答腊，鲥鱼是该地区的优势种，有着重要的渔业价值（Blaber et al.，2003a；见 http：//dx.doi.org/10.1007/978-90-481-2406-0）。它仅出现于径流量巨大的河流，以及盐度较低的邻近海域（Blaber et al.，2003a）。直到最近，鲥属（*Tenualosa*）才被认为是严格意义上的溯河洄游性鱼类（Coad et al.，2003；Blaber et al.，2003a）。然而，在孟加拉国由 Blaber 等（2003b）和 Milton and Chenery（2003）所作的关于鲥属（*Tenualosa*）生物学与迁移的一项详细研究已表明，该鱼能够在一定盐度范围内产卵，而且许多个体或许根本就不会洄游到淡水区（图9.2）。这两项研究发现，大多数鲥鱼确实是在淡水中产卵的，且主要是在湿季（3—9月）。此时，河流和沿海的产卵条件与鳓属（*Ilisha*）经历的相似。浑浊度高、径流强劲，许多较浅的沿海生境被较小的稚鱼所占领。生产在淡水中的稚鱼在3~4个月龄时往下游洄游，到达河流的下游或者进入河口区。它们生长迅速，在12个月内发育成熟，然后返回产卵场（Milton and Chenery，2003）。尽管这似乎是最常见的洄游策略，但 Milton 和 Chenery（2003）并未发现所有的个体都会返回出生地产卵。

---

① 原文无齿鲦（*Anadontostoma chacunda*），现已改为（*Anodontostoma chacunda*）。——译者注

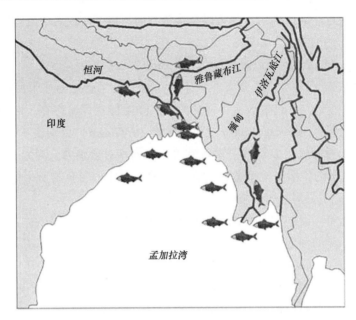

图 9.2 孟加拉湾溯河洄游性鲱形目鲥属（*Tenualosa*）鱼类云鲥（*Tenualosa ilisha*）的生命周期。在湿季（5—9 月），云鲥（*T. ilisha*）在盐度低于 5 的沿岸和主要河流淡水区产卵

9.3.3 降海洄游性鱼类：尖吻鲈

尖吻鲈（*Lates calcarifer*）为雄性先熟的雌雄同体，具有复杂的生活史（Grey，1987；图 9.3）。尖吻鲈（*L. calcanifer*）于潮湿的夏季在河口附近高盐度的沿海水域产卵，其活动高峰期与大潮相关（Moore，1982；Davis，1982，1986）。这时产卵为仔鱼洄游提供了条件，因为在这期间，捕食者少、被捕食者多，因此有助于仔鱼利用浅水滨海水域和淡水湿地（Moore，1982；Davis，1988；Pender and Griffin，1996；Sheaves et al.，2007）。最近的耳石化学研究表明，大多数尖吻鲈（*L. calcanifer*）仔鱼并非栖居于淡水生境（Milton and Chenery，2005；Anas，2008；Milton et al.，2008）。这与普遍持有的"沿海淡水湿地是重要繁殖区"的观念相悖（Moore，1982；Russell and Garrett，1985）。尖吻鲈（*L. calcanifer*）稚鱼待在下河口受保护的潮沟中，直到 1~2 龄，然后开始大范围游散开来（Moore and Reynolds，1982，Russell and Garrett，1985，1988）。成体尖吻鲈（*L. calcanifer*）多数栖居在大河口或沿海水域（Grey，1987）。

与此相反，尖吻鲈仔鱼在 2—4 月龄会洄游到沿海淡水湿地（图 9.3）。一旦进入淡水，将在这里生活 3~8 个月（巴布亚新几内亚，Anas，2008）或者 4 年（澳大利亚北部，Milton et al.，2008）。过了这段时间，尖吻鲈就从这些沿海湿地返回到海水并且分散开来。在巴布亚新几内亚的标记研究发现，未成熟的个体（指 1~2 岁）生长到 2~3 岁之后，开始自沿岸海域向河流的淡水河段洄游（Moore and Reynolds，1982，图 9.4）。其中许多在

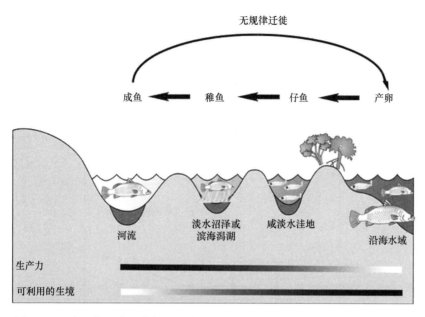

图9.3　巴布亚新几内亚南部，尖吻鲈（Lates calcarifer）的生命周期概述图

淡水中逗留好几年，但这些逗留的鱼类显然不属于产卵种群（Milton and Chenery，2005）。

图9.4　一条低龄的成年雄性尖吻鲈（3龄），捕于昆士兰北部的一个沿海淡水水坑里。其身上淡银色显示其在淡水中生长的特征

在巴布亚新几内亚南部，在淡水繁育场里成长的尖吻鲈稚鱼在沿海水域和淡水水域生活的时间比例，每年各不相同（Anas，2008；图9.5）。当10—11月的产卵高峰期有足够的降雨量时，尖吻鲈更可能利用淡水生存好几年（Moore，1982，图9.6）。在其他年份，大部分的尖吻鲈生存在沿海海域。Anas（2008）发现，在淡水沼泽生存的尖吻鲈稚鱼，生长快于来自相邻的沿海海水繁育场的尖吻鲈幼鱼。这些淡水沼泽每年都会干涸，沼泽里的个体需要在沼泽干涸而被困前离开。然而Anas（2008）发现，很多个体被困在沼泽里，要么死亡、要么被以鱼为食的鸟类或人类所捕食。为什么有些个体知道在什么时候离开？

这仍然是个谜。

这些研究表明，虽然沿海海洋和淡水环境之间的连通对许多河海洄游种类（如尖吻鲈）来说不是必需的，但是那些确实洄游到淡水的个体更有可能生长得更快，因而生存得更好，并且通过洄游到更有利其生长的热带生境，可以产生更多的后代（Gross et al.，1988）。然而，降海洄游性鱼类洄游到淡水之后，仍然需要返回到海中产卵。它们必须依靠洪水期间高水位，来重新连接已和海洋分离的淡水生境。

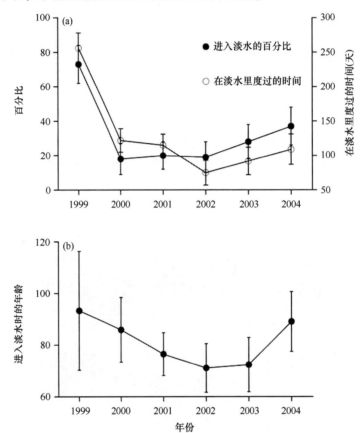

图 9.5　1999—2004 年，每年在巴布亚新几内亚南部进入淡水的尖吻鲈稚鱼的百分比（±标准差），它们在淡水里所度过的时间（a），和它们进入淡水时的年龄（b），单位是天（数据来源于 Anas，2008）

9.4　影响淡水和海洋种群之间连接的因素

9.4.1　干旱和洪水

热带地区的季节变化（湿季和干季）主要与降雨量变化有关。在热带地区，大多数河海洄游鱼类已经发展到利用这些季节降雨模式及与之相关的洪泛优势，洄游到更高效的生境进行繁殖（Gross et al., 1988）。降雨多和洪涝给河流、河口和海岸带水域带来外源性营养物和沉积物，刺激了初级生产力，提高这些区域的生产力（Robins et al., 2006）。许多研究表明，在热带地区，湿季是鱼类生长和繁殖的主要季节（Lowe-McConnell, 1987）。在热带地区，洪水冲刷和更新的年度循环在很大程度上受到称为厄尔尼诺-南方涛动（ENSO）的大型周期性海洋大气现象的影响（Rasmusson and Wallace, 1983）。其中一个ENSO事件的主要后果是，在整个热带地区发生了强烈的降雨量年际变化（Ropelewski and Halpert, 1996）。这种年际变化是源于太平洋南方涛动（即在2~10年的时间间隔内不定期"翻转"）的表面压力差的结果（Mol et al., 2000）。这种压力差的方向的改变导致热带地区不同区域的干旱和洪水。干旱对鱼类群落的影响已在一系列种群衰落、生境丧失、诱导群落组成发生重大的变化范围中记录下来（Matthews and Marsh-Matthews, 2003）。洄游性鱼类需要水流量，以保持淡水与河口、沿海生境之间的连接，因此其群体数量往往很大程度上受到严重或持续旱灾的影响。

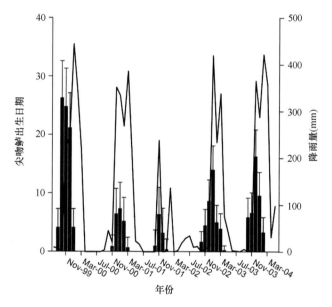

图9.6 每月出生并在淡水中逗留的巴布亚新几内亚南部尖吻鲈（*L. caloarifer*）稚鱼（9~12个月）的百分比（+标准误差）（数据来自Anas, 2008）。每月降雨量（mm）由实线表示。所有这些个体都是在它们从沿海沼泽或红树林潮沟的繁育场返回之后在沿海地区捕获的

降海洄游的印度洋-太平洋大型鱼类尖吻鲈（*Lates calcurifer*）是河口淡水湿地重要的商业和娱乐鱼类，分布在南亚、东南亚、巴布亚新几内亚和澳大利亚北部。在澳大利亚北部，该鱼可长到30 kg，并广泛分布在大多数近岸海域、河口、淡水生境。然而，在许多河流中，堰坝和水坝限制了尖吻鲈（和其他物种）逆流进入淡水区。在其他河流，鱼类在洪水期间逆流洄游，结果被困在淡水蓄水池中，阻止了它们从逆流洄游产卵的行动。在一些河流中影响更极端，就这方面来说，大型食肉动物如尖吻鲈变得愈加稀少，或从其以前

种群丰富的淡水流域绝迹（Fieve et al., 2001；Hogan and Vallance, 2005）。

在澳大利亚北部，尖吻鲈在 2~6 个月龄时即进入淡水流域，有些停留在淡水，直到 4 岁达到性成熟（Milton et al., 2008）。它们所利用的淡水湿地，均较其范围内的其他部分（如巴布亚新几内亚）更深、更为永久。这些湿地也仅间歇地连接到主要河流或河口（Sheaves et al., 2007）。因此，通过生境之间保持连通性，增加营养和食物供应，或者允许仔稚鱼进入生产力更高且天敌较少的浅层淡水生境等，在关键时刻河流具有较高的流量可以增强河海洄游鱼类种群的生产力（Gross et al., 1988）。一旦返回河口区，它们通常沿岸分散，其中许多逆流洄游到淡水生境（Russell and Garrett, 1988）。许多洄游到淡水的尖吻鲈在淡水区逗留，直至成熟期（>4 岁）成为成熟的雄体洄游到近海的产卵场（Moore, 1982；Davis, 1986）。

各种个体大小的尖吻鲈之间在生长率方面表现出极端可塑性，同龄组的个体大小差异在 40%~50%之间（Staunton-Smith et al., 2004）。在同龄组中，相比于那些逗留在河口的鱼，曾在淡水生境生存过的个体通常增长较快（Milton et al., 2008；图 9.7）。Staunton-Smith 等（2004）和 Robins 等（2006）发现尖吻鲈的龄级优势和增长速度与河流流量相关。他们假设了 3 种可能的机制来解释这些模式：（1）增加了由内陆淡水流域洄游来的产卵群体；（2）提高了那些经历过沿岸生境洪泛的稚鱼存活率；（3）或者通过使较大的稚鱼和亚成鱼进入更高效的淡水生境提高了它们的生存率（和成长率）。Anas（2008），Milton 和 Chenery（2005），McCulloch 等（2005）和 Milton 等（2008）的研究表明，大多数的尖吻鲈在其仔鱼和早期稚鱼阶段，不会进入淡水流域，而进入淡水的是较大龄的稚鱼（>3 个月）。而这将支持第 3 个假说，即：澳大利亚北部较大龄的稚鱼通过抵达较永久性的淡水潟湖，更有助于在高淡水流入年份，提高尖吻鲈的存活率以及生长速度（图 9.7）。

使用淡水生境的优势，似乎是来自其拥有丰富的食物供应，可促进鱼类的生长（Sheaves et al., 2007），以及这里较少有大型天敌鱼类。河流泛滥有助于鱼类找到并进入沿海的淡水潟湖。在大多数年份，大多数的尖吻鲈稚鱼不利用滨海淡水湿地作为生境，因为其分布不广，且并不如潮沟和河口那样普遍。然而，对于可以进入淡水区域的鱼类来说，这些淡水湿地的益处似乎十分明显。

两栖洄游虾虎的大量逆流洄游行为（Erdmann, 1986）表明，假如鱼群在自然流动（Fievet and Le Guennec, 1998）的河流中或者从类似发电站这种设施中流出的水道中迷失，则其流水量可以导致整个世代的潜在损失。Fievet and Le Guennec（1998）描述了普氏瓢虾虎（*Sicyium plumieri*）的后期仔鱼在没有自然流动的溪流时，如何洄游进入在加勒比海瓜德罗普岛的一个水力发电站的污水水道的。

显然，在热带地区，大小河流系统中的大量水坝（Nilsson et al., 2005）严重威胁了河海洄游鱼类维持淡水区与邻近海洋生境间连通性的能力。水资源管理者需要保证适时充分的淡水流量，以利于鱼类洄游。另一种情况是，将会有更多类似溯河产卵的云鲥（*Tenualosa reevesi*）等鱼类面临灭绝威胁（Weimin et al., 2006）。这一物种的捕捞量已经陷入不可持续的（He and Chen, 1996）的困扰中，阶梯式大坝的建造也破坏了它们的产卵洄游（Wang，2003）。

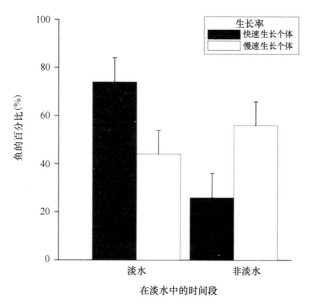

图 9.7 图中所示为尖吻鲈成鱼（仿自 Staunton-Smith et al.，2004）快速以及慢速生长比率（+标准误差），这些尖吻鲈是于 2003 年 2 月的一次暴洪后，捕于澳大利亚的菲茨罗伊河河口三角洲。根据它们耳石中的化学物质，判断它们的整个生命过程是处于淡水湖中还是停留在河口中（数据来自 Milton et al.，2008）

9.4.2 堤坝的影响

人类的汲水活动，对于河流、河口及关联湿地的生产力，都有重要的影响（Gopal and Sah，1993；Jensen，2001；Hillman and Brierley，2002；Gillanders and Kingsford，2002）。为了减少这些影响的范围和严重程度，世界各国政府正越来越多地从工程解决方案转移到环境管理方法上来进行水量分配（Finlayson and Brizga，2000）。现在已经有 30 多个国家在水资源管理政策中，认识到环境流量需求（Hillman and Brierley，2002）。

为了维持淡水和海生种群之间的连通性，管理者们需要制定有效的水管理方案，包括对河岸以及河口生物的淡水管理。然而，为了实现水管理计划，我们需要更加深入地了解参与维持种群间连通性的重要机制（Staunton-Smith et al.，2004；Robins et al.，2005）。到目前为止，大多数研究主要集中在比较淡水流量和商业渔业渔获率的关系（Sutcliffe et al.，1977；Lloret et al.，2001；Quiñones and Montes，2001；Robins et al.，2005）。这些研究在许多海洋以及河口物种中发现了淡水流量与捕获量之间具有显著的关联。他们认为，淡水流量会影响鱼类们生命周期第一年的产卵率、存活率以及生长率（Drinkwater and Frank，1994；Robins et al.，2006）。

淡水流量，提高了河口以及近岸海域鱼类资源量，这一作用机制会由于物种的不同以及物种本身的特性,而有所不同(Robins et al., 2005)。对于河海洄游鱼类而言,淡水流量对于维持其在淡水区域以及沿海生境之间的自然运动十分必要。在许多流量受控的河流中,也需要不断改进结构,以便于洄游种顺利通过水坝和堰坝。在海中产卵的鱼类,如锯盖鱼,在其仔稚期,会从沿海的产卵场洄游到生产力更高的淡水生境,就能在好几年中增加鱼群的存活率和生长率(Staunton-Smith et al., 2004)。Shea 和 Peterson(2007)进一步表明,即使在流量受控的河流中拥有稳定及高质量的生境,也会受到水量时空变异的巨大影响。

许多热带的河流(如湄公河、印度河、恒河)建有堰坝和大坝,在干季枯水期会限制、甚至切断流量(Chang and Naves, 1984; Robins et al., 2005; Halliday and Robins, 2007)。这些甚至会导致河床发生物理变化,而这些生境的改变,可能会影响鱼类洄游(McDowall, 1995; Smith et al., 2003)。破坏鱼类洄游,会导致物种丰度的大幅变化,以及改变上层和下层的群落结构(Duque et al., 1998; Greathouse, 2006a, b)。维持河海洄游鱼类在淡水和海水之间的连通性,需要在这些流量受控河流中维持保证鱼类进行洄游的最低流量(Whitfield, 2005; Greathouse et al., 2006b; James et al., 2007)。在季节性热带生境,流量的时间选择也是允许仔鱼和稚鱼进入这些更高生产力的淡水生境的重要因素。

在一些热带地区,如澳大利亚北部,流量不受控的河流在泄流的时间选择以及力度上也呈现高度的年变化(Finlayson and McMahon, 1988)。由于脉冲性降雨事件,在这些季节性干旱的热带地区,河道水流十分随机(Benke et al., 2000; Gillanders and Kingsford, 2002)。在很多热带地区,这些洪涝事件带来较大的输沙量。河海洄游的鲱鱼在这个时间段产卵,由于高浊度,减少其被视觉天敌的猎食率。调节河流流量、改变自然的脉冲强度会降低自然浊度,并有可能加大对河海洄游的仔鱼和稚鱼的捕食,也将增加两栖洄游和溯河洄游鱼类的仔稚鱼洄游到达沿海觅食生境的时间,从而提高因饥饿导致的死亡率(Iguchi and Mizuno, 1999; March et al., 2003)。

9.4.3 全球气候变化

政府间气候变化专门委员会(IPCC, 2002, 2007)清楚地表明,世界正以有历史记录以来的最快速度变暖。据预测,这次变暖对世界热带地区的影响,会不断提高海平面和潮湿的热带地区(如南亚)的降水量。预计今年降水强度会更高,并比以往更难预测。这种降雨格局的变化,预计会给热带滨海湿地带来更为频繁和剧烈的洪水,并导致更多的侵蚀(IPCC, 2002)。与之相反,在大陆干旱地区,如非洲和澳大利亚,河流流域预计降雨量会减少,导致径流减少,流量低且多变。这些河道水流以及沿海生境洪水的变化,很可能会改变许多河海洄游鱼类种群之间的连通性。

在非洲西部的塞内加尔,自从 20 世纪 50 年代降雨量开始下降以来(Pages and Citeau, 1990),萨卢姆河河口的盐度梯度已发生逆转。现在,在距海岸 100 km 左右,河口上游的盐度在干季可达到 100 以上。几内亚湾更南部的象牙海岸(现名为"科特迪瓦")

的年降水量和降雨天数也大幅减少（Servat et al.，1997），Pages 和 Citeau（1990）进一步预测，随着海平面不断上升和气温不断上升，萨卢姆河和邻近的卡萨芒斯河、塞内加尔河、冈比亚诸河流域，盐碱化会更严重。

降雨量的变化，以及由此导致的盐度提高，和邻近河口拥有"正常"盐度的鱼类种群相比，萨卢姆河口鱼类的种类组成已经发生改变（Albaret et al.，2004；Simier et al.，2004；Ecoutin et al.，2005）。海水中产卵的鲱科（Clupeidae）鱼类筛鲱（*Ethmalosa fimbriata*）和两栖洄游黑鳍缩口银鲈（*Eucinostomus melanopterus*）在萨卢姆河口，以及"正常"的冈比亚河河口似乎同样丰富。对这些差异鲜明、决定鱼类产量的盐度影响的研究表明，海水产卵的犁鳍鲻（*Liza falcipinnis*）、少鳞鲻（*L. grandisquamis*）以及筛鲱（*Ethmalosa*），在高盐度萨卢姆河口具有更长和更紧凑的繁殖季节（Panfili et al.，2004，2006）。这些物种似乎展现了它们在应对环境变化中的强大表观可塑性（Guyonnet et al.，2003）。筛鲱由于条件较差，生长比较缓慢。然而，它们在萨卢姆河口的高盐度河段，通过提高繁殖力和提早成熟来适应环境变化（Panfili et al.，2004）。犁鳍鲻的模式则恰恰相反，它们在高盐度萨卢姆河口区增加成熟的体型（Panfili et al.，2006）。因此，虽然绝大部分热带海河洄游性鱼类的繁殖与湿季和降水量密切相关，但许多鱼类似乎还是能够使自己的生活史适应（气候变化预计带来的）环境变化。

两栖洄游虾虎和在太平洋的高地岛屿的塘鳢种群小且分散。这些物种更容易受到河道流量变化以及沿海生境因侵蚀、海平面上升而丧失的影响，因为它们偏好的淡水生境面积很小。这些物种的种群会比大陆物种的种群更脆弱，因为大陆能提供的生境面积通常要大得多。

其他许多热带海河洄游性鱼类，在其仔鱼和稚鱼期，也依赖于沿海海域和河口生境。预计的厄尔尼诺-南方涛动（ENSO）事件（Poloczanska et al.，2007），将很有可能影响在热带河口生境鱼类的补充量和洄游模式（Garcia et al.，2001，2003，2004）。Garcia 等（2001，2004）发现，海水产卵的库里鲻（*Mugil curema*）在更为干燥的拉尼娜年份中，在巴西的帕图斯潟湖河口更为丰富，而溯河产卵的后牙狼鳀（*Lycengraulis grossidens*）在厄尔尼诺年份中，在降水量较多时更为丰富。这些在河口区以及邻近沿海水域的鱼类群落与气候现象的影响十分复杂（Garcia et al.，2004），并有可能会成为像其他因环境变化而剧减的种类那样，河海洄游性种类也会增加。

更猛烈的热带风暴导致的加强型风暴潮（Poloczanska et al.，2007）将导致自然生境丧失的增加，以及增加人们改建海岸以保护在世界各大洲的沿海居民。这两种事件，均会减少许多物种，如鲻鱼、大海鲢属（*Megalops*）以及锯盖鱼的生境的质量和数量。这些物种的成熟过程，往往需要耗时数年，因此更习惯于低成体死亡率和稳定的好环境（Blaber，2000）。每条雌性鱼类的生产力非常高（每次产卵数量大于 10^6；Moore，1982；Garcia and Solano，1995；Blaber，2000），而且大多数亲鱼多次产卵。许多物种依赖潮汐洪水到达首选的沿海生境，海平面上升预计将改变当地的潮差（Poloczanska et al.，2007）。利用红树林作为繁育场的降海洄游以及两栖洄游种类，也将处于危险之中，因为它们特别容易受到海平面快速变化以及因河道流量变化而盐度剧减的影响。

其他类群，例如鳗鲡目鳗鲡科（Anguillidae）和鲱鱼目鱼类，大概就不太可能受到海平面上升以及河水流量变化的影响。它们在沿海生活的大部分时期，往往利用较深的、不太结构化的生境。这些生境在应对频繁且强大的风暴及径流变化时，应该更有弹性。然而，长期干旱以及河流流态的变化，可能影响弱头鳗和玻璃鳗通过自然和人为障碍及找到合适的淡水生境的能力。August 和 Hicks（2008）发现，温带弱头鳗有最佳的生存水温，而水温上升（随着全球气候变暖的预计结果）减少了它们的洄游。更令人关注的是，海洋温度上升，饥饿的弱头鳗会增加，从而由于降低春季温跃层的混合、营养流通和鳗鲡科（Anguillidae）产卵区的生产力，降低了鳗鲡的补充量（Poloczanska et al.，2007）。Knights（2003）表示，1952 年至 1995 年间，鳗鱼补充量的减少，与大西洋和太平洋表层水温异常均有关联。

越来越多的证据表明，相比于热带鳗鲡，降海洄游对于温带鳗鲡属（*Anguilla*）来说并不常见（Shiao et al.，2003；Briones et al.，2007；Edeline，2007；Thibault et al.，2007）。虽然温带鳗鲡属（*Anguilla*）是从热带种类进化而来的（Aoyama et al.，2001；Minegishi et al.，2005），但温带种类在利用淡水生境方面要强于其热带同类（Edeline，2007；Thibault et al.，2007）。到目前为止，所研究的所有热带种类的大多数个体，都在淡水生境中生活过（Edeline，2007；Thibault et al.，2007）。然而，并非所有的个体都表现出这种洄游行为。这表明，维持淡水和沿海海水生境之间的连通性，对于保持某些热带鳗鱼种群，并不会比对于其他类群（如瓢虾虎、河海洄游塘鳢）更具有决定性。显然，会有一些热带河海洄游鱼类种类，受益于全球气候变化，而其他物种将受到不利影响。我们的任务是采取必要的措施，尽量减少人为因素对自然气候变化造成的额外影响。

致谢

感谢 3 位匿名审稿人提出建设性意见。

参考文献

Albaret J-J, Simier M, Darboe FS et al (2004) Fish diversity and distribution in the Gambia estuary, West Africa, in relation to environmental variables. Aquat Living Resour 17：35-46

Anas A (2008) Early life history dynamics and recruitment of the Barramundi, *Lates calcarifer Lates calcarifer* (Bloch) in Western Province, Papua New Guinea. Unpub PhD thesis, Univer-sity of Queensland, Australia

Aoyama J, Nishida M, Tsukamoto K (2001) Molecular phylogeny and evolution of the freshwater eel genus *Anguilla*. Mol Phylogenet Evol 20：450-459

August SM, Hicks BJ (2008) Water temperature and upstream migration of glass eels in New Zealand：implications of climate change. Environ Biol Fish 81：195-205

Bell KNI, Pepin P, Brown JA (1995) Seasonal, inverse cycling of length- and age-at-recruitment in the diadromous gobies *Sicydium punctatum* and *Sicydium antillarum* in Dominica, West Indies. Can J Fish Aquat Sci 52: 1535-1545

Bell KNI, Brown JA (1995) Active salinity choice and enhanced swimming endurance in 0 to 8-d-old larvae of diadromous gobies, with emphasis on *Sicydium punctatum* (Pisces) in Dominica, West Indies. Mar Biol 121: 409-417

Benke AC, Chaubey I, Ward GM et al (2000) Flood pulse dynamics of an unregulated floodplain in the southeastern U.S. coastal plain. Ecology 81: 2730-2741

Blaber SJM (2000) Tropical estuarine fishes: ecology, exploitation and conservation. Blackwell Science, Oxford

Blaber SJM, Farmer MJ, Milton DA et al (1997) The ichthyoplankton of selected estuaries in Sarawk and Sabah: composition, distribution and habitat affinities. Estuar Coast Shelf Sci 45: 197-208

Blaber SJM, Milton DA, Brewer DT et al (2003a) Biology, fisheries, and status of tropical shads *Tenualosa* spp. in south and southeast Asia. Am Fish Soc Symp 35: 49-58

Blaber SJM, Milton DA, Fry G et al (2003b) New insights into the life history of *Tenualosa ilisha* and fishery implications. Am Fish Soc Symp 35: 223-240

Blaber SJM, Staunton-Smith J, Milton DA et al (1998) The biology and life history strategies of *Ilisha* (Teleostei: Pristigasteridae) in the coastal waters and estuaries of Sarawak. Estuar Coast Shelf Sci 47: 499-511

Briones AA, Yambot AV, Shiao JC et al (2007) Migratory patterns and habitat use of tropical eels *Anguilla* spp. (Teleostei: Anguilliformes: Anguillidae) in the Philippines, as revealed by otolith microchemistry. Raff Bull Zool Suppl 14: 141-149

Chang BD, Navas W (1984) Seasonal variations in growth, condition and gonads of *Dormitator latifrons* in the Chone River basin, Ecuador. J Fish Biol 24: 637-648

Chubb AL, Zink RM, Fitzsimons JM (1998) Patterns of mtDNA in Hawaiian freshwater fishes: the phylogeographic consequences of amphidromy. J Hered 89: 9-16

Coad BW, Hussain NA, Ali TS et al (2003) Middle eastern shads. Am Fish Soc Symp 35: 59-67

Cyrus DP, Blaber SJM (1992) Turbidity and salinity in a tropical northern Australian estuary and their influence on fish distribution. Estuar Coast Shelf Sci 35: 545-563

Daverat F, Limburg KE, Thibault I et al (2006) Phenotypic plasticity of habitat use by three tem-peratel eel species, *Anguilla anguilla*, *A. japonica* and *A. rostrata*. Mar Ecol Prog Ser 306: 31-241

Davis TLO (1982) Maturity and sexuality in barramundi, *Lates calcarifer* (Bloch), in the Northern Territory and south-eastern Gulf of Carpentaria. Aust J Mar Freshw Res 33: 529-545

Davis TLO (1986) Migration patterns in barramundi, *Lates calcarifer*, in van Diemen Gulf, Australia, with estimates of fishing mortality in specific areas. Fish Res 4: 243-258

Davis TLO (1988) Temporal changes in the fish fauna entering a tidal swamp system in tropical Australia. Environ Biol Fishes 21: 161-172

Drinkwater KF, Frank KT (1994) Effects of river regulation and diversion on marine fish and invertebrates. Aquat Conserv Freshw Mar Ecosyst 4: 135-151

Duque AB, Taphorn DC, Winemiller KO (1998) Ecology of the copro, *Prochilodus mariae* (Characiformes: Prochilodontidae), and status of annual migrations in western Venezuela. Env-iron Biol Fishes 53: 33-46

Ecoutin J-M, Richard E, Simier M et al (2005) Spatial versus temporal patterns in fish assemblages of a tropical estuarine coastal lake: the Ebrie Lagoon (Ivory Coast). Estuar Coast Shelf Sci 64: 623-635

Edeline E (2007) Adaptive phenotypic plasticity of eel diadromy. Mar Ecol Prog Ser 341: 229-232

Elliott M, Whitfield AK, Potter IC et al (2007) The guild approach to categorizing estuarine fish assemblages: a global review. Fish Fish 8: 241-268

Erdman DS (1961) Notes on the biology of the gobiid fish *Sicydium plumeri* in Puerto Rico. Bull Mar Sci 11: 448-456

Erdmann DS (1986) The green stream goby *Sicydium plumeri*, in Puerto Rico. Trop Fish Hobby 2: 70-74

Fievet E, de Morais LT, de Morais AT et al (2001) Impacts of an irrigation and hydro-electricity scheme in a stream with a high rate of diadromy (Guadeloupe, Lesser Antil-les): can downstream alterations affect upstream faunal assemblages? Archiv Hydrobiol 151: 405-425

Fievet E, Le Guennec B (1998) Mass migration of *Sicydium* spp. (Gobiidae) in the streams of Guadeloupe island (French West Indies): implications for the derivation race of small hydro-electric power stations. Cybium 22: 293-296

Finlayson BL, Brigza SO (Eds) (2000) River management: the Australian experience. John Wiley and Sons, Chichester

Finlayson BL, McMahon TA (1988) Australia vs the world: a comparative analysis of streamflow characteristics. In: Warner RF (ed) Fluvial geomorphology of Australia, pp. 17-40. Academic Press, Sydney

Fitzsimmons JM, Parham JE, Nishimoto RT (2002) Similarities in behavioural ecology among amphidromous and catadromous fishes on oceanic islands of Hawaii and Guam. Environ Biol Fish 65: 123-129

Froese R, Pauly D (eds) (2003) FishBase 2003: concepts, design and data sources. ICLARM, Philippines

Garcia AM, Vieira JP, Winemiller KO (2001) Dynamics of the shallow-water fish assemblage of the Patos Lagoon estuary (Brazil) during cold and warm ENSO episodes. J Fish Biol 59: 1218-1238

Garcia AM, Vieira JP, Winemiller KO (2003) Effects of the 1997-1998 El Nino on the dynamics of the shallow water fish assemblages of the Patos Lagoon estuary (Brazil). Estuar Coast Shelfsci 57: 489-500

Garcia AM, Vieira JP, Winemiller KO et al (2004) Comparison of the 1982-1983 and 1997-1998 El Niño effects on the shallow-water fish assemblageof the Patos Lagoon estuary (Brazil). Est 27: 905-914

Garcia CB, Solano OD (1995) Tarpon atlanticus in Colombia: a big fish in trouble. Naga 18: 47-49

Gillanders BM, Kingsford MJ (2002) Impact of changes in flow of freshwater on estuarine and open coastal habitats and the associated organisms. Ocean Mar Biol Ann Rev 40: 233-309

Gopal B, Sah M (1993) The conservation and management of rivers in India – case study of the river Yamuna. Environ Conserv 20: 243-254

Greathouse EA, Pringle CM, Holmquist JG (2006b) Conservation and management of migra-tory fauna: dams in tropical streams of Puerto Rico. Aquat Conserv Mar Freshw Ecosyst 16: 695-712

Greathouse EA, Pringle CM, McDowall WH et al (2006a) Indirect upstream effects of dams: con-sequences of migratory consumer extirpation in Puerto Rico. Ecol Appl 16: 339-352

Grey DL (1987) Introduction. In: Copeland JW, Grey DL (eds) Proceedings of ACIAR interna-tional workshop on the management of wild and cultured sea bass – barramundi (*Lates calcar-ifer*). ACIAR Proc 20

Gross MR (1987) The evolution of diadromy in fishes. Am Fish Soc Symp 1: 14-25

Gross MR, Coleman RM, McDowall RM (1988) Aquatic productivity and the evolution of diadro-mous fish migration. Science 239: 1291-1293

Guyonnet B, Aliaume C, Albaret J-J et al (2003) Biology of Ethmalosa fimbriata and fish diversity in the Ebrie Lagoon (Ivory Coast), a multipolluted environment. ICES J Mar Sci 60: 259-267

Halliday I, Robins J (2007) Environmental flows for subtropical estuaries: understanding the fresh water needs of estuaries for sustainable fisheries production and assessing the impacts of water regulation. Final report FRDC Project No. 2001/022. Coastal zone project FH3/AF

Han KH, Kim YU, Choe KJ (1998) Spawning behaviour and development of eggs and larvae of the Korea freshwater goby *Rhinogobius brunneus* (Gobiidae: Perciformes). J Kor Fish Soc 31: 114-120

He SP, Chen YY (1996) The status of the endangered freshwater fishes. In: CCICED (ed) Con-serving China's biodiversity. China Environmental Science Press, Wuhan, China

Hillman M, Brierley G (2002) Information needs for environmental-flows allocation: a case study of the Lachlan River, New South Wales, Australia. Ann Assoc Am Geog 92: 617-630

Hoareau TB, Lecomte-Finiger R, Grondin H et al (2007) Oceanic larval life of La Reunion 'bichiques', amphidromous gobiid post-larvae. Mar Ecol Prog Ser 333: 303-308

Hogan AE, Vallance TD (2005) Rapid assessment of fish biodiversity in southern Gulf of Carpen-taria catchments. Project report number QI04074, Qld Depart Prim Indust Fish, Walkamin

Iguchi K, Mizuno N (1999) Early starvation limits survival in amphidromous fishes. J Fish Biol 54: 705-712

Intergovernmental Panel on Climate Change (2002) Climate change and biodiversity. IPCC Techn Paper V: 1-26

Intergovernmental Panel on Climate Change (2007) Fourth assessment report – climate change 2007: synthesis report. IPCC, http://www.ipcc.ch/pdf/assessment-report/ar4/syr/ar4 syr spm.pdf. Cited 14 Dec 2007

Jaafar Z, Hajisamae S, Chou LM (2004) Community structure of coastal fishes in relation to heavily impacted human modified habitats. Hydrobiologia 511: 113-123

James NC, Cowley PD, Whitfield AK et al (2007) Fish communities in temporarily open/closed estuaries from the warm- and cool-temperate regions of South Africa: a review. Rev Fish Biol Fish 17: 565-580

Jensen JG (2001) Managing fish, flood plains and food security in the lower Mekong basin. Wat Sci Tech 43: 157-164

Keith P (2003) Biology and ecology of amphidromous Gobiidae of the Indo-Pacific and the Caribbean regions. J Fish Biol 63: 831-847

Keith P, Galewski T, Cattaneo-Berrebi G et al (2005) Ubiquity of *Sicyopterus lagocephalus* (Teleostei: Gobioidei) and phylogeography of the genus *Sicyopterus* in the Indo-Pacific area inferred from mitochondrial cytochrome b gene. Mol Phyolog Evol 37: 721-732

Keith P, Vigneux E, Bosc P (1999) Atlas des poissons et crustaces' d'eau douce de la Reunion'. Patrimoines naturels, Vol. 39. Mus Nat d'Hist Nat, Paris

Knights B (2003) a review of the possible impacts of long-term oceanic and climate changes and fishing mortality on recruitment of anguillid eels of the northern hemisphere. Sci Tot Environ 310: 237-244

Lim P, Meunier F, Keith P et al (2002) Atlas des poissons d'eau douce de la Martinique. Partri-moines naturels, Vol 51. Mus Nat Hist Natur, Paris

Lloret J, Lleonart J, Sole' I et al (2001) Fluctuations of landings and environmental conditions in the north-western Mediterranean Sea. Fish Oceanogr 10: 33-50

Longhurst AR, Pauly D (1987) Ecology of tropical oceans. Academic Press, San Diego Lowe-McConnell RH (1987) Ecological studies in tropical fish communities. Cambridge University Press, Cambridge

Maeda K, Tachihara K (2004) Instream distributions and feeding habits of two species of sleeper, *Eleotris acanthopoma* and *Eleotris fusca*, in the Teima River, Okinawa Island. Ichthyol Res 51: 233-240

Maeda K Tachihara K (2005) Recruitment of amphidromous sleepers *Eleotris acanthopoma*, *Eleotris melanosoma* and *Eleotris fusca* in the Teima River, Okinawa Island. Ichthyol Res 52: 325-335

Maeda K, Yamasaki N, Tachihara K (2007) Size and age at recruitment and spawning season of sleeper, genus *Eleotris* (Teleostei: Eleotridae) on Okinawa Island, southern Japan. Raff Bull Zool Suppl No 14 199-207

March JG, Benstead JG, Pringle CM et al (2003) Damming tropical island streams: problems. solutions, and alternatives. Biosci 53: 1069-1078

Matthews WJ, Marsh-Matthews E (2003) Effects of drought on fish across axes of space, time and ecological complexity. Freshw Biol 48: 1232-1253

McCulloch M, Cappo M, Aumend J et al (2005) Tracing the life history of individual barramundi using laser-ablation MC-ICP-MS Sr-isotopic and Sr/Ba ratios in otoliths. Mar Freshw Res 56: 637-644

McDowall RM (1988) . Diadromy in fishes: migration between freshwater and marine environ-ments. Croom Helm, London

McDowall RM (1995) Seasonal pulses in migration of New Zealand diadromous fish and the poten-tial impacts of river mouth closure. NZ J Mar Freshw Res 29: 517-526

McDowall RM (1997) The evolution of diadromy in fishes (revisited) and its place in phyolgenetic analysis. Rev Fish Biol Fish 7: 443-462

McDowall RM (2001) Diadromy, diversity and divergence: implications for speciation processes in fishes. Fish Fish 2: 278-285

McDowall RM (2003a) Shads and diadromy: implications for ecology, evolution and biogeogra-phy. Am Fish Soc Symp 35: 11-23

McDowall RM (2003b) Hawaiian biogeography and the islands' freshwater fish fauna. J Biogeogr 30: 703-710

McDowall RM (2004) Ancestry and amphidromy in island freshwater fish faunas. Fish Fish 5: 75-85

McDowall RM (2007) On amphidromy, a distinct form of diadromy in aquatic organisms. Fish Fish 8: 1-13

Miller PJ (1984) The tokology of goboid fishes. In: Potts GW, Wootton JR (eds) Fish reproduction - strategies and tactics. Academic Press, New York

Milton DA, Blaber SJM, Rawlinson NJ (1994) Reproductive biology and egg production of three species of Clupeidae from Kiribati, tropical central Pacific. Fish Bull US 92: 102-121

Milton DA, Blaber SJM, Rawlinson NJ (1995) Fecundity and egg production of four species of short-lived clupeoid from Solomon Islands, tropical south Pacific. ICES J Mar Sci 52: 111-125

Milton DA, Chenery SR (2003) Movement patterns of the tropical shad (Tenu-alosa ilisha) inferred from transects of $^{87}Sr/^{86}Sr$ isotope ratios in their otoliths. Can J Fish Aquat Sci 60: 1376-1385

Milton DA, Chenery SR (2005) Movement patterns of barramundi Lates calcarifer, inferred from 87Sr/86Sr and Sr/Ca ratios in otoliths, indicate non-participation in spawning. Mar Ecol Prog Ser 270: 279-291

Milton DA, Halliday I, Sellin M et al (2008) The effect of habitat and environmental history on otolith chemistry of barramundi *Lates calcarifer* in a regulated tropical river. Estuar Coast Shelf Sci 78: 301-315

Minegishi Y, Aoyama J, Inoue JG et al (2005) Molecular phylogeny and evolution of the freshwater eels genus *Anguilla* based on the whole mitochondrial genome sequences. Mol Phylogenet Evol 34: 134-146

Mol JH, Resida D, Ramlal JS et al (2000) Effects of El-Niño-related drought on freshwater and brackish-water fishes in Suriname, South America. Environ Biol Fishes 59: 429-440

Moore R (1982) Spawning and early life history of barramundi, *Lates calcarifer* in Papua New Guinea. Aust J Mar Freshw Res 33: 647-661

Moore R, Reynolds LF (1982) Migration patterns of barramundi *Lates calcarifer* in Papua New Guinea. Aust J Mar Freshw Res 33: 671-682

Munro TA, Wngratana T, Nizinski MS (1998) Clupidae. In: Carpenter KE, Niem VH (eds) The living marine resources of the western central Pacific. Vol. 3. Batoid fishes, chimaeras and bony fishes part 1 (Elopidae to Linophyrnidae). FAO, Rome

Myers GS (1949) Usage of anadromous, catadromous and allied terms for migratory fishes. Copeia 1949: 89-97

Nelson SG, Parham RB, Tibbatts FA et al (1997) Distribution and microhabitat of the amphidro-mous gobies in streams of Micronesia. Micronesica 30: 83-91

Nilsson C, Reidy CA, Dynesius M et al (2005) Fragmentation and flow regulation of the world's large river systems. Science 308: 405-408

Nishimoto RT, Kuamo'o DGK (1997) Recruitment of goby postlarvae into Hakalau stream, Hawaii Island. Micronesica 30: 41-49

Nordlie FG (1981) Feeding and reproductive biology of eleotrids fishes in a tropical estuary. J Fish Biol 18: 97-110

Nordlie FG (2000) Patterns of reproduction and development of selected resident teleosts of Florida salt marshes. Hydrobiologia 434: 165-182

Pages J, Citeau J (1990) Rainfall and salinity of a sehalian estuary between 1927 and 1987. J Hydrol 113: 325-341

Panfili J, Durand J-D, Mbow A et al (2004) Influence of salinity on life history traits of the bonga shad *Ethmalosa fimbriata* (Pisces, Clupeidae): comparisons between the Gambia and Saloum estuaries. Mar Ecol Prog Ser 270: 241-257

Panfili J, Thior D, Ecoutin J-M et al (2006) Influence of salinity on the size at maturity of fish species reproducing in contrasting West African estuaries. J Fish Biol 69: 95-113

Pender PJ, Griffin RK (1996) Habitat history of barramundi Lates calcarifer in a north Australian river system based on barium and strontium levels in scales. Trans Am Fish Soc 125: 679-689

Poloczanska ES, Babcock RC, Butler A et al (2007) Climate change and Australian marine life. Ocean Mar Biol Ann Rev 45: 409-480

Quiñones RA, Montes RM (2001) Relationship between freshwater input to the coastal zone and the historical landings of the benthic/demersal fish *Eleginops maclovinus* in central-south Chile. Fish Oceanogr 10: 311-328

Radtke RL, Kinzie III RA, Folsom SD (1988) Age at recruitment of Hawaiian freshwater gobies. Environ Biol Fish 23: 205-213

Radtke RL, Kinzie III RA, Shafer DJ (2001) Temporal and spatial variation in length of larval life and size at settlement of the Hawaiian amphidromous goby *Lentipes concolor*. J Fish Biol 59: 928-938

Randall JE, Randall HA (2001) Review of the fishes of the genus *Kuhlia* (Perciformes: Kuhliidae) of the Central Pacific. Pac Sci 55: 227-256

Rasmusson EM, Wallace JM (1983) Meteorological aspects of El Nino/Southern Oscillation. Sci-ence 222: 1195-1202

Riede K (2004) Global register of migratory species - from global to regional scales. Final report of the R&D-projekt 808 05 081. Fed Agency Nat Conserv, Bonn, Germany

Robins J, Mayer DG, Staunton-Smith J et al (2006) Variable growth rates of a tropical estuarine fish species (barramundi, *Lates calcarifer*) under different freshwater flow conditions. J Fish Biol 69: 379-391

Robins JB, Halliday IA, Staunton-Smith J et al (2005) Freshwater-flow requirements of estuarine fisheries in tropical Australia: a review of the state of knowledge and application of a suggested approach. Mar Freshw Res 56: 343-360

Ropelewski CF, Halpert MS (1996) Quantifying Southern Oscillation - precipitation relationships. J Climat 9: 1043-1059

Russell DJ, Garrett RN (1985) Early life history of barramundi *Lates calcarifer* in north-eastern Queensland. Aust J Mar Freshw Res 36: 191-201

Russell DJ, Garrett RN (1988) Movements of juvenile barramundi *Lates calcarifer* (Bloch), in north-eastern Queensland. Aust J Mar Freshw Res 39: 117-123

Servat E, Paturel JE, Lubes H et al (1997) Climatic variability in humid Africa along the Gulf of Guinea part I: detailed analysis of the phenomenon in Cote d'Ivoire. J Hydrol 191: 1-15

Shea CP, Peterson JT (2007) An evaluation of the relative influence of habitat complexity and habitat stability on fish assemblage structure in unregulated and regulated reaches of a large southeastern warmwater stream. Trans Am Fish Soc 136: 943-958

Sheaves M, Johnson R, Abrantes K (2007) Fish fauna of dry tropical and subtropical estuarine floodplain wetlands. Mar Freshw Res 58: 931-943

Shen K, Lee Y, Tzeng WN (1998) Use of otolith microchemistry to investigate the life history pattern of gobies in a Taiwanese stream. Zool Stud 37: 322-329

Shiao JC, Iizuka Y, Chang CW et al (2003) Disparity in habitat use an migratory behaviour between tropical eel *Anguilla marmorata* and temperate eel *A. japonica* in four Taiwanese rivers. Mar Ecol Prog Ser 261: 233-242

Simier M, Blanc L, Aliaume C et al (2004) Spatial and temporal structure of fish assemblages in an "inverse estuary", the Sine Saloum system (Senegal) Estuar Coast Shelf Sci 59: 69-86

Smith GC, Covich AR, Brasher AMD (2003) An ecological perspective on the biodiversity of tropical island streams. BioScience 53: 1048-1051

Smith RJF, Smith MJ (1998) Rapid acquisition of directional preferences by migratory juveniles of two amphidromous Hawaiian gobies, *Awaous guamensis* and *Sicyopterus stimpsoni*. Environ Biol Fishes 53: 275-282

Staunton-Smith J, Robins JB, Mayer DG et al (2004) Does the quantity and timing of fresh water flowing into a dry tropical estuary affect year-class strength of barramundi (*Lates calcarifer*). Mar Freshw Res 55: 787-797

Sutcliffe WH, Drinkwater K, Muir BS (1977) Correlations of fish catch and environmental factors in the Gulf of Maine. J Fish Res Bd Can 34: 19-30

Tate DC (1997) The role of behavioural interactions of immature Hawaiian stream fishes (Pisces: Gobiodei) in population dispersal and distribution. Micronesica 30: 51-70

Teixeira RL (1994) Abundance, reproductive period, and feeding habits of eleotrids fishes in estu-arine habitats of north-east Brazil. J Fish Biol 45: 749-761

Thibault IJJ, Dodson F, Caron W et al (2007) Facultative catadromy in American eels: testing the conditional strategy hypothesis. Mar Ecol Prog Ser 344: 219-229

Tsukamoto K, Nakai I, Tesch WV (1998) Do all freshwater eels migrate? Nature 396: 635-636

Wang HP (2003) Biology, population dynamics, and culture of Reeves Shad Tenualosa reevesii. Am Fish Soc Symp 35: 77-84

Weimin W, Abbas K, Xufa M (2006) Threatened fishes of the world: *Macrura reevesi* Richardson 1846 (Clupeidae). Environ Biol Fish 77: 103-104

Whitehead PJP (1985) FAO species catalogue 7, Clupeoid fishes of the world. Part 1 – Chirocen-tridae, Clupeidae and Pristigasteridae. FAO Fisheries Synposis 125, Vol. 7

Whitfield AK (2005) Preliminary documentation and assessment of fish diversity in sub-Saharan African estuaries. Afr J Mar Sci 27: 307-324

Winemiller KO, Ponwith BJ (1998) Comparative ecology of eleotrids fishes in central Amercian coastal streams. Environ Biol Fish 53: 373-384

Yamasaki N, Maeda K, Tachihara K (2007) Pelagic larval duration and morphology at recruitment of *Stiphodon pernopterygionus* (Gobiidae: Sicydiinae). Raff Bull Zool Suppl No 14: 209-214

第 10 章 红树林和海草床作为热带十足类和珊瑚礁鱼类育幼场功能评价：模式及其作用机制

Ivan Nagelkerken

摘要：长期以来，地处热带海岸带地区的浅海生境，尤其是红树林和海草床，被认为是初级生产力和次级生产力相对较高的区域。稚鱼和十足类的广泛存在，更是引发了诸如此类生态系统作为天然育幼场的推测。早期的科学研究主要集中在生物群落结构方面，我们对其作为育幼场等潜在作用的相关信息知之甚少。通过测算种群密度、生长发育、存活率及洄游活动等因素，假如某一生境对海洋生物成体种群的生产力贡献高于稚体生境生产力的均值，可被认为是育幼场。高食物丰度和低捕食风险是形成热带育幼场的最佳因素。本文针对上述每一项因素，综述总结了浅海生境，尤其是红树林和海草床的育幼场功能的研究进展。有充分的数据显示，在红树林或海草床生境中，鱼类的丰度及其摄食生物的密度相对较高；此外，由于捕食者数量少、海水浑浊度高、栖息环境结构复杂等原因，鱼类和十足类遭受的捕食风险也相对较低。相比之下，珊瑚礁鱼类的生长率就显得较高。越来越多的证据表明，在这些假定的育幼场中，部分鱼类和十足类终会移居到近海。目前的研究表明，相比于近海生境，红树林和海草床可能起到育幼场的作用，因为虽然生物幼体的个体密度和存活率较高，但物质交换却可能会对其成长发育产生负面影响。由于缺乏有关洄游活动方面的深入研究，红树林和海草床在维持近海生态系统中鱼类及十足类种群数量方面起到的确切作用仍然不得而知。

关键词：育幼场功能；红树林；海草床；珊瑚礁鱼类；生态连通性

10.1 前言

红树林和海草床在保护热带海岸线方面作用突出。它们通常存在于潟湖、海湾及河口地区，使浅海生态系统免遭潮涌波浪冲击的损害。红树林和海草床一个显著的特征是，稚鱼和十足类的种群密度很高，包括许多生活在毗邻的珊瑚礁和近海的成熟个体（Ogden and Zieman，1977；Parrish，1989；Robertson and Blaber，1992）。鉴于同一生物种群的稚体和成体在栖息生活空间上的分离，红树林和海草床被认为是有助于成体种群稳定的重要育幼场（见图 10.1；Parrish，1989）。这些假说长期以来依据的只是定性观察

(Nagelkerken et al., 2000c),而且几乎没有人对"什么是育幼场的构成"进行明确的界定。Beck 等(2001)运用一个可检验的假说概念,提出了关于育幼场的清晰定义:"在单位面积内,如果某一生境某个物种的稚体生产力对成体种群的补充量大于其他生境的平均值,则认为该生境是该物种的育幼场"。Beck 等(2001)进一步指出:"与其他生境相比,育幼场中发生的生态过程,包括种群密度、生长发育、稚体存活率以及向成体种群生境洄游在内的 4 个要素中的任意组合,必须在补充生物成体种群数量上提供更多的支持和贡献"。Dahlgren 等(2006)对该定义提出了附加条件,坚称育幼场的生产力贡献也可以通过某类生境单元中的个体总数计算得出,而非单位面积的个体总数。该方法的价值在于更有效地保护了为成体种群数量提供最大总生产力贡献的生境,而按照 Beck 等人(2001)的定义这些生境则不是育幼场。例如,相较于一小块单位面积的生物种群密度很高的珊瑚礁,保护一整片海草床显得更为重要,虽然单位面积的生物物种丰度很低。

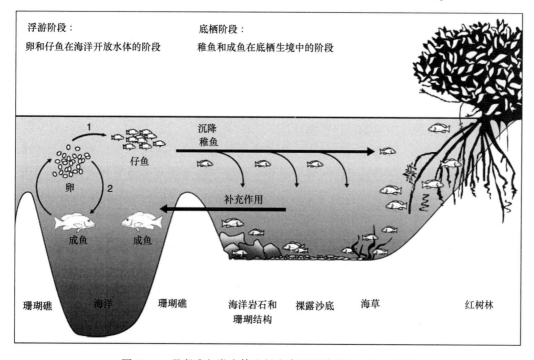

图 10.1　珊瑚礁鱼类个体生长发育不同阶段的生活史概览

关于红树林和海草床等生境对动物的吸引力,研究者提出了 3 个假说:(1)食物获得性假说,即假定这些生境中有着用之不竭的食物;(2)捕食风险假说,即假定这些生境中捕食者数量较少,相对于近海生态系统,海水中浑浊度较高可降低被捕食风险;(3)结构异质性假说,即假定海洋生物喜欢聚集生活在由红树林支柱根和海草叶片等构成的复杂结构区域(Parrish, 1989; Blaber, 2000; Laegdsgaard and Johnson, 2001; Verweij et al., 2006a; Nagelkerken and Faunce, 2008)。3 个假说并不相互排斥,例如,生境结构由于植物的存在变得越来越复杂,并为海洋生物提供了更多的生活空间;生境表面积的增加不但提高了食物丰度，而且为小型捕食生物和底栖生物提供了更多的生活空间，同时也降低了被捕食风险。以上的假说都与"最小化 μ/g 理论"相关，该理论认为死亡风险（μ）与生长速率（g）比值最小的生境得到动物的青睐（Utne et al., 1993; Dahlgren and Eggleston, 2000）。因此，食物丰度、捕食者数量、海水浊度及生境结构等因素可能对育幼场的作用机制产生直接或间接的影响，调节着种群密度、生长率和存活率等指标。

截至目前，科研工作者仍对鱼类和十足类发生在多种类型热带近岸海洋生态系之间的生长率、存活率和活动率等了解甚少（Beck et al., 2001; Heck et al., 1997, 2003; Sheridan and Hays, 2003）。长期以来，关于鱼类的种类数量和种群密度开展了许多研究，但即便如此，关于鱼类在生境之间的潜在联系却基本没有信息（见第 10.2.1 节和第 11 章）。即便早前生物种群密度已经作为一项重要指标被海洋科学家研究评估，但仍需要对其进行更详细、更综合、更深入的分析探讨。之前的研究大都是以红树林（Sheridan and Hays, 2003; Mansonet al., 2005; Faunce and Serafy, 2006; Nagelkerken, 2007）或海草床（Hecket al., 1997; Jackson et al., 2001; Heck et al., 2003; Minello et al., 2003）为对象而开展的。此外，已开展的大部分研究工作仅局限于温带近岸海洋生态系统，却并未涉及到与珊瑚礁生境的比较分析（Beck et al., 2001; Jackson et al., 2001; Heck et al., 2003; Minello et al., 2003）。本综述首次对多种类型热带近岸海洋生境作为育幼场的影响因素及其内在潜在的作用机制进行了概述。

本综述以红树林、海草床和珊瑚礁生态系统为重点，因为这些生态系统广泛地分布在全球热带和亚热带的海岸带和近海区域。其中，作者仅综述涉及多种类型的热带海洋生态系统的相关研究，包括了鱼类和十足类的稚体种群和成体种群较为集中的生境（前者位于海湾、潟湖和河口等生境，后者位于珊瑚礁和近岸海域等生境），以便对典型生态系统的育幼场功能进行评价。本文仅对热带生态系统（23°N—23°S 之间的海域）的相关研究进行综述，但作为例外，也包括印度洋-太平洋海域（日本海域，南至 28°N；东澳大利亚海域，北至 27°S）和西大西洋海域的相关研究（南佛罗里达海域，南至 26°N）的某些研究。鉴于正式发表与育幼场相关的研究成果较少，本文不仅对现有的研究成果进行了综述，也对所采用的方法以及能否增进人们对红树林和海草床的育幼场功能的理解进行了分析评价。本文首先综述了决定育幼场作用的主要要素，即种群密度、生长率、存活率和活动率等的现有数据；其次，总结了热带浅海生境吸引稚鱼和十足类的潜在作用机制，包括食物丰度和捕食风险；最后，结合上述成果，整合热带近岸浅水生境作为成年阶段生活在近海的海洋生物的育幼场的现有认识。

10.2 热带浅海生境作为育幼场的现有证据

10.2.1 种群密度

在印度洋-太平洋海域和加勒比海区域已查明的所有珊瑚礁鱼类中，只有几十种同时生活在后礁区（back-reef areas）的浅海生境，甚至更少（加勒比海域至少17种）的种类以稚鱼的形态大量存在（参见 Nagelkerken，2007 的综述）。在加勒比海区域，某些珊瑚礁鱼类的稚鱼主要生活于海湾或潟湖，而成鱼主要栖息在珊瑚礁区域，我们称其为"繁育种"（nursery species）（Nagelkerken and van der Velde，2002）。在印度洋-太平洋海域，该定义首次用于红树林或海草床生境，即指那些稚鱼种群平均密度大于所有生境中稚鱼种群密度总和70%的鱼类，或珊瑚礁中成鱼种群平均密度大于所有生境中成鱼种群密度总和70%的鱼类（Dorenbosch et al.，2005a）。然而，上述定义并不意味着这些物种以相同的种群密度出现在所有它们可加以利用的浅海生境类型中。此外，这些定义都是根据单种地理区域的研究归纳的，因此没有证据可以事先认定这些定义也适用于其他地理区域。因此，本节综述了 Nagelkerken 和 van der Velde（2002）以及 Doren-bosch 等（2005a）的研究中确定的繁育种，其他研究是否也同样发现繁育种的稚鱼数量在后礁区最多，以及某种鱼类的稚鱼最常栖息在哪一类浅海生境。上述比较仅限于鱼类，因为热带十足类在多个生态系统中栖息物种的个体大小分布的研究实际上并未开展。

大部分研究侧重分析加勒比海区域的不同浅海生态系统中的稚鱼密度（表10.1）。该海域开展的15个案例说明，大部分或全部的繁育种稚鱼密度只在红树林生态系统中最高（10个研究案例）；只有少部分繁育种稚鱼密度在海草床或潮汐通道生态系统中最高（4个研究案例）；而一部分繁育种通常出现在多类型浅海生态系统中（7个研究案例）；只有1种或2种繁育种稚鱼密度的最高值出现在珊瑚礁生态系统中（3个研究案例）。

在印度洋-太平洋地区，不同生境利用情况的比较研究仅进行了几年时间。8项研究结果中的6项表明，大多数繁育种的稚鱼密度在海草床中最高（表10.1）。1项研究显示，3种鱼类的稚鱼密度在红树林中最高，而另有2项研究发现，2种鱼类的稚鱼密度在珊瑚礁后礁区中最高。

在印度洋-太平洋地区，红树林的育幼功能一直受到质疑（Blaber and Milton，1990；Thollot，1992；第11章）。依据红树林中珊瑚礁鱼类稚鱼鱼密度，本综述基本没有证实其作为育幼场的证据。印度洋-太平洋地区开展的若干研究发现，红树林中的鱼类密度高于海草床（Robertson and Duke，1987；Blaber et al.，1989），但是该研究并未将稚鱼和成鱼加以区分，也没有将繁育种和大部分时间生活在河口区的物种区分开来。因此，从这些研究中几乎不能够获取与繁育功能相关的信息。Blaber 等（1989）的研究说明，只有真正的河口鱼类，在红树林的密度才较高，而印度洋-太平洋海域中红树林和近海渔业的高度正相关的模式，也主要适用于依赖于河口的物种，而非分布在珊瑚礁的物种（见第15章）。

尽管有许多研究调查了红树林、海草床或其他浅海生境中的鱼类群落，但基本没有证据可用于支持繁育假说中的密度问题，其中主要的问题在于：（1）大部分研究仅针对单一生境；（2）当多种生境同时研究时，却把成鱼生境排除在外；（3）没有区分稚鱼和成鱼密度；（4）所有生境采用的方法均不同。此外，研究的结论由于定义、时间、空间和物种的不同出现显著差异（见第11章）。由于目前很少有相关研究可以解释这些问题，所以我们仍然对热带浅海生境之间十足类和鱼类随个体发育而发生准确生境变换知之甚少。

表 10.1 不同热带近岸生境中稚鱼日间种群密度（统一方法计算）的比较研究概览，表中研究区名称按字母顺序排列。表中仅列出与珊瑚礁生境相关的研究结果，对于抽样调查鱼类区系的研究，只报告了繁育种的结果。海区：Ca 为加勒比海域（Caribbean），IP 为印度洋-太平洋海域（Indo-Pacific）。生境类型：AB 为海藻床，BCM 为大型藻类附生珊瑚礁区，BR 为后礁区，C 为珊瑚汐通道，CR 为珊瑚礁，CRb 为珊瑚礁碎块，IF 为珊瑚礁斑沙/海草/海藻碎块分布的潮间带，LP 为石灰岩岩基面，MF 为大型藻类附着的潮下带滩涂，M 为大型藻类，Mg 为红树林，PR 为礁被沙质区，S 为无植被沙质底，Sg 为海草床。物种选定：Cp 为完整的鱼类区系调查（参见 Nagelkerken and van der Velde, 2002 的调查），SI 为选定的物种调查或栖息于海湾而成体却栖息干红树林或海草床中的种群密度大于所有生境中稚体种群密度总和 70%的鱼类（参见 Dorenbosch et al., 2005a 的调查）。All 表示出现所有繁育种（all nursery species pooled）

参考文献	地点	海区	生境类型	调查方法和物种选择	生物区系	繁育种种数	最大种群密度
Vagelli, 2004	印度尼西亚	IP	CR, S, Sg	目视普查 (SI)	鱼类	1^2	Sg^4
Nakamura 和 Sano, 2004b	日本	IP	CR, S, Sg	目视普查 (Cp)	鱼类	1^2	Sg
Nakamura and Tsuchiya, 2008	日本	IP	BR, CR, Sg	目视普查 (Cp)	鱼类	7^2 / 1^2	Sg / BR
Shibuno et al., 2008	日本	IP	CR, CRb, Mg, S, Sg	目视普查 (SI)	鱼类	3^2 / 3^2	Mg / Sg
Tupper, 2007	帕劳群岛	IP	BCM, C, CR, CRb, LP, M, Mg, S, Sg	目视普查 (SI)	鱼类	1	BCM^4
Dorenbosch et al., 2005a	坦桑尼亚+科摩罗	IP	AB, CR, IF, Mg, Sg	目视普查 (Cp)	鱼类	全部	Sg
Dorenbosch et al., 2005b	坦桑尼亚	IP	CR, Sg	目视普查 (SI)	鱼类	全部	Sg
Dorenbosch et al., 2006	坦桑尼亚	IP	CR, Sg	目视普查 (Cp)	鱼类	1	Sg
Dorenbosch et a, 2006	阿鲁巴岛	Ca	CR, Mg	目视普查 (SI)	鱼类	1	Mg
Dorenbosch et al., 2007	阿鲁巴岛	Ca	CR, Mg, Sg	目视普查 (Cp)	鱼类	全部	Mg^5

续表

参考文献	地点	海区	生境类型	调查方法和物种选择	生物区系	繁育种数	最大种群密度
Lindquist and Gilligan, 1986	巴哈马群岛	Ca	CR, 潟湖中 Mg/S/Sg	目视普查 (SI)	鱼类	1	潟湖
Mumby et al., 2004	伯利兹城	Ca	CR, Mg, Sg	目视普查 (SI)	鱼类	1	Mg
Huijbers et al., 2008	百慕大群岛	Ca	[1]Mg, PR, Sg	目视普查 (SI)	鱼类	2 1 1	Mg+Sg PR Mg+PR+Sg
Nagelkerken et al., 2000c	博内尔岛	Ca	CR, Mg, Sg	目视普查 (SI)	鱼类	4 4 1	Mg Sg CR
Cocheret de la Morinière et al., 2002	库拉索岛	Ca	CR, Mg, Sg	目视普查 (SI)	鱼类	5 2	Mg Sg
Nagelkerken and van der Velde, 2002	库拉索岛	Ca	[1]Ch, CR, Mf, Mg, Sg	目视普查 (Cp)	鱼类	全部 8 3 2	Mg Mg Ch Ch+Mg
Pollux et al., 2007	库拉索岛	Ca	CR, Mg, Sg	目视普查 (SI)	鱼类	1 1	Mg[4] Mg+Sg[4]
Serafy et al., 2003	佛罗里达,美国	Ca	CR, Mg	目视普查 (SI)	鱼类	3 2	Mg CR+Mg
Eggleston et al., 2004	佛罗里达,美国	Ca	Ch, CR, Mg, PR, Sg	目视普查 (SI)	鱼类	4	Mg
Rooker, 1995	佛罗里达,美国	Ca	CR, Mg	鱼叉捕鱼 (SI)	鱼类	1	Mg

续表

参考文献	地点	海区	生境类型	调查方法和物种选择	生物区系	繁育种种数	最大种群密度
Christensen et al., 2003	波多黎各	Ca	CR, Mg, Sg	目视普查（Cp）	鱼类	石鲈科（Pomadasyidae）2 笛鲷科（Lutjanidae）2	Mg Mg
Aguilar-Perera and Appeldoorn, 2007	波多黎各	Ca	BR, CR, Mg, Sg	目视普查（SI）	鱼类	1 1 1 1	Sg CR BR BR+Sg Mg Mg+Sg
Gratwicke et al., 2006	托托拉岛（英属维尔京）	Ca	CR, 潟湖中 AB/Mg/S/Sg	目视普查（SI）	鱼类	6 4³	潟湖 潟湖

注：1 表示珊瑚礁化石和底切凹槽由于表面积较小未在表中列出；2 表示包括 Dorenbosch（2005a）未列出的繁育种；3 表示包括出现在潟湖生境中表现出类似生物行为的繁育种；4 表示幼鱼；5 除具有相同总种群密度的海草床外的补充量。

关于生境之间的物种重叠或鱼类总密度的比较,和以往的研究(例如 Thollot,1992)一样,基本上没有增加我们对潜在的生境联系的了解,这是因为不同物种之间存在着巨大的生态差异。这些研究正确地阐释了大部分生存在珊瑚礁区域中的生物与红树林或海草床生境无关,但就一些生态学中具有重要作用的常见物种而论,联系(基于种群密度)却是很明显的,因为只要邻近的红树林和海草床中没有这些鱼类的稚鱼,这些种类的成鱼种群明显小很多(Nagelkerken et al.,2002;Dorenbosch et al.,2004;Mumby et al.,2004)。最近,系统完整的珊瑚礁鱼类群落的研究已经完成,鉴定了那些在稚鱼生活史中与红树林/海草床普遍联系的特定物种(Nagelkerken et al.,2000b;Dorenbosch et al.,2005a)。就这些物种来说,越来越多的证据显示,在不同类型的浅海生境中,红树林或海草床中稚鱼种群密度普遍最高,具体数量取决于研究的物种及其生活史(图10.2)。该模式似乎在不同研究地点和地理区域具有较高一致性,这可能归因于在有植被生境庇护中的生物密度要高于无植被生境(Orth et al.,1984;Heck et al.,2003)。如上所述,总生境面积在稚鱼生境的生态价值比较中是一个重要因素。

10.2.2 生长率

由于有植被覆盖的生境具有更丰富的食物来源,因此认为生存于有植被覆盖生境的动物生长率高于无植被覆盖的生境(海草床:Heck et al.,1997;红树林:Laegdsgaard and Johnson,2001)。非常少的研究涉及珊瑚礁-海草床-红树林连续生境中的鱼类生长速度的比较,针对十足类的研究没有开展。两项研究(Grol et al.,2008;M Grol et al.,奈梅亨大学未发表的数据)表明,对于种群分布范围较广泛的黄仿石鲈(*Haemulon flavolineatum*)来说,其生长率在珊瑚礁区域比在红树林和海草床上更高(表10.2,图10.3),这与红树林和海草床被认为是育幼场的推测是相反的。而且相较于其他潟湖生境,有珊瑚礁群分布的潟湖生境(即浅海潟湖)中的鱼类生长率更高(Dahlgren and Eggleston,2000,Tupper,2007)。Grol 等(2008)发现不同生境中鱼类生长速率(围隔实验)的差别与食物密度具有一致性,这也解释了为何不同生境中鱼类生长具有差异性(见10.3.1节)。红树林和海草床的比较研究也显示出了差异较大的结果。一项研究初步显示,两种不同鱼类的稚鱼在红树林中的生长率比海草床更高(I Mateo,罗德岛大学),而另一项研究并未发现这两个生境之间存在生长率的差别(Grol et al.,2008;图10.3)。

一些生长发育方面的研究是在微生境(即生态系统中的小规模生境)中开展的,因此,对于检验尺度较大且空间分离的生境,如红树林、海草床和珊瑚礁等,则实用性不高。例如,有两项研究聚焦小型海洋景观中的微生境(即 Tupper,2007 年研究的潟湖中的微生境,以及 Dahlgren 和 Eggleston 在 2000 年研究的潮沟中的微生境)。鱼类可能在间隔极小的不同微生境间有规律地短途迁移,使得区分单一微生境产生的影响以及将其推演至更大规模的生境变得越发困难。另一个重要的考量是,同样的生境可能对个体大小不一的鱼类的生长率具有不同的作用。目前可用的大多是关于稚鱼阶段(小于 6 cm 的总体长;表10.2)的数据。Dahlgren and Eggleston(2000)以及 Grol 等(未公开发表数据)的研究

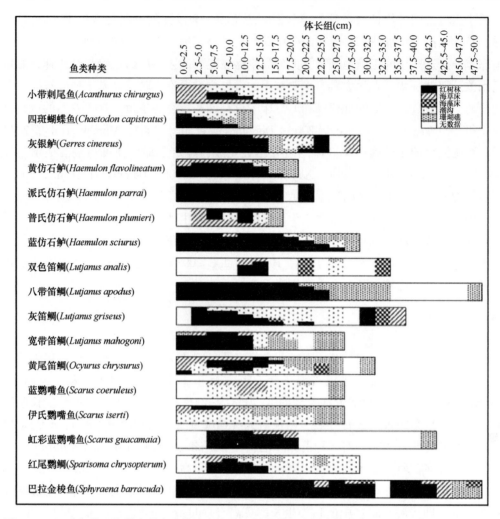

图 10.2 17种加勒比海繁育种在库拉索岛海域不同热带近岸的个体发育过程中生境利用情况
在很大程度上，繁育种被认为是稚鱼栖息在后礁区而成体栖息在珊瑚礁的物种（参见 Nagelkerken and van der Velde，2002 的普查）。不同生境中不同鱼类的不同个体大小的相对丰度通过计算相同个体级别的鱼类在所有生境中总数量的占比来表征，四舍五入至 20%。蒙国际科学研究中心的许可，仿自 Nagelkerken 等（2000b）
原文派氏仿石鲈（*Haemulon parrai*），现已改为（*Haemulon parra*）；原文普氏仿石鲈（*H. plumieri*），现已改为（*Haemulon plumierii*）——译者注

是唯一一项关于鱼类个体大小差异的生长率的研究，并且发现了生境的差异在鱼类生长过程中表现出类似的规律。

表 10.2 不同热带近岸生境中鱼类生长率比较研究概览。主要生境中的微生境（如不同生长方式和大小的珊瑚礁）的比较研究未列在内。生境类型：BC 为叉状珊瑚，BCM 为大型藻类附生的叉状珊瑚，BM 为茂盛大型藻类，C 为珊瑚区，CR 为珊瑚礁，CRb 为珊瑚礁碎块，FR 为礁前区，Mg 为红树林，PR 为礁斑，Sg 为海草，Sp 为海绵。测量单位：B 表示生物量，L 表示体长，W/L 表示体重/体长比值，TL 表示总体长。

参考文献	地点	生境类型	调查方法	测量单位	生物区系	物种	总体长(cm)	最大生长率
Dahlgren and Eggleston, 2000	巴哈马群岛	BM, 庇护所型生境 C/CRb/Sg/Sp	围隔	L	鱼类	拿骚石斑鱼 (*Epinephelus striatus*)	3.5~4.0 5.0~5.5 7.0~7.5	Postalgal > BM
Tupper, 2007	帕劳群岛	BC, BCM, BM, CRb, Sg	标记-重捕	L	鱼类	波纹唇鱼 (*Cheilinus undulatus*)	3.5~5.0	BCM > 所有其他[1] BM > BC + Sg[2]
Grol et al., 2008	巴哈马群岛+库拉索岛	CR, Mg, Sg	围隔	B, L, W/L	鱼类	黄仿石鲈 (*Haemulon flavolineatum*)	3.5~4.2	CR>Mg+Sg[3]
Grol 等（未发表）	库拉索岛	CR, Mg, Sg	耳石生长量测量	L	鱼类	黄仿石鲈 (*Haemulon flavolineatum*)	4~18[4]	CR>Mg+Sg
I Mateo（通信作者，pers. comm.）	波多黎各+圣克罗伊岛（美属维尔京）	Mg, Sg	耳石宽度测量	L	鱼类 鱼类	黄仿石鲈 (*Haemulon flavolineatum*) 八带笛鲷 (*Lutjanus apodus*)	2~5 3~6	Mg>Sg Mg>Sg

注：1 为不显著；2 为无统计检验；3 只有库拉索岛的珊瑚礁鱼类在重量和体长方面生长较快（不显著）；4 为尾叉长度。

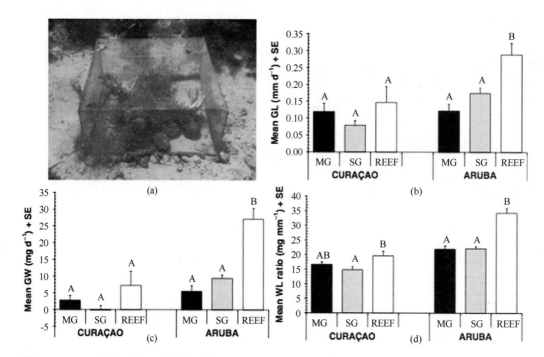

图10.3 （a）用于研究珊瑚礁中黄仿石鲈（*Haemulon flavolineatum*）身体成长的围隔实验装置，在两个加勒比海海岛上的红树林（MG）、海草床（SG）和珊瑚礁（REEF）连续生境的生长实验的结果（平均值+标准差）见（b）体长生长（GL）、（c）体重生长（GW）、（d）重量-体长比值（WL）。不同的字母表示不同生境的显著差异（$p<0.05$）。蒙国际科学研究中心的许可，图仿自Grol 等（2008）

　　研究不同生境下鱼类的生长发育采取了各种不同的方法，包括在围隔实验中对鱼类身体成长的原位测量（Grol et al.，2008）、原位标记和回捕测量（Tupper，2007）、染色耳石的生长量测量（Reichert et al.，2000）、耳石年轮宽度测量（Levin et al.，1997）以及基于耳石成熟的体长-年龄的回归计算（Rypel and Layman，2008），不同的计算方法均存在一些问题：鱼类处理方法（围隔法、标记-回捕法、耳石染色法）、家园活动范围缩小（围隔法）、生境间的迁移使得单一生境对其生长的贡献难以分辨（标记-回捕法，所有耳石相关方法），以及随着鱼类身体的增长而产生的生长率测量不同（在利用标记-回捕法时，那些被标记的自由活动的鱼类的时长未加以考虑）。

　　表10.2中列举的五项研究都测量了体长的增长，这对于生长迅速的小型鱼类来说很有效，但对较大体型的鱼类就不太适用，因为到了一定的大小，生物量的增速快于体长的增速（Wootton，1998）。可能对于较大的鱼而言，生物量的增速或体重-体长比值，可能是更适合的测算指标。其他的方法还可能包括不同的条件指标，如脂肪含量、肌肉组织中RNA：DNA比值以及可计算的甘氨酸摄取率等（Wootton，1998）。此外，考虑到许多鱼类会进行摄食洄游、生境间的昼夜洄游或感潮洄游（见第8章），如果围隔足够大并能够保证鱼类的正常摄食，对生活其中的鱼类进行生长率的测量（身体或耳石测量）应该是最好

的方法。然而，无视研究方法的差异，目前还没有证据能证明红树林/海草床生境中鱼类或十足类的生长率比珊瑚礁生境更高（表 10.2），但是只有非常少的研究认为这是普遍接受的结论。

10.2.3 存活率

几乎没有定量研究过多种热带近岸生境中鱼类和十足类的存活率。关于热带浅海生态系统中的比较研究，普遍根据圈养的捕食率评价生物的存活率。然而，自然状况下的存活率不单取决于捕食关系，还受如食物丰度、种间竞争、捕食作用和密度制约的存活率之间的相互作用等因素的影响（Booth and Hixon, 1999; Hixon and Jones, 2005）。因此，针对圈养的研究结果会在本章 10.3.2.4 中综述，其中仅涉及了捕食风险。

在少数关于鱼类存活率的研究中，只有几项研究发现，在海洋潟湖环境中，相较于海草床、大型藻类、珊瑚碎块和珊瑚微生境而言，处于波纹唇鱼（*Cheilinus undulatus*）稚幼鱼的存活率在伴生大型藻类的低分叉珊瑚生境中会随着时间的推移而显著提高（Tupper, 2007）。在另一项相关研究中，Risk（1997）发现，相较于砂质底质或死亡的鹿角珊瑚（*Acropora palmata*）后礁区域，刺尾鱼稚鱼在硬相底质生境中的存活率更高，他认为硬相底质生境中存在足够的庇护孔隙和食物来源。这两项研究均是在潟湖微生境内开展的，并没有在更大的空间尺度中，或近岸生境中进一步比较稚鱼和近海生境的成鱼之间的存活率。

存活率定量研究的最大困难可以在于难以扣除鱼类和十足类洄游中的自然死亡率。这就是为什么一些关于鱼类存活率的研究采用"留存率"（persistence）这个术语而非存活率（survival）。为解决这个问题，Tupper（2007）在研究中对多种生境中的鱼类进行体表固定标志，但他发现鱼类不太可能洄游走，因为标志个体在头 3 个月中并未洄游出释放水域（<5 m）。在热带浅海生境中，早期稚鱼通常对原位庇护生境具有非常高的忠诚度（Watson et al., 2002; Verweij 和 Nagelkerken, 2007），这使得对一段时期内的稚鱼密度估算成为研究原生地存活率的潜在有效方法。但对于那些原位生境忠诚度较低的大型动物或是那些定期到邻近生境摄食洄游、感潮洄游或昼夜洄游的动物而言，该方法既不太可靠也并不适用（见第 8 章; Verweij and Nagelkerken, 2007; Verweij et al., 2007）。在这两种情况下，种群大小可能会受暂时性摄食或庇护生境中死亡率的影响，因此并不能代表所研究的生境。

10.2.4 运动

从稚体生境到成体生境的迁移运动是定义育幼场概念的一个重要基础因素，因为在如红树林和海草床等稚体生境中，当生境之间缺乏连通时，潜在的较高生产力并不会向邻近的珊瑚礁生境转移。早在 20 世纪 60 年代，就出现了以生活于红树林或海草床之中的海洋生物稚体为研究对象的标记研究，主要关注河口三角洲与近海经济虾类捕捞量之间的联系

（表 10.3）。探讨红树林/海草床-礁石之间联系的鱼类标记研究成果只是在最近 10 年才逐步发表，其中，大部分研究利用外在标志或是测量鱼类耳石组织中稳定同位素，研究对象主要有对虾、石鲈科（Pomadasyidae）鱼类和笛鲷科（Lutjanidae）鱼类，研究生物迁移距离则从几百米到 315 km 不等。

尽管力图证明海洋生物从近岸向近海迁移活动的科学研究数量在不断增加，但这些研究仍然没有阐明近海生物种群在多大程度上从红树林和海草床获得补充，下面将讨论这些问题和原因。

第一，不同研究得出的结论具有明显差异。红树林或海草床中人工标记的海洋生物在近海的回获率非常很低（介于 0.1%~6.8%之间，仅有一项研究结果<2%；表 10.3），而且标记研究得到的结果多大程度上反映出自然行为和运动模式还有待进一步讨论。相比之下，通过测量鱼类肌肉组织或耳石中的稳定同位素或微量元素，并据此为基础估算鱼类迁移运动的研究的代表性就比较高。这些研究表明，36%~98%的近海鱼类种群，均源于生活在近岸的红树林和海草床中的稚鱼（图 10.4；Fry et al.，1999；Chittaro et al.，2004；Nakamura et al.，2008；Verweij et al.，2008；M Lara and D Jones，迈阿密大学，未发表数据）。然而，后 4 项研究均在红树林或海草床附近的珊瑚礁区调查取样，可是热带虾类和鱼类的幼体可以从其生境向外洄游数百千米（表 10.3；Gill and ers et al.，2003）。如果鱼类在红树林或海草床附近的珊瑚礁区聚集，那么研究结果仅仅是样本在珊瑚礁到潜在育幼场的距离的函数。因此，关于育幼场对近海鱼类种群的贡献程度显然受研究设计和方法所制约。第 13 章详细阐述了更多关于不同标记物方法的利弊。

第二，表 10.3 中的研究没有一项目发现近海鱼类和十足类的运动可以明确区分各个幼体生境的贡献程度，反而是海湾或三角洲是检验近海生产力贡献程度的主要变量。因此，红树林生境和海草床分别对近海生产力的贡献程度仍然不确定。问题依然在于这是否是一个可验证的因素。稚鱼在潟湖生境中随潮汐和昼夜频繁洄游（第 8 章），因此很难将各个生境的贡献程度区分。

表 10.3 热带鱼类和十足类（在个体发育中）从浅海海域在向珊瑚礁或近海海域的洄游的研究概览。研究按时间先后顺序排列。标记方法详见第 13 章。相关生境缩写具体见表 10.2。Np 表示没有提供数据；N_0 表示标记或处理过的生物个体数量；N_t 表示向珊瑚礁或近岸洄游的个体数量。洄游距离取决于所开展的调查研究。

参考文献	地点	方法	种类	物种	N_0/N_t	生境迁移	迁移距离（km）
Iversen and Idyll, 1960	佛罗里达，美国	体外标记	虾	桃红美对虾（Farfantepenaeus duorarum）	1157/1	从 Mg 河口到近海	~96
Costello and Allen, 1966	佛罗里达，美国	组织着色	虾	桃红美对虾（Farfantepenaeus duorarum）	98525/350	从 Mg 河口到近海	>278
Lucas, 1974	澳大利亚	体外标记	虾	东方巨对虾（Penaeus plebejus）	15143/174	从 Sg/Mg 到近海	>~25
Somers and Kirkwood, 1984	澳大利亚	体外标记	虾	褐虎对虾（P. esculentus）	5011/8	从 Sg/泥质海湾（mud bay）到近海	~70
Fry et al., 1999	佛罗里达，美国	组织中稳定同位素	虾	短沟对虾（Penaeus semisulcatus）	4354/46	从 Sg/泥质海湾到近海	<108
Kanashiro, 1998	日本	Np	虾	桃红美对虾（Farfantepenaeus duorarum）	134/~54	从 Mg 河口到近海	<~200
Sumpton et al., 2003	澳大利亚	体外标记	鱼类	星斑裸颊鲷（Lethrinus nebulosus）	4409^1/<154	从 Sg 潟湖到 CR	<7
Chittaro et al., 2004	伯利兹	耳石中微量元素	鱼类	金赤鲷（Pagrus auratus）	2700/4	从 Mg/Sg 河口到近海	<290
Russell and McDougall, 2005	澳大利亚	体外标记	鱼类	黄仿石鲈（Haemulon flavolineatum）	39/14	从 Mg 到珊瑚礁后礁区中 CR^1	0.27
			鱼类	银纹笛鲷（Lutjanus argentimaculatus）	22202/35	从 Mg/Sg 河口/河流到近海 CR	<315

续表

参考文献	地点	方法	种类	物种	N_0/N_t	生境迁移	迁移距离（km）
Tupper, 2007	帕劳群岛	皮下植入弹性体	鱼类	波纹唇鱼（Cheilinus undulatus）	250/20	从 BCM/BM 到潟湖中 PR[2]	0.054~0.112
	库拉索岛		鱼类	蓝点鳃棘鲈（Plectropomus areolatus）	73/9	从 CR 到潟湖中 deep PR[2]	0.302~0.351
Verweij and Nagelkerken, 2007; C Huijbers and I Nagelkerken（未发表数据）	库拉索岛	体内标记	鱼类	黄仿石鲈（Haemulon flavolineatum）	1114/3	从基岩质海湾沿岸到 CR	2
Verweij et al., 2007	库拉索岛	体外标记	鱼类	八带笛鲷（Lutjanus apodus）	59/4	从基岩质海湾沿岸到 CR	<0.22
Nakamura et al., 2008	日本	组织中稳定同位素	鱼类	焦黄笛鲷（Lutjanus fulvus）	41/36	从 Mg 到 CR	~1
Verweij et al., 2008	库拉索岛	耳石中稳定同位素	鱼类	黄尾笛鲷（Ocyurus chrysurus）	51/50	从 Mg/Sg 海湾到 CR	<1.5
Luo et al., 2009	佛罗里达，美国	遥感监测	鱼类	灰笛鲷（Lutjanus griseus）	14/7	从 Mg/Sg 海湾到 CR	5~15
M Lara and D Jones；迈阿密大学通信	佛罗里达，美国	耳石微量元素	鱼类	灰笛鲷（Lutjanus griseus）	35/33	从 Mg/Sg 河口到 CR	10~65
C Layman, 佛罗里达国际学院（私人通信, http://www.adoptafish.net）	巴哈马群岛	遥感监测	鱼类	八带笛鲷（Lutjanus apodus）	11/4	所有物种	>2
			鱼类	巴西笛鲷（Lutjanus cyanopterus）	25/6	从 Mg 到潟湖	>2
			鱼类	灰笛鲷（Lutjanus griseus）	33/7	到近海岩石	>2
			鱼类	大魣（Sphyraena barracuda）	8/3	岩石和 PR	>2

注：1 表示水族箱培育的鱼类在叉长均值达 10.4 cm 时放流；2 表示向亚成体生境洄游。

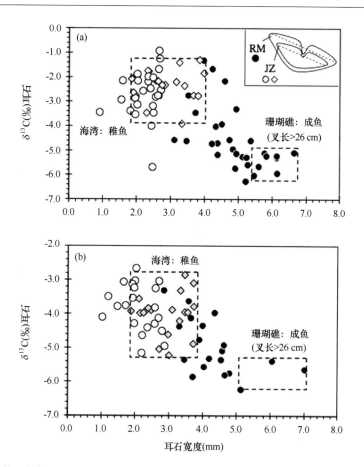

图 10.4 黄尾笛鲷（*Ocyurus chrysurus*）稚鱼（在红树林/海草床中捕获）和成鱼（在邻近的珊瑚礁中捕获）耳石中的碳稳定同位素（$\delta^{13}C$）分析结果。（a）表示西班牙湾中的研究结果和（b）表示库拉索岛皮斯卡迪拉湾中的研究结果。图中内框表示珊瑚礁中成鱼和海湾中幼鱼的碳样本交叉区域。破折号表示耳石宽度（x 轴）。JZ 表示幼鱼区域（菱形点表示海湾中幼鱼的耳石临界宽度）；白色圆圈表示珊瑚礁中幼鱼区域；RM 表示珊瑚礁中鱼类耳石临界宽度（黑色圆圈）；FL 表示叉长。蒙美国海洋与湖沼学会出版社授予版权，本图复印自 Verweij et al., 2008, 第 1544 页

第三，在何为生物成体生存生境或何为成体种群的认识方面还存在着模棱两可的认识。例如灰笛鲷（*Lutjanus griseus*）和蓝仿石鲈（*Haemulon sciurus*）的幼体生境为红树林，但在佛罗里达内陆红树林遮蔽下的较深水域（尤其在旱季），同样庇护生存着成体种群（Faunce and Serafy，2007），即便这些成体种群一般和近海珊瑚礁生境息息相关。所谓的模棱两可的认识也与珊瑚礁生境的多样性有关，礁坪、岸礁和后礁区的珊瑚斑块经常被认为是珊瑚礁的同义词（Nagelkerken et al.，2008）。比如，Chittaro 等（2004）曾计算了红树林对珊瑚礁礁栖鱼类种群的贡献程度，然而，这些生境仅位于后礁区的浅水海域（2 m 深），而石鲈成鱼通常在礁前区的深水海域活动。另一个案例是，Tupper（2007）发现了

鱼类幼体向较深海域的珊瑚礁区洄游，这些礁区位于同样具有幼体生境的潟湖中，但这些鱼类赖以生存的成体生境则位于潟湖外侧水深更大的近海礁石区。使问题变得更加复杂的是，成体生境的利用程度随着陆架地貌的差异而不同（Appeldoorn et al.，1997）。如果大陆架比较窄小，鱼类可能会向邻近的礁前区迁移；如果大陆架较宽，鱼类要么在该陆架邻近的礁坪区中长久生活，要么逐渐向陆架裂缝区洄游（Kanashiro，1998；Bouwmeester，2005），因此鱼类洄游距离与礁石的离散程度相关（Appeldoorn et al.，1997）。例如，Bouwmeester（2005）的研究表明，在 27 条回捕的标志黄仿石鲈（*Haemulon flavolineatum*）亚成鱼样本中，12 条在 3~16 个月的自由活动时间中曾向邻近的礁前区洄游了 300 m。

第四，洄游在什么时候可以被认为属于永久性洄游？近年开展的研究说明，鱼类可能在幼体生境和亚成体生境之间反复交替运动。例如，Layman（未发表数据；表 10.3）通过超声波标记发现，鱼类从红树林区的潮沟洄游 2 km 以上的距离到海洋中，在海湾中逗留（标记后）10 天到一年时间不等，部分鱼类洄游至远洋中，之后再洄游 2 km 以上的距离返回潮沟生境。Verweij 等（2007）的研究结果也同样表明，八带笛鲷（*Lutjanus apodus*）在浅海湾和浅海珊瑚礁之间进行有规律的洄游，甚至离开湾口达数百米（图 10.5）。是否类似的洄游是探索成鱼生境的方法，或可能与在珊瑚礁中产卵后再洄游至浅海庇护所有关，这些问题仍然不得而知。假如相较于偶然事件，这种非单一方向洄游活动的机制更是一种规律的话，这就会使定量幼体生境对成体种群的贡献程度变得更为困难。通过分析鱼体组织、胃含物以及从珊瑚礁（成鱼）和红树林/海草床（幼鱼）中采集其摄食物的稳定同位素，两项研究则极有可能解决该问题（Nakamura et al.，2008；Verweij et al.，2008）。通过分析珊瑚礁鱼类以及与之相对的红树林或海草床鱼类的稳定同位素特征，从珊瑚礁区域采集的鱼类，一部分可能长久地生活在珊瑚礁中，也有一部分在红树林或海草床中生长，抑或在迁移至珊瑚礁前或仍生活在这些庇护区中，或暂时活动在珊瑚礁周围海域（被捕获时）。然而，礁栖鱼类的胃含物与在珊瑚礁中采集的摄食物的稳定同位素特征是相互匹配的（Nakamura et al.，2008；Verweij et al.，2008）。尽管稳定同位素特征与在红树林或海草床中的鱼类显著不同，但至少可以明确采集到的礁栖鱼类是以珊瑚礁为索饵场的。

显然，为了证明关于育幼场的推论，在进行洄游运动的相关研究以及对已发表的研究成果进行解释分析的时候仍然存有一些问题。至今各式各样的标记技术在应用中不同程度地积累了成功经验（表 10.3，见第 13 章）。然而，充分的证据表明，在鱼类和虾类幼体生长的红树林或海草床与成体生长的近海海域之间存在着复杂的生态联系，揭示了这些浅海海域至少对鱼类成鱼资源具有相当大的贡献。

10.3 决定育幼场潜质的基本因素

10.3.1 食物可利用性假说

仅有少量的研究比较了红树林、海草床以及珊瑚礁中作为食物的底栖生物或浮游生物

第10章 红树林和海草床作为热带十足类和珊瑚礁鱼类育幼场功能评价：模式及其作用机制

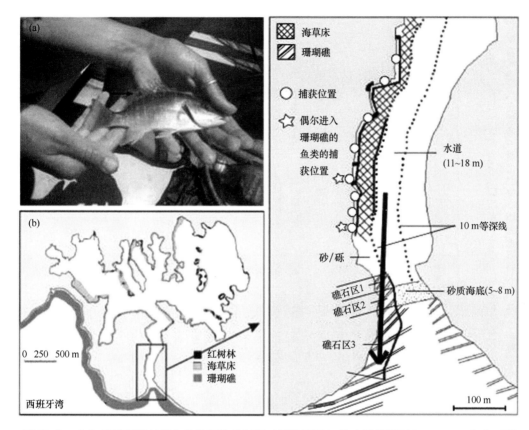

图 10.5 （a）用单纤维丝和念珠进行体外标记（箭头表示）的八带笛鲷（*Lutjanus apodus*）（照片：S Wartenbergh）来研究；（b）西班牙湾中幼鱼在礁后生境和相邻的库拉索群岛珊瑚礁之间的洄游运动（粗箭头标出）

海湾中八带笛鲷（*Lutjanus apodus*）在海湾中的捕获地点也表明了为所有鱼类以及那些在珊瑚礁中再次见到的鱼类。沿着海岸线的细线（礁石区和海草床区）为搜找标记鱼类的横切线。蒙海洋科学通报的许可，该图根据 Verweij 等（2007）改绘

的丰度。对于大多数类群而言，海草床中被捕食者密度或生物量普遍高于珊瑚礁（表10.4）。Nakamura 和 Sano（2005）在研究中发现了一个有趣的现象，海草床中浮游生物和底栖生物的总生物密度高于珊瑚礁，但在生物量方面，结论恰好相反。珊瑚礁中生物量较高主要是栖息着更多的大型底栖生物，如螃蟹、软体动物和虾类等所致，而海草床中栖息的主要是小型底栖生物，如环节动物、桡足类和原足目。

表 10.4 不同热带近岸生境中鱼类的潜在饵料生物的丰度比较研究概览（按时间顺序排列）。研究重点包括了珊瑚礁、红树林和海草床。研究数据均以生物分类学中高于科的层级列举。NP 为未提供数据。生境类型：Ch 为潮沟，CR 为珊瑚礁，MF 为大型藻类覆盖率较低的潮下带滩涂，Mg 为红树林，S 为无植被覆盖的沙质区，Sg 为海草床。单位表示计量单位：N 为数量，B 为生物量。饵料生物分类：Amp 为端足目，Ann 为环节动物，Cop 为桡足类，Cum 为涟虫目，Iso 为等足目，Mol 为软体动物，Tan 为原足目。

参考文献	地点	采样时间	生境类型	采样方法	单位	摄食生物类别（生境差别）	底栖生物丰度最大值
Kitheka et al., 1996	肯尼亚	NP	CR, Mg, Sg	浮游生物网拖网	B	无脊椎生物	$Mg/Sg>CR^{1,2}$ $CR/Sg>Mg^2$
Cocheret de la Morinière, 2002	库拉索群岛	浮游生物：夜间	所有类型：CR, Sg, Mg	浮游生物网拖网	N	无脊椎生物	$Sg > CR/Mg$
			所有类型：CR, Sg, Mg	浮游生物网拖网	N	甲壳纲动物	$Sg > CR/Mg$
				浮游生物网拖网	N	原足目	$Sg > CR/Mg$
		底栖生物：日间		沉积物柱状样	N	无脊椎生物	$Sg > CR/Mg$
				沉积物柱状样	N	甲壳纲动物	$Sg > CR/Mg$
				沉积物柱状样	N	原足目	$Sg > CR/Mg$
Nagelkerken, 2000	库拉索群岛	17:00–19:00	CR, MF, Sg	浮游生物网拖网	N	无脊椎生物	$Sg>MF>CR$
			CR, MF, Sg	浮游生物网拖网	N	甲壳纲动物	$Sg>MF>CR$
			Ch, CR, MF, Mg, Sg	沉积物柱状样	N	无脊椎生物	$Ch/MF/Mg/Sg>CR$
			Ch, CR, MF, Mg, Sg	沉积物柱状样	N	甲壳纲动物	$Ch/MF/Mg/Sg>CR$

续表

参考文献	地点	采样时间	生境类型	采样方法	单位	摄食生物类别（生境差别）	底栖生物丰度最大值
Nakamura and Sano, 2005	日本	10:00—16:00	所有类型：S, Sg, CR	手抄网	B	无脊椎生物	CR>Sg>S³
				手抄网	N	无脊椎生物	Sg>CR>S³
				手抄网	N	Ann, Cop, Cum, Iso, Mol, Tan	Sg > CR > S³
				沉积物柱状采样	N	蟹³, 虾	CR > Sg/S³
				沉积物柱状采样	B	所有无脊椎动物	CR>Sg³>S
				沉积物柱状采样	N	所有无脊椎动物	Sg > S/CR³
				沉积物柱状采样	N	Amp, Ann, Mol	Sg>CR
Grol et al., 2008	阿鲁巴岛	日间	CR, Mg, Sg	浮游生物网拖网	N	Cop	CR > S/Sg
	库拉索群岛	日间	CR, Mg, Sg	浮游生物网拖网	N	Cop	CR > Sg/Mg

注：1 为仅调查了湿季，2 为未做统计检验，3 为无显著差异。

然而，关于食物密度的估算是否适于作为支持育幼场的因子是有争议的，其中，需要考虑以下几点原因。第一，捕食者存在和食物可获得性之间的相互影响。例如，在捕食者存在时，小型鱼类会选择捕食风险较低的次优级的摄食生境，从而降低其生长率（相较于没有捕食者存在时）（Werner et al.，1983）。在捕食者较多的摄食生境中，优化了体型较大且不易受到捕食影响的鱼类可获得的食物资源，导致其生长率比没有捕食者时更高（Werner et al.，1983）。如此一来，仅仅捕食者就可以影响鱼类的生长率，以至于鱼类生长率估算可以不直接依赖于食物可获得性。第二，如果生境中食物不属于限制因子，那么更丰富的食物并不一定带来更高的生长率（Sale，1974；Barret，1999）。第三，相比于被捕食者的资源量，生产力则更加重要。备受青睐的捕食者可能具有较高的生产力，但由于捕食者的持续摄食行为导致较低的资源量。第四，必须考虑每只捕食者可以获得被捕食者生物量，其中捕食同一种被捕食者的捕食者之间的竞争是非常重要的，捕食者和被捕食者的相对丰度决定了潜在食物的可获得性。

为了确定哪些热带沿岸生境是最佳摄食生境，绝大多数现场调查研究工作要解决以上所有问题几乎是不可能的。最应该加以研究的是捕食者特定的饵料生物。饵料生物并非恒定不变，而是随着时间和空间不断变化，鱼类通常随着个体生长发育表现出摄食变化（Eggleston et al.，1998；Cocheret de la Morinie're et al.，2003b），而摄食灵活性则取决于饵料的可获得性（Jennings et al.，1997）。

即便已经得知饵料生物的生产力、捕食者的饵料生物、竞争者和被捕食生物的相对丰度，仍然很难确定捕食者的捕食成功率。在遭受攻击时，海洋生物会躲避攻击并表现出逃避行为（Meager et al.，2005；Scharf et al.，2006）。而且，当许多白天活动的鱼类觅食时，一部分饵料生物却躲藏在海洋基质中，尤其是许多底栖生物会在夜间活动（Jacoby and Green-wood，1989；Laprise and Blaber，1992；Ríos-Jara，2005）。我们还需要重点考虑饵料生物的个体大小及其生物量，个体大的虾显然比个体小的虾能为鱼类提供更充足的饵料。觅食理论认为，为了使能量消耗-吸收的比率达到最小化，捕食者应摄食数量少但个体大的生物，而非数量多而个体小的生物（Schoener，1971；Stephens and Krebs，1986）。还有些问题是与被捕食对象的大小有关的，即特定大小的捕食者是可控的（Kruitwagen et al.，2007）。此外，被捕食者的营养级也并不尽相同（Wilson and Bellwood，1997；Graham，2007）。最后，被捕食者的产量随着季节变化而有所不同（Day et al.，1989；Edgar and Shaw，1995）。

即使很难量化和比较不同热带生境中饵料生物的产量和可获得率，有些在加勒比海地区开展的研究说明，许多食底鱼类在白天会离开庇护所（如红树林和礁斑）而在夜间前往觅食生境（特别是海草床）摄食（Ogden and Ehrlich，1977；Burke，1995；Nagelkerken et al.，2000a；Nagelkerken and van der Velde，2004；Verweij et al.，2006b；Nagelkerken et al.，2008）。这表明饵料生物在海草床中的生产力更高，正如前文所述，可能是由于海草叶片能为海洋生物提供良好的生存结构。然而，之所以受到众多海洋生物的青睐，还有一种可能是因为海草床相对于其他浅海生境具有更大的表面积，这在一定程度上减少了食物竞争（Nagelkerken et al.，2000a）。

10.3.2 捕食风险假说

10.3.2.1 捕食者丰度

非常少的比较研究是关于多种热带沿岸生境中的不同类型捕食者组合的，其中主要集中于捕食者鱼类。本文仅综述以完全捕食者鱼类组合为对象的研究，因为不同的捕食者鱼类或类群，例如潜伏突袭型捕食者和主动游动型捕食者之间的比较，以及驻留型捕食者和过境型捕食者之间的比较，均对鱼类幼体群落产生非常不同的影响。表10.5中列出的所有相关研究表明，无论是在西大西洋还是在印度洋-太平洋海域，和浅海生境相比，近岸生境，例如珊瑚碎块、砂质底区域、海草床以及红树林中的潮汐通道或潮沟，捕食者鱼类的丰度或种类丰富度普遍更高。但也有例外，在海水永久性淹没的加勒比海红树林支柱根区域中，捕食者的相对密度或者日间捕食者密度比珊瑚礁生境的还要高（表10.5）。

当分析食鱼动物的数量丰度的相关数据时，存在食鱼动物构成的问题，例如包含以下三点内容。首先，研究对象一般选取严格意义上的食鱼动物，并不包括鱼类在食谱中占比低的鱼类。其次，潟湖或河口鱼类，只要其个体大小还属于后礁区生境的幼鱼，会随着生长发育发生食性转换，从摄食底栖动物转换到摄食鱼类（图10.6）。第三，定量研究常常对体型较大的食鱼动物的幼体密度疏于考虑。这种食鱼动物的幼体在个体数量上要远多于较大的同类生物，而且更容易进入到浅海生境，因此，对稚鱼密度产生显著的影响（参见Sheaves，2001的综述）。实际上，各种在幼鱼阶段利用浅海生境的食鱼动物也会捕食同一生境中的其他种类的幼鱼（Dorenbosch et al.，2009）。这也解释了一些加勒比海地区的红树林中为何栖息着密度如此之高的食鱼动物，相较于其他浅海生境，不同种类的食鱼动物更容易在红树林中聚集形成高密度区，且在相同体型条件下的食性也更容易从摄食底栖动物转变为摄食鱼类（Nagelkerken et al.，2000b；Cocheret de la Morinière et al.，2003a，b；Nagelkerken andvan der Velde，2003）。

表 10.5 不同热带沿岸生境中捕食者鱼类的比较研究概览。重点关注那些调查完全捕食者鱼类组合的研究。Np 表示并未提供资料。生境类型：CR 为珊瑚礁，CRb 为珊瑚碎礁，Mg 为红树林，N 为生物礁阶地和及混合地其中的砾石，OW 为开放式沿岸水域，Sg 为海草床

参考文献	地点	采样时间（小时）	生境类型	方法	测量单位	捕食者生物密度最大值
Blaber, 1980	澳大利亚	Np	红树林潮沟，开放型海湾	鱼苗刺网，围网和张网	相对物种丰富度	开放海湾＞红树林潮汐通道
Blaber et al., 1985	澳大利亚	Np	较深的红树林潮汐通道，潮间区域中的红树林潮沟，较深+潮间带 OW	刺网，小型或大型沙滩围网，鱼苗围网	相对丰度	OW＞红树林潮汐通道[1]
					相对物种丰富度	OW＞红树林潮汐通道[1]
					相对生物量	OW＞红树林潮汐通道[1]
					相对丰度	潮间带 OW＜或＞[2] 潮间带区域中的红树林潮沟
					相对物种丰富度	潮间带 OW＜或＞[2] 潮间带区域中的红树林潮沟
Nakamura and Sano, 2004a	日本	10:00—16:00	CR, Sg	目视普查	生物密度	CR＞Sg
					物种丰富度	CR＞Sg
Wilson et al., 2005	土耳其和凯科斯群岛	日间	CR, Mg, S, Sg	目视普查	生物密度	CR/Mg＞S＞Sg
Dorenbosch 等 (2009)	库拉索群岛	日间	CR, Mg, N, Sg	目视普查	物种丰富度	Mg＞CR/N＞Sg
		夜间			生物密度	CR/N＞Mg/Sg
		夜间			物种丰富度	CR/Mg＞Sg
M Grol and I Nagelkerken（未公开数据）	阿鲁巴群岛	日间	CR, CRb, Mg, Sg	目视普查	生物密度	Mg＞CR＞CRb/Sg
					物种丰富度	CR＞CRb/Mg/Sg

注：1 为未做统计检验；2 为当年的月份。

图 10.6　繁育种还是捕食者？（a）八带笛鲷（*Lutjanus apodus*）幼鱼在红树林区主要摄食底栖生物（b）八带笛鲷（*Lutjanus apodus*）亚成体在珊瑚礁区成为捕食者或食鱼动物

栖息空间和栖息生境的变化显然会引发捕食者密度随之而变。第 11 章将详细地讨论发生在幼鱼种群中诸如此类的变化，该规律也同样适用于幼龄食鱼动物。有关捕食风险的重要结论之一是距离礁体越远，食鱼动物的生物密度越低（Valentine et al., 2007; Vanderklift et al., 2007），因此远离潟湖或河口区的幼体较少受到捕食作用的影响。此外，从红树林外缘到沿岸水域，捕食者鱼类的密度逐渐下降，因为水深下降和密集的支柱根系统降低了捕食者鱼类进入该生境的机率（Vance et al., 1996）。

时间变化是食鱼动物密度变化的另一个原因。白天红树林中食鱼动物密度通常高于夜间（表 10.5），因为白天以红树林为屏蔽生境的食鱼动物，夜间则洄游到邻近的海草床或滩涂中觅食（Rooker and Dennis, 1991; Nagelkerken et al., 2000a; Dorenbosch et al., 2009）。此外，游弋的食鱼动物的生物密度往往由于不在固定区域驻留而被低估，例如它们会从邻近的珊瑚礁或更深的海域中洄游而来（Blaber et al., 1992）。即便食鱼动物通常只是在河口或潟湖生境中短暂活动，就可能在短时间内导致早期稚鱼死亡率的提高（Carr and Hixon, 1995; Hixon and Carr, 1997; I Nagelkerken, 私人观察）。

近来部分研究结果显示，以鱼虾为摄食对象的捕食者在河口区中的丰度较高（Salini

et al. , 1990; Brewer et al. , 1995; Baker and Sheaves, 2005; Kulbicki et al. , 2005; Baker and Sheaves, 2006),并且由此推论这些区域对稚鱼的保护价值可能低于以往的认识（Sheaves, 2001）。不过，在把特定的浅海幼鱼生境和近岸成鱼生境进行比较中，前者中食鱼动物的生物密度显著低于后者（表10.5），这也支持了河口或潟湖属于鱼类庇护所的论断，但红树林生境似乎又形成一种与之不同却相当重要的模式。

10.3.2.2 浑浊度假说

浑浊度假说可能从另一个侧面为河口和潟湖中捕食风险较低提供了解释，即浑浊度较高显著降低了捕食风险（Blaber and Blaber, 1980）。但是，浑浊度假说却饱受质疑，因为通过各种实地调查和水族箱实验来验证该假说时，得出了不同的结果（Blaber and Blaber, 1980; Cyrus and Blaber, 1987; Benfield and Minello, 1996; Macia et al. , 2003; Meager et al. , 2005; Johnston et al. , 2007）。通过这些研究得出的以下问题在很大程度上影响了浑浊度假说的验证：（1）实地调查研究的是不同浑浊度区域中鱼类的分布，而水族箱实验验证的是不同浑浊度水平下的捕食风险；（2）光照强度和光散射率对捕食风险产生的作用不同；（3）被捕食者和捕食者在不同浑浊度水平和不同生境类型中的行为反应不同；（4）开展的研究中浑浊度绝对水平之间存在差距；（5）研究对象在物种、个体大小和生境之间存在差异。

10.3.2.3 结构异质性假说

生境结构为什么会对动物具有吸引力，其根本原因在于它可以供给食物和（或）降低捕食风险。增加生境结构的复杂性能够提高潜在被捕食者的生物密度（Heck and Orth, 1980; Orth et al. , 1984; Verweij et al. , 2006a），但现在几乎没有可靠的证据阐明不同浅海生境的结构是如何导致食物可获得性的差别的。因此，本节关于结构异质性假说的讨论仅限于捕食风险这个因子的相关内容。目前，大量的文献表明，生境结构可有效地降低捕食风险，且其中的某些特定要素为鱼类和甲壳类所偏好（Hixon and Beets, 1993; Orth et al. ,1984; Horinouchi, 2007）。大部分调查仅针对单一生境开展研究，测试变量因子包括庇护洞穴的大小和数量、生境硬度、植被覆盖率、底质类型、红树林根茎或海草叶片的密度、附生生物结构、荫蔽度等（Bell and Westoby, 1986; Laprise and Blaber, 1992; Hixon and Beets, 1993; Cocheret de la Morinière et al. , 2004; Nakamura et al. , 2007; MacDonald et al. , 2008）。研究表明，鱼类通常喜欢浓密的和（或）阴暗的环境结构（Cocheret de la Morinière et al. , 2004），但该环境结构的吸引程度取决于鱼类种类、个体大小、发育阶段、生物行为和体表色彩等因素。已有研究表明，在底质软硬度中，虾类偏好底质较软的栖息环境，这样便于它们掘穴躲避捕食者（Laprise and Blaber, 1992）。鱼类或十足类对于不同生境类型结构的偏好的比较研究则更少见，其中的例外在于大量的研究探讨了鱼类或十足类对有植被覆盖的（大部分为海草）和无植被覆盖的（大部分是沙地和泥滩）生境的偏好程度（参见 Heck et al. , 2003 的综述）。表10.6 中列举了一些关于比较鱼类或十足类对有植被覆盖且不同类型的浅海微生境结构的偏好的相关研究成果。

第 10 章　红树林和海草床作为热带十足类和珊瑚礁鱼类育幼场功能评价：模式及其作用机制

表 10.6　鱼类和甲壳类对不同种类生境结构的视觉偏好的研究概览。生境结构：AC 表示海藻丛，C 表示珊瑚礁，CRb 表示珊瑚碎块，Mg 表示红树林根系，S 表示砂质底，Sg 表示海草枝片。TL 表示总长

参考文献	地点	生境类型	排除的因素	实验类型	实验持续时间	种类	物种	全长 (cm)	生境偏好
Herrnkind and Butler, 1986	佛罗里达，美国	AC, Sg	捕食者/食物	水族箱	24 小时	龙虾	眼斑龙虾 (Panulirus argus)	幼虾 稚虾	AC>Sg AC>Sg
		所有类型：Mg¹, Mg+Sg², S, Sg¹	无	现场开放生境	3 天	鱼类	月尾刺尾鱼 (Acanthurus bahianus)，小带刺尾鱼 (A. chirurgus)，彩虹鹦嘴鱼 (Scarus guacamaia)	Np	Mg+Sg/Mg/Sg>S
						鱼类	黄仿石鲈 (Haemulon flavolineatum)，八带笛鲷 (Lutjanus apodus)⁴，宽带笛鲷 (L. maxweberi)⁵，黄尾笛鲷 (Ocyurus chrysurus)⁴	Np	Mg+Sg/Sg > Mg/S
						鱼类	大魣 (Sphyraena barracuda)	Np	Mg+Sg/Mg/Sg>S
Verweij et al., 2006a	库拉索群岛	所有类型：Mg¹, Mg+Sg², S, Sg¹	食物	现场开放生境	3 天	鱼类	缩口银鲈属 (Eucinostomus spp.)	Np	无偏好
						鱼类	月尾刺尾鱼，蓝尾灰吊、银鲈属、虹彩鹦嘴鱼	Np	无偏好
						鱼类	黄仿石鲈 (Haemulon flavolineatum)，八带笛鲷 (Lutjanus apodus)⁴，马氏笛鲷 (Lutjanus mahogoni)⁵，黄尾笛鲷 (Ocyurus chrysurus)⁴	Np	Mg+Sg/Sg > Mg/S
						鱼类	大魣 (Sphyraena barracuda)	Np	Mg+Sg/Mg/Sg > S

续表

参考文献	地点	生境类型	排除的因素	实验类型	实验持续时间	种类	物种	全长 (cm)	生境偏好
Nakamura et al., 2007	日本	所有类型: C, S, Sg	无	现场开放生境	1周	鱼类	库拉索凹牙豆娘鱼 (*Amblyglyphidodon curacao*)	0.9~1.7	C>S/Sg
						鱼类	锯唇鱼 (*Cheiloprion labiatus*)	1.2~1.7	C>S/Sg
						鱼类	黑背盘雀鲷 (*Dischistodus prosopotaenia*)	1.2~2.0	C>S/Sg
M Grol and I Nagelkerken（未发表数据）	阿鲁巴群岛	C, CRb, Mg¹, Sg	捕食者	现场围圈生境	2天	鱼类	黄仿石鲈 (*Haemulon flavolineatum*)	3.5	C/Sg > CRb > Mg
M Grol and I Nagelkerken（未发表数据）	库拉索群岛	C, CRb, Mg, Sg	捕食者	现场围圈生境	2天	鱼类	黄仿石鲈 (*Haemulon flavolineatum*)	3.5~4.0	Sg > C/CRb > Mg
C Huijbers and I Nagelkerken（未发表数据）	库拉索群岛	C, CRb, Mg, Sg	捕食者/食物/生境气味	现场围圈生境	15分钟 日间	鱼类	黄仿石鲈 (*Haemulon flavolineatum*)	2~3.5	无偏好
						鱼类		4~15	Mg>C/CR_b > Mg
M Igulu and I Nagelkerken（未发表数据）	坦桑尼亚	C¹, Mg³, Sg	捕食者/食物/生境气味	水族箱	15分钟 日间	鱼类	金焰笛鲷 (*Lutjanus fulviflamma*)	0~15	C/Sg > Mg
								5~10	C/Sg > Mg

注: 1 表示人工模拟生境; 2 表示混合生境; 3 表示红树林直立根而支柱根; 4 表示屏蔽环境; 5 表示屏蔽环境: Mg+Sg/Mg/Sg > S; 5 表示屏蔽环境下; 无生境偏好。

在4项研究中有2项选择了多礁石和无礁石的生境结构开展实验，结果均显示出鱼类和十足类对红树林生境的喜好较低（表10.6）。然而，当鱼类无法进入研究实验的生境时（如被玻璃箱分隔），体长介于4~15 cm之间的鱼类则更偏向于选择光线较暗的红树林微生境。此外，珊瑚礁和（或）海草床微生境也经常被选中（表10.6）。无论何种鱼类，亦无论在其幼鱼期间栖息在红树林还是海草床中，研究结果是基本一致的（Nakamura et al.，2007）。

在一项分析比较鱼类对潟湖生境中红树林、海草床或沙质底的偏好研究中，结果显示鱼类的生境偏好会随着食物营养级类群和活动模式的不同而产生差别（表10.6；Verweij et al.，2006a）。该研究采用仿造的红树林根系和海草叶片并采用多种组合方式来模拟实验。白天，草食性动物更喜欢结构复杂的单元（生境偏好程度由高到低为红树林和海草床混长区、单一红树林、单一海草或沙质区），因为结构复杂的生境可以为藻类生长提供更大的附着面积［图10.7（a）；（c）］，而当其中的附生生物被清除干净后，草食性动物将不再表现出对某种特定生境的任何偏好（Verweij et al.，2006a）。相比之下，那些只在夜间活动的摄食底栖生物的动物，白天在实验研究生境中仅仅是寻求庇护而并非摄食，因此对以上研究的生境结构并无喜恶之分；但是，优先选择的特定生境结构则显示出与明暗程度存在强烈的交互作用［Verweij et al.，2006a；表10.6；图10.7（d）］。针对十足类开展的生境比较研究或实验相对较少。Herrnkind和Butler（1986）发现相比于海草床，大螯龙虾在其两个生长发育阶段中更偏好海藻丛（表10.6），龙虾的现场密度分布上也说明该特点。

鉴于上述研究没有测量生境结构异质性，因此基本上并不清楚，在不同类型的微生境中，究竟哪些特定要素对于鱼类和十足类的生境偏好产生影响。不同类型生境结构在形态、硬度、颜色、附生生物等方面的差异很大，使得相关研究工作非常困难。Nakamura等（2007）试图通过设计控制珊瑚礁和海草床生境结构的不同要素来解决这个科学问题，他们的研究成果显示，不考虑生境形态（珊瑚礁和海草床），在软硬结构之间，雀鲷科鱼类（Pomacentridae）偏好后者，这表明生境结构中的硬度的吸引力较大。

显然，对生境结构的偏好也因生物个体大小而有所差异［图10.7（b）；Eggleston and Lipcius，1992；Hixon and Beets，1993］，个体较大的鱼类，其体长可能超出特定生境所提供的庇护条件，面临的捕食风险较低（Laegdsgaard and Johnson，2001），并且茂密的水生植被可能影响其摄食活动（Spitzer et al.，2000）。此外，对生境异质性和荫庇性的偏好程度还会随着生物种类的不同而有所差异（Cocheret de la Morinie're et al.，2004）。最后，某些物种可能在特定的生境结构下具有更好的保护形态和体色或伪装色（Laprise and Blaber，1992）。

10.3.2.4 捕食风险

捕食风险是由捕食者丰度、海水浊度和生境结构的类型及可利用性等因素综合决定的。一项有关多种生境中捕食风险的研究（表10.7）综述表明，在已开展的8项研究中，

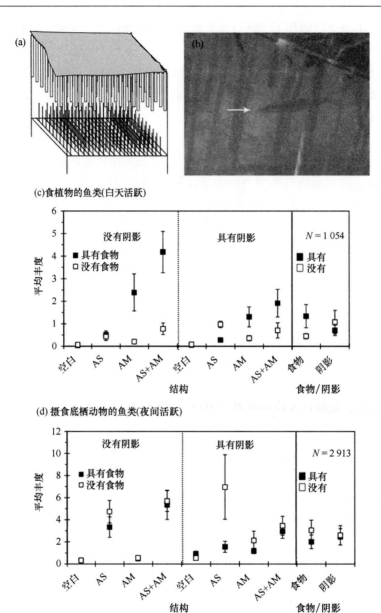

图 10.7 鱼类和十足类对不同种类生境结构的偏好研究

（a）在仿造红树林根系、海草茎叶和荫庇条件的模拟实验单元（生境）中研究幼鱼生境偏好示意图。食物或饵料是否存在与藻类受污染程度和附着根茎和叶片上的大型底栖生物有关，食物或饵料能否进入在沙质底中的底栖动物群落；（b）为隐庇于模拟实验单元（生境）中的大魣（*Sphyraena barracuda*）幼鱼（箭头指示），该实验单元（生境）模拟了清除附生生物的红树林根系以及荫庇条件（照片由 A De Schrijver 所摄）。鱼类对生境偏好的实验结果；（c）日间活动的草食生物；（d）夜间活动的肉食生物。Empty 为空白单元，AS 为仅有海草茎叶，AM 为仅有仿造红树林根系，AS+AM 为仿造的海草茎叶和红树林根系，N 为所有实验单元中统计的鱼类总数。蒙国际科学研究中心授权许可，仿自 Verweij 等（2006）

6 项研究发现相较于有植被覆盖的生境，如红树林或海草床，珊瑚礁或珊瑚微生境中的鱼类和十足类面临的捕食风险显然更高，较高捕食风险和珊瑚礁生境位于礁前区（陆架）或后礁区（礁斑）无关。另外 2 项研究发现，上述捕食效应只发生在那些用于实验的体型较小的鱼类和十足类身上（表 10.7）。部分研究表明，相较于在礁斑分布区内，即便距礁斑边缘仅 2~20 m 距离的海草床中，捕食风险都极大地降低（Shulman，1985；Sweatman and Robertson，1994；Valentine et al.，2008）。珊瑚礁中的捕食风险相对较高是可以预计到的，因为其中的捕食者密度和物种丰富度同样很高（见本章第 10.3.2.1 节）。关于礁区中捕食风险相对较高是否会受到庇护所可获得性较低或根本不具有庇护作用等因素的影响，目前仍然不得而知。

当仅仅考虑河口或潟湖中的生境时，相对于无植被覆盖的生境，大部分有植被覆盖的生境可提供更多的捕食防护（Laprise and Blaber，1992；Heck et al.，2003；Horinouchi，2007；表 10.7）。但在有植被覆盖的生境中，同样存在差异，例如，Dorenbosch 等（2009）研究发现，部分红树林中的小型幼鱼的被捕食率比在海草床中更高，这是由于那些寻求庇护的繁育种在红树林中密度更高；在另一项研究中，Acosta 和 Butler（1997）则发现海草床中龙虾的捕食率却高于红树林。

由于捕食风险取决于研究对象和物种的体型大小、调查方法、生境地貌以及与距离珊瑚礁的远近等多种因素，因此有关捕食风险的详细比较研究难以开展。被捕食者和捕食者的生物行为直接决定着捕食风险的高低（Main，1987；Primavera，1997），同时捕食风险也随着被捕食生物的体型大小不同而有所变化（Eggleston and Lipcius，1992；Bartholomew，2002）。一天当中不同时间段的捕食风险也可能高低不一。各项研究结果均表明，相比于白天，黄昏、黎明和夜间的捕食风险更高（McFarland，1991；Laprise and Blaber，1992；Danilowicz and Sale，1999）。Chittaro 等（2005）研究发现，在 2 个珊瑚礁站点中的 1 个以及红树林和海草床等区域中的捕食风险，下午高于上午。由于大部分研究均是在日间开展的（表 10.7），因此我们对栖息生境中黄昏或夜间的捕食风险了解相对较少。然而，Herrnkind 和 Butler（1986）在其研究中选择不同的调查方法也会对研究结果产生影响。

圈养是捕食研究的常见技术，但该技术存在一些缺点，如会造成系留生物的非自然行为（Zimmer-Faust et al.，1994；Curran and Able，1998），也可能造成捕食者更难以捕获被研究的圈养生物（Haywood et al.，2003）。不过，有些研究采用了不同于圈养方法的玻璃瓶围隔法，研究发现相比海草床，礁斑区中捕食者对幼鱼发起猎食行为的几率更高（Sweatman and Robertson，1994），两种调查方法研究得到的结论基本一致。进一步研究表明，距离珊瑚礁的远近（Shulman，1985）以及水深（Rypel et al.，2007）等因素都会对捕食风险产生影响。尽管所有上述因素会导致捕食研究结果的多样化，当前的研究论据表明，相较于珊瑚礁，栖息于红树林和（或）海草床中的鱼类和十足类遭受的捕食风险普遍较低。

表 10.7 不同热带近岸生境中幼鱼和甲壳类捕食风险的实验研究概览。单一植被覆盖的生境和沙质底生境的研究不参与比较。生境类型：AB 为海藻床，AC 为海藻丛，BM 为茂盛的藻类，C 为珊瑚湖，CRb 为珊瑚碎块，CR 为珊瑚礁，PR 为礁斑，MF 为潮下带泥滩，Mg 为红树林，S 为无植被覆盖沙质区，Sg 为海草床，Sp 为海绵分布区。Np 为未提供数据。TL 为总长

参考文献	地点	测量时间（小时）	生境类型	采样方法	种类	物种	TL (cm)	捕食率最大值
Herrnkind and Butler, 1986	佛罗里达，美国	日间，以及昼夜	AB, AC, S, Sg	圈养	龙虾	眼斑龙虾（Panulirus argus）	0.7~1.1[2]	S>AC/Sg>AB
Acosta and Butler, 1997	伯利兹	黄昏至次日黄昏	Mg, PR, Sg	圈养	龙虾	眼斑龙虾（Panulirus argus）	0.8~1.5[2]	PR/Sg > Mg
Acosta and Butler, 1997	佛罗里达，美国	日间	AB, CR, Sg	圈养	龙虾	眼斑龙虾（Panulirus argus）	Np; 仔虾	CR > AB/Sg
Shulman, 1985	圣克罗伊岛（美属维尔京）	日间	PR, S in Sg bed	圈养	鱼类	石鲈科（Pomadasyidae）	3.2[3]	PR > S in Sg bed
Sweatman and Robertson, 1994（未发表数据）	巴拿马群岛	09:05—10:40, 及 15:20—15:40	PR, Sg	玻璃瓶间隔	鱼类	月尾刺尾鱼（Acanthurus bahianus）以及蓝尾吊（A. chirurgus）的混合	2.6~3.8	PR > Sg
Dahlgren and Eggleston, 2000	巴哈马群岛	10:00—19:15	BM, C/CRb/Sg/Sp	圈养	鱼类	拿骚石斑鱼（Epinephelus striatus）	3.5~4.0 5.5~5.5 7.0~7.5	Postalgal > BM Postalgal = BM Postalgal = BM
Laegdsgaard and Johnson, 2001	澳大利亚	NP	MF, Mg, Sg	圈养	鱼类	沙尖鱼（Sillago spp.）	NP	MF > Mg/Sg
Nakamura and Sano, 2004a	日本	10:00—16:00	CR, Sg	圈养	鱼类	石恒岛天竺鲷（Apogon ishigakiensis） 虹纹紫胸鱼（Stethojulis giventer）	2.9 3.0	Sg = CR CR > Sg

第10章 红树林和海草床作为热带十足类和珊瑚礁鱼类育幼场功能评价：模式及其作用机制

续表

参考文献	地点	测量时间（小时）	生境类型	采样方法	种类	物种	TL（cm）	捕食率最大值
Chittaro et al., 2005	伯利兹	09:00—11:00, 以及 14:00—16:30	CR, Mg–Sg[1]	圈养	鱼类	银仿石鲈（*Haemulon chrysargyreum*）	3~6	CR > Mg–Sg[1]
Dorenbosch et al., 2009	库拉索群岛	09:00—13:00	CR, Mg, Sg	圈养	鱼类	黄仿石鲈（*Haemulon flavolineatum*）	3.1~4.5	4CR > Mg > Sg

标注上角标：1 为混合生境；2 为甲壳长度；3 为标准长度；4 取决于海洋-海湾梯度的空间变化。

10.4 红树林和海草床的育幼场作用总结

当前并没有明确的研究结论表明，对于成年期栖息在珊瑚礁或近岸海域中的鱼类和十足类，红树林或海草床起到了育幼场的作用。目前尚没有出现检验 Beck 等（2001）（表 10.8）提出的所有构成育幼场 4 个要素的成功案例。在帕劳群岛（Tupper，2007）和库拉索岛［多项研究均以黄仿石鲈（*Haemulon flavolineatum*）为对象；见表 10.8］完成的两项研究对大部分要素进行了验证，但结果均未显示出鱼类成年种群会向邻近的珊瑚礁区洄游。结合那些在同一个研究区域并针对同一个研究物种却分别探讨育幼场不同要素的研究，7 项相关研究中的 6 项结果表明，相比珊瑚礁，栖息于红树林和（或）海草床（有时是相互混合）中的鱼类密度更高，存活率也较高，但生长率却始终不是最高的。

表 10.8 中列举的研究均未能评估不同生境中的鱼类或十足类的种群生产力，而这恰恰是定量育幼场贡献率的基础（Beck et al.，2001）。开展的大部分研究也没有涉及研究生物的洄游运动，或是说明育幼场向成年生物种群栖息的近岸生境洄游的显著规律。因此，什么样的栖息生境能向生物成体种群贡献更高的种群密度或存活率依然不得而知。

迄今为止，关于育幼场作用最有力的证据，也许就是定量成年种群的幼体阶段在红树林或海草床度过的个体数量比例。即使是不包含其他育幼场作用要素（见 10.2.4 和表 10.3）洄游的研究也是具有一定参考价值的，因为其中说明生物个体从幼体栖息生境到成体栖息生境的洄游实际情况。目前已开展的研究均说明，相对于珊瑚礁，红树林和海草床生境对鱼类成体种群的贡献率更高（>50%）（表 10.8）。然而，这些研究都是按照鱼类的个体数量测算分析的，因此并不能反映较高的生产力导致较高的贡献率。不过，考虑到测算获得的贡献率处于相当高的水平（88%~98%），显然按照生产力的测算也是极有可能的。目前，仍未研究透彻的是，红树林或海草床的贡献率较高（与珊瑚礁相比）是否由其具有较高的种群密度、生长率和存活率等条件决定的，而且这些条件因素的计量并不是直接按照洄游到珊瑚礁生境中的鱼类个体为测算对象。

那么我们能从中获得哪些认识呢？测试检验 Beck 等（2001）的育幼场理论本身就是一项挑战。通过统计迁移至成体种群栖息生境中的生物个体数来测算总生物量的工作开展并非易事。事实上，生物量的计算数据仅仅代表了海洋生物从幼体栖息生境迁移运动至成体栖息生境过程中开展研究测试期内的结果。在迁移运动发生之前，生物个体在幼体栖息生境中驻留时，其生物量仍会进一步增加，当迁移运动发生之后，由于进入新环境中的潜在生物量迅速增加（如更多的食物），或由于新生境中对新近补充生物的快速捕食，可能掩盖部分来自于幼体栖息生境方面的生物量贡献。

表 10.8 相同研究生物并在相同研究区中探讨不同育幼场条件的研究结果。注：显示的栖息生境拥有最高密度、生长率和存活率。+表示研究对象（海洋生物）从浅海区向珊瑚礁洞游；同一列中，-表示未开展调查。成年种群的贡献率表示为按照同一典型浅海生境（括号中）并在珊瑚礁中捕获的个体百分比。BCM 为大型藻类密集区，BM 为大型藻类附生珊瑚礁区，Ch 为潮汐通道，CR 为珊瑚礁，CRb 为珊瑚碎块，Mg 为红树林，Sg 为海草床。藻后区（Postalgal）为珊瑚礁、珊瑚碎块、海草以及海绵共生的生境

参考文献	地点	种类	物种	密度（幼体）	生长率	存活	是否向珊瑚礁的移动	对成年种群的贡献率
Dahlgren and Eggleston, 2000	巴哈马大埃克苏马岛	鱼类	拿骚石斑鱼（Epinephelus striatus）	-	Postalgal	BM（仅对于体长介于 $3.5 \sim 4.0$ cm 之间的鱼类）	-	-
Grol et al., 2008（未发表数据）	阿鲁巴群岛沿海潟湖	鱼类	黄仿石鲈（Haemulon flavolineatum）	CRb+Mg	CR	-	-	-
Chittaro et al., 2004, 2005	伯利兹特内费环礁	鱼类	黄仿石鲈（Haemulon flavolineatum）	Mg^1	-	Mg-Sg	+	36%（Mg）
Nagelkerken and van der Velde, 2002; Grol et al., 2009; Dorenbosch et al., 2009; Verweij and Nagelkerken, 2007	西班牙库拉索群岛	鱼类	黄仿石鲈（Haemulon flavolineatum）	Mg	CR	^3Mg+Sg	$+^4$	-
Nagelkerken and van der Velde, 2002; Verweij et al., 2008	西班牙库拉索群岛	鱼类	黄尾笛鲷（Ocyurus chrysurus）	Ch+Mg	-	-	+	98%（Mg/Sg 海湾）
Tupper, 2007	帕劳群岛潟湖中的不同地点	鱼类	波纹唇鱼（Cheilinus undulatus）	BCM	BCM^2	BCM	$\pm^5$	-

续表

参考文献	地点	种类	物种	密度（幼体）	生长率	存活	是否向珊瑚礁的移动	对成年种群的贡献率
Nakamura and Sano, 2004a, 2004b	日本西表岛 Amitori 湾	鱼类	虹纹紫胸鱼（Stethojulis strigiventer）	Sg	-	Sg	-	-
Nakamura et al., 2008; Shibuno et al., 2008	日本石垣岛, 堀部沿岸;	鱼类	焦黄笛鲷（Lutjanus fulvus）	Mg	-	-	+	88%（Mg）

注: 1 根据相对密度计算, 没有适用所有研究地点的模式; 2 未做统计检验; 3 取决于海洋－海湾梯度的空间变化; 4 洄游受局限 ($N=3$); 5 向功能更完善的礁前生境的洄游（如, 从珊瑚或海藻微生海生境向更深的潟湖中的礁坪洄游）。

Beck 等（2001）提出按照单位面积评价育幼场作用的方法，其中需要满足一个特定且复杂的要素条件。为测算生境的育幼场价值，如何定义最小生境面积，是生物幼体栖息的所有生境的平均值吗？对于覆盖面积较大的生境，基本不存在疑问，但对于那些微生境该如何测算呢？比如，位于海草床中小块砂质区域应该看作独立生境，还是仅作为海草床中的一部分？什么情况下，珊瑚礁斑可认为是独立的生境类型，抑或仅作为某种典型生境类型（如海草床）的一部分？海湾中分布着许多小面积生境"斑块"，类似这样类型的生境对于育幼场评价几乎没有任何研究价值。因此，按照 Dahlgren 等（2006）提出的方法可能更具研究价值，该方法依据的是各种类型生境的总体贡献量，因此就不需要详细考虑那些小面积生境斑块的贡献量。但是，这里存在一个问题，即什么样（何种程度）的生境才能被视为独立计算单元。由于受其他邻近的生境单元影响和关联较小，覆盖面积较大的生境单元是比较容易划定边界的，但对于那些如马赛克般复杂的小面积生境来说就完全不是这么回事了，尤其是它们还与感潮洄游和日间索饵洄游相关联的时候，其边界划定就难上加难（见第8章）。对于那些在一个区域栖息，却在别处索饵的海洋生物，区分并各自计算每个幼体栖息生境的贡献率是几乎不可能的。在这种情形下，计算每个潟湖或河口区对海洋生物成体种群的贡献率往往更加容易，对海洋和海岸带管理也更具实际应用价值。

总之，尽管全球各地开展的多项研究结果显示，相对于珊瑚礁或近岸生境，红树林和（或）海草床中的鱼类和十足类的生物密度及存活率似乎更高，但没有直接证据说明，因此红树林或海草床中的种群生产力较高，而且也没有经验证明这在多大程度上最终支持了珊瑚礁或近海生境中的成体资源量。最新的一篇综述提出了目前亟须开展的研究，并提出了关于开展珊瑚礁后礁区生境育幼功能相关研究的策略（Adams et al.，2006）。提出的研究策略包括4个层面：（1）构建概念模型引导相关研究；（2）识别幼体栖息生境的利用模式；（3）评价生境之间的连通度；（4）根据（2）和（3）观测到的基本模式和机制，开展模拟实验研究。为评估育幼场功能各项要素而精心设计的实验，以及为研究生物洄游各种细节而采用的高级技术（见第13章），对于获取关于热带红树林和海草床是珊瑚礁生物种群最重要的育幼场的论据和证明都至关重要。对于有效保护和管理这些目前饱受威胁的热带沿海生境而言，开展以上研究也是极其重要的（见第16章；Alongi，2002；Duarte，2002；Hughes et al.，2003）。

致谢

感谢 J. Serafy 博士和迈阿密大学罗森蒂尔海洋和大气学院海洋和大气合作研究所接待作者在迈阿密撰写本章。本章的撰写获得了荷兰科学研究组织向 Ivan Nagelkerken 提供的 Vidi 学术奖金的支持。感谢 C. Layman，S. Blaber，C. Faunce 和 M. Haywood 等博士提供的意见和建议。

参考文献

Acosta CA, Butler IV MJ (1997) Role of mangrove habitat as a nursery for juvenile spiny lobster, *Panulirus argus*, in Belize. Mar Freshw Res 48: 721-728

Acosta CA, Butler IV MJ (1999) Adaptive strategies that reduce predation on Caribbean spiny lobster postlarvae during onshore transport. Limnol Oceanogr 44: 494-501

Adams AJ, Dahlgren CP, Kellison GT et al (2006) Nursery function of tropical backreef systems. Mar Ecol Prog Ser 318: 287-301

Alongi DM (2002) Present state and future of the world's mangrove forests. Environ Conserv 29: 331-349

Appeldoorn RS, Recksiek CW, Hill RL et al (1997) Marine protected areas and reef fish movements: the role of habitat in controlling ontogenetic migration. Proc 8th Int Coral Reef Symp 2: 1917-1922

Aguilar-Perera A, Appeldoorn RS (2007) Variation in juvenile fish density along the mangroveseagrass-coral reef continuum in SW Puerto Rico. Mar Ecol Prog Ser 348: 139-148

Baker R, Sheaves M (2005) Redefining the piscivore assemblage of shallow estuarine nursery habitats. Mar Ecol Prog Ser 291: 197-213

Baker R, Sheaves M (2006) Visual surveys reveal high densities of large piscivores in shallow estuarine nurseries. Mar Ecol Prog Ser 323: 75-82

Barrett NS (1999) Food availability is not a limiting factor in the growth of three Australian temperate reef fishes. Environ Biol Fish 56: 419-428

Bartholomew A (2002) Faunal colonization of artificial seagrass plots: the importance of surface area versus space size relative to body size. Estuaries 25: 1045-1052

Beck MW, Heck KL, Able KW et al (2001) The identification, conservation and management of estuarine and marine nurseries for fish and invertebrates. BioScience 51: 633-641

Bell JD, Westoby M (1986) Abundance of macrofauna in dense seagrass is due to habitat preference, not predation. Oecologia 68: 205-209

Benfield MC, Minello TJ (1996) Relative effects of turbidity and light intensity on reactive distance and feeding of an estuarine fish. Environ Biol Fish 46: 211-216

Blaber SJM (1980) Fish of the Trinity Inlet system of north Queensland with notes on the ecology of fish faunas of tropical Indo-Pacific estuaries. Aust J Mar Freshw Res 31: 137-146

Blaber SJM (2000) Tropical estuarine fishes: ecology, exploitation and conservation. Blackwell, Oxford

Blaber SJM, Blaber TG (1980) Factors affecting the distribution of juvenile estuarine and inshore fish. J Fish Biol 17: 143-162

Blaber SJM, Milton DA (1990) Species composition, community structure and zoogeography of fishes of mangrove estuaries in the Solomon Islands. Mar Biol 105: 259-267

Blaber SJM, Young JW, Dunning MC (1985) Community structure and zoogeographic affinities of the coastal fishes of the Dampier region of north-western Australia. Aust J Mar Freshw Res 36: 247-266

Blaber SJM, Brewer DT, Salini JP (1989) Composition and biomasses of fishes in different habitats of a tropical northern Australian estuary - their occurrence in the adjoining sea and estuarine dependence. Estuar Coast Shelf Sci 29: 509-531

Blaber SJM, Brewer DT, Salini JP et al (1992) Species composition and biomasses of fishes in tropical seagrasses at Groote-Eylandt, Northern Australia. Estuar Coast Shelf Sci 35: 605-620

Booth DJ, Hixon MA (1999) Food ration and condition affect early survival of the coral reef damselfish, Stegastes partitus. Oecologia 121: 364-368

Bouwmeester BLK (2005) Ontogenetic migration and growth of French grunt (Teleostei: Haemulon flavolineatum) as determined by coded wire tags. M. Sc. thesis, University of Puerto Rico, Mayagüez

Brewer DT, Blaber SJM, Salini JP et al (1995) Feeding ecology of predatory fishes from Groote Eylandt in the Gulf of Carpentaria, Australia, with special reference to predation on penaeid prawns. Estuar Coast Shelf Sci 40: 577-600

Burke NC (1995) Nocturnal foraging habitats of French and bluestriped grunts Haemulon flavolineatum and H. sciurus, at Tobacco Caye, Belize. Environ Biol Fish 42: 365-374

Carr MH, Hixon MA (1995) Predation effects on early postsettlement survivorship of coral-reef fishes. Mar Ecol Prog Ser 124: 31-42

Chittaro PM, Fryer BJ, Sale PF (2004) Discrimination of French grunts (Haemulon flavolineatum, Desmarest, 1823) from mangrove and coral reef habitats using otolith microchemistry. J Exp Mar Biol Ec l 308: 169-183

Chittaro PM, Usseglio P, Sale PF (2005) Variation in fish density, assemblage composition and relative rates of predation among mangrove, seagrass and coral reef habitats. Environ Biol Fish 72: 175-187

Christensen JD, Jeffrey CFG, Caldow C et al (2003) Cross-shelf habitat utilization patterns of reef fishes in southwestern Puerto Rico. Gulf Caribb Res 14: 9-27

Cocheret de la Morini'ere E (2002) Post-settlement life cycle migrations of reef fish in the mangrove-seagrass-coral reef continuum. Ph. D. thesis, University of Nijmegen, Nijmegen

Cocheret de la Morini'ere E, Pollux BJA, Nagelkerken et al (2002) Post-settlement life cycle migration patterns and habitat preference of coral reef fish that use seagrass and mangrove habitats as nurseries. Estuar Coast Shelf Sci 55: 309-321

Cocheret de la Morini'ere E, Pollux BJA, Nagelkerken I et al (2003a) Diet shifts of Caribbean grunts (Haemulidae) and snappers (Lutjanidae) and the relation with nursery-to-coral reef migrations. Estuar Coast Shelf Sci 57: 1079-1089

Cocheret de la Morini'ere E, Pollux BJA, Nagelkerken I et al (2003b) Ontogenetic dietary changes of coral reef fishes in the mangrove-seagrass-reef continuum: stable isotopes and gut-content analysis. Mar Ecol Prog Ser 246: 279-289

Cocheret de la Morini'ere E, Nagelkerken I, van der Meij H et al (2004) What attracts juvenile coral reef fish to mangroves: habitat complexity or shade? Mar Biol 144: 139-145

Costello TJ, Allen DM (1966) Migrations and geographic distribution of pink shrimp, Penaeus duorarum, of the Tortugas and Sanibel grounds, Florida. Fish Bull 65: 449-459

Curran MC, Able KW (1998) The value of tethering fishes (winter flounder and tautog) as a tool for assessing predation rates. Mar Ecol Prog Ser 163: 45-51

Cyrus DP, Blaber SJM (1987) The influence of turbidity on juvenile marine fishes in estuaries. Part 2. Laboratory studies, comparisons with field data and conclusions. J Exp Mar Biol Ecol 109: 71-91

Dahlgren CP, Eggleston DB (2000) Ecological processes underlying ontogenetic habitat shifts in a coral reef fish.

Ecology 81: 2227-2240

Dahlgren CP, Kellison GT, Adams AJ et al (2006) Marine nurseries and effective juvenile habitats: concepts and applications. Mar Ecol Prog Ser 312: 291-295

Danilowicz BS, Sale PF (1999) Relative intensity of predation of the French grunt, Haemulon flavolineatum, during diurnal, dusk, and nocturnal periods on a coral reef. Mar Biol 133: 337-343

Day JW Jr, Hall CAS, Kemp WM et al (1989) Estuarine ecology. Wiley, New York

Dorenbosch M, van Riel MC, Nagelkerken I et al (2004) The relationship of reef fish densities to the proximity of mangrove and seagrass nurseries. Estuar Coast Shelf Sci 60: 37-48

Dorenbosch M, Grol MGG, Christianen MJA et al (2005a) Indo-Pacific seagrass beds and mangroves contribute to fish density and diversity on adjacent coral reefs. Mar Ecol Prog Ser 302: 63-76

Dorenbosch M, Grol MGG, Nagelkerken I et al (2005b) Distribution of coral reef fishes along a coral reef - seagrass gradient: edge effects and habitat segregation. Mar Ecol Prog Ser 299: 277-288

Dorenbosch M, Grol MGG, Nagelkerken I et al (2006) Seagrass beds and mangroves as potential nurseries for the threatened Indo-Pacific humphead wrasse, Cheilinus undulatus and Caribbean rainbow parrotfish, Scarus guacamaia. Biol Conserv 129: 277-282

Dorenbosch M, Verberk WCEP, Nagelkerken I et al (2007) Influence of habitat configuration on connectivity between fish assemblages of Caribbean seagrass beds, mangroves and coral reefs. Mar Ecol Prog Ser 334: 103-116

Dorenbosch M, Grol MGG, de Groene A et al (2009) Piscivore assemblages and predation pressure affect relative safety of some back-reef habitats for juvenile fish in a Caribbean bay. Mar Ecol Prog Ser 379: 181-196

Duarte CM (2002) The future of seagrass meadows. Environ Conserv 29: 192-206

Edgar GJ, Shaw C (1995) The production and trophic ecology of shallow-water fish assemblages in southern Australia. 1. Species richness, size-structure and production of fishes in Western Port, Victoria. J Exp Mar Biol Ecol 194: 53-81

Eggleston DB, Lipcius RN (1992) Shelter selection by spiny lobster under variable predation risk, social conditions, and shelter size. Ecology 73: 992-1011

Eggleston DB, Grover JJ, Lipcius RN (1998) Ontogenetic diet shifts in Nassau grouper: trophic linkages and predatory impact. Bull Mar Sci 63: 111-126

Eggleston DB, Dahlgren CP, Johnson EG (2004) Fish density, diversity, and size-structure within multiple back reef habitats of Key West national wildlife refuge. Bull Mar Sci 75: 175-204

Faunce CH, Serafy JE (2006) Mangroves as fish habitat: 50 years of field studies. Mar Ecol Prog Ser 318: 1-18

Faunce CH, Serafy JE (2007) Nearshore habitat use by gray snapper (Lutjanus griseus) and bluestriped grunt (Haemulon sciurus): environmental gradients and ontogenetic shifts. Bull Mar Sci 80: 473-495

Fry B, Mumford PL, Robblee MB (1999) Stable isotope studies of pink shrimp (Farfantepenaeus duorarum Burkenroad) migrations on the southwestern Florida shelf. BullMar Sci 65: 419-430

Gillanders BM, Able KW, Brown JA et al (2003) Evidence of connectivity between juvenile and adult habitats for mobile marine fauna: an important component of nurseries. Mar Ecol Prog Ser 247: 281-295

Graham NAJ (2007) Ecological versatility and the decline of coral feeding fishes following climate driven coral mortality. Mar Biol 153: 119-127

Gratwicke B, Petrovic C, Speight MR (2006) Fish distribution and ontogenetic habitat preferences in non-estuarine lagoons and adjacent reefs. Environ Biol Fish 76: 191-210

Grol MGG, Dorenbosch M, Kokkelmans EMG et al (2008) Mangroves and seagrass beds do not enhance growth of early juveniles of a coral reef fish. Mar Ecol Prog Ser 366: 137-146

Haywood MDE, Manson FJ, Loneragan NR et al (2003) Investigation of artifacts from chronographic tethering experiments - interactions between tethers and predators. J Exp Mar Biol Ecol 290: 271-292

Heck KL, Nadau DA, Thomas R (1997) The nursery role of seagrass beds. Gulf Mexico Sci 15: 50-54

Heck KL, Orth RJ (1980) Structural components of eelgrass (Zostera marina) meadows in the lower Chesapeake Bay - decapod crustacea. Estuaries 3: 289-295

Heck KL, Hays G, Orth RJ (2003) Critical evaluation of the nursery role hypothesis for seagrass meadows. Mar Ecol Prog Ser 253: 123-136

Herrnkind WF, Butler IV MJ (1986) Factors regulating postlarval settlement and juvenile microhabitat use by spiny lobsters Panulirus argus. Mar Ecol Prog Ser 34: 23-30

Hixon MA, Beets JP (1993) Predation, prey refuges, and the structure of coral-reef fish assemblages. Ecol Monogr 63: 77-101

Hixon MA, Carr MH (1997) Synergistic predation, density dependence, and population regulation in marine fish. Science 277: 946-949

Hixon MA, Jones GP (2005) Competition, predation, and density-dependent mortality in demersal marine fishes. Ecology 86: 2847-2859

Horinouchi M (2007) Review of the effects of within-patch scale structural complexity on seagrass fishes. J Exp Mar Biol Ecol 350: 111-129

Hughes TP, Baird AH, Bellwood DR et al (2003) Climate change, human impacts, and the resilience of coral reefs. Science 301: 929-933

Huijbers CM, Grol MGG, Nagelkerken I (2008) Shallow patch reefs as alternative habitats for early juveniles of some mangrove/seagrass-associated fish species in Bermuda. Rev Biol Trop 56 (Suppl. 1): 161-169

Iversen ES, Idyll CP (1960) Aspects of the biology of the Tortugas pink shrimp, Penaeus duorarum. Trans Am Fish Soc 89: 1-8

Jackson EL, Rowden AA, Attrill MJ et al (2001) The importance of seagrass beds as a habitat for fishery species. Oceanogr Mar Biol Annu Rev 39: 269-303

Jacoby CA, Greenwood JG (1989) Emergent zooplankton in Moreton Bay, Queensland, Australia: seasonal, lunar, and diel patterns in emergence and distribution with respect to substrata. Mar Ecol Prog Ser 51: 131-154

Jennings S, Reñones O, Morales-Nin B et al (1997) Spatial variation in the 15N and 13C stable isotope composition of plants, invertebrates and fishes on Mediterranean reefs: implications for the study of trophic pathways. Mar Ecol Prog Ser 146: 109-116

Johnston R, Sheaves M, Molony B (2007) Are distributions of fishes in tropical estuaries influenced by turbidity over small spatial scales? J Fish Biol 71: 657-671

Kanashiro K (1998) Settlement and migration of early stage spangled emperor, Lethrinus nebulosus (Pisces: Lethrinidae), in the coastal waters off Okinawa island, Japan. Nippon Suisan Gakk 64: 618-625

Kitheka JU, Ohowa BO, Mwashote BM et al (1996) Water circulation dynamics, water column nutrients and plankton productivity in a well-flushed tropical bay in Kenya. J Sea Res 35: 257-268

Kruitwagen G, Nagelkerken I, Lugendo BR et al (2007) Influence of morphology and amphibious life-style on the feeding ecology of the mudskipper Periophthalmus argentilineatus. J Fish Biol 71: 39-52

Kulbicki M, Bozec YM, Labrosse P et al (2005) Diet composition of carnivorous fishes from coral reef lagoons of New Caledonia. Aquat living Res 18: 231-250

Laegdsgaard P, Johnson C (2001) Why do juvenile fish utilise mangrove habitats? J Exp Mar Biol Ecol 257: 229-253

Laprise R, Blaber SJM (1992) Predation by Moses perch, Lutjanus russelli, and blue-spotted trevally, Caranx bucculentus, on juvenile brown tiger prawn, Penaeus esculentus – effects of habitat structure and time of day. J Fish Biol 40: 627-635

Levin P, Petrik R, Malone J (1997) Interactive effects of habitat selection, food supply and predation on recruitment of an estuarine fish. Oecologia 112: 55-63

Lindquist DG, Gilligan MR (1986) Distribution and relative abundance of butterflyfishes and angelfishes across a lagoon and barrier reef, Andros Island, Bahamas. Northeast Gulf Sci 8: 23-30

Lucas C (1974) Preliminary estimates of stocks of king prawn, Penaeus plebejus, in south-east Queensland. Aust J Mar Freshwat Res 25: 35-47

Luo J, Serafy JE, Sponaugle S et al (2009) Movement of gray snapper Lutjanus griseus among subtropical seagrass, mangrove, and coral reef habitats. Mar Ecol Prog Ser 380: 255-269

MacDonald JA, Glover T, Weis JS (2008) The impact of mangrove prop-root epibionts on juvenile reef fishes: a field experiment using artificial roots and epifauna. Estuar Coast 31: 981-993

Macia A, Abrabtes KGS, Paula J (2003) Thorn fish Terapon jarbua (Forsk°al) predation on juvenile white shrimp Penaeus indicus H. Milne Edwards and brown shrimp Metapenaeus Monoceros (Fabricius): the effect of turbidity, prey density, substrate type and pneumatophore density. J Exp Mar Biol Ecol 291: 29-56

Main KL (1987) Predator avoidance in seagrass meadows: prey behavior, microhabitat selection, and cryptic coloration. Ecology 68: 170-180

Manson FJ, Loneragan NR, Skilleter GA et al (2005) An evaluation of the evidence for linkages between mangroves and fisheries: a synthesis of the literature and identification of research directions. Oceanogr Mar Biol Annu Rev 43: 483-513

McFarland WN (1991) The visual world of coral reef fishes. In: Sale PF (ed) The ecology of fishes on coral reefs, pp. 16-38. Academic Press, San Diego

Meager JJ, Williamson I, Loneragan NR et al (2005) Habitat selection of juvenile banana prawns, Penaeus merguiensis de Man: testing the roles of habitat structure, predators, light phase and prawn size. J Exp Mar Biol Ecol 324: 89-98

Minello TJ, Able KW, Weinstein MP et al (2003) Salt marshes as nurseries for nekton: testing hypotheses on density, growth and survival throughmeta-analysis. Mar Ecol Prog Ser 246: 39-59

Mumby PJ, Edwards AJ, Arias-Gonz´alez JE et al (2004) Mangroves enhance the biomass of coral reef fish communities in the Caribbean. Nature 427: 533-536

Nagelkerken I (2000) Importance of shallow-water bay biotopes as nurseries for Caribbean reef fishes. Ph. D. thesis, University of Nijmegen, Nijmegen

Nagelkerken I (2007) Are non-estuarine mangroves connected to coral reefs through fish migration? Bull Mar Sci 80: 595-607

Nagelkerken I, van der Velde G (2002) Do non-estuarine mangroves harbour higher densities of juvenile fish than adjacent shallow-water and coral reef habitats in Curacao (Netherlands Antilles)? Mar Ecol Prog Ser 245: 191-204

Nagelkerken I, van der Velde G (2003) Connectivity between coastal habitats of two oceanic Caribbean islands as inferred from ontogenetic shifts by coral reef fishes. Gulf Caribb Res 14: 43-59

Nagelkerken I, van der Velde G (2004) Are Caribbean mangroves important feeding grounds for juvenile reef fish from adjacent seagrass beds? Mar Ecol Prog Ser 274: 143-151

Nagelkerken I, Faunce CH (2008) What makes mangroves attractive to fish? Use of artificial units to test the influence of water depth, cross-shelf location, and presence of root structure. Estuar Coast Shelf Sci 79: 559-565

Nagelkerken I, Dorenbosch M, Verberk WCEP et al (2000a) Day-night shifts of fishes between shallow-water biotopes of a Caribbean bay, with emphasis on the nocturnal feeding of Haemulidae and Lutjanidae. Mar Ecol Prog Ser 194: 55-64

Nagelkerken I, DorenboschM, VerberkWCEP et al (2000b) Importance of shallow-water biotopes of a Caribbean bay for juvenile coral reef fishes: patterns in biotope association, community structure and spatial distribution. Mar Ecol Prog Ser 202: 175-192

Nagelkerken I, van der Velde G, Gorissen MW et al (2000c) Importance of mangroves, seagrass beds and the shallow coral reef as a nursery for important coral reef fishes, using a visual census technique. Estuar Coast Shelf Sci 51: 31-44

Nagelkerken I, Roberts CM, van der Velde G et al (2002) How important are mangroves and seagrass beds for coral-reef fish? The nursery hypothesis tested on an island scale. Mar Ecol Prog Ser 244: 299-305

Nagelkerken I, Bothwell J, Nemeth RS et al (2008) Interlinkage between Caribbean coral reefs and seagrass beds through feeding migrations by grunts (Haemulidae) depends on habitat accessibility. Mar Ecol Prog Ser

Nakamura Y, Sano M (2004a) Is there really lower predation risk for juvenile fishes in a seagrass bed compared with an adjacent coral area? Bull Mar Sci 74: 477-482

Nakamura Y, SanoM (2004b) Overlaps in habitat use of fishes between a seagrass bed and adjacent coral and sand areas at Amitori Bay, Iriomote Island, Japan: importance of the seagrass bed as juvenile habitat. Fishci 70: 788-803

Nakamura Y, Sano M (2005) Comparison of invertebrate abundance in a seagrass bed and adjacent coral and sand areas at Amitori Bay, Iriomote Island, Japan. Fish Sci 71: 543-550

Nakamura Y, Tsuchiya M (2008) Spatial and temporal patterns of seagrass habitat use by fishes at the Ryukyu Islands, Japan. Estuar Coast Shelf Sci 76: 345-356

Nakamura Y, Kawasaki H, Sano M (2007) Experimental analysis of recruitment patterns of coral reef fishes in seagrass beds: effects of substrate type, shape, and rigidity. Estuar Coast Shelf Sci 71: 559-568

Nakamura Y, Horinouchi M, Shibuno T et al (2008) Evidence of ontogenetic migration from mangroves to coral reefs by black-tail snapper Lutjanus fulvus: stable isotope approach. Mar Ecol Prog Ser 355: 257-266

Ogden JC, Ehrlich PR (1977) The behavior of heterotypic resting schools of juvenile grunts (Pomadasyidae).

Mar Biol 42: 273-280

Ogden JC, Zieman JC (1977) Ecological aspects of coral reef-seagrass bed contacts in the Caribbean. Proc 3rd Int Coral Reef Symp 1: 377-382

Orth RJ, Heck KL, van Montfrans J (1984) Faunal communities in seagrass beds: a review of the influence of plant structure and prey characteristics on predator prey relationships. Estuaries7: 339-350

Parrish JD (1989) Fish communities of interacting shallow-water habitats in tropical oceanic regions. Mar Ecol Prog Ser 58: 143-160

Pollux BJA, Verberk WCEP, Dorenbosch M et al (2007) Habitat selection during settlement of three Caribbean coral reef fishes: indications for directed settlement to seagrass beds and mangroves. Limnol Oceanogr 52: 903-907

Primavera JH (1997) Fish predation on mangrove-associated penaeids - the role of structures and substrate. J Exp Mar Biol Ecol 215: 205-216

Reichert MJM, Dean JM, Feller RJ et al (2000) Somatic growth and otolith growth in juveniles of a small subtropical flatfish, the fringed flounder, Etropus crossotus. J Exp Mar Biol Ecol 254: 169-188

Ríos-Jara E (2005) Effects of lunar cycle and substratum preference on zooplankton emergence in a tropical, shallow-water embayment, in southwestern Puerto Rico. Caribb J Sci 41: 108-123

Risk A (1997) Effects of habitat on the settlement and post-settlement success of the ocean surgeonfish Acanthurus bahianus. Mar Ecol Prog Ser 161: 51-59

Robertson AI, Duke NC (1987) Mangroves as nursery sites - comparisons of the abundance and species composition of fish and crustaceans in mangroves and other nearshore habitats in tropical Australia. Mar Biol 96: 193-205

Robertson AI, Blaber SJM (1992) Plankton, epibenthos and fish communities. In: Robertson AI, Alongi DM (eds) Tropical mangrove ecosystems. Coastal Estuar Stud 41: 173-224

Rooker JR (1995) Feeding ecology of the schoolmaster snapper Lutjanus apodus (Walbaum), from southwestern Puerto Rico. Bull Mar Sci 56: 881-894

Rooker JR, Dennis GD (1991) Diel, lunar and seasonal changes in a mangrove fish assemblage off southwestern Puerto Rico. Bull Mar Sci 49: 684-698

Russell DJ, McDougall AJ (2005) Movement and juvenile recruitment of mangrove jack, Lutjanus argentimaculatus (Forssk°al), in northern Australia. Mar Freshw Res 56: 465-475

Rypel AL, Layman CA (2008) Degree of aquatic ecosystem fragmentation predicts population characteristics of gray snapper (Lutjanus griseus) in Caribbean tidal creeks. Can J Fish Aquat Sci 65: 335-339

Rypel AL, Layman CA, Arrington DA (2007) Water depth modifies relative predation risk for a motile fish taxon in Bahamian tidal creeks. Estuar Coast 30: 518-525

Sale PF (1974) Overlap in resource use, and interspecific competition. Oecologia 17: 245-256

Salini JP, Blaber SJM, Brewer DT (1990) Diets of piscivorous fishes in a tropical Australian estuary, with special reference to predation on penaeid prawns. Mar Biol 105: 363-374

Scharf FS, Manderson JP, Fabrizio MC (2006) The effects of seafloor habitat complexity on survival of juvenile fishes: species-specific interactions with structural refuge. J ExpMar Biol Ecol 335: 167-176

Schoener TW (1971) Theory of feeding strategies. Annu Rev Ecol Sys 2: 369-404

Serafy JE, Faunce CH, Lorenz JJ (2003) Mangrove shoreline fishes of Biscayne Bay, Florida. Bull Mar Sci 72: 161-180

Sheaves M (2001) Are there really few piscivorous fishes in shallow estuarine habitats? Mar Ecol Prog Ser 222: 279-290

Sheridan P, Hays C (2003) Are mangroves nursery habitat for transient fishes and decapods? Wetlands 23: 449-458

Shibuno T, Nakamura Y, Horinouchi M et al (2008) Habitat use patterns of fishes across the mangrove-seagrass-coral reef seascape at Ishigaki Island, southern Japan. Ichthyol Res 55: 218-237

ShulmanMJ (1985) Recruitment of coral-reef fishes: effects of distribution of predators and shelter. Ecology 66: 1056-1066

Somers IF, Kirkwood GP (1984) Movements of tagged tiger prawns, Penaeus spp., in the western Gulf of Carpentaria. Mar Freshw Res 35: 713-723

Spitzer PM, Mattila J, Heck KL (2000) The effects of vegetation density on the relative growth rates of juvenile pinfish, Lagodon rhomboides (Linneaus), in Big Lagoon, Florida. J Exp Mar Biol Ecol 244: 67-86

Stephens DW, Krebs JR (1986) Foraging theory. Princeton University Press, Princeton Sumpton WD, Sawynok B, Carstens N (2003) Localised movement of snapper (Pagrus auratus, Sparidae) in a large subtropical marine embayment. Mar Freshw Res 54: 923-930

Sweatman H, Robertson DR (1994) Grazing halos and predation on juvenile Caribbean surgeonfishes. Mar Ecol Prog Ser 111: 1-6

Thollot P (1992) Importance of mangroves for Pacific reef fish species, myth or reality? Proc 6th Int Coral Reef Symp 2: 934-941

Tupper M (2007) Identification of nursery habitats for commercially valuable humphead wrasse Cheilinus undulatus and large groupers (Pisces: Serranidae) in Palau. Mar Ecol Prog Ser 332: 189-199

Utne ACW, Aksnes DL, Giske J (1993) Food, predation risk and shelter: an experimental study on the distribution of adult two-spotted goby Gobiusculus flavescens (Fabricius). J Exp Mar Biol Ecol 166: 203-216

Vagelli AA (2004) Ontogenetic shift in habitat preference by Pterapogon kauderni, a shallowwater coral reef apogonid, with direct development. Copeia 2004: 364-369

Valentine JF, Heck KL, Blackmon D et al (2007) Food web interactions along seagrass-coral reef boundaries: effects of piscivore reductions on cross-habitat energy exchange. Mar Ecol Prog Ser 333: 37-50

Valentine JF, Heck KL, Blackmon D et al (2008) Exploited species impacts on trophic linkages along reef-seagrass interfaces in the Florida keys. Ecol Appl 18: 1501-1515

Vance DJ, Haywood MDE, Heales DS et al (1996) How far do prawns and fish move into mangroves? Distribution of juvenile banana prawns Penaeus merguiensis and fish in a tropical mangrove forest in northern Australia. Mar Ecol Prog Ser 131: 115-124

Vanderklift MA, How J, Wernberg T et al (2007) Proximity to reef influences density of small predatory fishes, while type of seagrass influences intensity of their predation on crabs. Mar Ecol Prog Ser 340: 235-243

Verweij MC, Nagelkerken I (2007) Short and long-term movement and site fidelity of juvenile Haemulidae in back-reef habitats of a Caribbean embayment. Hydrobiologia 592: 257-270

Verweij MC, Nagelkerken I, de Graaff D et al (2006a) Structure, food and shade attract juvenile coral reef fish to mangrove and seagrass habitats: a field experiment. Mar Ecol Prog Ser 306: 257-268

Verweij MC, Nagelkerken I, Wartenbergh SLJ et al (2006b) Caribbean mangroves and seagrass beds as daytime feeding habitats for juvenile French grunts, Haemulon flavolineatum. Mar Biol 149: 1291-1299

Verweij MC, Nagelkerken I, Hol KEM et al (2007) Space use of Lutjanus apodus including movement between a putative nursery and a coral reef. Bull Mar Sci 81: 127-138

Verweij MC, Nagelkerken I, Hans I et al (2008) Seagrass nurseries contribute to coral reef fish populations. Limnol Oceanogr 53: 1540-1547

Watson M, Munro JL, Gell FR (2002) Settlement, movement and early juvenile mortality of the yellowtail snapper Ocyurus chrysurus. Mar Ecol Prog Ser 237: 247-256

Werner EE, Gilliam JF, Hall DJ et al (1983) An experimental test of the effects of predation risk on habitat use in fish. Ecology 64: 1540-1548

Wilson S, Bellwood DR (1997) Cryptic dietary components of territorial damselfishes (Pomacentridae, Labroidei). Mar Ecol Prog Ser 153: 299-310

Wilson SK, Street S, Sato T (2005) Discarded queen conch (Strombus gigas) shells as shelter sites for fish. Mar Biol 147: 179-188

Wootton RJ (1998) Ecology of teleost fishes. 2nd edition. Fish and Fisheries Series 24. Kluwer Academic Publishers, Dordrecht

Zimmer-Faust RK, Fielder DR, Heck KL Jr et al (1994) Effects of tethering on predatory escape by juvenile blue crabs. Mar Ecol Prog Ser 111: 299-303

第 11 章　影响红树林育幼功能认知差异的根源

Craig H. Faunce，Craig A. Layman

摘要：红树林属于地球上最具生产力的生态系统之一。红树林为其周边环境提供了很多关键的生态系统服务，其中特别令人感兴趣的是红树林作为鱼类和十足类育幼场的作用。然而，尽管有这种兴趣，若要就红树林作为鱼类和十足类育幼场的作用达成一致的科学认识还是比较不易的。在本章中，我们识别了导致红树林育幼功能方面出现相互矛盾结论的四个主要变化源，简单说明了为什么这些变化源会影响红树林的育幼功能，特别引述了该领域最近的实证研究，总结了在不同层次水平对红树林育幼场功能进行评估的概念模型。

多样性和变异性是生物界的两个基本特征，对生物学家来说，应该适时接受它们的存在并弄清它们的本来面目了。我们应该明智地调整我们在自然界中探索的有序模式，应该停止仅仅思考集中趋势……种间和种内变异是生物体的基本原则。变异分析可以提供深刻的见解，就像集中趋势的传统描述所提供的一样（Bartholomew, 1986）。

关键词：差异；育幼场；生物地理学；水文学；概念模型

11.1　前言

红树林属于地球上最具生产力的生态系统之一，并提供许多其他关键的生态系统服务（Costanza et al., 1997，见第 16 章）。人们往往认为，红树林可为鱼类提供丰富的食物资源和免遭捕食的庇护所，因此，红树林可以增加河口及其邻近海域的渔业产量（Serafy and Araujo, 2007；见第 10 章）。特别值得注意的是，红树林可能作为鱼类的育幼场，并通过鱼类生物量输出的方式与其他"礁后（back reef）"生境相联系（Adams et al., 2006）。但是，在科技文献中，红树林在鱼类育幼场中或者育幼功能中到底发挥多大作用，仍存在较大争议（Blaber, 2007）。作者认为，争议的主要根源在于红树林生态系统本身的差异（Ewel et al., 1998；Blaber, 2007）和研究红树林的方式。在本章中，我们要概述某些差异的来源，并讨论这些差异明显影响了红树林作为育幼场功能的阐释。

生物和非生物变量的差异是生物系统的内在属性（Bartholomew, 1986）。科学家努力寻求一般的规则、规律和理论，再综合起来科学地探究这些差异的根源。红树林生态/生物学研究也不例外。比如，在"红树林是否属于育幼场？"这个问题上，大家普遍希望得到简单明确的答案。而对于这个问题可能并没有单一的答案。在某些情况下，红树林很可能是重要的育幼场，而在有些情况下红树林并没有育幼功能。

在本章中，我们确定了造成红树林育幼功能争议结论的4个主要差异的根源。第一个根源和研究者如何定义育幼场和红树林生态系统有关。而其他3个根源与生物的内在差异有关，包括空间变化（地貌、生境和结构）、时间变化（水动力变化和日变化）和物种差异（群体和物种水平分析的差异）。本章并不打算再次就红树林在育幼功能和渔业产量方面发挥的重要功能进行全面综述（Sheridan and Hays, 2003; Faunce and Serafy, 2006; Blaber, 2007; Nagelkerken, 2007; 本书第10章）。相反，我们努力提供有针对性的例子来说明生态系统的变异性如何导致红树林在育幼功能生境中的不同结论。最终目的是希望研究人员在评估红树林作为育幼场的功能时能明确地考虑每一个差异的根源。

11.2 定义的差异

11.2.1 育幼场的定义是什么

研究人员关于红树林育幼功能得出不同结论的原因之一是他们采用了不同的"育幼场"定义（表11.1）。从历史上看，与相邻生境相比，育幼场被认为是拥有更高密度或丰度的未成熟鱼类个体的区域。这样的基准允许从不同的方面定义一个特殊类型的育幼场，并没有提供标准化的评估指南。因此，采用什么方法估算动物密度是评估育幼功能的关键，而育幼场生境的确定往往取决于潜在的生物或生态驱动者的采样方法。而且，由于没有采用统一的研究方法，不同生境类型之间的研究结果往往难以直接进行比较（Faunce and Serafy, 2006），所以在红树林育幼功能方面得出不同的结论也就不奇怪了。

表 11.1 "育幼场"一词不同内涵的总结

定义	表述	文献
历史内涵	与其他生境相比，育幼场是拥有更高密度或丰度幼体个体的生境	—
捕食/基于食物	育幼场必须提供免遭捕食的足够保护或者提供一个既多样又集中的食物来源	Thayer et al., 1978
幼体贡献作用	对于某一特定物种而言，与其他生境相比，若单位面积的某一生境中幼体对成体种群贡献更多的个体数，则认为其为育幼场	Beck et al., 2001
有效的幼体生境	对于某一特定物种而言，若幼体在某一生境中对成体种群的贡献比例大于在所有生境的平均贡献比例，则认为该生境为育幼场	Dahlgren et al., 2006
鱼类关键生境	这些水域和底质对于鱼类的产卵、繁殖、摄食或生长发育是必不可少的	NOAA, 1996

由于缺乏严谨的育幼场定义，Beck 等（2001）提出了一套更严谨的基准：如果某一

生境单位面积内幼体对成年种群补充的贡献率，平均来说比其他生境高，那么这个生境就是特定物种的育幼场。因此，育幼场可能会通过提高密度、生长率、成活率或是幼体输出率来提供更高的生产力。这个定义的主要缺陷是没考虑生境类型的区域范围，因此，生境单位面积提供的个体可能较少，但在成体种群绝对数量上仍然是最重要的贡献者。为此，Dahlgren 等（2006）提出确定"有效幼体生境"在有些情况下可能是有用的：对于某一特定物种而言，若幼体在某一生境中对成体种群的贡献比例大于在所有生境的平均贡献比例，则认为该生境为育幼场，而不用考虑区域范围。而在哪种生境类型是育幼场这一问题上，这两种不同定义的使用会导致不同的结论（参见 Dahlgren et al., 2006 列出实例）。

尽管已有研究指出一个标准的可量化的框架对确定生境育幼功能是必不可少的（Beck et al., 2001; Dahlgren et al., 2006），但大多数研究还是依据这个词的历史内涵，也就是说，只要红树林提供相对高丰度的幼体个体就可称为"育幼场"。这可能是由于（根据丰度、生产率和存活率）评估生产力及生境利用偏好个体输出的评估存在困难。在这些因素中，任何一种因素的测量都具有挑战性，4 个因素同时测量无论如何都是做不到的（也有些研究试图朝这个目标努力，如 Koenig et al., 2007; Valentine-Rose et al., 2007; Faunce and Serafy, 2008a）。因此，即使根据 Beck 等（2001）和 Dahlgren 等（2006）提供的更严格的定义，目前也还缺乏用于定量推断红树林在维持次级生产力中所起作用的信息。

在本章中，我们将按照 Beck 等（2001）对育幼场的定义，努力指出一些影响密度、生长率、死亡率，或是沿海生境类型幼体输出的差异的各种根源，以及这些根源是如何变化的。这可能有助于在红树林是否发挥育幼功能方面达成共识。

11.2.2 如何定义红树林

目前，若干研究努力为红树林研究提供一个框架。在不同非生物的环境中，相同的红树林群落可以形成若干种不同的森林类型，各自具有不同的物理结构和生产力特征，因此人们认识到必须建立研究框架。根据地形位置和地貌形态，佛罗里达的红树林被归结为 6 种类型（Lugo and Snedaker, 1974; Lugo, 1980）。从海向陆，红树林的类型分别为：（1）全部被潮汐淹没（淹没型，株高达 7 m）；（2）沿岸露出水面分布（边缘型，株高达 10 m）；（3）流动水域分布（河流型，株高达 18 m）；（4）护岸后方洼地分布（盆地型；株高达 15 m）；（5）极端环境，如水交换率低的环境分布（矮小型；株高不到 2 m，图 11.1）；（6）大沼泽地中"泥炭岛丘"分布（小丘型；株高达 5 m）。Woodroffe（1992）为澳大利亚的红树林建立了一个更为通用的分类系统，其中包括河流控制型、潮汐控制型和内陆型 3 种类型的红树林。在上述两种分类体系的基础上，Ewel 等（1998）提出了一个混合的分类方案（本文采用这种方案），把潮汐控制型称为边缘红树林，河流控制型称为河岸红树林，内陆型称为盆地红树林。

在与红树林相关的动物群落研究中很少定义红树林的类型。然而，不同类型的红树林对认识红树林育幼功能的作用具有重要影响。因为不同类型的红树林具有不同的生态功能，适合不同的运动性动物利用。比如，由于连接着上游淡水水域和下游河口水域，河岸

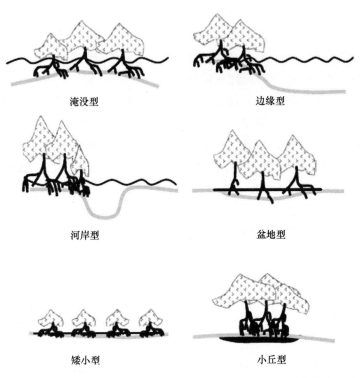

图 11.1　南佛罗里达美洲红树（*Rhizophora mangle*）不同结构类型的断面示意图（仿自 Lugo，1980）

型红树林随时可作为动物季节性、每月或每天潮汐周期活动的通道。不过，河岸型红树林中的同一块红树林，在每个季节或潮汐周期中，都要经历一系列盐度变化。因此，同样的生境位置可能同时栖息着淡水、河口甚至是海洋动物，判断红树林在鱼类生活史中的相对重要性成为一个不断变化的目标，必须加以认真、定性研究。相比之下，盆地型红树林被淹没次数要少得多，但淹没持续时间可能比边缘型红树林要更长（Lewis，2005）。在淹水期间，盆地性红树林被一些小型生物（体长不足 100 mm）所利用，其中包括河口和海洋产卵物种的幼体以及红树林终生定居种。这些动物的动态变化受到水位的剧烈影响。在佛罗里达季节性淹没的红树林中，鱼类的密度、生物量和次级生产力与水位和淹没时间正相关（Lorenz，1999）。可是，随着水位的下降，河岸型红树林、边缘型红树林或是在盆地型红树林中的动物需要寻找深水庇护所，造成这些红树林类型中的物种丰度与水位负相关（Faunce et al.，2004；Serafy et al.，2007）。因此，盆地型红树林的上部在淹没期间是鱼类的育幼场，而在露出期间是鸟类等动物重要的摄食区。鉴于定居种无论物种还是丰富度都高，因此基本根据定居种测算动物群体变化趋势（如物种丰富度和总数量丰度）。比如，研究人员在菲律宾发现，在不同红树物种之间和离开阔海域的不同距离之间，鱼类密度在白骨壤林（*Avicennia*）的上部（即浅水区）均最大（Rönnbäck et al.，1999）。鉴于边缘型红树林已经获得充分研究，下文将探讨动物对边缘型红树林利用的变化。

11.3 空间差异

11.3.1 地理区域差异

全世界的红树林都来自共同的祖先，因此红树林在全球都分布在20℃等温线水域中（Alongi，2002），个别具有独特海洋和地质历史条件的区域除外。Spalding 等（1997）根据现代地貌学和红树林的生物多样性定义了5个红树分布区：大洋洲分布区（澳大利亚、巴布亚新几内亚、新西兰和南太平洋岛屿）、南亚-东南亚分布区（西至巴基斯坦、东北到中国和日本，包括印度尼西亚）、东非-中东分布区（从伊朗到南非东部，包括印度洋群岛）、西非分布区和美洲分布区（北美洲、中美洲部和南美洲）。根据红树林林分结构和物种丰富度的比较，西非和美洲最为相似（后文称大西洋西部），东非和印度洋-太平洋地区最为相似（后文称印度洋-太平洋地区），其中印度洋-太平洋地区的红树物种数大约是大西洋西部区的3倍（Hogarth，2007）。

大西洋西部和印度洋-太平洋区红树林区系的差异也体现在关于动物对红树林利用的大量文献中，在大西洋西部区系开展的研究普遍接受红树林起到育幼场功能的范式，而在印度洋-太平洋区系的研究对这一范式提出挑战。这样不同的结论可能与两区系间的大陆架空间结构、生境形态和水文条件等差异有关。

11.3.2 大陆架构造

对幼体的可利用性决定了红树林作为育幼场的价值。对于在近海产卵的物种而言，红树林的可利用性直接取决于淹没海岸线的数量、繁殖点相对于红树林的位置以及在产卵期间和产卵后的重大海洋学条件，以及幼体期的时间长短。这些因素显然受到水深的影响很大。加勒比海地区的相关物种在功能和分类上已经进化为专群型（obligate-group）和配对（pair-group）型两种产卵策略 [如笛鲷科（Lutjanidae）的笛鲷属（*Lutjanus*）鱼类]。采用哪种产卵策略与大陆架坡度和红树林面积有关。在专群产卵中，鱼类聚集成群在非常特殊的地理位置繁殖。这些位置靠近当地的环流，在平均幼体期的大致时间内可以理想地把幼鱼运送到近岸水域（Heyman et al.，2005；Paris et al.，2005）。根据文献记录，这种繁殖策略主要发生在有限的自然海岸线区和具有有限可用硬底质突出部的陡峭陆架区域，如伯利兹、古巴西南部及佛罗里达南部群岛区。

因为相对于交替淹没生境，红树林的面积要小得多，而且有利于幼体运送的环流的存在和持续时间会发生变化，如果幼体需要红树林海湾才能生存，在突出部区域产卵可能是一种非常危险的繁殖策略。Parrish（1989）指出，红树林区起到收集近海产卵物种的多余幼体的"候车厅"的作用，但维持成年种群不可缺少的大部分后代却定居在珊瑚礁中。Parrish（1989）还推测，在红树林定居的幼体可以减轻珊瑚礁中幼体向成体提供的补充量不足的负面效应。因此，尽管海洋产卵型物种的幼体在陡峭斜坡上的确利用了红树林，它们对这些系统的依赖并未表现出专一性，在这种情况下红树林可能不具有育幼场功能。

配对型产卵策略主要出现在以笛鲷为优势种的加勒比海较为平缓的大陆地貌区（例如佛罗里达东南部，古巴东北部和尤卡坦半岛）。比如，灰笛鲷（*Lutjanus griseus*），当地居民称之为红树林笛鲷，已经演化出了利用宽大陆架邻近面积相对较大的自然植被区的生活策略。这种物种可以成对或成组（小于20个体）产卵，小群体分布非专一性的众多位置，个体在其幼体后期普遍出现在红树林中（Serafy et al.，2003；Faunce et al.，2007）。因此，在红树林大面积分布得较平缓的大陆地貌中，鱼类和十足类成体种群个体数量的维持要比没有红树林的陡峭的海岛系统更加依赖于红树林。事实上，分析居住于红树林中的同属鱼类［笛鲷科（Lutjanidae）和石鲈科（Pomadasyidae）］数据发现，根据大陆（低起伏）或海岛地貌的分组非常明显（图11.2）。

11.3.3 生境构造差异

由于能忍受不同的环境条件，红树林出现在海岸和河口生态系统的不同区域。红树林的相对位置、面积、结构及植株个体的发育阶段等对于确定红树林生境的育幼场价值是重要的。由于最靠近海洋来源的种群，大洋岸线的红树林比其他位置的红树林更容易接受来自海洋的幼体后期的补充。然而，与海湾中的位置不同，加勒比海地区大部分的大洋岸线缺乏足够的沉积物（由于侵蚀），红树林根部只穿入水下几厘米。因此大洋岸线红树林的可利用性（相对面积覆盖）可能较低。比较研究表明，当红树林根部的淹没部分足以形成鱼类生境时，动物对海洋边缘型红树林的利用则远超过其可利用性的预期，因此说明动物会积极选择这种岸线类型（Faunce and Serafy，2008b）。

与大洋边缘区相比，我们对鱼类和十足类利用红树林的大部分现有知识来自于小海湾（inlets）和屏蔽海湾的研究。因此，对于海洋来源的物种，到达红树林区不仅受产卵场临近岸线距离的影响（见上述），也受到海湾断面的宽度和深度、当地海流和潮汐的影响。在远离外湾口的内陆区，礁栖性底栖鱼类的总数量丰度和丰富度出现下降，在加勒比海（Nagelkerken et al.，2000a），巴西（Araujo et al.，2002），非洲（Little et al.，1988）以及印度洋-太平洋（Quinn，1980，Blaber et al.，1989，Hajisamae and Chou，2003）均已经观测到这种现象。由于相对于海湾，近海海域的可获得物种要更大，总物种数、总密度及物种密度等指标的比较会导致红树林斑块与海洋水域的距离呈负相关的结果。

鉴于上述地貌和水文的差异，同一系统内不同流域可能在物理和环境特征上差异很大，进而反映在动物的利用模式上。Robertson和Duke（1987）以及其他作者最早提出每个红树林湾可视为独立单元，而红树林育幼功能的变化在各单元各不相同的观点。Ley等（1999）的研究表明，在佛罗里达3个连通但有着不同淡水流的红树林湾存在着不同的鱼类组合，率先提出了与这个假设一致的证据。这些结果与澳大利亚东北地区的研究结果相吻合，那里的研究表明，动物区系的组合可能主要由于河口流域水文（潮汐或波浪为主）、地形、地质和红树林面积的因素局限在一定范围内（Ley，2005）。育幼场的特征取决于被调查物种是淡水种还是海洋种，以及红树林分布和淡水及海水的距离。

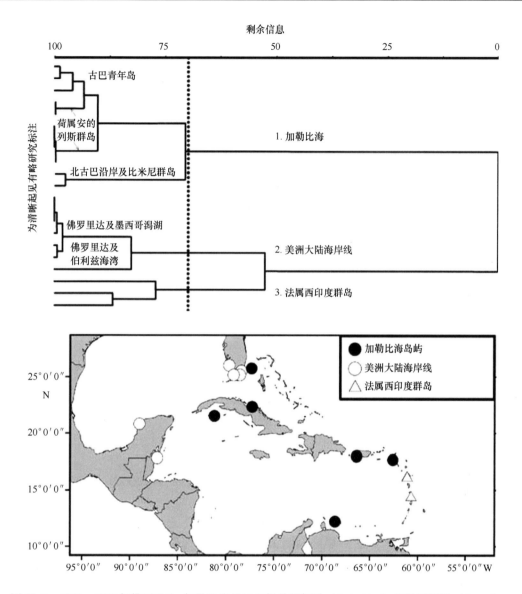

图 11.2 1971—2005 年佛罗里达-加勒比海地区红树林笛鲷科（Lujanidae）和仿石鲈科（Pomadasyidae）鱼类研究数据汇总（Faunce and Serafy，2006），密度和生物量数据为每项研究的最大值，采用 Bray-Curtis 距离聚类，具有灵活的 β 连接（-0.25），（a）指示物种分析确定了 3 组大陆架构造，（b）黄仿石鲈（*Haemulon flavolineatum*）和八带笛鲷（*Lutjanus apodus*）为加勒比海组，灰笛鲷（*L. griseus*）为美洲大陆海岸线组，黑仿石鲈（*H. bonariense*），金带仿石鲈（*H. aurolineatum*）和白纹笛鲷（*L. jocu*）为法属西印度群岛组

红树林并非亚热带-热带鱼类和十足类可加以利用的唯一生境，红树林和其他结构复杂生境的相对重要性是当前研究的主要焦点（Faunce and Serafy，2006）。在佛罗里达（Eggleston et al.，2004；Faunce and Serafy，2007）和库拉索岛（Nagelkerken et al.，

2000a, b; Cocheret de la Morinière et al., 2002) 的观测表明, 红树林中鱼类的个体大小要比相同地区的海草床中的鱼类大。从这些观察结果中可以知道红树林是研究区鱼类生活的第二生境。而就是由于这一原因, 在评价红树林作为鱼类育幼场时要慎重考虑。对于个体发育经历了不同生境的物种, 如从海草床到红树林和珊瑚礁的物种而言, 生境之间相对丰度的比较存在缺陷, 因为种群动态分布决定了个体最小和年龄最小的鱼类数量最多 (Ricker, 1975)。在这个例子中, 即使对于同样面积相同的斑块区域, 红树林中的动物总数量会低于海草床, 但高于珊瑚礁。这种情况下, 即在海草床面积最大的地区, 海草床鱼类的绝对数量多于红树林, 这也许可以解释为什么 Sheridan 和 Hay (2003) 的比较研究证明不了红树林的育幼功能作用。

11.4 时间差异

11.4.1 水文差异

时间也揭示了大西洋西部和印度洋-太平洋红树林生态系统功能的差异。印度洋-太平洋区域受到来自较大流域的淡水和潮差剧烈变化的影响更大。这些海湾尺度的差异导致动物生境可利用性在性质上的巨大差异。在西大西洋区, 佛罗里达东南部和加勒比群岛区域是研究较多的区域, 小潮差使得动物基本全年都可以利用 (如淹没) 该区域的结构-异质生境 (主要是边缘型红树林) (Provost, 1973)。在这种时间规律下, 动物可用驻留在, 也可以选择最适合自己生存的小环境, 其中显然存在淹没水深和动物个体大小的正相关 (Dahlgren and Eggleston, 2000)。反之, 印度洋-太平洋区的部分红树林在大潮差 (>2 m) 中每天要经历两次的干出和淹没 (Wolanski et al., 1992; Blaber, 2000)。在这种动力作用下, 退潮时, 鱼类和虾类逗留在潮下带的河流红树林带和邻近的滩涂, 在高潮时迅速利用盆地型红树林 (Wassenberg and Hill, 1993; Lugendo et al., 2007)。在这样的规律下, 显然红树林的动物组合更类似于光滩而不像同一区域的珊瑚礁中的动物组合, 同时捕食者和被捕食者的相互隔离也难以维持 (Thollot and Kulbicki, 1988; Sheaves, 2001; Baker and Sheaves, 2006)。

11.4.2 日差异

红树林育幼场功能的另一个差异根源是一天中的不同采样时间。白天和夜间的比较研究证明鱼类对红树林生境的使用主要是在白天阶段 (Rooker and Dennis, 1991; Nagelkerken et al., 2000c)。这种利用模式具有重大意义, 因为红树林相关观察研究几乎都是在白天进行的。多因素的实验研究表明, 结构、食物和避光等因素对鱼类的吸引作用取决于物种的白天活动性, 相比于白天活动的草食动物 (Verweiji et al., 2006a), 人工红树林的结构和避光性更能吸引在夜间活动的底栖动物食性动物。对于前一种类群, 能量的同化和生长的累积是在邻近海草床生境觅食的结果 (Loneragan et al., 1997; Cocheret de la

Morinière et al.，2003）。正是因为红树林位于靠近合适的夜间摄食区（斑块间距离），至少可以在一定程度上解释红树林在白天拥有更高的鱼类密度的原因。因此，在不同生境之间广泛连通的系统中，红树林的育幼功能价值可能被高估。

11.5 物种差异

11.5.1 种间差异

每个红树林生态系统可能栖息着不同物种，共有的物种数取决于各种各样的因素。尽管如此，很多的研究认定树林和相邻生境没有共同种，因此认为红树林不是育幼场。最突出的是红树林和珊瑚礁之间的比较，这可能是关于红树林是否是育幼场有不同意见的主要原因之一（表11.2）。Blaber等（1985）指出，在澳大利亚东北部大陆架发现的1 000多种鱼类中，只有22种出现在红树林区。Thollot和Kulbicki（1988）发现在新喀里多尼亚，红树林和珊瑚礁在动物群落组合上很少有重叠，并认为两者之间的连通性被夸大了。Blaber和Milton（1990），Weng（1990）以及Lin和Shao（1990）的研究也都得出了相似的结果。上述这些研究都是在印度洋-太平洋区域进行的，虽然在大西洋西部没有得到广泛的认可，但也进行了相似的研究。例如，在佛罗里达洲东南部，珊瑚礁中的鱼类有70多种，而只有不到10种出现在红树林中（Ley et al.，1990）。因此，无论是印度洋-太平洋地区还是大西洋西部地区，当对整个鱼类群落水平进行评估时，红树林似乎不是珊瑚礁鱼类的重要育幼场。

表11.2 不支持红树林作为育幼场的重要研究（1971年至今），虽然有些工作同时研究了鱼类和十足类，但所有的观点都与红树林作为鱼类育幼场有关。地理区域根据 Spalding et al.（1997）

作者	位置	区域	观点
Blaber and Blaber（1980）	Trinity Inlet system, Australia	澳大利亚	鱼群需要的是平静海面，不是红树林
Blaber et al.，1985	Dampier region, Northwest Australia	澳大利亚	大陆架所发现的1 000多种鱼类只有22种幼仔出现在河口
Robertson and Duke（1987）	Alligator Creek, Australia	澳大利亚	30种商业价值最高的物种中只有3种
Thollot and Kulbicki（1988）	Saint-Vincent Bay, New Caledonia	澳大利亚	红树林与暗礁的物种重叠（13）小于软底和珊瑚礁的重叠数（92）
			首次指出红树林和珊瑚礁之间的相互作用被夸大

续表

作者	位置	区域	观点
Blaber and Milton (1990)	Solomon Islands, Western Pacific	澳大利亚	只有8%~9%的海洋笛鲷
Chong et al., 1990	Selangor, Malaysia	南亚、东南亚	在河口内普遍存在红树林中发现的鱼类
Weng, 1990	Moreton Bay, Australia	澳大利亚	在红树林中的86种中只有5种来自海洋，其中只有2种具有商业重要性
Dennis, 1992	La Parguera, Puerto Rico	美洲	提出岛屿红树林与大陆边缘红树林的根本区别首先指出，加勒比地区红树林作为育幼场的作用被夸大了

印度洋-太平洋和加勒比海地区之间有关红树林育幼功能的不同观点是如何演化而来的？一种解释可能是与大部分的研究水平有关。印度洋-太平洋地区的研究强调在红树林和珊瑚礁之间缺乏一致的动物区系；而加勒比海流域的研究关注红树林对特定物种的育幼功能。比如，在佛罗里达群岛，相对其他可利用的生境，红树林的灰笛鲷（*Lutjanus griseus*）和大魣（*Sphyraena barracuda*）密度最高（Eggleston et al., 2004）。在荷属安的列斯库拉索岛，红树林中黄仿石鲈（*Haemulon flavolineatum*）、蓝仿石鲈（*H. sciurus*）和八带笛鲷（*Lutjanus apodus*）的相对丰度要高于其他6种生境（Nagelkerken et al., 2000a）。此外，海湾中红树林的存在与某些物种的成熟鱼类资源表现出正相关关系。在库拉索岛近海，珊瑚礁附近海湾有海草床和红树林分布的生境中，石仿鲈属（*Haemulon*）［蓝仿石鲈（*H. sciurus*）］，笛鲷属（*Lutjanus*）［双色笛鲷（*L. analis*）、八带笛鲷（*L. apodus*）、宽带笛鲷（*L. maxweberi*）、黄尾笛鲷（*Ocyurus chrysurus*）］，鹦嘴鱼属（*Scarus*）［蓝鹦嘴鱼（*Scarus coeruleus*）］和大魣（*Sphyraena barracuda*）等鱼类的密度要高于附近没有海草床和红树林的珊瑚礁生境（Dorenbosch et al., 2004）。同样，石鲈属（*Haemulon*）［蓝仿石鲈（*H. sciurus*）、黄仿石鲈（*H. flavolineatum*）、普氏仿石鲈（*H. plumieri*）］和笛鲷属（*Lutjanus*）［黄尾笛鲷（*O. chrysurus*）、八带笛鲷（*L. apodus*）］的成体生物量在红树林资源丰富的区域要高于红树林资源稀缺的区域（Nagelkerken et al., 2002; Mumby et al., 2004）。这种趋势不仅仅表现在大西洋西部的红树林中，近期以物种为基础的研究已经说明，印度洋-太平洋的红树林也有助于维护其他生境的健康成年种群（Dorenbosch et al., 2005, 2006; Lugendo et al., 2005）。

由于渔业产量和红树林面积的正相关关系已经在虾类和鱼类捕获量中得到证实（参见Manson et al., 2005的综述和本书第15章），经济的重要性已经作为有关红树林育幼功能决策判断的基础。这种方法存在的问题是与动物个体数量相关的生态因素（如生长率和存活率）往往和维护渔业产量的影响因素（如捕捞量和捕捞努力量的控制）不同。此外，捕捞那些种类也要随着海区和渔业类型（渔具、吨位和捕捞技术）而有所不同。例如，在佛罗里达东南部，休闲渔业捕捞量就超过了商业捕捞量，重要经济物种的标签贴到了石斑鱼、笛鲷和石鲈身上（即那些利用海湾海草床和红树林的鱼类，Ault et al., 1998）。相反，Robertson 和 Duke（1987）认为，澳大利亚红树林不是重要的鱼类育幼场，因为在澳大利亚红树林中捕捞量的前 30 种鱼类种只有 3 种具有重要的经济价值，而 Dennis（1992）认为，波多黎各红树林的作用可能被高估了，因为依赖红树林的鱼类物种在商业捕捞物种种的比例非常低。

11.5.2 种内差异

影响红树林育幼场功能的另一个差异的根源是某一物种对红树林生境利用、行为和摄食等的种内差异。物种长期被视为同质单元，认为个体间不存在种内差异或者认为种内差异并不重要。然而，越来越多的证据表明，在广泛的分类单元中，生态模型中的生态位特征下的种内差异可能具有实质性和关键性（Bolnick et al., 2003; Bolnick et al., 2007）。热带和亚热带生物生态也不例外，本书中几乎所有例子都在寻求"物种"或"种群"层次的识别模式，默认忽略种内变化这一重要内容。

个体发育过程中转化生境的物种，个体的生活史阶段应具备足够开展育幼场价值的比较。对于处于开口期的海洋物种幼体，由于红树林的结构复杂，红树林可能为其提供具有有吸引力的生境（相比光滩而言）。然而，模型模拟表明，红树林具有复杂的水流，对进入红树林的对虾幼体形成动力"陷阱"（Wolanski and Sarenski, 1997）；在印度（Krishnamurthy and Jeyasslan, 1981）、澳大利亚（Robertson and Duke, 1990）、波多黎各（Dennis, 1992）和巴西（Barlette-Bergan et al., 2002）等地区，与其他生境或生活史阶段相比，红树林中采集到的鱼卵和幼鱼相对较少，定居后的个体对红树林利用得更多。正如前文讨论的，个体大小分布的比较表明，在加勒比地区，海草床后方的红树林可能充当许多种鱼类的第二生境。尽管在不同生境中，特定物种的丰度进行了广泛的比较，但评价同一生境中不同生活史阶段差异的研究却很少。在佛罗里达的东南部，根据两种海洋鱼类对红树林岸线的利用对比发现，幼鱼（鱼龄 0）、亚成鱼（成鱼<50%）和成鱼沿着海湾成梯度排列（大于 10 km），其中幼鱼几乎只出现在湾口附近，成鱼则只出现在内陆区域（Faunce and Serafy, 2007）。这种分布模式的原因很可能在于个体家园活动范围的扩张和随着个体成长进行的洄游，以及同种个体之间对生境利用的差异。

11.5.3 个体差异

物种内的差异可能发生在更小范围，甚至居住在同一生境或地区的同一物种相同大小（或年龄）的个体之间都可能发展出不同的行为（或可能食谱）模式（Verweij et al., 2006b）。这种变化很少被纳入所谓的育幼场研究中。我们在图 11.3 中提出一个关于个体生境选择的简单实例。这些数据来自巴哈马阿巴科岛的一个大面积声学遥感监控项目（Vemco 设备系统）（http://www.adoptatish.net/）。通过手术将声音发射器植入鱼类体内，并通过接收机记录每次通过其检测范围的"标记"鱼（这个研究方法的更多细节参见 Szedlmayer and Schroepfer，2005）。这类研究提供了远程监控鱼类的方法，并通过它来评估鱼类对生境的利用和可能的摄食之旅。图 11.3 显示了两条巴西笛鲷（*Lutjanus cyanopterus*）在以红树林为主的潮间带潮沟系统中不同位置逗留时间的比例。两条鱼的体型大小大致相同并在同一天进行标记。两条鱼都把白天大部分的时间花在了邻近红树林的潮下带水洼中。在晚上，两条鱼则表现出不同的行为模式。同样在两个星期的时间内，笛鲷"86"在夜间会反复地游到上游，而笛鲷"87"则游向下游。据推测，这反映了鱼类对邻近生境食物的不同利用。当从两条鱼扩大到整个种群，很容易想象个体之间这种差异使得评估生境对整个物种的育幼场功能变得困难。

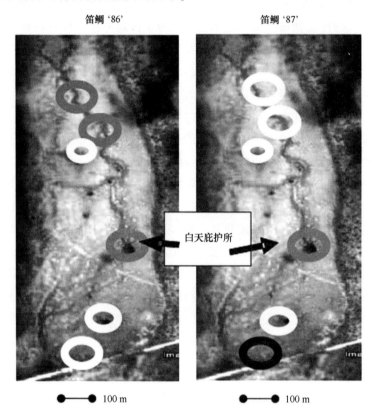

图 11.3　两周时间内，巴西笛鲷（*Lutjanus cyanopterus*）在红树林潮沟系统中不同位置的活动的时间比例（白色<5%，灰色 5%~50%，黑色>50%，巴哈马阿巴科岛）。两种鱼白天都栖息在潮下带，但夜间活动表现出明显的差异，笛鲷"86"夜间向上游移动，而笛鲷"87"则向下游移动（可能与摄食活动有关）。数据来自声学遥感监控系统，参见 www.adoptafish.net，符号的大小表示遥感接收的近似检测范围

在假定的"广布"种中，对生境利用和摄食行为等方面的种内差异可能随着环境异质性的增加而增加（Layman et al.，2007）。也就是说，更多样化的生境组成（如海草、大型海藻床、礁岩等）和更多样化的食物资源，更可能在摄食行为上发展成种内差异。在这

种情况下，生境利用和育幼场功能应该在个体水平下评估。在寻求整个物种结论时，我们过去可能简单化地把某种生境作为一个物种的"育幼场"。特别是一些物种在行为或摄食方式等特点方面存在高度种内差异，回答"红树林是否是育幼场？"这一问题又变得更加复杂。

个体差异可以体现在各种器官或坚硬组织（如耳石）的合成化学成分上。比如，比较幼体和成体的耳石的印记，可以获得来自分布有红树林的海湾的个体对其他区域的成体种群的相对贡献率等信息。近岸生境的贡献率（表示为栖息于海湾的幼体占总成体种群的比例）分别估计为青石斑［绿蓝唇鱼（*Achoerodus viridis*）］41%，石鲽（*Platichthys bicoloratus*）[①] 32%~65%，笛鲷［赤鲷（*Pagrus suratus*）］7%~53%，黄仿石鲈（*Haemulon flavolineatum*）40%（Gillanders and Kingsford，1996；Yamashita et al.，2000；Gillanders，2002；Chittaro et al.，2004）。因为红树林对个体的贡献率不是100%，可以得出结论，分布有红树林的海湾对成体种群个体数量具有贡献，但贡献量有限。因为红树林不是近岸海洋鱼类成体数量的唯一幼鱼来源，Bardach（1959）和 Parrish（1989）先后提出红树林输出个体只是增强（而不是维持）近岸某些物种的数量的观点。

11.6 结论

本文概述的差异根源只是红树林作为育幼场无数种影响因素中的部分因素。其中两个重要的方面与红树林育幼场功能有关：(1) 育幼场功能属性受到"育幼场"或"红树林生态系统"定义方式的影响；(2) 红树林育幼场的重要性在各种尺度上取决于生态、生物和水文等因素。近期的研究在各种生物最重要育幼场的更严格精确量化和归类方面取得了长足的进步（Beck et al.，2001；Dahlgren et al.，2006）。然而，即使是这些框架仍在许多方面存在局限性，主要是由于难以估计生产量（根据丰度、生长率和存活率）和利用红树林（或其他生境）个体的输出量。我们希望本章将鼓励研究人员更加明确自己的研究方法（定义和分析的重点）和承认如何诠释红树林作为育幼场的重要性源于红树林生态系统或研究对象物种本身存在差异的观点。

那么，未来在哪里？在图11.4中我们列出了用于识别的两个平行框架：(1) 鱼类关键生境（NOAA，1996），(2) 本章中概述的那些育幼场功能可加以评估的研究水平。这些框架是类似的（最高级别），每个端点都需要一套不同的详细信息（来自低级别）。然而，现有的大多数数据集还远远达不到这些严格的要求。正如本章一直在强调的，许多有关红树林育幼场功能的研究仍然在"群落"和"物种"的水平，即确定哪些物种的存在以及在一系列潜在生境之间的相对丰度。然而，红树林育幼场价值最强有力的调查需要更加广泛和具体的数据。科学家要继续朝着收集这些数据的方向前进，我们希望对育幼场功能内在差异根源的理解将是这种研究方向的最前沿。

---

① 原文石鲽（*Platichthys bicoloratus*），现已改为（*Kareius bicoloratus*）。——译者注

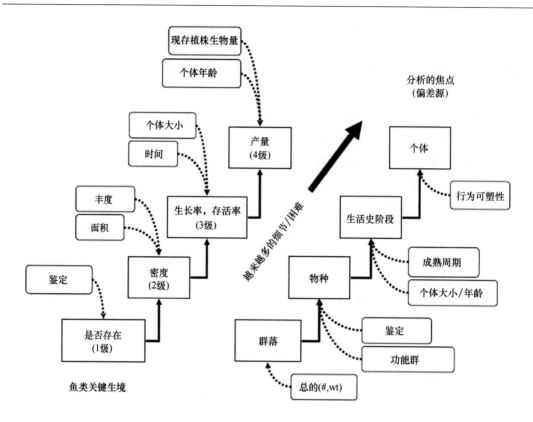

图 11.4 美国联邦政府用于评估鱼类关键生境（左）和红树林育幼场价值评估的结构框架。每一个框架都需设计，因此每一个连续的层级（矩形框，实箭头）的分析都需要增加数据要求，这些数据用虚箭头指向椭圆框。缩写：#为鱼类数量，wt 为鱼类生物量

参考文献

Adams A, Dahlgren C, Kellison GT et al (2006) The juvenile contribution function of tropical backreef systems. Mar Ecol Prog Ser 318: 287–301

Alongi DM (2002) Present state and future of the world's mangrove forests. Environ Conserv, 29: 331–349

Araujo FG, De Azevedo MCC, Silva MA et al (2002) Environmental influences on the demersal fish assemblages in the Sepetiba Bay, Brazil. Estuaries 25: 441–450

Ault JS, Bohnsack JA, Meester GA (1998) A retrospective (1979–1996) multispecies assessment of coral reef fish stocks in the Florida Keys. US Fish Bull 96: 395–414

Baker R, Sheaves M (2006) Visual surveys reveal high densities of large piscivores in shallow estuarine nurseries. Mar Ecol Prog Ser 323: 75–82

Bardach J (1959) The summer standing crop of fish on a shallow Bermuda reef. Limnol Oceanogr 4: 77–85

Barletta-Bergan A, Barletta M, Saint-Paul U (2002) Community structure and temporal variability of ichthyoplankton in North Brazilian mangrove creeks. J Fish Biol 61: 33–51

Bartholomew GA (1986) The role of natural history in contemporary biology. BioScience 36: 324–329

Beck MW, Heck KL, Able KW et al (2001) The identification, conservation, and management of estuarine and marine nurseries for fish and invertebrates. Bioscience 51: 633-641

Blaber SJM, Blaber TG (1980) Factors affecting the distribution of juvenile estuarine and inshore fish. J Fish Biol 17: 143-162

Blaber SJM (2000) Tropical estuarine fishes: ecology, exploitation, and conservation. Blackwell Science Ltd., London

Blaber SJM (2007) Mangroves and fishes: issues of diversity, dependence, and dogma. Bull Mar Sci 80: 457-472

Blaber SJM, Milton DA (1990) Species composition, community structure and zoogeography of fishes of mangrove estuaries in the Solomon Islands. Mar Biol 105: 259-267

Blaber SJM, Young JW, Dunning MC (1985) Community structure and zoogeographic affinities of the coastal fishes of the Dampier Region of north-western Australia. Aust J Mar Freshw Res 36: 247-266

Blaber SJM, Brewer DT, Salini JP (1989) Species composition and biomasses of fishes in different habitats of a tropical northern Australian estuary: their occurrence in the adjoining sea and estuarine dependence. Estuar Coast Shelf Sci 29: 509-531

Bolnick DI, Svanback R, Fordyce JA et al (2003) The ecology of individuals: incidence and impli-cations of individual specialization. Am Nat 161: 1-28

Bolnick DI, Svanback R, Araujo M et al (2007) More generalized populations are also more het-erogeneous: comparative support for the niche variation hypothesis. Proc Natl Acad Sci USA 104: 10075-10079

Chittaro PM, Fryer BJ, Sale PF (2004) Discrimination of French grunts (*Haemulon flavolineatum*, Desmarest, 1823) from mangrove and coral reef habitats using otolith microchemistry. J Exp Mar Biol Ecol 308: 169-183

Chong VC, Sasekumar A, Leh MUC et al (1990) The fish and prawn communities of a Malaysian coastal mangrove system, with comparisons to adjacent mud flats and inshore waters. Estuar Coast Shelf Sci 31: 703-722

Cocheret de la Moriniere`E, Pollux BJA, Nagelkerken I et al (2002) Postsettlement life cycle migra-tion patterns and habitat preference of coral reef fish that use seagrass and mangrove habitats as nurseries. Estuar Coast Shelf Sci 55: 309-321

Cocheret de la Moriniere`E, Pollux BJA, Nagelkerken I et al (2003) Ontogenetic dietary changes of coral reef fishes in the mangrove-seagrass-reef continuum: stable isotopes and gut-content analysis. Mar Ecol Prog Ser 246: 279-289

Costanza R, dArge R, deGroot R et al (1997) The value of the world's ecosystem services and natural capital. Nature 387: 253-260

Dahlgren CP, Eggleston (2000) Ecological processes underlying ontogenetic habitat shifts in a coral reef fish. Ecology 81: 2227-2240

Dahlgren CP, Kellison GT, Adams AJ et al (2006) Marine nurseries and effective juvenile habitats: concepts and applications. Mar Ecol Prog Ser 312: 291-295

Dennis GD (1992) Island mangrove habitats as spawning and nursery areas for commercially important fishes in the Caribbean. Proc Gulf Caribb Fish Inst 41: 205-225

Dorenbosch M, van Riel MC, Nagelkerken I et al (2004) The relationship of reef fish densities to the proximity of mangrove and seagrass nurseries. Estuar Coast Shelf Sci 60: 37-48

Dorenbosch M, Grol MGG, Christianen MJA et al (2005) Indo-Pacific seagrass beds and man-groves contribute to fish density and diversity on adjacent coral reefs. Mar Ecol Prog Ser 302: 63-76

Dorenbosch M, Grol MGG, Nagelkerken I et al (2006) Seagrass beds and mangroves as potential nurseries for the threatened Indo-Pacific humphead wrasse, *Cheilinus undulatus* and Caribbean rainbow parrotfish, *Scarus guacamaia*. Biol Conserv 129: 277-282

Dufreneˆ M, Legendre P (1997) Species assemblages and indicator species: the need for a flexible asymetrical approach. Ecol Monogr 67: 345-366.

Eggleston, DB, Dahlgren C, Johnson EG (2004) Fish density, diversity and size - structure within multiple back-reef habitats of Key West National Wildlife Refuge, USA. Bull Mar Sci 75: 175-204

Ewel KC, Twilley RR, Ong JE (1998) Different kinds of mangrove forests provide different goods and services. Glob Ecol Biogeogr 7: 83-94

Faunce CH, Serafy JE (2006). Mangroves as fish habitat: 50 years of field studies. Mar Ecol Prog Ser 318: 1-18

Faunce CH, Serafy JE (2007) Nearshore habitat use by gray snapper (*Lutjanus griseus*) and bluestriped grunt (*Haemulon sciurus*): environmental gradients and ontogenetic shifts. Bull Mar Sci 80: 473-495

Faunce CH, Serafy JE (2008a) Growth and secondary production of an eventual reef fish during mangrove residency. Estuar Coast Shelf Sci 79: 93-100

Faunce CH, Serafy JE (2008b). Selective use of mangrove shorelines by snappers, grunts, and great barracuda. Mar Ecol Prog Ser 356: 153-162

Faunce CH, Serafy JE, Lorenz JJ (2004) Density-habitat relationships of mangrove creek fishes within the southeastern saline Everglades (USA), with reference to managed freshwater releases. Wetlands Ecol Manage 12: 377-394

Faunce CH, Ault E, Ferguson K et al (2007) Reproduction of four Florida snappers with com-parisons between an island and continental reef system. In: Barbieri L Colvocoresses J (eds) Southeast Florida reef fish abundance and biology. Five-year performance report to the U.S. Fish and Wildlife Service. Florida Fish and Wildlife Research Institute, St. Petersburg

Gillanders BM (2002) Connectivity between juvenile and adult fish populations: do adults remain near their recruitment estuaries? Mar Ecol Prog Ser 240: 215-223

Gillanders BM, Kingsford MJ (1996) Elements in otoliths may elucidate the contribution of estu-arine recruitment to sustaining coastal reef populations of a temperate reef fish. Mar Ecol Prog Ser 141: 13-20

Hajisamae S, Chou LM (2003) Do shallow water habitats of an impacted coastal strait serve as nursery grounds for fish? Estuar Coast Shelf Sci 56: 281-290

Heyman, WD, Kjerfve B, Graham RT et al (2005) Spawning aggregations of *Lutjanus cyanopterus* (Cuvier) on the Belize Barrier Reef over a six year period. J Fish Biol 67: 83-101

Hogarth, PJ 2007. The biology of mangroves and seagrasses. Oxford University Press, London

Koenig CC, Coleman FC, Eklund A et al (2007) Mangroves as essential nursery habitat for goliath grouper (*Epinephelus itajara*). Bull Mar Sci 80: 567-586

Krishnamurthy K, Jeyasslan MJP (1981) The early life history of fishes from Pichavaram mangrove ecosystem of India. In: Lasker R, Sherman K (eds) The early life history of fish: recent studies. The second ICES symposium. Conseil International Pour L'Exploration de la Mer Palegade 2-4, Copenhagen, Denmark

Layman CA, Quattrochi JP, Peyer CM et al (2007) Niche width collapse in a resilient top predator following ecosystem fragmentation. Ecol Lett 10: 937-944

Ley JA (2005) Linking fish assemblages and attributes of mangrove estuaries in tropical Australia: criteria for regional marine reserves. Mar Ecol Prog Ser 305: 41-57

Ley JA, McIvor CC, Montague CL (1999) Fishes in mangrove proproot habitats of northeast-ern Florida Bay: distinct assemblages across an estuarine gradient. Estuar Coast Shelf Sci 48: 701-723

Lewis RR (2005) Ecological engineering for successful management and restoration of mangrove forests. Ecol Eng 24: 403-418

Lin HJ, Shao KT (1999) Seasonal and diel changes in a subtropical mangrove fish assemblage. Bull Mar Sci 65: 775-794

Little MC, Reay PJ, Grove SJ (1988) Distribution gradients of ichthyoplankton in an East African mangrove creek. Estuar Coast Shelf Sci 26: 669-677

Loneragan NR, Bunn SE, Kellaway DM (1997) Are mangroves and seagrasses sources of organic carbon for penaeid prawns in a tropical Australian estuary? A multiple stable isotope study. Mar Biol 130: 289-300

Lorenz JJ (1999) The response of fishes to physicochemical changes in the mangroves of northeast Florida Bay. Estuaries: 500-517

Lugendo BR, Pronker A, Cornelissen I et al (2005) Habitat utilisation by juveniles of commercially important fish species in a marine embayment in Zanzibar, Tanzania. Aquat Living Resour 18: 149-158

Lugendo BR, Nagelkerken I, Kruitwagen G et al (2007) Relative importance of mangroves as feeding habitat for fish: a comparison between mangrove habitats with different settings. Bull Mar Sci 80: 497-512

Lugo AE, Snedaker SC (1974) The ecology of mangroves. Annu Rev Ecol Syst 5: 39-64

Lugo AE (1980) Mangrove ecosystems: sucessional or steady state? Biotropica 12: 65-72

Manson FJ, Loneragan NR, Skilleter GA et al (2005) An evaluation of the evidence for linkages between mangroves and fisheries: a synthesis of the literature and identification of research directions. Annu Rev Oceanogr Mar Biol 43: 483-513

Mumby PJ, Edwards AJ, Arias-Gonzales JE et al (2004) Mangroves enhance the biomass of coral reef fish communities in the Caribbean. Nature 427: 533-536

Nagelkerken I (2007) Are none-stuarine mangroves connected to coral reefs through fish migra-tion? Bull Mar Sci 80: 595-607

Nagelkerken I, Dorenbosch M, Verberk WCEP et al (2000a) Importance of shallow-water biotopes of a Caribbean bay for juvenile coral reef fishes: patterns in biotope association, community structure and spatial distribution. Mar Ecol Prog Ser 202: 175-192

Nagelkerken I, van der Velde G, Gorissen MW et al (2000b) Importance of mangroves, seagrass beds and the shallow coral reef as a nursery for important coral reef fishes, using a visual census technique. Estuar Coast Shelf Sci 51: 31-44

Nagelkerken I, Dorenbosch M, Verberk WCEP et al (2000c) Day-night shifts of fishes between shallow-water biotopes of a Caribbean bay, with emphasis on the nocturnal feeding of Haemul-idae and Lutjanidae. Mar Ecol Prog Ser 194: 55-64

Nagelkerken I, Roberts CM, van der Velde G et al (2002) How important are mangroves and seagrass beds for coral-reef fish? The nursery hypothesis tested on an island scale. Mar Ecol Prog Ser 244: 299-305

NOAA (National Oceanic and Atmospheric Administration, National Marine Fisheries Service) (1996) Magnuson-Stevens Fishery Conservation and Management Act, as amended through October 11, 1996. NOAA technical memorandum NMFS-F/SPO, 121pp.

Paris CB, Cowen RK, Claro R et al., (2005) Larval transport path-ways from Cuban snapper (Lut-janidae) spawning aggregations based on biophysical modeling. Mar Ecol Prog Ser 296: 93-106

Parrish JD (1989) Fish communities of interacting shallow-water habitats in tropical oceanic regions. Mar Ecol Prog Ser 58: 143-160

Provost MW (1973) Mean high water mark and use of tidelands in Florida. Fla Sci 36: 50-66 Quinn NJ (1980) Analysis of temporal changes in fish assemblages in Serpentine Creek, Queensland. Environ Biol Fishes 5: 117-133

Ricker WE (1975) Computation and interpretation of biological statistics of fish populations. Bull Canadian Fish Res Board 1-392

Robertson AI, Duke NC (1987) Mangroves as nursery sites: comparisons of the abundance and species composition of fish and crustaceans in mangroves and other nearshore habitats in trop-ical Australia. Mar Biol 96: 193-205

Robertson AI, Duke NC (1990) Mangrove fish-communities in tropical Queensland, Australia: spatial and temporal patterns in densities, biomass and community structure. Mar Biol 104: 369-379

Ronnbäck P, Troell M, Kautsky N et al (1999) Distribution pattern of shrimps and fish among *Avicennia* and *Rhizophora* microhabitats in the Pagbilao Mangroves, Philippines. Estuar Coast Shelf Sci 48: 223-234

Rooker JR, Dennis GD (1991) Diel, lunar and seasonal changes in a mangrove fish assemblage off southwestern Puerto Rico. Bull Mar Sci 49: 684-698

Serafy JE, Araujo RJ (2007) First international symposium on mangroves as fish habitat - Preface. Bull Mar Sci 80: 453-456

Serafy JE, Faunce CH, Lorenz JJ (2003) Mangrove shoreline fishes of Biscayne Bay, Florida. Bull Mar Sci 72: 161-180

Serafy JE, Valle M, Faunce CH et al (2007) Species-specific patterns of fish abundance and size along a subtropical mangrove shoreline: an application the delta approach. Bull Mar Sci 80: 609-624

Sheaves MJ (2001) Are there really few piscivorous fishes in shallow estuarine habitats? Mar Ecol Prog Ser 222: 279-290

Sheridan P, Hays C (2003) Are mangroves nursery habitat for transient fishes and decapods? Wet-lands 23: 449-458

Spalding M, Blasco F, Field C (1997) World mangrove atlas. The International Society for Man-grove Ecosystems (ISME), Okinawa

Szedlmayer ST, Schroepfer RL (2005) Longterm residence of red snapper on artificial reefs in the northeastern Gulf of Mexico. Trans Am Fish Soc 134: 315-325

Thayer GW, Stuart HH, Kenworthy WJ et al (1978) Habitat values of salt marshes, mangroves, and seagrasses for aquatic organisms. In: Greeson PE, Clark JR, Clark JE (eds) Wetlands functions and values: the state of our understanding. American Water Resources Association, WashingtonDC

Thollot P, Kulbicki M (1988) Overlap between the fish fauna inventories of coral reefs, soft bottoms and mangroves in Saint-Vincent Bay (New Caledonia). In: Choat JH, Barnes D, Borowitzka MA et al (eds) Sixth International Coral Reef Symposium, Townsville

Valentine-Rose L, Layman CA, Arrington DA et al (2007) Habitat fragmentation decreases fish secondary production in Bahamian tidal creeks. Bull Mar Sci 80: 863-877

Verweij MC, Nagelkerken I, de Graaff D et al (2006a) Structure, food and shade attract juve-nile coral reef fish to mangrove and seagrass habitats: a field experiment. Mar Ecol Prog Ser 306: 257-268

Verweij MC, Nagelkerken I, Wartenbergh SLJ et al (2006b) Caribbean mangroves and seagrass beds as daytime feeding habitats for juvenile French grunts, Haemulon flavolineatum. Mar Biol 149: 1291-1299

Wassenberg TJ, Hill BJ (1993) Diet and feeding behaviour of juvenile and adult banana prawns (*Penaeus merguiensis* de Man) in the Gulf of Carpentaria, Australia. Mar Ecol Prog Ser 94: 287-295

Weng HT (1990) Fish in shallow areas in Moreton Bay, Queensland and factors affecting their distribution. Estuar Coast Shelf Sci 30: 569-578

Wolanski E, Mazda Y, Ridd P (1992) Mangrove hydrodynamics. In: Robertson AI, Alongi DM (eds) Tropical mangrove ecosystems. Coastal and Estuarine Studies 41. American Geophysical Union, Washington DC

Wolanski E, Sarenski J (1997) Larvae dispersion in coral reefs and mangroves. Am Sci 85: 236-243

Woodroffe C (1992) Mangrove sediments and geomorphology. In: Robertson AI, Alongi DM (eds) Tropical mangrove ecosystems. Coastal and Estuarine Studies 41. American Geophysical Union, Washington DC

Yamashita Y, Otake T, Yamada H (2000) Relative contributions from exposed inshore and estuarine nursery grounds to the recruitment of stone flounder, Platichthys bicoloratus, estimated using otolith Sr: Ca ratios. Fish Oceanogr 9: 316-327

第 3 篇　研究生态和生物地球化学联系的方法

第12章 热带沿海生态系统间生物地球化学连通性研究方法

Thorsten Dittmar，Boris Koch，Rudolf Jaffé

摘要：理解沿海生态系统功能的关键在于确定营养盐和有机质通量的主要途径和量级。目前已有多种测算热带沿海生态系统物质通量的方法。本质上，可分为截然不同的两类：直接测量通量法（见12.2节）和化学示踪剂法（见12.3节）。直接测量通量法计算双向流动的水流量并乘以密度，从而得到无机营养盐或有机质成分的通量。水的排放量可直接应用流量计，或者间接通过应用水中示踪剂来测算；然后就可利用特定的化学示踪剂（主要是同位素或分子特性）确定营养盐和有机质的来源。综合应用示踪剂技术和通量直测法，是测算沿海生态系统中不同来源的有机质和营养盐通量信息的有力工具，但目前还很少有人这么做。现在已经开发出多种分子生物标记物用于评价有机悬浮物和沉积物的来源（见12.4节）。对于溶解态有机质来源的评价，新兴的分子指纹技术（包括超清晰物质光谱测定法）可能让这一领域向前推进一大步。

关键词：外溢；分子示踪剂；同位素；有机质；营养盐

12.1 前言

河口位于陆地和海洋的交界处，是营养盐和有机质流向海洋的重要途径（参见Hedges and Keil，1995；Gordon and Goñi 2004）。评价河口中的陆源和海源有机质一般使用一种双端元混合模型（Prahl et al.，1994；Gordon and Goñi，2004），但这类评价几乎不考虑河口原有的生物量对有机质汇的贡献。热带和亚热带的海岸带边缘红树林生态系统就是这样一个河口有机质贡献者的例子，因而应将其看作一种重要的向海洋释放营养盐的生物反应器加以研究（Lee，1995；Dittmar et al.，2006；Bouillon et al.，2007）。

过去几十年间，海岸带营养盐通量急剧上升。造成这一现象的原因有多种，主要有土地利用方式的改变造成土壤有机质矿化率上升、从农业区流出的地表径流含过量营养盐、城市生活污水的排放等。有观点认为，红树林封存了过量的营养盐，从而减轻了营养盐污染对热带沿海地区造成的负面影响（Primavera et al.，2007；Maie et al.，2008）。但是，原始的红树林系统也能成为近海营养盐的一个重要的净来源。例如，在巴西北部红树林中观察到显著的溶解态无机营养盐（氮、磷和硅的化合物）外溢现象（outwelling），其数量比当地河流营养盐通量高若干个数量级（Dittmar and Lara, 2001a, b）。红树林沉积物中的原生营养盐很可能源自固氮作用和富含磷与硅的矿物的风化。其他红树林系统中的营养盐含量有限，它们的净生态系统生产力随无机氮、磷的输入而提高（McKee et al., 2002）。这些系统都能富有效率地从外部吸收营养盐，并通过红树林中各种不同的初级生产者将吸收的营养盐转化为生物量。这类初级生产者主要是成片扎根生长在沉积物上的树木和底栖植物。它们的净初级产物有相当一部分是向周边海域输出的颗粒态有机质（POM）和溶解态有机质（DOM）（Dittmar et al., 2001a）。全球有大量的研究表明，红树林是其周边海域中的腐殖质和溶解态有机质的重要净来源。据估计，红树林对海洋中的陆源溶解态有机质的贡献大于10%（Dittmar et al., 2006），而它们的面积仅占陆地总面积0.1%以下。

水生环境中的溶解态有机质已经开展了广泛的研究，因为它们对各种物理过程、地球化学过程和生物过程都有重要的作用（Scully and Lean, 1994; Alberts and Takacs, 1999; Cai et al., 1999; Del Castillo et al., 2000）。红树林生产并向海洋输出的有机质成分复杂，里面含有数以千计的有机化合物（Tremblay et al., 2007），有些很稳定，难以被微生物迅速分解；而另一些则不稳定，成为异养生物的能量和营养盐来源（Dittmar et al., 2006）。因此，在沿海地区，有机质外溢可以为次级生产力提供能量。重新释放到水体中的营养盐消耗了溶解氧。这一过程的影响范围不仅取决于红树林系统释放的有机质的数量，也取决于其营养的质量。难溶化合物可以扩散到大陆架很远的海域，其中的营养盐缓慢释放到水体中（Dittmar et al., 2006）。另一方面，不稳定的化合物还在红树林周边就会被很快地消耗掉，进而向水体释放大量的无机营养盐，消耗水体中的溶解氧，甚至造成水体缺氧。

沿海地区的外溢现象与河流的运输有几点不同。河口往往是进入大陆架水域的陆源物质的点源目的地，但潮间带普遍拥有地理范围广袤的高生产力生态系统。对沿海地区的外溢现象有所贡献的运输机制和水源包括降水、地表径流、地面漫流、地下水排放、沉积物的排放及其沉积/悬浮后的再排放，以及连接红树林与海洋的涨落潮（Valiela et al., 1978; Harvey et al., 1987; Childers et al., 1993; Troccaz et al., 1994; Krest et al., 2000; Tobias et al., 2001; Dittmar and Lara, 2001b）。潮沟系统的复杂地型相当于分形几何体，其中有相当大面积的沉积物表面受到潮流冲刷（Morris, 1995; Fagherazzi and Sun, 2004; Mudd et al., 2004; D'Alapaos et al., 2005）。同样，潮间带生态系统有很大一部分与沿海含水层接壤（Novakowski et al., 2004; Gardner, 2005）。由于潮汐泵的作用，地表水、孔隙水和地下水排放，为沿岸海域输送了大量的水（Moore, 1999; Taniguchi et al., 2002; Wilson and Gardner, 2006.）。

虽然河口和近海水体对全球溶解态有机质循环的重要作用已经得到承认，但是对溶解态有机质的来源、运输和转化机制的认识还不够深入。这一领域的关键挑战在于示踪生态系统（如海岸带湿地和河口）中来源各异的溶解态有机质。对溶解态有机碳（DOC）和颗粒态有机碳（POC）的定量研究已经很常见，但同时也要研究有机质的"性质"、来源和降解程度，才能更好地认识这些生态系统中的有机质的动态。在这方面，目前，已经用到一套分析方法，既可以简单测量大体积水样中的溶解态有机质的光学特性（Jaffé et al.,

2004；Maie et al.，2006a），也可以对复杂的分子特征做出分析（Maie et al.，2005；Tremblay et al.，2007；Xu et al.，2007）。

用于评价红树林生态系统中的营养盐和有机质通量的各种方法，本质上可分为截然不同的两类：直接测量通量法（见 12.2 节）和化学示踪剂法（见 12.3 节）。直接测量通量法计算双向流动的水流量并乘以密度，从而得到无机营养盐或有机质成分的通量。水的排放量可直接应用现有的测量仪器，或者间接通过应用水中示踪剂来测算。然后，利用特定的化学示踪剂（主要是同位素或分子特性）就可以确定营养盐和有机质的来源。这两种方法的综合应用将是一种有力的工具，既能获取边缘红树林系统中不同源的有机质和营养盐通量的量化信息，也能用于评价这些通量对海岸带和海洋生态系统功能的影响（Dittmar et al.，2006）。

12.2 直接测量通量法

河口和潮沟具有极其复杂的水流模式；不仅水流汹涌，而且流量和流向都随潮汐不断变化，水道也没有清晰的界限。这种潮汐环境的复杂性大大增加了直接应用流速仪测算排水量的难度。Wolanski 和 Ridd（1990）以及 Wolanski（1992）详细讨论了红树林沼泽及其沿岸水域的流体动力学。目前已有详细描述这些颇具挑战性的环境中的水流及其相关物质通量的数值模型。"河口运输通用模型"（General Estuarine Transport Model，GETM）就是专门利用斜压和测深技术再现潮汐环境中潮差超出平均水深时的水流量（Burchard and Bolding，2002）。该模型已经获得成功应用，如对德国北部的易北河河口及其浑浊带的三维模拟（Burchard et al.，2004）和对东弗里西亚的瓦登海大片滩涂的研究（Stanev et al.，2003）。该模型以及类似的数值模型是否适用于本章的探讨内容，目前还不得而知。但是，对于量化分析热带沿海环境中的营养盐和有机质的交换，这类模型具有巨大的潜力。下文介绍两种测算河口和潮沟中物质通量的相对简单的常用方法。

河口物质的源与汇的一种常用测算方法是先算河水的流量和盐度，前者作为总淡水输入的替代指标，后者作为河口中和海岸带海水的守恒示踪剂（Bianchi，2007）。然后，通过一个简单的双源混合模型，就可以对河口吸收或释放的营养盐和有机质进行评价。这种方法经常用于确定河口水体组分的非守恒表现（Dittmar and Lara，2001a）。如果对河口水文状况足够了解，那么这个模型就可用于测算河口的流量（图 12.1）；其中输入参数是河水的排放量、河流端的营养盐浓度、海洋端的营养盐浓度，以及随河口盐度梯度变化的营养盐浓度；输出参数是河口流量项，它对除河水和海水流量之外所有进出河口的通量进行了量化整合。输入参数的计算结果精确度相对较高。要成功应用这种方法，就必须充分取样。对守恒混合的偏离一般不像图 12.1 所示的那么一致。浮游生物水华、沿岸腐殖质的累积、大范围外溢和其他本地化特征都能造成营养盐和有机质与盐度梯度不一致的分布模式。河口的取样密度必须足以体现时空非均质性。

双源混合模型的一项重要假设是所有的淡水都来自河流。对很多河口而言，这个假设是合理的。但是，在某些沿海地区，海底地下水排放可能影响到河口的淡水平衡。海底地

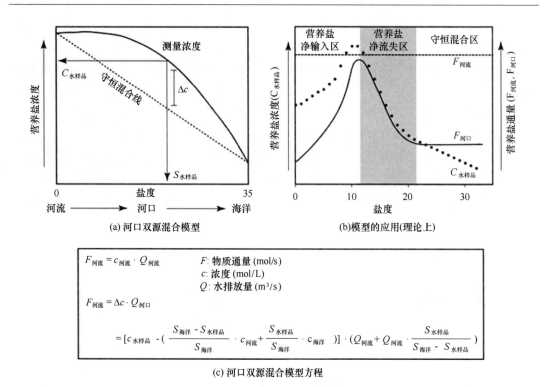

图 12.1 以盐度为淡水的守恒示踪剂的河口双源混合模型：（a）研究盐度对守恒混合线的偏离，可以测算河口中的营养盐和其他成分的得失；（b），（c）给出一个假设的例子和计算河口通量的方程。关于模型的适用性和相关假说，详见正文

下水排放也可能是近海营养盐和有机质的重要来源（Santos et al.，2008）。近几十年，地下水及其溶解物在海底的排放受到越来越多的关注，其对沿海生物地球化学过程的影响也得到广泛承认（Moore，2006）。借助放射性同位素，可以估算地下水注入近海海域的流量。^{226}Ra 和 ^{228}Ra 是常用的示踪剂，广泛应用于测算海底地下水排放量（Moore，2006）。镭是钍衰变的产物，钍与粒子结合紧密，而镭会解吸。当地下水通过沉积物渗出，镭就转移到水体中。它在水中的表现是守恒的，因而可以用作海底地下水排放的示踪剂。如果对地下水中的营养盐或有机质的浓度有足够的掌握，那么就可以把排水量乘以这些成分的浓度估算其各自通量（Hwang et al.，2005）。但是，营养盐和有机质会受沉积物中普遍存在的生物地球化学转化过程的影响，并且这些成分的浓度往往也无法精确测算，因此，这一方法在实际应用时很复杂。甚至只是在一个含水层中，营养盐和有机质浓度的变化就可能有几个数量级的差别（Santos et al.，2008）。红树林系统中通过海底地下水排放出来的营养盐和有机质尚未得到研究，但在未来应得到更多的关注。

虽然河口混合模型可以测算河口营养盐和有机质的源与汇，但是计算结果仅与盐度相关，而不能直接与具体的过程或环境相关联。例如，在边缘长有一片红树林的河口，中等盐度的有机质或营养盐的输入可能来自浮游生物或红树林，而河口混合模型并不能区分这两种来源。小尺度通量测算可以得到与特定的源或汇相关的量化信息。许多红树林都是通过边界明确的潮沟与河口进行水交换和水中成分的交换,特别是在潮差大的地区(Dittmar and Lara,2001a)。潮沟的双向流动的水流量可以借助流量仪来测算。目前发表的关于红树林中的营养盐和有机质通量的数据(见下文)都是用传统的单点流量仪获得的。近年开发的浅水声学多普勒流速剖面仪(ADCP)可以持续监测水流的二维剖面,从而大大提高了准确监测潮沟水流的能力。流速测算结合一个潮汐周期内的水体取样,可以得到溶解物或悬浮物的通量数据(图 12.2)。对一个完整的涨落期间的通量做积分运算,可以得到红树林与河口之间的净通量。这种方法已在多数通量研究中应用(Boto and Bunt, 1981; Twilley, 1985; Alongi et al., 1998; Dittmar and Lara, 2001a)。Wattayakorn 等(1990)和 Ayukai 等(1998)对这一方法做了修订。他们应用潮汐扩散方程计算了红树林潮沟中的物质通量,假设有关物质的表现守恒。Dittmar 和 Lara(2001b)指出,昼夜通量可能存在显著差异,因为水生生物的初级生产与呼吸导致昼夜物质通量的严重不对称。因此,监测至少完整一天内(而不是一个潮汐周期内)的营养盐和有机质随潮汐的变化就很重要。潮沟可能存在明显的垂直分层,这一点必须正确处理。CTD 传感器(导电性、温度和深度感应器)可以对分层进行测试,但应相应制订完善的水样采集策略。

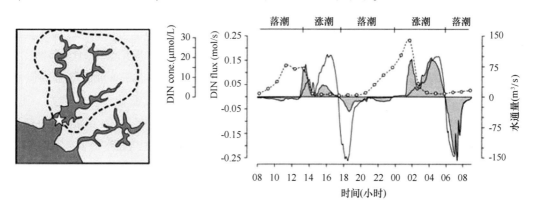

图 12.2 图为对巴西北部一处红树林潮沟中的溶解态无机氮(DIN)的测算(右上图):DIN 浓度(虚线)乘以排水量(实线),得到 DIN 通量(灰色区域)。求 DIN 通量的积分,即可算出净通量(即在一个完整的潮汐周期内,所有输入量和输出量之和)。如果潮沟的流域面积可以准确知道,则净通量可标准化至红树林面积,求得通量率[单位:mol/(d·m^2)]。左上简图表示一个流域面积已知(虚线内)的潮沟系统;星形表示潮沟口取样站,进出流域的通量在此测算。数据来自 Dittmar 和 Lara(2001a)

如果潮沟的流域面积可以准确知道,那么物质和水流的净通量可以标准化至特定的流域面积,从而得到面积标准化的净交换率(Dittmar and Lara,2001a)。重要的是,潮沟之间的地下连通,或者通过高潮淹没红树林而形成的潮沟之间的连通,不在考虑范围之内(图 12.2)。一些研究应用人工水槽监测红树林中的通量。Rivera Monroy 等(1995)和 Romigh 等(2006)用一条 12 m 的人工水槽测算佛罗里达大沼泽地的一小片红树林与一条潮沟之间的物质交换。这种方法尤其适用于潮沟界限不清且流域面积也不可知的情况。但是，人工水槽在红树林中覆盖到的排水面积通常小于天然的潮沟。因此，人工水槽中的潮汐信号往往不如潮沟中的明显，而这可能造成方法上较大的不确定性。

所有直接测量通量的方法普遍存在一点不足：净通量只能根据净流入和净流出的差来计算；而流量和浓度的测量如果不准确，就有可能造成很大的误差（Kjerfve et al.，1981）。流量测量在方法上存在相对较大的不确定性，流入量和流出量之间的差别可能很小，甚至小于测量的误差范围，因此无法得出可信的净通量值。Dittmar 和 Lara（2001a）引进了一种借助盐度来校正系统不确定性的方法。他们假设盐分在一个潮汐周期内的净余量为零。物质净通量估算值的整体性质，可以通过分析水平衡的不对称来评价。理想情况下，一个流域界限明确的潮沟内的水流量是平衡的，就是说，流出量等于流入量。流量估算值的精确度可以在发生强降水时进一步验证。例如，Dittmar 和 Lara（2001a）在巴西一片 2.2 km² 的红树林检测到 36 mm/d 的净流出量，这符合强降水期间 34 mm/d 的雨量。因此，这个方法具有足够的敏感度，可以检测一场雨水脉冲造成的水流量不对称。

12.3 示踪水体中的有机质来源

12.3.1 概述

上一节介绍的直接通量测量法是任何从量化角度理解海岸带元素通量的基础。但是，一般情况下，我们并不清楚海岸带有机质和营养盐的最终来源及其变化过程。例如，光化学反应结合微生物的再矿化作用可以移除水体中的陆源溶解态有机质（Dittmar et al.，2006），同时释放营养盐。这些营养盐会被河口中的浮游植物吸收，最终返回溶解态有机质库（DOM pool）。在这个过程中，即使河口中的陆源溶解态有机质在复杂的生物地球化学过程中被浮游生物的溶解态有机质所取代，溶解态有机碳和营养盐浓度的表现也是守恒的。确定这些过程是全面理解生态系统功能的关键。过去几十年间研发出的若干种天然示踪剂技术，有助于更好地解释河口有机质的来源和变化过程。下面几节将探讨已成功应用于热带沿海系统的若干种方法。

理想的示踪剂应专门针对某种有机质来源（物种、植物类型等），并能在测定时间范围内保持足够稳定而不至于降解殆尽。而且，最合适的示踪剂技术还应该能提供降解过程的量化信息。显然，没有哪一种示踪剂技术可以同时提供所需的所有信息。另外，就多数有机质而言，所有可用的生物标记都会在一定程度上有选择地降解，因而限制了它们提供有机质通量的量化特征。新鲜有机质中含有各种各样的化合物，各具有分解和衰变机制，如吸附、光降解或微生物降解。在这些过程中，每种有机分子的反应动态都各不相同。一些生物分子会长期存在，而多数则会快速降解，而大多数的降解产物都在我们的分析框架之外（Hedges et al.，2000）。为了克服这些困难，可以应用不同方法的组合，取长补短。

整体的化学信息，如光学特性、同位素比例（如 $\delta^{13}C$）或元素组成（如碳/氮比例），一般通过大量样品就可测定，而无需借助分子生物标记。但是，整体参数往往不具备生物标记的特异性，而且在降解过程中发生的变化通常也会限制其量化应用。一些分子生物标记的来源具有高度特异性，因此可用于示踪沉积物和水体中来自特定生态系统，甚至特定物种的有机质。一般而言，通过与微化石分析（如花粉或有孔虫外壳）进行比较，可证实化学方法的有效性。但是，如果属于溶解相则没有这样的机会，因此示踪溶解态有机质通量的难度更大。

12.3.2 光学法

由于操作简便，样品处理量大，且敏感度高，紫外线可见荧光光谱技术已广泛应用于研究多种水生环境中溶解态有机质的来源、降解度和转化（de Souza Sierra et al., 1994; Coble, 1996; Lombardi and Jardim, 1999; McKnight et al., 2001; Clark et al., 2002）。CDOM（有色溶解有机物）这个术语表示溶解态有机质库（DOM pool）中有色的或光特性活跃的组分。通常根据 254 纳米波段的吸光度（A_{254}）作为 CDOM 的量化衡量指标（Martin-Mousset et al., 1997; Jaffé et al., 2004），而 254 nm 波段的溶解态有机碳的标准化吸光度（或特定紫外线吸光度-SUVA）反映了样品的芳香度（Weishaar et al., 2003）。其他用于评价溶解态有机质性质的光学参数有紫外线可见指数（A_{254}/A_{436}）以及与之相关的指数函数的斜率（用 S 表示）。对紫外线可见吸光度光谱（290~700 nm 波段）做非线性指数回归，可以估算 S 值。这些参数已经成功用于评价 CDOM 的来源和转化过程（Zepp and Schlotzhauer, 1981; Blough and Green, 1995; Jaffé et al., 2004）。例如，根据已发表的数据，热带河流的 S 值约为 0.012 nm^{-1}（Battin, 1998），而棕色沿海水（brown coastal waters）和蓝色寡营养水（blue oligotrophic waters）中的 S 值分别约为 0.018 和 0.020 nm^{-1}（Blough et al., 1993）。因此，这些参数应该适用于示踪沿海系统中的溶解态有机质。但是，已发现对于从大量新溶解的植物输入的溶解态有机质（Jaffé et al., 2004）的水生系统，这种方法具有其局限性，因为这类物质容易被光漂白（Scully et al., 2004），从而导致成紫外线可见指数的变化。

荧光光学特性也普遍用于示踪溶解态有机质的来源，特别是最大荧光发射波长（λ_{max}）和荧光指数（F.I.）。据已发表的数据，用在 313 nm 波段激发测定 λ_{max} 值，陆源溶解态有机质中的值比海源溶解态有机质中的值高。λ_{max} 值已用于评价溶解态有机质来源沿河口盐度梯度发生的变化，以及在不同时空尺度上的变化（de Souza Sierra et al., 1994, 1997; Jaffé et al., 2004; Maie et al., 2006a）。同样，最初由 McKnight 等（2001）提出的荧光指数是一种在 370 nm 波段激发测定的基于荧光发射的指数（$f_{450/500}$）。荧光指数已经用于区分热带河流（Battin, 1998）、亚热带湿地（Lu et al., 2003）、河口（Jaffé et al., 2004; Maie et al., 2006a）以及各种不同水体（McKnight et al., 2001; Jaffé et al., 2008）中原生的和外来的 CDOM。这一指数的依据是陆源和水生/微生物的 DOM 值，已有研究计算出这两种 DOM 值分别为 1.4 和 1.9（McKnight et al., 2001）。近年，有文章指出，用

$f_{470/520}$ 代替原先的指数,可以得到更稳定的荧光指数值,因为这些波长下的荧光值受分析和仪器校正的影响较小(Cory and McKnight,2005;Maie et al.,2006a;Jaffé et al.,2008)。

根据对大沼泽地国家公园河口中的溶解态有机质的光学特征作过详细研究,Jaffé et al.,(2004)指出,这里的溶解态有机质主要来自淡水沼泽、红树林和海洋生物。荧光指数($f_{450/500}$)与同步发射的荧光空间数据(见下文)显示,不同地形的亚区域中的溶解态有机质的光学特征之间存在显著差异。虽然佛罗里达州西南的大沼泽地河口中大部分溶解态有机质浓度的表现是守恒的(Clark et al.,2002),但是,在盐度大于等于30的区域,溶解态有机质的荧光特征有明显变化。这种变化表明,溶解态有机质由外来的转变为原生的,即优势有机质的性质和来源发生了变化,而不仅仅是陆源溶解态有机质被简单地稀释了(Jaffé et al.,2004)。

除了上文介绍的光学方法,还有其他荧光技术也已经成功用于确定溶解态有机质的来源。同步激发-发射荧光是一种二维荧光技术,已在各种溶解态有机质研究中得到应用(de Souza Sierra et al.,1994;Kalbitz et al.,2000;Lu and Jaffé,2001;Lu et al.,2003)。在溶解态有机质的同步荧光光谱上,一般能看到四种显著不同的宽峰(Ferrari and Mingazzini,1995;Lu et al.,2003):Ⅰ类峰——多酚和/或蛋白质类物质;Ⅱ类峰——两种稠环系统的化合物;Ⅲ类峰——富里酸和Ⅳ类峰——腐殖酸及其他类腐殖质物质。因此,同步荧光技术或有可能用于区分河口中的陆源和海源溶解态有机质。虽然有文献指出,Ⅰ类峰显示的是河口中源于海洋的、新鲜的、可能类似蛋白质的溶解态有机质成分(de Souza Sierra et al.,1994;Jaffé et al.,2004),但重要的是要知道,多酚(如红树林产生的单宁酸)也可能在该光谱区产生荧光信号(Ferrari and Mingazzini,1995;Maie et al.,2007)。

与同步荧光技术相比,应用三维荧光技术,又称激发-发射-矩阵荧光技术(EEM),可以提高光谱分辨率(图12.3)。这些技术已经广泛应用于评价溶解态有机质的来源,特别是评价海洋中溶解态有机质的来源(Coble,1996;Del Castillo et al.,2000;Marhaba et al.,2000;Kowalczuk et al.,2003;Yamashita and Tanoue,2003)。由于存在不同的EEM荧光最大值,根据这一特征,可将溶解态有机质分为类腐殖质、类海洋腐殖质和类蛋白质三类(参见Coble,1996;Coble et al.,1998;Parlanti et al.,2000)。最近,有研究人员在这项基于"峰值选择"的EEM荧光技术中整合了平行因子分析法(PARAFAC),对其中的EEM数据做了统计处理(Stedmon et al.,2003),从而进一步改进了这项示踪溶解态有机质的技术。应用平行因子分析法,可从EEM光谱中分解出溶解态有机质的单个成分,然后对每一种成分建模并量化(图12.4)。这种统计分析法避免了峰值重叠等分析干扰,因而能提高分辨率。

激发-发射-矩阵荧光技术结合平行因子分析法(EEM-PARAFAC)已经应用于溶解态有机质的若干项示踪研究,包括流域和河口研究(Stedmon et al.,2003;Stedmon and Markager,2005;Hall et al.,2005;Hall and Kenny,2007;Yamashita et al.,2008),基于

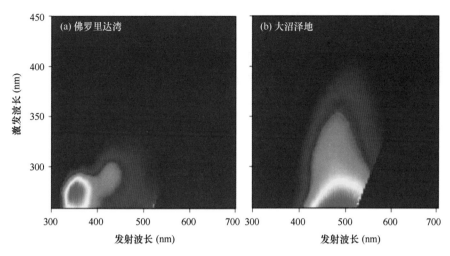

图 12.3 两份水样的激发-发射荧光光谱（EEM）。两份水样分别取自（a）佛罗里达湾的开放水域和（b）大沼泽地内的红树林（R Jaffé et al.，未发表数据）

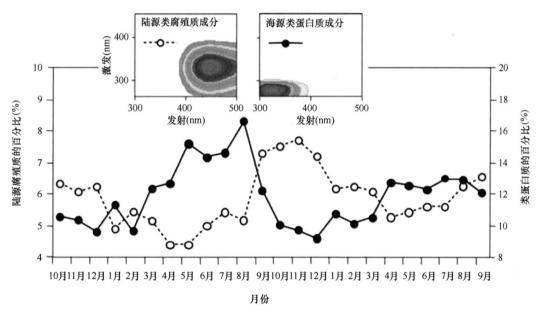

图 12.4 平行因子分析法（PARAFAC）对佛罗里达大沼泽地及邻近的沿海水域所做的 EEM 荧光光谱的分析，分辨出 11 种溶解态有机质成分，其中两种特别适合于区分外来的（陆源）溶解态有机质（虚线，空心圆）和原生的（海源）溶解态有机质（实线，实心圆）。这样，就有可能确定高流量条件下陆源溶解态有机质的输入和低流量条件下原生溶解态有机质的输入（修改自 Jaffé et al.，2008）

溶解态有机质特征的环境氧化还原条件评价（Fulton et al.，2004；Cory and McKnight，2005），水质评价（Wang et al.，2007），土壤中溶解态有机质研究（Ohno and Bro，2006；Ohno et al.，2007），以及实验室模拟和围隔（mesocosm）试验（Muller et al.，2005；

Stedmon et al.，2007）等。大多数应用这一方法的文献都论述了溶解态有机质中的陆源成分、微生物源/海源成分和类蛋白质成分（Stedmon et al.，2003；Stedmon and Markager，2005）。因此，一旦溶解态有机质成分的特征得到更好的描述，且更多研究人员应用这种方法，EEM-PARAFAC就很有可能成为溶解态有机质示踪研究的首选方法。

近年，应用EEM-PARAFAC方法对佛罗里达湾一处采样区内的监测数据进行了分析，从中确认了11种溶解态有机质成分，分别为从陆地到海洋到类蛋白质的各种有机质。其中一些成分表现出了季节性变化（图12.4；Jaffé et al.，2008），这显然是受到了几种水文动力共同作用的影响，比如高排水量期（9—12月）从大沼泽地的淡水沼泽及其边缘的红树林群落中输入的陆源CDOM；以及在盛夏时节（5—8月）可能来自海草群落的初级生产者的产物。因此，应用CDOM光学特性在热带和亚热带生态系统中示踪有机质的来源，加深了我们对这些环境中的溶解态有机质动态的认识。但是，这一生物地球科学领域还需要更多类似研究才能向前迈出一大步。

12.3.3 同位素法

稳定同位素测量法（特别是碳和氮）常用于示踪水生环境及食物网中的有机质的变化。与分子或光学示踪技术类似，稳定同位素法之所以能示踪环境中的元素转移，原因就在于不同的生产者都具有独特的同位素比例。较轻的同位素在新陈代谢反应中的反应性略高（Fry and Sherr，1984）。光合作用会优先将^{12}C转化到生物量中，造成植物组织中$^{13}C/^{12}C$的比例低于它们原先在无机碳中的比例。植物中确切的同位素比例主要取决于光合作用与无机碳的来源。因此，一些初级生产者会呈现不同的同位素比例。一般地，C3植物中的$^{13}C/^{12}C$比例低于C4植物，而从水中吸收溶解态无机碳的藻类与陆生植物相比，会在光合作用时表现出不同的同位素分馏（Fry and Sherr，1984）。物质分解是形成同位素分馏的常见原因。海岸带中的陆源有机质和藻源有机质之间同位素比例的差异明显，与之相比，降解导致的同位素比值一般较小。碳稳定同位素测量法已用于示踪沿海食物网中由红树林产生的腐殖质，或用于研究红树林环境中悬浮态和溶解态有机碳的动态（Rodelli et al.，1984；Zieman et al.，1984；Lin et al.，1991；Hemminga et al.，1994；Primavera，1996；Dittmar et al.，2006；Bouillon et al.，2007；见第3章）。

碳稳定同位素比例一般用$\delta^{13}C$表示，根据国际碳稳定同位素标准（Pee Dee Belemnite Standard，PDB），可用以下公式表达：

$$\delta^{13}C = \left(\frac{(^{12}C/^{13}C)_{sample}}{(^{12}C/^{13}C_{PDB})} - 1 \right) \times 1\,000‰$$

例如，红树林生态系统中典型的$\delta^{13}C$来源有包括红树林产生的腐殖质-28‰、海草-11‰和浮游植物-21‰。红树林中实际的$\delta^{13}C$值有可能显著偏离这些平均近似值。例如，异养生物的呼吸作用会造成明显的同位素分馏；河口浮游植物中的同位素也可能很低，因为它们的生长往往是依靠陆源的或水中的碳循环（Peterson and Fry，1989）。

测定颗粒物样品中的 $\delta^{13}C$，通常是用配有高温燃烧单元的同位素比率质谱仪（iso-ratio mass spectrometers，ir-MS）。溶解态有机碳中 $\delta^{13}C$ 的测定，技术难度更大，因为目前还没研制出配有液相燃烧单元的质谱仪。Dittmar 等（2006，2008）利用固相萃取法从海水中分离出溶解态有机质。这些溶解态有机质的萃取物不含盐分，经过冷冻干燥后得到的粉末，可以用传统的质谱仪分析。这种方法的不足之处在于，将近半数的溶解态有机质无法用固相萃取法分离，因而也就无法分析。近年，Bouillon 等（2006）和 Beaupré 等（2007）采用了一些新方法，将传统的溶解态有机碳氧化单元接入质谱仪，测算出大部分溶解态有机碳的 $\delta^{13}C$ 值。第 3 章讨论了这一技术的应用实例。

$\delta^{13}C$ 参数随 ^{12}C 浓度的变化而发生线性变化，但与总碳（$^{13}C+^{12}C$）浓度的关系不成线性（Perdue and Koprivnjak，2007）。但是，由于 ^{13}C 只占碳总量的 1.1%，因此可以假设 $\delta^{13}C$ 代表碳总量（$^{13}C+^{12}C$），以便建立线性混合模型。由于海源腐殖质和红树林腐殖质之间差别相对较大，因此可以借助碳稳定同位素将二者区分开。例如，Dittmar 等（2006）用一个简单双源混合模型确定了巴西北部大陆架上的红树林腐殖质（图 12.5）。Rezende 等（1990）提出，海源有机质对巴西里约热内卢市塞佩蒂巴湾红树林的颗粒态有机质外溢的贡献值很高，并认为外溢的重要性可能远小于简单的物质平衡研究的预计值。在承载多种陆源和海源输入的复杂红树林系统中，一个单参数的模型（$\delta^{13}C$）不足以区分所有的潜在来源。另外，$\delta^{13}C$ 方法只能对有机质的来源做较粗的分类，经常无法区分不同的陆源 C3 植物。

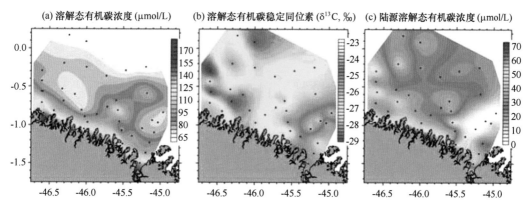

图 12.5　在巴西北部的大陆架，可建立一个基于 $\delta^{13}C$ 的海洋-红树林溶解态有机碳双源混合模型（改自 Dittmar et al.，2006）

多种同位素法，特别是碳稳定同位素（$\delta^{13}C$）和氮稳定同位素（$\delta^{15}N$）的组合，可以协助区分热带河口及其营养系统中的有机质的多种来源及其变化（Primavera，1996；Marguillier et al.，1997）。如果样品中的氮浓度足够高，那么利用传统的质谱仪就可以同时测得 $\delta^{13}C$ 和 $\delta^{15}N$。目前已经具备技术条件来测定各种天然丰度水平的无机氮中 $\delta^{15}N$ 值（Sigman et al.，1997）。一般而言，将 $\delta^{15}N$ 标准化为大气中的氮气，新固定的氮和合成氨化肥中的 $\delta^{15}N$ 就接近 0‰。在脱氮过程中，有机肥或化粪系统中剩余有机质的 $\delta^{15}N$ 值有时高达 30‰ 以上（Chang et al., 2002）。因此，$\delta^{15}N$ 可以作为固氮/脱氮作用或人为影响的理想示踪剂。但是，在很多热带河口中，这些过程都是同时发生的。这既模糊了同位素信号，也使研究人员无法明确确定某个生物地球化学过程或有机质的来源。

应用碳和氮以外的元素对河口进行同位素研究的例子相对较少。硫稳定同位素 $\delta^{34}S$ 已经用于进一步厘清热带沿海系统中的营养关系（Hsieh et al., 2002；Connolly et al., 2004）。$\delta^{34}S$ 也是研究滨海湿地有机质的理想示踪剂，这是因为氧化还原过程对硫的同位素有很强的分馏作用。硫酸盐分解会造成残余硫化物中的 ^{32}S 富集，而沼泽植物对硫化物的吸收又导致了 $\delta^{34}S$ 值显著下降。在佛罗里达大沼泽地，这种分馏过程形成了有机沉积物和无机硫化沉积物之间清晰的 $\delta^{34}S$ 剖面分布。

分子生物标记分布法和气相色谱-同位素比率质谱仪（GC-ir-MS）的特定化合物同位素（$\delta^{13}C$）测量法，已经成功地联用于示踪河口边缘红树林的有机质来源（Mead et al., 2005；Hernandez et al., 2001）。与单独使用 $\delta^{13}C$ 总量测定法（bulk $\delta^{13}C$ determination）或生物标记分析法相比，这一技术提高了解决相关问题的能力。

12.3.4 分子法与多源混合模型

分子示踪剂法的挑战表现在数据分析方面，但是，有的分子示踪剂具有高度针对性，因而可用于区分来自不同的陆地生态系统甚至来自不同物种的有机质。通过综合运用几种示踪剂，可以建立多源混合模型。适用于溶解态有机质的分子示踪剂少之又少，因此迄今唯一用于示踪红树林系统中的溶解态有机质的示踪剂只有木质素（Dittmar et al., 2001b）。木质素是维管植物所特有的物质，因而可用于区分植物的类型，如被子植物、裸子植物或非木本维管束植物（Hedges et al., 1986）。因此，木质素已经用于示踪河流和海洋环境中的陆源有机质的变化和运输（Hedges and Ertel, 1982；Ertel et al., 1984；Hedges et al., 1986；Moran and Hodson, 1994；Kattner et al., 1999；Maie et al., 2005）。木质素示踪剂法最常用的分析手段是用气相或液相色谱仪测量样品中经氧化铜氧化后的酚醛亚基（图 12.6）。一些研究应用了热化学分析技术（Maie et al., 2005）。这两种分析方法，不论哪一种都会生产一个酚醛亚基阵列，其相对丰度可标示其特定来源。Benner 等（1990）发现美洲红树（*Rhizophora mangle*）的叶子大量析出木质素衍生酚类。因此，红树林产生的溶解态有机质富含木质素。

Moran 等（1991）通过分析溶解态木质素衍生酚类和天然荧光化合物，示踪了巴哈马的贝里群岛（Berry Island）上的红树林沼泽生态系统产生的溶解态有机质。Dittmar 等（2001b）建立了一个三源混合模型，用于研究巴西北部一处红树林河口中的溶解态和悬浮态有机碳（图 12.7）。该模型使用不同的木质素衍生酚类和碳稳定同位素，定量区分源自红树林、藻类与河流的有机质（图 12.8）。重要的是应注意到，与 $\delta^{13}C$ 相比，在应用酚类物质比率时，要建立非线性的混合方程。Dittmar 等（2001b）还提出了一种三源模型误差传递的方法。

除了木质素，氨基酸对应异构体、中性糖和氨基糖也可做分子级的分析。这些示踪剂

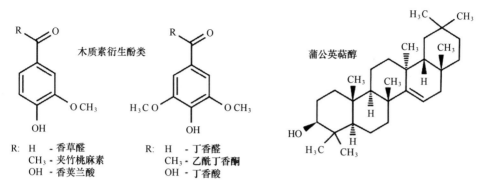

图 12.6 巴西北部河口中用于区分红树林源的溶解态有机质和其他源的溶解态有机质（见图 12.7）的一些木质素衍生酚类的分子结构，以及蒲公英萜醇（taraxerol）的分子结构，后者可标示沉积物中的红树林腐殖质

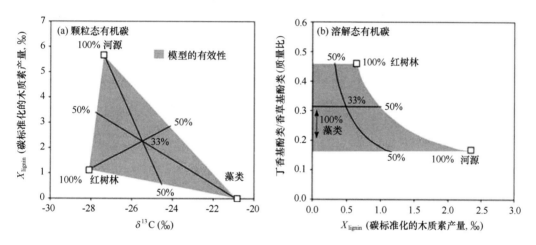

图 12.7 在巴西北部河口区分源自红树林、藻类与河流的颗粒态和溶解态有机质的三源混合模型（Dittmar et al.，2001b）。这些模型用到的参数有：碳标准化的木质素产量（X_{lignin}）、$\delta^{13}C$、丁香基酚类和香草基酚类的质量比。藻类产生的有机质不含木质素，红树林腐殖质中含有比河源有机质更多的丁香基酚类（改自 Dittmar et al.，2001b）

主要用于开阔海洋环境示踪水体中浮游的溶解态有机质的变化（Dittmar et al.，2001a），但近年也用于评价沿海湿地与河口中的有机质来源（Jones et al.，2005；Maie et al.，2005，2006b）。红树林系统多源混合模型中也可以加入这些示踪剂，以改进现有的模型。多数红树，尤其是美洲红树（*Rhizophora mangle*），都富含单宁酸（Hernes et al.，2001）。单宁酸易溶于海水，也容易在水中降解。单宁酸可牢固吸附在沉积物上，并与有机氮发生反应（Maie et al.，2007）。因此，单宁酸或可作为专门针对海岸带红树林产生的不稳定溶解态有机质的示踪剂。近年还出现了测定溶解态有机质中燃烧产生的有机质（黑炭）的分子级分析方法（Dittmar，2008）。在热带，地面的生物量经常燃烧，而水下的植物（包括

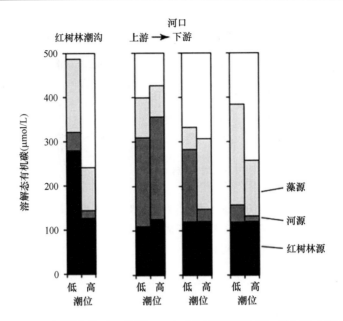

图 12.8 三源混合模型（见图 12.7）揭示了巴西北部一处河口中有大量源于红树林的溶解态有机质（改自 Dittmar et al., 2001b）

维管束海草）不会燃烧。因此，黑炭可成为沿海系统中确定溶解态有机质和颗粒态有机质来源的一个有力工具。

12.3.5 分子指纹技术

分析木质素酚类和其他单个成分的分子，能得出有价值的分子级的信息，同时也适用于区分有机质的来源或与其通量相关的过程。但是，这些分析参数只代表原始分子的亚单元结构。已有大量的研究致力于揭示原始有机质的分子结构，以确认新的生物标记，并对于有机质生物利用度及其保存的认识。

液相色谱仪和毛细管电泳技术已用于有机质的分离和特性测定（Caron et al., 1996; Frimmel, 1998; Wu et al., 2003），有时候也与质谱仪（Reemtsma and These, 2003; Schmitt-Kopplin and Kettrup, 2003; Reemtsma et al., 2006a; Dittmar et al., 2007）或核磁共振仪（Piccolo et al., 2002; Simpson et al., 2004）联用。其中每一项技术的应用都能得到有机质的部分重要的化学和理化信息，如极性、大小或功能环境。应用分子排阻色谱仪（Size exclusion chromatography, SEC）结合在线碳检测、吸光度或荧光检测，可以测出不同来源的溶解态有机质的分子大小和整体功能特性（Dittmar and Kattner, 2003; Scully et al., 2004; Maie et al., 2007; Tzortziou et al., 2008）。

色谱仪和质谱仪联用可以得到更深一层的信息。虽然传统质谱仪的分辨率不足以辨别有机质样品中的所有分子，但由此得到的光谱仍然从根本上反映了样品的整体构成。多元变量统计法，如聚类分析、多维标度、主成分分析和判别分析，适用于评估和比较物质光谱。综合应用质谱法与合适的统计法，可以得到热带和温带沿海系统中的有机质来源及其转化过程的指纹信息（Minor et al.，2002；Dittmar et al.，2007）。例如，巴西北部一片红树林的孔隙水的光降解，出现了显著的分子级化学变化。红树林输出的溶解态有机质明确携带了陆源 $\delta^{13}C$ 的标记，而分子指纹技术揭示了大陆架上的运输发生了大量的光降解（参见 Dittmar et al.，2006；Dittmar et al.，2007）。

即使应用最先进的分离技术，溶解态有机质的复杂性仍然使我们无法利用传统的光谱探测技术或裂解实验以明确无误地确定其中的分子及其结构（Reemtsma，2001，Mopper et al.，2007）。超清晰傅里叶变换离子回旋共振质谱法（FT-ICR-MS，Marshall et al.，1998）为此提供了一个全新的分析框架，从中可得出有机质中无法通过其他仪器得到的大量分子信息。FT-ICR-MS 方法解析了复杂有机混合物中的几千种分子，并给出了它们中大多数的分子式。这些复杂的有机混合物有石油（Schaub et al.，2005）、陆源腐殖物（Kujawinski et al.，2002，Stenson et al.，2003）、气溶胶（Reemtsma et al.，2006b）、海洋有机质（参见 Koch et al.，2005b，Hertkorn et al.，2006）和地表水（Einsiedl et al.，2007）等。这种分析技术可以区分不同有机质来源和特定过程中的分子组成（Kujawinski et al.，2004）。

图 12.9 说明用 FT-ICR-MS 方法测定的红树林孔隙水分子组成受到的光降解影响。在这个实验中，样品提取物（用固相提取技术分离）直接用离子电喷雾注入 FT-ICR-MS（图 12.9）。这项技术可以 <1 ppm 的质量精度解析一万多种物质。从精确的分子质量可以推算出分子式。为了用图形表示由此得出的大量分子式，通常用到两种图示法（图 12.10）：（1）在 Kendrick 分析法中，分子的精确质量标准化为官能团（如 CH_2）的精确质量（Kendrick 质量偏差）；因此，同系物的分子在图上呈一条水平线［Kendrick，1963；Hughey et al.，2001；Stenson et al.，2003；见图 12.10（a）］；（2）在范氏分析法（molecular van Krevelen diagram）中，分子式用氢碳比或氧碳比来表示［Kim et al.，2003；图 12.10（b）］。在范氏图中，每个点所呈现的至少是一种由氧碳比和氢碳比代表的分子式。红树林孔隙水的光降解既会使 Kendrick 质量偏差的平均值普遍移位，也会使氧碳比下降，氢碳比上升。

虽然 FT-ICR-MS 可以提供其他仪器无法企及的详细分子信息，但是，这种仪器迄今所提供的溶解态有机质的结构信息仍然少之又少（Stenson et al.，2003，Koch and Dittmar，2006）。不过，在某些情况下，（由 FT-ICR-MS 给出的）分子式本身可以提供其结构信息。例如，近年在河流和海洋溶解态有机质中发现了只能由地壳中的产热过程或生物量燃烧生成的寡氢分子（"黑炭"）（Kim et al.，2004；Dittmar and Koch，2006）。芳香性指数（AI）可由分子式计算而得，而这一指数可以用来确定燃烧产生的芳香性或多环芳香结构（Koch and Dittmar，2006）。反相色谱仪与 FT-ICR-MS 联用，可能有很好的应用前景，因其能提供更详细的结构特征，也能给出更多分子级的特征信息（Koch et al.，2008）。

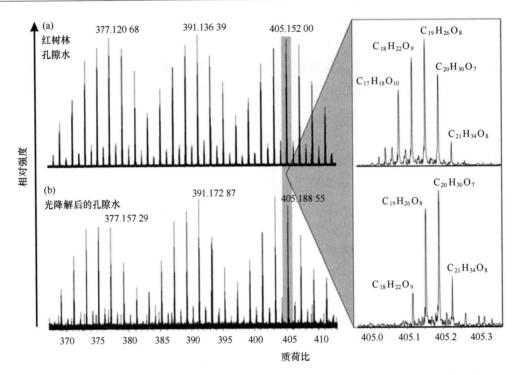

图 12.9　正离子电喷雾傅里叶变换离子回旋共振质谱分析图像，样品为：（a）红树林孔隙水；（b）消毒后经过 14 天光降解的同一批水样。图像左侧显示质荷比值在 370~410 之间；右侧图像是质荷比值在 405 处的特写。根据精确的分子质量，可推算出分子式（B Koch et al.，未发表的数据；Dittmar et al.，2007）

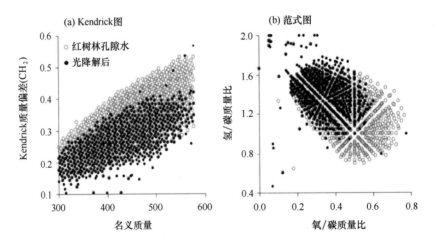

图 12.10　红树林孔隙水和光降解后孔隙水的 Kendrick 图示（a）与范氏图（b）（B Koch et al.，未发表的数据；Dittmar et al.，2007）。光降解导致水中含氧量相对下降，而含氢量上升，说明发生了脱羧反应和去芳构化反应

12.4 示踪红树林和海岸沉积物中有机质的来源

前面各节集中讨论水体中的溶解态和悬浮态有机质。红树林产生的溶解态有机质可以被运输到更远的海域,并在那里发生生物地球化学变化或矿化作用。虽然已经观测到悬浮态红树林腐殖质可以颗粒态有机碳的形式在边缘有红树林的河流中运输(Jaffé et al., 2001),或横穿河口(Xu et al., 2006),但是它们中的大多数仍然仅存在于红树林内或邻近区域。已有多种生物标记成功用于沉积物研究。目前关于热带沿海生态系统向河口和沿海沉积物输出有机质的研究,普遍用到两种技术:利用(1)微化石和(2)有机或无机化学标记,确定有机质来源。微化石(如花粉或浮游生物外壳)产生关于初级生产者的特定物种的信息,因此经常用于确定有机质的来源(Behling and da Costa, 2000, 2001; Cohen et al., 2005a; Cohen et al., 2005b; Scourse et al., 2005)。

但是,不论是微化石,还是分子标记,都会受到某些分解作用的影响,不适用于量化分析沉积物的整体有机质通量。因此,量化沿海有机质埋藏率仍然是当前研究的一个重点。

沉积物中的分子生物标记,使我们得以确定沉积有机质的来源和降解,特别是在微化石没有保存的情况下。作为分子生物标记的大多数化合物都是脂类,即溶于非极性溶剂一大类化合物。它们的非极性特征阻碍了微生物降解,这是沉积物中的有机质得以有效保存的重要原因。在植物母体中,脂类或以自由态形式存在(如红树叶子的表皮蜡),或以复合态形式存在。利用溶剂提取法(复合脂类在皂化后)容易获得可加以分析的脂类,而对它们的分析主要用到气相色谱仪配火焰电离检测器或质谱仪。经过最初的快速降解后,生物标记的相对分布历经千万年的成岩作用都保持不变,因而适合用于确定古代有机沉积物中遗留的红树林成分(Koch et al., 2003; Xu et al., 2007)。各种类异戊二烯经常作为化学分类的示踪剂来区别陆地、河口和海洋有机质的来源(Volkman, 1986; Johns et al., 1994; Killops and Frewin, 1994; Munoz et al., 1997; Bianchi and Canuel, 2001; Jaffe et al., 2001)。固醇或类三萜化合物存在于陆地植物的表皮蜡中,能够提供特定物种的信息(Pant and Rastogi, 1979; Das and Mahato, 1983; Dodd et al., 1995; Wollenweber et al., 1999)。藿烷类化合物可显示细菌/蓝菌对总沉积有机质的贡献(Mfilinge et al., 2005; Volkman et al., 2007)。各种固醇可用于确定硅藻、绿藻和腰鞭毛藻产生的有机质(Volkman et al., 1998; Volkman, 2005)。

在佛罗里达州南部亚热带地区,生物标记已用于选择性区分红树林产生的有机质与当地其他来源(如海草和其他沿海湿地植物)的有机质(Jaffé et al., 2006; Xu et al., 2006)。例如,基于正烷烃的替代指标 P_{aq} 值($C_{23}+C_{25}/C_{23}+C_{25}+C_{29}+C_{30}$)区分了分别源自红树林和海草的有机质。Mead 等(2005)指出,新生陆地植物(包括红树林)的 P_{aq} 值(0.13~0.51)一般低于海水下的植物(如海草约为 1.0)。另外,就正烷烃(C_{23} 到 C_{31})特有的 $\delta^{13}C$ 值而言,陆地新生植物和淡水植物明显不同于海水植物(与海草相比)。虽然 Paq 替代指标具备评价复杂生态系统中的有机质输入的潜力，但并非专门针对红树林。巴西北部、非洲西南部、佛罗里达州和日本的海岸带没有其他主要的维管束植物来提供有机质的来源，因而都将三羟基的类三萜化合物——蒲公英萜醇 (见图 12.6) 专门用作红树属植物 (*Rhizophora*) 的替代指标 (Koch et al., 2003; Versteegh et al., 2004; Koch et al., 2005a; Scourse et al., 2005; Jaffé et al., 2006; Xu et al., 2006; Basyuni et al., 2007; Xu et al., 2007)。虽然蒲公英萜醇容易被微生物降解 (Koch et al., 2005a)，并能在模拟阳光照射下与紫外线反应生成次级衍生物 (Simoneit et al., 2009)，但是总体而言，它在沉积物中的表现是稳定的。这种稳定性使其适合作为 100 万年时间尺度的红树林生物量的示踪剂 (Versteegh et al., 2004)。但是，我们已知许多其他的植物也含有蒲公英萜醇，也能向沿海系统输出有机质 (Volkman et al., 2000)。因此，若干种类的三萜化合物组合使用，将提高其作为化学分类示踪剂的可信度，尤其是用在相对年轻的沉积物上时，更是如此 (Koch et al., 2005a)。研究人员对佛罗里达湾河口的一段狭窄的表面沉积物采样区应用了一种多替代指标生物标记法，从中发现 Paq 值从近岸向海显著上升 (即海草产生的有机质增加)。同时，蒲公英萜醇大量减少 (红树林产生的有机质减少)，这表明那里的整个生态系统中有机质的来源呈现明显的空间变化 (图 12.11; Xu et al., 2006)。总体而言，佛罗里达湾东北部的有机质来源既有红树林的也有海草的，而在中部和西南部，海草产生的有机质占绝对优势。

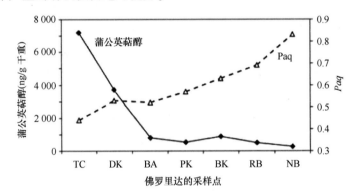

图 12.11　佛罗里达湾表面沉积物中 Paq 值和蒲公英萜醇浓度在东北—西南走向的取样带上的分布 (仿自 Xu et al., 2006)

类似的方法也用于检测佛罗里达湾颗粒态有机质成分的时空变化 (Xu and Jaffé, 2007)。虽然浮游生物作为颗粒态有机质的来源被认为遍及整个佛罗里达湾，但是几种生物标记替代指标 (包括 Paq 值和蒲公英萜醇) 都显示颗粒态有机质的来源发生过空间变换：在沿东北到西南的一条采样带上，红树林产生的有机质迅速减少，而海草和微生物产生的有机质显著增加。这些模式符合该区域的植物分布和运输模式。在时间尺度上，旱季采集的颗粒态有机质样品含有的陆源红树林生产成分高于雨季。造成这一现象的原因可能是浮游生物和海草的初级生产力在旱季下降了。

蒲公英萜醇也用于评价佛罗里达湾距今较近的历史变化（约 160 年）（Xu et al.，2007）。根据记录，最重要的环境变化是生物标记在 20 世纪波动的振幅和频率。20 世纪 80 年代蒲公英萜醇的丰度显著提高，这可能是由于佛罗里达南部水文条件变化导致佛罗里达湾东北沿岸的红树林初级生产力提高的结果。在近年的研究中（图 12.12），研究人员检测了佛罗里达湾两种沉积物柱状样中的生物标记在过去 4000 多年的分布。蒲公英萜醇与 Paq 值的联用揭示了沉积环境从淡水沼泽到红树林沼泽再到海草为优势物种的海洋生态系统的变化，这些变化可能是全新世以来佛罗里达湾海平面上升的结果。因此，蒲公英萜醇是研究大时间尺度沿海红树林产生的有机质的理想示踪剂。

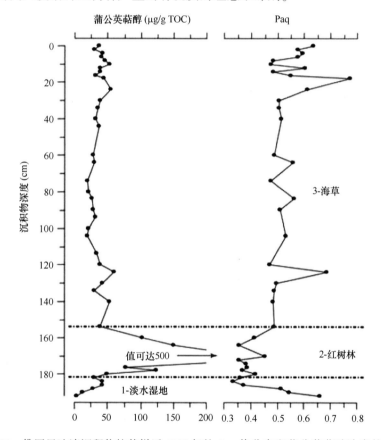

图 12.12　佛罗里达湾沉积物柱状样近 4000 年的 Paq 值分布和蒲公英萜醇浓度的深度剖面。柱状样底部（>150 cm）是泥炭（Y Xu and R Jaffé，未发表的数据）

12.5　结论

理解沿海生态系统功能的关键在于确定营养盐和有机质流动的主要途径和量级。基于盐度建立河口混合模型可能是最直接、对技术要求也最低的研究方法（第 12.2 节）。这类模型可以对河口有机质的源与汇作量化分析，而模型的大多数输入参数可以通过多数河口监测项目采用的常规分析技术获得。要成功应用这些模型，关键是在时间和空间上都有足够的采样密度，以便将浓度的系统性变化（盐度的一项功能）和河口自身的特征区分开。河口范围内的研究提供了尺度相对较大的信息。但是，单个生态系统内部的过程往往还不为人所知。在面积从几平方米到几平方千米不等的小型潮汐排水区内，对天然潮沟或人工水槽通量的研究得出了有关营养盐和其他水生成分交换的数据。在复杂的潮汐环境中，精确测算排水量的难度很大。近年出现的浅水声学多普勒流速剖面仪（ADCP）将使这种方法在未来得到更直接也更精确的运用。

为了评价有机质通量对河口和沿海生产力的潜在影响，重要的是确定有机质的来源及其生物利用度（第12.3节）。浮游生物产生的有机质的生物利用度往往高于红树林沉积物中产生的难溶的腐殖物质。借助稳定同位素，可区分有机质的来源（12.3.3）。通过对溶解态有机质的光学分析，特别是应用荧光和吸光度光谱（12.3.2），已经开发出了若干种示踪沿海溶解态有机质来源的技术。光学法和同位素法可对较大量的样品做常规分析，但往往缺乏特异性，不易确定单个生态系统成分的贡献。例如，红树林产生的溶解态有机质与河流中的多数溶解态有机质的光学特性和同位素特性都很类似。

分子级的分析技术可以提供有关有机质来源和产量的更具体的信息，但是大多数这类技术都要求做大量的分析，因而对于大样品量的常规研究，往往不够实用。分子级的木质素分析与碳稳定同位素分析联用，可以建立三源混合模型来区分源于红树林的有机质与源于水生环境的有机质（12.3.4）。除了木质素，还有不少分子级的示踪剂可能有助于未来的研究。近年，超高分辨率质谱仪技术的进步使我们能够分辨任何复杂有机质样品中成千上万种的分子。这种新兴技术已经为我们提供了红树林河口中的溶解态有机质的非常详细的分子指纹，并且有可能将沿海生物地球化学研究向前推进一大步（12.3.5）。在沉积物中存在很多特定的脂类分子生物标记。特别地，与微化石（如花粉）分析技术联用，对沉积物柱状样中的脂类生物标记进行分析，可以重建地质和历史时间尺度的滨海植被（第12.4节）。

致谢

作者在此要感谢 Ivan Nagelkerken 邀请参与本书的编写；同时感谢 Nagamitsu Maie、Yunping Xu 和 Matthias Witt（Bruker Daltonics 公司）提供本章涉及的之前未曾发表的数据。本章的编写获得了美国国家海洋和大气局（NOAA）、美国国家科学基金会（NSF）、南佛罗里达州水资源管理区（SFWMD）和德国研究基金会（DFG）的资助。这篇论文属于佛罗里达沿海大沼泽地长期生态研究项目（FCE-LTER）的出版物，为东南环境研究中心第429号文稿。

参考文献

Alberts JJ, Takacs M (1999) Importance of humic substances for carbon and nitrogen transport into southeastern

United States estuaries. Org Geochem 30: 385-395

Alongi DM, Ayukai T, Brunskill GJ et al (1998) Sources, sinks, and export of organic carbon through a tropical, semi-enclosed delta (Hinchinbrook Channel, Australia). Mangroves and Salt Marshes 2: 237-242

Ayukai T, Miller D, Wolanksi E, Spagnol S (1998) Fluxes of nutrients and dissolved and particulate organic matter in two mangrove creeks in north-eastern Australia. Mangroves and Salt Marshes 2: 223-230

Basyuni M, Oku H, Baba S et al (2007) Isoprenoids of Okinawan mangroves as lipid input into estuarine ecosystem. J Oceanogr 63: 601-608

Bates AL, Spiker EC, Holmes CW (1989) Speciation and isotopic composition of sedimentary sulfur in the Everglades, Florida, USA. Chem Geol, 146: 155-170

Battin TJ (1998) Dissolved organic materials and its optical properties in a blackwater tributary of the upper Orinoco River, Venezuela. Org Geochem 28: 561-569

Beaupré SR, Druffel ERM, Griffin S (2007) A low-blank photochemical extraction system for con-centration and isotopic analyses of marine dissolved organic carbon. Limnol Oceanogr Methods 5: 174-184

Behling H, da Costa ML (2000) Holocene environmental changes from the Rio Curuá record in the Caxiuana region, Eastern Amazon Basin. Quart Res 53: 369-377

Behling H, da Costa ML (2001) Holocene vegetational and coastal environmental changes from the Lago Crispim record in northeastern Pará State, eastern Amazonia. Rev Palaeobot Palyno, 114: 145-155

Benner R, Weliky K; Hedges JI (1990) Early diagenesis of mangroves leaves in a tropical estuary: molecular-level analyses of neutral sugars and lignin-derived phenols. Geochim Cosmochim Acta 54: 1991-2001

Bianchi TS, Canuel EA (2001) Organic geochemical tracers in estuaries – Introduction. Org Geochem 32: 451-451

Bianchi TS (2007) Biogeochemistry of estuaries. Oxford University Press, Oxford

Blough NV, Green SA (1995) Spectroscopic characterization and remote sensing of non-living organic matter. In: Zepp RG, Sonntag C (eds) The role of non-living organic matter in the Earth's carbon cycle, pp. 23-45. Proc Dahlem Conf Wiley, New York

Blough NV, Zafiriou OC, Bonilla J (1993) Optical absorption spectra of waters from the Orinoco River outflow: terrestrial input of colored organic matter to the Caribbean. J Geophys Res 98: 2271-2278

Boto KG, Bunt JS (1981) Tidal export of particulate organic matter from a northern Australian mangrove system. Estuar Coast Shelf Sci 13: 247-255

Bouillon S, Dehairs F, Velimirov B et al (2007) Dynamics of organic and inorganic carbon across contiguous mangrove and seagrass systems (Gazi Bay, Kenya). J Geophys Res 112: G02018

Bouillon S, Korntheuer M, Baeyens W et al (2006) A new automated setup for stable isotope analysis of dissolved organic carbon. Limnol Oceanogr Methods 4: 216-226

Burchard H, Bolding K (2002) GETM, a general estuarine transport model. Scientific documenta-tion. Technical report, European Commsission, Ispra

Burchard H, Bolding K, Villarreal MR (2004) Three-dimensional modelling of estuarine turbidity maxima in a tidal estuary. Ocean Dyn 54: 250-265

Cai Y, Jaffé R, Jones R (1999) Interaction between dissolved organic carbon and mercury species in surface waters of the Florida Everglades. Appl Geochem 14: 395-407

Caron F, Elchuk S, Walker ZH (1996) High-performance liquid chromatographic characteriza-tion of dissolved organic matter from low-level radioactive waste leachates. J Chromatogr A 739: 281-294

Chang CCY, Kendall C, Silva SR et al (2002) Nitrate stable isotopes: tools for determining nitrate source among different land uses in the Mississippi River basin. Can J Fish Sci 59: 1874-1885

Childers D, Cofershabica S, Nakashima L (1993) Spatial and temporal variability in marsh watercolumn interactions in a southeastern USA salt-marsh estuary. Mar Ecol Prog Ser 95: 25-38

Clark CD, Jimenez-Morais J, Jones G et al (2002) A time-resolved fluorescence study of dissolved organic matter in a riverine to marine transition zone. Mar Chem 78: 121-135

Coble PG, del Castillo CE, Avril B (1998) Distribution and optical properties of CDOM in the Arabian Sea during the 1995 southwest Monsoon. Deep Sea Res II 45: 2195-2223

Coble PG (1996) Characterization of marine and terrestrial DOM in seawater using excitation-emission matrix spectroscopy. Mar Chem 51: 325-346

Cohen MCL, Behling H, Lara RJ (2005a) Amazonian mangrove dynamics during the last millen-nium: the relative sea-level and the Little Ice Age. Rev Palaeobot Palynol 136: 93-108

Cohen MCL, Souza Filho PWM, Lara RJ et al (2005b) A model of Holocene mangrove devel-opment and relative sea-level changes on the Bragança Peninsula (northern Brazil). Wetlands Ecol Manage 13: 433-443

Connolly RM, Guest MA, Melville AJ et al (2004) Sulfur stable isotopes separate producers in marine food-web analysis. Oecologia 138: 161-167

Cory RM, DM Mcknight (2005) Fluorescence spectroscopy reveals ubiquitous presence of oxi-dized and reduced quinines in dissolved organic matter. Environ Sci Technol 39: 8142-8149

D'Alapaos A, Lanzoni S, Marani M (2005) Tidal network ontogeny: channel initiation and early development. J Geophys Res 110: F02001

Das MC, Mahato SB (1983) Triterpenoids. Phytochem 22: 1071-1095

De Souza Sierra MM, Donard OFX, Lamotte M (1997) Spectral identification and behaviour of dissolved organic fluorescent material during estuarine mixing processes. Mar Chem 58: 51-58

De Souza Sierra MM, Donard OFX, Lamotte M et al (1994) Fluorescence spectroscopy of coastal and marine waters. Mar Chem 47: 127-144

Del Castillo CE, Gilbes F, Coble PG et al (2000) On the dispersal of colored dissolved organic matter over the West Florida Shelf. Limnol Oceanogr 45: 1425-1432

Dittmar T, Fitznar HP, Kattner G (2001a) Origin and biogeochemical cycling of organic nitrogen in the eastern Arctic Ocean as evident from D- and L-amino acids. Geochim Cosmochim Acta 65: 4103-4114

Dittmar T, Hertkorn N, Kattner G et al (2006) Mangroves, a major source of dissolved organic carbon to the oceans. Global Biogeochem Cycles 20: 1-7

Dittmar T, Kattner G (2003) Recalcitrant dissolved organic matter in the ocean: major contribution of small amphiphilics. Mar Chem 82: 115-123

Dittmar T, Koch BP (2006) Thermogenic organic matter dissolved in the abyssal ocean. Mar Chem 102: 208-217

Dittmar T, Koch BP, Hertkon N et al (2008) A simple and efficient method for the solid-phase extraction of dissolved organic matter (SPE-DOM) from seawater. Limnol Oceanogr Methods 6: 230-235

Dittmar T, Lara RJ (2001a) Do mangroves rather than rivers provide nutrients to coastal environ-ments south of the Amazon River? Evidence from long-term flux measurements. Mar Ecol Prog Ser 213: 67-77

Dittmar T, Lara RJ (2001b) Driving forces behind nutrient and organic matter dynamics in a man-grove tidal creek in North Brazil. Estuar Coast Shelf Sci 52: 249-259

Dittmar T, Lara RJ, Kattner G (2001b) River or mangrove? Tracing major organic matter sources in tropical Brazilian coastal waters. Mar Chem 73: 253-271

Dittmar T, Whitehead K, Minor EC et al (2007) Tracing terrigenous dissolved organic matter and its photochemical decay in the ocean by using liquid chromatography/mass spectrometry. Mar Chem 107: 378-387

Dittmar T (2008) The molecular-level determination of black carbon in marine dissolved organic matter. Org Geochem 39: 396-407

Dodd RS, Fromard F, Rafii ZA et al (1995) Biodiversity among West African Rhizophora: foliar wax chemistry. Biochem Syst Ecol 23: 859-868

Einsiedl F, Hertkorn N, Wolf M et al (2007) Rapid biotic molecular transformation of fulvic acids in a karst aquifer. Geochim Cosmochim Acta 71: 5474-5482

Ertel JR, Hedges, JI, Perdue EM (1984) Lignin signature of aquatic humic substances. Science, 223: 485-487

Fagherazzi S, Sun T (2004) A stochastic model for the formation of channel networks in tidal marshes. J Geophys Res Lett 31: L21503

Ferrari GM, Mingazzini M (1995) Synchronous fluorescence spectra of dissolved organic matter (DOM) of algal origin in marine coastal waters. Mar Ecol Progr Ser 125: 305-315

Frimmel FH (1998) Characterization of natural organic matter as major constituents in aquatic systems. J Contam Hydrol 35: 201-216

Fry B, Sherr EB (1984) $\delta 13C$ measurements as indicators of carbon flow in marine and freshwater ecosystems. Contrib Mar Sci 27: 13-47

Fulton JR, McKnight DM, Foreman CM et al (2004) Changes in fulvic acid redox state through the oxyline of a permanently ice-covered Antarctic lake. Aquat Sci 66: 27-46

Gardner LR (2005) Role of geomorphic and hydraulic parameters governing porewater seepage from salt marsh sediments. Water Resour Res 41: W07010

Gordon ES, Goñi MA (2004) Controls on the distribution and accumulation of terrigenous organic matter in sediments from the Mississippi and Atchafalaya river margin. Mar Chem 92: 331-352

Hall GJ, Kenny JE (2007) Estuarine water classification using EEM spectroscopy and PARAFAC-SIMCA. Anal Chim Acta 581: 118-124

Hall GJ, Clow KE, Kenny JE (2005) Estuarial fingerprinting through multidimensional fluores-cence and multivariate analysis. Environ Sci Technol 39: 7560-7567

Harvey J, Germann P, Odum W (1987) Geomorphological control of subsurface hydrology in the creekbank zone of tidal marshes. Estuar Coast Shelf Sci 25: 677-691

Hedges JI, Eglinton G, Hatcher PG et al (2000) The molecularly-uncharacterized component of nonliving organic matter in natural environments. Org Geochem 31: 945-958

Hedges JI, Keil RG (1995) Sedimentary organic matter preservation: an assessment and speculative synthesis.

Mar Chem 49: 81-115

Hedges JI, Clark WA, Quay PD et al (1986) Composition and fluxes of particulate organic matter in the Amazon River. Limnol Oceanogr 31: 717-738

Hedges JI, Ertel JR (1982) Characterization of lignin by gas capillary chromatography of cupric oxide oxidation products. Anal Chem 54: 174-178

Hemminga MA, Slim FJ, Kazungu J et al (1994) Carbon outwelling from a mangrove forest with adjacent seagrass beds and coral reefs (Gazi Bay, Kenya). Mar Ecol Prog Ser 106: 291-301

Hernandez ME, Mead R, Peralba MC et al., (2001) Origin and transport of n-alkane-2-ones in a subtropical estuary: potential biomarkers for seagrass-derived organic matter. Org Geochem 32: 21-32 2001

Hernes PJ, Benner R, Cowie GL et al (2001) Tannin diagenesis in mangrove leaves from a tropical estuary: a novel molecular approach. Geochim Cosmochim Acta 65: 3109-3122

Hertkorn N, Benner R, Frommberger M et al (2006) Characterization of a major refractory com-ponent of marine dissolved organic matter. Geochim Cosmochim Acta 70: 2990-3010

Hsieh HL, Chen CP, Chen YG et al (2002) Diversity of benthic organic matter flows through polychaetes and crabs in a mangrove estuary: delta C-13 and delta S-34 signals. Mar Ecol Prog Ser 227: 125-155

Hughey CA, Hendrickson CL, Rodgers RP et al (2001) Kendrick mass defect spectrum: a compact visual analy-sis for ultrahigh-resolution broadband mass spectra. Anal Chem 73: 4676-4681

Hwang DW, Kim GB, Lee YW et al (2005) Estimating submarine inputs of groundwater and nutrients to a coast-al bay using radium isotopes. Mar Chem 96: 61-71

Jaffé R, Boyer JN, Lu X et al (2004) Sources characterization of dissolved organic matter in a mangrove-domina-ted estuary by fluorescence analysis. Mar Chem 84: 195-210

Jaffé R, Mead R, Hernandez ME et al (2001) Origin and transport of sedimentary organic matter in two subtropi-cal estuaries: a comparative, biomarker-based study. Org Geochem 32: 507-526

Jaffé R, McKnight D, Maie N et al (2008) Spatial and temporal variations in DOM composition in ecosystems: the importance of long-term monitoring of optical properties. J Geophys Res 113: GO4032

Jaffé R, Rushdi AI, Medeiros PM et al (2006) Natural product biomarkers as indicators of sources and transport of sedimentary organic matter in a subtropical river. Chemosphere 64: 1870-1884

Johns RB, Brady BA, Butler MS et al (1994) Organic geochemical and geochemical studies of inner Great Barri-er Reef sediments - IV. Identification of terrigenous and marine sourced inputs. Org Geochem 21: 1027-1035

Jones V, Collins MJ, Penkman KEH et al (2005) An assessment of the microbial contribution to aquatic dis-solved organic nitrogen using amino acid enantiomeric ratios. Org Geochem 36: 1099-1107

Kalbitz K, Geyer S, Geyer W (2000) A comparative characterization of dissolved organic mat-ter by means of original aqueous samples and isolated humic substances. Chemosphere 40: 1305-1312

Kattner G, Lobbes JM, Fitznar HP et al (1999) Tracing dissolved organic substances and nutrients from the Lena River through Laptev Sea (Arctic). Mar Chem 65: 25-39

Kendrick E (1963) A mass scale based on CH_2 = 14.0000 for high resolution mass spectrometry of organic com-pounds. Anal Chem 35: 2146-2154

Killops SD, Frewin NL (1994) Triterpenoid diagenesis and cuticular preservation. Org Geochem 21: 1193-1209

Kim S, Kramer RW, Hatcher PG (2003) Graphical method for analysis of ultrahigh-resolution broadband mass spectra of natural organic matter, the Van Krevelen Diagram. Anal Chem 75: 5336-5344

Kim SW, Kaplan LA, Benner R et al (2004) Hydrogen-deficient molecules in natural riverine water samples - evidence for the existence of black carbon in DOM. Mar Chem 92: 225-234

Kjerfve B, Stevenson LH, Proehl JA (1981) Estimation of material fluxes in an estuarine cross section: a critical analysis of spatial measurement density and errors. Limnol Oceanogr 26: 325-335

Koch BP, Dittmar T (2006) From mass to structure: an aromaticity index for high-resolution mass data of natural organic matter. Rapid Commun Mass Spectrom 20: 926-932

Koch BP, Harder J, Lara RJ et al (2005a) The effect of selective microbial degradation on the composition of mangrove derived pentacyclic triterpenols in surface sediments. Org Geochem 36: 273-285

Koch BP, Ludwichowski K-U, Kattner G et al (2008) Advanced characterization of marine dis-solved organic matter by combining reversed-phase liquid chromatography and FT-ICR-MS. Mar Chem 111: 233-241

Koch BP, Rullkotter J, Lara RJ (2003) Evaluation of triterpenols and sterols as organic matter biomarkers in a mangrove ecosystem in northern Brazil. Wetlands Ecol Manage 11: 257-263

Koch BP, Witt M, Engbrodt R et al (2005b) Molecular formulae of marine and terrigenous dissolved organic matter detected by electrospray ionizations Fourier transform ion cyclotron res-onance mass spectrometry. Geochim Cosmochim Acta 69: 3299-3308

Kowalczuk P, Cooper WJ, Whitehead RF et al (2003) Characterization of CDOM in an organic rich river and surrounding coastal ocean in the South Atlantic Bight. Aquat Sci 65: 381-398

Krest J, Moore W, Gardner L et al (2000) Marsh nutrient export supplied by groundwater discharge: evidence from radium measurements. Global Biogeochem Cycles 14: 167-176

Kujawinski EB, Del Vecchio R, Blough NV et al (2004) Probing molecular-level transformations of dissolved organic matter: insights on photo-chemical degradation and protozoan modifi-cation of DOM from electrospray ionization Fourier transform ion cyclotron resonance mass spectrometry. Mar Chem 92: 23-37

Kujawinski EB, Freitas MA, Zang X et al (2002) The application of electrospray ionization mass spectrometry (ESI MS) to the structural characterization of natural organic matter. Org Geochem 33: 171-180

Lee SY (1995) Mangrove outwelling: a review. Hydrobiologia 295: 203-212

Lin G, Banks T, Sternberg LS (1991) Variation in delta 13C values for the seagrass Thalassia testudinum and its relations to mangrove carbon. Aquat Bot 40: 333-341

Lombardi AT, Jardim WF (1999) Fluorescence spectroscopy of high performance liquid chro-matography fractionated marine and terrestrial organic materials. Water Res 33: 512-520

Lu XQ, Jaffé R (2001) Interaction between Hg (II) and natural dissolved organic matter: a fluores-cence spectroscopy based study. Water Res 35: 1793-1803

Lu XQ, Maie N, Hanna JV et al (2003) Molecular characterization of dissolved organic matter in freshwater wetlands of the Florida Everglades. Water Res 37: 2599-2606

Marguillier S, van der Velde G, Dehairs F et al (1997) Trophic relationships in an interlinked mangrove-seagrass ecosystem as traced by delta 13C and delta 15N. Mar Ecol Prog Ser 151: 115-121

Maie N, Boyer JN, Yang CY et al (2006a) Spatial, geomorphological, and seasonal variability of CDOM in estuaries of the Florida coastal Everglades. Hydrobiologia 569: 135-150

Maie N, Parish KJ, Watanabe A et al (2006b) Chemical characteristics of dissolved organic nitrogen in an oligotrophic subtropical coastal ecosystem. Geochim Cosmochim Acta 70: 4491-4506

Maie N, Pisani O, Jaffé R (2008) Mangrove tannins in aquatic ecosystems: their fate and possible role in dissolved organic nitrogen cycling. Limnol Oceanogr 53: 160-171

Maie N, Scully NM, Pisani O et al (2007) Composition of a protein-like fluorophore of dissolved organic matter in coastal wetland and estuarine ecosystems. Water Res 41: 563-570

Maie N, Yang CY, Miyoshi T et al (2005) Chemical characteristics of dissolved organic matter in an oligotrophic subtropical wetland/estuarine ecosystem. Limnol Oceanogr 50: 23-35

Marhaba TF, Van D, Lippincott RL (2000) Rapid identification of dissolved organic matter frac-tions in water by spectral fluorescent signatures. Water Res 34: 3543-3550

Marshall AG, Hendrickson CL, Jackson GS (1998) Fourier transform ion cyclotron resonance mass spectrometry: a primer. Mass Spectrom Rev 17: 1-35

Martin-Mousset B, Croue JP, Lefebvre E et al (1997) Distribution and characterization of dissolved organic matter of surface waters. Water Res 31: 541-553

McKee KL, Feller IC, Popp M et al (2002) Mangrove isotopic (delta N-15 and delta C-13) frac-tionation across a nitrogen vs. phosphorus limitation gradient. Ecology 83: 1065-1075

McKnight DM, Boyer EW, Westerhoff PK et al (2001) Spectrofluorometric characterization of dissolved organic matter for indication of precursor organic material and aromaticity. Limnol Oceanogr 46: 38-48

Mead R, Xu YP, Chong J et al (2005) Sediment and soil organic matter source assessment as revealed by the molecular distribution and carbon isotopic composition of nalkanes. Org Geochem 36: 363-370

Mfilinge PL, Meziane T, Bachok Z et al (2005) Total lipid and fatty acid classes in decomposing mangrove leaves of Bruguiera gymnorrhiza and Kandelia candel: significance with respect to lipid input. J Oceanogr 61: 613-622

Minor EC, Simjouw J-P, Boon JJ et al (2002) Estuarine/marine UDOM as characterized by size-exclusion chromatography and organic mass spectrometry. Mar Chem 78: 75-102

Moore WS (1999) The subterranean estuary: a reaction zone of ground water and sea water. Mar Chem 65: 111-125

Moore WS (2006) The role of submarine groundwater discharge in coastal biogeochemistry. J Geochem Explor 88: 89-393

Mopper K, Stubbins A, Ritchie JD et al (2007) Advanced instrumental approaches for charac-terization of marine dissolved organic matter: extraction techniques, mass spectrometry, and nuclear magnetic resonance spectroscopy. Chem Rev 107: 419-442

Moran MA, Wicks RJ, Hodson RE (1991) Export of dissolved organic matter from a mangrove swamp ecosystem: evidence from natural fluorescence, dissolved lignin phenols, and bacterial secondary production. Mar Ecol Prog Ser 76: 75-184

Moran MA, Hodson RE (1994) Dissolved humic substances of vascular plant origin in a coastal marine environment. Limnol Oceanogr 39: 762-771

Morris J (1995) The mass balance of salt and water in intertidal sediments: results from North Inlet, South Carolina. Estuaries 18: 556-567

Mudd S, Fagherazzi S, Morris J et al (2004) Flow, sedimentation, and biomass production on a vegetated salt marsh in South Carolina: toward a predictive model of marsh morphologic and ecologic evolution. In: Fagherazzi S, Marani M, Blum L (eds) The ecogeomorphology of tidal marshes, Vol. 59. American Geophysical Union, Coastal and Estuarine Studies, Washington DC

Muller FLL, Larsen A, Stedmon CA et al (2005) Interactions between algal-bacterial populations and trace metals in fjord surface waters during a nutrient-stimulated summer bloom. Linmol Oceanogr 50: 1855-1871

Munoz D, Guiliano M, Doumenq P et al (1997) Long term evolution of petroleum biomarkers in mangrove soil (Guadeloupe). Mar Pollut Bull 34: 868-874

Novakowski K, Torres R, Gardner L et al (2004) Geomorphic analysis of tidal creek networks. Water Resour Res 40: W05401

Ohno T, Bro R (2006) Dissolved organic matter characterization using multiway spectral decom-position of fluorescence landscapes. Soil Sci Soc Am J 70: 2028-2037

Ohno T, Fernandez IJ, Hiradate S et al (2007) Effects of soil acidification and forest type on water soluble soil organic matter properties. Geoderma 140: 176-187

Pant P, Rastogi RP (1979) The triterpenoids. Phytochem 18: 1095-1108

Parlanti E, Worz K, Geoffroy L et al (2000) Dissolved organic matter fluorescence spectroscopy as a tool to estimate biological activity in a coastal zone submitted to anthropogenic inputs. Org Geochem 31: 1765-1781

Perdue EM, Koprivnjak J-F (2007) Using the C/N ratio to estimate terrigenous inputs of organic matter to aquatic environments. Estuar Coast Shelf Sci 73: 65-72

Peterson BJ, Fry B (1989) Stable isotopes in ecosystem studies. Annu Rev Ecol Syst 18: 293-320

Piccolo A, Conte P, Trivellone E et al (2002) Reduced heterogeneity of a lignite humic acid by preparative HPSEC following interaction with an organic acid. Characterization of size-separates by Pyr-GC-MS and 1H-NMR spectroscopy. Environ Sci Technol 36: 76-84

Prahl FG, Ertel JR, Goni~ MA et al (1994) Terrestrial organic carbon contributions to sediments on the Washington margin. Geochim Cosmochim Acta 58: 3035-3048

Primavera JH (1996) Stable carbon and nitrogen isotope ratios of penaeid juveniles and primary producers in a riverine mangrove in Guimaras, Philippines. Bull Mar Sci 58: 675-683

Primavera JH, Altamirano JP, Lebata M et al (2007) Mangroves and shrimp pond culture effluents in Aklan, Panay Is., Central Philippines. Bull Mar Sci 80: 795-804

Reemtsma T (2001) The use of liquid chromatography-atmospheric pressure ionization mass spec-trometry in water analysis - Part II: obstacles. Trac-Trend Anal Chem 20: 533-542

Reemtsma T, These A (2003) On-line coupling of size exclusion chromatography with electrospray ionization-tandem mass spectrometry for the analysis of aquatic fulvic and humic acids. Anal Chem 75: 1500-1507

Reemtsma T, These A, Springer A et al (2006a) Fulvic acids as transition state of organic matter: indications from high resolution mass spectrometry. Environ Sci Technol 40: 5839-5845

Reemtsma T, These A, Venkatachari P et al (2006b) Identification of fulvic acids and sulfated and nitrated analogues in atmospheric aerosol by electrospray ionization Fourier transform ion cyclotron resonance mass spectrometry. Anal Chem 78: 8299-8304

Rezende CE, Lacerda LD, Ovalle ARC et al (1990) Nature of POC transport in a mangrove ecosys-tem: a carbon stable isotopic study. Estuar Coast Shelf Sci 30: 641-645

Rivera Monroy VH, Day JW, Twilley RR et al (1995) Flux of nitrogen and sediment in a fringe mangrove forest in Terminos Lagoon, Mexico. Estuar Coast Shelf Sci 40: 139-160

Rodelli MR, Gearing JN, Gearing PJ et al (1984) Stable isotope ratio as a tracer of mangrove carbon in Malaysian ecosystems. Oecologia 61: 326-333

Romigh MM, Davis SE, Rivera-Monroy VH et al (2006) Flux of organic carbon in a riverine mangrove wetland in the Florida coastal Everglades. Hydrobiologia 569: 505-516

Santos IR, Burnett WC, Chanton J et al (2008) Nutrient biogeo-chemistry in a Gulf of Mexico subterranean estuary and groundwater-derived fluxes to the coastal ocean. Limnol Oceanogr 53: 705-718

Schaub TM, Rodgers RP, Marshall AG et al (2005) Speciation of aromatic compounds in petroleum refinery streams by continuous flow field desorption ionization FT-ICR mass spectrometry. Energy Fuels 19: 1566-1573

Schmitt-Kopplin P, Kettrup A (2003) Capillary electrophoresis - electrospray spray ionization-mass spectrometry for the characterization of natural organic matter: an evaluation with free flow electrophoresis-off-line flow injection electrospray ionization-mass spectrometry. Elec-trophoresis 24: 3057-3066

Scourse J, Marret F, Versteegh GJM et al (2005) High-resolution last deglaciation record from the Congo fan reveals significance of mangrove pollen and biomarkers as indicators of shelf transgression. Quaternary Res 64: 57-69

Scully NM, Maie N, Dailey S et al (2004) Photochemical and microbial transformation of plant derived dissolved organic matter in the Florida Everglades. Limnol Oceanogr 49: 1667-1678

Scully NM, Lean DRS (1994) The attenuation of ultraviolet light in temperate lakes. Arch Hydrobiol 43: 135-144

Sigman DM, Altabet MA, Michener R et al (1997) Natural-abundance level measurements of the nitrogen isotopic composition of oceanic nitrate: an adaptation of the ammonium diffusion method. Mar Chem 57: 227-242

Simpson AJ, Tseng LH, Simpson MJ et al (2004) The application of LC-NMR and LC-SPE-NMR to compositional studies of natural organic matter. Analyst 129: 1216-1222

Simoneit BRT, Xu Y, Neto RR et al (2009) Photochemical alteration of 3-oxy-triterpenoids: impli-cations for the origin of des-A-triterpenoids in aquatic sediments and soils. Chemosphere 74: 543-550

Stanev EV, Wolff JO, Burchard H et al (2003) On the circulation in the East Frisian Wadden Sea: numerical modeling and data analysis. Ocean Dyn 53: 27-51

Stedmon CA, Markager S (2005) Resolving the variability in dissolved organic matter fluores-cence in a temperate estuary and its catchment using PRAFAC analysis. Limnol Oceanogr 50: 686-697

Stedmon CA, Markager S, Bro R (2003) Tracing dissolved organic matter in aquatic environments using a new approach to fluorescence spectroscopy. Mar Chem 82: 239-254

Stedmon CA, Markgaer S, Tranvik L et al (2007) Photochemical production of ammonium and transformation of dissolved organic matter in the Baltic Sea. Mar Chem 104: 227-240

Stenson AC, Marshall AG, Cooper WT (2003) Exact masses and chemical formulas of individual Suwannee River fulvic acids from ultrahigh resolution electrospray ionization Fourier trans-form ion cyclotron resonance mass spectra. Anal Chem 75: 1275-1284

Taniguchi M, Burnett W, Cable J et al (2002) Investigation of submarine groundwater discharge. Hydrol Process 16: 2115-2129

Tobias CR, Harvey JW, Anderson IC (2001) Quantifying groundwater discharge through fringing wetlands to estuaries: seasonal variability, methods comparison, and implications for wetland-estuary exchange. Limnol Oceanogr 46: 604-615

Tremblay LB, Dittmar T, Marshall AG et al., (2007) Molecular characterization of dissolved organic matter in a North Brazilian mangrove porewater and mangrove-fringed estuaries by ultrahigh resolution Fourier transform ion cyclotron resonance mass spectrometry and excita-tion/emission spectroscopy. Mar Chem 105: 15-29

Troccaz O, Giraud F, Bertru G et al (1994) Methodology for studying exchanges between salt marshes and coastal marine waters. Wetlands Ecol Manage 3: 37-48

Twilley RR (1985) The exchange of organic carbon in basin mangrove forest in a southwestern Florida estuary. Estuar Coast Shelf Sci 20: 543-557

Tzortziou M, Neale PJ, Osburn CL et al (2008). Tidal marshes as a source of colored dissolved organic matter in the Chesapeake Bay. Limnol Oceanogr 53: 148-159

Valiela I, Teal J, Volkmann S et al (1978) Nutrient and particulate fluxes in a salt marsh ecosys-tem: tidal exchanges and inputs by precipitation and groundwater. Limnol Oceanogr 23: 798-812

Versteegh GJM, Schefuß E, Dupont L et al (2004) Taraxerol and Rhizophora pollen as proxies for tracking past mangrove ecosystems. Geochim Cosmochim Acta 68: 411-422

Volkman JK (1986) A review of sterol markers for marine and terrigenous organic matter. Org Geochem 9: 83-99

Volkman JK (2005) Sterols and other triterpenoids: source specificity and evolution of biosynthetic pathways. Org Geochem 36: 139-159

Volkman JK, Barrett SM, Blackburn SI et al (1998) Microalgal biomarkers: a review of recent research developments. Org Geochem 29: 1163-1179

Volkman JK, Revill AT, Bonham PI et al (2007) Sources of organic matter in sediments from the Ord River in tropical northern Australia. Org Geochem 38: 1039-1060

Volkman JK, Rohjans D, Rullkotter J et al (2000) Sources and diagenesis of organic matter in tidal flat sediments from the German Wadden Sea. Cont Shelf Res 20: 1139-1158

Wang Z, Liu W, Zhao N et al (2007) Composition analysis of colored dissolved organic matter in Taihu Lake based on three dimension excitation-emission fluorescence matrix and PARAFAC model, and the potential application in water quality monitoring, J Environ Sci 19: 787-791

Wattayakorn G, Wolanski E, Kjerfve B (1990) Mixing, trapping and outwelling in the Klong Ngao mangrove swamp, Thailand. Estuar Coast Shelf Sci 31: 667-688

Weishaar JL, Aiken GR, Bergamashi BA et al (2003) Evaluation of specific ultraviolet absorbance as an indicator of the chemical composition and reactivity of dissolved organic carbon. Environ Sci Technol 37: 4702-4708

Wilson A, Gardner L (2006) Tidally driven groundwater flow and solute exchange in a marsh: numerical simulations. Water Resour Res 42: W01405

Wolanski E, Ridd P (1990) Mixing and trapping in Australian tropical coastal waters. In: Cheng RT (ed), Residual currents and long-term transport, pp. 165-183. Springer, NewYork

Wolanski E (1992) Hydrodynamics of mangrove swamps and their coastal waters. Hydrobiologia 247: 141-161

Wollenweber E, Doerr M, Siems K et al (1999) Triterpenoids in lipophilic leaf and stem coatings. Biochem Syst Ecol 27: 103-105

Wu FC, Evans RD, Dillon PJ (2003) Separation and characterization of NOM by high-performance liquid chromatography and on-line three-dimensional excitation emission matrix fluorescence detection. Environ Sci Technol 37: 3687-3693

Xu Y, Holmes C, Jaffé R (2007) A lipid biomarker record of environmental change in Florida Bay over the past 150 years. Estuar Coast Shelf Sci 73: 201-210

Xu Y, Jaffé R (2007) Lipid biomarkers in suspended particulates from a subtropical estuary: assess-ment of seasonal changes in sources and transport of organic matter. Mar Environ Res 64: 666-678

Xu Y, Mead R, Jaffé R (2006) A molecular marker based assessment of sedimentary organic matter sources and distributions in Florida Bay. Hydrobiologia 569: 179-192

Yamashita Y, Jaffé R, Maie N et al (2008) Assessment of the dynamics of fluorescent dissolved organic matter in coastal environments by EEM-PARAFAC. Limnol Oceanogr 53: 1900-1908

Yamashita Y, Tanoue E (2003) Chemical characterization of protein-like fluorophores in DOM in relation to aromatic amino acids. Mar Chem 82: 255-271

Zepp RG, Schlotzhauer PF (1981) Comparison of photochemical behavior of various humic sub-stances in water: 3. Spectroscopic properties of humic substances. Chemosphere 10: 479-486

Zieman JC, Macko SA, Mills AL (1984) Role of seagrass and mangroves in estuarine food webs: temporal and spatial changes in stable isotope composition and amino acid content during decomposition. Bull Mar Sc 35: 380-392

第 13 章 研究海洋生态系统生物相互作用的工具
——天然标志和人工标志

Bronwyn M. Gillanders

摘要：生物之间的连通性很难确定，尤其是在它们生活史的早期阶段（仔体和稚体）。但好在我们有各种天然标志和人工标志协助研究运动的问题，而其中一些标志的应用可追溯到 17 世纪。随着时间推移，大量关于标志放流的文献问世，本章将对此重新加以综述。本章将讨论五大类标志放流的方法（外部标志、外部标记、内部标志、遥测和天然标志），此外还将提供有关遗传方法和化学方法的信息。对于每一种方法，本章都突出说明其优势和劣势，如果有可能，再给出热带沿海生态系统之间的连通性的实例。可以预见，许多方法都将持续改进，未来的研究应该考虑多种方法的联用，特别是与天然标志的联用。

关键词：声学标志；耳石化学特性；稳定同位素；天然标志；遗传学

13.1 前言

热带系统中的很多水生物种群间的连通性基本还不为人所知。生物之间的连通性取决于成体以及其卵和仔体的扩散能力。几乎所有的珊瑚礁鱼类的生命周期都由两个阶段组成，其中幼体营浮游生活（Leis，1991），因此具备大范围扩散的潜力；而相对而言，成体多定栖或底栖。此外，许多物种也表现出幼体和成体的生境相分离的现象，相隔的距离从几米到几百千米不等（Gillanders et al.，2003）。因此，种群之间可通过幼体、补充群体、幼体和/或成体的交换发生联系（Palumbi，2004）。虽然关于鱼类的活动范围、生境和种群之间连通性的知识是有效管理和养护渔业的关键，但这方面一直以来还难以做到量化。

目前已经对一些物种的仔体和稚体的运动做过直接的观测（Olson and McPherson，1987）。但是，一般来说，通过直接观测很难得到种群之间连通性的信息（因为时间尺度太短），因此，就有必要采用标志或标记的方法。一般认为，标记（mark）是指在动物体内部、外部或表皮打上任何可资以辨认的物体；而标志（tag）通常包含特定的身份信息，可打入体内，也可挂在体外（Guy et al.，1996）。不过，在文献中这两个术语经常互换使用。

Thorrold 等（2002）列举了在海洋环境中成功开展标志放流的四大要素。首先，经过标记的动物必须在放流后的一段时间内可以清晰地辨认，因此要求标志保留时间的长短要和研究的时间相匹配。例如，Levin 等（1993）追踪了无脊椎动物在一个潮汐周期内（6~24 小时）的扩散范围，这类研究就适合采用短期标志法。与此相比，Jones 等（2005）希望通过标记珊瑚礁鱼类的胚胎，确定其定居区，因此要求标志能保留至少 15~19 天，即仔鱼期加上孵化前的时间长度。其次，标志后的个体的行为、生长和存活不应不同于种群中未作标记的个体。标志后的生物不应该更容易被捕食（后文将有部分内容重点讨论有关标志放流对行为、生长率和存活率影响的研究）。Malone 等（1999）指出，接受了植入式荧光可见弹性标志的稚鱼并不比无标志的鱼更容易被捕食。其次，考虑到生活史早期阶段的死亡率造成的稀释效应，标志方法应在符合代价效益原则下可以大批量地进行。迄今为止，大多数研究都专注于直接在仔体或稚体阶段做标记，直到近年才有人研究了跨代标记的可行性（Thorrold et al., 2006; Almany et al., 2007）。跨代标记只需对母体注射一次，就能给成千上万的后代打上标记（见本章化学标记部分）。最后，鉴于稀释效应导致标志个体在整个种群中的比例很低，应该建立低成本快速找出标志个体的方法。为发现一个标志，可能要筛选为数众多的未标志个体，这就需要建立简便提醒研究人员发现目标个体的方法（如在对鲑鱼做标志放流的同时，切掉标志个体的脂鳍）。与单用一种标志法相比，这减少需要加以详细检测（如破译编码金属线标志以获得额外信息）的个体数量，也更符合代价效益原则。

关于标志放流的最早记载是 17 世纪欧洲对河流中的褐鳟进行的标志（Nielsen, 1992）。当时是用羊毛线绑在鱼尾上作标志（Nielsen, 1992）。从那时起到现在，研究生物活动和洄游的方法已经大大增加，也更精细复杂。关于标志放流的文献数量巨大（截至 2008 年，在剑桥科学文摘上用标志无脊椎动物或鱼类为关键词可检索到 120 000 多篇同行审议的期刊论文），其中有几篇近年的综述文章（Thorrold et al., 2002; Elsdon and Gillanders, 2003a; Semmens et al., 2007; Elsdon et al., 2008）。大体上，这些方法可分为五大类：外部标志、外部标记、内部标志、遥测和天然标记。但是，在遗传鉴定与标记法和化学标记法中，可能既有天然标记又有内部标志，因此，本章把它们单独列为一节来讨论。下面，本章将对每一种方法做简要解释，然后讨论应用这些方法研究种群连通性的实例。一般来说，本章会重点讨论热带沿海生态系统的实例，但是，如果公开发表的关于热带系统的文献很少，本章也会举温带系统的例子（表 13.1）。

第13章 研究海洋生态系统生物相互作用的工具——天然标志和人工标志

表13.1 不同标志放流方法的简介及其利弊；同时提供其在热带应用的文献

标志方法	简介	优势	劣势	热带应用实例
外部标志				
穿体标志	穿过鱼体，末端膨大（如盘状、珠状、泡状等）	个体可辨认；标志成本低	要求逐个打标；仅限稚体和成体	
	容易看出打标是否正确，可用于同大小的生物；志愿者也可找到	打标过程难度大，耗时长；可能聚集藻类；可能影响生长和行为	Burke, 1995; Dorenbosch et al., 2004; Verweij and Nagelkerken, 2007; Verweij et al., 2007	
箭形标志	箭头一端嵌入动物体内；标志向外突出，携带乙烯基管、盘状或珠状标牌	可用于研究大型生物的活动范围；操作简单、快速，容易发现	不适用于小型动物；标志的固定程度很重要，但难以掌握；标志信息可能因摩擦或标牌脱落而丢失，或扩大伤口	Dart and T-bar anchor tags; Sumpton et al., 2003; Verweij et al., 2007
内锚标志	突出部分似箭形标志，锚为扁平盘状，固定于鱼体空腔内壁	一般只用于鱼类	不适用于小型动物；打标难度大，耗时长；可能伤到内器官；标志信息可能因摩擦或标牌脱落而丢失；不易发现	
外部标记				
剪鳍法	将一个或多个鱼鳍整个或部分切除	无突出部分	一般要求逐个操作	
	可简单、快速操作，但须逐个操作；适用于各种大小的生物；短期和长期研究都适用	无法区别个体；可用于区别群体的标记数量有限；对死亡率的影响变化不定；识别和解释断鳍时可能遇到问题	Van Rooij et al., 1995	
烙印法	在生物体表烙出可辨认的印记，有冷烙和热烙两种方法	可简单、快速操作，对生长、死亡和行为的影响小	主要适用于无鳞或细鳞鱼类；可用于区别群体的标记个体，由于烙印保持时间不定，一般仅限短期研究；可能对个体造成压力	Zeller and Russ, 1998, 2000

续表

标志方法	简介	优势	劣势	热带应用实例
色素标记法（如文身，乳胶灌注）	将色素注入或嵌入生物表皮，有时也用喷涂的方法	可逐个也可批量标记；标记高度可见	操作量大；长期来看，对死亡率的影响，以及标记的保持时间，都变化不定；可能要对生物进行麻醉后操作	
砂砾标记		不要求逐个操作	无法区别个体，可用于区别群体的标记数量有限	
内部标志		标体无突出部分；比外部标志小得多	要求逐个操作	
编码金属线标志	将很小的标志（长1.1mm，直径0.25mm）打进动物体内	对生长、行为和死亡率的影响很小；适用于长期研究，大小生物都适用；标志保持率高，可大规模标记	读取标志信息时，要牺牲动物或切割标志；探测器的过程耗时漫长；需大量资金支持，尤其是在用到自动探测系统时	Beukers et al., 1995; Verweij and Nagelkerken, 2007
被动集成应答标志	微型信号中继站；约12mm长，直径2.1mm，信号部件内封于玻璃或类似材质的管内	可适用于各种大小不一的物种；可识别个体；读取数据时无须牺牲动物体；适用于长期研究，无须捕捞即可确认，因而可重复观测	信号范围小——只有在标志动物近距离经过探测器时才能读取数据；标志的体积仍然相对较大，因而不适用于非常小的鱼类	McCormick and Smith, 2004
植入式可见标志	可从动物体外读取信息的体内标志；用颜色、字母和数字编码进行编码的扁平的小长方形	读取信息时无须牺牲动物；可区分个体；标志成本很低	不适用于个头非常小的鱼类；标志的保持时间和可读性不定（尤其是长期来看）	
植入式可见弹性标志	两种硅胶组成，使用前先混合，紧张着注入生物体内后形成固体	可用于各种物种，也可用于个头很小的个体；与其他体内标志相比，成本低得多	标志的保持时间和可读性不定（尤其是长期来看）	Beukers et al., 1995; Frederick, 1997a, b

续表

标志方法	简介	优势	劣势	热带应用实例
遥测法		除了捕获和重捕获的地点，还能提供有关动物运动的更详细信息	由于标志体积较大，仅适用于大型动物	
声学遥测法	标志为高频发射器，可被水听器监听	无须通过重捕获来获取动物运动信息；可获取近乎实时的信息	标志一般很大（20~100 mm），且昂贵；如果没有系泊自动跟踪系统，就要用人力跟踪	Zeller, 1998, 1999; Zeller and Russ, 1998; 另见太平洋大陆架跟踪项目（www.post.coml.org），
档案式标志	标志记录并存储一系列信息	适用于获取大型生物的环境和运动信息	须回收标志后才能下载信息，即使现在有可能通过卫星档案标记；弹出式标志一般都很大 30~80 mm，且成本相对较高	Gunn et al., 2003; Prince et al., 2005
天然标记		无须对鱼进行手动标记；标记过程无成本；每一个体都有标记，减少了必须通过重捕获才能进行可靠分析的样本数量	在研究期内，标记必须存在并保持稳定；年龄较大的个体难以确认方法往往依赖频繁观察和统计	
形态标记	基于动物的身体尺寸或身体结构的相对差异（如鳞片和耳石的尺寸、身体花纹的差异		不同群体之间的形态特征往往有所雷同；不太可能成为可靠的标志	Gaines and Bertness, 1992（温带）; Swearer et al., 1999, Wilson et al., 2006
身体构造标记	基于骨骼特征数目的差异（如清点椎骨数目）		不同群体间的身体构造特征往往有所雷同；如果以鳞片和耳石为标记，可能需要准备大量的样本	
寄生虫标记	作为标记的寄生虫应该存在于一个群体中的每一个体上，而所有其他群体中每一个体都没有这种寄生虫；或者，不同群体的感染率应有所差别，或各自的寄生虫基因有所差别		就同一类宿主而言，很难找到一个群体中普遍而另一群中罕见的寄生虫；寄生虫应始终寄生在有所宿主体内，即使宿主已经转移；在应用前要做大量的评估工作	Grutter, 1998, Cribb et al., 2000

续表

标志方法		简介	优势	劣势	热带应用实例
遗传标记				见对天然标记的总体评述	
	洄游估计法	基于基因流动模型，用分子标记间接估计扩散水平；或根据分子标记物将个体归到其源种群中	信息在代际间传递	操作不当会降低样本质量	Brazeau et al., 2005
	亲鱼分析法	通常选用的标记物为微卫星		应分析出所有潜在亲鱼的基因型；难以将所有成鱼都排除到只剩一对可能的亲鱼；研发成本可能很高；基因型误差可能影响亲鱼指定的准确度	Jones et al., 2005
化学标记				见对天然标记的总体评述	
	人工标记	先使具有骼亲和性的荧光化合物与钙化结构相结合，再用合适的滤镜观察时，标记会发出荧光	操作难度不大，可标记生活史的各个阶段，包括孵化前；对生长和死亡一般没有影响；标记一般能长久保持；标记效率高	虽然可分批次标记，但仍无法区别个体；一些荧光化合物标记时间久了会降解	Jones et al., 1999, 2005
		将鱼浸泡在某元素及其同位素的溶液中；对较大批生物进行注射，或通过跨代标记	可获得完全由人工制造的标记	如用浸泡法，为了得到较好的标记，需将鱼浸泡较久时间；探测标记的难度可能随时间加大	Almany et al. (2007)
		温度波动可改变耳石轮纹的间距，因此可用作标记	无化学元素的标记法；标记为永久性，应用效率高，可标记大量的鱼	自然环境的变动可能产生类似的标记；对带状模式的解读可能有困难	
天然标记		用元素和/或同位素特征作为天然的标志		这类标记的信息通常比人工标记更难破译；在研究区域内须有非常明显的特征	Swearer et al., 1999; Patterson et al., 2004, 2005; Chittaro et al., 2004; Verweij et al., 2008

13.2 外部标志

外部标志一直用于群体或个体的识别,一般在穿体标志(transbody tags)、箭形标志(dart-style tags)和内锚标志(internal-anchor tags)等三种标志中选用其一(Nielsen,1992)。简单地说,穿体标志穿透动物身体两侧;而箭形标志和内锚标志只穿透动物身体一侧。一般来说,穿体标志的标体(shaft)穿透动物体,两端膨大,以防止标志脱落(Nielsen,1992)。箭形标志的标体在动物体外,锚端嵌入动物体内,以防止标志脱落(如箭头标志、T形标志等,Nielsen,1992)(图13.1)。内锚标志与箭形标志类似,但其锚定装置通常为固定在鱼体空腔内壁的一个扁平圆盘。因此,标志携带的信息在向外突出的标体上。

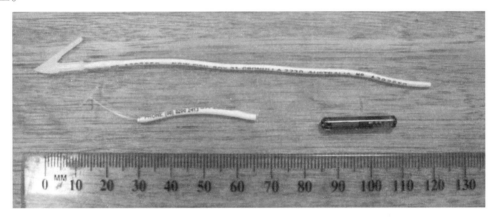

图 13.1 箭形标志、T形标志(外部标志)和被动集成应答标志(内部标志)的照片

外部标志成本低,易识别,获得广泛应用。外部标志通常只适用于体型较大的稚体和成体,适用与否的关键前提是标志及标志放流过程不会对动物产生任何影响(Nielsen,1992)(表 13.1)。外部标志可以实现对生物个体的识别,但同时也要求逐个进行标志放流。

已经有几项研究利用外部标志考察了动物在不同类型生境之间来回运动的程度。研究人员用单丝线和彩珠做成穿体标志对三种加勒比海珊瑚礁鱼类,即黄仿石鲈(*Haemulon flavolineatum*)、蓝仿石鲈(*Haemulon sciurus*)和八带笛鲷(*Lutjanus apodus*)(Verweij and Nagelkerken,2007;Verweij et al.,2007)和两种非洲珊瑚礁鱼类金焰笛鲷(*Lutjanus fulviflamma*)和埃氏笛鲷(*Lutjanus ehrenbergii*)(Dorenbosch et al.,2004)的稚鱼和亚成鱼进行短期标志放流。箭形标志(Floy 标志)也用于八带笛鲷(*Lutjanus apodus*)的研究(Verweij et al.,2007)。标志放流的死亡率不高[92%(11/12)的鱼存活];但是,在两周内,17%标志放流的鱼(12尾中的2尾)标志丢失(Verweij and Nagelkerken,2007)。六周后,大多数鱼身上的标志,要么丢失,要么附着了大量的藻类而难以辨认(Verweij et al.,2007)。但是,这些研究确实为红树林/海草生境(稚鱼活动区)和珊瑚礁生境(成鱼活动区）之间，或红树林/岸线礁石区和海草床之间在摄食方面的连通性，提供了直接的证据。研究发现，总体而言，所有物种都对小空间区域表现出很高的忠诚度。Burke（1995）将小型荧光棒缝合进鱼鳍的肌肉中，据此研究它们的夜间摄食生境的活动。

Sumpton 等（2003）利用箭形和内锚标志对亚热带大型海湾（澳大利亚昆士兰）的金赤鲷（*Pagrus auratus*）做了标志放流，研究它们在当地海域的运动，及其稚鱼对近海种群的贡献。他们发现大多数金鲷鱼只在海湾内活动（活动范围大于 100 km 的仅占 1%左右），只有极少数（2500 条标志放流的鲷鱼中只有 4 条）游出海湾，这意味着该海湾对近海渔业资源的贡献并不重要。

13.3 外部标记

外部标记通过改变动物的外观加以识别（Nielsen，1992）。外部标记主要用到三种技术：剪鳍、烙印和色素标记。剪鳍法是将一个或多个鱼鳍整个或部分切除；烙印法是在表皮组织烙上特殊的印记；而色素标记法是使稳定的色素与动物表皮或外骨骼结合（如文身、乳胶灌注、荧光标记等；Nielsen，1992）。外部标记更多是用于识别某些生物群体（如区分人工孵化的鱼类和野生的鱼类），而不是大量的个体（见表 13.1）。

有几项研究用冷烙法（利用低温在表皮组织烙出特殊的印记）标记成年珊瑚礁鱼类，主要目的在于确定这些鱼在海洋保护区内外的活动，或估计它们的种群大小（Zeller and Russ，1998，2000；图 13.2）。一般认为，不论是热烙法还是冷烙法，都会对稚鱼造成伤害（Saura，1996）。这种标记可以保持数年，用于标记的设备相对简单，成本也不大，并且可以大批量标记（Hargreaves，1992，Saura，1996）。

图 13.2　（a）对一条鳃棘鲈（*Plectropomus leopardus*）实施冷烙；（b）在水下拍到的一条带冷烙印记的鱼。拍摄者：(a) Dirk Zeller，(b) Roger Grace

剪鳍法广泛用于鲑鱼研究（剪去脂鳍），通常与编码金属线标志联用（van der Haegen et al.，2005）。一些研究指出，鳍被剪掉后，鱼的存活率降低了（Wertheimer et al.，

2002),而另一些研究发现,剪鳍后的存活率或生长率与之前并无差异(Thompson et al.,2005),这表明可能应根据不同物种评估剪鳍的影响。对荷属安的列斯群岛的博奈尔岛岸礁内的绿鹦鲷(*Sparisoma viride*)所做的一项研究发现剪鳍对它们的生长率没有影响(van Rooij et al.,1995)。这项研究主要考察鱼类在生活史各阶段的生长率,而不是连通性。目前作者还不知道是否有珊瑚礁研究项目应用这种标记法来研究连通性。

迄今已有多种色素标记法用于鱼类研究。Ogden 和 Ehrlich(1977)对 100~200 条法国石鲈进行了标志放流,方法是用气枪将荧光色素颗粒打入鱼的表皮。虽然大部分色素都脱落了,肉眼看不见,但在黑暗中通过紫外线就很容易看到这些标记。在这项研究中,色素最长保持了两个月之久,期间几乎没有鱼类死亡。实验发现石鲈稚鱼能从数千米外返回出生的珊瑚礁区(Ogden and Ehrlich,1977)。最近,Hayes et al.,(2000)研究了利用高压注射光漆(微型乳胶球包裹的聚酸甲酯荧光色素)对成年鲑鱼进行标记。标记部位在胸鳍,这不会造成鱼类的死亡,既方便操作,也容易识别,保持时间最多可达 45 天之久。除此之外,文身也是色素标记法的方式之一,已经用于对个体的识别。

13.4 内部标志

内部标志属于完全嵌入动物体内的标志(表 13.1)。一直以来,内部标志已经越来越小(Nielsen,1992),其中最常用的是编码金属线标志(CWT)。这种标志是植入动物体内的一根细小的磁化金属线,要用磁检器(不论是人工的还是自动的)才能找到,而它上面的蚀刻编码要用显微镜读取。内部标志还有其他几种类型,如被动集成应答标志(PIT)和植入式可见标志(VI)。最近,西北海洋技术公司(http://www.nmt.us/index.htm)已经生产出可见植入式弹性标志(VIE)。这种标志注入动物体内,但从体外可见,一般用于批量标记。

编码金属线标志在美国广泛用于鲑鱼研究。许多人工孵化的鲑鱼在江河放流前都内置了这种标志,这样就可以知道海上回捕的稚鱼或成鱼是哪里出生的(Courtney et al.,2000)。有几项研究将编码金属线标志用于珊瑚礁鱼类,但是他们的主要目的不一定是研究鱼类的活动范围。Beukers 等(1995)发现,有大小不同的两种珊瑚礁鱼类的编码金属线标志(及可见植入式弹性标志)保持率很高(10~20 mm 长的稚鱼是 100%,30~40 mm 长的成鱼是 80%~100%),并且标志没有影响到鱼类的存活率和生长率。这些标志(包括植入式可见标志和植入式可见荧光标志)对几种温带珊瑚礁鱼类也表现出较好的保持率(>90%)(Buckley et al.,1994)。编码金属线标志也用于无脊椎动物(如蛤类,Lim and Sakurai,1999;龙虾,Sharp et al.,2000;虾,Kneib and Huggler,2001;蟹,Davis et al.,2004;贻贝,Layzer and Heinricher,2004;海参,Purcell et al.,2006b)稚体的标志放流。在珊瑚礁研究中,Verweij and Nagelkerken(2007)用编码金属线标志对 1 114 尾巴法国石鲈(*Haemulon flavolineatum*)进行了标志放流,但是经过 163~425 天,仅回捕了 4.6%,其中有两条是在游向珊瑚礁时捕获的,这意味着法国石鲈在其生活史的后期阶段可能从海湾的繁育场转移到珊瑚礁。

被动集成应答标志（PIT）是经电磁编码后注入动物皮下的标志（见图 13.1 和图 13.3）。它们的体积较小（长 12 mm，直径 2 mm），成本较低，可以实现对动物个体的识别。搜寻这种标志，要用 PIT 探测系统。这套系统内包含磁场激发器、无线电接收器和处理器。但是，只有在标志生物从探测器附近游过时，系统才能识别。读取标志信息的设备有多种，包括便携式标志读取器、电子闸门（如鱼道）、平板式天线等（Semmens et al.，2007）。PIT 标志被广泛用于研究鱼类对生境的利用及其活动范围，特别是淡水系统中的鱼类（Ombredane et al.，1998；Das Mahapatra et al.，2001；Knaepkens et al.，2007）。McCormick and Smith（2004）利用 PIT 标志测算了安邦雀鲷（*Pomacentrus amboinensis*）对小范围空间的利用。他们发现，雌鱼出现在雄鱼鱼巢的时间有很强的周期性。

图 13.3　(a) 显示的是为一条锯盖鱼（*Centropomus undecimalis*）植入 PIT 标志（箭头所指位置）；(b) 是红树林潮沟内的一处电子闸门（白色箭头所指位置），用于监测游经此门的带 PIT 标志的鱼。(a) 图中鱼的右侧是一个手持接收器。摄影：Ivan Nagelkerken

植入式可见标志的体积不大（长 2~4 mm，直径 0.5~2 mm，厚 0.1 mm），上面印有字母数字编码，可实现对个体的识别。这种标志通常植入鱼的头部（如鲑鱼的脂肪组织）。它的一大优势是可以当场读取信息，但一般不适用于个体很小的鱼类，并且，随着时间推移，标志的可读性可能因鱼体有色素沉着而下降。虽然这类标志一直用于鱼类研究，但目前还未用于珊瑚礁鱼类的研究。

植入式可见弹性标志（VIE）含两种硅胶成分，以液体形式注入动物体内后形成固体。这种标志有荧光色和非荧光色两种，已成功用于小型珊瑚礁鱼类（8~56 mm）的标志放流研究（Beukers et al.，1995；Frederick，1997a；Tupper，2007）。标志保持时间及其对鱼类生长率和存活率的影响已经得到不少研究，但很少有利用携带这种标志的鱼类来研究生态问题。近年对珊瑚礁鱼类做的一次 VIE 标志放流观测到这些鱼在海底沙面上的活动距离不超过 100 米（Frederick，1997b）。Tupper（2007）发现，波纹唇鱼（*Cheilinus undulatus*）在标志放流后 3 个月内没有向外游动，但在接下来的 3 个月中，根据放流地点的不同，平均活动距离在 90~106 m 之间。蓝点鳃棘鲈（*Plectropomus areolatus*）在放流后不久会游向较深的海域，活动范围有 300 m 余（Tupper，2007）。有几项非珊瑚礁鱼类的研究也利用 VIE 标志放流进行忠诚度调查（Willis et al.，2001；Skinner et al.，2005）。

13.5 遥测技术

可在动物体内植入或体外固定几种具有独特编码或频率的电子装置，这样，动物在游动时，就会向接收器发送这些代码或频率；有时候也会与环境信息一起发送（Voegeli et al.，2001；Heupel et al.，2006；Semmens et al.，2007）。下面介绍两种遥测技术（声学遥测法和档案式标志），但是，这两种技术目前都只适用于较大的个体（见表 13.1）。

运用声学遥测法时，要在动物身上安装一个高频发射器，然后利用移动或固定的水听器接收其发射的信号，据以获得标志动物是否出现在某一地理位置的记录，或其游动的相对方向。这种标志一般都很大（以加拿大哈利法克斯 Vemco 公司生产的标志为例，长 15 mm，在水中重 0.5 g，www.vemco.com），因此限制了适用范围，但是这项技术发展得很快，这类标志也越来越小。这项技术的其他问题包括标志和接收设备的价格居高不下。它的优点在于经过标志放流的动物不需要回捕就可了解其运动信息，并且所获得的信息远不止于捕获和回捕的地点（表 13.1）。例如，利用这项技术，可以获得动物的本地运动模式，包括它们的领地和家园范围。

Szedlmayer 和 Able（1993）利用声学发射器（37 mm×16 mm 的圆柱体）估算了细齿牙鲆（*Paralichthys dentatus*）的稚鱼在一条潮沟中定居的时间和它们的活动。所有经标志放流的个体最终都离开了那条潮沟。两位研究人员认为它们游向了成鱼生境，属于季节性洄游。有几项珊瑚礁研究也使用了声学遥测法来研究鱼类活动以及它们进出保护区的活动模式（Tulevech and Recksiek，1994；Zeller，1998；Zeller and Russ，1998；Zeller，1999）。这些珊瑚礁研究的对象都是体型较大的鱼类（尾叉>30 mm）。最近，Beets 等（2003）利用声学标志对两种珊瑚礁鱼做了标志放流，发现它们从珊瑚礁生境迁入到海草生境（87~767 m）。

档案式标志记录并存储的信息包括光强度（用于估计方位）、压力（用于估计深度）、水温和动物体温（Arnold and Dewar，2001）。档案式标志的主要不足在于必须回收后才能下载数据。虽然随着 PAT 标志（弹出发报式档案标志，美国华盛顿野生动物计算机公司，www.wildlifecomputers.com）和 CHAT 标志（通信历史声学应答标志，Vemco 公司）的应用，回收问题已经获得持续改善，但这仍然是档案式标志的主要劣势。CHAT 标志不仅下载自身的数据，如果采用的是"名片式"标志，还将在系泊或便携的声学接收器上下载沿途其他标志中的数据（见表 13.1、图 13.4）。只是目前这些标志的体积都很大（30~80 mm），价格相对较高，影响了它们在连通性研究中的广泛应用。标志的大小应控制在重量不大于被标志放流动物的水下体重的 1.5%~2%（Nielson，1992）。现在，档案式标志主要用于调查鲨鱼和大型鱼类（如枪鱼、旗鱼、金枪鱼）的行为和洄游（Gunn et al.，2003；Takahashi et al.，2003；Prince et al.，2005；Schaefer et al.，2007）。随着电子元件体积的持续缩小，遥测技术或可为体型很小的生物带来其他可行的人工标志放流技术（Sibert and Nielsen，2001）。

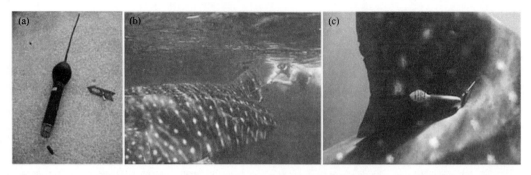

图13.4 （a）弹出发报档案式标志（PAT），（b）对鲸鲨做标志放流，（c）现场拍摄的鲸鲨携带PAT标志的照片。摄影：（a）Steve Wilson，（b）和（c）Cary Mclean

13.6 天然标记

除了应用各种人工标志和标记，研究人员也一直在调查天然标记在动物识别中的应用。天然标记大体上可分为五大类：形态标记（体型、肤色或斑纹等）、身体构造标记（重复的组织特征数量的种内差异，如鳃耙或鳍条）、寄生虫标记（不同区域动物体内某些寄生虫的存在与否，或不同区域寄生虫的基因特征）、化学标记（动物组织的化学成分的差异）和遗传标记。本节不讨论化学标记和遗传标记，这两部分内容见第13.7节和13.8节。已有若干研究利用天然标记来识别动物个体（Grimes et al.，1986；Connell and Jones，1991；Wilson et al.，2006；见图13.5），其中至少有一项研究已经利用个体大小确定仔鱼的出生地（Gaines and Bertness，1992）。这种方法的可行性在于海湾育幼场的仔鱼明显大于在大陆架生长发育的仔鱼，因此可以利用这一点识别沿海水域中来自海湾的仔鱼（Gaines and Bertness，1992）。

这些方法的基本步骤都类似。首先，必须获取已知出生地的生物的结构或相关信息（如对不同水域捕获的鱼类进行研究后得出），确保不同群体间确实存在差异。其次，必须证实这些标记的可靠性。这一步通常是参照同一群生物来确定不同群体之间是否存在差异；但是，在理想情况下，为了证实可靠性，应额外收集一些生物样本并分配到各个群体中，以确定潜在的归属误差率。第三，出生地未知的生物的结构或信息可用于将鱼归属到不同的群体中，从而确定潜在的连通性。但是，重要的是要记住，这些以及其他标志放流技术的一个假定条件是：所有潜在的源种群的特征都已明确（Gillanders，2005b）。

实际上，除非是在很不寻常的情况下，否则形态标记和身体构造标记很难用于调查热带沿海生态系统之间的连通性。寄生虫标记的适用范围也可能很有限，但是，这种方法已经用于探测生物从河口到成体生境的运动，并确定种群的相对成分（Olson and Pratt，1973；Moles et al.，1990）。由于阿拉斯加东南部红鲑感染脑寄生虫碘泡虫（*Myxobolus neurobius*）的频率很高（>85%），而来自加拿大种群的个体表现出较低感染率（<10%），因此，这种寄生虫曾被用于确定红鲑的种群成分（Moles et al.，1990）。在另一项研究中，

第13章 研究海洋生态系统生物相互作用的工具——天然标志和人工标志　449

图13.5　大魣（*Sphyraena barracuda*）身上的天然标记。摄影：Shaun Wilson

Olson和Pratt（1973）发现副眉鲽（*Pleuronectes vetulus*）[①] 只有在河口的时候才感染某些寄生虫［如细颈巨吻棘头虫（*Echinorhynchus lageniformis*）］，而在近海时则不感染。河口的鱼类迁出前的感染率接近0龄组鱼类迁出后在近海捕获时记录到的感染率，这意味着种群中很少有或者并没有从非河口的潜在生境流入的稚鱼（Olson and Pratt, 1973）。

若干项珊瑚礁研究认为，寄生虫也可以用于指示有限的小尺度运动（Grutter, 1998；Cribb et al., 2000）。例如，在澳大利亚大堡礁的赫龙岛，同样是黑鳍粗唇鱼（*Hemigymnus melapterus*），礁坪上就比礁坡上明显寄生着更多的单殖吸虫（*Benedenia* sp.），这意味着这些鱼并不在这两种生境间移动，尽管这两种生境相隔不过几百米（Grutter, 1998）。

用于确定热带沿海生态系统之间连通性的寄生虫，应能影响稚鱼生境（如海草或红树林）中的稚鱼；而与此同时，珊瑚礁生境中的成鱼又不应受其进一步感染。这种寄生虫感染还应能够持续足够久的时间，以保证受感染鱼类在转移到成鱼生境后，还能被探测到（详见Williams et al., 1992；MacKenzie and Abaunza, 1998）。另一种可能是调查不同区域个体所感染寄生虫的基因特征的差异（另参见Criscione et al., 2006；Nieberding and Olivieri, 2007）。

13.7　遗传确认与标记

分子遗传法可用于估算种群间和种群内个体的洄游率。遗传法倾向于关注更长的时间尺度（$10^2 \sim 10^3$代，而不是单单一代，类似耳石化学特性研究，见下文），并且偏向罕见

[①] 原文副眉鲽（*Pleuronectes vetulus*），现已改为（*Parophrys vetulus*）。——译者注

的混合事件（Becker et al.，2007；Craig et al.，2007；Palumbi，2004）。但是，遗传法是唯一可以衡量种群间有效扩散的方法，因为可以确定哪些个体在扩散到新的种群后存活下来并繁衍了后代（Purcell et al.，2006a）。海洋种群遗传学需要区别具有重要进化意义的基因流和与种群统计相关的洄游（Marko et al.，2007）。

早期的遗传方法借助等位酶和线粒体DNA。这些方法在解决遗传结构方面既有成功也有失败。现在用到的是更敏感的基因标记（如核DNA）和更强大的分析工具。即使等位酶和线粒体DNA只能显示出相对而言很少的变异，微卫星、内含子、随机扩增的多态性DNA、限制性内切酶片段长度多态性（RFLPs）等研究方法也往往能揭示高水平的多样性（Davies et al.，1999）。早期的统计方法是针对渔业管理开发的，包括利用混合种群分析法（MSA）确定渔获物的成分（Davies et al.，1999）。混合种群分析法采用的是最大可能法，依据事先假定的种群来推断样本中有哪些潜在的源种群，关注的是种群层面的分析。这种分析法有可能忽视来源异常的个体（Davies et al.，1999）。归属测试法（assignment tests）利用遗传信息将个体或种群归属到不同的源，并评估种群间的扩散（Waser and Strobeck，1998，Davies et al.，1999，Manel et al.，2005）。目前已经采用了两种方法：一种采用分类法（classification），将个体归属到事先假定的种群中；另一种采用聚类法（clustering），不预先设定分类（Manel et al.，2005）。

微卫星标记物已经用于估算种群之间的连通性，其中主要应用到三种方法：(1) 根据种群间的差异化程度，间接估算洄游率；(2) 将个体归属于源种群，从而直接估算洄游率；(3) 利用基因作为天然标志（如亲子分析）（Carmen and Ablan，2006）。

大多数遗传研究都是间接估算种群间的连通性（Hellberg et al.，2002的综述），如F_{ST}统计或模拟量（Fauvelot and Planes，2002；Planes and Fauvelot，2002；Lessios et al.，2003；Dorenbosch et al.，2006；Costantini et al.，2007；Fauvelot et al.，2007；Haney et al.，2007）。F_{ST}值代表种群之间相互差异的程度，或者种群内近交的水平，因此可以用来估算每一代的洄游个体数量（N_m）（Hartl and Clark，1997）。种群间的交换水平被用作种群间连通性的指标——较大的差异反映了低水平的交换，而微弱的差异则反映了高水平的交换（见图13.6）。间接估算往往是基于简化的、非现实的种群模型，因而估算值可能有很大波动（Paetkau et al.，2004）。此外，N_m的估值反映了长期扩散率，并且这一估值更关注种群层面，而不是个体层面（Paetkau et al.，2004）。

从基于个体的多位点基因型信息，可以直接估算基因流（Carmen and Ablan，2006）。通过将个体归属于可能的源种群，可以得到洄游估值（Manel et al.，2005）。现在也已经发展出在一个种群内找出洄游者的方法（如Rannala and Mountain，1997）。虽然归属测试已经用于包括热带渔业在内的一系列渔业问题的研究（如种群结构，参见van Herwerden et al.，2003），不过它们很少涉及连通性问题，但是，Brazeau等（2005）利用扩增片段长度多态性（AFLP）引物，检测了三处海域（巴哈马、佛罗里达和墨西哥湾）的莴苣珊瑚（*Agaricia agaricites*）丛中的成鱼的基因构成。他们还检测了来自其中一处海域的补充群体的基因构成，然后确定其源种群归属。补充群体中有的被归属于其被捕获海域的珊瑚礁，

第13章 研究海洋生态系统生物相互作用的工具——天然标志和人工标志　451

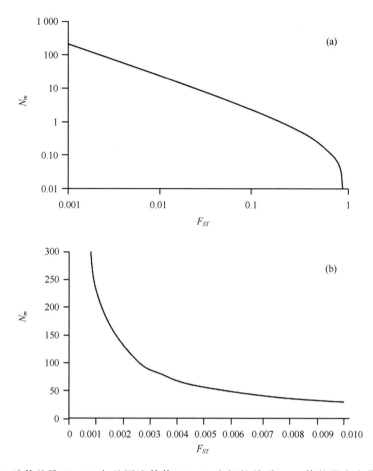

图13.6 遗传差异（F_{ST}）与基因流估值（N_m）之间的关系。F_{ST}值的微小变化会导致N_m的显著差异，因为二者成倒数关系（a），尤其是当F_{ST}值较小的时候（b）。蒙美国生态学会允许，仿自Palumbi（2003）

这或是由于以下3种可能之一导致的：仔鱼的自繁衍、生长于更远海域的稚鱼定居后的选择性死亡、来自远方种群的稚鱼表现出与当地种群相似的基因型（Brazeau et al., 2005）。

基因也可用作与化学标志和寄生虫标志类似的自然标志。要让遗传标志发挥作用，那么在一个群体中，标志个体在野外回捕时必须能区别于非标志个体（其他方法也有类似要求）（Carmen and Ablan, 2006）。遗传标志有3种可能的方法：（1）利用数量有限且基因型已知的亲体所产下的个体；（2）在一个种群中引进罕见基因，使得它们出现的频率高于野生种群；（3）在DNA中植入不见于野生个体的全新序列（如多倍体和转基因技术）（Thorrold et al., 2002, Carmen and Ablan, 2006）。后两种方法引起了某些环境后果的担忧，这里不做进一步探讨。

亲子分析可以确定一个特定个体的亲体，属于特定归属法（Manel et al., 2005）。理想情况下，所有可能的亲体都检测过基因型后，除其中一对外，所有其他各对都加以排除

（Manel et al.，2005）。虽然这种方法已经在最近应用于珊瑚礁鱼类研究，但迄今为止，大量的工作仍集中在将其用于水产养殖或孵化场的增殖放流项目（Wilson and Ferguson，2002）。Jones 等（2005）对巴布亚新几内亚舒曼岛的一个双锯鱼种群中的所有繁殖个体（$n=85$）和所有补充个体（$n=73$）进行取样，筛查其中的 11 个微卫星 DNA 标记物。然后，利用可能性方法评估其亲子关系。结果显示，新定居的个体中有 23 条是由当地亲体所产的卵孵化的，虽然不同分区的贡献并不相等（Jones et al.，2005）。这一发现（回归出生地的比例为 31.5%）与用四环素标记胚胎所得到的研究结果吻合。

13.8 化学标记

13.8.1 人工标记

化学标记既可以人工造就（如将生物浸泡于化学品，使其与身体组织结合），也可以天然生成。人造环境标记物已经用于标记各种生物的组织或钙化结构。荧光化合物（如四环素、钙黄绿素、茜素络合指示剂、茜素磺酸钠等，见图 13.7）主要常用于定龄，而不是连通性研究。标记过程一般是通过浸泡，但有若干研究采用投饵或注射的方法。荧光化合物已被用于众多不同生物及其生活史阶段的研究（Levin，1990 和 Thorrold et al.，2002 中的表 1）。

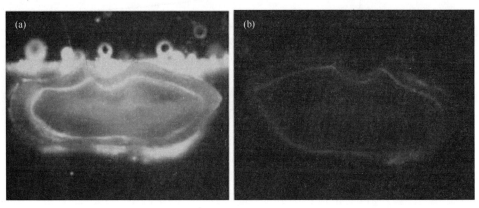

图 13.7　照片显示的是经荧光化合物标记的耳石切面，(a) 是用钙黄绿素，(b) 是用茜素红 S。摄影：Dave Crook

若干研究都采用四环素大批量标记雀鲷鱼卵，以确定仔鱼是否返回到它们出生的珊瑚礁（Jones et al.，1999；Jones et al.，2005）。Jones 等（1999）在澳大利亚大堡礁的蜥蜴岛用四环素标记了 1 000 多万安邦雀鲷（*Pomacentrus amboinensis*）的胚胎。检查了 5 000 条稚鱼，从中发现了 15 条带有标记，因而推断 15%～60%的稚鱼返回到了出生地种群中，因为他们估计之前成功标记了 0.5%～2%的胚胎。这项研究首次揭示了珊瑚礁鱼类的稚鱼能够返回到出生地，因而挑战了以长距离扩散和开放种群为常态的观点（Jones et al.，

1999)。在之后的研究中，Jones 等（2005）对舒曼岛（巴布亚新几内亚，新不列颠岛北岸的金贝湾）的所有鞍斑双锯鱼（*Amphiprion polymnus*）的胚胎都用四环素做了标记，然后用 3 个月时间检查这一期间捕到的所有稚鱼，同时确保它们距胚胎标记已过 9~12 天，从而为仔鱼期留出空间。研究结果再一次表明，许多个体（2002 年有 15.9%，2003 年有 31.5%）都在距其出生地很近的地方定居（Jones et al.，2005）。2003 年的亲子分析也预测了 31.5% 的自补充，符合四环素标记研究的结果（见 13.7 节）。

除了荧光化合物外，还有一系列元素（如锶，各种稀土元素）及同位素（如钡和锶的浓缩同位素）也已经通过浸泡，成功用于标记无脊椎动物和鱼类（Levin，1990 和 Thorrold et al.，2002 中的表 1）。锶是最常用于标记鱼类的各种钙化结构的元素，这在很大程度上是因为它能取代钙化结构中的钙（Behrens Yamada and Mulligan，1987；Schroder et al.，1995；Pollard et al.，1999）。锶的一个主要局限在于鱼的体内天然含有这种元素。另外，虽然许多研究人员都假定锶在淡水中的浓度低于海水，因而可以指示两种环境之间的移动，但是，淡水中的锶∶钙比率有可能等于海水中的比率，甚至更高（Kraus and Secor，2004）。这两种情况可能会影响到天然标记和人工标记的区分。因此，为了确保锶∶钙比标记显著有别于天然标记，就必须了解鱼类所生活水域的锶∶钙比的自然变化，并且用大量的锶来确保由此产生的标记确实是人为的。

无脊椎动物和鱼类体内天然含有的低浓度的元素或许可作为比锶更可靠的人工标记。已经有若干研究将稀土元素（镧系元素）用于标记鲑科（Salmonidae）稚鱼。Giles 和 Attas（1993）将稀土元素单独或组合（镝、铕或钐）注射到虹鳟稚鱼体内，结果显示这种标志能够随时间的推移而保留下来，且主要与肠道有关。还有其他的研究为标记稚鱼期的鲑鱼，将其浸没在镧、铕或钐溶液中长达 6 周（Ennevor and Beames，1993；Ennevor，1994）。最近，稀土元素（镧、钇、铕）都在标记鱼类方面取得了不同程度的成功，特别是短期标记（如 1 天到 7 周）（Munro et al.，未发表的数据）。Campana 和 Gillanders（未发表数据）用镧系元素（铈、镨、钕、钐、铕、钇、铽、镝、钬、铒、铥、镱、镥）溶液浸没 24 小时来给两种鱼做标记，也取得了一些成果，虽然水中本就存在镧系元素。

用稀土元素标志无脊椎动物仔体也已得到研究（Levin，1990；Levin et al.，1993；Anastasia et al.，1998）。对蛤类、藤壶和多毛类动物的仔体所做的各种试验用到了天然存在的低浓度稀土元素（镥、铕、钐）（Levin et al.，1993）。仔体中罕有携带铕和钐的，而镥会降低存活率，但却显示出从几小时到几天不等的足够保留时间（Levin et al.，1993）。在野外追踪稀土元素标记的仔体的试验尚未开展。

其他元素也得到了评估，主要表现在无脊椎动物标记方面。例如，Anastasia 等（1998）发现硒很容易被蟹类仔蟹从食物中吸收，并保留数周之久，这使其成为监测幼体扩散的一个潜在标志。还有研究将锰作为鲍鱼壳的标记物（Hawkes et al.，1996）。可作为理想标志的元素应该是成本较低、方便应用、持久性好、无毒无害的，且不会改变生物的行为或新陈代谢，还应能利用标准的仪器设备加以测量（Crook et al.，2005）。

稳定同位素可作为替代无脊椎动物和鱼类的荧光标记和简单元素标记的标记物。迄今为止，大多数研究都依赖同位素比值的自然变化（见 13.8.2），但是若干项研究已经用浓缩的稳定同位素制造出明确有别于自然标记并且毫无疑问属于人为的标记（Thorrold et al.，2006；Walther and Thorrold，2006；Almany et al.，2007；Munro et al.，2008）。Munro 等（2008）将小型稚鱼养在富含 ^{137} 钡和 ^{86} 锶的水中，时间长短不一。暴露在浓度更高（5 μg/L，8 天或 15 μg/L，4 天）^{137} 钡溶液中的鱼，耳石中的 ^{138} 钡／^{137} 钡的比值，大大低于对照组中的天然比值。另外，虽然标记过程在 24 天内结束，但同时应用 ^{137} 钡溶液（0~5 μg/L）和 ^{86} 锶溶液（0~100 μg/L）的组合，可以制造出 8 种特有的标记。仔鱼在首次摄食之前也用不同浓度的 ^{137} 钡溶液（0~90 μg/L）浸没 1~5 天来作上标记（阿德莱德大学 S Woodcock et al.，未发表的数据）。

在野外以浸没的方式实现大批量标记只有在特殊情况下才有可能实现。最近，有两项研究显示有可能通过标记亲鱼来标记大量的仔鱼（Thorrold et al.，2006；Almany et al.，2007）。在这种被称为跨代标记的方法中，亲鱼被注射了浓缩的同位素，然后将这种同位素传递到生成鱼卵的物质中，最终进入耳石（Thorrold et al.，2006）。这项技术对底栖产卵和浮游产卵的鱼类都有效（Thorrold et al.，2006）。对底栖产卵的鱼而言，带标记的仔鱼要在亲鱼受到一次注射后至少经过 90 天且多次产卵后才会出现（Thorrold et al.，2006；见图 13.8）。这种方法在野外也得到应用。2004 年 12 月，Almany 等研究人员用浓缩的 ^{137} 钡标记了金贝岛（巴布亚新几内亚新不列颠岛北岸）周边珊瑚礁中 176 条雌双锯鱼和 123 条蝴蝶鱼（Almany et al.，2007）。然后，他们于 2005 年 2 月回到该地，捕获 15 条双锯鱼和 77 条蝴蝶鱼。这些鱼都是刚在它们的底栖生境中定居下来。经过定龄确认它们都出生于成鱼被注射之后，研究人员计算了它们耳石中心的钡同位素比率。9 条双锯鱼和 8 条蝴蝶鱼的耳石确认了它们带有标记，这说明它们有返回出生地的习性。由于假设金贝岛出生的所有双锯鱼仔鱼都被标记，而蝴蝶鱼中有 17.3% 被注射了浓缩的钡，因此这两种鱼都有大约 60% 的仔鱼返回到出生地珊瑚礁（Almany et al.，2007）。

也有几种放射性同位素被用于标记生物。但只有几种同位素符合环境方面的要求，具体请参阅 Thorrold 等（2002）。

短期的温度波动虽然不属于化学方法，但却可以诱使耳石形成某种模式，从而作为大规模标记的手段［通常称作热式标记（thermal marking）］（Volk et al.，1999）。这种方法主要用于鲑鱼，一般包括使鱼类经历不同的水温，以改变鱼类的日常生长增量的亮区和暗区之间的宽度和对比度（参见 Thorrold et al.，2002 中的图解）。一些研究人员选定公海中的鲑鱼的地理起源地进行耳石热式标记研究（Urawa et al.，2000）。这种方法可能只适用于在孵化场中养育的物种，或生活在水温可被调高的水域的物种（因为降低水温的成本可能过于庞大）。被如此标记的物种也需要能忍受温度的上升。

13.8.2 天然元素和同位素特征

由于应标记的数目巨大，生活史早期阶段死亡率高，标记后代混合在无标记后代中产生的稀释效应用（因此必须经过大量检查工作才能找出标记个体）等原因，用大规模标记

第 13 章 研究海洋生态系统生物相互作用的工具——天然标志和人工标志

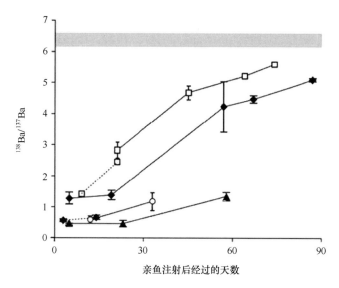

图 13.8 白条双锯鱼（*Amphiprion melanopus*）亲鱼分 4 次注射不同剂量的 $^{137}BaCl_2$（空心方块代表每克雌鱼 0.45 μg 的 ^{137} 钡；实心菱形代表每克雌鱼 2.3 μg 的 ^{137} 钡；空心圆圈代表每克雌鱼 4.5 μg 的 ^{137} 钡；实心三角形代表每克雌鱼 23 μg 的 ^{137} 钡）后自然产下的仔鱼耳石核心中的 ^{138} 钡 / ^{137} 钡比值（平均±标准差）。阴影横条区域代表对照组仔鱼耳石的 ^{138} 钡 / ^{137} 钡比值（平均±标准差，$N=20$）。图表来源：Thorrold 等（2006），经加拿大国家研究委员会研究出版社授权使用

后代的方法来确定连通性往往并不可行。因此，研究人员考察了将天然元素和同位素标记用于连通性研究的可行性（参见 Campana，1999；Hobson，1999；Thorrold et al.，2002；Elsdon and Gillanders，2003a；Gillanders et al.，2003；Gillanders，2005a，2005b；Elsdon et al.，2008 等的综述）。各种生物的钙化结构，包括腹足类动物的耳石（Zacherl，2005）和鱿鱼（Ikeda et al.，2003）、珊瑚骨骼（Fallon et al.，2002）、双壳类（Becker et al.，2005）、海象的牙（Evans et al.，1995）和鱼类的耳石、鳞片、椎骨（Gillanders，2001）中元素特征，都已用于区分不同类别的生物。相对于各种人工标记方法，自然标志显然具备许多优势，因为它们不需要为生物做人为标记，而且基本上，每一种生物都带有一个标志，这意味着捕获的每一个生物个体都能提供信息。但是，从自然标志中得到的信息一般比人工标志来得更模棱两可（Thorrold et al.，2002）。

天然元素标记和同位素标记要发挥作用，靠的是生物所处的物理和化学环境差异造成它们之间特征的不同。鱼类的耳石就适合应用这种方法，因为耳石的生长贯穿鱼类的一生，并且不随时间的推移而消溶或改变，且其包含的化学信息与鱼类的年龄相关。造成耳石的元素/同位素化学特性的差异的各种因素（如温度、盐度、生长率等）不在本章讨论的范围之内，但是读者可以参阅 Elsdon 等（2008）的综述。

评估连通性，首要的步骤是确定生物在不同区域的定居是否确实形成了不同的元素或

同位素特征。许多研究都已表明珊瑚礁鱼类确实存在耳石元素或同位素特征的空间差异（图13.9）（Dufour et al., 1998; Swearer et al., 1999; Chittaro et al., 2004; Patterson et al., 2004a; Lo-Yat et al., 2005; Patterson and Kingsford, 2005; Patterson et al., 2005; Chittaro et al., 2006b; Ruttenberg and Warner, 2006; Lara et al., 2008）。虽然这些研究证明了耳石化学特性存在空间的变化，但是空间变化的尺度却各有不同（如礁与礁之间，南礁群与北礁群之间），而不同的研究项目采用的尺度又各不相同；因此，重要的是在评估连通性之前先确定变化的尺度。例如，Ruttenberg 和 Warner（2006）发现比氏眶锯雀鲷（*Stegastes beebei*）短期底栖性卵的耳石的先天化学特性具有显著的小尺度变化（相距几十千米的岛屿之间，一座岛内不同批次的鱼卵），但在更大的尺度上（距离100~150 km的区域之间）就没有这种变化。相比之下，Patterson and Kingsford（2005）发现了多刺棘光鳃鲷（*Acanthochromis polyacanthus*）的耳石化学特性在最大尺度上（相距1 000 km的南北大堡礁）的巨大空间变化，但他们同时也发现了较小尺度上的显著变化（如从1~10 m的一处珊瑚礁到100 m~100 km的一片珊瑚礁范围内孵化的鱼卵）。但是，确定空间变化只是评估生境连通性的第一步，理想情况下，耳石化学特性的变化尺度应符合生物扩散的尺度。

天然元素化学特性的应用依靠的是耳石的元素成分反映鱼类的生活环境的能力。研究实验表明，在鳞片或耳石的化学特性中，若干种元素（如钡、镁、锶）或能反映水的化学特性（Bath et al., 2000; Wells et al., 2000; Elsdon and Gillanders, 2003b）。已有若干研究发现鱼卵或仔鱼中有几种元素的含量上升（如锰：Brophy et al., 2004；锰、镁和钡：Ruttenberg et al., 2005；锰、锌、锡、钡、铈和铅：Chittaro et al., 2006a），因此，环境或许不可作为胚胎耳石化学特性的首选决定因素。胚胎耳石中与稚体相关的若干种元素的浓度上升的原因，已有几种解释，如晶体结构的不同、胚胎期发育/卵黄囊贡献、钙结合蛋白、耳石蛋白成分等。但是，要解释耳石的出生地部位的元素浓度，还需要做进一步的研究（Chittaro et al., 2006a）。目前看来，耳石的非核心区域（如边缘）似乎不能作为核心区域的替代物，但是锰（或其他元素）浓度的激增可以作为耳石核心区域的较理想指标（Patterson et al., 2004a; Ruttenberg et al., 2005）。

同样，研究人员也调查了其他替代物（如稚鱼或成鱼耳石的边缘、树脂类元素蓄积器、海水水样、其他物种的耳石）能否用来预测出生地特征（代表了耳石核心）的地理差异。Warner 等（2005）发现，虽然三种替代物（成鱼耳石边缘、投放14天左右的梯度薄膜扩散装置、海水样本）都显示出一些元素的浓度有显著的区域差异，但是在仔鱼耳石中发现的这些元素的空间模式却罕有与之一致的。大多数研究都显示了耳石化学特性在物种间的显著差异，这表明作为研究对象的每一物种的元素特征都应加以确定（Chittaro et al., 2006b）。

元素特征的时间稳定性对倒推鱼类的起源地尤其重要。不论是评估元素特征的时间稳定性，还是将稚鱼（或成鱼）的特征与同种的仔鱼（或稚鱼）群体进行匹配，都很重要（可参见 Almany et al., 2007）。就后一种情况而言，应定龄的误差保持在最小化。对于珊

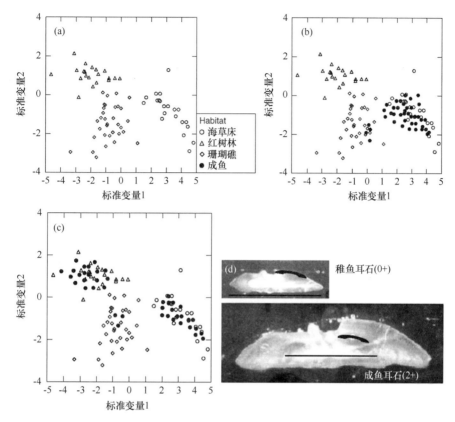

图 13.9 假设的图表显示：(a) 仔鱼或稚鱼生境的耳石化学特性的差异（空心圆—海草床；空心三角形—红树林生境；空心菱形—珊瑚礁生境）；(b) 成鱼耳石中的仔鱼期或稚鱼期部位的化学特性显示大多数鱼都源自海草床；(c) 与珊瑚礁生境相比，源自海草床和珊瑚礁生境的鱼的数量大体相当。成鱼由实心圆表示。注意：理想情况下，所有可能的仔鱼/稚鱼生境都应取样。图中还给出了 (d) 一块稚鱼和一块成鱼的耳石，两条黑色的弧线代表用于分析耳石化学特性的区域

瑚礁鱼类，已发现存在跨年度的变化（例如连续的年份之间）（Chittaro et al.，2004，Bergenius et al.，2005；Patterson and Kingsford，2005）。例如，Bergenius 等（2005）发现豹纹鳃棘鲈（*Plectropomus leopardus*）的耳石化学特性每年都有变化，而蓝点九棘鲈（*Cephalopholis cyanostigma*）和黑边石斑鱼（*Epinephelus fasciatus*）相隔 4 年采集的样本之间才有变化。在一项研究中，较小尺度的时间变化（月份之间）并没有被探测到（Patterson and Kingsford，2005），但是很少有珊瑚礁研究调查这种尺度的变化。

很多研究热带水域耳石化学特性的论文都将确定种群连通性作为终极目标，但迄今为止，大多数论文只是记录了耳石化学特性的空间变化（见上文），而这只是追踪鱼类运动的前兆。有两项研究已经将焦点放在稚鱼和亚成鱼/成鱼的连通性上。Patterson 等（2004b）利用稚鱼耳石的判别函数归类成鱼耳石的核心，初步尝试了调查眼斑拟石首鱼（*Sciaenops ocellatus*）的归巢性。从佛罗里达坦帕湾近岸水域捕获的大多数成鱼都被归属为

来自坦帕湾的补充种群（每20条鱼中有17条），只有一条来自附近的雪松礁，还有两条来自大西洋沿岸。另一项研究致力于确定红树林与珊瑚礁之间的连通性（相距0.25~7.1 km）（Chittaro et al.，2004）。他们没有发现普遍明显的红树林或珊瑚礁的特征，虽然在一些特定区域（如巴哈马、伯利兹）存在这两种大型生境之间的变化。研究人员分析了从伯利兹的珊瑚礁捕获的鱼耳石中的稚体期部位，并利用从上一年度捕获的样品推导出的判别函数，将其归到珊瑚礁或红树林生境。相对于珊瑚礁生境，36%的鱼类具有更明显的红树林生境的特征，说明了这两种生境之间的连通性（Chittaro et al.，2004）。

图13.9提供了一个确定连通性的假设例子。图中从3种生境（海草床、红树林、珊瑚礁）获取稚鱼样本，并分析其耳石化学特性，发现了生境之间的显著差异［图13.9（a）］，这说明经过检查可以确定成鱼（例如两年后捕获的2条以上的鱼）来自哪个生境。在这个假设的例子中，要么大多数鱼都来自海草床［图13.9（b）］，要么来自红树林和海草床的鱼类同样多［图13.9（c）］。这两种情况都极少有源自珊瑚礁生境的鱼。图中还可看到取样自稚鱼和成鱼的耳石的特征部位［图13.9（d）］。稚鱼耳石边缘代表被捕获时所处的生境，而成鱼耳石样本的相应部位代表稚鱼期时所在的生境。

最近的两篇论文（Beck et al.，2001；Dahlgren et al.，2006）提出了确定稚鱼生境对成鱼种群的贡献的方法。这两种方法的关键区别在于：Beck等（2001）认为稚鱼生境对成鱼种群的贡献是基于其区域构成，而Dahlgren等（2006）则认为是基于绝对的生产量。两种方法都要求评估所有可能的稚鱼生境。有几篇研究温带系统的论文已经将这些构想应用到鱼类研究中。Kraus和Secor（2005）计算了美国帕特森河口的感潮淡水生境和沿岸咸水生境对美洲狼鲈（*Morone americana*）的育幼价值。他们发现对于优势龄级的种群，咸水生境更重要；而在所有其他龄级，淡水生境贡献了更多的单位面积的成鱼种群。Fodrie和Levin（2008）基于耳石的元素分析调查了北美牙鲆（*Paralichthys californicus*）生活的四种沿海生态系统（开放的海岸、海湾、潟湖与河口）的育幼作用。在2003和2004两年间，开放的海岸和海湾对成鱼种群的贡献最多，这个结果接近从稚鱼分布数据推导出的结果。耳石化学特性也表明个体只在距其育幼生境不远（<10 km）的范围内洄游（Fodrie and Levin，2008）。还有一些温带珊瑚礁研究也基于耳石的化学特性调查了稚鱼生境对成鱼种群的贡献（参见Gillanders and Kingsford，1996；Hamer et al.，2005；Brown，2006）。

其他一些耳石化学特性的研究都专注于通过仔鱼的扩散研究种群间的连通性。Swearer等（1999）比较了美属维尔京的圣克罗伊岛的双带锦鱼（*Thalassoma bifasciatum*）新定居个体的仔鱼生长史和耳石微量元素构成，以确定补充群体的来源。他们预测，相对于扩散到整个大洋水域的仔鱼，滞留在沿岸水域的仔鱼长得更快，定居时体积也更大，并含有明显更高的微量元素。他们的研究结果表明，补充到两座背风面礁石的大多数群体都来自滞留在当地的幼鱼种群，而一座向风面礁石的则由扩散的仔鱼来补充。由于背风面礁石获得更高的补充量，他们的发现表明留在当地的仔鱼对维持种群数量具有重要作用，同时也表明相距甚远的种群之间的连通性或许不像原先认为的那么强（Swearer et al.，1999）。Patterson等（2005）还通过耳石元素特征研究了一种珊瑚礁鱼类的早期生活史。他们提出,大堡礁南部的鱼类具有多个仔鱼来源,因为它们定居前的耳石化学特性各有不同,这表明它们原先生活在不同的水体中;同样根据耳石的化学特性,大堡礁北部的鱼类则只有一种仔鱼来源(Patterson et al., 2005)。虽然天然化学标记研究的重点在于耳石,但无脊椎动物的元素特征也可用于确定连通性(参见 DiBacco and Levin, 2000; Becker et al., 2007)。

通过分析耳石的元素剖面,也可评估不同环境间的连通性(参见 Elsdon and Gillanders, 2005, 2006; Hamer et al., 2006)。这种分析要求掌握水化学特性的时空变化。研究人员还应认识到耳石化学特性的一种变化也可能代表了定栖鱼类周围环境的一种变化。耳石化学特性的个体发育效应会导致剖面分析的失效,尤其是当剖面包含了不同生活史阶段时(如仔鱼期、稚鱼期、亚成鱼期和成鱼期)。McCulloch 等(2005)用锶同位素和元素丰度描述尖吻鲈(*Lates calcarifer*)的生境特征。他们指出,尖吻鲈(*L. calcarifer*)的生活史并不固定,既有海水育幼,也有淡水育幼,有的个体一生都在淡水中生活,有的则始终生活在海水中,还有的在这两种生境间来回(类似研究参见 Milton and Chenery, 2003; Milton and Chenery, 2005,另见本书第 9 章)。

稳定同位素(除锶以外)也可用于追踪生物的发源地或运动,因为动物组织中的同位素特征反映的是当地食物网或成长期水生生境中的元素特征。食物网或水体的同位素特征会随着生物地球化学过程发生空间变化(Hobson, 1999; Kennedy et al., 2000)。与水相比,食物对同位素信号的贡献更可能取决于同位素。若干研究已经将各种稳定的同位素(如 $\delta^{13}C$,$\delta^{15}N$,$\delta^{34}S$)应用于组织样本来研究鱼类的运动(Fry, 1981, 1983; Fry et al., 1999),还有几项研究调查了稳定同位素在耳石研究方面的应用(Dufour et al., 2008; Kennedy et al., 2002; Augley et al., 2007; Huxham et al., 2007; Verweij et al., 2008)。Fry(1981)在褐对虾(*Penaeus aztecus*)从近岸海草床游向离岸海域的过程中,测算了其组织中的 $\delta^{13}C$ 值。与基于海草的食物网相比,包含基于浮游植物的食物网的离岸生境中的 ^{13}C 大量减少。离岸捕获的亚成鱼个体体内的 $\delta^{13}C$ 值表现出典型的生活在海草床的个体的水平,这表明它们之前是从海草床迁入近海水域的(Fry, 1981)。同样,Cocheret de la Moriniere 等(2003)用 $\delta^{13}C$ 特征来区分育幼生境和珊瑚礁,因为食物中的 $\delta^{13}C$ 会在这些生境间发生变化。由于从珊瑚礁捕获的成鱼个体和从育幼生境捕获的稚鱼个体各有变化,因此假设这两个区域之间不发生有规律的日间摄食洄游。一般而言,大多数研究鱼类组织中的稳定同位素的项目都用同位素来追踪能量和营养的来源(如初级生产者对某种动物食性的相对重要性,见第 3 章)。近来常有呼吁应进行更多的实验来确定稳定同位素、分馏效应和组织转化率发生变化的原因,因为这将有助于对野外采集到的数据进行解释(Logan et al., 2006; Barnes and Jennings, 2007; Guelinckx et al., 2007)。

13.9　总结与未来的方向

现在已有各种各样可用于确定种群间连通性的天然标志和人工标志,其中大多数适用于大型个体(如外部标志和标记,大多数的内部标志)。一些方法目前只适用于成体(如声学遥测、档案式标志）。一些内部标志已经用于小至 7 mm 的鱼（如植入式可见弹性标志），但是逐个标记生物的方法实际上并不适用于大尺度的连通性研究，因为需要标记巨大数量的个体，才能克服自然死亡和扩散带来的稀释效应。天然元素特征已经证明了种群之间的连通性（如红树林和珊瑚礁、河口和开放的海岸等），但许多这方面的研究都受阻于不同空间尺度上的变化。现在，若干研究用人为标记鱼类耳石的方法来证明仔鱼会补充到出生礁区，但是，目前还没有仔鱼扩散到其他礁区的确切证据，因为在一处珊瑚礁标志放流的仔鱼尚未在远方的珊瑚礁回捕过。因此，关于幼鱼中有多少比例向不同的珊瑚礁扩散的问题，现在还知之甚少。人工化学标记是一个令人激动的未来研究领域，但是它们在野外的应用可能仅限于几个物种和/或几个易操作这种方法的地方。现在，它们主要用于小型的底栖物种或繁殖中的鱼群。此外，掌握种群中已标志放流的比例至关重要。

若干研究已经用一些方法来独立估算连通性。例如，Jones 等（2005）用四环素标记胚胎并结合亲子分析来估算鞍斑双锯鱼（*Amphiprion polymnus*）的自补充。两种方法都显示补充群体中有 31.5% 来自标记过的胚胎或定居的亲鱼。在应用间接方法时，鼓励通过比较来估算连通性，因为比较法有助于确定和验证结果。这些方法可能更容易用于较大的生物，因为可将传统标志法和声学标志法与上述天然元素特征法结合应用。除了确定连通性的多种方法之外，还有一种两阶段法也可用于这方面的研究。在这种方法中，外部标志或标记可用于表示该生物有必要获得进一步的关注。然后，更多的注意力将集中于一小部分在第一轮筛查中发现的生物，而不是检查所有的生物。因此，这将大大节约成本。目前，对许多鲑科（Salmonidae）鱼类都同时采用了剪鳍法（减去脂鳍作为一种外部标志）和编码金属线标志法（内部标志）：剪鳍表示该鱼体内有编码金属线标志，因此可进一步获取信息。类似方法还有植入荧光化合物作为一种外部标记（Crook et al.，2007），不管是天然的还是人工的化学标记都可以提供更多的信息（如珊瑚礁等）。与此略有不同，分子法可专门用于较小空间尺度的研究，即只对来自某几座珊瑚礁的生物进一步检查相关的化学信息。

总而言之，存在一系列的方法。这些方法都有可能适用于不同的生活史阶段，不同的生物或不同的地点。确定生物之间的连通性显然有相当的难度，特别是在生活史的早期阶段，但是，有关连通性的信息对很多生态问题以及管理问题都至关重要。

参考文献

Almany GR，Berumen ML，Thorrold SR et al（2007）Local replenishment of coral reef fish popu-lations in a marine reserve. Science 316：742-744

Anastasia JR，Morgan SG，Fisher NS（1998）Tagging crustacean larvae：assimilation and retention of trace elements. Limnol Oceanogr 43：362-368

Arnold G，Dewar H（2001）Archival and pop-up satellite tagging of Atlantic bluefin tuna. In：Sibert JR，Nielsen J（eds）Electronic tagging and tracking in marine fisheries. Kluwer Academic Publishers，Dordrecht，The

Netherlands

Augley J, Huxham M, Fernandes TF et al (2007) Carbon stable isotopes in estuarine sediments and their utility as migration markers for nursery studies in the Firth of Forth and Forth Estuary, Scotland. Estuar Coast Shelf Sci 72: 648-656

Barnes C, Jennings S (2007) Effect of temperature, ration, body size and age on sulphur isotope fractionation in fish. Rapid Commun Mass Spectrom 21: 1461-1467

Bath GE, Thorrold SR, Jones CM et al (2000) Strontium and barium uptake in aragonitic otoliths of marine fish. Geochim Cosmochim Acta 64: 1705-1714

Beck MW, Heck KL, Able KW et al (2001) The identification, conservation, and management of estuarine and marine nurseries for fish and invertebrates. BioScience 51: 633-641

Becker BJ, Fodrie FJ, McMillan PA et al (2005) Spatial and temporal variation in trace elemen-tal fingerprints of mytilid mussel shells: a precursor to invertebrate larval tracking. Limnol Oceanogr 50: 48-61

Becker BJ, Levin LA, Fodrie FJ et al (2007) Complex larval connectivity patterns among marine invertebrate populations. Proc Natl Acad Sci USA 104: 3267-3272

Beets J, Muehlstein L, Haught K et al (2003) Habitat connectivity in coastal environments: patterns and movements of Caribbean coral reef fishes with emphasis on bluestriped grunt, Haemulon sciurus. Gulf Caribb Res 14: 29-42

Bergenius MAJ, Mapstone BD, Begg GA et al (2005) The use of otolith chemistry to determine stock structure of three epinepheline serranid coral reef fishes on the Great Barrier Reef, Aus-tralia. Fish Res 72: 253-270

Beukers JS, Jones GP, Buckley RM (1995) Use of implant microtags for studies on populations of small reef fish. Mar Ecol Prog Ser 125: 61-66

Brazeau DA, Sammarco PW, Gleason DF (2005) A multi-locus genetic assignment technique to assess sources of Agaricia agaricites larvae on coral reefs. Mar Biol 147: 1141-1148

Brophy D, Jeffries TE, Danilowicz BS (2004) Elevated manganese concentrations at the cores of clupeid otoliths: possible environmental, physiological, or structural origins. Mar Biol 144: 779-786

Brown JA (2006) Using the chemical composition of otoliths to evaluate the nursery role of estu-aries for English sole Pleuronectes vetulus populations. Mar Ecol Prog Ser 306: 269-281

Buckley RM, West JE, Doty DC (1994) Internal microtag systems for marking juvenile reef fishes. Bull Mar Sci 55: 848-857

Burke NC (1995) Nocturnal foraging habitats of French and bluestriped grunts, Haemulon flavo-lineatum and H. sciurus, at Tobacco Caye, Belize. Environ Biol Fish 42: 365-374

Campana SE (1999) Chemistry and composition of fish otoliths: pathways, mechanisms and appli-cations. Mar Ecol Prog Ser 188: 263-297

Carmen MA, Ablan A (2006) Genetics and the study of fisheries connectivity in Asian developing countries. Fish Res 78: 158-168

Chittaro PM, Fryer BJ, Sale R (2004) Discrimination of French grunts (Haemulon flavolineatum Desmarest, 1823) from mangrove and coral reef habitats using otolith microchemistry. J Exp Mar Biol Ecol 308: 169-183

Chittaro PM, Hogan JD, Gagnon J et al (2006a) In situ experiment of ontogenetic variability in the otolith chemistry of Stegastes partitus. Mar Biol 149: 1227-1235

Chittaro PM, Usseglio P, Fryer BJ et al (2006b) Spatial variation in otolith chemistry of Lutjanus apodus at Turneffe Atoll, Belize. Estuar Coast Shelf Sci 67: 673-680

Cocheret de la Moriniere`E, Pollux BJA, Nagelkerken I et al (2003) Ontogenetic dietary changes of coral reef fishes in the mangrove-seagrass-reef continuum: stable isotopes and gut-content analysis. Mar Ecol Prog Ser 246: 279-289

Connell SD, Jones GP (1991) The influence of habitat complexity on postrecruitment processes in a temperate reef fish population. J Exp Mar Biol Ecol 151: 271-294

Costantini F, Fauvelot C, Abbiati M (2007) Fine-scale genetic structuring in Corallium rubrum: evidence of inbreeding and limited effective larval dispersal. Mar Ecol Prog Ser 340: 109-119

Courtney DL, Mortensen DG, Orsi JA et al (2000) Origin of juvenile Pacific salmon recovered from coastal southeastern Alaska identified by otolith thermal marks and coded wire tags. Fish Res 46: 267-278

Craig MT, Eble JA, Bowen BW et al (2007) High genetic connectivity across the Indian and Pacific Oceans in the reef fish Myripristis berndti (Holocentridae). Mar Ecol Prog Ser 334: 245-254

Cribb TH, Anderson GR, Dove ADM (2000) Pomphorhynchus heronensis and restricted movement of Lutjanus carponotatus on the Great Barrier Reef. J Helminthol 74: 53-56

Criscione CD, Cooper B, Blouin MS (2006) Parasite genotypes identify source populations of migratory fish more accurately than fish genotypes. Ecology 87: 823-828

Crook DA, Munro AR, Gillanders BM et al (2005) Review of existing and proposed methodologies for discriminating hatchery and wild-bred fish. Murray Darling Basin Commission, Native fish strategy project R5003

Crook DA, O Mahony D, Gillanders BM et al (2007) Production of external fluorescent marks on golden perch fingerlings through osmotic induction marking with alizarin red S. N Am J Fish Manage 27: 670-675

Dahlgren CP, Kellison GT, Adams AJ et al (2006) Marine nurseries and effective juvenile habitats: concepts and applications. Mar Ecol Prog Ser 312: 291-295

Das Mahapatra K, Gjerde B, Reddy P et al (2001) Tagging: on the use of passive integrated transponder (PIT) tags for the identification of fish. Aquac Res 32: 47-50

Davies N, Villablanca FX, Roderick GK (1999) Determining the source of individuals: multilocus genotyping in nonequilibrium population genetics. Trends Ecol Evol 14: 17-21

Davis JLD, Young-Williams AC, Hines AH et al (2004) Comparing two types of internal tags in juvenile blue crabs. Fish Res 67: 265-274

DiBacco C, Levin LA (2000) Development and application of elemental fingerprinting to track the dispersal of marine invertebrate larvae. Limnol Oceanogr 45: 871-880

Dorenbosch M, Pollux BJA, Pustjens AZ et al (2006) Population structure of the Dory snapper, Lutjanus fulviflamma, in the western Indian Ocean revealed by means of AFLP fingerprinting. Hydrobiologia 568: 43-53

Dorenbosch M, Verweij MC, Nagelkerken I et al (2004) Homing and daytime tidal movements of juvenile snappers (Lutjanidae) between shallow-water nursery habitats in Zanzibar, western Indian Ocean. Environ Biol Fish 70: 203-209

Dufour V, Pierre C, Rancher J (1998) Stable isotopes in fish otoliths discriminate between lagoonal and oceanic residents of Taiaro Atoll (Tuamotu Archipelago, French Polynesia). Coral Reefs 17: 23-28

Elsdon TE, Wells BK, Campana SE et al (2008) Otolith chemistry to describe movements and life-history parameters of fishes: hypotheses, assumptions, limitations, and inferences. Oceanogr Mar Biol: Annu Rev 46: 297-330

Elsdon TS, Gillanders BM (2003a) Reconstructing migratory patterns of fish based on environ-mental influences on otolith chemistry. Rev Fish Biol Fish 13: 219-235

Elsdon TS, Gillanders BM (2003b) Relationship between water and otolith elemental concentra-tions in juvenile black bream Acanthopagrus butcheri. Rev Fish Biol Fish 260: 263-272

Elsdon TS, Gillanders BM (2005) Alternative life-history patterns of estuarine fish: barium in otoliths elucidates freshwater residency. Can J Fish Aquat Sci 62: 1143-1152

Elsdon TS, Gillanders BM (2006) Identifying migratory contingents of fish by combining otolith Sr: Ca with temporal collections of ambient Sr: Ca concentrations. J Fish Biol 69: 643-657

Ennevor BC (1994) Mass marking coho salmon, Oncorhynchus kisutch, fry with lanthanum and cerium. Fish Bull 92: 471-473

Ennevor BC, Beames RM (1993) Use of lanthanide elements to mass mark juvenile salmonids. Can J Fish Aquat Sci 50: 1039-1044

Evans RD, Richner P, Outridge PM (1995) Micro-spatial variations in heavy metals in the teeth of walrus as determined by laser ablation ICP-MS: the potential for reconstructing a history of metal exposure. Arch Environ Contam Toxicol 28: 55-60

Fallon SJ, White JC, McCulloch MT (2002) Porites corals as recorders of mining and environmen-tal impacts: Misima Island, Papua New Guinea. Geochim Cosmochim Acta 66: 45-62

Fauvelot C, Lemaire C, Planes S et al (2007) Inferring gene flow in coral reef fishes from different molecular markers: which loci to trust? Heredity 99: 331-339

Fauvelot C, Planes S (2002) Understanding origins of present day genetic structure in marine fish: biologically or historically driven patterns? Mar Biol 141: 773-788

Fodrie FJ, Levin LA (2008) Linking juvenile habitat utilization to population dynamics of Califor-nia halibut. Limnol Oceanogr 53: 799-812

Frederick JL (1997a) Evaluation of fluorescent elastomer injection as a method for marking small fish. Bull Mar Sci 61: 399-408

Frederick JL (1997b) Post-settlement movement of coral reef fishes and bias in survival estimates. Mar Ecol Prog Ser 150: 65-74

Fry B (1981) Natural stable carbon isotope tag traces Texas shrimp migrations. Fish Bull 79: 337-345

Fry B (1983) Fish and shrimp migrations in the northern Gulf of Mexico analyzed using stable C, N and S isotope ratios. Fish Bull 81: 789-801

Fry B, Mumford PL, Robblee MB (1999) Stable isotope studies of pink shrimp (Farfantepenaeus duorarum Burkenroad) migrations on the southwestern Florida shelf. Bull Mar Sci 65: 419-430

Gaines SD, Bertness MD (1992) Dispersal of juveniles and variable recruitment in sessile marine species. Nature 360: 579-580

Giles MA, Attas EM (1993) Rare earth elements in internal batch marks for rainbow trout: reten-tion, distribution, and effects on growth of injected dysprosium, europium, and samarium. Trans Am Fish Soc 122: 289-297

Gillanders BM (2001) Trace metals in four structures of fish and their use for estimates of stock structure. Fish Bull 99: 410-419

Gillanders BM (2005a) Otolith chemistry to determine movements of diadromous and freshwater fish. Aquat Living Resour 18: 291-300

Gillanders BM (2005b) Using elemental chemistry of fish otoliths to determine connectivity between estuarine and coastal habitats. Estuar Coast Shelf Sci 64: 47-57

Gillanders BM, Able KW, Brown JA et al (2003) Evidence of connectivity between juvenile and adult habitats for mobile marine fauna: an important component of nurseries. Mar Ecol Prog Ser 247: 281-295

Gillanders BM, Kingsford MJ (1996) Elements in otoliths may elucidate the contribution of estu-arine recruitment to sustaining coastal reef populations of a temperate reef fish. Mar Ecol Prog Ser 141: 13-20

Grimes CB, Able KW, Jones RS (1986) Tilefish, Lopholatilus chamaeleonticeps, habitat, behaviour and community structure in Mid-Atlantic and southern New England waters. Environ Biol Fish 15: 273-292

Grutter AS (1998) Habitat-related differences in the abundance of parasites from a coral reef fish: an indication of the movement patterns of Hemigymnus melapterus. J Fish Biol 53: 49-57

Guelinckx J, Maes J, Van Den Driessche P et al (2007) Changes in $\delta 13C$ and $\delta 15N$ in different tissues of juvenile sand goby Pomatoschistus minutus: a laboratory diet-switch experiment. Mar Ecol Prog Ser 341: 205-215

Gunn JS, Patterson TA, Pepperell JG (2003) Short-term movement and behaviour of black marlin Makaira indica in the Coral Sea as determined through a pop-up satellite archival tagging experiment. Mar Freshw Res 54: 515-525

Guy CS, Blankenship HL, Nielsen LA (1996) Tagging and marking. In: Murphy BR, Willis DW (eds) Fisheries techniques. American Fisheries Society, Bethesda, Maryland

Hamer PA, Jenkins GP, Coutin P (2006) Barium variation in Pagrus auratus (Sparidae) otoliths: a potential indicator of migration between an embayment and ocean waters in south-eastern Australia. Estuar Coast Shelf Sci 68: 686-702

Hamer PA, Jenkins GP, Gillanders BM (2005) Chemical tags in otoliths indicate the importance of local and distant settlement areas to populations of a temperate sparid, Pagrus auratus. Can J Fish Aquat Sci 62: 623-630

Haney RA, Silliman BR, Rand DM (2007) A multilocus assessment of connectivity and historical demography in the bluehead wrasse (Thalassoma bifasciatum). Heredity 98: 294-302

Hargreaves NB (1992) An electronic hot-branding device for marking fish. Progressive Fish-Culturist 54: 99-104

Hartl DL, Clark AG (1997) Principles of population genetics Sinauer Associates Inc, Sunderland, Maryland

Hawkes GP, Day RW, Wallace MW et al (1996) Analyzing the growth and form of mollusc shell layers, in situ, by cathodoluminescence microscopy and Raman spectroscopy. J Shell Res 15: 659-666

Hayes MC, Focher SM, Contor CR (2000) High-pressure injection of photonic paint to mark adult Chinook salmon. N Am J Aquac 62: 319-322

Hellberg ME, Burton RS, Neigel JE et al (2002) Genetic assessment of connectivity among marine populations. Bull Mar Sci 70: 273-290

Heupel MR, Semmens JM, Hobday AJ (2006) Automated acoustic tracking of aquatic animals: scales, design and deployment of listening station arrays. Mar Freshw Res 57: 1-13

Hobson KA (1999) Tracing origins and migration of wildlife using stable isotopes: a review. Oecologia 120: 314-326

Huxham M, Kimani E, Newton J et al (2007) Stable isotope records from otoliths as tracers of fish migration in a mangrove system. J Fish Biol 70: 1554-1567

Ikeda Y, Arai N, Kidokoro H et al (2003) Strontium: calcium ratios in statoliths of Japanese com-mon squid Todarodes pacificus (Cephalopoda: Ommastrephidae) as indicators of migratory behavior. Mar Ecol Prog Ser 251: 169-179

Jones GP, Milicich MJ, Emslie MJ et al (1999) Self recruitment in a coral reef fish population. Nature 402: 802-804

Jones GP, Planes S, Thorrold SR (2005) Coral reef fish larvae settle close to home. Curr Biol 15: 1314-1318

Kennedy BP, Blum JD, Folt CL et al (2000) Using natural strontium isotopic signatures as fish markers: methodology and application. Can J Fish Aquat Sci 57: 2280-2292

Kennedy BP, Klaue A, Blum JD et al (2002) Reconstructing the lives of fish using Sr isotopes in otoliths. Can J Fish Aquat Sci 59: 925-929

Knaepkens G, Maerten E, Tudorache C et al (2007) Evaluation of passive integrated transpon-der tags for marking the bullhead (Cottzis gobio), a small benthic freshwater fish: effects on survival, growth and swimming capacity. Ecol Freshw Fish 16: 404-409

Kneib RT, Huggler MC (2001) Tag placement, mark retention, survival and growth of juvenile white shrimp (Litopenaeus setiferus Perez Farfante, 1969) injected with coded wire tags. J Exp Mar Biol Ecol 266: 109-120

Kraus RT, Secor DH (2004) Incorporation of strontium into otoliths of an estuarine fish. J Exp Mar Biol Ecol 302: 85-106

Kraus RT, Secor DH (2005) Application of the nursery role hypothesis to an estuarine fish. Mar Ecol Prog Ser 291: 301-305

Lara MR, Jones DL, Chen Z et al (2008) Spatial variation of otolith elemental signatures among juvenile gray snapper (Lutjanus griseus) inhabiting southern Florida waters. Mar Biol 153: 235-248

Layzer JB, Heinricher JR (2004) Coded wire tag retention in ebony shell mussels Fusconaia ebena. N Am J Fish Manage 24: 228-230

Leis JM (1991) The pelagic stage of reef fishes: the larval biology of coral reef fishes. In: Sale PF (ed) The ecology of fishes on coral reefs. Academic Press, San Diego

Lessios HA, Kane J, Robertson DR (2003) Phylogeography of the pantropical sea urchin Trip-neustes: contrasting patterns of population structure between oceans. Evolution 57: 2026-2036

Levin LA (1990) A review of methods for labeling and tracking marine invertebrate larvae. Ophelia 32: 115-144

Levin LA, Huggett D, Myers P et al (1993) Rare-earth tagging methods for the study of larval dispersal by marine invertebrates. Limnol Oceanogr 38: 346-360

Lim BK, Sakurai N (1999) Coded wire tagging of the short necked clam Ruditapes philippinarum. Fish Sci 65: 163-164

Lo-Yat A, Meekan M, Munksgaard N et al (2005) Small-scale spatial variation in the elemen-tal composition of otoliths of Stegastes nigricans (Pomacentridae) in French Polynesia. Coral Reefs 24: 646-653

Logan J, Haas H, Deegan L et al (2006) Turnover rates of nitrogen stable isotopes in the salt marsh mummichog, Fundulus heteroclitus, following a laboratory diet switch. Oecologia 147: 391-395

MacKenzie K, Abaunza P (1998) Parasites as biological tags for stock discrimination of marine fish: a guide to procedures and methods. Fish Res 38: 45-56

Malone JC, Forrester GE, Steele MA (1999) Effects of subcutaneous microtags on the growth, survival and vulnerability to predation of small reef fishes. J Exp Mar Biol Ecol 237: 243-253

Manel S, Gaggiotti OE, Waples RS (2005) Assignment methods: matching biological questions with appropriate techniques. Trends Ecol Evol 20: 136-142

Marko PB, Rogers-Bennett L, Dennis AB (2007) MtDNA population structure and gene flow in lingcod (Ophiodon elongatus): limited connectivity despite long-lived pelagic larvae. Mar Biol 150: 1301-1311

McCormick MI, Smith S (2004) Efficacy of passive integrated transponder tags to determine spawning-site visitations by a tropical fish. Coral Reefs 23: 570-577

McCulloch M, Cappo M, Aumend J et al (2005) Tracing the life history of individual barramundi using laser ablation MC-ICP-MS Sr-isotopic and Sr/Ba ratios in otoliths. Mar Freshw Res 56: 637-644

Milton DA, Chenery SR (2003) Movement patterns of the tropical shad hilsa (Tenualosa ilisha) inferred from transects of 87Sr/86Sr isotope ratios in their otoliths. Can J Fish Aquat Sci 60: 1376-1385

Milton DA, Chenery SR (2005) Movement patterns of barramundi Lates calcarifer, inferred from 87Sr/86Sr and Sr/Ca ratios in otoliths, indicate non-participation in spawning. Mar Ecol Prog Ser 301: 279-291

Moles A, Rounds P, Kondzela C (1990) Use of the brain parasite Myxobolus neurobius in separat-ing mixed stocks of sockeye salmon. Am Fish Soc Symp 7: 224-231

Munro AR, Gillanders BM, Elsdon TS et al (2008) Enriched stable isotope marking of juvenile golden perch Macquaria ambigua otoliths. Can J Fish Aquat Sci 65: 276-285

Nieberding CM, Olivieri I (2007) Parasites: proxies for host genealogy and ecology? Trends Ecol Evol 22: 156-165

Nielsen LA (1992) Methods of marking fish and shellfish. Special publication 23. American Fish-eries Society, Bethesda, Maryland

Ogden JC, Ehrlich PR (1977) The behavior of heterotypic resting schools of juvenile grunts (Pomadasyidae). Mar Biol 42: 273-280

Olson RE, Pratt I (1973) Parasites as indicators of English sole (Parophrys vetulus) nursery grounds. Trans Am Fish Soc 102: 405-411

Olson RR, McPherson R (1987) Potential vs realized larval dispersal - fish predation on larvae of the ascidian Lissiclinium patella (Gottschaldt). J Exp Mar Biol Ecol 110: 245-256

Ombredane D, Bagliniere JL, Marchand F (1998) The effects of Passive Integrated Transponder tags on survival and growth of juvenile brown trout (Salmo trutta L.) and their use for studying movement in a small river. Hydrobiologia 372: 99-106

Paetkau D, Slade R, Burden M et al (2004) Genetic assignment methods for the direct, real-time estimation of migration rate: a simulation-based exploration of accuracy and power. Mol Ecol 13: 55-65

Palumbi SR (2003) Population genetics, demographic connectivity, and the design of marine reserves. Ecol Appl 13: S146-S158

Palumbi SR (2004) Marine reserves and ocean neighborhoods: the spatial scale of marine popula-tions and their management. Annu Rev Environ Resour 29: 31-68

Patterson HM, Kingsford MJ (2005) Elemental signatures of Acanthochromis polyacanthus otoliths from the Great Barrier Reef have significant temporal, spatial, and between-brood vari-ation. Coral Reefs 24: 360-369

Patterson HM, Kingsford MJ, McCulloch MT (2004a) Elemental signatures of Pomacentrus coelestis otoliths at multiple spatial scales on the Great Barrier Reef, Australia. Mar Ecol Prog Ser 270: 229-239

Patterson HM, Kingsford MJ, McCulloch MT (2005) Resolution of the early life history of a reef fish using otolith chemistry. Coral Reefs 24: 222-229

Patterson HM, McBride RS, Julien N (2004b) Population structure of red drum (Sciaenops ocella-tus) as deter-mined by otolith chemistry. Mar Biol 144: 855-862

Planes S, Fauvelot C (2002) Isolation by distance and vicariance drive genetic structure of a coral reef fish in the Pacific Ocean. Evolution 56: 378-399

Pollard MJ, Kingsford MJ, Battaglene SC (1999) Chemical marking of juvenile snapper, Pagrus auratus (Spari-dae), by incorporation of strontium into dorsal spines. Fish Bull 97: 118-131

Prince ED, Cowen RK, Orbesen ES et al (2005) Movements and spawning of white marlin (Tetrapturus albidus) and blue marlin (Makaira nigricans) off Punta Cana, Dominican Republic. Fish Bull 103: 659-669

Purcell JFH, Cowen RK, Hughes CR et al (2006a) Weak genetic structure indicates strong dispersal limits: a tale of two coral reef fish. Proc R Soc B-Biol Sci 273: 1483-1490

Purcell SW, Blockmans BF, Nash WJ (2006b) Efficacy of chemical markers and physical tags for large-scale re-lease of an exploited holothurian. J Exp Mar Biol Ecol 334: 283-293

Rannala B, Mountain JL (1997) Detecting immigration by using multilocus genotypes. Proc. Natl. Acad Sci USA 94: 9197-9201

Ruttenberg BI, Hamilton SL, Hickford MJH et al (2005) Elevated levels of trace elements in cores of otoliths and their potential for use as natural tags. Mar Ecol Prog Ser 297: 273-281

Ruttenberg BI, Warner RR (2006) Spatial variation in the chemical composition of natal otoliths from a reef fish in the Galapagos Islands. Mar Ecol Prog Ser 328: 225-236

Saura A (1996) Use of hot branding in marking juvenile pikeperch (Stizostedion lucioperca). Annu Zool Fenn 33: 617-620

Szedlmayer ST, Able KW (1993) Ultrasonic telemetry of age-0 summer flounder, Paralichythys dentatus, move-ments in a southern New Jersey estuary. Copeia 1993: 728-736

Schaefer KM, Fuller DW, Block BA (2007) Movements, behavior, and habitat utilization of yel-lowfin tuna (Thunnus albacares) in the northeastern Pacific Ocean, ascertained through archival tag data. Mar Biol 152: 503-525

Schroder SL, Knudsen CM, Volk EC (1995) Marking salmon fry with strontium chloride solutions. Can J Fish Aquat Sci 52: 1141-1149

Semmens JM, Pecl GT, Gillanders BM et al (2007) Approaches to resolving cephalopod movement and migration patterns. Rev. Fish Biol. Fish 17: 401-423

Sharp WC, Lellis WA, Butler MJ et al (2000) The use of coded microwire tags in mark-recapture studies of ju-venile Caribbean spiny lobster, Panulirus argus. J Crust Biol 20: 510-521

Sibert JR, Nielsen J (2001) Electronic tagging and tracking in marine fisheries. Kluwer Academic Publishers, Dordrecht, The Netherlands

Skinner MA, Courtenay SC, Parker WR et al (2005) Site fidelity of mummichogs (Fundulus hete-roclitus) in an Atlantic Canadian estuary. Water Qual Res J Canada 40: 288-298

Sumpton WD, Sawynok B, Carstens N (2003) Localised movement of snapper (Pagrus auratus, Sparidae) in a large subtropical marine embayment. Mar Freshw Res 54: 923-930

Swearer SE, Caselle JE, Lea DW et al (1999) Larval retention and recruitment in an island popu-lation of a cor-al-reef fish. Nature 402: 799-802

Takahashi M, Okamura H, Yokawa K et al (2003) Swimming behaviour and migration of a sword-fish recorded by an archival tag. Mar Freshw Res 54: 527-534

Thompson JM, Hirethota PS, Eggold BT (2005) A comparison of elastomer marks and fin clips as marking tech-niques for walleye. N Am J Fish Manage 25: 308-315

Thorrold SR, Jones GP, Hellberg ME et al (2002) Quantifying larval retention and connectivity in marine popula-tions with artificial and natural markers. Bull Mar Sci 70: 291-308

Thorrold SR, Jones GP, Planes S et al (2006) Transgenerational marking of embryonic otoliths in marine fishes using barium stable isotopes. Can J Fish Aquat Sci 63: 1193-1197

Tulevech SM, Recksiek CW (1994) Acoustic tracking of adult white grunt, Haemulon plumieri, in Puerto Rico and Florida. Fish Res 19: 301-319

Tupper M (2007) Identification of nursery habitats for commercially valuable humphead wrasse Cheilinus undulatus and large groupers (Pisces: Serranidae) in Palau. Mar Ecol Prog Ser 332: 189-199

Urawa S, Kawana M, Anma G et al (2000) Geographic origin of high seas chum salmon determined by genetic and thermal otolith markers. N Pac Anad Fish Comm Bull 2: 283-290

van der Haegen GE, Blankenship HL, Hoffmann A et al (2005) The effects of adipose fin clipping and coded wire tagging on the survival and growth of spring Chinook salmon. N Am J Fish Manage 25: 1161-1170

van Herwerden L, Benzie J, Davies C (2003) Microsatellite variation and population genetic struc-ture of the red throat emperor on the Great Barrier Reef. J Fish Biol 62: 987-999

van Rooij JM, Bruggemann JH, Videler JJ et al (1995) Plastic growth of the herbivorous reef fish Sparisoma viride - field evidence for a trade-off between growth and reproduction. Mar Ecol Prog Ser 122: 93-105

Verweij MC, Nagelkerken I (2007) Short and long-term movement and site fidelity of juve-nile Haemulidae in back-reef habitats of a Caribbean embayment. Hydrobiologia 592: 257-270

Verweij MC, Nagelkerken I, Hans I et al (2008) Seagrass nurseries contribute to coral reef fish populations. Limnol Oceanogr 53: 1540-1547

Verweij MC, Nagelkerken I, Hol KEM et al (2007) Space use of Lutjanus apodus including move-ment between a putative nursery and a coral reef. Bull Mar Sci 81: 127-138

Voegeli FA, Smale MJ, Webber DM et al (2001) Ultrasonic telemetry, tracking and automated monitoring tech-nology for sharks. Environ Biol Fish 60: 267-281

Volk EC, Schroder SL, Grimm JJ (1999) Otolith thermal marking. Fish Res 43: 205-219

Walther BD, Thorrold SR (2006) Water, not food, contributes the majority of strontium and barium deposited in the otoliths of a marine fish. Mar Ecol Prog Ser 311: 125-130

Warner RR, Swearer SE, Caselle JE et al (2005) Natal trace-elemental signatures in the otoliths of an open-coast fish. Limnol Oceanogr 50: 1529-1542

Waser PM, Strobeck C (1998) Genetic signatures of interpopulation dispersal. Trends Ecol Evol 13: 43-44

Wells BK, Bath GE, Thorrold SR et al (2000) Incorporation of strontium, cadmium, and barium in juvenile spot (Leiostomus xanthurus) scales reflects water chemistry. Can J Fish Aquat Sci 57: 2122-2129

Wertheimer AC, Thedinga JF, Heintz RA et al (2002) Comparative effects of half-length coded wire tagging and ventral fin removal on survival and size of pink salmon fry. N Am J Aquac 64: 150-157

Williams HH, MacKenzie K, McCarthy AM (1992) Parasites as biological indicators of the popu-lation biology, migrations, diet, and phylogenetics of fish. Rev Fish Biol Fish 2: 144-176

Willis TJ, Parsons DM, Babcock RC (2001) Evidence for long-term site fidelity of snapper (Pagrus auratus) within a marine reserve. NZ J Mar Freshw Res 35: 581-590

Wilson AJ, Ferguson MM (2002) Molecular pedigree analysis in natural populations of fishes: approaches, applications, and practical considerations. Can J Fish Aquat Sci 59: 1696-1707

Wilson SK, Wilson DT, Lamont C et al (2006) Identifying individual great barracuda Sphyraena barracuda using natural body marks. J Fish Biol 69: 928-932

Yamada SB, Mulligan TJ (1987) Marking nonfeeding salmonid fry with dissolved strontium. Can J Fish Aquat Sci 44: 1502-1506

Zacherl DC (2005) Spatial and temporal variation in statolith and protoconch trace elements as natural tags to track larval dispersal. Mar Ecol Prog Ser 290: 145-163

Zeller DC (1998) Spawning aggregations: patterns of movement of the coral trout Plectropomus leopardus (Serranidae) as determined by ultrasonic telemetry. Mar Ecol Prog Ser 162: 253-263

Zeller DC (1999) Ultrasonic telemetry: its application to coral reef fisheries research. Fish Bull 97: 1058-1065

Zeller DC, Russ GR (1998) Marine reserves: patterns of adult movement of the coral trout [Plec-tropomus leopardus (Serranidae)]. Can J Fish Aquat Sci 55: 917-924

Zeller DC, Russ GR (2000) Population estimates and size structure of Plectropomus leopardus (Pisces: Serranidae) in relation to no-fishing zones: mark-release-resighting and underwater visual census. Mar Freshw Res 51: 221-228

第14章　采用景观生态学方法研究热带海洋景观生态连通性

Rikki Grober-Dunsmore，Simon J. Pittman，Chris Caldow，
Matthew S. Kendall，Thomas K. Frazer

摘要：通常认为，海洋景观连通性对海洋物种的行为、生长、生存和空间分布结果有着深刻而复杂的影响。景观生态学方法将为研究热带海洋景观生态连通性提供切实的途径。在空间格局对生态过程的影响这一课题上，景观生态学提供了一个完善的概念和可操作框架，用以解决这一复杂的多尺度问题。在与尺度相关的资源管理决策方面，景观生态学可提供量化和空间明晰的信息。它允许我们开始探索诸如"有多少生境要保护？""应该保护何种类型的生境？"以及"何种海洋景观格局为活动的海洋生物提供最优、次优或者功能不全的连通性？"等问题。虽然景观生态学方法越来越多地被应用于热带海洋景观中，但明确针对连通性的专门研究非常少。基于这种现状，我们将通过以下几个方面来验证，将陆地景观生态学应用于阐释热带海洋生态系统生态连通性的可行性：(1) 综述景观生态学的概念；(2) 讨论用以评估景观连通性的景观生态学可行方法和工具；(3) 检验数据需求和困难；(4) 分析陆地景观生态学和珊瑚生态学研究的经验教训；(5) 探讨生态连通性对资源管理的意义。有关珊瑚礁生态系统的最新研究表明，利用景观生态学方法能极大地提高对于生态连通性的认知，同时能更积极应用研究结果，为制定保护规划做出明智的决策。

关键词：海洋景观生态学；景观生态学；连通性；空间尺度；格局指数；鱼类

14.1　概念性框架

热带海洋生态系统普遍属于动态变化和空间异质性都非常高的海洋景观，其中不同的生境类型（例如珊瑚礁、海草床、开阔水域、红树林和沙地等）通过一系列生物过程、物理过程和化学过程相互连接（图14.1）。水体运动，包括潮汐和海流，促进了海洋景观各种成分之间营养盐、化学污染物、病原体、沉积物和生物体的交换。生物的主动运动将海洋景观内的生境斑块连接起来（Sale，2002；Gillanders et al.，2003）。例如，许多热带海洋物种的生活史复杂，要到若干空间及构成较为离散的生境斑块中获取资源（Parrish，1989；Pittman and McAlpine，2003）。运动强的物种通过日常觅食活动，包括感潮洄游和

昼夜洄游，以及更大范围的产卵洄游和季节洄游，把这些生境斑块连接起来（Zeller，1998；Kramer and Chapman，1999；参见第4和第8章）。再者，许多鱼类及甲壳类动物在个体发育过程中会选择明显不同的生境类型（Dahlgren and Eggleston，2000；Nagelkerken and van der Velde，2002）。生物成功通过若干（一般是关键性的）"个体发育的跳板（脚踏石）"，或成功洄游到产卵场的能力，很大程度上取决于两个因素，其一是海洋景观的构成（如斑块类型和其丰度），其二是斑块的空间构造或空间排列（如与适宜斑块的距离，毗邻的互补性资源）。同时，海洋景观的构成和形态包含许多可量化的结构特征，进而影响生态连通性，因此一些生境构造能为物种（或群落）提供更好的连通性（Mumby，2006；Grober-Dunsmore et al.，2007；Pittman et al.，2007b）。

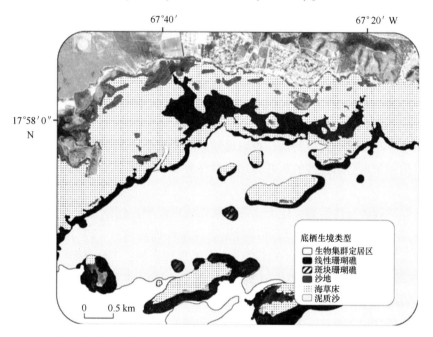

图14.1　波多黎加的拉巴格拉（La Parguera）包括6类底栖生境的海域的IKONOS卫星图

当前，资源管理者和决策者亟需加深对于热带海洋生态系统连通性的认识。例如，可以通过确定并测绘出生态连通性良好的海洋景观区域，为诸如海洋保护区（MPAs）之类的资源管理活动提供支持。除此之外，这种信息还有助于连通性良好的生境修复工程的设计规划。热带海洋生物的习性，在空间范围和时间范围上，都与其重要的生命史运动息息相关，而现阶段我们却对此知之甚少。由此导致的结果是，人们依然基本忽视海洋环境中可能存在的生态连通性的空间和时间格局，因此严重地降低了了解海洋景观格局对连通性的影响能力。

由这一理论框架衍生出一些涉及海洋环境的重要研究主题：（1）海洋景观的空间分布如何影响连通性？（2）哪些因素会阻碍或促进海洋景观中生物间的物质及能量交换？（3）生境损失或生境构造的改变如何改变连通性，并进而改变海洋景观的功能？（4）连通性良好的海洋景观的定义是什么？分布在哪里？

目前，遥感、声学遥测、地理信息系统（GIS）和空间统计等最新技术进展，使得人们可以获取、管理和分析用于连通性研究的数据，使得这些研究能在空间上更为明晰，空间范围的选择上更为适宜（Crooks and Sanjayan，2006）。尽管生态问题存在多空间尺度，十分复杂，但通过空间技术与景观生态学理念的结合，能够找到应对复杂生态问题的操作框架和理论框架。景观生态学是一门研究包括空间异质性和尺度重要性在内的环境复杂性的科学（Wu，2006），已经在检测陆地环境生态连通性发面发挥了巨大的作用（With et al.，1997；Crooks and Sanjayan，2006）。最近，在认识陆地表层和生态过程之间空间布局的关联性方面，出现了一系列的概念、术语和分析工具（Turner，2005）。景观生态学家已证明，对于异质性的空间显性和定量研究（如 Turner，1989）有助于深入理解空间镶嵌体的物理结构及时间动态对生态连通性造成的影响（Crooks and Sanjayan，2006）。

许多热带生物，尤其是鱼类和甲壳类与底质结构关系密切。正因为这个原因，景观生态学作为一种极富生态意义的研究方法日益受到推崇，成为在浅海各种结构的生境类型中研究物种与环境的关系途径（Robbins and Bell，1994；Irlandi et al.，1995；Pittman et al.，2004；Grober-Dunsmore，2005；Grober-Dunsmore et al.，2008）。本章认为，高度异质性结构是珊瑚礁生态系统的典型特征，可以通过景观生态学方法加以研究，从而更好地了解生物运动行为和景观空间模式的相互作用，最终导致在资源管理领域做出更具生态意义的决策。

本章旨在明确研究热带海洋生态系统的生态连通性中应用景观生态法的价值所在，即（1）提供景观生态学概念框架，以加深对生态连通性的理解；（2）综述用以评估连通性的现有景观生态学方法和工具；（3）探讨数据需求和限制；（4）综述陆地景观生态学和珊瑚礁生态学研究获得的经验教训；（5）讨论景观生态学在资源管理应用中的诸多意义。本文重点研究的对象是运动频繁的物种，尤其是海洋鱼类，但同时我们也选取陆地系统的实例，以凸显景观生态方法在海洋和陆地研究的相似性和差异性。本文对海洋连通性的研究并非从集合种群（Hanski，1998）和遗传学（Cowen et al.，2006）角度出发，尽管这些方法也具有空间明确性，在技术和术语上的重叠也时有发生。而且，本文重点研究底栖景观中与生物积极运动有关的连通性，而不涉及对幼体连通性的各种研究途径。尽管如此，这些方法是具有应用价值的，可应用于研究海洋景观中的营养通量及其他形式的物质交换。

14.1.1 定义和概念

14.1.1.1 景观生态学和地理信息系统常用术语

陆地景观生态学中应用的诸多概念、术语、结构关系和分析技术同样适用于研究浅海底栖景观的生态格局和生态过程（Carleton Ray，1991；Robbins and Bell，1994；表14.1）。在景观生态学术语中，斑块（patches）是景观生态的基本空间元素，其定义简而言之，即异于周边环境而相对同质的非线性区域（Forman and Godron，1986）。珊瑚礁生态系统中具有各种各样的斑块类型，可归类为线性礁、斑块礁、海草床、沙地及其他生物学特征更明显的类型，如柳珊瑚为主的硬相底质等（Mumby and Harborne，1999；Kendall et al.，2002）。尽管斑块类型和生境类型这两个术语经常互换使用，但二者实际存在差异，因为生境类型并无结构边界。斑块的结构边界指的是边缘带（edges）或过渡带（ecotones），所指的是结构类型或群落的明显界限或从结构类型或群落间渐变过渡。斑块或斑块集合体可以形成廊道（corridor）。廊道与周边环境不同，具有线性特征，并与斑块连通（Forman and Godron，1986）。更宏观地说，斑块集合体可形成镶嵌体（mosaic）或生境镶嵌体（habitat mosaic）。陆地景观或海洋景观中数量最丰富且连通性最好的组分常被称为基质（matrix）（Forman and Godron，1986）。上述景观元素定义普遍较为随意，一般由景观研究者决定，取决于研究观念、尺度（范围）和具体问题（Wiens et al.，1993）。

表 14.1　生态景观学中重要概念的定义及其在珊瑚礁生态系统的应用实例（节选自 Forman，1995）

概念	定义	珊瑚礁应用实例
基质	最主要的景观元素	沙地或海草床
斑块	基本的景观空间元素	礁斑
镶嵌体	不同斑块类型彼此交融形成的结合体	海草斑块，礁斑，沙地斑块，红树林斑块
海洋景观	异质性的海洋区域，通常以大范围的尺度衡量，属于镶嵌体格局并存在空间梯度	鱼类的活动范围即为具有生态意义的海洋景观
海洋景观结构	斑块构成和空间格局，同时可能包括水深复杂程度和水体结构	相关空间尺度范围下的结构分布、多样性和空间几何特性
斑块背景	斑块相对周边海洋景观元素所处的位置	一个斑块可能被海草或沙地生境围绕
异质性	物体分布呈现出不均匀性和非随机特性	生境斑块分布内包含一个珊瑚礁
海洋景观连通性	海洋景观对资源斑块中的运动所产生的便利程度或阻碍程度	石鲈在个体发育过程中跨越大陆架的运动
结构连通性	海洋景观内存在的物理联系	说明结构连通性的珊瑚礁区域图
潜在连通性	通过有关生物流通性的间接且有限的信息衡量的连通性	根据一种鲹科鱼类的信息推断出所有鲹科（Carangidae）鱼类的扩散
实际连通性	通过量化生境和景观内个体运动衡量的连通性	通过水声跟踪鱼类、贝类或龙虾获取空间信息
功能连通性	景观结构与生物、干扰或物质的特性相互作用并进而影响其生物运动的方式	海草床的空间分布影响石鲈的运动方式
踏脚石连通性	一排小斑块（"踏脚石"）能使本来没有连通的斑块连通起来	在沙地基底中，海草斑块与礁斑连通

续表

概念	定义	珊瑚礁应用实例
空间尺度（范围）/时间尺度	研究分辨率和幅度时采用的衡量单位	取决于研究问题，可能会用于物种的活动范围或其他生态过程
幅度	研究对象在空间或时间上的持续范围或长度	感兴趣的研究区域
粒度	具体数据组中，景观在空间和时间上的最小可辨识单位	最小绘图单元（如 1 m^2 的礁斑）

海洋景观也属于地理信息系统中的空间单元或抽样单元（如海景单元），其中海洋景观结构可根据特征和量化分为两类，即构成（composition）和构造（configuration）。本质上，景观构成包括海上景观构成（marine landscape composition）（Grober-Dunsmore et al., 2004; Pittman et al., 2004）以及海洋景观构成（seascape composition）（Pittman et al., 2007b），其中涉及生境种类的多样度和丰度，而陆地或海洋景观构造（又称空间排列）是指空间内生境的物理分布（Dunning et al., 1992, Pittman et al., 2004）。

就常规而言，GIS 应用于景观生态学定量研究。GIS 有序地整合了电脑硬件、软件、地理数据和人员，从而实现高效地获取、储藏、更新、操作、分析和显示具有地理坐标的信息。栅格 [raster，即网格（grid）] 和矢量（vector）是用于 GIS 系统的两种主要的内部数据组织。栅格系统将规则网格添加到研究区域，并使每个单元或每个像素的一个或多个数据记录相对应（Malczewski, 1999）。矢量系统主要基于坐标几何，利用空间数据切分便利性将其切分为点、线型和多边型等类型。GIS 常用于研究生物连通性问题，这其中包括算法的应用及生境地图空间格局的定量方法。

14.1.1.2 什么是连通性

"连通性"这一术语常见于生态科学文献的各类语境中，所涉及的研究范围既包括陆地也包括海洋，并且其含义有时较为模糊。对于景观生态学家而言，连通性一般指促使生物和生态过程同景观要素联系起来的相互作用的途径（Crooks and Sanjayan, 2006）。生态构成和构造的改变会改变景观的物理连通性（参见第 14.2 节）。每一种生物具有的独特生物和行为特征与景观的物理构造的相互作用，会对特定景观的功能连通性产生决定性影响。为便于理解这种复杂性，连通性往往通过以下 3 种方式描述并量化：结构连通性（structural connectivity）、潜在连通性（potential connectivity）和实际连通性（actual connectivity）（Calabrese and Fagan, 2004; Fagan and Calabrese, 2006）。结构连通性一般指环境的物理结构所具有的空间特征。看着地图，人们往往想到结构连通性。结构连通性通过定量景观的构造加以测量，其中较少考量生物、物质或能量的流动（Crooks and Sanjayan, 2006; 图 14.2）。潜在连通性涉及的信息有限且间接，主要是关于所研究的生物或过程的扩散和运动能力（Fagan and Calabrese, 2006）。实际连通性对生境或海洋景观内的个体运动进行量化（例如声学追踪），进而直接估量生境斑块或海洋景观要素中可能存在的潜在联系。后两种连通性与功能连通性含义相同，它所测量的是生态过程（例如海洋景观中的扰动或生物及其他物质的运动）如何与景观构造相互作用的（Wiens，2006）。

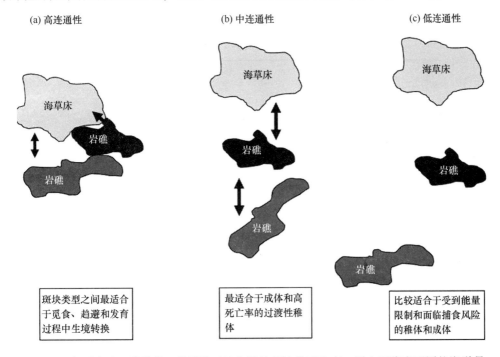

图 14.2　假设存在一类物种，依赖贴近且多样的斑块类型生存，则上图代表不同的海洋景观结构。在图（a）中，当3个重要的资源斑块距离较近时，生物幼体能轻松穿过斑块，这时达到最高或最佳的连通性。而图（b）和图（c）所代表的是次佳的海洋景观构造，因为在这两种情况中，只有成体能历经较远距离，穿过海草和珊瑚礁，最终到达重要资源斑块。生物的扩散能力和运动模式将影响这些海洋景观的连通程度

14.1.1.3　空间尺度的重要性

尺度（scale）和格局（pattern）的关系是生态学中最重要的课题之一（Levin，1992；Schneider，2001）。对格局的认知和测量取决于对尺度的选择，而物种在空间尺度范围内对格局具有各自的响应（Wiens and Milne，1989；图14.3）。在景观生态学中，尺度这一概念包含两个成分：粒度（grain）和幅度（extent）（Forman and Godron，1986；Turner，1989）。空间粒度是指样本单元区域的面积。空间幅度则是所研究区域的总面积。因此，幅度和粒度决定了研究区域分辨率的上限和下限，并且限制对生态现象的尺度特征所作的推测（Wiens，1989）。空间粒度也可称作空间分辨率，通常由像素大小（pixel or cell size）或最小测绘单元（MMU）表示。主题分辨率（thematic resolution）涉及生境分类等级，它也因地图不同而各异，根据地图可划分出生境类别和斑块类型，然而其等级和信息细节并不相同。通常情况下，等级生境分类模式用于对生境地图的定义和划分，在该模式

下，用户可以根据自身的具体需求折叠或展开再细分等级。例如，在主题分辨率的最低等级，地图中的斑块可能显示为软底，而在更高的分辨率下，同样的斑块可能会归到海草床一类，若再进一步，甚至会显示出该斑块中的物种、相对高度和海草密度等信息。在研究海洋景观格局所产生的影响时，采用不同的空间分辨率和主题分辨率具有极其重要的意义（Kendall and Miller，2008）。

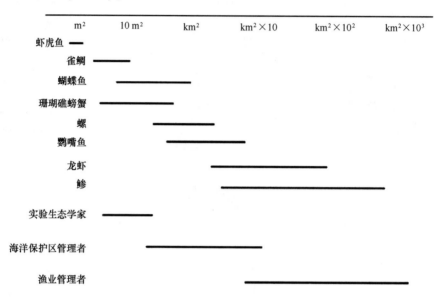

图14.3　热带海洋生态系统中不同生物的尺度窗口和范围以及在不同空间尺度内对这些资源进行管理或开展研究的人群

14.1.2　热带海洋生态学中的景观生态学

海洋景观的构成与构造因其重要性，一直被视作珊瑚礁鱼类的重要结构机制。早期研究注重斑块类型镶嵌中邻近生境间的生态学相互作用（如海草床、珊瑚礁和红树林）（Gladfelter et al.，1980；Ogden and Gladfelter，1983；Birkeland，1985；Parrish，1989）。最近，各斑块类型（如海草床、珊瑚礁和红树林）的位置对鱼的种类及群落的重要性得到验证（Nagelkerken et al.，2000a，b；Nagelkerken and van der Velde，2002；Dorenbosch et al.，2005，2006a）。而且，Dorenbosch等（2004a）也强调了邻近生境类型（如海草床和珊瑚礁）的相似度对动物丰度与多样性的重要意义。鱼类运动与特定生境间的内在关系日益得到人们的重视（Verweij et al.，2007）。

尽管强调了斑块空间格局的生态重要性以及斑块之间的相互联系，但这些研究并不属于景观生态学研究。同时，这些研究也并未将空间格局明确量化，使其成为解释变量（如非量化空间环境下的研究），也并未采用景观生态学的概念和可操作的框架。若干项早期研究采用岛屿生物地理学的观点（MacArthur and Wilson，1967），通过在相对较小的空间尺度（1~10 m²）中利用模拟的海草床或片状礁人工单元（Molles，1978；Bohnsack et al.，1994）来探索斑块大小和斑块空间布局（如斑块隔离）的重要性，这些研究也缺乏对海洋景观环境的考虑。

随着空间技术（如地理信息系统和日益完善的生境底图）的发展，以及人们对尺度重要性的进一步认知，我们有机会在多重空间尺度内量化海洋景观格局。研究者们已经应用这些信息去研究海洋景观对物种分布及其组合的丰富度、生物量和丰度（Turner et al.，1999；Kendall et al.，2003；Pittman et al.，2004，2007a，b；Grober-Dunsmore et al.，2007，2008；表14.2）。这些研究成功地将数字生境底图中的空间信息（特征与生境分类）用作解释变量。然而，针对海洋景观环境生态学的海洋研究极少直接着眼于连通性这一主题。相反，连通性被越来越多地通过检验种类丰度、大小等级和运动数据（如声学遥测）的空间格局而进行研究。尽管这些研究有益，但却普遍没有将格局结合或量化到海洋景观结构中。缺乏空间明晰的海洋景观结构信息，研究工作就会缺少一系列重要解释变量，其成果在资源管理的应用也就有限。

14.2 可操作性框架：设计景观生态学研究

14.2.1 尺度选择

我们很有必要从生物、物种或感兴趣的过程等方面来定义连通性（陆地研究参见 Wiens and Milne，1989；With et al.，1997；海洋研究参见 Pittman and McAlpine，2003；Pittman et al.，2004，2007b；Grober-Dunsmore et al.，2007，2008）。对同一海洋景观来说，其功能连通性可能因过程、物种甚至是同一物种生活阶段的不同而产生变化。尽管分类类群之间存在一些共性（Stamps et al.，1987；Sisk et al.，1997；Mitchell et al.，2001），研究人员必须考虑到具体生物的自然历史属性（如生活史策略、运动、扩散、资源要求、生境广幅种或生境狭幅种，行为属性等）是海洋生物对海洋景观结构作出潜在反应的重要影响因素之一（Pittman et al.，2004；Grober-Dunsmore et al.，2008）。例如，海草床斑块边界对定居在海草床的生境狭幅种来说会限制其运动的尺度与方向，但对于生境广幅种则影响相对较小（Pittman et al.，2004；图14.3）。另外，对海洋景观连通性的研究必须考虑到，对与每一个物种来说，连通性是其应对多时空尺度内的结构特征或生态学过程的综合功能（Crooks and Sanjayan，2006）。

表 14.2 珊瑚礁生态系统的研究案例可能有助于探索海洋景观特征对运动型海洋生物的连通性的内在重要性。为了更好地理解珊瑚礁生态系统中的生态连通性，以下列出部分有关海洋景观特征的主要发现及其可能的一般原理

海洋景观特征		主要发现	参考文献	珊瑚礁管理一般原理
组成				
	斑块大小与分布	斑块大小与形状影响珊瑚礁鱼类；红树林生境能否有效作为食物来源决于生境分布；物种多样性随斑块隔离和其连续性而变化	Grober-Dunsmore et al., 2004; Lugendo et al., 2007a; Ault and Johnson, 1998	生境构造影响珊瑚礁鱼类的分布与集群定居；构造相似的地区具有相似的功能
	生境组成	鲈鱼幼鱼的存在与较软的底质有关；物种丰富度与特定生境出现频率与特定生境存在相关性；某些种仅出现在红树林/海草床	Kendall et al., 2003; Grober-Dunsmore et al., 2007, 2008; Pittman et al., 2004; Chittaro et al., 2004; Appeldoorn et al., 2003	景观组成影响珊瑚礁鱼类的出现；珊瑚礁鱼类的集群虽然依赖于特定生境的组合，但并不具有专一性
	特殊生境的存在	群落结构随红树林/海草床的总量变化；珊瑚礁鱼类密度在具有海草的珊瑚礁中较高；物种的幼体密度在育幼场时较高	Nagelkerken et al., (2001, 2002), Dorenbosch et al., (2006b); Nagelkerken and van der Velde (2002)	特殊生境的存在与否可能影响鱼类群落结构与密度
运动		岩礁之间若间隔着 20 m 长的沙地/砾石区，动物的运动较少；螺类的密度随着沙地的出现而降低；鱼类的运动随具体海洋景观特征的变化而减少	Chapman and Kramer, 2000; Tewfik and Bene, 2003; Grober-Dunsmore and Bonito, 2009	某些特征/生境可能阻碍某些物种的运动；生境构造可能降低溢出效应
边缘		珊瑚礁相关物种集中于珊瑚礁边缘；食鱼动物的丰度与周长－面积比成正比；周长－面积比越高的保护区，预计鱼群密度越大；物种丰富度与鱼群密度受边缘生境影响	Dorenbosch et al., 2005; Grober-Dunsmore et al., 2004; Kramer and Chapman, 1999; Jelbart et al., 2006	边缘可影响生态过程，如物种运动；较高的周长－面积比有助于游动性海洋生物的聚集

续表

海洋景观特征	主要发现	参考文献	珊瑚礁管理一般原理
毗邻关系	地形复杂的地区物种丰富度随毗邻关系的亲近而增加；临近海草床/红树林的地区物种和幼体密度较高，笛鲷科（Lutjanidae）与石鲈科（Pomadasyidae）生物量在近海草床/红树林地区较大；育幼物种的成体密度在靠近海草床/红树林的珊瑚礁地区较高；密度与集群定居与距珊瑚礁距离有关；临近生境定居的物种重叠度高于空间分离的地区	Pittman et al., 2007b; Dorenbosch et al., 2004a, 2005, 2007; Appeldoorn et al., 2003; Nagelkerken and Faunce, 2007; Lugendo et al., 2007b	毗邻特定生境可能对某些类群非常重要；生境毗邻关系可能与生境距离连通性程度相互作用；幼体与成体的生境距离可能影响集群定居；群落组成的相似性可能是生境间距离的函数
破碎化	蓝蟹幼蟹在由大块无植被沉积物分开的斑块成活率，低于其在由小于1 m的无植被沉积物分开的斑块（相连斑块）的成活率	Hovel and Lipscius (2002)	破碎化与连通性影响蓝蟹种群动态
生境可用性阈值	在海草床覆盖度仅达20%的地区，物种丰富度与密度急剧下降；在海草床覆盖度超过30%的地区，珊瑚礁鱼类多样性与密度不受海草床控制	Pittman et al., 2004; Grober–Dunsmore et al., 2008	生境损失是种群数量下降的重要原因
海洋景观特征的相互作用	鱼类群落日夜有别，影响因素可能为夜间洄游；笛鲷科（Lutjanidae）鱼类从低潮庇护生境游动到高潮庇护生境，这种运动与潮汐有关（"V"字形）	Nagelkerken et al., 2000b; Dorenbosch et al., 2004b	在某种阈值内，特殊生境间的相对影响可能变化；生境的重要性可能随其他生境的毗邻关系、组成而变化；鱼类在生境间的转移可能受周围生境影响；

续表

海洋景观特征	主要发现	参考文献	珊瑚礁管理一般原理
连通性			
红树林、珊瑚礁及海草床	当成鱼生境与红树林相连通时，某些鱼类生物量将倍增；红树林的可利用时间受潮汐涨落影响；与潮汐连通性更大的珊瑚礁具有较多的迁入动物和较高的生产力；在与红树林隔离的珊瑚礁地区，虹彩鹦嘴鱼（$Scarus\ guacamaia$）较少，这样的生境利用表明较多的鱼类游动到离岸珊瑚礁地区；耳石微化学表明石鲈在连通到珊瑚礁之前会经过红树林保护区；不同的鱼类（基于同位素）选择不同的生境作为摄食区	Mumby et al., 2004；Sheaves, 2005；Mumby, 2006；Nagelkerken et al., 2002；Chittaro et al., 2004；Lugendo et al., 2006	红树林与珊瑚礁间的连通性增加将使某些物种的生物量；与潮通量有关的斑块位置影响连通性；算法可生成一个连通矩阵，以确定生境的连接廊道；珊瑚礁与红树林生境间的连通性对某些物种有益
礁后地区	对小型空间尺度保持高度忠诚：对石鲈来说保持在小于171 m 的线性分布范围内	Verweij and Nagelkerken (2007)	通过鱼类的运动研究礁后生境连通性
珊瑚礁与生境	活动性大的物种将根据生境偏好与资源可利用性在隔离斑块间洄游。邻近珊瑚礁为首着物种提供了连续的生境，以便它们洄游到更适宜生存的地区	Ault and Johnson (1998)	后定居迁徙将改善在种群补充作用中建立的分布与丰度格局。鱼类洄游可能因隔离珊瑚礁斑块与邻近珊瑚礁而改变
海草床、珊瑚礁与盐沼	当海草床与珊瑚礁/盐沼相连时，蓝蟹运动增加；在湾内标记的笛鲷科（Lutjanidae）鱼类被发现穿越 115 m 的粗砂洄游到离岸地区	Micheli and Peterson (1999)；Verweij and Nagelkerken (2007)	捕食和摄食运动受连通矩阵的影响；通过研究洄游运动得出连通性直接证据

当采用以生物为基础或为中心的研究方法时,地图或采样单元的空间解析度与研究程度应当适应生物对其环境反应和利用的尺度。举例来说,通过动物活动范围(如日常摄食或运动轨迹)来了解海洋景观连通性的研究,其采用的尺度不同于通过生命史来了解连通性的研究(Pittman and McAlpine,2003)。确定适当的尺度对评估连通性至关重要,但要实现这一目标还存在很大难度。缺乏适当尺度的数据,结果的分析就可能是错误或误导性的,因为尺度是研究依赖的重要因素之一。最终,尺度的选择必须与研究的问题相关(Wiens and Milne,1989;Li and Wu,2004)。为得到有解释性的结果,研究人员最好事先做好试点研究,对相关时空尺度作出可靠估测。在动物研究中,使用声学追踪、标记、合理抽样或视觉普查可为生境使用的时空程度提供可用的数据(Pittman and McAlpine,2003)。洄游(昼夜洄游、季节性洄游、产卵洄游)、斑块内逗留时间以及活动范围大小这样的可预测行为模式,可为连通性研究提供具有生态学意义和以生物为基础的尺度(Meyer et al.,2007)。

确定对鱼类与环境关系最具有影响力的空间尺度的研究证明了它们之间存在复杂的关系,这种关系依赖于尺度,并随物种的不同而不同(Kendall et al.,2003;Pittman et al.,2004,2007b;Grober-Dunsmore et al.,2007,2008;表14.2)。这些探索性的研究从分类生境底图中通过多重空间尺度对海洋景观结构进行量化,建立了鱼类和甲壳类动物的分布与海洋景观结构的联系。尺度问题对生境底图的制作与应用十分重要。空间(单元大小或最小制图单元)与主题分辨率(斑块组成的细节层次)影响研究结果和研究问题的类型(Kendall and Miller,2008)。研究中的实际问题,如数据可获得性和采用的研究方法,也会影响尺度的选择。

任何对于生态连通性的研究都要首先考虑到粒度大小与空间范围的选择。此外,空间范围(研究区的面积)与时间范围(研究或过程的最大时长)作为重要的尺度属性,决定着研究的细节层次与时空限制,因此在研究的规划阶段就必须认真确定。以上种种,均将影响生态学研究的每个阶段,不管是预算方面还是数据采集和结果分析。

14.2.2 具有空间坐标的动物分布数据的使用

通过应用景观生态学原理,若干类动物分布数据可用研究珊瑚礁生态系统的连通性。按探索海洋景观连通性的推断力度由弱至强排列,本文讨论了海洋生态学中常用的三种方法:(1)非抽样调查(如目测法)或抽样调查(如鱼阱与围网、网捕);(2)标志重捕与标记再观察技术;(3)水声遥测技术。为了对其进行有效的利用,这些数据必须空间明确,即必须具有地理坐标或其他位置信息,可用于了解与周围海洋景观有关的生物位置。

选择哪些数据,在很大程度上取决于研究连通性哪些内容。海洋资源管理者们越来越关注于了解:(1)哪种生境组合,或者更确切地说,哪种空间构造能为某一物种或群落指标提供功能连通性,甚至是最大连通性(如物种丰富度);(2)生境丧失对功能连通性的影响;(3)与保护区边界有关的海洋生物在海洋景观内游动的确切路线。

选择数据资源时,权衡利弊是非常重要的,这是因为有些问题只能通过特定的数据得到解决，而信息的可获得性也是不一样的，例如获得信息的成本就各有差别。通常情况下，结构连通性指标与实际连通性指标相比，需要数据较少，成本也较低（图 14.4）。与结构连通性相比，潜在与实际连通性指标需要大量信息，这些信息对应于具体的研究物种，因此常常会限制可用研究数据的比重。在选取具有空间坐标的分布数据时，一定要综合考虑，权衡利弊。

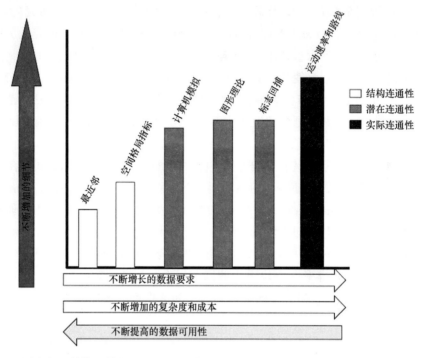

图 14.4　图为在（结构、潜在及实际）连通性指标与方法中对信息内容和数据要求做出权衡的说明。从最近邻到实际运动速率，信息内容和数据要求都在不断增加，连通性的详细程度也不断加深。技术复杂度、成本和信息可用性等因素会影响连通性研究者们对研究方法与指标的选择（改自 Calabrese and Fagan，2004）

14.2.2.1　观测研究

在珊瑚礁生态系统里，鱼类的水下视觉计数（如丰度、个体大小及物种组成等）（Brock，1954；Bohnsack and Bannerot，1986）是最常采集的数据。尽管被动与主动的渔具一般具有选择性，但利用鱼阱和渔网进行抽样调查，也能提供类似的数据（Recksiek et al.，1991；Rozas and Minello，1998）。但这些技术需要大量实地调查，并且只能在特定时间和地点对鱼类群落作出初步了解，而如果在对连通性提出具体问题的基础上，设计合理的抽样调查，那么就能联系海洋景观结构，研究有关物种丰度格局与大小分布的空间格局。

建立动物格局与环境格局之间的联系，能为日后更细致地研究物种与环境提供前期的有效探索（Underwood et al., 2000）。在珊瑚礁生态系统内，若干项研究记录了水下视觉普查数据与邻近生境毗邻度或海洋景观元素的相关关系（Nagelkerken et al., 2002; Grober-Dunsmore et al., 2004, 2007, 2008; Dorenbosch et al., 2007; Jelbart et al., 2007; Pittman et al., 2007b; Vanderklift et al., 2007; 表14.2）。据此，还可以就个体发育过程中转换生境的生境依赖型物种，根据其洄游的观测数据对连通性做出更确切的推断（例如物种个体大小组与其生境有关；Nagelkerken et al., 2000a; Christensen et al., 2003; Mumby et al., 2004; 表14.2）。举例来说，如果某一物种的幼体只生活在海草床中，成体只生活在珊瑚礁中，那么，可以判断，这种物种的幼体有可能会在某个时机从海草床洄游到珊瑚礁。

沿过渡带或生境边界开展普查，如果时间安排适当，有时可以根据获得的数据推断出海洋景观元素间的连通性。通过研究石鲈进入邻近软底生境的昼夜洄游（Ogden and Ehrlich, 1977; Helfman et al., 1982），可以直接证明这些生境间存在功能连通性，但却无法阐明这些联系的空间幅度。同样，渔网与鱼阱可以布置在生境边界，以推测鱼类在海洋生境特征间的游动（用渔网则可推测运动方向）（Clark et al., 2005）。这种方法有助于采集重要信息，这些调查技术成本相对较低，无需过高技术要求，对确定空间变量来说意义重大，而这些变量正是影响连通性的潜在因素。

然而，仅有视觉普查与抽样调查，对整合连通性具体内容来说，是远远不够的，比如说对穿过海洋景观时的路径和对边界作出的反应等细节问题。因为这些观测方法的研究单元仅在物种层面，而非个体层面，所以科学家们只能辨别出物种与生境的联系，只能为证明连通性的存在提供间接支持。不过，即使没有空间明晰的数据，这些研究仍然能够回答关于生境利用格局的问题。如果科学家收集到足够的个体大小与年龄组信息，就能推断出为什么某种特殊的生境非常重要。如果观测到稚鱼生活在一种生境，成鱼生活在另一种生境，那么就可以推测这两种生境之间具有关联性；但这种推断必须通过对鱼类运动情况的直接观测才能得到确认。合理设计实验（选择不同的斑块大小），观测研究还能回答如下问题："一种物种的出现需要怎样的生境？"以及"斑块或资源间的毗邻度为多少时能使生境利用最优化？"尽管这些观测研究并未直接证明连通性的存在，却起到有价值的跳板的作用，为研究连通性提供了进一步信息，有助于提出更加具体和经得起检验的假设。而且，这些充足的信息还能用于开发地图产品和连通性经验模型，为资源管理决策提供支持（Mumby, 2006）。

14.2.2.2 标志研究

标志回捕法和标记再观察技术（例如通过皮下染色，塑料线，鱼鳍夹等）也能够有效地评测珊瑚礁生态系统中的生境利用（参见Zeller and Russ, 1998和第13章）。在海洋景观环境基础上利用这些技术可以为连通性提供直接证据（见图14.5），同时还能保证成本较低，而且只用到可以广泛获取的材料。虽然在确定景观元素间的连通性上，标志回捕法和标记再观察技术可能比普查更有说服力，但是这两项技术仍无法回答许多有关功能连通性的重要问题。举例来说，一条鱼在 A 地被标记释放，最终在 B 地被发现，显然两地之间具有连通性。在普查手段中，运动时间、具体运动轨迹、途中停顿地点等都是未知，而其运动轨迹和具体生境的生物响应在考量海洋景观元素中的物质循环和能量流动时是十分重要的。

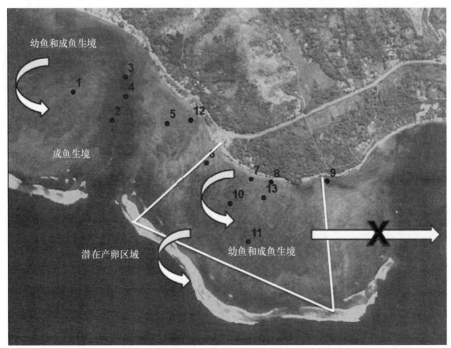

图 14.5　由标志回捕法和视觉调查研究得出裸颊鲷科（Lethrinidae）鱼类的潜在连通性，地点为斐济维提岛近岸礁和离岸礁生境。幼鱼，成鱼，产卵聚集已被标出。小号数字表明海洋保护区内外声波接收站的分布点，整个海洋保护区由白线标出。箭头表示不同生活史阶段的运动区域和连通性。成鱼从连续的后礁区到礁前区产卵。稚鱼和成鱼在连续的后礁区内具有连通性，但深水航道又造成运动的阻碍，降低了近岸海洋保护区间的连通性

14.2.2.3　遥测研究

在海洋景观连通性的研究中，最直观最尖端的技术是能够提供具有空间连续性和时间参照性的个体动物或其他活动组分的运动的技术。水声遥测（Holland et al., 1993；Meyer et al., 2000；Starr et al., 2007）和其他的跟踪技术，比如近距离观测标志鱼类（Burke, 1995），不断收集鱼类在海洋景观中游动时的位置数据。这种跟踪既可以通过采用定向水听器实时手动获取（Beets et al., 2003），也可以凭借一系列定点接收器实现数据的自动获取（见第 13 章）。定位定时的技术可以提供大量空间时间信息，这是以往的非跟踪技术无法做到的（Chateau and Wantiez, 2007）。由此可以标记生境斑块间的连接，明确动物转换生境的时间。通过将动物行迹覆盖在底图上，可以将准确路径和扩散障碍一一确定（见

图14.6)。而这些技术的缺点在于其成本高昂,需要大量投资和技术以及场地建设(见图14.4)。虽然有很多遥测研究在先(Meyer et al.,2007;Starr et al.,2007),却很少有研究者将运动数据与海洋景观特征的明确的空间信息相结合(如通道、斑块边缘)(Grober-Dunsmore and Bonito,2009)。利用生境底图中常见的海洋景观结构对已有路径数据进行再解释,将来会有更多的收获(Pittman and McAlpine,2003)。

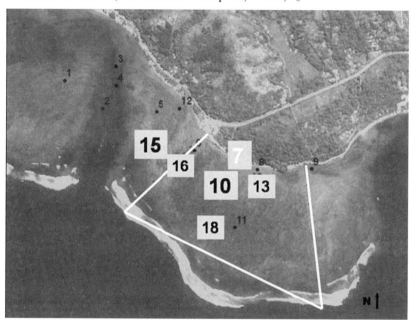

图14.6 一条裸颊鲷在斐济维提岛内外的实际连通性,海洋保护区范围由白线标出。数字表示声波接收站(无阴影即未检测到这条鱼的活动)。阴影数字表示这条鱼被检测到的地点。数字表示检测到的次数,数字越大表明检测到的次数越多。这条鱼(在7号站被标记,已用白色阴影表示)自由穿过海洋保护区边界,在连续的礁后生境斑块活动,表明保护区边界的调整可能应包括这条鱼的昼夜家园活动范围

14.2.3 研究海洋景观连通性的分析工具

在研究海洋景观的结构连通性和功能连通性,以及这两种连通性对物种活动及分布的影响时,有大量可用的分析工具。这些工具方法通常来自工程与系统分析,已成功应用于检查陆地和海洋景观的生态连通性。以下是3种与海洋景观分析较类似的空间分析工具:(1)空间格局指标;(2)图论法;(3)计算机仿真模型。3种工具分别表现了:(1)空间连通性;(2)潜在连通性;(3)实际连通性(Calabrese and Fagan,2004)。从(1)至(3),对数据的要求和数据复杂性逐步增加,因此需要更多具体到地点和物种的信息才能表明实际连通性,生态现实主义(ecological realism)也同样如此,因此更需要阐释(Calabrese and Fagan,2004;见图14.4)。一般来说,结构连通性比功能连通性更直观、更易

测量，但是也容易忽略生物体对海洋景观的行为响应。大多数空间格局指标可用于量化海洋景观结构，阐释包括结构连通性在内的海洋景观构成和构造（表14.2）。结构连通性指标用于检测海洋景观结构和生物分布间的关系，从而确定海洋景观间的差异性是否有意义。例如，"两个离散斑块互补性资源的接近度或毗邻度是否影响物种分布、成长率和运动（Irlandi and Crawford, 1997）？"然而，这些信息在用于设计运动廊道和预测扩散路径之前，仍需要更多信息来解释与功能连通性相关的空间过程。需要重点注意的是，互相连通的海洋景观之间并非必然存在物种之间的功能连通。

相比之下，功能连通性指标由于结合了多种层次的运动信息，因此扩大了可以回答的问题，其中包括生态过程在内等问题的范围。通过运用有关直接或间接生物扩散能力或扩散行为的知识，可以用潜在或实际连通性指标描绘海洋景观结构。潜在连通性指标可加以参数化，可以根据鱼类的个体大小或营养功能群的推算的运动值（Kramer and Chapman, 1999）或者是有限空间细节测量，比如标志回捕法中的平均或最远回捕距离加以参数化。潜在连通性可解释如下问题："是否存在生境阈值，生境阈值以下的海洋景观是否都呈碎片化？"（表14.2），"在某种生境斑块恶化或消失时，扩散路径受到怎样的影响？"。潜在连通性指标比结构指标能够解决更多的资源管理问题，也比数据密集型实际指标更经济。

实际连通性指标直接将个体运动数据与明确的空间景观结构格局相联系，方便建立模型以展示种群动态（洄游、集群、扩散）对景观特征的响应（Rothley and Rae, 2005）。除此之外，还能用于预测扩散路径、设计保护区网络，以及估算某种生物对生境需求的灵活性。最直接地估算实际连通性的方法非常多，不过在人力物力上成本较大。声学追踪某种动物的精确运动轨迹是最直接的方法（Fagan and Calabrese, 2006）。无线电追踪可以提供重要的长距离扩散信息（Gillis and Krebs, 2000），标志回捕法可用来比较各海洋景观中扩散能力的差异（Pither and Taylor, 1998），基因算法可用来探索连通性对基因的影响（Andreassen and Ims, 2001）。

14.2.3.1 空间格局指标

空间格局指标用于测量结构连通性，通过建立数理方程或算法，量化海洋景观的构成和构造（表14.3）。结构指标由地图或GIS图像测量获得（当然也可根据纸质生境地图或空中摄影的手绘多边形中计算获得）。而且，这种依赖于计算机的方法在数据处理方面更灵活，空间精确度更高。包括Fragstats v3.3.在内的软件包带来了更多结构连通性指标的选择（McGarigal et al., 2002），如：蔓延（斑块聚集；Li and Reynolds, 1993）；连接度指数（斑块间隔离；Gustafson and Parker, 1992）；斑块聚集（加权平均边缘面积比除以加权平均斑块形状指数；Schumaker, 1996）；连接度指标（同种斑块间功能连接数除以可能存在的节点数；McGarigal et al., 2002）和孔隙度（缺口大小分布度量；Plotnick et al., 1993）。其中部分指标将空间格局的相近几何属性进行量化，因而彼此共线（Riitters et al., 1995）。除此之外，斑块区域和斑块质量与空间格局的相互作用决定了连通性，因此还需要一系列指标和更多信息来量化具有生态意义的结构连通性。

元分析表明结构连通性指标,例如最邻近距离或斑块内距离,但与起功能性指标相比,受样本大小影响较大,检测出显著影响的可能性较小(Moilanen and Nieminen,2002;表 14.3),原因在于结构连通性指标不需要任何有关物种资源需求或空间利用模式方面的知识。Schumaker(1996)发现,陆地森林系统中常用的九种格局指标仅具有较弱的相关性,从模拟扩散模型得出的结论表明,格局指标并非完全适用于对连通性的预测。相反,Tischendorf(2001)发现了很强的相关性,但格局指数和模拟扩散过程间类似的比较也存在较高的变异。

某些空间格局指数包括功能性信息,物种如何利用景观也纳入考量。举例来说,连接度,即 CONNECT(Fragstats v3.3),指的是某种具体类型斑块间功能连接的数量。该指数让使用者能够输入某物种的阈值距离,确定两个斑块是否相连。然后 FRAGSTATS 由斑块数量出发,计算连接度,将其作为最大可能连接度之中的一个百分点。阈值距离根据欧几里得距离或功能性距离均可计算获得(McGarigal et al.,2002)。

表 14.3 连通性指标数据分类框架一览表(仿自 Calabrese and Fagan,2004)

连通性指标	连通性分类	生境水平数据	物种水平数据	方法
最邻近距离	结构性	最邻近距离	斑块占有率	具体斑块调查
空间格局指数	结构性	空间明确	无	GIS/遥感
比例-面积斜率	结构性	无	基于点或网格的出现率	出现率,存在抽样和缺失抽样
图论	潜在	空间明确	扩散能力	GIS/遥感,扩散研究
缓冲,半径,关联函数种群模型	潜在	空间明确,包括斑块区域	斑块占有率及扩散能力	多年具体斑块调查或一年斑块占据调查及扩散调查
运动距离(迁出,迁入,扩散,产卵)	事实上的	可变,取决于方法	运动路径,具体地点扩散能力	追踪运动路径,标志回捕法研究

空间格局指标在海洋景观的应用中很少涉及海洋案例(但参见 Garrabou et al.,1998;Turner et al.,1999;Andrefouet et al.,2003;Pittman et al.,2004,2007a,b;Grober-Dunsmore et al.,2007,2008;Kendall and Miller,2008;表 14.2),也缺乏以连接度为重点的研究。亟待进一步研究以确定海洋景观结构生态相关性,通过海洋生物和海洋过程的结构连通性指标进行定量。研究还应提供必要信息,评估格局指标是否适用于评估海洋景观连通性。

虽然包括大量指标在内的探索研究硕果累累,但是海洋生态学家应该审慎选择格局指标,了解数据使用的方法和目的。除此之外,若干种指标对几何属性相近的空间格局进行量化的指标,通常是共线性的(Riitters et al.,1995)。但是,探索数据技术或许可以在相似数据结构中选择最强预测因素,或将复杂共线性的多元数据简化成一系列正交变量。

主成分分析（PCA）等技术已经用于这类目的（McGarigal and McComb，1995）。在应用不断变化的空间分辨率和主题分辨率数据时（Hargis et al.，1998；Saura and Martinez-Millan，2001），这些方法的创新应用（如在海洋背景下）应包括对空间格局指数行为的探索。而且要谨慎解读物种度量实验结果，对水生生态系统特定的新指标可能也有要求，因为现有度量不大可能囊括所有海洋环境的相关空间信息。最终，当然，度量必须与问题相关，研究人员必须意识到有些度量并不适用于实际应用（Crooks and Sanjayan，2006）。

14.2.3.2 图论

景观生态学中，图论方法指的是将生境地图和动物运动与行为信息或其他生态系统中的运动要素相结合，为连通性分析带来优势。通常认为，图论方法是一种潜在的研究连通性的技术（Calabrese and Fagan，2004），因为图论将结构性海洋景观格局和对扩散能力的估算联系起来，从而能够跨越结构连通性，向认识功能连通性迈进一步。一份表明"边缘"的图将两块连接斑块上的节点联系起来（Urban and Keitt，2001）。若给定斑块对之间距离小于或等于生物的活动距离，那么这两个斑块可以说互相连通或可能连通。

连通性是可以测量的，通过如斑块种类、大小、隔离度和其他斑块质量评估标准来创造最小成本运动路径（Bunn et al.，2000；Urban，2005）。这种成对连接经放大用于测量跨越整个海洋景观或其他研究区域的连通性。图论提供一系列度量，概述多种连接的属性。举例来说，连通性格局可加以评估，连通性模型可加以被结构化，检测可能由于海洋景观空间布局的改变而造成的失衡，比如节点或斑块损失（Urban and Keitt，2011）。图论为陆地入侵种扩散研究提供了宝贵的新思路（Urban and Keitt，2001），也有助于预测海洋入侵种或侵袭性疾病的蔓延速度和空间路径。对于个体发育过程中明显转换生境的动物，图论能够以其潜在连通性为基础，对多个海洋景观进行识别或排序。这些模型之后还能用丰度数据、鱼群遥测、标志回捕数据、标记再观察技术数据等进行评估。而且，图论手段可以计算现有海洋保护区内外的连通生境面积，也能为海洋保护区和海洋保护区网络设计提供借鉴。

图论虽然在海洋研究中尚属新方法，但是在陆地城市规划、电脑科学和保护区设计中，已获得广泛应用（Urban and Keitt，2001；Rothley and Rae，2005）。Treml 等（2008）首次将图论应用于海洋。作者采用集合种群框架，利用平流-扩散的生物物理模型，对太平洋热带地区的珊瑚幼虫在各岛屿之间扩散的连通性进行了估算（图14.7）。在与生境底图结合后，该方法为绘制连通性地图和确定连接度最好的海洋景观带来了希望，从而能够支持海洋保护区建设，提高其保护效果。但目前仍需进一步研究评估这种方法在海洋系统中的实用性。

14.2.3.3 计算机仿真模型

受到大规模现场操作和数据收集的限制，仿真模型是检测海洋景观结构对物种分布和个体运动潜在影响的重要工具。作为一种探索工具，模型结果可用来构建具有可测性的假

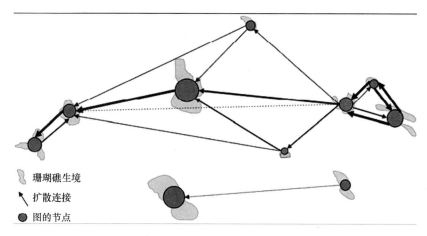

图 14.7 图论能说明海洋连通性。在图内,珊瑚礁生境由节点表示。当来自珊瑚礁上游的幼虫到达下游珊瑚礁时,则形成一条扩散连接线。扩散连接及方向由箭头或图内边缘表示。箭头粗细表示连接度的强弱(经施普林格科学+商业媒体许可,仿自 Treml et al.,2008)

设,解释空间格局层面下的生态机制。在陆地系统中,名为中性模型(neutral model)的一套独特空间显性模型能够有效检测连通性(Gardner and O'Neill,1991;With,1997)。中性模型使用一系列决策规则创建独立于生态过程之外的随机结构格局。在这些模型中,景观结构通常由两部分(适宜斑块和不适宜斑块)构成,更复杂的模型能够包括更多生态系统中的自然变异,如分层随机景观和梯度,其采用的分形算法能够得到复杂的聚类空间格局(With,1997)。斑块镶嵌体中性模型也得到了发展。这些模型模拟的是镶嵌体结构,并非单个栅格中的像素布局,偏重构成和空间布局等方面(Gaucherel et al.,2006)。

生态阈值是重要的自然现象,何时何处会出现阈值对资源管理极其重要。中性模型已被用来识别连通性阈值,尤其是由于破碎梯度造成的生境丧失(With and Crist,1995;Pearson et al.,1996)。渗透理论(Percolation theory)提出,除可预测的阈值(大约60%)之外,突变也会发生在系统行为中(Plotnick et al.,1993;With and Crist,1995)。陆地生态系统破碎化效应研究检测到,在剩余的适宜大量幼虫的生境(损失70%)中存在约30%的阈值(Andrén,1994),而具体影响仍要考虑物种特异性和尺度效应。这种粗略指标可用来预测种群退化或生境损失的响应(Taylor et al.,2007),或者确定连通性减少对物种种群动态的影响(With and Crist,1995)。

14.2.3.4 海洋景观结构的生态阈值

尽管近期研究已证实浅海海洋生态系统中也存在关键生态阈值(表14.2),但学界对生态阈值仍知之甚少,不同物种间的差异也鲜有人了解。在莫顿湾(澳大利亚)的海草床中,研究人员发现定居性鱼类的丰度沿着海草空间覆盖度逐渐下降,直到覆盖度下降到15%~20%左右,而后,许多数量丰富的物种已然无迹可寻(Pittman,2002;Pittman et al.，2004）。在加勒比海海域（维尔京、佛罗里达群岛以及特克斯和凯科斯群岛），研究人员对海草覆盖空间梯度的珊瑚礁鱼类群落进行检测，结果显示，在覆盖度为 0 到 20%～30% 的海草床中，鱼类多样性和丰度呈上升趋势，在覆盖度为 40% 时保持稳定，这说明存在某种类似于阈值的响应（Grober-Dunsmore，2005）。忽略可变因素不计，供鱼类生存的海洋生境阈值可能分布在海草覆盖度较低的区域，低于陆地系统中哺乳动物的阈值（如：鱼类的阈值在 15%～30%，而哺乳动物的阈值则达 30%）。鱼类在海草覆盖度阈值差异巨大，原因在于海草床斑块的高度动态性，也有部分相对斑块相对短暂，这是因为物种的锐减以及飓风的肆虐，加之大量鱼群流动性强，丰度不高的鱼群仍能穿越相对遥远的距离，栖息在小面积的海草斑块上。关键阈值表明：生境的缺失、丧失或是退化都将损害种群动态。由此，阈值对于热带海洋系统的连通性研究至关重要。通过采集各种等级的生境有效态值与运动相关数据，可以较容易地构建海洋生物模型（图 14.8）。

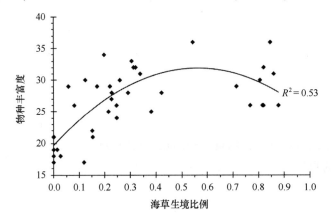

图 14.8　珊瑚鱼类丰富度（游动的无脊椎动物捕食者）与海草床覆盖度的关系（生境比例）：在海草床覆盖度低于 30% 的区域，鱼类丰富度大幅下降；而在海草覆盖度 40% 以上的区域，鱼类丰富度并未随之上升

海洋生物模型的构建还应将中性模型与基于个体的扩散模型或是基因流和种群动态模型相结合（Butler et al，2005）。基于个体关联影响的随机步长模型（Schippers Grober-Dunsmore et al.，1996）以及其他运动仿真模型可显示哪些空间格局对穿越某个景观的运动有促进作用，哪些有阻碍作用，还可揭示特定路径的相对成本效益（Tischendorf and Fahrig，2000）。基于个体的模型有助于检测生境面积和海草床空间构造的变化如何影响捕食-被捕食的相互作用，以及对定居的蓝蟹（*Callinectes sapidus*）稚蟹的世代大小的影响（Hovel and Regan，2008）。研究表明，被捕食者的世代大小在成片的海草床中最大，这与该邻域现有的研究成果相吻合。另外，有些游动性被捕食者能察觉捕食者的存在并躲避威胁，这类被捕食者在绵延的海草海床上生存率更高（Hovel and Regan，2008）。因此，若是基于个体的海洋景观空间显性模型有助于研究连通性，研究人员应投入大量精力鉴定并量化海洋生物对海洋景观构造的行为响应。由此，有价值的行为响应或是阈值效应都能作为

模拟研究的参数。

14.3 需要考虑的重大因素

14.3.1 数据需求

在陆地环境的连通性研究中，景观生态学家通常会在 GIS 下（如植被图、数字高程模型以及轨迹数据等），经过综合程序及附加的数字处理过程，运用种种空间数据集进行分析。同样，海洋环境的连通性研究也需要多样化的空间数据集，其中包括：(1) 生境底图，用以采集斑块类型分布信息，确定该区域的连通性；(2) 海洋学特征（如海水表层温度、锋面边界、上升流区、盛行海流走势）；(3) 地形表面（如线性特征、海底峡谷、大陆架、海岸、海山、海岬）；(4) 生态学因素（如捕食者分布、被捕食者分布、竞争者分布）与人为因素（如点源污染或面源污染、船舶交通、捕捞作业区），这些对海洋生物运动或起着促进作用，或有着阻碍影响，或具有调节作用。而要研究与底栖生物紧密联系的物种，一份生境底图即足以作为环境数据，开展海洋景观连通性的研究。

以上种种环境数据大多可通过在线数据门户或是电子档案免费下载，而对于地球上众多地区而言，其他的数据还需实地采集或通过其他途径获得。另外，采用景观生态学方法研究连通性，运用已有数据时会出现一些问题，其中包括：空间覆盖不足、时间序列不匹配，以及最常见的数据层次划分的不合理或不协调等。而在所有大范围的连通性研究中，第一步相当重要，即对研究对象区域的数据可获得性与质量进行评估。然而就在这第一步，海洋空间生态学家们就面临着最显著的问题之一——无法找到相应的空间数据（如生境底图）。即使是在那些数据完善的地区，现有的数据本来多是为截然不同的目的服务的，因而也无法从生物角度反应当地的环境情况。由于缺少相应的数据，研究人员用于分析的环境数据往往要么是精准度难以保证，要么是与其调查显示的生态过程中的时空分辨率不匹配。雪上加霜的是，研究人员可用的科学信息相当匮乏，于是在科学信息指导下，如鉴别研究相应的空间粒度以及幅度的尺度选择也难以保障。不仅如此，研究人员对于不同海洋景观特性或变化的相对重要性知之甚少。

环境数据在原则上应当有精确的尺度（精准的空间粒度），它理应大于实地调研的尺度。这样就会模糊格局化的分辨率，也由此影响按照多样化的空间尺度对生物与环境的关系的研究。

因而，即使在必需的数据已获得或是易采集的情况下，若研究人员无法辨别空间数据的精准度，那么，之后海洋景观分析的含金量也难免引人质疑（Turner et al.，2001）。另外，遥感以及 GIS 的数据获取、数据处理、数据分析、数据转换乃至最后的研究成果展示的相关误差，都会极大地影响研究决策的可靠度（Lunetta et al.，1991）。造成误差的原因可能是数据的时效性、空中覆盖的完整性以及地图比例尺大小（Burrough，1986）。而由于初次测量的自然偏差造成的误差，部分是测量位置与内容不够精确，其他误差则在数据处理过程中出现（如数值计算、等级划分）（Burrough，1986）。空间数据的误差会引发对物种-生境关系的费解或扭曲（Karl et al.，2000）。俗话说"错进，错出"，任何分析过程都是这样，景观生态学的分析尤其如此，都非常容易受到数据质量的影响。然而，只要生态信号是强有力的，哪怕应用的是相对粗糙的数据（有些许小误差），研究人员依然能探测到生态格局对生物过程的影响。因此，面对类似模式化输出的衍生产品时，研究人员必须对其进行校验，设法达成相应的准确结论。而要检测初始数据的准确度，就要通过实证数据内、技术中以及最终模型成果的解读过程里的潜在偏差，运用多重技术分析研究客体之间的关系，或是构建模型，都能证实研究结果的正确性。

14.3.2 并非所有生境斑块都生而等同

许多生态过程都影响着连通性。但是相关或者相应尺度的数据往往不存在，或是难以在相当广泛的空间尺度内获取。比如说，物种间相互作用（例如捕食关系和竞争关系）就在很大程度上影响生物分布以及生境利用格局，而且它们也难以合并兼容，因为通常没有空间数据可以展现其多元维度的复杂性。对于生态景观分析而言，研究重心在于生境格局，因而这类分析研究极少考虑这样一个因素，即捕食作用和竞争作用会导致物种-环境数据分崩离析或是费解难懂。例如，在某个生命阶段，大量捕食者或被捕食者的存在对于某物种与其环境的连通性有更重要的决定性作用，因为它们的存在影响着该物种或受某类斑块吸引，或对某类斑块避之不及。另外，它们的存在也展现出不同斑块间的死亡率。人为因素也同样影响着分布格局以及能量流动，如过度捕捞以及人为污染。因而，相关研究必须能够区分物种相互作用造成的影响与海洋景观底质结构的影响。

14.4 借鉴意义

14.4.1 陆地景观生态学的借鉴意义

陆地景观生态学的核心主题是连通性（Turner et al.，2001；Turner，2005；Crooks and Sanjayan，2006），陆地景观生态学针对生态格局与生态过程的关联，阐释具体概念，运用分析工具，最后得出独特见解。由景观生态学衍生出的基本准则似乎同样适用于一系列生态相关研究以及自然资源管理的讨论（Turner et al.，2001；Gutzwiller，2002；Taylor et al.，2006；Wiens，2006）。这类准则的普遍适用性亟须在海洋系统中检验证实。检验过程将有助于进一步深化海洋景观生态学理论基础。其间八条准则或者生态结论中，部分可公式化为可验证的假说，应用于珊瑚礁生态系统的进一步研究，也可用于更广阔的海洋环境的研究。具体如下。

- 连通性是景观结构的关键特性之一。一个景观的实际连通性比两种斑块类型间简明的廊道或是接近度更为复杂（Crooks and Sanjayan，2006）。在景观保护工作中，关键要认识到景观结构如何似纤维般交织组合，如何促进或是阻碍生物、材料或是能量的运动。

- 景观连通性具有种的特异性。不同的生物对于景观结构的响应方式各异（Taylor et al.，2006）。同样的景观也有不同的过程、不同的物种以及不同的生活史阶段，因而连通性也不一样。从而，在管理大范围空间尺度和类群的整个生态系统时，必须认识到因不同物种导致的不同响应。

- 资源管理者应管理整个景观镶嵌体。对景观镶嵌体的管理能有效保持连通性（Taylor et al.，2006）。既然从单一的物种角度出发不易，要管理个体生境斑块有诸多挑战，管理人员必须考虑的不仅是关键斑块类型，还要考虑到周边区域的情况（Turner et al.，2001）。

- 真实的景观不是随机性的，因为生态并非随机布局，而且其过程也并不随机（Forman，1995；Taylor et al.，2006）。景观涵盖了运动的障碍物、有害生境、高捕食风险区以及高质与低质斑块并存区，成因多样，包括生物和非生物的相互活动、自然干扰因素、人类活动与应激物格局等，上述的不均衡性会对物种分布、生态过程造成深远影响。

- 连通性是必需的，但对物种保护来说，连通性仍远远不够（Taylor et al.，2006）。景观连通性影响着生物再繁殖、死亡率、适应性以及资源可利用率。此外，景观的其他特性同样重要，要提高景观管理的效率就必须考虑到其他特性。

- 连通性是一个动态概念。也就是说，景观是在不断变化中的，是在物理动力（如飓风、气候变化）下发展的，还在或短或长的时间尺度的生物过程（如竞争关系）中不断完善的（Taylor et al.，2006）。行为特征、自然或是人为干扰程度及景观要素相互作用都涉及景观连通性。在相关景观研究成果的设计与解读中，研究人员必须认识到以上因素对连通性的影响。

- 尺度至关重要。在景观研究中，没有绝对"正确"的尺度（Wiens et al.，2002），但同样的，在景观连通性设计与衡量中，尺度因素的影响也必须予以仔细考量。

- 潜在可疑因素影响也应予以考虑。因为景观研究在大规模空间尺度进行，也因为非测量性的解释变量对研究具有潜在影响，研究人员需考虑到的因素还包括捕捞的潜在影响、生物间捕食行为以及其他非测量性因素等。另外，对于这潜在的可疑因素，建议研究人员经过严谨的实验设计，对其进行质控或衡量。

14.4.2 对景观生态学的借鉴意义

尽管很少有景观生态研究关注珊瑚礁系统，仍有大量调查指出，景观的多样空间要素会影响连通性（表14.2）。这类研究虽然不全是从景观生态学角度出发，相关研究仍能从中得到对连通性影响的基本认识（表14.2）。近期的珊瑚礁相关研究中涉及了景观结构的冰山一角（表14.2），通过列举得出其主要研究成果，而从中衍生出的系列普遍准则已成为海洋景观研究设计的起点，也是资源管理人员对研究成果阐释的着手点。

- 斑块大小、斑块分布以及斑块构造影响着海洋生物的分布，是海洋景观格局最基本的要素。斑块大小同样会影响众多重要的生态过程，包括集群定居、繁殖率、死亡率、捕食者-被捕食者相互作用，以及景观间的物质、能量、海洋生物的传输等。而生境的空间构造（如形状、聚类、边缘周长比、邻近关系）也影响着海洋生物的运动模式。

- 生境构成同样影响着海洋生物的分布。在同一区域内以及周边区域的生境斑块构成决定着海洋生物的存在性、多样性以及丰度。
- 特定生境对特定海洋生物十分关键。有些物种属于生境广幅种，它们能灵活调整自己，适应所在生境的条件；而另一些物种则属于生境狭幅种，它们依赖特定类型的生境。依赖程度随其生活史阶段的不同而不同。
- 各种运动与海洋景观结构相互作用，海洋景观会调节这些运动。部分景观特质或是景观构造会促进运动，有些对运动有阻碍作用。一些生境类型或特征（如极深或极浅区域）会促进运动，而其他特征会阻碍运动。若某一海洋生物的扩散能力低，那么连通性就更多取决于生物所在附近海洋景观结构当下的特征。反之，若扩散能力强，对连通性影响更大的应该是跨越更大空间尺度的海洋景观结构。
- 生物和非生物因素的共同作用，改变了斑块边缘的环境状况而非斑块内部结构，由此导致边缘效应。并且，在海洋景观中，边缘是否存在及其类型同样影响连通性。
- 与一些斑块类型或海洋景观特征的接近度决定了物种的丰富度与密度，因而影响海洋景观间的动物集群定居、存活率或是流动性。
- 破碎化（由特定生境的丧失或是退化造成）对重要的生态过程产生影响，并有可能对海洋生物的存活率或扩散造成影响。
- 生境有效性阈值可能出现在热带海洋景观中，且在达到某个未知的生境丰度阈值时，生境间或相通，或不相通。目前对于海洋系统内的生境阈值知之甚少，相关研究构建海洋景观时，应视其为潜在因素，予以关注。
- 海洋景观特征的相互作用会混淆个体因素的影响。连通性可由多重的海洋景观特征共同决定，而要辨别某个单独特质的分布则存在难度。
- 连通性被越来越多研究视作海洋景观结构的关键因素，也已被研究证明为对生物量、生境利用、忠诚度以及海洋生物的运动产生影响。已有少数生境类型经过研究调查，但其他未经探索的生境与海洋景观特质的连通性尚未获得重视，其重要性应予以考量。

此外，普遍准则有助于管理珊瑚礁系统内游动的海洋生物，可以在其他研究中进一步发展完善。目前研究人员正在对珊瑚礁系统的系列概念进行测试，期间获取的相关数据也能应用于构建模型，解决复杂的资源管理问题。

14.5 对资源管理的借鉴意义

资源管理面临着保护海洋景观的最优子集的挑战，因此，拥有识别出功能性连通良好的海洋景观并评估其间物种和群落的相对重要性的能力，对资源管理人员意义重大。同样，了解环境中的空间格局影响连通性的方式，也能推动生境恢复或生境再造计划，使生物存活率、增长率、生产力以及群落的物种多样性达到最优化。然而，千百万美元的资金已经投入在海洋保护区的选址和建设以及生态恢复工程上，两项投资项目均未涉及关于连通性的明确的空间信息。因此，在应用海洋生态学中，此类重大"知识缺口"亟须引起重视。

　　景观生态学方法特别注重生态连通性，致力于从海洋景观格局尺度调查到具体的生态过程的推演。景观生态学提供了研究新方法，有助于相关研究为维护生态连通性，进行数量、类型、构造以及斑块类型定位工作。在解决以上核心问题后，热带海洋研究便能正确识别关键鱼类生境、准确估算生境改变的影响以及合理配置相关管理的优先次序。另外，部分海洋景观集群定居速率不及其他，而景观生态学方法也能为这类海洋入侵种扩散的研究提供良好前景。在陆地上，景观生态学已经大大促进了人们对入侵种定殖速率的方位、森林大火以及气候引发的物种分布转变的认识（With，2002）。

　　显而易见，要识别海洋景观及海洋保护区网络的最优构成布局，就需要考虑多时空尺度结构和功能连通性的相互作用（Ward et al.，1999）。资源管理人员的关注点已从个体生境类型或个体斑块转换至保护区域内或者保护区域间的珊瑚礁生境镶嵌体，而且这种趋势日益明显。多物种的连通性应用了景观生态学原则、概念以及研究手段，可与现有或计划中的管辖边界进行对比分析，从而优化了广阔空间尺度内的生态保护措施。

　　在陆地景观生态学中，相关研究已成功应用数个决策手段设计保护区、创造生境廊道、缓解森林破碎化的影响并优化了目标生物的重要景观特质的连通性（Crooks and Sanjayan，2006）。随着生态连通性在海洋中的进一步研究，陆地景观的决策手段也能发展完善，与空间手段结合，从而也对资源管理与保护，特别是海洋空间规划具有类似的借鉴意义（Possingham et al.，2000；Mumby，2006）。在生境类型或斑块中二选一或是在生境斑块替换组合中抉择时，可以参照如MARXAN软件程序的做法，应用优化算法进行利弊衡量（Possingham et al.，2000），也可采用控制计划（Pressey，1999；Margules and Pressey，2000）。以上方法适用于：（1）衡量采取其他保护区设计的成本和效益；（2）预测标定核心鱼类生境时对部分海洋景观特质的削减或疏漏的影响；（3）评估大范围生物的生态连通性的减弱或增强造成的后果。目前，世界范围内热带海洋景观相当宝贵，而人类对其利用程度也相当高，因而人类急需采取以上决策手段完善管理。以上手段让资源管理人员能在优化区域管理时视连通性而定，在多个备选保护区网络中对比选择（Mumby，2006）。随着景观生态学方法与工具逐步进入热带海洋系统相关研究中，未来有望实现利用该系列概念，促进对生态连通性的认识，利用其研究结果达成更为全面的决策，推动相关保护规划和措施。

致谢

　　感谢加利福尼亚州圣克鲁兹市西南渔业科学中心国家海洋渔业局渔业生态处的大力支持。其中，Churchill Grimes先生对Rikki Dunsmore博士帮助很大。另外，美国国家海洋和大气管理局海岸带监测和评估中心的Chris Jeffrey与Mark Monaco对本书的撰写提供了宝贵意见。生物地理处的珊瑚礁监测和绘图由珊瑚礁保护项目资助。

参考文献

Andreassen HP, Ims RA (2001) Dispersal in patchy vole populations: role of patch configuration, density dependence, and demography. Ecology 82: 2911-2926

Andrefouet S, Kramer P, Torres-Pulliza D et al (2003) Multi-site evaluation of IKONOS data for classification of tropical coral reef environments. Remote Sens Environ 88: 128-143

Andrén H (1994) Effect of habitat fragmentation on birds and mammals in landscapes with dif-ferent proportions of suitable habitat: a review. Oikos 71: 355-366

Appeldoorn RS, Friedlander A, Sladek Nowlis J et al (2003) Habitat connectivity in reef fish com-munities and marine reserve design in Old Providence-Santa Catalina, Colombia. Gulf Caribb Res 14: 61-77

Ault TR, Johnson CR (1998) Spatially and temporally predictable fish communities on coral reefs. Ecol Monogr 68: 25-50

Beets J, Muehlstein L, Haught K et al (2003) Habitat connectivity in coastal environments: patterns and movements of Caribbean coral reef fishes with emphasis on bluestriped grunt, Haemulon sciurus. Gulf Caribb Res 14: 29-42

Birkeland C (1985) Ecological interactions between mangroves, seagrass beds and coral reefs. In: Birke-land C (ed) Ecological interactions between tropical coastal ecosystems. UNEP Regional Seas Reports 73. Earth-print, Stevenage, UK

Bohnsack JA, Bannerot SP (1986) A stationary visual census technique for quantitatively assessing community structure of coral reef fishes. NOAA Technical Report NMFS 41

Bohnsack JA, Harper DE, McClellan DB et al (1994) Effects of reef size on colonization and assemblage structure of fishes at artificial reefs off southeastern Florida, USA. Bull Mar Sci 55: 796-823

Brock VE (1954) A method of estimating reef fish populations. J Wildl Manage 18: 297-308

Bunn AG, Urban DL, Keitt TH (2000) Landscape connectivity: a conservation application of graph theory. J Environ Manage 59 (SI 4): 265-278

Burke N (1995) Nocturnal foraging habitats of French and bluestriped grunts, *Haemulon flavolin-eatum* and *H. sciurus* at Tobacco Caye, Belize. Environ Biol Fish 42: 365-374

Burrough PA (1986) Principles of Geographic Information Systems for land resources assessment. Oxford University Press, Oxford, UK

Butler MJ, Dolan TW, Hunt JH et al (2005) Recruitment in degraded marine habitats: a spatially explicit, individual-based model for spiny lobster. Ecol Appl 15: 902-918

Calabrese JM, Fagan WF (2004) A comparison-shopper's guide to connectivity metrics. Front Ecol Environ 2: 529-536

Carleton Ray G (1991) Coastal-zone biodiversity patterns. BioScience 41: 490-498

Chapman MR, Kramer DL (2000) Movements of fishes within and among fringing coral reefs in Barbados. Environ Biol Fish 57: 11-24

Chateau O, Wantiez L (2007) Site fidelity and activity patterns of a humphead wrasse, Cheilinus undulates (Labridae), as determined by acoustic telemetry. Environ Biol Fish 80: 503-508

Chittaro PM, Fryer BJ, Sale R (2004) Discrimination of French grunts (*Haemulon flavolineatum* Desmarest,

1823) from mangrove and coral reef habitats using otolith microchemistry. J Exp Mar Biol Ecol 308: 169-183

Christensen JD, Jeffrey CFG, Caldow C et al (2003) Cross-shelf habitat utilization patterns of reef fishes in southwestern Puerto Rico. Gulf Caribb Res 14: 9-27

Clark R, Monaco ME, Appeldoorn RS, Roque B (2005) Fish habitat utilization in a Puerto Rico coral reef ecosystem. Proc Gulf Caribb Fish Inst 56: 467-485

Cowen RK, Paris CB, Srinivasan A (2006) Scaling of connectivity in marine populations. Science 311: 522-527

Crooks KR, Sanjayan M (2006) Connectivity conservation. Cambridge University Press, Cam-bridge

Dahlgren CP, Eggleston DB (2000) Ecological processes underlying ontogenetic habitat shifts in a coral reef fish. Ecology 81: 2227-2240

Dorenbosch M, Grol MGG, Christianen MJA et al (2005) Indo-Pacific seagrass beds and mangroves contribute to fish density and diversity on adjacent coral reefs. Mar Ecol Prog Ser 302: 63-76

Dorenbosch M, Grol MGG, Nagelkerken I et al (2006a) Different surrounding landscapes may result in different fish assemblages in East African seagrass beds. Hydrobiologia 563: 45-60

Dorenbosch M, Grol MGG, Nagelkerken I et al (2006b) Seagrass beds and mangroves as potential nurseries for the threatened Indo-Pacific humphead wrasse, *Cheilinus undulatus* and Caribbean rainbow parrotfish, *Scarus guacamaia*. Biol Conserv 129: 277-282

Dorenbosch M, van riel MC, Nagelkerken I et al (2004a) The relationship of reef fish densities to the proximity of mangrove and seagrass nurseries. Estuar Coast Shelf Sci 60: 37-48

Dorenbosch M, Verberk WCEP, Nagelkerken I et al (2007) Influence of habitat configuration on connectivity between fish assemblages of Caribbean seagrass beds, mangroves and coral reefs. Mar Ecol Prog Ser 334: 103-116

Dorenbosch M, Verweij MC, Nagelkerken I et al (2004b) Homing and daytime tidal movements of juvenile snappers (Lutjanidae) between shallow-water nursery habitats in Zanzibar, western Indian Ocean. Environ Biol Fish 70: 203-209

Dunning JB, Danielson BJ, Pulliam HR (1992) Ecological processes that affect populations in complex landscapes. Oikos 65: 169-175

Fagan WF, Calabreses JM (2006) Quantifying connectivity: balancing metric performance with data requirements. In: Crooks KR, Sanjayan M (eds) Connectivity conservation. Conservation biology 14, Cambridge University Press, Cambridge

Forman RTT (1995) Land mosaics: the ecology of landscapes and regions. Cambridge University Press, Cambridge

Forman RTT, Godron M (1986) Landscape ecology. John Wiley and Sons, New YorkGardner RH, O'Neill RV (1991) Pattern, process and predictability: the use of neutral models for landscape analysis. In: Turner MG, Gardner RH (eds) Quantitative methods in landscape ecology: the analysis and interpretation of landscape heterogeneity. Springer-Verlag, New York Garrabou J, Riera J, Zabala M (1998) Landscape pattern indices applied to Mediterranean subtidal rocky benthic communities. Landsc Ecol 13: 225-247

Gaucherel C, Fleury D, Auclair D (2006) Neutral models for patchy landscapes. Ecol Modell 197: 159-170

Gillanders BM, Able KW, Brown JA et al (2003) Evidence of connectivity between juvenile and adult habitats for mobile marine fauna: an important component of nurseries. Mar Ecol Prog Ser 247: 281-295

Gillis EA, Krebs CJ (2000) Survival of dispersing versus philopatric juvenile snowshoe hares: do dispersers die? Oikos 90: 343-346

Gladfelter WB, Ogden JC, Gladfelter EH (1980) Similarity and diversity among coral reef fish communities: a comparison between tropical western Atlantic (Virgin Islands) and tropical central pacific (Marshall Islands) patch reefs. Ecology 61: 1156-1168

Grober-Dunsmore R (2005) The application of terrestrial landscape ecology principles to the design and management of marine protected areas in coral reef ecosystems. Ph. D. disserta-tion submitted to University of Florida, Department of Fisheries and Aquatic Sciences, Florida, 219 pp.

Grober-Dunsmore R, Beets J, Frazer T et al (2008) Influence of landscape structure on reef fish assemblages. Landsc Ecol 23 (SI): 37-53

Grober-Dunsmore R, Bonito V (2009) Movement of reef fishes inside and outside of Votua MPA, Fiji Islands. Report to NOAA Coral Reef International 2009 Coral Reef library, 24pp.

Grober-Dunsmore R, Frazer T, Beets J et al (2004) The significance of adjacent habitats on reef fish assemblage structure: are relationships detectable and quantifiable at a landscape scale? Proc Gulf Caribb Fish Inst 55: 713-734

Grober-Dunsmore R, Frazer TK, Lindberg WJ et al (2007) Reef fish and habitat relationships in a Caribbean seascape: the importance of reef context. Coral Reefs 26: 201-216

Gustafson EJ, Parker GR (1992) Relationships between landcover proportion and indexes of land-scape spatial pattern. Landsc Ecol 7: 101-110

Gutzwiller KJ (2002) Applying landscape ecology in biological conservation. Springer-Verlag, New York

Hanski I (1998) Metapopulation dynamics. Nature 396: 41-49

Hargis CD, Bissonette JA, David JL (1998) The behavior of landscape metrics commonly used in the study of habitat fragmentation. Landsc Ecol 13: 167-186

Helfman GS, Meyer JL, McFarland WN (1982) The ontogeny of twilight migration patterns in grunts (Pisces, Haemulidae). Anim Behav 30: 317-326

Holland KN, Peterson JD, Lowe CG et al (1993) Movements, distribution and growth rates of the white goatfish *Mulloides flavolineatus* in a fisheries conservation zone. Bull Mar Sci 52: 982-992

Hovel KA, Lipcius RN (2002) Effects of seagrass habitat fragmentation on juvenile blue crab survival and abundance. J Exp Mar Biol Ecol 271: 75-98

Hovel KA, Regan HM (2008) Using an individual-based model to examine the roles of habitat fragmentation and behavior on predator-prey relationships in seagrass landscapes. Landsc Ecol 23 (S1): 75-89

Irlandi EA, Ambrose WG, Orlando BA (1995) Landscape ecology and the marine environment-how spatial configuration of seagrass habitat influences growth and survival of the Bay scallop. Oikos 72: 307-313

Irlandi EA, Crawford MK (1997) Habitat linkages: the effect of intertidal saltmarshes and adja-cent sub-tidal habitats on abundance, movement, and growth of an estuarine fish. Oecologia 110: 222-230

Jelbart JE, Ross PM, Connolly RM (2006) Edge effects and patch size in seagrass landscapes: an experimental test using fish. Mar Ecol Prog Ser 319: 93-102

Jelbart JE, Ross PM, Connolly RM (2007) Fish assemblages in seagrass beds are influenced by the proximity of mangrove forests. Mar Biol 150: 993-1002

Karl JW, Heglund PJ, Garton EO et al (2000) Sensitivity of species habitat-relationship model performance to factors of scale. Ecol Appl 10: 1690-1705

Kendall MS, Christensen JD, Hillis-Starr Z (2003) Multi-scale data used to analyze the spatial distribution of French grunts, *Haemulon flavolineatum*, relative to hard and soft bottom in a benthic landscape. Environ Biol Fish 66: 19-26

Kendall MS, Kruer CR, Buja KR, Christensen JD, Finkbeiner M, Monaco ME (2002) Methods used to map the benthic habitats of Puerto Rico and the U. S. Virgin Islands. NOAA/NOS Bio-geography Program Technical Re-port. Silver Spring, MD, p 45

Kendall MS, Miller T (2008) The influence of thematic and spatial resolution on maps of a coral reef ecosystem. Marine Geodesy 31: 75-102

Kramer DL, Chapman MR (1999) Implications of fish home range size and relocation for marine reserve function. Environ Biol Fish 55: 65-79

Levin SA (1992) The problem of pattern and scale in ecology. Ecology 73: 1943-1967

Li HB, Reynolds JF (1993) A new contagion index to quantify spatial patterns of landscapes. Landsc Ecol 8: 155-162

Li HB, Wu JG (2004) Use and misuse of landscape indices. Landsc Ecol 19: 389-399

Lugendo BR, Nagelkerken I, Jiddawi N et al (2007b) Fish community composition of a tropical non-estuarine embayment in Zanzibar (Tanzania) . Fish Sci 73: 1213-1223

Lugendo BR, Nagelkerken I, Kruitwagen G et al (2007a) Relative importance of mangroves as feeding habitat for fish: a comparison between mangrove habitats with different settings. Bull Mar Sci 80: 497-512

Lugendo BR, Nagelkerken I, van der Velde G et al (2006) The importance of mangroves, mud and sand flats, and seagrass beds as feeding areas for juvenile fishes in Chwaka Bay, Zanzibar: gut content and stable isotope analyses. J Fish Biol 69: 1639-1661

Lunetta RS, Congalton RG, Fenstermaker LK et al (1991) Photogramm Eng Remote Sens 57: 677-687

MacArthur RH, Wilson EO (1967) The theory of island biogeography. Princeton University Press, Princeton, New Jersey

Malczewski J (1999) GIS and multicriteria decision analysis. John Whiley & Sons, New York Margules CR, Pressey RL (2000) Systematic conservation planning. Nature 405: 243-253

McGarigal K, Cushman SA, Neel MC (2002) FRAGSTATS: spatial pattern analysis program for categorical maps. University of Massachusetts Amherst, Massachusetts. http://www. umass. edu/landeco/research/fragstats/fragstats. html/

McGarigal K, McComb WC (1995) Relationships between landscape structure and breeding birds in the Oregon Coast Range. Ecol Monogr 65: 235-260

Meyer CG, Holland KN, Papastamatiou YP (2007) Seasonal and diel movements of giant trevally *Caranx ignobilis* at remote Hawaiian atolls: implications for the design of marine protected areas. Mar Ecol Prog Ser 333: 13-25

Meyer CG, Holland KN, Wetherbee BM et al (2000) Movement patterns, habitat utilization, home range size and site fidelity of whitesaddle goatfish, *Parupeneus porphyreus*, in a marine reserve. Environ Biol Fish 59:

235-242

Micheli F, Peterson CH (1999) Estuarine vegetated habitats as corridors for predator movements. Conserv Biol 13: 869-881

Mitchell MS, Lancia RA, Gerwin JA (2001) Using landscape-level data to predict the distribution of birds on a managed forest: effects of scale. Ecol Appl 11: 1692-1708

Moilanen A, Nieminen M (2002) Simple connectivity measures in spatial ecology. Ecology 83: 1131-1145

Molles MC (1978) Fish species-diversity on model and natural reef patches-experimental insular bio-geography. Ecol Monogr 48: 289-305

Mumby PJ (2006) Connectivity of reef fish between mangroves and coral reefs: algorithms for the design of marine reserves at seascape scales. Biol Conserv 128: 215-222

Mumby PJ, Edwards AJ, Arias-Gonzalez JE et al (2004) Mangroves enhance the biomass of coral reef fish communities in the Caribbean. Nature 427: 533-536

Mumby PJ, Harborne AR (1999) Development of a systematic classification scheme of marine habitats to facilitate regional management of Caribbean coral reefs. Biol Conserv 88: 155-163

Nagelkerken I (2007) Are non-estuarine mangroves connected to coral reefs through fish migration? Bull Mar Sci 80: 595-607

Nagelkerken I, Dorenbosch M, Verberk WCEP et al (2000a) Importance of shallow-water biotopes of a Caribbean bay for juvenile coral reef fishes: patterns in biotope association, community structure and spatial distribution. Mar Ecol Prog Ser 202: 219-230

Nagelkerken I, Dorenbosch M, Verberk WCEP et al (2000b) Day-night shifts of fishes between shallow-water biotopes of a Caribbean bay, with emphasis on the nocturnal feeding of Haemul-idae and Lutjanidae. Mar Ecol Prog Ser 194: 55-64

Nagelkerken I, Faunce CH (2007) Colonisation of artificial mangroves by reef fishes in a marine seascape. Estuar Coast Shelf Sci 75: 417-422

Nagelkerken I, Kleijnen S, Klop T et al (2001) Dependence of Caribbean reef fishes on mangroves and seagrass beds as nursery habitats: a comparison of fish faunas between bays with and without mangroves/seagrass beds. Mar Ecol Prog Ser 214: 225-235

Nagelkerken I, Roberts CM, van der Velde G et al (2002) How important are mangroves and seagrass beds for coral-reef fish? The nursery hypothesis tested on an island scale. Mar Ecol Prog Ser 244: 299-305

Nagelkerken I, van der Velde G (2002) Do non-estuarine mangroves harbour higher densities of juvenile fish than adjacent shallow-water and coral reef habitats in Curacao (Netherlands Antilles)? Mar Ecol Prog Ser 245: 191-204

Ogden JC, Ehrlich PR (1977) Behavior of heterotypic resting schools of juvenile grunts (Pomadasyidae). Mar Biol 42: 273-280

Ogden JC, Gladfelter EH (1983) Coral reefs, seagrass beds and mangroves: their interaction in the coastal zones of the Caribbean. UNESCO Rep Mar Sci 23: 1-133

Parrish JD (1989) Fish communities of interacting shallow-water habitats in tropical oceanic regions. Mar Ecol Prog Ser 58: 143-160

Pearson SM, Turner MG, Gardner RH et al (1996) An organism-based perspective of habitat frag-mentation.

In: Szaro RC (ed) Biodiversity in managed landscapes: theory and practice. Oxford University Press, California

Pither J, Taylor PD (1998) An experimental assessment of landscape connectivity. Oikos 83: 166-174

Pittman SJ (2002) Linking fish and prawns to their environment in shallow-water marine land-scapes. Ph thesis, Geographical Sciences Department and The Ecology Centre, University of Queensland, Brisbane, Australia

Pittman SJ, Caldow C, Hile SD et al (2007b) Using seascape types to explain the spatial patterns of fish in the mangroves of SW Puerto Rico. Mar Ecol Prog Ser 348: 273-284

Pittman SJ, Christensen JD, Caldow C et al (2007a) Predictive mapping of fish species richness across shallow-water seascapes in the Caribbean. Ecol Modell 204: 9-21

Pittman SJ, McAlpine CA (2003) Movement of marine fish and decapod crustaceans: process, theory and application. Adv Mar Biol 44: 205-294

Pittman SJ, McAlpine CA, Pittman KM (2004) Linking fish and prawns to their environment: a hierarchical landscape approach. Mar Ecol Prog Ser 283: 233-254

Plotnick RE, Gardner RH, O'Neill RV (1993) Lacunarity indexes as measures of landscape tex-ture. Landsc Ecol 8: 201-211

Possingham H, Ball I, Andelman S (2000) Mathematical models for identifying representative reserve networks. In: Ferson S, Burgman M (eds) Quantitative methods for conservation biol-ogy. Springer-Verlag, New York

Pressey RL (1999) Applications of irreplaceability analysis to planning and management problems. Parks 9: 42-51

Recksiek CW, Appeldoorn RS, Turningan RG (1991) Studies of fish traps as stock assessment devices on a shallow reef in south-western Puerto Rico. Fish Res 10: 177-197

Riitters KH, O'Neill RV, Hunsaker CT et al (1995) A factor analysis of landscape pattern and structure metrics. Landsc Ecol 10: 23-39

Robbins BD, Bell SS (1994) Seagrass landscapes: a terrestrial approach to the marine subtidal environment. Trends Ecol Evol 9: 301-304

Rothley KD, Rae C (2005) Working backwards to move forwards: graph-based connectivity met-rics for reserve network selection. Environ Modell Assess 10: 107-113

Rozas LP, Minello TJ (1998) Nekton use of salt marsh, seagrass, and nonvegetated habitats in a south Texas (USA) estuary. Bull Mar Sci 63: 481-501

Sale PF (2002) The science we need to develop for more effective management. In: Sale PF (ed) Coral reef fishes: dynamics and diversity in a complex ecosystem. Academic Press, London

Saura S, Martinez-Millan J (2001) Sensitivity of landscape pattern metrics to map spatial extent. Photogramm Eng Remote Sens 67: 1027-1036

Schippers P, Verboom J, Knaapen JP et al (1996) Dispersal and habitat connectivity in complex heterogeneous landscapes: an analysis with a GIS-based random walk model. Ecogeography 19: 97-106

Schneider MF (2001) Habitat loss, fragmentation and predator impact: spatial implications for prey conservation. J Appl Ecol 38: 720-735

Schumaker NH (1996) Using landscape indices to predict habitat connectivity. Ecology 77: 1210-1225

Sheaves M (2005) Nature and consequences of biological connectivity in mangrove sytems. Mar Ecol Prog Ser

302: 293-305

Sisk TD, Haddad NM, Ehrlich PR (1997) Bird assemblages in patchy woodlands: modeling the effects of edge and matrix habitats. Ecol Appl 7: 1170-1180

Stamps JA, Buechner M, Krishnan VV (1987) The effects of edge permeability and habitat geom-etry on emigration from patches of habitat. Am Nat 129: 533-552

Starr RM, Sala E, Ballesteros E et al (2007) Spatial dynamics of the Nassau grouper *Epi-nephelus striatus* in a Caribbean atoll. Mar Ecol Prog Ser 343: 239-249

Taylor DS, Reyier EA, Davis WP et al (2007) Mangrove removal in the Belize cays: effects on mangrove-associated fish assemblages in the intertidal and subtidal. Bull Mar Sci 80: 879-890

Taylor PD, Fahrig L, With KA (2006) Landscape connectivity: a return to the basics. In: CrooksKR, Sanjayan M (eds) Connectivity conservation. Cambridge University Press, Cambridge

Tewfik A, Bene C (2003) Effects of natural barriers on the spillover of a marine mollusc: implications for fisheries reserves. Aquat Conserv 13: 473-488

Tischendorf L (2001) Can landscape indices predict ecological processes consistently? Landsc Ecol 16: 235-254

Tischendorf L, Fahrig L (2000) How should we measure landscape connectivity? Landsc Ecol 15: 633-641

Treml E, Halpin P, Urban D et al (2008) Modeling population connectivity by ocean currents, a graph-theoretic approach for marine conservation. Landsc Ecol 23 (S1): 19-36

Turner MG (1989) Landscape ecology the effect of pattern on process. Annu Rev Ecol Syst 20: 171-197

Turner MG (2005) Landscape ecology: what is the state of the science? Annu Rev Ecol Evol Syst 36: 319-344

Turner MG, Gardner RH, O'Neill RV (2001) Landscape ecology in theory and practice: pattern and process. Springer-Verlag, New York

Turner SJ, Hewitt JE, Wilkinson MR et al (1999) Seagrass patches and landscapes: the influence of wind-wave dynamics and hierarchical arrangements of spatial structure on macrofaunal sea-grass communities. Estuaries 22: 1016-1032

Underwood AJ, Chapman MG, Connell SD (2000) Observations in ecology: you can't make progress on processes without understanding the patterns. J Exp Mar Biol Ecol 250: 97-115

Urban D, Keitt T (2001) Landscape connectivity: a graph theoretic perspective. Ecology 82: 1205-1218

Urban DL (2005) Modeling ecological processes across scales. Ecology 86: 1996-2006

Vanderklift MC, How J, Wernberg T et al (2007) Proximity to reef influences density of small predatory fishes, while type of seagrass influences intensity of their predation on crabs. Mar Ecol Prog Ser 340: 235-243

Verweij MC, Nagelkerken I (2007) Short and long-term movement and site fidelity of juvenile Haemulidae in back-reef habitats of a Caribbean embayment. Hydrobiologia 592: 257-270

Vierweij MC, Nagelkerken I, Hol KEM et al (2007) Space use of Lutjanus apodus including movement between a putative nursery and a coral reef. Bull Mar Sci 81: 127-138

Ward TJ, Vanderklift MA, Nicholls AO et al (1999) Selecting marine reserves using habitats and species assemblages as surrogates for biological diversity. Ecol Appl 9: 691-698

Wiens J (1989) Spatial scaling in ecology. Funct Ecol 3: 385-39

Wiens JA (2006) Connectivity research – what are the issues? In: Crooks KR, Sanjayan M (eds) Connectivity conservation. Cambridge University Press, Cambridge

Wiens JA, Milne BT (1989) Scaling of landscapes in landscape ecology, or landscape ecology from a beetle's perspective. Landsc Ecol 3: 87–96

Wiens JA, Stenseth NC, Vanhorne B et al (1993) Ecological mechanisms and landscape ecology. Oikos 66: 369–380

Wiens JA, Van Horne B, Noon BR (2002) Landscape structure and multi-scale management. In: Liu J, Taylor WW (eds) Integrating landscape ecology into natural resource management. Cam-bridge University Press, Cambridge

With KA (1997) The application of neutral landscape models in conservation biology. Conserv Biol 11: 1069–1080

With KA (2002) The landscape ecology of invasive spread. Conserv Biol 16: 1192–1203

With KA, Crist TO (1995) Critical thresholds in species responses to landscape structure. Ecology 76: 2446–2459

With KA, Gardner RH, Turner MG (1997) Landscape connectivity and population distributions in heterogeneous environments. Oikos 78: 151–169

Wu JG (2006) Landscape ecology, cross-disciplinarity, and sustainability science. Landsc Ecol 21: 1–4

Zeller DC (1998) Spawning aggregations: patterns of movement of the coral trout *Plectropomus leopardus* (Serranidae) as determined by ultrasonic telemetry. Mar Ecol Prog Ser 162: 253–263

Zeller DC, Russ GR (1998) Marine reserves: patterns of adult movement of the coral trout (*Plectropomus leopardus* (Serranidae). Can J Fish Aquat Sci 55: 917–924

第4篇 管理和社会经济影响

第 15 章 热带沿海生境和（近海）渔业的关系

Stephen J. M. Blaber

摘要：许多热带渔业的经济福利及生产力，不管是近岸还是近海的，都取决于沿海生境的完整性，特别是红树林和珊瑚礁的完整性。发展中国家的沿海渔业往往是自然的手工渔业或自给渔业，而近海渔业则普遍是商业渔业或工业渔业。渔业产量和红树林面积之间的关系已经获得量化，特别是对虾，但大多数情况下两者之间尚未建立起因果关系。然而，有关红树林对渔业的价值的证据继续在增多，而且两者之间关系的重要性已经获得了广泛的认可。珊瑚礁渔业基本属于小规模渔民的领域，全球的捕捞量超过 2×10^6 t，因此相对重要性极其巨大。珊瑚礁渔业的生产力低于河口与沿海水域。珊瑚礁渔业与红树林及海草床的连通性，以及珊瑚礁之间的连通性，均与近海渔业有关。珊瑚礁对某些中上层渔业具有支持作用，例如太平洋与印度洋的金枪鱼竿钓作业。对大多数的热带渔业来说，关键问题是渔业资源的枯竭，例如，大多数热带亚洲国家的生物量已经下降到估算基线的 10%以下。达到这个境地的最主要原因是与渔业社区贫困相关的过度捕捞，表现为缺少行之有效管理的综合症。解决这一情况的策略涉及生态连通性、对红树林与珊瑚礁的依赖、小规模渔业与工业渔业之间的平衡、管理的尺度以及海洋保护区的建设。

关键词：渔业；红树林；珊瑚礁；饵鱼；管理

15.1 前言

热带沿海生境普遍占主导地位的是水体浑浊的沿岸和河口的红树林系统，或水质清澈的珊瑚礁系统，这两个生态系统都已经受到人类活动的显著影响。许多人和越来越多人关注到红树林和珊瑚礁的健康维护，不仅出于保护和美学上的考虑，而且还关系到经济上的重要性。热带渔业包括多种产业，其经济福利及生产力主要取决于红树林和珊瑚礁生态系统的完整性。

Costanza 等（1997）计算得出，河口生态系统服务和每公顷自然资本的经济价值是所有生态系统中最高的。热带红树林系统更是高生产力的区域（Blaber, 2000），而且，人们认定大部分渔业的生产力跟红树林密切相关，许多最近的研究都强调红树林的经济价值，尤其是在发展中国家红树林的经济价值（Barbier and Strand, 1998; Hamilton et al., 1989;

Nickerson，1999；Barbier，2000）。Rönnbäck（2001）指出，"过去几十年间全世界丧失了50%的红树林（Duke et al.，2007），而这个趋势还在继续的原因，是因为是经济学家没有能力认识和评价这个生态系统生产的所有产品和服务"。Barbier等（2002）在评估泰国的红树林-渔业联系的福利效应中指出，渔业最有可能受到生境丧失的影响，其后果是影响到高比例的手工作业渔民。

珊瑚礁渔业也是很宝贵的，最近的评估（Agardy et al.，2005）显示，东南亚珊瑚礁渔业的年产值为25亿美元，全球珊瑚礁渔业捕捞量占发展中国家年捕捞量的1/4，仅在亚洲就为约10亿人提供了食物。在许多发展中国家，渔民的边缘化主要应由不断加剧的过度捕捞负责（Pauly，1997），珊瑚礁一旦破坏，则极其难以恢复（Moberg and Rönnbäck，2003）。

不过，区别沿海渔业和近海渔业是很重要的，沿海渔业在发展中国家普遍是自然的手工渔业或自给渔业，而近海渔业则往往是商业渔业或工业渔业。然而事情并非总是如此，马尔代夫就存在手工金枪鱼渔业。在前述的例子中，这些活动可能是渔民通过传统的或手工的方式长期建立的，并且完全依赖于红树林或珊瑚礁系统的存在。许多的这些渔业已经被详细研究，并在Blaber（2000），Jhingran（2002），Islam和Haque（2004），Kathiresan和Qasim（2005），Munro（1996），Cheung等（2007），Wilkinson等（2006）的研究中给出了案例。虽然对红树林和珊瑚礁鱼类的主要威胁通常与环境退化有关，如红树林的砍伐和珊瑚礁的破坏，但也有证据表明，许多鱼类在沿海地区，特别是在南亚和东南亚地区，其丰度下降主要是由于过度捕捞造成的。过度捕捞跟食品安全问题密切相关，但不像许多其他的人类活动，渔业几乎是完全依赖于生态系统完整性的保护（Blaber，2007）。

本章主要探讨红树林和/或珊瑚礁与近海渔业之间的连通性。非常重要的一点是，要理解这些渔业的生产力是如何因为沿海过程，特别是由人类活动引起对红树林和珊瑚礁环境的扰动而受到影响的。

15.2 渔业

渔业一般可分成3大类（Harden Jones，1994；Rowwlinson et al.，1995）：
（1）自给渔业，渔民自行消耗渔获物，或送人，但不涉及买卖。
（2）手工渔业，渔民出售一部分渔获物，同时也保留一部分自行消费。
（3）商业渔业，出售所有渔获物。

自给渔业和手工渔业均属于传统渔业。这两类渔业具有非常悠久的历史，已经成为人类沿海社区文化的组成部分。而且，它们同环境可能具有长期而复杂的相互关系，并且越来越多地被视为热带环境整体生态的组成部分（Agardy et al.，2005）。

在发达的亚热带和热带国家中如澳大利亚、南非和美国，还有另外一类渔业，即休闲渔业。

（4）休闲渔业，捕捞鱼类作为一项体育或休闲运动，而不是为了生产食物或收入。尽管如此，休闲渔业相关的服务设施通常包括经济上重要的创收活动。

在发展中国家，自给渔业或手工渔业与商业渔业之间经常会存在资源利用冲突；在发达国家，则是休闲渔业与商业渔业之间的冲突。这两种情况，均要求能够管理这些资源的政府机构和非政府组织做出重要的资源配置决策。

不同渔业作业的复杂性和相对重要性，特别是涉及休闲部分的价值，可以用南非的事例说明（Griffiths and Lamberth, 2002）。在南非，延绳钓渔业作业对象近200种，其中31种对捕捞量贡献最大。作业者包括休闲渔业、商业渔业及自给渔业的作业者。商业渔业作业者约1.86万人（2 600艘5~15 m长的捕捞船），主要作业对象是冲浪区之外的中上层和底层鱼类。休闲渔业可分为河口垂钓者（7.2万人）、岸边垂钓者（41.2万人）、鱼叉捕鱼者（7 000人）和休闲船垂钓者（1.2万人）。自给渔业主要限于特兰斯凯和夸祖鲁-纳塔尔省的河口和岸边活动。不包括河口部分，延绳钓渔业约为13.2万人提供就业机会，并为南非GDP贡献约22亿南非兰特（按当时汇率，3亿美元）。虽然商业渔业占了总渔获量的79%，但休闲渔业则提供了81%的就业岗位，并产生82%的总收入。延绳钓渔业作业对象包括采取各种不同生活史策略的鱼类，包括长寿命（>20岁）鱼类，河口依赖型鱼类，性别转化鱼类和集群行为鱼类，因此导致种群对过度捕捞特别脆弱。

15.3 红树林/河口——渔业连通性

近海渔业产量和红树林之间的联系，特别是红树林丧失对这些联系的影响，很难进行量化，主要是因为以水产养殖和沿海发展为目的而进行大规模的红树林砍伐，恰逢捕捞压力不断增加和捕鱼技术更加高效地发展的时期。在过去的40年间，许多研究已经证明红树林的存在和渔获量显著相关（Turner, 1977; Yáñez-Arancibia et al., 1985; Pauly and Ingles, 1986; Lee, 2004; Manson et al., 2005; Meynecke et al., 2007），渔获量受到区域内红树林相对丰度的影响（表15.1）。红树林范围（面积或直线范围）和邻近红树林区的对虾（特别是墨吉明对虾）捕捞量之间也发现存在相关性（Turner, 1977; Staples et al., 1985; Pauly and Ingles, 1986; reviewed in Baran, 1999; 图15.1）。这些研究给红树林-渔业之间关系提供了重要信息。这种观察到的关系主要来自于一批划分为河口依赖种（Cappo et al., 1998）或（非河口）海湾依赖种（Nagelkerken and van der Velde, 2002）的经济种鱼类。红树林，或类似的环境，至少是它们生活史中的某一时期的主要生境（Blaber et al., 1989; Nagelkerken et al., 2000）。通常情况下，成体到近海产卵，卵就在水里扩散，滞留时间长短不一。卵进而发育成浮游幼体，然后运动，或者说随波逐流进入近岸和河口水域。然后，亚成体或者成体洄游出河口或潟湖，返回近海区域或邻近的珊瑚礁。因此，在动物生长过程的生境链条上，红树林作为其中重要的环节，为动物生境提供互补资源和利益，例如起到鱼类、虾类、蟹类的育幼场的作用（Sheridan and Hays, 2003; Crona and Rönnböck, 2005; 参见第10章），以其空间复杂性为小型被捕食者提供庇护场所，并为经济种类生活史中的特定阶段提供丰富的饵料（Chong et al., 1990）。

表 15.1　已经量化的红树和近海渔业产量之间的关系（改自 Blader, 2007）

来源和区域	公式	X 函数	Y 函数	r^2	n
Martosubroto 和 Naamin (1977)，印度尼西亚	$Y=0.1128X+5.473$	红树林面积（$\times 10^4\ hm^2$）	对虾产量$\times 10^3$ t	0.79	—
Turner (1977)，美国	$Y=1.96X-4.39$	一个水文单元内的盐碱植被百分比	褐对虾的百分比（%）	0.92	7
Staples 等 (1985)，澳大利亚	$Y=1.074X+218.3$	红树林岸线长度（km）	墨吉明对虾产量（t）	0.58	6
Yáñez-Arancibia 等 (1985)，墨西哥	$LnY=0.496X+6.07$	海岸沼泽（km^2）	鱼类捕捞量（t）	0.48	10
Pauly 和 Ingles (1986)，热带地区	$Log_{10}MSY=0.4875log_{10}AM-0.0212L+2.41$	$MSY=$对虾的最大可持续产量；$AM=$红树林面积；$L=$纬度	—	—	—
Paw 和 Chua (1989)，东南亚	$Y=0.8648X+0.0991$	红树林面积的 Log_{10}	对虾产量 Log_{10}（t）	0.66	17
Nickerson (1999)，菲律宾	$K(t+1)=K(t)-[M(t)-M(t+1)]D$	$K=$红树林中未开发鱼类无脊椎动物面积（公顷）；$D=$每公顷红树林中鱼类和无脊椎动物的数量（吨）；$M=$红树林边缘面积（吨）	—	—	—
Barbier 等 (2002)，泰国湾	$HD_{it}=b_0+b_1EDLM_{it}+b_2ED_{it}^2+v_{it}$	汇集时间序列——截面分析栖底渔业的渔获量及努力量与红树林面积间的关系。其中 $i=1,\ \cdots,\ 5$ 区域，$t=1,\ \cdots,\ 11$ 年（1983—1993）；$HD_{it}=t$ 时间 i 区域栖底鱼类的渔获量；$EDLM_{it}=$ 栖底渔业努力量 Log 值；$ED_{it}^2=i$ 时间 t 区域的红树林面积（小时）；x_i 时间 t 区域栖底渔业努力量的平方	—	—	—
Manson 等 (2005)，澳大利亚昆士兰	红树林环境和 CPUE 数据间的关系。PCA 和多回归分析	对红树林相关虾类（两种虾类，一种蟹类和一种鱼类）、红树林面积和利用长占占大多数变量。对非红树林鱼类、河口虾类（两种虾类，一种蟹类和一种鱼类）、红树林周长是重要的，但纬度是优势变量	—	—	—

然而，由于物种、位置和时间尺度的不同，商业渔获量和红树林之间关系的重要性差异巨大，表明该关联比线性函数要复杂得多（Baran，1999）。大多数回归分析中所用到的预测自身是显著相关的，但渔获量统计数据往往不能很好地界定。各种数据集（红树林分布、商业记录、种群大小的影响、捕捞压力）之间差异巨大，使得分辨与充满变数的水温、降水、海流和捕捞努力量的关联变得更为艰难。本章主要讨论沿海水域和虾类与鱼类等渔业之间的关系。

15.3.1 对虾

红树林对渔业产量重要性的很多证据都来自对虾的研究。在很多地方的研究，如墨西哥湾（Turner，1977）、印度尼西亚（Martosubroto and Naamin，1977）、印度（Kathiresan and Rajendran，2002）、澳大利亚（Staples et al.，1985；Vance et al.，1996）和菲律宾（Paw and Chua，1989；Primavera，1998），这些研究为近海对虾商业捕捞量和邻近红树林总面积之间的相关性提供了很好的证据。Baran（1999）在一个普通尺度上重新绘制了由Paw和Chua（1989）论证的关系，表明该关系不是线性的，在某一横坐标上会出现一个拐点（图15.1），在该拐点下红树林表面积的些微减少就意味着对虾产量的急剧降低。Pauly和Ingles（1986）得出的结论是，对虾捕捞量的大多数变动都可以结合红树林面积和纬度加以解释（表15.1）。

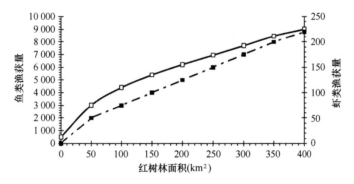

图15.1 Baran（1999）利用Yáñez-Arancibia等（1985）和Paw和Chua（1989）的数据模拟的红树林面积和鱼类（实线）及对虾（虚线）产量的直接关系。改自Baran（1999）

15.3.1.1 马来西亚

在马来西亚半岛，相当多的证据表明，红树林面积与对虾上岸渔获量之间存在着关系。然而，Loneragan等（2005）认为，尽管大面积的红树林已经丧失，对虾的上岸渔获量仍然可能保持不变甚至增加。他们的研究结果特别有趣，说明难以建立两者之间的相互关系。他们记录了所有对虾渔获量，主要是以墨吉对虾（*Penaeus merguiensis*）为主的白对虾与红树林面积、降雨和浅水区域之间关系的变化。虽然对虾总上岸渔获量与红树林面积在20世纪80年代和90年代存在着显著的线性关系，但是，红树林依赖型的白虾却只在90年代与红树林面积存在显著关系。浅水海域的面积，在影响对虾总上岸渔获量和白对虾上岸渔获量的因素中占了最大的比例，也是上岸渔获量和沿海属性（浅水海域面积、红树林面积和岸线长度）的多元回归关系时最重要的变量。在红树林已经大面积丧失的雪兰莪州和柔佛州，20世纪90年代的对虾及白对虾上岸渔获量似乎一直保持不变或增加。红树林丧失和对虾上岸渔获量之间缺乏明确的关系，可能是来自邻近海域对虾的迁移，或因为红树林的其他属性，例如红树林-水域界面的长度，比起红树林总面积，对对虾种群的生长率和存活率更为重要。最近的一篇Chong（2006）的综述文章进一步强化了这个观点，该研究表明，尽管捕捞努力量在减少，由于对虾的主要育幼场（红树林）面积急剧下降（丧失了23%），马来西亚半岛的整个西海岸对虾上岸渔获量从1989年的60 967 t下降到了2003年的39 296 t（减少35%）。

15.3.1.2 澳大利亚卡本塔利亚湾

卡本塔利亚湾近海墨吉明对虾（*Penaeus merg uiensis*）捕捞量与影响其生活史的一系列因素之间的关系已经研究了20多年，建立了降雨量与其后的近海商业捕捞量之间的显著正相关关系（Staples et al.，1985；Vance et al.，1985），其中，超过26年，海湾东南部的年降雨量占年捕捞量变动的81%。不过，这种相关性，在其他海域并没有那么显著，特别是在卡本塔利亚海湾的东北部，那里降雨量和捕捞量之间没有显著关系。Vance等（1996）的进一步研究表明，卡本塔利亚湾东北部降雨量和近海捕捞量之间缺少密切关联，并不是由于对虾对降雨的反应有差别，而是由于降雨程度和不同河流系统的物理特性存在差异。

15.3.1.3 印度

在印度的很多海域，已经报道了对虾，主要是印度对虾（*Penaeus indicus*）、墨吉明对虾（*P. merguiensis*）和刀额新对虾（*Metapenaeus dobsoni*）的捕捞量和邻近红树林面积之间的显著相关性（Kathiresan et al.，1994；Mohan et al.，1997；Kathiresan and Bingham，2001；Rönnböck et al.，2002）。由Rönnböck等（2002）进行的戈达瓦里红树林价值的分析表明，红树林不仅有益于对虾拖网渔业的总渔获量，而且也通过增加石灰、虾苗、亲虾、饲料的投入有益于水产养殖业。结果表明，32 600 hm² 的红树林支撑着每年超过10万吨的渔获物，其中大部分是对虾。这意味着，每公顷的红树林可以产生3.1 t渔获物，这相当于每年3 900美元的总经济价值。自给渔业占总渔获量的1/3以上，加上对虾以及拖网渔获量，就价值而论，是最重要的资源。

15.3.1.4 墨西哥湾

在墨西哥湾和路易斯安那州，Turner（1977）发现对虾捕捞量与河口植被覆盖面积存在正相关关系；褐对虾（*Penaeus aztecus*）占总对虾捕捞量的百分率与邻近红树林生境面积存在相关性。桃红美对虾（*Farfantepenaeus duorarum*）是墨西哥湾东部的重要商业品种之一，与过去 10 年中，每年的上岸渔获量在 2 300 t 和 4 500 t 之间（Ehrhardt et al., 2001）。在干托尔图加斯（Dry Tortugas，也称干龟岛）海域，成虾是拖网渔业的作业对象，而幼虾则栖息在佛罗里达湾。个体在近岸与近海间的发育洄游给世代扩散提供了很多机会。通过分析有关补充成功率和幼体密度的长达 123 个月的资料，检验了育幼场中幼虾和渔业补充的丰度间可能的联系。补充成功率模型能很好地预测补充量与幼体密度之比的一般趋势。然而，正如在世界的其他海域，该关系是复杂的，所期望趋势的整体大小也不完全可以用模型来解释，环境变量对补充量也有相当大的影响。然而，在育幼场幼体密度与渔业补充量之间存在显著相关性，强调了幼体生境对渔业产量的重要作用。

Barbier 和 Strand（1998）确定了 1980 年至 1990 年间特米诺斯潟湖（Laguna de Terminos）红树林面积的变化对坎佩切对虾产量与价值的影响。他们指出，红树林对坎佩切对虾渔业有着重要的和必不可少的输入，但是，在 1980 年至 1990 年间较低的红树林砍伐水平（每年 2 km², 2.3%）导致了 28.8 吨的渔获量损失，相当于渔获量和收入仅下降了 0.4%。但对商业捕捞影响更大，捕捞努力量增加了，捕捞船数从 1980 年的 4 500 艘增加到 1990 年的 7 200 艘。Barbier 和 Strand（1998）指出，从这些结果得出的管理启示是清晰的，尽管红树林的保护对防止渔业损失是重要的，但控制过度捕捞更为关键。只要捕捞努力量还在不断增加，即使红树林得到充分的保护，渔获量还是要下降的。

15.3.2 鱼类

相对于对虾，鱼类和红树林之间关系的显著性更加模棱两可。Robertson and Blaber（1992）得出的结论是，尽管红树林面积和商业鱼类渔获量之间存在相关性，但尚未通过实验建立两者之间的因果关系。不过，毫无疑问，由于浅水和河流的高营养输入，许多热带河口和沿海水域成为生产力较高的区域。此外，热带河口内或邻近的植被，特别是红树林，对如此高的生产力也是有贡献的，表 15.2 说明了一些亚热带和热带河口和非珊瑚礁沿岸海域每年每平方千米的鱼类产量。报告中的数值主要来自于较大的河口系统，但仍然是 Blaber（2000）广义上的河口，因此支撑着重要的渔业。这里有关河口区域的数据依据的是总捕捞量，在大多数情况下没有反映可持续产量。产量范围在每年每平方千米 1~38 t，通常比热带河流和湖泊要高，但产量范围与报道的热带大陆架和珊瑚礁近似（Lowe-McConnell, 1975；Marten and Polovina, 1982）。一些较大型渔业的主要特征说明如下。

表 15.2 热带河口和非珊瑚礁沿岸系统鱼类产量
（部分修订自 Marten and Polovina, 1982; Blaber, 2000）

国家	渔业区	每年每平方千米吨数（t）	文献
哥伦比亚	大沼泽滩	12.0	Rueda and Defeo (2001)
萨尔瓦多	希基利斯科湾	1.7	Hernandez and Calderon (1974), Phillips (1981)

续表

国家	渔业区	每年每平方千米吨数（t）	文献
加纳	沙云潟湖	15.0	Pauly（1976）
印度	吉尔卡湖	3.7	Jhingran and Natarajan（1969）
	普利卡特湖	2.6	Jhingran and Gopalakrishnan（1973）
	曼达帕姆潟湖	5.6	Tampi（1959）
	Hooghly-Matlah	11.4	Jhingran（1991）
	Vellar-Coloroon	11.1	Venkatesan（1969）
象牙海岸（现译为"特迪瓦"）	艾布里耶潟湖	16.0	Durand et al.,（1978）
马达加斯加	潘加蓝内斯潟湖	3.7	Laserre（1979）
马来西亚	拉鲁-马塘	38.64*	Choy（1993）
墨西哥	凯门内罗潟湖	34.5	Warburton（1979）
	特尔米诺斯潟湖	20.0	Yáñez-Arancibia and Lara Dominguez（1983）
	塔米阿华潟湖	4.7	Garcia（1975）
菲律宾	圣米格尔湾	23.8**	Mines et al.,（1986）
南非	可西系统	1.0	Kyle（1988，1999）
美国	德克萨斯海湾	12.1	Jones et al.,（1963）
委内瑞拉	马拉开波湖	1.9	Nemoto（1971）
	塔卡瑞瓜潟湖	11.0	Gamboa et al.,（1971）

* 包括对虾渔获量和非沿岸水域；

** 可能是过高估计，因为适宜拖网的生物量仅为每平方千米 2.13 t。

15.3.2.1 南亚，鲥鱼渔业

Blaber（2000）和 Blaber 等（2003）对云鲥（*Tenualosa ilisha*）的生物学及其渔业等各个方面进行了总结。这种溯河洄游的鲱科（Clupeidae）鱼类是世界上最大的热带河口渔业的基础。云鲥从阿拉伯湾一直分布到缅甸，但其最大的渔业则位于孟加拉湾以及印度和孟加拉国的河口。云鲥的名气、社会宗教意义和传统公共知识，都反映在孟加拉地区的谚语和历史纪录中，没有其他任何鱼类可以像云鲥那样得到如此珍视（Raja，1985）。鲥鱼最大的捕获量来自恒河三角洲和孟加拉湾的上游，孟加拉国可能占有最大份额（每年超过 10×10^4 t），其次是印度（约 2.5×10^4 t）和缅甸（约 0.5×10^4 t）。不幸的是，渔业的性质

已经决定其年捕捞量没有非常准确的记载（Dunn，1982），正如许多发展中国家的渔业一样，总产量的估算变化范围很大。然而，似乎毫无疑问的是，现在在孟加拉湾地区的总捕捞量至少有 20×10^4 t。这是该地区最重要的渔业，目前大约占孟加拉国鱼类上岸渔获量的25%。

鲥鱼有自给、手工和商业渔业等三种作业方式，但三者之间具有相当大的重叠，而且很大一部分人们都依赖于鲥鱼渔业。鲥鱼自给渔业主要是妇女和孩子在河口和河流捕捞稚鱼的活动；鲥鱼手工渔业规模比较小，主要是非机动渔船在河口作业；而鲥鱼商业渔业是较大型机动渔船在孟加拉湾作业。各种作业方式之间也存在着利益冲突，商业渔民认为自给渔民对稚鱼的捕捞导致成鱼种群的不利影响，而沿河的手工渔民反驳说是海洋渔业扩张导致河口鲥鱼数量减少了。

15.3.2.2　马来西亚拉律马当县的渔业

在马来西亚半岛的马当海域，红树林河口及其邻近的沿海水域，商业渔业和手工渔业的作业规模非常大，情况跟东南亚很多类似地区不相上下。自 21 世纪初以来，马当红树林保护区的林木已经按照其可持续产量实施管理，采取 30 年轮伐制。1992 年，红树林木材产量（包括木炭）达到 45 万吨（Gopinath and Gabriel, 1997）。红树林林业提供了约 1 400 个直接就业与 1 000 个间接就业机会，林木产品的年总产值约 900 万美元。相比之下，捕鱼业提供了 2 500 个直接和 7 500 个间接就业机会，以及 3 000 万美元的年产值。比起林业，渔业提供了 4 倍以上的就业机会与经济效益，清楚地说明了红树林及沿海水域与渔业之间联系的价值（Ong, 1982; Khoo, 1989）。

1990 年，马当海域有 2 540 个渔民，其中 1 250 人从事拖网作业，其余的利用传统网具作业，其中 970 人主要从事流刺网作业。大多数船只都是当地建造的小渔船，适于在浅海、狭窄的河口和溪流中作业，而且 79% 的渔船小于 20 吨。上述数字不包括在非常浅的沿岸海域和河口作业的约 200 个无照机动推网作业渔民。

1990 年，共有 58 300 t 渔获物上岸（73% 来自拖网，7% 来自流刺网），再加上约 2 300 t 来自推网作业。捕捞上岸的主要种类有石首鱼科（Sciaenidae）鱼类、羽鳃鲐属（*Rastrelliger* spp.）鱼类、沙丁鱼属（*Sardinella* spp.）鱼类、尖吻鲈（*Lates calcarifer*）、大眼海鲢（*Megalops cyprinoides*）以及大量的各种近岸和河口的稚鱼。该地区的渔业也大量捕捞具有重要商业价值的对虾（Blaber, 2000）。

15.3.2.3　象牙海岸艾布里耶潟湖渔业

象牙海岸（即现已更名的"科特迪瓦"）的潟湖网络由 3 个不同的潟湖组成，沿岸绵延约 300 km。艾布里耶潟湖（滨海潟湖，面积 566 km²）鱼类区系的性质已获得广泛研究（Albaret and Écoutin, 1989, 1990），并已形成发达的传统渔业和商业渔业。

商业渔业主要采用环网和沙滩围网（长度达 2 km）作业，由授薪员工操作。该渔业始于 1960 年，在 1964 至 1975 年间增加了 4 倍，至少占捕捞量的 70%（每年 5 000 t）。

1950年，该潟湖永久性地打通了与外海的通道，带来了更多的海洋影响，也增加了更多海洋迁移物种的捕捞量。传统渔业每年产量大约2 000 t。

组成商业渔业与手工渔业的六种主要鱼类为：筛鲱（*Ethmalosa fimbriata*）（61%）、罗非鱼（*Tilapia* spp.）（6%）、西非海鲢（*Elops lacerta*）（6%）、金鲶（*Chrysichthys* spp.）（5%）、詹氏球丽鱼（*Tylochromis jentinki*）（4%）和短体小沙丁鱼（*Sardinella maderensis*）（4%）。

15.3.2.4 哥斯达黎加尼科亚湾渔业

哥斯达黎加太平洋沿岸分布有大片红树林的河口湾是哥斯达黎加最重要的渔场，河口内分布着该太平洋沿岸的主要港口。河口内湾支持着捕捞不同品种的大量手工渔业，外湾则支持着商业对虾拖网渔业。

手工渔业每年的上岸渔获量大概为6 300 t，其中43%为石首鱼科（Sciaenidae）类的鱼类（当地著名的"黄花鱼"），如乳色犬牙石首鱼（*Cynoscion albus*）、鳞鳍犬牙石首鱼（*C. squamipinnis*）、叉鳔石首鱼（*Stellifer* spp.）和贝氏石首鱼（*Bairdiella* spp.）（Szelistowski and Garita, 1989；Herrera and Charles, 1994）。这些黄花鱼类的价值都较高，由几乎不被管理的流刺网捕捞，并被视为公共财产资源。人们对这些渔业的资源状况所知甚少，但在高捕捞压力下，资源量已经严重下降。这些手工渔业的特点是没有任何长时间序列的捕捞记录，唯一可用的数据是渔获物单一的体长频率分布，且数据采集的时间较少。因此，任何替代流刺网作业的战略以及发展管理计划的尝试，均要从渔业研究和渔获物监测中获得相对适用的信息。

15.3.2.5 哥伦比亚圣玛尔塔港大沼泽湖渔业

哥伦比亚的加勒比海沿岸这个宽广（480 km²）而低浅的沿岸湖泊支持着该地区最广泛多样的手工渔业及部分商业捕捞。刺网、撒网、延绳钓和一种称为"bolicheo"的围网，是沿湖边渔民采用的主要作业技术（Rueda, 2007）。像鲻科（Mugilidae）、银鲈科（Gerreidae）、海鲶科（Ariidae）、锯盖鱼科（Centropomidae）、石首鱼科（Sciaenidae）和笛鲷科（Lutjanidae）鱼类等，都是手工渔业的主要作业对象。捕捞种类因网具的不同而不同，像银鲈，特别是普氏真银鲈（*Eugerres plumieri*），主要是用"bolicheo"围网捕捞，而大量的鲻鱼主要是用刺网捕捞。商业捕捞以鲹科（Carangidae）和石鲈科（Pomadasyidae）鱼类为主（Léon and Racedo, 1985）。目前大部分海域包括在保护区内，急需制订综合管理计划（Rueda and Defeo, 2001）。

15.3.3 关于红树林与渔业关系的结论

Baran（1999）和Manson等人（2005）综述了为数不多的关于红树林和沿海资源之间量化关系的研究（详见表15.1），但必须重申的是这些研究只建立了相关性，因果关系尚未通过实验建立。在墨西哥湾，Yáñez-Arancibia 等（1985）的研究说明商业渔业捕捞量与红树林面积之间存在对数关系（正相关性）。然而，同一作者发现，在特尔米诺斯潟湖和在墨西哥海湾坎佩切沿岸邻近海域，鱼类产量在很大程度上受气候和气象条件、河流流量和潮汐幅度的控制，这些因素在影响潟湖和海洋中的鱼类运动模式中发挥着重要的作用（Yáñez-Arancibia et al., 1985）。

Manson 等（2005）的研究表明，在澳大利亚昆士兰州东海岸，红树林面积和沿海渔业产量之间的联系可以通过一些物种在较大尺度内（1 000 km）得到检测。有研究分析了四种渔具作业中（拖网、钓具、网具和笼网）不同商业捕捞物种的单位捕捞努力量渔获量与由陆地卫星图形估算的红树特征之间的关系（图15.2）。基于生活史特征，这些物种分为 3 大类：红树林相关物种［墨吉对虾（*Penaeus merguiensis*）、锯缘青蟹（*Scylla serrata*）和尖吻鲈（*Lates calcarifer*）］，河口物种［褐虎对虾（*P. esculentus*）、短沟对虾（*Penaeus semisulcatus*）、远海梭子蟹（*Portunus pelagicus*）和四指马鲅（*Eleutheronema tetradactylum*）］和近海物种［鳃棘鲈（*Plectropomus* spp.）］。对红树相关物种来说，面积和周长等红树林特征是模型的主要变量；对于非红树林的河口物种，纬度是主要的参数，但有些红树林的特征（如红树林周长）也对模型具有较大贡献。与此相反，对近海物种来说，纬度是最主要的变量，而红树林特征则没有影响。

图 15.2 澳大利亚昆士兰东岸的商业对虾拖网渔船

Baran（1999）在正常尺度上重新绘制了由 Paw 和 Chua（1989）论证的关系，表明该关系并不是线性的，而是在某一横坐标上会出现一个拐点，在该拐点下红树林表面积的些微缩小就导致对虾产量的急剧降低（图15.1）。在越南，De Graaf 和 Xuan（1998）得出了相似的关系，并指出每公顷红树林每年可以支撑 450 kg 的海洋捕捞量。

很多具有重要商业价值的鱼类的稚鱼对红树林生境的依赖，包括鲻科（Mugilidae）、须鳂科（Polymixiidae）、海鲶科（Ariidae）、鲱科（Clupeidae）和鳀科（Engraulidae），被很好地记录了下来（Blaber，2000）。例如，热带大西洋哥伦比亚沿岸的大西洋大海鲢（*Megalops atlanticus*）的生活史由 Garcia 和 Solano（1995）进行了总结。大西洋大海鲢（*Megalops atlanticus*）的柳状幼体洄游到红树林河口区并在那里生长到 28 mm 左右（Zerbi et al.，1999），柳状幼体在其体长下降到 13 mm 左右时则进入第二仔鱼期。然后，体长再次增加，从仔鱼发育成稚鱼。当长到约 100 mm 时，稚鱼洄游到淡水水域。性成熟前（>400 mm），它们离开河口，并在体长约 1 m 时达到性成熟。在长达 25 km 的沿岸区已记录到 25~250 条大西洋大海鲢（*Megalops atlanticus*）的产卵聚集。体长约 2 m 的亲鱼繁殖力非常高，可产约 1 200 万个鱼卵。印度洋-西太平洋区系的大眼海鲢（*Megalops cyprinoides*）的生命周期大多数可能都与大西洋大海鲢（*Megalops atlanticus*）类似（Pandian，1969；Coates，1987）。

Baran（1999）和 Baran 和 Hambrey（1999）最近关于渔业-红树林之间关系的重要综述表明，到目前为止，所有研究都遇到了自相关问题，许多因素，不仅仅是红树林面积，如河流流量、沿岸浅海面积、潮间带面积以及食物的可获得性等，都对这一关系有所影响。这些综述也表明，发现红树林面积与鱼类生产之间的关系并不直接了当，原因在于以下 3 个方面：

（1）密切相关的鱼类物种可以具有非常不同的生态要求，从而模糊了全球关系；

（2）特定地点研究出来的结果，不能推广到地貌和气候条件不同的广大区域；

（3）渔业统计数据的分类大多不足以界定特定红树林区域和捕捞量的联系。

最近，在一篇有关红树林作为鱼类和十足类短暂育幼场的综述中，Sheridan 和 Hays（2003）认为，淹没的红树林是否可确定为关键的育幼场依然不甚明了，必须开展充分的、进一步的实验和定量研究。此外，在澳大利亚昆士兰，Manson 等（2005）的研究显示，红树林面积和 3 个红树物种相关的鱼类的产量之间存在着一种经验关联，但这些关联对四个非红树林河口物种则不那么显著，因为纬度是这些物种的主要变量。

如前所述，并非红树林系统中所有的红树林和其他区域与鱼类都存在着同样的关系。例如，Vance 等（1996）的研究表明，在澳大利亚北部，与向陆的浅水潮间带相比，红树林边缘较深的水域具有较多的功能。还有研究表明，红树林近岸浅水区是虾类和小鱼的首选地区，大概是为了逃避捕食（Rönnbäck et al.，1999；Affendy and Chong，2007）。因此，如果红树林的丧失主要局限在向陆侧，而较深的边缘区域保持完整，或许更多的功能价值就可以保留下来。Kapetsky（1985）认为大部分红树林功能价值有可能是由红树林较小的区域所保留的，例如，75%的育幼功能来自 50%的原始面积。然而，红树林向海的较深边缘区域最具吸引力，在整个热带地区适养殖池塘的开发，并由此遭受比向陆红树林更大比例的丧失。正如 Taylor 等（1995）在佛罗里达州和 Rönnbäck 等（1999）在菲律宾所阐述的，这并不是说浅海向陆的红树林，特别是在小型鱼类多样性和保护方面，不那么重要了。

红树林对鱼类（见第 10 章）和渔业价值的证据正在迅速增加，并且几乎是压倒性的，但在目前并没有获得充分证明，因为很多证据都是间接的。因此，尽管实际上这一关系已经得到科学界和公众的广泛接受，但仍然迫切需要实验和定量研究（参见 Verweij et al., 2006）来增加经济方面的论据，即无论出于什么目的，保留红树林的价值远远超过其破坏的价值。从各种角度看，例如从生态的、经济的、自然保护的和人身安全（如防护海啸）角度看，红树林仍在以无法接受的速度消失（Blaber, 2007）。

15.4 珊瑚礁——近海渔业连通性

珊瑚礁渔业在很大程度上主要是小规模渔业（图 15.3），但它们的相对重要性又非常大，全球渔获量超过 2×10^6 t（Munro, 1996）。但其渔业生产力，通常比热带河口和沿岸（非珊瑚礁）海域要低得多（表 15.2、表 15.3）。虽然大部分珊瑚礁渔业生产力来自珊瑚礁系统内部，但珊瑚礁渔业通过若干途径与其他系统建立的连通性又与近海渔业相关，其中包括珊瑚礁渔业与红树林和海草床之间的关系，珊瑚礁之间的连通性，以及珊瑚礁以何种方式支撑某些中上层渔业。

图 15.3 在珊瑚礁区域流刺网是最常见的作业方式之一，图中显示所罗门群岛的流刺网作业

表 15.3 不同地区珊瑚礁渔业中的鱼类产量（部分修订自 Marten and Polovina, 1982; Munro, 1996）

位置	每年每平方千米吨数（t）	文献
巴哈马	2.4	Gulland (1971)
加勒比，总平均值	0.4	Munro (1977)
斐济	3.4	Jennings 和 Polunin (1995)

续表

位置	每年每平方千米吨数（t）	文献
伊法鲁克	5.1	Stevenson 和 Marshall（1974）
牙买加，北海岸	3.7	Munro（1977）
肯尼亚	2.0~4.0	Kaunda-Arara et al.,（2003）
马达加斯加，图莱亚尔	12.0	Laroche 和 Ramananarivo（1995）
毛里求斯	4.7	Wheeler 和 Ommaney（1953）
菲律宾，博利瑙	12.0	McManus（1992）
菲律宾，吕宋岛	7.0	Christie 和 White（1994）
菲律宾，礁坡	2.7	McManus（1992）
红海	0.15~0.6	Tsehaye（2007）

15.4.1 珊瑚礁渔业与红树林/海草床之间的连通性

本主题在第10章和第11章中有详细讨论，这里只讨论与珊瑚礁渔业相关的内容。

在世界范围内，有关红树林鱼类群落及其与近海渔业联系的大部分研究都已经在河口红树林系统内完成了（Nagelkerken，2007）。不过，在加勒比海和印度洋-太平洋区域的100~1 000座小海岛上，只在海湾和潟湖中分布着非河口红树林。尽管其表面积比大的河口红树林面积要小得多，但对一个小海岛尺度的珊瑚礁相关渔业来说却有可能是重要的。也仅仅只是在这一千禧年，人们才开始专注于更详细地研究非河口红树林（和海草床）与邻近的珊瑚礁之间由于鱼类活动而产生的连通性（Nagelkerken，2007），其中主要是利用单次普查和区分鱼类个体大小的方法进行多生境密度比较。结果确定了若干种（商业性的）珊瑚礁鱼类在稚鱼期可能相对依赖于红树林（参见 Nagelkerken et al.，2000；Cocheret de la Morinière et al.，2002；Christensen et al.，2003；Serafy et al.，2003；Dorenbosch et al.，2007）。比较珊瑚礁鱼类群落距离红树林生境远近的研究，以及比较海岛上红树林的存在与否的研究，表明珊瑚礁鱼类对红树林的依赖具有物种特异性，但若干种珊瑚礁鱼类对红树林的依赖可能较高（Nagelkerken et al.，2000，2002；Mumby et al.，2004；Dorenbosch et al.，2004，2005，2007）。耳石微量化学研究也同样揭示了红树林和珊瑚礁之间的联系（Chittaro et al.，2004）。

15.4.2 珊瑚礁之间的连通性

在珊瑚礁环境中，有关浮游幼体的扩散是珊瑚礁鱼类种群间联系的主要纽带已获得广泛接受（Boehlert，1996），大多数珊瑚礁鱼类的活动范围仅局限在几千米之内（Kaunda-

Arara and Rose, 2004)。拿骚石斑鱼（*Epinephelus striatus*）渔业证实了这个观点。拿骚石斑鱼（*E. striatus*）在巴哈马是上岸渔获量第二大的鱼类（2003 年 422 t），因其长时间静止不动且形成有规律的产卵聚集而被大量捕捞，资源量目前日益下降（Ehrhardt and Deleveaux，2007）。

然而，除了中上层珊瑚礁鱼类，如一些鲹科（Carangidae）鱼类，珊瑚礁鱼类成体的长距离运动的记录，可以作为对幼体扩散在维持种群间连通性的补充（Kaunda-Arara and Rose，2004）。维尔京的证据进一步支持了这个结论。Beets 等（2003）认为，生境连通性可能很大程度上依赖于大型生物的运动，尤其是石鲈。尺度问题在这里是很重要的，来自法属波利尼西亚群岛的结果说明，当珊瑚礁系统的相互距离大于 300 km 时，其连通性相对较低，但在较小的空间尺度内则存在实质性的交换（Lo-Yat et al.，2006）。

15.4.3 珊瑚礁和中上层渔业

与珊瑚礁有关的最重要的中上层渔业是一些鲭科（Scombridae）鱼类渔业，主要是太平洋和印度洋的金枪鱼（Dalzell，1996；表 15.4）。金枪鱼竿钓依赖于珊瑚礁海域中钓饵鱼类的供应（Blaber and Copland，1990）。大约 20 种鱼类经常用做活饵（表 15-5），但大量其他小型鱼和其他大型鱼的稚鱼，主要是珊瑚礁鱼类，在捕捞饵鱼时被兼捕（Rawlinson and Sharma，1993）。相对于围网作业，竿钓作业的重要性在下降，但在太平洋所罗门群岛、斐济和印度尼西亚东部，竿钓作业仍然非常重要。在印度洋，马尔代夫金枪鱼手工渔业普遍采用竿钓作业方式。

在太平洋地区，商业竿钓船使用罾网（bouki-ami）或敷网（lift nets）从珊瑚礁海域大量捕捞活饵（图 15.4），捕捞的品种主要是鳀鱼和银带鲱类（*Spratelloides* spp.）。据估计在 1992 年所罗门群岛上竿钓船队的饵鱼渔获量达到 190×10^4 kg，主要来自西部省份的 78 个饵鱼渔场（Tiroba，1993）。

表 15.4 加勒比海、印度洋和南太平洋中珊瑚礁鱼类和邻近中上层鱼类的钓捕渔获率和渔获量组成

位置	CPUE 范围 (kg/h)	平均 CPUE	捕捞的主要中上层鱼类	主要的珊瑚礁鱼类	文献
斐济	1.6~16.2	5.7	康氏马鲛（Scomberomorus commerson）、鲔（Euthynnus affinis）、裸狐鲣（Gymnosarda unicolor）、澳洲双线鲔（Grammatorcynus bicarinatus）	暗鳍魣（Sphyraena qenie）、大魣（Sphyraena barracuda）、蓝点鳃棘鲈（Plectropomus areolatus）、珍鲹（Caranx ignobilis）	Chapman and Lewis (1982), Lewis et al. (1983)
马尔达夫	0~7.5	0.93	鲣（Katsuwonus pelamis）、裸狐鲣（Gymnosarda unicolor）、鲔（Euthynnus affinis）、扁舵鲣（Auxis thazard）、沙氏刺鲅（Acanthocybium solandri）	大魣（Sphyraena barracuda）、蓝短鳍笛鲷（Aprion virescens）	Blaber et al., (1990)
新喀里多尼亚	0~7.3	4.0	康氏马鲛（Scomberomorus commerson）、鲔（Euthynnus affinis）、沙氏刺鲅（Acanthocybium solandri）、黄鳍金枪鱼（Thunnus albacares）	珍鲹（Caranx ignobilis）、大魣（Sphyraena barracuda）、蓝短鳍笛鲷（Aprion virescens）、白斑笛鲷（Lutjanus bohar）、石斑鱼（Epinephelus spp.）	Chapman and Cusack (1989)
帕劳	3.7~12.6	8.2	鲣（Katsuwonus pelamis）、黄鳍金枪鱼（Thunnus albacares）、沙氏刺鲅（Acanthocybium solandri）	珍鲹（Caranx ignobilis）、魣（Sphyraena spp.）	Anon (1990, 1991)
巴布亚新几内亚	3.7~6.9	4.9	鲔（Euthynnus affinis）、扁舵鲣（Auxis thazard）、康氏马鲛（Scomberomorus commerson）	珍鲹（Caranx ignobilis）、大魣（Sphyraena barracuda）、褐点石斑鱼（Epinephelus fuscoguttatus）、丝条长鳍笛鲷（Symphorus nematophorus）、裸颊鲷（Lethrinus spp.）	Anon (1984), Wright and Richards (1985), Dalzell and Wright (1986), Lock (1986)
图瓦卢	0.5~7.0	2.7	沙氏刺鲅（Acanthocybium solandri）、鲣（Katsuwonus pelamis）、黄鳍金枪鱼（Thunnus albacares）、平鳍旗鱼（Istiophorus platypterus）	蓝短鳍笛鲷（Aprion virescens）、叉尾鲷（Aphareus furcatus）[①]、珍鲹（Caranx spp.）、大魣（Sphyraena barracuda）	Chapman and Cusack (1988)

[①] 原文叉尾鲷（Aphareus furcatus），现已改为（Aphareus furca）。——译者注

表 15.5 珊瑚礁区金枪鱼竿钓渔业所需的主要活饵种类

科	学名	中文名	渔区
天竺鲷科（Apogonidae）	*Rhabdamia cypselurus*	燕尾箭天竺鲷	所罗门群岛、巴布亚新几内亚、斐济、印度尼西亚、马尔代夫
	Rhabdamia gracilis	箭天竺鲷	所罗门群岛、巴布亚新几内亚、斐济、印度尼西亚、马尔代夫
银汉鱼科（Atherinidae）	*Atherinomorus lacunosus*	南洋美银汉鱼	所罗门群岛、巴布亚新几内亚、斐济、印度尼西亚
	Hypoatherina ovalaua	椭圆银汉鱼	所罗门群岛、巴布亚新几内亚、斐济、印度尼西亚
乌尾鮗科（Caesionidae）	*Caesio* spp.	梅鲷属	所罗门群岛、巴布亚新几内亚、斐济、印度尼西亚、马尔代夫
	Dipterygonotus balteatus	双鳍梅鲷	所罗门群岛、巴布亚新几内亚、斐济、印度尼西亚、马尔代夫
	Pterocaesio spp.	鳞鳍梅鲷	所罗门群岛、巴布亚新几内亚、斐济、印度尼西亚、马尔代夫
鲹科（Carangidae）	*Decapterus* spp.	圆鲹属	所罗门群岛、巴布亚新几内亚、斐济、印度尼西亚
	Selar spp.	凹肩鲹属	所罗门群岛、巴布亚新几内亚、斐济、印度尼西亚
鲭科（Scombridae）	*Rastrelliger kanagurta*	羽鳃鲐	所罗门群岛、巴布亚新几内亚、斐济、印度尼西亚
鲱科（Clupeidae）	*Amblygaster sirm*	斑点钝腹鲱	所罗门群岛、巴布亚新几内亚、斐济
	Herklotsichthys quadrimaculatus	四点似青鳞鱼	所罗门群岛、巴布亚新几内亚、斐济
	Sardinella fimbriata	简鳞小沙丁鱼	所罗门群岛、巴布亚新几内亚、斐济
	Sardinella spp.	沙丁鱼属	所罗门群岛、巴布亚新几内亚、斐济
	Spratelloides delicatulus	弱姿小体鲱	所罗门群岛、巴布亚新几内亚、斐济、印度尼西亚、马尔代夫
	Spratelloides gracilis	银带小体鲱	所罗门群岛、巴布亚新几内亚、斐济、印度尼西亚、马尔代夫
	Spratelloides lewisi	莱氏小体鲱	所罗门群岛、巴布亚新几内亚、斐济
鳀科（Engraulididae）	*Stolephorus devisi*①	戴氏半棱鳀	所罗门群岛、巴布亚新几内亚、斐济，印度尼西亚
	*Stolephorus heterolobus*②	尖吻半棱鳀	所罗门群岛、巴布亚新几内亚、斐济、印度尼西亚、马尔代夫
	Stolephorus indicus	印度小公鱼	所罗门群岛、巴布亚新几内亚、斐济
	*Stolephorus punctifer*③	布氏半棱鳀	印度尼西亚
	Thryssa baelama	贝拉棱鳀	所罗门群岛、巴布亚新几内亚、斐济、印度尼西亚

---

① *Stolephorus devisi* 已改为 *Encrasicholina devisi*。——译者注
② *Stolephorus heterolobus* 已改为 *Encrasicholina heteroloba*。——译者注
③ *Stolephorus punctifer* 已改为 *Encrasicholina punctifer*。——译者注

图 15.4 商业金枪鱼竿钓渔船完全依赖从珊瑚礁捕捞的饵鱼

印度洋上的马尔代夫拥有悠久的金枪鱼捕捞历史,可以追溯到几个世纪以前。金枪鱼捕捞是马尔代夫的主要经济活动之一,全国有近10%的人口直接参与该渔业(Anon,2003)。主要捕捞对象是鲣鱼(2002年达115 300 t),但黄鳍金枪鱼的捕捞量同样巨大(2002年达21 700 t)。过去几年,当地竿钓渔船的平均吨位和捕捞努力量已显著增加。这导致近期金枪鱼渔获量和渔获率的大幅增加(Adam et al.,2003)。主要的手工渔业船队(图 15.5)依赖于珊瑚礁区饵鱼的日常供应。Maniku 等(1990)对饵钓方法有详细的描述。渔获物通常是通过在鱼类密度适中的珊瑚上方布放敷网捕捞的。经常使用的饵鱼超过20种,可以归为3类:乌尾鲛科(Caesionidae)鱼类、银带鲱属(*Sratelloides*)鱼类和天竺鲷科(Apogonidae)鱼类。据估计,马尔代夫金枪鱼渔获率为每千克饵鱼可捕获7~13 kg 金枪鱼。

印度尼西亚东部金枪鱼竿钓渔业,主要在马鲁古和苏拉威西水域,1997年捕获的鲣鱼达106 677 t,也是主要依赖于珊瑚礁区的大量饵鱼。大多数饵鱼是通过固定在珊瑚礁上的渔业平台(印度尼西亚称为 bagans)捕获的。在夜间,在平台上布放好敷网,并利用集鱼灯引诱鱼群进入网中(Naamin and Gafa, 1998)。约有5个科[鳀科(Engraulidae)、鲱科(Clupeidae)、乌尾鲛科(Caesionidae)、鲭科(Scombridae)和鲹科(Carangidae)]的16种鱼类常常用作饵鱼,但通常约70%的渔获物包含侧带小公鱼属(*Stolephorus* spp.)。Naamin 和 GAFA(1998)记录了饵鱼利用率的下降趋势,从1968—1971年的每千克饵鱼可捕获9~10 kg 的金枪鱼,下降到1986—1995年的每千克饵鱼只可捕获3.5 kg 金枪鱼。

15.5 管理和治理问题

热带渔业的大多数核心问题是资源枯竭。在最近一次对亚洲渔业问题的分析中,Stobutzki 等(2006)指出,大多数东南亚国家的现有时间序列渔业数据说明,总生物量已经

图 15.5 典型马尔代夫竿钓渔船"东尼"号
(a) 典型捕捞；(b) 完全取决于在珊瑚礁的钓饵捕装量

下降到基线估算值的 10%以下。下降的主要原因是过度捕捞，另外还与渔业社区的贫困有关系，两者表现为缺乏有效渔业管理的综合症。目前由许多策略可以解决这个问题，Stobutzki 等（2006）对此进行了概述。在连通性问题以及近海渔业对红树林或珊瑚礁的依赖中，最重要的是小规模渔业与工业化渔业之间的平衡、管理尺度的考量、连通性程度及海洋保护区建设（参见第 16 章）。

15.5.1 小规模渔业与工业渔业之间的平衡

在大多数发展中国家中，近海渔业资源基本被拥有较大吨位的渔船和先进捕捞技术的渔业捕获，但红树林和珊瑚礁内或邻近的近岸渔业资源则是由小规模手工渔业和自给渔业采取传统的低技术含量的作业方法捕捞的。无论是哪种渔业导致在生命史阶段和洄游中连接起来的近岸近海渔业资源的衰竭，都会对这两种渔业产生明显影响。解决这一问题的管理措施，例如根据水深、离岸远近和渔船吨位划定捕捞作业区等，在一些亚洲国家已经成功应用于降低冲突和区分渔民，但他们仍然在争夺同一相互连通的渔业资源（Garces et al., 2006）。过度捕捞仍将继续，除非捕捞努力量的总体水平降低，并且将具体捕捞量权利分配给渔业部门（Stobutzki et al., 2006）。

15.5.2 连通性

Ablan（2006）指出，发展中国家急需与渔业有关的生境连通性的相关信息，主要有四个原因，她的研究结果总结如下。

首先，许多热带发展中国家对多种渔具、多种类渔业管理的主要策略几乎完全实行作业区管理。亚洲国家已经建立了渔业管理区，在管理区内限制某些渔具和渔船类型的利用（Garces et al., 2006）。海洋保护区作为潜在的渔业管理和保护手段，目前受到极大关注（Pollnac et al., 2001）。这些管理策略的成功取决于管理单元与生态系统结构、动态及其连通性的结合程度，以及它们如何服务于经济鱼类的生物学要求。

其次，管理单元更关注于当地（参见第16章）。《1991年菲律宾地方政府法》和《1998年印度尼西亚地方自治法》就是其中的具体例子，这些法律正式将开发和管理海岸带资源（包括渔业资源）的权力下方到地方政府。基于社区的海岸带管理计划，主张沿海社区承担许多的实施、监测和执法的责任（Ferrer et al.，1996；Crawford et al.，2000；Christie，2005）。随着管理规模的缩小，管理区域的管理计划的成功将取决于对去其他区域的独立或依赖程度。正如在第16章中讨论的，空间管理在实现大范围保护和区域范围可持续利用中具有良好的潜力；然而，在地方尺度上如果没有规划和没有考虑协调生态系统连通性，那么大部分以社区为基础的管理行动至少在近岸和近海相互依赖的渔业管理上可能会失败。

第三，底栖鱼类呈块状分布，和各种底栖生境密切相关。鱼类只要聚集分布，在捕捞压力和局部灭绝面前极其脆弱。一旦符合其生存需求的生境受到破坏，其数量就会大幅减少。生境健康和鱼类丰富的地区比其他管辖区域对社区和国家更为重要。中国南海的南沙群岛海域就是很好的一个例子。这个资源丰富的渔区位于4个国家的专属经济区（McManus，1994；Morton and Blackmore，2001），同时也是中国南海周边其他地区水产品的来源地，因此这个区域受到严重的过度捕捞，已经成为每平方千米鱼类生物量最低的地区之一（McManus and Menez，1998）。在一个国家内，渔业作业区可能由两个或两个以上地方行政单元管辖。菲律宾博和海中的巴利卡萨岛就是另外一个例子。该地区是当地渔民公认的珍贵鱼类的季节性产卵场，如石斑鱼和笛鲷。石斑鱼可以长途洄游到达繁殖场（Pittman et al.，2004；Kaunda-Arara and Rose，2004），巴利卡萨岛的石斑鱼都来自其产卵珊瑚礁以外的水域。健康的红树林和海草场是在其他地方定居的鱼类的育幼场（Mumby et al.，2004），使它们成为鱼类生存的重要生境。这些关键地区的管理，需要有鱼类运动和营养关系的信息。

最后，在许多热带国家，渔业管理法规的执法人力和财力资源有限。负责管理本地渔业资源的地方政府可能由于缺乏足够的资源，缺乏关于渔业"连通性"的准确信息，管理活动受到严重阻碍。

15.5.3 海洋保护区

在很多热带海域，"海洋保护区"（通常被称为海洋自然保护区或海洋公园）的建设广泛开展，成为自然保护的主要工具之一和吸引和鼓励生态旅游的手段。鉴于海洋保护区问题在第16章中详细阐述，本节仅讨论与渔业生产相关的内容。

海洋保护区是一种更全面的生态系统管理措施，也是有用的渔业管理工具。在海洋保护区内，捕捞一般是禁止的，或者捕捞努力量大大减少，从而给红树林和珊瑚礁有关的渔业管理带来一些潜在益处（Cabanban，2000）：

（1）产卵种群保护；
（2）育幼场保护；
（3）通过洄游提高毗邻区域的渔获量；

(4) 为下游的珊瑚礁或其他近岸生境提供幼鱼或补充量。

确定海洋保护区系统和制定管理共享种群的策略，已经建议成为确保南亚和东南亚国家渔业可持续发展的优先行动（Silvestre et al.，2003）。发展中国家关于沿海渔业资源连通性和空间结构的定量数据相对较少，不过，许多发展中国家的资源管理者已经敏锐地意识到这一概念（Ablan，2006）。然而，有力的证据显示，通过在澳大利亚（Robertson，1999）、菲律宾（Alcala and Russ，1990）和加勒比海（Roberts，1997）建立保护区保护产卵种群对渔业生物量产生了积极作用。通常，邻近地区的渔获量在保护开始之后就会增加，而在保护解除之后会下降（Cabanban，2000）。然而，尽管自然保护者、资源管理者、科学家和海岸带规划者已经认识到海洋保护区的广泛适用性，但保护区往往在对支持海洋保护的原理，即自然保护科学，无论是生态领域还是社会经济领域的自然保护科学，缺乏坚定认识的情况下实施（Agardy et al.，2003）。尽管在监测珊瑚礁和其他沿海生境需要相当大的投资，对热带的大多数海洋保护区来说，现有数据并没有清楚地表明生物多样性、社会经济、或渔业是否已经达到目标（Wells et al.，2007）。

海洋保护区的面积已经受到相当的关注，在热带地区起到保护作用面积与在温带地区起到保护作用的面积之间可能存在非常重要的差异（Laurel and Bradbury，2006）。对于东非的珊瑚礁海域，研究表明，把总渔业面积10%～15%的水域划定为禁渔区时，主要由篮子鱼、裸颊鲷和刺尾鱼组成的热带渔业产量应该有所提高（McClanahan and Mangi，2000）。

在海洋保护区对热带地区下游渔业的价值评估中，常常假定没有法规限制捕捞努力量，而且保护区本身可以同时用来维持可持续的鱼类种群和可持续的渔获量（Hilborn et al.，2006）。然而，Hilborn 等（2006）的模型说明情况复杂，他们发现，如果按照最大可持续产量管理某种渔业资源，或者这种渔业资源受到过度捕捞，那么只有在降低捕捞量，从而避免对保护区外的种群增加捕捞压力的条件下，海洋保护区才是有效的。他们进一步建议，在现行渔业管理区中再叠加一个海洋保护区，其结果会导致捕捞量降低，而且只有某种资源没有过度捕捞到濒临灭绝，海洋保护区才可能导致捕捞量下降。在按照捕捞量实施管理的渔业中，只要渔业资源已经被过度捕捞，除非保护区以外区域的捕捞量同步降低，海洋保护区的实施也不可能提高总体渔业资源量或增加捕捞量。

参考文献

Ablan MACA（2006）Genetics and the study of fisheries connectivity in Asian developing coun-tries. Fish Res 78：158-168

Adam MS，Anderson RC，Hafiz A（2003）The Maldivian tuna fishery. IOTC Proc 6：202-220

Affendy N，Chong VC（2007）Shrimp ingress into mangrove forests of different age stands，Matang Mangrove Forest Reserve，Malaysia. Bull Mar Sci 80：915

Agardy T，Alder J，Birkeland C et al.，（2005）Coastal systems. In：U. N. millenium assessment：condition and trends assessment, pp. 513-550. Island Press, Washington DC

Agardy T, Bridgewater P, Crosby MP et al (2003) Dangerous targets? Unresolved issues and ideo-logical clashes around marine protected areas. Aquat Conserv Mar Freshw Ecosyst 13: 353-367

Albaret J J, Ecoutin J M (1989) Communication mer-lagune: impact d'une reouverture sur l'ictyofaune de la lagune Ébrié (Côte d'Ivoire). Rev d'Hydrobiol Trop 22: 71-81

Albaret J J, Ecoutin J M (1990) Influence des saisons et des variations climatiques sur les peuple-ments de poissons d'une lagune tropicale en Afrique de l'Ouest. Acta Oecol 11: 557-583

Alcala AC, Russ CR (1990) A direct test of the effects of protective management on abundance and yield of tropical marine resources. J Cons Explor Mer 46: 40-47

Anon (1984) Annual report 1983, Research and Surveys Branch, Fisheries Division, Department of Primary Industry, Port Moresby, Papua New Guinea

Anon (1990) Annual report 1990, Division of Marine Resources, Ministry of Resource Development, Palau

Anon (1991) Annual report 1991, Division of Marine Resources, Ministry of Resource Development, Palau

Anon (2003) Proposal for a small-scale tagging project in the Republic of Maldives. IOTC Proc 6: 1-2

Baran E (1999) A review of quantified relationships between mangroves and coastal resources. Phuket Mar Biol Centre, Res Bull 62: 57-64

Baran E, Hambrey J (1999) Mangrove conservation and coastal management in Southeast Asia: what impact on fisheries resources. Mar Pollut Bull 37: 431-440

Barbier EB (2000) Valuing the environment as input: review of applications to mangrove fishery linkages. Ecol Econ 35: 45-61

Barbier EB, Strand I (1998) Valuing mangrove-fishery linkages. Environ Res Econ 12: 151-166

Barbier EB, Strand I, Sathirathai S (2002) Do open access conditions affect the valuation of an externality? Estimating the welfare effects of mangrove-fishery linkages in Thailand. Environ Res Econ 21: 343-367

Beets J, Muehlstein L, Haughht K et al (2003) Habitat connectivity in coastal environments: patterns and movements of Caribbean coral reef fishes with emphasis on bluestriped grunt, *Haemulon sciurus*. Gulf Caribb Res 14: 29-42

Blaber SJM (2007) Mangroves and fishes: issues of diversity, dependence and dogma. Bull Mar Sci 80: 457-472

Blaber SJM (2000) Tropical estuarine fishes: ecology, exploitation and conservation. Blackwell, Oxford

Blaber SJM, Brewer DT, Salini JP (1989) Species composition and biomasses of fishes in different habitats of a tropical northern Australian estuary: their occurrence in the adjoining sea and estuarine dependence. Estuar Coast Shelf Sci 29: 509-531

Blaber SJM, Copland J (eds.) (1990) The biology of tuna baitfish. ACIAR Proc 30: 211

Blaber SJM, Milton DA, Chenery SR et al (2003) New insights into the life history of *Tenualosa ilisha* and fishery implications. Am Fish Soc Symp 35: 223-240

Blaber SJM, Milton DA, Rawlinson NJF (1990) Reef fish and fisheries in Solomon Islands and Maldives and their interactions with tuna baitfisheries ACIAR Proc 30: 159-168

Boehlert GW (1996) Larval dispersal and survival in tropical reef fishes. In: Polunin NVC, Roberts CM (eds) Reef fisheries. Chapman and Hall, London

Cabanban AS (2000) Quantifying and showing benefits from marine protected areas for fisheries management. Report of the regional symposium on marine protected areas and their manage-ment, 1-4 November 1999, BOBP, Chennai, India. BOBP Report 86: 40-48

Cappo M, Alongi DM, Williams DM et al (1998) A review and synthesis of Australian fisheries habitat research. Major threats, issues and gaps in knowledge of coastal and marine fisheries habitats - a prospectus of opportunities for the FRDC "Ecosystem protection program". Aus-tralian Institute of Marine Science, Townsville

Chapman LB, Cusack P (1988) Deep sea fisheries development project. Report on second visit to Tuvalu (30 August-7 December 1983). Unpublished report. South Pacific Commission, New Caledonia, 51 pp.

Chapman LB, Cusack P (1989) Deep sea fisheries development project. Report on fourth visit to the territory of New Caledonia at the Belep Islands (18 August-15 September 1986). Unpublished report. South Pacific Commission, New Caledonia, 30 pp.

Chapman LB, Lewis AD (1982) UNDP/MAF survey of Walu and other large coastal pelagics in Fiji waters. Unpublished report. Ministry of Agriculture and Fisheries, Suva, Fiji, 36 pp.

Cheung WL, Watson R, Morato T et al (2007) Intrinsic vulnerability in the global fish catch. Mar Ecol Prog Ser 333: 1-12

Chittaro PM, Fryer BJ, Sale PF (2004) Discrimination of French grunts (*Haemulon flavolineatum*, Desmarest, 1823) from mangrove and coral reef habitats using otolith microchemistry. J Exp Mar Biol Ecol 308: 169-183

Chong VC (2006) Importance of coastal habitats in sustaining the fisheries industry. In: National fisheries symposium on 'Advancing R and D towards fisheries business opportunities', 26-28 June 2006, Crown Plaza Riverside Hotel, Kuching, Sarawak, Malaysia

Chong VC, Sasekumar A, Leh MUC et al (1990) The fish and prawn communities of a Malaysian coastal mangrove system, with comparisons to adjacent mud flats and inshore waters. Estuar Coast Shelf Sci 31: 703-722

Choy SK (1993) The commercial and artisanal fisheries of the Larut Matang district of Perak. In: Sasekumar A (ed) Proceedings of a workshop on mangrove fisheries and connections, August 26-30, 1991, Ipoh, Malaysia, pp 27-40. Ministry of Science, Technology & Environment, Kuala Lumpur, Malaysia

Christensen JD, Jeffrey CFG, Caldow C et al (2003) Cross-shelf habitat utilization patterns of reef fishes in southwestern Puerto Rico. Gulf Caribb Res 14: 9-27

Christie P (2005) Is integrated coastal management sustainable? Ocean Coast Manage 48: 208-238

Christie P, White AT (1994) Reef fish yield and reef condition for San Salvador Island, Luzon, Philippines. Asian Fish Sci 7: 135-148

Coates D (1987) Observations on the biology of Tarpon, *Megalops cyprinoides* (Broussonet) (Pisces: Megalopidae), in the Sepik River, northern Papua New Guinea. Aus J Mar Freshw Res 38: 529-535

Cocheret de la Morinière E, Pollux BJA, Nagelkerken I et al (2002) Post-settlement life cycle migration patterns and habitat preference of coral reef fish that use seagrass and mangrove habitats as nurseries. Estuar Coast Shelf Sci 55: 309-321

Costanza R, d'Arge R, de Groot S et al (1997) The value of the world's ecosystem services and natural capital. Nature 387: 253-260

Crawford B, Balgos M, Pagdilao C (2000) Community-based marine sanctuaries in the Philip-pines: a report on focus group discussions. Coastal management report #2224. PCAMRD book series no. 30. Coastal Resource

Center, University of Rhode Island, Narragansett, RI, USA, and Philippine Council for Aquatic and Marine Research and Development, Los Banos, Laguna, Philippines

Crona BI, Ronnbäck P (2005) Use of replanted mangroves as nursery grounds by shrimp commu-nities in Gazi Bay, Kenya. Estuar Coast Shelf Sci 65: 535-544

Dalzell P (1996) Catch rates, selectivity and yields of reef fishing. In: Polunin NVC, Roberts CM (eds) Reef fisheries. Chapman and Hall, London

Dalzell P, Wright A (1986) An assessment of the exploitation of coral reef fishery resources in Papua New Guinea. In: Maclean JL, Dizon LB, Hosillos LV (eds) The first Asian fisheries forum, Vol. 1. Asian Fisheries Society, Manila, Philippines

De Graaf GJ, Xuan TT (1998) Extensive shrimp farming, mangrove clearance and marine fisheries in the southern provinces of Vietnam. Mangroves and Saltmarshes 2: 159-166

Dorenbosch M, Grol MGG, Christianen JA et al (2005) Indo-Pacific seagrass beds and mangroves contribute to fish density and diversity on adjacent coral reefs. Mar Ecol Prog Ser 302: 63-76

Dorenbosch M, van Riel MC, Nagelkerken I et al (2004) The relationship of fish densities to the proximity of mangrove and fish nurseries. Estuar Coast Shelf Sci 60: 37-48

Dorenbosch M, Verberk WCEP, Nagelkerken I et al (2007) Influence of habitat configuration on connectivity between fish assemblages of Caribbean seagrass beds, mangroves and coral reefs. Mar Ecol Prog Ser 334: 103-116

Duke NC, Meynecke JO, Dittmann S et al (2007) A world without mangroves? Science 317: 41-42

Dunn IG (1982) The Hilsa fishery of Bangladesh, 1982: an investigation of its present status with an evaluation of current data. A report prepared for the Fisheries Advisory Service, Planning, Processing and Appraisal Project, Field Document 2, pp. 1-70. FAO, Rome

Durand JR, Amon Kothias JB, Ecoutin JM et al (1978) Statistiques de pêche en Lagune Ébrié (Côte d'Ivoire): 1976 et 1977. Centre de Recherches Oceanographiques Abidjan, Documents Scientifique 67: 114

Ehrhardt NM, Deleveaux VKW (2007) The Bahamas' Nassau grouper (*Epinephelus striatus*) fish-ery – two assessment methods applied to data – deficient coastal population. Fish Res 87: 17-27

Ehrhardt NM, Legault CM, Restrepo VR (2001) Density-dependent linkage between juveniles and recruitment for pink shrimp (*Farfantepenaeus duorarum*) in southern Florida. ICES J Mar Sci 58: 1100-1105

Ferrer EM, De Cruz LP, Domingo MA (eds) (1996) Seeds of hope. College of Social Work and Community Development, University of the Philippines, Quezon City, Philippines

Garces LR, Silvestre GT, Stobutzki I et al (2006) A regional database management system – the fisheries resource information system and tools (FiRST): its design, utility and future directions. Fish Res 78: 119-129

Garcia S (1975) Los recursos pesqueros regionales de Tuxpan, Veracruz a Tampico, Tamps, y su posible industrializacion. Instituto Nacional de Pesca (Mexico) Boletin Informativo

Gamboa BR, Garcia AG, Benitey JA et al (1971) Estudio de las condiciones hidrográficas y quim-icas en el aqua de la Laguna de Lacarigua. Boletin del Instituto Oceanografico de Venezuela, Universidad de Oriente 10: 55-72

García CB, Solano OD (1995) *Tarpon atlanticus* in Colombia: a big fish in trouble. Naga, The ICLARM Q 18: 47-49

Gopinath N, Gabriel P (1997) Management of living resources in the Matang Mangrove Reserve, Perak, Malaysia. Intercoastal Netw 1: 23

Griffiths MH, Lamberth SJ (2002) Evaluating the marine recreational fishery in South Africa. In: Recreational fisheries: ecological, economic, and social evaluation pp 227-251. Fish Aquat Res Ser 8

Gulland JA (1971) The fish resources of the ocean. Fishing News Books Ltd., Byfleet, England Hamilton L, Dixon J, Miller G (1989) Mangroves: an undervalued resource of the land and sea. Ocean Yearbook 8: 254-288

Harden Jones FR (1994) Fisheries ecologically sustainable development: terms and concepts. IASOS, University of Tasmania, Hobart

Hernandez RRA, Calderon MG (1974) Inventario preliminar de la flora y fauna acuática de la Bahía de Jiquilisco. Ministerio de Agricultura y Granadería, Dirección General de Recursos Naturales Renovables, Servicio de Recursos Pesqueros, El Salvador

Herrera A, Charles AT (1994) Costa Rican coastlines: mangroves, reefs, fisheries and people. In: Wells PG, Ricketts PJ (eds) Coastal zone Canada - 94, cooperation in the coastal zone. Confer-ence Proceedings, Vol 2. Coastal Zone Canada Association, Dartmouth, Canada

Hilborn R, Micheli F, De Leo GA (2006) Integrating marine protected areas with catch regulation. Can J Fish Aquat Sci 63: 642-649

Islam MS, Haque M (2004) The mangrove-based coastal and nearshore fisheries of Bangladesh: ecology, exploitation and management. Rev Fish Biol Fish 14: 153-180

Jennings S, Polunin NVC (1995) Comparative size and composition of yield from six Fijian reef fisheries. J Fish Biol 46: 28-46

Jhingran VG (1991) Fish and fisheries of India, 3rd edn. Hindustan Publishing Corporation, New Delhi

Jhingran VG (2002) Fish and fisheries of India, 3rd edn. Hindustan Publishing Corporation, New Delhi

Jhingran VG, Gopalakrishnan V (1973) Estuarine fisheries resources of India in relation to adjacent seas. J Mar Biol Assoc India 15: 323-334

Jhingran VG, Natarajan AV (1969) A study of the fisheries and fish populations of the Chilika Lake during the period 1957-1965. J Inland Fish Soc India 1: 49-126

Kapetsky JM (1985) Mangroves, fisheries and aquaculture. FAO Fish Rep 338: 17-36

Kathiresan K, Bingham BL (2001) Biology of mangroves and mangrove ecosystems. Adv Mar Biol 40: 81-251

Kathiresan K, Moorthy P, Rajendran N (1994) Forest structure and prawn seeds in Pichavaram mangroves. Environ Ecol 12: 465-468

Kathiresan K, Qasim SZ (2005) Biodiversity of mangrove ecosystems. Hindustan Publishing Cor-poration, New Delhi

Kathiresan K, Rajendran N (2002) Fishery resources and economic gain in three mangrove areas on the southeast coast of India. Fish Manage Ecol 9: 277-283

Kaunda-Arara B, Rose GA (2004) Effects of marine reef National Parks on fishery CPUE in coastal Kenya. Biol Conserv 118: 1-13

Kaunda-Arara B, Rose GA, Muchiri MS et al (2003) Long-term trends in coral reef fish yields and exploitation rates of commercial species from coastal Kenya. Western Indian Ocean J Mar Sci 2: 105-116

Khoo HK (1989) The fisheries in the Matang and Merbok mangrove ecosystems. Proc 12th Ann Seminar Malaysian Soc of Mar Sci, pp. 147-169

Kyle R (1999) Gillnetting in nature reserves: a case study from the Kosi Lakes, South Africa. Biol Conserv 88: 183-192

Jones RL, Kelley DW, Owen LW (1963) Delta fish and wildlife protection study. Resources and Agriculture, Sacramento, California. Report number 2, pp 73

Laroche J, Ramananarivo N (1995) A preliminary survey of the artisanal fishery on the coral reefs of the Tulear region (southwest Madagascar). Coral Reefs 14: 193-200

Laserre G (1979) Bilan de la situation de peches: aux Pangalanes Est. (Zone Tamatave-Andevovanto) au Lac Anony (region Fort Dauphin). Perspective et Amenagement. Consultant's Report to MAG/76/002

Laurel BJ, Bradbury IR (2006) 'Big' concerns with high latitude marine protected areas (MPAs): trends in connectivity and MPA size. Can J Fish Aquat Sci 63: 2603-2607

Lee SY (2004) Relationship between mangrove abundance and tropical prawn production: a reeval-uation. Mar Biol 145: 943-949

León RA, Racedo JB (1985) Composition of fish communities in the lagoon and estuarine com-plex of Cartagena Bay, Cienaga de Tesca and Cienaga Grande de Santa Marta, Colombian Caribbean. In: Yáñez-Arancibia A (ed) Fish community ecology in estuaries and coastal lagoons: towards an ecosystem integration. UNAM Press, Mexico

Lewis AD, Chapman LB, Sesewa A (1983) Biological notes on coastal pelagic fishes in Fiji. Min-istry of Agriculture and Fisheries, Suva, Fiji, Fisheries Division Technical Report 4: 1-68

Lock JM (1986) Study of the Port Moresby artisanal reef fishery. Technical Report, Fisheries Divi-sion, Department of Primary Industry, Papua New Guinea 86: 1-56

Loneragan NR, Ahmad Adnan N, Connolly RM et al (2005) Prawn landings and their relationship with the extent of mangroves and shallow waters in western penin-sula Malaysia. Estuar Coast Shelf Sci 63: 187-200

Lowe-McConnell RH (1975) Fish communities in tropical freshwaters. Their distribution, ecology and evolution. Longman Inc., New York, pp 337

Lo-Yat A, Meekan MG, Carleton JH et al (2006) Largescale dispersal of the larvae of nearshore and pelagic fishes in the tropical oceanic waters of French Polynesia. Mar Ecol Prog Ser 325: 195-203

Maniku H, Anderson RC, Hafiz A (1990) Tuna baitfishing in Maldives. In: Blaber SJM, Copland JW (eds) Tuna baitfish in the Indo-Pacific region. ACIAR Proc 30: 22-29

Manson FJ, Loneragan NR, Harch B et al (2005) A broad-scale analysis of links between coastal fisheries production and mangrove extent: a case study for northeastern Australia. Fish Res 74: 79-86

Marten GG, Polovina JJ (1982) A comparative study of fish yields from various tropical ecosystems. In: Pauly D, Murphy GI (eds) Theory and management of tropical fisheries. ICLARM/CSIRO, Manila. pp 255-285

Martosubroto P, Naamin N (1977) Relationship between tidal forests (mangroves) and commercial shrimp production in Indonesia. Mar Res Indonesia 18: 81-86

McClanahan TR, Mangi S (2000) Spillover of exploitable fishes from a marine park and its effect on the adjacent fishery. Ecol Appl 10: 1792-1805

McManus JW (1992) How much harvest should there be? In: Resource ecology of the Bolinao coral reef system.

ICLARM studies and reviews 22: 52-56

McManus JW (1994) The Spratly Islands: a marine park? Ambio 23: 181-186

McManus JW, Menez LAB (1998) The proposed international Spratly Island marine park: ecolog-ical considerations. In: Lessions H (ed) Proc 8th Int Coral Reef Symp 2: 1943-1948

Meynecke J-O, Lee SY, Duke NC et al (2007) Relationship between estuarine habitats and coastal fisheries in Queensland, Australia. Bull Mar Sci 80: 773-793

Mines AN, Smith IR, Pauly D (1986) An overview of the fisheries of San Miguel Bay, Philippines. In: Maclean JL, Dizon LB, Hosillos LV (eds) The first Asian fisheries forum. Asian Fisheries Society, Manila, Philippines. pp 385-388

Moberg F, Rönnbäck P (2003) Ecosystem services of the tropical seascape: interactions, substitu-tions and restoration. Ocean Coast Manage 46: 27-46

Mohan PC, Rao RG, Dehairs F (1997) Role of Godavari mangroves (India) in the production and survival of prawn larvae. Hydrobiologia 358: 317-320

Morton B, Blackmore G (2001) South China Sea. Mar Ecol Prog Ser 42: 1236-1263

Mumby PJ, Edwards AJ, Arias-Gonzalez´ JE et al (2004) Mangroves enhance the biomass of coral reef fish communities in the Caribbean. Nature 427: 533-536

Munro JL (1977) Actual and potential production from the coralline shelves of the Caribbean Sea. FAO Fish Rep 200: 301-321

Munro JL (1996) The scope of tropical reef fisheries and their management. In: Polunin NVC, Roberts CM (eds) Reef fisheries. Chapman and Hall, London

Naamin N, Gafa B (1998) Tuna baitfish and the pole-and-line fishery in eastern Indonesia - an overview. Indon Fish Res J 4: 16-24

Nagelkerken I (2007) . Are non-estuarine mangroves connected to coral reefs through fish migra-tion? A review. Bull Mar Sci 80: 595-608

Nagelkerken I, Roberts CM, van der Velde G et al (2002) How important are mangroves and seagrass beds for coral-reef fish? The nursery hypothesis tested on an island scale. Mar Ecol Prog Ser 244: 299-305

Nagelkerken I, van der Velde G (2002) Do non-estuarine mangroves harbour higher densities of juvenile fish than adjacent shallow-water and coral reef habitats in Curacao (Netherlands Antilles)? Mar Ecol Prog Ser 245: 191-204

Nagelkerken I, van der Velde G (2004a) Relative importance of interlinked mangroves and sea-grass beds as feeding habitats for juvenile reef fish on a Caribbean island. Mar Ecol Prog Ser 274: 153-159

Nagelkerken I, van der Velde G (2004b) Are Caribbean mangroves important feeding grounds for juvenile reef fish from adjacent seagrass beds? Mar Ecol Prog Ser 274: 143-151

Nagelkerken I, van der Velde G, Gorissen MW et al (2000) Importance of mangroves, seagrass beds and the shallow coral ref. as a nursery for important coral reef fishes, using a visual census technique. Estuar Coast Shelf Sci 51: 31-44

Nemoto T (1971) La pesca en el lago de Maracaibo. Projecto de investigacion y desarollo pesquero MAC-PNUD. FAO Technical Paper 24: 1-56

Nickerson DJ (1999) Trade-offs of mangrove area development in the Philippines. Ecol Econ 28: 279-298

Ong JE (1982) Aquaculture, forestry and conservation of Malaysian mangroves. Ambio 11: 252-257

Pandian TJ (1969) Feeding habits of the fish *Megalops cyprinoides* Broussonet, in the Cooum backwaters, Madras. J Bombay Nat Hist Soc 65: 569-580

Pauly D (1976) The biology, fishery and potential for aquaculture of *Tilapia melanotheron* in a small West African lagoon. Aquaculture 7: 33-49

Pauly D (1997) Small-scale fisheries in the tropics: marginality, marginalization, and some implica-tions for fisheries management. In: Pikitich EK, Huppert DD, Sissenwine M (eds) Proc 20th Am Fish Soc Symp: Global Trends-Fisheries Management, 14-16 June 1994, Seattle, WA (USA). American Fisheries Society, Bethesda, MD, USA

Pauly D, Ingles J (1986) The relationship between shrimp yields and intertidal vegetation (man-grove) areas: a reassessment. In: IOC/FAO workshop on recruitment in tropical coastal demer-sal communities, Ciudad de Carmen, Mexico. IOC, UNESCO, Paris

Paw JN, Chua TE (1989) An assessment of the ecological and economic impact of mangrove conversion in Southeast Asia. Mar Pollut Bull 20: 335-243

Phillips PC (1981) Diversity and fish community structure in a Central American mangrove embay-ment. Rev Biol Trop 29: 227-236

Pittman SJ, McAlpine CA, Pittman KM (2004) Linking fish and prawns to their environment: a hierarchical landscape approach. Mar Ecol Prog Ser 283: 233-254

Pollnac R, Crawford BR, Gorospe MLG (2001) Discovering factors that influence the success of community based marine protected areas in the Visayas, Philippines. Ocean Coast Manage 44: 683-710

Primavera JH (1998) Mangroves as nurseries: shrimp populations in mangrove and non-mangrove habitats. Estuar Coast Shelf Sci 46: 457-464

Raja BTA (1985) Current knowledge of the biology and fishery of Hilsa Shad, *Hilsa ilisha* (Ham. Buch.) of upper Bay of Bengal. Internal report, Bay of Bengal project document, Colombo, Sri Lanka

Rawlinson NJF, Milton DA, Blaber SJM et al (1995) The subsistence fishery of Fiji. ACIAR Monogr 35: 1-138

Rawlinson NJF, Sharma SP (1993) Analysis of historical tuna baitfish catch and effort data from Fiji with an assessment of the current status of the stocks. ACIAR Proc 52: 26-48

Roberts CM (1997) Connectivity and management of Caribbean coral reefs. Science 278: 1454-1457

Robertson AI, Blaber SJM (1992) Plankton, epibenthos and fish communities. In: Robertson AI, Alongi D (eds) Tropical mangrove ecosystems. Springer-Verlag, New York

Robertson J (1999) Reef closures – do they really protect reef communities? In: Proceedings of the APEC workshop on impacts of destructive fishing practices on the marine environment, 16-18 December 1997, Hong Kong, 315 pp.

Rönnbäck P (2001) Ecological economics of fisheries supported by mangrove ecosystems: eco-nomic efficiency, mangrove dependence, sustainability and benefit transfer. 2nd Western Indian Ocean Science Association Scientific Symposium – Book of abstracts, 41 pp.

Rönnbäck P, Macia A, Almqvist G, Schultz L, Troell M (2002) Do penaeid shrimps have a pref-erence for mangrove habitats? Distribution pattern analysis on Inhaca Island, Mozambique. Estuar Coast Shelf Sci 55: 427-436

Ronnbäck P, Troell M, Kautsky N et al (1999) Distribution pattern of shrimps and fish among *Avicennia* and *Rhizophora microhabitats in the Pagbilao mangroves*, Philippines. Estuar Coast Shelf Sci 48: 223-234

Rueda M (2007) Evaluating the selective performance of the encircling gillnet used in tropical fisheries from Colombia. Fish Res 87: 28-34

Rueda M, Defeo O (2001) Survey abundance indices in a tropical estuarine lagoon and their man-agement implications: a spatially explicit approach. ICES J Mar Sci 58: 1219-1231

Serafy JE, Faunce CH, Lorenz JJ (2003) Mangrove shoreline fishes of Biscayne Bay, Florida. Bull Mar Sci 72: 161-180

Sheridan P, Hays C (2003) Are mangroves nursery habitat for transient fishes and decapods? Wet-lands 23: 449-458

Silvestre GT, Garces LR, Stobutzki I et al (2003) South and South-East Asian coastal fisheries: their status and directions for improved management: conference synopsis and recommendations. In: Silvestre G, Garces L, Stobutzki I (eds) Assessment, management and future directions for coastal fisheries in Asian countries. World Fish Center Conference Proceedings 67, World Fish Center, Penang

Staples DJ, Vance DJ, Heales D (1985) Habitat requirements of juvenile penaeid prawns and their relationship to offshore fisheries. In: Rothlisberg PC, Hill BJ, Staples DJ (eds) Sec-ond Australian national prawn seminar, Kooralbyn, Australia. CSIRO, Cleveland, Queensland, Australia

Stevenson DK, Marshall N (1974) Generalisations on the fisheries potential of coral reefs and adjacent shallow-water environments. Proc 2nd Int Coral Reef Symp 1: 147-158

Stobutzki IC, Silvestre GT, Garces LR (2006) Key issues in coastal fisheries in South and Southeast Asia, outcomes of a regional initiative. Fish Res 78: 109-118

Szelistowski WA, Garita J (1989) Mass mortality of sciaenid fishes in the Gulf of Nicoya, Costa Rica. Fish Bull US 87: 363-365

Tampi PRS (1959) The ecological and fisheries characteristics of a salt water lagoon near Manda-pam. J Mar Biol Assoc India 1: 113-130

Taylor DS, Davis WP, Turner BJ (1995) Rivulus marmoratus: ecology of distributional patterns in Florida and the central Indian River Lagoon. Bull Mar Sci 57: 202-207

Tiroba G (1993) Current status of commercial baitfishing in Solomon Islands. ACIAR Proc 52: 113-116

Tsehaye I (2007) Monitoring fisheries in data limited situations. A case study of the artisanal reef fisheries of Eritrea. Ph.D. thesis, Wageningen University, the Netherlands, 229 pp.

Turner RE (1977) Intertidal vegetation and commercial yields of penaeid shrimp. Trans Am Fish Soc 106: 411-416

Vance DJ, Haywood MDE, Heales DS et al (1996) How far do prawns and fish move into man-groves? Distribu-tion of juvenile banana prawns *Penaeus merguiensis* and fish in a tropical man-grove forest in northern Australia. Mar Ecol Prog Ser 131: 115-124

Vance DJ, Staples DJ, Kerr JD (1985) Factors affecting year-to-year variation in the catch of banana prawns (*Penaeus merguiensis*) in the Gulf of Carpentaria, Australia. J Cons Explor Mer 42: 83-97

Venkatesan V (1969) A preliminary study of the estuaries and backwaters in south Arcot district, Tamil Nadu (South India). Part II: Fisheries. First All-India symposium on estuarine biology, Tambaram, Madras

Verweij MC, Nagelkerken I, de Graaf D et al (2006) Structure, food and shade attract juvenile coral reef fish to mangrove and seagrass habitats: a field experiment Mar Ecol Prog Ser 306: 257-268

Yáñez-Arancibia A, Lara-Domínguez AL (1983) Dinámica ambiental de la Boca de Estero Pargo y estructura de sus comunidades de peces en cambios estacionales y ciclos 24 horas (Laguna de Términos, Sur del Golfo de Mexico). Annales del Instituto de Ciências del Mar y Limnologiadel Universidad Nacional Autónoma de México 10: 85-116

Wells S, Burgess N, Ngusaru A (2007) Towards the 2012 marine protected area targets in Eastern Africa. Ocean Coast Manage 50: 67-83

Wheeler JFG, Ommaney FD (1953) Report on the Mauritius-Seychelles fisheries survey, 1948-49. Colonial Office Fishery Publications, HMSO, London

Wilkinson C, Caillaud A, DeVantier L (2006) Strategies to reverse the decline in valuable and diverse coral reefs, mangroves and fisheries: the bottom of the J curve in Southeast Asia. Ocean Coast Manage 49: 764-778

Wright A, Richards AH (1985) A multispecies fishery associated with coral reefs in the Tigak Islands, Papua New Guinea. Asian Mar Biol 2: 69-84

Yáñez-Arancibia A, Lara-Dominguez AL, Sanchez-Gil P et al (1985) Ecology and evaluation of fish community in coastal ecosystems: estuary-shelf interrelation-ships in the southern Gulf of Mexico. In: Yáñez-Arancibia A (ed) Fish community ecology in estuaries and coastal lagoons: towards an ecosystem integration. UNAM Press, Mexico

Zerbi A, Aliaume C, Miller JM (1999) A comparison between two tagging techniques with notes on juvenile tarpon ecology in Puerto Rico. Bull Mar Sci 64: 9-19

第 16 章 热带沿海生态系统的保护和管理

William Gladstone

摘要：热带所有的主要沿海生态系统都正在退化，导致生物多样性丧失、生态系统功能下降和沿海社区的损失等问题。水产养殖需求、港口建设、拖网作业、过多的营养盐排放、过度捕捞和采捕、流域活动导致的沉降作用、物种入侵和气候变化等导致了物种丰度的下降和生境丧失及改变。全球应对这些变化的措施是通过保护和管理，来降低、扭转和预防非自然的变化并研究其深层原因。保护和管理有望成功，但条件是设计的行动要达到基本的生态学目标，包括确保生态系统恢复力、维持生态系统连通性、保护水质、保护濒危物种、保护代表性物种和群体，以及在适宜的空间尺度上实施管理。要获得管理沿海生态系统的社会热情需要在管理中解决引发问题的社会经济要素，并把利益相关者咨询、参与和教育纳入管理过程。为了实现保护和管理的长期成果，需要沿海各国应对管理决策信息缺乏、人口增长和贫困、有限的科技和管理能力、管治不良、缺乏利益相关者参与、管理问题与管理的地理尺度不匹配、缺乏生态系统理念、无效的管治和管理，以及人类活动的后果缺乏有效认识等基础问题。

关键词：海岸带管理；海洋保护区；社会经济；公众参与；可持续性

16.1 前言

最近几十年来，很多热带国家发生了巨大的变化，给本国的沿海及海洋生态系统和赖以生存的人类社会带来各种问题，例如，以红海为例，"在 20 世纪 60 年代后期，98%的红海沿岸地区实际上保持原始状态"（Ormond，1987）。在红海的部分地区，20 世纪 60 年代开始的迅速发展（石油经济扩展的直接后果），造成了许多区域"处女地"状态的消失，给生态系统带来深远的影响。城市和工业中心附近的珊瑚礁由于围填海、疏浚、港口活动、生活污水和旅游而出现了退化。3/4 的红海红树林地受到骆驼放牧、伐木、采伐、固体废弃物、生活污水、沙丘流动掩埋、或潮水阻断等的负面影响。鲨鱼遭受过度捕捞，工业化拖网渔船的过度捕捞导致亚丁湾内的乌贼和深海龙虾资源衰竭（Gladstone，2008）。

为了解决在热带沿海生态系统（包括红海）出现的种种问题，全球范围内的应对措施就是设计和开发一系列的保护和管理工具、途径及原则，本章节将重点介绍这些内容。本文就人类社会从保护和管理中获得的裨益的前景，以及生态退化造成的生态、社会和经济成本上涨来论证保护和管理的客观需求，进而综述保护和管理的九大总体目标。每个目标都加以说明和论证，并给出目标实施方法的若干实际案例。海岸带保护和管理科学领域具有丰富的语汇（Kay and Alder，1999），但本文选择了"总体目标"来说明实现这些目标有助于实现沿海生态系统的保护和可持续利用。对其他相关主题（例如，融资、法律方面）感兴趣的读者将在本章找到许多相关参考文献。本章特意集中阐述解决当前问题的切实可行的方法，而不是对问题做详细回顾，对后者感兴趣的读者可以参考近年来的一些优秀综述（Connell，2007；Fine and Franklin，2007；Glasby and Creese，2007）。有操作性的实际应用案例在专栏中的案例研究部分进行了具体描述，另有更多案例列于本章末尾的附录 16.1 中。附录 16.1 中引用的参考文献为探索主题丰富、内容新颖的文献提供了出发点。

16.2 沿岸生态系统的价值

热带沿海生态系统包括珊瑚礁、红树林和海草床。珊瑚礁，被称为"地球上最大最持久的生物建造的工程"（Knowlton and Jackson，2001），是海洋生物多样性的主要中心。珊瑚礁中分布的生物门类比热带雨林更多，目前已经记录了 10 万种左右的物种，但珊瑚礁中可能分布着近 100 万的物种（Harrison and Booth，2007）。珊瑚礁还影响到海岸线和邻近生态系统的物理结构，因为珊瑚礁从向海一侧保护着红树林和海草床。

海草是显花植物在海洋中的唯一代表，海草形成的生境，即海草床容纳了多种多样的其他生物的集群。全世界有 70 多种海草植物，其多样性中心位于澳大利亚西南部、东南亚和日本与韩国（Gillanders，2007）。红树林是在软相沉积物海岸的高潮带区域形成的另一种由植物构成的生境。红树林和海草床通过输出碎屑（见第 3 章）以及稚体和成体动物的迁移（见第 8 章和第 10 章），对其他类型生境起到支持作用，且这两种生境都可容纳和阻滞沉积物的输出，从而保护了珊瑚礁（Connolly and Lee，2007）。

保护和管理沿海生态系统的必要性可以从维护其为人类社会提供利益的角度进行论证（Duarte，2000；Turner，2000；UNEP，2006）。生态系统服务，包括供给服务、调节服务和文化服务，是人类从生态系统中获得的利益，而上述服务均依赖于生态系统的支持服务（表 16.1）。供给服务提供的产品用于人类的生存、享受和产业发展，包括药品、珍奇物品、建筑材料，以及捕捞和养殖业提供的食品。调节服务包括保护和稳固的岸线（由珊瑚礁、红树林和海草床提供）对海浪和风暴潮的防护作用以及对沉积物的阻滞和污染物过滤（由红树林和海草床提供）。

文化服务和愉悦服务是从生态系统获得的非物质性利益，其中包括生态旅游、休闲娱乐、文化和精神陶冶中欣赏及利用的生态系统属性，也包括构成许多渔业管理、旅游、替代食物来源和药品、教育以及研究等的基础的传统知识（UNEP，2006）。人类利用海滩、悬崖、河口、开阔海岸和珊瑚礁进行娱乐，享受其自然景观。滨海旅游活动，例如划船、钓鱼、游泳、散步、沙滩休闲、水肺潜水以及日光浴等，为沿海国家和社区创造了可观的经济效益和社会效益。快速增长的滨海旅游和相关的社会经济效益目前已成为许多小海岛国家的主要经济组成部分（Spurgeon，2006；UNEP，2006）。

表 16.1 热带生态系统提供的服务以及这些服务为人类社会提供的福祉（X 表示该类型生态系统提供了大量显著的服务）（改自 UNEP, 2006）

生态系统服务	河口	红树林	潟湖和盐沼	潮间带	岩石和礁岩	海草床	珊瑚礁	内陆架
文化服务								
美学	X			X			X	
文化和教养	X	X	X	X	X	X	X	X
教育研究	X	X	X	X	X	X	X	X
休闲娱乐	X		X	X	X		X	X
供给服务								
纤维、木材、燃料	X	X	X					
食品	X	X	X	X	X	X	X	
医药及其他资源	X	X	X		X		X	
调节服务								
大气和气候调节	X	X	X	X	X	X	X	X
生物调节	X	X	X	X	X		X	
防止侵蚀	X	X	X			X	X	
洪水/暴风雨防护	X	X	X	X	X		X	
淡水储备和保留	X	X	X	X		X	X	
人类疾病防控	X	X	X	X	X		X	
水文平衡	X	X	X			X	X	
废弃物处理	X	X					X	
支持服务								
生物化学	X	X			X		X	
养分循环和育肥	X	X		X			X	X

这些生态系统服务依赖于生境和育幼场的可用性、初级生产力以及营养循环。生境和育幼场的相关利益包括各种物种和群落对生境和育幼场的利用，对具有生态、休闲和商业活动具有重要意义的物种的支持，以及为动物完成其生活史提供的机会（在不同的生境之间提供通道）（UNEP，2006）。

16.3 热带沿海生态系统的问题

世界范围内，热带区域所有主要沿海生态系统都正在退化（见表 16.2）。珊瑚覆盖率就是一个典型的例子。总的来看，全球 30%的珊瑚礁已经严重受损，至 2030 年将损失其中的 60%（Wilkinson，2006）。在多种压力作用下，珊瑚礁的恢复将是缓慢的甚或根本无法恢复的（Connell，1997）。在加勒比海，珊瑚覆盖率在整个区域内全面退化，1977 到 2001 年间由 50%降低至 10%（Gardner et al.，2003）。加勒比海珊瑚礁的损失速度超过以往 10 万年中的任何一段时间（Precht and Aronson，2006）。印度洋-太平洋地区拥有世界上 75%的珊瑚礁，该区域的珊瑚礁覆盖率同样大规模下降：在 2003 年平均珊瑚覆盖率仅为 22.1%，且在过去 20 年里每年以 1%的速度持续下降，在 1997—2003 年间下降速度甚至达到每年 2%（相当于每年损失 3 186 km^2）（Bruno and Selig，2007）。

水产养殖、港口建设、拖网作业、道路建设以及建筑业的需求加剧了生境丧失和改变（UNEP，2006）。全球范围内大约 75%受保护的热带岸线曾一度分布着红树林，但如今这个数字已经下降到接近 25%（Dahdouh-Guebas，2002）。红树林和海草床是很多沿岸物种的育幼场，包括重要经济物种，使得这些生境丧失带来的损失倍感突出。

入侵物种可能日益成为沿海生态系统改变的原因（UNEP，2006）。入侵物种影响到渔业、本土生态相互作用以及沿海基础设施，其影响将难以逆转。入侵物种传播的主要途径是船舶压舱水。在 19 世纪，人们开始用水代替固体材料来控制船舶的吃水、纵倾和横倾。然而，只是在最近几年里随着更快速的大型油轮的出现，生物在全球成功传播的机会大增。目前，全球航运业每年输送压舱水达 120 亿吨（Facey，2006）。

气候变化通过其对海平面、暴风雨频率、海水温度和海洋学过程（如上升流和表层流）的潜在影响，成为沿海生态系统，尤其是红树林、珊瑚礁和岸滩变化的主导因素之一。气候变化带来的变化将是难以逆转的，并有可能表现为珊瑚礁白化、海岸侵蚀、沿岸区域浮游生物输送的变化，以及海洋化学变化引起的钙化过程的改变（Fine and Franklin，2007）。

表 16.2 影响热带沿岸生态系统的负面问题

问题	红树林	海草床	潮间带岩石和滩涂	岸滩和沙滩	珊瑚礁	软底质
自然水文的改变	X	X				
气候变化	X	X	X	X	X	X
木材、草料和燃料的采集	X					
破坏性渔业活动		X			X	X
疾病	X				X	
营养盐过剩、其他污染物、固废	X	X	X	X	X	X
家畜放牧	X					
生境丧失、改变和破坏	X	X	X	X	X	X
入侵物种	X	X	X	X	X	X
生物多样性构成、分布、变化的自然模式的信息资料（和评估方法）的缺乏	X	X	X	X	X	X
有限的技术和管理能力	X	X	X	X	X	X
溢油	X	X	X	X	X	X
过度捕捞/采挖	X	X	X		X	X
管治不力和政治腐败	X	X	X	X	X	X
人口增长和贫困	X	X	X		X	X
休闲娱乐		X			X	
沉积	X	X			X	X
旅游	X			X	X	
热带风暴	X	X			X	X
上游农业活动	X	X			X	X

来源：Gladstone（2006），Wilkinson（2006），UNEP（2006）。

渔业提供的水产品是沿海生态系统提供的最重要服务之一（参见第15章），例如，珊瑚礁周围的渔业为亚洲发展中国家约10亿人民提供食物。在20世纪中期一段时间内急剧增长后，由于过度捕捞，渔获量开始在20世纪80年代末出现停滞和衰退（UNEP，2006）。未过度开发的渔业资源比例已经下降，而达到或超过其最大可持续产量的渔业资源比例有所增加。与此同时，人均消费水产品的增长刺激了养殖业的快速增长，以弥补产量和需求量之间的差距，因此养殖业成为全球增长最快的产业。大量的野生鱼类捕捞业和养殖业活动导致了以下各种问题，包括生境物理破坏及其相关的群落结构变化（例如拖网导致的变化）或整个生境的丧失（例如红树林区转变为水产养殖区）、污染、鱼粉原料鱼的过度捕捞、顶级捕食者减少导致的营养生态学变化（"沿食物网向下捕捞"），兼捕渔获物效应（尤其体现在海龟、海鸟、鲨鱼上），以及传染性疾病的蔓延（UNEP，2006）。

海草床的丧失主要发生在美国佛罗里达州和澳大利亚，而根据预测，加勒比海地区和东南亚地区的退化也在加速（UNEP，2006）。海草床丧失的主要原因是营养负荷、沉积作用、疏浚和由藻类养殖导致的损失。珊瑚礁在全球范围内严重退化：20%严重受损且不大可能恢复，大部分受到关注的区域分布在加勒比海地区和东南亚地区（UNEP，2006）。导致珊瑚礁退化的主要活动包括破坏性捕捞、建设材料采挖、过度捕捞、营养负荷、珊瑚礁白化以及流域活动导致的沉积作用。

沿海生态系统发生问题的根本原因（表16.2）包括管理决策缺乏信息支撑、人口增长和贫困、有限的技术和管理能力、管治不善和腐败、缺乏机构间协作、仅关注解决单一问题、利益相关者参与的缺失、管理问题和管理地理范围之间的不匹配、生态系统理念的缺乏、无效的管治和管理，以及缺乏对人类活动导致的后果的认识（Duda and Sherman，2002）。本章以下各节讨论沿海生态系统保护和管理的总体目标，以及解决问题和克服其成因应采取的实际步骤。

16.4 热带生态系统保护和管理目标

沿海热带生态系统的保护和生态系统服务的维持是一个高度理想而复杂的目标。保护和管理的计划，如果参考了按照生态和社会经济的认识制定的总体目标或指导原则，保护和管理则可能获得成功。本章以下各节综合讨论保护和管理的九大总体目标。这些总体目标认识到，成功的保护和管理需要考虑物种和生态系统，也需要考虑利用和管理生态系统的人们。5个目标涉及需要在整个生态系统的尺度保护生物多样性和相关的生态过程，其中包括生态系统恢复力、连通性和水质的维持、濒临灭绝物种的恢复，以及生物多样性代表性样本的保护。4个总体目标涉及利用和管理沿海生态系统的人们和机构，其中包括社会经济关系的理解、利益相关者参与、教育（包括能力建设），以及尺度适当的空间管理。每一个总体目标都附有管理行动和措施的案例，很多案例（例如，海洋保护区的建立和管理，环境评价）同时与几个总体目标相关，因而加强了在保护和管理的综合力量。附录16.1是可用于实现各个目标的实践行动的总览。

16.4.1 恢复力的提供

热带生态系统受到各种人为和自然扰动的影响，如暴风雨、珊瑚礁白化、棘冠海星、入侵物种、沉船海难、污染事件、病虫害和捕捞渔业。恢复力是指一个生态系统从扰动中恢复并维持其产品和服务的能力（Carpenter et al.，2001）。大量的珊瑚礁受到1998珊瑚礁白化事件的影响，珊瑚礁从继续发生的白化事件中恢复的能力是目前人们的主要关注。恢复力要求生态系统具备生物多样性和功能多样性，包括草食性动物（特别是鹦嘴鱼和海胆；Mumby et al.，2006，2007）、在生态系统之间运动的物种（例如鱼类在红树林、海草和珊瑚礁之间的运动）、由造礁石珊瑚和钙化藻类组成的珊瑚礁框架、捕食者（保持了草食性动物的高多样性并控制生物侵蚀）、摄食珊瑚的动物，以及沉降辅助生物（如细菌、硅藻和钙化藻）（Nyströmä and Folke，2001；Grimsditch and Salm，2005）。连接可提供大量生物补充量的源区来维持汇区的种群，生态系统的恢复力则可以提升。密集的珊瑚礁网络恢复力天生较高，这些区域内个体珊瑚礁是高度连接的，而孤立的珊瑚礁恢复力则较弱（Roberts et al.，2006）。为成功的生物补充量提供适当的环境条件是必需的，这与水质、透光性、有限的沉积作用以及适宜的底质有关（Grimsditch and Salm，2005）。

恢复力可以通过一系列的管理行动来维持（附录16.1）。关键功能组可通过以下措施保护：渔业管理、特定物种的行动计划（Gladstone，2006）、产卵聚集区的保护（Gladstone，1986，1996），以及海洋保护区（MPAs）。渔业管理（例如禁用鱼饵）同时可以维持功能多样性和种群丰度（Mumby et al.，2007）。种群的复原（例如，通过移植海胆）对于特定区域的恢复力恢复是必要的（Jaap et al.，2006）。目标物种的种群在不允许采捕的保护区内得以恢复（Edgar et al.，2007）。保护区内的鹦嘴鱼啃食强度是非保护区域内的双倍（Mumby et al.，2006），这与珊瑚补充量密度的增长显著相关（Mumby et al.，2007）。海洋保护区内的珊瑚礁对主要的自然扰动和人类利用强度增加有着更强的恢复力（见专栏16.1）。保护区所保护的各种物种种群可作为"源"水域产生具备大量遗传多样性的繁殖体，并供给下游的"汇"水域。增加对高度重要的源区（例如，产卵聚集地）的保护可能是有必要的，因为很多捕捞对象鱼类由于捕捞而大幅下降（Sadovy，1993）。

专栏16.1 通过保护区维持恢复力

海洋保护区是维持珊瑚礁生态系统恢复力的必要管理工具之一。牙买加珊瑚礁的变化说明了对珊瑚礁的利用不加管理的后果。过度捕捞导致了捕食者（俗称扳机鱼的鳞鲀鱼）和植食性冠海胆（*Diadema antillarum*）（能够抑制大型藻类的生长，从而有利于珊瑚礁的补充和生长）的竞争者（鹦嘴鱼）的丧失，牙买加珊瑚礁对扰动的恢复力呈现退化。海胆的啃食是控制藻类生长的主要途径，这对牙买加珊瑚礁自1981年飓风"艾伦"造成的毁灭性损失中恢复是十分必要的。然而，1983—1984年间由于病原体引发了冠海胆（*D. antillarum*）死亡，导致了藻类生长的激增，整个生态系统发生了转变，从珊瑚礁占优势变化为藻类占优势的生态系统。最近调查表明，海胆种群在加勒比部分地区出现了恢复，珊瑚覆盖率也随之增加。尽管如此，牙买加珊瑚礁的变化仍对当地经济造成了显著影响。这里有两个海洋自然保护区的经验能够说明，只要珊瑚礁通过妥善管理维持其恢复力，就可能出现不同的结果。巴哈马埃克苏马群岛的陆地和海洋公园（ECLSP）自1986年以来在渔业方面实行保护管制，使得大型鹦嘴鱼的生存率增加（尽管鹦嘴鱼捕食者密度也有所增加）。这使得公园内的鹦嘴鱼啃食强度比非保护区域内增倍，从而引起大型藻类覆盖率下降了4倍，珊瑚礁补充密度增加了2倍。和区域范围内的珊瑚礁覆盖率由于冠海胆大量死亡而降低的情形相反，博内尔岛的珊瑚礁没有发生大型藻类的爆发，珊瑚礁覆盖率也得以维持。1971年，博内尔岛的珊瑚礁区禁止潜水捕鱼作业，博内尔海洋公园在1979年建立。博内尔海胆损失造成的影响微乎其微，原因就在于管理保留了当地丰富的植食性鱼类。

文献来源：Hughes（1994），Carpenter and Edmunds（2006），Mumby and Har-borne（2006），UNEP（2006），Mumby et al.，（2007）

在更大范围上，海岸带综合管理（ICM）对相连的生态系统（如海草、红树林、珊瑚礁）实行了空间协调的保护，从而维持了重要功能组的成体种群。ICM还可进行相关陆地生态系统（如流域）的人类活动管理，通过控制水质变化，从而维持恢复力所需的环境条件，例如，珊瑚虫沉降定居和生存的适宜水质（McCook et al.，2001）。

16.4.2 维持/修复连通性

连通性是通过卵和仔体的传播、稚体和成体生物的运动以及水体通道连接了空间上分散的种群和系统。各类热带生态系统在一定时间和空间范围内是相互连接的：

（1）通过环境连接，例如，通过水流及其流域到河口，再到珊瑚礁（Torres et al.，2001；见第2章）；

（2）通过各类生态系统，例如，鱼类在海草、红树林、珊瑚礁中的发育和昼夜洄游（Ogden and Ehrlich 1977；Mumby et al.，2004；Mumby and Harborne，2006；见第/章和第10章）；

（3）单一生态系统中的连通：例如，幼鱼或成鱼在珊瑚礁之间洄游运动到产卵场（见第4章）；

（4）在单一生境内连通，例如，幼鱼返回到出生地礁盘，鱼类在珊瑚礁生境之间的昼夜洄游，或珊瑚礁鱼类在珊瑚礁生境间个体发育洄游（Nagelkerken et al.，2000）。

连通性所支持的生态过程包括种群补充、初级生产力（Meyer and Schultz，1985；Ogden，1997）和生境的形成（Bellwood，1995）。淡水径流与邻近河流和河口的海水混合，创造出由不同物种群落分布的各种环境（Veron，1995）。流域和海岸带之间的连通性创造了这些独特的沿岸环境，从而支持了热带沿海水域的高生物多样性。

生态系统只要维持住和补充来源的连通，那就是具有恢复力的生态系统。反之，如果源区的种群减少（Roberts et al.，2006）以及生物不同发育阶段所需的生境退化或丧失，则恢复力就随之下降（Mumby et al.，2004）。维持/修复连通性的管理行动包括保护或重建与下游充分连通的区域内的生殖种群，保护连通生境之间的廊道（如红树林、海草、珊瑚礁），以及复原退化生境（附录16.1）。例如，西加勒比海的彩虹鹦嘴鱼（*Scarus guacamaia*）种群的减少与育幼场（红树林）的丧失和过度捕捞有关。然而，即使采取禁渔措施，但在没有红树林的区域也没有恢复迹象（Mumby et al.，2004）。彩虹鹦嘴鱼（*S. guacamaia*）已被列入世界自然保护盟（IUCN）红色名录的易危种。维持连通性所需的海洋保护区的面积、位置和数量，随着生境密度、繁殖策略和目标物种的生境需求、自我补充程度以及未来受损风险的不同而改变（Roberts et al.，2006）。

陆地和沿海生态系统之间连通性的一个负面后果就是，不加以管理的土地利用会导致沿海生态系统的退化。例如，流域不合理的土地利用活动导致水质下降，造成了海草大面积损失。由于流域内广泛地清理土地，发展农业，导致水质下降，造成与大堡礁相邻的独特岸礁珊瑚群落的退化（Furnas，2003）。要维持这类陆地-海洋景观层面的连通性，需要开展联合行动来管理流域内的土地利用以及各个相连的生境内的人类利用活动（附录16.1）。

16.4.3 保护水质

输送到海岸带区域的营养盐和沉积物随着农业和放牧、城市化和工业化导致的流域改变而增加。营养盐和沉积物负荷的加重会产生极端的影响，如形成沿岸"无生物区"或缺氧区（Joyce，2000）。营养盐和沉积物负荷的加重对沿海生态系统的影响取决于输入量、历史环境负荷、自然扩散过程以及其他协同压力的程度（Furnas，2003）。此外，在大量珊瑚礁系统由以珊瑚占优势转变为以藻类占优势的过程中，水质下降或草食性动物减少起到的相对重要程度还存在相当大的争议（Precht and Aronson，2006）。

由于水质下降，导致沿岸生态系统对自然和人为干扰的恢复力减退，这对于沿海生态系统具有长远意义。对生态系统产生广泛影响的极端例子包括点源污染排放导致的半封闭海湾的富营养化，例如，夏威夷卡内奥赫湾（Grigg，1995），或城市工业废水，如巴巴多斯（Tomascik，1990）。过量营养盐被释放到卡内奥赫湾，造成持久性的藻华。由于淡水径流和沉积物，珊瑚大量死亡。滤食性动物（摄食浮游生物）的增殖以及大型藻类在珊瑚残骸上大量生长，取代了原来的珊瑚，阻碍了珊瑚礁的恢复。钻孔生物引起的岩石破碎使得珊瑚礁更不稳定，动物也更难于沉降定居。伴随着基础设施建设，包括近岸污染物的改道排放，卡内奥赫湾珊瑚礁生态系统得到了较多改善（附录16.1）。与已开发的流域邻近的海草床易受到沉积物增加、营养盐以及除草剂添加的影响。与此相关的一些特定问题包括，陆源除草剂从海草向草食性动物迁移，例如儒艮（Furnas，2003），以及珊瑚的过度生长（Miller and Sluka，1999）。

更大范围的影响可能来自于邻近陆地生态系统的退化。自1850年以来，大堡礁邻近大陆的土地利用变化使得径流中沉积物和营养盐的含量增加了7倍。尽管这是一个极大的增量，但仍不能将这些变化和海岸带及海岛环礁附近观测到的陆地生态系统退化直接联系起来（部分原因是因为缺少长期监测数据）。但是，绝大部分受干扰的珊瑚礁生态系统位于邻近陆地流域开展大面积土地清理和喷洒农药的地方。此外，生态系统修复通常需要较长时间，而且在人类活动和自然的双重压力下会使得修复过程变得更为漫长。根据预警原则，我们认为需要科学管理邻近陆地的土地利用规划（附件16.1）（Furnas，2003）。例如，《珊瑚礁水质保护计划》的主要目标就包括了10年内进入大堡礁径流水质的保护与控制。为了达到这个目标提出的两大任务为：① 减少面源陆源营养的输入；② 复原和保护具有去除污染物的珊瑚礁集水区。目前已实施的达到这些具体目标的步骤包括：自我管理途径、公共教育、经济激励、自然资源管理与土地利用规划、管理框架、科研与信息共享、政府-私人伙伴关系、先导目标设置和监测与评估（The State of Queensland and Commonwealth of Australia，2003）。其余实践方案见附录16.1。

16.4.4 濒危物种的保护与恢复

一些物种由于其生活史特征（例如生长缓慢、成熟较晚、繁殖力低）、特殊的生境需求、严格的繁殖季节或在可预见时间内聚集在有限若干局部地区繁殖，它们对过度捕捞和生境丧失表现得异常脆弱（Dulvy et al.，2003；Claydon，2004；见专栏16.2）。其中一些物种的生存现状如下：37%的鲨鱼、鳐鱼和银鲛属于受威胁/近危物种；7种海龟中的3种属于极危物种、3种属于濒危物种；海鸟数量在全球范围内下降（UNEP，2006）。世界自然保护联盟（IUCN）的濒危物种红色名录列出了1530种海洋物种，其中80种正面临灭绝威胁，31种有较高的灭绝风险。另一个值得特别关注的是新加入名单的海洋濒危物种名单比例。近期数量下降的鱼类包括波纹唇鱼（*Cheilinus undulatus*）（Sadovy et al.，2003）、驼峰大鹦嘴鱼（*Bolbometopon muricatum*）（Donaldson and Dulvy）和考氏鳍天竺鲷（*Pterapogon kauderni*）（Allen，2000；图16.1）。

专栏16.2 濒危物种的保护和恢复：考氏鳍天竺鲷

考氏鳍天竺鲷（*Pterapogon kauderni*）是面积约34 km² 的印度尼西亚苏拉威西中东部的邦盖群岛的当地种，因此具有天然脆弱性。和其他天竺鲷科（Apogonidae）中的雄性泗水玫瑰鱼一样，雄鱼在自己的嘴里孵化受精卵；然而，它的独特性在于鱼卵数量非常少（12~40个），体积较大（2.5~3.0 mm），并且孵化之后没有浮游仔鱼阶段。卵要在雄性口腔中孵卵2~3周，新孵出的稚鱼还要含在口中6~10天。刚孵化出的稚鱼是独立的，但死亡率很高。此外，由于缺失浮游扩散阶段，本地种群一旦衰竭则无法从其他地方获得补充恢复。由于这种鱼类外观美丽，具有独特的生物学特征，并且容易捕获，使得该鱼类在水族贸易中价格高昂，每年都有大量个体被捕获（70万~90万）。在观赏渔业开始后，1995—2007年之间其数量下降了89%。更严重的问

图 16.1 考氏鳍天竺鲷（*Pterapogon kauderni*）于 2007 年列入 IUCN 红色名录濒危物种（照片：David Harasti）

题是由炸鱼作业和珊瑚礁损毁引起的生境破坏。考氏鳍天竺鲷（*P. kauderni*）在 2007 年已经列入 IUCN 红色物种名录的濒危种。最有希望的保护措施是在群落水平上用人工繁殖替代野生捕捞产业，然而，目前为止开展的工作仍然十分有限。

来源：Allen（2000），IUCN（2007）

制定保护措施的目的是防止或制止种群衰退，并且促进衰竭种群的恢复。必要的行动步骤包括制订恢复计划、关键生境保护、人工繁殖、贸易限制、为利用这些物种的沿海社区提供替代生计、国家立法、国际条约和社区教育（附录 16.1）。

16.4.5 物种和群落代表性样本的保护

全球生物多样性危机凸显出对物种和群落多样性样本永久保存的需求，以便后代能够与我们分享相同的体验，并履行人类社会对生物多样性的道德责任。更进一步的理由是，不同的生态系统具有不同的功能价值（Mumby and Harborne，2006），因此，每一个代表性样本的保护都将用于确保维持一整套生态系统的功能和过程。良好管理下的海洋保护区是实现这个目标最合适的工具（附录 16.1），从大型多用途的海洋保护区（这些区域被规划为不同的利用等级，包括被限制开发的缓冲区以内的禁止开发区）到较小的禁止开发区网络均可作为工具被采用。

候选保护区的选择需要明确地建立一套海洋保护区的筛选标准，这套标准应符合社会对生物多样性保护的愿景。例如，在澳大利亚，海洋保护区的选择以综合性、适宜性、代表性（Australian and New Zealand Environment and Conservation Council Task Force on Marine Protected Areas，1999）为准则。若这些准则与连通性、种群补充和恢复力的准则相结合，保护规划就能够实现生物多样性保护和生态功能维持等多个目标（见专栏 16.3）。历史上海洋保护区临时选择造成的不足（Pressey and McNeill，1996），现在可通过使用自动化的保护目标筛选软件得到解决（Possingham et al.，2000）。保护区筛选程序的目标是达到最低成本的筛选准则，以及选择互补性的地点（专栏16.3）。针对代表性样本的生物多样性保护计划理论上应以准确的空间数据为基础，例如物种、群落和生境的分布边界的规划区地图，以及对要素和过程的生态学理解（比如水深、波浪作用、海洋学），它们是物种和群落演变的基础。然而，这些数据由于采样记录不完整、难以检索、生物分类不确定、经济约束以及有限的研究等原因很难获取（Gladstone，2007）。针对这个问题，只要替代物能代表其他不可测的物种和群落，替代法是一个可行的方案（Gladstone and Owen，2007），因为替代物的分布已经在规划区域内测绘，而且其分布数据也更易于获取（附录16.1）。遥感和生境制图方面的最新进展已展现出了广阔的前景，并且能够为保护规划提供经济、快速的空间数据（Mumby and Harborne，2006）。海洋保护区的选择也必须将社会经济纳入考虑，这些将会在下文社会经济评估章节进行讨论。

专栏16.3　MPAs 保护规划的方法

海葵生物圈保护区（哥伦比亚圣安德烈斯群岛）由于其生物多样性和特有性，在加勒比地区具有非常重要的意义，被列入联合国教育、科学及文化组织（UNESCO）国际生物圈保护区网络，面积约 255 km^2。与群岛中的其他岛屿一起，通过建立多用途的海洋保护区（包括禁止采捕区），海葵生物圈保护区的生物多样性价值可得到较好保护。勘定潜在保护区边界过程开始于（通过大量的实地调查）确认按照经验划分的生境代表了物种的不同集群形式。勘定保护区边界的一般准则包括保护区面积至少达到 10 km^2 从而确保种群的活力、位于海岸带大陆架、包括每种生境类型的代表，以及具有有直线边界以促进实地的遵约执行。其他具体的标准包括需要在保护区中包括产卵集群区、稀有的和具有生态意义的生境（例如红树林和海草床）及在生态上连通各生境的生态廊道（海草床、红树林、珊瑚礁）。这些标准咨询了利益相关者（当地渔民）的意见，利益相关者提供了他们认可的保护区边界。渔民指定的保护区边界以内面积占区域总面积的 27%~32%，而科学家建议的面积（基于上述一般和具体的准则）占区域总面积的 38%~41%（平均每种生境类型的覆盖率为 30%；Friedlander et al.，2003），海葵海洋保护区在 2005 年公布建立。

大堡礁海洋公园的空间尺度更大，总面积达到 344 400 km^2（美国加利福尼亚州面积的 85%），它也是世界文化遗产之一。面临着日益严重的各种压力，人们认识到禁止开发区（no-take zone）的现有面积（公园只有 4.5%是禁止开发区，而 80%是珊瑚礁）是不恰当的，因此导致了称之为代表性区域计划的再区划的过程。规划单元分为 70 个生物区，通过科学的操作原则（例如，为维持物种的活力，禁止开发区长度应至少达到 20 km）、社会、文化、经济和管理的可行性及可操作性原则等，确定禁止开发区的候选地点。规划过程对禁止开发区的不同备选组合进行筛选，认定其是否实现生物学目标（用保护区选择软件确定），并融合了社会、文化、经济和管理因素（基于高度利益相关者的咨询结果）。最终结果是实现了再区划方案，公园超过 33%的区域建设为禁止开发区，这意味着全球的禁止开发区增长了 5 倍（Fernandes et al.，2005）。

16.4.6　社会经济背景的理解

全球总人口的 12%（相当于全球沿海人口的 31%）生活在距离珊瑚礁 50 km 的范围内（UNEP，2006）。人们喜欢定居在海岸带区域，除了其他利益之外，这些地方也具有最高的生物生产力。在人口超过 250 万的都市中，65%都位于世界各地的海岸带。10 亿以上的人口依赖于珊瑚礁占优势的沿岸浅海水域的渔获物（Whittingham et al.，2003）。许多国家沿海地区的人口增长率是全国增长率的 2 倍（Turner et al.，1996）。小海岛国家尤其典型，每年人口增长速率达到 3%左右，但有时移民国外的比例也很高。许多岛屿人口密集，马尔代夫的首都马累就是极端的例子之一。马累的人口达到 5.6 万人，但面积只有 1700 m 长、700 m 宽（Pernetta，1992）。

生态系统服务的经济价值量化了它们对人类福祉的贡献，并为保护和管理提供了进一步的支持（Costanza et al.，1997；Costanza，1999；Balmford et al.，2002）。经济价值评估的方法已有综述（Ahmed，2004），估算得出的经济效益令人印象深刻。地球上的海洋通过食物、原料和服务（例如大气调节、气候调节、水循环、营养和废物；Costanza，1999）每年向人类贡献了 21 万亿美元的效益。珊瑚礁的净经济利益评估值约为 300 亿美元/年，包括每年休闲渔业产生的 1 亿美元（UNEP，2006）。加勒比海小海岛国家的渔业为 20 万以上的人口提供了全职或兼职就业机会，并为另外 10 万人提供间接就业机会（UNE，2006）。关于热带沿海生态系统经济价值的近期综合分析结果参见表 16.3。

表 16.3　沿海和热带海洋生态系统提供的经济价值一览表（以美元计）

生态系统	经济价值	经济价值基础	来源
珊瑚礁	每年 300 亿美元或每平方千米 10～60 万美元	商品和服务的净潜在收益，包括旅游业、渔业和全球海岸带保护	Cesar et al.，(2003)
	每年 10 亿美元（1991/1992）	澳大利亚大堡礁	Driml（1994）
	每年 1.28 亿美元（1991/1992）	来自于大堡礁商业捕鱼销售	Driml（1994）
	9400 万美元（1991/1992）	在大堡礁娱乐性钓鱼和划船的支出	Driml（1994）
	6.28 万美元	在大堡礁客轮上游客住宿和商业支出	Driml（1994）
	每年 31~46 亿美元（2000）	加勒比海珊瑚礁渔业、潜水旅游及海岸带保护服务	Burke and Maidens（2004）
	每年 3.1 亿美元（2000）	加勒比海地区与珊瑚礁相关渔业	Burke and Maidens（2004）
	每年 21 亿美元	加勒比海地区潜水旅游业的净效益	Burke and Maidens（2004）
	每年 7 亿~22 亿美元	由加勒比海珊瑚提供的海岸线保护服务	Burke and Maidens（2004）
	每年 24 亿美元	东南亚珊瑚礁渔业价值	UNEP（2006）
	每年 12 亿美元	美国佛罗里达旅游业	UNEP（2006）
	>10 亿美元	来源于 160 万去大堡礁参观游客的直接收入	UNEP（2006）
	每年 30 万~3500 万美元	夏威夷群岛海洋管理区的游憩价值	UNEP（2006）
红树林	每年每公顷 9990 美元	干扰调节、废弃物处理、生境、食物生产、原材料、休闲娱乐	Costanza et al.，（1997）
	每平方千米 1500 美元	药用植物的潜在净效益	Ruitenbeek（1994）
	每平方千米每年 3 万美元（共计每年 1000 万美元）	马来西亚红树林林业（木材和木炭）	Talbot and Wilkinson（2001）
	每公顷 750~16 750 美元	红树林提供的海鲜	UNEP（2006）
	每公顷 600 美元	毗邻红树林的渔业产量	UNEP（2006）
	每公顷 15~61 美元	药用植物和药用价值	UNEP（2006）
	美国每年每平方千米 6 200 美元至印度尼西亚每年每平方千米 60 000 美元	红树林中商业渔获量	UNEP-WCMC（2006）
	每平方千米 270~350 万美元	泰国红树林	UNEP-WCMC（2006）
海草	每年每公顷 19 004 美元	营养循环原材料	Costanza et al.，（1997）

　　从财税收入、机会提供和社会成本损失（例如减少收入以及首选生活方式的丧失）的角度，可以衡量生态系统退化给人类带来的损失（表 16.4）。在发展中国家的海岸带区域，生态系统退化的代价更加深重，因为这些区域对沿海生态系统有更强的依赖性（Turner et al.，1996；Dahdouh-Guebas，2002）。生态系统产品价值的下降会造成社会经

济的困难,由于吸引力的下降导致旅游业的潜在损失和选择价值的损失,比如潜在的药物活性化合物或未来的旅游风险(Bruno and Selig,2007)。人类社会对沿海生态系统的依赖说明生态保护必须与可持续性利用保持平衡。

表 16.4 负面影响热带海岸带生态系统的经济损失(单位:美元)

问题	经济损失	来源
珊瑚的退化和死亡引起加勒比海地区海岸线保护服务的损失	每年共计 1.4 亿美元~4.2 亿美元(下一个 50 年中)	Burke and Maidens(2004)
斯里兰卡退化礁提供的海岸保护替代费用	每千米 24.6 万美元~83.6 万美元	Berg et al.,(1998)
1998 年白化事件之后,珊瑚礁质量下降引起了旅游业产生收入、就业、渔业生产力及海岸线保护的下降	6.08 亿美元~80 亿美元(超过 20 年)	UNEP(2006)
加勒比海珊瑚礁的退化减少相关渔业每年净收入	2015 年估计约 9500 万美元~1.4 亿美元	Burke and Maidens(2004)
全球变暖引起澳大利亚大堡礁退化	19 年期间 25 亿~60 亿美元	Hoegh-Guldberg and Hoegh-Guldberg(2004)
以 3%的折损率在超过 50 年内由珊瑚礁白化引起的经济损失	澳大利亚 284 亿美元、东南亚 383 亿美元	Cesar et al.,(2003)
由于加勒比海气候改变,导致海洋表面温度升高,海平面上升及物种损失	1.099 亿美元	Cesar et al.,(2003)
20 年后,印度尼西亚珊瑚礁炸鱼捕捞引起的净损失	具有很高潜在价值的旅游业和海岸带保护区域,每平方千米 30 万美元;具有较低潜在价值的区域每平方千米 3.39 万美元	Pet-Soede et al.,(1999)
从炸鱼捕捞、过度捕捞预计净经济损失	20 年期间,印度尼西亚 26 亿美元;菲律宾 25 亿美元	Burke et al.,(2002)
预计在 2015 年发生在加勒比海的珊瑚礁退化能以 30%~45%减少渔业生产力,它导致收入从 3.1 亿美元减少至 1.4 亿美元	2015 年,1.7 亿美元	Burke and Maidens(2004)
印度尼西亚近岸珊瑚开采后 250 m 海滩恢复	12.5 万美元(超过 7 年)	UNEP(2006)

对文化因素重要性的理解将增加保护和管理成功的可能性。文化重要性与地点和活动这两个因素都相关。具有重要文化意义的区域是指在自然环境的某些特定属性,或在其与精神活动的相关上对于当地居民具有重要意义的区域。海洋保护区已被用于保护重要文化

意义区域（Kelleher and Kenchington，1992；Gladstone，2000；Salm et al.，2000）。例如，在法拉桑群岛（红海），当地社区每年举办庆典，以庆祝长吻马鹦嘴鱼（*Hipposcarus harid*）在海湾内大量产卵（图 16.2）（Gladstone，2000）。该海湾在法拉桑群岛保护区的多重利用分区方案中给予了最高级别的保护，同时也保护了产卵场，从而确保文化庆典的可持续性（Gladstone，2000）。作为一项具有显著文化意义的活动，捕捞渔业满足了渔民与经济收益无关的各种需求，因此捕捞量在下降，也难以实施替代生计方案（Pollnac et al.，2001；Momtaz and Gladstone，2008）。认识到捕捞等活动对民众的意义，将更有可能开发出可接受的替代生计。

图 16.2　长吻马鹦嘴鱼是沙特阿拉伯红海法拉桑群岛的一项有特殊文化意义的事件，已纳入法拉桑群岛海洋保护区管理计划。（a）当地人捕捉产卵的长吻马鹦嘴鱼。（b）当地酋长的下级护卫在维持捕捞鹦嘴鱼的秩序（摄影：William Gladstone）

海岸带社区并不是由同一类人组成的，而是由感知和使用环境方式不同的人群组成。而感知和使用方式又取决于社会、文化和经济等一系列因素，例如年龄、职业、收入、种族、性别、受教育程度、移民状况等（Cinner and Pollnac，2004）。作为解决保护和管理问题的根本手段，改变人的行为是一项复杂的任务。社会经济评估为理解社会经济背景提供了框架，因此，管理和保护必须从沿海生态系统问题的深层原因（例如贫困、缺乏教育等）着手运作和示范。这样才能有针对性地对深层原因（这也许是一个长期的任务）和当前影响同步加以管理。社会经济评估涵盖了利益相关者的社会、文化、经济和政治状况（Bunce et al.，2000，Browman and Stergiou，2005）。可加以评估的具体事项包括利益相关者的特点、资源利用模式、性别、利益相关者对问题和管理的认知、组织和资源管理、传统知识、社区服务和设施、当地的商业环境、利益相关者的收入和资源的经济价值等（Bunce et al.，2000）。附录 16.1 为社会经济评估的每一步骤提供了案例，专栏 16.4 提供了 3 个案例区研究，阐述了把社会经济认识应于制定保护和管理措施的方法。

专栏 16.4　针对管理的社会经济背景评估案例研究

案例研究 1：大堡礁海洋公园代表区规划（GBRMPRAP）

　　大堡礁海洋公园（GBRMPRAP）的目标是综合保护海洋公园中生物多样性，这个目标可能导致禁止开发区总面积和数量的大幅度增加。这可能导致与公园的现有利用者冲突。现有利用者包括旅游业、商业渔业和文化娱乐活动雇佣的 4.4 万人，他们每年为公园及其流域贡献了 37 亿澳元（Access Economics，2007）。大堡礁海洋公园的管理者建立了一个社会、经济、文化指导委员会（由管理方和利益相关者群体的代表组成）。委员会提出了社会、经济、文化和管理可行性的工作原则，并结合这些原则和生物–物理工作原则，指导禁止开发区的选址决策。关键是按照保证"将禁止开发区的人类价值、活动和机会的互补作用最大化"的原则，把禁止开发区区划在与当地利用者的意愿、非商业和商业开采使用者以及所有的非开采使用者冲突最小的区域。在禁止开发区网络大幅扩张的过程中，联邦政府提供资金支持退出禁止开发区的渔民，提高了社会的认可度，并减少了经济损失（Fernandes et al.，2005）。

案例研究 2：炸鱼作业的经济学

　　渔获量下降、作业方式简便以及还贷压力，迫使许多渔民在印度尼西亚开展炸鱼作业。炸鱼作业的对象是珊瑚礁鱼类，但同时也杀死其他非捕捞对象的鱼类和无脊椎动物，而且还破坏了珊瑚礁生境。珊瑚礁生境破坏还造成了旅游等预期效益的机会成本。缺乏政治意愿（由于缺乏对炸鱼的经济代价的认识）是对这一非法行为缺乏监管的主要原因。Pet-Soede 等（1999）通过海上观测（雷管数量、渔获量）、渔民和中间商走访（出海次数、成本和利润）及渔民日常捕捞的航海记录，量化了在印度尼西亚苏拉威西西南部 Spermonde 群岛水域炸鱼的经济成本。作者通过潜水期间对炸鱼作业的调查，估测炸鱼作业对珊瑚的影响。在高价值的珊瑚礁水域，20 年的炸鱼作业成本达到每平方千米 30.68 万美元的净损失，主要体现在海岸带防护和可预见的旅游利润以及非破坏性渔业的损失，这是（炸鱼作业者）私人净获利的 4 倍以上。根据该社会经济评估的结果，给出的管理建议包括提高意识计划（告诉炸鱼作业者炸鱼与其生计之间的联系；印度尼西亚珊瑚礁的现存状态，强调印度尼西亚珊瑚礁现状的目的是打消炸鱼渔民到其他珊瑚礁水域炸鱼可以提高渔获量的想法）、提供替代生计（例如远洋渔业、海水养殖、旅游观光）、加大执法力度和建立当地信用管理系统（Pet-Soede et al.，1999）。

案例研究 3：通过认识社会经济对海岸带资源问题认知的影响来解决内在根源

　　墨西哥小渔村 Mahahaul 的沿海资源支持着渔业和旅游业，因此对当地居民具有重要的社会和经济意义。社会经济评估和采访显示，大多数居民认为珊瑚礁和渔业情形不容乐观。居民的移民状况、财富和教育影响到他们对问题产生根源的认识，认为财富是最具有影响力的：较贫穷的居民只是把渔业退化归因于捕捞作业，而较富裕的居民则知道该问题是多种内在因素（例如捕捞作业、旅游业增长和陆源活动等）相互影响的结果。因此，较富裕的居民较可能支持基于生态系统的管理方法。所以，需要在整个沿海社区内开展整体管理（从而提高成功率），需要采取一系列的管理方法，其中包括提供替代生计或支持其他创业活动来增加贫困居民的收入（Cinner and Pollnac，2004）。

16.4.7 利益相关者参与

利益相关者指"那些使用和依赖珊瑚礁的人、团体、社区和组织，其活动会影响到珊瑚礁，或对这些活动较为关注的群体……"（Bunce et al.，2000）。利益相关者包括负责保护和管理工作的政府机构，地方和原住民社区，国际和地方非政府组织，国际捐助和贷款组织，私营业主，教育工作者和研究人员。参与保护和管理的利益相关者团体的数量因地制宜，根据具体问题（例如，海洋保护区规划还是渔业法规）、尺度（例如，地方海洋保护区规划还是国际海洋保护区网络）、规划区域的发展状况以及其他特定要求而确定。管理行动通常由政府领导，但并非总是如此。苏禄-苏拉威西海洋生态区计划的制订就是一个由非政府组织领导和维持的例子（见专栏 16.7）。

利益相关者参与管理，是对保护管理的成果中利益相关者拥有的物质和相关个人利益，以及利益相关者参与管理实际利益的认可。利益相关者的积极加入，例如利益相关者参与监测活动，可以克服由资金不足等引起的管理局限性。由于有些问题可能直接影响社区的利益（例如渔获量的下降），他们也可能具有强烈的意愿来发起和参与管理（Pollnac et al.，2001）。利益相关者的参与愿望也反映出人们为海洋环境的可持续发展作出个人贡献的广泛需求。

利益相关者的参与有助于促进达标管理，因此更有可能形成成功的管理（Bunce et al.，2000）。例如，通过将已建立的由中央政府管理但社区没有或极少参与的海洋保护区，与已建立的有规划并且具有高度社区参与管理的海洋保护区进行对比，能够发现，尽管在生物-物理学效益方面两组差异不大，但在以社区为基础的海洋保护区中，利益相关者的冲突得到更有效的解决（Alcala et al.，2006）。这种差异可能带来的结果是，基于社区的海洋保护区将更有可能达到长期的可持续发展。公众的有限参与始终是加勒比海（Mascia，1999）和其他地区（Beger et al.，2004）海洋保护区管理失败的显著因素。

利益相关者参与的其他利益包括可开展更易于接受的管理活动（Gladstone，2000；Friedlander et al.，2003；Fernandes et al.，2005），改善管理机构和利益相关者之间的关系（Bunce et al.，1999；Fernandes et al.，2005），以及因易于沟通、利益相关者与社区管理团队之间联系密切而降低利益相关者之间的冲突（Mefalopulos and Grenna，2004，Alcala et al., 2006)。各机构在管理过程中利益相关者的保护意识提升,给各种管理机构带来利益,为组织及其目标提供了支持。利益相关者参与过程中对沿海问题认知的提高,很可能连续不断地在人与环境互动的其他方面产生积极的效益。

利益相关者参与的机会包括参与规划过程(例如,代表利益相关者群体的利益)、在规划过程中利用当地知识参与管理计划、将传统的管理方法整合进管理规划、由利益相关者主导规划和管理(见专栏16.7),协助管理实施(例如,作为志愿社区协管员)、管理计划草案和环境影响评价书的公众评议,以及志愿服务机会(图16.3、图16.4,专栏16.5)。各种不同的公众参与活动的具体例子见附录16.1。

图16.3 孤岛水下研究组的休闲 SCUBA 潜水者志愿协助澳大利亚孤岛海洋公园开展珊瑚礁监测(摄影:Ian Shaw)

图16.4 大堡礁水族馆志愿者是大堡礁水族馆和大堡礁海洋公园关于普通社区宝贵信息的来源(摄影:大堡礁海洋公园管理局)

专栏 16.5 珊瑚礁保护工作的社区志愿者

大堡礁水族馆志愿者协会成长于社区积极参与水族馆（澳大利亚汤斯维尔）工作的热情。大堡礁水族馆的目标是"鼓励人人关照大堡礁"。该志愿者协会通过对社区大众进行有关大堡礁和海洋公园的继续教育实现这一目标。志愿者几乎参与了珊瑚礁水族馆运营的各个方面，包括口译、教育、策展、展览、管理、促销和销售。解说志愿者在访客问讯处协助，开展讲座/旅行团和访客调查和工艺活动，并且提供对大堡礁一对一的讲解。教育志愿者白天为学校团体提供协助，晚上为在外留宿的人们提供帮助。管理志愿者在数据库、邮寄广告和复印方面提供协助。展览志愿者负责展示事项。策展的志愿者帮助维护水池、准备饲料和换水等。市场营销和促销活动的志愿者对旅馆/汽车旅馆等旅游网点进行电话营销，并在特定社区活动中宣传大堡礁水族馆。自 1987 年成立以来，志愿者协会已培训了 975 名志愿者，集体贡献了 29 多万小时的志愿服务，总计产生超过 400 万澳元的价值。新加入的志愿者需进行为时 7 周 18 小时的基本训练课程，随后再在 4 周时间内再接受 8 个小时专业团队训练。这类入门培训给志愿者提供了所需的信息、技能和自信，为游客带来了丰富和愉快的体验。培训课程涵盖不同的主题，包括大堡礁水族馆的运营结构和设施、海洋生物、珊瑚礁生态以及沟通能力和表达技巧。

来源：大堡礁水族馆的工作人员和志愿者

确保利益相关者成功参与和持续性参与具有挑战性但却是必要的，因为大多数问题通常需要长期的解决方案。许多利益相关者牺牲了业余时间来从事相关活动，并且几乎得不到支持，因此避免志愿者和利益相关者的"倦怠"是一个大问题，尤其是在几乎完全依靠志愿者的保护活动。确保成功参与和持续参与的实践步骤包括维持持续的利益相关者投入机制；演示参与和积极保护之间的关系；为参与者提供宣传材料；将保护与社区发展计划结合；提供信息、教育和社区活动；为利益相关者继续参与立法；成功合作关系的公众认可，并与当地人民而不是中央政府建立合作伙伴关系（附录 16.1）。

16.4.8 教育

教育的关键在于提高人们对自己的行为与其造成的环境问题之间的关系的认识。让人们认识到，生态系统利用活动管理不善会提升成本也是必不可少的。这两种认识可作为一个步骤，促进人们接纳改变行为的必要性。实现这一目标的核心手段就是沟通、教育和公众意识："没有沟通，教育和公众意识，生物多样性专家、政策制定者和管理者将继续面临生物多样性管理、生态系统及其功能和服务的持续退化和丧失之间的冲突。沟通、教育和公众意识为人们提供从科学和生态学与社会和经济现实的链接"（Van Boven and Hesselink, 2002）。本节回顾了教育的重要性的认知、潜在的利益范畴，以及成功教育方法的具体实例（总结在附录 16.1）。

教育在保护和管理中的核心作用在国际公约中得到承认，如《联合国 21 世纪议程》（1992 年）和《约翰内斯堡实施计划》（2002）。教育也纳入区域公约，例如《泛加勒比海区域海洋环境保护和开发公约》，其中包括了《关于特别保护区和野生动物的议定书》。在针对问题的行动计划（例如《大堡礁水质保护计划》）中，教育是一个关键的管理行动。基于对教育的重要性的认识，联合国宣布 2005—2014 年为"可持续发展教育十年"。

教育是出于管理需要培养和提升政治意愿的强大工具（PET-Soede et al.，1999），并能够向利益相关者阐明其行为的后果，例如，过度捕捞的后果（Bunce et al.，1999）。通过向利益相关者解释管理的必要性，教育可支持形成新的管理行动（Fernandes et al.，2005），此外可通过展示类似的管理案例来证明潜在成效（Rodriguez-Martinez and Ortiz，1999；Alcala et al.，2006）。示范建设社区保护区的正面利益已经在菲律宾新建保护区的过程中有效地激励了渔业社区（Alcala et al.，2006）。增强使用者体验（例如，给游客提供信息）会更广泛地增加社区对管理的支持。教育在确保用户遵守保护区法规方面（Alder，1996）与执法同样有效。通过简单的教育干预、提供信息和技能指导，利益相关者个人的生态影响可以显著减少，教育在降低潜水员对珊瑚的影响方面尤为有效（Medio et al.，1997；Rouphael and Inglis，2001；Hawkins et al.，2005）。

在另一方面，缺乏意识（例如，海洋保护区边界）会降低管理的成功率（Alcock，1991，Kelleher and Kenchington，1992；Bunce et al.，1999）。教育失当是海洋保护区难以成功的主要原因之一（Browning et al.，2006）。不过，并非所有的利益相关者和团体都会对教育产生积极响应，因此教育仅被视为管理活动组合的一个部分。虽然教育计划可能比其他形式的管理，例如，达标执法的成本更大（Alder，1996），但教育在对其他人的潜在影响效应（例如，朋友和家人之间），以及行为的终身潜在改变（Browning et al.，2006）大大扩展了教育带来的利益。

保护和管理的问题，只要有教育需求，一定具有特定的沟通问题。例如，传统的环保教育不足以表达沿海生态系统之间复杂的连通性。连通性问题涉及技术认识、复杂概念和大尺度思维。环境教育领域的研究已经说明，现有的教育不足以提供这些信息（例如海岸带状态和生物多样性的价值等），因为提供信息在与公众改变态度和行为之间不存在因果关系。一种更有效的方法是建立个人生活与生态系统的关联性（Denisov and Christoffersen，2000；NSW National Parks and Wildlife Service，2002；Gladstone et al.，2006）。让人们下定决心保护生态系统的主要原因包括其童年与大自然接触的经历（专栏 16.6）和重要人士的影响，而不是正规教育（Palmer，1995）。最近有专家综述了成功的环境教育方法（Rickinson，2001；Browning et al.，2006）。具体教育活动的案例见附录 16.1。

专栏 16.6 海洋保护的儿童教育：豪勋爵岛海洋周

今天的儿童对海洋环境的未来保护起着至关重要的作用。无论是现在还是成年后，他们的行动都将直接影响到珊瑚礁群落。对儿童进行有关海洋环境的教育可使其产生积极的态度和行为，进而影响家人和朋友。有效的教育将使孩子们成为世界脆弱珊瑚礁的可靠管理者。被列入世界遗产名录中的豪勋爵岛是认真对待海洋教育的社区之一。居民为中央学校和当地社区策划的活动和事件来积极支持海洋周（这项每年一次的全国公众宣传活动由澳大利亚海洋教育学会主办）。豪勋爵岛海洋周活动时间与珊瑚产卵的时间一致。儿童和成人可在参加夜间潜水和教练指导的浮潜时一同见证这一壮观的现象，并了解珊瑚的繁殖周期。珊瑚礁区生态漫行之旅由当地的一位博物学者指导，他向岛上的游客普及珊瑚礁及其独特的生物和生境的知识。学校活动包括由当地旅游业经营者组织的浮潜行程，由海洋公园经理和访问科学家、海洋教育工作者等嘉宾进行口头讲解等（图16.5）。

来源：Christine Preston，悉尼大学教育和社会工作学院

图16.5 在海洋周课程期间，儿童测试他们制作的鱼类模型在水中的游动（照片：John Johnstone）

利益相关者团体根据教育背景和目标受众不同，可提供多种科普教育，并由海岸带管理政府机构、非政府组织、大中小学、私营部门（例如旅游度假区和私人水族馆等）和非正规教育提供者提供（例如海洋探索中心和游客中心等）（图16.5）。

大多数热带生态系统分布在发展中国家（图16.6），其中管理和技术能力或经验受到有限的正规教育和成功的管理经验的制约。制约很多国家保护和管理沿海生态系统能力的更大原因在于，人才移民到机会更多的国家，结果进一步削弱了本国的能力（Gladstone，2008）。在这些情况下，专业保护人员（即能力建设）（附录16.1）的继续教育和保护管理机构的有效及持续建设（即加强机构），必须先于或同时与显示度较高的管理形式一起进行，如海洋保护区。

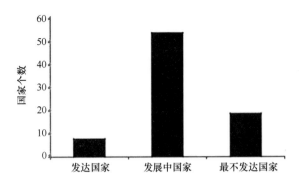

图 16.6　国家珊瑚礁发展状况（2007 年）

资料来源：全球珊瑚礁监测网（全球珊瑚礁监测网）（2004）世界珊瑚礁状况；2004. 卷 1. 澳大利亚海洋科学研究所，汤斯维尔

16.4.9　在最适当的空间尺度进行管理

对很少有外部影响（如孤立的环礁），或与其他国家没有重叠边界的情况下，机构和国家制定的关于单个生态系统、物种、流域-沿海的链接和生物区的可持续利用规划，可能就足够了。然而，更迫切的论据证明必须开展大空间尺度的管理。一旦生态系统的边界涉及流域以及沿海衍生水团对向海一侧造成漫长的影响时，这类生态系统的边界可以非常大。许多半封闭海域（例如加勒比海和红海）和某些大范围的、跨国界性质的问题（例如污染、气候变化、外来物种入侵和珊瑚疾病等）说明存在受邻国影响而产生的问题。从产卵区开始的浮游幼体和卵的越界运动形成的连通性路径是要跨越国界的（Domeier，2004）。洄游物种，如鲸鲨、深海鱼类、海龟和鲸类在不同国家之间交配和觅食（Eckert and Stewart，2001）。许多国家还共享生物地理区域和流域。因此，有效和可持续地解决问题方案更可能需要遵循合作途径，而不是采取单个国家行动。

除了这些生物物理规划的考虑之外，区域内各国的发展水平不同，保护和可持续利用所需要的资金、技术和管理经验可能要超出一些国家的能力。在这种情况下，只有邻近国家的支持才能实现区域的保护目标（Gladstone et al.，2003）。从长远来看，发达国家从生态系统商品和发展中国家的服务获得利益，在必要时，这些发达国家应尽责协助发展中国家的生态系统养护和可持续利用。

针对大尺度管理范围的实际选择具有法律拘束力的全球性条约（如《联合国海洋法公约》），行业协议（如《国际防止船舶污染公约》和《国际捕鲸公约》），和基于物种的协议（如《印度洋和东南亚保护和管理海龟及其生境谅解备忘录》）（Agardy，2005，UNEP，2006）。本节专注于讨论通过空间管理实现大尺度保护和可持续利用的问题。

区域海洋计划是由联合国环境规划署（UNEP）于 1974 年建立的，宗旨是在多个国家共享的共同水体，通过协助和参与合作保护和管理活动的方式解决区域问题。该计划涵盖 18 个地区（超过 140 个国家），包括南极、北极、波罗的海、黑海、里海、东非、东亚海域、地中海、东北大西洋、东北太平洋、西北太平洋、太平洋、红海和亚丁湾、海洋环境保护区域组织（ROPME）海域、南亚海洋、东南太平洋、西非和大加勒比海。每个区域内的国家承诺通过自身行动、制订区域行动计划和缔结具有法律拘束力的公约以及具体议定书来解决区域问题。

泛加勒比海区域包括28个岛屿和大陆国家，分布在加勒比海、墨西哥湾以及大西洋近海沿岸。这些国家的政府确定的主要问题包括：陆源废水和径流、海洋资源过度开发、城市化和沿海开发加剧、农业和林业不可持续以及政府和机构缺乏解决环境问题的能力。《泛加勒比地区海洋环境的保护和发展公约》（《卡塔赫纳公约》）要求各国各自及共同保护、开发和管理其共有的沿海及海洋资源。公约针对溢油、特别保护区和野生动物以及陆源污染和活动形成了议定书。《野生动物及特别保护区议定书》在2000年提升成为国际法，该议定书包含一个保护物种名录和保护区建设指南、物种保护的国家和区域合作措施、环境影响评估以及研究和教育。区域性合作措施包括保护已列入保护物种名录的物种的共同措施以及确定、选择、建立和管理保护区的共同准则和标准（附录16.1）。

大海洋生态系统（LME）指的是面积超过20万平方千米，从流域（包括河口和海岸带）向陆边界一直延伸到大陆架的向海边界，或涵盖整个大洋流系统，同时拥有独特的地形、水文和生产力的海洋生态系统。目前全球确认了64个大海洋生态系统，其中许多位于UNEP的区域性海洋计划的边界内。全球环境基金（GEF）为共享大海洋生态系统的国家提供了共同解决沿海和海洋问题的方法（Duda and Sherman，2002）。跨界诊断整合了跨界问题及其根源。基于此，战略行动计划（SAP）计划了区域和国内的必要改革。专栏16.7说明战略行动计划制订的具体步骤。

专栏16.7 区域保护方法和可持续利用案例研究

案例1：红海和亚丁湾战略行动计划（SAP）

红海和亚丁湾战略行动计划的全球目标是保护沿海与海洋环境，确保其资源的可持续利用。该战略行动计划的行动包括加强机构、降低航行风险、减少海洋污染、可持续渔业、生境和生物多样性保护、完善海洋保护区区域网络、支持海岸带综合管理、加强公众意识及公众参与以及对战略行动计划产出的监测和评价。在各国实施国家级区域性目标一直是重大挑战。在亚丁湾和红海，区域现状评估被用于制订海龟保护和海鸟繁殖的区域行动计划。国家行动计划的编写是为了促进各国行动计划的实施可以满足区域需求。鉴于各国间的能力差异，对行动计划进行了调整，以适应每个国家的需求。国家级的计划实施将通过国家和地方工作组、政府部门、机构和人员、非政府组织和其他利益相关者的综合网络进行（Gladstone et al.，1999；Gladstone，2006）。

案例2：苏禄-苏拉威西海海洋生态区

世界自然基金会（WWF）将苏禄-苏拉威西海海洋生态区（SSME）（由印度尼西亚、马来西亚和菲律宾共享）列为全球200个生态区之一，由于其珊瑚和鱼类多样性（图16.7）、珍稀濒危物种（包括腔棘鱼的全球意义）、丰富的生境、高生产力的沿海生态系统，以及大量依赖于其资源的沿海人口（3 500万人）。资源不可持续的利用、贫穷以及人口的增加导致环境退化。苏禄-苏拉威西海海洋生态区的保护计划将区域保护规划和具体区域和物种的具体行动相结合。实施保护计划需要能够为生态区保护规划的编写提供指导（要求在3个国家召开12次利益相关者研讨会）的生物多样性愿景（根据70名利益相关者的意见编制的愿景）。该计划确定了10项实施目标，在国家或地区开展10年以上的相关行动，并在2004年经过签署《谅解备忘录》，正式纳入3个国家的国家政策。国家行动包括在主要区域的执法、对主要区域的综合保护和发展计划、当地社区教育和GIS数据库的开发计划。整个生态区域实施协同行动，包括海龟的保护，渔业管理改进和海洋保护区网络（Miclat et al.，2006）。

图16.7 因其对海洋生命的重大意义，苏禄-苏拉威西海洋生态区成为了世界自然基金会全球200个生态区之一
（摄影：David Harasti）

协调的海洋保护区网络有可能同时达到地方、国家和区域的保护目标。海洋保护区区域网络的设计目的是以相辅相成的方式代表主要的区域生态系统（Gladstone et al.，2003；Agardy，2005），源区高度连接到网络以外的区域以及特别关注的物种的重要区域（Miclat et al.，2006；专栏16.7）。为了有效进行海洋保护区区域网络的运作，需要在区域内所有国家批准具有法律拘束力的协议，需要一个网络区域协调机制，并在网络成员海洋保护区实施积极管理。区域协调作用的目标应该支持单个海洋保护区实现其管理目标，进而达到

可持续利用和保护的区域目标。区域支撑作用包括对海洋保护区的选择、建立和管理制定区域一致认同的指南、支持创收、能力建设（例如通过管理培训）以及监测（Gladstone et al.，2003）。区域保护区网络的障碍包括缺乏与邻国合作的政治意愿、参与国能力的差距、因变化且相互冲突的优先事项而引起的利益相关者的多样性（Agardy，2005），各国利益相关者多种类型的参与机会，以及具有法律拘束力的协议没有获得全面批准。

16.5 结论

为解决热带沿海生态系统面临的问题，需要提出恢复和保护生态系统自然格局和功能的管理办法。我们对海洋和沿海生态系统的动态、其运转尺度的理解，以及新科学技术的发展（见本书第三部分的综述）等方面取得的进展，支持了保护和管理的同步发展。这些进展包括筛选和设计海洋保护区、生境修复、环境评估以及按照海洋景观方法开发管理方法。赢得对沿海生态系统的社会热情，需要改变人们的行为，提高人们对自己行为后果的意识。如果没有对人类沿海社会和经济状况及其与当地沿海生态系统的相互关系的深刻理解，这是不可能成功的。保护和管理面临的最大挑战将继续来自于更大范围的因素，如全球气候变化、贫困、人口增长和沿海移民以及低发展水平。

致谢

感谢以下人员对本章的帮助：Steven Lindfield（纽卡斯尔大学），Christine Preston（悉尼大学），David Harasti（提供相片），Julie Jones（大堡礁海洋公园管理局），Julie Spencer（汤斯维尔珊瑚礁总部），Evangeline Miclat（保护国际菲律宾办公室），Ian Shaw（提供照片）和 Ivan Nagelkerken 的约稿。感谢 Ivan Nagelkerken 和两位匿名审稿人对本章的早期版本提出有益的建议。

参考文献

Access Economics (2007) Measuring the economic and financial value of the Great Barrier Reef Marine Park, 2005-06. Access Economics Pty Limited, Canberra

Agardy T (2005) Global marine conservation policy versus site-level implementation: the mis-match of scale and its implications. Mar Ecol Prog Ser 300: 242-248

Ahmed M (2004) An overview of problems and issues of coral reef management. In: Ahmed M, Chong CK, Cesar H (eds) Economic valuation and policy priorities for sustainable management of coral reefs. WorldFish Center, Penang

Alcala AC, Russ GR, Nillos P (2006) Collaborative and community-based conservation of coral reefs, with reference to marine reserves in the Philippines. In: Cote IM, Reynolds JD (eds) Coral reef conservation. Cambridge University Press, Cambridge

Alcock D (1991) Education and extension: management's best strategy. Aust Park Recreation 27: 15-17

Alder J (1996) Costs and effectiveness of education and enforcement, Cairns section of the Great Barrier Reef marine park. Environ Manage 20: 541-551

Allen GR (2000) Threatened fishes of the world: *Pterapogon kauderni* Koumans, 1933 (Apogo-nidae). Environ Biol Fishes 57: 142

Andersen MS, Miller ML (2006) Onboard marine environmental education: whale watching in the San Juan Islands, Washington. Tour Mar Environ 2: 111-118

Australian and New Zealand Environment and Conservation Council Task Force on Marine Pro-tected Areas (1999) Strategic plan of action for the national representative system of marine protected areas: a guide for action. Environment Australia, Canberra

Balmford A, Bruner A, Cooper P et al (2002) Economic reasons for conserving wild nature. Science 297: 950-953

Beger M, Harborne AR, Dacles TP et al (2004) A framework of lessons learned from community-based marine reserves and its effectiveness in guiding a new coastal management initiative in the Philippines. Environ Manage 34: 786-801

Bellwood DR (1995) Carbonate transport and within reef patterns of bioerosion and sediment re-lease by parrotfishes (family Scaridae) on the Great Barrier Reef. Mar Ecol Prog Ser 117: 127-136

Berg H, Ohman MC, Troeng S et al (1998) Environmental economics of coral reef destruc-tion in Sri Lanka. Ambio 27: 627-634

Browman HI, Stergiou KI (2005) Introduction to 'Politics and socio-economics of ecosystem-based management of marine resources' theme section. Mar Ecol Prog Ser 300: 241-242

Browning LJ, Finlay RAO, Fox LRE (2006) Education as a tool for coral reef conservation: lessons from marine protected areas. In: Cote IM, Reynolds JD (eds) Coral reef conservation. Cam-bridge University Press, Cambridge

Bruno JF, Selig ER (2007) Regional decline of coral cover in the Indo-Pacific: timing, extent, and subregional comparisons. PLoS ONE 2: e711

Bunce L, Gustavson K, Williams J et al (1999) The human side of reef management: a case study analysis of the socioeconomic framework of Montego Bay Marine Park. Coral Reefs 18: 339-380

Bunce L, Townsley P, Pomeroy R et al (2000) Socioeconomic manual for coral reef man-agement. Australian Institute of Marine Science, Townsville

Burke L, Maidens J (2004) Reefs at risk in the Caribbean. World Resources Institute, Washington DC

Burke L, Selig E, Spalding M (2002) Reefs at risk in Southeast Asia. World Resources Institute, Washington DC

Carpenter RC, Edmunds PJ (2006) Local and regional scale recovery of *Diadema* promotes recruit-ment of scleractinian corals. Ecol Lett 9: 271-280

Carpenter S, Walker B, Anderies JM et al (2001) From metaphor to measurement: resilience of what to what? E-cosystems 4: 765-781

Cesar H, Burke L, Pet-Soede C (2003) The economics of worldwide coral reef degradation. Cesar Environmental Economics Consulting, Arnhem

Cinner JE, Pollnac RB (2004) Poverty, perceptions and planning: why socioeconomics matter in the management of Mexican reefs. Ocean Coast Manage 47: 479-493

Claydon J (2004) Spawning aggregations of coral reef fishes: characteristics, hypotheses, threats and management. Oceanogr Mar Biol Annu Rev 42: 265-202

Connell JH (1997) Disturbance and recovery of coral assemblages. Coral Reefs 16 (suppl): S101- S114

Connell SJ (2007) Water quality and the loss of coral reefs and kelp forests: alternative states and the influence of fishing. In: Connell SJ, Gillanders BM (eds) Marin ecology. Oxford University Press, Melbourne

Connolly RM, Lee SY (2007) Mangroves and saltmarsh. In: Connell SJ, Gillanders BM (eds) Marine ecology. Oxford University Press, Melbourne

Costanza R (1999) The ecological, economic, and social importance of the oceans. Ecol Econ 31: 199-213

Costanza R, d'Arge R, de Groot R et al (1997) The value of the world's ecosystem services and natural capital. Nature 387: 253-260

Crawford BR, Stanley Cobb J, Friedman A (1993) Building capacity for integrated coastal man-agement in developing countries. Ocean Coast Manage 21: 311-337

Dahdouh-Guebas F (2002) The use of remote sensing and GIS in the sustainable management of tropical coastal ecosystems. Environ Dev Sustain 4: 93-112

Denisov N, Christoffersen L (2000) Impact of environmental information on decision making pro-cesses and the environment. UN Environmental Programme-Global Resources Information Database, Arendal, Norway

Domeier ML (2004) A potential larval recruitment pathway originating from a Florida marine protected area. Fish Oceanogr 13: 287-294

Donaldson TJ, Dulvy NK (2004) Threatened fishes of the world: *Bolbometopon muricatum* (Valen - ciennes 1840) (Scaridae). Environ Biol Fishes 70: 373

Driml S (1994) Protection for profit: economic and financial values of the Great Barrier Reef world heritage area and other protected areas. Great Barrier Reef Marine Park Authority, Townsville Duarte CM (2000) Marine biodiversity and ecosystem services: an elusive link. J Exp Mar Biol Ecol 250: 117-131

Duda AM, Sherman KS (2002) A new imperative for improving management of large marine ecosystems. Ocean Coast Manage 45: 797-783

Dulvy NK, Sadovy Y, Reynolds JD (2003) Extinction vulnerability in marine populations. Fish Fish 4: 25-64

Eckert S, Stewart B (2001) Telemetry and satellite tracking of whale sharks, *Rhyncodon typus*, in the Sea of Cortez, Mexico, and north Pacific Ocean. Environ Biol Fishes 60: 299-308

Edgar GJ, Russ GR, Babcock RC (2007) Marine protected areas. In: Connell SJ, Gillanders BM (eds) Marine ecology. Oxford University Press, Melbourne

Elliott G, Mitchell B, Wiltshire B et al (2001) Community participation in marine protected area management: Wakatobi National Park, Sulawesi, Indonesia. Coast Manage 29: 295-316

Evans KL (1997) Aquaria and marine environmental education. Aquar Sci Conserv 1: 239-2

Facey R (2006) Sea-based activities and sources of pollution. In: Gladstone W (ed) The state of the marine environment report for the Red Sea and Gulf of Aden. Regional Organization for the Conservation of the Environment of the Red Sea and Gulf of Aden, Jeddah

Fernandes L, Day J, Lewis A et al (2005) Establishing representative no-take areas in the Great Barrier Reef: large-scale implementation of theory on marine protected areas. Conserv Biol 19: 1733-1744

Fine M, Franklin LA (2007) Climate change in marine ecosystems. In: Connell SJ, Gillanders BM (eds) Marine ecology. Oxford University Press, Melbourne

Friedlander A, Nowlis JS, Sanchez JA et al (2003) Designing effective marine protected areas in seaflower biosphere reserve, Colombia, based on biological and sociological information. Conserv Biol 17: 1769-1784

Furnas M (2003) Catchments and corals: terrestrial runoff to the Great Barrier Reef. Australian Institute of Marine Science, Townsville

Gardner TA, Cote IM, Gill JA et al (2003) Long-term region-wide declines in Caribbean corals. Science 301: 958-960

Gillanders BM (2007) Seagrass. In: Connell SJ, Gillanders BM (eds) Marine ecology. Oxford University Press, Melbourne

Gladstone W (1986) Spawning behavior of the bumphead parrotfish, *Bolbometopon muricatum*, at Yonge Reef, Great Barrier Reef. Jpn J Ichthyol 33: 326-328

Gladstone W (1996) Unique annual aggregation of longnose parrotfish (*Hipposcarus harid*) at Farasan Island (Saudi Arabia, Red Sea). Copeia 1996: 483-485

Gladstone W (2000) The ecological and social basis for management of a Red Sea marine protected area. Ocean Coast Manage 43: 1015-1032

Gladstone W (2002) The potential value of indicator groups in the selection of marine reserves. Biol Conserv 104: 211-220

Gladstone W (2006) Coastal and marine resources In: Gladstone W (ed) The state of the marine environment report for the Red Sea and Gulf of Aden. Regional Organization for the Conser-vation of the Environment of the Red Sea and Gulf of Aden, Jeddah

Gladstone W (2007) Requirements for marine protected areas to conserve the biodiversity of rocky reef fishes. Aquat Conserv Mar Freshw Ecosyst 17: 71-87

Gladstone W (2008) Towards conservation of a globally significant ecosystem: the Red Sea and Gulf of Aden. Aquat Conserv Mar Freshw Ecosyst 18: 1-5

Gladstone W, Krupp F, Younis M (2003) Development and management of a network of marine protected areas in the Red Sea and Gulf of Aden region. Ocean Coast Manage 46: 741-761

Gladstone W, Owen V (2007) The potential value of surrogates for the selection and design of marine reserves for biodiversity and fisheries. In: Day JC, Senior J, Monk S et al (eds) First international marine protected areas congress, 23-27 October 2005, pp. 224-226. IMPAC1, Geelong

Gladstone W, Stanger R, Phelps L (2006) A participatory approach to university teaching about partnerships for biodiversity conservation. Aust J Environ Educ 22: 21-32

Gladstone W, Tawfiq N, Nasr D et al (1999) Sustainable use of renewable resources and conserva-tion in the Red Sea and Gulf of Aden: issues, needs and strategic actions. Ocean Coast Manage 42: 671-697

Glasby TM, Creese RG (2007) Invasive marine species management and research. In: Connell SJ, Gillanders BM (eds) Marine ecology. Oxford University Press, Melbourne

Grigg RW (1995) Coral reefs in an urban embayment in Hawaii: a complex case history controlled by natural and anthropogenic stress. Coral Reefs 14: 253-266

Grimsditch GD, Salm RV (2005) Coral reef resilience and resistance to bleaching. The World Conservation Union (IUCN), Gland, Switzerland

Hariri K (2006) Living marine resources In: Gladstone W (ed) The state of the marine environ-ment report for the Red Sea and Gulf of Aden. Regional Organization for the Conservation of the Environment of the Red Sea and Gulf of Aden, Jeddah

Harrison PR, Booth DJ (2007) Coral reefs: naturally dynamic and increasingly disturbed ecosystems. In: Connell SJ, Gillanders BM (eds) Marine ecology. Oxford University Press, Melbourne

Hawkins JP, Roberts CM, Kooistra D et al (2005) Sustainability of SCUBA diving tourism on coral reefs of Saba. Coast Manage 33: 373-387

Hodgson G (2000) Coral reef monitoring and management using Reef Check. Integr Coast Zone Manage 1: 169-176

Hoegh-Guldberg H, Hoegh-Guldberg O (2004) Great Barrier Reef 2050: implications of climate change for Australia's Great Barrier Reef. World Wildlife Fund Australia, Sydney

Hughes TP (1994) Catastrophes, phase shifts and large-scale degradation of a Caribbean coral reef. Science 265: 1547-1551

IUCN (2007) Banggai Cardinalfish (*Pterapogon kauderni*) fact sheet. World Conservation Union, Gland

Jaap WC, Hudson JH, Dodge RE et al (2006) Coral reef restoration with case studies from Florida. In: Cote IM, Reynolds JD (eds) Coral reef conservation. Cambridge University Press, Cam-bridge

Johannes RE (2002) The renaissance of community-based resource management in Oceania. Annu Rev Ecol Syst 33: 317-340

Joyce S (2000) The dead zones: oxygen-starved coastal waters. Environ Health Perspect 108: A120-A125

Kay R, Alder J (1999) Coastal planning and management. EF & N Spoon, London

Kelleher G, Kenchington R (1992) Guidelines for establishing marine protected areas. IUCN, Gland

Keller BD, Causey BD (2005) Linkages between the Florida Keys National Marine Sanctuary and the South Flori-da Ecosystem Restoration Initiative. Ocean Coast Manage 48: 869-900

Knowlton N, Jackson JBC (2001) The ecology of coral reefs. In: Bertness MD, Gaines SD, Hay ME (eds) Ma-rine community ecology. Sinauer Associates, Sunderland

Mascia MB (1999) Governance of marine protected areas in the Wider Caribbean: preliminary results of an inter-national mail survey. Coast Manage 27: 391-402

McCook LJ, Jompa J, Diaz-Pulido G (2001) Competition between corals and algae on coral reefs: a review of evidence and mechanisms. Coral Reefs 19: 400-417

Medio D, Ormond RFG, Pearson M (1997) Effects of briefings on rates of damage to corals by SCUBA divers. Biol Conserv 79: 91-95

Mefalopulos P, Grenna L (2004) Promoting sustainable development through strategic communica-tion. In: Hamu D, Auchincloss E, Goldstein W (eds) Communicating protected areas. IUCN, Gland 604 W. Glad-stone

Meyer JL, Schultz ET (1985) Migrating haemulid fishes as a source of nutrients and organic matter on coral reefs. Limnol Oceanogr 30: 146-156

Miclat EFB, Ingles JA, Dumaup JNB (2006) Planning across boundaries for the conservation of the Sulu-Su-lawesi Marine Ecoregion. Ocean Coast Manage 49: 597-609

Miller MW, Sluka R (1999) Coral-seagrass interaction in an anthropogenically enriched lagoon. Coral Reefs 18:

Momtaz S, Gladstone W (2008) Ban on commercial fishing in the estuarine waters of New South Wales, Australia: community consultation and social impacts. Environ Impact Assess Rev 28: 214-225

Mumby PJ, Dahlgren CP, Harborne AR et al (2006) Fishing, trophic cascades, and the process of grazing on coral reefs. Science 311: 98-101

Mumby PJ, Edwards AJ, Ernesto Arias-Gonzalez J et al (2004) Mangroves enhance the biomass of coral reef fish communities in the Caribbean. Nature 427: 533-536

Mumby PJ, Harborne AR (2006) A seascape-level perspective of coral reef ecosystems. In: Cote IM, Reynolds JD (eds) Coral reef conservation. Cambridge University Press, Cambridge

Mumby PJ, Hastings A, Edwards HJ (2007) Thresholds and the resilience of Caribbean coral reefs. Nature 450: 98-101

Nagelkerken I, van der Velde G, Gorissen MW et al (2000) Importance of mangroves, seagrass beds and the shallow coral reef as a nursery for important coral reef fishes, using a visual census technique. Estuar Coast Shelf Sci 51: 31-44

NSW National Parks and Wildlife Service (2002) Urban wildlife renewal growing conser-vation in urban communities research report. NSW National Parks and Wildlife Service, Sydney

Nystrom M, Folke C (2001) Spatial resilience of coral reefs. Ecosystems 4: 406-417

Ogden JC (1997) Ecosystem interactions in the tropical coastal seascape. In: Birkeland C (ed) Life and Death of Coral Reefs. Chapman and Hall, New York

Ogden JC, Ehrlich PR (1977) The behaviour of heterotypic resting schools of juvenile grunts (Pom-dasyidae). Mar Biol 42: 273-280

Ormond R (1987) Conservation and management. In: Edwards A, Head S (eds) Key environments: Red Sea. Pergamon Press, Oxford

Palmer JA (1995) Influences on pro-environmental practices: planning education to care for the Earth. IUCN Commission on Education and Communication, Gland

Pernetta JC (1992) Impacts of climate change and sea-level rise on small island states. National and international responses. Global Environ Change 2: 19-31

Pet-Soede C, Cesar HSJ, Pet JS (1999) An economic analysis of blast fishing on Indonesian coral reefs. Environ Conserv 26: 83-93

Pollnac RB, Crawford BR, Gorospe MLG (2001) Discovering factors that influence the success of community-based marine protected areas in the Visayas, Philippines. Ocean Coast Manage 44: 683-710

Possingham H, Ball I, Andelman S (2000) Mathematical models for identifying representative re-serve networks. In: Ferson S, Burgman M (eds) Quantitative methods for conservation biology. Springer-Verlag, New York

Precht WF, Aronson RB (2006) Death and resurrection of Caribbean coral reefs: a palaeoecological perspective. In: Cote IM, Reynolds JD (eds) Coral reef conservation. Cambridge University Press, Cambridge

Pressey R, McNeill S (1996) Some current ideas and applications in the selection of terres-trial protected areas: are there any lessons for the marine environment. In: Thackway R (ed) Developing Australia's representative system of marine protected areas: criteria and guide-lines for identification and selection. Department of the Environment, Sport and Territories, Canberra

Rickinson M (2001) Learners and learning in environmental education: a critical review of the evidence. Environ Educ Res 7: 207-320

Roberts CM, Reynolds JD, Cote IM et al (2006) Redesigning coral reef conservation. In: Cote IM, Reynolds JD (eds) Coral reef conservation. Cambridge University Press, Cambridge

Rodriguez-Martinez R, Ortiz LM (1999) Coral reef education in schools of Quintana Roo, Mexico. Ocean Coast Manage 42: 1061-1068

Rouphael AB, Inglis GJ (2001) 'Take only photographs and leave only footprints'?: an experi-mental study of the impacts of underwater photographers on coral reef dive sites. Biol Conserv 100: 281-287

Ruitenbeek HJ (1994) Modelling economy-ecology linkages in mangroves: economic evidence for promoting conservation in Bintuni Bay, Indonesia. Ecol Econ 10: 233-247

Sadovy Y (1993) The Nassau grouper, endangered or just unlucky? Reef Encount 13: 10-12

Sadovy Y, Kulbicki M, Labrosse P et al (2003) The humphead wrasse, *Cheilinus undulatus*: synopsis of a threatened and poorly known giant coral reef fish. Rev Fish Biol Fish 13: 327-364 Salm RV, Clark J, Siirila E (2000) Marine and coastal protected areas: a guide for planners and managers. IUCN, Washington DC

Smith HD (2000) Education and training for integrated coastal area management: the role of the university system. Ocean Coast Manage 43: 379-387

Smith HD (2002) The role of the social sciences in capacity building in ocean and coastal manage-ment. Ocean Coast Manage 45: 379-582

Spurgeon J (2006) Time for a third-generation economics-based approach to coral management. In: Cote IM, Reynolds JD (eds) Coral reef conservation. Cambridge University Press, Cambridge Talbot F, Wilkinson C (2001) Coral reefs, mangroves and seagrasses: a sourcebook for managers. Australian Institute of Marine Science, Townsville

The State of Queensland and Commonwealth of Australia (2003) Reef water quality protection plan: for catchments adjacent to the Great Barrier Reef world heritage area. Queensland Department of Premier and Cabinet, Brisbane

Tomascik T (1990) Growth rates of two morphotypes of *Montastrea annularis* along a eutrophica-tion gradient, Barbados, W. I. Mar Pollut Bull 21: 376-381

Torres R, Chiappone M, Geraldes F et al (2001) Sedimentation as an important environmental influence on Dominican Republic reefs. Bull Mar Sci 69: 805-818

Turner RK (2000) Integrating natural and socio-economic science in coastal management. J Mar Syst 25: 447-460

Turner RK, Subak S, Adger WN (1996) Pressures, trends, and impacts in coastal zones: interactions between socioeconomic and natural systems. Environ Manage 20: 159-173

UNEP-WCMC (2006) In the front line: shoreline protection and other ecosystem services from mangroves and coral reefs. UNEP-WCMC, Cambridge

UNEP (2006) Marine and coastal ecosystems and human well-being: a synthesis report based on the findings of the millennium ecosystem assessment. United Nations Environment Pro-gramme, Nairobi

Van Boven G, Hesselink F (2002) Mainstreaming biological diversity: the role of communi-cation, education and public awareness [online]. Available at http://www.iucn.org/webfiles/doc/CEC/Public/Electronic/CEC/Brochures/CECMainstreaming anglais.pdf.

Veron JEN (1995) Corals in space and time: the biogeography and evolution of the scleractinia. University of New South Wales Press, Sydney

Whittingham E, Campbell J, Townsley P (2003) Poverty and reefs – a global overview. IMM Ltd Innovation Centre, Exeter University, Exeter

Wilkinson C (2006) Status of coral reefs of the world: summary of threats and remedial actions. In: Cote IM, Reynolds JD (eds) Coral reef conservation. Cambridge University Press, Cambridge

附录 16.1

本章中提到的实现保护和管理目标的管理工具、行动和干预的例子

目标	工具、行动、干预
恢复力	有关生态系统和功能群的教育
	建立海洋保护区管理/最小化使用
	渔业管理维护功能多样性（例如，禁止利用鱼阱）和丰富的种群
	解决珊瑚白化成因的全球行动
	确定和保护源珊瑚（例如，通过海洋保护区）
	确定和保护产卵场等补充来源
	海岸带综合管理以保护水质（例如，流域管理以保持水质）
	尽量减少对源礁和沉礁的洋流干扰（例如，溢油）
	保护关键功能群所有生命阶段的连通生境（Mumby et al., 2004）
	恢复物种和生境以增加种群，恢复关键物种（Jaap et al., 2006）
	关键功能群现状评估及随后的保护行动计划编写（Gladstone, 2006）
	限制关键功能群和物种的贸易
连通性	在连通性良好的珊瑚礁区建立海洋保护区以维持下游岩礁（Roberts et al., 2006）的补充量
	采用海岸带综合管理（Furnas, 2003）来管理相连生境，例如，土地使用管理、开发控制、生境保护规划、环境评估外部影响
	海洋保护区网络内关键功能群、濒危物种、渔业物种所有生活史所利用的相连的生境（Mumby et al., 2004）
	修复相连的生境（Keller and Causey, 2005）
各种物种和群落代表性样本的保护	制定生物多样性空间分布地图或合适的替代，如指标组（Gladstone, 2002）、生境（Friedlander et al., 2003）、环境梯度
	给出多项选择算法，以确定具有成本效益的海洋保护区网络方案（Possingham et al., 2000）
	海洋保护区指导方针的选择和设计（Salm et al., 2000; Fernandes et al., 2005）
濒危物种的保护和修复	与这些物种相互作用的行业的行为准则（如生态旅游）
	社区教育和参与（例如，监控）
	保护和恢复计划
	确认、保护和管理关键生境，例如，筑巢区（Gladstone, 2000）
	国际条约
	改善国家保护和环境评估立法，为依赖受威胁物种的社区提供替代生计
	状态评估
	人工繁殖替代野生捕获（IUCN, 2007）
	限制濒危物种贸易，例如，海马和波纹唇鱼（*Cheilinus undulatus*）

续表

目标	工具、行动、干预
保护水质	对水质、藻类及其他生态系统组成部分的全面监控
	经济激励（例如，鼓励土地所有者来实现可持续的管理方法和财务层面的规划）
	新的发展环境评估（UNEP，2006）建立目标和优先事项（例如，确定流域保护的良好条件）
	规划自然资源和土地管理（例如，生境修复、减少土壤和营养流失，减少使用除草剂和杀虫剂、湿地保护、河岸带和原生植被，重要的是保持和改善水质）（Furnas，2003；The State of Queensland and Commonwealth of Australia，2003）
	公众教育和意识（例如，增加利益相关者对湿地的水质和河岸生境价值的认识）（The State of Queensland and Commonwealth of Australia，2003）
	通过发证授权减少和控制点源输入（UNEP，2006），基础设施的改善
	监管框架（例如，立法、指导原则、法规遵守等）
	研究和信息共享（例如，向利益相关者发布研究调查结果）
	利益相关者的自我管理（例如，陆地工业发展最近管理实践、自然资源、及化学品的使用等）（The State of Queensland and Commonwealth of Australia，2003）
	利益相关者合作伙伴关系（例如，行业、各级政府、科研等）
评估管理的社会经济背景	对利益相关者进行管理效益评估包括提供替代生计的需求（Elliott et al.，2001）。（Pet-Soede et al.，1999；Elliott et al.，2001），或替代利益相关者的结构调整（Fernandes et al.，2005）
	社区服务设施（Hariri，2006）
	与利益相关者探索替代管理选项（Friedlander et al.，2003；Fernandes et al.，2005）
	性别问题（Bunce et al.，2000）
	确定利益相关者（Bunce et al.，1999）。
	确定和量化的值（市场，非市场，非使用）（Ahmed，2004），包括目前的使用成本（Pet-Soede et al.，1999）
	评估管理社会经济背景
	利益相关者参与
	市场属性（Pet-Soede et al.，1999）
	组织和资源管理（Elliott et al.，2001）
	利益相关者的资源利用模式（Bunce et al.，1999；Gladstone，2000；Cinner and Pollnac，2004）
	利益相关者的特征（Gladstone，2000）
	利益相关者对资源和面临问题的看法（Bunce et al.，1999；Gladstone，2000；Cinner and Pollnac，2004）
	传统知识（Bunce et al.，2000）

续表

目标	工具、行动、干预
利益相关者的参与	帮助管理实施,例如,安装系泊浮筒(Bunce et al.,1999)
	将保护与社区发展规划相结合(Pollnac et al.,2001; UNEP,2006)
	以社区为基础的海洋保护区管理(Pollnac et al.,2001; Beger et al.,2004)
	对参与者说明参与积极保护和实质结果之间的联系,如鱼类资源和生活水平的改善(Alcala et al.,2006)
	传统管理与实践结合(Gladstone,2000; Johannes,2002)
	建立利益相关者持续意见的维护机制,例如,协商委员会(Pollnac et al.,2001)
	参与代表利益相关者利益的MPA规划(Gladstone,2000; Friedlander et al.,2003; Fernandes et al.,2005),提供当地知识,例如,产卵聚集、重要品种、鱼类资源状况、资源利用冲突(Gladstone,2000; Johannes,2002)
	与地方而非中央政府建立伙伴关系(Alcala et al.,2006)
	提供信息、教育和社区活动(Pollnac et al.,2001; Alcala et al.,2006)
	管理计划草案(Fernandes et al.,2005)和环境评估的公众审查和评论
	利益相关者参与立法(Alcala et al.,2006)、志愿服务,例如,社区护林员(Alcala et al.,2006)、清理活动(Bunce et al.,1999)、教育、生境修复(Jaap et al.,2006)、监测(Hodgson,2000)、动物救助
教育	能力建设和机构强化
	社区宣传(Rodríguez-Martínez and Ortiz,1999; Browning et al.,2006)
	潜水员简报(Medio et al.,1997)
	生态旅游讲解(Andersen and Miller,2006)
	教育设施,例如,水族馆、海洋探索中心、游客中心、展览、解释性标牌、自然教育步行道(Evans,1997; Browning et al.,2006)
	教育材料,例如海报、贴画、手册、CD、DVD光盘
	大众媒体,例如,广播、报纸、电视
	学校课程模块(Browning et al.,2006)
	与国际捐助者/发达国家合作伙伴进行劳工教育和工作交流(Crawford et al.,1993)(Gladstone et al.,2003)
	区域培训中心(Gladstone,2006)
	利益相关者的教育
	高等教育(Smith,2000)
	培训班和短期课程(Smith,2000)
	虚拟教育,如网络论坛、专题通信服务器程序、电子邮件交流及国际珊瑚礁信息网络的珊瑚礁教育图书馆等

续表

目标	工具、行动、干预
适当空间范围内的管理	地区问题和根源分析（Gladstone et al., 1999）
	国家政府正式采纳区域/国家行动（Miclat et al., 2006）
	国外利益相关者的确认和参与（Gladstone et al., 2003; Miclat et al., 2006）
	具有法律约束力的区域性公约和特定问题的协议（如保护区、污染、生物多样性保护）（Gladstone, 2006; Miclat et al., 2006）
	有针对性的区域性或国家级行动的补充项目，例如，MPA 网络（Gladstone et al., 2003; Miclat et al., 2006）、教育、减少污染、能力建设、监控、区域数据库和 GIS（Gladstone, 2006）
	区域协调机制（例如，秘书处）、参与政府的咨询机构代表（Gladstone et al., 1999）

索 引

A

矮小红树林　15，21，23

B

巴西卡埃特河口　21，45
白天活动　289，360，392
斑块　51，71，72，93
半日潮　262，263，265，266，288，290，292，294
保护和管理教育　557
保护目标　548，559，561
保守示踪剂　46
保守行为　45
被动集成应答　440，443，445，446
边缘　15，68，76，78，79，86，89，114，140，226，230，238，243，273，279，319，369
编码线标记　246
变态　133，137，140，141，142，147，151，152，156，157，158，159，165，180，181，183，187，188，191，192，223，224，225，229
标记　138，165，245，246，277，281，286，287，293
标记研究　324，351，353，453，454，459
标志　67，68，69，80
标志回捕法和标记再观察技术　483
标注出鱼类洄游路线　97

表现型的可塑性　167，331
濒危物种　546，547，561，570
补充成功率　208，513
补充量　75，90，97，179
捕捞努力量　394，511，512，513，517，524，526，527
捕捞压力　69，96，509，511，516，526，527
捕食产卵聚集鱼群　91
捕食风险　185，191，198，221，228，236，238，260，276，285，286，289，341，342，351，360，361，363，364，367，369，370，493
捕食率　76，238，239，240，351，369，370，371
捕食者对沉降后期鱼类群落水平的影响　191
捕食者组合　361，362
捕食作用防护　76，77，234，237
不同的生境连通度　296

C

侧线　140，150，151，152
侧线管　150，163
产卵场忠诚度　82，89
产卵聚集保护　96
产卵温度范围　74
长距离洄游的线索　163
长期生态研究　31，426
潮差　261，262，265，266，281，282
潮间带洄游的功能作用　283

潮间带摄食区　283，289
潮流　55，70，72，73，74，84，161，
　　　223，261，262，264，266，282，
　　　283，287，290
潮汐　11，12，13，14，20
潮汐泵的作用　408
潮汐的不对称　264
潮汐和昼夜变化的相互关系　290
潮汐洄游　287，292，293
潮汐类型和潮差的分布　265
潮下带　10，20，23，43，48，228，230，
　　　234，238，247，281，282，283，
　　　284，285，287，288，291，293，
　　　344，358，370，392，396
沉积物负荷　545
沉积有机质　423
沉降后期阶段大小选择性死亡　186
沉降期　155，156，159，160，161，162，
　　　180，181，182，186，192，203
沉降期的死亡率　186
沉降相关的变态　188
沉降转换期　179
沉降作用　1，19，537
晨昏洄游　259，266，273，275，276，
　　　277，294
成功开展标志　437
成体生境　871，85，201，232，233，
　　　244，246，351，356，448
成体有关的化学线索　158
乘潮洄游的环境线索　286
尺度选择　477
虫黄藻　18，19，28
穿体标志　439，443
传统产卵场　70
传统渔业　97，508，515，516
磁场　85，153，162，164，280，446

磁感应力　153
刺网捕捞　516

D

DNA 标记　246，452
大堡礁　26，27，28，41，47，57，89，
　　　110，113，125，128，157，159，
　　　162，186，188，191，193，265，
　　　267，270，294，296，449，452，
　　　456，459，545，546，548，550，
　　　551，553，555，556，557
大海洋生态系统　560
大鳍鳞　318，322
大西洋大海鲢　87，115，206，318，518
大小潮洄游　289
大小选择性死亡　186，196
大型底栖生物　357，368
大型凋落物　48，51，53
大型藻类　24，26，27，30，53，197，
　　　225，227，230，238，344，345，
　　　351，358，373，543，544
单宁　51，156，414，419
淡水繁育场　325，459
淡水流　11，47，51，311，322，323，
　　　328，329
氮通量　20，21
氮稳定同位素　417
当地的幼鱼种群　458
档案式标志　441，447，448，460
笛鲷科　71，73，92，117，200，266，
　　　270，277，279，294，317，346，
　　　352，389，390，391，479，516
底栖微藻　53，54，55
地标　276，287，293
地蟹　229
地蟹　229，236

电感觉器 150, 153
动物分布数据 481
洞穴的吸引力 236
短沟对虾 225, 228, 230, 231, 233, 234, 239, 242, 245, 247, 291, 353, 517
短期洄游 260, 277, 279, 287, 289, 294
对生境利用 181, 395, 396
对虾 1, 2, 47, 49
对虾的自然死亡率 240
对虾类 226, 280, 281, 292
多种线索 133, 163, 167

E

厄尔尼诺 327, 331
厄尔尼诺—南方涛动 327, 331
耳石 144, 145, 186, 177, 188, 329, 349, 350, 353, 354, 355, 397
耳石化学特性 437, 449, 456, 457, 458. 459
耳石化学特性的个体发育效应 459
耳石元素或同位素特征的空间差异 456
饵料供应随个体发育的生境转换中成为了强有力的驱动因子 243
饵料生物可获得率 242
饵料生物可获得率指标 242
饵鱼 507, 521, 524

F

反硝化作用 23, 29, 31
方法误差 143
仿石鲈科 2, 156, 266, 269, 270, 391
仿造红树林根系 367, 368
放射性同位素 410, 454

非河口红树林 520
非守恒表现 409
鲱科 71, 268, 277, 311, 314, 319, 320, 322, 331, 514, 517, 523, 524
分子示踪剂 418
缝隙构成的庇护所 229
凤梨蟹 229
佛罗里达珊瑚礁区 26
佛罗里达湾 14, 17, 18, 21, 23, 24, 45, 184, 207, 283, 415, 416, 424, 425, 513
符合其个体大小的庇护 197
傅里叶变换离子回旋共振质谱法 421
富营养化 9, 11, 16, 28, 29, 42, 57, 545

G

GIS 201, 472, 474, 487, 491, 561, 573
感觉毛细胞 150
戈达瓦里红树林 512
哥斯达黎加 516
个体发育的连通性 246
个体发育生境转换 224, 247
个体发育中生境转换的机制 237
个体生境选择 395
个体数量连通性 132
跟踪十足类由幼体至成体生境的迁移 246
功能健全的嗅觉系统 134
功能连通性 473, 474, 475, 477, 481, 483, 485, 486, 488, 495
孤立热带岛屿上的淡水 319
古巴 87, 89, 90, 117, 118, 119, 124, 125, 127, 389, 390
固氮 11, 24, 27, 31, 408, 418
固相萃取 417

寡营养　9，14，16，18，31，413
寡营养环境　18
光谱敏感性　147，148
归巢性　457
归属测试法　450
过渡带　14，473，483

H

海岸带综合管理　544
海草床　1，10，11
海草床散发的化学线索　156
海草生长　25，26，29
海底地下水排放　409，410
海平面上升　2，331，332，425，551
海洋保护区　94，246，444，471，484，488，494，495，525，526，527，542，543，545，547，548，551，552，554，557，558，561，562，570，572
海洋保护区的筛选标准　547
海洋保护区区域网络　560，561
海洋景观　2，259，276，280，282，287，289，294，296，347，470，471-481
河海洄游　311，312，313，315，317，319，321，326，328，330，332
河口混合模型　410，425
河口物种　287，328，517
河口运输通用模型　409
河流运输　43，409
河流中的扩散和聚居格局　321
褐虎对虾　148，225，226，228，230，231，232，238，239，242，245，246，247，291，353，517
黑棘鲷　143，165
黑炭　419，420，421
红点石斑鱼　68，69，72，74，77，78，81，84，85，86，87，88，90，93，94，96
红海　73，79，85，264，265，266，267，271，282，288，520，537，552，559，560
红树林大洋岸线　390
红树林地理区域　259，294，343，347，389，393，559
红树林动物区系的组合　390
红树林和海草床的育幼场作用　372
红树林或海草床中的种群生产力　375
红树林丧失　509，512
红树林生态功能　387，547
红树林碎屑/腐殖质　51，242，417，419，423
红树林相关物种　207，389，478，517
红树林与渔业关系　516
红树林育幼功能　385，386，387，390，394
虹彩鹦嘴鱼　205，271，365，480
洪水　27，44，311，326，327，330，539
护巢　78
化学分类示踪剂　424
化学生境印记假说　155
环境刺激　232
环境化学污染　166
环境或生物修饰因子　74
环境数据　491，492
黄仿石鲈　156，183，185，189，201，202，273，273，347，349，350，353，356，365，366，371，372，373，391，394，397，443
黄副叶虾虎　135，140，141，142，151
恢复力　296，542，543，544，545，570
洄游　2，3，41，49，51
洄游到产卵场　68，69，80，82，84，

471，544
洄游到淡水　313，323，326，328，518
洄游功能区　70，86，87，89，91，95，97，109-131
洄游距离　70，79，80，81，82，84，87，89，97，109，110，111-131，289，295，353，356
洄游路径　277，285，288
洄游路线　68，69，81，84，85，87，94，97，276，289
洄游速度　84，90
洄游行为　292
洄游行为　67，69，72，75，79，82，85，86，260，273，275，276，291，292，311，312，318，319，320，322，328，332
混合潮　262，263，265，266，292

J

机械感觉　144，150，152，153
机械感觉器系统　150
基因标记　246，450
基于个体的模型　490
基于社区的海岸带管理计划　526
基于社区的海洋保护区　554
基质　13，27，161，180，195，200，231，234，237
激发-发射-矩阵荧光技术结合平行因子分析法　414
极端潮汐　263
棘颊雀鲷　138，139，146，147，148
记住同种个体气味　155
寄居蟹　93，161，188，223，224，229，236
寄生虫标记　441，448
家园范围　295，350，395，485

尖吻鲈　47，72，80，115，238，313，321，324，325，327，328，329，459，515，517
尖吻鲈　47，72，80，115，238，313，321，324，325，327，328，329，459，515，517
兼性河海洄游性鱼类　319
剪鳍　439，444，445
箭形标志　439，443
降低死亡风险率　221
降海洄游　311，312，313，314，315，317，319，320，321，324，326，327，331，332
降河产卵　75
降雨　10，13，21，27
降雨格局的变化　330
杰克逊双边鱼　51，52
结构连通性　473，474，482，485，486，487，488
结构异质性假说　341，364-369
金枪鱼竿钓　507，521，523，524
锦绣龙虾　72，75，79，82，83，84，85，87，130，222，225，226，230，235，236，238，243，244
锦绣龙虾　72，75，79，82，83，84，85，87，130，222，225，226，230，235，236，238，243，244
近岸向近海迁移活动　352
近海物种　517
经济价值　1，67，395，507，512，549，550，552
景观生态学　3，472，474，475，476，477，479，481，488，491，492，495
景观生态学原理　481
径流　2，3，9，10
竞争　28，29，145，179，180，181，

182，184，187，189，190，191，
193，194，195，198，200，201，
208，236，241，243，260，276，
285，293，321，351，360，361，492

静默期 261，275，279
就业岗位 509
飓风对珊瑚礁鱼类的影响 206
锯缘青蟹 55，56，76，82，131，227，
228，230，234，239，241，245，
281，285，293，517
锯缘青蟹 55，56，76，82，131，227，
228，230，234，239，241，245，
281，285，293，517
决策手段 495

K

卡本塔利亚湾 47，51，232，245，262，292，512
颗粒有机碳 57
肯尼亚加齐湾 15，25，54
空间分辨率 475，476，488
空间分析工具 485
空间幅度 475，483
空间格局 473，474，476，477，482，485-489，494
空间格局指标 485，486，487
空间粒度 475，491
空间数据的精准度 491
跨国界性质 559

L

蓝蟹 76，79，81，82，84，96，130，144，158，238，241，246，281，293，294，479，490
蓝藻 30

镧系元素 453
廊道 3，94，96，97，280，473，480，486，492，495，545，548
类异戊二烯 423
冷烙法 444
离岸 221，224，233，243
利益冲突 515
利益相关者 542，549，552，553，554，555，557，558，560，561，562，571，572，573
两栖洄游 3，311，312，313，314，315，316，317，318，319，321，322，328，330，331
邻近生境 207，329，351
硫稳定同位素 418
龙虾 74，75，76，79，82，83，84，85，93，130，133，143，144，150，153，162，182，183，184，186，188，197，197，203，207，222，223，225，226，229，230，234，235
龙虾洞穴 235
龙虾繁殖洄游 244
龙虾稚虾成活率 197
龙虾属 280
陆源有机质 416，418
卵被捕食的比例 92
落叶浸出 20
落叶输出 26

M

马当红树林保护区 515
马德雷潟湖 25
马来西亚桑干河 14，15，21，22，50
埋藏行为 233
鳗鲡属 312，332
湄公河三角洲 45，46，228，266

孟加拉湾　265，324，514，515
觅食理论　242，360
密度制约死亡率　191，192，193，195
墨吉明对虾　47，49，51，230，232，233，239，243，246，509，510，512
墨西哥埃斯特罗湾　14，22
墨西哥湾　82，126，226，227，264，450，511，512，513，517，560
木质素　53，418，419，420，426

N

南非　130，234，241，245，280，281，389，508，509，514
内部标志　438，440，443，445，459，460
内含物　241
内锚标志　439，443，444
内溢　53
能力建设　542，558，562，572，573
浓缩的稳定同位素　454

P

胚胎耳石化学特性　456
配对型产卵　390
偏振灵敏性　149
破坏鱼类洄游　330
蒲公英萜醇　419，424，425
普吉岛　25

Q

气候变化　2，9，42，47，48，311，330，331，332，493，537，540，541，559，562
迁移入较深水域　230，234，239，247
潜在连通性　473，474，484，485，486，488
强暴雨　9，23，26，30
亲子分析　450，451，453，460
区分死亡和迁移　208
区域海洋计划　559
趋向性　163，178
圈养　198，351，369，370，371
全球变暖　551
全球气候变化　330，332，562
全日潮　262，263，265，266，292
群居行为　236

R

扰动对补充作用的影响　207
热带沿海鱼类的昼夜洄游　266
热式标记　454
人造环境标记物　452
溶解态有机质　407，408，412-421，423，426
溶解无机碳　50
溶解有机碳　14，44
溶解有机物　19，52
熔融石Ⅱ计划　235，236
入侵物种　29，540，541，543
弱潮生态系统　13

S

塞佩蒂巴湾　23，417
三源混合模型　418，419，420，426
色素标记　440，444，445
珊瑚覆盖率退化　540
珊瑚钙化　30
珊瑚礁　1，2，3，10，11，12，13，14，18，19，26，28，29，30，31，55，56，57

珊瑚礁营养盐添加实验　26
珊瑚礁渔业　1，507，508，519，520，550
珊瑚生存　18
珊瑚湾　14，15，21，22，50
扇蟹和梭子蟹　227
社会经济评估　548
摄食洄游　273，275，350，351，495
摄食活动　27
神经丘　150，151
神经束　134，136
生长　13，19，24，28
生长和捕食作用之间的权衡　197
生长最大化　247
生存　18，19，24，29
生活史策略　181，182，183，208，224，318，321，323，477，509
生境饱和度　189
生境比较研究或实验　367
生境分类　475
生境复杂性　180，195，238
生境结构　197，207，237，238，341，342，364，365，367，368
生境丧失　96，207，327，331，481，489，508，537，540，541，546
生境完整性　207
生境镶嵌　87，180，200，201，473，495
生境要求的改变　197
生境转换的刺激因素　239
生态系统服务　30，385，508，538，539，540，549
生态系统健康　57，58
生态阈值　489
生物标记　246，407，412，413，418，420，423，424，425
生物声　146，156，159，160

生殖洄游　67，68，69，72，75，79，80，81，84，86，90
声学遥测　441，447，460，472，477
声音频率　145，159，160
圣诞岛红蟹　229，237，245
十足类的感潮洄游　291-295
十足类的食物和营养需求　240
十足类的昼夜移动　261
十足类人工标志　245
十足类生活史　221
十足类幼体阶段　223
十足目　89，130，132，153，279
石鲈属　394
实际连通性　473，474，482，485，486，492
食谱随个体发育阶段而改变　241
食物获得性假说　341
食物密度的估算　360
食物网　2，11，47，49，51，52，53，55，58，68，70，90，91，93，95，416，459，542
食物重叠　241
食鱼动物的丰度　478
鲫属　313，323，324
示踪剂　46，53，58，407，409，410，412，418，419，424，423，425
世界自然保护联盟（IUCN）濒危物种红色名录　546
视觉线索　147，150，157，161，163
视敏度　147，150
视网膜发育　146，147
适宜庇护所　195，197
手工渔业　507，508，509，515，516，521，524，525
受控的河流　330
双带锦鱼　72，80，94，112，138，186，

187，458
双源混合模型 409，410，417
水坝 3，311，327，328，330
水道 13，14，70，79，95，238，283，285，287，328，409
水管理 22，31，329
水深 29，79，85，162，163，231，233，261，278，286
水温 20，72，73，74，75
水下视觉计数 482
水中声音 146
瞬时聚集 69，70，82，90，93，96
瞬时聚集鱼群的捕食现象 93
丝蟳 318，322
斯氏单鳍鱼 271，276
锶 453，454，459
死亡率 3，29，69，76，95，96，146，157，180，185，186，191，192
四环素 452，453，460
宿主印记假说 365
溯河洄游 72，311，312，313，314，315，317，318，319，320，321，323，324，330，514
梭子蟹 144，227，241，245，281，282，291，291，517

T

泰国敖南博尔 21，22
泰勒河 13，14，15，16，21，22，23，24，50
坦桑尼亚姆托尼河口 45，46，54
碳稳定同位素 46，355，416，417，426
桃红美对虾 51，226，230，353，513
特米诺斯潟湖 513
体长的增长 350
体色变化 73，275

天然标记 438，441，442，448，449，453
天然标志 450，459
听觉感官 133，144，145，146，166
听觉能力 145，159，166
听觉线索 159，164
听力敏感度 160
同步性线索 72，73
同类相食 239
同位素比值梯度 53
透气的附属囊鼻腔 139
图论方法 488
退化 1，58，206，207，489，490，494，508，540，542，545，546，550，551，554，556，561

W

外溢 10，28，48，55，407，408，409，417
外溢假说 10，48
网球藻属 30
微化石 413，423，426
微卫星标记 450
维持/修复连通性 544，545
胃含物的稳定同位素特征 356
温觉感觉 153
文化重要性 551
稳定同位素 45，46，48，51，52，53，55，200，246，352，353，354，355，356，416，417，418，426，453，454，459
稳定同位素标记 246
涡流 157，163
无齿鲹 313，314，323
无脊椎动物捕食者 490
物种产卵聚集地 78

X

稀土元素　453
潟湖质量指数　203, 204
虾　226, 280, 281, 292
虾虎鱼科　282, 319
夏威夷卡内奥赫湾　545
纤毛型感觉细胞的密度　138
镶嵌　86, 150, 180, 200, 201, 259, 472, 473, 476, 489, 493
象牙海岸　330, 514, 515
硝化作用　21, 23, 29
星斑裸颊鲷　138, 140, 151, 152, 155, 156, 165, 353
形态标记　441, 448
嗅觉器官　135, 137, 138, 139, 142, 143, 144, 151
嗅觉器官发展　138
嗅觉器官畸形发育　143
嗅觉上皮　134, 138
嗅觉受体神经元　134
嗅觉线索　138, 141, 143, 144, 154, 155, 164
选择产卵场　75, 77
选择性沉降　188

Y

"育幼场"定义　386
延绳钓渔业　509
沿海地区的人口　549
沿海水域　11, 42, 43, 45, 47, 48, 75, 79, 87, 282, 287, 290, 291, 314, 321, 324, 325, 331, 415, 448, 507, 511, 513, 515, 544
盐度　13, 15, 19, 20

盐度传感器　157
盐沼　10, 19, 20, 21
眼斑龙虾　73, 76, 82, 83, 130, 144, 162, 184, 188, 189, 197, 201, 207, 225, 226, 230, 236, 237, 238
眼斑龙虾的生殖　243
阳光导航　162
遥感　273, 394, 395, 396, 472, 487, 491, 548
椰子蟹　229, 236
夜间前往觅食生境　240
依赖红树林生境
移动模式　262, 266
遗传标志　246, 451
以浮游生物为食的鱼类　91
印度洋-太平洋地区　2, 133, 260, 318, 319, 321, 343, 389, 394, 540
荧光　246, 413, 414, 415, 418, 420, 426, 438, 442, 444, 445, 446, 452, 453, 460
荧光发射的指数　413
荧光化合物　418, 442, 452, 453, 460
营养　16, 18, 19
营养盐保留　26, 28
营养盐的输入　27, 410
营养盐负荷　13, 29
营养盐和有机质通量　409, 411
营养盐来源　11, 19, 27, 30
营养盐限制　18
营养盐再吸收　26
营养中继传送　42, 43, 45, 46, 52, 291
优先效应　180, 189, 190, 191
有机质　2, 44, 52, 55
有机质和营养　407, 409, 412
有机质来源　407, 412, 413, 418-421, 423, 424, 426

有色溶解有机物　413
幼体沉降　158，159，164，181-188，196
幼体的供给　179
幼体健康　186
幼体行为　167，184，185
鱼鳔　144
鱼类产量　331，513，517，519
鱼类的潮汐性移动　261，282-288
鱼类的内耳　144
鱼类和十足类的存活率　351，375
鱼类和十足类的短期移动　260
鱼类生长率　347，349，360，446
鱼类组织的稳定同位素分析　356
渔业产量　385，386，394，507，509，510，511，513，517，527，550
渔业管理　246，438，450，525，526，538，543，561，570
育幼场　3，152，157，164，183，200，203，205，223，231，240，243，246，281，291，341，342，347，351，356，360，372，373，375，385，386，387，390，392~398，448，478，509，512，513，526，540，545
育幼场概念　341，347，351
育幼场价值测算　375
育幼功能　343，375，385，386，387，390，392，393，394，518
育幼功能相关研究的策略　375
预测性线索　72，73
元素剖面　459
元素特征的时间稳定性　456
原位庇护生境忠诚度　351
远程化学感应　134
远海梭子蟹　227，241，281，293，517
云鲫　313，323，324，328，514
晕圈　27

Z

再矿化　11，24，26，27，28，412
在各种沿岸浅水生境中繁育的鱼类密度
暂居　51，221，282-285
早期稚体生境　189，225
沼泽地　14，21，23，31，58，387，411，414，415，416，418，426
脂肪　186，350，446
植被保护价值　238
植入式可见标志　440，445，446
植入式可见弹性标志　440，446，460
稚体后期阶段　224，247
中性模型　489，490
忠实度　196
终止性线索　72
种间差异　259，319，393
种间攻击行为　198
种间竞争　191，200，276，285，351
种群动态　132，179，226，260，392，479，486，489，490
种群洄游行为
昼夜洄游和乘潮洄游的异同　287
昼夜洄游和乘潮洄游的异同　287
昼夜周期　259，261，262，263，265，266，280，281，282，288，289，292，294
主动选择沉降位点　185
驻留型聚集　70，72，73，74，80，91，93，94，97，116
驻留型食鱼动物　72，191，192，275，276，279，361，363，364，478
专群产卵　389
资源管理　67，97，260，328，329，426，470，471，472，481，483，486，489，492，493，495，527，546，

552，571
紫外光 148，149
自然干扰 2，10，29，266，296，493

自然历史属性 477
最小化 μ/g 理论 342
最优觅食理论 242